给水排水工程建设监理手册

刘灿生　主编

中国建筑工业出版社

图书在版编目（CIP）数据

给水排水工程建设监理手册/刘灿生主编. —北京：
中国建筑工业出版社，2005
ISBN 7-112-07537-8

Ⅰ. 给… Ⅱ. 刘… Ⅲ. ①给水工程-监督管理-
技术手册②排水工程-监督管理-技术手册
Ⅳ. TU991-62

中国版本图书馆 CIP 数据核字（2005）第 082985 号

给水排水工程建设监理手册

刘灿生 主编

*

中国建筑工业出版社出版、发行（北京西郊百万庄）
新 华 书 店 经 销
霸州市振兴制版公司制版
世界知识印刷厂印刷

*

开本：787×1092 毫米 1/16 印张：66½ 字数：1656 千字
2005 年 11 月第一版 2005 年 11 月第一次印刷
印数：1—3500 册 定价：**118.00** 元
ISBN 7-112-07537-8
(13491)

本社网址：http://www.cabp.com.cn
网上书店：http://www.china-building.com.cn

本书是国内市场第一本给水排水工程建设监理手册，内容丰富详实，不仅是监理工程师的必备工具书、也是设计工程师、施工工程师很好的参考资料。共26章，分别为监理的规范化管理，监理大纲、规划和细则，施工准备阶段的监理，工程质量控制，造价控制，进度控制，安全、文明生产监理和评价合同管理，设备采购监理和设备监造，监理资料和工程资料管理，招投标监理，材料的监理，工程施工测量放样监理，土方工程监理，土建工程监理，围堰和沉井工程监理，管道工程监理，水下工程监理，地表水、地下水取水构筑物施工监理，泵房和水塔施工监理，水池及处理构筑物施工监理，设备、电气安装工程监理，给水排水专用设备安装工程监理，给水排水仪表、控制工程监理，给水处理厂、污水处理厂厂区工程监理和建设工程监理法规。

* * *

责任编辑：田启铭
责任设计：崔兰萍
责任校对：刘 梅 张 虹

序　言

建设工程监理制度在我国建设领域推行已有 17 个年头了，工程监理制度和法规体系已基本完善，监理队伍和人员素质基本适应建筑市场的要求，工程建设监理对我国的建筑业和工程建设的快速发展起到了重要作用。

给水排水工程作为城镇市政基础设施投资内容之一，所占的比重越来越大，它不仅是城市的生命线，而且直接影响城镇的规模、水平和发展。经过多年的探索和努力，对给水排水工程建设监理工作积累不少经验，但认真总结、分析和形成规范化工作的不多。

《给水排水工程建设监理手册》从工程实践入手，根据工程建设的法规、规范的要求，汇总多年从事给水排水工程监理经验，按照工程监理的基本规律进行编写，具有很强的针对性和实用性。该书的主要特点是：

一、规范性　该手册采用了现行的工程建设包括工程监理的政策和法规、规范，概念准确，使给水排水工程监理的工作程序、表格、要求更为规范，符合实际。

二、实用性．该手册围绕着给水排水工程监理的主要问题、要点和程序，采用图表结合的形式，简单明了，同时列举了给水排水工程项目监理的实例并汇编了有关建设监理的法规文件及建设标准，使得本手册更具有实用性。

三、完整性　该手册介绍了监理的概念、规定，给水排水构筑物、管道工程施工监理的全部内容，同时介绍了电气、设备、仪表自动化安装工程的监理内容，特别介绍了国外设备的安装和设备的采购和招标，BOT 投资建设及 FIDIC 条款下的工程建设监理以及安全生产监理的内容。

手册的出版弥补了给水排水工程建设监理规范性工具书的空白，为有关从事监理事业的企业、政府管理部门、监理工程师等提供了有效的参考资料。

中国的监理事业方兴未艾，随着市场的开放和与国际惯例的接轨，需要一批有识之士在实践探索中，不断总结中国建设监理工作的规律。建设监理的理论和实践有待更多的监理工程师、建造师及专家学者给予丰富和发展，本手册也有待更多的同行加以补充和完善。

2005.6.3

前　言

我国水资源供需矛盾十分突出，全国699个城市中有440个城市供水不足，全国有14个省、自治区、直辖市人均水资源拥有量低于国际公认的1750m^3的用水紧张线，北京、天津、山东等9个省、市低于500m^3的严重缺水线。目前，我国有2000多家自来水厂，日供水能力约为2.1亿m^3，年产值从600亿元人民币提高到2000亿元人民币；现已建设452座污水处理厂，城市年总排水量329亿m^3，目前，全国污水集中处理量占总排水量的20.5%，国家计划两年内污水处理工程总量要翻一番以上，新增污水处理厂1000余座，给水排水建设市场十分巨大。随着国民经济的发展，对基础设施的需求会进一步提高，给水处理厂、污水处理厂、管道等基础设施的建设项目量会越来越多。

另外，基础设施建设和经营城市已成为许多城市可持续发展的战略，顺应市场经济的多元投资模式（BOT、TOT、BT等），将会促进国内水务产业的发展，国内给水排水工程、管道工程建设项目将会以高势头发展，而且对构筑物和设备质量要求越来越严格，施工要求管理越来越规范。这样，不仅需要大量的给水排水工程施工技术力量，而且需要相应的给水排水工程的专业监理队伍。笔者在从事给水、排水工程项目建设监理工作过程中深感具有针对性、可操作的相关资料太少，给工作带来诸多不便，因此，非常需要一本给水排水工程建设监理手册的书。

本书根据国家标准《建筑工程监理规范》（GB 50319-2000）和相关的法令、文件、规程，以及我们从事给水排水工程及管道工程的监理经验，针对给水排水工程的建设监理编写的，能满足给水排水工程、管道和设备施工安装监理工作的需要，并且本手册采用了最新的国家标准、规程及技术资料，使工作程序、表格、要求更符合实际，同时列举了给水排水工程项目监理的案例，并汇编了大量的建设监理的法规文件及建设标准，使得本手册更具实用性及可操作性。不仅是监理工程师的指导书，而且对施工单位、业主都有较高的参考价值，是业主和施工单位管理知识的补充，同时也是给水排水工程技术人员和大专院校师生的参考书。

本手册共26章及附录：第1章　监理的规范化管理；第2章　监理大纲、规划和监理细则；第3章　施工准备阶段的监理；第4章　质量控制；第5章　造价控制；第6章　进度控制；第7章　安全生产监理和评价；第8章　合同的管理；第9章　设备采购监理和设备监造；第10章　监理及工程资料管理；第11章　工程招标、投标；第12章　材料的监理；第13章　测量放线监理；第14章　土方工程监理；第15章　土建工程监理；第16章　围堰和沉井工程监理；第17章　管道工程监理；第18章　水下工程监理；第19章　地表水、地下水取水构筑物工程监理；第20章　泵站及水塔工程监理；第21章　水池及处理构筑物监理；第22章　设备、电气安装工程监理；第23章　给水排水专用设备安装工程监理；第24章　仪表与自动化控制工程监理；第25章　给水处理厂、污水处理厂厂区工程监理、第26章　建设监理法规汇编和附录。

本手册由北京中建恒基建设投资集团有限公司主持，由刘灿生主编，刘鹏远副主编，王要武主审，其中：刘骥远编写第 1、2、6、14 章和附录，周国华编写第 5 章，刘灿生编写第 4、7、8、10、18 章，肖厚忠编写第 11 章，刘鹏远编写第 3、15 章、田启铭、江彬编写第 16 章，朴芬淑编写第 13、19 章，何莲、赵山林编写第 17 章，刘灿生、贾淞编写第 21 章，贾淞、刘灿生编写第 9、12、22、23 章，张新欣、何寿平编写第 20、24 章，李亚强、李晓东编写第 25 章，费霞丽、臧茂清、孟秀华、舒振瑞编写第 26 章，全书由刘灿生统稿。

本手册在编写过程中，得到了哈尔滨工业大学市政环境工程学院和管理学院的支持，也得了广东顺德科力工程有限公司，哈尔滨阳光环保科技有限公司、广东开平供水集团股份公司、福州市市政工程处，福州市市政工程有限公司、福建湄州湾氯碱工业有限公司，中建六局、中铁 17 局和中国市政工程东北设计院、大连轻工学院、沈阳大学的帮助，本人指导的研究生贾淞、何莲、张新欣、费霞丽及文秘熊国强、刘一心、黄玉飞和张立云承担了本手册部分文稿的打印工作；中国工程院院士李圭白教授，崔福义、洪觉民、韩洪军、尹军、姜云海、黄毅轩、许国栋、林瑞良、曾岚、吕大武、陈牧民、侯天恩、庄明强、李继震、刘建树、高欣忠、靳东强、迟长生、岳国栋、谢金伟、白晓河、智亨男、陈涛等专家都对本书提出许多有益的意见，并承蒙中纪委驻建设部纪检组组长、原国家建设部总工程师姚兵同志为本书写了序言，在此一并表示感谢。由于时间短促，水平有限，本书中难免有诸多缺点和错误，敬请批评指正。

刘灿生

2005 年 4 月于北京

目 录

第3章 施工准备阶段的监理

第4章 工程质量控制

第 5 章 造价控制

第 6 章 进度控制

第7章 安全、文明生产监理和评价

第8章 合同的管理

第 9 章 设备采购监理和设备监造

第 10 章 监理资料和工程资料管理

第 11 章 给水排水施工招投标监理

第12章 材料的监理

第13章 工程施工测量放样监理

第14章 土方工程监理

第15章 土建工程监理

第16章 围堰和沉井工程监理

第17章 管道工程监理

第18章 水下工程监理

第19章 地表水、地下水取水构筑物施工监理

第20章 泵房和水塔施工监理

第21章 水池及处理构筑物施工监理

第22章 设备、电气安装工程监理

第23章 给水排水专用设备安装工程监理

第24章 给水排水仪表、控制工程监理

第25章 给水处理厂、污水处理厂厂区工程监理

第 26 章 建筑工程法律法规

附　录

第1章 监理的规范化管理

1.1 监理单位和监理工程师

1.1.1 监理单位

1. 监理单位应当在其拥有的注册资本、专业技术人员和工程监理业绩等条件，申请得到资质等级证书后，方可在许可的监理范围内，从事工程监理活动的企业。监理单位属于技术服务企业。

2. 监理单位应当在其资质等级许可的监理范围内，承担工程监理业务。监理单位应当根据建设单位的委托，客观、公正地执行监理任务。监理单位与被监理工程的承包单位以及建筑材料、建筑构配件和设备供应单位不得有隶属关系或者其他利害关系。监理单位不得转让工程监理业务。

3. 实施建设工程监理前，监理单位必须与建设单位签订书面建设工程委托监理合同，合同中应包括监理单位对建设工程质量、造价、进度进行全面控制和管理的条款。建设单位与承包单位之间与建设工程合同有关的联系活动应通过监理单位进行。

4. 建设工程监理应实行总监理工程师负责制。

5. 监理单位应公正、独立、自主地开展监理工作，维护建设单位和承包单位的合法权益。

6. 监理单位不按照委托监理合同的约定履行监理义务，对应当监督检查的项目不检查或者不按照规定检查，给建设单位造成损失的，应当承担相应的赔偿责任。

7. 监理单位与承包单位串通，为承包单位谋取非法利益，给建设单位造成损失的，应当与承包单位承担连带赔偿责任。

1.1.2 监理单位的监理资质

1. 工程监理的资质等级标准

（1）甲级

1）企业负责人和技术负责人应当具有15年以上从事工程建设工作的经历，企业技术负责人应当取得监理工程师注册证书；

2）取得监理工程师注册证书的人员不少于25人；

3）注册资金不少于100万元；

4）近三年内监理过5个以上二等房屋建筑工程项目或者3个以上二等专业工程项目。

（2）乙级

1）企业负责人和技术负责人应当具有10年以上从事工程建设工作的经历，企业技术负责人应当取得监理工程师注册证书；

2）取得监理工程师注册证书的人员不少于15人；

3）注册资金不少于50万元；

4）近三年内监理过5个以上三等房屋建筑工程项目或者3个以上三等专业工程项目。

（3）丙级

1）企业负责人和技术负责人应当具有8年以上从事工程建设工作的经历，企业技术负责人应当取得监理工程师注册证书；

2）取得监理工程师注册证书的人员不少于5人；

3）注册资金不少于10万元；

4）承担过两个以上房屋建筑工程项目或者1个以上专业工程项目。

2. 工程监理资质申请和审批

（1）工程监理企业的资质申请应向企业所在地县以上政府的建设行政主管部门申请，中央管理的企业直接向国务院建设行政主管部门申请资质，其所属的工程监理企业申请甲级资质的，由中央管理的企业向国务院建设行政主管部门申请，同时向企业注册所在地省、自治区、直辖市建设行政主管部门报告。

（2）新设立的工程监理企业，到工商行政管理部门登记注册并取得企业法人营业执照后，方可到建设行政主管部门办理资质申请手续，并应当向建设行政主管部门提供下列资料：

1）工程监理企业资质申请表；

2）企业法人营业执照；

3）企业章程；

4）企业负责人和技术负责人的工作简历、监理工程师注册证书等有关证明材料；

5）工程监理人员的监理工程师注册证书；

6）需要出具的其他有关证件、资料。

（3）工程监理企业申请资质升级，除向建设行政主管部门提供上面所列资料外，还应当提供下列资料：

1）企业原资质证书正、副本；

2）企业的财务决算年报表；

3）《监理业务手册》及已完成代表工程的监理合同、监理规划及监理工作总结。

（4）甲级工程监理企业资质，经省、自治区、直辖市人民政府建设行政主管部门审核同意后，由建设部组织专家评审，并提出初审意见。其中涉及铁道、交通、水利、信息产业、民航工程等方面工程监理企业资质的，由省、自治区、直辖市人民政府建设行政主管部门征得同级有关专业部门审核同意后，报建设部，由建设部送国务院有关部门初审。建设部根据初审意见审批。审核部门应当对工程监理企业的资质条件和申请资质提供的资料审查核实。

（5）乙、丙级工程监理企业资质，由企业注册所在地省、自治区、直辖市人民政府建设行政主管部门审批。其中交通、水利、通信等方面的工程监理企业资质，由省、自治区、直辖市人民政府建设行政主管部门征得同级有关部门初审同意后审批。

（6）申请甲级工程监理企业资质的，建设部每年定期集中审批一次。建设部应当在工程监理企业申请材料齐全后3个月内完成审批。由有关部门负责初审的，初审部门应当从收齐工程监理企业的申请材料之日起1个月内完成初审。建设部将审批结果通知初审部门。

（7）建设部应当将经专家评审合格和国务院有关部门初审合格的甲级资质的工程监理企业名单及基本情况，在中国工程建设和建筑业信息网上公示。经公示后，对于工程监理企业符合资质标准的，予以审批，并将审批结果在中国工程建设和建筑业信息网上公告。

（8）申请乙、丙级工程监理企业资质的，实行即时审批或者定期审批，由省、自治区、直辖市人民政府建设行政主管部门规定。新设立的工程监理企业，其资质等级按照最低等级核定，并设一年的暂定期。

（9）由于企业改制，或者企业分立、合并后组建设立的工程监理企业，其资质等级根据实际达到的资质条件，按照本规定的审批程序核定。

3. 监理企业资质的管理

（1）监理企业资质的年检

1）甲级监理企业资质，由建设部负责年检。其中铁道、交通、水利、信息产业、民航等方面的监理企业资质，由建设部会同国务院有关部门联合年检。

2）乙、丙级监理企业资质，由企业注册所在地省、自治区、直辖市人民政府建设行政主管部门负责年检。其中交通、水利、通信等方面的工程监理企业资质，由建设行政主管部门会同同级有关部门联合年检。

3）监理企业资质年检程序：

a. 监理企业在规定时间内向建设行政主管部门提交《工程监理企业资质年检表》、《工程监理企业资质证书》、《监理业务手册》以及工程监理人员变化情况及其他有关资料，并交验《企业法人营业执照》；

b. 建设行政主管部门会同有关部门在收到工程监理企业年检资料后 40 日内，对监理企业资质年检作出结论，并记录在《工程监理企业资质证书》副本的年检记录栏内。

4）监理企业资质年检的内容，是检查工程监理企业资质条件是否符合资质等级标准，是否存在质量、市场行为等方面的违法违规行为。

5）监理企业年检结论分为合格、基本合格、不合格。

a. 监理企业资质条件符合资质等级标准，且在过去一年内未发生违反法律法规行为的，年检结论为合格；

b. 监理企业资质条件中监理工程师注册人员数量、经营规模未达到资质标准，但不低于资质等级标准的 80%，其他各项均达到标准要求，且在过去一年内未发生下面 7）所列行为的，年检结论为基本合格；

c. 有下列情形之一的，监理企业的资质年检结论为不合格：资质条件中监理工程师注册人员数量、经营规模的任何一项未达到资质等级标准的 80%，或者其他任何一项未达到资质等级标准，及违反国家法律法规的（已经按照法律、法规的规定予以降低资质等级处罚的行为，年检中不再重复追究）。

6）监理企业资质年检不合格或者连续两年基本合格的，建设行政主管部门应当重新核定其资质等级。新核定的资质等级应当低于原资质等级，达不到最低资质等级标准的，取消资质。

7）工程监理企业申请晋升资质等级，在申请之日前一年内有下列行为之一的，建设行政主管部门不予批准：

a. 与建设单位或者工程监理企业之间相互串通投标，或者以行贿等不正当手段谋取中标的；

b. 与建设单位或者施工单位串通，弄虚作假、降低工程质量的；

c. 将不合格的建设工程、建筑材料、建筑构配件和设备按照合格签字的；

d. 超越本单位资质等级承揽监理业务的；

e. 允许其他单位或个人以本单位的名义承揽工程的；

f. 转让工程监理业务的；

g. 因监理责任而发生过三级以上工程建设重大质量事故或者发生过两起以上四级工程建设质量事故的；

h. 其他违反法律法规的行为。

8）监理企业连续两年年检合格，方可申请晋升上一个资质等级。

9）降级的监理企业，经过一年以上时间的整改，经建设行政主管部门核查确认，达到规定的资质标准，且在此期间内未发生上面 7）所列行为的，可以按照管理办法重新申请原资质等级。

10）在规定时间内没有参加资质年检的监理企业，其资质证书自行失效，且一年内不得重新申请资质。

11）监理企业遗失《工程监理企业资质证书》，应当在公众媒体上声明作废。其中甲级监理企业应当在中国工程建设和建筑业信息网上声明作废。

12）工程监理企业变更名称、地址、法定代表人、技术负责人等，应当在变更后一个月内，到原资质审批部门办理变更手续。其中由国务院建设行政主管部门审批的企业，除企业名称变更由国务院建设行政主管部门办理外，企业地址、法定代表人、技术负责人的变更委托省、自治区、直辖市人民政府建设行政主管部门办理，办理结果向国务院建设行政主管部门备案。

1.1.3 必须实行监理的建设工程

1. 国家重点建设工程，依据《国家重点建设项目管理办法》所确定的对国民经济和社会发展有重大影响的骨干项目。

2. 大中型公用事业工程，是指项目总投资额在 3000 万元以上的下列工程项目：

（1）供水、供电、供气、供热等市政工程项目；

（2）科技、教育、文化等项目；

（3）体育、旅游、商业等项目；

（4）卫生、社会福利等项目；

（5）其他公用事业项目：学校、影剧院、体育场馆项目。

3. 成片开发建设的住宅小区工程。成片开发建设的住宅小区工程，建筑面积在 5 万 m^2 以上的住宅建设工程必须实行监理。5 万 m^2 以下的住宅建设工程，可以实行监理，具体范围和规模标准，由省、自治区、直辖市人民政府建设行政主管部门规定。为了保证住宅质量，对高层住宅及地基、结构复杂的多层住宅应当实行监理。

4. 利用外国政府或者国际组织贷款、援助资金的工程。

（1）使用世界银行、亚洲开发银行等国际组织贷款资金的项目；

（2）使用国外政府及其机构贷款资金的项目；

(3) 使用国际组织或者国外政府援助资金的项目；

(4) 国家规定必须实行监理的其他工程。

5. 项目总投资额在3000万元以上关系社会公共利益、公众安全的下列基础设施项目：

(1) 煤炭、石油、化工、天然气、电力、新能源等项目；

(2) 铁路、公路、管道、水运、民航以及其他交通运输业等项目；

(3) 邮政、电信枢纽、通信、信息网络等项目；

(4) 防洪、灌溉、排涝、发电、引（供）水、滩涂治理、水资源保护、水土保持等水利建设项目；

(5) 道路、桥梁、地铁和轻轨交通、污水排放及处理、垃圾处理、地下管道、公共停车场等城市基础设施项目；

(6) 生态环境保护项目和其他基础设施项目。

1.1.4 监理费的计取

工程建设监理费，根据委托监理业务的范围、深度和工程的性质、规模、难易程度以及工作条件等情况，按照下列方法之一计收：

1. 建设部规定监理收费标准

(1) 按所监理工程概（预）算计收费标准（表1-1）。

表1-1

序号	工程概(预)算 M(万元)	设计阶段(含设计招标)监理取费 a(%)	施工(含施工招标)及保修阶段监理取费 b(%)
1	$M<500$	$0.20<a$	$2.50<b$
2	$500\leqslant M<1000$	$0.15<a\leqslant 0.20$	$2.00<b\leqslant 2.50$
3	$1000\leqslant M<5000$	$0.10<a\leqslant 0.15$	$1.40<b\leqslant 2.00$
4	$5000\leqslant M<10000$	$0.08<a\leqslant 0.10$	$1.20<b\leqslant 1.40$
5	$10000<M<50000$	$0.05<a<0.08$	$0.08<b<1.20$
6	$50000\leqslant M<100000$	$0.03<a\leqslant 0.05$	$0.60<b\leqslant 0.80$
7	$100000\leqslant M$	$a\leqslant 0.03$	$b\leqslant 0.60$

(2) 按照参与监理工作的年度平均人数计算：3.5～5万元/(人·年)；

(3) 不宜按(1)、(2)两项办法计收的，由建设单位和监理单位按商定的其他方法计收。

(4) 以上(1)、(2)两项规定的工程建设监理收费标准为指导性价格，具体收费标准由建设单位和监理单位在规定的幅度内协商确定。中外合资、合作、外商独资的建设工程，工程建设监理费由双方参照国际标准协商确定。工程建设监理费用于监理工作中的直接、间接成本开支，交纳税金和合理利润。

2. 上海市监理费的计取

(1) 施工招标阶段的监理费按不超过工程造价的0.1%收取，如由有从事工程招投标资质的咨询监理服务的单位专门组织施工招标工作，可按本市工程施工招投标管理办法的有关收费标准计收。

(2) 施工和保修阶段的监理费

工程造价的比例计取的监理费（表1-2）。

表 1-2

序　　号	工程造价(万元)		监理取费(%)
1	500	500	2.5
2	500～1000	600	2.38
		700	2.26
		800	2.14
		900	2.02
		1000	1.9
3	1000～5000	2000	1.75
		3000	1.60
		4000	1.45
		5000	1.30
4	6000～10000	6000	1.26
		7000	1.22
		8000	1.18
		10000	1.10
5	10000～50000	20000	1.0
		30000	0.9
		40000	0.8
		50000	0.7
6	50000～100000	60000	0.66
		70000	0.62
		80000	0.58
		90000	0.54
		100000	0.50

(3) 委托监理内容只限于施工阶段质量控制，监理费按不高于上列取费的 80%计取。中外合作、合资或外商独资的工程项目，监理费按上列取费的 150%～200%计取。

1) 按照参与监理工作年度平均人数计取

监理费为 3.5～5 万元/(人·年)，同时应参照物价上涨指数进行调整。

2) 工程测试费用应另行计取。

3) 所列的监理收费标准允许有上、下浮动，但浮动的下限不得大于按标准计取监理费总额的 5%，建设单位与监理单位不得以任何名义合分监理费。

1.1.5 监理工程师资格

1. 监理工程师资格

监理工程师系岗位职务，是指经全国统一考试合格并经注册取得《监理工程师岗位证书》的工程建设监理人员。监理工程师按专业设置岗位。监理工程师资格考试，在全国监理工程师资格考试委员会的统一组织指导下进行，全国监理工程师资格考试委员会由国务院建设行政主管部门和国务院有关部门工程建设、人事行政管理的专家组成。省、自治区、直辖市及国务院有关部门成立地方或部门监理工程师资格考试委员会，分别负责本行政区域内地方工程建设监理单位或本部门直属工程建设监理单位的监理工程师资格考试工作。地方或部门监理工程师资格考试委员会的成立，应报全国监理工程师资格考试委员会备案。

2. 监理工程师资格考试和核发证书

（1）监理工程师资格考试委员会为非常设机构，于每次考试前 6 个月组成并开始工作。全国监理工程师资格考试委员会的主要任务是：制定统一监理工程师资格考试大纲和有关要求；确定考试命题，提出考试合格的标准；监督、指导地方、部门监理工程师资格考试工作，审查、确认其考试是否有效；向全国监理工程师注册管理机关书面报告监理工程师资格考试情况。地方和部门监理工程师资格考试委员会的主要任务是：根据监理工程师资格考试大纲和有关要求，发布本地区、本部门监理工程师资格考试公告；受理考试申请，审查参考者资格；组织考试，阅卷评分和确认考试合格者，向本地区或本部门监理工程师注册机关书面报告考试情况；向全国监理工程师资格考试委员会报告工作。

（2）参加监理工程师资格考试者，必须具备以下条件：

1）具有高级专业技术职称、或取得中级专业技术职称后具有 3 年以上工程设计或施工管理实践经验；

2）在全国监理工程师注册管理机关认定的培训单位经过监理业务培训，并取得培训结业证书；

3）参加监理工程师资格考试者，由所在单位向本地区或本部门监理工程师资格考试委员会提出书面申请，经审查批准后，方可参加考试。

（3）经监理工程师资格考试合格者，由监理工程师注册机关核发《监理工程师资格证书》。

（4）《监理工程师资格证书》的持有者，自领取证书起，如 5 年内未经注册，其证书失效。《监理工程师资格证书》式样由国务院建设行政主管部门统一制定。

1.1.6　监理工程师注册

1. 注册申报程序和备案

申请监理工程师注册，须由本人书面申请，由申请者所在监理单位统一向本地区、本部门的监理工程师注册机关申报。

监理工程师注册机关收到申请后，进行审查。对符合条件的，根据全国监理工程师注册管理机关批准的注册计划择优予以注册，颁发《监理工程师岗位证书》，并报全国监理工程师注册管理机关备案。《监理工程师岗位证书》式样由国务院建设行政主管部门统一制定。国务院建设行政主管部门为全国监理工程师注册管理机关。

2. 监理工程师的注册

（1）申请监理工程师注册的必备条件

1）热爱中华人民共和国，拥护社会主义制度，遵纪守法，遵守监理工程师职业道德；

2）男性年龄在 65 岁以下、女性年龄在 60 岁以下，身体健康，胜任工程建设现场监理工作；

3）已取得《监理工程师资格证书》；

4）现为监理单位的在职人员，且在实际监理工作中没有发生过重大工作责任过失。

（2）监理工程师的工作纪律

1）必须遵守国家的法律、行政法规及地方政府所颁发的规定、条例、办法等；

2）必须履行监理委托合同中规定的业务、完成所承诺的全部服务和应承担的责任；

3）不得徇私舞弊。监理委托合同中确定的监理酬金是监理方从事监理活动的唯一报酬。除此之外，监理方不允许接受与合同有关的或与其所承担义务有关的任何佣金、回扣、津贴或任何非直接支付以及出于任何其他考虑的费用。

a. 不得在政府机关或施工、设备材料供应单位兼职；不得是施工、设备制造和材料、构配件供应单位的合伙经营者；不得在影响公正执行监理业务的单位兼职；不允许泄露所监理项目的商务机密；

b. 在发表与监理服务工作有关的论文时，需经建设单位认可；

c. 必须坚持科学态度，主动积极、热情服务、勤奋刻苦、虚心谨慎地工作；

d. 不得玩忽职守，损害公共利益；不得出卖、出借、转让、涂改监理工程师有关证书；不得以个人名义接受监理业务的委托。

3. 监理工程师注册的管理

（1）已经取得《监理工程师资格证书》但未经注册的人员，不得以监理工程师的名义从事工程建设监理业务。已经注册的监理工程师，不得以个人名义私自承接工程建设监理业务。

（2）监理工程师注册机关每5年对持《监理工程师岗位证书》者复查一次。对不符合条件的，注销注册，并收回《监理工程师岗位证书》。

（3）监理工程师退出、调出所在的工程建设监理单位或被解聘，须向原注册机关交回其《监理工程师岗位证书》，核销注册。核销注册不满5年再从事监理业务的，须由拟聘用的工程建设监理单位向本地区或本部门监理工程师注册机关重新申请注册。

（4）国家行政机关现职工作人员，不得申请监理工程师注册。

（5）违反本办法，有下列行为之一的，由监理工程师注册机关根据情节，分别给予停止执业、收缴《监理工程师资格证书》、收缴《监理工程师岗位证书》、限期4年不准参加考试或注册的处罚，并可处以罚款：

1）未经注册，以监理工程师的名义从事监理业务的；

2）以监理工程师个人名义承接工程监理业务的；

3）以不正当手段取得《监理工程师资格证书》或《监理工程师岗位证书》的。

（6）因监理工程师的过错造成利害关系人严重经济损失的，除追究其所在单位经济责任外，还应撤消其注册，收缴其《监理工程师岗位证书》。构成犯罪的，由司法机关依法追究其刑事责任。

（7）监理工程师资格考试委员会成员及监理工程师注册机关工作人员泄露监理工程师资格考试内容，在监理工程师资格考试或注册中违反有关规定的，应由其所在单位给予行政处分。对于监理工程师资格考试委员会成员，应取消其考试委员会成员资格。

1.2 监理机构

1.2.1 项目监理机构

1. 监理单位履行施工阶段的委托监理合同时，必须在施工现场建立项目监理机构。项目监理机构在完成委托监理合同约定的监理工作后可撤离施工现场。

2. 项目监理机构的组织形式和规模，应根据委托监理合同规定的服务内容、服务期限、工程类别、规模、技术复杂程度、工程环境等因素确定。项目监理机构的监理人员应专业配套、数量满足工程项目监理工作的需要。项目监理机构的组织形式通常采用如下形式：

（1）按监理职能设置的组织形式（图 1-1）

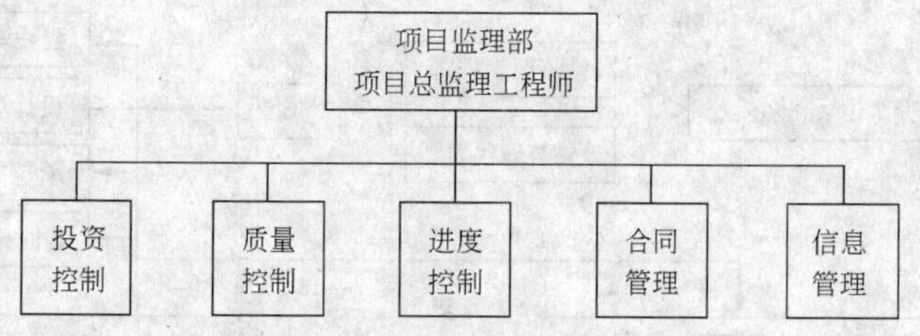

图 1-1 按监理职能设置的组织形式图

（2）按监理子项设置的组织形式（图 1-2）

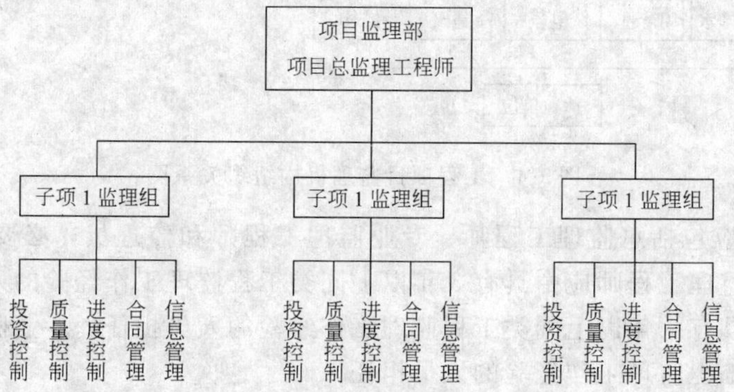

图 1-2 按监理子项设置的组织形式图

对于大型项目建设监理机构，在同时管理若干监理项目时，每个项目设子项监理组，致力于子项投资、质量、进度控制、合同及信息管理。这种是属两级监视的组织形式。

（3）按矩阵式的监理组织形式（图 1-3）

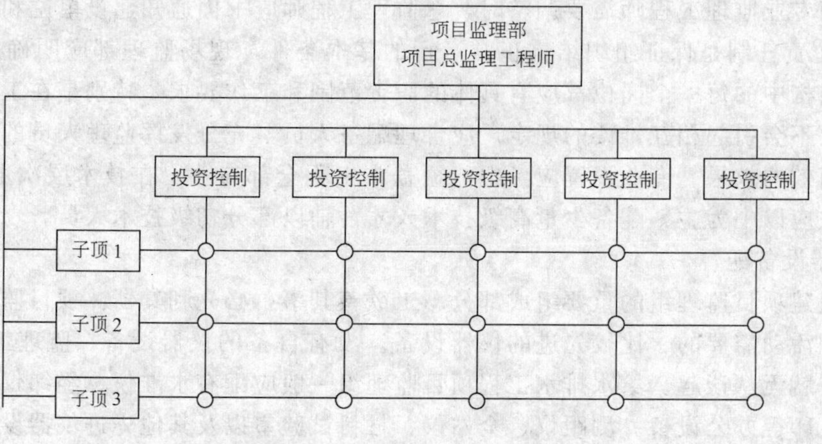

图 1-3 按矩阵式的监理组织形式图

矩阵制监理组织形式是按监理只能及按子项设置的监理组织的综合形式。它适用于大型监理项目，既有利于各子项监理工作的责任制，又有利于职能管理，使监理工作规范化。

(4) 工程项目监理机构组织关系图（图 1-4）

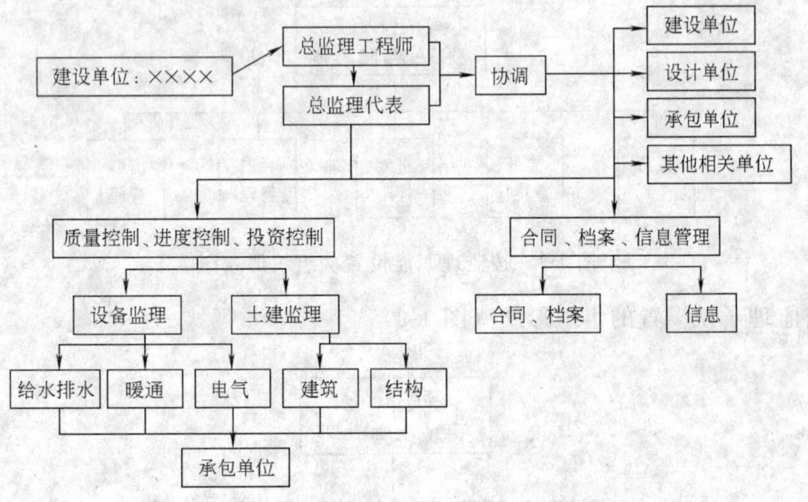

图 1-4 工程项目监理机构组织关系图

3. 监理人员应包括总监理工程师、专业监理工程师和监理员，必要时可配备总监理工程师代表。总监理工程师应由具有 3 年以上同类工程监理工作经验的人员担任，总监理工程师代表应由具有两年以上同类工程监理工作经验的人员担任，专业监理工程师应由具有一年以上同类工程监理工作经验的人员担任。

4. 目前，绝大多数项目监理的组织结构都是线性的，其核心是总监负责制，即由总监理工程师代表监理单位发出最终指令并承担全部监理责任。线性结构指令关系明确，指令传递流畅，是符合给水排水工程建设需要和监理实际水平的组织结构。

5. 监理单位应将项目监理机构的组织形式、人员构成及对总监理工程师的任命书面通知建设单位。当总监理工程师需要调整时，监理单位应征得建设单位同意并书面通知建设单位。当专业监理工程师需要调整时，总监理工程师应书面通知建设单位和承包单位。

6. 岗位责任制是保证组织结构正常运行的基本条件，现场监理部应明确岗位分工职责，组织结构中的每一个岗位都应有具体的职责范围和工作要求，特别是在工作交点上应有明确的、不会引起相互推诿的规定。应合理配备人员，充分发挥监理人员的能力，以达到精干、高效的效果。专业设置应考虑能覆盖本工程全部专业。在技术层次上，高、中、初三个层次应以中为主，配备少量高级技术人才，辅以部分初级技术人员。

7. 仪器设备配置

这是组建项目监理组的重要组成部分。工欲善其事，必先利其器。项目监理组应配备能满足监理活动需要的、比较先进的仪器设备。没有自备的仪器设备，监理工作的公正、客观、权威就无从谈起。给水排水工程项目监理组一般应配有水准仪、经纬仪等测量仪器和电脑、打印等办公设备。测距仪、全站仪、材料试验室以及其他先进仪器设备也已被越来越多的监理单位所接受，为提高监理工作水平、增强控制能力提供了技术保证。

8. 制定监理内部工作制度

项目监理组要能够高效地开展工作，除了要有分工和岗位责任制以外，内部管理制度也是必不可少的。监理组的内部管理制度一般应包括：

(1) 监理工作纪律。即根据监理人员职业守则和本单位有关规章制度制定的监理人员工作守则；

(2) 监理组考勤作息制度。对上下班时间安排、值班、请假、休息以及出勤考核等做出规定；

(3) 内部工作流程。由于现场监理组一般按线性结构进行管理，各专业监理人员独立承担分管工作并对总监理工程师负责，因此对一些需要几个或全体监理人员参与的工作，或一些需上、下反复几次的工作，应该有内部工作流程，以防止出现扯皮或疏漏。例如，监理日记由谁来记、记什么，反映的情况由谁来处理等，应通过内部流程来加以明确；

(4) 仪器设备管理制度。随着现场监理组配备的仪器设备数量增多、品种齐全、价值贵重，而施工现场的使用环境相对较差，仪器的管理尤为重要。应对仪器设备的使用、保养、检修等做出明确而具体的规定，以保证监理工作的正常开展；

(5) 文档管理制度。现场监理组在工作中的监理文件，有的需长久保存，有的只要临时留底，有些是来往文件，也有些是监理组内部文件等等。对此，监理组应制定文档管理制度，做好文件的汇总与分类管理，包括文件的起草、传阅、收发、归档、分类、保管等，保证在监理工作结束时形成一套完整的监理档案。

1.2.2 监理人员的职责与构成

1. 监理人员组成

现场监理组一般由总监理工程师、专业监理工程师和监理员组成，必要时可配备总监理工程师代表。其人数的多少取决于工程量大小、专业范围、难易程度、地理位置及工期长短等。一般应在监理合同中约定，或由监理单位在监理投标文件中做出承诺并作为合同条款的一部分。除人员数量外，人员素质特别是总监理工程师专业素质和资质条件、监理组织结构、仪器设备配置等都是在组建时应重点考虑的问题。一名总监理工程师只宜担任一项委托监理合同的项目总监理工程师工作。当需要同时担任多项委托监理合同的项目总监理工程师工作时，须经建设单位同意，且最多不得超过3项。

2. 监理人员的专业素质与执业资格

(1) 监理人员必须有某一方面的专业经历（学历、特别是工作经历），其证明文件就是本人的技术职称证书。

(2) 专业经历应与将要从事的监理工作相符或基本相符，如专业不对口，则技术职称高低并无实际意义。

(3) 监理人员的执业资格

监理人员必须经过监理业务培训、参加国家组织的监理工程师考试并获得通过、在某个监理单位注册登记后，方才获得执业资格。

(4) 专业技能和执业资格，两者缺一不可。根据每个人在监理组织结构中岗位的不同，对专业技能和执业资格的要求也不同。总监理工程师作为监理单位的全权代表，对整个监理工作负责，其资质要求很高。一般要求担任给水排水工程的总监理工程师，必须同时具备高级技术职称和监理工程师执业资格；对专业监理工程师，则应具有中级以上技术职称和国家监理工程师资格；监理员应由经过监理业务培训并获得监理员资质的一般专业技术人员担任。

3. 监理工程师的岗位职责

监理工程师按专业设置岗位。工程项目建设监理实行总监理工程师负责制。总监理工程师行使合同赋予监理单位的权限，全面负责受委托的监理工作。

(1) 总监理工程师的主要职责：

1) 确定项目监理机构人员的分工和岗位职责；

2) 主持编写项目监理规划、审批项目监理实施细则，并负责管理项目监理机构的日常工作。审查分包单位的资质并提出审查意见；

3) 监督监理人员的工作，根据工程项目的进展情况可进行监理人员调配，对不称职的监理人员应调换其工作；

4) 主持监理工作会议，签发项目监理机构的文件和指令；

5) 审定承包单位提交的开工报告、施工组织设计、技术方案、进度计划；

6) 审核签署承包单位的申请、支付证书和竣工结算；

7) 审查和处理工程变更；

8) 主持或参与工程质量事故的调查；

9) 调解建设单位与承包单位的合同争议、处理索赔、审批工程延期；

10) 组织编写并签发监理月报、监理工作阶段报告、专题报告和项目监理工作报告；

11) 审核签认分部工程和单位工程的质量检验评定资料，审查承包单位的竣工申请，组织监理人员对待验收的工程项目进行质量检查，参与工程项目的竣工验收；

12) 主持整理工程项目的监理资料。

(2) 总监理工程师代表的主要职责：

1) 负责总监理工程师指定或交办的监理工作；

2) 按总监理工程师的授予，行使总监理工程师的部分职责和权力。但总监理工程师不得将下列工作委托总监理工程师代表：

a. 主持编写项目监理规划、审批项目监理实施细则；

b. 签发工程开工/复工报审表、工程暂停令、工程款支付证书、工程竣工报验单；

c. 审核签认竣工结算；

d. 调解建设单位与承包单位的合同争议、处理索赔、审批工程延期；

e. 根据工程项目的进展情况进行监理人员的调配，调换不称职的监理人员。

(3) 专业监理工程师的主要职责：

1) 负责编制本专业的监理实施细则；

2) 负责本专业监理工作的具体实施；

3) 组织、指导、检查和监督本专业监理员的工作，当人员需要调整时，向总监理工程师提出建议；

4) 审查承包单位提交的涉及本专业的计划、方案、申请、变更，并向总监理工程师提出报告；

5) 负责本专业分项工程验收及隐蔽工程验收；

6) 定期向总监理工程师提交本专业监理工作实施报告，对重大问题及时向总监理工程师汇报和请示；

7）根据本专业监理工作实施情况做好监理日记；

8）负责本专业监理资料的收集、汇总及整理，参与编写监理日报；

9）检查进场材料、设备、构配件的原始凭证、检验报告等质量证明文件及其质量情况，根据实际情况，认为有必要时，对进场材料、设备、构配件进行平行检验，合格时予以签认；

10）负责本专业的工程计量工作，审核工程计算的数据和原始凭证。

（4）监理员的主要职责：

1）在专业监理工程师的指导下开展现场监理工作；

2）检查承包单位投入工程项目的人力、材料、主要设备及其使用、运用状况，并填写检查记录；

3）复核或从施工现场直接获取工程计量的有关数据并签署原始凭证；

4）按设计图及有关标准，对承包单位的工艺过程或施工工序进行检查和记录，对加工制作及工序、施工质量检查结果进行记录；

5）担任旁站工作，发现问题及时指出，并向专业监理工程师报告；

6）做好监理日记和有关的监理记录。

1.2.3　监理设施与设备

1. 监理设施

（1）建设单位应提供委托监理合同约定的满足监理工作需要的办公、交通、通讯、生活设施。项目监理机构应妥善保管和使用建设单位提供的设施，并应在完成监理工作后移交建设单位。

（2）项目监理机构应根据工程项目类别、规模、技术复杂程度、工程项目所在地的环境条件，按委托监理合同的约定，配备满足监理工作需要的常规检测设备和工具。

（3）在给水排水工程项目的监理工作中，项目监理机构应实施监理工作的计算机辅助管理。

2. 仪器设备配置

（1）项目监理部应配备能满足监理活动需要的、比较先进的仪器设备，给水排水工程项目监理部一般应配有：

1）水准仪、经纬仪、全站仪等测量仪器；

2）电脑、打印、照相机、摄像机、扫描仪等办公设备；

3）其他先进仪器设备。

（2）仪器设备配置样例（表1-3）

表 1-3

分　类	型　号	生产年份	自购或租赁	台　数
电脑	586	2004	购	1
打印机	Canon	2003	自购	1
照相机	理光	2004	自购	1
水准仪	DS3	1999	自购	2

续表

分　类	型　号	生产年份	自购或租赁	台　数
多功能垂直校正器		2002	自购	2
工程质量检测器	JZD	2004	自购	1套
工程检测组合工具		2003	自购	1套
内外直角尺、钢直尺		2003	自购	数套
焊缝检验尺		1998	自购	3套
塞规、钢卷尺等常用工具		1998	自购	数只
手提电话	Cd928	2004	自购	6

1.2.4 监理机构样例（图 1-5）

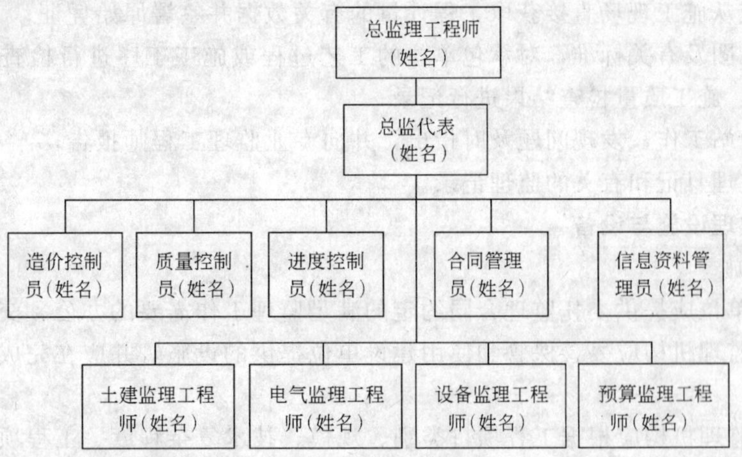

图 1-5　监理机构样例

1.3　监理目标和监理措施

1.3.1　造价控制目标

1. 施工监理中的造价控制，其核心是对工程计量与支付的监督与管理。要做好这项工作，应该熟悉合同文件，特别是熟悉监理工程师在计量与支付方面的职责权限。在此基础上，根据合同制定计量与支付程序。在工程计量中，施工单位和监理工程师双方均应在工程计量文件上签字。在费用支付时，监理人员应严格执行支付程序，按规定的支付时间、支付范围、支付方法进行各种款项的支付。监理人员应熟悉工程中包括的所有支付项目，以确保费用支付的合理与必要。

2. 在给水排水工程施工阶段，建设资金大量投入，除了按合同条款支付工程款项之外，还可能发生各种费用，因此，施工监理造价控制主要是费用控制和对各种费用的支付实施监管。控制的目标就是工程承包合同价，要在确保工程项目进度、质量目标的前提下，以科学、公正的原则协调和处理合同双方之间的收支行为，控制可能发生的新增费用，使工程的实际价尽可能接近合同价。

1.3.2 进度控制目标

1. 工程进度的监理控制，主要是通过对施工单位的施工进度计划进行审批、对计划实施过程的监控以及根据实际进展对计划进行调整来实现。施工进度计划应由施工单位根据承包合同中承诺的工期来编制，经监理人员审批后实施。由于给水排水工程施工往往要相互交差、相互影响，如污水处理厂工程、水池及处理构筑物、泵站及雨水泵站、沉井工程、管道工程等，同时也受到工程地质、条件和施工环境的严重制约，工程进度计划容易出现偏差。监理人员应根据施工实际进度，定期对照实际值与计划值的差异，分析原因并做出调整措施。

2. 给水排水工程建设周期长，而施工阶段工期的长短在很大程度上决定了该项目建设周期的长短，直接影响到建设单位和施工单位的利益，甚至会产生重大的社会影响。工期过短会使质量下降或费用增加，而工期过长则会因人力物力的浪费而造成成本上升，质量也可能因工序之间的脱节、施工人员的松懈而下降，同时还会造成不良的社会影响。因此，施工阶段工期的控制的目标就是以事前控制为主，通过计划、组织、协调、检查与调整等手段，调动一切积极因素，努力实现各个施工阶段工期目标，确保总工期目标的实现。

1.3.3 质量控制目标

1. 施工阶段是工程质量的实际形成阶段，因此施工阶段的质量控制是施工监理的最重要工作，是施工监理的核心任务。特别是在目前的中国国情下，质量控制活动要占整个监理活动的70％～80％。一项工程的质量是由每道施工工序的质量组成的，而工序质量的好坏，取决于施工人员的素质和施工管理的完善与否。因此，施工阶段质量控制的目标是以合同条款、技术规范和设计文件为依据，以工序质量控制为核心，通过抓施工人员的工作质量来保证工序质量，最终确保工程质量达到设计要求，使之能安全、舒适、可靠、高效地使用。

2. 施工质量监理是一项全过程的工作，这里包含两层意思：一是指时间的概念，即从工程开工到工程竣工验收结束这一段时间中的所有施工活动；二是物的概念，即所有的材料、制品（包括设备）从进入工地起直至被用于工程上的全部过程。具体地说，施工质量监理要控制的就是影响质量的5个因素：人（Man）、材料（Material）、机械（Machine）、方法（Method）、和环境（Environment），即所谓的4M1E。

在质量监理中，要强调事前控制和主动监理，即通过预控措施和及时的反馈调整，杜绝或减少质量隐患发生的机率。同时质量监理应与工程计量支付挂钩，使其对施工单位形成有效的约束机制。

1.3.4 监理目标控制的方法

由于工程项目的一次性特点，给工程建设带来了大量不确定因素，其中有些会给工程造成消极的甚至是灾难性的影响，这就是风险。工程建设中存在风险是不可避免的，目标控制就是要尽量避免或减少因风险而造成的损失。目标控制的方法通常有前馈控制（相当于事前控制）、反馈控制（相当于事中控制和事后控制）。也就是说，前馈控制要求事前对可能出现的风险作出预测，并制定出相应的纠偏措施。反馈控制则是根据过程中出现的偏差，分析原因，采取措施来纠正偏差、避免或减少损失。前者是主动的，要求很高，但不可能对所有的风险都作出预测，后者是被动的，但针对性强。因此要将两种控制方法结合起来，才能取得良好的控制效果。

1.3.5 监理措施

1. 投资控制措施。建立健全监理组织，完善职责分工及有关制度。落实投资控制的责任。审核施工组织设计和施工方案，合理开支施工费用，以及按合理工期组织施工，避免不必要的赶工费。及时进行计划费用与实际开支费用的比较分析。按合同条款支付工程款，防止过早、过量的现金支付，减少对方提出索赔的条件和机会，正确地处理索赔等。

2. 质量控制措施。建立健全监理组织，完善职责分工与有关质量监督制度。落实质量控制的责任。严格事前、事中、事后的质量控制，严格质量检验验收，不符合合同规定质量要求的拒付工程款。特别加强对国外设备的验收和调试监理，同时组织建设单位技术人员介入设备安装过程，使建设单位尽快掌握国外设备的使用和管理，并积极进行索赔和反索赔。

3. 进度控制措施。认真、严格审查承包人的施工组织设计，对整个工程特别是与国外设备安排配套的工程的进度安排和保证，以避免因国内配套工程推迟了国外设备安装计划。落实进度控制的责任，建立进度控制协调制度。建立承包人作业计划体系及增加同步作业的施工面。要求采用高效能的施工机械设备和施工新工艺、新技术，缩短工艺过程间和工序间的技术间隙时间。对拖延工期者进行必要的经济处罚。按合同要求及时协调有关各方的进度，以确保形象进度，总进度与施工组设计相一致。

4. 合同管理措施

1）及时向各方索取合同副本，了解并掌握合同的内容，特别是国外厂商的合同及产品样本和技术要求，以便进行合同的跟踪管理。包括合同各方执行情况检查，向有关单位及时准确反映合同执行情况的信息。减少工程操作中的随意性，确保工程在合同的规范管理中进行。

2）根据合同工期要求，督促承包人落实工程进度计划。根据工程计划进行实际值与计划值比较、分析，提出监理意见，并准确及时提供合同执行情况的有关资料。

5. 信息管理措施

1）建立信息编码系统。根据工程的特点，将三个控制的目标进行整体切块，并层层分解，再按各自特点进行管理；

2）明确监理工作中的信息流程。按质量、进度、投资、控制流程，进行规范的操作；

3）制定监理信息的采集制度。监理将设专人对气象记录、施工纪录、工程质量纪录、工程计量和工程款记录等进行跟踪管理；

4）利用高效的信息处理手段来处理信息。在信息处理上，利用人工处理和计算机处理相结合的原则，对采集来的信息进行分类、归整，并依据信息的来源，迅速、及时给予处理，给监理决策提供有力的依据。

6. 安全管理措施

1）在施工组织设计中应有安全生产的组织与技术措施，严格贯彻“建筑安装工程安全技术规程”和“建筑安装工人安全操作规程”。特别加强城区内管网改造和新建工程的安全；

2）按照“谁管生产谁管安全”的原则，督促承包人建立安全生产保证体系、安全生产教育制度和安全生产责任制。对于危险部位的作业，要有专项安全生产的技术措施。

1.4　施工阶段监理的主要工作

1.4.1　施工阶段质量控制的主要工作

1. 施工监理工作的总程序（图 1-6）。

2. 施工过程质量控制。对施工过程的检查，是质量监理最重要的工作之一，检查手段通常采用巡视、旁站、平行检测三种方法。主要工作如下：

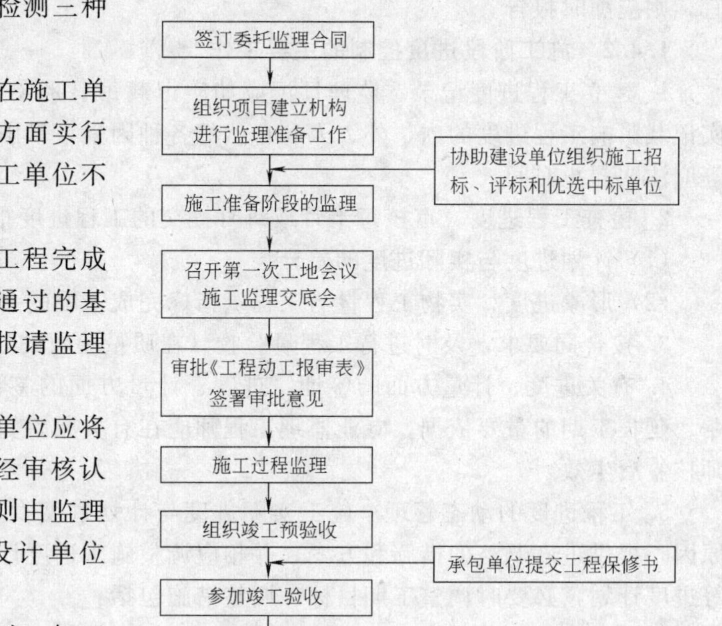

图 1-6　施工监理工作的总程序图

（1）实行监理审批制度。在施工单位工序交接、材料设备进场等方面实行监理检查审批，未经同意，施工单位不得做下一步工作。

（2）隐蔽工程验收。隐蔽工程完成后，施工单位应在自检、专检通过的基础上，填写隐蔽工程验收单，报请监理人员验收。

（3）工程变更处理。施工单位应将有关变更申请提交监理人员，经审核认可后实施。如需报设计单位，则由监理人员与建设单位协商后再与设计单位联系。

（4）工程质量缺陷处理。对一般工程质量问题，由监理人员发出整改指令，施工单位完成整改后应经监理人员确认。对工程质量事故，施工单位应立即向监理人员报告，监理单位应提出对事故原因、责任的分析及事故处理方案，负责对处理措施落实情况的检查。

（5）发布停工整改指令。对施工单位严重违反质量管理要求，或出现质量下降征兆而无相应措施时，监理人员可下达停工整改指令，如：

1）未经检查审批，擅自进行下一道工序施工；

2）擅自采用未经认可或批准的材料、设备；

3）擅自变更设计图纸规定；

4）擅自将工程转包；

5）让未经批准的分包单位进场施工；

6）质量下降，经指出后，未采取措施或效果不好而继续施工；

7）无可靠措施贸然施工，质量已呈下降趋势；

8）其他对质量有明显影响的施工活动。

（6）工程计量中的质量否决。监理人员有权对施工单位的工程进度款支付申请中质量不符合要求部分予以否决。

（7）建立质量监理日记。现场监理人员应逐日记载工程质量动态及影响因素的情况。

（8）组织现场质量协调会。监理人员应定期组织质量协调会，每次会议后都要印发会议纪要。

（9）定期向建设单位报告工程质量动态情况。监理人员应定期（每月、每半月或每旬）向建设单位报告工程质量方面的情况。如发生重大质量事故或其他有关质量的重大事宜，则应随时报告。

1.4.2 施工阶段进度控制的主要工作

1. 建立工程进度记录。监理日记应如实记载每日形象部位及完成的实物工程量，如实记载影响工程进度的内、外、人和自然的各种因素。暴雨、大风、现场停水、现场停电等应注明起止时间。

2. 检查工程进度。审核每半月或每月提交的工程进度报告，审核要点是：

（1）计划进度与实际进度的差异。

（2）形象进度、实物工程量与工程量指标完成情况的一致性。

3. 按合同要求，及时进行工程量验收（在质量验收的基础上）。

4. 有关进度、计量方面的签证。进度、计量方面的签证是支付工程进度款、计算索赔、延长工期的重要依据。专业监理工程师应在有关原始凭证上签字，最后由总监理工程师核签后生效。

5. 工程进度的动态管理。施工实际进度与计划进度发生差异时，应分析产生差异的原因，提供进度调整的措施和方案，并相应调整施工进度计划及设计、材料、设备、资金等进度计划，必要时调整工期目标。调整措施包括：

（1）技术措施：缩短工艺时间、减少施工间歇期、实行平行流水立体交叉作业等。

（2）组织措施：增加作业班组、增加工作人员、增加工作班次等。

（3）经济措施：实行包干奖金、提高奖金水平等。

（4）其他配套措施：改善外部配合条件、改善劳动生活条件、实施强有力的调度等。如总工期已被突破，则应制定相应的补救措施。

6. 工程进度款的支付签署进度、计量方面的认证意见。

7. 组织现场协调会。现场协调会的内容：

（1）协调总承包单位不能解决的内外关系问题。

（2）上次协调会执行结果的检查。

（3）现场有关重大事宜。每次现场协调会应印发会议纪要。

8. 定期向建设单位报告有关工程进度情况，一般每月报告一次。

1.4.3 施工阶段投资控制的主要工作

1. 熟悉合同文件、设计图纸、设计要求，特别是要熟悉有关部门监理工程师在计量支付方面的职责权限条款，分析合同价构成要素，明确工程费用最易被突破的部分和环节，以确定费用控制重点。

2. 熟悉所有支付项目及计算方法，并根据合同条款，制定工程计量和支付程序，使工程费用监理科学化、规范化、提高透明度。

3. 预测工程风险，分析可能发生索赔的诱因，并制定相应的防范对策，减少施工单位向建设单位索赔的可能性。

4. 制定内部工作制度，建立计量支付台账和工作记录，将已完成计量的所有工程内容登记在册，以便同施工单位每月提交的完成工程量清单对照检查，同时还应对施工中涉及付款的一切事项做详细记录，便于解决今后可能产生的支付纠纷。

5. 工程计量按合同规定定期进行，计量单位应有监理工程师和施工单位双方签字，当期完成的工程数量以监理工程师核定的为准。

6. 严格签证，对涉及费用的工程变更、设计修改、用工变化、材料设备更换替代、工期延期等签证应慎重，事前应经过技术经济合理性分析，采用相应的防范对策，并及时与建设单位沟通。

7. 工程费用的支付是费用监理的最后一个环节，应严格按支付程序仔细审查应支付的各项费用，及时完成有关签字手续。

8. 不定期地进行工程费用超支分析，有针对性地制定控制措施，并向建设单位提供分析结果。

1.4.4　常用的监理用表

1. 监理通知回复单

（1）监理通知回复单填写要求

1）本表是承包单位收到《监理通知》并按通知要求完成了相应的工作后，对监理单位的回复；

2）建设单位、承包单位、工程名称均应与相关合同所填写的名称一致；

3）“详细内容”栏的填写应针对监理通知所提问题，写明产生的原因分析、整改经过、整改结果及预防措施等；

4）由签发监理单位通知监理工程师审核填写复查意见，并签字，必要时由总监理工程师审核并签认。

（2）监理通知回复单表（表 1-4）

表 1-4

监理通知回复单 表 B2—15(A6 监)		编号	
工程名称	北京××工程	日期	2003—05—10
致 北京××监理公司 (监理单位)： 我方接到第(03—002)号监理通知后，已按要求完成了对一区Ⅱ段给水系统干管安装的质量问题的整改工作，特此回复，请予以复查。 详细内容： 我项目部收到《监理通知》后，立即组织有关人员对一区Ⅱ段已完成的给水系统干管安装工程进行全面质量复查，并发现问题 6 处。已经进行整改处理：管材等退回××物资公司，立即进厂验收合格的管材，并安装完毕。经自检达到规范要求，同时对水暖工长及其班组进行质量教育，提高质量意识，杜绝此类问题，确保工程质量。 承包单位名称：北京××建筑工程公司　　项目经理(签字)：×××			
复查意见： 对《监理通知》提出问题，进行全面整改处理，达到施工质量规范要求。 监理工程师(签字)：×××　　日期：2003—05—11 监理单位名称：北京××监理公司　总监理工程师(签字)：×××　日期：2003—05—11			

注：本表由承包单位填报，建设单位、监理单位、承包单位各存一份。

2. 监理单位用的监理通知

（1）监理通知是重要用表，是项目监理部针对施工中出现的各种问题而发给承包单位要求进行整改的指令性文件，监理单位使用时，应避免出现两个极端，即“过滥”或不发，并且维护监理通知的权威性。

（2）填写要求：

1）事由：应填写通知内容的主题词，可包含简单的原因，如“关于回填土的质量问题”、“关于钢筋的质量问题”、“关于工程的进度问题”等，点明原因的主题，相当于标题；

2）内容：应写明发生问题的具体部位和具体内容，并写明监理工程师的要求以及依据；

3）监理通知在发出前必须经总监理工程师同意，当总监理工程师认为必要时应签字。

（3）监理通知用表（表 1-5）

表 1-5

<table>
<tr><td colspan="2">监理通知
表 B2—16(B1 监)</td><td>编号</td><td></td></tr>
<tr><td>工程名称</td><td>北京××工程</td><td>日期</td><td>2003—05—08</td></tr>
<tr><td colspan="4">致 北京××建筑工程公司 （承包单位）：
事由：
关于一区Ⅱ段给水系统干管材质及安装的质量问题。
内容：
我项目监理部监理工程师在巡检中发现，一区Ⅱ段给水系统干管材质（钢管）的外观、管径、壁厚不符合要求；安装位置、标高、坡度、附件使用、支架固定等质量情况缺陷明显，不符合设计规范要求，应予返工。
为此特发此通知要求承包单位对此项工程质量进行认真复查，将复查结果报项目监理部。
监理工程师(签字)：×××
监理单位名称：北京××监理公司　　总监理工程师(签字)：×××</td></tr>
</table>

注：本表由监理工程师签发，重要监理通知应由总监理工程师签署，监理单位、有关单位各存一份。

3. 工作联系单

（1）本表为在施工过程中与监理有关的工作联系用表，相关各方均可使用，为各方通用表。

（2）《工作联系单》填写要求

1）《工作联系单》应由发出单位负责人签字，“单位负责人”应为其派驻现场代表该单位履行合同的被授权机构的负责人，承包单位为项目经理，设计单位为主持人，监理单位为总监，建设单位为现场代表，质监单位为主任监督师；

2）事由：应填写联系内容的主题词；

3）在延续性的工程延期事件中，暂定延期时间的通知也可使用本表。

（3）《工作联系单》表（表 1-6）

1.4.5 监理协调

1. 项目系统内部关系的协调

（1）工程项目系统的工作效率取决于关系的协调程度，监理工程师应首先抓好人际关系的协调。

表 1-6

工作联系单 表 B4—1(C1 监)		编号	
工程名称	北京××工程	日期	2003—04—26
致 ×××公司 (建设单位): 事由:关于支付监理酬金事宜 内容: 根据监理合同第 39 条的规定,贵方应在结构施工部位达到±0.00 时,支付 15%的总合同额,即 22.5 万元的监理酬金,目前施工部位已超出上述范围,请贵方按监理合同支付监理酬金为盼。 发出单位名称:北京××××监理公司 单位负责人(签字):×××			

注：重要工作联系单位加盖单位公章，相关单位各存一份。

1）要量才录用，要根据每个人的专长进行安排，做到人尽其才。人员的搭配应注意能力互补和性格互补。人员配置应尽可能少而精干，防止不胜任和忙闲不均现象。

2）要职责分明。对组织内的每一个岗位，都应订立明确的目标和岗位责任。还应通过职能清理，对管理职能不漏，要明确岗位职权。

3）在绩效评价上要求实事求是。以免于无功自傲或有功受屈。这样才能使每个人热爱自己的工作，并对工作充满信心和希望。

4）矛盾调解要恰到好处。要注意方法，及时沟通、个别谈话、必要的批评，还无法解决矛盾时，应采取必要的岗位变动措施。对上下级之间的矛盾，要区别对待，是上级的问题，应作自我批评；是下级的问题，应启发诱导；对无原则的纷争，应当批评制止。这样才能使人们始终处于团结、和谐、热情高涨的气氛之中。

（2）项目系统内组织关系的协调

工程项目系统是由若干子系统组成的工作体系。每个项目组都有自己的目标和任务。如果每个项目组都从整个项目的整体利益出发，理解和履行自己的职责，那么整个系统就会处于有序的良性状态，否则，整个系统便处于无序、混乱的状态，导致功能失调、效率下降。

组织关系的协调宜从以下几个方面入手：

1）要在职能划分的基础上设置组织机构。

2）要明确规定每个机构的目标职责、权限，最好以规章制度的形式作出明文规定。

3）要事先约定各个机构在工作中的相互关系。在工程项目建设中许多工作不是一个项目组可以完成的，其中有主办、牵头和协作、配合之分，事先约定，才不至于出现误事、脱节等贻误工作的现象。

4）要建立信息沟通制度，如采用工作例会、业务碰头会、发会议纪要、采用工作流程图或信息传递卡等方式来沟通信息，这样可使局部了解全局，服从并适应全局需求。

5）及时消除工作中矛盾和冲突，消除方法应根据矛盾或冲突的具体情况灵活掌握。例如，配合不佳导致矛盾和冲突，应从明确配合关系入手来消除；争功诿过导致的矛盾或冲突，应从明确考核评价标准入手来消除；奖罚不公导致的矛盾或冲突，应从明确奖罚原则入手来消除；过高要求导致的矛盾或冲突，应从改进领导的思想方法和工作方法入手来消除等等。

(3) 工程项目系统内部需求关系的协调

工程项目建设实施中有人力、材料、设备、能源动力需求等，内部需求平衡至关重要。

需求关系的协调可抓住以下几个关键环节：

1) 财、物的要求。工作项目实施中的不同阶段，往往有不同的需求，同一工程项目的不同部位在同一时间往往有相同的需求。不仅有供求平衡问题，而且有均衡配置问题。解决供求平衡和均衡配置问题的关键在于计划。抓计划环节，要注意抓住期限上的及时性、规格上的明确性、数量上的准确性、质量上的规定性。这样才能体现计划的严肃性，发挥计划的指导作用。

2) 对建设力量的平衡，要抓住瓶颈环节。施工现场千变万化，有些项目的进度往往受到人力、材料、设备、技术、自然条件的限制或人为因素的影响而成为瓶颈式环节，会阻碍全局。对瓶颈环节需通过调整，抓关键、抓主要矛盾，为整个工程项目建设的均衡推进创造条件。

3) 对专业工程配合，要抓住调度环节。一个工程项目施工，往往需要机械化施工、土建、机电安装等专业工种交替配合进行。交替进行衔接，配合步调，都需要抓好调度工作。

2. 工程项目系统与远近外层关系的协调

工程项目系统与远近外层的关系，主要是建设单位与远近外层单位的合同关系，因此，监理与远近外层关系的协调内容，主要是相互配合，顺利履行合同义务，共同保证工程项目建设目标的实现。

(1) 建设单位与总包单位关系的协调

建设单位与总包单位对工程承包合同负有共同履约的责任，工作往来频繁，在往来中，对一些具体问题产生某些意见分歧是常有的事。在这个层面的协调中，监理工程师应处于公正的第三方，本着充分协商的原则，耐心细致地协调处理各种矛盾。

在不同阶段，需要协调建设单位与总包单位关系的内容也不尽相同，协调工作内容和方法也随阶段的变化而变化。

1) 招标阶段的协调

中标后，建设单位与总包单位的合同洽谈和签订是协调的主要内容。首先要对双方的法人资格和履约能力进行复核。其次，合同中要明确双方的权、责、利，如建设单位要保证资金、材料、设计、建设场地和外部水、电、通讯、道路的落实；总包单位要实行"五包"，即按进度定额包进度、按质量评定标准包工程质量、按投标书包单价或总价、按施工图预算包材料、按总包工程项目整体要求包配套竣工。"五落实"未落实而影响"五包"，或"五包"未按合同兑现，均应受罚。双方罚款条件应对等。

国际工程项目承发包时，必须熟悉国际土木工程施工合同条件（FIDIC），按 FIDIC 施工惯例签订合同，特别是在其特殊（专用）条款的拟定上要对"双方"进行协调。

"先说断，后不乱"，应是协调的一项基本原则，上述的一些要求就是根据这一原则提出的。

2) 施工准备阶段的协调

做好施工准备是顺利组织施工的先决条件。施工准备工作，包括施工所必要的劳动力、材料、机具、技术和场地等准备，这就需要建设单位和总包单位双方分工协作，共同完成，为开工和顺利施工创造条件。

开工条件是：有完善有效的施工图纸；有政府管理部门签发的施工许可证；财务和材料渠道已经落实，能按工程进度需要拨款、供料；施工组织计划已经批准；加工订货和设备已基本落实；施工准备工作已基本完成，现场已“五通一平”（水通、电通、路通、气通、电信通、场地平整）。

施工准备涉及资金问题，国际惯例是建设单位按合同规定先拨给承包商动工预付款，一般为工程造价的8%～15%，个别的达到20%甚至25%，安装工程一般不超过当年安装量的10%，特殊情况可适当增加。若建设单位不按合同规定付给备料款，可商请经办银行从建设单位账户中支付。总包方收到备料款后应抓紧准备，在约定期限内开工，否则建设单位方可商请经办银行从总包方账户中回收预付款。监理工程师应保证双方信息沟通，协商办事，督促双方严格按合同执行。

建设单位和总包双方对施工准备工作应有明确的约定和分工。习惯性的做法是事先沟通，以便协调行动。在企业委托监理单位的情况下，上述建设单位方面工作均由监理班子承担。

3）施工阶段的协调

a. 进度问题的协调。影响进度因素错综复杂，协调工作也十分复杂：一是建设单位和总包单位双方共同商定一级网络计划，并由双方主要负责人在一级施工网络计划上签订，作为工程承包合同的附件；二是设立提前竣工奖，商请建设单位按一级网络计划节点考核，分期预付，让总包方设立施工进度奖，调动总包方职工的生产积极性。如果整个工程最终不能保证进度，由建设单位从工程款中将预付进度奖扣回并按规定予以罚款。

b. 质量问题的协调。实行监理工程师质量签字认可，对没有出厂证明、不符合使用要求的原材料、设备和构件不准使用，对不合格的工程部位不予验收签证，也不予计算工程量，不予支付进度款。

c. 签证的协调。设计变更或工程项目的增减是不可避免的，且是签订时无法预料的和未明确规定的。对于这种变更，监理工程师要仔细认真研究，合理计算价格，与有关方充分协商，达成一致意见，并实行监理工程师签证制度。

d. 合同争议的协调。对合同纠纷，首先应协商解决，协商不成时才向合同管理机关申请协调或仲裁，对仲裁决定不服时，可在收到仲裁书15d内诉请人民法院审判决定。国际招标工程项目，应按FIDIC有关合同条款执行，一般合同争议切忌诉讼，应尽量协调解决，可能落下“两败俱伤”的结局。遇到非常棘手的合同纠纷问题，不妨暂时搁置，等待时机，另谋良策。

4）交工验收阶段的协调

建设单位在交工验收中，应根据技术文件、合同、中间验收签证及验收规范作出详细解释，对不符合要求的工程单元应采取补救措施，使其达到设计、合同、规范要求。

一般在工程交工验收后20d内编出竣工结算和“工程价款结算账单”，办理竣工结算，结清账款。结算中既要防止总包方虚报冒领，又要防止建设单位方无故延付。按国家规定，延付工程款按每日0.03%的利率处以罚款。

5）协调总包与分包单位的关系

首先选择好分包单位，明确总包与分包的责任关系，乃至调节其间的纠纷。

（2）协调与设计单位的关系

监理单位必须协调设计单位的工作，可从以下几方面入手：

1）尊重设计单位的意见。例如组织设计单位向施工单位介绍工程概况、设计意图、设计要求、施工难点等；又如图纸会审时，请设计单位交底，明确技术要求，把标准过高、设计遗漏、图纸差错等问题解决在施工之前；施工阶段，严格按图施工；结构工程验收、专业工程验收、竣工验收等，约请设计代表参见。若发生质量事故，认真听取设计单位的处理意见。

2）主动向设计单位介绍工程进展情况，以便促使他们按合同规定或提前出图。施工中，发现设计问题，应及时主动向设计单位提出，以免造成大的损失；若监理单位掌握比原设计更先进的新技术、新工艺、新材料、新设备时，可主动向设计单位推荐，支持设计单位技术革新等。为使设计单位有修改设计的余地而不影响施工进度，可与设计单位达成协议，限定一个期限，争取设计、施工单位的理解、配合，如果逾期，设计单位要负责由此造成的经济损失。

（3）协调远外层的关系

工程项目系统与远外层的关系，一般是非合同关系，如政府部门、金融组织、社会团体、服务单位、新闻媒介等。目前在推行监理制中，政府建设管理部门和建设单位主要负责协调工程项目远外层的关系，监理单位主要负责协调工程项目内部和近外层的协调关系的原则。

协调远外层关系的方法主要是运用请示、报告、汇报、送审、取证、宣传、说明等协调方法和信息沟通手段。

1）与政府关系的协调

a. 工程合同直接送公正机关公正，并报政府建设部门和开户银行备案；

b. 征地、拆迁、移民要争取政府有关部门支持，负责此类问题乃至资金筹措等问题的协调。

c. 现场消防设施的配置，宜请当地公安消防部门检查认可；

d. 若运输时涉及阻塞交通问题，还应经交通部门的批准等等；

e. 质量等级认证应请质检部门确认；重大质量、安全事故，在配合施工部门采取急救、补救措施的同时，应敦促施工单位立即向政府有关部门报告情况，接受检查和处理；

f. 施工中还要注意防止环境污染，特别要防止噪声污染，坚持做到施工不扰民。特殊的短期骚扰，应敦促施工单位与毗邻单位搞好关系，求得原谅。

2）协调与社会团体的关系

建设单位和总包单位双方都要通过开户银行进行结算，因此，合同副本应报送开户银行备案，经开户银行审查同意后，作为拨付工程款的依据。若遇到在其他专业银行开户的建设单位拖欠工程款，监理工程师应站在公正的立场上，按合同规定，维护承包单位利益外，可商请开户银行协助解决拨款问题。

1.5 工程保修阶段的监理

1.5.1 保修期开始前的准备工作

1. 落实监理组织人员

工程竣工后，原监理班子将转移或解散，因此必须另行安排监理组织或监理人员来完成保修期监理任务。监理单位应事先将组织名称、人员名单、地址、联络方式等正式以书面形式通知建设单位。

2. 汇编施工单位、材料设备供应单位名单

监理人员应将施工承包单位、分包单位、材料设备供应单位、设计单位的名单及相关的合同、保修书整理汇总，并与上述单位建立联系，达成有关工作开展的协议。

3. 准备必要的检测表格

监理人员应准备好保修期使用的检测表格，如工程状况观察检查记录表、质量缺陷调查分析表、质量认定表、保修工程维修通知书等。

1.5.2 保修期的监理工作

1. 工程竣工验收合格投入使用后，即进入质量保修期。在此期限内，监理人员的工作主要有：负责遗留零星工程施工的检查，负责检查投入使用后的工程质量状况，组织质量责任的确定，督促责任单位对质量问题的修缮。

2. 检查遗留项目的完成情况

对于遗留零星项目，虽不影响工程的独立使用，监理人员仍应督促施工单位在规定的期限内保质保量完成。监理人员应定期检查这些项目的完成情况，严格控制工程的质量和进度。

3. 观察工程使用后的质量情况

在质量保修期内，监理人员对已经投入使用的工程项目要定期进行检查，注意工程质量状况的变化。对于出现的质量缺陷，要进行认真观察和确切记录，并提出相应的修复措施。检查的时间间隔应从短到长，如项目投入运行的第一个月内，可按旬检查，其中第一次检查应特别认真仔细，如无异常情况，则第二个月可每月检查1次，如至第四个月仍无异常，则可3个月检查1次。检查方法可采用访问调查法、目测观察法、仪器测量法，每次检查都应作详细书面记录，并注意归档。检查的重点应是影响结构安全使用、影响工程的各种因素。

4. 对质量问题明确责任

监理人员应对保修期内出现的质量问题进行全面分析，明确出现质量问题的责任方。如属使用不当造成，应由建设单位或接管养护单位承担维修费用。如属设计不当，应由设计单位承担维修费用。如因施工原因造成问题，则由施工单位维修费用。在实施处理时，最好由原施工单位承担。如在鉴定责任时，监理单位与责任方对质量发生争议时，可由建设行政主管部门负责调解，当调解无效时，可通过民事诉讼解决。

5. 督促质量问题的整修

监理人员对于在质量保修期内出现的质量问题，在责任明确的基础上，应督促责任单位及时予以修复。当质量责任有争议时，可先由施工单位予以修复，而后再按最终

裁定意见确定费用承担者。原施工单位应在质量缺陷修复工作中密切配合监理人员，对责任属原施工单位的质量缺陷，如经监理人员两次通知，原施工单位既不到场又不回复时，监理人员可建议建设单位自行对外委托维修，所发生的维修费用，由原施工单位承担。

1.5.3 保修期结束时的监理工作

保修责任期满时，监理单位应做好下列几项工作：

1. 将保修期内发生的质量缺陷的所有技术资料分类整理、装订成册，交建设单位保存，并留底备查。

2. 将合同书、保修书返还建设单位。如还有个别项目保修期未满，则应留存一份复印件。

3. 协助建设单位进行维修费用的结算，如留有保修金的，则在扣除应付的维修费用后退还原施工单位或供应单位。

4. 召开建设单位、设计单位、施工单位联席会议，宣布保修期结束，并签发保修期满证书。

1.6 监理的招投标

取得监理业务的基本方式：一是通过投标竞争，二是由建设单位直接委托。通过投标取得监理业务是市场经济体制下比较普遍的形式。

在不宜公开招标的机密工程或没有投标竞争对手的情况下，在工程规模比较小、监理业务比较单一，或者对原工程监理企业的续用等条件下，建设单位也可以直接委托工程监理企业。

1.6.1 监理招标

1. 必须招投标的工程建设项目

(1) 大型基础设施、共用事业等关系社会利益、公共安全的项目。

(2) 全部或部分使用国有资金或国家融资的项目。

(3) 使用国际组织或外国政府贷款、援助资金的项目。

(4) 法律或国务院规定的其他必须招标的项目。

2. 招标方式

(1) 公开招标

公开招标是指招标人以招标公告的方式邀请不特定的法人或其他组织投标。采用公开招标方式的，应当通过国家指定的报刊、信息网络或其他媒介发布招标公告，载明招标人的名称和地址，招标项目的性质、数量、实施地点和时间，以及获得招标文件的办法等事项。

(2) 邀请招标

邀请招标是指招标人以投标邀请书的方式邀请特定的法人或其他组织投标。采用邀请招标方式的，应向3个以上具备承担招标项目的能力、资质良好的特定的法人或其他组织发出投标邀请书。邀请书应当注明招标人的名称和地址，招标项目的性质、数量、实施地点和时间，以及获得招标文件的办法等事项。

(3) 邀请招标的条件

1) 经国务院发展计划部门批准的不适宜公开招标的国家重点项目；

2) 经省、自治区、直辖市人民政府批准的不适宜公开招标的地方重点项目。

上述项目按确定权限，经批准后方可进行邀请招标。

3. 招标办事机构

招标人有权自行选择招标代理机构，委托其代理招标事宜。依法成立的招标代理机构应具备下列条件：

(1) 有从事招标代理业务的营业场所和相应资金。

(2) 有能够编制招标文件和组织评标的相应的技术力量。

(3) 有按规定条件可以作为评标委员会成员人选的技术、经济等方面的专家库。

(4) 招标人具有编制招标文件和组织评标能力的，可自行办理招标事宜。

4. 施工监理招标工作应具备的条件

(1) 初步设计和概（预）算文件已被批准。

(2) 建设资金已经落实。

(3) 征地拆迁工作已经基本完毕或落实，能够保证分年度连续建设。

(4) 监理招标文件已编制完毕，并已按分级管理的原则报经上级主管部门核准。

5. 施工监理招标程序（详见第 11 章）

6. 招标文件（详见第 11 章）

1.6.2 施工监理投标文件的编制

1. 投标书

2. 授权书

3. 标价监理费清单

(1) 基本工资和奖金

(2) 社会福利费

(3) 管理费

(4) 利润

(5) 税金

(6) 工程测试费

(7) 设备、办公设备、交通工具等费用

4. 监理大纲（详见本手册第 2 章）

(1) 项目概述。

(2) 监理工作指导思想和施工监理工作的目标。

(3) 监理组织机构，人员组成、总监理工程师、专业监理工程师等监理人员的资历、监理工作经历。

(4) 投资、进度、质量控制的任务和方法。

(5) 信息管理及合同管理的任务及方法。

(6) 组织协调的任务。

(7) 根据招标文件要求，其他与本工程项目有关事宜。如：安全控制、文明施工等。

(8) 实现目标控制的监理表式。

5. 监理单位基本情况，资质证书及营业执照复印件。

6. 合同协议书、履约担保。

1.6.3 北京市建设工程监理招标文件范本

第一篇 合同文件

第一章 投标单位须知

第一条 工程概况

1.1 工程项目说明

1.1.1 工程名称

1.1.2 工程建设地点

1.1.3 工程建设规模

1.1.4 工程开、竣工日期

1.1.5 工程概算

1.1.6 工程图纸设计单位

1.1.7 资金来源（政府 国家 集体 私人）

1.1.8 投资批准单位： 批准文号

1.1.9 规划部门批准文号

1.1.10 工程性质（民用 市政 工业 交通项目等）：

第二条 项目法人

2.1 法定名称

法定代表人：

邮政编码： 住宅或地址：

开户银行： 银行账号：

第三条 招标单位（或招标代理机构）

3.1 名称：

3.2 住所或地址：

3.3 联系人： 邮政编码： 联系电话：

第四条 投标单位资质要求

4.1 投标单位必须具有国家和北京市批准的____级以上监理资质。中央、军队在京和外地监理单位还应有市建委注册登记或审批手续。

4.2 作为其投标书的一部分，投标单位代表应该递交一份投标单位签署的授权委托书。

第五条 投标费用

5.1 投标单位应承担其投标书准备和递交所涉及的一切费用，不管投标结果如何，建设单位对上述费用不负任何责任。

第六条 招标文件

6.1 招标文件包含下述文件

6.1.1 投标邀请书

6.1.2 投标单位须知

6.1.3 合同通用条件

6.1.4 合同专用条件

6.1.5 投标书的格式

6.1.6 技术规范

6.1.7 附件

6.2 招标文件的澄清

投标单位如要求建设单位对招标文件的内容进行澄清，应按招标文件中规定的地址以书面（传真）的方式通知建设单位。凡在____年____月____日前澄清的问题，建设单位均将予以答复。建设单位的答复的副本将交给所有已购买招标文件的投标单位，该部分答复与招标文件具有同等法律效力。

6.3 场地勘察与投标预备会

6.3.1 场地勘察定于____年____月____日____时，在________举行。

6.3.2 建议投标人对工程现场和周围环境进行现场考察，以获取那些需自己负责的有关投标准备和签署本监理合同所需的所有资料。考察现场的费用由投标人自己承担。

6.3.3 建设单位准许投标单位及其代表为了考察现场而进入现场和有关场地。但投标单位及其代表应对由于现场考察而引起的人身伤亡、财产的损失或损坏，以及任何其他的损失、损坏费用负责，建设单位不负任何责任。

6.3.4 投标预备会定于____年____月____日____时，在________举行。投标单位派位代表按上述要求参加会议。投标预备会的目的是澄清、解答投标单位提出的问题。投标单位提出的与投标有关的任何问题，必须在投标预备会召开的7d前以书面形式送达招标单位。会议形成的会议纪要，如果属于对招标文件进行修改和补充的，与招标文件具有同等效力。

6.4 招标文件的修改

6.4.1 建设单位如需对招标文件进行修改，将在投标截止日期前____d以书面形式通知所有投标单位。

6.4.2 该修改文件将构成招标文件的组成部分，投标单位应以书面方式尽快确认收到的修改文件。

第七条 投标书的编制

7.1 投标书的语言

7.1.1 投标书及投标单位和建设单位之间的来往函电和文件，均应以汉语为主导语言。

7.2 组成投标书的文件

7.2.1 投标单位递交的投标书应包含下列文件：正确填写的投标书及投标书附件，本文件第四章所列的文件必须全部填写，但可以按同样格式加以扩展。

第八条 投标价格

8.1 投标单位的投标价应是监理服务期内，监理单位按合同规定的范围所提供的全部服务所需的费用。

8.2 监理费按第一章所列的工程概（预）算乘以国家有关收费规定的费率计取，可以上下浮动，但不得超出国家规定的收费标准范围。

8.3 投标价格不包括监理额外工作报酬、附加工作报酬、其他技术咨询服务报酬和建设单位给付的奖金。

8.4 在本合同执行完毕时，按工程的实际总造价进行调整，但原中标费率不变。

第九条 投标书的有效期

9.1 投标书的有效期为投标截止日后的 40d，在此期限内，所有的投标书均保持有效。

第十条 投标书的签署

10.1 投标单位应按 6.2.1 款的规定向建设单位提供一式____份投标书，其中一份正本，其他为副本，当正本与副本有不一致时，以正本为准。

10.2 投标书应用不褪色的墨水书写或打印，由投标单位的法定代表人或其授权的代理人签署并加盖公章，并将授权委托书附在其内。

10.3 投标书的任何一页均不得涂改、行间插字或删除。如出现上述情况，不论何种原因造成的，均须由投标单位在改动处盖章。

第十一条 投标书的送达

11.1 投标书的密封和标记

11.1.1 投标单位应将投标文件的正本和副本分别密封，并在密封袋上明确注明“正本”或“副本”字样。

11.1.2 投标文件应使用北京市建设工程招标投标管理办公室统一印制的密封袋和封条。

11.1.3 投标文件密封专用封条在投标文件袋背面上方开口处密封，并填写密封日期，封条上加盖投标单位公章和法定代表人印鉴各两枚，投标文件袋正面按照规定加盖投标单位公章和法定代表人印鉴各 1 枚。

11.2 提交投标书截止期

11.2.1 投标单位于____年____月____日____时前将投标书报送到________签收。

11.2.2 招标人届时派专人接收投标文件

接收人：

联系电话：

11.3 迟到的投标书

11.3.1 在规定的提交投标书截止日期以后送达的投标书，将原封退给投标单位。

11.4 投标书的更改与撤回

11.4.1 在递交投标书截止日期以前，允许投标人更改或撤回投标书，此种要求必须书面提出，并经投标书签字人签署。

11.4.2 在投标书有效期内，投标书不得更改或撤回。

第十二条 开标与评标

12.1 开标日期、参加人数及地点，招标人以书面形式另行通知。

12.2 投标单位的法定代表人或委托代理人参加开标会，须出具法定代表人证件或法定代表人委托书以及证明本人身份的证件。

12.3 开标时应当场对投标书的密封、签署等情况进行核查，以确定符合性。

12.4 只对符合要求的投标书开标，开标由招标单位主持，邀请有关部门参加。

12.5　招标单位将负责做好开标的会议记录，存档备查。

12.6　无效标书的确定按《北京市工程建设监理招标投标实施办法》中第十六条的规定执行。

12.7　招标单位按照《北京市建设工程监理招标投标实施办法》的有关规定组成评标委员会。

12.8　评标方法按《北京市建设工程监理招标综合评分实施细则》的有关规定，进行综合评定。

12.9　评标过程中评标委员会有权要求投标单位澄清或者说明其投标书中含义不明确的内容，但有关的澄清或者说明，不允许对报价或其他实质性内容进行更改。

12.10　中标通知书

建设单位将评标结果报经北京市建设工程招标投标管理办公室备案后，向中标的投标单位发出中标通知书并同时将中标结果通知所有未中标的投标人。

12.11　合同订立

12.11.1　在收到中标通知书 30d 内，中标人应和建设单位订立委托监理合同。

12.11.2　合同采用本市颁布的监理合同示范文本。

第二章　合同通用条件

第十三条　词语定义、适用语言和法规（略）

第十四条　监理单位的义务

14.1　向建设单位报送委派的总监理工程师及其监理机构主要成员名单、监理规划，完成监理合同专用条件中约定的监理工程范围内的监理业务。

14.2　监理机构在履行本合同义务的期间，应运用合理的技能，认真、勤奋地工作。帮助建设单位实现合同预定的目标，公正地维护各方的合法权益。

14.3　监理机构使用建设单位提供的设施和物品属于建设单位的财产，在监理工作完成或中止时，应将其设施和剩余的物品库存清单提交给建设单位，并按合同约定的时间和方式移交此类设施和物品。

14.4　在本合同期内或合同终止后，未征得有关方同意，不得泄露与本工程、本合同业务活动有关的保密资料。

第十五条　建设单位的义务

15.1　建设单位应当负责工程建设的所有外部关系的协调，包括向政府质量监督机构申报和取得有关工程的许可证件等。为监理工作提供外部条件。

15.2　建设单位应当在双方约定的时间内免费向监理机构提供与工程有关的、监理机构所需要的工程资料。

建设单位应当向监理机构提供建设单位与承建商签订的施工合同（副本）以及分包合同和订货合同。

15.3　建设单位应当在约定的时间内就监理单位书面提交并要求作出决定的一切事宜作出书面决定。逾期应视为建设单位同意。

15.4　建设单位应授权一名熟悉本工程情况、能迅速作出决定的常驻代表，负责与监理单位联系。更换常驻代表，要提前通知监理单位。

15.5　建设单位应当将授予监理单位的监理权利，以及监理机构主要成员的职能分工，及时书面通知已选定的第三方。

15.6 建设单位应为监理机构提供如下资料：

(1) 与本工程合作的原材料、构配件、机械设备等生产厂家名录。

(2) 提供与本工程有关的协作单位、配合单位的名录。

15.7 建设单位免费向监理机构提供合同专用条件约定的设施，其中监理单位自备的设施，建设单位应给予合理的经济补偿。

15.8 如果双方约定，由建设单位免费向监理机构提供职员和服务人员，则应在监理合同专用条件中增加与此相应的条款。

第十六条 监理单位的权利

16.1 建设单位在委托的工程范围内，授予监理单位以下监理权利：

（一）选择工程总设计单位和施工总承包单位的建议权。

（二）选择工程分包设计单位和施工分包单位的确认权与否定权。

（三）工程建设有关事项，包括工程规模、设计标准、规划设计、生产工艺设计和使用功能要求，向建设单位的建议权。

（四）工程设计中的技术问题，按照安全和优化的原则提出建议，并向建设单位提出书面报告。如果由于拟提出的建议会提高工程造价，或延长工期，应当事先取得建设单位的同意。

（五）工程施工组织设计和技术方案，按照保质量、保工期和降低成本的原则，提出审查意见并及时通知承建商，并向建设单位提出书面报告。如果由于拟提出的建议会提高工程造价、延长工期，应当事先取得建设单位的同意。

（六）对工程建设有关的协作单位组织协调的主持权，重要协调事项应当事先向建设单位报告。

（七）监理单位发布开工令、停工令和复工令应当事先向建设单位报告，如在紧急情况下未能事先报告时，则应在24h内向建设单位作出书面报告。

（八）工程上使用的材料设备和施工质量的检验权和确认权。对于不符合设计要求及国家质量标准的材料设备，有权通知承建商停止使用或更换。不符合规范和质量标准的工序、分项、分部工程和不安全的施工作业，有权通知承建商停工整改或返工。承建商取得监理机构复工令后才能复工。

（九）工程施工进度的检查、监督权，以及工程实际竣工日期提前或超过工程承包合同规定的竣工期限的签认权。

（十）在工程承包合同约定的工程价格范围内，工程款支付的审核和签认权，以及结算工程款的复核确认权与否定权。未经监理机构签字确认，建设单位不支付工程款。

（十一）在监理过程中如发现承建商工作不力，监理机构有权提出调换有关人员的建议。

16.2 监理机构在建设单位授权下，可对任何第三方合同规定的条款提出变更建议。

16.3 在委托的工程范围内，建设单位或第三方对对方的任何意见和要求（包括索赔要求），均必须首先向监理机构提出，由监理机构研究处置意见，再同双方协商确定。当建设单位和第三方发生争议时，监理机构应根据自己的职能，以独立的身份判断，公正地进行调解。当其双方的争议由政府建设行政主管部门或仲裁机关进行调解和仲裁时，应当提供作证的事实材料。

第十七条　建设单位的权利

17.1　建设单位有选定工程总设计单位和总承包单位，以及与其订立合同的签订权。

17.2　建设单位有对工程规模、设计标准、规划设计、生产工艺设计和设计使用功能要求的认定权，以及对工程设计变更的审批权。

17.3　监理单位调换总监理工程师应事先征得建设单位同意。

17.4　建设单位有权要求监理机构提交监理工作月度报告及监理业务范围内的专项报告。

17.5　建设单位有权要求监理单位更换不称职的监理人员，直到终止合同。

第十八条　监理单位的责任（略）

第十九条　建设单位的责任（略）

第二十条　合同生效、变更与终止（略）

第二十一条　监理酬金

21.1　正常的监理业务、附加工作和额外工作的酬金，按照监理合同专用条件约定的方法计取，并按约定的时间和数额支付。

21.2　如果建设单位在规定的支付期限内未付监理酬金，自规定支付之时起，应当向监理单位补偿应支付的酬金利息。利息额按规定支付期限最后一日银行贷款利息率乘以拖欠酬金时间计算。

21.3　支付监理酬金所采用的货币币种、汇率由合同专用条件约定。

21.4　如果建设单位对监理单位提交的支付通知书中酬金或部分酬金项目提出异议，应当在收到支付通知书 24h 内向监理单位发出异议的通知，但建设单位不得拖延其他无异议酬金项目的支付。

第二十二条　其他（略）

第二十三条　争议的解决（略）

第三章　合同专用条件

第二十四条　本合同适用的法规及监理依据（略）

第二十五条　监理业务（略）

第二十六条　外部条件（略）

第二十七条　双方约定的建设单位应提供的工程资料及提供时间（略）

第二十八条　建设单位应在____天内就监理单位书面提交并要求作出决定的事宜作出书面答复。

第二十九条　建设单位免费向监理机构提供如下设施：（略）

第三十条　在监理期间，建设单位免费向监理机构提供____名职员，由总监理工程师安排其工作，并免费提供____名服务人员。

第三十一条　监理单位在责任期内如果失职，同意按以下办法承提责任，赔偿损失：

赔偿金＝直接经济损失×酬金比率（扣除税金）。

第三十二条　建设单位同意按以下的计算方法、支付时间与金额支付监理单位的酬金：

建设单位同意按以下计算方法、支付时间与金额支付附加工作酬金：

根据北京市人民政府1995年第5号令第二十条的规定，建设单位同意按国内同类型工程监理费的____%计收。

第三十三条　双方同意用____支付酬金

第三十四条　奖励办法

第三十五条　工程建设监理合同在履行过程中发生争议时，建设单位与监理单位应及时协商解决。协商不成时，双方应提请仲裁委员会，根据其仲裁规则仲裁（双方不在本合同中约定仲裁机构，事后又没有达成书面仲裁协议的，可向人民法院起诉）。

第三十六条　其他专用条款

第四章　投标书

第三十七条　投标文件应包括下列内容：

（一）投标书

（二）监理大纲

（三）监理企业证明资料

（四）近三年来承担监理的主要工程

（五）监理机构人员资料

（六）反映监理单位自身信誉和能力的资料

（七）监理费用报价及其依据

（八）招标文件中要求提供的其他内容

（九）如委托有关单位对本工程进行试验检测，须明示其单位名称和资质等级。

第三十八条　投标单位应提供下述文件及资料：

（一）投标单位企业营业执照副本

（二）投标单位监理资质证书

（三）监理单位三年内所获国家及地方政府荣誉证书复印件

（四）投标单位法定代表人委托书

（五）监理单位综合情况审查表

（六）监理单位近三年来已完成在监的单位工程，总造价____万元以上工程项目的业绩表。

（七）拟派项目总监理工程师资格审查表

（八）拟派项目监理机构监理工程师资格审查表

（九）拟在本项目使用的主要仪器、设备一览表

第五章　合同格式

第三十九条　中标通知书

第四十条　合同采用北京市工程建设监理合同示范文本

第二篇　技术规范

第六章　施工监理规范

第四十一条　本项目工程监理执行《工程建设监理规程》(DBJ 01-41-98)

第七章　施工技术规范

第四十二条　本项目工程监理执行国家和本市现行的有关规范、规程和技术标准。

第三篇　附　　件（略）

1.6.4　投标邀请书（样例）

1.（建设单位名称）现邀请投标人对下述工程项目的监理进行投标：

工程名称：

工程地点：

工程规模：

工程概算：

计划开竣工日期：

2. 本邀请书附有监理单位资质预审表一份，被邀请的投标人如能响应，请于____年____月____日前将监理单位资质预审表送达我处。

单位：

地址：

联系人：

邮政编码：

电话：　　　　　　　传真：

3. 递交资质预审表的最后截止日期为____年____月____日 17：00 时（北京时间），过期不予接受。

4. 投标人应保证附件中所有的内容真实、准确。

（公章）

年　月　日

1.6.5　施工监理招标投标资格预审申请文件（样例）

资格预审申请文件目录：

1. 资格预审申请书
2. 投标申请人企业状况表
3. 营业执照（副本）及房屋建筑工程监理资质（副本）复印件
4. 总监理工程师委任书
5. 总监理工程师国家注册监理工程师岗位证书复印件
6. 总监理工程师无在建工程承诺书
7. 项目监理部人员配备表
8. 项目监理部人员相关资料复印件
9. 项目监理部人员全部到位承诺书
10. 法定代表人授权委托书

一、资格预审申请书

××省××工程造价咨询有限公司：

1. 我们谨此向贵公司申请成为××市×××工程的施工监理招标（招标编号为：MJ200467号）的投标人。

2. 我方愿意按照资格预审文件的要求，呈递必要的文件、信息资料等，并声明，提供的以上所有资料是完整、真实、有效、准确无误的，并接受贵公司对我方进行的资格预审。

3. 我方将接受并遵守资格预审文件所规定的各项条款。

4. 一旦我方资格预审合格并得到允许参加投标，我方将在规定的时间内购买招标文件，参加该项目的投标，并严格遵守投标文件各项规定。

5. 贵公司可通过以下联系人得到相关资料：

总监理工程师	刘××	手机	1370×××××××	电话	
经办人	夏××	手机	1379×××××××	电话	
公司传真	010-6839××××	当地代表处传真			

投标申请人（盖章）：

法定代表人（签字或盖章）：

日期2004年×月×日

地址：北京

电话：010-6839××××　传真：010-6839××××

二、投标申请人企业状况表

投标申请人全称		北京××投资(集团)有限公司			
总部地址		北京市××北街25号2号楼××			
当地代表处地址		××市××路242号601			
电话		13799327×××	联系人	××	
传真		010-6839××××	电子信箱	LCS××6@sohu. com	
营业执照注册号		××	注册资本金	××万元	
企业资质等级		甲级	资质证书号	B103411101××	
法定代表人		××	职称	高级工程师	
技术负责人		××	职称	高级工程师	
人员状况	企业自有人员	管理人员:25人	其中工程技术人员	高级工程师	76人
		固定人员:65人		工程师	106人
		聘用人员:246人		助理工程师	29人
		合311人		技术员	30人
拟委派承担本工程的总监理工程师		××	职称	高工 高级经济师	
企业有否被依法禁止投标、财产被接管或冻结				否	

注：应附经上一年检年度年检合格的企业资质证书（副本）及营业执照（副本）复印件（含年审记录、变更记录）。

三、总监理工程师委托书

××市重点建设项目办公室：

我××系北京××投资（集团）有限公司的法定代表人，现委任本单位××为××市××工程施工工程施工监理的总监理工程师

附件：国家注册监理工程师年度岗位书和总监理工程师身份证复印件（加盖法人单位

公章）

投标申请人（盖章）：

法定代表人：

被委任总监理工程师：

日期：2004 年 8 月 9 日

四、总监理工程师无在建工程承诺书

我××系北京××投资（集团）有限公司的法定代表人，现承诺拟担任××市××工程监理项目的总监理工程师××在担任本工程监理项目期间不在其他工程担任总监理工程师工作，如有违约，听由招标人处理。

投标申请人：（盖章）

法定代表人：（签字或盖章）

日期：2004 年 8 月 9 日

五、项目监理部人员配备表

序号	姓名	性别	出生年月	现场监理岗位及职务	岗位证书名称及编号	专业	技术名称	身份证号码	是否驻场或常驻
1	刘××	男	45.12	总监	中建监工字第×××号，证号××××	管理，给水排水	高工	×××	驻场
2	赵××	女	53.4	预算	预算证号 0101283 监理证号	土建预算	高工	×××	常驻
3	×××	×	×	×	×	土建		×××	驻场
4	姜××	男	×	土建	×	土建	工程师	×××	驻场
总人数：14		其中驻场人数：10			其中常驻人数：4				

注：1. 工程监理人员相应资格复印件按每个人资料分别集中编制在一起；
2. 表可根据需要进行增补。

投标人申请人：（盖章）

法定代表人：（签字或盖章）

日期 2004 年 8 月 9 日

六、项目监理部人员全部到位承诺书

××市重点建设项目办公室：

我×××系北京×××投资（集团）有限公司的法定代表人，我公司参加××市×××工程的施工监理投标，我公司郑重承诺如下：

一旦我公司中标，我公司根据预审申请文件及投标文件中所委任的总监理工程师和所配备的项目监理部人员全部到位。否则视同违约。违约金按如下标准计算：总监理工程如有特殊原因需要更换，将事先获得发包人同意且新派同等或更高资历的总监理工程师同时满足本招标资格预审条件要求，并每人次支付违约金 1 万元，各专业监理人员如有特殊原因需要更换，将事先征得发包人同意重新派同等或更高资历的各专业监理人员，并每人次支付违约金0.5万元，违约金从我公司的监理费中扣除。若擅自更换总监理工程师，发包人有权中止合同。

备注：资历指岗位资格及职称

投标人申请人：（盖章）
法定代表人：（签字或盖章）
日期：2004年×月×日

七、法定代表人授权委托书

本授权委托书声明：我×××系北京中建×××投资（集团）有限公司的法定代表人，现授权委托夏××为我公司代理人，以本公司名义参加××市×××工程监理投标活动。代理人在办理本工程的资格预审中申请的有关事宜，我均予以承认。

代理人无转委托权，特此委托。

代理人：××　　性别：×　　年龄：××
单位：××　　部门：××　　职务：业务
身份证号：××　　联系电话：××

投标人申请人：（盖章）
法定代表人：（签字或盖章）
日期：2004年×月×日

1.6.6 北京市建设工程监理招标综合评分标准

1. 监理大纲（25分）

质量控制　9分
进度控制　5分
造价控制　7分
合同和信息管理　4分

对质量、进度、造价等控制的方法科学、合理，具有先进性、措施有力、有针对性的得满分。方法可行、措施一般的酌情扣分。措施不力、方法不合理的可不得分。

2. 现场监理机构人员资质（30分）

（1）总监理工程师（9分）

资质符合北京市城乡建设委员会有关规定的得6分。监理过类似规模工程的，有一个加1分。监理过获得市级以上优质工程称号的，有一个加1分。

该项的总分值不得超过9分。

（2）人员专业配套（6分）

专业工种配套基本齐全的得3分。专业工种完全配套，其中人员有明显监理业绩的得满分。

（3）人员职称年龄结构等（5分）

监理机构配备人员数量合理，以高、中级为主，老、中、青搭配合理的得3分。全部为高、中级职称，且年龄结构合理的得5分。

（4）注册监理工程师所占比例（10分）

30%以下0分

30%～40%（不含40%）6分

40%～50%（不含50%）8分

50%以上10分

监理机构中有一个未经培训的扣1分。

3. 监理取费（10分）

（1）所报监理费的费率在规定的取费标准范围以内的得7分。

（2）依据国家规定的收费标准按插入法求得的监理费率为准，监理费每下浮0.1个百分点加1分。每上浮0.1个百分点减1分，加分最多不得超过3分。

4. 检测设备（10分）

（1）检测设备的配置基本满足工程检测要求的得7分。

（2）检测设备齐全，完全满足工程检测要求的得10分。

5. 企业信誉（10分）

企业资质等级：

甲级资质　6分

乙级资质　4分

丙级资质和临时资质　3分

企业获得的荣誉：获国家级或市级荣誉称号的加2分。

企业通过ISO 9000质量体系认证的加2分。

6. 监理业绩（15分）

（1）监理过5个（含5个）以上同等级工程的得10分。

（2）监理过3个（含3个）以上同等级工程的得8分。

（3）监理过2个（含2个）以上同等级工程的得6分。

（4）监理过的工程获得市级以上优质工程称号的，有一个加2分。

以上各项所得分数之和不得超过该项的总分值。

1.6.7 监理评标

1. 评分程序。评标委员会成员根据本细则规定，各自进行打分，并记录在综合评分表中，然后平均计算出各投标单位的得分值。

2. 计算各投标单位的平均得分，应在全体评标小组成员在场的情况下公开进行，分值一经得出，并核对签字无误后，任何人不得更改。

3. 招标单位应当采取必要的措施，保证评标在严格保密的情况下进行。任何单位和个人不得非法干预影响评标过程和结果。

4. 评标委员会完成评标后，应当向招标人提出书面评标报告，并推荐合格的中标候选人。

评标委员会也可接受招标单位委托，按得分高低直接确定中标单位。

1.6.8 监理合同的签订

1. 监理服务内容的谈判

（1）首先对投标书中的完成计划和建议进行细致讨论，根据讨论的结果决定正式的监理任务大纲。

（2）监理公司提出的人员配备计划是着重讨论的另一个问题。包括主要人员的情况和职责、专业不足人员的补充方式，对建设单位认为不合格人员的更换人选等问题。

(3) 各专业监理人员派驻现场时间计划，落实各监理人员派驻现场的工作时间。谈判中应当讲明，签订监理合同后，除非有正当的理由（如生病或确实不适应工作等），名单内的人员一律不许私自更换。确需更换时，监理公司应提出合格人选并由建设单位批准后才可替换。而且在履行监理合同过程中，如果建设单位认为监理人员中有不胜任者时，可以随时据实提出更换人员要求。

(4) 建设单位应为监理开展正常的服务工作提供的办公、生活条件，以及必要的设施、设备、物资等内容。如果有些设备可由监理方提供的，也应明确约定内容和计费标准。

(5) 双方关心的其他问题。

2. 监理合同的财务谈判

监理合同的财务谈判，通常是在单纯按技术标准评选后才进行。当价格已经作为选择标准之一时，再降低价格的余地已经不大。若建设单位企图通过谈判而降低价格，就会损害监理服务的质量。如果最佳的技术建议书报价较高，因而想让报价最低的监理公司完成技术最佳建议书的工作内容，或是让提出最佳建议书的公司按最低价格承接监理任务都是不适当的。工作计划虽然有一定的灵活性，但也不能为了迁就预算，而去削减规定任务所必须的投入。财务谈判的主要内容包括：

(1) 合同的计价方式和酬金的支付；

(2) 附加监理工作和额外监理工作的取费标准；

(3) 监理公司提供设备、仪器的取费标准；

(4) 应由监理公司交纳税费的种类；

(5) 长期合同的价格调整方式；

(6) 预付款的支付和扣还；

(7) 建设单位愈期付款的利息；

(8) 其他有关经济问题。

1.7 工程监理责任保险

1.7.1 一般原则

1. 凡经建设行政主管部门批准，取得相应资质证书并经工商行政管理部门登记注册，依法设立的工程建设监理企业，均可作为本保险的被保险人。

2. 在本保险单明细表中列明的保险期限或追溯期内，被保险人在中华人民共和国境内（不包括港、澳、台地区）开展工程监理业务时，因过失未能履行委托监理合同中约定的监理义务或发出错误指令导致所监理的建设工程发生工程质量事故，而给委托人造成经济损失，在本保险期限内，由委托人首次向被保险人提出索赔申请，依法应由被保险人承担赔偿责任时，保险人根据本保险合同的约定负责赔偿。

1.7.2 保险责任

1. 下列费用，保险人也负责赔偿：

(1) 事先经保险人书面同意的仲裁或诉讼费用及律师费用。

（2）保险责任事故发生时，被保险人为控制或减少损失所支付的必要的、合理的费用。

（3）本保险期限内，保险人的累计赔偿金额不超过本保险单明细表中列明的累计赔偿限额。

2. 下列原因造成的损失、费用和责任，保险人不负责赔偿：

（1）战争、类似战争行为、敌对行为、军事行为、武装冲突、恐怖活动、罢工、骚乱、暴动。

（2）政府有关部门的行政行为或执法行为。

（3）核反应、核子辐射和放射性污染。

3. 下列原因造成的损失、费用和责任，保险人也不负责赔偿：

（1）被保险人的故意行为。

（2）泄露委托人的商业秘密。

（3）委托人提供的资料、文件的毁损、灭失或丢失。

（4）他人冒用被保险人的名义承接工程监理业务。

（5）被保险人将工程监理业务转让给其他单位或者个人。

（6）被保险人承接超越其国家规定的资质等级许可范围的工程监理业务。

（7）被保险人被收缴《监理许可证书》或《工程监理企业资质证书》后或被勒令停业整顿期间继续承接工程监理业务。

（8）被保险人的监理工程师被吊销执业资格后或被勒令暂停执业期间执行业务。

4. 对于下列各项，保险人不负责赔偿：

（1）被保险人未签订《建设工程委托监理合同》进行监理的建设工程发生的任何损失。

（2）由于保险责任事故造成的任何性质的间接损失。

（3）被保险人或其雇员的人身伤亡及其所有或管理的财产的损失。

（4）罚款、罚金、惩罚性赔偿。

（5）本保险单明细表或有关条款中列明的免赔额。

5. 其他不属于保险责任范围内的损失、费用和责任，保险人不负责赔偿。

1.7.3 投保要求

1. 投保人应履行如实告知的义务，提供全部在册从业人员名单，并如实回答保险人提出的询问。

2. 投保人应按保险单中的约定交付保险费。

3. 在本保险期限内，保险单明细表中列明的事项发生变更的，被保险人应及时书面通知保险人，并根据保险人的要求办理变更手续。

4. 被保险人获悉索赔方可能会提起诉讼或仲裁时，或在接到法院传票或其他法律文书后，应立即以书面形式通知保险人。

5. 发生本保险责任范围内的事故时，被保险人应采取必要的措施，控制或减少损失，立即通知保险人，并书面说明事故发生的原因、经过和损失程度。

6. 被保险人应遵守国家及政府有关部门制定的相关法律、法规及规定，加强管理，采取合理的预防措施，尽力避免或减少工程监理责任事故的发生。

7. 本保险期限届满时，被保险人应将在本保险期限内签订的所有《建设工程委托监理合同》的副本送交保险人备案。

8. 投保人或被保险人如果不履行上述约定的各自应尽的任何一项义务，保险人均不负赔偿责任，或从解约通知书送达投保人时解除本保险合同。

1.7.4 赔偿处理

1. 发生保险责任范围内的事故时，未经保险人书面同意，被保险人或其代表对索赔方不得作出任何承诺、拒绝、出价、约定、付款或赔偿。必要时，保险人可以被保险人的名义对仲裁或诉讼进行抗辩或处理有关索赔事宜。

2. 由被保险人监理的建设工程发生工程质量事故的，保险人以法院、仲裁机构或政府建设行政主管部门依法作出的鉴定结果作为赔偿的依据。被保险人向保险人申请赔偿时，应提交保险单正本、索赔申请、损失清单、证明事故责任与被保险人存在雇佣关系的证明材料、事故责任人的执业资格证书、事故原因证明或裁决书、与委托人签订的《建设工程委托监理合同》正本以及其他必要的有效证明材料。

3. 发生保险责任范围内的损失，应由有关责任方负责赔偿的，被保险人应立即以书面形式向该责任方提出索赔，并积极采取措施向该责任方进行索赔。保险人自向被保人赔付之时起，取得在赔偿金额范围内代为追偿的权利。保险人向有关责任方行使代为追偿时，被保险人应当积极协助，并提供必要的文件和有关情况。

4. 收到被保险人的索赔申请后，保险人应及时做出核定，对属于保险责任的，保险人应在与被保险人达成有关赔偿协议后 10 日内，履行赔偿义务。

5. 保险人进行赔偿后，累计赔偿限额应相应减少。被保险人需增加时，应补交保险费，由保险人出具批单批注。

6. 本保险单负责赔偿损失、费用或责任时，若另有其他保障相同的保险存在，不论是否由被保险人或他人以其名义投保，也不论该保险赔偿与否，本保险单仅负责按比例分摊赔偿的责任。对应由其他保险人承担的赔偿责任，本保险人不负责垫付。

7. 被保险人对保险人请求赔偿的权利，自其知道或应当知道保险事故发生之日起两年不行使的，视为自动放弃。

第 2 章　监理大纲、规划和细则

2.1　监 理 大 纲

2.1.1　监理大纲的编制目的和作用

1. 监理大纲是监理单位在建设单位委托监理的过程中，为承揽监理业务而编制的监理方案性的文件。它的主要作用有以下两个：

（1）使建设单位认可监理大纲中的监理方案，其目的是让建设单位信服本监理单位能胜任该项目的监理工作，从而承揽到监理业务。

（2）为监理单位对所承揽的监理项目，在以后的开展监理工作制定方案，也是制订监理规划的基础。

2. 监理大纲、监理规划、临理实施细则的比较（表 2-1）。

表 2-1

	编制对象	编制时间和作用	内容		
			为什么做	做什么	如何做
监理大纲	项目整体	在监理招标阶段编制的，目的是获得监理任务	√	○	
监理规划	项目整体	在监理委托合同签订后制定，目的是指导项目监理工作，起“初步设计”作用	○	√	○
监理实施细则	某项专业监理工作	在完善项目监理组织，落实监理责任后制定，目的是具体知道各项监理工作的开展，起“施工图设计”的作用		○	√

注：√表示重点；○表示一般。

2.1.2　监理大纲的内容

1. 监理大纲的主要内容

（1）项目概述。

（2）监理工作指导思想和施工监理工作的目标，明确说明将提供给建设单位的、反映监理阶段性成果的文件。

（3）监理组织机构，人员组成、总监理工程师、专业监理工程师等监理人员的资历、监理工作经历。

（4）监理单位根据建设单位所提供的和自己初步掌握的工程信息，制定准备采用的监理方案（如监理组织方案、目标控制方案、合同管理方案、组织协调等）及投资、进度、质量控制的任务和方法，信息管理及合同管理的任务和方法。

（5）根据招标文件要求，其他与本工程项目有关事宜。如：安全控制、文明施工等。

（6）实现目标控制的监理表式。

2. 监理工作的目标和范围

(1) 项目监理是监理单位受建设单位委托对工程项目的实施进行监督管理，具体地说，监理工作就是依据合同对工程项目实施目标控制。

(2) 目标控制的内容与监理单位受建设单位委托的监理工作范围及监理业务有关。

(3) 明确建设单位要委托的监理工程范围及监理业务，即要写明是哪个阶段的监理业务。一般为施工阶段或全过程。

(4) 具体内容都包括以下方面：投资控制、进度控制、质量控制、合同管理、信息管理及组织协调。

3. 三控二管一协调

(1) 质量控制内容

1) 确定本工程项目的质量要求和标准（包括设计、施工、工艺、材料及设备等多方面）；

2) 编制设计任务文件，确定有关设计质量方面的原则要求；

3) 审核各阶段的设计文件（图纸与说明）是否符合质量要求和标准，并根据需要提出修改意见，把问题解决在施工之前；

4) 确定、审核招标文件和合同文件中的质量条款；

5) 审核材料、成品、半成品及设备的质量；

6) 检查施工质量，参加重要工序及部位的施工，检查分项分部工程质量，进行主体结构及项目竣工预验；

7) 审核施工组织设计及施工技术安全措施；

8) 协助建设单位处理工程质量、安全事故的有关事宜；

9) 协助建设单位确认承包单位选择分包单位，并审核承包单位的资质及质量保证体系。

(2) 投资控制的内容

1) 对工程项目总投资的分析、论证；

2) 编制总投资分解规划，并在项目实施过程中控制其执行。在需要时，及时调整总投资分解规划；

3) 监督工程项目各阶段，各年、季、月度资金使用计划，并控制其执行；

4) 审核工程概算、标底、预算、增减预算和决算；

5) 在项目实施过程中，每月进行投资计划值的比较，并每月、季、年提交各种投资控制报表；

6) 对计划、施工、工艺、材料及设备作必要的技术经济比较论证，以挖掘节约投资、提高经济效益的潜力；

7) 审核招标文件和合同文件中有关投资的条款；

8) 审核各种工程付款单；

9) 计算、审核各类索赔金额。

(3) 合同管理的内容

1) 协助建设单位确定工程项目的合同结构；

2) 协助建设单位起草与本工程项目有关的各类合同（包括设计、施工、材料和设备订货等合同），并参与各类合同谈判；

3）进行上述各类合同的跟踪管理，包括合同方执行合同情况的检查；

4）协助建设单位处理与本工程项目有关的索赔事宜及合同纠纷事宜。

（4）信息管理的内容

1）建立本工程项目的信息编码体系；

2）负责本工程项目各类信息的收集、整理和保存；

3）运用电子计算机进行本工程项目的投资控制、进度控制、质量控制和合同管理。提供建设单位有关本工程项目管理信息服务，定期提供监理报表；

4）建立工程会议制度、整理各类会议记录；

5）督促设计、材料及设备供应单位及时提供工程技术、经济资料。

（5）组织协调的内容

1）组织协调与建设单位签订合同关系，参与本工程建设的各单位的配合关系，协助建设单位处理有关问题，并督促总承包单位协调与其各分包单位的关系；

2）协助建设单位向各建设主管部门办理各项审批事项；

3）协助建设单位处理各种与本工程项目有关的纠纷事宜。

2.2 监理规划

2.2.1 监理规划的编制

1. 监理规划的作用

（1）监理规划是组织和指导监理工作的纲领性文件，它不仅约束监理人员的工作行为和工作方法，而且也规范、约束施工单位的施工行为。

（2）编制监理规划，是施工准备阶段监理的一项中心工作，在全面熟悉设计施工文件的基础上进行，在工程正式开工前一段时间完成，以便于监理人员和施工单位熟悉、掌握，从而在工作中加以贯彻，同时组织交底。

（3）监理规划的编制应针对项目的实际情况，明确项目监理机构的工作目标，确定具体的监理工作制度、程序、方法和措施，并应具有可操作性。

（4）监理规划是整个监理工作实施的基础和依据，规划编制质量的好坏会直接影响今后整个监理工作，也集中体现了监理单位特别是总监理工程师的技术业务水平。

（5）由总监理工程师亲自主持编写监理规划。

2. 监理规划编制的依据

（1）建设工程的相关法律、法规及项目审批文件。

（2）建设工程监理规范。

（3）与建设工程项目有关的标准、设计文件和图纸、技术资料、本工程执行的标准规范规程等。

（4）监理大纲、委托监理合同文件。

（5）与建设工程项目相关的合同文件。

3. 监理规划编制的程序

（1）监理规划应由总监理工程师主持，专业监理工程师参加编制。

（2）监理规划应在签订委托监理合同及收到设计文件后开始编制，完成后必须经监理单位技术负责人审核批准，并应在召开第一次工地会议前报送建设单位。

(3) 在监理工作实施过程中，如实际情况或条件发生重大变化而需要调整监理规划时，应由总监理工程师组织专业监理工程师研究修改，按原报审程序经过批准后报建设单位。

2.2.2 监理规划内容

1. 工程项目概况
2. 监理工作范围
3. 监理工作内容
4. 监理工作目标
5. 监理工作依据
6. 项目监理机构的组织形式
7. 项目监理机构的人员配备计划
8. 项目监理机构的人员岗位职责
9. 监理工作程序
10. 监理工作方法及措施
11. 监理工作制度
12. 监理设施

2.2.3 监理规划编制的一般程序

1. 规划信息的收集和处理

作为编制规划的第一步，必须收集与项目有关系的所有信息。收集的信息越完整、越精确、越及时，规划的质量越高。

2. 确认项目目标

(1) 目标的识别

目标的识别是根据所获得的信息，对项目的目标进行分析和评价，判别真伪，充分考虑约束条件。在识别目标的过程中，要明确的问题有：

1) 项目法人的真正目的；
2) 目标实现的可能性；
3) 项目法人提出这些目标的背景；
4) 实现目标的标准；
5) 目标与目标之间的关系。

(2) 目标实现的先后次序

任何项目的目标都不是独立的，一般都有多个目标。在确认了目标以及目标与目标之间的相互关系之后，需要对目标进行排序，分清主次。例如将进度目标放在第一位，则相应的成本和质量目标就可能要作一些让步。

(3) 目标的衡量

1) 目标的量化。对要实现的目标，最好首先将其量化。对于那些确实难以量化的目标，可以采取一些技术措施进行处理，如找出相关可量化的指标或定义、可接受水平等等。

2) 目标的满意度。目标量化的结果是给出一个特定的目标值 E，但任何项目实施后实现的目标都不可能绝对等于 E，这是显而易见的。因此，在目标量化以后，需要定义一个可以接受的置信水平，也就是与目标值 E 的偏差多大，才可以接受。若可以接受的偏差定义为 $\pm\Delta$，则目标实现的结果在（$E\pm\Delta$）的范围内时，目标要求就被认为满足了。

3. 工作说明（SOW）

SOW（Statement of Work）是对实现项目目标所要进行的工作或活动的一种叙述性描述。SOW 的复杂程度取决于项目法人、高层次管理人员以及规划使用者的要求。

项目在组织内部，SOW 一般由计划部门根据执行部门提供的信息制定，然后由执行部门确认。如果项目处在组织外部，也就是处在一个竞争的招标环境中，SOW 通常由承包商委托的项目管理机构根据项目法人要求准备，然后取得项目法人的认可。监理规划就属于后一种。

一般来说，在项目目标明确以后，需列举完成这些目标所要进行的工作或任务，说明这些工作或任务的内容、要求和程序。这种描述按一定规格给出时，便形成了 SOW。

4. 工作分解结构（WBS）和业务责任图（LRC）

WBS（Work Breakdown Structure）是项目监理规划与控制的基础资料。它是根据系统工程的思想用树形图将一个功能实体（项目）逐级划分成若干个相对独立的工作单元，以便更有效地组织、计划、控制项目整体的实施。WBS 的特点是确保项目参与者（项目法人、承包商、主管部门等）从整体上理解自己承担的工作与全局的关系，从而能够尽早发现问题，及时解决。WBS 作为项目参与者的信息基础和共同语言，是他们之间信息交流和共同工作的基础。WBS 中的最终工作单元应是相对独立的、有意义的，每一个单元应责权分明，易管理，有始终，有确定的衡量标准，在实施过程中易检查，人、财、物的消耗都能测定，便于成本核算。

WBS 的步骤：

（1）根据所获信息，将项目按工作内容逐级分解，直到确定的、相对独立的工作单元。

（2）对于每一个工作单元，应该说明其性质、特点、工作内容、目标、资源输入（人、财、物、基础设施、服务等），列出与其有关系的机构，进行成本估算、时间估算，并确定执行项目工作的负责人和相应的组织形式、人员安排。

（3）各工作单元的责任者对该工作的预算、时间安排、资源需求、人员安排等进行复合，以保证 WBS 的准确性，复核完毕，形成初步文件报上一级。

（4）将以上信息逐级汇总，明确各项工作实施的先后次序，即确定逻辑关系。

（5）汇总到最高级，将各项目成本累计成项目总的初步概算，并以此作为后面项目成本计划（预算）的基础（概算中应该包括直接费用和间接费用、不可预见费用、利润等）。

（6）时间估算和关键事件以及逻辑关系的信息可以汇总为“项目总进度计划”，形成后面项目详细工作规划的基础。

（7）各项工作单元的资源使用汇总成“资源使用计划”（包括设备、材料、资料、人力等）。

（8）总监理工程师对 WBS 的输出结果进行系统综合评价，拟定项目的实施方案。

（9）形成项目监理规划，呈报项目法人审批。

（10）严格按监理规划实施，在实施中收集进展信息，不断补充、修改。

WBS与组织机构并列使用，便形成业务责任图（Line Responsibility Chart，LRC，有人译为线形责任图，此处宜译为业务责任图），以明确各项任务（业务）的责任者，便于项目的实施管理（如图2-1）。

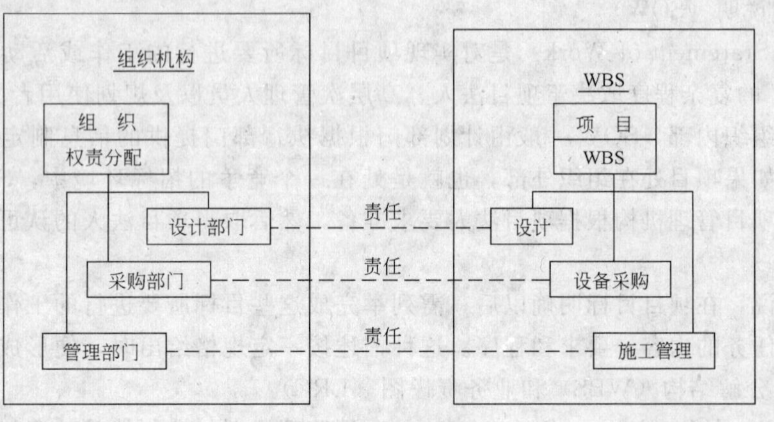

图2-1 LRC示意图

5. 制定监理规划

根据WBS和LRC提供的信息确定出各工作单元的任务。各工作单元参照自己的实施方案编制监理规划。

总的监理规划可以按照WBS的层次逐级由下往上汇总，最终构成项目总的监理规划文件，其制定过程可参照图2-2。

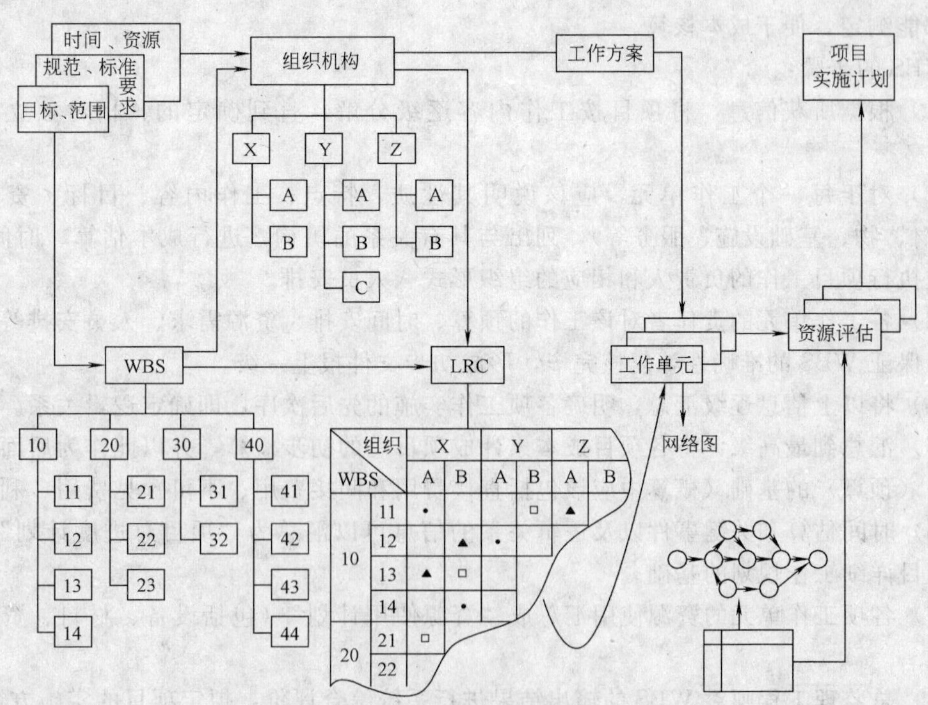

图2-2 规划的制定过程

2.3 监 理 细 则

2.3.1 监理细则的编制

1. 监理细则的作用

(1) 监理细则是监理工程师对给水排水工程中各道工序和不同专业实施控制的具体执行办法，同样对监理人员与施工单位具有约束作用。

(2) 监理实施细则应根据不同工序和专业分工分别编制。对于给水排水工程，工程类型繁多，一般在综合性工程中都按工程类型来编制监理实施细则，如管道工程监理实施细则、消化池工程监理实施细则等。

(3) 对于结构工程，特别是污水处理厂工程的复杂、重要结构，往往要按不同的部位或工序来编制，如桩基工程监理实施细则、预应力混凝土现浇水池及处理构筑物监理实施细则、水下工程监理实施细则等。

(4) 每份监理实施细则都应在该道工序开始施工前一段时间内完成并分发给施工单位。

2. 监理细则的编制

(1) 编制监理实施细则的依据：

1) 已批准的监理规划；

2) 与专业工程相关的标准、设计文件和技术资料；

3) 施工组织设计。

(2) 在编制监理实施细则时，最忌讳的是照搬照抄、毫无个性和特点，特别是把一些标准化文本原封不动地搬来，不仅体现不出工程特点和监理业务水平，而且对监理单位的声誉也会带来不利的影响。对中型以上的给水排水工程项目，项目监理机构应编制监理实施细则。监理实施细则应符合监理规划的要求，并应结合工程项目的专业特点，做到详细具体，具有可操作性。

(3) 监理细则应在监理规划的基础上，由各专业监理工程师依据各自的工作编写。两者之间的关系是实施细则服从监理规划，同时补充、完善监理规划，即实施细则不能违反监理规划确定的基本框架和原则，但应在原则的具体实施上做出补充和细化。

2.3.2 监理细则的内容

1. 监理细则的主要内容

(1) 专业工程的特点。

(2) 监理工作的流程。

(3) 监理工作的控制要点及目标值，质量标准和检测方法以及检测频率。

(4) 监理工作的方法及措施。

(5) 在监理工作实施过程中，监理实施细则应根据实际情况进行补充、修改和完善。

(6) 本手册的工程监理的内容可以作为监理细则编写的参考资料。

2. 监理实施细则的制定

监理实施细则是进行监理工作的“施工图设计”，应根据监理项目的具体情况，由专业监理工程师负责编写。

（1）设计阶段的实施细则

1）协助项目法人组织设计竞赛或设计招标，优选设计方案和设计单位；

2）协助设计单位开展限额设计和设计方案的技术、经济比较，优化设计，保证项目使用功能、安全可靠、经济合理；

3）向设计单位提供满足功能和质量要求的设备、主要材料的有关价格、生产厂家的资料；

4）组织好设计单位之间的协调。

（2）施工招标阶段实施细则

引进竞争机制，通过招标投标，正确选择施工承包单位和材料设备供应单位，合理确定工程承包和材料、设备合同价，正确拟定承包合同和订货合同条款等。

（3）施工阶段实施细则

1）投资控制实施细则。在成本合同价款外，尽量减少所增工程费用；全面履约，减少对方提供索赔的机会；按合同支付工程款等。

2）质量控制实施细则。一方面，要求承包施工单位推行全面质量管理，建立健全质量保证体系，做到开工有报告，施工有措施，技术有交底，定位有复查，材料、设施有试验，隐蔽工程有记录，质量有自检、专检，交工有资料。另一方面，也应制定一套具体、细致的质监措施，特别是质量预控措施。

3）进度控制的实施细则。在施工阶段的进度控制应围绕以下内容制定具体实施细则。

a. 严格审查施工单位编制的施工组织设计，要求编制网络计划，并切实按计划组织施工；

b. 由项目法人负责供应的材料和设备，应按计划及时到位，为施工单位创造有利条件；

c. 检查落实施工单位劳动力、机具设备、周转料、原材料的准备情况；

d. 要求施工单位编制月施工作业计划，将进度按日分解，以保证月计划的落实；

f. 协调各施工单位间的关系，使他们相互配合、相互支持和搞好衔接；

g. 利用工程付款签证权，督促施工单位按计划完成任务。

必须强调指出，当处于边设计、边供料、边施工状态时，一定程度上说，决定工程进度的是设计工作的进度，即施工图的出图顺序和日期能否满足工程施工的需要。为此，要按项目施工进度的要求，与设计单位具体商定施工图的出图顺序和日期，并订立相应的协议作为设计合同的补充。

3. 给水排水工程施工监理的控制等级划分参考（表 2-2）

表 2-2

序号	工程项目	质量控制要求	等级 *	控 制 手 段
1	土方工程	建、构筑物定位、抄平	BR	测量、复核
		土质和土基处理，标高	BR	观测、测量
		回填土，密实度，标高	CR	检测、试验、测量
2	基础工程	轴线及标高	AR	测量复核
		外形尺寸	BR	测量复核

续表

序号	工程项目	质量控制要求	等级*	控制手段
2	基础工程	材料检查	BR	现场检查、抽样试验见证取样
		钢筋隐蔽检查	BR	现场检查　隐蔽验收
		混凝土	BR	现场检查、抽样,审核试验报告、检测　旁站
		地下管线预留孔段、预埋	BR	现场检查、隐蔽验收、测量复核
		基础隐蔽验收	AR	现场检查、审核内业资料
3	现浇混凝土主体工程	轴线及标高	BR	测量复核
		断面尺寸	BR	测量复核
		材料检查	BR	现场抽样检查、试验、见证取样
		施工缝处理	BR	旁站、隐蔽验收
		混凝土强度	BR	现场抽样,审核试验报告、见证取样
		防水混凝土抗渗	BR	抽样试验,现场检查、隐蔽验收
		混凝土结构防腐	BR	现场检查,审核内业资料
		预留孔、预埋件检查	BR	现场检查、隐蔽验收
		主体结构验收	AR	现场检查、测量,审核内业资料
4	砌砖工程	砌承重墙的砂浆强度等级	BR	砂浆配合比试验、见证取样
		灰缝、错缝	CR	巡视
		门窗孔位置	BR	测量巡视
		预埋件及埋设管线	BR	隐蔽验收、测量复核
5	吊装工程	材料交接检查	BR	现场抽检见证取样
		构件:强度、外观及尺寸	BR	试验报告,检查、测量、见证取样
		重要构件的结构试验	AR	现场检查,审核内业资料
		吊装方法是否正确	BR	审核、旁站、检查
		吊装位置、砂浆厚度、构件平整度或垂直度	BR	现场检查、测量、检测
		结构验收	AR	现场检查、测量
6	门窗工程	木门窗:位置尺寸	BR	检查、测量
		铝合金门窗:嵌填、定位、关闭、开关	BR	检查、测量
7	屋面防水工程	材料交接检查	BR	现场检查
		找平层:厚度、坡度、平整度、防裂纹	BR	检查、测量
		保温层	BR	检查、测量、见证取样
		防水面层	BR	检查、见证取样
		水落管	CR	检查
8	室内给水排水管道安装	阀门、管件材料进场后开箱检查	BR	检查、测量、试验
		安装位置及坡度、接头	BR	检查、测量
		管阀连接位置、接头	BR	检查、测量
		工序工艺材料变更时签证认可	BR	总监组织协调,共同签证

续表

序号	工程项目	质量控制要求	等级*	控制手段
8	室内给水排水管道安装	系统强度	CR	水压试验　旁站
		水表、消火栓、卫生洁具器件	BR	检查、测量
		排水系统	BR	通水试验，记录归档
9	室内电气线路安装工程	电气设备、配件、线料进场后开箱检查	BR	检查、测量、试验
		交配电设备安装：位置、标高、线路连接	BR	检查、测量
		工序、工艺材料变更时签证认可	BR	建设单位、设计、承包单位、监理共同签证
		屏柜、附件及线路安装	BR	检查、量测
		绝缘、接地	BR	检查、量测、测试
		电力贯通合闸试验	AR	量测、记录
10	电信工程	电信设备材料开箱检验	BR	检查、测试、见证取样
		设备安装位置、标高、线路连接	BR	检查、量测
		工序、工艺材料变更时签证认可	BR	总监组织协调共同签证
		线路及附件安装	CR	检查、量测、测试
		通信检测验收试验	AR	量浊
11	工艺设备安装工程	设备进厂后开箱检查	BR	检查、测试、记录
		设备安装安置、标高、管道连接	BR	检查、测量、测试
		基础及紧固件	BR	检查、测量、旁站
		设备吊装方法	BR	旁站、检查
		工序、工艺材料变更时签证认可	AR	总监组织协调共同签证
		管道、线路、接地及附件安装	BR	检查、测量、测试
		设备试车验收	AR	检查、测量、测验
12	室外管网安装工程	管材及配件到货的验收	BR	检查、记录
		地下管道安装位置、标高、埋深垫层，回填土，耐压	BR	检查、测量、试验
		工序、工艺材料变更时签证认可	BR	总监组织协调共同签证、见证取样
		管道焊接及防腐处理	BR	旁站、检查、测量、探伤与试验
		管道系统强度与严密性	AR	液压试验、旁站
		管道安装阶段检查	BR	检查、测量、试验
13	自动控制工程	设备、配件到货验收，设备安装位置，接插件	AR	检查、测量、测试
		线路、接地及附件安装	BR	检查、测量、测试、隐蔽验收
		总体运作测试	BR	检查、测量、测试记录
14	室外电缆工程	电缆到货规格、数量检查	BR	检查、测量、见证取样
		电缆安装：种类、分布、屏蔽、接地	BR	检查、测量、测试
		电缆敷设安装之后验收	AR	检查、测量、达标测试

续表

序号	工程项目	质量控制要求	等级 *	控制手段
15	非标设备制作工程	材料检验及验收	BR	合格证,试验报告、见证取样
		焊缝工艺及焊工资质认定	BR	工艺资料,焊工资质证书
		设备几何尺寸误差的检验	BR	按规范测量,旁站
		焊缝质量的擦伤验收	BR	无损探伤和超声波探伤
16	专用设备安装	设备到货验收	BR	检查、测量
		设备安装位置安装条件检查	BR	检查、测量
		设备基础或设备定位紧固(包括轨道安装)	BR	检查、测量、隐蔽验收
		设备组装	BR	检查、测试、安装资质证书
		接管、接线	CR	检查、测试
		调试、初验收	AR	检查、测试、旁站

注：* 等级——是指按质量控制的要点划分为两个等级控制手段，其中：
AR——指建设单位、承包单位、监理方同时控制并做好记录；
BR——指承包单位、监理同时控制并做好记录；
CR——指承包单位同时控制并做好记录，监理巡视。

第3章　施工准备阶段的监理

3.1　一般规定

3.1.1　施工准备阶段监理的主要工作

1. 在设计交底前，总监理工程师应组织监理人员熟悉设计文件，并对图纸中存在的问题通过建设单位向设计单位提出书面意见和建议。

2. 项目监理人员应参加由建设单位组织的设计技术交底会，总监理工程师应对设计技术交底会议纪要进行签认。

3. 工程项目开工前，总监理工程师应组织专业监理人员审查承包单位报送的施工组织设计（方案）报审表，提出审查意见，并经总监理工程师审核、签认后报建设单位。

4. 工程项目开工前，总监理工程师应审查承包单位现场项目管理机构的质量管理体系、技术管理体系和质量保证体系，确能保证工程项目施工质量时予以确认。

5. 分包工程开工前，专业监理人员应审查承包单位报送的分包单位资格报审表和分包单位有关资质资料，符合有关规定后，由总监理工程师予以签认。

6. 审核分包单位资格、营业执照、资质等级证书、特殊行业施工许可证、承包工程许可证；分包单位的业绩；人员的资格证、上岗证。

7. 监理人员应检查承包单位报送的测量放线控制成果及保护措施并检查测量人员的岗位证及测量设备检定证书。核查控制桩的校核成果、控制桩的保护措施以及平面控制网、高程控制网和临时水准点的测量成果。

8. 监理人员应审查工程开工报审表及相关资料，具备开工条件时，由总监理工程师签发，并报建设单位。

9. 工程项目开工前，应召开的第一次工地会议，介绍建设单位、承包单位和监理单位驻现场的机构、人员及其分工；宣布对总监理工程师的授权；开工准备情况；施工准备情况；总监理工程师介绍监理规划的主要内容和要求；确定工地例会周期、地点及主要议题。

10. 当承包单位采用新材料、新工艺、新技术、新设备时，专业监理人员应要求承包单位报送相应的施工工艺措施和证明材料，组织专题论证，经审定后予以签认。

11. 监理人员应对承包单位报送的拟进场工程材料、构配件和设备的工程材料、构配件、设备报审表及其质量证明资料进行审核，并对进场的实物按照委托监理合同约定或有关工程质量管理文件规定的比例采用平行检验或见证取样方式进行抽检。对未经监理人员验收或验收不合格的工程材料、构配件、设备，监理人员应拒绝签认，并应签发监理工程师通知单，书面通知承包单位限期将不合格的工程材料、构配件、设备撤出现场。

12. 监理人员检查进场的主要施工设备，审查设备的规格、型号是否符合施工组织设计的要求；检查承包单位的计量设备的技术状况。

3.1.2　熟悉图纸，监理合同和施工合同的分析

1. 熟悉图纸

(1) 检查施工图纸

1）工程招投标完成后，建设单位将整套施工图纸分发给中标施工单位、监理单位。

2）监理单位进场后，应对所有施工图纸，包括标准图，作一次清点核对。发现图纸不齐，应尽快通过建设单位与设计单位联系，确定缺失图纸编号，查明原因，保证开工为限落实补图时间。如开工前不能出齐全部图纸，则应确保开工必需的施工图纸出齐。

(2) 检查开工前需要办理的各类手续

1）给水排水工程开工前，建设单位应到政府建设主管部门和其他有关部门办理各种手续，并取得相应的许可文件，这是工程开工的必备条件。如委托政府质量监督、办理工程报建、取得交通管理许可和施工区域市容、环保、消防、卫生许可等。

2）监理单位应了解国家这方面的有关规定和当地政府的具体要求，检查办理情况，对未完成的工作要督促建设单位尽快办妥，并可协助完成一些职责允许的工作。

(3) 检查施工场地及三通一平工作

1）监理单位应会同建设单位、施工单位对施工现场进行检查，对施工红线边界划定、范围内的动拆迁、测绘单位提交的平面及高程控制点的保护、施工影响范围内的地上、地下管线调查情况、施工用电用水情况、施工车辆交通管理要求等有明确的了解，如发现有对施工队严重不利的情况，就及时向建设单位提出，求得解决。

2）现场复核，在检查施工现场时，还应对施工图纸中一些重要的、全局性的数据进行现场复核，特别是一些重要的地形地貌及地下建筑、管线的标记要一一核对，对图纸上的差错、遗漏要纠正补齐，如发现图纸有重大错误，应迅速通知建设、设计单位，并向建设单位递交书面报告要求澄清。

3.1.3　分析委托监理合同及建设工程施工合同（图 3-1）

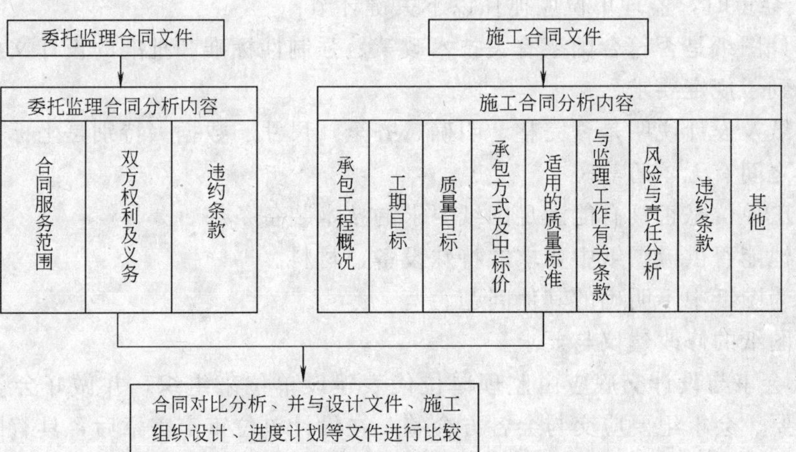

图 3-1　委托监理合同及建设工程施工合同分析图

3.2 设计交底和设计审查

3.2.1 图纸会审与设计交底

1. 监理单位应特别重视图纸会审与设计交底，总监理工程师组织监理人员来研究熟悉图纸，了解设计关键环节的技术要求和技术指标，准备会审意见。监理单位应与施工单位、设计单位保持经常的信息交流，使各方的准备工作做得更加充分。

2. 图纸会审的日期应根据工程开工日期安排，督促建设单位在征询施工单位意见的基础上尽早确定，并及时通知设计、施工单位，以保证施工单位有足够的阅图时间来熟悉、理解设计意图，发现图纸中存在的问题，提高图纸会审的质量。

3. 设计交底的准备工作

（1）在设计交底前，总监理工程师应组织监理人员熟悉设计文件，并对图纸中存在的问题通过建设单位向设计单位提出书面意见和建议。

（2）项目监理人员应参加由建设单位组织的设计技术交底会，总监理工程师应对设计技术交底会议纪要进行签认。

（3）工程项目开工前，总监理工程师应组织专业监理人员审查承包单位报送的施工组织设计（方案）报审表，提出审查意见，并经总监理工程师审核、签认后报建设单位。施工组织设计（方案）报审表应符合格式。

3.2.2 设计交底的内容和深度

1. 图纸会审与设计交底是两项工作，一般应先进行设计交底，在交底的基础上再进行审图和会审，这样有利于施工单位、监理单位对图纸的理解。

2. 设计交底是由设计单位向施工单位、监理单位全面介绍设计思想，对重要结构部位、新材料、新工艺的使用、重要的技术问题等作出说明，提出具体要求。

3. 设计交底应在施工单位收到施工图后尽早进行，监理单位应督促、提醒设计单位对设计交底要事先做好充分的准备工作。图纸会审是在施工单位、监理单位认真仔细阅读、核对好图纸的基础上进行。

4. 图纸会审时，监理单位应抓住以下关键环节：

（1）设计图纸是否符合国家有关技术政策、强制性标准和批准的设计文件规定，设计深度是否达到了规定要求。

（2）图纸及设计说明是否完整、明确、齐全，尺寸、数据（特别是坐标和高程）是否正确，图纸之间有无矛盾等。

（3）施工单位是否具有能满足图纸要求的技术装备条件。

（4）本地能否供应图纸中要求的特殊设备、材料。

（5）认为图纸中不明确的其他问题。

（6）对图纸的修改建议与要求。

5. 图纸会审与设计交底应由监理单位代表建设单位来组织，并做好会议记录、编写图纸会审纪要。会审纪要应交与会各方会签，在设计单位审定盖章后，具有同施工图纸相同的效力，可下发施工单位实施。

6. 图纸审查记录、设计交底记录

（1）工程开工前必须组织图纸会审，由承包工程的技术负责人组织施工、技术等有关人员对施工图进行全面学习、审查并做《图纸审查记录》，将图纸审查中的问题整理、汇总、报监理（建设）单位，由监理（建设）提交给设计单位，以便在设计交底时予以答复。

（2）设计交底由建设单位组织并整理、汇总设计交底要点及研讨问题的纪要，填写《设计交底记录》，各单位主管负责人会签，并由建设单位盖章，形成正式设计文件。

（3）技术交底记录

包括施工组织设计交底，新技术、新工艺、新材料、新设备及主要工序施工技术交底。各项交底应有文字记录，交底双方应履行签认手续。

（4）设计变更、洽商记录

1）工程中如有洽商，应及时办理《工程洽商记录》，内容必须明确具体，注明原图号，必要时应附图。

2）设计变更和技术洽商，应有设计单位、施工单位和监理（建设）单位等有关各方代表签认；设计单位如委托监理（建设）单位办理签认，应办理委托手续。变更洽商原件应存档，相同工程如需要同一个洽商时，可用复印件或抄件存档并注明原件存放处。

3）分承包工程的设计变更洽商记录，应通过工程总承包单位办理。

4）洽商记录按专业、签订日期先后顺序编号，工程完工后总承包单位按照所办理的变更及洽商进行汇总，填写《工程设计变更、洽商一览表》。

3.2.3　施工图设计文件审查

1. 一般规定

（1）建设单位应当将施工图设计文件及其他有关文件报送市建委委托的审查单位进行审查，依据国家和地方的法律、法规、技术标准与规范，对施工图设计文件进行结构安全和强制性标准、规范执行情况等独立审查。施工图设计文件未经审查批准不得使用。

（2）施工图设计文件审查单位应在规定的时间内完成施工图设计文件审查，并提交审查报告。对不合格的项目，建设单位应根据审查意见修改后重新送审。施工图经审查批准后，不得擅自进行修改。如遇特殊情况，需要对主要内容进行修改时，必须重新报请原审查单位批准。

2. 审查程序和审查内容

（1）建设单位应在完成施工图、取得《建设工程规划许可证》后，市建设委员会颁发开工证前，办理施工图报审手续。

（2）建设单位应当与审查单位签订审查合同，明确审查的内容、双方责任和义务、审查期限和费用等。审查费用由建设单位承担。

（3）建筑工程施工图审查内容

1）是否符合国家有关工程建设强制性标准和规范；

2）是否按照批准的初步设计文件进行施工图设计，施工图是否达到规定的设计深度标准要求；

3）工程勘察是否符合国家及本市的有关技术标准及规定；

4）结构设计是否安全；

5）是否损害公众利益。

3. 建设单位办理报审手续时应提供下列文件和资料的复印件

（1）规划管理部门核发的《建设工程规划许可证》；

（2）批准立项文件、主要的初步设计文件及批准文件；

（3）有关部门对消防、抗震、人防、节能等专项审批意见书。

（4）工程勘察成果报告（详勘）；

（5）施工图设计全套图纸文件（结构专业计算书，并注明计算软件名称及版本）；

（6）审查需要提供的其他资料。

4. 建设单位报审须填写《工程施工图设计文件审查报审表》，将施工图设计文件交审查单位进行审查。

5. 审查单位应在送审资料报齐之日起20个工作日内完成项目的审查工作；特级和一级项目应当在30个工作日内完成审查工作，其中重大及技术复杂项目的审查时间可适当延长。各专业审查人员应按审查程序和审查要点分别填写审查记录单。根据各专业审查意见讨论汇总后，填写《工程施工图设计文件审查报告》。

6. 审查合格的项目，审查单位负责人及审查人员应在审查报告上签字、盖章，并向建设单位发出《工程施工图设计文件审查通知书》。对于审查不合格的项目，由原设计单位修改后，建设单位重新送审

7. 施工图一经审查批准，不得擅自进行修改。遇特殊情况需对已审查过的主要内容进行修改时，必须重新报请原审查单位批准后实施。

8. 工程竣工验收时，有关部门应当按照审查批准的施工图进行验收。

3.3 施工组织设计的审核

3.3.1 施工组织设计的编制的一般知识

1. 施工组织设计的作用

（1）为建设给水排水工程项目施工做出全局性的战略部署。

（2）为做好施工准备工作，保证资源供应提供依据。

（3）为组织全工地性施工提供科学方案和实施步骤。

（4）为编制工程项目生产计划和单位工程的施工组织设计提供依据。

（5）为建设单位编制工程建设计划和监理单位的监理工作提供依据。

（6）为确定设计方案的施工可行性和经济合理性提供依据。

2. 施工组织设计分类及内容

施工组织设计根据设计阶段和编制对象的不同大致可以分为三类，即：施工组织总设计、单位工程施工组织设计和分部分项工程施工组织设计。

（1）施工组织总设计

施工组织总设计是以一个建设项目为编制对象，规划其施工全过程各项活动的技术、经济的全局性、控制性文件。它是整个建设项目施工的战略部署，涉及范围较广，内容比较概括。它一般是在初步设计或扩大初步设计批准后，由总承包单位的总工程师负责，会同建设、设计和分包单位的工程师共同编制的。它也是施工单位编制年度施工计划和单位工程施工组织设计的依据。

(2) 单位工程施工组织设计

单位工程施工组织设计是以单位工程为编制对象，用来指导其施工全过程各项活动的技术、经济的局部性、指导性文件。它是拟建工程施工的战术安排，是施工单位年度施工计划和施工组织总设计的具体化，内容更详细。它是在施工图设计完成后，由工程项目主管工程师负责编制的，可作为编制季度、月度计划和分部分项工程施工组织设计的依据。

(3) 分部分项工程施工组织设计

分部分项工程施工组织设计是以分部分项工程为编制对象，用来指导其施工活动的技术、经济文件。它结合施工单位的月、旬作业计划，把单位工程施工组织设计进一步具体化，是专业工程的具体施工设计。一般在单位工程施工组织设计确定了施工方案后，由施工队技术队长负责编制。

施工组织设计应当包括下列主要内容：①工程任务情况；②施工总方案、主要施工方法、工程施工进度计划；主要单位工程综合进度计划和施工力量、机具及部署；③施工组织技术措施，包括工程质量、安全防护以及环境污染防护等各种措施；④施工总平面布置图；⑤总包和分包的分工范围及交叉施工部署等。

3. 施工组织设计的编制原则及程序

(1) 建设工程实行总包和分包。由总包单位负责编制施工组织设计。分包单位在总包单位的总体部署下，负责编制分包工程的施工组织设计。

(2) 对结构复杂、施工难度大以及采用新工艺和新技术的工程项目，要进行专业性的研究，必要时组织专门会议，邀请有经验的专业工程技术人员参加，集中群众智慧，为施工组织设计的编制和实施打下坚实的群众基础。

(3) 在施工组织设计编制过程中，要充分发挥各职能部门的作用，吸收他们参加编制和审定；充分利用施工企业的技术素质和管理素质，统筹安排、扬长避短，发挥施工企业的优势。

(4) 当比较完整的施工组织设计方案提出后，要组织参加编制的人员及单位进行讨论，逐项逐条的研究、修改后确定，最终形成正式文件，送主管部门审批。

施工组织设计的编制过程是由粗到细，反复协调进行的，最终达到优化施工组织设计的目的。

3.3.2 单位工程施工组织设计编制的一般知识

1. 施工顺序的确定

(1) 单位工程施工顺序的确定，应该建立在工程工艺特点和工种技术要求的基础上，按照工艺特点编排施工顺序。

(2) 按照工程技术要求编排施工顺序，例如承插式压力给水铸铁管道试压，是在石棉水泥接口经过养护，并在管内充水已有一定时间后进行。

(3) 施工顺序的确定，不但直接规定了施工进度计划的编排，而且也影响施工方法的选择。

(4) 在很多情况下，施工顺序和施工方法是互为影响的。例如，一定长度的中等管径钢筋混凝土管道施工时，常用的施工顺序为：开挖沟槽、浇灌混凝土基础并养护、下管、稳管、接口和管座，养护还土；但采用四合一稳管法，数个混凝土工程部位的浇筑振捣施工过程合并为一个施工过程，而下管在所有混凝土施工之前。

（5）在确定施工顺序时，应在技术条件许可情况下，尽可能地组织工种之间的搭接，并考虑下列问题：

1）各施工过程之间工艺关系必须遵守，不可颠倒；

2）所采用的施工方法和施工机械对施工顺序的影响；

3）施工组织和劳动力连续作业及人力平衡的要求是否满足；

4）施工质量和施工安全的要求是否满足；

5）工艺间隔和季节性施工要求是否考虑周到。

2. 施工方法的选择

（1）施工方法的选择，应考虑技术的合理性、经济性和实施可能性的要求。技术合理性包括：施工的可能性和先进性。

1）施工的可能性经常取决于现场的条件。例如深水急流不宜用周围堰方法，管道穿越铁路、公路时，一般采用顶管施工等；

2）技术先进性表现在以下几个方面：简化了施工工艺或施工过程，减轻了工人的劳动强度，减少了劳动力和机械台班的用量，提高了工程质量和施工速度等；

3）施工方法的经济性在任何时候都是需要的，在同样满足施工技术要求条件下，两种施工方法的经济性常常是通过具体比较而获得。如大量土方工程的机械化施工总是较人工开挖和运输经济，深埋管道采用不开槽施工较开槽施工经济等；

4）施工方法的先进性和经济性，还受多种因素制约。例如：施工管理水平，施工协作，材料、设备和技术资源的供应，人工操作熟练程度，个别工序的先进施工方法在全施工过程整体上的地位，相邻施工方法的搭接，甚至当地的施工习惯等。因此施工方法的选择要充分考虑到当地的自然和社会情况，施工部门的管理水平和技术条件，注意选用的现实性。

（2）主导施工过程的施工方法要根据不同的工程类型、特点和具体条件来确定，内容要简明扼要、重点突出。对于常规做法和人工熟练的项目不必详细拟定，只要提出本工程要求即可；对于新材料、新工艺、新技术及影响本工程质量的关键性项目，要编制的详细具体，必要时应编写分部分项技术措施。

3. 施工方案图

（1）施工方案图是施工组织设计或施工方案的重要组成部分，是表达施工顺序和施工方法的工程语言。它可以使工程管理者和操作者能直观地对工程总体布置、具体节点或交叉部位有明确地了解，用以指导施工的顺利进行。施工方案图主要包括：①平面图（平面位置图）；②纵断面图；③横断面图；④附属建筑物图；⑤交叉管线大样图。

（2）平面位置图

表示所修建的市政工程的平面位置关系，一般利用测绘部门测绘的地形图为基础进行测绘，重点突出施工部位、构筑物的外轮廓线。主要包括：

1）管线走向、管径（断面）、构筑物（标注编号）、里程、长度等；

2）道路边线、轴线、规划线、新旧路区划等；

3）管线及附属构筑物与相对地物的距离；

4）相邻近的、同期施工的及现有地下管线或其他设施，并注明断面尺寸、高程与地物的相对距离；

5）预留管口应标注位置、高程、断面等数据；

6）施工占地范围里内外车行线、存料场地、机械设备、施工供水、供电线路；

7）施工平面内地下设施的拆改范围；

8）必要的文字说明；

9）图例。

（3）纵断图

重点表示所建结构物的地下部分，其纵向坡度、高程、土质、地下水位及交叉管线的高程关系。

1）表示管线竖向高程、断面形式尺寸、管材性质及相关管线或构筑物。根据不同专业要求，分别采用不同的图标；

2）与其他结构物相联接或相交叉的应补充局部大样，表示高程位置；

3）根据施工方法、现场条件、施工机械调整纵断面设计或变动构筑物位置。

（4）横断图

横断图表示若干剖面范围的综合市政工程结构物高程及相互位置关系。

1）表示相邻管线、构筑物之间的相对位置；

2）深槽作业需支撑的形式等；

3）施工部位与建筑红线、道路的关系；

4）多种管线合槽施工的下管方式。

（5）构筑物大样图

在城市改扩建的综合市政工程中，在管线、构筑物与新线之间，特别是在路口部位平面、立面交叉时，需绘制构筑物局部大样，进行高程和平面的配置。

1）在交叉部位应考虑施工方法，妥善保护既有市政管线的运行；

2）查阅有关管理单位存档的地下管网资料，并认真进行现场核实测绘；

3）旧有管线不论拆移或悬吊均应与管理单位协商配合，并制定相应技术措施予以保障。

（6）施工网络图

施工网络图是安排施工工序、进度计划的技术手段。市政工程计划综合性强，在城市占路施工时，工期限制性强。用网络计划图表示工序搭接和工种交叉，指明工程中各个环节之间互相依靠互相制约的关系。

（7）施工总平面图

施工总平面图是拟建项目施工场地的总布置图。它按照施工方案和施工进度的要求，对施工现场的道路交通、材料仓库、附属企业、临时房屋、临时水电管线等做出合理的规划布置，从而正确处理全工地施工期间所需各项设施和永久建筑、拟建工程之间的空间关系。施工总平面图设计步骤如下：

1）场外交通的引入；

2）仓库与材料堆场的布置；

3）加工厂布置；

4）布置内部运输道路；

5）行政与生活临时设施布置；

6）临时水电管网及其他动力设施的布置。

3.3.3 施工方案的审核

一般来说，大中型项目编制施工组织设计，小型项目可编制施工大纲。编制施工组织设计首先选择和制定施工方案，因为施工方案是单位工程或分项工程中某项施工方法的分析，是施工组织设计的核心。施工方案选择在很大程度上决定了施工组织设计质量和施工任务能否顺利完成。

施工单位在施工方案确定以后，必须将该方案向监理人员申报，由监理人员根据该项目的施工条件、设计要求、合同规定对施工方案进行审查，决定对施工单位上报的施工方案是全部采用、部分采用还是重新选择制定。在工程施工方案的审查中，监理人员应重点检查以下方面的内容。

1. 工程施工方法

（1）施工方法是施工方案的核心内容，它对工程的实施具有决定性作用。

（2）施工方法应突出重点。对某一工程项目来说不仅要有进行该项目操作的具体方法和过程，而且要提出明确的质量要求，以及时性达到这些质量要求所必需的技术措施。

（3）施工方法要有预见性。对施工过程中可能遇到的困难和发生的问题要有预防措施和处理、解决问题的办法。

（4）施工方法要考虑设计要求和现场条件。施工方法应满足设计文件的要求，充分考虑施工现场一切有关的自然条件和施工单位拥有的施工设备和施工经验。

2. 施工作业方法和施工顺序

（1）施工作业方法是决定施工劳动组织和施工顺序的依据。

1）施工作业方法分为连续作业和流水作业法；

2）应尽可能选择流水作业法，即把一项工程的全部工序划分为不同工序，依此由不同的专业班组来进行施工，以充分发挥劳动力、机械、设备的效率。

（2）施工顺序是各个施工工序之间相互衔接顺序的客观规律和它们之间的制约关系。施工顺序安排原则上要做到：

1）尽量安排流水作业或部分流水作业，以充分发挥劳动力和机具的效率；

2）尽量减少停工时间，以加快施工进度；

3）减少或避免各道工序作业间的相互影响和干扰，以保证施工企业的顺利进行；

4）尽量防止自然条件对工程施工的不利影响，保证施工质量和安全生产。

3. 施工机械设备的选择

施工方法确定以后，必然要选择工程施工所需的施工机械设备。施工机械设备的选择除了能满足施工需要的合理组合以外，还应充分考虑其经济性。

4. 各项施工技术组织措施

对工程施工方案的审查，还包括为达到工程进度、质量、费用目标所采取的各项措施，如现场质量管理、文明施工、安全生产等措施。

3.3.4 施工组织设计的审核要点

1. 在给水排水工程施工前，施工组织设计应经专业监理人员审查，并由总监理工程师组织审查和签认。需要承包单位修改时，应由总监理工程师签发书面意见退回承包单位修改，修改后再报，重新审核。

2. 工程监理单位应当审查施工组织设计中的安全技术措施或者专项施工方案是否符合工程建设强制性标准。

3. 对于大型的给水排水工程，可分阶段报批施工组织设计。项目监理部还应将施工组织设计（施工方案）报监理单位技术负责人审核后，再由总监理工程师签认发给承包单位。

4. 施工组织设计（施工方案）在实施过程中，承包单位如需作较大的改动，仍应经总监理工程师审核同意签认。

5. 在分部（分项）工程施工前，承包单位应编制分项、分部工程施工方案和重点部位、关键工序的施工工艺和确保工程质量的措施，报项目监理部审核，监理人员要审查主要分部（分项）工程施工方案，同意后予以签认。

6. 工程监理单位应当审查施工组织设计中的安全技术措施或者专项施工方案是否符合工程建设强制性标准。

7. 工程监理单位在实施监理过程中，发现存在安全事故隐患的，应当要求施工单位整改。情况严重的，应当要求施工单位暂时停止施工，并及时报告建设单位。施工单位拒不整改或者不停止施工的，工程监理单位应当及时向有关主管部门报告。

8. 工程监理单位和监理人员应当按照法律、法规和工程建设强制性标准实施监理，并对建设工程安全生产承担监理责任。

3.3.5 施工组织设计审核程序

1. 承包单位编制施工组织设计报审

(1) 于该工程开工前应向监理单位报审工程技术文件的工作，并应经承包单位内部审核完毕后进行；工程技术文件经项目监理部审核、总监理工程师给出审定结论后，承包单位还要据此进行技术交底。

(2) 报审的编制单位是指直接负责该项工程实施的单位，如是分包单位施工，应先由该分包单位填写此表，报承包单位，再经承包单位审核无误后报项目监理部审核。“技术负责人”、“申报人”即为该分包单位相关人员。如果该项工程实施单位就是承包单位，则承包单位即为编制单位，由承包单位直接填写报审。

(3) 施工组织设计必须由承包单位编制，经承包单位技术负责人审核批准，施工方案可由项目经理部的技术负责人审核批准。

(4) 应要求承包单位将季节性的施工方案（冬施、雨施等），在施工前填写《工程技术文件报审表》报项目监理部。

(5) 技术复杂或采用新技术的分项、分部工程，承包单位应编制分项、分部工程施工方案，报项目监理部审核。应要求承包单位对某些主要分部（分项）工程或重点部位、关键工序在施工前，将施工工艺、原材料使用、劳动力配置、质量保证措施等情况编写专项施工方案，填写《工程技术文件报审表》报项目监理部。

(6) 当承包单位采用新技术、新工艺时，应审查其提供的鉴定证明和确认文件。

(7) 上述方案经监理人员审核后，由总监理工程师签发审核结论。方案未经批准，该分部（分项）工程不得施工。

(8) 施工组织设计（施工方案）再实施过程中，承包单位如需作较大的改动，仍应经总监理工程师审核同意。

2. 监理单位审批要求：

(1) 先由相关专业监理人员审核，并在“监理单位审核意见”中填写意见。由总监理工程师填写审定结论并签字。

(2) 具体审核意见和审定结论的填写方法：

1) 当施工组织设计方案符合要求时，填写“本方案符合规范和图纸要求，同意实施”。在“同意”栏中划“√”；

2) 当方案有不足之处或局部错误时，监理人员应予指出，并限定修改日期，在“修改后再报”栏中划“√”；

3) 当方案存在严重不足或错误时，应要求重新编制，并限定重新编制的日期，在“重新编制”栏中划“√”；

(3) 工程技术文件报审表（表 3-1）。

表 3-1

<table>
<tr><td colspan="2">工程动工报审表
表 B2—5(A5 监)</td><td>编号</td><td colspan="2"></td></tr>
<tr><td>工程名称</td><td>北京××工程</td><td>日期</td><td colspan="2">2003—03—01</td></tr>
<tr><td colspan="5">现报上关于北京××工程工程技术文件，请予以审定。</td></tr>
<tr><td>序号</td><td>类别</td><td>编制人</td><td>册数</td><td>页数</td></tr>
<tr><td>1</td><td>施工组织设计</td><td>×××</td><td>1</td><td>79</td></tr>
<tr><td></td><td></td><td></td><td></td><td></td></tr>
<tr><td></td><td></td><td></td><td></td><td></td></tr>
<tr><td colspan="5">编制单位名称：×××技术负责人(签字)：×××申报人(签字)：×××</td></tr>
<tr><td colspan="5">承包单位审核意见：
同意此施工组织设计的编制，报项目监理部审核。
□有/ 无附页
承包单位名称：北京×××建筑工程公司
审核人(签字)：×××审核日期：2003—03—01</td></tr>
<tr><td colspan="5">监理单位审核意见：
编制的施工组织设计符合规范和图纸要求，同意实施。
审定结论：☑同意 □修改后再报 □重新编制
监理单位名称：北京××监理公司 总监理工程师(签字)：××× 日期：2003—03—02</td></tr>
</table>

3. 施工组织设计（施工方案）审核程序

(1) 承包单位应在开工前向项目监理部报送施工组织设计（施工方案），并填写《工程技术文件报审表》。

(2) 总监理工程师组织审查并核准，需要承包单位修改时，应由总监理工程师签发书面意见退回承包单位修改，修改后再报，重新审核。

(3) 对于重大或特殊的工程，项目监理部还应将施工组织设计（施工方案）报监理单位技术负责人审核后，再由总监理工程师签认发给承包单位。

(4) 若本栏书写不下时，可另附页。本表由承包单位填报，建设单位、监理单位、承包单位各存一份。

(5) 施工组织设计在实施过程中，承包单位如需作较大的改动，仍应经监理人员审核同意。

(6) 规模较大、工艺较复杂的工程、群体工程或分期出图的工程可分阶段报批施工组织设计。

4. 施工组织设计审核的主要内容：

(1) 承包单位的审批手续是否齐全、有效。

(2) 施工总平面图布置是否合理。

(3) 施工布置是否合理，施工方法是否可行，质量保证措施是否可靠并具有针对性。

(4) 工期安排是否满足施工合同要求。

(5) 进度计划是否保证施工的连续性和均衡性，所需的人力、材料、设备的配置与进度计划是否协调。

(6) 承包单位项目经理部的质量管理体系、技术管理体系和质量保证体系是否健全。

(7) 安全、环保、消防和文明施工措施是否符合有关规定。

(8) 季节性施工方案和专向施工方案的可行性、合理性和先进性。

(9) 总监理工程师认为应审核的其他内容。

5. 施工组织设计的贯彻措施

施工组织设计只是实施拟建工程项目的生产过程的一个可行的方案，是一个静态平衡方案，必须放到不断变化的施工过程中，考核其效果和检查其优劣，以达到预定的目标。为保证施工组织设计的顺利实施，应做好以下几个方面的工作。

(1) 做好施工组织设计交底

经过审批的施工组织设计，在开工前要召开各级的生产、技术会议，逐级进行交底，详细地讲解其内容、要求和施工的关键与保证措施，组织群众广泛讨论，拟定完成任务的技术组织措施，责成计划部门制定出切实可行的和严密的施工计划，责成技术部门拟定科学管理的具体的技术实施细则，保证施工组织设计的贯彻执行。

(2) 制定各项管理制度

施工组织设计的贯彻取决于施工企业的管理素质和技术素质及经营管理水平，最主要是企业各项管理制度的健全与否。只有施工企业有了科学的、健全的管理制度，企业的正常生产秩序才能维持，才能保证施工组织设计的顺利实施。

(3) 推行技术经济承包制

推行技术经济承包制度，开展劳动竞赛，把施工过程中的技术经济责任同职工的物质利益结合起来。如开展全优工程竞赛，推行全优工程综合奖、节约材料奖和技术进步奖等，对于全面贯彻施工组织设计是十分必要的。

(4) 统筹安排及综合平衡

施工过程中的平衡是暂时和相对的，平衡中必然存在不平衡的因素，要及时分析和研究这些不平衡因素，不断地进行施工条件的反复综合和各专业工种的综合平衡。进一步完善施工组织设计，保证施工的节奏性、均衡性和连续性。

(5) 切实做好施工准备工作

施工准备工作是保证均衡和连续施工的重要前提，也是顺利地贯彻施工组织设计的重要保证。工程项目不仅在开工之前做好准备工作，而且在施工过程中的不同阶段也要做好相应的准备工作。这对于施工组织设计的贯彻执行是非常重要的。

6. 施工组织设计的检查及调整工作

(1) 施工组织设计的检查

1) 主要指标完成情况的检查

把各项指标的完成情况同计划规定的指标项对比。检查的内容应该包括工程进度、工程质量、材料消耗、机械使用和成本费用等。

2) 施工总平面图合理性的检查

施工总平面图必须按规定建造临时设施，敷设管网和运输道路，合理的存放机具、堆放材料；施工现场要符合文明施工的要求；施工现场的局部断电、断水、断路等，必须事先得到有关部门批准，不断地满足施工进展的需要。

(2) 施工组织设计的调整

根据施工组织设计执行情况的检查，发现的问题及其产生的原因，拟定其改进措施或方案；对施工组织设计的有关部分或指标逐项进行调整；对施工总平面图进行修改。使施工组织设计在新的基础上实现新的平衡。

施工组织设计的贯彻、检查和调整是一项经常性的工作，必须随着施工的进展情况，加强反馈，及时地进行，要贯穿拟建工程项目施工过程的始终。

7. 组织施工的基本原则

在组织施工或编制施工组织设计时，应根据施工的特点和以往积累的经验，遵循以下几项原则：

(1) 认真贯彻党和国家对基本建设的各项方针和政策；

(2) 严格遵守国家和合同规定的工程竣工及交付使用期限；

(3) 合理安排工程开展程序和施工顺序；

(4) 在选择施工方案时，要积极采用新材料、新设备、新工艺和新技术，努力为新结构的推行创造条件；要注意结合工程特点和现场条件，使技术的先进适用性和经济合理性相结合，防止单纯追求先进而忽视经济效益的做法；还要符合施工验收规范、操作规程的要求和遵守有关防火、保安及环卫等规定，确保工程质量和施工安全；

(5) 对于那些必须进入冬、雨期施工的工程，应落实季节性施工措施，以增加全年的施工天数，提高施工的连续性和均衡性；

(6) 尽量利用正式工程、已有设施，以减少各种临时设施；尽量利用当地资源，合理安排运输、装卸与存储作业，减少物资运输量，避免二次搬运；精心进行场地规划布置，节约施工用地，不占或少占农田；

(7) 必须注意根据地区条件和构件条件，通过技术经济比较，恰当地选择预制方案或现场浇筑方案。确定预制方案时，应贯彻工厂预制与现场预制相结合的方针，努力提高建筑工业化程度；但不能盲目追求装配化程度的提高；

(8) 要贯彻先进机械、简易机械和改进机械相结合的方针，恰当选择自行装备、租赁机械或机械化分包施工等方式，但不能片面强调提高机械化程度指标；

(9) 制定节约能源和材料措施；

(10) 要贯彻“百年大计、质量第一”和预防为主的方针，从各方面制定保证质量的措施，预防和控制影响工程质量的各种因素；

(11) 要贯彻“安全为了生产、生产必须安全”的方针，建立健全各项安全管理制度，制定确保安全施工的措施，并在施工过程中经常地进行检查和督促。

3.4 分包单位审查

3.4.1 有关审查分包单位的法律法规

1. 中华人民共和国建筑法
2. 建筑工程安全生产管理条例
3. 建筑工程质量管理条例
4. 建设工程监理规范（GB 50319—2000）
5. 工程监理企业资质管理的规定
6. 房屋建筑和市政基础设施工程施工分包管理办法
7. 房屋建筑和市政基础设施工程施工招投标管理办法
8. 建筑企业资质管理的规定
9. 建筑工程施工合同
10. 施工企业安全生产评价标准

3.4.2 分包单位审查内容

1. 审查承包单位现场项目管理机构的质量管理体系。

(1) 检查质量管理、技术管理和质量保证的组织机构。

1) 核查承包单位的机构设置、人员配置、职责与分工的落实情况；

2) 督促各级专职质量检查人员的配备；

3) 查验各级管理人员及专业操作人员的持证情况；

4) 核查分包单位的营业执照、企业资质等级证书、专业许可证、岗位证书等。核查分包单位的业绩，审查分包单位和实验室的资质；

5) 承包单位填写《分包单位资质报审表》，报项目经理部审查。经审查合格后，签批《分包单位资质报审表》。

(2) 检查承包单位质量管理制度是否健全。

(3) 检查专职管理人员和特种作业人员的资格证、上岗证。

2. 检查施工单位试验检测手段

(1) 试验室的资质等级及检测范围是否涵盖了本工程的全部试验检测项目。

(2) 承接对外检测业务的社会检测机构，除应具备检测资质等级外，还应通过国家技术监督部门的计量认证。

(3) 对已通过计量检测的机构，应核对其已通过认证的检测项目是否涵盖了施工单体委托的所有检测内容。

(4) 施工单位的取样送样人员，应经过上岗培训并取得相应资格证书。

3. 批准工程标准试验报告

(1) 工程开工前，施工单位应委托具有相应资质的试验检测机构对工程材料进行标准试验。

（2）根据设计指标值来试验、确定材料比例参数，如各种强度等级的混凝土配合比。

（3）根据现有材料来确定其指标值。

1）施工单位应将所有标准试验报告提交监理人员，经过审核，做出调整标准试验报告中的测试数据的意见，作为本工程相关测试的控制标准；

2）已有标准试验，监理人员应通过平等对比试验，来确定其标准值。

4. 督促施工单位建立和健全质量保证体系

（1）认真审查施工组织设计

1）签署和审批手续完备性

a. 提交给监理单位的施工组织设计，必须有施工单位技术负责人签字，同时有其上级技术主管部门的审查意见及审查部门负责人的签认，并获得建设（或监理）单位的审批和认可，且办妥有关的签认手续，否则，视作签认手续不完备而要立即退回施工单位补办签认手续；

b. 工程在未办妥《施工组织设计》的审批、签署手续前不准开工。

2）内容的完整性

施工组织设计的内容，必须满足《市政工程施工技术资料管理规定》的具体要求，应包括文字说明，施工平面布置图，进度计划安排及各种工、料、机的供运计划，质量目标设计，施工技术方案、保证质量及文明施工、安全施工的技术措施，大型给水排水工程的土建、安装复杂工程的专项施工组织设计等主要内容。

3）质量保证体系的完备性和有效性

施工企业在施工现场的内部质量管理机构的设置、人员配备、内部质量管理责任制、隐蔽工程检查验收等内部质量检查验收制度、内部质量检测机构的设置及检测人员与设备的配置情况等进行认真审查，发现问题，书面通知施工单位予以整改和完善，满足受监项目质量管理的要求。

（2）对分包单位资格、队伍、人员的审核内容：

1）分包单位的营业执照、企业资质等级证书、特殊行业施工许可证、国外（境外）企业在国内承包工程许可证；

2）分包单位的业绩；

3）拟分包工程的内容和范围；

4）专职管理人员和特种作业人员的资格证、上岗证。

3.4.3 分包单位资质报审的监理

1. 分包工程开工前，专业监理人员应审查承包单位报送的分包单位资格报审表和分包单位有关资质资料，符合有关规定后，由总监理工程师予以签认。

2. 分包单位应当在其资质等级许可的范围内承揽工程。

3. 监理单位填写要求：

（1）“监理工程师审查意见”栏应由相关专业的监理人员依据监理的要求进行审查并填写。

（2）总监理工程师审核后，在“总监理工程师审批意见”栏中填写具体审批意见（同意或不同意）。

4. 分包单位资质报审表（表 3-2）。

表 3-2

分包单位资质报审表 表 B2—6(A6 监)		编号	
工程名称	北京××工程	日期	2003—03—05
致北京×监理公司(监理单位)： 经考察，我方认为拟选择的×××(分包单位)具有承担下列工程的施工资质和施工能力，可以保证本工程项目按合同的约定进行施工，分包后，我方仍然承担总承包单位的责任。请予以审查和批准。 附： 1. ☑分包单位资质材料 2. ☑分包单位业绩材料 3. ☑中标通知书			
分包工程名称(部位)	单位	工程数量	其他说明
土方开挖	m^3	8000.00	
承包单位名称：北京××建筑工程公司　　项目经理(签字)：×××			
监理工程师审查意见： 经检查：分包单位资质、业绩材料真实有效，具有承担此项工程的施工资质和施工能力。 监理工程师(签字)：×××　　日期：2003—03—06			
总监理工程师审批意见： 同意 监理单位名称：北京××监理公司　　总监理工程师(签字)：×××　日期：2003—03—06			

注：本表由承包单位填报，建设单位、监理单位、承包单位各存一份。

3.5 查验施工测量放线成果

3.5.1 查验施工测量放线成果的一般规定

1. 监理人员应检查承包单位的专职测量人员的岗位证书及测量设备检定证书。

2. 承包单位应将施工测量方案、红线桩的校核成果、水准点的引测成果填写《施工测量放线报验表》并附工程定位测量记录报项目监理部查验。

3. 承包单位在施工场地设置平面坐标控制网（或控制导线）及高程控制网后，应填写《施工测量放线报验表》并附基槽验线记录报项目监理部查验。

4. 对承包单位的报验，监理人员应进行必要的内业及外业复核，符合规定时，由监理人员签认。

5. 监理人员应检查承包单位对红线桩、水准点、工程的控制桩等是否采取有效保护措施。

6. 参见本手册第 13 章测量监理的内容

3.5.2 查验承包单位的测量放线

1. 查验施工控制网（平面和高程）。

2. 查验施工轴线控制桩位置。

3. 查验各构筑物轴线、边线、穿孔洞口位置线、水平控制线、轴线、测量控制线等放线成果。

4. 应要求承包单位填写《施工测量放线报验表》，并附楼层放线记录，报项目监理部签认。

5. 参见本手册第13章测量监理的内容。

3.6 监理会议

3.6.1 第一次工地会议

1. 工程项目开工前，建设单位主持召开的第一次工地会议，监理单位、施工单位、建设单位参与该工程的主要人员均应参加，监理交底会议一般与第一次工地会议同时召开，会议宜由总监理工程师主持。第一次工地会议应包括以下主要内容：

(1) 建设单位、承包单位和监理单位分别介绍各自驻现场的组织机构、人员及其分工；

(2) 建设单位根据委托监理合同宣布对总监理工程师的授权；

(3) 建设单位介绍工程开工准备情况；

(4) 承包单位介绍施工准备情况；

(5) 建设单位和总监理工程师对施工准备情况提出意见和要求；

(6) 总监理工程师介绍监理规划的主要内容；

(7) 研究确定各方在施工过程中参加工地例会的主要人员，召开工地例会周期、地点及主要议题。

2. 第一次工地会议纪要应由项目监理机构负责起草，并经与会各方代表会签。

3. 召开第一次工地会议，其意义不仅在于相互介绍情况、熟悉人员，更主要的应通过第一次工地会议，建立起建设单位、监理单位、施工单位三者（特别是后两者）之间良好的工作关系，为以后施工顺利进行、监理工作正常开展奠定基础，所以建设单位要认真组织好第一次工地的现场会议。

3.6.2 监理例会

1. 在施工合同实施过程中，项目监理部总监理工程师应定期组织与主持由合同有关各方代表参加的监理例会。监理例会是履约各方沟通情况、交流信息、协商处理、研究解决合同履行中存在的各方面问题的主要协商方式。

2. 监理例会应定期组织召开，宜每周召开一次。

3. 监理例会参加单位及人员：

(1) 总监理工程师、总监理工程师代表及有关专业工程监理工程师；

(2) 承包单位项目经理、技术负责人及有关专业人员；

(3) 建设单位驻工地代表；

(4) 根据会议议题需要邀请的设计单位、分包单位或其他有关单位人员。

4. 监理例会的主要内容：

(1) 检查上次例会议决事项的落实情况，分析未完事项的原因；

(2) 检查工程施工进度计划完成情况，分析施工进度滞后或超前的原因；

(3) 确定下一阶段进度目标，研究、落实承包单位实现进度目标的措施；

（4）材料、构配件和设备供应情况及存在的质量问题和改进要求；

（5）检查分析工程项目质量状况，针对存在的质量问题提出改进措施，工程的质量和技术方面的有关问题，明确主要改进措施；

（6）分包单位的管理及协调问题；

（7）工程变更的主要问题；

（8）工程量核定及工程款支付中的有关问题；

（9）违约、争议、工程延期、费用索赔的意向及处理情况；

（10）解决需要协调的有关事项；

（11）其他有关事宜。

5. 项目监理部应及时收集、汇总有关情况，为开好例会做好下列准备工作：

（1）了解上次会议的决定落实情况和存在的问题；

（2）准备会议资料，确定有关事项的处理原则和方案；

（3）与有关各方通报情况、交换意见，督促其做好准备。

6. 会议纪要

（1）监理例会由指定的监理人员记录。

（2）会议纪要由项目监理部根据会议记录整理，主要内容包括：

1）会议地点及时间；

2）会议主持人；

3）与会人员姓名、单位、职务；

4）会议主要内容、议决事项及其负责落实单位、负责人和时限要求；

5）其他事项：例会上意见不一致的重大问题，应将各方的主要观点，特别是相互对立的意见，记入"其他事项"中。

（3）会议纪要的审签、打印和发送。

1）会议纪要的内容应准确如实、简明扼要；

2）会议纪要经总监理工程师审阅、由与会各方代表会签；

3）会议纪要印发至合同有关各方，并应有签收手续。

（4）会议纪要中的议决事项，有关各方应在约定的时限内落实。

7. 工地例会的发文程序（图3-2）。

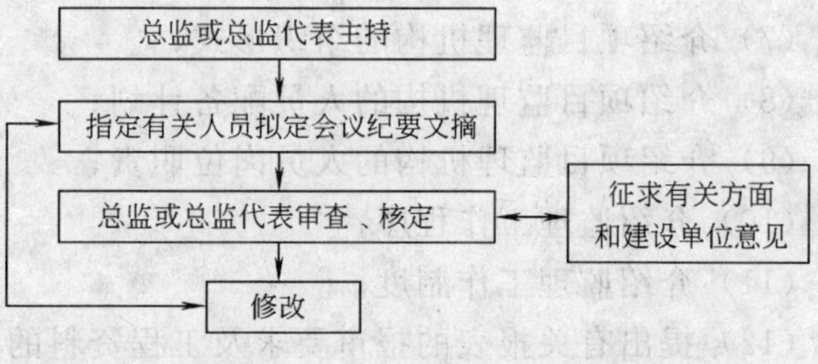

图3-2　工地例会的发文程序图

3.6.3　专题工地会议

1. 为解决合同实施中的专项问题，总监理工程师可根据需要召开专题工地会议。

2. 专题工地会议由总监理工程师或其授权的专业工程监理工程师主持。合同各方与会议专题有关的负责人及专业人员应参加会议。

3. 工地专题会议解决施工过程中的专项问题内容：

（1）各类工程质量的专题会议；

（2）工程进度专题会议；

(3) 各类技术难题；

(4) 安全问题；

(5) 工程中需要解决的其他专项问题。

4. 项目监理部应做好会议记录，并整理会议纪要。

5. 会议纪要应由与会各方代表会签，发至合同有关各方，并应有签收手续。

3.7 监理交底

3.7.1 监理交底的组织

1. 监理交底会议一般与第一次工地会议同时召开，第一次工地会议由建设单位主持，会议纪要应由项目监理机构负责起草，并经与会各方代表会签。

2. 施工监理交底由总监理工程师主持，中心内容为贯彻项目监理规划。

3. 参加人员：承包单位项目经理及有关监理人员。

3.7.2 监理交底的内容和深度

1. 建设单位、承包单位和监理单位分别介绍各自驻现场的组织机构、人员及其分工。

2. 明确适用的国家及本市发布的有关工程建设监理的政策、法令、法规。

3. 阐明有关合同中约定的建设单位、监理单位和承包单位的权利和义务。

4. 建设单位根据委托监理合同宣布对总监理工程师的授权。

5. 建设单位和总监理工程师对施工准备情况提出意见和要求。

6. 总监理工程师介绍监理要求内容：

(1) 明确项目监理机构的工作目标，介绍监理控制工作的基本程序和方法；

(2) 介绍本给水排水工程项目的特点；

(3) 介绍监理工作的流程；

(4) 介绍监理工作的控制要点及目标值；

(5) 介绍监理工作的方法及措施；

(6) 介绍监理工作依据；

(7) 介绍项目监理机构的组织形式；

(8) 介绍项目监理机构的人员配备计划；

(9) 介绍项目监理机构的人员岗位职责；

(10) 介绍监理工作程序；

(11) 介绍监理工作制度；

(12) 提出有关报表的报审要求及工程资料的管理要求；

(13) 研究确定各方在施工过程中参加工地例会的主要人员，召开工地例会周期、地点及主要议题。

7. 项目监理部应编写会议纪要，发承包单位。

3.8 施工交底

1. 工程施工技术交底必须符合建筑工程和给水排水工程施工及验收规范、技术操作规程（分项工程工艺标准）、质量检验评定标准的相应规定。同时，也应符合各行业制定的有关规定、准则，以及所在省（区）市地方性的具体政策和法规的要求。

2. 工程施工技术交底必须执行国家各项技术标准，包括计量单位和名称。有的施工企业还制定企业内部标准，如建筑分项工程施工工艺标准、混凝土施工管理标准等等。这些企业标准在技术交底时应认真贯彻实施。

3. 技术交底还应符合与实现设计施工图中的各项技术要求，特别是当设计图纸中的技术要求和技术标准高于国家施工及验收规范的相应要求时，应做更为详细的交底和说明。

4. 应符合和体现上一级技术领导技术交底中的意图和具体要求。

5. 应符合和实施施工组织设计或施工方案的各项要求，包括技术措施和施工进度等要求。

6. 对不同层次的施工人员，其技术交底深度与详细程度不同，也就是说对不同人员其交底的内容深度和说明的方式要有针对性。

7. 技术交底应全面、明确，并突出要点。应详细说明怎么做，执行什么标准，其技术要求如何，施工工艺与质量标准和安全注意事项等应分项具体说明，不能含糊其辞。

8. 在给水排水工程施工中使用的新技术、新工艺、新材料应进行详细交底，并应符合建设和监理的相关的规定。

3.9 动工令下达

3.9.1 施工许可证

1. 建筑工程开工前，建设单位应当按照国家有关规定向工程所在地县级以上人民政府建设行政主管部门申请领取施工许可证，按照国务院规定的权限和程序批准开工报告的建筑工程，不再领取施工许可证。

2. 申请领取施工许可证，应当具备下列条件：

（1）已经办理该建筑工程用地批准手续；

（2）在城市规划区的建筑工程，已经取得规划许可证；

（3）需要拆迁的，其拆迁进度符合施工要求；

（4）已经确定建筑施工企业；

（5）有满足施工需要的施工图纸及技术资料；

（6）有保证工程质量和安全的具体措施；

（7）建设资金已经落实；

（8）法律、行政法规规定的其他条件。

3. 施工许可证的管理

（1）建设行政主管部门应当自收到申请之日起 15d 内，对符合条件的申请颁发施工许可证。

（2）建设单位应当自领取施工许可证之日起 3 个月内开工。因故不能按期开工的，应当向发证机关申请延期，延期以两次为限，每次不超过 3 个月。既不开工又不申请延期或者超过延期时限的，施工许可证自行废止。

（3）在建的建筑工程因故中止施工的，建设单位应当自中止施工之日起一个月内，向发证机关报告，并按照规定做好建筑工程的维护管理工作。建筑工程恢复施工时，应当向发证机关报告。终止施工满一年的工程恢复施工前，建设单位应当报发证机关核验施工许可证。

3.9.2 开工条件

专业监理人员应审查承包单位报送的工程开工报审表及相关资料，具备开工条件时，由总监理工程师签发，并报建设单位：

1. 施工许可证已获政府主管部门批准；
2. 征地拆迁工作能满足工程进度的需要；
3. 施工组织设计已获总监理工程师批准；
4. 承包单位现场管理人员已到位，机具、施工人员已进场，主要工程材料已落实；
5. 进场道路及水、电、通讯等已满足开工要求。

3.9.3 动工令签发程序

1. 动工令签发

专业监理人员应审查承包单位报送的工程开工报审表及相关资料，具备开工条件时，动工令由总监理工程师签发，并报建设单位。

2.《工程动工报审表》填写要求：

（1）“审查意见”栏由专业监理人员填写。一般应注明所报动工资料是否齐全、有效，是否具备动工条件。

（2）“审批结论”栏由总监理工程师填写，在“同意”或“不同意”方框内划“√”，并签字。

3. 工程动工报审表（表 3-3）。

表 3-3

<table>
<tr><td colspan="2">工程动工报审表
表 B2—5(A5 监)</td><td colspan="2">编号</td></tr>
<tr><td>工程名称</td><td>北京××工程</td><td>日期</td><td>2003—03—01</td></tr>
<tr><td colspan="4">致北京××监理公司(监理单位)：
根据合同约定，建设单位已取得主管单位审批的施工许可证，我方也完成了开工前的各项准备工作，计划于____年____月____日开工，请审批。
已完成报审的条件有：
1. ☑北京市建设工程施工许可证(复印件)
2. ☑施工组织设计(含主要管理人员和特殊工种资格证明)
3. ☑施工测量放线
4. ☑主要人员、材料、设备进场
5. ☑施工现场道路、水、电、通讯等已达到开工条件
6. □
编制单位名称：北京××建筑工程公司　　项目经理(签字)：×××</td></tr>
<tr><td colspan="4">审查意见：
经检查：报审的动工资料齐全、有效，已具备动工条件，同意动工。
监理工程师(签字)：×××　　日期：2003—03—02</td></tr>
<tr><td colspan="4">审批结论：☑同意　□不同意
监理单位名称：北京××监理公司　　总监理工程师(签字)：×××　　日期：2003—03—02</td></tr>
</table>

注：本表由承包单位填报，建设单位、监理单位、承包单位各存一份。

第4章　工程质量控制

4.1　工程质量控制工作

4.1.1　质量控制的方法和原则

1. 质量控制的主要方法

(1) 质量控制应以事前控制为主。

(2) 应按监理规划的要求对施工过程进行检查，及时纠正违规操作，消除质量隐患，跟踪质量问题，验证纠正效果。

(3) 采用必要的检查、测量和试验手段，以验证施工质量。

(4) 应对工程的某些关键工序和重点部位施工过程进行旁站。

(5) 严格执行现场有见证取样和送检制度。

(6) 应建议撤换承包单位不称职的人员及不合格分包单位。

2. 工程质量控制的原则

(1) 以工程施工质量验收统一标准及验收规范等为依据，督促承包单位全面实现施工合同约定的质量目标。

(2) 对工程项目施工全过程实施质量控制，以质量预控为重点。

(3) 对工程项目人、机、料、法、环等因素进行全面的质量控制，监督承包单位的质量管理体系、技术管理体系和质量保证体系落实到位。

(4) 严格要求承包单位执行有关材料、施工试验制度和设备检验制度。

(5) 坚持不合格的建筑材料、构配件和设备不准在工程上使用。

(6) 坚持本工序质量不合格或未进行验收不予签认，下一道工序不得施工。

4.1.2　工程质量控制工作要点

1. 质量控制工作要点系统（图4-1）。

2. 工程质量的事前控制，详见本手册第3章。

3. 工程质量的事中控制

(1) 总监理工程师应安排监理人员对给水排水工程施工过程进行巡视和检查。对隐蔽工程的隐蔽过程、下道工序施工完成后难以检查的重点部位，专业监理人员应安排监理员进行旁站。

1) 应对巡视过程中发现的问题，及时要求承包单位予以纠正，并记入监理日志；

2) 应对施工过程中的某些关键工序、重点部位进行旁站，并做旁站记录；

3) 对所发现的问题可先口头通知承包单位改正，然后应及时签发《监理通知》；

4) 承包单位应将整改结果填写《监理通知回复单》，报监理工程进行复查。

(2) 专业监理人员应根据承包单位报送的隐蔽工程报验申请表和自检结果进行现场检

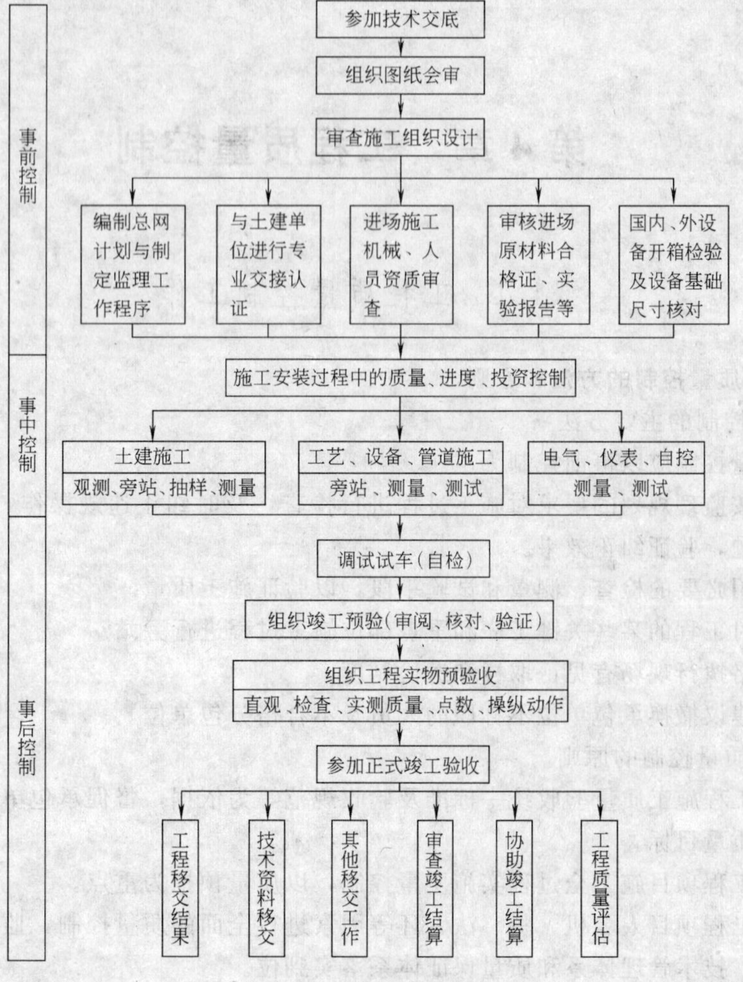

图 4-1 质量控制工作要点系统图

查，符合要求予以签认。对未经监理人员验收或验收不合格的工序，监理人员应拒绝签认，并要求承包单位严禁进行下一道工序的施工。

1）要求承包单位填写预检工程检查记录，报送相关监理部核查；

2）对预检工程检查记录的内容到现场进行抽样；

3）对不合格的分项工程，通知承包单位整改，并跟踪复查，合格后准予进行下一道工序。

（3）专业监理人员应验收隐蔽工程。

1）要求承包单位按有关规定对隐蔽工程先进行自检，自检合格，将隐蔽工程检查记录报送项目监理部；

2）应对隐蔽工程检查记录的内容到现场进行检测、核查；

3）对检查不合格的工程，应填写《不合格项处置记录》，要求承包单位整改，合格后再予以复查；

4）对检查合格的工程应签认隐蔽工程检查记录，并准予进行下一道工序。

（4）专业监理人员应对承包单位报送的分项工程质量验评资料进行审核，符合要求后予以签认；总监理工程师应组织监理人员对承包单位报送的分部工程和单位工程质量验评资料进行审核和现场检查，符合要求后予以签认。

1）要求承包单位在一个检验批或分项工程完成并自检合格后，填写《分项/分部工程施工报验表》报项目监理部；

2）对报验的资料进行审查，并到施工现场进行抽检、核查；

3）签认合格要求的分项工程；

4）对不符合要求的分项工程，填写《不合格项处置记录》，要求承包单位整改；

5）经返工或返修的分项工程应重新进行验收；

6）给水、排水构筑物、电气、设备安装、管道等工程的分项工程签认，必须在施工试验、检测完毕且合格后进行。

（5）对施工过程中出现的质量缺陷，专业监理人员应及时下达监理工程师通知，要求承包单位整改，并检查整改结果。

（6）监理人员发现施工存在重大质量隐患，可能造成质量事故或已经造成质量事故，应通过总监理工程师及时下达工程暂停令，要求承包单位停工整改。整改完毕并经监理人员复查，符合规定要求后，总监理工程师应及时签署工程复工报审表。总监理工程师下达工程暂停令和签署工程复工报审表，宜事先向建设单位报告。

（7）对需要返工处理或加固补强的质量事故，总监理工程师应责令承包单位报送质量事故调查报告和经设计单位等相关单位认可的处理方案，项目监理机构应对质量事故的处理过程和处理结果进行跟踪检查和验收。总监理工程师应及时向建设单位及本监理单位提交有关质量事故的书面报告，并应将完整的质量事故处理记录整理归档。

（8）专业监理人员应要求承包单位在分部工程完成后，填报《分项/分部工程施工报验表》，总监理工程师根据已签认的分项工程质量验收结果签署验收意见。

（9）单位工程基础分部已完成，进入主体结构施工时，或主体结构完成，进入装修前应分别进行基础和主体工程验收，要求承包单位申报基础/主体工程验收。并由总监理工程师组织建设单位、承包单位和设计单位共同核查承包单位的施工技术资料，进行现场质量验收，并会同各方在基础/主体工程验收记录上签字认可。

4. 质量的事后控制

（1）单位、单项工程竣工预验收流程。承包人完成自检自验，确认符合验收条件，向监理人员提交工程竣工预验收报告，在正式验收之前由总监理工程师负责、组织其所有各专业监理人员来完成，尽可能地会同建设单位、设计、质监人员参加。分为技术资料的审查和工程实物验收两部分。目的是把验收中的较多具体问题尽可能地提出来，加以解决，要求做到全面检查、项项不漏、仔细认真、一丝不苟。

（2）项目正式竣工验收流程。正式竣工验收是由政府、建设单位及有关单位领导专家参加的最权威性的整体验收，其验收结论具有合法性。而所有的具体事务可由总监理工程师组织实施，派专人做好记录（录音、录像、照相）并及时整理成纪要。

（3）验收后的收尾与交接。为尽快将房屋（车间）移交给建设单位，为建设单位的生产准备提供方便，重点抓好：工程移交与技术资料移交及其他移交工作，合同清算工程价款的竣工结算与竣工决算。

（4）质保期的质量监理

质保期内的监理内容和依据：

1）工程状况的跟踪检查：

a. 定期检查：当项目投入运行和使用后，第一个月，按旬进行检查，从第二月起每月检查一次，如3个月后未发现异常情况，则可每3个月检查一次。如有异常情况出现时，则缩短检查的间隔时间。当建筑物经受台风、地震、大雪后，监理人员可及时赶赴现场进行观察和检查。

b. 检查的方法：有访问调查法、目测观察法、仪器测量法3种，每次检查不论什么方法都应有详细记录；

c. 检查的重点：主要检查结构质量及其他不安全因素，每次检查中应对结构的一些重要部位、构件要重点观察检查，对已加固补强的地方更要重点观察检查。

2）督促和监督保修工作：保修工作的主要内容是对质量缺陷的处理，监理人员督促保修，确认保修质量。各类质量缺陷的处理方案，一般由责任方提出，监理人员审定执行。如责任方为建设单位时，则由监理人员代拟，征求实施单位同意后执行。

4.1.3 质量控制的方法与手段

1. 质量控制的措施

一条原则、两个重点、三个阶段、四个手段：

(1) 一条原则：工程质量控制是整个监理工作的核心，与进度计划和工程投资相互制约，监理人员督促施工单位按合同、技术、规范、设计图纸要求施工是监理工作的原则。

(2) 两个重点：重要的分部（分项）工程和关键部位。水厂的主要分部工程是厂区平面、净化间、清水池、综合泵房及净水厂附属工程及设备安装；泵房的重要的分项工程是，泵房建筑、水泵安装、变配电安装、吊车安装及设备安装。

(3) 三个阶段：

1）施工准备阶段：审查施工单位配备、材料、机械设备是否合理，审理拟定施工方案、技术、质量保证措施，原材料的检验的审批配合比是否符合要求；

2）施工阶段：旁站和巡视。检查施工单位是否按规范和批准的施工方案施工。并对施工中所用原材料、构配件及设备的质量进行抽查检验；

3）成品验收阶段：通过检测和验评该分项或分部工程是否达到质量验评标准要求，做出明确结论。

(4) 四个手段：

1）旁站：施工过程中对关键部位和重要工序实行旁站，检查施工单位是否按经批准的施工方案和工艺规程施工，动态掌握施工进程；

2）工序：监理人员对已完成的分项、分部工程进行实测工序检查。对不符合标准的部位及时进行整改，无法整改者及时要求返工处理；

3）试验：检查原材料、构配件、混凝土、砂浆配合比，监理人员可以随机抽样进行试验，施工单位应提供条件，充分配合；

4）指令性文件：施工单位和监理人员的工作往来，必须以文字为准，监理人员以书面指令和文字通知对施工质量进行控制。用以指出施工中发生或可能发生的质量问题，在施工中间予以重视或修改。

2. 施工（承包）单位的质量监督控制要点

施工（承包）单位是给水排水工程施工过程中最重要的具体实施者和工程实体质量的制造者，也是施工质量隐患和质量事故的直接制造者，必须对施工（承包）单位及其参建人员的质量行为进行严格的监督和控制，主要质量控制要点如下：

（1）监督、帮助施工单位落实质量责任制，全面提高企业质量意识和技术素质。

（2）督促施工（承包）单位严格按照设计文件、强制性质量标准和施工（承包）合同组织施工，对违反设计文件、不按强制性质量标准或不按施工（承包）合同施工的人和事及时加以制止，必要时限令施工现场停工整顿。

（3）督促施工（承包）企业认真做好工序质量自检和内部检查验收工作，及时通知建设（监理）、设计及监督单位代表，进行隐蔽工程检查验收并办理有关签认手续。

（4）督促施工单位做好各种原材料、半成品以及市政构配件的质量检查验收工作，杜绝不合格材料或产品流入施工现场。

（5）不定期对施工现场的原材料、半成品以及工序质量进行抽查，定期公布检查结果。

（6）帮助施工企业做好质量教育和职工教育培训工作，不断提高施工企业的全员质量意识和技术素质，从而提高施工企业的质量管理工作质量，不断促进工程质量水平的提高。

4.2 质量事前控制

4.2.1 核查承包单位

1. 监理人员审查承包单位现场项目管理机构的质量管理、技术管理和质量保证体系。

2. 审核质量管理、技术管理制度，审核技术管理体系、质量保证体系和质量管理体系，保证工程项目施工质量。

3. 审核和确认专职管理人员和特种作业人员的资格证、上岗证。

（1）监理人员要审查安装承包商资质，审查管理人员资格，对特殊工种人员（如电气、焊接）要持有操作证上岗，由监理或建设单位认可后方能参加施工。

（2）对各种有特殊要求的管道、线缆及设备的安装应要求施工人员经过专门的技术培训，还应审查施工单位的质量保证体系，并使它在施工过程中对施工质量起监督保证作用。

4. 审查施工单位技术人员向施工人员做技术交底的制度，对影响工程质量的部位和工序进行详细说明，并制定防治质量通病的相应措施。

4.2.2 核查分包单位（详见本手册第3章3.4节）

4.2.3 查验承包单位测量放线（详见本手册第3章3.5节和第13章）

4.2.4 签认材料、构件、设备报验

1. 专业监理人员应对承包单位报送的拟进场工程材料、构配件和设备的工程材料、构配件、设备报审表及其质量证明资料进行审核，并对进场的实物按照委托监理合同约定或有关工程质量管理文件规定的比例采用平行检验或见证取样方式进行抽检。

（1）要求承包单位按有关规定对主要原材料进行复试，并将复试结果及材料备案资料、出厂质量证明等随《工程物资进场报验表》报项目监理部签认。

(2) 对新材料、新产品要核查鉴定证明和确认文件。

(3) 对进场材料按规定进行有见证取样试验。

(4) 必要时进行平行检验或会同建设单位到材料厂家进行实地考察。

(5) 审查混凝土、砌筑砂浆配合比申请、混凝土浇灌申请:

1) 对现场搅拌设备(含计量设备)及现场管理进行检验;

2) 对预拌混凝土搅拌单位资质和生产能力进行考察。

(6) 签认建筑构配件、设备报验，要审查构配件和设备厂家的资质证明及产品合格证明、进口材料和设备商检证明，并要求承包单位按规定进行复试。

(7) 应参与加工定货厂家的考察、评审，根据合同的约定参与定货合同的拟定和签约工作。

(8) 应要求承包单位对拟采用的构配件和设备进行检验、测试，合格后填写《工程物资进场报验表》报项目监理部。

(9) 监理人员进行现场检验，签认审查结论。

2. 对未经监理人员验收或验收不合格的工程材料、构配件、设备，监理人员应拒绝签认，并应签发监理工程师通知单，书面通知承包单位限期将不合格的工程材料、构配件、设备撤出现场。

3. 工程材料、构配件、设备报审表应符合格式要求，监理工程师通知单应符合格式要求。

4. 工程物资选样送审。

(1) 产品合格证

1) 合格证、试验单的抄件应注明原件存放处，并有抄件人、抄件(复印)单位的签字和盖章;

2) 设备、原材料、半成品和成品的质量应按产品的相关技术标准、检验要求提供出厂质量合格证明或试验单;

3) 承压容器或设备(如锅炉)等出厂质量证明文件中应提供焊缝无损探伤检测报告;

4)《半成品钢筋出厂合格证》、《预制混凝土出厂合格证》、《预制钢筋混凝土梁、板、墩、桩、柱出厂合格证》、《钢构件出厂合格证》等;

5) 其他产品合格证或质量证明书的形式，以供货方提供的为准;

6) 在整理产品质量证明文件时，应将非 A4 幅面大小的产品质量证明文件粘贴在《产品合格证粘贴衬纸》上。同产品、同规格、同型号、同厂家、同出厂批次的可以用一个合格证代表，但应注明所代表的数量。

(2) 设备开箱检查

设备进场后，由施工单位、监理单位、建设单位、供货单位共同开箱检查。进口设备需有商检部门参加并进行记录，填写《设备、配(备)件开箱检查记录》。

(3) 材料、配件检验

材料、配件进场后，由施工单位进行检验，需进行抽检的材料、配件按规定比例进行抽检，并进行记录。

(4) 预制混凝土、管材进场抽检记录

管材依照质量验收标准抽检，填写《预制混凝土构件、管材进场抽检记录》。

(5) 产品进场检验和试验

对进场后的产品，按有关检测规程的要求进行复试，填写产品复试记录、报告。未规定的各类物资采用通用试验记录（如防腐材料、保温材料），应委托有资质试验检测单位进行检测并出具试验报告。

(6) 见证记录文件

1) 应确定由具有资格的专业人员作为本工程的有见证取样和送检见证人，报质量监督机构和具备见证取样试验资质的试验室备案，填写《有见证取样和送检见证人备案书》；

2) 施工单位应按本工程的实际工程量依据规定的检验频率和抽样密度制定见证取样计划，作为现场见证取样的依据。

5. 工程材料、构配件和设备质量控制基本程序（图 4-2）

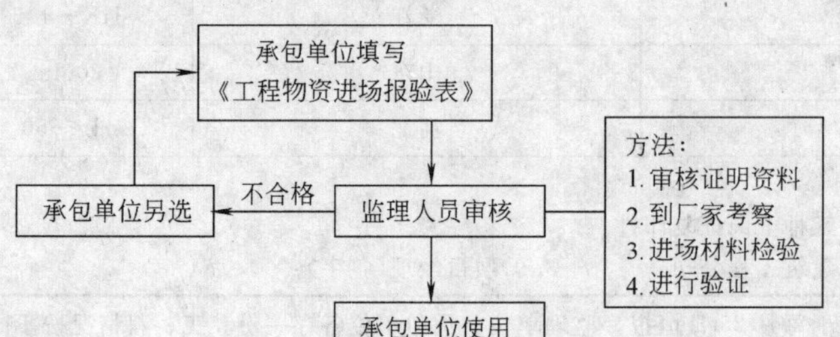

图 4-2 工程材料、构配件和设备质量控制基本程序

4.2.5 检查主要进场施工机械

1. 要求承包单位在主要施工设备进场并调试合格后，填写《(　　) 月工、料、机动态表》报项目监理部。

2. 应审查施工现场主要设备的规格、型号是否符合施工组织设计的要求。

3. 要求承包单位对需要定期检定的设备（如仪器、磅秤等）有检定证明。

4.2.6 审查主要部分施工方案（详见第 3 章）

4.2.7 进厂施工量的统计

1. 工、料、机动态填写要求

(1) 每月根据现场统计填报。

(2) 设备等的安检资料及计量设备的检定资料应于开始使用的第一个月内作为本表的附件，由承包单位报审，监理单位留存备案。

2. 月工、料、机动态（表 4-1）

表 4-1

( )月工、料、机动态表 表 B2—8(A8 监)						编号			
工程名称		北京××工程				日期		2003—03—25	
人工	工种	混凝土工	焊工	木工	钢筋工	电工	管道工	其他	合计
	人数	30	40	100	65	6	5	16	262
	持证人数	20	34	85	50	6	5	10	210

续表

	名称	单位	上月库存量	本月进场量	本月消耗量	本月库存量
主要材料	水泥 P·O32.5	t	25.30	249.5	234.5	40.3
	钢材	t	198.6	895.6	900	194.2
	木材	m^3	321	43.8	260	104.5
	砌块	块	1800	10000	7800	4000

	名称	生产厂家	规格型号	数量
主要机械	塔吊	北京	60/80	2
	搅拌机	江苏	JZ—350	2
	卷扬机	浙江	JJK—1.5	2
	水泵	山东	20mm	4
	振捣棒	河北	Hg—50	18

附件：

塔吊安检资料、特殊工种上岗证复印件。

承包单位名称：北京××建筑工程公司　　项目经理（签字）：××

注：本表由承包单位于每月 25 日填报，监理单位、承包单位各存一份。工、料情况按不同阶段填报主要项目。

4.3 施工过程中的质量控制

4.3.1 旁站、巡视和平行检测

1. 旁站、巡视、平行检测是施工监理过程中对工程材料和给水排水工程施工行为实施监理的三种最基本形式。三者相互补充、缺一不可。

（1）旁站是指对工程施工中关键工序和关键施工过程，进行连续不断地监督检查或检验的监理活动。在重要的、关键的施工过程（如浇筑泵站及雨水泵站混凝土、水池及处理构筑物、沉井工程等），监理必须实行旁站制度，及时发现并纠正施工过程中的质量问题和质量隐患。

（2）巡视是指对施工现场进行面上的巡查监理。对一般的施工活动，如绑扎钢筋、架立模板等，监理可采用巡视的形式进行。

（3）平行检测是指监理复核、监理抽检。在施工单位的检验完成后或正在进行的同时，监理单位也做相同的检验工作。平行检测的关键是监理单位要有独立的、不依赖于施工单位的检测手段，包括检测技术和检测设备。

（4）旁站、巡视监理的主要对象是过程，而平行检测的对象则是结果，一般用各种数据、指标来表示，包括各种施工活动结束后形成的实体、各种材料和成品半成品，还包括某些特殊施工活动的成果。

（5）在给水排水工程施工监理过程中，应根据工程的实际情况，综合运用三种监理形式，以达到最佳效果。以沉井钢筋混凝土工程为例：

1）运进工地的水泥、钢筋、粗细骨料、各种添加剂，应在施工单位检测的同时进行抽检（平行检测），对施工部位的平面位置，在施工单位放样复核的基础上再进行复核

(平行检测);

2) 在施工单位立模、扎筋过程中，应经常到现场检查施工情况（巡视），在施工单位对立模、扎筋完成自检后再进行复检，包括对模板空间位置的测量和对钢筋的隐蔽验收(平行检测);

3) 对混凝土浇筑准备工作的检查（巡视），在混凝土浇筑时对施工全过程做不间断的检查（旁站)，对施工单位的混凝土坍落度测试、混凝土试块取样制作过程做不间断的检查（旁站)，对施工单位的混凝土坍落度测试、混凝土试块取样制作过程进行监督（旁站)，同时根据要求进行抽检（平行检测)，最后，当钢筋混凝土实体形成后对其进行质量评定（平行检测)，从而完成对该部分钢筋混凝土工程的监理工作。

2. 旁站

(1) 旁站监理是指监理人员在给水排水工程施工阶段监理中，对关键部位、关键工序的施工质量实施全过程现场跟班的监督活动。在基础工程方面的关键部位、关键工序包括：

1) 土方回填，混凝土灌注桩浇筑，地下连续墙、水下工程、后浇带及其他结构混凝土、防水混凝土浇筑，防水层细部构造处理，钢结构安装。在主体结构工程方面包括：梁、柱节点钢筋隐蔽过程，混凝土浇筑，预应力张拉，装配式结构安装，钢结构安装，网架结构安装，主要设备安装；

2) 旁站监理是最直接的检查方式，在工程施工过程中，监理人员用全部或部分时间在施工现场对单位的各项施工活动进行跟踪监理。

(2) 关键工序和关键部位必须进行全过程的旁站监督。

1) 对于施工条件比较复杂、工程质量难以保证、对整个工程项目质量有重大影响的关键工序和工程的关键部位，监理人员一般应进行全过程的旁站监督；

2) 对施工质量相对稳定而且由多道施工工序组成的工程项目，如沟槽回填的分层填筑和夯实成型等，监理人员只对影响施工质量的关键工序进行旁站监督。

(3) 旁站监督要控制好施工的各个环节。

1) 旁站监督是针对工程施工活动的，对整个施工活动的各个环节都应加以控制，要观察施工单位的施工工艺；

2) 还要注意其使用的原材料、形成的工程产品质量等。

(4) 旁站监督一般由工地监理员进行。工地监理员的工作重点是在监理人员的指导下，对工程的施工工艺、关键工序和重要隐蔽工程项目进行旁站监督。

(5) 应保持旁站过程的完整性。不论施工规模多大，持续时间多长，监理人员都应坚持旁站到施工结束。在施工临近尾声时，监理人员要特别加强观察和巡视，防止发生意外事件。

(6) 监理人员不应参与具体的施工组织指挥。在旁站过程中发现了问题，应立即向施工项目负责人或质量管理人员指出，由他们向施工人员布置任务，纠正偏差，不宜直接向现场施工人员发指令，更不能替施工组织者直接参与施工组织指挥。

(7) 关于旁站监理的规定

1) 监理企业在编制监理规划时，应当制定旁站监理方案，明确旁站监理的范围、内容、程序和旁站监理人员职责等。旁站监理方案应当送建设单位和施工企业各一份，并抄送工程所在地的建设行政主管部门或其委托的工程质量监督机构；

2）施工企业根据监理企业制定的旁站监理方案，在需要实施旁站监理的关键部位、关键工序进行施工前 24h，应当书面通知监理企业派驻工地的项目监理机构。项目监理机构应当安排旁站监理人员按照旁站监理方案旁站监理；

3）旁站监理在总监理工程师的指导下，由现场监理人员负责具体实施；

4）旁站监理人员的主要职责是：

a. 检查施工企业现场质检人员到岗、特殊工种人员持证上岗以及施工机械、建筑材料准备情况；

b. 在现场跟班监督关键部位、关键工序的施工执行、施工方案以及工程建设强制性标准情况；

c. 核查进场建筑材料、建筑构配件、设备和商品混凝土的质量检验报告等，并可在现场监督施工企业进行检验或者委托具有资格的第三方进行复验；

d. 做好旁站监理记录和监理日记，保存旁站监理原始资料。

5）旁站监理人员应当认真履行职责，对需要实施旁站监理的关键部位、关键工序在施工现场跟班监督，及时发现和处理旁站监理过程中出现的质量问题，如实准确地做好旁站监理记录。凡旁站监理人员和施工企业现场质检人员未在旁站监理记录上签字的，不得进行下一道工序施工；

6）旁站监理人员实施旁站监理时，发现施工企业有违反工程建设强制性标准行为的，有权责令施工企业立即整改。发现其施工活动已经或者可能危及工程质量的，应当及时向监理人员或者总监理工程师报告，由总监理工程师下达局部暂停施工指令或者采取其他应急措施；

7）旁站监理记录是监理人员或者总监理工程师依法行使有关签字权的重要依据。对于需要旁站监理的关键部位、关键工序施工，凡没有实施旁站监理或者没有旁站监理记录的，监理人员或者总监理工师不得在相应文件上签字。在工程竣工验收后，监理企业应当将旁站监理记录存档备查；

8）对于按照本办法规定的关键部位、关键工序实施旁站监理的，建设单位应当严格按照国家规定的监理取费规定执行。对于超出本办法规定的范围，建设单位要求监理企业实施旁站监理的，建设单位应当另行支付监理费用，具体费用标准由建设单位与监理企业在合同中约定；

9）旁站监理记录表

a.《旁站监理记录》填写要求：对旁站时发现的问题可先口头通知承包单位改正，然后及时签发《监理通知》，本表由旁站监理人员及承包单位现场专职质检员会签；

b. 旁站监理记录表（表 4-2）。

3. 巡视检查

巡视检查工作一般由监理人员在工程施工过程中进行。监理人员为了了解和掌握施工质量的全貌和施工概况，利用相对较短的时间，对施工工程的整体（包括工程的较次要部位、较次要工序等）进行巡查、检视，及时处理施工过程中发生的影响工程质量的问题。监理人员的巡视检查是工程质量控制的基本方法之一。

表 4-2

旁站监理记录 表 B2—23		编号	
工程名称	北京××工程	日期及气候	2003 年 9 月 29 日 风力 1～2 级
旁站监理的部位或工序：清水池顶板梁混凝土浇筑（1—9/A—P 轴）			
旁站监理开始时间：9 月 29 日 9:00		旁站监理结束时间：9 月 29 日 11:30	
施工情况：浇筑清水池 1—9/A—P 轴顶板混凝土，混凝土强度等级 C30； 浇筑顺序为：××××；入模温度为：××℃			
监理情况：对清水池 1—9/A—P 轴顶板混凝土浇筑过程中全程旁站监理			
发现问题：混凝土浇筑后及时进行覆盖保温			
处理意见：混凝土浇筑后及时进行覆盖			
备注：			
承包单位名称：北京××建筑工程公司 质检员（签字）：××× 日期：2003—9—29		监理单位名称：北京××监理工程公司 旁站监理人员（签字）：××× 日期：2003—9—29	

注：本表由监理单位填写，建设单位、监理单位、承包单位各存一份。

4.3.2　平行检验与见证取样

1. 见证取样

（1）见证取样和送检是指在建设单位或工程监理单位人员的见证下，由施工单位的现场试验人员对工程中涉及结构安全的试块、试件和材料在现场取样，并送至经过省级以上建设行政主管部门对其计量认证的质量检测单位进行检测。试验数据是监理人员判断和确认各种材料和工程部位内在品质的主要依据。每道工序中诸如材料性能、拌合料配合比、成品的强度等物理力性能以及打桩的承载能力等，常需通过试验手段取得试验数据来判断质量情况。

（2）监理机构可视工程质量情况采取见证取样、见证试验、平行检验等方法来获取试验结果与数据，对工程质量进行评价和验收。

（3）《房屋建筑工程和市政基础设施工程实行见证取样和送检的规定》（建建［2000］211 号）规定了下列试块、试件和材料必须实施见证取样和送检：

1）涉及结构安全的试块、试件和材料见证取样和送检的比例不得低于有关技术标准中规定应取样数量的 30%；

2）下列试块、试件和材料必须实施见证取样和送检：

a. 用于承重结构的混凝土试块；

b. 用于承重墙体的砌筑砂浆试块；

c. 用于承重结构的钢筋及连接接头试件；

d. 用于承重墙的砖和混凝土小型砌块；

e. 用于拌制混凝土和砌筑砂浆的水泥；

f. 用于承重结构的混凝土中使用的掺加剂；

g. 地下、屋面、水工构筑物使用的防水材料；

h. 国家规定必须实行见证取样和送检的其他试块、试件和材料。

3）见证人员应由建设单位或监理单位具备建筑施工试验知识的专业技术人员担任，并应由建设单位或监理单位书面通知施工单位、检测单位和负责该项工程的质量监督机构；

4）在施工过程中，见证人员应按照见证取样和送检计划，对施工现场的取样和送检进行见证，取样人员应在试样或其包装上作出标识、封志。标识和封志应标明工程名称、取样部位、取样日期、样品名称和样品数量，并由见证人员和取样人员签字。见证人员应制作见证记录，并将记录归入施工技术档案。见证人员和取样人员应对试样的代表性和真实性负责；

5）见证取样的试块、试件和材料送检时，应由送检单位填写委托单，委托单应有见证人员和送检人员签字。检测单位应检查委托单位试样的标识和封志，确认无误后方可进行检测。检测单位应严格按照有关管理规定和技术标准进行检测，出具公证、真实、准确的检测报告。见证取样和送检的检测报告必须加盖见证取样检测的专用章。

2. 必试项目取样规定（表 4-3）

表 4-3

名称与现行标准	必试项目	验收批划分及取样数量
水泥 GB 175—1999 GB 1344—1999 GB 17958—1999 GB 12573—90	安定性、凝结时间、胶结强度（抗压、抗折）	1）以同一水泥厂、同品牌、同强度等级、同一出厂编号，袋装水泥每≤200t 为一验收批，散装水泥每≤500t 为一验收批，每批抽样不少于 12kg 2）从 20 个以上不同部位或 20 袋中取得等量样品拌合均匀
砂 JGJ 52—92 GB/T 14684—2001	筛分析、含泥量、泥块含量	1）以同一产地、同一规格每≤400m³ 或 600t 为一验收批，每一验收批取样一组（20kg） 2）当质量比较稳定、进料量较大时，可定期检验 3）取样部位应均匀分部，在料堆上从 8 个不同部位抽取等量试样（每份 11kg）。然后用四分法缩至 20kg，取样前先将取样部位表面铲除
石 GB/T 14685—2001 JGJ 53—92	筛分析、含泥量、泥块含量、针片状颗粒含量、压碎指标，用于≥C50 混凝土时为必试项目，用于抗冻混凝土，需进行冻凝和坚固性试验	1）以同一产地、同一规格每≤400m³ 或 600t 为一验收批，每一验收批取样一组 2）当质量比较稳定、进料量较大时，可定期检验 3）取样一组 40kg（最大粒径 10、16、20mm）或 60kg（最大粒径 31.5、40mm）取样部位应均匀分部，在料堆上从五个不同的部位抽取大致相等的试样 15 份（料堆的顶部、中部、底部），每份 5～40kg，然后缩分对 40kg 或 60kg 送试
轻集料 GB/T 17431.1—1998 GB/T 17431.2—1998	轻粗集料：筛分析、堆积密度、筒压强度、粒型系数、吸水率 轻细集料：细度模数、堆积密度	1）同一品种、同一密度等级每≤200m³ 为一验收批，每验收批取样一组，最大粒径≤200mm 时取样 0.08m³ 2）试验可以从料堆堆体自上到下不同部位，不同方向任选 10 点（袋装料应从 10 袋中抽取），应避免离析及面层材料
钢材 1. 热轧钢筋热轧带肋钢筋 GB 1499—1998 热轧光圆钢筋 GB 13013—91	拉伸试验（σ_s、σ_b、σ_5） 弯曲试验	同一厂别、同一炉罐号、同一规格、同一交货状态每≤60t 为一验收批。每验收批取一组试件（拉伸、弯曲各 2 个）

续表

名称与现行标准	必试项目	验收批划分及取样数量
2. 热轧钢盘条 GB/T 701—1997	拉伸试验(σ_s、σ_b、σ_5) 冷弯试验	在上述条件下去一组试件(拉伸一个，弯曲 2 个，取自不同盘)
3. 热处理钢筋 GB 4463—84 GB 13014—91	拉伸试验(σ_s、σ_b、σ_5) 冷弯试验	同一厂别、同一炉罐号、同一规格、同一交货状态每≤60t 为一验收批 公称容量不大于 30t 的冶炼炉冶炼制成的钢坯和连铸坯轧制的钢筋，允许由同一牌号、同一冶炼方法，同一浇筑方法的不同炉罐号组成混合批，但每批不多于 6 个炉罐号。各炉罐号含碳量之差不得大于 0.02%，含锰量之差不得大于 0.15% 用同一牌号连铸坯轧制的钢视为一批 取样方法：任选两根钢筋切取 取样数量：2
4. 冷轧带肋钢筋 GB 13788—2000	拉伸试验(σ_s、σ_b、σ_5) 冷弯试验	同一牌号、同一规格、同一级别每≤50t 为一验收批。每验收批取拉伸试件 1 个(每盘)、弯曲试件 2 个(每批)
5. 冷轧扭钢筋 JC 3046—1998	拉伸试验 冷弯试验 节距 厚度	验收批应由同一牌号、同一规模尺寸、同一台轧机、同一台班的钢筋组成，且每批不大于 10t，不足 10t 按一批计 取样方法：试样由验收批钢筋中随机抽取。取样部位应距钢筋端部不小于 4 倍节距，同时不小于 500mm 取样数量：每批三个
6. 预应力混凝土用钢丝 GB/T 5223—2002	抗拉强度、弯曲、伸长率试验 屈服强度、松弛试验	验收批应由同一牌号、同一规格、同一生产工艺的钢丝组成，每批重量不大于 60t 钢丝的检验应按(GB/T 2103)的规定执行。在每批钢丝的两端进行抗拉强度、弯曲和伸长率的试验
7. 碳素钢丝 刻痕钢丝 GB/T 5223—2002 GB 2103 GB 228	抗拉强度 弯曲 拉伸	验收批应由同一牌号、同一规模、同一生产工艺的钢丝组成，每批重量不大于 60t 取样方法及数量：在每盘钢丝的两端截取标距长度不小于公称直径的 60 倍
8. 钢绞线 GB 5224—95	拉伸试验 屈服试验 松弛试验	验收批应由同一牌号、同一规模、同一生产工艺的钢丝组成，每批重量不大于 60t 取样方法及试验：从每批钢绞线中任取 3 盘，从每盘所选的钢绞线端部正常部位截取一根试样进行试验；如批少于 3 盘，应逐盘进行检验。试验结果如有一项不合格时则不合格盘报废，再从未检验过的钢绞线中取双倍数量的试样进行不合格项的复验，如仍有一项不合格，则该批判为不合格品
9. 冷拉钢筋	拉伸试验(σ_s、σ_b、σ_{10})	1)同级别、同直径的每≤20t 为一验收批 2)从每批冷拉钢筋中抽取两根钢筋，每根取两个试样分别进行拉力和冷弯试验
10. 冷拔低碳钢丝包括：冷拔低碳钢丝、冷拔低合金钢丝 GB 50204—2002	拉伸试验(σ_b、σ_{100})反复弯曲试验(180°)	1)用作预应力的冷拔钢丝： a. 逐盘检查外观，钢丝表面不得有裂纹和机械损伤 b. 力学性能应逐盘检验，从每盘钢丝上任一端截取不少于 500mm 的两个试样，分别作拉力和反复弯曲试验 2)用作非预应力的冷拔钢丝：以同一直径的钢丝 5t 为一验收批，从中任取 3 盘，每盘各截取 2 个试样(拉力、反复弯曲)

续表

名称与现行标准	必试项目	验收批划分及取样数量
钢筋接头 GB 50204—2002 JGJ 27—2001 JGJ 18—2003 JGJ 107—96 JGJ 108—96 JGJ 109—96 JG/T 3057—1999 GB 12219—89		一、焊接接头(包括电阻点焊、闪光对焊、电弧焊、电渣压力焊、缺陷压焊、预埋件埋弧压力焊) 1. 班前焊(可焊性能试验)在工程开工或每批钢筋正式焊接前,应进行现场条件下的焊接性能试验。合格后,方可正式生产。试件数量与要求,应与质量检查与验收时相同 2. 焊接接头质量检验: (1)电阻点焊制品 1)钢筋焊接骨架 a. 凡钢筋级别、直径及尺寸相同的焊接骨架应视为同一类型制品,且每200件作为一批,一周内不足200件的按一批计算 b. 试件应从成品中切取,当所切取试件的尺寸小于规定的试件尺寸时,或受力钢筋大于8mm时,可在生产过程中焊接试验用网片从中切取试件 c. 由几种钢筋直径组合的焊接骨架,应对每种组合做力学性能试验;热轧钢筋的焊点,应作抗剪试验,试件数量3件;冷拔低碳钢丝焊点,应作抗剪试验及对较小的钢筋作拉伸试验,试件数量3件 2)钢筋焊接网: a. 凡钢筋级别、直径及尺寸相同的焊接网应视为同一类型制品,每批不应大于30t,或者每200件为一批,一周内不足30t或200件亦应按一批计算 b. 试件应从成品中切取 c. 冷轧带肋钢筋或冷拔低碳钢丝的焊点应作拉伸试验,纵向试件数量1件,横向试件数量1件;冷轧带肋钢筋焊点应作弯曲试验,纵向试件数量1件,横向试件数量1件;热轧钢筋、冷轧带肋钢筋或冷拔低碳钢丝的焊点应作抗剪试验,试件数量3件 (2)闪光对焊接头:同一台班内由同一焊工完成的300个同级别、同直径钢筋焊接接头,300个为一验收件(或一周内累计<300个)接头的亦可按一批计算,每批3个拉力试件,3个弯曲试件 注:1)试件应随需要切取 2)焊接等长预应力钢筋(包括螺丝端杆与钢筋)。可按生产条件做模拟试件 3)若当初试件检验结果不符合要求时,可随机再取双倍数量的试件进行复试 4)模拟试件检验结果不符合要求时复试应从成品中切取试件,其数量和要求与初试时相同 (3)电弧焊接头: 同接头形式、同钢筋级别300个接头为一验收批,每一验收批取3个拉力试件 注:1)试件应从成品中随机切取 2)装配式结构节点的焊接接头可按生产条件制作模拟试件 3)当初试结果不符合要求时应再取6个试件进行复试 (4)电渣压力焊接头 一个构筑物中以300个同级别钢筋接头作为一个验收批

续表

名称与现行标准	必试项目	验收批划分及取样数量
钢筋接头 GB 50204—2002 JGJ 27—2001 JGJ 18—2003 JGJ 107—96 JGJ 108—96 JGJ 109—96 JG/T 3057—1999 GB 12219—89		现浇钢筋混凝土框架结构中以每一施工区的同级别钢筋接头≤300 个接头作为一验收批。每一验收批取 3 个拉力试件 注:1)试件应从成品中随机截取 2)当初试结果不符合要求时,应再取 6 个试件进行复试 (5)钢筋气压焊接头: 一般构筑物中,以 300 个接头为一验收批。现浇钢筋混凝土结构中,≤300 个接头作为一验收批 每一验收批取 3 个拉力试件,在梁、板的水平钢筋焊接中另切取 3 个弯曲试件 注:1)试件应从成品中随机截取 2)当初试结果不符合要求时,应再取双倍数量试件进行复试 (6)预埋件钢筋埋弧压力焊;同类型预埋件一周内累计≤300 件时为一验收批。每批随机切取 3 个拉力试件 注:当初试结果不符合规定时再取 6 个试件进行复试 二、机械连接(锥螺纹连接、套筒挤压接头、镦粗直螺纹钢筋接头) 1. 工艺检验试验 在正式施工前,按同批钢筋、同等机械连接形式的接头试件不少于 3 根,同时对应截取接头试件的钢筋母材,进行抗拉强度试验 2. 现场检验 (1)接头的现场检验按验收批进行 (2)同一施工条件下采用同一批材料的同等级。同形式、同规格接头≤500 个为一验收批 (3)每验收批必须在工程结构中随机截取 3 个试件做单向拉伸强度试验 (4)在现场连续检验 10 个验收批,其全部单向拉伸试件一次抽样均合格时,验收批接头数量可扩大一倍
普通混凝土 GB 50204—2002 GB 14902—2002 JGJ 55—2000 GBJ 107—87 JGJ 104—97	稠度 抗压强度 抗折强度(需要时)	试块留置 (1)普通混凝土强度试验以同一混凝土强度等级,同一配合比,同样原材料: 1)每拌制 100 盘且不超过 100m³;2)每一工作台班;3)同一单位工程,每一验收项目为一取样单位,留标准养护试块不得少于 1 组(3 块),并根据需要制作相应组数的同条件试块 (2)冬期施工还应留置转常温试块和临界中度试块 (3)对预拌混凝土,当一个分部工程连续供应相同配合比的混凝土量大于 1000m³ 时,其交货检验的试样,每 200m³ 混凝土取样不得少于一次 (4)取样方法及数量:用于检查结构构件混凝土质量的试件,应在混凝土浇筑地点随机取样制作;每组试件所用的拌合物应从同一盘搅拌或同一车运送的混凝土中取出,对于预拌混凝土还应在卸料过程中卸料量的 1/4～3/4 之间取样,每个试样量应满足混凝土质量检验项目所需用量的 1.5 倍,但不少于 0.02m³

续表

<table>
<tr><th>名称与现行标准</th><th>必试项目</th><th>验收批划分及取样数量</th></tr>
<tr><td>抗渗混凝土
GBJ 208—83
GBJ 82—85</td><td>稠度
抗压强度
抗渗等级</td><td>(1)同一混凝土强度等级、抗渗等级,同一配合比,生产工艺基本相同,每单位工程不得少于两组抗渗试块(每组6个试件)
(2)试块应在浇筑地点制作,其中至少一组应在标准条件下养护,其余试块应与构件相同条件下养护
(3)留置抗渗试块的同时需留置抗压强度试件并应取自同一混凝土拌合物中
(4)取样方法及数量:用于检查结构构件混凝土质量的试件,应在混凝土浇筑地点随机取样制作;每组试件所用的拌合物应从同一盘搅拌或同一车运送的混凝土中取出,对于预拌混凝土还应在卸料过程中卸料量的1/4～3/4之间取样,每个试样量应满足混凝土质量检验项目所需用量的1.5倍,但不少于0.02m³</td></tr>
<tr><td>抗冻混凝土
GBJ 82—85</td><td>含气量
抗压强度
冻融试验
稠度</td><td>(1)抗冻混凝土抗压试块的留置和取样方法及数量与普通混凝土的方法相同
(2)供冻融试验的试块留置按同一强度等级、同一冻融指标、同一配合比、同种原材料,每单位工程为一验收批次
(3)冻融试验分慢冻法和快冻法
慢冻法采用立方体抗压强度试块,试块尺寸同普通混凝土抗压试块
快冻法采用截面100mm×100mm×400mm的棱柱体混凝土试块,每组3块</td></tr>
<tr><td>砌筑砂浆
1. 配合比设计与试配
2. 工程施工试验
JGJ 70—90
JGJ 98—2000
GB 50203—2002
JC 860—2000</td><td>稠度
抗压强度
分层度

稠度
抗压强度</td><td>现场检验
(1)以同一砂浆强度等级,同一配比,同种原材料250m³砌体为一个取样单位,每取样单位标准养护试块的留置不得少于一组(每组6块)
(2)干拌砂浆:同强度等级每≤400t为一验收批。每批从20个以上不同部位取等量样品。总质量不少于15kg,取样两份,一份送试验,一份备用</td></tr>
<tr><td>锚具、夹具、连接器
JGJB 85—92
GB/T 14370—93</td><td>静载锚固性能试验
锚具夹片、锚环硬度试验
1. 极限张力 f_{gpu}
2. 总应变 ε_{gpu}</td><td>在同种材料和同一生产工艺条件下,锚具和夹具应以不超过1000套为一个验收批;连接器应以不超过500套为一个验收批
从同批中抽取3套组成3个预应力连接器组装件进行试验</td></tr>
<tr><td>混凝土和钢筋混凝土管道
GB/T 11836—1999</td><td>外观质量、尺寸内水压力和外压荷载</td><td>相同原材料、相同工艺生产的同一规格、同一种外压荷载级别的管子组成一个受检批。不同管径批量数分别为:
<table><tr><th>产品品种</th><th>公称内径 D_0(mm)</th><th>批量(根)</th></tr><tr><td rowspan="2">混凝土管</td><td>100～300</td><td>≤1000</td></tr><tr><td>350～600</td><td>≤900</td></tr><tr><td rowspan="4">钢筋混凝土管</td><td>200～600</td><td>≤800</td></tr><tr><td>700～1350</td><td>≤700</td></tr><tr><td>1500～2200</td><td>≤600</td></tr><tr><td>2400～3000</td><td>≤500</td></tr></table>外观质量、尺寸:从受检批中采用随机抽样的方法抽取10根管子,逐根进行外观质量的尺寸检验
内水压力和外压荷载;从混凝土抗压强度,外观质量和尺寸检验合格的管子中抽取两根管子,混凝土管一根检验内水压力,另一根检验外压破坏荷载。钢筋混凝土管一根检验内水压力,另一根检验外压裂缝荷载</td></tr>
</table>

续表

名称与现行标准	必试项目	验收批划分及取样数量
1. 预应力混凝土管 GB 5695—94	外观质量、尺寸、静水压力、抗渗性能和接头密封性能、抗裂性水压试验	同质材料、同一工艺制成的同一型号的管子100根为一检验批，但不少于30根，也可作为一批。外观质量、尺寸逐根检验。静水压力检验、抗渗性能和接头密封性能逐根检验，每批并随机抽取两根进行抗裂性水压检验
2. 工业金属管道阀门 GB 50235—97	压力试验 密封试验	输送剧毒流体、有毒流体、可燃流体管道的阀门；输送设计压力大于1MPa且设计温度小于29℃或大于186℃的非可燃流体、无毒流体管道的阀门，应逐个进行壳体压力试验和密封试验，不合格者，不得使用。输送设计压力小于等于1MPa且设计温度为－29～186℃的非可燃流体，无毒流体管道的阀门，应从每批中抽查10%，且不得小于1个，进行壳体压力试验和密封试验。当不合格时，应加倍抽查，仍不合格时，该批阀门不得使用
3. 管道用各种阀门 GB 50235 CJJ 33	压力试验 密封试验	抽样比例100%，逐个检验
4. 调压器 GB 16802—1997	1. 后压 2. 稳压精度 3. 最大流量 4. 关闭 5. 承压 6. 气密性	(1)同一厂家、同一型号、同一气质为一个检查批 (2)抽样方案按《逐批检查计数抽样程序及抽样表》(GB 2828—87)进行，AQL＝4.0S＝1按正常检查1次抽样方案检测
5. 埋地钢制管道聚乙烯防腐层技术标准 SY/T 4013—95	防腐层外观、厚度、漏点、粘结力、阴极剥离性能；聚乙烯层的拉伸强度和断裂伸长率	(1)外观：目测逐根检查 (2)厚度：每批50根抽查1根，不合格时应加倍抽查，仍有不合格，则该产品为不合格品 (3)粘结力：每批50根抽查1根，不合格时应加倍抽查，仍有不合格，则该批产品为不合格品 (4)阴极剥离性能：每连续生产批生产的防腐管进行1次阴极剥离性能检验，如有不合格时应加倍抽查，仍有不合格，则该批产品为不合格品 (5)聚乙烯层的拉伸强度和断裂伸长率：每连续生产批生产的防腐管应截取聚乙烯层的样品进行拉伸强度和断裂伸长率检验，如有不合格，可再截取1次样品，仍有不合格，则该批品为为不合格品
6. 环氧煤沥青涂料及防腐层技术标准 SY/T 0447—96	甲组分：黏度，细度； 漆膜： 干燥时间、颜色及外观、附着力、柔韧性、冲击强度； 防腐层：外观、厚度、漏点、粘结力	(1)材料验收：涂料按《涂料产品的取样》(GB 3186—89)的规定取样，同一生产厂甲组分每5t为一批，质量符合SY/T 0447—96中3.1.3条规定为合格，不合格可重新抽查，取样数目加倍，仍不合格，则该批产品为不合格 (2)防腐层检验：按SY/T 0447—96进行抽检，每20根管为1组，不足20根，也抽查1根，质量符合SY/T 0447—96中5的规定，为合格，不合格可重新抽查，取样数目加倍，仍不合格，则该批产品为不合格
7. 管道防腐涂层，包括塑化沥青防蚀带 CJJ 33	厚度 粘附力 绝缘性	每20根抽查1根，不合格可重新抽查，取样数目加倍，仍不合格，则该批产品为不合格

续表

名称与现行标准	必试项目	验收批划分及取样数量
8. 长输管道阴极保护工程施工及验收规模 SY/T 4006—90 9. 阴极保护管道的电绝缘标准 SY/T 0086—2003 10. 埋地钢质管道牺牲阳极保护设计规范 SY/T 0019—97	管道防腐绝缘层性能的检查；绝缘接头、绝缘法兰的检查；牺牲阳极验收时应检测：外观、重量、钢芯与阳极的接触电阻、化学成分及电化学性能	(1)管道下沟前必须进行防腐层外观质量检查，并用高压电火花检漏仪进行漏点检测；施工单位在交工前应抽查管道全长的5%，出现不合格时，加倍抽样复检，仍不合格则自行返工；交工验收时甲、乙方及质检部门需共同参加，抽查管道全长的15%，不合格时必须返工处理 (2)绝缘接头、绝缘法兰按要求应逐个进行静水压试验和绝缘检查 (3)镁或锌牺牲阳极验收时，按批量进行抽样检查，抽查率为3%，但不得少于3支，若出现不合格，则加倍抽查，如果其中仍有一只不合格则判定该批产品不合格。其中对于镁合金牺牲阳极当化学成分不合格，而接触电阻和电化学性能合格时，仍可以使用

4.3.3 隐蔽工程验收

1. 一般规定

(1) 给水排水工程施工过程中，前道工序的施工成果往往要被后道工序永久性地覆盖，因此在覆盖前，监理人员应对前道工序的施工质量进行验收评定，即隐蔽工程验收。

(2) 给水排水工程隐蔽工程验收的一个显著特点，就是工程完工以后，许多工程部位都是被封闭起来的，如排水管道（包括垫层，混凝土基础、管道敷设、沟槽回填等）、桩基础、钢筋工程都可以称之为隐蔽项目。隐蔽工程验收，是由现场监理人员在工程项目施工完毕并且裸露在外时，按照施工规范和质量标准的要求，对该项目进行外观、实测项目、质量保证资料的检查，检查结果符合要求以后，在检查记录上签字认可。

(3) 隐蔽工程验收是保证工程内在质量的一项基本措施，也是给水排水建设工程必须执行的一项程序，只有通过了隐蔽工程验收的施工成果，才可被隐蔽覆盖，否则就要进行整改，直至符合隐蔽工程验收标准为止。

2. 给水排水工程的隐蔽验收工作主要作法：

(1) 列出工程每道工序的隐蔽工程验收次数。特别要注意有些应进行隐蔽验收的项目并未在有关规定中列出，会造成疏忽，如结构工程的基桩平面位置、打桩接桩时的钢板焊接、支座位置，水工结构中的止水带施工等。因此要对每道工序的施工程序进行分析，确定应进行隐蔽验收的项数。

(2) 明确每项隐蔽工程验收在工序施工中的顺序位置。大多数隐蔽工程验收的顺序位置是非常明确的，如钢筋验收总是在绑扎成型之后、混凝土浇筑之前进行，但也有一些容易引起异议，对此应予以明确。如基桩平面位置的隐蔽验收应在基坑开挖、铺筑垫层、承台纵横轴线放样之后进行，而不是在桩基施工完成后马上进行。顺序位置的明确，有利于提高验收质量。

(3) 确定每项隐蔽工程验收的内容及抽检频率。应按照验收规范的规定和工程的实际情况，对验收内容逐项予以明确。需要强调的是，隐蔽工程验收单上的填写项目不一定等同于实际验收的项目，有些工序的验收项目较多，验收单无法全部填写，可挑选主要项目进行填写，但验收规范上列出的、工地上也能看到的项目一定要全部验收。另外，应明确每项实测项目的抽检频率，其检测点数一般不应少于规范规定的点数。因此，要对每一项实测项目的监理抽检频率做出规定，一些重要项目或规范规定的点数较少的项目，其点数不宜过少，尤其不应出现只检一点的情况。填写项目和抽检频率一旦确定，就应该严格坚持，不能随意变更。

(4) 规定隐蔽工程验收单的填写格式。

1) 隐蔽工程验收单是由施工单位和监理单位双方共同填写的，应对双方填写部分作明确的界定；

2) 施工单位填写的验收部位、验收项目、规格、数量、备注等栏目应能清楚地表述有关内容，必要时应画出草图；

3) 验收完成后，双方参与验收的人员应在验收单上签上名字和日期，并加盖双方单位印章。

4) 给水排水隐蔽工程验收的特点是验收次数多，一项大型综合给水排水工程其隐蔽工程验收次数可以千计。由于同一工序的验收项目都是相同的，在工程隐蔽验收时要做到按图验收、按规范验收。同样的立柱、钢筋直径、根数、排列布置乃至立柱的长、宽、高都可能不同，验收时一定要根据设计图纸来检查核对工程实物，同时按照验收规范规定的允许偏差值来进行实测。

3. 隐蔽工程验收监理注意事项

(1) 制定各专业的监理工作实施细则时，必须明确隐蔽工程验收项目，并在第一次工地会议上告知有关各方。

(2) 隐蔽工程的验收要求必须符合设计文件规定。当设计文件规定不明确时，应在工程项目施工以前，监理人员拟定质量要求，在征得建设单位同意以后，书面通知施工各方。

(3) 隐蔽工程验收，必须在施工单位对工序自检合格的基础上进行。没有施工单位的工序自检报告，不得进行隐蔽工程验收。监理人员的隐蔽工程验收，不能替代施工单位自身的质量检验。

(4) 对单一道工序来说，隐蔽工程验收的检查项目，可能少于施工规范和质量标准的规定要求，但监理人员应对该项目作百分之百的质量评判。

(5) 隐蔽工程项目未经监理人员检查签字认可，施工单位不得将其覆盖，更不能进入下道工序施工。

(6) 隐蔽工程检查验收以后，监理检查人员应做好书面记录，并在施工单位提交的检验报告上签字。

4.3.4 质量检验

1. 检验方法

(1) 外观检验。对样品作品种、规格、标记、外形尺寸等方面的直观检查。这是检验的第一步，对照有关标准中的外观要求进行评价。钢筋、接头、砖、砂石、混凝土、砂浆等都要进行外观方面的检查。

(2) 理化试验

1) 物理力学性能方面的检验。力学性能的检验，如各种力学指标的测定，像抗拉强度、抗压强度、抗弯强度、抗折强度、冲击韧性、硬度、承载力等。各种物理性能方面的测定如相对密度、密度、含水量、凝结时间、稳定性、抗渗、耐磨、耐热等；

2）化学成分及含量的测定。测定钢筋中的磷、硫含量，混凝土粗骨料中的活性氧化硅成分等，以及耐酸、耐碱、抗腐蚀等；

3）对桩或地基的现场静载试验或打试桩，确定其承载力；对混凝土现场取样，通过试验室的抗压强度试验，确定混凝土达到的强度等级；以及通过管道压水试验判断其耐压及渗漏情况等。

（3）无损测试或检验。借助专门的仪器、仪表等手段探测结构物或材料、设备内部组织结构或损伤状态。这类检测仪器如：超声波探伤仪、磁粉探伤仪、γ射线探伤仪、渗透液探伤仪等。它们一般可以在不损伤被探测物的情况下了解被探测物的质量情况。

（4）破坏性检验。在一些特殊情况下，无法通过前面的其他方法检查其工程质量，或已使用其他方法无法判断其结论，可以采用破坏性检验。如混凝土取芯，桩基取芯、墙体取芯等，检查其强度。还可通过破坏性检查其他一些指标，如浆砌片石的厚度等。

（5）综合性检验。在一些非常特殊的工程中，往往还要通过专门设计的一些检测方法和综合性的检测工具对工程的某个局部或整体进行全面的测试，以检测工程的可靠性和安全性等。如大型桥梁的综合检验、采用轨道检测车对铁路进行综合检查、对剧院的声学特性进行检测。

2. 质量检验程度的种类（按质量检验的程度，即检验对象被检验的数量划分）

（1）全部检验

1）主要是用于关键工序部位或隐蔽工程，以及那些在技术规程、质量检验评定标准或设计文件中有明确规定应进行全数检验的对象。诸如：规格、指标对工程的安全性、可靠性起决定作用的施工对象，质量不稳定的工序，质量水平要求高、对后继工序有较大影响的施工对象；

2）不采取全数检验不能保证工程质量时，均采取全数检验。例如，安装模板的稳定性、刚度、强度、结构物轮廓尺寸等，架立的钢筋规格、尺寸、数量、间距、保护层，以及绑扎或焊接质量等。

（2）抽样检验

1）对于主要的建筑材料、半成品或工程产品通常采取抽样检验。即从一批材料或产品中，随机抽取少量样品进行检验，并根据对其数据经统计分析的结果，判断该批产品的质量状况；

2）与全数检验相比较，抽样检验具有如下优点：检验数量少，比较经济，适合于需要进行破坏性试验（如混凝土抗压强度的检验）的检验项目，检验所需时间较少。

（3）免检。就是在某种情况下，可以免去质量检验过程。

1）已有足够证据证明质量有保证的一般材料或产品；

2）实践证明其产品质量长期稳定、质量保证资料齐全者；

3）某些施工质量只有通过在施工过程中的严格质量监控，而质量检验人员很难对产品内在质量再作检验的，均可考虑采取免检。

3. 质量检验必须具备的条件

(1) 监理单位要具有足够的检验技术力量，要配备所需的各类具有相应水平和资格的质量检验人员。必要时，还应建立可靠的对外委托检验关系。

(2) 监理单位应建立一套完善的管理制度，包括建立质量检验人员的岗位制，检验设备质量保证制度，检验人员技术核定与培训制度，检验技术规程与标准实施制度，以及检验资料档案管理等方面。

(3) 配备符合标准及满足检验工作需要的检验和测试手段。

(4) 具备适宜检验的工作条件：

1) 检验工作必需的工作环境条件，如场地、工作面、照明、安全条件等；

2) 检验标准规定的技术环境条件，如空气温度、湿度、防尘、防振等；

3) 质量检验所需的评价条件，即技术标准，如国际标准、国家标准、地方标准等；

4) 若尚无适宜的标准可用，也可根据工程实际情况与有关部门研究制定相应的质量检验标准，报有关部门审查认可。

4. 质量检验计划

(1) 质量检验工作具有流动性、分散性及复杂性的特点。为使监理人员能有效地实施质量检验工作和对施工单位进行有效的质量监控，监理单位应当制定质量检验计划。

(2) 质量检验计划的内容包括：

1) 分部分项工程名称及检验部位；

2) 检验项目，即应检验的性能特征，以及其重要性级别；

3) 检验程度和抽检方案；

4) 应采用的检验方法和手段；

5) 检验所依据的技术标准和评价标准；

6) 认定合格的评价条件；

7) 质量检验合格与否的处理；

8) 对检验记录及签发检验报告的要求；

9) 检验程序或检验项目实施顺序。

(3) 监理人员在进行质量检查时，如对质量文件发生疑问，则应要求施工单位予以澄清。发现工程质量缺陷和质量事故，则应指令施工单位进行处理。

4.3.5　工序交接

1. 工序监理审批程序

(1) 在施工过程中，应严格执行工序监理审批程序。

(2) 监理审批程序，是指监理对施工单位前一阶段工作质量的认可与实施下一步工作的许可。在施工监理活动中，监理审批程序应贯穿整个施工过程、覆盖每个施工环节，坚持监理审批程序，对确保工程质量具有非常重要的意义。

2. 在施工阶段监理工作中，应该实施监理审批的主要项目有：施工组织设计、开工报告审批、施工方案、分包队伍资质、原材料进场、成品半成品及设备供应商资质、施工机械进场、施工试验检测手段、方案、测量成果、工序施工、混凝土浇筑、工程隐蔽、设计变更、质量缺陷整改、事故处理方案及结果和完成工作量审批等。

3. 监理审批的依据是国家有关法律、法规、规章，政府有关部门的规定，设计、施工规范、标准、设计文件、施工承包合同以及符合上述文件规定的监理规划、细则和施工组织设计、施工方案等。

4. 应严格、一丝不苟实施监理审批程序

(1) 对审批项目进行全面的、完整的审查核对。例如：钢材应检查其实物质量、质量保证资料和复试资料，其中实物质量应检查其外锈蚀状况、包装捆扎情况、现场堆放情况、标签。质量保证资料应检查其产品合格证，如果是复印件，则要求清晰、完整，同时还需标明送至本工地的规格、数量、日期、合格证原件、存放地点、经手人签名，并加盖供货单位的红印章。复试资料要检查其检测项目、检测频率、检测结果，如果是进口钢材还应加试钢材化学分析。

(2) 对施工单位检测手段和检测方案的审查，应指出是自行检测还是委托检测，如果是自行检测，则应检查其试验室是否具备相应的检测资质，其出具的检测报告是否符合有关规定，同时还要检查是否落实了应送政府检测中心强制抽检的规定。如果是委托检测，则应检查受委托的检测机构是否具备对外检测资质，是否通过国家计量认证，受委托的检测项目是否在其检测范围内，检测报告是否符合要求等。

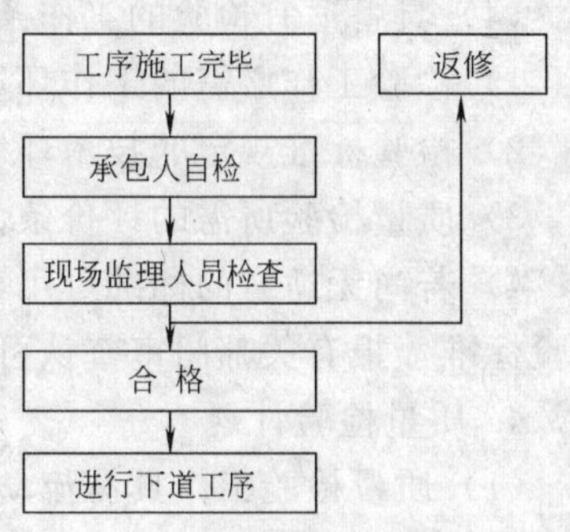

图 4-3 工序监理程序图

5. 工序监理程序（图 4-3）

4.4 质量和事故报告与处理

4.4.1 一般规定

1. 质量事故是指工程质量出现重大隐患，并造成较大经济损失的质量问题。由于勘测、设计、施工、监理、试验检测等责任过失而使工程遭受损毁或产生不可弥补的本质缺陷，因建筑物倒塌造成人身伤亡或财产损失以及需加固、补强、返工处理的，均应视为质量事故。质量事故包括：工程建设过程中发生的质量事故；由于勘察设计、施工等过失造成工程质量低劣、在交付使用后发生的质量事故；因工程质量达不到合格标准，而需加固补强、返工或报废，且经济损失额达到质量事故级别的。施工中发生的质量事故，承包单位应按有关规定上报处理，总监理工程师应书面报告监理单位。

2. 监理人员发现施工存在重大质量隐患，可能造成质量事故或已经造成质量事故，应通过总监理工程师及时下达工程暂停令，要求承包单位停工整改。整改完毕并经监理人员复查，符合规定要求后，总监理工程师应及时签署工程复工报审表。总监理工程师下达工程暂停令和签署工程复工报审表，宜事先向建设单位报告。

3. 对需要返工处理或加固补强的质量事故，总监理工程师应责令承包单位报送质量事故调查报告和经设计单位等相关单位认可的处理方案，项目监理机构应对质量事故的处理过程和处理结果进行跟踪检查和验收。

4. 总监理工程师应及时向建设单位及本监理单位提交有关质量事故的书面报告，并应将完整的质量事故处理记录整理归档。

4.4.2　给水排水工程质量事故等级划分（表 4-4）

表 4-4

质量事故等级	质量事故等级划分依据
一般质量问题	经济损失不足 5000 元
一般质量事故	造成重伤 2 人以下或直接经济损失在 10 万元以下、5000 元（含 5000 元）以上
重大质量事故	具备下列条件之一者为一级重大事故： 死亡 30 人以上 直接经济损失 300 万元以上 具备下列条件之一者为二级重大事故： 死亡 10 人以上、29 人以下 直接经济损失 100 万元以上，不满 300 万元 具备下列条件之一者为三级重大事故： 死亡 3 人以上、9 人以下 直接经济损失 30 万元以上，不满 100 万元 具备下列条件之一者为四级重大事故： 死亡 2 人以上 重伤 3 人以上，19 人以下 直接经济损失 10 万元以上，不满 30 万元

4.4.3　质量事故报告

1. 调查报告的主要内容：

（1）与事故有关的工程情况；

（2）质量事故的详细情况，诸如质量事故发生的时间、地点、部位、性质、现状及发展变化情况等；

（3）事故调查中有关的数据、资料；

（4）质量事故原因分析与判断；

（5）是否需要采取临时防护措施；

（6）事故处理及缺陷补救的建议方案与措施；

（7）事故涉及的有关人员的情况。

2. 事故情况调查是事故原因分析的基础，有些质量事故原因复杂，常涉及勘察、设计、施工、材料、维护管理、工程环境条件等方面，因此，调查必须全面、详细、客观、准确。在事故调查的基础上进行事故原因分析，正确判断事故原因。

事故原因分析是确定事故处理措施方案的基础，正确的处理源于对事故原因的正确判断。只有对调查提供的充分的调查资料，对数据进行详细、深入的分析后，才能由表及里、去伪存真，找出造成事故的真正原因。

3. 监理人员应当组织设计、施工、建设单位等各方参加事故原因分析，监理单位调查研究所获得第一手资料。其内容大致与施工单位调查报告中的有关内容相似，可用来与施工单位所提供的情况对照、核实。

4.4.4　工程质量事故处理依据

1. 主要依据

（1）质量事故的实况资料。

（2）具有法律效力的，得到有关当事各方认可的工程承包合同、设计委托合同、材料或设备购销合同以及监理合同或分包合同等合同文件。

(3) 有关的技术文件和档案。

(4) 有关的建设法规。

2. 详细资料

(1) 质量事故的实况资料

1) 质量事故发生的时间、地点；

2) 质量事故状况的描述。例如，发生的事故类型（如混凝土裂缝、砖砌体裂缝），发生的部位（池底、穿孔管部位、梁、柱、板处），分布状态及范围，缺陷程度（裂缝长度、宽度、深度等）；

3) 质量事故发展变化的情况（是否继续扩大其范围、程度，是否已经稳定等）；

4) 有关质量事故的观测记录。

(2) 有关合同及合同文件

1) 工程承包合同、设计委托合同、设备与器材购销合同、监理合同等。

2) 有关合同和合同文件在处理质量事故中的作用，一是对于在施工过程中有关各方是否按照合同有关条款实施其活动，例如，施工单位是否按在规定要求时间内通知监理进行隐蔽工程，监理人员是否按规定时间实施检查，施工单位在材料进场时，是否按规定要求进行检验等，借以探寻产生事故的可能原因。此外，有关合同文件还是界定质量责任的重要依据。

(3) 有关的技术文件和档案

1) 有关的设计文件

是施工的重要依据，在处理质量事故中，其作用一方面是可以对照设计文件，核查施工质量是否完全符合设计的规定和要求；另一方面是可以根据所发生的质量事故情况，核查设计中是否存在问题或缺陷，成为导致质量事故的一方面原因。

2) 与施工有关的技术文件和档案、资料：

a. 施工组织设计或施工方案、施工计划；

b. 施工记录、施工日志等。根据它们可以查对发生质量事故的工程施工时的情况，如：施工时的气温、降雨、风、浪等有关的自然条件，施工人员的情况，施工工艺与操作过程的情况，例如预应力张拉过程，地基灌浆过程中的压力、浆液浓度或水灰比、吊装构件的起吊方式等，使用的材料情况，施工场地、工作面、交通等情况，地质及水文地质情况等。借助这些资料可以追溯和寻找事故的可能原因；

c. 有关建筑材料的质量证明资料，例如材料批次、出厂日期、出厂合格证或检验报告、施工单位抽检或检验报告等；

d. 现场制备材料的质量证明资料，例如混凝土拌合料的级配、水灰比、坍落度记录；

e. 质量事故发生后，对事故状况的观测记录、试验记录或试验报告等。例如，对地基沉降的观测记录，对建筑物倾斜或变形的观测记录，对地基钻探取样记录与试验报告，对混凝土结构物钻取试样的记录与试验报告等。

(4) 有关的建设法规

1) 设计、施工单位资质管理方面的法规

主要涉及：勘察设计单位及施工企业和监理单位的等级划分；明确各级企业或单位应

具备的条件；确定各级企业或单位所能承担的任务范围；以及对从事勘察、设计、施工、监理活动的单位等级评定的申请、审查、批准、授级及管理等方面。例如，明确规定各等级施工企业必须按《资质等级证书》规定的工程承包范围进行承包活动，不得越级承包工程；非等级施工单位主要是从事分包工程和提供劳务等。

2）建筑市场方面的法规

主要是为了维护建筑市场的正常秩序的规定：施工企业必须按规定的本等级企业承包工程范围进行投标和承包活动，不得越级承包工程；非等级施工单位主要从事工程分包和提供劳务；任何企业不得采用行贿、回扣等不正当手段获得工程任务；总、分包的责任有明确界定，总包单位如将工程分包给无证或不具备承接某项工程的施工单位，将被勒令停止分包、没收非法所得，追究责任人，情节严重者取消该项目总包资格等。

3）建筑施工方面的法规

主要施工技术管理、工程质量监督管理、安全生产管理和施工机械设备管理、监理等方面的法律规定，如：《建筑工程质量监督条例》、《工程建设重大事故报告和调查程序规定》、《建设工程质量管理条例》和近年发布的一系列有关建设监理方面的法规文件等。

4.4.5 处理工程质量事故的程序

1. 质量事故的处理应按照事故的分类和当地工程建设行政主管部门关于工程质量事故的处理规定执行。当工程发生质量事故时，监理人员可按如下程序处理：

（1）发出停工令。施工中质量事故发生后，监理人员必须立即发出指令，暂停该项工程的施工。必要时，还必须采取有效的临时防护措施和必需的应急安全措施，防止事故的扩大和进一步严重后果的出现，然后开展事故调查。

（2）开展事故调查。事故调查应围绕事故的内容、范围、性质进行，同时还要调查，进行事故原因分析和确定事故处理方案所必需的有关资料。事故调查的主要内容包括：事故发生的时间与经过；事故发生后的变化情况；对设计图纸进行复查和验算；对工程的施工情况进行详细调查；检查施工原始记录和相关质量保证资料；如果工程已经投入使用，还要对使用情况进行调查。当上述调查结果尚不能对质量事故进行分析判断时，还要进行一些补充调查和实际检验测试，如补充勘察地质资料，进行结构受力性能检验测试，必要时还要进行较长时间的观测检查。

（3）进行事故原因分析。事故原因分析要求全面、准确，是勘察设计原因，还是施工原因。施工原因是由于施工管理松懈、违规操作，还是工程所使用的材料、构件质量不合格所致等，或者是多种原因的综合等。需要注意的是，如果是工程完工以后发生的质量事故，还要分析使用者的原因，如超载车辆的通行，养护维修不当等。

（4）明确事故责任。在对事故原因做出准确、全面分析的基础上，可以对事故的责任做出判定，即明确事故的责任方。在分清事故的责任时，还要明确事故处理的费用数额、承担比例及支付方式。

（5）审查事故处理方案。监理人员在审查事故处理方案时，要注意：

1）事故处理的范围。如当处理桩基质量事故时，要检查对周围环境情况影响，是否对其他构筑物有影响；

2）事故处理方案应不留隐患，满足质量标准和使用功能，安全可靠，经济合理，施工方便；

3）采取综合治理的处理方法，以使事故处理取得最佳效果。

（6）监督执行事故处理方案。事故处理方案经批准实施时，监理人员对执行过程要进行检查，检查是否按照该方案对事故进行认真处理，防止原有事故尚未处理完毕又引发新的质量事故发生。在事故处理结束以后，对该项工程重新进行检查验收。

（7）对事故处理做出结论。所有的质量事故经过处理后都必须有明确的书面结论，尤其是要说明经处理后对工程质量的影响。

（8）恢复施工。质量事故按照国家有关规定处理完毕以后，监理人员应发出恢复该项工程施工指令。

2. 工程质量事故处理的程序（图 4-4）

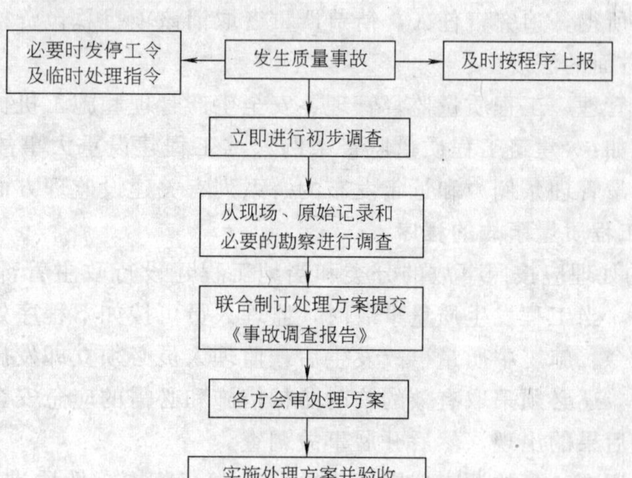

图 4-4 工程质量事故处理程序

4.4.6 质量事故处理

1. 一般规定

（1）监理人员对施工中的质量问题除去在日常巡视、重点旁站、分项、分部工程检验过程中解决外，可针对质量问题的严重程度分别处理。

（2）对可以通过返修或返工弥补的质量缺陷，应责成承包单位先写出质量问题调查报告，提出处理方案，监理人员审核后（必要时经建设单位和设计单位认可），批复承包单位处理。处理结果应重新进行验收。

（3）对需要加固补强的质量问题，总监理工程师应签发《工程暂停令》，责成承包单位写出质量问题调查报告，由设计单位提出处理方案，并征得建设单位同意，批复承包单位处理。处理结果应重新进行验收。

（4）监理人员应将完整的质量问题处理记录归档。

2. 质量事故处理方案的确定

（1）质量事故处理方案，应当是在正确地分析和判断事故原因的基础上进行的。关于质量事故原因分析问题已在 4.4.3 中做了较详细的介绍。这里仅就与确定质量缺陷处理方案有关的问题加以阐述。

（2）可能采用的缺陷处理方案类型

1）修补处理

最常采用的处理方案。通常当工程的某些部分的质量虽未达到规定的规范、标准或设计要求，存在一定的缺陷，但经过修补后还可达到要求的标准，又不影响使用功能或外观要求，可采用修补处理方案。

2）返工处理

工程质量未达到标准或要求，有明显的严重质量问题，对结构的使用和安全有重大影响，而又无法通过修补的办法纠正所出现的缺陷情况下，可以做出返工处理的决定。十分严重的质量事故甚至要做出整体拆除的决定。

3）限制使用

当工程质量缺陷按修补方式处理无法保证达到规定的使用要求和安全，而又无法返工处理的情况下，不得已时可以做出诸如结构卸荷或减荷限制使用的决定。

4）不做处理

工程质量缺陷虽不符合规定的要求或标准，但如其情况不严重，对工程或结构的使用及安全影响不大，经过分析、论证和慎重考虑后，也可做出不作专门处理的决定。一般有以下几种情况：

a. 不影响结构安全和作用要求者。例如，有的建筑物出现放线定位偏差，若要纠正则会造成重大经济损失，若其偏差不大，不影响作用要求，在外观上也无明显影响，经分析论证后，可不做处理。又如，某些隐蔽部位的混凝土表面裂缝，经检查分析，属于表面养护不够的干缩微裂，不影响使用及外观，也可不做处理。

b. 有些不严重的质量缺陷，经过后续工序可以弥补的。例如，混凝土的轻微蜂窝麻面，可通过后续的抹灰、喷涂或刷白等工序弥补，可以不对该缺陷进行专门处理。

c. 出现的质量缺陷，经复核验算，仍能满足设计要求者。例如，某一结构断面做小了，但复核后仍能满足设计的承载能力，可考虑不再处理。这种做法实际上是挖掘设计潜力或降低设计的安全系数，因此需要慎重处理。

3. 工程缺陷处理方案进行决策的辅助方法

对质量缺陷处理的决策，是复杂而重要的工作，它直接关系到工程的质量、费用与工期。所以，要做出对缺陷处理的决定，特别是对需要返工或不做处理的决定，应当慎重对待。在对于某些复杂的工程缺陷做出处理决定前，可采取下述方法做进一步论证。

(1) 实验验证

对某些有严重质量缺陷的项目，可采用合同规定的常规试验以外的试验方法进一步进行验证，以便确定缺陷的严重程度。监理人员可根据对试验验证结论的分析、论证，研究处理决策。

(2) 定期观测

工程在发现其质量缺陷未达到稳定情况下，不宜过早决定，可进一步观测，然后再做决定。这类质量缺陷，如工程的基础在施工期间发生沉降超过预计的或规定的标准；混凝土发生裂缝，并处于发展状态等，监理人员应与建设单位及承包单位协商，是否可留待缺陷责任期解决或采取修改合同、延长缺陷责任期的办法。

(3) 专家论证

工程缺陷可能涉及的技术领域比较广泛，或问题很复杂，仅根据合同规定难以决策时，要为专家提供详尽的情况和资料，以便能进行充分、全面的分析、研究，提出切实的意见与建议。实践证明，采取这种方法，对于监理人员就重大质量缺陷问题做出恰当的决定十分有益。

4. 不合格项处置记录

(1) 填写要求

1) 要求填写时检查人和被检查人分别填写各自的栏目；

2) 不合格项处置记录的签发单位是监理单位；

3) “不合格项改正措施”、“整改期限”由整改方填写，单位负责人为整改责任人所在单位或部门的负责人。

(2) 不合格项处置记录表（表 4-5）

表 4-5

不合格项处置记录		编号	
工程名称	北京××工程	发生/发现日期	2003—06—02
不合格项发生部位与原因： 致 北京××建筑工程公司(单位)： 由于以下情况的发生，使你单位在清水池 1—9/A—G 轴墙体发生严重☐/一般☑不合格项，请及时采取措施予以整改。 具体情况： 为控制清水池 1—9/A—G 轴墙体钢筋保护层厚度，应点焊连接梯子定位筋，经检查梯子筋制作的各部位尺寸、间距较小，且竖向定位筋顶模筋端未磨平且未刷防锈漆。 ☐自行整改 ☑整改后报我方验收 签发单位名称：北京××监理公司 签发人(签字)：××× 日期：2003—06—02			
不合格项整改措施： 连接梯子定位筋点焊，使制作的各部位尺寸、间距符合要求，竖向定位筋顶模筋端部磨平，刷防锈漆。 整改期限：××× 整改责任人(签字)：××× 单位负责人(签字)：×××			
不合格项整改结果： 致：北京××监理公司(签发单位)： 根据你方指示，我方已完成整改，请予以验收。 单位负责人(签字)：××× 日期：2003—06—03			
整改结论：☑同意验收 ☐ ☐继续整改 ☐ 验收单位名称：北京××监理公司 验收人(签字)：××× 日期：2003—06—03			

注：本表由下达方填写，整改方填报整改结果，双方各存一份。

4.4.7 质量事故处理的鉴定验收

事故处理的质量检查鉴定，应严格按施工验收规范及有关标准的规定进行，必要时还应通过实际量测、试验和仪表检测等方法获取必要的数据，才能对事故的处理结果做出确切的结论。检查和鉴定的结论可能有以下几种：

(1) 事故已排除，可继续施工；

(2) 隐患已消除，结构安全有保证；

(3) 经修补、处理后，完全能够满足使用要求；

(4) 基本上满足使用要求，但使用时应有附加的限制条件，例如限制荷载等；

(5) 对耐久性的结论；

(6) 对建筑物外观影响的结论等；

(7) 对短期难以做出结论者，可提出进一步观测检验的意见。

对于处理后符合规定要求和能满足使用要求的，监理人员可予以验收、确认。

4.5　工程竣工验收

4.5.1 一般规定

1. 根据《建设工程质量管理条例》、《房屋建设工程和市政基础设施工程竣工验收备案管理暂行办法》、《关于建设工程质量监督机构深化改革的指导意见》的规定，给水排水工程竣工验收按照企业自评、设计认可、监理核定、监理认可、建设单位验收、政府监督程序进行。

2. 施工单位在工程完工后，对工程质量进行了全面检查，确认工程质量符合法律、法规及工程合同规定的质量标准，符合设计文件的规定时，提出工程竣工报告。建设单位在收到施工单位的工程竣工报告、勘察和设计单位的工程质量检查报告、监理单位的工程质量评估报告后，经实地核查确已具备竣工验收条件的，应组织有关单位组成验收组，并在验收前 7 日，向当地建设工程质量监督机构申领《建设工程竣工验收备案表》及《建设工程竣工验收报告》，并同时将竣工验收时间、地点及验收组名单书面通知建设工程质量监督机构，由质量监督机构审核是否符合竣工验收条件并表示是否同意竣工验收。

3. 总监理工程师应组织专业监理人员，依据有关法律、法规、工程建设强制性标准、设计文件及施工合同，对承包单位报送的竣工资料进行审查，并对工程质量进行竣工预验收。对存在的问题，应及时要求承包单位整改。整改完毕后由总监理工程师签署工程竣工报验单，并应在此基础上提出工程质量评估报告。工程质量评估报告应经总监理工程师和监理单位技术负责人审核签字。

4. 项目监理机构应参加由建设单位组织的竣工验收，并提供相关监理资料。对验收中提出的整改问题，项目监理机构应要求承包单位进行整改。工程质量符合要求后，由总监理工程师会同参加验收的各方签署竣工验收报告。

5. 竣工验收必须具备下列条件：

(1) 施工单位已完成全部合同工程量（特殊原因除外）；

(2) 施工场地已清理完毕，符合移交要求；

(3) 竣工验收资料已整理完毕并通过档案管理单位检查；

(4) 上述三项内容已经由监理人员审核并书面确认合格；

(5) 工程监理档案已经由建设单位检查并书面确认合格；

(6) 施工单位在得到上述 4、5 两项书面确认后，应会同监理单位向建设单位提出申请初验的书面报告，由施工单位和监理单位法人代表（或委托人）签字；

(7) 建设单位应在初验申请报告上签署同意组织工程初验，并由项目经理签字。

6. 给水排水工程的竣工验收分为初验、终验和核验三个阶段。竣工验收的时间从召开初验会议开始计，到核验结束止，一般不超过30天。工程竣工日期按终验通过之日计。

7. 工程终验一般应在初验后两周内举行，工程终验时应具备下列文件资料：

(1) 已装订成册的工程质量保证资料；

(2) 初验会议纪要；

(3) 初验时提出的整改问题清单（整改通知单）；

(4) 施工现场清理交接文件或后续施工交接认可文件；

(5) 经监理单位确认的施工单位整改回复报告；

(6) 设计、监理单位对工程质量的评价意见；

(7) 有关的初验会议文件。

8. 参加工程终验的单位应有：建设单位、施工单位、设计单位、监理单位、接管单位或后续施工单位、政府监督机构。

9. 工程终验由建设单位组织并主持。工程终验应包括以下内容：

(1) 建设、勘察、设计、施工、监理单位分别汇报工程合同履行情况和在工程建设各个环节执行法律、法规和工程建设强制性标准的情况；

(2) 验收组织人员审阅建设、勘察、设计、施工、监理单位的工程档案资料；

(3) 实地查验工程质量；

(4) 对工程勘察、设计、施工、监理单位各管理环节和工程实物质量等方面做出全面评价，形成经验收人员签署的工程竣工验收意见；

(5) 参与工程竣工验收的建设、勘察、设计、施工、监理等各方面不能形成一致意见时，应当协商提出解决的方法，待意见一致后，重新组织工程竣工验收，当不能协商解决时，由建设行政主管部门或者其委托的建设工程质量监督机构裁决。

10. 终验结束后的工作

(1) 工程竣工验收合格后，建设单位应当及时提出工程竣工验收报告。工程竣工验收报告主要包括：工程概况，报建日期，建设单位执行基本建设程序情况，对工程勘察、设计、施工、监理等方面的评价，以及工程竣工验收时间、程序、内容和组织形式，验收小组人员签署的工程竣工验收意见等内容。

(2) 竣工验收完成后，由项目总监理工程师和建设单位代表共同签署《竣工移交证书》，并由监理单位、建设单位盖章后，送承包单位一份。

4.5.2 工程竣工验收的步骤

1. 给水排水工程按设计文件规定的内容完成，达到工程合同规定的质量要求，能正常交付使用后，就可进行工程验收。工程验收可以分为交工验收（初验）和竣工验收（终验）两步程序。

2. 工程竣工初验（交工验收）是对完成的工程进行的初步验收，实质上是施工单位在工程竣工验收前的一次预检，它由施工单位邀请有关单位参加。工程竣工终验是全面检验工程项目的建设成果，由建设单位组织。

4.5.3 竣工验收的组织与工作程序

1. 竣工验收的组织

(1) 当给水排水工程达到基本交验条件时，应组织各专业工程监理人员对各专业工程的质量情况、使用功能进行全面检查。发现影响竣工验收的问题时，应签发《监理通知》，要求承包单位进行整改。

(2) 给水排水工程在交工验收合格，或交工验收时发现的质量问题已全部按要求整改完善（一般不得超过 3 个月）后，由工程项目的建设单位向组织竣工验收的单位申请竣工验收。

(3) 对需要进行功能试验的项目（包括无负荷试车），应督促承包单位及时进行试验。认真审阅试验报告单，并对重要项目现场监督。必要时应请建设单位及设计单位派代表参加。

(4) 参加建设单位组织的竣工验收，并提供相关监理资料。对验收中提出的整改问题，项目监理部应要求承包单位进行整改。工程质量符合要求后，由总监理工程师会同参加验收的各方签署竣工验收报告

(5) 给水排水工程的竣工验收应当由该项目（工程）所在地的给水排水工程建设行政主管部门（当地没有给水排水工程建设行政主管部门的，由当地建设行政主管部门负责）或批准该项目（工程）初步设计的政府职能部门主持。竣工验收主持单位在收到建设单位申请验收报告后，应当及时核查交工验收的工程及竣工文件，符合竣工验收条件的应及时组织验收。

(6) 竣工验收应当成立由验收主持单位、城市规划、建设、交工验收小组代表、接管养护、质量监督（必要时还需邀请环境保护、公安消防、环境卫生等单位）等有关单位代表组成的验收委员会。大中型项目和技术复杂的给水排水基础设施工程，应邀请有关专家参加验收工作，并认真听取专家对该工程的专业意见。

2. 竣工验收委员会应按以下程序组织竣工验收：

(1) 召开竣工验收会议，听取有关单位的报告。

竣工验收委员会应当召开竣工验收会议，并认真听取和审议以下报告，以便达到全面掌握工程建设情况的目的：

1) 建设单位关于工程项目建设管理工作情况（包括执行基本建设程序、招标管理、资金运行管理、履行建设单位的质量责任和义务等情况）的报告；

2) 勘察、设计单位关于工程项目勘察、设计工作情况（包括履行勘察设计单位的质量责任和义务、执行强制性设计质量标准和设计变更程序等情况）的报告；

3) 施工单位关于工程项目施工管理情况（包括履行施工单位的质量责任与义务、投标行为、施工过程中执行国家强制性质量标准和质量管理政策法规等情况）的报告；

4) 监理单位关于工程监理工作组织管理情况（含执行、设计变更等监理工作程序的控制，以及履行其质量责任与义务等情况）的报告；

5) 质量监督部门关于工程质量监督工作的报告；

6) 交工验收组（代表）关于工程交工验收情况的报告；

7) 其他参建单位的工作情况报告。

各单位所作的上述报告中，均应对建设管理、勘察、设计、施工、监理单位的工作情况及其质量行为作出综合评价。

(2) 检查有关资料

竣工验收委员会在全面听取报告后，应认真检查所有竣工验收必需的资料，并对资料

的内容和完善情况进行评价。

(3) 组织现场复验

竣工验收委员会还应当到工程项目的现场对其质量进行察看，复验、核查其质量状况，以便发现工程项目在交工验收时未能发现但仍然存在的质量问题。

(4) 对工程项目进行综合评分，确定其质量等级。

竣工验收委员会在全面听取报告及检查资料、现场察看的基础上，对工程质量和建设、勘察、设计、施工、监理等单位按有关的评定标准（办法）规定的项目进行综合评分，并最终评定该工程项目的竣工质量等级。

(5) 签发《工程竣工验收鉴定书》和《工程质量鉴定书》。

竣工验收委员会对质量等级评定为合格以上的建设项目，签发《工程竣工验收鉴定书》，并由主持验收单位负责印发至各有关单位。经竣工验收合格的工程，由工程所在地的工程质量监督机构签发各标段的《工程质量鉴定书》。

3. 分项、分部工程签认基本程序（图 4-5）

4. 单位工程验收基本程序（图 4-6）

5. 工程验收基本程序（图 4-7）

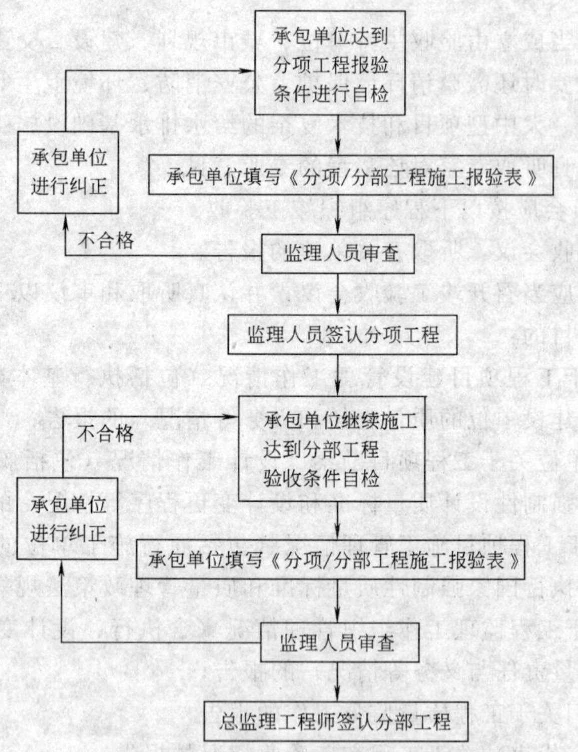

图 4-5 分项、分部工程签认基本程序

4.5.4 竣工预验收

1. 工程竣工预验收应提供的文件资料

(1) 工程竣工验收资料（含工程施工总结）；

(2) 施工单位的工程质量自评表；

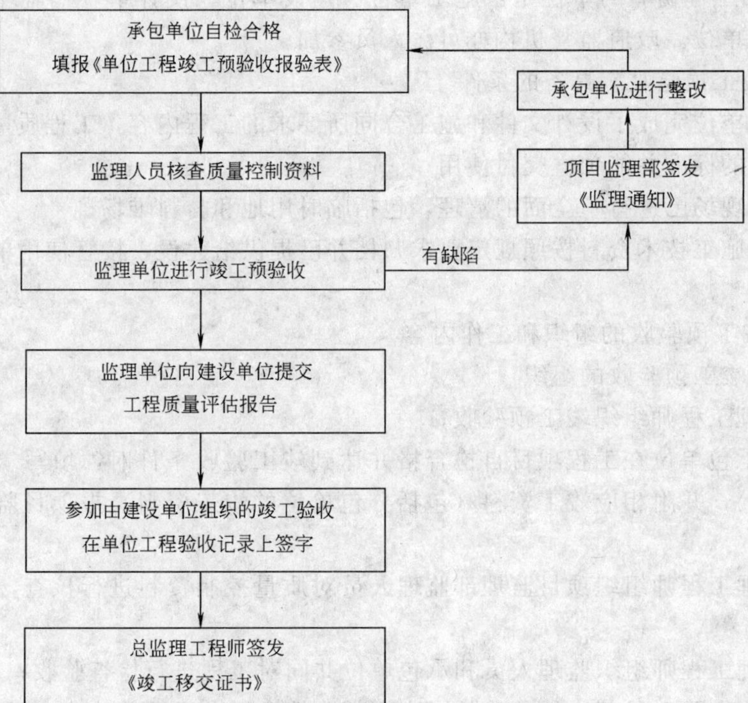

图 4-6　单位工程验收基本程序

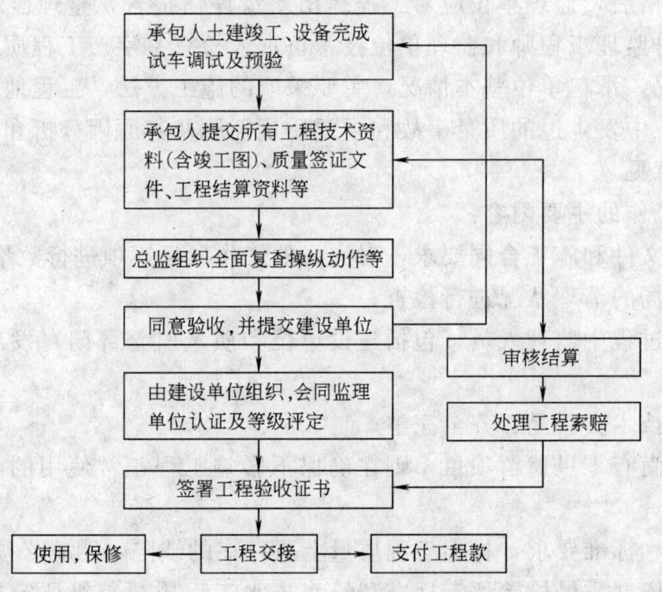

图 4-7　工程验收基本程序

(3) 工程初验报告；

(4) 监理评估报告；

(5) 监理对重要工序的认证纪录；

(6) 监理单位的工程质量评分表。

2. 应参加工程初验的单位是：施工单位、建设单位、设计单位、监理单位、接管单位或后续施工单位。政府监督机构亦可派人员参加。

3. 工程竣工预验收应具备的条件

(1) 施工单位完成了设计文件和施工合同所要求的工程内容，工程质量经自检达到工程合同所规定的标准并能独立交付使用；

(2) 施工现场已进行了全面的清理，包括临时用地和材料堆场；

(3) 工程施工技术资料按照规定要求归档并已提供给建设、接管使用单位和质量监督部门。

4. 工程竣工预验收的组织和工作内容

(1) 工程竣工预验收的组织

1) 总监理工程师组织竣工预验收；

2) 要求承包单位在工程项目自检合格并达到竣工验收条件时，填写《单位工程竣工预验收报验表》，并附相应竣工资料（包括分包单位的竣工资料）报项目监理部，申请竣工预验收；

3) 总监理工程师组织项目监理部监理人员对质量控制资料进行核查，并督促承包单位完善；

4) 总监理工程师组织监理人员和承包单位共同对工程进行检查验收；

5) 经验收需要对局部进行整改的，应在整改符合要求后再验收，直至符合合同要求，总监理工程师签署《单位工程竣工预验收报验表》；

6) 预验收合格后，监理单位应对工程提出质量评估报告，整理监理资料。工程质量评估报告必须经总监理工程师和监理单位技术负责人核查签字。工程质量评估报告主要内容包括：工程概况，承包单位基本情况，主要采取的施工方法，工程地基基础和主体结构的质量状况，施工中发生过的质量事故和主要质量问题及其原因分析和处理结果，对工程质量的综合评估意见。

(2) 预验收工作的主要内容：

1) 按照设计文件和施工合同要求，对完成的工作项目逐项进行数量和质量的检查；

2) 对施工现场的清理状况进行检查；

3) 检查施工过程中监理人员（包括建设单位和质量监督部门）发出的各项整改指令的落实状况；

4) 检查竣工技术资料是否齐全完整；

5) 如果工程尚有零星遗留项目，则在确保不影响工程正常使用的前提下，明确遗留项目的完成时间；

6) 按照规范、标准要求，找出工程质量上所存在的缺陷，明确必须整修的工程项目；

7) 施工单位依据质量检验评定标准和给水排水工程质量等级评定规定，提出质量等级评定意见；

8) 若在初验过程中发现较重大的工程质量问题，不论是设计原因还是施工原因，都必须在初验会议上研究并提出处理方案，明确责任，限期整改。

(3) 监理人员应全过程参加工程初验工作，并就以下方面内容进行重点检查：

1) 核查工程数量

监理人员要根据设计文件（包括变更的设计文件）和工程合同，对工程内容的全部进行仔细核查，确认施工单位完成的工程数量已经合乎要求。

2）确认质量合格

监理人员在施工过程中质量控制的基础上，对完工的工程质量进行检验后，其结果证明工程质量合格。同时，监理人员要对施工过程中向施工单位提出的各种类型的质量问题进行复查，确认其已经得到妥善的解决。对于施工单位的质量自评意见，监理人员应签署意见。

3）检查施工单位现场完工清料的状况。

4）技术资料检查

该项工作是监理人员在工程初验中的重要内容。通过检查，确认施工单位已经完成了内业资料的编制工作。

5. 工程竣工预验收程序（图 4-8）

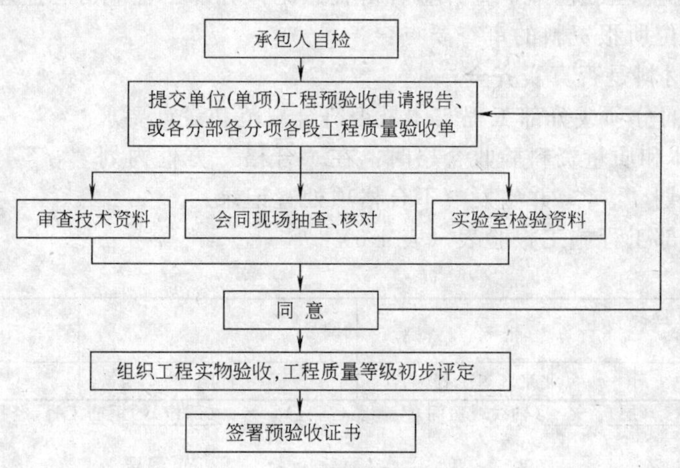

图 4-8　工程竣工预验收程序

6. 工程竣工预验收报告

工程预验收结束以后，施工单位应汇总预验收工作会议上的各方意见，编写工程竣工预验收报告（有时通过会议纪要形式对初验工作进行小结）。工程竣工预验收报告（附会议纪要）的内容应包括：

（1）工程完成状况。其中包括对工程概况的描述、主要工程量以及完成的工程量；

（2）工程质量评价，依据工程质量检验评定标准和质量等级评定规定对工程作出的质量评价；

（3）工程尚遗留的项目。由于不可预见或不可避免的原因所遗留下的工程量，但该部分工程量必须是不影响工程主体使用并在限定时限内要完成的；

（4）工程整改要求。是预验收报告的主体，必须详尽列出，并按照要求在工程终验前予以整改完毕，监理人员据此检查消项；

（5）工程竣工预验收结束以后，监理人员应督促施工单位及时整改所提出的质量问题，编写监理工作执行报告、工程质量评价报告和工程整改消项报告，而后两项即是竣工验收时监理单位的质量合格文件。

7. 分项/分部工程施工报验表填写说明

（1）承包单位填写要求：

1）承包单位在完成一个检验批的施工时，填写该检验批质量验收记录，报监理人员验收，可不填写本报验表；

2）当完成一个分项工程（或按约定若干检验批为一个分项工程的报验单位）和分部工程施工后，承包单位应填写本表，附《分项（部）工程质量验收记录》并将分项、分部工程质量验收要求的其他质量资料收集整理齐全，并在该附件的方框处划“√”。本表第一栏中前四个空格按实际报验部位填写；

3）分包单位的报验资料，必须经总包单位审核后，方可向监理单位报验，因此质量检查员和技术负责人均应由承包单位的相应人员签字。

（2）监理单位填写要求：

1）如果是分项工程施工报验，应由监理人员审查并签署审查意见。如果是分部工程施工报验，应由总监理工程师审查并签署审查意见，分部工程应由总监理工程师签字。

2）对承包单位所报资料的审查要点：

a. 所报附件材料是否真实齐全；

b. 检查所报的分项或分部工程实体是否符合规范和设计要求。

（3）工程实体和质量资料验收合格时，在“合格”方框内划“√”，若不合格则应在“不合格”方框内划“√”，并签发《不合格项处置记录》。

（4）分项/分部工程施工报验表（表 4-6）

表 4-6

分项/分部工程施工报验表 表 B2—7(A7 日监)		编号	
工程名称	北京××工程	日期	2003—03—01

现我方已完成 × (层) × (轴线或房间) × (高程) × (部位)的钢筋工程，经我方检验符合设计、规范要求，请予以验收。

附件：　名称　　页数　　编号

1. □ 质量控制资料汇总表　____页　____
2. ☑ 隐蔽工程检查记录表　5 页　02—C5—011～015
3. □ 预检记录　____页　____
4. □ 施工记录　____页　____
5. □ 施工试验记录　____页　____
6. □ 分部工程质量检验评定记录　____页　____
7. □ 分项工程质量检验评定记录　____页　____
8. ☑ 检验批质量验收记录　5 页　02—C5—011～015
9. □ ____　____页　____
10. □ ____　____页　____

质量检查员(签字)：×××

承包单位名称：北京××建筑工程公司　技术负责人(签字)：×××

审查意见：

(1)所报附件材料齐全、真实、有效；

(2)检查所报分项、分部工程实体质量符合规范和设计要求。

同意验收。

审查结论：☑ 合格　□ 不合格

监理单位名称：北京××监理公司(总)　监理人员(签字)：×××　日期：2003—03—06

注：本表由承包单位填报，建设单位、监理单位、承包单位各存一份。

8. 单位工程竣工预验收报验

(1) 填写说明：

1) 承包单位申报栏由项目经理签字；

2) 监理单位审查意见栏由总监理工程师签字。

(2) 单位工程竣工预验收报验表（表 4-7）

表 4-7

单位工程竣工预验收报验表 表 B3—1(A8 监)		编号	
工程名称	北京××工程	日期	2003—04—25

致　北京××监理公司(监理单位)

我方已按施工合同要求完成了　北京××工程，经自检合格，请予以检查和验收。

附件：

1.《单位(子单位)工程质量控制资料核查记录》

2.《单位(子单位)工程安全和功能检验资料核查及主要功能抽查记录》

3.《单位(子单位)工程观感质量检查记录》

承包单位名称：北京××建筑公司　　项目经理(签字)：×××

审查意见：

经预验收，该工程：

1. ☑符合　☐不符合　我国现行法律、法规要求；

2. ☑符合　☐不符合　我国现行工程建设标准；

3. ☑符合　☐不符合　设计文件要求；

4. ☑符合　☐不符合　施工合同要求。

综上所述，该工程预验收结论：☑合格　☐不合格

可否组织正式验收：☑是　☐否

监理单位名称：北京××监理公司　总监理工程师(签字)：×××　日期：2003—04—26

注：本表由承包单位填报，建设单位、监理单位、承包单位各存一份。

4.5.5　竣工验收的备案

1. 一般规定

(1) 建设单位应当自建设工程竣工验收合格之日起 15 日之内，将建设工程竣工验收报告和规划、公安消防、环保等部门出具的认可文件或者准许使用文件报建设行政主管部门或者其他部门备案。

(2) 在中华人民共和国境内新建、扩建、改建的各类房屋建筑工程和给水排水基础设施工程，实行竣工验收备案办法。

2. 竣工验收备案应当提交的资料

(1) 工程竣工验收备案表。

(2) 工程竣工验收报告。竣工验收报告应当包括：工程报建日期，施工许可证号，施工图设计文件审查意见，勘察、设计、施工、工程监理等单位分别签署的质量合格文件及验收人员签署的竣工验收原始文件，给水排水设施的有关质量检测和功能试验资料以及备案机关认为需要提供的有关资料。

(3) 法律、行政法规规定应当由规划、公安消防、环保等部门出具的认可文件或者准

许使用文件。

(4) 施工单位签署的工程质量保修书。

(5) 法规、规章规定必须提供的其他文件。

3. 竣工验收备案的工作程序

(1) 建设单位申请备案。

建设单位在收到给水排水工程竣工验收主持单位印发的《工程竣工验收鉴定书》和给水排水工程质量监督机构签发的《工程质量鉴定书》15 日内，携所列的资料，向备案机关申请竣工验收备案。

(2) 质量监督机构提交质量监督报告。

给水排水工程质量监督机构应当在出具竣工项目《工程质量鉴定书》之日起 5 日内，向备案机关体提交《工程质量监督报告》。

(3) 备案机关办理备案手续。

备案机关收到建设单位报送的竣工验收备案文件，验证文件齐全后，应当在工程竣工验收备案表上签署文件收讫。工程竣工验收备案表一式两份，分别由备案机关存档和建设单位保存。

4.6 工程质量评定

4.6.1 一般规定

1. 给水排水工程竣工质量等级核验的基本条件

(1) 已完成设计文件和承包合同约定的全部内容并提交了交工验收报告。

1) 工程项目已全面施工完毕，并已组织施工单位各有关质量管理人员进行全面的竣工检查、自检验收合格，且施工场地已清理完毕，工程能满足设计文件规定的结构使用功能和安全性能的要求。同时，施工单位应当在自检评定合格的基础上，向建设单位提交“交工验收报告”和一套完整的质量保证资料，申请建设单位及时组织交工验收。

2) 若有某些非主要的附属部位无法在短期内施工完毕和组织核验的，在保证工程主体安全和使用功能已达到设计要求，且不会发生结构安全和人员伤亡事故的前提下，可由建设（监理）单位提出书面申请，经建设行政主管部门核准后，对未完工的附属部位作缺项处理，在竣工质量核定资料上注明。

(2) 已提交完整的质量保证资料。

在建设单位申请竣工核验时，须提交按建设部颁发的《给水排水工程施工技术资料管理规定》要求整编且手续完备的质量保证资料。质量保证资料的内容必须保证《规定》和《补充规定》中的所有项目，不能出现缺项。

(3) 监理单位已提交《质量评估报告》。

监理单位在建设单位申请进行竣工核验前，应提交由监理单位出具的给水排水工程项目的《质量评估报告》。《质量评估报告》必须包括：工程监理工作概况，工程监理过程中出现过的质量问题及其处理过程与处理结果，监理单位对项目的质量评价（包括对质量保证资料、外观、实测实量结果以及综合评定结果）等内容。应有项目总监理工程师的签名，并加盖工程监理单位的公章。

(4) 已提交《给水排水工程质量等级核定申请书》。

受监给水排水工程项目竣工后，建设（建设单位）单位应在施工企业竣工检查（自检）合格且提出交工验收申请、各项质量验收资料经审查符合有关规定的基础上，向质监站提交《给水排水工程质量等级核定申请书》。

质监站在收到上述资料并经初步检查基本符合要求后，方可进行竣工质量等级核验。

2. 给水排水工程竣工质量等级核验的方法和步骤

(1) 认真进行监督总结

受监项目的质监小组应按规定的时限，对申请核验的给水排水工程项目进行认真、全面的质量监督总结。《质量监督总结》应详尽介绍该项目质量监督过程的概况、各工序（部位）的实际施工质量状况、施工过程中出现过的安全质量问题及其整改与处理的结果、实施质量监督控制过程中存在的主要问题、经验教训和改进意见或建议等。质监小组应阐明对工程总体质量的核定意见，送负责人审核，作为质量核验部门进行该项目竣工质量等级核验的基础。

(2) 审核质保资料

受监项目的质监小组对建设单位移交的质量保证资料和有关文件、资料，进行认真核查、评分，提出质保资料的质量等级核定意见，报质量监督科负责人审核，并提出对质保资料的书面审核意见，一并送质量核验部门进行复验。

4.6.2　工程质量评定

1. 评定项目

给水排水工程的评定项目划分为：工序、部位和单位工程。各工序、部位、单位工程的评定，均包含对原材料、半成品、成品的合格鉴定。

(1) 工序

排水管渠工程工序划分为：沟槽、垫层、平基、管座、安管、接口、顶管、检查井、闭水试验、回填、渠道、泵站沉井、模板、钢筋、现场浇筑混凝土、砌砖、砌石、挡土墙、护坡、护底、构件安装、管件安装及机电设备安装等。

(2) 部位

排水管渠工程可划分为：管道、沟渠、排水泵站、附属构筑物等部位。

(3) 单位工程

给水排水工程的独立核算项目，应是一个单位工程。采用分期（分段）单独核算的给水排水工程，应是若干个单位工程：给水处理厂工程，管道工程，污水处理厂工程。

2. 评定等级和评定方法

(1) 给水排水工程质量评定等级分为“合格”与“优良”两个等级。

(2) 给水排水工程质量的评定应按工序、部位及单位工程分别进行，当该工程不划分部位时，可按工序、单位工程分别进行。

(3) 给水排水工程质量评定的基础依据为“合格率”，合格率的计算公式为：

$$合格率=\frac{同一检验项目中的合格点(组)数}{同一检验项目中的应检点(组)数}\times 100\%$$

3. 工序质量等级评定

（1）按照《给水排水工程质量检验标准》的规定，该标准中的文字条款部分属于“外观”检查项目，允许偏差的条款部分属于“量测”检验项目。检查评定时，应首先经外观检查合格（允许经过符合要求的修补或返修）后，方能进行量测项目检验。

（2）量测检验项目中的抽样检验，应使抽样取点能反映工程的实际情况（凡检验范围为长度者，应按规定间距抽样，选取较大偏差点；其他则应在规定范围内选取最大偏差点）。

（3）合格的要求

1）主要量测检验项目（在检验标准项目栏中带有“△”者）的合格率应达到100%；

2）其他量测检验项目的合格率均应达到70%；

3）量测检验项目的超差点的最大偏差值，应在检验标准允许偏差值的1.5倍之内。在特殊情况下，若超过允许偏差值的1.5倍，必须经鉴定确认：不影响下道工序施工、保证工程结构安全、不影响使用功能。否则，该工序不能评定为合格。

（4）优良的要求

1）工序质量已经符合“合格”条件；

2）全部量测检验项目合格率的平均值达到或超过85%。

（5）工序质量如不符合检验标准规定，应及时进行修理或返工重做，达标之后再进行评定，一般不宜多次评定。

（6）修补、返工、加固补强后，虽不影响结构安全和使用功能，但已改变结构形式或造成永久缺陷者，不得评为优良。

（7）工序评定的结果，填写《工序质量评定表》（表4-8）。

表 4-8

单位工程名称：　　　　部位名称：　　　　工序名称：

主要工程数量															
序号	外观检查项目	质量情况										评定意见			
序号	量测项目	允许偏差（mm）	实测点偏差值										应量测点数	合格点数	合格率（%）
			1	2	3	4	5	6	7	8	9	10			
交方班组				接方班组							平均合格率（%）				
											评定等级				

施工单位：　　　　质检员：　　　　年　月　日

施工员：　　　　班（组）长：

注：实量测点数必须等于或小于应量测点数，如超过应量测点数，其超过的点数应从合格点中减去。

4.6.3 部位质量等级评定

1. 部位的质量等级评定，应在该部位各工序质量检验评定完成之后进行。

2. 合格的要求

(1) 该部位所有工序均为合格；

(2) 外观及量测复检通过，试验、检验报告及工序评定等资料符合要求。

3. 优良的要求

(1) 该部位质量评定已达到合格标准；

(2) 全部工序的合格率的平均值达到或超过85%。

4. 在评定部位时，模板、工作坑等施工措施不参加评定。

5. 部位的评定，填写《部位质量评定表》(表4-9)。

表 4-9

单位工程名称： 部位名称

序号	外观检查	质量情况		
1				
2				
序号	工序名称	合格率(%)	质量等级	备注
1				
2				
平均合格率(%)				
评定意见			评定等级	

工程技术负责人： 施工员（工长）： 质检员：

年 月 日

4.6.4 单位工程质量等级评定

1. 单位工程质量等级评定，应在该单位工程所有部门（工序）均已合格的基础上进行。

2. 单位工程合格的要求

(1) 所有部位（工序）均已评为“合格”以上；

(2) 外观复查合格，部位及工序评定的资料符合要求。

3. 优良的要求

(1) 该单位工程质量评定已达到合格标准；

(2) 该单位工程的全部部位（工序）的合格率的平均值达到或超过85%。

4. 计算单位工程综合得分

核验部门根据质量保证资料、外观和实测实量三项的核定分数结果，按下列两式分别计算出该单位工程的综合得分：

(1) 排水管渠及其他给水排水工程

单位工程综合得分＝外观项目得分×0.25＋实测项目得分×0.35＋质量保证资料得分×0.4。

(2) 审定单位工程质量等级

检验部门在计算出单位工程综合得分后，即可据此结果填写《给水排水工程单位工程质量综合评分表》，然后依以下标准核定该单位工程的质量等级：

1）合格

a. 单位工程的外观项目得分应达 70 分以上；

b. 单位工程的实测项目得分：主要检查项目（在项目栏列有△符号者）的合格率为100%，非主要检查项目平均合格率应达 70%以上，实测项目得分应达 70 分以上；

c. 单位工程的质量保证资料得分应达 70 分以上；

d. 单位工程的综合得分应达 70 分以上。

2）优良

a. 单位工程的外观项目得分应达 85 分以上；

b. 单位工程的实测项目得分：在合格的基础上，全部检查项目（包括主要检查项目和非主要检查项目）的平均合格率应达 85%以上，实测项目得分应达 85 分以上；

c. 单位工程的质量保证资料得分应达 85 分以上；

d. 单位工程的综合得分应达 85 分以上。

在核定了单位工程竣工质量等级后，由核验业务部门填写《工程质量竣工核定证书》，送质监站技术负责人（总工程师）审核和站长签发后，交质监站综合管理部门（综合室）加盖质监站的公章后，分发各有关单位。

5. 评定结果填写《单位工程质量评定表》（表 4-10）。

表 4-10

单位工程名称：　　　　施工单位：

序号	外观及量测复检	质量情况		备注
1				
2				
序号	部位(工序)名称	合格率(%)	质量等级	备注
1				
2				
	平均合格率(%)			
评定意见			评定等级	

项目经理：　　　　质检负责人：

工程技术负责人：　　　　年　月　日

6. 单位工程竣工质量等级的核定

(1) 群体工程质量等级的核定

当一个给水排水工程建设项目不止一个单位工程，而由若干个单位工程所组成时，在核定各单位工程的质量等级且各单位工程的质量等级均达到合格或者优良的基础上，可按以下方法核定群体工程（建设项目）的质量等级：

1）优良级

当群体工程满足以下三项条件时，该群体工程（建设项目）可核定为优良等级：

a. 组成此群体工程的各个单位工程的质量等级均为合格或者优良；

b. 按单位工程个数计算的群体工程优良品率≥60%；

c. 按单位工程个数计算群体工程优良品率时用下式进行：

$$\text{按单位工程个数计算的群体工程优良品率}=\frac{\text{优良级单位工程的个数}}{\text{组成此群体工程的全部单位工程的个数}}\times 100\%$$

d. 按工作量计算的群体工程优良品率≥80%；

e. 按工作量计算群体工程优良品率用下式进行：

$$\text{按工作量计算的群体工程优良品率}=\frac{\text{优良单位工程的工作量之和}}{\text{此群体工程的总工作量}}\times 100\%$$

2）合格级

a. 当组成此群体工程的各个单位工程全部合格，但不能满足优良级的各项条件要求时，此群体工程可核定为合格级；

b. 当组成群体工程的各单位工程未能全部合格，则此群体工程不能核定为合格级。特殊情况下，对处理方法进行补救和处理，直到全部单位工程均合格后方可核定此群体工程的质量等级。否则，不核定该群体工程的质量等级。

4.6.5　评定程序

1. 给水排水工程的质量评定工作，贯彻在工程施工的全过程。

(1) 工序质量评定，应在该工序完成后，交接前或交接时进行。在“自检”、“互检”的基础上，作好交接和评定工作。

(2) 部位的质量评定，应在该部位各工序完成后进行。

(3) 单位工程的质量评定，应在该单位工程所属各部位（工序）完成后进行。

2. 工序质量评定，由施工员（工长）主持，班组长、质量检查员参加。在外观、量测检验及相关资料核实后，填写表 4-8 作为评定部位的依据。

3. 部位质量评定，由工程技术负责人主持，施工员（工长）、质量检查员参加。在外观、量测资料复查后，经评定、签认，由质检员汇总《工序质量评定表》等原始资料，填写表作为单位工程质量评定的依据。

4. 单位工程质量评定，由工程项目经理主持，工程技术负责人、质检负责人参加，在对外观、量测资料复查后，经评定、签认，由质检员汇总《部位质量评定表》(《工序质量评定表》) 等原始资料，填写《单位工程质量评定表》，作为竣工验收（核定）的依据。

5. 凡工序、部位、单位工程，需重新进行质量评定者，以最后一次评定的结果填写质量评定表，但应写明第×次评定。

4.6.6　给水排水管道工程质量检查评定样例

1. 工程概况

××排水管道工程，雨水管 *DN*400，UPVC 管 73m，*DN*400 钢管 18m。

2. 质量等级核定

(1) 外观项目的检验评定（表 4-11）

表 4-11

工程名称	××雨水管道工程	工程地点	××路～××路	施工单位	××市政工程公司	施工负责人
填土认证	(分层压实，含水量，密度情况)			认证单位		
闭水认证				认证单位		
检查项目	外 观 要 求	存在问题	应得分	实得分	加权系数	评分
检查井	1. 井壁垂直，抹面压光无空鼓，裂缝	可，个别接缝明显	70	65	0.3 (0.35) 31.5	88.63
	2. 流槽平顺，无倒流水，踏步牢固，位置正确，无垃圾	可	10	7.5		
	3. 井框、井盖完整无损，配套严密，安装平稳，位置正确，高度符合规定	可，井盖偏小已更换	20	17.5		
回填土	1. 分层填土，井周压实到位，不带水回填	可	50	42.5	0.2 (0.3) 24.75	
	2. 管道顶、井周围无下沉现象	可	50	40		
护坡挡墙	1. 砌体材质合格，错缝砌筑，灰缝饱满密实，无裂缝、空鼓、脱落		60		0.2	
	2. 沉降缝垂直、贯通，预埋件、泄水孔、反滤层、防水设施正确		40			
排管	1. 管道平稳、直顺，无倒流水，缝宽均匀	可	50	47.5		
	2. 接口平直止水装置准确，抹带密实、饱满，无裂缝、空鼓，不漏水	可	30	27.5		
	3. 构件质量符合要求	可	20	17.5		
顶管	1. 接口密实、平顺、不脱落。止水带符合要求，内胀圈对中，不漏水		50		0.3 (0.35) 32.38	
	2. 线形直顺，坡度正确		30			
	3. 构件质量符合要求，无破损		20			
砖石管	1. 墙面平直，砂浆饱满，错缝砌筑，无通缝、裂缝，坡度正确		50			
	2. 变形缝贯通、垂直，抹面无空隙、裂缝，不漏水		50			
混凝土渠	1. 混凝土外光内实，墙、板面无裂鼓、蜂麻、露筋，坡度正确		60			
	2. 变形缝贯通、垂直、预埋件准确		20			
	3. 渠底无垃圾、砂浆、杂物		20			

年 月 日 检查人

注：1. 如无护坡挡墙，加权系数为排管 0.35，检查井 0.35，回填 0.3。
2. 某些项目是在施工过程中检查到的，应有足够数量。
3. 根据存在问题多少和严重程度，参照外观要求扣应得分，酌情扣分。

（2）实测项目检验评定（表 4-12）

表 4-12

工程名称	××雨水管道工程			工程地点	××路～××路	施工单位	××市政工程公司	施工负责人		认证单位
认证项目	应测点	合格点	合格率	认证单位	认证项目		应测点	合格点	合格率	
管内底高程					填土压实度	胸腔				
顶管中线位移						路槽 0～800mm				
排管中线位移						路槽 800～1500mm				
						路槽＞1500mm				

续表

实测项目		允许偏差(mm)	实测频率		各实测点偏差值(mm)										应测点数	合格点数	合格率(%)
			范围	点数	1	2	3	4	5	6	7	8	9	10			
排管 管内底高程	$D\leqslant1000$mm	±10	井内 管口	2	+9	+11	+5	+3	+4	−8	−6	+14	+13	+6	10	7	70
	$D>1000$mm	±15	井内 管口	2													
	倒虹管	±30	井内 管口	3													
排管 邻管错口	$D\leqslant1000$mm	3	两井间	3	3	2	2	1	4	1	3	4	1	2	10	8	80
	$D>1000$mm	5	两井间	3													
顶管 管内底高程	$D<1500$mm	+30 −40	井内 管口	2													
	$D>1500$mm	+40 −50	井内 管口	2													
检查井 井身尺寸	长宽	±20	每座	2	−5	+25	+11	+17	+6	+23	−18	−7	+4	+24	10	7	70
	直径	±20	每座	2		2											
井盖高程	非路面	±20	每座	1													
井底高程	$D\leqslant1000$mm	±10	每座	1	+5	−2	+10	+17	+6	+2	−18	−7	+4	+24	10	7	70
	$D\geqslant1000$mm	±15	每座	1		1											

注：D为管径，当$D<700$mm时，邻管错口不检查，沟渠实测实量表可依据行标按此表替代。

（3）质量保证资料检验评定（表4-13）

表4-13

××雨水管道工程	主要工作量(万元)		施工单位	××市政工程公司	开竣工日期	
检查内容	检查重点			检查情况	标准分	实得分
主体结构技术质量试验资料	1. 密度(压实度试验)；2. 回填土试验；3. 混凝土强度；4. 预应力张拉；5. 桩基质量要求齐全(含动载试验，无破损试验)，沥青混凝土含测量试验			1. 有，2. 有，3. 有，较好	22	18
原材料试验，各种预制构件质量资料，合格证明	1. 水泥、钢材、砂、石、砖、石灰、石灰土中的土、沥青等原材料试验资料；2. 计量设备校核资料；3. 各种预制件合格证书及试验资料；4. 主要外购件合格证			1. 有，2. 计量校核有，3. 有，可	22	17
工程总体质量综合试验资料	1. 污水管道闭水试验，水池满水试验；2. 管道压力试验			1. 有，2. 有，尚可	12	8
隐蔽工程验收单	凡下道工序覆盖部分的重要项目都需要办理隐蔽手续			可	12	8
工程质量评定	分项、分部、单位(群体)工程质量评定资料			可	12	8
质量事故处理	报告、处理、结案及时，有市政质监站认可				—(0～6)	

续表

××雨水管道工程	主要工作量（万元）		施工单位	××市政工程公司	开竣工日期	
检查内容	检 查 重 点			检查情况	标准分	实得分
施工组织设计，技术交底	有质量目标、措施、落实情况、环保、文明施工、安全、节约及专项方案设计，审批完备，设计交底、施工交底齐备，配比通知单，施工记录			有，施工组织设计缺少针对性	6	4
洽商记录，竣工图	洽商纪要，变更齐全，有编号，手续完备；竣工图清晰完整，与实际相符			有	10	7
测量复核记录	控制点、基准线、水准点复核记录，有放必复			有放有复，复核缺数据	4	2
合计					100	73/88=82.9

扣分原则：

1. 第一项主体结构资料：按质量检验评定标准要求的检验内容和频率，凡带"△"项目不合格，或漏检点数达到全部应测点数的10%扣3分，直到扣完。此项得分率不足70%，资料评分定为不合格。

2. 第二项原材料试验及合格证：每缺一项或一项不合格，视严重程度扣0.5～2分。合格证、质保单试验报告，原件可以复印，必须盖红、蓝印章方为有效。.

年　月　日　　　　检查人

（4）质量综合评分和等级评定（表4-14）

表 4-14

年　月　日

工程名称	××雨水管道工程	工程地点	××路～××路
开工日期		竣工日期	
工程造价			
施工单位	××市政工程公司	施工负责人	
工程核验	1. 资料评分82.9分		
	2. 外观评分88.6分		
	3. 实测量得分72.5分		
	4. 工程综合评分83×0.25+75×0.35+82.9×0.3=72.4分		
	5. 质量等级　合格级		
	备注		
	质监站(盖章)　核验负责人　核验人　日期		

4.6.7 工程质量问题的分析和工程监理评估

1. 工程质量问题的分析方法

（1）分层法

1）由于工程质量问题形成的影响因素多，对工程质量状况的调查和质量问题的分析，须分类进行，以便准确有效地找出问题及其原因。

2）例如一个焊工班组有A、B、C三位工人实施焊接作业，共抽检60个焊接点，发现有18个点不合格，占30%。究竟问题在哪里？根据分层调查的统计数据表4-15可知，主要是作业工人 C 的焊接质量影响了总体的质量水平。

表 4-15

作业工人	抽检点数	不合格点数	个体不合格率(%)	占不合格点总百分率(%)
A	20	2	10	11
B	20	4	20	22
C	20	12	60	67
合计	60	18	—	30

3）调查分析的层次划分，根据管理需要和统计目的，通常可按照以下分层方法取得原始数据：

a. 按时间分：月、日、上午、下午、白天、晚间、季节；

b. 按地点分：地域、城市、乡村、河边、外墙、内墙；

c. 按材料分：产地、厂商、规格、品种；

d. 按测定分：方法、仪器、测定人、取样方式；

e. 按作业分：工法、班组、工长、工人、分包商；

f. 按工程分：清水池、管道工程、道路、构筑物、隧道；

h. 按合同分：总承包、专业分包、劳务分包。

(2) 因果分析图法

1）因果分析图法——质量特性要因分析法，基本原理是对每一个质量特性或问题，采用如图 4-9 所示的方法，逐层深入排查可能原因。然后确定其中最主要原因，进行有的放矢的处置和管理。图 4-9 表示混凝土强度不合格的原因分析，其中，第一层面从人、机械、材料、施工方法和施工环境进行分析，第二层面、第三层面，依此类推。

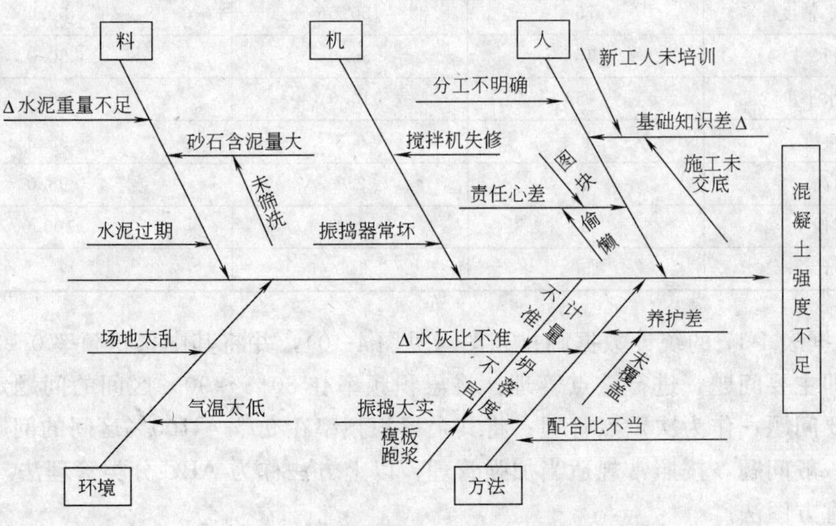

图 4-9　混凝土强度不合格原因分析图

2）使用因果分析图法时，应注意的事项是：

a. 一个质量特性或一个质量问题使用一张图分析；

b. 通常采用 QC 小组活动的方式进行，集思广益，共同分析；

c. 必要时可以邀请小组以外的有关人员参与，广泛听取意见；

d. 分析时要充分发表意见，层层深入，列出所有可能的原因；

e. 在充分分析的基础上，由各参与人员采用投票或其他方式，从中选择 1～5 项多数人达成共识的最主要原因。

（3）排列图法

1）通过抽样检查或检验试验所得到的质量问题、偏差、缺陷、不合格等统计数据，以及造成质量问题的原因分析统计数据，均可采用排列图方法（图 4-10）进行状况描述，它具有直观、主次分明的特点。

2）表 4-16 表示对某项模板施工精度进行抽样调查，得到 150 个不合格点数的统计数据。然后按照质量特性不合格点数（频数）从大到小的顺序，重新整理并分别计算出累积频数和累积频率。

表 4-16

序号	检查项目	不合格点数	序号	检查项目	不合格点数
1	轴线位置	1	5	平面水平度	15
2	垂直度	8	6	表面水平度	75
3	标高	4	7	预埋设施中心位置	1
4	截面尺寸	45	8	预留孔洞中心位置	1

3）构件尺寸不合格点顺序排列表（表 4-17）。

表 4-17

项　目	频　数	频率(%)	累积频率(%)
表面平整度	75	50.0	50.0
截面尺寸	45	30.0	80.0
平面水平度	15	10.0	90.0
垂直度	8	5.3	95.3
标高	4	2.7	98.0
其他	3	2.0	100.0
合计	150	100	

4）根据表 4-17 的统计数据画排列图（见图 4-10），并将其中累积频率 0～80%定为 A 类问题，即主要问题，进行重点管理；将累积频率在 80%～90%区间的问题定为 B 类问题，即次要问题，作为次重点管理；将其余累积频率在 90%～100%区间的问题定为 C 类问题，即一般问题，按照常规适当加强管理。以上方法称为 ABC 分类管理法。

（4）直方图法

1）直方图的主要用途是：

a. 管理统计数据，了解统计数据的分布特征，即数据分布的集中或离散状况，从而掌握质量状态；

b. 观察分析生产过程质量是否处于正常、稳定和受控状态，以及质量水平是否保持

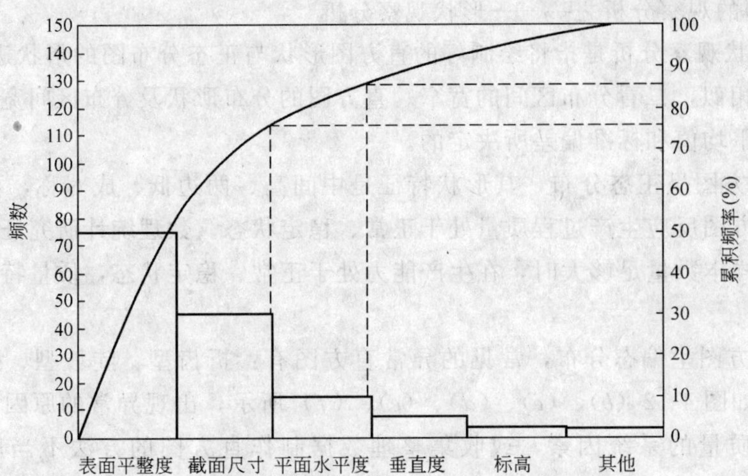

图 4-10 构件尺寸不合格点排列图

在公差允许的范围内。

2）直方图法的应用，先收集当前生产过程质量特性抽检数据，然后制作直方图进行观察分析，判断生产过程的质量状况和能力。表 4-18 为某工程 10 组试块的抗压强度（N/mm²）数据 50 个，但很难直接判断其质量状况是否正常、稳定和受控情况，如将其数据整理后绘制成直方图，就可以根据正态分布的特点进行分析判断。如图 4-11 所示。

表 4-18

序 号	抗压强度数据					最大值	最小值
1	39.8	37.7	33.8	31.5	36.1	39.8	31.5
2	37.2	38.0	33.1	39.0	36.0	39.0	33.1
3	35.8	35.2	31.8	37.1	34.0	37.1	31.8
4	39.9	34.3	33.2	40.4	41.2	41.2	33.2
5	39.2	35.4	34.4	38.1	40.3	40.3	34.4
6	42.3	37.5	35.5	39.3	37.3	42.3	35.5
7	35.9	42.4	41.8	36.3	36.2	42.4	35.9
8	46.2	37.6	38.3	39.7	38.0	46.2	37.6
9	36.4	38.3	43.4	38.2	38.0	43.4	36.4
10	44.4	42.0	37.9	38.4	39.5	44.4	37.9

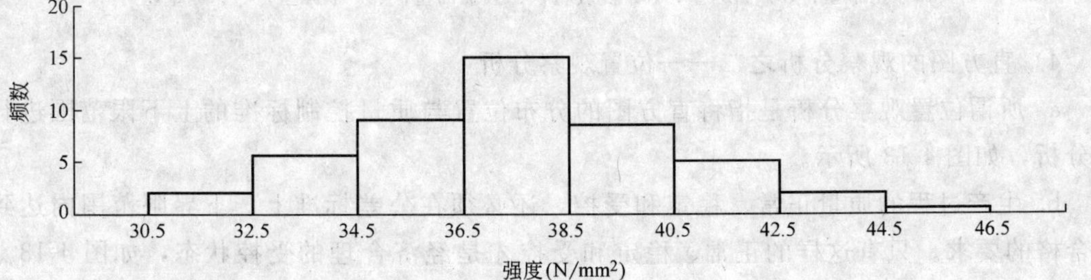

图 4-11 质量状况直方图

3）直方图的观察分析之一——形状观察分析

a. 所谓形状观察分析是指将绘制好的直方图形状与正态分布图的形状进行比较分析，一看形状是否相似，二看分布区间的宽窄。直方图的分布形状及分布区间宽窄是由质量特性统计数据的平均值和标准偏差所决定的。

b. 正常直方图呈正态分布，其形状特征是中间高、两边低、成对称，如图 4-12（a）所示。正常直方图反应生产过程质量处于正常、稳定状态。数理统计研究证明，当随机抽样方案合理且样本数量足够大时，在生产能力处于正常、稳定状态，质量特性检测数据趋于正态分布。

c. 异常直方图呈偏态分布，常见的异常直方图有：折齿型、陡坡型、孤岛型、双峰型、峭壁型，如图 4-12（b）、（c）、（d）、（e）、（f）所示，出现异常的原因可能是生产过程中存在影响质量的系统因素，或收集整理数据制作直方图的方法不当所致，要具体分析。

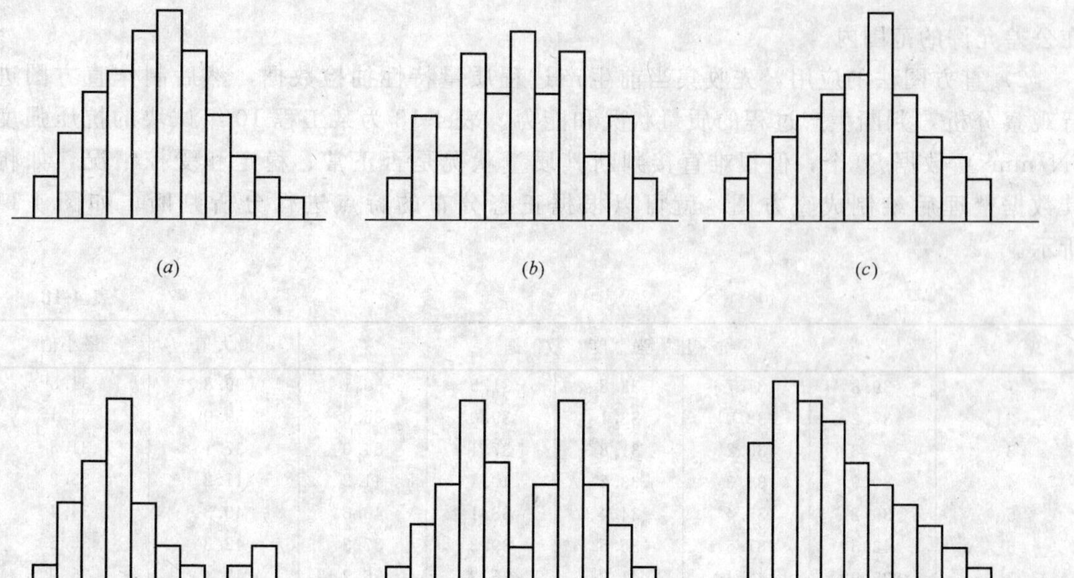

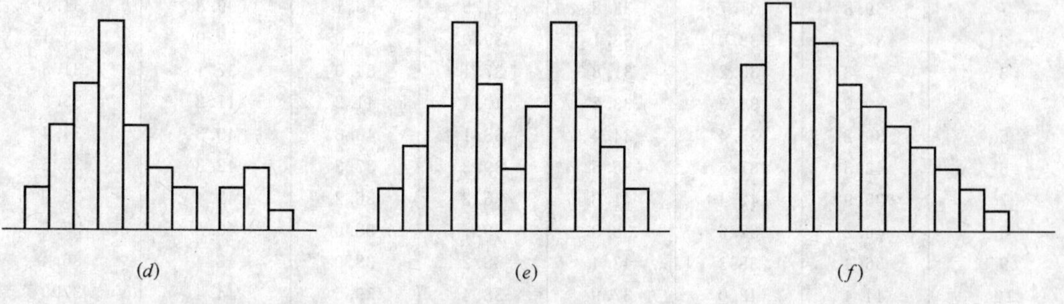

图 4-12　常见的直方图

（a）正常型；（b）折齿型；（c）陡坡型；（d）孤岛型；（e）双峰型；（f）峭壁型

4）直方图的观察分析之二——位置观察分析

a. 所谓位置观察分析是指将直方图的分布位置与质量控制标准的上下限范围进行比较分析，如图 4-13 所示。

b. 生产过程的质量正常、稳定和受控，还必须在公差标准上、下界限范围内达到质量合格的要求。只有这样的正常、稳定和受控才是经济合理的受控状态，如图 4-13（a）所示。

c. 如图 4-13（b）中质量特性数据分布偏下限，易出现不合格，在管理上必须提高总

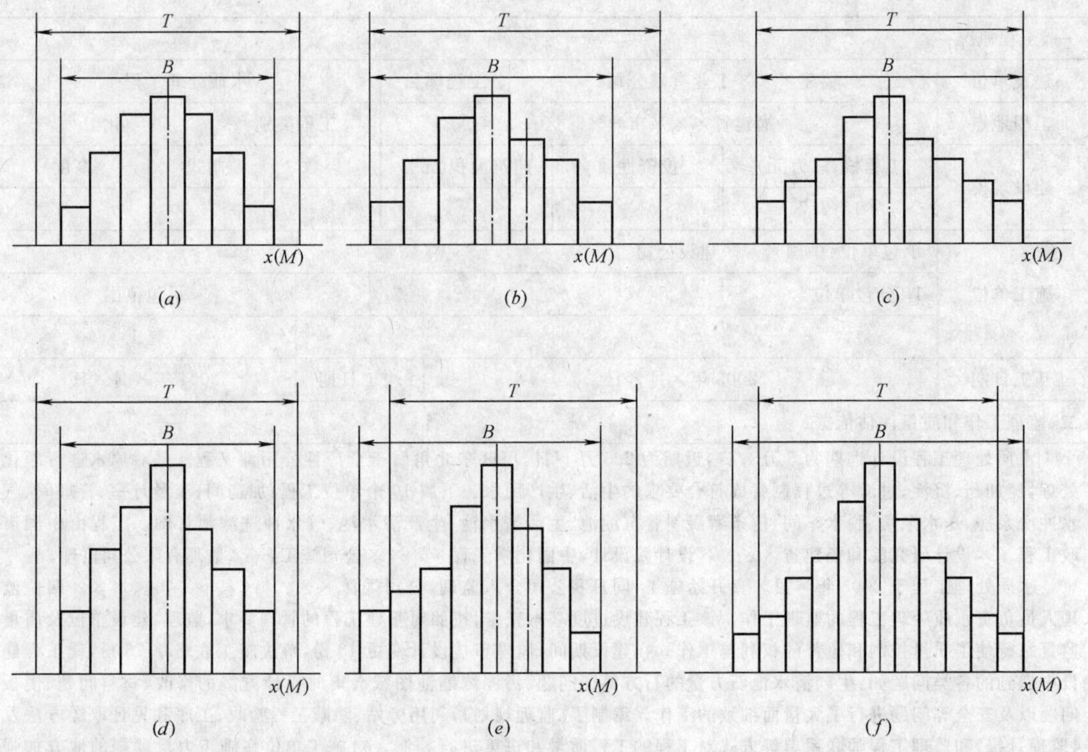

图 4-13　位置偏差直方图

体能力。

d. 如图 4-13（c）中质量特性数据的分布充满上下限，质量能力处于临界状态，易出现不合格，必须分析原因，采取措施。

e. 图 4-13（d）中质量特性数据的分布居中且边界与上下限有较大的距离，说明质量能力偏大不经济。

f. 图 4-13（e）、（f）中均已出现超出上下限的数据，说明生产过程存在质量不合格，需要分析原因，采取措施进行纠偏。

2. 工程监理评估

（1）监理评估报告的内容：

1）工程概况及主要工作量；

2）监理人员组成及工作情况简介；

3）重要工序执行情况统计汇总；

4）变更设计和工程变更情况汇总；

5）工程质量问题（或事故）的整改复查情况统计汇总；

6）监理抽检（实物与材料）情况统计汇总；

7）工程中遗留的问题与缺陷；

8）工程质量总体评价、评定分值及对施工单位申报等级的建议。

（2）监理评估报告样例

共 页 第 页

一、工程概况：

建设单位	福建×××工业有限公司		工程项目	水质处理工程		
工程地点	福建省×××市×××区			工程类别		化工
建设规模	工程核算(万元)	投资性质	建筑面积(m^2)	层数	制式	高度
	1573.7					
施工单位	承包单位：中国×××建设公司					
	1. 分包单位				承包范围	
					施工	
开工日期	2003年×月×日		竣工日期	2004年×月×日		

二、监理工作和质量评估依据：

水质处理工程设计远期为5万t/日，近期为2.5万t/日，厂区东北角属于全厂性公用性工程。是对原水进行净化处理，经加药、沉淀、过滤等过程制备成符合要求的生活、生产用水。下属10个单位工程：加药间、流量计室、管理间、气水冲洗泵房、送水泵房、脱水车间、栅条絮凝斜管沉淀池、生活清水池、生产清水池、气水冲洗滤池管廊。工程由中国市政工程××设计研究院和福建省××××设计院设计，中国化学工程××××公司施工，××监理有限公司监理。

水质处理工程于2003年×月×日开始施工，同月我公司介入监理，公司委派××、×××、×××、×××四位监理人员负责水质处理工程的监理工作。该工程建设进度基本正常，按照对基建工程的管理要求，监理、建设单位及质量监督站行使了质量控制和监督的权利与工作。在建设期间，监理审核设计变更43份，解决施工联络单75份，就工程建设中遇到的各类问题如：生产清水池石方量的石方签证问题、污泥浓缩池图纸会审时设计方案的修改、材料问题、模板问题以及安全等问题进行了大量而细致的工作。编制了《监理规划》，利用旁站、隐蔽工程验收、工序和见证取样方法及《监理月报》和监理工程师联系单等方式对工程的工程质量和进度进行控制。对施工单位在施工力量薄弱的地方加强了控制，单位工程的各隐蔽工程实行三方会签，同时加强了对工程的管理力度，对不合格的分项工程要求施工单位进行了返工。

质量评估依据：

1.《混凝土结构工程施工质量验收规范》(GB 50204—92)；
2.《砖石工程施工及验收规范》(GBJ 203—83)；
3.《建筑工程质量检验评定标准》(GBJ 301—88)；
4.《土方与爆破工程施工及验收规范》(GBJ 201—83)；
5.《地基与基础工程施工及验收规范》(GBJ 202—83)；
6.《建筑地面工程施工质量验收规范》(GB 50209—94)；
7.《屋面工程质量验收规范》(GB 50207—94)；
8.《建筑装饰装修工程质量验收规范》(GB 50201—2001)；
9.《钢筋焊接及验收规范》(JGJ 18—96)；
10.《钢结构工程施工质量验收规范》(GBJ 50205—95)；
11.《给水排水构筑物施工及验收规范》(GBJ 141—90)

三、质量评定情况：包括分项、分部、单位工程质量评定及等级标准：

(一)各单位工程质量评定：

加药间 合格
流量计室 合格
管理间 合格
气水冲洗泵房 合格
送水泵房 合格
脱水车间 合格
栅条絮凝斜管沉淀池 合格
生活清水池 合格
生产清水池 合格
气水冲洗滤池管廊 合格

共 页 第 页 续表

(二)单位工程质量等级标准：

合格：所含分部工程的质量全部合格，质量保证资料基本齐全，观感质量评定得分率为 70%及以上。

优良：所含分部工程的质量全部合格，其中有 50%及以上优良，建筑工程必须含主体和装饰分部工程；以建筑设备安装工程为主的单位工程，其指定的分部工程必须优良。质量保证资料基本齐全，观感质量评定得分率为 80%及以上。

四、单位工程质感情况：

加药间 应得 71 分，实得 56 分，得分率 78.9%
流量计室 应得 70 分，实得 55 分，得分率 78.6%
管理间 应得 71 分，实得 55 分，得分率 77.5%
气水冲洗泵房 应得 70 分，实得 54.5 分，得分率 77.9%
送水泵房 应得 70 分，实得 54 分，得分率 77.1%
脱水车间 应得 70 分，实得 54.5 分，得分率 77.9%
气水冲洗滤池管廊 应得 70 分，实得 55 分，得分率 78.6%

五、质量保证资料核查情况：

加药间 共检 10 项，10 项符合要求
流量计室 共检 11 项，11 项符合要求
管理间 共检 11 项，11 项符合要求
气水冲洗泵房 共检 10 项，10 项符合要求
送水泵房 共检 10 项，10 项符合要求
脱水车间 共检 11 项，11 项符合要求
栅条絮凝斜管沉淀池 共检 8 项，8 项符合要求
生活清水池 共检 7 项，7 项符合要求
生产清水池 共检 7 项，7 项符合要求
气水冲洗滤池管廊 共检 11 项，11 项符合要求

工程技术内业资料基本齐全。

六、最终评估意见：

根据我们对水质处理工程的施工监理过程中的评估，对隐蔽工程、中间工程、分项工程的质量检验和验收及工程的预验收的监测，该工程监理评定为合格。

附：1. 质量评定汇总表 a

序号	单位工程	分部工程	评定结果
1	加药间	基础分部工程	合格
		主体分部工程	合格
		楼地面分部工程	合格
		门窗分部工程	合格
		装饰分部工程	合格
		屋面分部工程	合格
2	流量计室	基础分部工程	合格
		主体分部工程	合格
		楼地面分部工程	合格
		门窗分部工程	合格
		装饰分部工程	合格
		屋面分部工程	合格

共 页 第 页 续表

序号	单位工程	分部工程	评定结果
3	管理间	基础分部工程	合格
		主体分部工程	合格
		楼地面分部工程	合格
		门窗分部工程	合格
		装饰分部工程	合格
		屋面分部工程	合格
4	气水冲洗泵房	基础分部工程	合格
		主体分部工程	合格
		楼地面分部工程	合格
		门窗分部工程	合格
		装饰分部工程	合格
		屋面分部工程	合格
5	送水泵房	基础分部工程	合格
		主体分部工程	合格
		楼地面分部工程	合格
		门窗分部工程	合格
		装饰分部工程	合格
		屋面分部工程	合格
6	脱水车间	基础分部工程	合格
		主体分部工程	合格
		楼地面分部工程	合格
		门窗分部工程	合格
		装饰分部工程	合格
		屋面分部工程	合格
7	栅条絮凝斜管沉淀池	基础分部工程	合格
		主体分部工程	合格
		楼地面分部工程	合格
8	生活清水池	基础分部工程	合格
		主体分部工程	合格
		楼地面分部工程	合格
9	生产清水池	基础分部工程	合格
		主体分部工程	合格
		楼地面分部工程	合格
10	气水冲洗滤池管廊	基础分部工程	合格
		主体分部工程	合格
		楼地面分部工程	合格
		门窗分部工程	合格
		装饰分部工程	合格
		屋面分部工程	合格

共 页 第 页 续表

质量评定汇总表 b

序号	分部工程	分项工程	评定结果
1	基础分部工程	土方工程	合格
		钢筋工程	合格
		混凝土工程	合格
		砌砖工程	合格
		模板工程	合格
		设备基础混凝土工程	合格
2	主体分部工程	钢筋绑扎工程	合格
		混凝土工程	合格
		砌砖工程	合格
		模板工程	合格
		钢结构制作工程	合格
		钢结构安装工程	合格
		钢结构油漆工程	合格
3	楼地面分部工程	地面基层工程	合格
		整体楼地面工程	合格
4	门窗分部工程	木门窗制作与安装工程	合格
		铝合金门窗安装工程	合格
5	装饰分部工程	抹灰工程	合格
		涂料工程	合格
		油漆工程	合格
		饰面砖工程	合格
		玻璃工程	合格
6	屋面分部工程	屋面找平层工程	合格
		屋面防水工程	合格
		屋面隔热层工程	合格
		水落管、水落斗安装工程	合格

2. 评估人员

监理项目部门名称	×××监理×××项目部
总监理工程师	×××
监理人员	×××
监理员	×××

4.6.8 竣工验收后的工作

1. 设计评价

(1) 工程主要设计指标值及采用的设计标准；

(2) 设计变更和变更设计情况，及对原设计功能目标的影响；

(3) 设计出图及工地服务情况；

（4）对工程总体质量及是否达到设计目标的评价。

2. 建设单位工程评定结论的内容

（1）工程概况与主要实物工作量；

（2）工程主要参建单位（设计、施工、监理）；

（3）工程起止日期；

（4）工程实施过程简况；

（5）工程质量总体评价及上报质量等级。

3. 竣工验收后的交接与收尾

竣工验收的完成，标志着工程的建设阶段已经完成，项目即将投入使用。此时作为施工主体的施工单位，应尽快将工程移交给建设单位或养护管理单位，监理人员在交接过程中，应帮助督促施工单位做好下列工作：

（1）工程移交

施工单位首先应将一些最后的遗留问题全部解决，然后同建设单位、养护管理单位共同移交清点，将所有的设备逐一移交给对方。在监理人员在场的情况下，双方签署工程交接书。工程移交结束后，施工单位应在合同规定的时间内，拆除大临设施，撤走人员与机械设备，做到工完场清。

（2）工程竣工档案的移交

工程竣工档案，即竣工验收资料，在竣工验收完成后，应移交给建设单位和政府城建档案馆。移交的工程档案，应严格按照国家《档案法》和其他法规、规章的规定和当地档案部门的要求编制。监理档案和其他有关工程中的音像、文字资料，也应在整理后移交建设单位。

（3）合同清算与竣工结算

在施工单位与建设单位的合同清算与竣工结算中，监理人员应公正、妥善地处理好签证与索赔事宜，认真、仔细地审查施工单位编制的工程结算书。

（4）办理工程保修手续

有关工程的保修要求，已经在施工承包合同中列明，但有时为了慎重起见，施工单位还要同建设单位或接管养护单位签订工程保修书。监理人员应对保修书的内容进行检查，看其是否符合国家有关规定，过高或过低的要求都会对保修期工作带来不利的影响。

（5）竣工移交证书填写要求：

1）本表在竣工验收合格后，由监理单位负责填写，总监理工程师签字，加盖单位公章。建设单位代表是合同中指定的现场代表，签字后，加盖建设单位公章。

2）建设单位、承包单位、工程名称均应与相关合同所填写的名称一致。

3）附件："单位（子单位）工程质量竣工验收记录"应由总监理工程师签字，加盖监理单位公章。

4）本表要一式四份，交建设单位两份。

5）日期应写清楚，即日起进入保修期。

6）竣工移交证书

<table>
<tr><td>竣工移交证书
表 B3—2(B8 监)</td><td>编号</td><td></td></tr>
<tr><td>工程名称</td><td colspan="2">北京××工程</td></tr>
<tr><td colspan="3">致 北京××污水厂(建设单位)：

兹证明承包单位 北京××建筑工程公司 施工的 北京×× 工程，已按施工合同的要求完成，并验收合格，即日起该工程移交建设单位管理，并进入保修期。

附件：单位工程验收记录</td></tr>
<tr><td>总监理工程师(签字)</td><td colspan="2">监理单位(章)</td></tr>
<tr><td>×××

日期：2003—04—26</td><td colspan="2">(公章)

日期：2003—04—26</td></tr>
<tr><td>建设单位代表(签字)</td><td colspan="2">建设单位(章)</td></tr>
<tr><td>×××

日期：2003—04—26</td><td colspan="2">(公章)

日期：2003—04—26</td></tr>
</table>

注：本表由监理单位填写，建设单位、监理单位、承包单位各存一份。

4. 工程竣工报告（施工总结）

(1) 由施工单位编写工程竣工报告（施工总结）的主要内容：

1) 工程概况：工程名称，工程地址，工程结构类型及特点，主要工程量，建设、勘察、设计、监理、施工（含分包）单位名称，施工单位项目经理、技术负责人、质量管理负责人等情况；

2) 工程施工过程：开工、完工日期，主要、重点施工过程的简要描述；

3) 合同及设计约定施工项目的完成情况；

4) 工程概况及主要完成（实物）工作量；

5) 施工过程中发生的质量问题（或事故）、相应的处理措施、遗留问题、对工程质量的影响；

6) 变更设计情况及原因说明；

7) 四新技术（新工艺、新技术、新材料、新设备）在工程中的应用情况及对工程质量的影响；

8) 重要工序的质量控制措施及自检结果；

9) 工程质量自检情况评定，工程质量采用的标准，自评的工程质量结果（对施工主要环节质量的检查结果，有关检测项目的检测情况、质量检测结果，功能试验结果，施工技术资料和施工管理资料情况）；

10) 主要设备调试情况；

11) 其他需说明的事项：有无甩项，有无质量遗留问题，需说明的其他问题，建设行政主管部门及其委托的工程质量监督机构等有关部门责令整改问题的整改情况；

12) 经质量自检，工程是否具备竣工验收条件。

(2) 项目经理、单位负责人签字，单位加盖公章，填写报告日期。有监理的工程还应由总监理工程师签署意见，并签字。

5. 竣工测量委托书、竣工测量报告

由施工单位填写《竣工测量委托书》，委托具有北京市相应测量资质的单位对工程完成情况进行竣工测量并记录、编制《竣工测量报告》，竣工测量资料及附图应编绘在竣工图上。

第5章 造价控制

5.1 造价控制的依据和原则

1. 造价控制的依据

(1) 建设工程施工合同及其变更、协议；

(2) 工程设计图纸、设计说明及设计变更、洽商；

(3) 当地市场价格信息；

(4) 当地省、市工程概（预）算定额、取费标准、工期定额等；

(5)《分项/分部工程施工报验表》；

(6) 国家和本市有关经济法规和规定；

2. 造价控制的原则

(1) 应严格执行建设工程合同所约定的合同价、单价、工程量计算规则和工程款支付方法。

(2) 应坚持对报检资料不全、与合同文件的约定不符、未经监理人员质量验收合格或有违约的工程量不予计量和审核，拒绝该部分工程的支付。

(3) 处理由于工程变更和违约索赔引起的费用增减应坚持合理、公正。

(4) 对有争议的工程量计量和工程款支付，应采取协商的方法确定，在协商无效时，由总监理工程师做出决定。若仍有争议，可执行合同争议调解的基本程序。

(5) 对工程量及工程款的审核应在建设工程施工合同所约定的时限内。

5.2 造价控制基本程序

5.2.1 工程款支付程序

1. 工程款支付基本程序（图 5-1）

2. 项目监理机构应按下列程序进行工程计量和工程款支付工作：

(1) 承包单位统计经专业监理人员质量验收合格的工程量，按施工合同的约定填报工程量清单和工程款支付申请表。工程款支付申请表应符合格式要求。

(2) 专业监理人员进行现场计量，按施工合同的约定审核工程量清单和工程款支付申请表，并报总监理工程师审定。

(3) 总监理工程师签署工程款支付证书，并报建设单位。

5.2.2 工程款竣工结算程序

1. 工程款竣工结算基本程序（图 5-2）

2. 项目监理机构应按下列程序进行竣工结算：

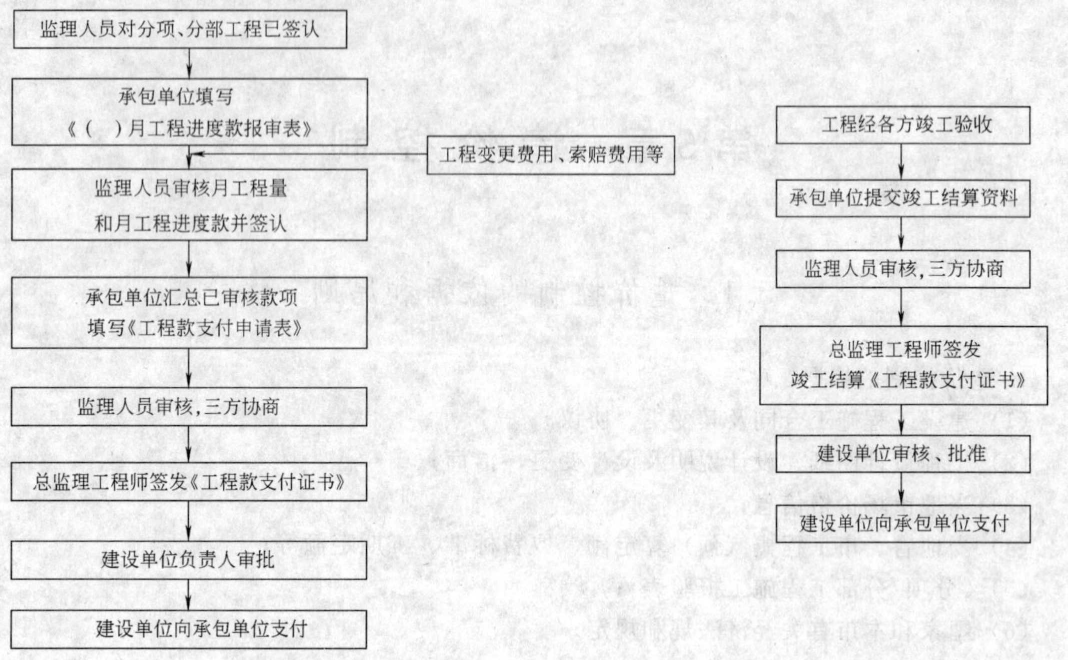

图 5-1 工程款支付基本程序　　图 5-2 工程款竣工结算基本程序

(1) 承包单位按施工合同规定填报竣工结算报表;

(2) 专业监理人员审核承包单位报送的竣工结算报表;

(3) 总监理工程师审定竣工结算报表,与建设单位、承包单位协商一致后,签发竣工结算文件和最终的工程款支付证书报建设单位。

5.3 造价控制的方法

5.3.1 造价控制的主要内容

1. 核实工程量,实测实量。

2. 控制预算单价。

3. 控制设计、变更和洽商:对因设计错误或施工错误所必须的变更和洽商,应确保责任者负责。

4. 因误工期采取的措施所花费的费用由责任者负担。

5. 控制索赔事项。

6. 控制政策调价项目费用的增加。

5.3.2 造价控制的工作内容

1. 要求承包单位依据施工图纸、概(预)算、合同的工程量建立工程量台账。

2. 协助建设单位编制施工阶段资金投入计划(具体计划的编制要根据合同执行)。该计划要结合建设单位的要求以及可能到位的资金进行编制。编制的依据是综合总进度计划与有关各段施工合同。要求承包单位于施工进度计划批准后十天内,依据建设工程施工合同,将合同内价款分解切块,编制与进度计划相对应的工程项目各阶段及各年、季、月度的资金使用计划。

3. 应审核承包单位的资金使用计划，并与建设单位、承包单位协商确定相应工程款支付计划。

4. 总监理工程师应从造价、项目的功能要求、质量和工期等方面审查工程变更的方案，并宜在工程变更前与建设单位、承包单位协商确定工程变更的价款或计算价款的原则、方法和协商确定工程变更的价款。

5. 应对工程合同价中政策允许调整的建筑材料、构配件、设备等价格，包括暂估价、不完全价等进行主动控制。

6. 应依据施工合同有关条款、施工图纸，对工程进行风险分析，找出工程造价最易突破的部分和最易发生费用索赔的因素和部位，并制定防范性对策。

7. 应经常检查工程计量和工程款支付的情况，对实际发生值与计划控制值进行分析、比较，提出造价控制的建议，并应在监理月报中向建设单位报告。

8. 项目监理机构应按施工合同约定的工程量计算规则和支付条款进行，工程量计量和工程款支付应严格执行工程计量和工程款支付的程序和时限要求。

9. 通过《工作联系单》与建设单位、承包单位沟通信息，提出工程造价控制的建议。

10. 项目监理机构应依据施工合同有关条款、施工图，对工程项目造价目标进行风险分析，并应制定防范性对策。

11. 专业监理人员应及时建立月完成工程量和工作量统计表，对实际完成量与计划完成量进行比较、分析，制定调整措施，并应在监理月报中向建设单位报告。

12. 专业监理人员应及时收集、整理有关的施工和监理资料，为处理费用索赔提供证据。

5.3.3 项目成本控制措施

1. 组织措施

项目经理是项目成本管理的第一责任人，全面组织项目部的成本管理工作，应及时掌握和分析盈亏状况，并迅速采取有效措施。工程技术处是整个工程项目施工技术和进度的负责部门，应在保证质量、按期完成任务的前提下尽可能采取先进技术，以降低工程成本。

2. 技术措施

(1) 制定先进的、经济合理的施工方案，以达到缩短工期、提高质量、降低成本的目的。施工方案包括四大内容：施工方法的确定、施工机具的选择、施工顺序的安排和流水施工的组织。

(2) 在施工过程中努力寻求各种降低消耗、提高工效的新工艺、新技术、新材料等降低成本的技术措施。

(3) 严把质量关，杜绝返工现象，缩短验收时间，节省费用开支。

3. 经济措施

(1) 人工费控制管理。主要是改善劳动组织，减少窝工浪费，实行合理的奖惩制度，加强技术教育和培训工作，加强劳动纪律，压缩非生产用工和辅助用工，严格控制非生产人员比例。

(2) 材料费控制管理。主要是改进材料的采购、运输、收发、保管方面的工作，减少各个环节的损耗，节约采购费用。合理堆置现场材料，避免和减少二次搬运。严格材料进场验收和限额领料制度，制定并贯彻节约材料的技术措施，合理使用材料，综合利用一切资源。

（3）机械费控制管理。主要是正确选配和合理利用机械设备，搞好机械设备的保养修理，提高机械的完好率、利用率，从而加快施工进度、增加产量、降低机械使用费。

（4）间接费及其他直接费控制。主要是精简管理机构，合理确定管理幅度与管理层次，节约施工管理费等。

5.4 工程计量和工程款支付

5.4.1 工程计量和工程款支付的程序

1. 工程计量和工程款支付的基本程序（图 5-3）

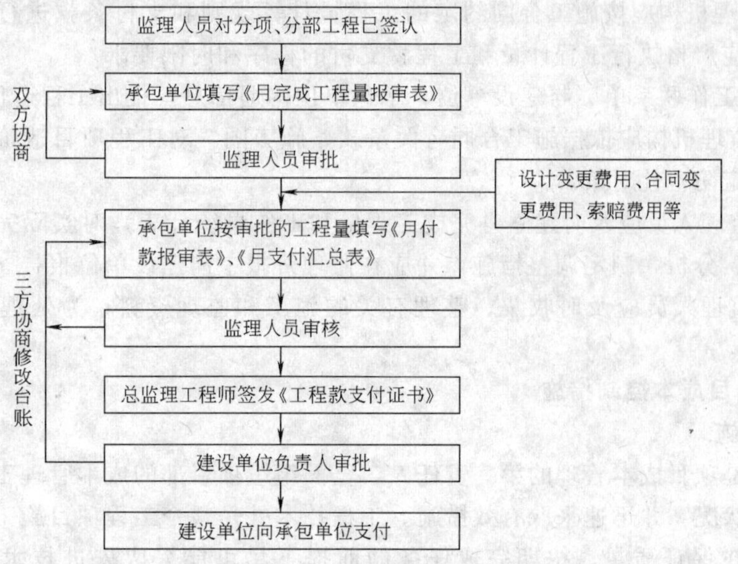

图 5-3 工程计量和工程款支付程序

2. 工程计量和工程款的支付要求

工程进度款是承包单位获得资金的主要来源，也是保证工程进度的直接因素。根据建筑合同规定，进度款一般是按完成实际实物工程量结算合同价款。各施工段申请支付的具体数额，应根据该段施工合同内容有关条款，向监理人员提出申请。监理人员按照合同总体分析和资金投入计划以及完成的实物工程量进行审核。其基本程序与要求：

（1）承包单位向监理人员提交已完成的详细工程量清单（已入库材料清单不作为支付的凭证）和额外的增减计量清单以及所有的附件材料，例如：开挖工程，应随附详细的原始地形、设计断面、至今为止的开挖线，并表示最终的轮廓线；混凝土工程，应随附每一块混凝土报告、钢筋量、预埋件等表。如果有些工程量是现场监理人员和建设单位代表确认的，也应随附现场指令。

（2）监理人员根据合同分析和资金投入计划，对设计图、现场收集的资料、开挖图、浇筑报告、管道顶进报告等，审核承包单位所报的计量方式和数量，同时还要对完成项目的质量与进度作出初步评定，对质量不合格的和违规施工的项目，有权扣付部分或全部款项，对增付的额外费用，应逐项进行审查。对入库材料的数量、质量进行登记。

(3) 承包单位在收到监理人员审核后退回工程量表。按照监理人员批准的格式修订，正式向监理人员递交工程进度付款申请。

(4) 监理人员收到进度付款申请后，再次核对各项目的数量并根据工程报价单审核各项目的单价、费用及计算结果，审定后签发工程进度付款申请，超增部分填写额外增加工程通知单。由承包人报建设单位审批。

(5) 对于进度付款审核，监理人员应做到及时（一般从收到申请表到签发时间不超过10d）、准确、合理（即保证建设单位得到与其支付费用相当的工程成果）、合法（符合合同的有关规定）。

5.4.2 工程量计量与计算

1. 在施工准备阶段，负责计量支付的监理工程师应根据工程量表中详细列出的需要完成的项目以及各项目的工程量，对照承包人的投标文件一一进行审查，了解合同文件中的项目划分与承包人的项目划分的差别，了解承包人由于施工方法、施工过程、施工进度的需要而对工程量安排的特点，了解工程量的形成和累计过程。特别是对照现场情况，预测和估计可能会发生工程量变动的问题。

2. 工程量清单及说明

(1) 工程量清单的项目均附有相应的说明，这些说明均以设计文件和图纸为依据，并与合同文件中的施工技术要求、技术规范相呼应。监理工程师应熟悉工程量清单及其说明，把工程量清单与招标文件、合同条款、图纸和技术规范联系起来阅读，掌握工程具体项目的工作范围、工作方式、计量方法。有关工程与材料的说明一般在工程量清单及其说明中不再重复。

(2) 监理工程师应熟悉工程量清单中各项目的编号（也称价号）。计量与支付是联系在一起的。工程量清单中的编号方式不仅包括合同规定的所有必须完成的工作项目，还包括该项工作所必须的一切有关费用（人工、机械、临建、管理费等）。

(3) 工程量清单是根据设计图纸编制的，该清单包括工程项目施工过程中所有的工程量，对不能准确计算的项目，也应估算出近似的工程量。工程量清单中开列的工程量，从性质上来说仍是估算的工程量，它们不能作为承包人履行合同规定的义务过程中应予完成的工程的实际和确切的工程量。在实施合同中所完成的实际工程量要通过监理工程师的计量来核实。

(4) 除非另有规定，监理工程师应根据合同通过测量来核实和确定工程的价值，并按相应的支付程序，签发承包人应得到的付款。

3. 计量方法与程序

(1) 在编制工程量清单时所采用的测量方法，在测量实际完成的工程量时也使用同一种方法。所采用的方法是计算工程量清单的统一依据，既用于在建工程，也用于该工程的竣工测量。

(2) 对所采用的测量方法，如用于特殊地段、特殊部位的工程项目时，应由监理工程师根据具体情况制定补充规定。

(3) 所计算的工程量，不论采用什么方法，其计算结果都应该是净尺寸工程量。不论任何一般的或当地的习惯，一律测量净值（除合同中另有说明或规定外）。计量结果中不包括施工中必然发生的“合理超量”。超量价值应包括在净量单价内。

（4）实际测算工程项目的工程量

在履行合同过程中，监理工程师的一项主要工作是同承包人的技术人员一起测定每天完成的工程量，测定每个施工项目的工程量，核对当天的工作进度是否符合进度计划的规定要求，防止工期拖延，并为支付提供依据。

（5）测算每月完成的工作量

在按日记录的基础上，按月测算出该月的工程量实际完成情况。可以有两种做法：

1）测量工程师每月测量出工程的实际进展，与上期对比，确定当月的实际完成工程量；

2）按施工记录和施工图纸计算。监理工程师取得承包人同意后，根据每月的施工记录和施工图纸进行计算。

（6）当监理工程师要求对本工程的任何部分进行测量时，应通知承包人提供监理工程师所要求的一切资料。如承包人的忽略而未派代表参加，则应认为监理工程师的测量是正确的。

（7）测量中需记录和制图。监理工程师应逐月作出记录和控制图。承包人得到通知后，应在14d内和监理工程师（或其代表）一道测量和制图，并同意，在记录和图纸上签字。除非承包人在进行这项检查后的规定日期（如14d）内向监理工程师提交书面通知，提出他认为这些记录和图纸是不正确的论据，并提请监理工程师考证决定，否则这些记录和图纸将被认为是正确的。

4. 额外计量

（1）监理工程师可根据合同要求及工程特殊情况进行额外计量，应提前向承包人发出通知，写明监理工程师准备何时、对何工程、进行何种计量。

（2）监理工程师对承包人申请增加的计量要求，应要求其提前填写计量申请单，写明要求计量的原因、计量的工程部位和希望计量的时间。必要时，附草图及有关资料。

（3）监理工程师检查承包人为计量准备的有关资料，不完整或发现问题时，应将资料退还给承包单位，暂不计量。个别情况下可计量后暂不予支付。

5. 计量的主要文件

（1）承包人的开工报告（含分部工程开工报告）；

（2）承包人呈交监理工程师并经批准的施工组织设计（含分部工程的实施性施工组织设计）；

（3）承包人的工序或分项工程报验单及有关检测资料，现场监理员检查并签字；

（4）监理工程师签发的有关工程变更指令；

（5）监理工程师签认的工程质量认可单或有关的质量评定意见；

（6）中间交工证书。

6. 工程量清单的变更

当工程项目发生变更、增添或删除时，应对工程量清单进行修改或补充。

（1）工程数量变更，原工程项目内容及单价不变；

（2）单价变更，原工程项目内容及工程数量不变；

(3) 工程项目内容、单价、数量全部变更（包括该项目完全被删除）；

(4) 新增工程，即项目、单价、数量完全是增添的。

7. 以工程项目为单位的清单栏目

(1) 暂估数量的清单栏目

工程量清单所列工程量有些项目是估计的，为评标提供一个共同的基础。计量则根据约定或实施的工程量，经承包人测量和监理工程师核定。监理工程师必须严格控制这些栏目的工程数量。

(2) 暂定金额的清单栏目

暂定金额项目和费用的发生是由监理工程师直接控制的。监理工程师应根据实际情况决定部分运用、全部动用或根本不动用该项费用。对于实际发生的费用超出暂定金额栏目限额的部分，监理工程师应按建设单位的授权范围，或请示建设单位，或按工程变更处理。

(3) 以时间为单位的清单栏目

如果清单中有此类项目，监理工程师必须根据工程实施的具体情况使用。

8. 计量的范围

(1) 工程量清单的内容；

(2) 工程变更、增添或删除的内容；

(3) 合同文件规定的各项涉及费用支付的内容。

9. 主要计量依据

(1) 工程量清单及其说明；

(2) 修订的工程量清单及工程变更指令；

(3) 监理工程师批准的施工图。

(4) 索赔审批文件。

并参照招标文件、合同条款、技术规范、监理细则。

5.4.3 支付工程款

1. 工程预付款的支付依据

(1) 承包人的履约担保。监理工程师应审查提交保函时间（如 FIDIC 条件规定的中标后 28d 内提交）、担保金额（一般为合同价格的 10%）、担保的有效期；保函应按格式要求，担保人（或机构）须经建设单位同意，保函提交建设单位并通知监理工程师。

(2) 承包人的保险及保险的完备性。监理工程师应审查承包人是否：

1) 以全部重置成本对工程、连同材料及工程配套设备保险；

2) 以重置成本的 15%附加金额，对补偿和修复损失或损害投保；

上述投保是以建设单位和承包人的名义联合投保。但是在 2) 项中，建设单位得不到投保权益，故应以承包人名义单独投保。

3) 承包人应在除工程上的人员伤亡、财产损害方面投保以保障建设单位免于承担损失或索赔。

4) 其他保险完备性。

(3) 承包人应提交的进度计划。

(4) 承包人应提交的现金流通量估算。监理工程师应要求承包人提交按季度列出的其有权得到的全部支付的详细现金流通量估算。现金流通量估算的提供方式：

1）现金流通量估算表；

2）支付费用-时间关系曲线。

现金流通量估算应在中标函签发日之后，于合同规定的时间内提交。

（5）承包人提交的每一包干项目的分项表，均经监理工程师审核。

（6）预付款保函。如果合同中有建设单位支付预付款的规定，则承包人应按合同相应规定，提交预付款保函。

（7）所完成工程的质量检验结果。

（8）所完成工程的实际和确切的工程量。

（9）本支付期内的工程变更、增添和删除。

（10）承包人的付款申请单和相应的报表（每份报表均需有承包人代表签字）。

（11）监理工程师在施工期间费用控制的标准是合同价格（表 5-1）。

表 5-1

工作阶段	招标阶段	决标	合同签约
工作内容	编制标底	开标会议、评标	协助建设单位谈判
价格形成过程	标底＝概算$\pm\Delta$	确定中标价格	中标价格$\pm\delta$＝合同价格

2. 暂定金额支付

（1）暂定金额是指明用途的一种费用（其中“不可预料事件”也应理解为一种用途）。用途大致有：

1）计日工的支付；

2）意外事件的支付；

3）指定分包人的费用。

（2）计日工的支付

1）监理工程师认为必要或可取，可指令承包人按计日工作完成任何变更工程或附加工程。

2）监理工程师支付程序

a. 监理工程师就计日工作定额，向承包人下达必要的指示；

b. 要求承包人每天报送确切列明从事该项工作的所有人员姓名、工种及工时的清单报表；

c. 要求承包人每天报送确切列明该项工作中所用材料及设备的种类数量、台班的清单报表；

d. 要求承包人负责材料的供应；未经监理工程师同意不得使用；

e. 要求承包人负责提供施工机械；未参加计日工作以及故障和闲置的机械不得计入每天的报表内；

f. 除非有监理工程师的指令，承包人用于计日工的劳务应正常工时进行，不得加班。

g. 在监理工程师认为需要时，承包人应提交证实已付款额的所有收据、发票和凭证。

监理工程师审查确认上述资料后，根据工程量清单计日工的价格及合同中规定的费率，签发支付证书。

（3）合同中其他用途的支付

1）监理工程师收到并批准承包人的实施性施工组织计划。

2）监理工程师就该项暂定金额的支付，与建设单位和承包人进行协商并且达成一致。

3）承包人按监理工程师的要求，提供了有关费用开支的报价、发票、账单和凭证。

4）依据上述资料，开具证书。

（4）指定分包人的支付

1）监理工程师通过期中支付证书对指定分包人进行支付。

2）监理工程师如认为必要，可要求承包人出示指定分包人已得到承包人付款的证明。

3）承包人如无正当理由拒绝向指定分包人付款，监理工程师可协助建设单位从给承包人的支付证书中扣留指定分包人应得的款项。

3. 开工前支付

（1）监理工程师在开工前的支付只有预付款。预付款是建设单位对承包人的支援，其额度为工程价格的0%～20%，在合同第Ⅱ部分中规定。

（2）预付款支付依据：合同第Ⅱ部分中的有关规定；承包人的履约担保；承包人的预付款担保。

（3）预付款的支付与扣还

1）监理工程师开具支付证明。国内一般将预付款分为动员预付款和材料预付款两部分。

a. 预付款的支付不受保留金的约束；

b. 由于预付款的支援性质，不同于工程款，只能用于指定工程，监理工程师应予控制，承包人不得将预付款转出本工程；

2）动员预付款的扣还：从已发生的支付总额超出中标函规定金额的一定比例（按合同规定）之后的下一个临时支付证书开始扣还；每次临时支付的扣还额：按不包括保留金扣款的支付额的一定比例（按合同规定）扣还。直到动员预付款全部偿清。

3）在下列情况下，动员预付款未偿清的余额，应一次立即偿还给建设单位：

a. 整个工程的移交证书颁发之后；

b. 发生了FIDIC条件中63.1款列举的任何事件；

c. 按FIDIC条件中的65、66、68条终止合同时。

4）动员预付款的扣还也可规定在一定时间内扣还。

5）材料预付款（垫付）的支付与扣还

a. 对用于永久工程的设备、材料购入价值，因为尚未安装或使用到永久工程中去，如果合同中有此项垫付条款，则经监理工程师确认这些设备和材料可以用于永久工程，对承包人的购入价值应予确认。但在其未将材料或设备形成永久工程的一部分之前，只能按购入价值的一定的百分比（如合同规定为购入价值的90%或75%等）予以垫付。

b. 材料预付（垫付）款在每次临时支付证书中支付。

c. 在结算永久工程价款时须将已垫付的材料款扣回。

d. 在支付此项款额时不涉及价格调整。所垫付的材料价格不应高于工程量清单所列价格。单项材料累计支付的垫付款不应超过材料需求表中所列数量。

4. 期中正常支付

（1）临时支付，根据支付依据的完备性，监理工程师应：

1）审查当期的检验、计量结果；

2）审查当期的工程变更、增添和删除；

3）以上项审查为依据，核定承包人提交的付款申请和月报表。

（2）监理工程师的审查、核定有时间约束；如 FIDIC 条件规定在接到报表后 28 天内。

（3）审查、核定的结果可能有两种情况：

1）监理工程师不予审查、校核：

a. 在承包人提交履约保证（如果合同要求的话）并经建设单位批准之前，工程师将不对任何支付款项开具证书；

b. 在这种情况下，对监理工程师审查承包人提交的月报表的时间规定，只能从监理工程师由接到承包人已将保函提交建设单位，并经批准的通知之日算起的 28d 内。

（4）监理工程师开具或不开具支付证书

1）监理工程师校核并证明之后，扣除保留金和本期应扣款额，开具支付证书，提交给建设单位；

2）如果本期工程进度延误，经审核后，扣除保留金及本期应扣款额，净额少于投标书附件中规定的临时支付证书的最小限额时，监理工程师没有义务开具任何支付证书。

（5）临时支付证书送交建设单位后（如 FIDIC 条件规定在 28d 内），由建设单位付款给承包人。监理工程师应适时提醒、催促建设单位，以防止建设单位在付款时间上违约。

5. 保留金的扣留与退还

（1）在每次临时支付中扣留。扣留额为当期付款证书中已完工程款的某一百分比金额，直至扣留总额达到合同规定的百分比金额的那个支付为止。

（2）如果承包人在第一次临时支付证书之前提交了一份由建设单位认可的银行颁发的保单，该保单的保值相当于合同规定的总价百分比金额的保留金，监理工程师在接到通知后，可不再在每期临时支付中扣留保留金。

（3）保留金的第一次退还

1）工程通过任何竣工验收后，承包人提交验收结果和缺陷责任保证书。此项通知书，可视为承包人要求监理工程师颁发移交证书的申请。

2）监理工程师颁发工程的移交证书，同时开具支付所扣保留金总额 50％的支付证书。如果监理工程师颁发的移交证书只是部分工程的移交证书，则应按移交证书工程占整个工程的百分比例退还。

3）建设单位在接到监理工程师开具的支付证书后（如 28d 内），向承包人支付。建设单位也可在 56d 内向承包人支付，但受 FIDIC 条件中 47 条的约束。

（4）保留金的第二次退还

1）缺陷责任终止期到期后（如 FIDIC 条件规定的 28d 内），监理工程师颁发解除缺陷责任证书，并送交建设单位，同时将一份副本送交承包人，开具另一半保留金的支付（退还）证书。

2）如果监理工程师颁发的仅是部分工程的解除缺陷责任证书，则监理工程师还应扣留承包人完成剩余工作所需费用相当的保留金金额。

（5）监理工程师有权扣发保留金余额。

（6）退还的保留金货币种类、比例应与扣留的保留金货币种类、比例一致。

6. 工程变更、增添和删除的支付

（1）监理工程师认为有必要对工程或其中任何部分的形式、质量或数量作出的任何变更，并在估价后经建设单位同意发出指示进行支付。

1）按合同规定的费率和价格支付；

2）如合同中未规定，则在合理范围内以合同中的费率和价格作为估价的基础；

3）上项做不到时，监理工程师与建设单位、承包人适当协商后，和承包人商定一个合适的费率和价格，书面通知承包人，并以副本呈示建设单位。

（2）监理工程师要求的变更，有合同规定的权力，也有由于“合同中必然隐含的权力”。在涉及或关系到该工程的任何事项上，无论这些事项在合同中写明与否，承包人都要严格遵守与执行监理工程师的指示。

（3）上述变更，如果承包人的开办费和一般费用的各种价格具有包干性质，原则上各种费用价格均不应受到影响。

（4）在下述情况下，不应按本节 4.3.1 的情况进行估价：

1）由承包人将其索取额外付款或者变更费率或价格的意图通知监理工程师；

2）由监理工程师将其变更费率或价格的意图通知承包人。

（5）建设单位认为需要的变更、增添和删除，应通过监理工程师进行。

（6）对承包人以各种形式特别是书面形式通知的工程变更，监理工程师不能随便确认。本规定同样适用于监理工程师的助手、监理工程师的代表及助手。

（7）如果工程或其他任何部分的进展是根据监理工程师的书面指示而暂停，并且自停工之日起 84d 内，监理工程师未发出复工的许可，承包人可以将此项停工视为可删除的工程。

7. 最终支付包括竣工支付和最终支付

（1）最终支付的程序

1）工程通过竣工验收后，承包人应提交验收结果及缺陷责任保证书。此项通知书，可视为承包人要求监理工程师颁发移交证书的申请。

2）监理工程师在接到上项通知书后 21d 内，有两种做法：发给移交证书，认可完工日期；监理工程师书面指示，详细说明得到移交证书前承包人还要完成的全部工作。

3）在监理工程师颁发移交证书之后的规定时间内，承包人应提交竣工报告。

4）监理工程师接到竣工报告的规定时间内审核、证明，并提交给建设单位；开具支付证明。

5）建设单位在接到监理工程师所开具的证明后一定时间内，向承包人支付。

（2）监理工程师必须澄清整个工程各阶段的计量与支付。为此，监理工程师应：

1）对全部的支付项目进行复核，防止漏项和重复支付；尤应注意那些由于承包人的责任引起费用增加的项目；

2）对所有工程数量与费用计算进行复核；

3）对所有争议的项目与计算进一步核验与取证，并与建设单位和承包人协商，确定最终处理方法。

(3) 解除缺陷责任

1) 缺陷责任终止期到期后（FIDIC 条件规定为 28d 内），监理工程师颁发解除缺陷责任证书，并送交建设单位。同时将一份副本送交承包人。解除缺陷责任证书的颁发，并不意味着合同的结束。在解除缺陷责任证书发出之后（如 FIDIC 条件规定为 14d 内），将履约保函退还给承包人。

2) 在解除缺陷责任证书颁发后的规定时间（如 FIDIC 条件规定为 56d 内），承包人向监理工程师提交最终报表（最终结算报表）。

3) 在接到最终报表及书面结清单后 28d 内，监理工程师应向建设单位签发一份最终证书（最终验收或支付证书），同时将一份副本送交承包人。

(4) 最终支付证书文件：

1) 最终支付证书及说明；

2) 最终支付的依据及计算方法；

3) 监理工程师确认按照合同最终应付给承包人的款项总额；

4) 考虑建设单位以前支付的款额及建设单位、承包人各自责任对支付额的影响后，建设单位尚应支付给承包人的款额或承包人的应付给建设单位的余款；

5) 最终结算清单，对应于上项中涉及的各种款额，由相应的一系列清单及表格组成；

6) 最终结算的证明资料：对应于最终支付证书中涉及到的各种清单及表格的款额，由一系列图纸、计算资料、文件、发票等组成。

8. 意外情况下的支付

(1) 意外情况，即合同中虽有规定，但对其解释可以有歧义的情况；既非正常施工条件，又无法归入建设单位的风险中的情况。如：

1) 一个有经验的承包人也无法预见到的（现场气候条件以外的）外界障碍和条件；

2) 一个有经验的承包人通常无法预测和防范的任何自然力的作用；

3) 异常恶劣的气候条件。

(2) 类似这些情况的发生，是施工过程中经常出现的争议问题，常常涉及合同价格的大幅度变动，如处理不好甚至使合同的继续正常履行发生危机。

(3) 监理工程师如何解释合同的上述条款：

1) 不利的外界条件和障碍：施工中遇到的实际自然条件比招标文件中所描述的更加困难和恶劣，这些不利的条件，无论是自然障碍、地质状况或其他天然条件，都与招标文件的描述有“显著的”、“本质的”区别。

2) 无法预测和防范的自然力或异常恶劣的气候条件，这种风险极不可能发生，所以要求花费资金和时间采取防范措施不太合理。

(4) 监理工程师处理意外情况下支付的工作原则：

1) 监理工程师应按合同进行工作；

2) 监理工程师认真研究合同条件；

3) 充分行使组织协商的权力；

4) 监理工程师行为公正就意味着乐于考虑建设单位和承包人双方的观点，然后基于事实做出决定。

(5) 监理工程师对争议的最后意见，应准备：

1) 某一方会不接受，甚至强烈反对；

2) 双方接受程度不同，但都对监理工程师的意见不满。

因此，监理工程师必须准备为自己提出的意见辩护。

(6) 在把握全部资料、充分协商、争取“友好解决”的基础上开具支付证书。

9. 超常情况下的支付

(1) 指可能引起合同终止，建设单位解除对承包人的雇用、承包人行使暂停工作或终止合同的权力以及出现难以协调的争端，使合同无法继续履行的情况。

1) 承包人认为出现了法律上或事实上不可能做到的情况，无法正常履行义务；

2) 出现了监理工程师认为应该以必要的时间和方式暂停工程的情况；

3) 建设单位判定承包人严重违约，进驻工地，终止对承包人的雇用；

4) 建设单位违约，承包人行使暂停施工的权力，或争端解决后终止承包；

5) 解除履约的情况；

6) 由于费用、法规的变更，货币、汇率的变动引起支付的变动；

7) 特殊风险。

(2) 监理工程师的工作原则

1) 应按合同进行工作；

2) 认真研究合同文件，充分行使组织协商的权力；

3) 充分考虑双方的意见；

4) 准备为仲裁或诉讼提供证词。

(3) 争端解决后，开具支付证书。

(4) 合同终止，参与清算。

10. 缺陷责任期费用控制原则

(1) 保留金控制：缺陷责任期内，监理工程师主要控制保留金的使用、支付与退还。

(2) 监理工程师主要控制任务，不是利用保留金节约投资，而是充分利用保留金作为控制手段，使工程正常运行，在设计要求及合同规定方面达到尽善尽美。

(3) 保留金的控制原则

1) 监理工程师有权扣留保留金；

2) 监理工程师有权就修补缺陷下达指令；

3) 监理工程师有权在对承包人承担缺陷责任表现良好表示满意而提前开具保留金退还证书。

(4) 支付完成，不解除义务。

(5) 保修期满退出服务。

11. 付款的支付程序

(1) 承包单位填写《工程款支付申请表》，报项目监理部。

(2) 项目总监理工程师审核是否符合建设工程施工合同的约定，并及时签发工程预付款的《工程款支付证书》。

(3) 工程预付款一般为工程价的10％～20％。

(4) 监理人员应要求承包单位根据已经计量确认的当月完成工程量，按建设工程施工合同的约定计算月工程进度款，并填写《（ ）月工程进度款报审表》报项目监理部，监理人员审核签认后，应在监理月报中向建设单位报告。

(5) 应要求承包单位根据当期已发生且经审核签署的《（ ）月工程进度款报审表》、《工程变更费用报审表》和《费用索赔审批表》等计算当期工程款，填写《工程款支付申请表》，报项目监理部。

(6) 监理人员依据建设工程施工合同及有关规定、定额进行审核，确认应支付的工程款额度。

(7) 监理人员审核后，由项目总监理工程师签发《工程款支付证书》，报建设单位。

(8) 监理人员应按合同的约定，及时抵扣前期工程预付款。

(9) 未经监理人员质量验收合格的工程量，或不符合施工合同规定的工程量，监理人员应拒绝计量和该部分的工程款支付申请。

(10) 工程款支付申请表填写要求：

1) 承包单位按照施工合同中付款的约定，向监理单位提出付款申请时，按本书第5.6条的要求填写此申请表；

2) 预付款、进度款、各种费用价款及结算款等的支付均用本表申请；

3) 监理单位审查后用《工程款支付证书》予以答复；

4) 工程款支付申请表（表5-2）。

表 5-2

<table>
<tr><td colspan="2">工程款支付申请表
表 B2—13(A14 监)</td><td>编号</td><td></td></tr>
<tr><td>工程名称</td><td>北京××工程</td><td>日期</td><td>2003—04—25</td></tr>
<tr><td colspan="4">致　北京××监理公司(监理单位)：
我方已完成了清水池混凝土主体结构工程工作，按施工合同的规定，建设单位应在 2003 年 05 月 02 日前支付该项工程款共计(大写)陆拾柒万伍仟叁佰壹拾贰元陆角，(小写)675312.60 元，现报上　北京××工程付款申报表，请予以审查并开具工程款支付证书。
附件：
1. 工程量清单
2. 计算方法
承包单位名称：北京××建筑工程公司　　　项目经理(签字)：×××</td></tr>
</table>

注：本表由承包单位填报，建设单位、监理单位、承包单位各存一份。

(11) 月工程进度款报审表填写要求：

1)《月完成工作量统计报表》（工作量统计报表含工程量统计报表）应作为附件与本报审表一并送监理单位；

2) 工程量认定应有相应专业工程监理人员的签字认可（监理单位应留存备查）；

3) 监理单位填写要求：由负责造价控制的监理人员审核，填写具体审核内容并签字；总监理工程师审核并签字，明确总监负领导责任；

4) 月完成工作量统计报表（表5-3）。

(12) 工程款支付证书填写要求：

1) 工程预付款、进度款、变更费用、结算款、费用索赔等各种费用的支付均用此表；

表 5-3

月工程进度款报审表 表 B2—10(A11 监)			编号				
工程名称	北京××工程		日期		2003—04—25		
致　北京××监理公司(监理单位)： 兹申报2003 年 04 月份完成的工作量675312.60 元　请予以核定。 附件：月完成工作量统计报表。 承包单位名称：北京××建筑工程公司　　项目经理(签字)：×××							
经审核以下项目工作量有差异，应以核定工作量为准。本月度认定工程进度款为： 承包单位申报数(675312.60 元)＋监理单位核定差别数(－864.93 元)＝本月工程进度款数(674447.67 元)。							
统计表序号	项目名称	单位	申报数			核定数		
			数量	单价(元)	合计(元)	数量	单价(元)	合计(元)
3	带形基础 C35	m^3	45.00	315.97	14218.47	44.5	315.97	14060.67
6	氧化沟墙 C40	m^3	153.0	388.71	59472.40	153.00	385.50	58981.50
	其他							
	小计				73690.87			73042.17
	取费				24563.62			24347.39
					98254.49			97389.56
监理人员(签字)：×××　　日期：2003—04—29 监理单位名称：北京××监理公司 总监理工程师(签字)：×××　日期：2003—04—29								

注：本表由承包单位填报监理单位签认，建设单位、监理单位、承包单位各存一份。

2）"承包单位的工程付款申请表"即为《工程款支付申请表》(表 B2-13)；

3）工程款支付证书(表 5-4)。

表 5-4

工程款支付证书 表 B2—22(B7 监)		编号	
工程名称	北京××工程	日期	2003—04—30
致　北京××建筑工程公司(承包单位)： 根据施工合同规定，经审核承包单位的付款申报和报表，并扣除有关款项，同意本期支付工程款共计(大写)陆拾柒万肆仟肆佰肆拾柒元陆角柒分 (小写)674447.67 元，请按合同规定及时付款。 其中： 1. 承包单位申报款为：675312.60 元 2. 经审核承包单位应得款为：674447.67 元 3. 本期应扣款为：0.00 元 4. 本期应付款为：674447.67 元 附件： 1. 承包单位的工程付款申请表及附件； 2. 项目监理部审查记录。 (执行北京市 2001 年预算定额，具体计算过程、计算公式和计算数据略，本页必要时加附页。) 监理单位名称：北京××监理公司　　总监理工程师(签字)：×××			

注：本表由监理单位签发，建设单位、监理单位、承包单位各存一份。

5.4.4 可变动费用的主动控制

1. 可能变动的费用大体内容

（1）由于招标图和实际施工图不同引起工程量的差异和相应费用的增减。

（2）由于设计变更、增加或取消某些工程项目，甚至改变某些工程的施工条件和性质，从而改变了工程量和单价。

（3）由于工程状况的不可预见性大，因在施工过程产生与原设计和施工中不可预见的可能性极大，从而影响施工工程量的估算。所以把好不可预见的工程量签证是控制工程费用的关键因素，从监理角度应把好技术措施与施工方案作业计划审查以及严格工程量外的工程签证，并及时向建设单位汇报。

（4）承包单位要求的各种索赔。

（5）物价指数变动引起的费用。

（6）汇率损失引起的费用。

（7）当地材料和劳务价与合同中规定固定价格的差价引起的费用。

（8）散工引起的费用。

（9）延期违约罚金和缺陷工程反索赔引起的费用。

2. 要求监理人员跟踪这些费用，并作出合理的预测，预测至完工时可能的总费用，这些费用在编制资金投入计划时可考虑到增加系数里。

3. 工程变更费用报审表填写要求

（1）工程变更费用报审表由监理单位填写

1）负责造价控制的监理人员对承包单位所报审的工程变更费用进行审核。

2）审核内容：工程量是否符合所报工程实际，是否符合“工程变更单”中双方的约定，单价、合价的计算和选用是否准确。

（2）在“监理人员审核意见”栏，签署具体意见并签字。监理人员的审核意见不应签署“是否同意支付”，因为工程款的支付应在相应工程验收合格后，按合同约定的期限，签署《工程款支付证书》。

（3）总监进行审查并签字，明确总监负领导责任。

（4）工程变更费用报审表（表5-5）。

4. 索赔支付

（1）监理工程师面临着双向索赔问题的处理：建设单位向承包单位的索赔，承包单位向建设单位的索赔。凡按照合同规定要求监理工程师自行采取可能影响建设单位或承包单位的权利和义务的行动时，监理工程师应在合同条款规定内，并兼顾所有条件的情况下，做出公正的处理。

（2）FIDIC条件中的一项基本原则就是监理工程师有权决定额外付款。如果建设单位希望限制监理工程师的权力则应在合同中明确规定。

（3）当监理工程师的服务包括行使权力或履行授权的职责或当建设单位和任何第三方签订的合同条款需要时，监理工程师作为一名独立的专业人员、建设单位的忠诚的顾问，在建设单位和第三方之间公正地证明、决定或行使自己的处理，但不作为仲裁人。监理工程师不得参予可能与合同中规定的建设单位的利益相冲突的任何活动。监理工程师的决定要经得起公开、复查或修正。

表 5-5

<table>
<tr><td colspan="3">工程变更费用报审表
表 B2—11(A12 监)</td><td colspan="2">编号</td><td colspan="3"></td></tr>
<tr><td>工程名称</td><td colspan="2">北京××工程</td><td colspan="2">日期</td><td colspan="3">2003—04—02</td></tr>
<tr><td colspan="8">致 北京××监理公司(监理单位):
根据第(07)号工程变更单,申请费用如下表,请审核。</td></tr>
<tr><td rowspan="2">项目名称</td><td colspan="3">变更前</td><td colspan="3">变更后</td><td rowspan="2">工程款
增(+)减(−)</td></tr>
<tr><td>工程量</td><td>单价</td><td>合价</td><td>工程量</td><td>单价</td><td>合价</td></tr>
<tr><td>矩形柱</td><td>173.00m³</td><td>604.07</td><td>104504.11</td><td>178.50m³</td><td>604.07</td><td>107826.50</td><td>+3322.39</td></tr>
<tr><td>直形楼梯</td><td>565.00m³</td><td>95.46</td><td>53934.9</td><td>598.20m³</td><td>95.46</td><td>57104.17</td><td>+3169.27</td></tr>
<tr><td>预埋铁件制作安装</td><td>3.1t</td><td>5501.20</td><td>17053.72</td><td>5.16t</td><td>5501.20</td><td>28386.19</td><td>+11332.47</td></tr>
<tr><td>取费</td><td></td><td></td><td>58439.08</td><td></td><td></td><td>64374.51</td><td>+5935.43</td></tr>
<tr><td>合计</td><td></td><td></td><td></td><td></td><td></td><td></td><td>+23759.56</td></tr>
<tr><td colspan="8">承包单位名称:北京××建筑工程公司　　项目经理(签字):×××</td></tr>
<tr><td colspan="8">监理人员审核意见:
(1)所报工程量符合工程实际;
(2)符合“工程变更单”中双方的约定;
(3)单价、金额的计算和选用准确。
同意承包单位提出的变更费用申请。

监理人员(签字):×××　日期:2003-04-08
监理单位名称:北京××监理公司　总监理工程师(签字):×××　日期:2003-04-08</td></tr>
</table>

注:本表由承包单位填报,建设单位、监理单位、承包单位各存一份。

(4) 对于合同索赔,监理工程师可按情况决定,视授权范围,需经建设单位批准或无需批准。

(5) 对于经济索赔和道义索赔,监理工程师无权决定,须由建设单位处理。

(6) 索赔的“友好解决”程序

1) 在发生工程变更、增添或删除时,如果认为需要发生费用变动,承包单位应在接到变更通知后一定时间(如 FIDIC 条件规定的 14d)内,提交索赔意向通知。

当监理工程师不能按时(在合理的时间内)提供图纸时,也应视为“变更”。

2) 承包单位根据合同有关的任何条款或其他有关规定企图索取任何追加付款的话,都应在引起索赔事件第一次发生之后规定时间(如 FIDIC 条件规定为 28 天)内,将其索赔意向通知监理工程师,并将一份副本呈交建设单位。

3) 承包单位发出上述理赔意向通知的 28d 内,或者在监理工程师可能同意的其他合理时间内,应送给监理工程师一份索赔临时详细报告。

4) 在索赔事件所产生的影响结束后 28d 内,承包单位应提供一份最终详细报告。

5) 监理工程师对经检查并批准的支付,可在相应的临时支付证书中开列,也可在以后的支付(包括最终支付)中开列。

(7) 索赔的计算费用一般可包括:

1) 人工费:直接增加了的工人人数和工时费,还包括由于干扰打乱原施工计划引起的工作效率降低（一般以效率降低指数表示，如：工效较正常情况——投标书中的效率降低 10%～40%），以及承包人按规定向政府缴纳的工资税金等；

2）设备费：所增加的运转小时数，既包括原有设备比计划增加的运转小时数，也包括新增设备所发生的一切费用（采购、运输、运行维修等）；

3）材料费：较易计算，惯例是应用当地的工作指数，或由双方商定；

4）分包费：此项费用应加以区分，是建设单位的责任还是总承包单位协调不力的责任；建设单位只承担其责任部分的费用。

5）保证金：当工程量大幅度增加时，承包人的保证金也应做相应的调整（相加、期限延长）。所增加的相应的保函费用和贷款利息等项；

6）保险费：承包单位办理新增工程的各项保险，并办理已购保险的延期手续，新增的各种保险费用；

7）利息：承包单位借款完成新增工程和延长工期所发生的利息费用；

8）利润：在工程变更中可包含利润索赔在内；但一般变化不大时，允许把利润混在管理费中，不单列；

9）工地管理费：营地费、水电费、通信费、办公费、工地管理人员工资、保险费等增加的费用；一般以某一费率×索赔的费用金额计算；

10）公司管理费：承包单位向其公司上缴的管理费。一般可以用某一费率×索赔直接费与工地管理费之和。

（8）建设单位向承包单位的索赔的情况

1）根据履约担保的索赔；

2）根据承包单位保险的不完备索赔；

3）保险责任及互相保障义务的不履行；

4）承包单位未能提交图纸；

5）承包单位不遵守指示；

6）误期损害；

7）承包安全保卫不善。

（9）费用索赔审批表填写要求

1）本表填写之前应与建设单位、承包单位协商，确定批准的赔付金额；

2）"理由"栏的填写应依据平时收集的有关证明资料；

3）"索赔金额的计算"应填写详细的计算公式和计算数据，必要时可附页；

4）监理人员填写并签字。总监理工程师审核签字；

5）费用索赔申请表（表 5-6）。

（10）填写《费用索赔审批表》（表 5-7）。

5.4.5 工程竣工决算

1. 竣工决算的监理程序

（1）工程竣工，经建设单位组织有关各方验收合格后，承包单位应在规定的时间内向项目监理部提交竣工结算资料。

（2）项目监理机构应及时按施工合同的有关规定进行竣工结算，并应对竣工结算的价款总额与建设单位和承包单位进行协商。当无法协商一致时，应按规定进行处理。

表 5-6

费用索赔申请表		编号	
工程名称	北京××工程	日期	2003—04—06
致 北京××监理公司(监理单位): 根据施工合同第×条款的规定,由于建设单位负责订货的鼓风机组未按时到货的原因,我方要求索赔金额共计:人民币(大写)壹万贰仟元,请批准。 索赔的详细理由及经过: 按合同约定本工程的鼓风机组由建设单位负责订货,因制冷机未按约定时间运至现场,造成临时租用仅限用于吊装鼓风机组的汽车吊的闲置,因而使我方受到直接经济损失。 索赔金额的计算: (根据实际情况,依据北京市2001预算定额计算) 附件:证明材料 1. 施工合同 2. 鼓风机组订货合同 3. 汽车吊租用合同 承包单位名称:北京××建筑工程公司 项目经理(签字):×××			

注:本表由承包单位填报,建设单位、监理单位、承包单位各存一份。

表 5-7

费用索赔审批表 表B2—21(B6监)		编号	
工程名称	北京××工程	日期	2003—04—10
致 北京××建筑工程公司(承包单位): 根据施工合同第×条款的规定,你方提出的第(1)号关于鼓风机组延期到货费用索赔申请,索赔金额共计人民币(大写)壹万贰仟元整(小写)12000.00元,经我方审核评估: ☐不同意此项索赔。 ☑同意此项索赔,金额为(大写)壹万贰仟元整。 理由: 施工合同鼓风机组订货合同已约定供货时间,因制冷机组未按时间进场,直接引起承包单位租用的汽车吊的闲置。 索赔金额的计算: (执行北京市2003年预算定额,具体计算过程、计算公式和计算数据略,本页必要时加附页。) 监理人员(签字):××× 监理单位名称:北京××监理公司 总监理工程师(签字):×××			

注:本表由监理单位签发,建设单位、监理单位、承包单位各存一份。

(3) 监理人员应及时审核,并与承包单位、建设单位协商和协调,提出审核意见。

(4) 总监理工程师根据各方协商和结论,签发竣工结算《工程款支付证书》。

(5) 建设单位收到总监理工程师签发的结算支付证书后,应及时按合同约定与承包单位办理结算有关事项。

2. 竣工决算的内容

建设项目从筹划到竣工发生的全部费用:

(1) 建筑工程费用;

(2) 安装工程费用;

（3）设备工具购置费用；

（4）工程建设其他费用；

（5）预备费；

（6）税费支出。

3. 财务竣工决算

（1）工程总造价扣除工程预付款、已付工程款及建设单位垫付费用的费用。

（2）应实际支付施工单位的款项。

5.5 项目成本计划的编制

5.5.1 成本计划的构成

1. 直接费

（1）直接工程费：人工费，基本工资，补贴，生产工人辅助工资，职工福利费，生产工人劳动保护费。

（2）材料费：材料原价（或供应价格），材料运杂费，运输损耗费，采购及保管费，检验试验费。

（3）施工机械使用费：折旧费，大修理费，经常修理费，安拆费及场外运费，人工费，燃料动力费，养路费及车船使用税。

（4）措施费：环境保护费，文明施工费，安全施工费，临时设施费，夜间施工费，二次搬运费，大型机械设备进出场及安拆费，混凝土、钢筋混凝土模板及支架费，脚手架费，已完工程及设备保护费，施工排水、降水费。

2. 间接费

（1）规费：是指政府和有关权力部门规定必须缴纳的费用（简称规费）。包括：工程排污费，工程定额测定费，社会保障费（养老保险费、失业保险费、医疗保险费），住房公积金，危险作业意外伤害保险。

（2）企业管理费：是指建筑安装企业组织施工生产和经营管理所需费用。包括：管理人员工资，办公费，差旅交通费，固定资产使用费，工具用具使用费，劳动保险费，工会经费，职工教育经费，财产保险费，财务费，税金，其他（技术转让费、技术开发费、业务招待费、绿化费、广告费、公证费、法律顾问费、审计费、咨询费等）。

3. 利润

是指施工企业完成所承包工程获得的盈利。

4. 税金

是指国家税法规定的应计入建筑安装工程造价内的营业税、城市维护建设税及教育费附加等。

5. 给水排水工程建筑安装工程费用项目组成表（图 5-4）。

5.5.2 建筑安装工程费用参考计算方法

1. 直接费

（1）直接工程费

直接工程费＝人工费＋材料费＋施工机械使用费

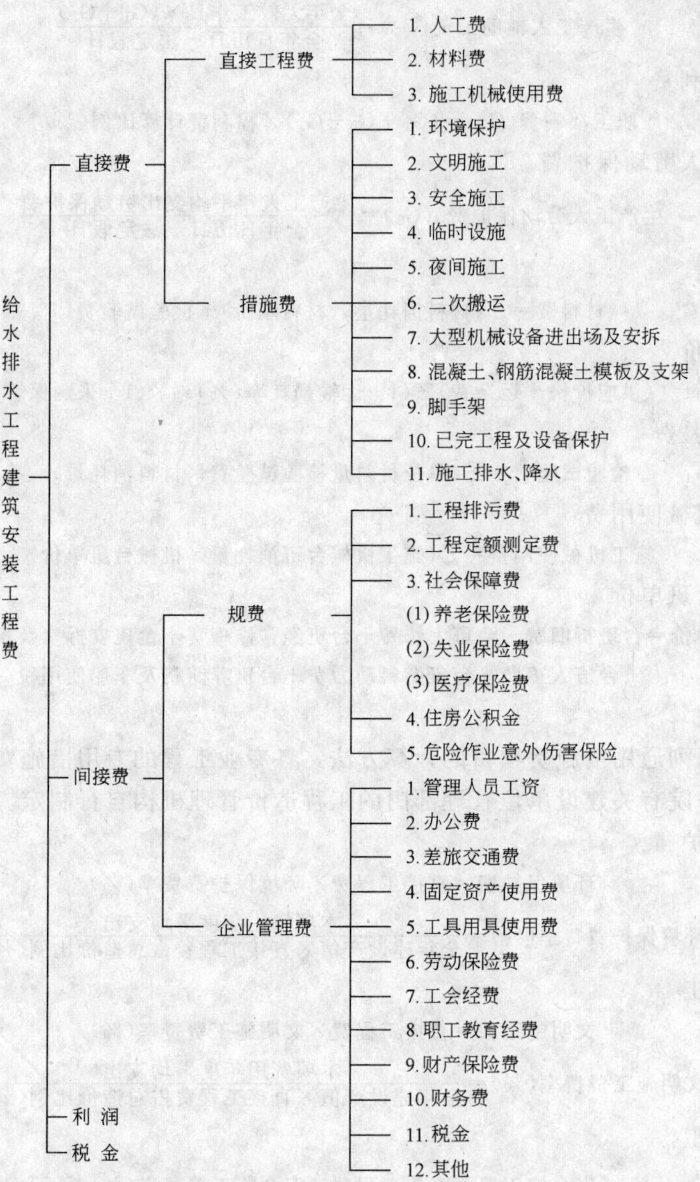

图 5-4 建筑安装工程费用项目组成表

1）人工费

$$人工费=\sum(工日消耗量\times日工资单价)$$

$$日工资单价\ (G)=\sum_1^5\ (G)$$

2）基本工资

$$基本工资\ (G_1)=\frac{生产工人平均月工资}{年平均每月法定工作日}$$

3）工资性补贴

$$工资性补贴\ (G_2)=\frac{\sum年发放标准}{全年日历日-法定假日}+\frac{\sum月发放标准}{年平均每月法定工作日}+每工作日发放标准$$

4）生产工人辅助工资

$$生产工人辅助工资(G_3)=\frac{全年无效工作日\times(G_1+G_2)}{全年日历日-法定假日}$$

5）职工福利费

$$职工福利费(G_4)=(G_1+G_2+G_3)\times福利费计算比例(\%)$$

6）生产工人劳动保护费

$$生产工人劳动保护费\ (G_5)=\frac{生产工人年平均支出劳动保护费}{全年日历日-法定假日}$$

（2）材料费

$$材料费=\sum(材料消耗量\times材料基价)+检验试验费$$

1）材料基价

$$材料基价=[(供应价格+运杂费)\times(1+运输损耗率(\%))]\times(1+采购保管费率(\%))$$

2）检验试验费

$$检验试验费=\sum(单位材料量检验试验费\times材料消耗量)$$

（3）施工机械使用费

$$施工机械使用费=\sum(施工机械台班消耗量\times机械台班单价)$$

（4）机械台班单价

$$台班单价=台班折旧费+台班大修费+台班经常修理费+台班安拆费及场外运费+台班人工费+台班燃料动力费+台班养路费及车船使用税$$

（5）措施费

本规则中只列通用措施费项目的计算方法，各专业工程的专用措施费项目的计算方法由各地区或国务院有关建设单位管理部门的工程造价管理机构自行制定。

1）环境保护

$$环境保护费=直接工程费\times环境保护费费率(\%)$$

$$环境保护费费率(\%)=\frac{本项费用年度平均支出}{全年建设产值\times直接工程费占总造价比例(\%)}$$

2）文明施工

$$文明施工费=直接工程费\times文明施工费费率(\%)$$

$$文明施工费费率(\%)=\frac{本项费用年度平均支出}{全年建设产值\times直接工程费占总造价比例(\%)}$$

3）安全施工

$$安全施工费=直接工程费\times安全施工费费率(\%)$$

$$安全施工费费率(\%)=\frac{本项费用年度平均支出}{全年建设产值\times直接工程费占总造价比例(\%)}$$

4）临时设施费

$$临时设施费=(周转使用临建费+一次性使用临建费)\times(1+其他临时设施所占比例(\%))$$

其中：$$周转使用临建费=\sum\left[\frac{临建面积\times每平方米造价}{使用年限\times365\times利用率(\%)}\times工期(天)\right]+一次性拆除费$$

$$一次性使用临建费=\sum临建面积\times每平方米造价\times[1-残值率(\%)]+一次性拆除费$$

其他临时设施在临时设施费中所占比例，可由各地区造价管理部门依据典型施工企业的成本资料经分析后综合测定。

5）夜间施工增加费

$$夜间施工增加费=\left(1-\frac{合同工期}{定额工期}\right)\times\frac{直接工程费中的人工费合计}{平均日工资单价}\times每工日夜间施工费开支$$

6）二次搬运费

二次搬运费＝直接工程费×二次搬运费费率(％)

$$二次搬运费费率(\%)=\frac{年平均二次搬运费开支额}{全年建设产值\times直接工程费占总造价的比例(\%)}$$

7）大型机械进出场及安拆费

$$大型机械进出场及安拆费=\frac{一次进出场及安拆费\times年平均安拆次数}{年工作台班}$$

8）混凝土、钢筋混凝土模板及支架

a. 模板及支架费＝模板摊销量×模板价格＋支、拆、运输费

摊销量＝一次使用量×(1＋施工损耗)×[1＋(周转次数－1)×补损率/周转次数－(1－补损率)50％/周转次数]

b. 租赁费＝模板使用量×使用日期×租赁价格＋支、拆、运输费

9）脚手架搭拆费

a. 脚手架搭拆费＝脚手架摊销量×脚手架价格＋搭、拆、运输费

$$脚手架摊销量=\frac{单位一次使用量\times(1-残值率)}{耐用期\div一次使用期}$$

b. 租赁费＝脚手架每日租金×搭设周期＋搭、拆、运输费

10）已完工程及设备保护费

已完工程及设备保护费＝成品保护所需机械费＋ 材料费＋人工费

11）施工排水、降水费

排水降水费＝∑排水降水机械台班费×排水降水周期＋排水降水使用材料费、人工费

2. 间接费

间接费的计算方法按取费基数的不同分为以下三种：

（1）以直接费为计算基础

间接费＝直接费合计×间接费费率（％）

（2）以人工费和机械费合计为计算基础

间接费＝人工费和机械费合计×间接费费率(％)

间接费费率(％)＝规费费率(％)＋企业管理费费率(％)

（3）以人工费为计算基础

间接费＝人工费合计×间接费费率(％)

1）规费费率

根据本地区典型工程发承包价的分析资料综合取定规费计算中所需数据：

a. 每万元发承包价中人工费含量和机械费含量。

b. 人工费占直接费的比例。

c. 每万元发承包价中所含规费缴纳标准的各项基数。

d. 规费费率的计算公式

以直接费为计算基础：

$$规费费率(\%)=\frac{\sum规费缴纳标准\times每万元发承包价计算基数}{每万元发承包价中的人工费含量}\times人工费占直接费的比例(\%)$$

以人工费和机械费合计为计算基础

$$规费费率(\%)=\frac{\sum 规费缴纳标准\times 每万元发承包价计算基数}{每万元发承包价中的人工费含量和机械费含量}\times 100\%$$

以人工费为计算基础：

$$规费费率(\%)=\frac{\sum 规费缴纳标准\times 每万元发承包价计算基数}{每万元发承包价中的人工费含量}\times 100\%$$

2）企业管理费费率

企业管理费费率计算公式

a. 以直接费为计算基础

$$企业管理费费率(\%)=\frac{生产工人年平均管理费}{年有效施工天数\times 人工单价}\times 人工费占直接费比例(\%)$$

b. 以人工费和机械费合计为计算基础

$$企业管理费费率(\%)=\frac{生产工人年平均管理费}{年有效施工天数\times (人工单价+每一工日机械使用费)}\times 100\%$$

c. 以人工费为计算基础

$$企业管理费费率(\%)=\frac{生产工人年平均管理费}{年有效施工天数\times 人工单价}\times 100\%$$

3. 税金

（1）税金计算公式

$$税金=(税前造价+利润)\times 税率(\%)$$

（2）税率

1）纳税地点在市区的企业

$$税率(\%)=\frac{1}{1-3\%-(3\%\times 7\%)-(3\%\times 3\%)}-1$$

2）纳税地点在县城、镇的企业

$$税率(\%)=\frac{1}{1-3\%-(3\%\times 5\%)-(3\%\times 3\%)}-1$$

3）纳税地点不在市区、县城、镇的企业

$$税率(\%)=\frac{1}{1-3\%-(3\%\times 1\%)-(3\%\times 3\%)}-1$$

5.5.3 建筑安装工程计价程序

1. 工料单价法计价程序

（1）以直接费为计算基础（表 5-8）

表 5-8

费用项目	计算方法	费用项目	计算方法
直接工程费	按预算表	利润	((3)+(4))×相应利润率
措施费	按规定标准计算	合计	(3)+(4)+(5)
小计	(1)+(2)	含税造价	(6)×(1+相应税率)
间接费	(3)×相应费率		

（2）以人工费和机械费为计算基础（表 5-9）

表 5-9

费用项目	计算方法	费用项目	计算方法
直接工程费	按预算表	人工费和机械费小计	(2)+(4)
其中人工费和机械费	按预算表	间接费	(6)×相应费率
措施费	按规定标准计算	利润	(6)×相应利润率
其中人工费和机械费	按规定标准计算	合计	(5)+(7)+(8)
小计	(1)+(3)	含税造价	(9)×(1+相应税率)

(3) 以人工费为计算基础（表 5-10）

表 5-10

费用项目	计算方法	费用项目	计算方法
直接工程费	按预算表	人工费小计	(2)+(4)
直接工程费中人工费	按预算表	间接费	(6)×相应费率
措施费	按规定标准计算	利润	(6)×相应利润率
措施费中人工费	按规定标准计算	合计	(5)+(7)+(8)
小计	(1)+(3)	含税造价	(9)×(1+相应税率)

2. 综合单价法计价程序

综合单价法是分部（分项）工程单价为全费用单价，全费用单价经综合计算后生成，其内容包括直接工程费、间接费、利润和税金（措施费也可按此方法生成全费用价格）。

各分项工程量乘以综合单价的合价汇总后，生成工程发承包价。

由于各分部（分项）工程中的人工、材料、机械含量的比例不同，各分项工程可根据其材料费占人工费、材料费、机械费合计的比例（以字母“C”代表该项比值）在以下三种计算程序中选择一种计算其综合单价。

(1) 当 $C>C_0$（C_0 为本地区原费用定额测算所选典型工程材料费占人工费、材料费、和机械费合计的比例）时，可采用以人工费、材料费、机械费合计为基数计算该分项的间接费和利润。

(2) 以直接费为计算基础（表 5-11）

表 5-11

费用项目	计算方法	费用项目	计算方法
分项直接工程费	人工费+材料费+机械费	合计	(1)+(2)+(3)
间接费	(1)×相应费率	含税造价	(4)×(1+相应税率)
利润	((1)+(2))×相应利润率		

(3) 当 $C<C_0$ 值的下限时，可采用以人工费和机械费合计为基数计算该分项的间接费和利润。

1) 以人工费和机械费为计算基础（表 5-12）

2) 如该分项的直接费仅为人工费，无材料费和机械费时，可采用以人工费为基数计算该分项的间接费和利润。

表 5-12

费用项目	计算方法	费用项目	计算方法
分项直接工程费	人工费＋材料费＋机械费	利润	(2)×相应利润率
其中人工费和机械费	人工费＋机械费	合计	(1)＋(3)＋(4)
间接费	(2)×相应费率	含税造价	(5)×(1＋相应税率)

3）以人工费为计算基础（表 5-13）

表 5-13

费用项目	计算方法	费用项目	计算方法
分项直接工程费	人工费＋材料费＋机械费	利润	(2)×相应利润率
直接工程费中人工费	人工费	合计	(1)＋(3)＋(4)
间接费	(2)×相应费率	含税造价	(5)×(1＋相应税率)

5.5.4 施工成本控制

1. 项目成本控制原则

(1) 成本最低化原则。施工项目成本控制的根本目的，在于通过成本管理的各种手段，不断降低施工项目成本，以达到可能实现的最低目标成本的要求。

(2) 全面成本控制原则。全面成本管理是全企业、全员、全过程的管理，亦称“三全”管理。项目成本的全员控制有一个系统的实质性内容，包括各部门、各单位责任网络和班组经济核算等。应防止成本控制人人有份，人人不管。

(3) 动态控制原则。施工项目是一次性的，成本控制应强调项目的中间控制，即动态控制，因为施工准备阶段的成本控制只是根据施工组织设计的具体内容确定成本目标、编制成本计划、制定成本控制的方案，为今后的成本控制做好准备。而竣工阶段的成本控制，由于成本盈亏已基本定局，即使发生了纠差，也来不及纠正。

(4) 目标管理原则。目标管理内容包括：目标的设定和分解，目标的责任到位和执行，检查目标的执行结果，评价目标和修正目标，形成目标管理的计划、实施、检查、处理循环。

(5) 责任、权力相结合的原则。在项目施工过程中，项目经理部各部门、各班组在肩负成本控制责任的同时，享有成本控制的权力，同时项目经理要对各部门、各班组在成本控制中的业绩进行定期的检查和考评，实行有奖有罚。

2. 成本控制分析法

(1) 偏差分析的方法

1）横道图法

用不同的横道标识已完工程计划施工成本、拟完工程计划施工成本和已完工程实际施工成本，横道的长度与其金额成正比。能够准确表达出施工成本的绝对偏差，而且能一眼感受到偏差的严重性，一般在项目的较高管理层应用。

2）表格法

表格法将项目编号、名称、各施工成本参数以及施工成本偏差数综合归纳入一张表格中，并且直接在表格中进行比较。由于各偏差参数都在表中列出，使得施工成本管理者能够综合地了解并处理这些数据（表 5-14、表 5-15）。

表 5-14

项目编码	项目名称	施工成本数数额(万元)	施工成本偏差(万元)	进度偏差(万元)	偏差原因
041	水泵安装				
042	闸门安装				
043					
合计					

表 5-15

项目编号	(1)	041	042	043
项目名称	(2)	水泵安装	闸门安装	××安装
单位	(3)			
计划单位成本	(4)			
拟完工程量	(5)			
拟完工程计划施工成本	(6)＝(4)×(5)	30	30	40
已完工程量	(7)			
已完工程计划施工成本	(8)＝(4)×(7)	30	40	40
实际单位成本	(9)			
其他款项	(10)			
已完工程实际施工成本	(11)＝(7)×(9)＋(10)	30	50	50
施工成本局部偏差	(12)＝(11)－(8)	0	10	10
施工成本局部偏差程度	(13)＝(11)÷(8)	1	1.25	1.25
施工成本累计偏差	(14)＝$\sum$(12)			
施工成本累计偏差程度	(15)＝$\sum$(11)÷$\sum$(8)			
进度局部偏差	(16)＝(6)－(8)	0	－10	0
进度局部偏差程度	(17)＝(6)÷(8)	1	0.75	1
进度累积偏差	(18)＝$\sum$(16)			
进度累积偏差程度	(19)＝$\sum$(6)÷$\sum$(8)			

3. 施工成本分析的依据

施工成本分析根据会计核算、业务核算和统计核算提供的资料，对施工成本的形成过程和影响成本升降的因素进行分析，以寻求进一步降低成本的途径。另一方面，通过成本分析，可从账簿、报表反映的成本现象看清楚成本的实质，从而增强项目成本的透明度和可控性，为加强成本控制，实现项目成本目标创造条件。

(1) 会计核算

1) 有关各种综合性经济指标的数据。资产、负债、所有者权益、营业收入、成本、利润等会计六要素指标；

2) 其他指标，会计核算的记录中也是可以有所反映的，但在反映的广度和深度上有很大的局限性；

3) 会计记录具有连续性、系统性、综合性等特点，所以它是施工成本分析的重要依据。

(2) 业务核算

1) 原始记录和计算登记表，如单位工程及分部（分项）工程进度登记，质量登记，工效、定额计算登记，物质消耗定额记录，测试记录等等；

2) 业务核算的范围：对已经发生的，对尚未发生或正在发生的经济活动进行核算，它的特点是，对个别的经济业务进行单项核算。只是记载单一的事项，最多是略有整理或稍加归类，不求提供综合性、总括性指标，核算范围不太固定；

3) 对准备采取措施的项目进行核算和审查，随时都可以进行。业务核算的目的，在于迅速取得资料，在经济活动中及时采取措施进行调整。

(3) 统计核算

1) 统计核算是利用会计核算资料和业务核算资料，把企业生产经营活动客观现状的大量数据，按统计方法加以系统整理；

2) 通过全面调查和抽样调查等特有的方法，不仅能提供绝对数指标，还能提供相对数和平均数指标，可以计算当前的实际水平，确定变动速度，可以预测发展的趋势；

3) 统计除了主要研究大量的经济现象以外，也很重视个别先进事例与典型事例的研究。

4. 施工成本分析的方法

(1) 成本分析的基本方法

1) 比较法

通过技术经济指标的对比，检查目标的完成情况，分析产生差异的原因，进而挖掘内部潜力的方法。应用时必须注意各种技术经济指标的可比性。

a. 将实际指标与目标指标对比。依次检查目标完成情况，分析影响目标完成的积极因素和消极因素，以便及时采取措施，保证成本目标的实现。在进行实际指标与目标指标对比时，还应注意目标本身有无问题。如果目标本身出现问题，则应调整目标，重新正确评价实际工作的成绩。

b. 本期实际指标与上期实际指标对比。通过这种对比，可以看出各项技术经济指标的变动情况，反映施工管理水平的提高程度。

c. 与本行业平均水平、先进水平对比。通过这种对比，可以反映本项目的技术管理和经济管理与行业的平均水平和先进水平的差距，进而采取措施赶超先进水平。

2) 因素分析法

在进行分析时，要假定众多因素中的一个因素发生了变化，而其他因素则不变，然后逐个替换，分别比较其计算结果，以确定各个因素的变化对成本的影响程度。因素分析法的计算步骤如下：

a. 确定分析对象，并计算出实际数与目标数的差异；

b. 确定该指标是由哪几个因素组成的，并按其相互关系进行排序；

c. 以目标数为基础，将各因素的目标数相乘，作为分析替代的基数；

d. 将各个因素的实际数按照上面的排列顺序进行替换计算，并将替换后的实际数保留下来；

e. 将每次替换计算所得的结果，与前一次的计算结果相比较，两者的差异即为因素对成本影响程度；

f. 各个因素的影响程度之和，应与分析对象的总差异相等。

3）差额计算法

是因素分析法的一种简化形式，它利用各个因素的目标值与实际值的差额来计算其对成本的影响程度。

4）比率法

a. 相关比率法。将两个性质不同而又相关的指标加以对比，求出比率，并以此来考察经营结果的好坏。例如：产值和工资是两个不同的概念，但它们的关系又是投入与产出的关系。

b. 构成比率法。考察成本总量的构成情况及各成本项目占成本总量的比重，同时也可看出量、本、利的比例关系（即预算成本、实际成本和降低成本的比例关系），从而为寻求降低成本的途径指明方向。

c. 动态比率法。以分析该项指标的发展方向和发展速度。动态比率的计算，通常采用基期指数和环比指数两种方法。

（2）综合成本的分析方法

1）分部（分项）工程成本分析

a. 分部（分项）工程成本分析是施工项目成本分析的基础。分部（分项）工程成本分析的对象为已完成分部（分项）工程。

b. 分析的方法是：进行预算成本、目标成本和实际成本的“三算”对比，分别计算实际偏差和目标偏差，分析偏差产生的原因，为今后的分部（分项）工程成本寻求节约途径。

c. 分部（分项）工程成本分析的资料来源是：预算成本来自投标报价成本，目标成本来自施工预算，实际成本来自施工任务单的实际工程量、实耗人工和限额领料单的实耗材料。

d. 主要分部（分项）工程则必须进行成本分析，而且要做到从开工到竣工进行系统的成本分析。基本上了解项目成本形成的全过程，为竣工成本分析和今后的项目成本管理提供资料。

分部（分项）工程成本分析的表格（表5-16）。

表 5-16

单位工程：＿＿＿＿＿＿＿＿

分部（分项）工程名称：＿＿＿＿工程量：＿＿＿＿施工班组：＿＿＿＿施工日期：＿＿＿＿

工料名称	规格	单位	单价	预算成本		计划成本		实际成本		实际与预算比较		实际与计划比较	
				金额	数量	数量	金额	数量	金额	数量	金额	数量	金额
合　计													
实际与预算比较(%)（预算=100）													
实际与计划比较(%)（计划=100）													
节超原因说明													

编制单位：　　　　成本员：　　　　填表日期：

2）月（季）度成本分析

a. 分析当月（季）的成本降低水平；通过累计实际成本与累计预算成本的对比，分析累计的成本降低水平，预测实现项目成本目标的前景。

b. 分析目标成本的落实情况，以及目标管理中的问题和不足，进而采取措施，加强成本管理，保证成本目标的落实。

c. 了解成本总量的构成比例和成本管理的薄弱环节。在成本分析中，发现人工费、机械费和间接费等项目大幅度超支，就应该对这些费用的收支配比关系认真研究，并采取对应的增收节支措施，防止今后再超支。如果是属于预算定额规定的“政策性”亏损，则应从控制支出着手，把超支额压缩到最低限度。

d. 通过主要技术间接指标的实际与目标对比，分析产量、工期、质量、“三材”节约率、机械利用率等对成本的影响。

e. 通过对技术组织措施执行效果的分析，寻求更加有效的节约途径。

f. 分析其他有利条件和不利条件对成本的影响。

3）年度成本分析

a. 企业成本要求一年结算一次，不得将本年度成本转入下一年度。而项目成本则以项目的寿命周期为结算期。

b. 年度成本的综合分析，可以总结一年来成本管理的成绩和不足，为今后的成本管理提供经验和教训，从而可对项目成本进行更有效的管理。

c. 年度成本分析的依据是年度成本报表。年度成本分析的内容，除了月（季）的成本分析的 6 个方面以外，重点是针对下一年度的施工进展情况规划提出切实可行的成本管理措施，以保证施工项目成本目标的实现。

4）竣工成本的综合分析

单位工程竣工成本分析，应包括以下三方面内容：

a. 竣工成本分析；

b. 主要资源节超对比分析；

c. 主要技术节约措施及经济效果分析。

第6章 进度控制

6.1 施工进度计划的编制

6.1.1 施工总进度计划的编制步骤和方法

1. 计算工程量

按单位工程分别计算其主要实物工程量，工程量的计算可按初步设计（或扩大初步设计）图纸和有关定额手册或资料进行。

2. 确定各单位工程的施工期限

各单位工程的施工期限根据合同期确定，同时还要考虑建筑类型、结构特征、施工方法、施工管理水平、施工机械化程度及施工现场条件等因素。

3. 确定各单位工程的开竣工时间和相互搭接关系

（1）同一时期施工的项目不宜过多，避免人力、物力过于分散。

（2）尽量做到均衡施工，以使劳动力、施工机械和主要材料的供应在整个工期范围内达到均衡。

（3）尽量提前建设可供工程施工使用的永久性工程，以节省临时工程费用。

（4）急需和关键工程先施工，以保证工程项目如期交工。对于某些技术复杂、施工周期较长、施工困难较多的工程，亦应安排提前施工，以利于整个工程项目按期交付使用。

（5）施工顺序必须与投入生产的先后次序相吻合。同时还要安排好配套工程的施工时间，以保证建成的工程能迅速投入生产或交付使用。

（6）应注意季节对施工顺序的影响，使施工季节不导致工期拖延，不影响工程质量。

（7）安排一部分附属工程或零星项目作为后备项目，用以调整主要项目的施工进度。

（8）注意主要工种和主要施工机械能连续施工。

4. 编制初步施工总进度计划

可以用横道图表示，也可以用网络图表示。

5. 编制正式施工总进度计划

优化改变某些工程的起止时间或调整主导工程的工期。当初步施工总进度计划经过调整符合要求后进行。

6.1.2 单位工程施工进度计划的编制

单位工程施工进度计划，是在既定施工方案的基础上，根据规定的工期和各种资源供应条件，对单位工程中的各分部（分项）工程的施工顺序、施工起止时间及衔接关系进行安排合理的计划。其编制的主要依据有：施工总进度计划，单位工程施工方案，合同工期或定额工期，施工定额，施工图和施工预算，施工现场条件，资源供应条件，气象资料等。

单位工程施工进度计划的编制步骤和方法如下：

1. 划分工作项目

工作项目是包括一定工作内容的施工过程，它是施工进度计划的基本组成单元。项目内容的多少和划分的粗细程度，应该根据计划的需要来决定。对于大型工程项目，经常需要编制控制性施工进度计划，此时工作项目可划分得粗一些，一般只明确到分部工程。如果编制实施性施工进度计划，工作项目就应划分得细一些。在一般情况下，单位工程施工进度计划中的工作项目应明确到分项工程或更具体，以满足指导施工作业、控制施工进度的要求。

由于单位工程中的工作项目较多，应在熟悉施工图纸的基础上，根据建筑结构特点及确定的施工方案，按施工顺序逐项列出，以防止漏项或重项。凡是与工程对象施工直接有关的内容均应列入计划，而不属于直接施工的辅助性项目和服务性项目则不必列入计划。

2. 确定施工程序

施工程序受施工工艺和施工组织两方面的制约。当施工方案确定之后，工作项目之间的工艺关系也就随之确定。

工作项目之间的组织关系是由劳动力、施工机械、材料和构配件等资源的组织和安排需要而形成的。它不是由工程本身决定的，而是一种人为的关系。组织方式不同，组织关系也就不同。不同的组织关系会产生不同的经济效果。应通过调整组织关系，并将工艺关系和组织关系有机地结合起来，形成工作项目之间的合理顺序关系。

不同的工程项目，其施工顺序不同。即使是同一类工程项目，其施工顺序也难以做到完全相同。因此，在确定施工顺序时，必须根据工程的特点、技术组织上的要求以及施工方案等进行研究，不能拘泥于某确定的顺序。

3. 计算工程量

工程量的计算应根据施工图和工程量计算规则，针对所划分的每一个工作项目进行。当编制施工进度计划时已有预算文件，且工作项目的划分与施工进度计划一致，可以直接套用施工预算的工程量，不必重新计算。若某些项目有出入，但出入不大时，应结合工程的实际情况进行某些必要调整。

4. 计算劳动量和机械台班数

计算劳动量和机械台班数时，应首先确定所采用的定额。定额有时间定额和产量定额两种，可以任选其一。其值可以直接由现行施工定额手册中查出，亦可考虑施工承包单位的实际生产水平对其进行必要的调整，以使单位工程施工进度计划更切合实际。对有些新技术和特殊的施工方法，定额手册中尚未列出的，可参考类似工程项目的定额或通过实测确定。

6.1.3 横道计划图

1. 横道图的概念

图中用横道线条形象地表现出各分项工程或施工工序的施工进度（表 6-1）。横道图编制进度计划，有着编制容易、简单明了、直观易懂、并便于检查和计算资源等优点。

2. 横道图的编制步骤

(1) 确定施工过程或主要的分项工种；

(2) 计算工程量；

(3) 确定劳动量与施工机械台班数量；

表 6-1

施工项目	工程数量	4/2	5/2	6/2	7/2	8/2	9/2	10/2	11/2	12/2	13/2	14/2
土方开挖	1200m³											
砖模施工	90m²											
基础钢筋	25t											
基础混凝土	210m³											

(4) 确定各施工过程或主要分项工种的作业天数及开始与结束时间；

(5) 编制进度计划；

(6) 编制资源计划。

3. 横道图比较法

这种比较方法的步骤为：

(1) 编制横道图进度计划；

(2) 在进度计划上标出检查日期；

(3) 将检查收集的实际进度数据，按比例用涂黑的粗线标于计划进度线的下方（表6-2）；

表 6-2

工作名称	工程数量	工作时间	进度(周)								
			1	2	3	4	5	6	7	8	9
挖土	3.5万 m³	3						正常			
模板	816m²	6						滞后			
钢筋	89t	2								超前	

检查日期

(4) 比较分析实际进度与计划进度

1) 涂黑的粗线右端与检查日期相重合，表明实际进度与计划进度相一致；

2) 涂黑的粗线右端在检查日期左侧，表明实际进度拖后；

3) 涂黑的粗线右端在检查日期右侧，表明实际进度超前。

6.1.4 网络计划图

1. 网络图表示

网络图有双代号网络图和单代号网络图两种。双代号网络图又称箭线式网络图，它是以箭线表示工作，节点表示工作的开始或结束以及工作之间连接状态。单代号网络图又称节点式网络图，它是以节点表示工作，箭线表示工作之间的逻辑关系。网络图中工作的表示方法如图 6-1 所示。

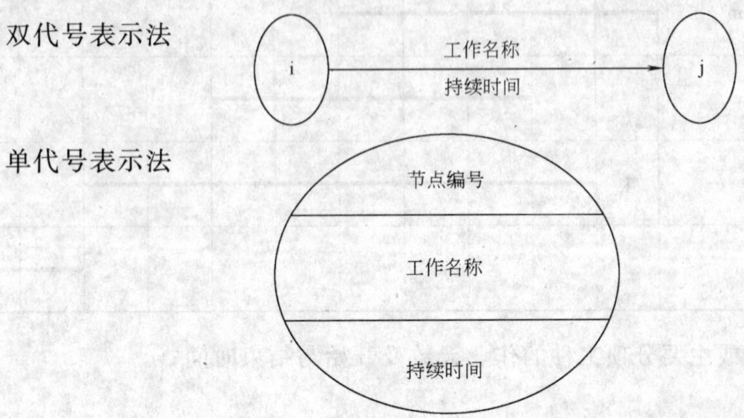

图 6-1 网络图中工作的表示方法

在双代号网络图中，一项工作必须有惟一的一条箭线和相应的一对不重复出现的箭尾、箭头节点编号。因此，一项工作的名称可以用其箭尾和箭头节点编号来表示。而在单代号网络图中，一项工作必须有惟一的一个节点及相应的一个代号，该工作的名称可以用其节点编号来表示。

在双代号网络图中，有时存在虚箭线，虚箭线不代表实际工作。

在单代号网络图中，虚工作只能出现在网络图的起始节点或终点节点处。

2. 线路、线路段和关键线路

（1） 线路

网络图中从起点节点开始，顺箭头方向经过一系列箭线与节点，最后到达终点节点所经过的通路称为线路。

（2） 线路段

网络图中线路的一部分称为线路段。

（3） 关键线路

网络图中线路长度（该线路上所有工作的持续时间总和）最长的线路称为关键线路，关键线路的长度就是网络计划的总工期。关键线路上的工作称为关键工作。在网络计划的实施过程中，关键工作的进度提前或拖延，均会对总工期产生影响。因此，关键工作是工程进度控制工作中的重点控制对象。

3. 双代号网络图的绘制原则

（1） 网络图必须按照已定的逻辑关系绘制。

（2） 网络图中严禁出现从一个节点出发，顺箭线方向又回到原出发点的循环回路。

（3） 网络图中的箭线（包括虚箭线，以下同）保持自左向右的方向，不应出现箭头指向左方的水平箭线和箭头偏向左方的斜向箭线。若遵循这一原则绘制网络图，就不会有循环回路出现。

（4） 网络图中严禁出现双向箭头和无箭头的连线。

（5） 严禁在网络图中出现没有箭尾节点的箭线和没有箭头节点的箭线。

(6) 严禁在箭线上引入或引出箭线。但当网络图的起点节点有多条外向箭线，或终点节点有多条内向箭线时，为使图形简洁，可用母线绘图。

(7) 绘制网络图时，应避免箭线交叉，当交叉不可避免时，可用过桥法表示。

(8) 网络图应只有一个起点节点和一个终点节点（多目标网络计划除外）。除网络计划终点和起点节点外，不允许出现没有内向箭线的节点和没有外向箭线的节点。

6.2 监理对进度的控制与调整

6.2.1 进度控制的原则和目标

1. 施工阶段进度控制目标

为了提高进度计划的预见性和进度控制的主动性，在确定施工进度控制目标时，必须全面细致地分析与工程项目进度有关的各种有利因素和不利因素。只有这样，才能订出一个科学、合理的进度控制目标。确定施工进度控制目标的主要依据有：工程建设总进度目标对施工工期的要求，工期定额、类似工程项目的实际进度，工程难易程度和工程条件的落实情况等。在确定施工进度分解目标时，还要考虑以下各个方面：

(1) 对于大型工程建设项目，应根据尽早提供可动用单元的原则，集中力量分期分批建设，以便尽早投入使用，尽快发挥投资效益；

(2) 合理安排土建与设备的综合施工。要按照它们各自的特点，合理安排土建施工与设备基础、设备安装的先后顺序及搭接。采用交叉或平行作业时，应明确设备工程对土建工程的要求和土建工程为设备工程提供施工条件的内容及时间；

(3) 结合本工程的特点，参考同类工程建设的经验来确定施工进度目标。避免因为只按主观愿望盲目确定进度目标而在实施过程中造成进度失控；

(4) 做好资金供应、施工力量配备、物资（材料、构配件、设备）供应能力与施工进度需要的平衡工作，确保工程进度目标的实现；

(5) 考虑外部协作条件的配合情况。包括施工过程中及项目竣工所需的水、电、气、通信、道路及其他社会服务项目的满足程序和满足时间。它们须与有关项目的进度目标相协调；

(6) 考虑工程项目所在地区的地形、地质、水文、气象等方面的限制条件。

2. 进度控制的原则

(1) 工程进度控制的依据是建设工程施工合同所约定的工期目标。

(2) 在确保工程质量和安全并符合控制工程造价的原则下，控制进度。

(3) 应采用动态的控制方法，对工程进度进行主动控制。

6.2.2 监理对施工进度计划调整方法

1. 通过压缩关键工作的持续时间来缩短工期。

2. 通过组织搭接作业或平行作业来缩短工期。

3. 进度计划调整的组织措施

(1) 增加工作面，组织更多的施工队伍；

(2) 增加每天的施工时间（如采用三班制等）；

(3) 增加劳动力和施工机械的数量，可以避免由于处理不及时而造成的损失。

4. 技术措施和管理措施

(1) 改进施工工艺和施工技术，缩短工艺技术间歇时间；

(2) 采用更先进的施工方法，以减少施工过程的数量（如将现浇框架方案改为预制装配方案）；

(3) 采用更先进的施工机械。

5. 经济措施

(1) 实行包干奖励；

(2) 提高奖金数额；

(3) 对所采取的技术措施给予相应的经济补偿。

6. 其他配套措施

(1) 改善外部配合条件；

(2) 改善劳动条件；

(3) 实施强有力的调度等。

6.2.3 进度控制的基本程序

1. 项目监理机构应按下列程序进行工程进度控制：

(1) 总监理工程师审批承包单位报送的施工总进度计划；

(2) 总监理工程师审批承包单位编制的年、季、月度施工进度计划；

(3) 专业监理人员对进度计划实施情况检查、分析；

(4) 当实际进度符合计划进度时，应要求承包单位编制下一期进度计划。当实际进度滞后于计划进度时，专业监理人员应书面通知承包单位采取纠偏措施并监督实施。

2. 专业监理人员应依据施工合同有关条款、施工图及经过批准的施工组织设计制定

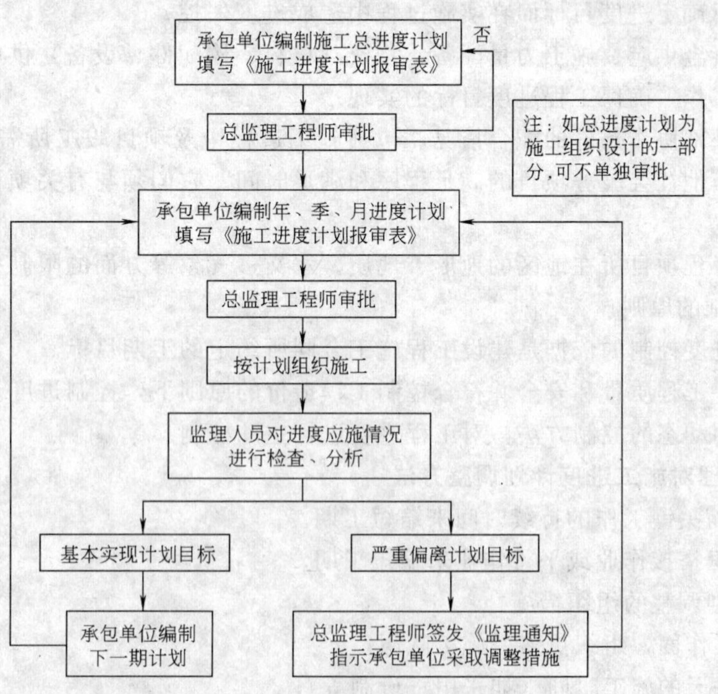

图 6-2 进度控制基本程序

进度控制方案，对进度目标进行风险分析，制定防范性对策，经总监理工程师审定后报送建设单位。

3. 专业监理工程师应检查进度计划的实施，并记录实际进度及其相关情况，当发现实际进度滞后于计划进度时，应签发监理工程师通知单，指令承包单位采取调整措施。当实际进度严重滞后于计划进度时应及时报总监理工程师，由总监理工程师与建设单位商定采取进一步措施。

4. 总监理工程师应在监理月报中向建设单位报告工程进度和所采取进度控制措施的执行情况，并提出合理预防由于建设单位原因导致的工程延期及其相关费用索赔的建议。

5. 进度控制的基本程序（图 6-2）。

6.3 进度控制的内容和方法

6.3.1 编制施工阶段进度控制细则

1. 编制进度控制工作细则的主要内容

(1) 施工进度控制目标分解图；

(2) 施工进度控制的主要工作内容和深度；

(3) 进度控制人员的具体分工；

(4) 与进度控制有关各项工作的时间安排和工作流程；

(5) 进度控制的方法（包括进度检查日期、数据收集方式、进度报表格式、统计分析方法等）；

(6) 进度控制的具体措施（包括组织措施、技术措施、经济措施及合同措施等）；

(7) 施工进度控制目标实现的风险分析；

(8) 尚待解决的有关问题。

2. 编制或审核施工进度计划

(1) 施工进度计划的审核

1) 承包单位应根据施工合同的约定，按时编制施工总进度计划、季度进度计划、月进度计划，并按时填写《施工进度计划报审表》，报项目监理部。总监理工程师审批施工总进度计划及年、季、月度施工进度计划，需要重新修改的，应限时要求承包单位重新申报。总监理工程师应在监理月报中向建设单位报告工程进度和所采取进度控制措施的执行情况，并提出合理预防由于建设单位原因导致的工程延期及其相关费用索赔的建议。

2) 总监理工程师应根据本工程的条件（工程的规模、质量标准、复杂程度、施工的现场条件等）及施工队伍的条件，全面分析承包单位编制的施工总进度计划的合理性、可行性。

3) 对季度及年度进度计划，应要求承包单位同时编写主要工程材料、设备的采购及进场时间等计划安排。

4) 施工总进度计划应符合施工合同中竣工日期规定，可以用横道图或网络图表示，并应附有文字说明。监理人员应对网络计划的关键线路进行审查、分析。

5) 监理人员应依据施工合同有关条款、施工图及经过批准的施工组织设计制定进度控制方案，对进度目标进行风险分析，制定防范性对策，确定进度控制方案。经总监理工程师审定后报送建设单位。

6）专业监理人员应检查进度计划的实施，并记录实际进度及其相关情况。当实际进度符合计划进度时，应要求承包单位编制下一期进度计划。当发现实际进度滞后于计划进度时，应签发监理工程师通知单，指令承包单位采取调整措施。当实际进度严重滞后于计划进度时应及时报总监理工程师，由总监理工程师与建设单位商定采取进一步措施。

7）对于大型工程项目，由于单项工程较多、施工工期长，且采取分期分批发包又没有一个负责全部工程的总承包单位时，监理人员就要负责编制施工总进度计划。或者当工程项目由若干个承包单位平行承包时，监理人员也有必要编制施工总进度计划。施工总进度计划应确定分期分批项目的组成，各批工程项目的开工、竣工顺序及时间安排，全场性准备工程，特别是首批准备工程的内容与进度安排等。

8）当工程项目有总承包单位时，监理人员只需对总承包单位提交的施工总进度计划进行审核即可。而对于单位工程施工进度计划，监理人员只负责审核而不管编制。

9）施工进度计划审核的内容主要有：

a. 进度安排是否符合工程项目建设总进度计划中总目标和分目标的要求，是否符合施工合同中开、竣工日期的规定；

b. 施工总进度计划中的项目是否有遗漏，分期施工是否满足分批动工的需要和配套动用的要求；

c. 施工顺序的安排是否符合施工程序的要求；

d. 劳动力、材料、构配件、机具和设备的供应计划是否能保证进度计划的实现，供应是否均衡，需求高峰期是否有足够能力实现计划供应；

e. 建设单位的资金供应能力是否能满足进度需要；

f. 施工进度的安排是否与设计单位的图纸所列进度相一致；

g. 建设单位应提供的场地条件及原材料和设备，特别是国外设备的到货与进度计划是否衔接；

h. 总分包单位分别编制的各项单位工程施工进度计划之间是否相协调，专业分工与计划衔接是否明确合理；

i. 进度安排是否合理，是否有造成建设单位违约而导致索赔的可能存在。

10）监理人员在审查施工进度计划的过程中发现问题，应及时向承包单位提出书面修改意见，并协助承包单位修改。其中重大问题应及时向建设单位汇报。

(2) 承包单位向监理人员提交施工进度计划，施工进度计划一经监理人员确认，应当视为合同文件的一部分。它是以后处理承包单位提出的工程延期或费用索赔的一个重要依据。

(3)《施工进度计划报审表》填写要求

1）“审查意见”栏应由负责进度控制的监理人员依据监理规程的要求填写。

2）总监理工程师根据“审查意见”及工程实际情况签署“审批结论”。具体审查意见和审批结论的填写方法：

a. 符合要求时填写“所报施工进度计划符合合同工期及总控制计划要求，具有合理性和可行性”。同意实施时，可在“同意”方框内划“√”；

b. 所报计划有明显错误时，应指明错误点，并限定修改日期，在“修改后再报”方框内划“√”；

c. 所报计划与总控制计划不符，需重新编制时，应限定重新编制日期，在“重新编制”方框内划“√”。

3）施工进度计划报审表（表6-3）。

3. 按年、季、月编制工程综合计划

在按计划期编制的进度计划中，监理人员应着重解决各承包单位施工进度计划之间、施工进度计划与资源保障计划之间及外部协作条件的延伸性计划之间的综合平衡与相互衔接问题。并根据上期计划的完成情况对本期计划作必要的调整，从而作为承包单位近期执行的指令性计划。

表 6-3

<table>
<tr><td colspan="2">施工进度计划报审表
表 B2—3(A3 监)</td><td>编号</td><td></td></tr>
<tr><td>工程名称</td><td>北京××</td><td>日期</td><td>2003—06—20</td></tr>
<tr><td colspan="4">致 北京××监理公司(监理单位)：
现报上2003年3季7月工程施工进度计划，请予以审查和批准。
附件：1. ☑施工进度计划(说明、图表、工程量、工作量、资源配备)1份
2. □
编制单位名称：北京××建筑工程公司 项目经理(签字)：×××</td></tr>
<tr><td colspan="4">审查意见：
施工进度计划，符合合同工期及总控制计划要求，具有合理性和可行性，同意按此计划组织施工。
监理工程师(签字)：××× 日期：2003-06-20</td></tr>
<tr><td colspan="4">审批结论：☑同意 □修改后再报 □重新编制
监理单位名称：北京××监理公司 监理工程师(签字)：××× 日期：2003—06—20</td></tr>
</table>

注：本表由承包单位填报，建设单位、监理单位、承包单位各存一份。

4. 下达工程开工令

在FIDIC合同条件下，监理人员应根据承包单位和建设单位双方关于工程开工的准备情况，选择合适的时机发布工程开工令。工程开工令的发布，要尽可能及时，因为从发布工程开工令之日算起，加上合同工期后即为工程竣工日期，如果开工令发布拖延，就等于推迟了竣工时间，甚至可能引起承包单位的索赔。

为了检查双方的准备情况，在一般情况下应由监理人员组织召开有建设单位和承包单位参加的第一次工地会议。建设单位应按照合同规定，做好征地拆迁工作，及时提供施工用地。同时还应当完成法律及财务方面的手续，以便能及时向承包单位支付工程预付款。承包单位应当将开工所需要的人力、材料及设备准备好，同时还应按合同规定为监理人员提供各种条件。

5. 协助承包单位实施进度计划

监理人员要随时了解施工进度计划执行过程中所存在的问题，并帮助承包单位予以解决，特别是承包单位无力解决的内外关系协调问题。

6. 监督施工进度计划的实施

这是工程项目施工阶段进度控制的经常性工作。监理人员不仅要及时检查承包单位报送的施工进度报表和分析资料，同时还要进行必要的现场实地检查，核实所报送的已完项目时间及工程量，杜绝虚假现象。

在对工程实际进度资料进行整理的基础上，监理人员应将其与计划进度相比较，以判定实际进度是否出现偏差。如果出现进度偏差，监理人员应进一步分析此偏差对进度控制目标的影响程度及其产生的原因，以便研究对策、提出纠偏措施。必要时还应对后期工程进度计划作适当的调整。

7. 组织现场协调会

监理人员应每月、每周定期组织召开不同层级的现场协调会议，以解决工程施工过程中的相互协调配合问题。

在平行、交叉施工单位多，工序交接频繁且工期紧迫的情况下，现场协调会甚至需要每日召开。在会上通报和检查当天的工程进度，确定薄弱环节，部署赶工任务，以便为次日正常施工创造条件。

对于某些未曾预料的突发变故或问题，监理人员还可以通过发布紧急协调指令，督促有关单位采取应急措施，维护工程施工的正常秩序。

8. 签发工程进度款支付凭证

监理人员应对承包单位申报的已完分项工程量进行核实，在其质量通过检查验收后签发工程进度款支付凭证。

9. 审批工程延期

（1）工期延误

当出现工期延误时，监理人员有权要求承包单位采取有效措施加快施工进度。如果经过一段时间后，实际进度没有明显改进，仍然拖后于计划进度，而且将影响工程按期竣工时，监理人员应要求承包单位修改计划，并提交监理人员重新确认。

监理人员对修改后的施工进度计划的确认，并不是对工程延期的批准，他只是要求承包单位在合理的状态下施工。因此，监理人员对进度计划的确认，并不能解除承包单位应负的一切责任，承包单位需要承担赶工的全部额外开支和误期损失赔偿。

（2）工程延期

如果由于承包单位以外的原因造成工期拖延，承包单位有权提出延长工期的申请。监理人员应根据合同规定，审批工程延期时间。经监理人员核实批准的工程延期时间，应纳入合同工期，作为合同工期的一部分。即新的合同工期应等于原定的合同工期加上监理人员批准的工程延期时间。

监理人员对于施工进度的拖延，是否批准为工程延期，对承包单位和建设单位都十分重要。如果承包单位得到监理人员批准的工程延期，不仅可以不赔偿由于工期延长而支付的误期损失费，而且还要由建设单位承担由于工期延长所增加的费用。因此，监理人员应按照合同的有关规定，公正地区分工期延误和工程延期，并合理地批准工程延期时间。

10. 向建设单位提供进度报告

监理人员应随时整理进度资料，并做好工程记录，定期向建设单位提交工程进度报告。

11. 督促承包单位整理技术资料

监理人员要根据工程进展情况，督促承包单位及时整理有关技术资料。

12. 审批竣工申请报告、协助组织竣工验收

当工程竣工后，监理人员应审批承包单位在自行预验基础上提交的初验申请报告，组织建设单位和设计单位进行初验。在初验通过后填写初验报告及竣工验收申请书，并协助建设单位组织工程项目的竣工验收，编写竣工验收报告书。

13. 处理争议和索赔

在工程结算过程中，监理人员要处理有关争议和索赔的问题。

14. 整理工程进度资料

在工程完工以后，监理人员应将工程进度资料收集起来，进行归类、编目和建档，以便为今后其他类似工程项目的进度控制提供参考。

15. 工程移交

监理人员应督促承包单位办理移交手续，颁发工程移交证书。在工程移交后的保修期内，还要处理验收后质量问题的原因及责任等争议问题，并督促责任单位及时修理。当保修期结束且再无争议时，工程项目进度控制的任务即告完成。

6.3.2 施工进度计划实施中的检查与调整

施工进度计划由承包单位编制完成后，应提交给监理人员审查，待监理人员审查确认后即可付诸实施。承包单位在执行施工进度计划的过程中，应接受监理人员的监督与检查。而监理人员应定期向建设单位报告工程进度状况。

1. 施工进度的检查方式

在工程项目的施工过程中，监理人员可以通过以下方式获得工程项目的实际进展情况：

(1) 定期地、经常地收集由承包单位提交的有关进度报表资料。

1) 施工进度报表资料是实施进度控制的依据，也是签发工程进度款的依据；

2) 一般情况下，进度报表格式由监理单位提供给施工承包单位，施工承包单位应按时填写并提交给监理人员核查；

3) 报表的内容根据施工对象和承包方式的不同而有所区别，但一般应包括工作的开始时间、完成时间、持续时间、逻辑关系、实物工程量和工作量，以及工作时差的利用情况等。

(2) 由驻地监理人员现场跟踪检查工程项目的实际进展情况。

1) 监理人员有必要进行现场实地检查和监督，间隔时间应视工程项目的类型、规模、监理范围及施工现场的条件等多方面的因素而定。可以每月或每半月检查一次，也可以每旬或每周检查一次，在某一施工阶段甚至需要每天检查；

2) 监理人员定期组织现场施工负责人召开现场会议，是获得工程项目实际进展情况的一种方式。

2. 施工进度的对比检查方法

(1) 检查分析进度偏差比较小，应分析原因，采取有效措施，解决矛盾，排除障碍，继续执行原进度计划。

(2) 如果经过努力，确实不能按原计划实现时，再考虑对原计划进行必要的调整。即适当延长工期，或改变施工速度。

(3) 计划的调整一般是不可避免的，但应当慎重，尽量减少变更计划性的调整。

6.4 进度控制的措施

6.4.1 进度控制的组织措施

1. 组织是目标能否实现的决定性因素，为实现项目的进度目标，应充分重视健全项目管理的组织体系。

2. 在项目组织结构中应有专门的工作部门和符合进度控制岗位资格的专人负责进度控制工作。

3. 进度控制的主要工作环节包括进度目标的分析和论证、编制进度计划、定期跟踪进度计划的执行情况、采取纠偏措施，以及调整进度计划。

4. 应编制项目进度控制的工作流程

(1) 确定项目进度计划系统的组成；

(2) 各类进度计划的编制程序、审批程序和计划调整程序等。

5. 组织和协调工作，进行有关进度控制会议的组织

(1) 会议的类型；

(2) 各类会议的主持人及参加单位和人员；

(3) 各类会议的召开时间；

(4) 各类会议文件的整理、分发和确认等。

6.4.2 进度控制的管理措施

1. 进度控制的管理措施涉及管理的思想、管理的方法、管理的手段、承发包模式、合同管理和风险管理等。

2. 进度控制在管理方面应加强：

(1) 进度计划系统的观念，编制各种计划应相互联系，形成系统；

(2) 建立动态控制的观念，重视及时地进行计划的动态调整；

(3) 建立进度计划多方案比较和选优的观念，合理的进度计划应体现资源的合理利用；

(4) 合理安排工作面，有利于合理地缩短建设周期。

3. 尽量用工程网络计划的方法编制进度计划，通过工程网络的计算可发现关键工作和关键路线。

4. 应选择合理的合同结构，以避免过多的合同交界面而影响工程的进展。工程物资的采购模式对进度也有直接的影响，对此应作比较分析。

5. 还应注意分析影响工程进度的风险，并在分析的基础上采取风险管理措施，以减少进度失控的风险量，常见的影响工程进度的风险：

(1) 组织风险；

(2) 管理风险；

(3) 合同风险；

(4) 资源（人力、物力和财力）风险；

(5) 技术风险等。

6. 采用信息技术（包括相应的软件、互联网以及数据处理设备），提高进度信息处理

的效率，有利于信息的交流和协同工作。

7. 进度计划的实施监督

(1) 项目监理部应依据总进度计划，对承包单位实际进度进行跟踪监督检查，实施动态控制。

(2) 应按月检查月实际进度，并将与月计划进度比较的结果进行分析、评价。发现偏离时，应签发《监理通知》，要求承包单位及时采取措施，实现计划进度目标。

(3) 要求承包单位每月25日前报《( )月工、料、机动态表》。

8. 工程进度计划的调整

(1) 发现工程进度严重偏离计划时，总监理工程师应组织监理人员进行原因分析，召开各方协调会议，研究应采取的措施，并应指令承包单位采取相应调整措施，保证合同按约定目标完成。总监理工程师应在监理月报中向建设单位报告工程进度和所采取控制措施的执行情况，提出合理预防由于建设单位原因导致的工程延期及其相关费用索赔的建议。

(2) 必须延长工期时，应要求承包单位填报《工程延期申请表》，报项目监理部。

(3) 总监理工程师依据施工合同约定，与建设单位共同签署《工程延期审批表》，要求承包单位据此重新调整工程进度计划。

6.4.3 进度控制的经济措施

1. 建设工程项目进度控制的经济措施涉及资金需求计划、资金供应的条件和经济激励措施等。

2. 为确保进度目标的实现，应编制与进度计划相适应的资源需求计划（资源进度计划），包括资金需求计划和其他资源（人力和物力资源）需求计划，以反映工程实施的各时段所需要的资源。通过资源需求的分析，可发现所编制的进度计划实现的可能性，若资源条件不具备，则应调整进度计划。

3. 资金供应条件包括可能的资金总供应量、资金来源（自有资金和外来资金）以及资金供应的时间。

4. 在工程预算中应考虑加快工程进度所需的资金，其中包括为实现进度目标将要采取的经济激励措施所需要的费用。

6.4.4 进度控制的技术措施

1. 建设工程项目进度控制的技术措施涉及对实现进度目标有利的设计技术和施工技术的选用。

2. 设计方案会对工程进度产生影响，在设计方案评审和选用时，应对设计技术与工程进度的关系作分析比较，在工程进度受阻时，应分析是否存在设计技术的影响因素，为实现进度目标有无设计变更的可能性。

3. 技术路线、施工方案评审和选用时，应进行工程进度的影响分析，是否存在施工技术的影响因素，为实现进度目标有无改变施工技术、施工方法和施工机械的可能性。

第7章　安全、文明生产监理和评价

7.1　施工安全生产的一般规定

7.1.1　施工企业安全生产的有关法规

1.《建设工程安全生产管理条例》国务院第393号令。

2.《关于建设行业生产操作人员实行职业资格证书制度有关问题的通知》建人教［2002］第73号。

3.《建筑施工企业项目经理资质管理办法》建设部建［1995］第1号。

4.《特种作业人员安全技术培训考核管理办法》国家经济贸易委员会令第13号。

5.《建筑施工安全检查标准》(JGJ 59—99)。

6.《施工企业安全生产评价标准》。

7.《工程建设重大事故报告和调查程序规定》。

8.《工程监理责任保险条款》。

9.《特别重大事故调查程序暂行规定》国务院令第34号。

10.《企业职工伤亡事故报告和处理规定》国务院令第75号。

11.《中华人民共和国消防条例》。

12.《建筑施工场界噪声限值》(GB 12523—90)。

7.1.2　安全监理的任务与职责

1. 安全监理的任务

(1) 对给水排水工程中的人、机、环境及施工全过程进行预测、评价、监控和督察。

(2) 通过法律、经济、行政和技术手段，促使其建设行为符合国家安全生产、劳动保护法律、法规标准，制止建设中的冒险性、盲目性和随意性行为。

(3) 有效地把给水排水工程安全控制在允许的风险度范围之内，以确保安全性。

(4) 发生重大安全事故的申报及预案处理。

2. 主要职责

(1) 审查施工单位的安全资质并进行确认。

1) 审查施工单位的安全生产管理机构；

2) 规章制度和安全操作规程；

3) 特种作业人员和安全管理人员持证上岗情况，以及进入现场的主要施工机电设备安全状况；

4) 考核结论意见与有关规定相对照，对施工单位的安全生产能力与业绩进行确认和核准。

（2）监督安全生产协议书的签订与实施。

进行监督安全生产协议书的签订，与工程承包合同同时签订，同时生效。对协议书约定的安全生产职责、双方的权利和义务的实际履行，监理人员要实施监督。

（3）审核、监督实施安全技术措施。

1）审核施工单位的安全技术措施是否符合标准、规范，现场资源配置是否恰当并符合工程项目的安全需要；

2）对风险性较大和专业较强的工程项目有没有进行过安全论证和技术评审，施工设备及操作方法的改变及新工艺的应用是否采取了相应的防护措施；

3）安全操作规定或作业指导书是否具有针对性和可操作性；

4）监理人员要对施工安全有关数据进行复核，对安全费用的使用进行监督，同时制定安全监理大纲以及安全监理程序，保证安全技术措施实施到位。

（4）监督施工单位按规定配置安全设施。

对配置的安全设施进行审查，审查材料是否符合规定，关键工序、特殊部位是否符合设计要求，对现场设施搭设的自检、记录和挂牌施工进行监督。

（5）监督施工过程中的人、机、环境的安全状态。

对施工过程中设施的不安全状态、机械设备的安全缺陷、人的违章操作、指挥的不安全行为，实施动态的跟踪监理、整改、复查验证。

（6）检查工程施工安全状况，并签署安全评价意见。

审查提交的工序交接检查和分部/分项工程安全自检报告，以及是否履行了安全技术交底和签字手续，并验证是否按照安全技术防范措施和规程操作，签署监理人员对安全性的评价意见。

（7）参与工程伤亡事故调查。

监理人员要参与调查、处理人身伤亡事故，并监督事故现场的保护、记录。同时参与分析、查找原因，确定纠正措施，并确保措施的实施和落实。

7.2　施工各阶段的安全监理工作

7.2.1　招标阶段的安全监理

实施安全资质审查，协助拟定安全生产协议书及安全生产协议书的签约。对施工单位的安全资质，主要审查以下内容：

1. 营业执照及施工许可证；
2. 安全生产管理机构及管理网络；
3. 安全生产规章制度及安全技术规程；
4. 特种作业人员上岗证；
5. 主要施工设备的安全使用许可证；
6. 安全生产奖惩状况及有关单位评价。

7.2.2　施工准备阶段的安全监理

1. 熟悉合同文本及审查施工组织设计中的安全技术措施。掌握新技术、新材料的工艺和标准，制定安全监理大纲和程序，并召开第一次安全监理现场会议。本阶段安全监理的主要工作为：

（1）审查施工组织设计。施工单位编制的施工组织设计，应包含安全技术措施及安全组织措施，监理人员应认真审查；

（2）参与接管施工现场。施工单位进场后，对施工现场进行接管，三方（建设单位、施工单位、监理单位）的人员均在场，并以书面形式确认现场移交的范围和时间；

（3）协助签订安全管理协议书

1）签订建设工程承发包安全管理协议，作为工程合同的附件，应明确安全责任，作为处理事故及考核的依据，监理单位应协助建设单位把该项工程落实；

2）应通过分包合同或安全生产管理协议明确双方的安全责任、权利和管理要求，具体条款包括：分包单位的安全职责权限和安全指标，分包单位安全管理体系和管理制度的要求，分包单位施工方案的批准要求，分包单位从业人员的资格要求；

3）分包合同签订前应按规定程序进行审核审批，应对分包单位施工活动实行控制，并形成记录；

4）控制的内容与方法包括：审核批准分包单位的专项施工组织设计（方案）；

5）提供或验证必要的安全物资、工具、设施、设备；

6）确认从业人员的资格和专业安全生产管理人员的配备，对分包单位管理人员进行安全教育和安全交底，并督促检查分包单位对班组织的安全教育和安全交底，对分包单位的施工过程进行指导、督促、检查和业绩评价，处理发现的问题，并与分包单位及时沟通。

2. 安全交底

（1）安全交底工作由施工单位组织，分级向施工人员根据工程的具体情况进行安全交底。

（2）介绍合同文本及审查施工组织设计中的安全技术措施，介绍与安全有关的设施和构筑物等。

（3）介绍掌握新技术、新材料的工艺和标准。

（4）制定安全监理大纲和程序，并召开第一次安全监理现场会议。

（5）施工单位进场后，对施工现场进行接管，三方（建设单位、施工单位、监理单位）的人员均在场。

（6）提供或验证必要的安全物资、工具、设施、设备。

（7）介绍施工安全负责人和安全管理机构，确认从业人员的资格和专兼安全生产管理人员的配备。

（8）介绍有关安全的规范和规定及奖惩制度。

（9）安全员、施工人员、施工单位进行安全交流和交换意见。

7.2.3 给水排水工程承发包安全管理协议样例

发包单位：福州××污水处理厂建设公司　　（以下简称甲方）

承包单位：上海市政××工程公司　　　　　（以下简称乙方）

甲方将本建筑安装工程项目发包给乙方施工，为贯彻“安全第一，预防为主”的方针，根据《福建省招标、承包工程安全管理暂行规定》和有关法规，明确双方的安全生产责任，确保施工安全，双方在签订建筑安装工程合同的同时，签订本协议。

1. 承包工程项目：福州××污水处理厂外网管道工程

(1) 工程项目名称：福州××污水处理厂

(2) 工程地址：福州××区

(3) 承包范围（略）

(4) 承包方式（略）

2. 工程项目期限：自××年××月××日起开工期至××年××月××日完工。

3. 协议内容：

(1) 双方必须认真贯彻上级劳动保护、安全生产主管部门颁发的有关安全生产、消防工作的方法、政策，严格执行有关劳动保护法律、条例、规定。

(2) 双方应有安全管理组织体制：抓安全生产的领导，各级安全干部，工程的安全操作规程，特种作业人员的审证考核制度及安全生产岗位责任制和定期安全检查制度、安全教育制度等。

(3) 乙方编制福州××污水处理厂施工组织设计，制定有针对性的安全技术措施计划，严格按施工组织设计和有关安全要求施工。

(4) 双方必须认真对本单位职工进行安全生产制度及安全知识教育，增强法制观念，提高职工的安全生产思想意识和自我保护的能力，督促职工自觉遵守安全生产纪律、制度和法规。

(5) 施工前，甲方应对乙方的管理、施工人员进行安全生产教育，介绍有关安全生产管理制度的规定和要求。乙方应组织召开管理、施工人员安全生产教育会议并通知甲方委托有关人员出席会议，介绍施工中有关安全、防火等规章制度及要求。乙方必须检查、督促施工人员严格遵守、认真执行。

根据福州××污水处理厂工程项目内容和特点，双方应做好安全技术交底，并有交底的书面材料，交底材料一式两份，由双方各执一份。

(6) 施工期间，乙方指派__________负责本工程的安全、防火工作，甲方指派______负责联系、检查督促乙方执行有关安全、防火规定。双方相互协助检查和处理工程施工有关的安全、防火规定，共同预防事故发生。

(7) 乙方在施工期间必须严格执行和遵守安全生产、防火管理的各项规定，接受甲方的督促、检查和指导。甲方有协助乙方搞好安全生产、防火管理以及督促检查的义务，对于查出的隐患，乙方必须限期整改。对于甲方违反安全生产规定、制度等情况，乙方有要求甲方整改的权利，甲方应认真整改。

(8) 甲、乙方都应督促施工现场人员自觉穿戴好防护用品。

(9) 双方人员对施工区域、作业环境、操作设施设备、工具用具等必须认真检查，发现隐患，应立即停止施工，整改后方准施工。一经施工，就表示该施工单位确认施工场所、作业环境、设施设备、工具用具等符合安全要求和处于安全状态。施工单位对施工过程中由于上述因素不良而导致的事故后果负责。

(10) 由甲方提供的机械设备、脚手架等设施，在提交使用前，甲方应会同乙方共同验收，并做好书面手续，否则，因此发生的后果概由擅自使用方负责。

(11) 乙方在施工期间使用的设备、工具等均由乙方自备，并严格执行安全操作规程。

在使用过程中，由于设备、工具因素或使用操作不当而造成伤亡事故，乙方自行负责。

(12) 双方人员对福州××污水处理厂现场的脚手架、安全防护设施、安全标志和警告牌，不得擅自拆除、变动。如确实需要拆除变动的，必须经施工负责人的同意，方能拆除。任何一方擅自拆除所造成的后果，均由该方负责。

(13) 特种作业必须执行《特种作业人员安全技术培训考核管理办法》，持证上岗，并按规定定期审证。小型机械的操作人员必须按规定做到“定机定人”和有证操作。起重吊装作业人员必须遵守“十不吊”规定，严禁违章、无证操作。严禁不懂电器、机械设备的人，擅自操作使用电器、机械设备。

(14) 双方必须严格执行防火防爆制度，易燃易爆场所严禁吸烟及动用明火，消防器材不准挪作他用。电焊、气割作业应按规定办理动火审批手续，严格遵守“十不烧”规定，严禁使用电炉。冬季施工如必须采用明火加热的防冻措施时，应取得防火主管人员同意，落实防火、防中毒措施，并指派专人值班。

(15) 电气设备在使用前应先进行检测，如不符合安全规定，应及时提出，整改合格后方准使用。违反本规定或不经许可，擅自乱拉电气线路造成的后果均由肇事者单位负责。

(16) 双方在施工中，应注意地下管线保护。甲方对地下管线和障碍物应详细交底，乙方应贯彻交底要求，如遇有情况，应及时向甲方和有关部门联系，采取保护措施。

(17) 乙方在签订建筑安装施工合同后，应自觉地向所在地福州劳动局等有关部门办理开工报告手续。

(18) 建设单位、承包单位人员在施工期间造成伤亡、火警、火灾、机械等重大事故，双方应协力进行紧急抢救和保护现场，在事故发生后的 24 小时内报告给各自的上级主管部门及福州劳动保护监察有关机构，事故的损失和善后处理费用，应按责任，协商解决。

(19) 其他未尽事宜。

(20) 本协议如遇有同国家和本市有关法规不符者，应按国家和福州市的有关规定执行。

(21) 本协议双方签字，盖章有效，共一式 6 份，双方各执两份，送福州劳动局劳动保护监察科有关部门各一份备案。

甲方：单位名称　（盖章）	乙方：单位名称　（盖章）
法定代表人　（盖章）	法定代表人　（盖章）
地址__________	地址__________
电话__________	电话__________
	年　月　日

7.2.4 安全抵押金制度的协助执行

安全抵押金制度是通过经济手段加强建设单位与施工单位，总包单位与分包单位之间的安全生产关系，使安全责任与经济措施密切挂钩。一般在工程预付款中按安全管理协议中规定的比例扣除安全抵押金，并以安全专项资金的科目存入银行。在施工过程中，根据安全生产奖惩条例，在安全活动或安全事故处理中进行奖优罚劣，当工程竣工后对无安全事故的施工单位，应全额退还安全抵押金。安全活动经费及安全单位的奖励可在事故单位罚款中支付。监理在执行安全抵押金制度中，主要履行以下职责：

（1）根据安全抵押金提取比例及工程合同中的总造价提出扣款金额；

（2）对安全生产的奖惩单位提出奖惩意见，供建设单位决定；

（3）参与安全活动，并提出活动经费的初步意见。

7.2.5 安全组织系统的审查和安全设施的检验

1. 施工组织设计中必须要有安全管理网络，监理要审查落实情况，尤其是专职安全员的资质及到位与否，必须认真核实。对操作工人进行相应的安全教育，监理应检查教育的内容及相关的内业资料。

2. 检查主要岗位人员到位情况：主要岗位人员中包括项目经理、技术负责人、安全员是否到位，名单与投标书、证书是否一致。

3. 检验安全设施

（1）监理人员在施工现场，应详细了解施工单位安全设施的配备情况。

（2）对已使用过的安全设施是否经过检修和鉴定。

（3）对新购置的安全设施，施工单位应提供生产厂商及出厂合格证书等检验资料，必要时，监理可去生产厂作进一步考察。

7.2.6 进场施工机械的检查

1. 核对机械的数量、型号、规格、完好程度与投标书或施工组织设计是否一致，如有重大出入时，应查明原因，必要时可要求施工单位予以更换。

2. 检查机械设备管理制度的执行情况。

3. 检查设备的操作工人到位情况。

当以上检查均符合要求时，监理人员可向总监汇报，在安全生产方面已具备正式开工条件，由总监综合各方面因素后确定开工日期，签署开工令。

7.3 施工阶段的安全监理

7.3.1 现场内部的安全监理

1. 安全生产责任制

企业和施工现场各级、各部门，包括各人员的安全生产责任制，是否做到位，责任落到人。安全指标和奖惩办法以及安全保证措施是否落实，总分包之间是否签订权利、义务、责任相一致的安全生产协议书，现场是否制订了各工种的安全技术操作规程。是否按规定配备安全员，并持有由建设单位主管部门、劳动部门颁发的“双证”。

2. 安全生产目标管理

制定工地安全管理目标：伤亡事故控制指标、安全达标和文明工地创建目标，制定安全生产责任目标分解和责任目标考核规定，并按月、季考核责任部门和责任人。

3. 施工组织设计中的安全技术措施

（1）监理单位应当审查施工组织设计中的安全技术措施或者专项施工方案是否符合工程建设强制性标准。

（2）编制施工安全技术措施计划应考虑：水池及处理构筑物、泵站及雨水泵站、沉井工程、水下工程、自动化控制仪表工程等专业性较强的项目，除制定项目总体安全保证计划外，还必须制定单位工程或分部分项工程的安全技术措施。

(3) 对于水下作业、井下作业等专业性强的作业，电器、压力容器等特殊工种作业，应制定单项技术规程，并应对管理人员和操作人员的安全作业资格和身体状况进行检查。

(4) 制定和完善施工安全操作规程，编制各施工工种，特别是危险性较大工种的安全施工操作要求，作为规范和检查考核员工安全生产行为的依据。

(5) 给水排水工程施工安全技术措施。安全防护设施的设置和安全预防措施，主要内容：防火、防毒、防爆、防洪、防尘、防雷击、防触电、防坍塌、防物体打击、防机械伤害、防起重设备滑落、防高空坠落、防交通事故、防寒、防暑、防疫、防环境污染等方面措施。

(6) 施工组织设计是否经企业技术负责人审批，并由建设单位或监理审核。施工组织设计中的安全保证措施是否全面，具有针对性。施工现场专业性较强的项目，是否单独编制了专项安全施工组织设计，并具备审批、审核资料。如：

1) 施工用电组织设计；

2) 特殊类脚手架、高于20m以上的脚手架、承重支架的专项方案；

3) 基坑支护（≥5m深度的基坑、沟槽）专项方案；

4) 沉井施工专项方案；

5) 水下施工专项方案；

6) 现场吊装专项方案；

7) 管线及相邻构筑物的支护方案。

4. 监理单位在实施监理过程中，发现存在安全事故隐患的，应当要求施工单位整改。情况严重的，应当要求施工单位暂时停止施工，并及时报告建设单位。施工单位拒不整改或者不停止施工的，工程监理单位应当及向有关主管部门报告。

5. 监理单位和监理人员应当按照法律、法规和工程建设强制性标准实施监理，并对建设工程安全生产承担监理责任。

6. 为建设工程提供机械设备和配件的单位，应当按照安全施工的要求配备齐全有效的保险、限位等安全设施和装置，应当具有生产（制造）许可证、产品合格证，应进行安全性能进行检测。在签订租赁协议时，应当出具检测合格证明。

7. 在施工现场安装、拆卸施工起重机械和整体提升脚手架、模板等自升式架设设施。

(1) 必须由具有相应资质的单位承担。

(2) 应当编制拆装方案、制定安全施工措施，并由专业技术人员现场监督。

(3) 安装完毕后，安装单位应当自检，出具自检合格证明，并向施工单位进行安全使用说明，办理验收手续并签字。

(4) 设施的使用达到国家规定的检验检测期限的，必须经具有专业资质的检验检测机构检测。经检测不合格的，不得继续使用。

(5) 检测机构对检测合格者，应当出具安全合格证明文件，并对检测结果负责。

8. 分部（分项）工程安全技术交底

即是否实施进场后总分包安全生产交底。各分部（分项）安全技术交底是否书面进行，并有针对性。安全技术交底应由施工项目负责人或施工技术负责人为主进行，交底方和被交底方应履行签字手续。

9. 施工现场安全生产检查

(1) 项目安全检查的目的：

1) 是消除隐患、防止事故、改善劳动条件及提高员工安全生产意识的重要手段；

2) 是安全控制工作的一项重要内容，通过安全检查可以发现工程中的危险因素，以便有计划地采取措施，保证安全生产；

3) 施工项目的安全检查应由项目经理组织，定期进行。

(2) 制订定期安全生产检查制度。

1) 每周一次定期安全生产检查。

2) 对查出的安全生产问题和事故隐患，做到了定人、定时间、定措施解决。

3) 对整改通知书所列的项目整改，并有书面整改消项报告、安全生产专项检查及验收记录。

(3) 安全检查的类型

1) 日常性检查。一般每年进行1～4次，工程项目组每月至少进行一次，班组每周、每班次都应进行检查。专职安全技术人员的日常检查应有计划的针对重点部位进行。

2) 专业性检查。针对电焊、气焊、起重设备、运输车辆、锅炉压力容器、水下工程、沉井等特种作业、设备、场所进行的检查。

3) 季节性检查。春季要着重防火、防爆，夏季要着重防暑、降温、防汛、防雷击、防触电，冬季着重防寒、防冻等。

4) 节假日检查。假日期间的安全检查，节日前进行安全生产综合检查，节日后要进行遵章守纪的检查等。

5) 不定期检查。在工程开工和停工前，工程或设备竣工及试运转时进行的安全检查。

(4) 安全检查的注意事项：

1) 安全检查要深入基层，组织好检查工作，建立检查的组织领导机构，配备适当的检查力量，挑选具有较高技术业务水平的专业人员参加；

2) 做好检查的各项准备工作，包括思想、业务知识、法规政策和检查设备、奖金的准备。明确检查的目的和要求，严格要求，从实际出发，分清主、次矛盾，力求实效；

3) 把自查与互查有机结合起来，基层以自检为主，企业内相应部门间相互检查；

4) 建立检查档案。结合安全检查表的实施，收集基本的数据，掌握基本安全状况，为及时清除隐患提供数据；

5) 安全检查表，设计用安全检查表、厂级安全检查表、车间安全检查表、班组及岗位安全检查表和专业安全检查表等。制定安全检查表要在安全技术部门的指导下，充分依靠职工来进行，反复试行、修订，最后由安全技术部门审订后方可正式实行。

(5) 安全检查的重点是违章指挥和违章作业。安全检查后应编制安全检查报告，说明已达标项目、存在问题、原因分析、纠正和预防措施。

(6) 项目经理安全检查的主要规定：

1) 定期对安全控制计划的执行情况进行检查、记录、评价和考核，对作业中存在的不安全行为和隐患，签发安全整改通知，由相关部门制定整改方案，落实整改措施，实施整改后应予复查；

2）根据施工过程的特点和安全目标的要求确定安全检查的内容；

3）安全检查应配备必要的设备或器具，确定检查负责人和检查人员，并明确检查的方法和要求；

4）检查应采取随机抽样、现场观察和实地检测的方法，并记录检查结果，纠正违章指挥和违章作业；

5）对检查结果进行分析，找出安全隐患，确定危险程度，编写安全检查报告并上报。

10. 安全生产教育。现场制定安全生产教育制度，有完整的施工管理人员三级教育记录卡，有针对性的教育内容，有各层次的安全生产教育培训计划。

11. 施工班组班前安全活动。建立施工班组班前安全活动制度，班前安全活动认真进行，并记录齐全。

12. 特种作业人员持证上岗。安全员及持证特种作业人员名册表齐全，其中安全员、电工持有劳动部门颁发的操作证和建委颁发的上岗证。所有原始证件的复印件应装订成册。

13. 伤亡事故报表、档案。建立施工现场伤亡事故月报表，发生因工伤亡事故，按有关规定上报和调查处理，并建立伤亡事故档案。

14. 现场安全标志布置总平面图。现场绘制的安全标志布置总平面图清晰标明各安全标志的所在位置，并不断修正，做到图标和实际相符。

7.3.2 施工现场的安全监理

1. 在分部、分项工程施工中

（1）遵循施工组织设计及合同规定的规范、规程进行，并根据相应的安全技术措施，在确保工程质量的同时确保工程安全，也确保了人身安全以及相邻构筑物及管线的安全。

（2）这些安全技术措施既作为安排施工、安全交底的依据，也作为监理检查、督促的依据。

2. 各分部、分项工程的安全施工阶段的安全监理

（1）根据国家标准和行业规范，主要采用抽检、巡视、旁站和全面检查等形式，对工程实施全面的、动态的安全监控。

（2）采用“单位分部、分项工程安全监理工作计划系统表”、“安全监理月报表”、“安全监理指令书”、“工程事故报告单”等方式及时报告建设单位，以实现施工全过程的安全生产。

7.3.3 竣工阶段的安全监理

1. 在工程竣工或分项竣工以后，对尚未完成的工程项目进行安全监理，对工程缺陷的修复及重建过程进行安全监理。

2. 在本阶段拟写安全监理总结报告，这是对安全监理人员所作全部工作的概括和总结。

3. 安全监理总结报告应包括：合同报告情况、伤亡事故情况、解决主要事故隐患情况以及对本工程项目及承包商的综合安全评价等内容。

7.4 施工单位安全责任及自我约束

7.4.1 施工单位的责任

1. 应当具备国家规定的注册资本、专业技术人员、技术装备和安全生产等条件，依法取得相应等级的资质证书，并在其资质等级许可的范围内承揽工程。

2. 施工单位负责人对本单位的安全生产工作全面负责。施工单位应当建立健全的安全生产责任制度和安全生产教育培训制度，制定安全生产规章制度和操作规程，保证本单位安全生产条件所需资金的投入，对工程进行定期和专项安全检查，并做好安全检查记录。

3. 项目负责人应由取得相应执业资格的人员担任，对工程项目的安全施工负责，落实安全生产责任制度、安全生产规章制度和操作规程，确保安全生产费用的有效使用，并根据工程的特点组织制定安全施工措施，消除安全事故隐患，及时、如实报告生产安全事故。

4. 对列入建设工程概算的安全施工措施费用，应当专款专用，不得挪作他用。

5. 施工单位应当设立安全生产管理机构，配备专职安全生产管理人员。

7.4.2 总承包单位的责任

1. 工程实行施工总承包的，由总承包单位对施工现场的安全生产负总责。总承包单位应当自行完成建设工程主体结构的施工。

2. 总承包单位将工程分包给其他单位的，分包合同中应当明确各自在安全生产方面的权利、义务。总承包单位和分包单位对分包工程的安全生产承担连带责任。

3. 分包单位应当服从总承包单位的安全生产管理，分包单位不服从管理而导致生产安全事故，由分包单位承担主要责任。

7.4.3 监理单位的责任

1. 检查垂直运输机械作业人员、安装拆卸工、爆破作业人员、水下工程、登高架设作业人员等特种作业人员，必须按照国家有关规定经过专门的安全作业培训，并取得特种作业操作资格证书后，方可上岗作业。

2. 审查施工组织设计中编制安全技术措施和施工现场临时用电方案，对下列达到一定规模的危险性较大的分部分项工程编制专项施工方案，并附安全验算结果，经施工单位技术负责人、总监理工程师签字后实施，由专职安全生产管理人员进行现场监督：

(1) 基坑支护与降水工程；

(2) 土方开挖工程；

(3) 模板工程；

(4) 起重吊装工程；

(5) 脚手架工程；

(6) 拆除、爆破工程；

(7) 国务院建设行政主管部门或者其他有关部门规定的其他危险性较大的工程。

3. 对前面所列工程中涉及深基坑、地下暗挖工程、高大模板工程的专项施工方案，施工单位还应当组织专家进行论证、审查。

7.4.4 施工单位的安全操作

1. 施工前，施工单位负责项目管理的技术人员应当对有关安全施工的技术要求向施工作业班组、作业人员作出详细说明，并由双方签字确认。

2. 施工单位应当在施工现场入口处、施工起重机械、临时用电设施、脚手架、出入通道口、楼梯口、沉井口、基坑边沿、爆破物及有害危险气体和液体存放处等危险部位，设置明显的安全警示标志。安全警示标志必须符合国家标准。

3. 施工单位应根据施工阶段和周围环境及季节、气候的变化，在施工现场采取相应的安全施工措施。施工现场暂时停止施工的，施工单位应当做好现场防护。

4. 应将施工现场的办公、生活区与作业区分开设置，并保持安全距离。办公、生活区应当符合安全性要求，职工的膳食、饮水、休息场所等应当符合卫生标准，施工单位不得在尚未竣工的建筑物内设置员工集体宿舍。

5. 现场临时搭建的建筑物应当符合安全使用要求。施工现场使用的装配式活动房屋应当具有产品合格证。

6. 对因施工可能造成损害的毗邻建筑物、构筑物和地下管线等，应当采取专项防护措施。

7. 在施工现场采取措施，防止或者减少粉尘、废气、废水、固体废物、噪声、振动和施工照明对人和环境的危害和污染。

8. 在城市市区内的管道工程，施工单位应当对施工现场实行围挡。

9. 应当建立消防安全责任制度，确定消防安全责任人，制定用火、用电、使用易燃易爆材料等各项消防安全管理制度和操作规程，设置消防通道、消防水源，配备消防设施和灭火器材，并在施工现场入口处设置明显标志。

10. 应当向作业人员提供安全防护用具和安全防护服装，并书面告知危险岗位的操作规程和违章操作的危害。

11. 作业人员应当遵守安全施工的强制性标准、规章制度和操作规程，正确使用安全防护用具、机械设备等。

12. 施工单位采购、租赁的安全防护用具、机械设备、施工机具及配件，应当具有生产许可证、产品合格证，并在进入施工现场前进行查验。

13. 施工现场的安全防护用具、机械设备、施工机具及配件必须由专人管理，定期进行检查、维修和保养，建立相应的资料档案，并按照国家有关规定及时报废。

14. 施工单位在使用施工起重机械和整体提升脚手架、模板等自升式设施前，应当组织有关单位进行验收，也可以委托具有相应资质的检验检测机构进行验收。使用承租的机械设备和施工机具及配件的，由施工总承包单位、分包单位、出租单位和安装单位共同进行验收。验收合格的方可使用。

15. 施工单位的项目负责人、专职安全生产管理人员应当经建设行政主管部门或者其他有关部门考核合格后方可任职。

16. 施工单位应当对管理人员和作业人员每年至少进行一次安全生产教育培训，其教育培训情况记入个人工作档案。安全生产教育培训考核不合格的人员，不得上岗。

17. 作业人员进入新的岗位或者新的施工现场前，应当接受安全生产教育培训。未经教育培训或者教育培训考核不合格的人员，不得上岗作业。在采用新技术、新工艺、新设备、新材料时，应当对作业人员进行相应的安全生产教育培训。应当为施工现场从事危险作业的人员办理意外伤害保险。

7.4.5 生产安全事故的应急救援和调查处理

1. 施工单位应当制定生产安全事故应急救援预案，建立应急救援组织或者配备应急救援人员、必要的应急救援器材和设备，并定期组织演练。

2. 施工单位应当根据工程施工的特点、范围，对施工现场易发生重大事故的部位、环节进行监控，制定施工现场生产安全事故应急救援预案。实行施工总承包的，由总承包单位统一组织编制建设工程生产安全事故应急救援预案，工程总承包单位和分包单位按照应急救援预案，各自建立应急救援组织或者配备应急救援人员、救援器材和设备，并定期组织演练。

3. 施工单位发生生产安全事故，应当按照国家有关伤亡事故报告和调查处理的规定，及时、如实地向负责安全生产监督管理的部门、建设行政主管部门或者其他有关部门报告。特种设备发生事故的，还应当同时向特种设备安全监督管理部门报告。接到报告的部门应当按照国家有关规定，如实上报。实行施工总承包的建设工程，由总承包单位负责上报事故。

4. 发生生产安全事故后，施工单位应当采取措施防止事故扩大，保护事故现场。需要移动现场物品时，应当做出标记和书面记录，妥善保管有关证物。

7.4.6 施工安全技术措施计划及其实施

1. 建设工程施工安全技术措施

(1) 施工安全技术措施计划的主要内容包括：工程概况，控制目标，控制程序，组织机构，职责权限，规章制度，资源配置，安全措施，检查评价，奖惩制度等。

(2) 编制施工安全技术措施计划时，应考虑：

1) 对结构复杂、施工难度大的工程项目，除制定项目总体安全保证计划外，还必须制定单位工程或分部（分项）工程的安全技术措施；

2) 对高处作业、水下作业等专业性强的作业，电器、压力容器等特殊工种作业，应制定单项技术规程，并应对管理人员和操作人员的安全作业资格和身体状况进行合格检查；

3) 制定和完善施工安全操作规程，编制各施工工种，特别是危险性较大工种的安全施工操作要求，作为规范和检查考核员工安全生产行为的依据；

4) 施工安全技术措施。施工安全技术措施包括安全防护设施的设置和安全预防措施，主要有17方面的内容，如防火、防毒、防爆、防洪、防尘、防雷击、防触电、防坍塌、防物体打击、防机械伤害、防起重设备滑落、防高空坠落、防交通事故、防寒、防暑、防疫、防环境污染等方面措施。

2. 施工安全技术措施计划的实施

(1) 安全生产责任制。建立安全生产责任制是施工安全技术措施计划实施的重要保证。安全生产责任制是指企业对项目经理部各级领导、各个部门、各类人员所规定的在他们各自职责范围内对安全生产应负责任的制度。

(2) 安全教育的要求

1）广泛开展安全生产的宣传教育，使全体员工真正认识到安全生产的重要性和必要性，懂得安全生产和文明施工的科学知识，牢固树立安全第一的思想，自觉地遵守各项安全生产法律法规和规章制度；

2）把安全知识、安全技能、设备性能、操作规程、安全法规等作为安全教育的主要内容。

3）建立经常性的安全教育考核制度，考核成绩要记入员工档案；

4）电工、电焊工、架子工、管道工、机操工、起重工、机械司机、机动车辆司机等特殊工种工人，除一般安全教育外，还要经过专业安全技能培训，经考试合格持证后，方可独力操作；

5）采用新技术、新工艺、新设备施工和调换工作岗位时，也要进行安全教育，未经安全教育培训的人员不得上岗操作。

（3）安全技术交底

1）安全技术交底的基本要求：

a. 项目经理部必须实行逐级安全技术交底制度，纵向延伸到班组全体作业人员；

b. 技术交底必须具体、明确，针对性强；

c. 技术交底的内容应针对分部（分项）工程施工中给作业人员带来的潜在危害和存在问题；

d. 应优先采用新的安全技术措施；

e. 应将工程概况、施工方法、施工程序、安全技术措施等向工长、班组长进行详细交底；

f. 定期向由两个以上作业队和多工种进行交叉施工的作业队伍进行书面交底；

g. 保存书面安全技术交底签字记录。

2）安全技术交底主要内容：

a. 本工程项目的施工作业特点和危险点；

b. 针对危险点的具体预防措施；

c. 应注意的安全事项；

d. 相应的安全操作规程和标准；

e. 发生事故后应及时采取的避难和急救措施。

7.4.7 一般建筑安全监理的理念和措施

1. 基础施工阶段

（1）标准要求：建设工程在基础施工及开挖槽、坑、沟土方前，建设单位必须以书面形式向施工企业提供详细的与施工现场相关的地下管线资料，施工企业采取措施保护地下各类管线。

（2）开挖槽、坑、沟深度超过1.5m，应根据土质和深度情况按规定放坡或加可靠支撑，并设置人员上下坡道或爬梯，爬梯两侧应用密目网封闭。

（3）开挖深度超过2m的，必须在边沿处设立两道防护栏杆，用密目网封闭。

（4）基坑深度超过5m的，必须编制专项施工安全技术方案，经企业技术部门负责人审批，由企业安全部门监督实施。槽、坑、沟边1m以内不得堆土、堆料、停置机具。

(5) 基础施工时的降排水（井点）工程的井口，必须设牢固的防护盖板或围栏和警示标志。完工后，必须将井口回填夯实。

(6) 模板工程防护：

1) 大模板存放区必须设1.2m高的围栏进行围挡。大模板存放场地必须平整夯实，每两块大模板为一组面对面码放整齐，保证每一块大模板的码放角度为70～80度的自稳角，2个（3个）支撑脚应完全与地面接触。长期存放的大模板必须用拉杆连接绑牢等可靠的防倾倒措施。

2) 单支撑脚的大模板码放时必须采取有效的安全防护措施，如：设置辅助支撑并用钢脚手架管将多块大模板拉接牢固，成为一个固定的整体。

3) 无支撑脚的大模板应存放在专门设计的插放架内。

2. 结构施工阶段

(1) 结构脚手架立杆间距不得大于1.5m，纵向水平杆（大横杆）间距不得大于1.2m，横向水平杆（小横杆）间距不得大于1m。

(2) 装修脚手架立杆间距不得大于1.5m，纵向水平杆（大横杆）间距不得大于1.8m，横向水平杆（小横杆）间距不得大于1.5m。

(3) 脚手架基础必须平整坚实，有排水措施，满足架体支搭要求，确保不沉陷，不积水。其架体必须支搭在底座（托）或通长脚手板上。

(4) 脚手架必须按楼层与结构拉接牢固，拉接点垂直距离不得超过4m，水平距离不得超过6m。拉接必须使用刚性材料。20m以上的高大架子应有卸荷措施。

(5) 脚手架必须设置连续剪刀撑（十字盖）保证整体结构不变形，宽度不得超过7根立杆，斜杆与水平面夹角应为45°～60°。

(6) 特殊脚手架和高度在20m以上的高大脚手架必须有设计方案，并履行验收手续。

(7) 结构用的里、外承重脚手架，使用时荷载不得超过2646N/m²。装修用的里、外承重脚手架，使用时荷载不得超过1960N/m²。

(8) 在建工程（含脚手架具）的外侧边缘与外电架空线的边线之间，应按规范保持安全操作距离（1～10kV的高压线应大于6m）。达不到安全距离要求的，必须采取有效可靠的防护措施。

(9) 护线架的支搭应采用非导电材质，其基础立杆地埋深度为30～50cm，整体护线架要有可靠支顶拉接措施，保证架体稳固。

(10) 人行马道宽度不小于1m，斜道的坡度不大于1∶3；运料马道宽度不小于1.5m，斜道的坡度不大于1∶6。拐弯处应设平台，按临边防护要求设置防护栏杆及挡脚板，防滑条间距不大于30cm。

(11) 吊篮架长度不得大于6m。吊篮升降时必须使用独立的保险绳，绳径不小于12.5mm，操作人员戴好安全带。

(12) 外挂架悬挂点采用穿墙螺栓的，穿墙螺栓必须有足够的强度满足施工需要，穿墙螺栓加垫板并用双螺母紧固。

(13) 井承重平台、物料周转平台必须制定专项方案，并履行验收手续。物料周转平台上的脚手板应铺严绑牢，平台周围必须设置不低于1.5m高的防护栏，围栏里侧用密目安全网封严，下口设置不低于 18cm 高的挡脚板，护栏上严禁搭设物品，应在平台明显处设置标志牌，规定使用要求和限定荷载。

(14) 物料提升机吊笼必须使用定型的停靠装置，设置超高限位装置，使吊笼动滑轮上升最高位置与天梁最低处的距离不小于 3m。天梁应使用型钢，经设计计算确定。

(15) 卷扬机安装在平整坚实的位置上，应设置防雨、防砸操作棚，操作人员要有良好的操作视线和联系方法。因条件限制影响视线，应设置专职的信号指挥人员或通讯装置。严禁任何人跨越正在工作的钢丝绳。

卷扬机安装必须牢固可靠，钢丝绳不得拖地使用，凡经通道处的钢丝绳应予以遮护。提升钢丝绳不得接长使用，端头与卷筒用压紧装置卡牢。钢丝绳端部固定绳卡与绳径匹配，数量不少于 4 个，其间距不小于绳径的 6 倍，绳卡滑鞍放在受力绳一侧。

(16) 结构内的防护："三宝"、"四口"和临边防护是重点

1) "三宝"就是安全帽、安全带、安全网，必须符合国家有关标准，按要求正确使用。

安全帽：进入施工现场的人员，必须正确佩戴安全帽。系紧、系好下颌带，避免操作人员失稳时头部受到伤害。安全帽必须符合 GB 2811—1989 标准。

安全带：凡在坠落高度基准面 2m 以上（含 2m），无法采取可靠防护措施的高处作业人员必须正确使用安全带。安全带"高挂低用"。安全带必须符合 GB 6095—1985 标准。

安全网：施工现场使用的安全网、密目式安全网必须符合 GB 5725—1997、GB 16909—1997 标准。

2) 在使用中，水平安全网（大眼网）的支搭应"里口低、外口高"，坠物、坠人落在安全网内时，避免从外口滑落地面造成伤害。凡高度在 4m 以上的建筑物不使用落地式脚手架的，首层四周必须支搭固定 3m 宽的水平安全网（高层建筑支搭固定 6m 宽的双层水平安全网），网底距接触面（地面或雨罩）不得小于 3m（高层不得小于 5m）。高层建筑每隔四层固定一道 3m 宽的水平安全网，网的接口处必须连接严密。支搭的水平安全网直至无高处作业时方可拆除。

3) "四口"就是电梯井口、楼梯口、预留洞口、通道口。

电梯井口必须设高度不低于 1.2m 的金属防护门（上翻式可开启的）。电梯井内首层和首层以上每隔四层设一道水平安全网，安全网应封闭严密。

楼梯踏步及休息平台处，必须设两道牢固防护栏杆或立挂安全网。回转式楼梯间支设首层水平安全网，每隔四层设一道水平安全网。

预留洞口：1.5m×1.5m 以下的孔洞，用坚实盖板盖住，有防止挪动、位移的措施；1.5m×1.5m 以上的孔洞，四周设两道防护栏杆，中间支挂水平安全网。结构施工中伸缩缝和后浇带处加固定盖板防护。

构筑物出入口必须搭设宽于出入通道两侧的防护棚，棚顶应满铺不小于 5cm 厚的脚手板。通道两侧用密目安全网封闭。多层建筑物防护棚长度不小于 3m（高层不小于 6m），防护棚高度不低于 3m。

分布在平面、斜面等危及人员安全的溢流、排放、进水的孔、洞、堰口必须封闭。作

业中需临时敞口时，必须设围栏或护栏和安全标志，作业后必须立即恢复封闭状态。

(17) 砌块、小钢模应保证码放稳固、规范，高度不得超过1.5m。各种料具应按照施工平面图统一布置，分类码放整齐，做到一头齐、一条线，砖应成丁、成行，高度不得超1.5m，砌块材码放高度不得超过1.8m，砂、石和其他散料应成堆，界限清楚不得混杂。材料标识要清晰准确。

(18) 施工现场临时用电必须按照建设部《施工现场临时用电安全技术规范》JGJ 46—88的要求，编制临时用电施工组织设计，建立相关的管理文件和档案资料。

1) 总包单位与分包单位必须签订临时用电管理协议，明确相关责任。总包单位必须按照规定落实对分包单位的用电设施和日常施工的监督管理。

2) 施工现场临时用电工程必须由电气工程技术人员负责管理，明确责任，建立电工值班室和配电室，确定电气维修和值班人员。现场各类配电箱和开关箱必须确定检修和维护责任人。

3) 配电系统必须实行分级配电。各级配电箱、开关箱的箱体安装和内部设置必须符合有关规定，箱内电器必须可靠完好，标明用途，箱内门有接线图。各类配电箱、开关箱外观应完整、牢固、防雨、防尘，箱体应有安全色标，统一编号，箱内无杂物。停止使用的配电箱应切断电源，箱门上锁。固定式配电箱应设围栏，并有防雨、防砸措施。

4) 在采用接零保护的同时，必须逐级设置漏电保护装置，实行分级保护，漏电保护装置的选择应符合规定。

5) 一般场所采用220V电源照明的必须按规定布线和装设灯具，并在电源一侧加装漏电保护装置。特殊场所必须按国家标准规定使用安全电压照明器具。

6) 施工现场的电焊机应有独立开关，装设防触电保护装置。电焊机一、二次侧应安装防护罩，电焊机外壳应做接零保护。一次线长度应小于5m，二次线长度应小于30m。电焊把线应双线到位，绝缘良好。不得借用金属管道、金属脚手架、轨道及结构钢筋作回路地线。

(19) 施工机械安全防护：

1) 施工现场的机械设备（包括自有、租赁设备）必须实行安装、使用全过程管理。机械设备操作应保证专机专人，持证上岗，严格落实岗位责任制，严格执行清洁、润滑、紧固、调整、防腐的“十字作业法”。

2) 施工现场的木材、钢筋、混凝土、卷扬机械、空气压缩机必须搭设防砸、防雨的操作棚。

3) 蛙式打夯机必须使用单向开关，操作扶手要采取绝缘措施。蛙式打夯机必须两人操作，操作人员必须戴绝缘手套和穿绝缘鞋。

4) 搅拌机使用前必须支撑牢固，不得用轮胎代替支撑。移动时，必须先切断电源。搅拌机停止使用，将料斗升起，必须挂好上料斗的保险链。

5) 塔式起重机路基和轨道的铺设及起重机的安装必须符合国家标准及原厂适用规定，并办理验收手续。经检验合格后，方可使用。使用中定期进行检测。

6) 塔式起重机的安全装置（四限位、两保险）必须齐全、灵敏、可靠。

a. 超负荷限制装置（包括起重量限制器和力矩限制器）是一种能使起重机不致超负

荷运行的保险装置，当吊重超过额定起重量时，能自动的切断提升机构的电源停车或发出警报。起重量限制器有机械式和电子式两种。

力矩限制器：对于变幅起重机，一定的幅度只允许起吊一定的吊重，如果超重，起重机就有倾翻的危险。

b. 高度限制器是防止吊钩超高与吊壁头部相碰而引起吊壁倒翻事故的吊钩高度限制器。

行程限制器（也称行走限位）是防止起重机发生撞车或限制在一定范围内行使的保险装置。

c. 幅度限制器是防止动臂变幅起重机大臂向后倾翻和水平小车冲出臂端的装置。

d. 吊钩保险装置是防止吊钩上的吊索，由吊钩上脱落的保险装置。

e. 卷筒保险装置是防止钢丝绳因缠绕不当越出卷筒之外造成事故的有效措施。

f. 外用电梯的制动装置、上下极限限位、门联锁装置必须齐全灵敏有效，限速器应能符合规范要求，并在安装完成后进行吊笼的防坠落试验。

7）外用电梯司机必须持证上岗，熟悉设备的结构、原理、操作规程等。班前必须坚持例行保养。设备接通电源后，司机不得离开操作岗位，监督运载物料时做到均衡分布，防止倾翻和外漏坠落。

8）施工现场塔式起重机、外用电梯、电动吊篮等机械设备必须统一编号；安装单位必须具备资质，作业人员持有特种作业操作证。

9）同一台设备的安装和顶升、锚固必须由同一单位完成，安装完毕后填写验收表，其数据必须量化，验收合格后方可使用。

10）吊锁具必须使用合格产品。钢丝绳应根据用途保证足够的安全系数。使用绳卡时，必须用 4 个，（其中 3 个起压紧作用，1 个起安全警示作用）马鞍应在主绳（受力绳）一侧。凡表面磨损、腐蚀、断丝超过标准的，或打死弯、断股、油芯外露的不得使用。

11）卡环在使用时，应保证销轴和环底受力。吊运大模板、大灰斗、混凝土斗和预制墙板等大件时，必须使用卡环。

12）木工圆盘锯的锯盘及传动部位应安装防护罩，并设置保险挡、分料器。凡长度小于 50cm，厚度大于锯盘半径的木料，严禁使用圆锯。破料锯和横截锯不得混用。

13）砂轮机应使用单项开关。砂轮必须装设不小于 180 度的防护罩和牢固的工作托架。严禁使用不圆、有裂纹和磨损剩余部分不足 25mm 的砂轮。

14）平面刨、手压刨安全防护装置必须齐全有效。

3. 装修施工阶段

此阶段重点应加强用电管理、手持电动工具、空气压缩机、电焊机机具的管理和油漆、稀料等易燃物品的管理，严格控制用火点，预防火灾事故及触电事故的发生。

4. 安装、调试阶段

(1) 施工过程中，严禁利用支护结构支搭作业平台，挂装起重设施等。

(2) 严禁对承压状态下的压力容器和管道、带电设备、装有易燃、易爆品的容器进行焊接和切割。

(3) 焊接作业中，严禁使用氧气代替压缩空气。

（4）排水管道闭气试验，给水管道水压试验，作业人员严禁位于堵板的正前方等危险区域。给水管道水压试验严禁以气压法代替。

（5）加氯系统各部件的连接应牢固、密封可靠，严禁漏气；管道安装后，应进行严密性试验，确认合格，并形成文件。

（6）消化池气密试验前，必须将气室内可燃气体排出。试验时，必须按照设计文件的规定施加试验压力，严禁随意提高试验压力值，作业人员严禁站在受压堵板前方的危险区域。

5. 现场安全措施

施工企业的保卫消防必须按照“谁主管，谁负责”的原则，确定一名主要领导负责此项工作。实行施工总承包的，由总承包企业负责。分包企业向总承包企业负责，接受总承包企业的统一领导和监督检查。

（1）根据现场规模建立相应的保卫、消防组织，配备保卫、消防人员。

（2）配备足够的消防器材，做到布局合理。要害部位应配备不少于4具的灭火器，保证灭火器材灵敏有效。

（3）氧气瓶、乙炔瓶工作间距不小于5m，两瓶与明火作业距离不小于10m。建筑工程内禁止存放氧气瓶、乙炔瓶。

（4）工程内不准作为仓库使用，不得在建设工程内设置宿舍。施工现场严禁吸烟。

（5）高度超过24m的建筑工程，应安装临时消防竖管。管径不得小于75mm（3寸），每层设消防栓口，配备足够的消防水带。消防供水要保证足够的水源和水压。消防泵房应使用非燃材料建造，并设专人管理，保证消防供水。消防泵的专用配电线路，应引自施工现场总断路器的上端，保证连续不间断供电。

（6）企业法人对企业的安全生产负责，项目经理（项目管理人员）对施工现场的安全生产负责。加强对现场人员的培训教育、保证设备设施的完好率、保持现场干净整洁。如何抓好人员的培训教育是关键环节。按照北京市有关文件规定，对外施队劳务人员按花名册组织安全培训及入场教育，未经培训或考试不合格的不得上岗作业。外施队人员必须持有当地有关部门核准换发的“××市特种作业人员临时操作证”方准上岗。（六个特种作业工种：电工、起重工、锅炉压力容器工、电气焊工、架子工和场内机动车司机）。

7.4.8 部分安全规定和标准

1. 挖土机械与架空线的安全距离（表7-1）

表7-1

输电线路电压	与挖土机最高处的垂直距离(m)≤	与挖土机最近处的水平距离(m)≤
1kV以下	1.5	1.5
1～20kV	1.5	2.0
20～110kV	2.5	4.0
154kV	2.5	5.0
220kV	2.5	6.0

2. 起重机吊杆最高点与电线之间应保持的垂直距离（表 7-2）

表 7-2

距离不小于(m)	线路电压(kV)
1	1 以下
1.5	20 以下
2.5	20 以下

3. 起重机与电线之间应保持的水平距离（表 7-3）

表 7-3

距离不小于(m)	线路电压(kV)	距离不小于(m)	线路电压(kV)
1.5	1 以下	4	110 以下
2	20 以下	6	220 以下

4. 吊装注意事项

（1）应避免超载吊装，难以避免时，应采取措施，如：在起重机吊杆上拉缆绳或在其尾部增加平衡重等。起重机增加平衡重后，卸载或空载时，吊杆必须落到与水平线夹角60°以内，在操作时应缓慢进行。

（2）禁止起吊不在吊杆正下方的重物，防止吊钩滑轮组不与地面垂直，造成超负荷及钢丝绳出槽，甚至造成拉断绳索，还会使重物在离开地面后发生快速摆动，可能碰伤人或其他物体。

（3）应避免满负荷行驶，作短距离负荷行驶时，只能将构件吊离地面 30cm 左右，且要慢行。

（4）绑扎构件的吊索需经过计算，绑扎方法应正确且牢靠。所有起重工具应定期检查。

（5）地面操作人员，不得在起重机的吊杆或正在吊装的构件下停留或通过。

（6）构件安装后必须检查连接质量，当连接确实安全可靠，才能松钩或拆除临时固定工具，严禁在吊钩上焊补、打孔。

7.5 安全生产评价

7.5.1 给水排水工程施工企业安全生产评价的内容

1. 安全生产条件单项评价

（1）安全生产管理制度；

（2）资质、机构与人员管理；

（3）安全技术管理和设备；

（4）设施管理。

2. 生产业绩单项评价

(1) 生产安全事故控制；

(2) 安全生产奖罚；

(3) 项目施工安全检查；

(4) 安全生产管理体系评分项目。

3. 由单项评价组合成的安全生产能力综合评价。

7.5.2　施工安全生产管理机构评分

1. 施工企业应设立各级安全生产管理机构，配备与具有相关技术职称的专职安全生产管理人员、兼职安全生产管理人员和兼职安全员。专兼职安全人员数量应符合建设行政主管部门的规定。具体评分建议：未设置安全生产管理机构或配备专职安全生产管理人员，扣25分；机构设立或安全人员配备不到位，一处扣10分，两处及以上扣15分。

2. 安全管理体系管理要求，企业应建立总分包单位安全生产管理组织网络，建立以企业负责人为主，各层次职能部门共同参与的安全管理体系。具体评分建议：未建立安全管理组织体系，或安全管理体系与企业管理体系不相对应，扣10分。

3. 专兼职安全生产管理人员配备数量要求。项目经理部应建立安全生产管理小组，设安全管理机构或配专职安全人员。

(1) 1～5万t/d的给水处理厂或污水处理厂工程，至少配备1名专职安全人员。

(2) 5～10万t/d规模或者相应造价的工程，设2～3名专职安全人员。

(3) 10万t/d以上的大型工程，应由总承包单位组织，不同专业、分包单位安全生产管理人员共同参与组成安全管理组。

(4) 对分包企业，从业人员在50人及以上时，每50人应配专兼职安全人员1名。

(5) 具体评分建议：专兼职安全管理人员配备不足，少1人扣5分，以后每少1人加扣1分，直至扣满10分。

4. 分包单位资质和人员资格管理的评分

(1) 确保分包单位在施工过程中能服从总包管理，制定对分包单位资质、人员资格及施工现场控制的要求。应对分包单位的资质进行评价，建立合格分包单位的名录，明确相应的分包工程范围，从中选择信誉、能力等符合要求，合适的分包单位。

(2) 评分建议：

1) 未制定对分包单位资质资格及施工现场控制的要求和规定，扣15分；

2) 对分包单位资质资格及施工现场控制要求和规定不全面、不具体，一项扣5分，两项及以上扣10分。

3) 对分包单位资质和人员资格管理及施工现场控制的证实材料缺乏或不充分，有一起即扣10分；

4) 分包单位承接的项目不符合相应的安全资质管理要求，有一起即扣15分。

5. 设施所需材料、设备及防护用品供应单位的控制要求和规定

(1) 施工企业应对安全物资供应单位的评价和选择、供货合同条款约定和进场安全物资的验收的管理要求、职责权限和工作程序作出具体规定，形成文件并组织实施。

(2) 评分建议：未制定对供应单位的控制要求和规定，扣20分。

7.5.3 安全生产管理制度分项评分（表7-4）

表7-4

评分项目	评分标准	评分方法	应得分	扣减分	实得分
安全生产责任制度	·未建立安全生产责任制度或制度不齐全，扣10～25分 ·责任制度中未制定安全管理目标或目标不齐全，扣5～10分 ·承发包合同中无安全生产管理职责和指标，扣5～10分 ·有关部门、岗位人员以及总分包安全生产责任制未得到确认或未落实，扣5～10分 ·未制定安全生产奖惩考核制度或制度不齐全，扣5～10分 ·未按安全生产奖惩考核制度落实奖罚，扣3～5分	查管理制度目录、内容，并抽查企业及施工现场相关记录	25		
安全生产资金保障制度	·未建立制度或制度不齐全，扣10～20分 ·未落实安全劳防用品资金，扣5～10分 ·未落实安全教育培训专项资金，扣5～10分 ·未落实保障安全生产的技术措施资金，扣5～10分		20		
安全教育培训制度	·未按规定建立制度，扣20分 ·制度未明确项目经理、安全专职人员、特殊工种、换岗职工、新进单位从业人员安全教育培训要求，扣5～15分 ·企业无安全教育培训计划，扣10分 ·未按计划实施教育培训活动或实施记录不齐全，扣5～10分		20		
安全检查制度	·未制定包括企业和各层次安全检查制度，扣20分 ·制度未明确项目定期及日常、专项、季节性安全检查的时间和实施要求，扣3～5分 ·制度未规定对隐患整改、处置和复查要求，扣3～5分 ·无检查和隐患处置、复查的记录或隐患整改未如期完成，扣5～10分		20		
生产安全事故报告处理制度	·未制定事故报告处理制度或制度不齐全，扣5～10分 ·未实施事故的报告和处理，未落实“四不放过”，扣10～15分 ·未建立事故档案，扣5分 ·未按规定办理意外伤害保险，扣10分；意外伤害保险办理率不满100%，扣1～10分 ·未制定事故应急预案，未建立应急救援小组或指定专门应急救援人员，扣5～10分		15		
分项评分			100		

7.5.4 资质、机构与人员管理评分（表7-5）

表7-5

评分项目	评分标准	评分方法	应得分	扣减分	实得分
企业资质和从业人员资格	·企业资质与承发包生产经营行为不相符，扣30分 ·总分包单位负责人、项目经理和安全人员未经过安全考核合格，不具备相应的安全生产知识和管理能力，扣10～15分 ·其他管理人员、特殊工种人员等人员未经过安全培训，不具备相应的安全生产知识和管理能力，扣5～10分	查企业资质证书与经营手册，抽查上岗证及教育培训记录，抽查施工现场	30		

续表

评分项目	评分标准	评分方法	应得分	扣减分	实得分
安全生产管理机构	·企业未设置安全生产管理机械或配备专职安全人员，扣10～25分 ·无相应安全管理体系，扣10分 ·各级未配备足够的专、兼职安全人员，扣5～10分	查企业安全管理组织网络图、安全人员名册清单等	25		
分包单位资质和人员资格管理	·未制定对分包单位资质资格管理及施工现场控制的要求和规定，扣15分 · 缺乏对分包单位资质和人员资格管理及施工现场及施工现场控制的证实材料，扣10分 ·分包单位承接的项目不符合相应的安全资质管理要求，扣15分 ·50人以上规模的分包单位未配备专、兼职安全人员，扣3～5分	查企业对分包单位管理记录，合格分包方名录，抽查施工现场管理资料	25		
供应单位管理	·未制定对安全设施所需材料、设备及防护用品的供应单位的控制要求和规定，扣20分 ·无安全设施所需材料、设备及防护用品供应单位的生产许可证或行业有关部门规定的证书，每起扣5分 ·安全设施所需材料、设备及防护用品供应单位所持生产许可证或行业有关部门规定的证书与其经营行为不相符，每起扣5分	查企业对分供单位管理记录，合格分供方名录，抽查施工现场管理资料	20		
分项评分			100		

7.5.5　安全技术管理分项评分（表7-6）

表7-6

评分项目	评分标准	评分方法	应得分	扣减分	实得分
危险源控制	·未进行危险源识别、评价，未对重大危险源进行控制策划、建档，扣10分 ·对重大危险源未制定有针对性的应急预案，扣10分	查企业及许多施工现场相关记录	20		
施工组织设计(方案)	·无施工组织设计(方案)编制审批制度，扣20分 ·施工组织设计中未根据危险源编制安全技术措施或安全技术措施无针对性，扣5～15分 ·施工组织设计(方案，包括修改方案)未经技术负责人组织安全等有关部门审核、审批，扣5～10分	查企业技术管理制度，抽查企业备份或施工现场的施工组织设计	20		
专项安全技术方案	·专业性强、危险性大的施工项目，未按要求单独编制专项安全技术方案(包括修改方案)或专项安全技术方案(包括修改方案)无针对性，扣5～15分 ·专项安全技术方案(包括修改方案)未经有关部门和技术负责人审核、审批，扣10～15分 ·技术负责人未组织方案编制人员对方案(包括修改方案)的实施进行交底、验收和检查，扣5～10分 ·未安排专业人员对危险性较大的作业进行安全监控管理，扣3～5分	抽查企业备份或施工现场的专项方案	20		

续表

评分项目	评分标准	评分方法	应得分	扣减分	实得分
安全技术交底	·未制定各级安全技术交底的相关规定,扣15分 ·未有效落实安全技术交底,扣5～15分 ·交底无书面交底记录,交底未发行签字手续,扣3～5分	查企业相关规定企业备份及施工现场交底资料	15		
安全技术标准、规范和操作规程	·未配备现行有效的、与给水排水工程建设内容相关的安全技术标准、规范和操作规程,扣15分 ·安全技术标准、规范和操作规程配备有缺陷,扣5～10分	查企业规范目录清单,抽查企业及施工现场的规范、标准、操作规程	15		
安全设备和工艺的选用	·选用国家明令淘汰的设备或工艺,扣10分 ·选用国家推荐的新设备、新工艺、新材料,或有市级能上能下安全生产技术成果,加5分	抽查施工组织设计和专项方案及其他记录	10		
分项评分			100		

7.5.6 设备与设施管理分项评分（表7-7）

表7-7

评分项目	评分标准	评分方法	应得分	扣减分	实得分
设备安全管理	·未制定设备(包括应急救援器材)安装(拆除)、验收、检测、使用、定期保养、维修、改选和报废制度或制度不完善、不齐全,扣10～25分 ·购置的设备,无生产许可证和产品合格证或证书不齐全,扣10～25分 ·设备未按规定安装(拆除)、验收、检测、保养、维修、改造和报废,扣5～15分 ·向不具备资质的企业和个人出租或租用设备,扣10～25分 ·无设备管理档案台账,扣5分 ·设备租赁合同未约定各自安全生产管理职责,扣5～10分	查企业设备安全管理制度,查企业设备清单和管理档案,抽查施工现场设备及管理资料	25		
大型设备装拆安全控制	·装拆由不具备相应资质的单位或不具备相应资格的人员承担,扣25分 ·大型起重设备装拆无经审批的专项方案,扣10分 ·装拆未按规定做好监控和管理,扣10分 ·未按规定检测或检测不合格即投入使用,扣10分	抽查企业备份或施工现场方案及实施记录	25		
安全设施和防护管理	·对施工现场的平面布置和有较大危险因素的场所及有关设施、设备缺乏安全警示标志的统一规定,扣5分 ·安全防护措施和警示、警告标识不符合安全色与安全标志规定要求,扣5分	查相关规定,抽查施工现场	20		
特种设备管理	·未制定要求或无专人管理,扣10分 ·未检测合格后投入使用,扣10分	抽查施工现场	15		
安全检查测试工具管理	·未按有关规定配备相应的安全检测工具,扣5分 ·配备的安全检测工具无生产许可证和产品合格证或证件不齐全,扣5分 ·安全检测工具未按规定进行复检,扣5分	查相关记录,抽查施工现场检测工具	15		
分项评分			100		

7.5.7　安全生产业绩单项评分（表7-8）

表7-8

评分项目	评分标准	评分方法	应得分	扣减分	实得分
生产安全事故控制	·安全事故累计死亡人数2人，扣30分 ·安全事故累计死亡人数1人，扣20分 ·重伤事故年重伤率大于0.6%，扣15分 ·一般事故年平均月频率大于3%，扣10分 ·瞒报重大事故，扣30分	查事故报表和事故档案	30		
安全生产奖罚	·受到降级、暂扣资质证书处罚，扣25分 ·各类检查中项目因存在安全隐患被指令停止整改，每起扣5～10分 ·受建设行政主管部门警告处分，每起扣5分 ·受建设行政主管部门经济处罚，每起扣10分 ·文明工地，国家级每项加15分，省级加8分，地市级加5分，县级加2分 ·安全标准化工地，省级加3分，地市级加2分，县级加1分 ·安全生产先进单位，省级加5分，地市级加3分，县级加2分	查各级行政主管部门管理信息资料，各类有效证明材料	25		
项目施工安全检查	·按《建筑施工安全检查标准》(JGJ 59—99)对施工现场进行各级大检查，项目合格率低于100%，每低1%扣1分，检查优良率低于30%，每1%扣1分 ·省级及以上安全检查通报表扬，每项加3分；地市级安全生产通报表扬每项加2分 ·省级及以上通报批评每项扣3分，地市级通报批评每项扣2分 ·因不文明施工引起投拆，每起扣2分 ·未按建议安全主管部门签发的安全隐患整改指令书落实整改，扣5～10分	查各级行政主管部门管理信息资料，各类有效证明材料	25		
安全生产管理体系推行	·企业未贯彻安全生产管理体系标准，扣20分 ·施工现场未推行安全生产管理体系，扣5～15分 ·施工现场安全生产管理体系推行率低于100%，每低1%扣1分	查企业相应管理资料	20		
单项评分			100		

7.5.8　项目施工安全检查

1. 各级建设行政主管部门按《建筑施工安全检查标准》（JGJ 59—99）对施工企业的施工工程项目现场进行安全检查。

(1) 不合格的工程项目（检查汇总分数不足70分的）数/受检工程项目总数＝项目合格率。

(2) 若项目合格率低于100%，则每低1%扣1分。

(3) 优良的工程项目［汇总表得分在80分以上（含80分）］数/受检的工程项目总数＝项目优良率。

(4) 项目优良率低于30%，则实施扣分，每低1%扣1分。

(5) 评价年度中，有一次检查，即统计一次，评价时，进行汇总。

2. 由各级建设行政主管部门组织的安全生产检查中成绩优秀或受到通报表扬的，可予以加分，加分分值与通报表扬的级别相对应，省级及以上，每项（即每个工程）加 3 分，地市级每项加 2 分。

3. 由各级建设行政主管部门组织的安全生产检查中发现问题较多而受到通报批评的，应予以扣分。扣分分值与通报批评的级别相对应，省级及以上，每项（即每个工程）扣 3 分，地市级每项扣 2 分。

4. 工程项目在施工生产过程中，不注意文明施工，由于噪声、粉尘、废气、废水、固体废物、振动和施工照明等影响周边民众正常的生活或工作，而引起投诉，每起扣 2 分。施工企业应对每件投诉妥善处理，并将处理结果进行存档。若引起的后果不严重，影响面不大，经妥善处理后，达成谅解，并有相应的证明材料的，可不予扣分。

5. 建设行政主管部门在工地检查中若签发安全隐患整改指令书，则施工现场项目经理应对安全隐患整改指令书上所列整改内容，“定人、定时间、定措施”，及时有效的落实整改，并将整改情况及相关部门的复查记录进行存档。否则，将予以扣分。

7.5.9 安全生产管理体系推行

1. 施工企业应按安全生产管理体系的要求，实施体系贯彻，企业中应指定推行安全生产管理体系的领导和主管部门，结合企业的管理和经营特点，从组织上加以落实。在推行安全生产管理体系时，应结合企业的具体条件与其他质量、环境等管理体系的兼容和协同动作。并按照相关的标准、法律、法规和规章等要求编制安全生产管理体系文件，同时在推行安全生产管理体系时，还应组织企业相关人员对现场的推行工作加以监督、指导和帮助。按体系标准要求还须开展内部对体系的审核，作出评价，保证评价体系持续改进。

2. 各施工现场按企业所制定的安全生产管理体系文件的要求实施体系的运行。施工项目部由项目经理负责现场推行安全生产管理体系的运行、协调和各部门或岗位的职责落实。推行中还须及时按施工阶段不同，组织自我安全评估，总结经验，建立一个自我改进的长效管理机制。根据安全生产管理体系在企业内部施工现场运行中存在的普遍的缺陷程度，实施扣分。

3. 企业内部所有的施工现场均应推行安全生产管理体系，不能留有空白点，对于施工周期短和工作量小的工地也应推行安全生产管理体系，但在运行程序和体系管理文件的编制上可以适当简化。推行安保体系的工程项目数/企业内部工程项目总数＝推行率，推行率若低于 100%，则每低 1%扣 1 分。

7.5.10 安全施工评价汇总

1. 样式（表 7-9）

2. 安全生产条件单项评分原则

(1) 各分项评分满分为 100 分，各分项评分的实得分应为相应分项评分中各评分项目实得分之和。

(2) 分项评分表中的各评分项目的实得分不应采用负值，扣减分数总和不得超过该评分项目应得分分值。

(3) 评分项目有缺项的，其分项评分的实得分应按下式换算：遇有缺项的分项评分的实得分＝(可评分项目的实得分之和÷可评分项目的应得分分值之和)×100

表 7-9

企业名称：＿＿＿＿＿＿＿＿＿＿经济类型：＿＿＿＿＿＿＿＿＿＿

资质等级＿＿＿＿＿上年度施工产值：＿＿＿＿＿在册人数：＿＿＿＿＿

<table>
<tr><td colspan="3">安全生产条件单项评价</td><td colspan="2">安全生产业绩单项评价</td></tr>
<tr><td>序号</td><td>评 分 分 项</td><td>实得分
（满分 100 分）</td><td rowspan="6">单项评分实得分
（满分 100 分）</td><td rowspan="6"></td></tr>
<tr><td>①</td><td>安全生产管理制度</td><td></td></tr>
<tr><td>②</td><td>资质、机构与人员管理</td><td></td></tr>
<tr><td>③</td><td>安全技术管理</td><td></td></tr>
<tr><td>④</td><td>设备与设施管理</td><td></td></tr>
<tr><td colspan="2">单项评分实得分
①×0.3+②×0.2+
③×0.3+④×0.2</td><td></td></tr>
<tr><td colspan="2">分项评分表中的实得分为零的评分项目数（个）</td><td></td><td>分项评分表中实得分为零的评分项目数（个）</td><td></td></tr>
<tr><td colspan="2">单项评价等级</td><td></td><td>单项评价等级</td><td></td></tr>
<tr><td colspan="2">安全生产能力
综合评价等级</td><td colspan="3"></td></tr>
<tr><td colspan="5">评价意见：</td></tr>
<tr><td colspan="2">评价负责人（签名）</td><td>评价人员（签名）</td><td colspan="2"></td></tr>
<tr><td colspan="2">企业负责人（签名）</td><td>企业签章</td><td colspan="2"></td></tr>
</table>

（4）单项评分实得分应为其 4 个分项实得分的加权平均值。

3. 安全生产条件单项评价等级核定（表 7-10）

表 7-10

<table>
<tr><td rowspan="2">评价等级</td><td colspan="3">评　价　项</td></tr>
<tr><td>分项评分表中的实得分为零的评分项目数（个）</td><td>各分项评分实得分</td><td>单项评分实得分</td></tr>
<tr><td>合格</td><td>0</td><td>≥70</td><td>≥75</td></tr>
<tr><td>基本合格</td><td>0</td><td>≥65</td><td>≥70</td></tr>
<tr><td>不合格</td><td colspan="3">出现不满足基本合格条件的任意一项时</td></tr>
</table>

4. 施工企业安全生产业绩单项评价

（1）安全生产业绩单项评分原则。单项评分满分分值为 100 分。单项评分中的各评分项目的实得分不应采用负值，扣减分数总和不得超过该评分项目应得分分值，加分总和也不得超过该评分项目的应得分分值。单项评分实得分应为各评分项目实得分之和。当评分项目涉及到重复奖励或处罚时，其加、扣分数就以该评分项目可加、扣分数的最高分计算，不得重复加分或扣分。

(2) 安全生产业绩单项评价等级核定（表 7-11）

表 7-11

评价等级	评价项	
	单项评分表中的实得分为零的评分项目数(个)	评分实得分
合格	0	≥75
基本合格	≤1	≥70
不合格	出现不满足基本合格条件的任意一项或安全事故累计死亡人数 3 人及以上或安全事故造成直接经济损失累计 30 万元以上	

5. 施工企业安全生产能力综合评价等级划分（表 7-12）

表 7-12

评价等级	评价项	
	施工企业安全生产条件单项评价等级	施工企业安全生产业绩单项评价等级
合格	合格	合格
基本合格	单项评价等级均为基本合格或一个合格、一个基本合格	
不合格	单项评价等级有不合格	

6. 评价意见

评价意见指评价小组的综合意见，应由评价负责人执笔，评价意见应肯定企业成绩，同时明确指明其不足之处，失分的具体部位、内容、原因，突出重点。评价意见应详尽具体，可另附说明，以切实指导企业进一步完善和改进。

7. 评价结果的确认

评价结果（包括评价等级及评价意见）应经评价组织单位、被评价的施工企业共同签名、盖章确认。“评价负责人”由受评价单位委派，担任本次评价小组的组长，“评价人员”由评价单位组织安排。参与评价的人员均应签名，并应与各评分表的评分员签名相对应。施工企业自我评价时，评价组织单位即为施工企业自身。“企业负责人”为被评价的施工企业的法人或法人代表。

7.6 安全事故

7.6.1 安全事故报告

1. 给水排水工程生产安全事故报告处理制度应对意外伤害保险的办理、事故的报告、救援的要求、职责权限和工作程序作出规定，形成文件并组织实施。

2. 应明确给水排水工程施工过程中发生的安全事故按伤亡人数或经济损失程度具体分类分级标准。

3. 报告内容、部门和时间等要求，其中重大事故的等级划分和报告程序详见《工程重大事故报告和调查程序规定》建设部令第 3 号，《特别重大事故调查程序暂行规定》国务院令第 34 号，《企业职工伤亡事故报告和处理规定》国务院令第 75 号。

7.6.2 安全事故处理

1. 向负责安全生产监督管理的部门、建设行政主管部门或者其他有关部门报告。

（1）按照国家有关伤亡事故报告和调查处理的规定，及时、如实地向负责安全生产监督管理的部门、建设行政主管部门或者其他有关部门报告。

（2）特种设备发生事故的，还应同时向特种设备安全监督管理部门报告。接到报告的部门应按照国家有关规定，如实上报。

（3）实行施工总承包的建设工程，由总承包单位负责上报事故。

2. 发生生产安全事故后，施工单位应当采取措施防止事故扩大，保护事故现场。需要移动现场物品时，应当做出标记和书面记录，妥善保管有关证物。

3. 建设工程生产安全事故的调查、对事故责任单位和责任人的处罚与处理，应按照有关法律、法规的规定执行。

4. 应当根据建设工程施工的特点和范围，对施工现场易发生重大事故的部位、环节进行监控，制定施工现场生产安全事故应急救援预案。实施安全事故应急救援预案，尽量减少事故的损失。

7.7 现场文明施工

7.7.1 给水排水工程施工准备阶段文明施工

1. 建设单位应将文明施工要求编入招标文件，并将由此发生的费用列入概算。

2. 编制《工程建设大纲》、《监理规划》、《施工组织设计》

监理单位、施工单位分别在编制《工程建设大纲》、《监理规划》、《施工组织设计》中明确各项文明施工措施、组织网络和职责。

3. 建设单位应办妥《管线规划许可证》、《施工许可证》和《挖路执照》、《临时占路许可证》、《道路管线工程开（竣）工报告单》等手续后方可施工。对工程范围内的给水排水设施，建设单位还应办理给水排水设施养护临时交接手续，落实责任单位，确保道路平整、排水畅通。

4. 建设单位应向施工单位提供工程范围内各类地下管线资料，并明确工程项目保护地下管线工作的责任人。施工单位应调查施工区域内各类地下管线分布情况，施工前向管线管理单位提出管理交底和监护的书面申请，办妥“地下管线监护交底卡”，核准各类管线位置，并与管线单位签订保护管线配合协议。监理单位检查、督促施工单位进行上述工作。

5. 施工前，监理人员应按《监理规划》、《监理实施细则》及有关规定向施工单位进行文明施工监理交底。工程项目经理应按《施工组织设计》及有关规定向全体施工人员进行文明施工交底。

7.7.2 施工阶段文明施工的基本措施

1. 施工现场必须设置明显标牌，标明工程项目名称、建设单位、设计单位、施工单位、监理单位、项目经理和施工现场总代表人的姓名、开、竣工日期、施工许可证批准文号、监督电话等。施工单位负责施工现场标牌的保护工作。

2. 施工现场的管理人员在施工现场应当佩戴证明其身份的证卡。

3. 应当按照施工总平面布置图设置各项临时设施。现场堆放的大宗材料、成品、半成品和机具设备不得侵占厂内道路及安全防护等设施。

4. 施工现场的用电线路、用电设施的安装和使用必须符合安装规范和安全操作规程，并按照施工组织设计进行架设，严禁任意拉线接电。施工现场必须设有保证施工安全要求的夜间照明，危险潮湿场所的照明以及手持照明灯具，必须采用符合安全要求的电压。

5. 施工机械应当按照施工总平面布置图规定的位置和线路设置，不得任意侵占场内道路。施工机械进场须经过安全检查，经检查合格的方能使用。施工机械操作人员必须建立机组责任制，并依照有关规定持证上岗，禁止无证人员操作。

6. 应保证施工现场道路畅通，排水系统处于良好的使用状态。保持场容场貌的整洁，随时清理建筑垃圾。在车辆、行人通行的地方施工，应当设置施工标志，并对沟、井、坎、穴进行覆盖。

7. 施工现场的各种安全设施和劳动保护器具，必须定期进行检查和维护，及时清除隐患，保证其安全有效。

8. 施工现场应当设置各类必要的职工生活设施，并符合卫生、通风、照明等要求。职工的膳食、饮水供应等应当符合卫生要求。

9. 应当做好施工现场安全保卫工作，采取必要的防盗措施，在现场周边设立围护设施。

10. 应当严格依照《中华人民共和国消防条例》的规定，在施工现场建立和执行防火管理制度，设置符合消防要求的消防设施，并保持完好的备用状态。在容易发生火灾的地区施工，或者储存、使用易燃易爆器材时，应当采取特殊的消防安全措施。

11. 施工现场发生工程建设重大事故的处理，应依照《工程建设重大事故报告和调查程序规定》执行。

12. 施工中要减少对市容环境和绿化的污染，防止灰土洒落、泥浆、废水流溢、粉尘飞扬，合理安排作业时间，控制噪声，防止施工噪声影响居民生活。

13. 生活、生产临时设施搭建活动式装配房，高度不超过两层，工地、生活区必须明显分隔，生活区应布局合理整齐，落实各项卫生制度并有专人负责卫生清洁。

14. 工地环境卫生措施

(1) 食堂必须有《卫生许可证》，工作人员须持有健康合格证，着装应符合要求，食堂内一切用具都应符合卫生要求；

(2) 饮用水卫生应符合卫生要求，茶桶放置不应着地并加盖加锁；

(3) 宿舍门窗完好，通风、明亮、干燥、无异味，日常生活用品整齐，室内整洁；

(4) 浴室卫生有专人管理、清扫；

(5) 厕所卫生，墙面刷白，便槽贴瓷砖，并设有盖化粪池或集粪池，定期喷药；

(6) 大型给水排水工程工地要设医疗室；

(7) 各类资料齐全、整洁，施工总平面图悬挂墙上。

15. 工程竣工后，须在交付使用前半个月拆除工地围护等所有临时设施，并将工地及周围环境清理整洁，做到工完料尽、场地清。

16. 施工现场空气污染的防治措施

(1) 施工现场垃圾渣土要及时清理出现场。清理时使用封闭式的容器，对施工现场建筑垃圾和细颗粒散体材料（如水泥、粉煤灰、白灰等）储存要注意遮盖、密封，可采用盖网或抑制剂固定，防止扬尘；

(2) 道路应指定专人定期洒水清扫，形成制度，防止道路扬尘，车辆开出工地不带泥砂，做到不洒土、不扬尘，减少对周围环境污染；

(3) 禁止现场焚烧油毡、橡胶、塑料、皮革、树叶、枯草、各种包装物等废弃物品及其他有毒、有害和恶臭气体的物质；

(4) 市区容许设置搅拌站的工地，应将搅拌站封闭严密，并在进料仓上方安装除尘装置，控制工地粉尘污染；

(5) 拆除旧建筑物时，应适当洒水，防止扬尘。

17. 施工现场噪声的控制措施

(1) 尽量采用低噪声设备和工艺，如低噪声振捣器、风机、电动空压机、电锯等；

(2) 安装消声器消声，在通风机、鼓风机、压缩机、燃气机、内燃机及各类排气放空装置等进出风管的适当位置设置消声器；

(3) 利用吸声材料或由吸声结构形成的共振结构吸收声能，降低噪声；

(4) 用隔声结构将接受者与噪声声源分隔；

(5) 施工现场不得高声喊叫、甩打模板、乱吹哨，限制高音喇叭的使用，减少噪声扰民。在人口稠密区进行强噪声作业时，须严格控制作业时间，一般晚 10 点到次日早 6 点之间停止强噪声作业。在施工中，要特别注意不得超过国家标准的限值，尤其是夜间禁止打桩作业；

(6) 国家标准《建筑施工场界噪声限值》（GB 12523—90）对不同施工作业的噪声限值（表 7-13）。

表 7-13

施工阶段	主要噪声源	噪声限值[dB(A)]	
		昼　间	夜　间
土石方	推土机、挖掘机、装载机等	75	55
打桩	各种打桩机械等	85	禁止施工
结构	混凝土搅拌机、振捣棒、电锯等	70	55
装修	吊车、升降机等	65	55

7.7.3　施工现场文明施工检查

1. 文明施工检查评分标准

依据各省、自治区、直辖市有关给水排水工程建设管理部门制定的给水排水工程文明施工检查评分标准进行检查。

2. 文明施工监理形式

(1) 日常巡视。根据工程进度情况，文明施工监理人员对施工现场文明施工情况进行巡视和跟踪监督，现场检查验证施工是否按文明施工的要求和措施进行。

(2) 对重点文明施工的内容，如主要管线施工，视施工情况，必要时应进行旁站，以确保安全优质实施。

（3）按监理合同要求的检查频率进行文明施工检查，并进行评分的讲评。

（4）记录确认。对日常巡视、旁站和全面检查应在监理日记上进行详细记录，对整改项目，监理必须进行消项签认。

3. 文明施工监理月报

文明施工监理月报是监理根据文明施工情况及存在的问题，以报告书的形式报告建设单位。月报陈述已发生或将发生的文明施工问题，应写明文明施工事故的原因、后果，应采取的措施和如何防止类似事故等。月报小结应概括评述施工单位履行合同义务的表现。

第8章　合同的管理

8.1　合同管理的内容和原则

8.1.1　合同管理的内容

1. 工程暂停及复工；
2. 工程变更的管理；
3. 费用索赔的处理；
4. 工程延期及工程延误的处理；
5. 合同争议的调解；
6. 合同的解除。

8.1.2　合同管理的框图（图 8-1）

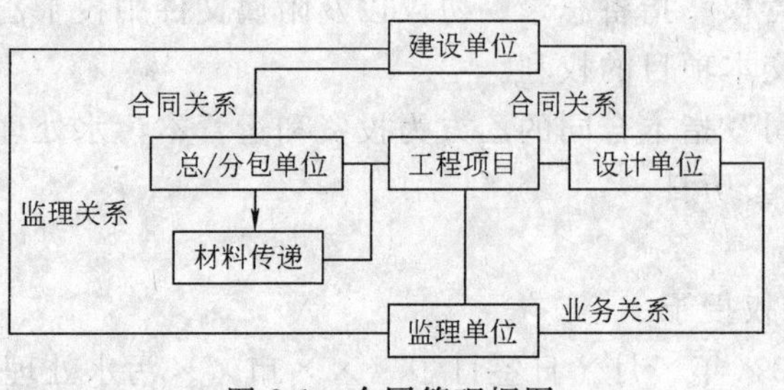

图 8-1　合同管理框图

8.1.3　合同的种类和特点

1. 合同的种类

(1) 工程合同（租赁合同、加工合同）、工程承包、分包合同和国际工程承包合同。

(2) 材料采购合同、设备采购合同。

(3) 设计合同、工程监理合同、技术咨询合同。

(4) BOT 合同：投资、建设、经营管理合同。

(5) BT 合同：投资、建设合同。

2. 给水排水工程 BOT 合同样例

甲方：××省××市人民政府

乙方：香港××科技集团有限公司

本合同系××市人民政府（以下简称甲方）与香港××科技集团有限公司（以下简称乙方），于 200×年×月×日在××省××市订立。

为了加快××市××污水处理工程的建设，改善××市水体环境，保护人民的身体健康；××市人民政府决定，××市××污水处理厂工程采用建设—营运—移交的投资方式，由乙方负责建设和经营。根据××市人民政府的授权，甲、乙双方就该厂的建设、经营、移交等事宜，依据《中华人民共和国合同法》及有关法律、法规，本着诚实信用的原则，通过充分、友好的协商，订立本合同。

第一条：特许权

1.1 定义与解释

1.1.1 “项目”指××市××污水处理厂×万 t/d（一期×万 t/d）的规划、可行性研究、设计与工程技术服务，建设、供货、竣工、调试、试运行和运行。

1.1.2 “工程造价”指第 2.3.3 条款的费用。

1.1.3 “运行期”是指从××市××污水处理厂运行开始之日起，至第 25 年的同一日止。

1.1.4 “竣工期”指乙方证明××市××污水处理厂调试成功并可以开始运行期的日期。

1.1.5 “不可抗力”含义见第 5.3.1 条款。

1.1.6 “工程范围”指污水处理厂围墙内的所有设施、构筑物、设备的承建（公建部分按×万 t/d)，不包括污水处理厂土地费、污水处理厂外管网排水泵站及变压器前的高压设施（含变压器）、供水、采暖、道路等其他配套设施。

1.1.7 “移交日期”指运行期最后一日的次日。

1.1.8 “特许经营权”指备忘录、协议以及附属文件中授予乙方或由其组建的项目公司的建设、经营与移交本项目的权利。

1.1.9 “项目公司”指本合同的乙方为投资和运营本污水处理厂项目成立的公司。

1.1.10 “日”指公历日。

1.2 特许经营权

1.2.1 特许经营权授予

甲、乙双方于 200×年×月×日签订了《××市××污水处理厂 BOT 特许合同》。协议中甲方授予乙方，或由其组建的项目公司勘测和实施××市××污水处理厂的特许建设经营权，其方式为乙方独立投资，并由其经营 24 年后（不含建设期）无偿将项目资产移交给甲方。

鉴于本合同项目属公用事业项目，本项目将由甲方授予乙方，或由其组建的项目公司对该项目投资建设经营特许建设经营权，并授权相应部门（以下简称被授权部门）负责对该项目投资建设和运行的整个过程进行具体监督，以配合本项目及时投入使用。

1.2.2 特许经营项目的名称、位置、建设范围

特许经营项目的名称：××市××污水处理厂

位置：项目位于××市，其确切位置根据现场条件在详细设计阶段予以确定。

甲方特许乙方投资经营的项目范围：××市××污水处理厂红线内的建设，建设规模×万 t/d（一期×万 t/d)

1.2.3 特许期间甲方的主要权利、义务

(1) 甲方有权参与或授权部门参与整个施工过程的监督管理工作，并负责配套污水处理厂外的排水管线、给水管线、供电线路及变压器前的高压设施（含变压器）、进厂道路等设施建设。

(2) 甲方或甲方指定的部门按本合同的规定在特许经营期内，向乙方支付污水处理费用。

1.2.4　特许期间运作污水厂的权利和所有权

乙方在特许经营期内具有投资、设计、建设、检验、调试、试运行、运营和无偿向甲方移交项目的资产的专属权及本项目的土地使用权。

污水处理厂服务区域污水量增加，二期的建设，应先保证本项目的扩建和运行，乙方在同等条件下享有优先权。

1.2.5　履约保函

甲方出具保函以保证在特许经营期内能够及时支付污水处理费用。

1.2.6　特许建设经营期限

特许期为自甲方批准乙方建设之日起，200×年×月×日前为最迟开工时间，200×年×月×日前为完工时间，200×年×月×日前为项目开始运营时间，经营期为 25 年，如果项目因移交最后期限超过特许期，则特许期延长至项目移交完成之日止。

第二条：项目建设

2.1　建设用地

2.1.1　甲方应负责提供污水处理厂工程厂区土地。甲方提供的土地必须具备通水、通电、通路的条件，甲方免除乙方建设过程的一切行政收费。

2.1.2　乙方必须进行污水处理工程地质地形勘测。甲方已提供的资料作为依据证明。

2.2　设计规划要求、依据

2.2.1　进出水水质具体标准及要求

污水处理厂进水水质设计值。

污水处理厂出水水质必须达到设计值。

2.2.2　设计单位选择

乙方应根据中国法律、法规的有关规定，选择有资质的设计单位。

2.2.3　甲方对规划的审查和批准

乙方应将详细的设计图纸提报建设主管部门审核批准。

2.3　建设

2.3.1　乙方的主要义务

乙方应依照本合同负责施工并承担施工的费用和风险。除此以外，乙方的责任还应包括如下方面：

(1) 在其施工方针和活动中优先考虑安全，保护生命、健康、财产和环境；

(2) 采取一切合理的措施，尽量减少施工期间给周边环境造成的不良影响；

(3) 及时取得且随后保持施工所需要的执照、施工许可证和其他核准性文件；

(4) 严格按照法定的质量标准进行施工建设；

(5) 严格按照中国法律、法规规定的基本建设程序进行组织施工。

2.3.2　甲方的主要义务

(1) 依据合同的规定，提供建设用地；

(2) 在施工期间协调与政府主管机构的相关事务；

(3) 及时取得并随后保持工程所需要且只能由甲方及其委托单位取得的核准文件；

(4) 协助乙方取得第2.3.1条款所述的各种执照、施工许可证和核准文件，并免除乙方建设期间的相关行政收费；

(5) 甲方负责项目的征地、拆迁安置等，确保建设场地的七通一平，并确保乙方所需的所有设施（如水、电和通信等）能及时提供。

2.3.3 工程造价

工程总造价应由下述费用组成，但不限于下述费用：

(1) 设计和工程技术服务及其他咨询服务的费用；

(2) 建造和安装费用；

(3) 购买设备和材料的费用；

(4) 管理费用；

(5) 其他相关费用；

(6) 不可预见费用；

(7) 建造期利息加银行手续费（建造期利息指贷款银行的利率，银行手续费指项目所在地银行因提供监管服务所收取的手续费）。

2.3.4 建设工作的质量

乙方应按本合同所列标准和规格进行施工。

2.3.5 质量保证和质量控制

在施工开始前，乙方应根据工程实际情况，会同工程承包商制定质量管理方案、工期保证措施。乙方应经常向甲方提供关于已完成或正在进行的建设工程的质量监测情况和工程进展情况的完整文件。

2.3.6 图纸和技术细节

设计内容：设计内容包括污水处理一期工程厂区以内的工艺设计与工程设计，并包括与厂区红线外1.5m处连接的管道铺设。

设计要求：污水处理厂进出水水质以合同要求为准。

2.3.7 建设工期

项目建设进场为200×年×月×日，完工期200×年×月×日。

2.3.8 进度计划和进度报告

乙方应严格按照合同的施工进度期，完成该项目的工作并根据甲方提出了解工程情况做出良好的配合。

2.3.9 如遇下列情况，工期作相应顺延。

(1) 甲方在合同规定开工日期，不能交付乙方具备开工条件的施工场地及需甲方办理的开工手续；

(2) 在施工中非乙方原因或因停水、停电连续影响施工24h以上而被迫停工的；

(3) 因遇人力不可抗拒的自然灾害（如台风、地震、暴风雨等）而影响工程进度的。

2.3.10 根据甲方所授予乙方特许经营权的义务，乙方完全有权利同甲方协商完成下述工作：

(1) 进行详细设计，其设计和施工应符合中国现行国家标准；

(2) 任命顾问和专业顾问；

(3) 乙方采购工程施工所需要的一切临时性或永久性的设备、主要材料及其他物品；

(4) 任命、组织和领导职工，管理和监督工程；

(5) 签署提供设备、材料和服务的合同；

(6) 按照以上工程标准，从事设施建设的一切必要的工作；

(7) 择优选择建设施工方。

2.3.11 施工中的预期延误

如果乙方不能如期完成某一事项，乙方应立即通知甲方，并详细说明：

(1) 预计不能按时完成的某一事项；

(2) 延误或预计延误的原因，包括说明任何据称的不可抗力情况；

(3) 预计延误的天数及任何其他可适当预见到的对施工产生的不利后果；

(4) 乙方为克服或减少延误及其影响而已经采取或建议采取的措施。

2.4 验收与检测

2.4.1 验收标准

污水处理厂检验标准按本合同规定的进出水水质指标进行验收。

2.4.2 运营检测

项目建设完工后，甲方应在接到乙方书面通知后15d内安排与乙方共同进行运营检测。检测完成后，乙方应向甲方提交一份检测证明，合理详细地列出所有检测程序和结果。甲方收到该证明后应向乙方发出一份书面通知，确认运营检测的结果令其满意或将检测程序结果中的任何不符合规定之处通知乙方。

若设施未通过运营检测，并且甲方对检测证明提出书面异议，则乙方应采取一切必要的改正措施，直至通过运营检测。

项目完工后，由于甲方管网未完工等非乙方的原因，使运行检测和运行期延误超过5天，造成项目竣工、运营损失等，由甲方负责。

2.4.3 不予免责

甲方检查达到合同规定的标准后出具的竣工证明，并不免除乙方对项目建设中的缺陷或延误的各种责任。在验收后，乙方应按验收报告整改完善，直至达到验收标准为止。

2.4.4 检验争端

如果甲方与乙方之间对本合同第2.4.2条规定的检验的结果产生争议，首先应向有管理权的建设行政管理部门申请复议，任何一方对复议结果不服的，可依照合同第8.2.3条款解决此种争议。

2.5 竣工延期

2.5.1 由政府造成的竣工延期

如果因甲方违反本合同规定而使竣工延误，则甲方应顺延工期，并承担因此种延误而产生的所有额外建设费用和乙方遭受的其他损失。

2.5.2 由公司造成的竣工延期

如果因乙方违反本合同规定而使竣工延误，未能在本合同规定工期内，无正当理由逾期120日竣工或未能如期进行试运行或未能如期进行实际运行，经甲方书面通知，30日内仍未达到要求的，甲方有权行使对特许经营的撤销权。

第三条：项目运作和维护

3.1 运作和维护

3.1.1 污水处理厂工程在经过有关部门的联合检验达到约定的质量标准后，从工程联合验收合格证书送达乙方之日起，即进入运行阶段。开始按本合同规定收取污水处理费。

3.1.2 乙方应保证项目的运行在运行期达到本合同规定的项目设计和建设规模并定期检修。

在运行期内，甲方或甲方指定部门有权对项目水质达标情况进行监督检查，如发现问题，应立即通知乙方。

若污水处理厂进水水质超过设计进水水质指标或甲方提供的污水量少于设计进水量的50%，因而造成污水处理厂超标排放时，责任不由乙方承担，但乙方必须保证能够达到设计去除率指标，否则同样应接受环保部门的处罚。若当地工厂或其他排污单位事故性排放，造成污水厂运转不畅，产生的停产、返修等经济损失，由甲乙双方提请有关部门负责追究肇事单位责任，并给予乙方经济赔偿。

3.2 项目保障条件和对项目产出的收购

甲方承诺：在污水处理达标排放运行期内，以××市人民政府各年度财政预算，以保证支付应付乙方款项。并设立支付水费的专款专项银行账户作为经济担保条件。

甲方或其指定部门以××元人民币/t 的价格（该价格不含有任何税项，不含污泥10km以外的运费，垃圾厂接纳免费），每月 5 日以人民币结算，以进水水量向乙方支付污水处理费。

当污水处理量小于×万 t/d 时，按×万 t/d 计。大于×万 t/d 时，按实际发生计算费用（污水量计量以污水厂进水渠道上安装的、双方认可的进水流量计为准）。

由甲方指定授权的部门负责向乙方支付污水费用。由乙方同被授权的部门签定支付合同，以每月 5 日为限，超过 5 日后，则每逾期 1d 由该部门按当月水费收入的万分之三向乙方承担违约金。

3.3 价格调整

在特许经营期间内，如遇到以下情况之一，对污水处理费进行同比例提高。

3.3.1 当国家公布的物价指数或电价，发生变化幅度达5%以上时。

3.3.2 现行当地政府对居民、企业等收取污水费标准提高幅度达5%时。

运营期间乙方应严格遵守国家及河北省环保系统有关运行规范的规定。在运营期间，由于乙方的原因，导致出水水质标准超出规定要求和停止运行时间超过 24h，甲方不支付停运期间的污水处理费。

第四条：项目移交

4.1 特许期满后的移交

4.1.1 移交的概括范围

(1) 乙方向甲方或其委派人移交维护得当并处于良好工作状态的项目工程的一切资产。

(2) 乙方还应在该日向甲方进行技术移交，提供全部的项目档案资料。

(3) 与工程项目相关的其他文件、档案等资料。

4.1.2 最后全面检查和运行测试

项目移交时应具备以下条件：

（1）污水处理厂的土建和设备、仪器运转良好。安装经联合检验达到本合同规定的标准；

（2）乙方应根据工程的实际情况，做出水检测，并在本合同各方和相关方的参与下联合试运转，水质达到本合同规定的水质标准；

（3）乙方应在经与甲方协商的情况下，在移交日前 30d 内对项目工程进行一次计划中的维护性全面检修。

4.1.3　乙方应在移交日前

（1）乙方负责清偿经营期间的专属乙方的债务；

（2）拟定资产清单、移交计划安排；

（3）各当事方应在移交日前至少 15d 内举行会议，并就拟移交的资产清单、技术细节和有关保证安排达成一致意见。

4.1.4　技术人员培训

作为移交工作的一部分，乙方应根据项目运行的实际需要，对甲方项目的技术人员及上岗人员进行科学合理的培训。

4.1.5　合同的转让

乙方与任何第三方订立的、在移交时仍然有效的所有与项目工程建设直接相关的合同或协议，应由乙方移交给甲方或其授权代理人，但合同或协议中涉及到乙方享有的权利、义务，甲方与乙方应协商解决。

4.1.6　公司财产的转移

乙方应在移交日之后 60d 内自费将乙方所有的不属于移交范围内的一切物品自现场迁出，除非当事双方另有协议。如果乙方在上述时间内未能迁出此类物品，则甲方在将其意向通知乙方后可将这些物品提存，所花费的合理费用和风险应由乙方承担。

4.1.7　风险转移

在未办理正式移交手续之前，乙方应承担项目工程整体或部分受到损失或损坏的一切风险。但损失和损坏系因甲方违反本合同规定的义务的作为或不作为所造成者例外。在办完正式移交手续之后，污水处理厂资产的一切风险由甲方承担。

4.1.8　移交费用

移交项目资产所发生的税费由甲方承担。

4.1.9　移交程序

甲方和乙方应按合同在移交运行结束前 15d 内邀请主管部门举行会议并就项目工程移交的详细程序及资产清单达成备忘录。在该会议上，乙方应提交拟移交的结构物、设备、设施和物品的详细清单及其负责转让的代表的姓名，甲方应将其负责移交的代表的姓名通知乙方。

第五条：协议方的一般义务

5.1　政府的一般义务

（1）协助申请设备进出口手续；

（2）按照中国现行外商投资企业所享受的政策和××市人民政府优惠政策，使乙方得到应享受的税费减免。

5.1.1　法律和规定的变更

如果在本合同签署之日后中国法律、法规和规定发生了极其有利于乙方的变动，甲方可以书面通知的形式要求对本合同条件进行调整，以使甲方处于与其在这类变动前所处经济地位基本相同的地位。

5.1.2 不予干涉

在受本合同规定约束的前提下，甲方不得妨碍污水厂工程的建设，但出于保护公众健康、安全和履行其法定职责需要时除外。在乙方提出要求的情况下，甲方应作出最大努力减少第三方可能对项目的干涉。

5.2 公司的一般义务

5.2.1 法律和法规的变化

如果在本合同生效之日以后，适用于本项目的中国法律、法规和规定发生了对乙方权利和义务有着重大不良影响的变动，乙方可以书面通知的形式要求对本合同条件进行调整，以使乙方处于与其在这类变动前所处经济地位基本相同的地位。

5.2.2 环境保护

乙方应按国家有关规定尽可能减少对周边环境造成污染。

5.2.3 保护当地考古、地理和历史文物

乙方应采取有效措施保护在污水厂工程建设期间发现的考古文物、化石、古墓遗址、历史艺术珍品以及任何其他具有考古地址和历史价值的物品。乙方应在任何这类发现后立即按中国的相关法律采取措施。

5.2.4 项目文件的协调

乙方应确保一切项目文件、付款计划、公司章程和与项目有关的各种保单与本合同各项规定保持一致。

5.2.5 税收和优惠

按照中国现行外商投资企业所享受的政策和××市人民政府优惠政策，使乙方得到应享受的税费减免。

5.2.6 外汇

一切与外汇有关的事宜均按适用法律办理。

乙方可使用在中国合法可行的一切外汇兑换方法，以保证其全部外汇需求。乙方可申请并获得为使用任何外汇兑换方法所必需的或任何时候成为必需的任何批准。为确保乙方获得外汇，乙方需尽快与一家商业银行签署外汇兑换协议。

5.3 政府和公司的共同责任和权利

5.3.1 不可抗力

合同双方均应有权终止履行其根据本合同所承担的义务，但这种终止权应以不可抗力为限。不可抗力是指不能预见、不能避免并不能克服的客观情况。遭遇不可抗力的当事方应立即书面告知对方，并在不可抗力事件消失后尽快恢复对其根据本合同所承担的义务的履行。当事人迟延履行后发生不可抗力的，不适用本条款的约定。

甲方无权将下列应由其承担责任的情况视为可暂停履行其根据本合同所承担的义务或使其免负不履行责任的不可抗力情况：

(1) 在污水处理厂资产移交前，任何政府机构对污水处理厂实行征收、征用、没收或国有化；

(2) 并非因乙方违反本合同而引起的对任何核准的取消。

乙方无权将下列应由其承担责任的情况视为可暂停履行其根据本合同所承担的义务或使其免负不履行责任的不可抗力情况：

(1) 工程承包商或任何分包商的履约延误；

(2) 污水处理厂工程任何材料、设备、机械或部件的交货延误或任何明显或隐蔽的缺陷；

(3) 污水处理厂设备、机械或部件的故障或正常耗损。

当事人一方因不可抗力不能履行合同的，应当及时通知对方，以减轻可能给对方造成的损失，并应当在合理的期限内提供证明。

费用分担与修订履约时限。在发生不可抗力情况时，各当事方均应负责自己一方发生不可抗力情况所造成的费用，但在本条款“毁坏与项目工程的维修”所规定的情况除外。本合同为履行某项义务而规定的任何时间期限应适当延长一段与不可抗力情况对义务履行产生影响的期间相当的期限。

因不可抗力情况而终止履约。如果任何不可抗力情况妨碍或阻止某一当事方履约的时间超过这种不可抗力情况发生之日起 60d，则各当事方应通过协商决定继续履行本合同的条件，或经相互议定终止合同。在这种不可抗力情况发生之日起 180d 内，如各当事方不能就这类条件达成一致意见或不能经相互议定终止合同，则任何当事方均可根据本合同第 8.2.3 条款来解决。

减轻影响的义务。受不可抗力情况影响的当事方应作出适当的努力以减轻不可抗力情况所造成的影响，各当事方应彼此协商，以确定为减轻这种不可抗力情况所造成的对各当事方的损失而应予以实施的合理的措施。

毁坏与项目工程的维修。如果某一不可抗力情况对建设工程造成了重大损失，乙方应用本合同规定的财产保险赔偿费对项目工程进行建设或维修，不足部分由甲、乙双方协商分担。

5.3.2 保密

合同中任何一方或其授权代理人所得到的本不属于公开提供的一切资料和文件（不论是金融、技术还是与其他方面有关的），均应予以保守机密，且不得在未得到另一方的书面核准情况下向第三方或公众泄露，但法律要求者除外。这一禁止不妨碍任何当事方在征得对方同意情况下发布与项目进度有关的，且其中所载并非敏感性资料的新闻。本规定在本合同终止后仍应有效。

5.3.3 合作的义务

双方彼此间相互合作以实现本合同的各项目标。凡合同一方当事人要求另一方给予同意或核准时，不应无理加以拒绝或延误这种同意或核准的给予。

第六条：合同的终止

出现以下情形，可由甲方提出终止：

(1) 乙方以书面形式向甲方通知乙方已终止建设工程而且不打算重新开工；

(2) 停工原因消除后，并非因不可抗力情况的干扰，或因乙方违反本合同规定而未能在任何非不可抗力情况结束之后 60d 内恢复施工；

(3) 乙方或承包商在未得到甲方事先的书面同意情况下放弃项目建设已为期 60d；

(4) 乙方歇业清算、破产；

(5) 乙方并非因甲方违约或出现不可抗力情况，而未能在收到甲方指明这一违约情况并要求乙方予以补救的书面通知后60d内对此种违约情况实行补救；

(6) 出现2.3.9条款任何一种情况。

出现下列情形，可由乙方提出终止：

(1) 如果并非因乙方违约或不可抗力情况所引起，乙方有权以书面形式向甲方提出终止本合同；

(2) 甲方在收到乙方发出的指明甲方有违约情况的书面通知后60d内，未对违约情况实施有效的补救措施，且此种违约已对乙方的利益构成实质性的损害。

第七条：合同的转让和贷款人担保

7.1 合同的转让

7.1.1 由政府的转让

甲方在未事先征得乙方书面同意的情况下，无权转让其根据本合同规定的各项权利或义务的全部或任何部分。但本条款并不妨碍甲方同中华人民共和国任何政府主管机构进行合并或联合，而向其转让自己的权利和义务，但受让人或合并后的实体应负责履行本合同规定的甲方的各项义务并承担这方面的全部责任。

7.1.2 由公司的转让

乙方可以委托或分包乙方在本协议项下的任何权利或义务，但这并不能免除乙方在本协议项下的义务。如为编制融资文件之目的或在与融资文件有关时，转让、转移乙方在本协议项下的任何权益，或以乙方在本协议项下的任何权益作担保。

乙方进行上述活动无需甲方同意。在所有其他情况下，乙方只有在事先征得甲方书面同意后，方可转让或转移其在本协议项下的权利和义务，甲方无正当理由不得拒绝或延迟给予书面同意。

7.2 贷款人担保

如乙方要求，甲方同意与贷款人和乙方签订协议，根据该协议，甲方确认乙方以其在本协议项下的权利作为担保，甲方同意，一旦发生乙方违约事件，贷款人除具有其他权力外，应具有下列权利：

(1) 有权继承乙方在本协议项下的所有权利和义务；

(2) 经甲方同意（甲方无正当理由不得拒绝给予该等同意），有权将乙方在本协议项下的所有权利和义务转移、转让给第三方，或由第三方接替乙方承担乙方在本协议项下的所有权利和义务，且该第三方需具有丰富的污水处理行业方面的经验。

第八条：争议解决

8.1 释义

8.1.1 本合同文件

本合同框架内其他分项合同及所附的各项附件均应视为本合同的组成部分。

8.1.2 合同的整体

本合同构成各当事方间达成的关于本项目的整体理解，并取代有关本项目的一切以往的书面和口头陈述、合同或协议。

8.1.3 修改和变更

对本合同的任何修正、增补或改动，只有在形成文字并经当事双方授权的代表签署后方为有效和具有约束力。

8.1.4 可分性

如果本合同的任何或若干部分经裁决机构宣布为无效，其他部分仍应保持有效和可予以实施，除非与无效部分构成本合同订立的基础。

8.2 争议解决

8.2.1 定期讨论

在本合同整个存续期间，应由各当事方授权代表定期举行会议，至少每月一次，以讨论建设工作的进度，并在完工日之后讨论项目的试运行，从而确保本合同得到彼此满意的履行。

8.2.2 协商解决争端

如果各当事方之间根据或针对本合同或对其中任何规定的解释而出现任何争端、争议或索赔，各当事方应根据其中任一当事方提出的要求迅速举行会晤，通过彼此讨论，解决这类争端、争议或赔偿。如果不能如此解决，甲方法定代表人或其授权代表和乙方法定代表人或其授权代表应举行会晤以解决这类争端、争议或索赔，而且其所作出的共同决定对各当事方均有约束力。

8.2.3 仲裁：如果各当事方之间根据 8.2.2 条款未能解决争端、争议或索赔，则发生争议的任何一方可向中国国际经济贸易仲裁委员会提起仲裁。

第九条：其他

9.1 其他条款

9.1.1 其他义务

义务的分别性。本合同所规定的各当事方的责任、义务和赔偿责任意在使其具有分别性，而不是具有共同性或集合性。本合同中任何条款均不应解释为旨在建立各当事方之间的联盟或合资企业，各当事方均应单独或分别对其根据本合同规定所承担的义务负责。

9.1.2 通知

除非另有规定，本合同规定的通信联络应以书面形式按下列所载的合同各方的地址，通过直接差人送达或通过公认的国际信使、邮递、电传或传真的方式送交或传送给当事方。

或按该当事方有时可能通知另一当事方使用的其他地址、电传号或传真号送交或传送，且凡属下列情况，即应认为已经发出或递送了通知：（一）按该地址亲手、由国际公认的信使或通过挂号的、需有回执的邮件送交了信函；（二）妥善地按该传真号传送了任何电传或传真。

9.1.3 法律的适用

本合同的订立、争端的解决、条文的解释及合同的履行等均受中华人民共和国法律约束。

9.1.4 合同使用的文字

双方一致同意，本合同只有中文一个版本，解释以此为准。

9.1.5 合同的效力

本合同经双方签字盖章后生效。

本合同未尽事宜，或在经营期间确需调整本合同部分内容的，经双方认可另行制定补充协议，补充协议与本合同具有同等法律效力。

9.1.6 合同的份数

本合同一式12份，双方各执6份。

本着受法律约束的意愿，各当事方由法定代表人或具备有效的法人委托书的正式授权代表于下文各自签署处所列日期签署本合同，以昭信守。

甲 方：××省××市人民政府

代表人（签字）：

职 务：

乙 方：香港××科技集团有限公司

代表人（签字）：

职 务：

2005年×月×日

8.2 工程变更的管理

8.2.1 工程变更

1. 工程变更管理程序（图8-2）

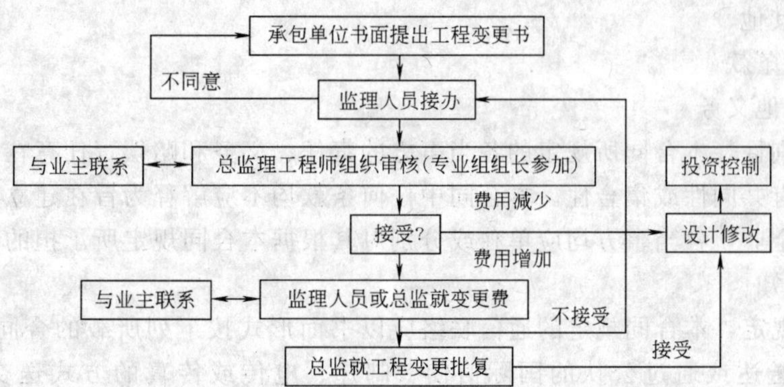

图8-2 工程变更管理程序

2. 设计变更程序（图8-3）

8.2.2 工程变更监理要点

1. 设计单位对原设计存在的缺陷提出的工程变更，应编制设计变更文件。建设单位或承包单位提出的工程变更，应提交总监理工程师，由总监理工程师组织专业监理人员审查。审查同意后，应由建设单位转交原设计单位编制设计变更文件。当工程变更涉及安全、环保等内容时，应按规定经有关部门审定。

2. 工程变更无论由何方提出，均须进行监理的管理。

(1) 建设单位提出工程变更，应填写《工程变更单》经项目监理部签转。必要时应委托设计单位编制设计变更文件，并签转项目监理部。

(2) 设计单位提出工程变更，应填写《工程变更单》并附设计变更文件，提交建设单

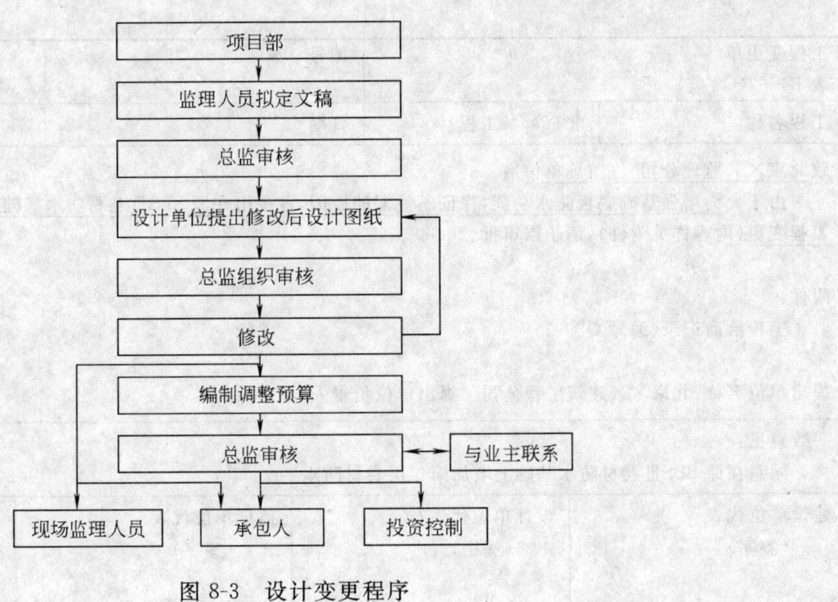

图 8-3　设计变更程序

位，并签转项目监理部。

(3) 工程变更表达的内容均应符合合同文件及有关规范、规程和技术标准的规定，并表述准确、图示规范。

(4)《工程变更单》填写要求：

1) 附件应包括工程变更的详细内容，变更的依据，对工程造价及对工期的影响程度，对工程项目功能、安全的影响分析及必要的图示；

2) 提出单位一般为建设单位、设计单位、承包单位；

3) 当工程变更内容较为简单时，可直接填在本表“附件”栏中；

4)“提出单位负责人”应为本工程的项目负责人；

5)“一致意见”栏应经有关各方协商，达成一致意见后由监理单位填写，必要时可增加附页；

6) 当工程变更与设计无关时，可不经设计单位代表签字；

7) 如设计单位提出的工程变更，无论给哪一方，由此方填写本表，并要求原设计人签字；

8) 工程变更无论哪方提出，按监理规程要求，均应签转项目监理部，通过项目监理部签发至有关各方；

9) 工程变更单（表 8-1）。

3. 项目监理机构应了解实际情况和收集与工程变更有关的资料。

4. 总监理工程师必须根据实际情况、设计变更文件和其他有关资料，按照施工合同的有关条款，在指定专业监理人员完成下列工作后，对工程变更的费用和工期作出评估：

(1) 确定工程变更项目与原工程项目之间的类似程度和难易程度；

(2) 确定工程变更项目的工程量；

(3) 确定工程变更的单价或总价；

表 8-1

<table>
<tr><td>工程变更单
表 B4—2(C2 监)</td><td></td><td>编号</td><td></td></tr>
<tr><td>工程名称</td><td>北京××工程</td><td>日期</td><td>2003—04—26</td></tr>
<tr><td colspan="4">致北京××监理公司 （监理单位）：
由于 为增强基础底板防水功能，保证不渗漏的原因，兹提出在原 SBSⅢ卷材防水基础上增加第二层卷材防水工程变更（内容详见附件），请予以审批。

附件：
工程洽商记录（编号 QS031）

提出单位名称：北京××建筑工程公司 提出单位负责人（签字）：×××</td></tr>
<tr><td colspan="4">一致意见：
同意在原 SBSⅢ卷材防水基础上增加第二层卷材防水。</td></tr>
<tr><td>建设单位代表
（签字）

×××

日期：2003—04—26</td><td>设计单位代表
（签字）

×××

日期：2003—04—26</td><td>监理单位代表
（签字）

×××

日期：2003—04—26</td><td>承包单位代表
（签字）

×××

日期：2003—04—26</td></tr>
</table>

注：本表由提出单位填报，有关单位会签，并各存一份。

(4) 总监理工程师应就工程变更费用及工期的评估情况与承包单位和建设单位进行协调；

(5) 总监理工程师签发工程变更单。工程变更单应符合格式，并应包括工程变更要求、工程变更说明、工程变更费用和工期、必要的附件等内容，有设计变更文件的工程变更应附设计变更文件；

(6) 项目监理机构应根据工程变更单监督承包单位实施。

5. 承包单位只有收到项目监理部签署的《工程变更单》后，方可实施工程变更。

6. 有关各方应及时将工程变更的内容反映到施工图纸上。

7. 实施工程变更发生增加或减少的费用，由承包单位填写《工程变更费用报审表》，报项目监理部。项目监理部进行审核并与承包单位和建设单位协商后，由总监理工程师签认，建设单位批准。

8. 工程变更的工程完成并经项目监理部验收合格后，应按正常的计量和支付程序办理变更工程费用的支付。

9. 分包工程的工程变更应通过承包单位办理。

10. 项目监理机构处理工程变更应符合下列要求：

(1) 项目监理机构在工程变更的质量、费用和工期方面取得建设单位授权后，总监理工程师应按施工合同规定与承包单位进行协商，经协商达成一致后，总监理工程师应将协商结果向建设单位通报，并由建设单位与承包单位在变更文件上签字；

(2) 在项目监理机构未能就工程变更的质量、费用和工期方面取得建设单位授权时，总监理工程师应协助建设单位和承包单位进行协商，并达成一致；

(3) 在建设单位和承包单位未能就工程变更的费用等方面达成协议时，项目监理机构应提出一个暂定的价格，作为临时支付工程进度款的依据。该项工程款最终结算时，应以建设单位和承包单位达成的协议为依据；

（4）在总监理工程师签发工程变更单之前，承包单位不得实施工程变更；

（5）未经总监理工程师审查同意而实施的工程变更，项目监理机构不得予以计量。

8.3　工程暂停及复工

8.3.1　工程暂停及复工管理的基本程序（图 8-4）

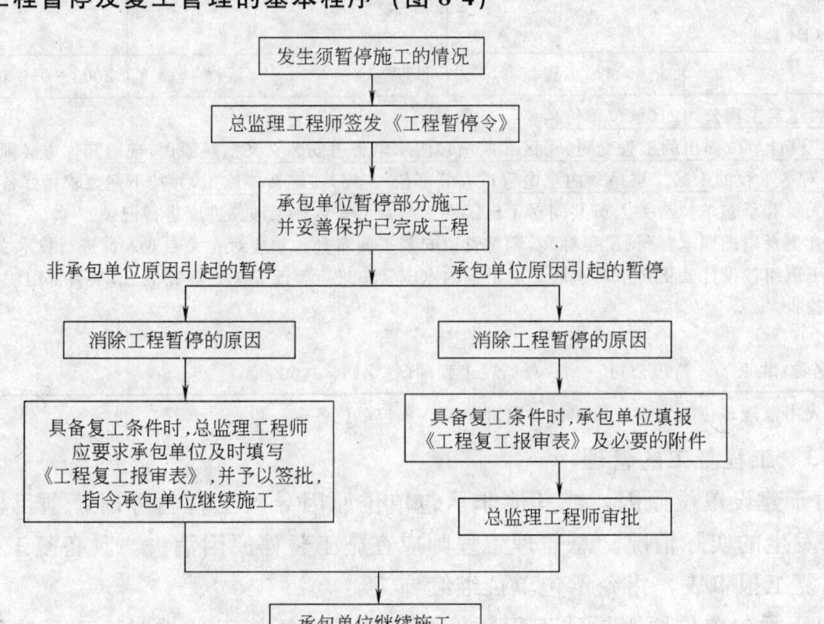

图 8-4　工程暂停及复工管理的基本程序

8.3.2　工程暂停的管理

1. 总监理工程师在签发工程暂停令时，应根据暂停工程的影响范围和影响程度，按照施工合同和委托监理合同的约定签发。

2. 在发生下列情况之一时，总监理工程师可签发工程暂停令：

（1）建设单位要求暂停施工，且工程需要暂停施工；

（2）出现工程质量问题，必须进行停工处理；

（3）施工出现质量或安全隐患，为避免造成工程质量损失或危及人身安全而需要暂停施工，同时，总监理工程师认为有必要停工以消除隐患；

（4）发生了必须暂时停止施工的紧急事件；

（5）承包单位未经许可擅自施工，或拒绝项目监理机构管理。

3. 总监理工程师在签发工程暂停令时，应根据停工原因的影响范围和影响程度，确定工程项目停工范围。

4. 总监理工程师在签发工程暂停令之前，应就有关工期和费用等事宜与承包单位进行协商。

5. 委托监理合同有约定或必要时，签发《工程暂停令》前应征求建设单位的意见。

6. 工程暂停期间，应要求承包单位保护该部分或全部工程免遭损失或损害。

7.《工程暂停令》填写说明

(1) 签发工程暂停令的“暂停原因”、“要求做好各项工作”的填写参见监理规范和规程的要求执行。

(2) 工程暂停令表（表 8-2）

表 8-2

<table>
<tr><td colspan="2">工程暂停令
表 B2—19(B4 监)</td><td colspan="2">编号</td></tr>
<tr><td>工程名称</td><td>北京××工程</td><td>日期</td><td>2003—05—06</td></tr>
<tr><td colspan="4">致北京××建筑工程公司　（承包单位）：
由于　设计单位提出的工程变更：Ⅰ区二层吊顶内水电管道安装交叉抵触原因，现通知你方必须于2003 年 6 月 8 日 8 时起，对本工程的Ⅰ区二层吊顶内水电管道安装部位(工序)实施暂停施工，并按下述要求做好各项工作：
1. 由监理人员和承包单位有关人员共同对Ⅰ区二层水电管道安装施工形象进度进行记录。
2. 按设计变更及附图要求：降低吊顶标高，调整管道安装平面布置。相应对有关专业人员进行技术交底。
3. 组织施工班组按设计变更要求对Ⅰ区二层吊顶内水电管道进行整改安装处理完成后，项目部组织自检并报项目监理重新验收。

监理单位名称：北京××监理公司　　　总监理工程师(签字)：×××</td></tr>
</table>

注：本表由监理单位签发，建设单位、监理单位、承包单位各存一份。

8.3.3 工程复工的管理

1. 由于建设单位原因，或其他非承包单位原因导致工程暂停时，项目监理机构应如实记录所发生的实际情况。总监理工程师应在施工暂停原因消失，具备复工条件时，及时签署工程复工报审表，指令承包单位继续施工。

2. 由于承包单位原因导致工程暂停，在具备恢复施工条件时，项目监理机构应审查承包单位报送的复工申请及有关材料，同意后由总监理工程师签署工程复工报审表，指令承包单位继续施工。承包单位在具备复工条件时，应填写《工程复工报审表》，并附下列书面材料一起报送项目监理部审核，由总监理工程师签发审批意见：

(1) 承包单位对工程暂停原因的分析；

(2) 工程暂停原因已消除的证据；

(3) 避免再出现类似问题的预防措施。

3. 总监理工程师在签发工程暂停令到签发工程复工报审表之间的时间内，宜会同有关各方按照施工合同的约定，处理因工程暂停引起的与工期、费用等有关的问题。

4.《工程复工报审表》填写说明

(1)“审批意见”栏应由总监理工程师填写。

(2) 在停工原因消除后，监理单位应要求承包单位及时填报本表。总监理工程师在审核承包单位报送的复工申请及有关材料后，应及时签署本表。

(3) 工程复工报审表（表 8-3）

5. 承包单位在总监理工程师批准复工后，继续施工。

6. 签发工程暂停指令后，总监理工程师应协同有关单位按合同约定，组织处理好因工程暂停所引起的与工期、费用等有关的各类问题。

表 8-3

<table>
<tr><td colspan="2">工程复工报审表
表 B2—9(A10 监)</td><td colspan="2">编号</td></tr>
<tr><td>工程名称</td><td>北京××工程</td><td>日期</td><td>2003—03—06</td></tr>
<tr><td colspan="4">致北京××监理公司　(监理单位)：
北京××工程，由总监理工程师签发的第(×)号工程暂停令指出的原因已消除，经检查已具备了复工条件，请予审核并批准复工。
附件：
1. 地上二层 1—8/A—H 轴剪力墙暗柱已按工程变更(编号：××)要求施工完毕。
2. 对完成的工程变更单内容自检合格，报项目监理部鉴认。

承包单位名称：北京××建筑工程公司　项目经理(签字)：×××
审查意见：
1. 承包单位已按要求对工程进行变更施工，经验收合格。
2. 工程暂停的原因已经消除。
审批结论：☑具备复工条件，同意复工。
□不具备复工条件，暂不同意复工。
监理单位名称：北京××监理公司　总监理工程师(签字)：×××　日期：2003—03—06</td></tr>
</table>

注：本表由承包单位填报，建设单位、监理单位、承包单位各存一份。

8.4　工程延期及工程延误的处理

1. 由于合同中约定的下列原因引起的工期延长，承包单位可以提出工程延期申请：

(1) 非承包单位的责任造成工程不能按合同原定日期开工；

(2) 工程量的实质性变化和设计变更；

(3) 非承包单位原因停水、停电（地区限电除外）、停气造成停工时间超过合同的约定；

(4) 国家或北京市有关部门正式发布的不可抗力事件；

(5) 异常不利的气候条件；

(6) 建设单位同意工期相应顺延的其他情况。

2. 承包单位提出的工程延期申请只有同时满足下列三项条件，项目监理才予以受理：

(1) 工程延期事件发生后，承包单位在合同约定的期限内向项目监理部提交了书面工程延期意向报告；

(2) 承包单位按合同约定，提交了有关工程延期事件的详细资料和证明材料；

(3) 工程延期事件终止后，承包单位在合同约定的期限内，向项目监理部提交了《工程延期申请表》。

3. 如果工程延期事件是延续性的，承包单位应以一定的时间间隔提交暂时的细节材料。待延期事件结束后，在合同约定的时间内，再将所有提供的细节材料和详细记录汇集、整理齐全，随《工程延期申请表》一起报送项目监理部。

4. 在工程延期事件发生后，项目监理部应做好以下工作：

(1) 向建设单位转发承包单位提交的工程延期意向报告；

(2) 对工程延期事件随时收集资料，并做好详细记录；

(3) 对工程延期事件进行分析、研究，对减少损失提出意见；

(4) 在处理工程延期的过程中，还要书面通知承包单位采取必要的措施，减少对工程的影响程度。

5. 项目监理部评估工程延期的原则

(1) 工程延期事件属实；

(2) 工程延期申请依据的合同条款准确；

(3) 工程延期事件必须发生在被批准的进度网络计划的关键线路上。

6. 最终评估出的延期天数，在与建设单位协商一致后，由总监理工程师签发《工程延期审批表》。

7. 评审某些较复杂或持续时间较长的延期申请，总监理工程师可根据初步评审，先给予承包单位一个暂定的延期时间，经过详细分析、评审后，再签发《工程延期审批表》。

8. 总监理工程师应严格遵守施工合同中约定的处理工程延期的各种时限要求。

9. 当影响工期事件具有持续性时，项目监理机构可在收到承包单位提交的阶段性工程延期申请表并经过审查后，先由总监理工程师签署工程临时延期审批表，并通报建设单位。当承包单位提交最终的工程延期申请表后，项目监理机构应复查工程延期及临时延期情况，并由总监理工程师签署工程最终延期审批表。工程延期申请表、工程临时延期审批表、工程最终延期审批表应符合格式。

10. 项目监理机构在作出临时工程延期批准或最终的工程延期批准之前，均应与建设单位和承包单位进行协商。

11. 项目监理机构在审查工程延期时，应依下列情况确定批准工程延期的时间：

(1) 施工合同中有关工程延期的约定；

(2) 工期拖延和影响工期事件的事实和程度；

(3) 影响工期事件对工期影响的量化程度。

12. 工程延期造成承包单位提出费用索赔时，项目监理机构应按规范规定处理。

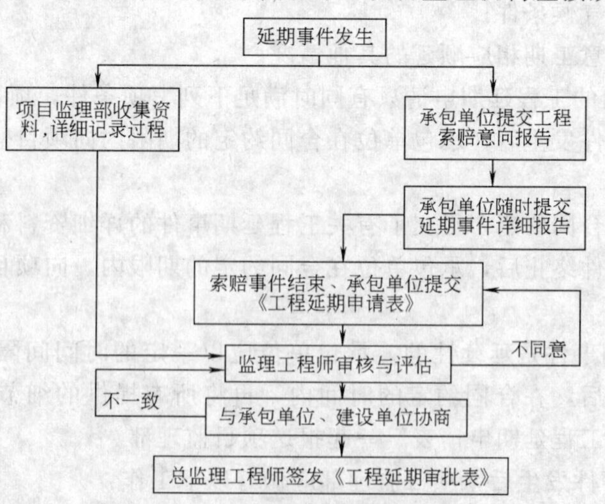

图 8-5 工程延期审批程序

13. 当承包单位未能按照施工合同要求的工期竣工交付，造成工期延误时，项目监理机构应按施工合同规定，从承包单位应得款项中扣除误期损害赔偿费。

14. 工程延期审批程序（图 8-5）

15.《工程延期审批表》填写说明

（1）本表填写应遵照监理规程的原则。

（2）“说明”栏中应填写审批的依据。

（3）工程延期审批表（表 8-4）

表 8-4

工程延期审批表 表 B2—20(B5 监)		编号	
工程名称	北京××工程	日期	2003—06—07
致北京××建筑工程公司（承包单位）： 根据施工合同条款 11 条的规定，我方对你方提出的第(×)号关于北京××工程工期延期申请，要求延长工期 3 日历天，经过我方审核评估： ☑同意工期延长 3 日历天。竣工日期(包括已指令延长的工期)从原来的 2003 年 12 月 05 日延长到 2003 年 12 月 08 日。请你方执行。 ☐不同意延长工期，请按约定竣工日期组织施工。 说明： 经审查，因变更单的原因，影响了关键线路，需要调整施工网络计划。 监理单位名称：北京××监理公司　　总监理工程师(签字)：×××			

注：本表达式由监理单位签发，建设单位、监理单位、承包单位各存一份。

8.5　工程索赔的管理

8.5.1　工程索赔管理的内容

1. 索赔管理的主要任务

（1）加强对导致索赔原因的预测和防范。

（2）通过有力的合同管理防止或减少干扰事件的发生。

（3）对已发生的干扰事件及时采取措施，以降低它的影响及损失。

（4）随时跟踪索赔事件过程，随时收集与索赔有关的资料。

（5）参与索赔的处理过程，审核索赔报告，批准合理的索赔或驳回承包单位不合理的索赔要求、索赔要求中不合理的部分，使索赔得到圆满解决。

2. 工程索赔的种类

（1）工期拖延索赔。由于发包人未能按合同规定提供施工条件，如未及时交付设计图纸、技术资料、场地、道路等，或非承包人而因发包人指令停止工程实施，或其他不可抗力因素作用等原因，造成工程中断，或工程进度放慢，使工期拖延，承包人对此提出索赔。

（2）不可预见的外部障碍或条件索赔。如果在施工期间，承包人在现场遇到一个有经验的承包人通常不能预见到的外界障碍或条件，例如地质与预计的（发包人提供的资料）

不同，出现未预见到的岩石、淤泥或地下水等。

（3）工程变更索赔。由于发包人或工程师指令修改计划、增加或减少工程量、增加或删除部分工程、修改实施计划、变更施工次序造成工期延长和费用损失，承包人对此提出索赔。

（4）工程终止索赔。由于某种原因，如不可抗力因素影响、发包人违约，使工程被迫在竣工前停止实施，并不再继续进行，使承包人蒙受经济损失，因此提出索赔。

（5）其他索赔。如货币贬值、汇率变化、物价和工资上涨、政策发生变化、发包人推迟支付工程款等原因引起的索赔。

3. 常见的建设工程索赔

（1）因合同文件引起的索赔

1）有关合同文件的组成问题引起索赔；

2）关于合同文件有效性引起的索赔；

3）因图纸或工程量表中的错误引起的索赔。

（2）有关工程施工的索赔

1）地质条件变化引起的索赔；

2）工程中人为障碍引起的索赔；

3）增减工程量的索赔；

4）各种额外的试验和检查费用偿付；

5）工程质量要求的变更引起的索赔；

6）关于变更命令有效期引起索赔或拒绝；

7）指定分包商违约或延误造成的索赔；

8）其他有关施工的索赔。

（3）关于价款方面的索赔

1）关于价格调整方面的索赔；

2）关于货币贬值和严重经济失调导致的索赔；

3）拖延支付工程款的索赔。

（4）关于工期的索赔

1）关于延展工期的索赔；

2）由于延误生产损失的索赔；

3）赶工费用的索赔。

（5）特殊风险和人力不可抗拒灾害的索赔

1）特殊风险的索赔。特殊风险一般是指战争、敌对行动、入侵、敌人的行为，核污染及冲击波破坏、叛乱、革命、暴动、军事政变或篡权、内战等等；

2）人力不可抗拒灾害的索赔。人力不可抗拒灾害主要是指自然灾害，由这类灾害造成的损失应向承保的保险公司索赔。在许多合同中，承包人以发包人和承包人共同的名义投保工程一切险，这种索赔可同发包人一起进行。

（6）工程暂停、中止合同的索赔

1）施工过程中，工程师有权下令暂停工程或任何部分工程，只要这种暂停命令并非承包人违约或其他意外风险造成的，承包人不仅可以得到要求工期延展的权利，而且可以就其停工损失获得合理的额外费用补偿；

2）中止合同和暂停工程的意义是不同的。有些中止的合同是由于意外风险造成的，损害十分严重，另一种中止合同是由“错误”引起的中止，例如发包人认为承包人不能履约而中止合同，甚至从工地驱逐该承包人。

（7）财务费用补偿的索赔

财务费用的损失要求补偿，是指因各种原因使承包人财务开支增大而导致的贷款利息等财务费用。

8.5.2 索赔费用的组成

索赔费用的主要组成部分，同工程款的计价内容相似。包括直接费、间接费、利润和税金。我国的这种规定，同国际上通行的做法还不完全一致。按国际惯例，建安工程直接费包括人工费、材料费和机械使用费；间接费包括现场管理费、保险费、利息等。

1. 一般承包商可索赔的具体费用内容如图 8-6 所示。

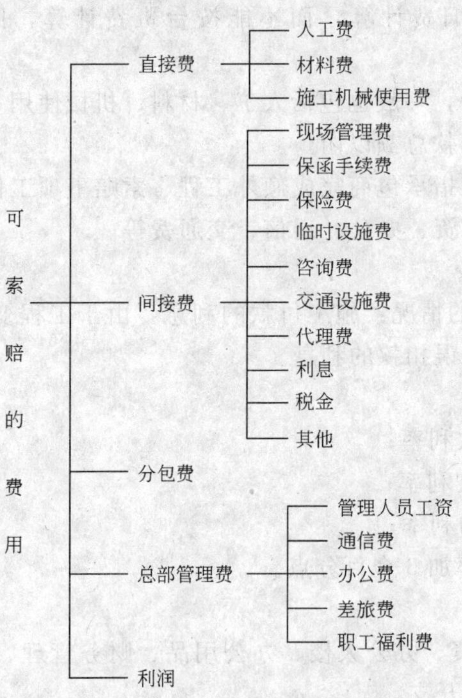

图 8-6 可索赔的具体费用内容

2. 承包商可索赔的具体费用内容

（1）人工费

1）人工费包括施工人员的基本工资、工资性质的津贴、加班费、奖金以及法定的安全福利等费用。

2）人工费是指完成合同之外的额定工作所花费的人工费用，由于非承包商责任的工效降低所增加的人工费用，超过法定工作时间加班劳动。

3）法定人工费增长以及非承包商责任工程延期导致的人员窝工费和工资上涨费等。

（2）材料费

1）由于索赔事项材料实际用量超过计划用量而增加的材料费。

2）由于材料价格大幅度上涨，非承包商责任工程延期导致的材料价格上涨和超期储存费用，材料费中应包括运输费、仓储费、以及合理的损耗费用（由于承包商管理不善，造成材料损坏失效，不能列入索赔计价）。

3）承包商应该建立健全的物资管理制度，以便索赔时能准确地分离出索赔事项所引起的材料额外耗用量。

4）为了证明材料单价的上涨，承包商应提供可靠的定货单、采购单，或官方公布的材料价格调整指数。

（3）施工机械使用费

1）由于完成额外工作增加的机械使用费。

2）非承包商责任的工效降低，增加的机械使用费。

3）由于建设单位或监理人员原因导致机械停工的窝工费。

4）窝工费的计算：租赁设备，一般按实际租金和调进调出费的分摊计算；承包商自有设备，按台班折旧费计算，而不能按台班费计算，因台班费中包括了设备使用费。

（4）分包商的索赔费，一般也包括人工、材料、机械使用费的索赔。分包商的索赔应如数列入总承包商的索赔款总额以内。

（5）现场管理费。是指承包商完成额外工程、索赔事项工作以及工期延长期间的现场管理费，包括管理人员工资、办公、通信、交通费等。

（6）利息

1）利息的索赔发生的情况：施工付款的利息，由于工程变更和工程延期增加投资的利息，索赔款的利息，错误扣款的利息。

2）利率标准规定

a. 按当时的银行贷款利率；

b. 按当时的银行透支利率；

c. 按合同双方协议的利率；

d. 按中央银行贴现率加 3 个百分点。

（7）企业管理费

1）包括总部职工工资、办公大楼、办公用品、财务管理、通信设施以及总部领导人员赴工地现场指导工作等开支。

2）在国际工程施工索赔中总部管理费的计算有以下几种：

a. 按照投标书中总部管理费的比例（3%～8%）计算：

总部管理费＝合同中总部管理费比率(%)×(直接费索赔款额＋现场管理费索赔款额等)

b. 按照公司总部统一规定的管理费比率计算：

总部管理费＝公司管理费比率(%)×(直接费索赔款额＋现场管理费索赔款额等)

c. 以工程延期的总天数为基础，计算总部管理费的索赔额，计算步骤如下：

$$\text{对某一工程提取的管理费}=\text{同期内公司的总管理费}\times\frac{\text{该工程的合同额}}{\text{同期内公司的总合同额}}$$

$$\text{该工程的每日管理费}=\frac{\text{该工程向总部上缴的管理费}}{\text{合同实施天数}}$$

索赔的总部管理费＝该工程的每日管理费×工程延期的天数

（8）利润

索赔利润的款额计算通常是与原报价单中的利润百分率保持一致。

8.5.3　索赔费用的计算方法

1. 实际费用法

（1）工程索赔时最常用的一种方法。计算原则是以承包商为某项索赔工作所支付的实际开支为根据，向建设单位要求费用补偿。

（2）计算时，在直接费的额外费用部分的基础上，再加上应得的间接费和利润，即是承包商应得的索赔金额。

2. 总费用法

（1）当发生多次索赔事件以后，重新计算该工程的实际总费用，实际总费用减去投标报价时的估算总费用，即为索赔金额，即：索赔金额＝实际总费用－投标报价估算总费用

（2）修正的总费用法

1）只计算索赔的时段局限于受到外界影响的时间，而不是整个施工期。

2）只计算受影响时段内的某项工作所受影响的损失，而不是计算该时段内所有施工工作所受的损失。

3）与该项工作无关的费用不列入总费用中。

4）对投标报价费用重新进行核算：按受影响时段内该项工作的实际单价进行核算，乘以实际完成的该项工作的工程量，得出调整后的报价费用。

5）按修正后的总费用计算索赔金额的公式如下：

索赔金额＝某项工作调整后的实际总费用－该项工作的报价费用

8.5.4　索赔的依据

1. 国家有关的法律、法规和工程项目所在地的地方法规。

2. 本工程的施工合同文件。

3. 国家、部门和地方有关的标准、规范和定额。

4. 施工合同履行过程中与索赔事件有关的凭证。

5. 证据材料

（1）证书。是指以其文字或数字记载的内容起证明作用的书面文书和其他载体。如合同本文、财务账册、欠据、收据、往来信函以及确定有关权利的判决书、法律文件等。

（2）物证。是指以其存在、存放的地点外部特征及物质特征来证明案件事实真相的证据。如购销过程中封存的样品，被损坏的机械、设备，有质量问题的产品等。

（3）证人证言。是指知道、了解事实真相的人所提供的证词，或向司法机关所作的陈述。

（4）视听材料。是指能够证明案件真实情况的音像资料。如录音带、录像带等。

（5）被告人供诉和有关当事人陈述。它包括：犯罪嫌疑人、被告人向司法机关所作的承认犯罪并交待犯罪事实的陈述，或否认犯罪或具有从轻、减轻、免除处罚的辩解、申述。被害人、当事人就案件事实向司法机关所作的陈述。

（6）鉴定结论。是指专业人员就方案意见有关情况向司法机关提供的专门性的书面鉴定意见。如损伤鉴定、痕迹鉴定、质量责任鉴定等等。

（7）勘验、检验笔录。是指司法人员或行政执法人员对与案件有关的现场物品、人身等进行勘察、试验、实验或检查的文字记载。这项证据也具有专门性。

（8）在工程索赔中的证据

1）招标文件、合同文本及附件，其他的各种签约（备忘录，修正案等），发包人认可的工程实施计划，各种工程图纸（包括图纸修改指令），技术规范等；

2）来往信件，如发包人的变更指令、各种认可信、通知、对承包人问题的复信等；

3）各种会谈纪要；

4）施工进度计划和实际施工进度记录；

5）施工现场的工程文件；

6）工程照片；

7）气象报告；

8）工程中的各种检查验收报告和各种技术鉴定报告；

9）工地的交接记录（应注明交接日期，场地平整情况，水、电、路情况等），图纸和各种资料交接记录；

10）建筑材料和设备的采购、订货、运输、进场，使用方面的记录、凭证和报表等；

11）市场行情资料，包括市场价格、官方的物价指数、工资指数、中央银行的外汇比率等公布资料；

12）各种会计核算资料。

8.5.5 费用索赔程序（图 8-7）

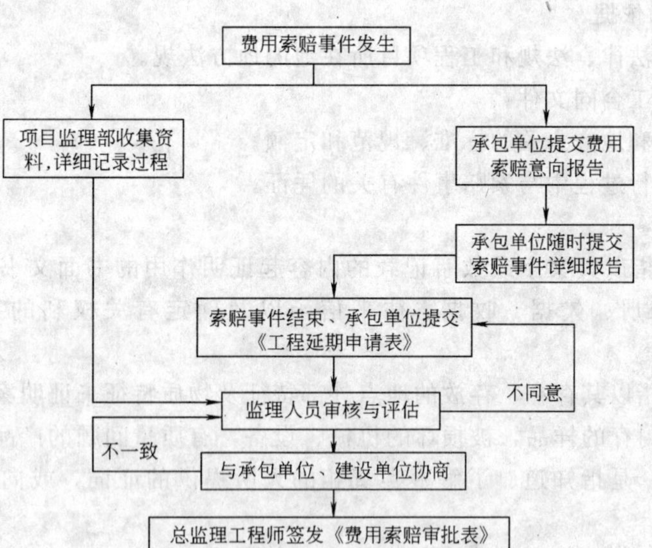

图 8-7 费用索赔的程序

8.5.6 工程索赔的管理要点

1. 项目监理机构受理承包单位提出费用索赔的条件

(1) 承包单位在施工合同规定的期限内向项目监理机构提交对建设单位的费用索赔意向通知书。

(2) 项目监理机构受理承包单位提出费用索赔的同时满足的条件：

1) 索赔事件造成了承包单位直接经济损失；

2) 索赔事件是由于非承包单位的责任发生的。

(3) 承包单位已按照施工合同规定的期限和程序提出费用索赔申请表，并附有索赔凭证材料。

2. 合同中约定的下列原因引起的费用增加，可以提出费用索赔申请：

(1) 因下列不可抗力致使工程、材料或其他财产遭到破坏或损坏所引起的更换和修复所发生的费用：

1) 战争、敌对行动、入侵行动等；

2) 叛乱、恐怖活动、暴动、政变或内战等；

3) 军火、炸药、核放射性污染；

4) 自然灾害，如地震、山洪暴发等。

(2) 有经验的承包单位无法预见的不利自然条件和人为障碍造成施工费用的增加：

1) 不利的地质情况与水文情况；

2) 遇到不利的地下障碍物（污水管、供水管、通信、电缆管线等）及其他人因素等。

(3) 非承包单位原因引起的费用增加：

1) 延迟提交设计图纸；

2) 未按合同约定和经批准的施工进度计划及时提供施工场地，而引起承包单位费用的增加；

3) 提供的红线控制桩和放线资料不准确；

4) 由于国家法律的更改引起的费用增加；

5) 为特殊运输加固现有道路、桥梁而引起的费用增加；

6) 因总监理工程师的命令，全部或部分工程暂停施工，所采取妥善保护而导致额外的费用支出；

7) 凡合同未明确约定要进行检验的材料、设备等，按项目监理部的要求进行检验所支付的费用；

8) 项目监理部批准覆盖或掩埋的工程，又要求开挖或穿孔复验，且查明工程符合合同约定，为开挖或穿孔并恢复原状而支付的费用；

9) 在施工现场发现文物、古迹、化石，为保护和处理而支付的费用。

(4) 由于工程变更而引起的费用增加：

1) 由于承包单位对项目监理部确定的工程变更价款有异议；

2) 由于某些工程项目的取消，造成承包单位的额外费用。

3. 承包单位提出的费用索赔申请只有同时满足下列三项条件，项目监理部才予以受理：

(1) 费用索赔事件发生后，承包单位在合同约定的期限内，向项目监理部提交了书面费用索赔意向报告；

(2) 承包单位按合同约定，提交了有关费用索赔事件的详细资料和证明材料；

（3）费用索赔事件终止后，承包单位在合同约定的期限内，向项目监理部提交了正式的《费用索赔申请表》。

4. 总监理工程师审查后，经与建设单位和承包单位协商，确定批准的赔付金额，并签发《费用索赔审批表》。

5. 由于承包单位的原因造成建设单位的额外损失，建设单位向承包单位提出费用索赔时，总监理工程师在审查索赔报告后，应公正地与建设单位和承包单位进行协商，并及时做出答复。

8.6 合同争议的调解

8.6.1 合同争议调解工作程序（图 8-8）

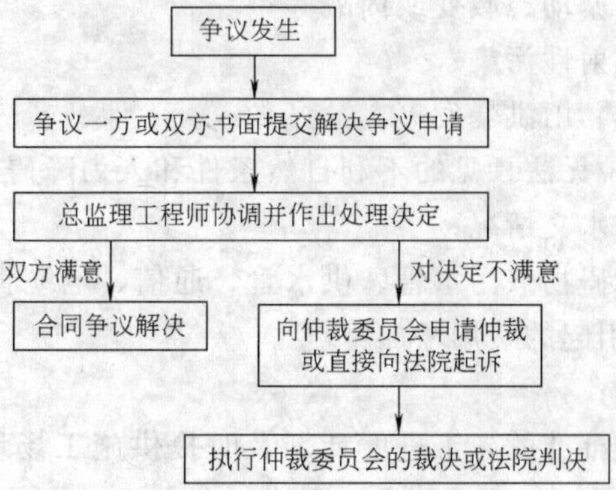

争议发生
↓
争议一方或双方书面提交解决争议申请
↓
总监理工程师协调并作出处理决定
→ 双方满意 → 合同争议解决
→ 对决定不满意 → 向仲裁委员会申请仲裁或直接向法院起诉 → 执行仲裁委员会的裁决或法院判决

图 8-8 合同争议调解工作程序

8.6.2 合同争议的调解工作要点

1. 合同争议发生后，争议一方可书面通知项目监理部，请求予以调解。

2. 项目监理部收到合同一方或双方书面提出的调解争议的申请后，应在合同约定的期限内进行调查和取证，在与双方协商后做出调解决定，总监理工程师签发《工作联系单》通知争议双方。

3. 项目监理机构接到合同争议的调解要求后应进行以下工作：

（1）及时了解合同争议的全部情况，包括进行调查和取证；

（2）及时与合同争议的双方进行磋商；

（3）在项目监理机构提出调解方案后，由总监理工程师进行争议调解；

（4）当调解未能达成一致时，总监理工程师应在施工合同规定的期限内提出处理该合同争议的意见；

（5）在争议调解过程中，除已达到了施工合同规定的暂停履行合同的条件之外，项目监理机构应要求施工合同的双方继续履行施工合同。

4. 在总监理工程师签发合同争议处理意见后，建设单位或承包单位在施工合同规定的期限内未对合同争议处理决定提出异议，在符合施工合同的前提下，此意见应成为最后的决定，双方必须执行。

5. 在合同争议的仲裁或诉讼过程中，项目监理机构接到仲裁机关或法院要求提供有关证据的通知后，应公正地向仲裁机关或法院提供与争议有关的证据。

6. 在总监理工程师签发合同争议处理意见《工作联系单》后，建设单位或承包单位在合同约定的期限内对项目监理部作出的决定未提出异议，在符合施工合同的前提下，此意见应成为最后的决定，双方必须执行。

7. 合同一方不同意项目监理部的调解决定时，可按合同中约定的解决争议的最终办法（提请仲裁或诉讼）办理。

8. 在仲裁或诉讼过程中，项目监理部有资格、有义务作为证人，公正地向仲裁机关或法院提供与争议有关的证据。

9. 在争议调解、仲裁或诉讼期间，除非合同已经中止，项目监理部仍应督促承包单位按照合同继续施工。

8.6.3　国际工程承包合同争议的解决

1. 国际工程承包合同争议解决的方式一般包括协商、调节、仲裁和诉讼等。

2. 在国际工程承包合同纠纷中，尤其是涉及较大项目的建筑施工纠纷，往往并不适于用诉讼的方法解决，而是通过在合同中规定的 ARD（Alternative Dispute Resolution——非诉讼纠纷解决程序）解决，常用的 ARD 方式有以下几种：

（1）仲裁

由于诉讼在解决国际工程承包合同纠纷方面存在明显的缺陷，大型建筑工程的纠纷很少采用诉讼方式解决。大型的建筑工程，特别是国际贷款项目，常常在合同中要求将纠纷提交有关国际仲裁机构，仲裁已经广泛运用于国际工程承包合同纠纷中。

（2）FIDIC 合同条件下的工程师准仲裁

FIDIC 合同中工程师所具有的“准仲裁”的职能，他不仅是发包人的代理人，负责项目的施工监理，同时也在发包人和承包人发生纠纷时充当准仲裁员的角色。

FIDIC 合同条件（纠纷的解决）规定的程序分为四个步骤：记录纠纷、工程师准仲裁、友好协商和正式仲裁。

（3）DRB（Dispute Review Board——纠纷审议委员会）方式

1）DRB 的选任的工作程序

a. DRB 成员的选任和报酬。DRB 的委员必须是由在工程施工、法律和合同文件解释方面具有经验的专家组成，而且除了担任本工程的 DRB 委员外，每位委员与发包人和承包人之间不得有任何经济利益关系，并且在三年内未被发包人或承包人聘用过。支付 DRB 委员的费用包括聘请费和酬金两部分。

b. 工作程序。现场访问、纠纷提交、听证会和解决纠纷建议书。

2）DRB 的优点

a. DRB 委员可以在项目开始时候就介入项目，了解项目管理情况及其存在的问题；

b. DRB 委员公正性、中立性的规定在通常情况下可以保证他们的决定不带有任何主观倾向或偏见，DRB 的委员有较高的业务素质和实践经验，特别是具有项目工程施工方面的丰富经验；

c. 可以及时解决纠纷；

d. DRB 费用较低；

e. DRB委员是发包人和承包人自己选择的，容易为他们所接受；

f. 由于DRB提出的建议不是强制性的，不具有终局性和约束力。

(4) NEC (New Engineering Contract——新工程合同) 裁决程序

1) 早期预警程序。早期预警是指一旦发现可能出现诸如增加合同价款、推迟竣工、工程使用功能降低等问题，发包人和承包人均应立即向对方发出早期警告。合同各方共同召开早期预警会议。在会议中，各方研究并提出解决措施，以避免或减少该问题的影响，寻求对将受影响的所有各方均有利的解决办法，并决定最终应采取的措施。

2) 补偿事件程序。补偿事件是指并非因承包人的过失而引起的事件，如发包人要求改变工程以及出现双方难以控制的情况等。承包人有权根据补偿事件对合同价款和工期的影响要求补偿，包括获得额外付款或延长工期。

3) 裁决人程序。在工程施工过程中出现分歧乃至产生纠纷是难免的。而且，由于工程师代表的是发包人的利益，处理补偿事件可能引发承包人对其公正性的怀疑。在此种情况下，就要依靠裁决人来解决纠纷。

8.7 违约处理

8.7.1 违约的确定

1. 当建设单位违约，导致施工合同最终解除时，项目监理机构应就承包单位按施工合同规定应得到的款项与建设单位和承包单位进行协商，并应按施工合同的规定从下列应得的款项中确定承包单位应得到的全部款项，并书面通知建设单位和承包单位：

(1) 承包单位已完成的工程量表中所列的各项工作所应得的款项；

(2) 按批准的采购计划订购工程材料、设备、构配件的款项；

(3) 承包单位撤离施工设备至原基地或其他目的地的合理费用；

(4) 承包单位所有人员的合理遣返费用；

(5) 合理的利润补偿；

(6) 施工合同规定的建设单位应支付的违约金。

2. 由于承包单位违约导致施工合同终止后，项目监理机构应按下列程序清理承包单位的应得款项，或偿还建设单位的相关款项，并书面通知建设单位和承包单位：

(1) 施工合同终止时，清理承包单位已按施工合同规定实际完成的工作所应得的款项和已经得到支付的款项；

(2) 施工现场余留的材料、设备及临时工程的价值；

(3) 对已完工程进行检查和验收、移交工程资料、该部分工程的清理、质量缺陷修复等所需的费用；

(4) 施工合同规定的承包单位应支付的违约金；

(5) 总监理工程师按照施工合同的规定，在与建设单位和承包单位协商后，书面提交承包单位应得款项或偿还建设单位款项的证明。

3. 由于不可抗力或非建设单位、承包单位原因导致施工合同终止时，项目监理机构应按施工合同规定处理合同解除后的有关事宜。

8.7.2　违约处理的基本程序（图 8-9）

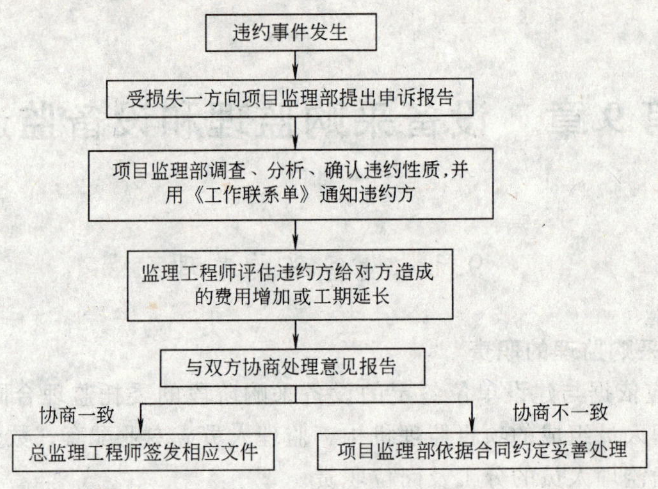

图 8-9　违约处理的基本程序

第9章　设备采购监理和设备监造

9.1　设备采购监理

9.1.1　设备采购监理的职责

1. 监理单位应依据与建设单位签定的设备采购阶段的委托监理合同，成立由总监理工程师和专业监理人员组成的项目监理机构。监理人员应专业配套、数量应满足监理工作的需要，并应明确监理人员的分工及岗位职责。

2. 总监理工程师应组织监理人员熟悉和掌握设计文件对拟采购的设备的各项要求、技术说明和有关的标准。

3. 项目监理机构应编制设备采购方案，明确设备采购的原则、范围、内容、程序、方式和方法，并报建设单位批准。

4. 项目监理机构应根据批准的设备采购方案编制设备采购计划，并报建设单位批准。采购计划的主要内容应包括采购设备的明细表、采购的进度安排、估价表、采购的资金使用计划等。

5. 项目监理机构应根据建设单位批准的设备采购计划组织或参加市场调查，并应协助建设单位选择设备供应单位。

6. 当采用招标方式进行设备采购时，项目监理机构应协助建设单位按照有关规定组织设备采购招标。

7. 当采用非招标方式进行设备采购时，项目监理机构应协助建设单位进行设备采购的技术及商务谈判。

8. 项目监理机构应在确定设备供应单位后参与设备采购订货合同的谈判，协助建设单位起草及签订设备采购订货合同。

9. 在设备采购监理工作结束后，总监理工程师应组织编写监理工作总结。

10. 设备采购监理的监理资料应包括以下内容：

（1）委托监理合同；

（2）设备采购方案计划；

（3）设计图纸和文件；

（4）市场调查、考察报告；

（5）设备采购招投标文件；

（6）设备采购订货合同；

（7）设备采购监理工作总结。

9.1.2　设备采购监理

1. 设备的购置

设备的购置是直接影响设备质量的关键环节，设备能否满足生产工艺要求、配套投产、正常运转、充分发挥效能，确保加工产品的精度和质量；设备是否技术先进、经济适用、操作灵活、安全可靠、维修方便、经久耐用；这些均与设备的购置密切相关。为此，在购置设备时，应特别重视以下几点：

（1）必须按设计的选型购置设备，必要时监理人员应参与设备选型工作；

（2）设备购置应向监理人员申报，经监理人员对设备定货清单（包括设备名称、型号、规格、数量等）按设计要求逐一审核认证后，方能加工订货。

（3）优选订货厂家

1）监理人员应要求制造厂家提供产品目录、技术标准、性能参数、版本图样、质保体系、销售价格、供销文件等有关信息资料；

2）通过社会调查，了解制造厂家企业的素质、资质等级、技术装备、管理水平、经营作风、社会信誉等各方面情况，然后进行综合分析比较后，择优选择订货厂家；

3）对于一些重要的设备，设备监理人员要会同有关人员进行市场考察与比较。尤其是对某些成套设备或大型设备，还必须通过设备招标的方式来优选制造厂家。

（4）签订订货合同。设备购置应以经济合同形式对设备的质量标准、供货方式、供货时间、交货地点、组织测试要求、检测方法、保修索赔期限以及双方的权利和义务等，均应予以明确规定。

（5）设备制造质量的控制。对于主要或关键设备在制造过程中，监理工程还应深入制造厂家，检查控制设备的制造质量。其检查控制的内容，应着重以下三大类部件：

1）钢结构焊部件。检查的内容为：材料质量、放样尺寸、切割下料、坡口焊接、部件组装、变形校正、外形尺寸、油漆、静动负荷试验和无损探伤等；

2）机械类部件。检查的内容为：原材料、铸件或锻件、调质处理、机械加工、组装、测量鉴定和负荷试验等；

3）电气自动化部件。检查的内容为：元件、组件、部件组装、仪表、信号、线路、空载和负荷试验等。

（6）购置的设备在运输中，必须采取有效的包装和固定措施，严防碰撞损伤。

（7）加强设备的贮存、保管，避免配件、备件的遗失，避免设备遭受污染、锈蚀和控制系统的失灵。

2. 设备开箱检查

（1）开箱前，应查明设备的名称、型号和规格，查对箱号、箱数和包装情况，避免开错。

（2）开箱时，应严防损伤设备和丢失附件、备件，并尽可能减少箱板的损失。

（3）宜将设备运至安装地点附近开箱，以减少开箱后的搬运工作，避免设备在二次搬运中产生附件、备件丢失现象。

（4）将箱顶面的尘土、垃圾清扫干净后再开箱，以免设备遭受污染。开箱应从顶板开始。拆开顶板查明装箱情况后，再依次拆除其他箱板。

（5）开箱应用起打器或撬杠，如有铁皮箍时应先行拆除，切忌用锤斧乱敲、乱砍。同时还应注意周围环境，以防箱板倒下碰伤邻近的设备或人员。

（6）设备的防护物及包装，应随安装顺序拆除，不得过早拆除，以保护设备免遭锈蚀损坏。

(7) 开箱后，设备的附件、备件，不可直接放在地面上，就放在专用箱中或专用架上。

3. 设备检验监理

设备进场时，监理人员要按设备的名称、型号、规格、数量的清单逐一检查验收，其检验的要求如下：

(1) 对整机装运的新购设备，应进行运输质量及供货情况的检查；

(2) 对有包装的设备，应检查包装是否受损；对无包装的设备，则可直接进行外观检查及附件、备品的清点；

(3) 对进口设备，则要进行开箱全面检查。若发现设备有较大损伤，应做好详细记录或照相，并尽快与运输部门或供货厂家交涉处理。

(4) 对解体装运的自组装设备，在对总成、部件及随机附件、备品进行外观检查后，应尽快组织工地组装并进行必要的检测试验。关于保修期索赔期的规定为：

1) 一般国产设备从发货日起12～18个月；进口设备6～12个月；

2) 有合同规定者按合同执行；

3) 对进口设备，应力争在索赔期的上半年或迟至9个月内安装调试完毕，以争取3～6个月的时间进行生产考验，发现问题及时提出索赔。

(5) 工地交货的机械设备，一般都由制造厂在工地进行组装、调试和生产性试验，自检合格后才提请订货单位复验，待试验合格后，才能签署验收。

(6) 调拨的旧设备的测试验收，应基本达到“完好设备”的标准。全部验收工作，应在调出单位所在地进行，若测试不合格就不装车发运。

(7) 对于永久性或长期性的设备改造项目，应按原批准方案的性能要求，经一定的生产实践考验并经显微鉴定合格后才予验收。

(8) 对于自制设备，在经过6个月的生产考验后，按试验大纲的性能指标测试验收。

9.2 设备采购招标监理

9.2.1 设备采购招标的注意事项

根据《中华人民共和国招标投标法》第三条的规定，城市基础设施建设项目的设备采购必须进行招标。有关设备采购招标工作目前需注意的问题：

1. 严格遵循《中华人民共和国招投标法》，以及其他相关法规进行各项招标活动。

2. 招标文件编制时需注意的问题

(1)《中华人民共和国招标投标法》第十九条和第二十条规定了招标文件编制及其有关内容和要求。设备采购招标必须遵循该法第十九条和第二十条的要求。

(2) 在编制城市污水处理设施的设备采购招标文件时，应特别注意遵循第二十条的禁止性规定。我国招标投标法第二十条规定：“招标文件不得要求或者标明特定的生产供应者以及含有倾向或者排斥潜在投标人的其他内容。”

(3) 在编制设备采购招标文件中“技术规格”部分时，必须符合公平竞争的原则，技术规格应采用国内或国际公认、法定标准。在材料选用和基本性能要求方面应提出安全性、免维护或少维护、节能、高效等方面的具体数据要求。

（4）当建设项目拟利用国内、外银行或金融机构贷款时，如果资金提供方有特殊要求，在编制招标文件时需考虑他们的要求。

9.2.2　设备国内招标监理

1. 招标前期工作监理

（1）招标项目要履行项目审批手续批准。

（2）招标人应当有进行项目的相应资金或者有确定资金来源。

（3）招标人应具有编制招标文件和组织评标能力的，可以自行办理招标事宜，目前我国城市污水处理厂建设设备的招标代理机构：

1）中国技术进出口总公司；

2）中国仪器进出口总公司；

3）中国机械进出口总公司；

4）国际招标有限公司；

5）省、市、自治区的国际招标公司及机械、机电设备成套公司等单位。

（4）根据工程建设项目，招标人（项目法人）对工程项目设计的工艺流程和设备应有全面的了解和掌握，对主要设备初步确定哪些是国外引进，具体国家和技术数据；哪些设备是国内供货，具体供货商和技术数据。

（5）招标人应根据设计项目和主要设备组织该项目的设计院或招标代理机构以及其他组织进行招标文件编制工作。

（6）招标人应根据工程规模、设备复杂程度、施工进度等情况，对工程项目需要划分标段，由不同承包商进行承包。

（7）招标人应当确定投标人编制投标文件的合理时间。

2. 招标文件的编制监理

检查招标文件的内容是否齐全，招标文件应包括的内容（详见本手册第11章）。

3. 设备询价工作监理

设备询价是投标文件编制工作的重要组成部分，它直接关系到投标工作能否中标的关键。所以设备询价和投标报价工作监理非常重要。必须按照招标文件标明设备的各项技术条件并结合投标前期工作所了解的设备选型和制造厂家来进行这项工作。

（1）检查设备询价书。设备询价书的内容和要求如下：

1）区分进口设备和国产设备。一般做法为：按照招标文件的有关技术条件和主要数据，有图的要附上简单图纸，用书面的形式发给有关部门，如是国外设备发给国内代表处，如国内没有代表处，直接至国外；

2）如是国产设备发给国内制造厂。具体要求如下所述：

a. 设备所有技术文件（性能、技术参数、图纸、资格文件等），均要中英文对照，并附有软盘或发给电子邮件；

b. 有制造厂授权书（中、英文）并签字盖章；

c. 有制造厂资格声明（中、英文）并签字盖章；

d. 有所选用设备的用户使用证明2份；

e. 企业有关文件（公司介绍、营业执照、各类证书、ISO 9000认证）；

f. 设备样本若干套（按规定索取）；

g. 报出公司所能提供设备的最低价格（特别要注意的：必须符合询价书的全部技术和供货要求，不应有漏项，但同时也只需满足招标文件的最低技术要求即可）；

h. 具体联系人的姓名、电话、传真、E-mail 等。

（2）设备询价书格式

设备询价书

序号	设备名称	规格与型号	单位	数量	报价/元		运输费/元	保险费/元	备品备件报价/元	总价/元	生产厂家	联系人	电话	传真	联系情况	遗留问题
					第一次	第二次										

4. 投标单位资格审查工作监理

检查潜在投标人提供的有关资质证明文件和业绩情况（详见本手册第 11 章）。

5. 评标工作监理

（1）评标委员会的组成

评标委员会应由招标人组织组建，由招标人的代表和有关技术、经济等方面的专家组成，成员人数为 5 人以上的单数，其中技术、经济等方面的专家不得少于成员总数的 2/3，专家组成员一般都超过 5 人以上（必须单数），主要由下列人员组成：

1）招标人的代表。在评标过程中充分表达招标人的意见，与评标委员会的其他成员进行沟通，并对评标的全过程实施必要的监督；

2）技术方面的专家。由招标项目相关专业的技术专家参加评标委员会，对投标文件所提方案在技术上的可行性、合理性、先进性和质量可靠性等技术指标进行评审比较，以确定在技术和质量方面确能满足招标文件要求的投标；

3）经济方面的专家。由经济方面的专家对投标文件所报的投标价格、投票方案的运行成本、投标人的财务状况等投标文件的商务条款进行评审比较，以确定在经济上对招标人最有利的投标；

4）其他方面的专家。根据招标项目的不同情况，招标人还可聘请除技术专家和经济专家以外的其他方面的专家参加评审委员会。比如对一些大型的或国际性的招标采购项目，还可聘请法律方面的专家参加评标委员会，以对投标文件的合法性进行审查把关。

（2）参加评标委员会的专家应当具备以下条件：

1）从事相关领域工作满 8 年；

2）具有高级职称或者具有同等专业水平。高级职称方面包括：高级工程师、高级经济师、高级会计师、正副教授、正副研究员等。对于有些人虽不是高级职称，但具有高级职称的相当水平，有丰富的实践经验，也可聘请为评标委员会成员；

3）参加评标委员会的专家可由招标人来确定，也可以从国务院有关部门和省级人民政府有关部门提供的专家名册中选定，也可以从招标代理机构的专家库中挑选的有关专家。

（3）招标人应当采取必要的措施，保证评标在严格保密的情况下进行。评标过程涉及到招标文件的评标的评审和比较，标底价格、中标候选人的推荐情况，招标人不希望其他参与竞争的投标人知道的任何资料，应当采取必要的保密措施。

6. 中标工作监理

（1）招标人应根据评标委员会提出的书面评标报告和推荐的中标候选人确定中标人。

（2）招标人也可以授权评标委员会直接确定中标人，在评标委员会推荐的中标候选人中进行比较，从中确定中标人。

（3）中标人的投标应当符合下列条件之一：

1）能够最大限度地满足招标文件中规定的各项综合评价标准；

2）能够满足招标文件的实质性要求。

（4）中标人应提交履约保证金。

9.2.3 设备国际招标监理

1. 需要进行国际招标的设备的规定

（1）国家规定进行国际招标采购的设备。

（2）基础设施项目或公用事业项目中进行国际招标采购的设备。

（3）使用国有资金或国家融资资金进行国际招标采购的设备。

（4）用国际组织或者外国政府贷款、援助资金（以下简称国外贷款）进行国际招标采购的设备。

（5）政府采购项下规定进行国际招标采购的设备。

（6）属下列情况之一者可不招标：

1）对外不需支付外汇；

2）供生产配套用零部件；

3）旧机电产品；

4）一次进口金额少于10万美元；

5）其他不适于进行国际招标采购的设备。

2. 招标文件的检查监理

（1）招标文件应主要包括下列内容：

1）投标邀请；

2）投标人须知；

3）招标产品的名称、数量、技术规格；

4）合同条款；

5）合同格式；

6）附件：

a. 投标书；

b. 投标一览表；

c. 投标分项报价表；

d. 货物说明一览表；

e. 技术规格偏离表；

f. 商务条款偏离表；

g. 投标保证金保函格式；

h. 法人授权书格式；

i. 资格证明文件格式；

j. 履约保证金保函格式；

k. 预付款银行保函格式；

l. 信用证样本。

（2）招标文件不得设立不合理的条件或歧视条款。

（3）招标文件还应包括对制造商的业绩要求和评标依据。对其中重要条款要加注“*”号，若其中一条不满足将导致废标。评标依据除构成废标的主要商务和技术条款外，还应包括：商务和技术条款中允许偏离的最大范围、最高基数项数，以及在允许偏离范围和项数内进行评标价格调整的计算方法。

3. 招投标程序监理

（1）招标人如委托招标，需与具有国际招标资格的招标机构签订招标委托协议。

（2）投标人应将招标文件及设备采购清单、有关项目批复文件报相应的进出口机构。进出口机构要在 20 个工作日内（单台设备应在 10 个工作日内）完成对招标文件的审核，并将审核复函通知买方及有关单位。

（3）未经相应进出口机构同意，不得擅自修改已经审定的招标文件。

（4）招标机构在收到招标文件审核复函后，应在国家指定的媒介上刊登招标公告。

（5）投标期限自招标文件发售之日起，一般不得少于 20 个工作日，对大型设备或成套设备不得少于 50 个工作日。

（6）投标人应根据招标文件要求编制投标文件，并对招标文件提出的要求和条件作出实质性响应。

（7）投标人应在规定投标截止时间前，将投标文件送达投标地点。允许投标人在规定投票截止时间前对已提交的投标文件进行补充、修改或撤回。补充、修改的内容作为投标文件的组成部分。

（8）按照招标公告规定的时间、地点进行开标。投标人的投标方案、投票声明（价格折扣或其他声明）都要在开标时一并唱出，否则评标时不予承认。开标时，需有买方、投标人及有关人员参加。

（9）招标机构应在开标两日内将开标记录送至或邮寄（以邮戳为准）到相应的进出口机构备案。

（10）当投标截止时间到达时，投标人少于 3 个的应停止开标，并依照本办法重新招标。

4. 评标监理

（1）评标由依法组建的评标委员会负责。评标委员会由具有高级职称或具有同等专业水平的相关领域专家、买方和招标机构代表等 5 人以上单数组成，其中专家人数不得少于 2/3。与招标项目有直接利害关系或与投标人有任何利害关系的专家，不得进入相关项目的评标委员会。

（2）评标委员会成员名单在中标结果确定前应当保密。

（3）评标工作应严格按照招标文件、投标文件进行评审。商务、技术均满足招标文件要求时，评标价格最低者为中标者。

（4）商务评标要求下列情况之一者，应予废标：

1）投标人未提交投标保证金或金额不足、保函有效期不足、投标保证金形式或投标保函出证银行不符合招标文件要求的；

2）超出经营范围投标的；

3）投标人与买方、招标机构有利害关系的；

4）资格证明文件不符合招标文件要求的；

5）投标文件无法定代表人签字，或签字人无法定代表人有效授权书的；

6）业绩不满足招标文件要求的；

7）投标有效期不足的。

（5）技术评标要求

1）投标文件不满足招标文件技术规格书中主要指标的，应予废标。

2）投标文件技术规格书中一般指标超出允许偏离最大范围或最高项数的，应予废标。

（6）价格评标要求

1）按招标文件中的评标依据进行评标。计算评标价格时，对需要进行价格高出的部分，要依据招标文件和投标文件的内容加以说明。

2）投标人必须根据招标文件要求和产品技术状况列出质量保证期内必备件的清单和价格，并将该备件价计入投标总价。若所提供的产品不需必备件或免费提供，应在投标文件中说明。否则，评标时需将其他有效标中必备件的平均价计入该标评标出总价（或按贷款机构要求计入有效标中的最高价）。

3）利用国外贷款的项目，计算评标总价时，国外产品以 CIF 价、国内产品以出厂价（不含增值税）为计算基础。

4）除国外贷款的项目，计算评标总价时，以货物到达买方指定安装地点为依据。国外产品为 CIF 价＋进口环节税＋国内运输、保险费等；国内产品为出厂价（含增值税）＋国内运输、保险费等。

5）如果招标文件允许以多种货币投标，在进行价格评标时，应当以开标当日中国银行公布的外汇卖出价统一转换成美元。

（7）评标中其他若干问题处理原则

1）银行资信证明应由投标人开立基本账户的银行提供原件，也可提供银行在开标日前 3 个月内开具资信证明的复印件。

2）对投标文件中含义不明确的内容，可要求投标人进行澄清或说明，但不得改变投标文件的实质性内容。澄清要通过书面方式进行。澄清后满足要求的按有效标接受。

3）投标人复制招标文件的技术规格作为其投标文件中一部分可导致废标。

4）境内的合资合作企业生产的产品，技术总负责方业绩满足招标文件要求的，视为业绩合格。

5. 进口手续的办理监理

（1）评标结束后 15 个工作日内，买方和招标机构应将加盖公章并有各评委签名的评标报告，按进口管理权限报相应的进出口机构。

(2) 进出口机构在 10 个工作日内对评标报告进行审核。若无异议，对国外中标产品办理有关进口手续。买方（自行招标时）或招标机构凭有关进口手续或复函向中标人发出中标通知书，并将结果通知其他投标人。

(3) 使用国外贷款的项目，评标报告审核后，招标机构国家评标委员会的《评标结果通知》，向贷款方报送评标报告，获其批准后发出中标通知书，并申请办理有关进口手续。

(4) 买方和中标人应当自中标通知书发出之日起 30d 内，按照招标文件和投标文件签定供货合同。

6. 违规

下列行为之一者，属违规：

1) 相互串通、"暗箱"操作搞虚假招标投标的；

2) 招标文件已经审定擅自修正、更改的；

3) 泄漏应当保密与招标投标活动有关情况和资料的；

4) 与投标人就投标价格、投标方案等实质性内容进行谈判的；

5) 以不正当手段干扰招标、评标工作的；

6) 未按本办法评标规则评标或者评标结果不真实反映招标文件、投标文件实际情况的；

7) 评标报告未经审定或未办理有关手续而签订供货合同的；

8) 买方不履行与中标人签订供货合同或者中标人不履行与买方签订供货合同的；

9) 其他违反《中华人民共和国招标投标法》和本办法的行为。

9.2.4 污水处理厂设备投标文件编制实例

1. 概述

某污水治理工程，工程规模 $15\times10^4 m^3/d$，处理工艺 A/O 法。

(1) 污水处理工艺流程（图 9-1）

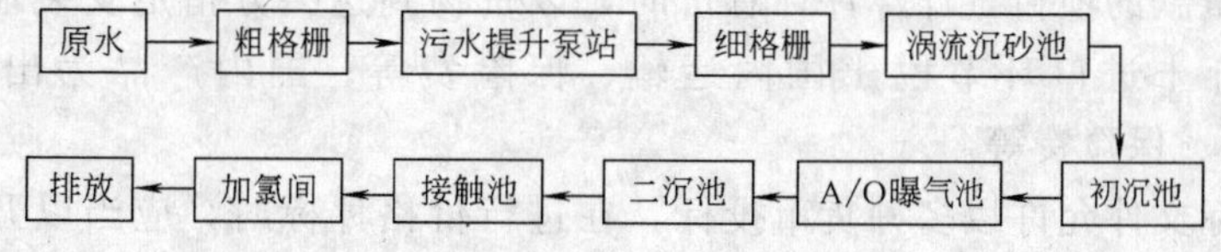

图 9-1 污水处理工艺流程

(2) 污泥处理流程（图 9-2）

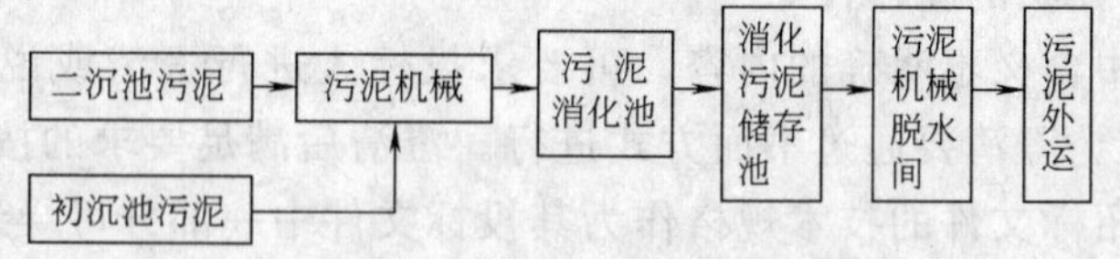

图 9-2 污泥处理流程

2. 主要设备

本次机械设备包括的主要内容有机械格栅除渣设备、沉砂设备、沉淀池设备、A/O曝气池设备、鼓风机和冷却水设备、污泥浓缩和脱水设备、消化池机械搅拌设备、消化池沼气安全设备、双膜沼气柜、加氯设备、各种类型泵和空压机以及各种类型管道。

3. 各种设备和管道工程投标文件编制（略）

4. 设备规格型号和分包商一览

(1) 机械格栅除渣设备（表 9-1）

表 9-1

序号	设备名称	主要规格型号	单位	数量	厂家	国家
1	机械粗格栅除渣设备	$B=1.4m, L=8m, b=20mm$, $N=3.0kW, \alpha=70°$	台	3	江苏泉溪环保股份有限公司 唐山清源环保机械股份有限公司 宜兴通用环保设备厂	中国
2	机械粗格栅除渣设备	$B=1.4m, L=8m, b=20mm$, $N=3.0kW, \alpha=75°$	台	2	江苏泉溪环保股份有限公司 唐山清源环保机械股份有限公司 宜兴通用环保设备厂	中国
3	机械细格栅除渣设备	$B=1.6m, L=3.8m, b=6mm$, $N=3.0kW, \alpha=60°$	台	4	德国汉斯琥珀公司 瑞典 WATERLINKAB	德国
4	顶部进料压榨机	$Q_{max}=1.5m^3/h$, $N=5.5kW$	台	2	江苏泉溪环保股份有限公司 唐山清源环保机械股份有限公司 宜兴通用环保设备厂	中国
5	无轴螺旋输送机	$B=320mm, L=15m$, $Q_{max}=1.5m^3/h$	台	2	江苏泉溪环保股份有限公司 唐山清源环保机械股份有限公司 宜兴通用环保设备厂	中国
6	活动式栅渣存放箱	A3 钢板 1000mm×800mm×600mm	台	12	江苏泉溪环保股份有限公司 唐山清源环保机械股份有限公司 宜兴通用环保设备厂	中国

(2) 沉砂设备（表 9-2）

表 9-2

序号	设备名称	主要规格型号	单位	数量	厂家	国家
1	沉砂池搅拌机	沉砂池 $D=3.8m$ $Q=0.573m^3/h$ $N=0.75kW, n=10\sim14r/min$	套	4	宜兴成套环保设备厂 唐山清源环保机械股份有限公司 南京蓝深制泵集团	中国
2	砂水分离系统	$Q=17.8m^3/h$ $N=0.25kW$	套	4	宜兴成套环保设备厂 唐山清源环保机械股份有限公司 南京蓝深制泵集团	中国
3	隐藏叶片式离心泵	$Q=17.8m^3/h$ $H=6m$	套	4	宜兴成套环保设备厂 唐山清源环保机械股份有限公司 南京蓝深制泵集团	中国
4	活动沉砂存放箱	A3 钢板 1000mm×800mm×600mm	套	8	宜兴成套环保设备厂 唐山清源环保机械股份有限公司 南京蓝深制泵集团	中国

(3) 沉淀池设备(表 9-3)

表 9-3

1	初次沉淀池刮泥机	ϕ=34m H=4.5m	台	4	唐山清源环保机械股份有限公司 唐山宇清环保机械股份有限公司 宜兴通用环保设备厂	中国
2	配套电机	N=2.2kW	台	4	唐山清源环保机械股份有限公司 唐山宇清环保机械股份有限公司	中国
3	二次沉淀池吸刮泥机	ϕ=47m H=5.0m	台	4	唐山清源环保机械股份有限公司 唐山宇清环保机械股份有限公司 宜兴通用环保设备厂	中国
4	配套电机	N=2.2kW	台	4	唐山清源环保机械股份有限公司 唐山宇清环保机械股份有限公司 宜兴通用环保设备厂	中国
5	出不堰板	堰板高度 300mm 壁厚 σ=10mm 材质 ABS 或 FRP	台	2	唐山清源环保机械股份有限公司 唐山宇清环保机械股份有限公司	中国

(4) 曝气设备(表 9-4)

表 9-4

序号	设 备 名 称	主要规格型号	单位	数量	厂　　家	国家
1	液下搅拌机	叶轮直径 D=580mm n=480r/min	台	30	ITT 飞力(沈阳)泵业有限公司 德国 ABS 泵业集团	中国
2	微孔曝气器	BZQ・W-192 (相当 D=220mm) 材质三元乙丙橡胶	个	22000	宜兴市高塍玻璃钢化工设备厂 长春通达环保设备厂 江苏诺庞环保设备厂	中国
3	滴漏壶	材质 ABS	个	120	宜兴市高塍玻璃钢化工设备厂 长春通达环保设备厂 江苏诺庞环保设备厂	中国
4	ABS 曝气系统管道	DN200　材质 ABS	km	2	宜兴市高塍玻璃钢化工设备厂 长春通达环保设备厂 江苏诺庞环保设备厂	中国
5	ABS 曝气系统管道	DN100　材质 ABS	km	12	宜兴市高塍玻璃钢化工设备厂 长春通达环保设备厂 江苏诺庞环保设备厂	中国

(5) 鼓风机(表 9-5)

表 9-5

1	单级高速离心鼓风机	Q=180m^3/min,升压=7.5m P=255kW	台	6	丹麦 HV-TURBO A/S 英国豪顿 HOWLEN 公司 德国 KKK Blowers Co.	丹麦

续表

2	配套电机	$N=135kW$	台	6	丹麦 HV-TURBO A/S 英国豪顿 HOWLEN 公司 德国 KKK Blowers Co.	丹麦
3	主控制柜	与鼓风机系统配套	套	1	丹麦 HV-TURBO A/S	丹麦
4	就地控制柜	与单台风机配套	套	6	丹麦 HV-TURBO A/S	丹麦
5	附属设备	同风机配套供应	套	6	丹麦 HV-TURBO A/S	丹麦

（6）鼓风机冷却水系统（表 9-6）

表 9-6

1	冷却塔	$Q=20m^3/h, D=1.46m, N=0.8kW$	套	1	宜兴成套环保设备厂	中国
2	冷却水箱	3500mm×2200mm×2200mm	座	1	宜兴成套环保设备厂	中国

（7）污泥浓缩脱水系统（表 9-7）

表 9-7

1	离心浓缩机	$Q_{max}=50m^3/h$,350kg 干泥/h	台	3	ITT 飞力(沈阳)泵业有限公司 德国 ABS 泵业集团	瑞典
2	离心脱水机	$Q_{max}=30m^3/h$,1000kg 干泥/h	台	2	ITT 飞力(沈阳)泵业有限公司 德国 ABS 泵业集团	瑞典
3	水平无轴螺旋输送器	$Q_{max}=6m^3/h, L=5350mm$	台	1	瑞典阿法拉伐公司 德国韦斯法力亚离心机公司 美国贝克工艺设备公司 瑞典 WATERLINK AB	瑞典
4	倾斜无轴螺旋输送器	叶轮直径 $D=580mm$ $n=480r/min$	台	1	瑞典阿法拉伐公司 德国韦斯法力亚离心机公司 瑞典 WATERLINK AB	瑞典
5	水平可逆皮带输送机	卸料口中心距 500mm，$N=3.0kW$	台	1	瑞典阿法拉伐公司 德国韦斯法力亚离心机公司 瑞典 WATERLINK AB	瑞典
6	浓缩机电控柜		台	3	瑞典阿法拉伐公司 德国韦斯法力亚离心机公司	瑞典
7	离心机电控柜		台	2	瑞典阿法拉伐公司 德国韦斯法力亚离心机公司	瑞典

续表

8	浓缩药剂配系统		套	1	瑞典阿法拉伐公司 德国普罗名特 重庆水泵厂	瑞典
9	脱水药剂投配系统		套	1	瑞典阿法拉伐公司 德国普罗名特 重庆水泵厂	瑞典

(8) 消化池机械搅拌系统（表 9-8）

表 9-8

1	消化池外部机械搅拌机	$N=15kW, n=450r/min$	套	6	美国贝克工艺设备公司	美国
2	消化池内部机械搅拌机	$N=7.5kW, n=337r/min$	套	2	美国贝克工艺设备公司	美国

(9) 消化池沼气安全设备（表 9-9）

表 9-9

1	压力式真空安全阀	DN150	个	2	帝佑(香港)有限公司	中国香港
2	低压逆止阀	DN150	个	2	帝佑(香港)有限公司	中国香港
3	水分及残渣存储器	DN150	个	2	帝佑(香港)有限公司	中国香港
4	滴漏阀	DN25	个	10	帝佑(香港)有限公司	中国香港
5	废气燃烧器	DN150	个	2	帝佑(香港)有限公司	中国香港
6	消焰器	DN150	个	6	帝佑(香港)有限公司	中国香港
7	消焰器	DN200	个	4	帝佑(香港)有限公司	中国香港
8	压力控制阀	DN100	个	2	帝佑(香港)有限公司	中国香港
9	引火管燃烧室	DN25	个	2	帝佑(香港)有限公司	中国香港
10	电子打火器		个	2	帝佑(香港)有限公司	中国香港

(10) 双膜沼气柜（表 9-10）

表 9-10

1	双膜沼气柜	$V=1350m^3$	套	2	奥地利 SATTLER AG 公司	奥地利
2	防爆型空压机	$Q=880m^3, p=20mmH_2O$ (1.96kPa)	套	2	奥地利 SATTLER AG 公司	奥地利
3	安全阀	$Q=350m^3, p=20mmH_2O$ (1.96kPa)	套	2	奥地利 SATTLER AG 公司	奥地利
4	控制柜		套	2	奥地利 SATTLER AG 公司	奥地利
5	气柜充满度检测调节仪表		套	2	奥地利 SATTLER AG 公司	奥地利
6	钢制锚固组件及密封带		套	2	奥地利 SATTLER AG 公司	奥地利

(11) 加氯系统设备（表 9-11）

表 9-11

1	真空加氯机	40kg/h，V-2000 型复合环路控制柜式	台	2	美国 W&T 公司 首都控制公司 北京自动化仪表七厂	美国
2	真空调压器	75kg/h，电动	台	2	美国 W&T 公司 首都控制公司	美国
11	余氯分析仪	MICRO/2000 型，墙挂式	台	1	美国 W&T 公司 首都控制公司 北京自动化仪表七厂	美国
12	采样泵	$Q=0.5m^3/h, H=10m$	台	1	上海奥力公司	中国
13	液压泵	6D20K 型 2000kg	台	2	美国 W&T 公司 首都控制公司 北京自动化仪表七厂	美国
14	氯瓶	1000kg	个	24	常州飞机制造厂	中国
15	角阀	*DN*25	个	20	北京海德威公司	中国
16	轭钳		个	20	北京海德威公司	中国
17	柔性管	*DN*10	根	20	北京海德威公司	中国
18	氯瓶托架		套	22	北京海德威公司	中国
19	漏氯中和装置	1000kg/h	套	1	珠海裕泉水务	中国
20	PVC 手动球阀	PVC *DN* 80	个	1	台湾	中国台湾
21	PVC 手动球阀	PVC *DN* 50	个	2	台湾	中国台湾
22	PVC 手动球阀	PVC *DN* 40	个	2	台湾	中国台湾
23	PVC 手动球阀	PVC *DN* 25	个	6	台湾	中国台湾
24	不锈钢手动球阀	*DN*50	个	3	台湾	中国台湾
25	不锈钢手动球阀	*DN*25	个	3	台湾	中国台湾
26	不锈钢手动球阀	*DN*50	个	6	台湾	中国台湾
27	不锈钢手动球阀	*DN*25	个	10	台湾	中国台湾
28	不锈钢手动球阀	*DN*20	个	6	台湾	中国台湾

（12）泵及空压机（表 9-12）

表 9-12

1	潜水排污泵	$Q=2100m^3/h, H=16.4m$	台	5	ITT 飞力（沈阳）泵业公司 德国 ABS 瑞士海斯特 AG	瑞典
2	潜水排污泵	$Q=1270m^3/h, H=7.5m$	台	5	ITT 飞力（沈阳）泵业公司 德国 ABS 瑞士海斯特 AG	瑞典

续表

3	潜水排污泵	$Q=55.2m^3/h, H=22.4m$	台	3	ITT 飞力(沈阳)泵业公司 德国 ABS 瑞士海斯特 AG	中国
4	潜水排污泵	$Q=1440m^3/h, H=33.5m$	台	8	ITT 飞力(沈阳)泵业公司 德国 ABS 瑞士海斯特 AG	瑞典
5	就地压力表	与以上潜水排污泵配套	只	21	ITT 飞力(沈阳)泵业公司 德国 ABS 瑞士海斯特 AG	中国
6	潜水排污泵	$Q=28.8m^3/h, H=10m$	台	2	ITT 飞力(沈阳)泵业公司 德国 ABS 瑞士海斯特 AG	中国
7	潜水排污泵	$Q=9.6m^3/h, H=15m$	台	2	ITT 飞力(沈阳)泵业公司 德国 ABS 瑞士海斯特 AG	中国
8	单级单吸立式离心泵	$Q=112m^3/h, H=59m$	台	2	河北省石家庄水泵厂 南京蓝深制泵集团	中国
9	单级单吸立式离心泵	$Q=50m^3/h, H=45m$	台	2	河北省石家庄水泵厂 南京蓝深制泵集团	中国
10	单级单吸立式离心泵	$Q=22m^3/h, H=42m$	台	2	河北省石家庄水泵厂 南京蓝深制泵集团	中国
11	单级单吸立式离心泵	$Q=20m^3/h, H=24m$	台	2	河北省石家庄水泵厂 南京蓝深制泵集团	中国
12	单级单吸立式离心泵	$Q=6.3m^3/h, H=50m$	台	2	河北省石家庄水泵厂 南京蓝深制泵集团	中国
13	就地压力表	与以上立式离心泵配套	只	10	河北省石家庄水泵厂 南京蓝深制泵集团	中国
14	螺杆泵	$Q=104m^3/h, H=40m$	台	2	耐弛兰州泵业有限公司 德国西派克公司	中国
15	螺杆泵	$Q=34m^3/h, H=40m$	台	5	耐弛兰州泵业有限公司 德国西派克公司	中国
16	螺杆泵	$Q=10m^3/h, H=40m$	台	3	耐弛兰州泵业有限公司 德国西派克公司	中国
17	空气压缩机	$Q=1.0m^3/min, p=0.7MPa$	台	2	北京恒大隆压缩机厂	中国
18	驱动电机		台	2	北京恒大隆压缩机厂	中国
19	控制柜		台	2	北京恒大隆压缩机厂	中国
20	压缩空气储气罐	$V=2m^3, D=1m$, $H=2.96m, p=0.7MPa$	只	1	北京恒大隆压缩机厂	中国

9.3　世界银行贷款项目的监理

9.3.1　世行贷款项目决策监理

1. 决策监理是建设项目从计划到开工前阶段的监理，项目开工后的监理称实施监理。决策监理的内容主要有：

(1) 编制工程项目计划、勘察、设计（方案设计）、可行性研究、工程概预算；

(2) 设备招标文件或合同文本、招标投标；

(3) 视建设单位的需要和意愿而定，有时可以委托一个监理组织，也可以委托几个监理组织共同承担项目的决策监理。

2. 世界银行贷款项目非常重视决策阶段的监理工作，在世行贷款项目的项目管理周期中，项目的选定、项目的准备和项目评估三个阶段的工作都属于决策监理的内容。

9.3.2　世行贷款项目采购

1. 为了确保任何一笔贷款资金只能用于提供贷款的给水排水工程建设项目上，并充分注意资金的节约和效益，世界银行协定规定，除世界银行另行同意外，世行资助的项目所需的商品与劳务（咨询服务除外），应在国际竞争投标的基础上，根据世界银行1985年5月增订本《国际复兴开发银行贷款和国际开发协会信贷采购指南》的规定和贷款协议的采购程序表的程序办理。

2. 世界银行对项目采购最基本的要求

(1) 在执行项目时，必须注意资金的节约和效率，包括对有关的货物和工程建筑的采购。

(2) 银行作为一个合作机构，愿意对来自发达国家和发展中国家的在银行资助的项目中提供货物和工程建筑的所有合格投标单位给予竞争机会。

(3) 银行作为一个发展机构，愿意促进借款国本国的承包业的制造业的发展。

3. 银行的贷款资金只能用于支付由银行会员国供应的货物和工程建筑费用。所有其他国家的国民或者提供其他国家货物和工程建筑的投标单位，将无资格参加那些全部或部分使用银行贷款合同的招标。

4. 对于将由银行资助的任何合同，银行不允许借款人在需要进行资格预审时，不能无理拒绝有能力提供货物和承担工程建筑的公司作资格预审，也不允许借款人以同样的理由剥夺任何投标单位的投标资格。

9.3.3　世行贷款项目的监理部在采购业务中接受世行审查的内容

1. 作为世行贷款项目的监理组织，在进行采购业务中必须严格遵守世行的采购规则和要求，并在以下方面随时接受世界银行的审查：

(1) 在邀请投标前，借款人应把投标邀请书的文本和关于招标中应遵循的广告程序的说明，报送世界银行征求意见。借款人应按世界银行提出的合理建议，修改招标文件，如若自己要修改则要经世界银行批准；

(2) 收到标书并对其作出评审后，借款人应在作出授予合同的最后决定以前，将其拟授予合同的投标单位名称告知世界银行并向其提供一份标书评审报告。如果世界银行认为该授予合同决定有不符合贷款协定和《采购指南》的情况时，将及时通知借款人，并说明得出这一决定的理由；

(3) 合同条款和条件未经世界银行同意，不得与招标文件或审定承包商资格预审文件中的条款和条件重大出入；

(4) 在合同生效后和第一次根据该合同申请从贷款账户提款前，应向世界银行送交合同副本一式两份。

2. 世界银行贷款项目采购业务中的国际招标投标工作除几项值得注意外，其程序和内容与普遍的国际招标投标差别不大。

9.3.4 世界银行贷款项目国际招标投标程序

1. 对项目的要求

世界银行对特定项目的贷款，经与借款国谈判，签署贷款协议并由世界银行董事会批准以后，借款国就可以组织国际投标，安排项目执行中的土建工程和采购业务。在一般情况下，世界银行对借款国执行项目的土建工程和采购业务的要求如下：

(1) 执行项目所涉及的设备、商品的采购和土建工程的承包须符合经济、有效的原则；

(2) 世界银行作为一个国际性合作机构，要求借款国邀请全体成员国（包括发达国家和发展中国家）和瑞士，参加它所资助的项目的土建和采购业务；

(3) 世界银行希望通过采购和承包业务，鼓励借款国当地制造商和承包商的发展。

为了达到上述要求，在大多数情况下，世界银行要求借款国通过“国际竞争性投标”，向世界银行各成员国和瑞士的制造商和承包商提供平等的公开的投标机会，以获得成本最低的商品和劳务。借款国拟采取的投标办法应列入贷款协议。

2. 国际性竞争招标的阶段

为了保证项目招标的国际竞争性和公正性，世界银行对项目的招标程序有着非常严格、标准的规定。国际性竞争招标可以划分为以下几个阶段：

(1) 招标准备阶段

1) 在国内或国际重要的报刊上登出招标公告以及对承包商的资格预审通告。有关这一类文件也可以由借款国驻世行成员国和瑞士的使领馆发送，同时还要将文件送交世界银行。提出招标公告到正式投标的时间，应根据采购及工程内容决定，按国际惯例，至少是45d，如果大型工程则至少不少于90d。

2) 发出承包商资格预审文件和资格预审须知，并列出要求有关承包商回答问题的清单或提纲。

(2) 进行投标承包商的资格预选

1) 对收到的承包商资格预审资料进行分析、评价，确定参加投标竞争的承包商名单，并通知这些承包商，以便确认他们参加投标竞争的意向。

2) 正式发出信函，通知所有预审被选上的承包商。

(3) 通过公开的招标以获得投标文件

1) 编制招标文件。它是投标承包商编制投标文件的基本依据，也是构成合同文件的基本内容。

2) 正式向预审合格的承包商发出投标邀请函及招标文件。首先分别向承包商发出邀请通知，并告之购买投标文件的日期、时间、地点及售价，接受投标文件的截止日期、时间、地点，提交正、副文本的份数也要一并通知。如果招标文件是以邮寄方式发出，则还应要求投标承包商在收到招标文件之后，立即通知招标组织机构，表明文件已收到。

3）对现场勘察时间作出安排，并组织承包商现场勘察，解答投票承包商所提出的问题。招标组织机构或监理人员在此仅仅是负责协调组织现场的勘察工作，所发生的费用，例如食宿、交通、通讯等等，均由承包商自己负担。在勘察过程中，招标组织机构应该对承包商及其代表以口头或者文字形式提出的各种与投标有关的问题作出解释性回答。

4）对招标文件作出补充修改，并发出补充通知。这一项工作主要是针对现场勘察之后各承包商所提的有关问题。招标组织机构必须对这些问题作出正式的书面答复，并连同对招标文件的修改、补充意见一起发给各承包商。这些意见具有与招标文件同等的效力。

5）接受投标文件。招标组织机构在收到投标文件时应记下收到的日期，并通知有关承包商已收到其投标文件，所有被接受的投标文件必须是在规定的时间之内送达的。对这些文件在开标之前，一律不得启封，要采取安全措施进行保护，一直至开标。对于在截止投标日期和时间之后收到的投标文件，一概原封退还，并取消这些承包商的投标资格。

(4) 开标与评标

1）在截止投标后24h内，当场启封，公开开标，公布各投标承包商名称及其报价，同时也对截止投标以后收到投标书的承包商的名称进行公布。在开标会上，由招标组织机构用本国语言和国际上通知的语言分别宣读，一般情况下，不允许提问或作任何解释。开标会结束后，主持者应编写一份开标会纪要，说明开标出的有关情况及对某些问题的处理等。这份纪要，应分别送给建设单位、监理人员、项目主管部门、政府有关部门以及世界银行等，以便备查。

2）审查投标文件。是进行评标工作之前的一项工作，审查的内容有：投标文件有无计算上的技术性错误；是否总体上符合了招标文件的要求；是否已提供了所要求的保证；是否全部按规定签了名；文件的完整性；是否提出招标单位认为无法接受或违背招标文件的保留条款。如果投标文件的内容、实质等与招标文件不符，或特殊要求，保留条款事先得到招标单位同意的，这类报价一律视作废标。

3）进行评标工作。主要是从技术、合同、商务等方面进行全面的评审与比较。一般由建设单位代表、监理人员、主管部门及政府有关部门的代表以及法律顾问等组成一个评标工作机构，负责组织评标工作。这个机构的每个成员，对招标文件的有关内容，都必须有详细而准确的了解，以便评标工作的顺利进行。对于一些大型或比较复杂的工程、评标量较大，可以把评标工作分为初评与终评两个阶段进行。初评阶段的主要任务是根据世界银行“采购导则”规定，首先是在全面分析投标文件的基础上，判断各承包商的投标是否对招标文件作出了“实质性反应”。如没有作出实质性反应的投标，则不论其报价是否最低，一律予以排除。其次是对已作出实质性反应的投标中，对各家报价依次进行排队，选取报价最低的3～4家承包商进行终评，终评阶段的主要任务是针对进入终评的承包商的投标书中的问题，通过向投标商澄清问题及进一步分析、评审，在此基础上计算出每家的“评审价”（Evaluated Tender Price)，根据世行“采购导则”规定，合同应授予“评审价”最低的标价。

3. 招标公告和广告

（1）通过国际招标投标进行采购业务的世界银行贷款项目，要求借款国准备并及时向世界银行提交一份“总采购公告”，提交时间不得迟于公众能得到该货物和工程建筑的有关招标文件的日期之前60d。

（2）银行将安排把公告刊登在联合国的《发展商业报》上和公告应包括下述内容：

1）受援国名称、贷款金额和使用目的；

2）说明将通过国际竞争性招标采购的货物与给水排水工程建设项目工程；

3）如已得到通知，应标明得到招标或资格预审文件的预定日期；

4）注明借款人负责采购工作的机构名称。

（3）邀请参加资格预审或参加招标的广告

1）至少刊登在借款人国内普遍发行的一种报纸上。此类招标通告或广告的副本，也应转发给可能提供所需货物和给水排水工程建设项目工程建筑的合格国家的驻当地代表，也可以发给那些看到总采购通告后表示感兴趣的厂商。

2）银行鼓励在联合国《发展商业报》上刊登招标通告。对大型的、专业化的或重要的合同，银行要求借款人把邀请参加资格预审和招标的通告刊登在国际发行很广的著名的技术杂志、报纸和贸易刊物上。

3）通告的刊登应在开标前留有适当的时间，使投标单位能获得文件并准备送交招标文件。

4. 投标者的资格预审

（1）对预期的投标者的资格预审，应以其是否有能力满意地履行具体合同为基础，还要特别审查：

1）查验和过去执行类似合同的情况；

2）人员、设备和工厂方面的承担能力；

3）财务状况；

4）当前工作的承担情况。

（2）具体的资格预审邀请，应按“通告和广告”中规定的方法刊登广告和发出通知。对于愿意接受资格预审的所有公司，均应发出通知，说明合同范围和符合资格的条件。一旦完成前期资格预审，即应向合格的投标单位发送招标文件。所有符合规定的标准的投标单位，均应准予参加投标。一般招标者应提供的资料有：给水排水工程建设项目工程性质、资金来源、支付条件、时间安排、合法性等。这些资料应简明扼要，并以标准问答表的形式提供给投标单位。

5. 招标文件

文件中必须为预期的投标单位提供一切必需的情况，以便其能有准备对将提供的货物和工程建筑进行投标。另一方面招标文件的细节和复杂程度，将随着拟议中的招标形式和合同规模及性质的不同而异。一般来说招标文件应包括：招标通告、投标形式、总的和具体的合同条件、投标单位须知、技术规范、货物清单或数量和图纸清单，以及必要的附件、各种担保形式。

（1）投标单位须知。包括投标单位的合法性和合格性、交标程序、文本数、使用的语言、地址、截止日期、关于更改的要求、有效性、开标的时间和地点、投标担保、评标标准、国内地区性优惠、价格和投标使用的货币。

(2) 合同条款。国际建筑市场普遍采用《土木建筑工程合同条件》(FIDIC条款),包括:合同双方的权利和义务;装运、检验文件记录的程序;测量工作的程序;修改合同的程序;定价与价格调整程序;付款程序和支付的货币;施工担保的程序;人力不可抗力;赔偿损失,延误罚款的程序;终止的程序及解决争端的方式方法。

(3) 技术规范。要求为国际竞争性招标提供足够的细节性说明;不对任何合格的投标者抱有偏见;公布评标标准。对于货物要求有以下内容:涉及给水排水工程建设项目方面的专门设备与技术;施工生产的标准以及图纸与设计、施工设计等项内容。

(4) 标书收费问题。如对招标文件收取费用,则标准要适当,只能收取成本费。

9.3.5 世界银行贷款项目招标

1. 世行贷款项目给水排水设备采购国际招标的类型

(1) 单纯采购设备或材料(简称设备采购)。

(2) 按照工程项目进行设备材料的综合采购(简称工程项目采购)。工程项目采购的方式除了采购外还可以包括安装监督,甚至包括某一特殊部分的安装或现场试验工作。

(3) 工程项目供货并进行安装。

2. 世行贷款项目国际招标的主要方式

(1) 公开招标

公开招标是一种无限竞争性招标。在国内外主要报纸及有关刊物上刊登招标广告,凡对这项招标工程感兴趣的合格承包商都有均等的机会进行投标。

公开招标方式可以平等的竞争机会广泛地吸引投标者,因而有可能获得较为廉价而优质的报价,从而有利于降低工程造价。主要适用于大型给水排水工程建设项目的工程。但亦会出现某些承包单位,以低价“抢标”,实际上他并没有能力在所报的标价内完成项目,这就造成履行合同的困难。因此公开招标进行资格预审十分重要。

(2) 邀请招标

邀请招标是一种有限竞争性招标。一般不在报刊上刊登广告,而是根据经验和情报资料了解承包商情况,对某些在包单位发出邀请,进行资格预审后,再由他们提出报价,进行投标。经过选择的投标单位在经验上、技术上和信誉上都是比较可靠的,能保证工程的质量和进度。但很可能漏掉一些在技术上、报价上更有竞争力的单位。

(3) 议标

议标是一种非竞争性招标,由招标单位找一家承包商直接进行合同谈判。议标方式主要在工期紧迫不容许采用竞争性招标,或者招标内容是关于上些专业咨询、设计和指导性服务或专用设备的安装、维修以及标准化等时使用。

其优点是容易达成协议,取得成果,工作可以迅速开展。但缺点是:这类合同谈判的结果往往不够理想,由于在这种垄断的状态下,便无法获得有竞争力的报价。

(4) 两段招标

1) 两段招标实质是一种无限竞争和有限竞争综合起来的招标方式。因此这些方式也可称为两阶段竞争性招标(Tow-Stage Competitive Bidding)。在第一阶段,按照公开招标方式进行招标,经过开标评价之后,再邀请其中报价较低或最有资格的3～4家承包商进行第二阶段的报价。

2）在第一阶段报价、开标、评价之后，如最低标价在标底以内，即可进行决标而不必再采用第二阶段。如最低价超过底价部分在20%以内，而经过减价，重新比价之后之仍不能低于底价时，则可邀请其中数家商谈，再做第二阶段报价。

3）两段招标方式往往应用于下列两种情况：

a. 招标工程内容处于发展过程中，需要在第一阶段招标中博采众议，进行评价。选出最新的最优方案，然后在第二阶段中邀请被选中方案的投标商进行详细的报价；

b. 在大型项目的经营中，招标单位对此项目的经营往往缺乏足够的经验，或为了解决不同技术的投标问题，必须采用两阶段招标。在第一阶段，要求投标者按照规定最低工作要求的投标说明书提出技术上的意见，但不提出投标价格。然后，与提出技术意见的投标者进行讨论，商定一个双方都能同意的技术标准。在第二阶段，邀请投标者对这一双方同意的技术标准的工程进行投标，并提出投标的价格。

9.3.6 国际性竞争招标的有关文件

1. 资格预审文件

主要在于对有意参加投标竞争的承包商进行初选，以便把承包商的数目控制在一个合理的范围内。主要是对承包商进行综合的能力审查。

（1）工程概况

建设单位姓名、地址、工程的地理位置、自然条件、开发目标、建设对象、工程规模、现场草图等；投标签约、开工日期；设计、施工及试车、维修期限、合同类型；指定分包商承担的工程范围；要求承包商的财务保证，如违约赔偿金、投标押金与履约担保、支付货币及方式、参加保险范围与险种、优惠条件与限度、合同的语言等。

（2）资格预审资料

1）资格预审申请者须知；

2）资格条件；

3）资格预审申请者须知首先明确了预审资料格式填写要求、联合体投标者中各方的地位与责任，提交申请的正副文本份数。其次是对申请者的经历、人员、技术装备、拟采用的基本施工方法和程序、资信、财务状况等的具体要求作出明确规定。

（3）资格预审表格（表9-13）

表 9-13

序号	代码	名称
1	PS-I	资格预审申请一览表
2	SP-I	管理人员
3	CP-I	已完成的类似形式与规模的工程
4	CM-I	建议的施工方法，机械和设备
5	FS-I	财务报表
6	BL-I	银行信用状况

一般有6种基本格式，要求由资格预审申请者或与之有关的金融机构或公证人逐一填写、签字。或者证明人提供证明资料，或从侧面调查了解，以证实所提供资料的真实性和准确性。

2. 招标文件

（1）招标文件内容

国际性竞争招标文件的内容有：投标邀请书、投标商须知、合同条件、工程量清单、专项计划表、有关格式、技术规范与图纸等。

（2）招标文件分类

1）投标商必须遵守的要求、规定、条件等，包括投标邀请信、投标商须知、合同条件、技术规范与图纸等。这些文件的要求，投标的承包商必须严格遵守，或不得提出重大的保留条件。

2）由投标承包商按要求内容必须完整地填写的，包括工程量清单、专项计划表以及投标书格式、授权书格式、投标押金格式等。

3）投标商一旦中标后所使用的另一类格式，如履行担保格式、合同协议书格式。

（3）投标邀请书实例摘要

某污水处理厂投标邀请书摘要

1）中华人民共和国已向世界银行申请了一笔贷款，用于××污水处理厂工程。本贷款的部分资金将用来合理支付各项合同下的管道、构筑物、建筑物、控制系统的建设费用。本工程的招标将面向所有来自世界银行《贷款获取准则》规定的合同贷款国的投标单位。

2）中国技术进口总公司国际招标公司，现邀请资格预审合格的投标单位对下述项目进行投标：提供必要的劳力、材料、设备和服务，用于建设和完成________合同段________工程。

3）资格预审合格的投标单位可在下列办公处获得更详细资料和查阅有关招标文件。

4）资格预审合格的投标单位在向上述机构提交书面申请并支付________元人民币或________美元后，便可得到一整套招标文件。

5）所有的标书必须附有符合要求格式的投标保证书，于________年____月____日北京时间12h之前按上述地址送至国际招标公司。

6）标书将于________年____月____日________时当着经选择前来出席的投标单位代表公开拆封。

7）如果事先得到许可的外国投标单位愿意与本国包商联合投标，且收到此项申请在投标截止日期前30d，可以考虑。经选择的地方包商应得到雇主的同意。

9.3.7　投标单位须知目录（表9-14）

表9-14

项目名称	条款号	内容
总则	1	工程说明
	2	资金来源
	3	合格条件与资格要求
	4	投标费用
	5	现场考察
招标文件	6	招标文件的内容
	7	招标文件的澄清
	8	招标文件的修改

续表

项目名称	条款号	内容
招标准备	9	投标书的语言
	10	投标书包括的文件
	11	投标价格
	12	标书与支付的货币
	13	标书有效期
	14	投标保证金
	15	选择报价
	16	投标预备会
	17	投标书的格式和签署
	18	投标书的密封与标志
	19	投标截止日期
	20	迟到的投标书
	21	投标书的修改与撤回
开标与评标	22	开标
	23	保密过程
	24	投标书的澄清
	25	标书合格的确定
	26	错误的修正
	27	换算成一种货币
	28	投标书的评价和比较
	29	国内投标单位的优惠
签订合同	30	合同授予的条件
	31	雇主的权力
	32	中标通知书
	33	合同协议书的签署
	34	履行合同保证金

9.4 设备监造

1. 监理单位应依据与建设单位签定的设备监造阶段的委托监理合同，成立由总监理工程师和专业监理人员组成的项目监理机构。项目监理机构应进驻设备制造现场。

2. 总监理工程师应组织专业监理人员熟悉设备制造图纸及有关技术说明和标准，掌握设计意图和各项设备制造的工艺规程以及设备采购订货合同中的各项规定，并应组织或参加建设单位组织的设备制造图纸的设计交底。

3. 总监理工程师应组织专业监理人员编制设备监造规划，经监理单位技术负责人审核批准后，在设备制造开始前十天内报送建设单位。

4. 总监理工程师应审查设备制造单位报送的设备制造生产计划和工艺方案，提出审查意见。符合要求后予以批准，并报建设单位。

5. 总监理工程师应审核设备制造分包单位的资质情况、实际生产能力和质量保证体系，符合要求后予以确认。

6. 专业监理人员应审查设备制造的检验计划和检验要求，确认各阶段的检验时间、内容、方法、标准以及检测手段、检测设备和仪器。

7. 专业监理人员必须对设备制造过程中拟采用的新技术、新材料、新工艺的鉴定书和试验报告进行审核，并签署意见。

8. 专业监理人员应审查主要及关键零件的生产工艺设备、操作规程和相关生产人员的上岗资格，并对设备制造和装配场所的环境进行检查。

9. 专业监理人员应审查设备制造的原材料、外购配套件、元器件、标准件以及坯料的质量证明文件及检验报告，检查设备制造单位对外购器件、外协作加工件和材料的质量验收，并由专业监理人员审查设备制造单位提交的报验资料，符合规定要求时予以签认。

10. 专业监理人员应对设备制造过程进行监督和检查，对主要及关键零部件的制造工序应进行抽检或检验。

11. 专业监理人员应要求设备制造单位按批准的检验计划和检验要求进行设备制造过程的检验工作，做好检验记录，并对检验结果进行审核。专业监理人员认为不符合质量要求时，指令设备制造单位进行整改、返修或返工。当发生质量失控或重大质量事故时，必须由总监理工程师下达暂停制造指令，提出处理意见，并及时报告建设单位。

12. 专业监理人员应检查和监督设备的装配过程，符合要求后予以签认。

13. 在设备制造过程中如需要对设备的原设计进行变更，专业监理人员应审核设计变更，并审查因变更引起的费用增减和制造工期的变化。

14. 总监理工程师应组织专业监理人员参加设备制造过程中的调试、整机性能检测和验证，符合要求后予以签认。

15. 在设备运往现场前，专业监理人员应检查设备制造单位对待运设备采取的防护和包装措施，并应检查是否符合运输、装卸、储存、安装的要求，以及相关的随机文件、装箱单和附件是否齐全。

16. 设备全部运到现场后，总监理工程师应组织专业监理人员参加由设备制造单位按合同规定与安装单位的交接工作，开箱清点、检查、验收、移交。

17. 专业监理人员应按设备制造合同的规定审核设备制造单位提交的进度付款单，提出审核意见，由总监理工程师签发支付证书。

18. 专业监理人员应审查建设单位或设备制造单位提出的索赔文件，提出意见后报总监理工程师，由总监理工程师与建设单位、设备制造单位进行协商，并提出审核报告。

19. 专业监理人员应审核设备制造单位报送的设备制造结算文件，并提出审核意见，报总监理工程师审核，由总监理工程师与建设单位、设备制造单位进行协商，并提出监理审核报告。

20. 在设备监造工作结束后，总监理工程师应组织编写设备监造工作总结。

21. 设备监造工作的监理资料应包括以下内容：

1）设备制造合同及委托监理合同；

2）设备监造规划；

3）设备制造的生产计划和工艺方案；

4）设备制造的检验计划和检验要求；

5）分包单位资格报审表；

6）原材料、零配件等的质量证明文件和检验报告；

7）开工/复工报审表、暂停令；

8）检验记录及试验报告；

9）报验申请表；

10）设计变更文件；

11）会议纪要；

12）来往文件；

13）监理日记；

14）监理人员通知单；

15）监理工作联系单；

16）监理月报；

17）质量事故处理文件；

18）设备制造索赔文件；

19）设备验收文件；

20）设备交接文件；

21）支付证书和设备制造结算审核文件；

22）设备监造工作总结。

第 10 章　监理资料和工程资料管理

10.1　监理资料管理

10.1.1　监理资料的基本内容

1. 合同文件

(1) 施工监理招投标文件。

(2) 建设工程委托监理合同。

(3) 施工招投标文件。

(4) 建设工程施工合同、分包合同、各种定货合同等。

2. 设计文件

(1) 施工图纸。

(2) 岩土工程勘察报告。

(3) 测量基础资料。

3. 工程项目监理规划及监理实施细则

(1) 工程项目监理规划。

(2) 监理实施细则。

(3) 项目监理部编制的总控制计划等其他资料。

4. 工程变更文件

(1) 审图汇总资料。

(2) 设计交底记录、纪要。

(3) 设计变更文件。

(4) 工程变更记录。

5. 监理月报

6. 会议纪要

7. 施工组织设计（施工方案）

(1) 施工组织设计（总体设计或分阶段设计）。

(2) 分部施工方案。

(3) 季节施工方案。

(4) 其他专项施工方案等。

8. 分包资质

(1) 分包单位资质资料。

(2) 供货单位资质资料。

(3) 试验室等单位的资质资料。

9. 进度控制
(1) 工程动工报审表（含必要的附件）。
(2) 年、季、月进度计划。
(3) 月工、料、机动态表。
(4) 停、复工资料。
10. 质量控制
(1) 各类工程材料、构配件、设备报验。
(2) 施工测量放线报验。
(3) 施工试验报验。
(4) 检验批、分项、分部工程施工报验与认可。
(5) 不合格项处置记录。
(6) 质量问题和事故报告及处理等资料。
11. 造价控制
(1) 概预算或工程量清单。
(2) 工程量报审与核认。
(3) 预付款报审与支付证书。
(4) 月工程进度款报审与签认。
(5) 工程变更费用报审与签认。
(6) 工程款支付申请与支付证书。
(7) 工程竣工结算等。
12. 监理通知及回复
13. 合同其他事项管理
(1) 工程延期报告、审批等资料。
(2) 费用索赔报告、审批等资料。
(3) 合同争议和违约处理资料。
(4) 合同变更资料等。
14. 工程验收资料
(1) 工程基础、主体结构等中间验收资料。
(2) 设备安装专项验收资料。
(3) 竣工验收资料。
(4) 竣工移交证书等。
15. 监理工作总结（专题、阶段和竣工总结等，其他往来函件，监理日志、日记）
16. 工程项目施工阶段质量评估报告等专题报告

10.1.2 监理资料的日常管理

1. 监理资料管理主要原则
(1) 监理资料必须及时整理、真实完整、分类有序。
(2) 监理资料的管理应由总监理工程师负责，并指定专人具体实施。
(3) 监理资料应在各阶段监理工作结束后及时整理归档。
(4) 监理档案的编制及保存应按有关规定执行。

2. 监理资料的日常管理要点

(1) 应要求承包单位将有监理人员签字的施工技术和管理文件上报项目监理部存档备查。

(2) 应利用计算机建立图、表等系统文件辅助监理工作控制和管理，可在计算机内建立监理管理台账有：

1) 工程材料、构配件、设备报验台账；

2) 施工试验（混凝土、钢筋、水、电、暖、通等）报审台账；

3) 分项、分部验收台账；

4) 工程量、月工程进度款报审台账；

5) 其他。

(3) 监理工程师应根据基本要求认真审核资料，不得接受经涂改的报验资料，并在审核整理后交资料管理人员存放。

(4) 在监理工作过程中，监理资料应按单位工程建立案卷盒（夹），分专业存放保管，并编目，以便于跟踪检查。

(5) 监理资料的收发，借阅必须通过资料管理人员履行手续。

10.1.3 监理月报

1. 监理月报的基本内容

(1) 本月工程概况。

(2) 本月工程形象进度。

(3) 工程进度

1) 本月实际完成情况与计划进度比较。

2) 对进度完成情况及采取措施效果的分析。

(4) 工程质量

1) 本月工程质量情况分析。

2) 本月采取的工程质量措施及效果。

(5) 工程计量与工程款支付

1) 工程量审核情况。

2) 工程款审批情况及月支付情况。

3) 工程款支付情况分析。

4) 本月采取的措施及效果。

(6) 合同其他事项的处理情况

1) 工程变更。

2) 工程延期。

3) 费用索赔。

(7) 本月监理工作小结

1) 对本月进度、质量、工程款支付等方面情况的综合评价。

2) 本月监理工作情况。

3) 有关本工程的意见和建议。

4) 下月监理工作的重点。

2. 监理月报的编制

(1) 监理月报的作用

1) 监理月报应全面反映在施工过程的进展及监理工作情况。

2) 向建设单位通报本月份工程的各方面进展情况，目前工程尚存在哪些亟待解决的问题。

3) 向建设单位汇报在本月份中项目监理部做了那些工作，收到什么效果。

4) 项目监理部向监理单位领导及有关部门汇报本月份工程进度控制、工程质量控制、工程造价控制、合同管理、信息管理、资料管理及协调建设各方之间各种关系中所做的工作，存在的经验教训。

5) 项目监理部通过编制监理月报总结本月份工作，为下一阶段工作作出计划与布置。

6) 为上级主管部门来项目监理部检查工作时，提供关于工程概况、施工概况及监理工作情况的说明文件。

(2) 编制的依据（以北京地区为例）

1) 建设工程监理规范（GB 50319—2000）。

2) 北京市地方标准《建设工程监理规程》（DBJ 01—41—2002）。

3) 北京市地方标准《建筑工程资料管理规程》（DBJ 01—51—2003）。

4) 监理公司的有关规定。

(3) 编制的基本要求

1) 每月均应编制监理月报。

2) 由总监理工程师主持，项目监理部全体人员分工负责提供资料和数据，指定专人负责具体编制，完成后由总监理工程师签发，报送建设单位、监理单位及其他有关单位。

3) 监理月报所含内容的统计周期为上月的 26 日至本月的 25 日，原则上下月 5 日前发送至有关单位。

4) 监理月报的内容与格式应基本固定，如根据工程项目的具体情况及工程进展的不同阶段需要作适当的调整时，应取得监理单位技术管理部门的同意。

5) 当工程尚未正式开工、因故暂停施工、竣工验收前的收尾阶段，以及工程比较简单、工期很短的工程可以采取编写“监理简报”的形式，向建设单位汇报工程的有关情况。监理简报的内容为：

a. 工程进展简况；

b. 本期工程在工程进度控制、质量控制、造价控制及合同、信息管理方面的情况；

c. 本期工程变更的发生情况；

d. 其他需要报告和记录的重要问题；

e. 监理工作小结。

(4) 编写注意事项

1) 月报的内容实事求是，按提纲要求逐项编写。要求文字简练，表达有层次，突出重点，避免繁琐，多用数据说明，但数据必须有可靠的来源，有分析、有比较、有总结，有展望。

2) 提纲中开列的各项内容编排顺序不得任意调换或合并，各项内容如本期未发生，应将项目照列，并注明“本期未发生”。

3）月报规定使用 A4 规格纸打印，所有的图表插页使用 A4 或 A3 规格纸。

4）月报要求使用规范的简体汉字和国家标准规定的计量单位，如 m、cm^2、t、MPa、L 等。不使用中文计量单位名称。

5）数字一律使用阿拉伯数字，如地下 2 层、第 15 层，不使用地下一层，第十五层等。

6）各种技术用语应与各种设计、施工技术规范、规程中所用术语相同。

7）各种表格的表号不得任意变动，不得自行增减栏目，也不得颠倒各栏目的排列顺序，以免打印时发生错误。

8）月报中参加工程建设各方的名称作如下统--规定：

a. 建设单位：不使用建设单位、甲方、发包方、建设方；

b. 承包单位：不使用施工单位、乙方、承包商、承包方，可使用总包单位和分包单位，承包单位分包的包清工的建筑队一律称包工队，承包单位派驻施工现场的执行机构统称项目经理部；

c. 监理单位：不使用监理方，监理单位派驻施工现场的执行机构统称项目监理部，一般不宜单独使用“监理”一词，应具体注明所指为监理公司、监理单位、项目监理部、监理人员或是监理工程师；

d. 设计单位：不使用设计院、设计、设计人员。

9）月报中各章节的编号，一律按以下规定的层次顺序：一、（一）、1、（1）、1）、A、a 等。

10）文稿中所用的图表及文件，如“本月实际完成情况与计划进度比较表”、“气象记录”、“工程款支付凭证”等，必须保持表面清洁，印章签字清晰，字迹及图表线条清楚，一律使用黑色或蓝黑色墨水，或黑色圆珠笔，不得使用铅笔或红蓝铅笔。

11）各项目监理部编写的监理月报稿，应按目录顺序排列，各表格应排列至相应适当位置，装订成册，经总监理工程师检查无误并签认后再打印。

12）各项图表填报的依据及各表格中填报的统计数字，均应由监理工程师进行实际调查或进行实际计量计算，如需承包单位提供时，也应进行审查，核对无误后自行填写，严禁将图表、表格交承包单位任何人员代为填报。

3. 监理月报的样例

目　录

一、项目概况

（一）工程基本情况

（二）项目组织系统表

（三）施工基本情况

二、承包单位项目组织系统

（一）承包单位简介

（二）承包单位组织框图

（三）现场施工人员（含分包单位施工人员）

（四）现场施工机械

三、工程进度控制

（一）完成工程总进度计划的情况说明

（二）本期实际完成情况与计划进行比较表

（三）本期进度完成情况的分析

（四）本期在施部位的工程照片

四、工程质量控制

（一）分项工程验收情况

（二）分部工程验收情况

（三）主要施工试验情况

（四）本期工程质量分析与评价

五、工程造价控制

（一）工程量审批情况

（二）工程款审批及支付情况

（三）工程款支付凭证

（四）本期工程款审批情况的说明

六、材料、构配件、设备到场情况

（一）材料、构配件、设备到场情况表

（二）对生产厂家考察情况说明

七、合同管理

（一）工程变更一览表

（二）其他合同管理问题的处理

八、气象记录

九、项目监理工作

（一）项目监理部组织框图

（二）监理人员构成表

（三）监理抽检一览表

（四）监理工作统计

十、本期监理工作小结

（一）本期工程进展情况简述

（二）本期工程质量情况评述

（三）本期监理工作情况

（四）对影响工程进度和质量的各种因素的对策和建议

（五）下期监理工作重点

十一、工程概况

（一）工程基本情况（表 10-1）说明

(1) 工程名称：应与监理合同中工程名称相同。

(2) 工程地点：详细注明本工程所在的市（县）、区、街道。

(3) 工程性质：应按以下说明填写：

1) 国家或地方建设：指由中央或地方政府拨款并列入中央或地方政府基建计划的工

程项目。

2）建设单位自筹资金。

3）国家或地方技术改造：指中央、地方政府拨款或建设单位自筹资金进行的技术改造工程。

4）自营建设：指由私人资本投资或由国有企业及单位自筹资金进行的工程建设项目。

5）BOT 投资：建设，运营、移交的建设模式。

（4）开工日期、竣工日期：

1）开工日期：如实际开工日期与合同开工日期一致，可填合同开工日期。如不一致时应按以下填法：

合同：××××年×月×日

实际：××××年×月×日

2）竣工日期：如实际开工日期与合同开工日期一致，或虽不一致，但承包单位与建设单位尚未协商确定实际竣工日期时，可只填合同规定的竣工日期：

合同：××××年×月×日

（5）质量目标：按施工合同约定的质量目标填写。

（6）合同价款：根据施工合同的约定填写。

（7）工期天数：为合同约定的工期天数填写。

（8）承包方式：根据施工合同填写。

（9）单位工程名称：该单位工程设计图纸的名称。

（10）建设规模：按设计提供填写。

（11）结构类型：应注明砖混，钢筋混凝土，装配钢筋混凝土，钢结构等。

（12）基础及埋深：应注明基础型式为条型、板式筏式、箱基桩基等及基础埋深（基础底面至设计室外地坪之间的埋置深度）。

（13）设备安装：指本单位工程设备安装的种类，如给水、排水、水泵、格栅、刮泥机等。

（14）工程造价：指该单位工程的施工合同价。

（二）项目组织系统表（表 10-2）

单位名称应填写单位正式名称的全称。

（三）施工基本情况

简述本期工程完成的形象进度、施工中发生的重大问题等，使审阅人对本期工程的各方面有一个概括的了解。不需说明完成哪些分项工程及其完成的日期和经过。

二、承包单位项目组织系统

（一）承包单位简介

简介承包单位的资质等级，过去工程的业绩，项目经理部各主要负责人的资格证书、职称等主要情况。

（二）承包单位组织框图（或人员名单）

说明：用框图表示承包单位项目经理部主要组成人员的组织系统及人员姓名、职务。

（三）现场施工人员一览表（表 10-3）

说明：包括项目经理部管理人员及施工人员在内的全部人员。队别一栏应注明其所属单位名称到包工队一级。凡规定必须持证上岗的工种（如电工、电焊工、架子工、管道工等）应注明经过监理人员核实的持证人数。

以分包合同形式将某项专业工程（如水下工程、水泵、电气安装、网架制造安装等）分包给某些专业工程队或公司。分包单位的施工人员应按上述要求在表 10-3 中单独列出。

（四）现场施工机械一览表（表 10-4）

说明：指已进入施工现场的施工用大中型机械设备，如塔吊、吊车、混凝土搅拌机、打夯机、打桩机、大型水泵、钢筋切断机、钢筋弯钩机、空压机等，并说明能否正常运行。

三、工程进度控制

（一）说明完成工程总进度计划的情况

说明：本月工程项目的实际完成进度与承包单位编制的工程总进度计划的比较。如因工程延误或工程增加等原因而修改总进度计划时，也应予以说明，并说明第几次修改及修改日期。

（二）本期实际完成情况与计划进度比较表（表 10-5）

说明：本表“分项工程名称”一栏应按施工部位、构件类别分列填报，如“水泵基础”、“鼓风机安装”。标示进度（计划进度及实际进度）的横道应粗细合适，字迹清晰。

（三）本期进度完成情况的分析

说明：按各单位工程说明本期工程形象部位完成情况，完成或未完成计划进度的原因，如未完成时应采取的补救措施。

（四）本期在施部位的工程照片

说明：使用照片，每期月报不宜超过 8 幅。工程照片应反映本期工程施工部位的全貌。重要的检验批或分项工程的施工场景，关键部位的施工质量情况，特别是隐蔽工程在隐蔽前的质量情况，以及监理人员在现场检查、验收的实景，另外要有本工程本期所发生的重大事件的记录等等。

四、工程质量控制

（一）检验批质量验收统计表（表 10-6）

说明：本表中“验收部位”应注明本期同类检验批的验收部位，“分项工程”名称为该检验批所属的分项名称，应按《建筑工程施工质量验收统一标准》（GB 50300—2001）的规定填写。

（二）分项工程验收统计表（表 10-7）

说明：

(1) 分项工程的划分应符合《建筑工程施工质量验收统一标准（GB 50300—2001）》第 4 章的规定。

(2)“报验单号”即承包单位报送的“分项/分部工程施工报验表”的编号。

（三）分部工程质量验收统计表（表 10-8）

说明：分部工程名称应按《建筑工程施工质量验收统一标准》第 4 章划分的分部（子分部）工程名称填写。

（四）主要施工试验情况表（表 10-9）

说明：

(1) 主要施工试验包括下列材料：

水泥、砂、石、砌墙砖和砌块、钢材（含各种钢筋）、钢筋接头（焊接与连接）、普通混凝土、抗渗混凝土、砌筑砂浆等。

上述各项材料试验的依据标准、必试项目、验收批划分及取样数量等详见《建筑工程资料管理规程》(以下简称“资料规程”)。

(2) 每次试验取样的组数及必试项目应符合有关规定、规程的规定。也可依据“资料规程”的要求进行。

(五) 本期工程质量分析与评价

主要包括以下内容:

(1) 本期包括以下内容(略)

(2) 本期工程质量情况分析:如质量较好,应总结经验,提出巩固措施;如质量较差,就分析原因,提出应采取的整改措施。

(3) 对本期工程质量给予评价。

五、工程造价控制

(一) 工程量审批情况

说明:监理工程师对承包单位报送的《( )月工程进度款报审表》的核定情况,核定有差异的项目应填入表。

(二) 工程款支付凭证

说明:

(1) 工程款支付凭证包括承包单位报送及监理批复的下列表格:

1)《( )月工程进度款报审表》

2)《工程变更费用报审表》

3)《费用索赔申请表》

4)《费用索赔审批表》

5)《工程款支付申请表》

6)《工程款支付证书》

7) 其他与工程计量及工程款有关的凭证

(2) 各项工程款支付凭证的内容应相互一致。

工程款审批及支付汇总表(表 10-10)应逐项填写清楚,并且各项数据必须相互一致。

(三) 本期工程款审批情况的说明

说明:

(1) 本期对工程计量与工程款审批签认方面的情况。

(2) 总监理工程师按施工合同约定,签发的工程预付款情况。

(3) 监理工程师按施工合同约定,本期内抵扣工程预付款的情况。

(4) 对下月投资额的预计和要求。

(5) 下一步如何搞好工程造价控制的建议。

(6) 如本期内建设单位、承包单位提出费用索赔要求,或因工程变更导致的工程款增减的情况,均在本段中予以说明。

(7) 如建设单位明确表示在月报中增加其他表,可结合实际情况在月报中列出。

六、材料、构配件、设备到场情况

(一) 材料、构配件、设备到场情况表(表 10-11)

说明:

(1) 此处材料指主要建筑材料，如水泥、砂子、碎（卵）石、钢筋、钢材、防水材料、保温材料、砖、砌块、木材、门窗、管材、水泵、阀门、电缆、配电盘、大型开关各种材料等。

(2) 构配件指钢筋混凝土预制板、预制梁、柱等，预制钢构件如钢网架、钢梁、柱、吊车梁、屋架等。

(3) 设备指主要大中型设备，如变压器、配电柜、锅炉及大型水泵鼓风机、刮泥机等。非安装设备及承包单位用于施工的设备机具不包括在内。

(4) 材料、构配件、设备的规格、型号、产地（制造厂家）应填写清楚。

(5) 到场的所有材料、构配件、设备均应有出厂合格证，需要到场后进行复试的材料应有复试合格单，需要进行材质化验的应有材质试验合格证明。以上各种证明文件齐备时，可在“检验结果”栏内填写“合格”，准予用于工程。

(二) 对生产厂家考察情况说明

包括该企业的营业执照、资质等级证书、企业质量管理、管理人员资格证书、职称、企业生产能力及生产情况、企业业绩等情况。

七、合同管理

(一) 工程变更一览表（表 10-12）

说明：

(1) 本月发生的工程变更事项均在本表中说明。

(2) 要求简单明确，严禁将工程变更文件的内容照抄。

(3) 如本工程项目由多个单位工程组成，而本次工程变更（或工程洽商）仅涉及一个或一部分单位工程时，应在“内容概要”或“备注”栏说明。

(二) 合同其他事项的处理情况说明。其他合同管理问题主要有：

(1) 分包合同及主要设备、材料订货合同的签订。应简述合同的内容。

(2) 工程延期问题。工程延期的责任可能在建设单位，也可能在承包单位，应详细说明延期发生的原因、经过，造成的后果及处理经过和存在的问题。

(3) 费用索赔问题。费用索赔是双向的，承包单位可向建设单位索赔，建设单位也可向承包单位索赔。应详细说明索赔发生的原因、经过、责任方及处理经过。

(4) 暂停施工及复工问题。发生暂停施工的原因、处理经过、存在问题、暂停及复工的起止日期，对合同工期的影响等。

(5) 合同争议的调解问题。争议的原因、处理调解的经过、存在的问题等。

(6) 违约处理问题。违约的责任方、违约事件的事实与经过、处理经过、存在问题等。

(7) 未经监理工程师认可的工程变更。说明发生及处理情况。

(8) 其他涉及合同管理的问题。

八、气象记录（表 10-13）说明

天气情况（晴、阴、雨、雪）应根据施工现场实际情况填报，风力等级、最高最低温度等数据，原则上应在施工现场设置观测仪器，进行实地观测并记录。如条件不具备时，风力等级、最低最高温度可根据天气预报广播或当日报纸的天气预报。是否施工一栏应据实填报，如施工、停工、半施（半日施工）。

九、项目监理部组成与工作统计

(一) 项目监理部组织（图 10-1）

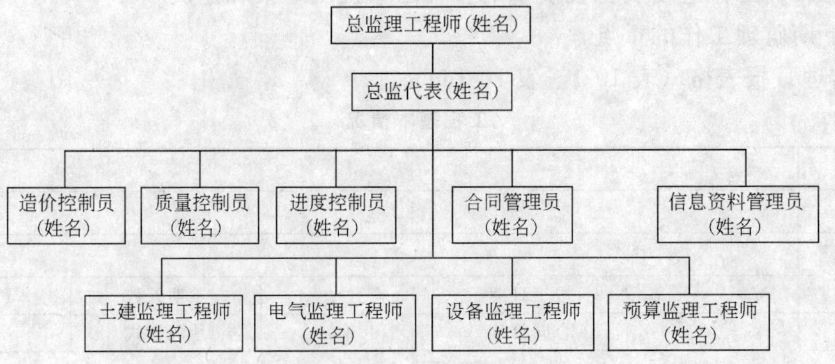

图 10-1　项目监理组织

（二）监理人员构成表（表 10-14）说明

（1）职务：指总监理工程师、总监代表、监理工程师、监理员等。

（2）职称：指高级工程师、工程师、助理工程师、技术员等。

（3）监理工程师资格或培训：指国家级监理工程师，北京市级监理工程师，北京市一级、二级或副二级总监理工程师及已参加监理工程师培训等。

（三）监理抽检一览表（表 10-15）说明

（1）监理工程师从工程的已施工部位抽取一定数量的试件（试件的数量和取样方法应根据有关技术规范、规程的规定）进行试验，其成果均应计入本表。

（2）监理工程师自进场的材料中抽取一定数量试件（试件的数量和取样方法见有关技术规范、规程的规定）进行试验或复试，其成果均应计入本表。

（3）试验所取试件的工程部位：如 2 层柱，地下 1 层墙体等。

（4）材料试验的材料名称及所取试件的材料进场日期、批号：如 2001.10. SBSⅡ型防水卷材 60 卷，2001.12.12，水泥（32.5R 哈水牌）120t 等。

（5）试件的名称，如混凝土试块、钢筋电渣压力焊接头等。

（6）试件规格：如 150mm×150mm×150mm、70mm×70mm×70mm 等。

（7）试验项目：如混凝土试块为抗压强度，水泥为强度、安定性、凝结时间，砖为抗压、抗折等，不得填写“常规”、“力学试验”等。

（8）日期：取试件日期。

（9）组数：应符合有关技术规范、规程规定的应取试件的组数。

（10）检验结果：合格或不合格。

（四）监理工作统计（表 10-16）说明

（1）按该表的内容逐项填报，并作好本年度累计及开工以来总计两项统计数字。

（2）凡需要补充的统计项目可靠顺序自行增添。

（3）填报的统计数字要求真实、准确、全面。

十、简要说明。主要内容应包括

（一）本期工程进展情况简述

（二）本期工程质量情况概括评述

（三）本期监理工作情况

（四）对影响工作进度及工程质量的各种因素提出对策和建议

（五）下期监理工作的重点

附：监理月报表格（表 10-1～表 10-16）

工程基本情况 **表 10-1**

工程名称					
工程地点					
工程性质					
开工日期		竣工日期		工期天数	
质量目标		合同价款		承包方式	

工程项目一览表

单位工程名称	建筑面积（m^2）	结构类型	地上、地下层数	檐高（m）	基础及埋深（m）	设备安装项目	工程造价（万元）

项目组织系统表 **表 10-2**

单位	单位名称	现场负责人	职务	职称	电话
建设单位					
勘察单位					
设计单位					
承包单位					
监督单位					
监理单位					

现场施工人员一览表 **表 10-3**

工种 / 人数 / 队别 / 持证人数					分包工程名称、范围	备注

现场施工机械一览表 **表 10-4**

序号	施工机械名称	数量	是否正常运行

本期实际完成情况与计划进行比较表 表 10-5

分项工程名称	××年×月						××年×月																								
	26	27	28	29	30	31	1	2	3	4	5	6	7	8	9	10	11	12	13	14	15	16	17	18	19	20	21	22	23	24	25

检验批质量验收统计表 表 10-6

序号	验收部位	分项工程名称	检验批名称	监理单位验收情况		备注
				合格批数	一次验收合格批数	

分项工程质量验收统计表 表 10-7

序号	分项工程名称	报验单号	承包单位检查结论	监理单位验收结论	备注

分部工程质量验收统计表 表 10-8

序号	分部工程名称	报验单号	验收意见	备注

主要施工试验情况表 表 10-9

序号	试验编号	试验内容	是否见证取样	施工部位	试验组数	合格组数	试验结论	监理结论

工程款审批及支付汇总表 表 10-10

单位：元

工程名称		合同价					
序号	项目内容	至上月累计		本月		至本月累计	
		申报数	核定数	申报数	核定数	申报数	核定数
	工程进度数						
	工程变更费用						
	费用索赔						
合计							
实际付款数							

材料、构配件、设备到场情况表　　表 10-11

序号	材料、构配件设备名称	数量	日期	规格、型号、产地	有否合格证、材质化验单等	检查结果

工程变更一览表　　表 10-12

序号	提出单位	编　号	日　期	内容概要	备　注

气象记录　　表 10-13

日期	天气	最高温度	最低温度	风力级数	是否施工	日期	天气	最高温度	最低温度	风力级数	是否施工
26						11					
27						12					
28						13					
29						14					
30						15					
31						16					
1						17					
2						18					
3						19					
4						20					
5						21					
6						22					
7						23					
8						24					
9						25					
10											

监理人员构成表　　表 10-14

职　务	职　称	人　数	监理工程师资格或培训

监理抽检一览表　　表 10-15

序号	试验所取试件的工程部位/材料试验的名称及所取试件的材料进场日期批号	试件名称	试件规格	试验项目	日期	组数	检验结果

监理工作统计　　表 10-16

序号	项目名称	单位	本年度		开工以来总计
			本月	累计	
1	监理会议	次			
2	审批施工组织设计(方案)	次			
	提出建议和意见	条			
3	审批施工进度计划(年、季、月)	次			
	提出建议和意见	条			
4	审核施工图纸	次			
	提出建议和意见	条			
5	发出监理通知	次			
	内容含	条			
6	审批分包单位	家			
7	原材料审批	件			
8	构配件审批	件			
9	设备审批	件			
10	分项(检验批)工程质量验收	项			
11	分部工程质量验收	项			
12	不合格项处置	项			
13	监理抽查复试	项			
14	监理见证取样	项			
15	考察承包单位试验室	次			
16	考察生产厂家	次			
17	发出暂停指令	项			
18	清退不合格建筑材料、构配件、设备	批			

10.1.4　监理工作总结和工程质量评估

1. 监理工作总结

施工阶段监理工作结束时，监理单位应向建设单位提交监理工作总结。

(1) 监理工作总结的主要内容

1) 工程概况。

2) 监理组织机构、监理人员和投入的监理设施。

3) 监理合同履行情况。

4) 监理工作成效。

5) 施工过程中出现的问题及其处理情况和建议。

6) 工程照片（有必要时）。

(2) 监理总结基本内容

1) 工程的基本概况

a. 工程的名称、地理位置、性质、等级。

b. 工程的建筑面积、结构类型、层数(地上/地下)、檐高、基础类型及埋深。

c. 工程实际总造价。

d. 工程实际的开工日期、竣工日期。

e. 工程质量情况及受奖励情况(市优、长城杯、鲁班奖、詹天佑奖等)。

2) 工程建设各方的单位名称和项目负责人,建设单位、勘察单位、设计单位、承包单位、主要分包单位、监理单位、质监单位的名称及工程项目主要负责人。

3) 监理组织机构人员及设备的投入情况

a. 项目监理部组织机构图

同监理月报第九部分中的项目监理部组织框图,但应填入具体姓名。

b. 监理人员一览表(表 10-17)

表 10-17

序号	土建		设备		电气		投资		资料		其他	
	姓名	超止日期	姓名	超止日期	姓名	超止日期	姓名	超止日期	姓名	超止日期	姓名	超止日期

c. 监理工作设施的投入情况(检测工具、计算及辅助设备、摄像器材等)。

4) 工程进度控制情况

a. 合同约定的目标工期与实际工期的比较、分析和说明。

b. 在进度控制过程中采取的措施和取得的成效。

5) 工程质量控制情况

a. 合同约定的工程质量目标与实际达到的工程质量的比较分析。

b. 施工过程中曾经出现的重大质量问题或质量事故及其处理情况。

c. 工程竣工验收情况:监理预验收情况,四方验收情况的结论,质量监督检查情况,工程竣工备案情况。

d. 在质量控制过程中采取的主要措施和取得的成效。

6) 工程造价控制情况

a. 承包单位工程进度款申报及监理单位审核情况统计。

b. 合同价款与实际竣工结算款的比较、分析。

c. 承包单位申报的工程竣工结算书累计核定数,监理单位审核情况,与建设单位的审计情况的比较、分析。

d. 索赔管理情况。

e. 在造价控制过程中采取的主要措施和取得的成效。

7) 监理合同履行情况。

8) 工程尚存在的问题及处理情况。

9）项目监理部管理工作的总结。

10）工程照片

a. 开工前地貌照片。

b. 基础施工照片。

c. 主体和各单体施工照片。

d. 竣工照片。

2. 工程质量监理评估报告的内容

(1) 工程概况及主要工作量。

(2) 监理工程师组成及工作情况简介。

(3) 重要工序的情况统计汇总。

(4) 变更设计和工程变更情况汇总。

(5) 工程质量问题（或事故）的整改复查情况统计汇总。

(6) 监理抽检（实物与材料）情况统计汇总。

(7) 工程中遗留的问题与缺陷。

(8) 工程质量总体评价、评定分值及对施工单位申报等级的建议。

10.1.5　监理日记

1. 工程建设监理单位应规定本单位《监理日记》的统一格式。

2. 工程建设监理组织（现场机构）的全体监理人员都应写监理日记，人手一册。

3. 监理人员应每天写监理日记，其内容应记录当天现场发生的主要问题（是什么问题？在什么部位发生？所涉及到哪些人？如何处理？等等），工程进展情况等，现场有关各方发生的问题都应记录下来。

4. 现场监理机构的总监理工程师应派专人每天在规定的时间阅读每个监理人员的日记，将主要问题摘录、汇总，以便及时了解现场问题，并及时处理。

10.1.6　监理台账

1. 监理台账的主要内容

(1) 工程进度计划。

(2) 月度工程形象情况分析台账。

(3) 分部分项工程验收台账。

(4) 材料质量情况台账。

(5) 钢筋原材料实验台账。

(6) 钢筋焊接实验台账。

(7) 混凝土实验台账。

(8) 混凝土养护预控台账。

(9) 质量问题及处理情况台账。

(10) 单位工程实物工程量统计台账。

(11) 工程款支付台账。

(12) 工程变更及洽商台账。

(13) 安全文明施工问题及改进情况台账。

(14) 建筑设备进场台账。

2. 监理台账的样例

(1) 工程进度计划(表 10-18)

表 10-18

工程名称：××污水厂建设工程　　施工单位：××市政工程公司　　第　页

分项名称	单位	数量	类别	日期																														
				1	2	3	4	5	6	7	8	9	10	11	12	13	14	15	16	17	18	19	20	21	22	23	24	25	26	27	28	29	30	31
			1																															
			2																															
			3																															
			1																															
			2																															
			3																															
			1																															
			2																															
			3																															

(2) 月度工程形象情况分析台账(表 10-19)

表 10-19

工程名称：××污水厂建设工程　　施工单位：××市政工程公司　　第　页

施工单位计划分部	完成日期		月末实际到达部分	完成计划程度%	完成情况	完成情况分析									
	计划	实际				材料	机械	劳动	图纸	变更	资金	气候	电力	组织	其他

(3) 分部分项工程验收台账(表 10-20)

表 10-20

工程名称：××污水厂建设工程　　施工单位：××市政工程公司

分部：分项工程名称( )	保证项目	基本项目			允许偏差项目			验评结果	验评时间	验评人	验收累计		
		检查项数	优良项数	优良率(%)	检查点数	合格点数	合格率(%)				总次数	优良次数	优良率(%)
													0.0

(4) 材料质量情况台账(表 10-21)

表 10-21

工程名称：××污水厂建设工程　　施工单位：××市政工程公司　　第　页

材料名称	规格型号	单位	数量	进货日期	生产厂家	实用部位	质量情况				归档编号
							出厂合格证	复试报告	材质外观	结论	

（5）钢筋原材料实验台账（表 10-22）

表 10-22

工程名称：××污水厂建设工程　　施工单位：××市政工程公司　　第　页

实验编号	材料使用部分	规格型号	钢材种类	生产厂家	代表数量	实验日期	力学实验						出厂	结论	备注
							屈服点 (N/mm²)	极限强度 (N/mm²)	延伸率 δ(%)	断口位置及判定	弯心直径	角度			

（6）钢筋焊接实验台账（表 10-23）

表 10-23

工程名称：××污水厂建设工程　　施工单位：××市政工程公司

实验编号	材料使用部位	规格型号	钢材种类	生产厂家	代表数量（根）	实验日期	焊接方式	力学实验						结论	备注
								屈服点 (N/mm²)	极限强度 (N/mm²)	延伸率 δ(%)	断口位置及判定	弯心直径	角度		

（7）混凝土实验台账（表 10-24）

表 10-24

工程名称：××污水厂建设工程　　施工单位：××市政工程公司

试块编号	构件所在结构部位	强度	实验日期	实测塌落度	配合比编号	水灰比	砂率（%）	材料用量				外加剂		标准养护			同条件			抗渗			备注
								水泥	水	砂	石	名称	掺量	实验编号	强度（N/mm²）	%	实验编号	强度（N/mm²）	%	实验编号	设计P	实测P	

（8）混凝土养护预控台账（表 10-25）

表 10-25

工程名称：××污水厂建设工程　　施工单位：××市政工程公司

施工部位	强度等级		混凝土数量（m³）	试块组数		施工（制模）时间	预计报告日期		养护方法				强度记录						试块编号
													R7			R28			
	设计	变更		应做	实做		R7	R28	标养	同条件	抗渗	回弹	最高（%）	最低（%）	平均（%）	最高（%）	最低（%）	平均（%）	

（9）质量问题及处理情况台账（表 10-26）

表 10-26

工程名称：××污水厂建设工程　　施工单位：××市政工程公司

分项工程名称	质量问题摘要	发现时间	处理措施	责任人	处理结果	验收人	验收时间

（10）单位工程实物工程量统计台账（表 10-27）

表 10-27

工程名称：××污水厂建设工程　　施工单位：××市政工程公司

分项工程名称	计量单位	概预算工程量	施工单位申报完成工程量	监理核定完成工程量	累计完成工程量	申报与核定工程量	出现差值原因	申报日期 核定日期

（11）工程款支付台账（表 10-28）

表 10-28

工程名称：××污水厂建设工程　　施工单位：××市政工程公司

时间 年 月 日	工程形象进度或分项工程名称	工程合同总价款	预付工程款	本期施工单位申报工程款	本期监理核定工程款	预付款抵扣	工程款累计	工程款余额	合同外付款

（12）工程变更及洽商台账（表 10-29）

表 10-29

工程名称：××污水厂建设工程　　施工单位：××市政工程公司

变更及洽商编号	变更及洽商日期	图纸号	变更及洽商部位	变更及洽商概述	变更及洽商理由	监理签认

（13）安全文明施工问题及改进情况台账（表 10-30）

表 10-30

工程名称：××污水厂建设工程　　施工单位：××市政工程公司

序号	现场情况	存在问题	处理措施	处理情况	处理时间	监理验收

(14) 建筑设备进场台账（表 10-31）

表 10-31

工程名称：××污水厂建设工程　　施工单位：××市政工程公司

设备名称	规格型号	进货日期	生产厂家	单位	数量	资料附件	合格证	检查结果	监理签认	备注

10.1.7 监理资料的归档

1. 监理资料归档的内容

(1) 监理合同。

(2) 项目监理规划及监理实施细则。

(3) 监理月报。

(4) 会议纪要。

(5) 分项、分部工程施工报验表。

(6) 质量问题和质量事故的处理资料。

(7) 造价控制资料。

(8) 工程验收资料。

(9) 监理通知。

(10) 合同其他事项管理资料。

(11) 监理工作总结。

2. 监理档案组卷的方法

(1) 以单位工程，按归档的内容进行组卷。

(2) 卷内文件应按专业和形成资料的时间排序，并编写卷内目录。

(3) 封面、移交目录、审核备考表的格式。

(4) 档案的规格、图纸的折叠与装订应执行北京城市建设档案馆的统一规定。

3. 监理档案的验收、移交和管理

(1) 由总监理工程师组织监理资料的归档整理工作，并负责审核和签字验收。

(2) 由总监理工程师负责，于工程竣工验收后三个月内将监理档案送公司总工程师审阅，并与档案管理人员办理移交手续。

(3) 存档的监理档案需要借阅时应办理借阅和归还手续。

(4) 一般工程建设监理档案保存期至少为工程保修期结束后一年，超过保存期的监理档案，应经总工程师批准后销毁，但应有记录。

(5) 市城市建设档案馆有要求，应按有关规定执行。

4. 监理资料归档用表

(1) 建设监理档案（封面）

工程建设监理档案

档案号：

共　　册　　第　　册

工程名称：

案卷题名：

总监理工程师：

编制人：

编制日期：

北京××监理公司

(2) 监理档案移交目录（表 10-32）

表 10-32

序号	案卷题名	文字材料		图纸材料		其他	备注
		册	张	册	张		

移交人：　　移交时间：　　接收人：　　接收时间：

(3) 监理档案审核备考表（表 10-33）

表 10-33

本档案共　　册，已编号文件材料共　　张。 其中：文字材料　　张，图纸材料　　张，照片　　张。
立卷单位对本档案完整准确情况的审核说明：
立卷人：　　年　月　日 审核人：　　年　月　日
接收单位（公司档案室）的审核说明：
技术审核人：　　年　月　日 档案接收人：　　年　月　日

5. 监理档案移交

(1) 目录（表 10-34）

表 10-34

序　号	案卷提名	材　料		备　注
		册	张	
1	合同及资质证书	1	60	
2	监理规划	1	24	
3	监理实施细则	1	35	
4	监理月报	1	188	
5	专题会议纪要	1	46	
6	质量事故报告及处理	1	67	
7	监理通知	1	103	
8	监理工程师指令单	1	44	
9	监理文件	1	34	
10	监理简报	1	137	
11	监理工作总结	1	57	

移交人：　　移交时间：　　接收人：　　接收时间

本档案共　册，已编号文件材料共　　张。

立卷单位对本档案完整准确情况的说明：

立卷单位：大连××监理公司　　立卷人：　　年　月　日

审核人：　　年　月　日

接收单位(公司档案室)的审核说明：

接收单位：福建××××工业有限公司　　技术审核人：　　2001 年　　月　　日

档案接收人：　　2001 年　　月　　日

(2) 监理档案移交手续（表 10-35）

表 10-35

序　号	案　卷　提　名	册　　数	备　注
1	水质处理	5	
2	一次盐水	5	
3	二次盐水	5	
4	氯氢处理(含高纯盐酸)	5	
5	液氯液化	4	
6	漂白粉	4	
7	酸碱包装	4	
8	循环水站	1	
9	空分空压	1	

移交人：　　　移交时间：2002.02.03　　　接收人：　　　接收时间：

本档案共 34 册，已编号文件材料共　　　张。

立卷单位对本档案完整准确情况的说明：

立卷单位：　　　立卷人：×××　　2001 年 10 月 5 日

审核人：　　年　　月　　日

接收单位（公司档案室）的审核说明：

接收单位：福建××氯碱工业有限公司

档案接收人：

年　　月　　日

10.2 工程资料

10.2.1 工程资料的内容、分类及编号

1. 工程资料分类表（表 10-36）

表 10-36

类别编号	资料名称	资料来源	保存单位			
			施工单位	监理单位	建设单位	城建档案馆
A 类	基建文件				●	●
A1-9	计划部门批准的立项文件	建设单位		●	●	●
A2-5	其他文件：掘路占路审批文件、移伐树木审批文件、工程项目统计登记文件、向人防备案（施工图）文件、非政府投资项目备案文件	政府有关部门		●	●	●
A3	勘察、测绘、设计文件					
A3-1	工程地质勘察报告	勘察单位		●	●	●
A3-2	水文地质勘察报告	勘察单位		●	●	●
A3-3	测量交线、交桩通知书	市规划委		●	●	●
A3-4	验收合格文件（验线）	市规划委		●	●	●
A3-9	初步设计审核文件	政府有关部门		●	●	●
A4-1-4	施工招投标文件	建设、施工单位	●		●	
A4-1-5	监理招投标文件	建设、中标单位			●	
A4-1-6	设备、材料招投标文件		●		●	
A4-2	合同文件					
A4-2-1	勘察合同	建设、勘察单位			●	
A4-2-2	设计合同	建设、设计单位			●	

续表

类别编号	资料名称	资料来源	保存单位			
			施工单位	监理单位	建设单位	城建档案馆
A4-2-4	施工合同	建设、拆迁单位	●	●	●	
A4-2-5	监理合同	建设、监理单位		●	●	
A4-2-6	材料设备采购合同	建设、中标单位	●		●	
A5	工程开工文件					
A5-2	修改工程施工图纸通知书	市规划委			●	●
A5-3	建设工程规划许可证、附件及附图	市规划委	●	●	●	●
A5-5	建设工程施工许可或开工审批手续	市建委	●	●	●	●
A5-6	工程质量监督注册登记表	质量监督机构	●	●	●	●
A6-1	工程投资估算材料	造价咨询单位			●	
A6-3	施工图预算	造价咨询单位	●	●	●	
A6-4	施工预算	施工单位	●	●	●	
A6-5	工程决算	建设(监理)、施工单位	●	●	●	●
A6-6	交付使用固定资产清单	建设单位			●	●
A7	工程竣工备案文件					
A7-1	建设工程竣工档案预验收意见	城建档案馆			●	●
A7-2	工程竣工验收备案表	建设单位	●	●	●	●
A7-3	工程竣工验收报告	建设单位			●	●
A7-4	勘察、设计单位质量检查报告	相关单位			●	●
A7-5	规划、消防、环保、技术监督、人防等部门出具的认可文件或准许使用文件	主管部门	●	●	●	●
A7-6	工程质量保修书	建设、施工单位	●		●	
A7-7	厂站、设备使用说明书	施工单位	●		●	
A8-1	物资质量证明文件	建设单位	●	●	●	
A8-2	工程竣工总结(大型工程)	建设单位	●	●	●	●
A8-3	沉降观测记录(由建设单位委托长期进行的工程沉降观测记录)	观测单位			●	
A8-4	工程开工前的原貌、主要施工过程、竣工新貌照片	建设单位			●	●
A8-5	工程开工、施工、竣工的录音录像资料	建设单位			●	●
A8-6	建设工程概况	施工单位				
A8-6-1	工程概况表:城市管道工程	施工单位				●
A8-6-4	工程概况表:给水、污水处理厂、站工程	施工单位				●
B类	监理资料					
B1-1	监理规划、监理实施细则	监理单位		●	●	●
B1-2	监理月报	监理单位		●	●	

续表

类别编号	资 料 名 称	资料来源	保存单位			
			施工单位	监理单位	建设单位	城建档案馆
B1-3	监理会议纪要(涉及工程质量的内容)	监理单位		●	●	
B1-4	工程项目监理日志	监理单位		●		
B1-5	监理工作总结(专题、阶段、竣工总结)	监理单位		●	●	●
B2	施工监理资料					
B2-1	工程技术文件报审表	"监规"A1	●	●	●	
B2-2	施工测量放线报验表	"监规"A2	●	●	●	
B2-3	施工进度计划报审表	"监规"A3	●	●	●	
B2-4	工程物资进场报验表	"监规"A4	●	●	●	
B2-5	工程动工报审表	"监规"A5	●	●		
B2-6	分包单位资质报审表	"监规"A6	●	●	●	
B2-7	分项/分部工程施工报验表(注:"分项/分部"等同"工序/部位"	"监规"A7	●	●		
B2-8	单位工程竣工预验收报验表	"监规"A8	●	●	●	
B2-9	( )月工、料、机动态表	"监规"A9	●	●		
B2-10	工程复工报审表	"监规"A10	●	●	●	
B2-11	( )月工程进度款报审表	"监规"A11	●	●	●	
B2-12	工程变更费用报审表	"监规"A12	●	●	●	
B2-13	费用索赔申请表	"监规"A13	●	●	●	
B2-14	工程款支付申请表	"监规"A14	●	●	●	
B2-15	工程延期申请表	"监规"A15	●	●	●	
B2-16	监理通知回复单	"监规"A16	●	●		
B2-17	监理通知	"监规"B1	●	●	●	
B2-18	监理抽检记录	"监规"B2	●	●	●	
B2-19	不合格项处置记录	"监规"B3	●	●	●	
B2-20	工程暂停令	"监规"B4	●	●	●	
B2-21	工程延期审批表	"监规"B5	●	●	●	
B2-22	费用索赔审批表	"监规"B6	●	●	●	
B2-23	工程款支付证书	"监规"B7	●	●	●	
B3	竣工验收监理资料					
B3-1	单位工程竣工预验收报验表	"监规"A8	●	●	●	
B3-2	竣工移交证书	"监规"B8	●	●	●	●
B3-3	工程质量评估报告	监理单位		●	●	●
B4	其他资料					
B4-1	工作联系单	"监规"C1	●	●	●	
B4-2	工程变更单	"监规"C2	●	●	●	

续表

类别编号	资料名称	资料来源	保存单位			
			施工单位	监理单位	建设单位	城建档案馆
C类	施工资料					
C1	施工管理资料	施工单位				
C1-1	工程概况表	施工单位	●			
C1-2	项目大事记	施工单位	●		●	●
C1-3	施工日志	施工单位	●			
C1-4	工程质量事故资料	施工单位				
C1-4-1	工程质量事故记录	施工单位	●	●	●	●
C1-4-2	工程质量事故调(勘)查记录	施工单位	●	●	●	●
C1-4-3	工程质量事故处理记录	施工单位	●	●	●	●
C2	施工技术文件					
C2-1	施工组织设计(项目管理规划)	施工单位	●			
C2-2	施工组织设计审批表	施工单位	●			
C2-3	图纸审查记录	施工单位	●			
C2-4	设计交底记录	施工单位	●	●	●	●
C2-5	技术交底记录	施工单位	●			
C2-6	工程洽商记录	施工单位	●	●	●	●
C2-7	工程设计变更、洽商一览表	施工单位	●	●	●	
C2-8	安全交底记录	施工单位	●			
C3	施工物资资料	施工单位				
C3-1	工程物资选样式送审表	施工单位	●	●	●	
C3-2	主要设备、原材料、构配件质量证明文件及复试报告汇总表	施工单位	●		●	●
C3-3	产品合格证	施工单位				
C3-3-1	半成品钢筋出厂合格证	施工单位	●		●	
C3-3-2	预拌混凝土出厂合格证	施工单位	●		●	
C3-3-3	预制钢筋混凝土梁、板墩、桩、柱出厂合格证	施工单位	●		●	
C3-3-4	钢构件出厂合格证	施工单位	●		●	
C3-4	设备、材料进场检验及复验					
C3-4-1	设备、配(备)件开箱检验记录	监理、施工单位	●			
C3-4-2	材料、配件检验记录汇总表	监理、施工单位	●			
C3-4-3	预制混凝土构件、管材进场抽检记录	监理、施工单位	●		●	
C3-4-4	材料试验报告(通用)	质量检测机构	●		●	●
C3-4-5	水泥试验报告	质量检测机构	●		●	●
C3-4-6	砌筑块(砖)试验报告	质量检测机构	●		●	●

续表

类别编号	资料名称	资料来源	保存单位			
			施工单位	监理单位	建设单位	城建档案馆
C3-4-7	砂试验报告	质量检测机构	●		●	●
C3-4-8	碎(卵)石英砂试验报告	质量检测机构	●		●	●
C3-4-12	钢材试验报告	质量检测机构	●		●	●
C3-4-19	环氧煤沥青涂料性能试验报告	质量检测机构	●		●	
C3-4-20	橡胶止水带检验报告	质量检测机构	●		●	●
C3-4-21	伸缩缝密封填料试验报告	质量检测机构	●		●	
C3-4-22	锚具检验报告	质量检测机构	●		●	
C3-4-23	阀门试验记录	质量监督机构	●		●	
C3-4-25	有见证取样和送检见证人备案书	监理单位	●	●	●	
C3-4-26	见证记录	监理单位	●	●	●	
C3-4-27	有见证试验汇总表	监理单位	●	●	●	●
C4	施工测量监测记录	施工单位				
C4-1	工程定位测量记录	施工单位	●		●	●
C4-2	测量复核记录	监理单位	●		●	●
C4-3	沉降观测记录	测量单位	●		●	
C5	施工记录	施工单位				
C5-1	通用记录	施工单位				
C5-1-1	施工通用记录	施工单位	●			
C5-1-2	隐蔽工程检查记录	监理、施工单位	●		●	●
C5-1-3	中间检查交接记录	监理、施工单位	●			
C5-2	基础/主体结构工程通用施工记录	施工单位				
C5-2-1	地基处理记录	施工单位	●		●	●
C5-2-2	地基钎探记录	施工单位	●		●	●
C5-2-3	地下连续墙挖槽施工记录	施工单位	●		●	
C5-2-4	地下连续墙护壁泥浆质量检查记录	施工单位	●		●	
C5-2-5	地下连续墙混凝土浇筑记录	施工单位	●		●	
C5-2-6	沉井(泵站)工程施工记录	施工单位	●		●	
C5-2-7	桩基础施工记录(通用)	施工单位	●		●	
C5-2-8	钻孔桩钻进记录(冲击钻)	施工单位	●			
C5-2-9	钻孔桩钻进记录(旋转钻)	施工单位	●			
C5-2-10	钻孔桩混凝土灌注前检查记录	施工单位	●			
C5-2-11	钻孔桩水下混凝土浇筑记录	施工单位	●		●	
C5-2-12	沉入桩检查记录	施工单位	●		●	
C5-2-14	土层锚杆注浆记录	施工单位	●		●	●
C5-2-15	土层锚杆张拉锁定记录	施工单位	●		●	●

续表

类别编号	资料名称	资料来源	保存单位			
			施工单位	监理单位	建设单位	城建档案馆
C5-2-16	砂浆配合比申请单、通知单	施工单位	●			
C5-2-17	混凝土配合比申请单、通知单	施工单位	●			
C5-2-18	喷射混凝土地配合比申请单、通知单	施工单位	●			
C5-2-19	混凝土浇筑申请书	施工单位	●			
C5-2-21	混凝土浇筑记录	施工单位	●			
C5-2-22	混凝土养护测温记录	施工单位	●			
C5-2-23	预应力筋张拉数据记录	施工单位	●		●	●
C5-2-24	预应力筋张拉记录(一)	施工单位	●		●	●
C5-2-25	预应力筋张拉记录(二)	施工单位	●		●	●
C5-2-26	预应力张拉孔道压浆记录	施工单位	●		●	●
C5-2-27	构件吊装施工记录	施工单位	●			
C5-2-28	圆形钢筋混凝土构筑物缠绕钢丝应力测定记录	施工单位	●		●	●
C5-2-29	网架安装检查记录	施工单位	●		●	
C5-2-30	防水工程施工记录	施工单位	●			
C5-2-31	桩检测报告	专业检测单位	●		●	●
C5-4	管道工程施工记录	施工单位				
C5-4-1	焊工资格备案表	施工单位	●	●	●	
C5-4-2	焊缝综合质量记录	施工单位	●		●	●
C5-4-3	焊缝排位记录及示意图	施工单位	●		●	●
C5-4-4	聚乙烯管道连接记录	施工单位	●		●	
C5-4-5	聚乙烯管道焊接工作汇总表	施工单位	●		●	●
C5-4-6	钢管变形检查记录	施工单位	●		●	
C5-4-7	管架安装调整记录	施工单位	●		●	
C5-4-9	防腐层施工质量检查记录	施工单位	●		●	●
C5-4-10	牺牲阳极埋设记录	施工单位	●		●	●
C5-4-11	顶管施工记录	施工单位	●			
C5-5	厂(场)、站工程施工记录	施工单位				
C5-5-1	设备基础检查验收记录	施工单位	●		●	●
C5-5-2	钢制平台/钢架制作安装检查记录	施工单位	●		●	
C5-5-3	设备安装检查记录(通用)	施工单位	●		●	
C5-5-4	设备联轴器对中检查记录	施工单位	●			
C5-5-5	容器安装检查记录	施工单位	●		●	
C5-5-6	安全附件安装检查记录	施工单位	●		●	
C5-5-7	锅炉安装施工记录	施工单位	●		●	

续表

类别编号	资料名称	资料来源	保存单位			
			施工单位	监理单位	建设单位	城建档案馆
C5-5-11	管道/设备保温施工检查记录	施工单位	●		●	
C5-5-12	净水厂水处理工艺系统调试记录	施工单位	●		●	
C5-5-13	加药、加氯工艺系统调试记录	施工单位	●		●	
C5-5-14	离心水泵综合效率试验记录	施工单位	●		●	
C5-5-15	工艺管线验收记录	施工单位	●		●	
C5-5-16	污泥处理工艺系统调试记录	施工单位	●		●	
C5-5-17	自控系统调试记录	施工单位	●		●	
C5-5-18	自控设备单台安装记录	施工单位	●		●	
C5-5-19	污水处理工艺系统调试记录	施工单位	●		●	
C5-5-20	污泥消化工艺系统调试记录	施工单位	●		●	
C5-6	电气安装工程施工记录	施工单位				
C5-6-1	电缆敷设检查记录	施工单位	●		●	
C5-6-2	电气照明装置安装检查记录	施工单位	●		●	
C5-6-3	电线(缆)钢导管安装检查记录	施工单位	●		●	
C5-6-4	成套开关柜(盘)安装检查记录	施工单位	●		●	
C5-6-5	盘、柜安装及二次接线检查记录	施工单位	●		●	
C5-6-6	避雷装置安装检查记录	施工单位	●		●	
C5-6-8	电机安装检查记录	施工单位	●		●	
C5-6-9	变压器安装检查记录	施工单位	●		●	
C5-6-10	高压隔离开关、负荷开关及熔断器安装检查记录	施工单位	●		●	
C5-6-12	厂区供水设备、供电系统调试记录表式	施工单位	●		●	
C6	施工试验记录					
C6-1	施工试验记录(通用)	施工单位	●		●	
C6-2	基础/主体结构工程通用施工试验记录	质量检测机构	●		●	
C6-2-1	土壤(无机料)最大干密度与最佳含水量试验报告	质量检测机构	●		●	
C6-2-2	土壤压实度试验记录(环刀法)	质量检测机构	●		●	
C6-2-3	砌筑砂浆抗压强度试验报告	质量检测机构	●		●	
C6-2-4	混凝土抗压强度试验报告	质量检测机构	●		●	
C6-2-5	混凝土抗折强度试验报告	质量检测机构	●		●	
C6-2-7	混凝土抗渗试验报告	质量检测机构	●		●	
C6-2-8	混凝土抗冻试验报告	质量检测机构	●		●	●
C6-2-9	砌筑砂浆试块强度统计、评定记录	质量检测机构	●		●	●
C6-2-10	钢筋连接试验报告	质量检测机构	●		●	●

续表

类别编号	资　料　名　称	资料来源	保存单位			
			施工单位	监理单位	建设单位	城建档案馆
C6-4	管道工程试验记录					
C6-4-1	给水管道水压试验记录	施工单位	●		●	●
C6-4-2	给水、供热管网冲洗记录	施工单位	●		●	
C6-4-12	阴极保护系统验收测试记录	施工单位	●		●	●
C6-4-13	污水管道闭水试验记录	施工单位	●		●	●
C6-5	厂站工程试验记录					
C6-5-1	调试记录(通用)	施工单位	●		●	●
C6-5-2	设备单机试运行记录(通用)	施工单位	●		●	●
C6-5-3	设备强度/严密性试验记录	施工单位	●		●	●
C6-5-5	设备负荷联动(系统)试运行记录	施工单位	●		●	●
C6-5-6	安全阀调试记录	施工单位	●		●	
C6-5-7	水池满水试验记录	施工单位	●		●	●
C6-5-8	消化池气密性试验记录	施工单位	●		●	●
C6-5-9	曝气均匀性试验记录	施工单位	●		●	●
C6-5-10	防水工程试水记录	施工单位	●		●	
C6-6	电气工程施工试验记录	施工单位				
C6-6-1	电气绝缘电阻测试记录	施工单位	●		●	●
C6-6-2	电气照明全负荷试运行记录	施工单位	●		●	●
C6-6-3	电机试运行记录	施工单位	●		●	●
C6-6-4	电气接地装置检查/测试记录	施工单位	●		●	●
C6-6-5	变压器试运行检查记录	施工单位	●		●	●
C7	施工验收资料					
C7-1	基础/主体结构工程验收记录	建设(监理)、施工单位	●	●	●	●
C7-2	部位验收记录(通用)	建设(监理)、施工单位	●	●	●	●
C7-3	工程竣工验收鉴定书	建设(监理)、施工单位	●	●	●	●
C7-4	工程竣工报告	建设(监理)、施工单位	●	●	●	●
C7-5	竣工测量委托书	建设(监理)、施工单位	●			
C7-6	竣工测量报告	竣工测量单位	●		●	●
C8	质量评定资料					
C8-1	单位工程质量评定表	施工单位	●		●	●
C8-2	工程部位质量评定表	施工单位	●		●	
C8-3	工序质量评定表	施工单位	●		●	
D类	竣工图					
E类	工程资料、档案					
E1-2	工程资料总目录表	施工单位	●		●	

续表

类别编号	资料名称	资料来源	保存单位			
			施工单位	监理单位	建设单位	城建档案馆
E2	工程资料封面和目录及备考	施工单位				
E2-3	工程资料卷内备考表	施工单位	●	●	●	
E4-1	工程资料移交书	施工单位			●	
E4-2	城市建设档案移交书	施工单位			●	●
E4-4	城市建设档案移交目录	施工单位			●	●

10.2.2 工程内业资料检查和验收

1. 工程内业资料是施工过程中所形成的原始记录，包括文字记录、表格、图和音像等。内业资料成果应由施工单位技术负责人和法人代表签字并加盖单位公章。

2. 监理工程师在工程完工以后，应督促施工单位及时汇集、整理内业资料。在施工单位完成内业资料的整理工作以后，必须对其进行检查验收。只有在内业资料检查验收合格之后，方可向建设单位申请竣工验收。

3. 工程内业资料进行检查验收要求（表10-37）

表 10-37

检查内容	基本要求
施工组织设计	施工组织设计必须经上一级技术负责人或建设单位(监理单位)进行审批方为有效(检查施工组织设计审批表)，如有工艺变动和施工措施较大变动时，应有变动审批手续
图纸会审、技术交底记录	(1) 工程开工前必须组织图纸会审，由施工单位的技术负责人组织施工技术人员对施工图进行全面学习、审核并作图纸会审记录； (2) 技术交底包括设计交底、施工组织设计交底、工序施工技术交底，各种交底应有文字记录，交底双方应有签认手续
原材料、半成品、成品出厂质量证明和试(检)验报告	原材料、半成品和成品的质量必须合格，并应有出厂质量合格证明或试验单。需采取技术处理措施的，应满足有规范、标准、规定，并须经有关技术负责人批准后(有批准手续)方可使用
施工试验报告	施工试验报告是施工过程中施工单位为检验施工质量所必须进行的试验工作的记录和结论。各种试验均应采用同一的表格进行记录、报告和统一的方法进行整理、保存。所有试验的频率应符合规范、规程和标准的要求。施工试验报告的内容包括： (1)压实度资料；(2)水泥混凝土抗压强度试验资料；(3)砂浆试块强度试验资料；(4)钢筋焊接试验资料；(5)钢管及其他设备、容器焊接试验资料
施工记录	施工单位应有完整的施工原始记录，包括：(1)地基与基槽验收记录；(2)桩基记录；(3)结构吊装施工记录；(4)现场施加预应力记录；(5)沉井下沉观测记录；(6)混凝土浇筑记录；(7)箱涵顶进记录；(8)厂、站设备安装记录；(9)沉降观测记录；(10)冬季施工测温记录；(11)质量事故报告及处理记录

续表

检查内容	基本要求
测量复核及预检记录	(1) 构筑物(给水排水管道、水池、泵房、井位等)位置线、现场标准水准点应有施工现场专项技术负责人签署的测量复核原始记录 (2) 基础尺寸线包括基面轴线、断面尺寸、标高(槽底标高、垫层标高),应有测量复核原始记录 (3) 主要结构的模板应做预检记录 (4) 构筑物下部结构的轴线及高程、上部结构安装前对支座位置、高程、规格等均应做预检记录
隐蔽工程验收记录	隐蔽工程验收应在工程项目隐蔽前进行。检查意见应具体,检查手续应及时办理,不得后补。如在隐蔽工程验收时提出复验的,应有复验人作出的结论
工程质量检验评定资料	标准使用准确,检查项目、实测项目填写齐全,签字手续完备。部位质量评定表应由施工主要技术负责人签字
使用功能试验记录	使用功能试验须邀请建设单位、设计单位、设施管理单位参加,试验工作按有关标准执行。试验记录应有参加试验各方签字,手续完备。使用功能试验项目包括:(1)污水管道闭水试验;(2)水池满水试验;(3)消化池气密性试验;(4)其他有设计规定的试验报告
设计变更洽商记录	设计变更、洽商记录内容要求明确,必要时应附图并且按先后顺序编号
竣工图	(1) 凡在施工中,按图施工没有变更的,在新的原施工图上加盖"竣工图"标志后,可作为竣工图 (2) 无大变更的,将修改内容如实地绘改在蓝图上 (3) 凡结构形式变更、工艺变更、平面布置变更、项目变更以及其他重大变更,或不宜在原施工图上修改补充表示清楚的,应重新绘制竣工图,并将原设计图附上 (4) 编制竣工图必须采用不褪色的绘图墨水

4. 工程竣工验收的资料

施工单位在工程完工后,对工程质量进行了全面检查,确认工程质量符合质量标准和设计文件的规定时,应提出工程竣工报告,建设单位确认已具备竣工验收条件,申领《建设工程竣工验收备案表》及《建设工程竣工验收报告》,进行竣工验收。其记录要求如下:

(1) 基础/主体结构工程验收记录要求

基础/主体结构工程验收由监理(建设)单位组织施工、管理和设计单位进行,同时通知质量监督机构。基础/主体结构工程可整体进行验收,也可分阶段验收。由施工单位填写《基础/主体结构工程验收记录表》,经各参加验收单位签字盖章后存档,并报建设工程质量监督机构。

(2) 部位验收通用记录

在部位工程或配套专业系统工程完成后,监理(建设)单位组织设计单位、施工单位等进行工程验收,并通知质量监督机构。由施工单位填写《部位验收记录(通用)》,须有各参加验收单位签字盖章。设备安装验收亦采用本表。

(3) 工程竣工验收鉴定

单位工程各工序、部位、设备安装完成后，由建设单位组织监理单位、勘察单位、设计单位、施工单位对单位工程进行总体验收并作出鉴定，工程竣工验收应书面通知质量监督机构派人员参加。建设单位填写《工程竣工验收鉴定书》，参加验收的人员及项目负责人必须签字并加盖单位公章。

(4) 工程竣工报告（施工总结）

施工单位编写工程竣工报告（施工总结），主要内容包括：

1）工程概况：工程名称，工程地址，工程结构类型及特点，主要工程量，建设、勘察、设计、监理、施工（含分包）单位名称，施工单位项目经理、技术负责人、质量管理负责人等情况；

2）工程施工过程：开工、完工日期，主要/重点施工过程的简要描述；

3）合同及设计约定施工项目的完成情况；

4）工程质量自检情况，评定工程质量采用的标准，自评的工程质量结果（对施工主要环节质量的检查结果，有关检测项目的检测情况、质量检测结果，功能性试验结果，施工技术资料和施工管理资料情况）；

5）主要设备调试情况；

6）其他需说明的事项：有无甩项，有无质量遗留问题，需说明的其他问题，建设行政主管部门及其委托的工程质量监督机构等有关部门责令整改问题的整改情况；

7）质量自检，工程是否具备竣工验收条件

项目经理、单位负责人签字，单位盖公章，填写报告日期，有监理的工程还应由总监理工程师签署意见并签字。

(5) 竣工测量委托书、竣工测量报告

由施工单位填写《竣工测量委托书》，委托具有北京市相应测量资质的单位对工程完成情况进行竣工测量并记录、编制《竣工测量报告》，竣工测量资料及附图并应编绘在竣工图上。

(6) 单位工程质量控制资料核查

单位工程各工序、部位、设备安装完成后，由施工单位对资料进行核查并填写《单位工程质量控制资料核查表》。在单位工程完工后，由监理（建设）单位对单位工程的质量控制资料和安全及使用功能试验资料进行核查。施工单位应据实填报本表，并提供本表所列核查项目的各种资料，经监理（建设）单位核查签认合格后，方可进行单位工程竣工验收。

5. 测量复核记录

测量复核记录指施工前对施工测量放线的复测，应填写《测量复核记录》。

(1) 构筑物（各种管道、水池等）位置线、水准点。

(2) 基础尺寸线，包括基础轴线、断面尺寸、标高（槽底标高、垫层标高等）。

(3) 主要结构的模板，包括几何尺寸、轴线、标高、预埋件位置等。

(4) 构筑物下部结构的轴线及高程，上部结构安装前的支座位置及高程等。

(5) 沉降观测记录：按规范和设计要求设置沉降观测点，定期进行观测并作记录、绘制观测布置图，沉降观测单位应提供真实有效的《沉降观测记录》。

6. 施工总结的内容

（1）工程概况及主要完成（实物）工作量。

（2）施工过程中发生的质量问题（或事故）、相应的处理措施、遗留问题、对工程质量的影响。

（3）变更设计情况及原因说明。

（4）四新技术（新工艺、新技术、新材料、新设备）在工程中的应用情况及对工程质量的影响。

（5）主要工序的质量控制措施及自检结果。

（6）工程质量总体评价、自评分值及质量等级。

10.2.3　施工资料

1. 施工管理资料

（1）工程概况表。

（2）项目大事记

主要内容：开、竣工日期，停、复工日期，中间验收及关键部位的验收日期，质量、安全事故，获得的荣誉，重要会议，分包工程招投标、合同签署，上级及专业部门检查、批示等情况的简述。

（3）施工日志

施工日志内容：生产情况记录。包括施工的调度、存在问题及处理情况，安全生产和文明施工活动及存在问题等，技术质量工作记录，技术质量活动、存在问题、处理情况等。从工程开始施工起，至工程竣工验收合格止，由项目负责人或指派专人逐日记载，记载内容须保持连续和完整。

（4）工程质量事故资料

凡工程发生重大质量事故，施工单位应填写《工程质量事故记录》。建设、监理单位应及时组织质量事故的调查，并填写《工程质量事故调（勘）察记录》。施工单位应及时进行处理，填写《工程质量事故处理记录》，并呈报调查组核查。

表中预计经济损失和经济损失是指因质量事故进行返工、加固等实际损失的金额，包括人工费、材料费、机械费和一定数额的管理费。事故情况，包括倒塌情况（整体倒塌或局部倒塌的部位）、损失情况（伤亡人数、损失程度、倒塌面积等）；事故原因包括设计原因（计算错误构造不合理等）、施工原因（施工粗制滥造，材料、预制构配件或设备质量低劣等）以及不可抗力等。处理意见包括现场处理情况、设计和施工的技术措施、对主要责任人的处理结果。

2. 施工技术文件

（1）施工组织设计（项目管理规划）及审批

施工组织设计是指导施工生产的技术性文件。单位工程施工组织设计应在施工前编制，并应依据施工组织设计编制部位、阶段和专项施工方案，同时填写《施工组织设计审批表》，并经施工单位有关部门会签，施工单位盖章。经监理部门提出审核意见，由监理单位技术负责人进行审批。

（2）安全交底记录。

10.2.4　质量评定资料

1. 单位工程质量评定表。

2. 工程部位（分部）质量评定表。

3. 工序（分部）质量评定表。

4. 设计评价意见的内容

(1) 工程主要设计指标值及采用的设计标准。

(2) 设计变更和变更设计情况及对原设计功能目标的影响。

(3) 设计出图及工地服务情况。

(4) 对工程总体质量及是否达到设计目标的评价。

5. 建设单位工程评定结论的内容

(1) 工程概况与主要实物工作量。

(2) 工程主要参建单位（设计、施工、监理）。

(3) 工程起讫日期。

(4) 工程实施过程简况。

(5) 工程质量总体评价及上报质量等级。

第 11 章　给水排水施工招投标监理

11.1　施工招投标阶段建设监理工作

11.1.1　一般规定

给水排水工程招投标依据的法律、法令和管理办法（以北京为例）：

(1)《中华人民共和国建筑法》

(2)《中华人民共和国招标投标法》

(3)《中华人民共和国合同法》

(4)《中华人民共和国反不正当竞争法》

(5)《中华人民共和国担保法》

(6)《建设工程质量管理条例》(国务院令第 279 号)

(7)《建筑企业资质管理的规定》

(8)《世界银行贷款项目国内竞争招标采购指南》

(9)《机电产品国际招标投标实施办法》

(10)《北京市建筑市场管理条例》(北京市人民政府令第 89 号)

(11)《北京市工程建设项目招标范围和规模标准规定》

(12)《房屋建筑和市政基础设施工程施工招标投标管理办法》(建设部令第 89 号)

(13)《评标委员会和评标办法暂行规定》(国家计委、建设部等七部委第 12 号令)

(14)《工程建设项目招标范围和规模标准规定》(国家计委第 3 号)

(15)《关于健全和规范有形建筑市场的若干意见》(国发办 [2002] 21 号).

(16)《北京市招标投标范例》(北京市人大常务委员会第 63 号公告)

(17)《关于印发北京市建设工程材料设备采购招标投标管理办法》(北京市建设委员会京建法 [2002] 630 号)

(18)《北京市建设工程施工现场管理办法》(北京市人民政府令第 72 号 [2001])

(19)《建筑工程施工发包与承包计价管理办法》(建设部令 107 号)

(20)《工程建设项目施工招标投标方法》(七部委第 30 号令 [2003])

(21)《评标专家和评标专家库管理暂行办法》(中华人民共和国国家发展计划委员会令第 29 号 [2003])

(22)《北京市建设工程招标投标监督管理规定》(北京市人民政府令第 122 号 [2003])

(23)《关于加强建设工程价款支付监督管理的若干规定》(北京市五委员会建经 [2003] 137 号)

(24)《市政公用事业特许经营管理办法》

11.1.2 给水排水工程建设项目招标投标的主要工作

1. 给水排水工程建设项目必须通过招标选择施工单位。

2. 工程施工招标投标活动，依法由招标单位负责。任何单位和个人不得以任何方式非法干涉工程施工招标投标活动。施工招标投标活动不受地区或部门的限制。

3. 各级部门依照《国务院办公厅印发国务院有关部门实施招标投标活动行政监督的职责分工意见的通知》（国办发［2000］34 号）和各地规定的职责分工，对工程施工招标投标活动实施监督，依法查处工程施工招标投标活动中的违法行为。

4. 工程施工招标单位是依法提出施工招标项目、进行招标的法人或者其他组织。招标代理机构可以在其资格等级范围内承担下列招标事宜：

（1）拟订招标方案，编制和出售招标文件、资格预审文件。

（2）审查投标单位资格。

（3）编制标底。

（4）组织投标单位勘查现场。

（5）组织开标、评标，协助招标单位定标。

（6）草拟合同。

（7）招标单位委托的其他事项。

5. 依法必须招标的工程建设项目，应当具备下列条件才能进行施工招标：

（1）招标单位已经依法成立。

（2）初步设计及概算应当履行审批手续的，已经批准。

（3）招标范围、招标方式和招标组织形式等应当履行核准手续的，已经核准。

（4）有相应资金或资金来源已经落实。

（5）有招标所需的设计图纸及技术资料。

6. 公开招标和邀请招标。

（1）招标的工程建设项目，按审批管理规定，招标单位必须在报送的可行性研究报告中将招标范围、招标方式、招标组织形式等有关招标内容报项目审批部门核准。

（2）国家重点建设项目和地方重点建设项目，以及国有资金投资或者国有资金投资占控股或主导地位的工程建设项目，应当公开招标。有下列情形之一的，经批准可以进行邀请招标：

1）项目技术复杂或有特殊要求，只有少量几家潜在投标单位可供选择的；

2）受自然地域环境限制的；

3）拟公开招标的费用与项目的价值相比，不值得的。

（3）国家重点建设项目的邀请招标，应当经国务院发展计划部门批准。地方重点建设项目的邀请招标，应当经各省、自治区、直辖市人民政府批准。

（4）国有资金投资，或国有资金投资占控股或主导地位，并需要审批的工程建设项目的邀请招标，应当经项目审批部门审批立项，由有关行政监督部门批准。

7. 需要审批的工程建设项目，有下列情形之一的，可以不进行施工招标：

（1）施工主要技术采用特定的专利或者专有技术的。

（2）施工企业自建自用的工程，且该施工企业资质等级符合工程要求的。

（3）在建工程追加的附属小型工程或者主体加层工程，原中标单位仍具备承包能力的。

8. 不需要审批但依法必须招标的工程建设项目，有前款规定情形之一的，可以不进行施工招标。

9. 采用公开招标方式的，招标单位应当发布招标公告，邀请不特定的法人或者其他组织投标。依法必须发布施工招标项目招标公告，应当在国家指定的报刊和信息网络上发布。采用邀请招标方式的，招标单位应当向三家以上具备承担施工招标项目的能力、资信良好的特定法人或其他组织发出投标邀请书。招标公告或者投标邀请书应当至少载明下列内容：

(1) 招标单位的名称和地址。

(2) 招标给水排水工程建设项目的内容、规模、资金来源。

(3) 招标给水排水工程建设项目的实施地点和工期。

(4) 获取招标文件或者资格预审文件的地点和时间。

(5) 对招标文件或者资格预审文件收取的费用。

(6) 对招标单位的资质等级的要求。

10. 招标单位应当按招标公告或者投标邀请书规定的时间、地点出售招标文件或资格预审文件，文件出售时间最短不得少于 5 个工作日。也可以通过信息网络或者其他媒介发布招标文件，具有同等法律效力，但出现不一致时以书面招标文件为准。招标单位应当保持书面招标文件原始正本的完好。

11. 对招标文件或资格预审文件的收费应当合理，不得以营利为目的。对于所附的设计文件，招标单位可以向投标单位酌情收取押金。对于开标后投标单位退还设计文件的，招标单位应当向投标单位退还押金。

12. 招标文件或者资格预审文件售出后，不予退还。招标单位在发布招标公告、发出投标邀请书后或售出招标文件或资格预审文件后，不得擅自终止招标。

11.2　施工招标工作监理

11.2.1　招标文件的编制

1. 招标文件编制的主要内容

(1) 编制合同条款

1) 合同文件必须明确建设单位、承包人、施工监理各自承担的义务、责任和享有的权利；

2) 一般按国际通用的 FIDIC 条款来操作；

3) 根据建设单位对工程建设的需要，可对通用条款进行修改和增删，作为专用条款写入施工承包合同中。

(2) 编制合同技术规范

1) 合同技术规范是施工招标文件的一个组成部分，它反映建设单位对工程质量方面的要求；

2) 编制技术规范要符合工程项目的质量目标。合同的技术规范，都应符合我国颁布的各面技术标准，外资项目也采用国外的技术标准；

3）合同技术规范必须全面、详细、准确。技术规范作为合同的一个部分，不能含糊不清，造成日后施工中产生争议，全面详细准确的合同技术规范，可给施工阶段的监理工作带来许多好处，对保证施工质量有决定性意义。

2. 招标文件编制的一般规定

（1）招标文件规定的各项技术标准应符合国家强制性标准。招标文件中规定的各项技术标准均不得要求或标明某一特定的专利、设计、原产地或生产供应者，不得含有倾向或者排斥投标单位的内容。

（2）给水排水工程建设施工招标项目需要划分标段、确定工期的，招标单位应当合理划分标段、确定工期，并在招标文件中载明。对工程技术上紧密相连、不可分割的单位工程不得分割标段。

（3）招标文件应当明确规定评标时除价格以外的所有评标因素，以及如何将这些因素量化或者据以进行评估。在评标过程中，不得改变招标文件中规定的评标标准、方法和中标条件。

（4）招标文件应当规定一个适当的投标有效期，以保证招标单位有足够的时间完成评标和与中标单位签订合同。投标有效期从投标单位提交投标文件截止之日起计算。在原投标有效期结束前，出现特殊情况的，招标单位可以书面形式要求所有投标单位延长投标有效期。投标单位同意延长的，不得要求或被允许修改其投标文件的实质性内容，但应当相应延长其投标保证金的有效期。投标单位拒绝延长的，其投标失效，但投标单位有权收回其投标保证金。因延长投标有效期造成投标单位损失的，招标单位应当给予补偿。

（5）施工招标项目工期超过 12 个月的，招标文件中可以规定工程造价指数体系、价格调整因素和调整方法。

（6）招标单位应当确定编制投标文件所需要的合理时间。自招标文件开始发出之日起至投标单位提交投标文件截止之日止，最短不得少于 20 日。

（7）招标文件可以由建设单位自行编制，也可由建设单位委托具备相关资质的招标代理机构编制。

3. 招标文件内容：

（1）投标须知：

1）包括给水排水工程概况；

2）资金来源及到位情况；

3）现场开工条件；

4）招标方式；

5）投标人数量；

6）投标单位资格条件；

7）联合体投标要求（如有时），招标范围，合同形式，计划开竣工日期（分别说明定额工期和计划工期）；

8）质量标准；

9）招标文件组成；

10）招标文件答疑及补充招标文件；

11）开标的时间和地点；

12）计量依据和计价原则；

13）工程量清单的缺、漏、错项修正办法；

14）对投标文件的要求；

15）投标文件封装要求和标准；

16）废标条件；

17）错误修正；

18）投标担保的方式和额度；

19）投标文件的有效期；

20）评标办法；

21）招标结果和中标通知书；

22）合同文本；

23）其他特别规定。

（2）协议书。应提供合同中协议书的格式。

（3）合同条款。包括合同通用条款和专用条款两部分，选用示范合同文本的，应根据所选用的文本类别、版本，通过专用条款对合同文本中的通用条款进行补充和修订，招标单位也可以自行拟定合同条款。

（4）技术条款工程规范和技术说明。包括关于工程施工的一般要求，国家现行的设计和施工验收规范、规程和标准，国家强制性标准，设计要求，任何特别要求，任何国外标准及优先适用原则。

（5）工程量清单。全部使用国有资金或以国有投资为主的大中型建设工程，应以《建设工程工程量清单计价规范》为依据，包括工程量计算规则及子目工作内容和要求。项目编码应严格按规范执行。

（6）图纸。包括图纸清单及全套图纸。

（7）附件。包括投标书及附件格式、各类保函格式、中标通知书及其附件格式、其他招标活动或签订合同需要的各类文件格式。

（8）投标文件格式，评标标准和方法。

4. 踏勘项目现场

（1）根据招标项目的具体情况，可以组织投标单位勘查给水排水工程建设项目现场，向其介绍工程场地和相关环境的有关情况。

（2）招标单位不得单独或者分别组织任何一个投标单位进行现场勘查。

（3）对于招标文件和现场勘查中提出的疑问，招标单位可以书面形式或召开投标预备会的方式解答，但需同时将解答以书面方式通知所有购买招标文件的潜在投标单位。该解答的内容为招标文件的组成部分。

11.2.2 招标文件样例

第一部分 投 标 邀 请

福建××有限公司就本公司现有污水处理场挖潜扩建工程的污水处理技术方案（含对已有污水处理场的挖潜改造及生产装置挖潜扩建新增的污水处理）工程设计、设备、材料采购及施工、安装调试进行全过程总承包招标，邀请合格的投标人进行密封投标。

1. 招标编号：MZ22D-2004-01

2. 招标内容及要求（详见招标文件第三部分）

3. 投标截止时间：投标人应于2004年×月××日18：00前将投标文件密封递送至福建××有限公司二楼总工室，逾期送达的投标文件将不予接受。

4. 开标时间、地点：于2004年×月××日上午福建××有限公司三楼会议室。

5. 凡对本次招标提出询问，请以传真形式与福建××有限公司总工室招标小组联系。

第二部分　投 标 须 知

投标须知前附表

序号	内　　容	编　制　内　容
1	工程名称	福建××有限公司污水处理挖潜扩建工程
2	建设地点	福建××有限公司污水处理场
3	招标方式	邀请招标
4	招标范围	污水处理挖潜改造扩建工程工艺技术方案、工程设计、设备材料选择与采购、工程施工、安装、调试及投料试车(乙方指导)、竣工验收
5	建设规模	化工装置由产品Ⅰ、产品Ⅱ的基础上挖潜扩建产品Ⅰ、产品Ⅱ的污水处理
6	工期要求	××个工作日
7	排放水质要求	达国家《污水综合排放标准》(GB 8978—1996)表2中一级排放标准限值
8	工程质量要求	合格以上
9	投标文件份数	正本1份　副本3份
10	采用的合同价格方式	按中标价一次性包干
11	投标保证金	人民币伍拾万元整
12	投标有效期	投标截止期后30天
13	评标方法	综合评议

招标工作时间计划

序号	内　容	时　　间	备　　注
12	发标	2004年×月××日	由招标小组传真发标
13	现场勘察		现场勘察，被邀请单位在此之前来公司勘察过，不另行安排或投标人自行安排
14	招标答疑	2004年×月××日～×月××日	以传真形式投标人自行安排，招标小组统一答复
15	投标截止时间	2004年×月××日18：00	详见邀请函“投标截止时间”
16	开标、评标会议	开标：2004年×月××日上午	地点：福建××有限公司三楼会议室。评标采用综合评议

注：以上时间均为北京时间。

一、总则

1. 适用范围

本招标文件仅适用于本须知前附表中所述项目。

2. 投标人的资格要求

2.1　只有被福建××有限公司招标小组邀请的投标人，才允许对工程进行投标。

2.2　投标人应符合国家环保局环保产业有关规定，并已登记批准有关承包资质乙级（或二级）以上（含乙级或二级，或专项工程设计资质乙级以上（含乙级）并具有同等施工资质）的单位，且应具有独立的法人代表资格，资格证件应复印作为投标附件。

2.3　每个投标人只能设计一个投标方案并报该方案的标价。

2.4　投标人必须按本文件要求，编制和递交投标文件，不符合要求的，按废标处理。

3. 投标费用

投标人应承担其编制投标文件与递交投标文件所涉及的一切费用。在任何情况下，福建××有限公司招标小组（招标单位）对上述费用均不负任何责任。

4. 现场考察

投标人应对工程现场及其周围环境进行考察和检查，以获得有关编制投标文件和签署实施工程总承包合同所需的各项资料。投标人应承担现场考察的责任和风险，现场考察的费用由投标人自己承担。

二、招标文件

5. 招标文件的内容及组成

5.1　招标文件除以下内容外，招标人在招标期发出的有效答疑纪要和其他有效补充修改函件（即按本须知第7条发出的补充通知）均是招标文件的组成部分，对投标人起约束作用。

招标文件包括以下内容：

（1）投标邀请

（2）投标须知

（3）工程范围、要求及合同协议条款

（4）原有污水处理工艺示意图、工艺简述、构筑物和设备说明、生产装置、污染源情况表及原总平面布置图

（5）投标文件格式

（6）评标定标办法

（7）招标文件的附件

5.2　投标人接到招标文件后，对招标文件所有内容、份（页）数等方面应认真核对，如有缺漏或其他方面问题应在接到招标文件2日内向招标人提出澄清更正，否则由此引起的投标损失自负。投标人同时应认真审阅招标文件所有的内容，如果投标人的投标文件不能符合文件的要求，责任由投标人自负。

6. 招标文件的澄清

要求澄清招标文件的投标人应以书面（“书面”包括书写、打印、印刷，也包括传真和电子邮件，本文件下同）形式按招标文件中的地址通知招标方，招标方将对其在投标截止期5天前收到的要求澄清的问题予以答复，在认为有必要时招标方的答复将发给所有被

邀请的投标人（包括对要求澄清问题的说明，但不指明问题的来源）。

7. 招标文件的修正

7.1 招标文件发出后，如确需变更的，招标人将以补充通知的方式修改招标文件，并在规定时间前书面或传真通知各投标人。

7.2 如果时间来不及，或为使投标人在编制投标文件时把修改补充通知内容考虑进去，招标人可根据《招投标法》的规定酌情延长递交投标文件的截止日期，具体时间将在修改补充通知中写明。

7.3 据此发出的补充通知将构成招标文件的一部分。该补充通知将以书面或传真方式通知投标人，投标人应以书面或传真方式通知招标方确认收到每一份补充通知。

三、投标文件的编制

8. 投标文件的语言及度量衡单位

8.1 招标人与投标人之间与报价有关的所有往来通知、函件和投标文件均应用中文。

8.2 除技术规范另有规定外，投标文件使用的度量衡单位均采用中华人民共和国法定计量单位。

9. 投标文件的组成

投标人所递交的投标文件应包括以下内容（按招标文件提供格式）

（1）投标书

（2）投标书附录

（3）污水处理工艺技术方案的技术来源，并说明技术来源是否有知识产权问题。是否需要签订保密协议，若中标，其知识产权为甲乙双方共有。

（4）污水处理工艺技术方案（方案应针对性明确，表达对废水主体××废水的特性的处理方案），应包含“投标文件的评价和比较”中第22.3.1（1）要求和内容。

（5）设计方案设计方案应包含技术经济分析中的污水处理成本费用估算表，还应包含“投标文件的评价和比较”中第22.3.1（2）要求和内容。

（6）施工方案还应包含“投标文件的评价和比较”中第22.3.1（3）要求和内容。

（7）法人代表资格证明书和授权委托书

（8）投标辅助资料表

（9）低价投标报价说明（若有）

10. 投标报价说明

10.1 投标总报价应是招标文件所确定的招标范围内的全部工作内容的价格体现。

10.2 建筑安装工程报价要求

10.2.1 投标单位在报价中要报出综合单价。并执行《全国统一安装工程预算定额福建省综合单价表》（2004版），《福建省建筑工程预算定额》（2004版）（施工用水、用电由承包方自行装表计量，按发包方规定的单价结算。水：1.00元/t；电：0.60元/(kW·h)。

10.2.2 按工程所在地《福建省建筑安装工程费用定额》（2004版）中建筑安装工程取费标准的相应取费类别计算的税前总造价降低率（优惠率）报价。

10.3 投标总报价应包含招标文件中规定的设备、材料采购、运输、保管等费用。

10.4 投标总报价应包含现行有关计税文件和招标文件中规定的其应计取的费用。

10.5　除非本招标文件中另有约定，招标总报价应包括施工设备、劳务、管理、材料、安装、维护、利润、税金、政策性调价、施工措施性费用、专用技术费用、设计费用、不可预见费用及合同包含的所有风险，即本工程设计、施工、安装所需的一切费用。

10.6　中标人必须加强劳动保险费、施工现场的安全和文明施工措施费用的使用管理，做到专款专用。

10.7　本工程采用固定价格（经确定后为不变固定价）包干的合同方式（总承包方式），各投标人报价时应综合考虑地区差价、日后政策性调整、市场价格浮动等因素造成的工程造价变动，在合同实施期间，上述原因不受市场价格变化及政策性的调整而增减。招投标按中标价签订合同，设计施工过程和竣工结算时不得调整。

10.8　投标报价（含单价、合计价、总价等）和支付所使用的货币全部采用人民币表示和支付。

10.9　投标报价有优惠的，必须体现在各个费用项目中，否则，投标文件视为实质上不响应招标文件要求。

11. 投标有效期

11.1　投标有效期为投标截止期后 30 天。

11.2　如果出现特殊情况，招标单位可要求投标人将投标有效期延长一段时间，这种要求和投标人的答复应以书面方式进行。投标人可以拒绝这种要求，提出延长时间段的新标价，以供延长时间段的综合评议用。

12. 投标保证金

12.1　投标人在递交投标文件前，应向招标单位福建××有限公司提交不少于本须知前附表第 11 项所规定金额的投标保证金，此保证金是投标文件的一个组成部分。

12.2　投标保证金可以是银行转账等形式，并以进入招标单位账户为准。未中标单位在招标工作完成后将其全额退还投标单位，中标单位保证金在支付第一次预付款时一并退还。

12.3　投标保证金的没收

12.3.1　投标人在投标有效期内撤回投标文件。

12.3.2　中标人未能在规定期限内签署合同或企图改变投标文件中的承诺。

13. 投标文件的格式和签署

13.1　投标人须编制由本须知第 9 条款规定内容组成的投标文件，一式四份，其中正本一份，副本三份，并相应地标明“正本”或“副本”。正本与副本如有不一致，则以正本为准。

13.2　投标文件应打印，并由法人代表签署。投标文件的修改处须经授权签署人签署，或加盖经投标文件签署人书面确认的核对章。

四、投标文件的密封和提交

14. 投标文件的密封与标志

14.1　投标人应将投标文件正本和全部副本分别密封在两个内层包封内，并一起密封在一个外层包封中，内层包封上正确标明“正本”或“副本”。

14.2　内层和外层包封上都应注明：

14.2.1 招标单位的名称和地址；

14.2.2 项目名称和招标文件编号；

14.2.3 开标日期和开标前不能启封的字样；

14.2.4 投标人的名称和地址。

14.3 内外层包封口均应加盖投标单位公章

15. 投标截止期

15.1 所有投标文件应在投标截止日期和时间前按投标邀请中第 3 条规定形式送达。

15.2 招标单位根据本须知第 7 条的规定，可以发出补充通知书，酌情延长递交投标文件的截止期限。在上述情况下，招标单位与投标人在原投标截止期方面的全部权力和义务，将适用于延长后新的投标截止期。

15.3 投标截止期后寄出的投标文件，招标小组将原封退还投标人。

16. 投标文件的修改和撤回

16.1 投标人可在投标截止期前，以书面形式修改或撤回投标文件，投标截止期前对投标价格的修改应附有相应细目的单价和合计价。

16.2 投标人的修改或撤回通知，应按本须知第 12 条和第 13 条的规定办理，并在内层和外层包封上标明“修改”或“撤回”字样。

16.3 在投标截止期后不得修改投标文件。

五、开标、评标

17. 开标（略）

18. 评标过程保密（略）

19. 投标文件的审查与响应性的确定

19.1 在详细评标之前，招标单位首先确定每份投标文件是否符合本须知的各项要求及是否实质上响应了招标文件的要求，不符合要求的投标文件将被拒绝。

19.2 实质上响应招标文件要求的投标文件，应与招标文件的所有规定、要求、条件、条款和规范相符，无显著差异和保留。所谓显著差异和保留是指对工程的发包范围、质量、标准及运用产生实质性影响，或者对合同中规定的建设单位的权力和投标单位的责任造成实质性限制。而纠正这种差异和保留，将对其他实质上响应要求的投标单位的竞争地位产生不公正的影响。

20. 投标文件的澄清

20.1 投标文件的澄清时间与地点：×月××日上午，于福建××有限公司三楼会议室。

20.2 在评标过程中，招标单位可随时要求某一投标人澄清期投标文件内容，投标人应采用书面形式予以答复，但该答复不能改变投标文件的实质性内容及投标价格（除第 20 条外）。

20.3 除本须知 19.1 条款规定外，开标以后至授予合同，任何投标人均不得就与其投标文件有关任何问题与评委发生联系，如需提交给评委其他资料，则以书面形式，并由评标委员会统一接待。

21. 错误的改正

21.1 招标单位将对实质上响应招标文件要求的投标文件进行校核，如发现有计算错误，改正原则如下：

（1）当用数字表示的数额和用文字表示的数额不一致时，以文字为准；

（2）当单价与总价不一致时，以单价为准，修改总价。

21.2　招标单位将按上述原则调整投标文件报价。在投标人同意后对投标人起约束作用。如果投标人不接受改正后的报价，则其投标文件将被拒绝。

22. 投标文件的评价与比较（略）

六、授予合同

23. 合同授予标准

招标人将把合同授予其投标文件实质上响应招标文件要求，同时按第 21 条规定选出的中标人。

24. 接受和拒绝任何或所有投标的权力

24.1　有下列情况之一，招标人有权取消投标人的中标资格，另选中标人或另行招标。

24.1.1　未按中标通知书规定的日期到指定地点签订合同。

24.1.2　要求更改已经双方确认的招、投标文件中的有关条款。

24.2　本工程实行从工艺技术方案至工程竣工验收全过程的总承包。总承包过程中不允许中标单位中途或中间某部分转包第三方，出现上述情况，甲方有权中止合同，并由乙方承担违约责任。造成的一切损失由乙方承担。

25. 中标通知

25.1　定标后，招标单位将以书面形式通知中标人，同时将中标结果通知其他投标人，但不说明理由。

25.2　在签署了合同后，该中标通知将构成合同的一部分。

26. 签订合同

26.1　中标人应按“中标通知书”中要求与建设单位签订合同。

26.2　招标文件、中标人的投标文件及其澄清文件等均为签订合同的依据，与合同具有同等法律效力。

第三部分　工程范围、要求及合同协议条款

合同协议条款内容结合工程实际情况依据国家及国家有关部、局颁发的有关规定的相关合同条款执行。

一、工程概况及综合说明

1. 建设单位：福建××有限公司

2. 工程名称：福建××有限公司污水处理挖潜扩建工程

3. 建设地点：福建××有限公司污水处理厂

4. 招标方式：邀请招标

5. 招标范围：对福建××有限公司现污水处理厂进行挖潜改造扩建，以满足公司近期发展对污水处理需求的工艺技术方案、工程设计、设备与材料的选择与采购、工程施工、安装、调试及投料试车（投料试车由乙方制定方案并指导实施）、竣工验收。

6. 工期要求：××个工作日（不含生物调试）

7. 日处理量：Q=××万 m^3/d

8. 排放标准：达到国家《污水综合排放标准》（GB 8978—1996）表 2 中一级排放标准限值。

9. 设备选用：应结合一次投资及长期运行成本的综合评价最优化原则进行选用。并尽量选用新型、安全、节能、防腐型、自动化程度较高产品。杜绝淘汰产品进入本工程。

10. 建设场地条件及状况详见附图

11. 对投标人要求

投标人应符合国家环保局环保产业有关规定并已登记批准具有总承包资质乙级（或二级）以上（含乙级或二级，或专项工程设计资质乙级以上（含乙级）并具有同等施工资质的单位），且应具有独立的法人代表资格。

二、工程承包范围

按招标单位提供的有关资料、图纸、招标有关图文纪要及招标界定范围实行总承包。除特殊说明外，如电气等，其界定范围均以进出污水处理厂红线为界，即不包含污水处理前的进水外管网及污水处理后的排海外管网。

三、工期

1. 开工日期。与招标单位（建设单位）签订合同生效之日为开工日期。

2. 工程竣工日期。从合同生效之日起，至工程施工的工程交接（完成试水运转）止生物调试、竣工验收不在本工期内。工程竣工日期不等于工程竣工验收日期，工程竣工验收应包含生物调试直至排放达标，经 72h 考核验收合格及专业部门和主管部门组织验收为准。

3. 工期。从开工日期至工程竣工日期的工期要求为××个工作日。

四、工程质量

工程质量要求达到合格以上，如工程质量达不到要求时，中标承包单位应确定补救方案并无条件实施修改，直到质量达到要求，其间所发生的费用由中标单位承担。

五、设备与材料供应

所有设备与材料（除招标文件确定为招标单位采购的以外）原则上由中标单位按招标文件要求采购，并保证品质符合要求，土建三材的采购应符合本工程所在地建委有关规定。采购有差异的应由建设单位认可，否则按违约处理。

六、付款方式

1. 预付款。预付款分两次支付，招标单位（建设单位）在签订合同后 7d 内向中标单位支付合同总价 10%技术预付款，工程设计经甲方组织专家审查合格后 7d 内再向中标单位支付合同总价 20%施工预付款。

2. 进度款。中标单位每月 25 日向招标单位（建设单位）申报该月进度，建设单位对所申报材料进行审核后按实支付进度款。当进度款支付达到合同总价的 90%时，停止付款。

3. 结算。项目竣工验收（至 72h 考核验收合格止）后，招标单位（建设单位）再付给中标单位除质保金外结算总价的剩余款项。

4. 质保金。本项目质保金为决算总造价的 5%，在保修期满经双方确认工程质量合格后 10d 内付清。

七、工程量的确认

招标单位与中标单位应根据招标文件、施工图纸、设施变更通知单及工程签证，按照国家或本地区的统一工程项目划分，统一计量单位和统一工程量计算规则进行实际完成工程量的计算，并加以确认。

八、合同价款的调整

1. 合同价款是经招标后确定的中标价，为不变固定价（不包括环保监测、投料试车和验收费用）。即合同订立后不得调整，工程竣工后不再进行审核或决算。

2. 合同外增加工程量经甲方代表审核同意后，合同价款可按实际调整。以乙方投标文件中的综合单价为调整费用的基准，调整部分的费用的优惠率同投标报价优惠率。

3. 乙方在上述情况发生后的一周内（5个工作日），将合同价款调整的原因、金额以书面形式通知甲方代表，甲方代表审批后将审批意见通知乙方。

九、地下障碍物和文物（略）

十、不可抗力（略）

十一、中标单位不准许中途更换项目经理及施工管理人员，不准许项目经理在施工期间脱岗。中途如需更换上述人员，中标单位应以书面形式征得建设单位的同意，否则如发生按违约处理。

十二、本工程建设甲方实行监理制

十三、挖潜扩建工程处理全厂废水污染源情况表（略）

十四、原污水处理工艺简述

1. ××工业废水的处理（略）

2. 生活污水的处理（略）

3. ××污水的处理（略）

十五、原污水处理主要构筑物与设备情况（略）

十六、原污水处理电气设备（略）

十七、原实验室主要设备（略）

十八、污水挖潜扩建电气设备选型要求设计范围、报价范围界定。

1. 电气设备选型

(1) 电机选用：绝缘等级F级，防护等级IP54，防腐等级F_1；

(2) 电缆选用：辐照交联电缆；

(3) 空开选用：CM_1或GM_1；

(4) 交流接触器选用：B系列；

(5) 热继电器选用：T系列；

(6) 照明灯具选用：防腐F_2；防护IP65；

(7) 钢管选用：镀锌管。

2. 设计范围

总承包电气至变压器（即利用原有变压器或更换原变压器或增加新变压器）。

3. 报价范围

总承包电气报价范围界定、电缆至配电屏止（配电屏、变压器只做设计，不作报价）。

十九、原污水处理仪表（略）

二十、污水挖潜扩建控制测量仪表设计水平

1. 不低于原有污水处理控制测量仪表设计水平。

2. 其他采用常规仪表检测，集中显示控制。仪表选型应保证测量参数准确，运行稳定、可靠。

3. 污水排海管道上的在线流量与分析仪表，甲方现已按所在地环保局要求选购，由乙方负责安装。

第四部分　投标文件格式

投标文件（编号：MZ22D-2004-01）

工程名称：福建××有限公司污水处理挖潜扩建工程

建设单位：福建××有限公司

招标单位：福建××有限公司

投标单位：（盖章）

法定代表人（或授权代理人）：（签字和盖章）

地　址：

电　话：

企业等级：

开户银行：

账　号：

电　话：

日期：　年　月　日

一、投标书

______________________（招标单位）：

1. 根据已收到的招标编号为______________的________工程的招标文件，我单位经考察现场和研究上述工程招标文件及其他有关文件后，我方愿以人民币__________元（¥__________万元）的总价，按招标文件的条件承包上述工程的技术方案、工程设计、材料设备采购、施工、安装调试、竣工和保修费用。

2. 一旦我方中标，我方保证承包工期在__________日历天内，工程质量达到__________标准。

3. 我方同意所递交投标文件在招标文件规定的投标有效期内有效，在此期间内我方的投标有可能中标，我方将受此约束。

4. 你方的中标通知书和本投标文件将构成约束我们双方的合同。

投标单位：（公章）

法定代表人或授权代理人：（盖章）

日期：　年　月　日

二、投标书附录

序号	项目名称	承诺内容
1	误期赔偿金额(何方原因引起误期,由该方负责)	1000 元/日历天 愈期违约金累计最多不超过合同总价 1%
2	工程质量未达到标准的赔偿费	工程总造价的　%
3	预付款金额　签订合同后 7 日历天支付 工程设计审查合格后 7 日历天支付	工程总造价的 10% 工程总造价的 20%
4	保修金金额(质保金)(保修期满后 10 日历天支付)	工程总造价的 5%
5	保修期(质保期)	一年
6	备注	

投标单位：(公章)

法定代表人或授权代理人：(盖章)

日期：　年　月　日

三、工艺技术方案、设计和施工组织方案（由各投标人按招标文件要求编制）

四、法定代表人资格证明书和授权委托书

1. 法定代表人资格证明书

单位名称：____________

地　　址：____________

姓名：________性别：________年龄：________职务：________

系____________的法定代表人。为技术方案、工程设计、施工、竣工和保修____________的工程，签署上述工程投标文件、进行合同谈判、签署合同和处理与之有关的一切事务。

投标单位：(盖章)

日期：　年　月　日

附：身份证复印件

2. 授权委托书

本授权委托声明：我________（姓名）系________（投标单位）的法定代表人，现授权委托____________（单位名称）的________（招标单位）的____________工程投标活动。代理人在____________过程中所签署的一切文件和处理与之有关的一切事务，我均予以承认。

代理人无转委托权。特此委托。

代理人：　　　　　性别：　　　　　年龄：

单位：　　　　　　部门：　　　　　职务：

投标单位：(公章)

法定代表人：（盖章）

委托代理人：（签字或盖章）

日期：　　年　月　日

附：法定代表人及代理人身份证复印件

五、投标辅助资料

1. 项目经理简历表

姓名		性别		年龄		学历	
职务		职称		认定等级			
参加工作时间		从事项目经理年限					

施工工程项目情况

建设单位	工程项目名称	建设规模	开、竣工日期	工程质量

附：项目经理身份证复印件及项目经理证复印件

2. 主要施工管理人员表

职位名称	姓　名	职　务	职　称	主要资历、经验及承担过的项目

日期：　年　月　日

3. 主要施工机械设备表

序号	机械(设备)名称	型号规格	数量	国别或产地	制造年份	定额功率(kW)	生产能力

日期：　年　月　日

4. 投标人业绩表（污水处理工程业绩）此由各投标人自行编制

11.3 编制标底

11.3.1 一般规定

1. 招标单位可根据项目特点决定是否编制标底。编制标底的，标底编制过程和标底必须保密。

2. 招标项目编制标底的，应根据批准的初步设计、投资概算，依据有关计价办法，参照有关工程定额，结合市场供求状况，综合考虑投资、工期和质量等方面的因素合理确定。

3. 标底由招标单位自行编制或委托中介机构编制。一个工程只能编制一个标底。任何单位和个人不得强制招标单位编制或报审标底，或干预其确定标底。

4. 招标项目可以不设标底，进行无标底招标。

11.3.2　编制标底的注意事项

1. 建设单位可根据招标文件决定是否设有标底，标底可用于招标单位评估招标的成果和方便其控制投资，防止哄抬标价和不正常竞争。根据招标法的规定，设有标底的，标底仅作评标时的参考。因此，不应用投标报价与标底比较的结果直接进行评分。

2. 如需编制标底，应执行当地招投标主管部门的规定

(1) 国有投资或以国有投资为主的工程项目的标底编制应依据招标文件的要求，用工程量清单及市场中各类材料、人工等的价格，综合考虑企业正常利润、管理费、税金等因素进行编制。

(2) 非国有投资工程项目的标底编制，原则上应根据招标方件、施工图及其他有关设计文件，按当地现行建筑安装工程概（预）算定额和取费办法进行编制，也可采取其他办法，如按单位面积造价编制，但需经招投标主管部门批准。

3. 鉴于标底在评标时的参考作用，为保证标底的准确性和公正性，一般情况下，建设单位不宜自行编制标底，而宜委托具有相关工程造价咨询或招标代理资质的单位编制。如监理合同中有约定，则总监理工程师应协助建设单位选择标底编制单位。

4. 在开标以前对标底内容应严格保密，不得泄露，否则对泄露责任者要严肃处理，直至负法律责任。

11.4　资格审查

11.4.1　一般规定

1. 招标单位可以要求投标单位提供文件，进行资格审查，资格审查分为资格预审和资格后审。资格预审是指在投标前资格审查，资格后审是开标后进行的资格审查。进行资格预审的，一般不再进行资格后审。

2. 采取资格预审的，招标单位可以发布资格预审公告。应当在资格预审文件中载明资格预审的条件、标准和方法。采取资格后审的，招标单位应当在招标文件中载明对投标单位资格要求的条件、标准和方法。

3. 经资格预审后，应当向资格预审合格的潜在投标单位发出资格预审合格通知书，告知获取招标文件的时间、地点和方法，并同时向资格预审不合格的潜在投标单位告知资格预审结果。

4. 资格审查条件：

(1) 具有独立订立合同的权利。

(2) 具有履行合同的能力，包括专业、技术资格和能力，资金、设备和其他物质设施状况，管理能力，经验、信誉和相应的从业人员。

(3) 没有处于被责令停业，投标资格被取消，财产被接管、冻结及破产状态。

(4) 在最近三年内没有骗取中标和严重违约及重大工程质量问题。

(5) 法律、行政法规规定的其他资格条件。

11.4.2　资格审查样例

中国××进出口（集团）有限公司：

1. 根据已收到的招标编号为：b0708-××04Q7412 的贵州省××市污水处理厂项目

项下成套设备（包括污水处理成套设备、自控设备二次设计的配套设备等）的供货及其相关技术服务的资格预审文件，经授权××作为代表，并以哈尔滨××环保有限公司、哈尔滨××工程有限公司的名义，同时基于对提供的资格预审文件进行阅读并充分理解，在此向你方提出参加本项目的资格预审申请。

2. 本函后附以下内容的文件和资料：

2.1 法人授权委托书。

2.2 有关确立申请人法律地位原始文件夹副本复印件（包括营业执照、资质等级证书等）。

2.3 申请人须提交近三年完成的5万t/日及以上与本工程相似的项目业绩证明文件，并附每个项目合同复印件及联系电话。申请人须提交至少完成2个污水处理厂的成套设备的供货业绩、相关设备调试的证明文件。申请人须提交有关证明文件，以证实其具有污水处理厂自动控制系统配套设计和软件开发的能力。

2.4 申请人须提交通过 ISO 9001：2000 质量体系认证及3C电气强制认证的有关证书的复印件。

2.5 申请人须提交省级以上环保部门颁发的环境污染（污水）治理甲级资质证书及其环保方面相关资质证书的复印件。

2.6 申请人须提交近两年的财务报表和相联系的审计报告，并如实说明是否处在财产被接管、破产或其他关、停、并、转状态。

2.7 申请人须提交针对本项目现场服务的书面建议和方案。

2.8 申请人须提交令招标人满意的管理和执行本项目的有关人员的情况简介，并附上相关职称证明和技术证明文件的复印件。

2.9 申请人须提交其具备自营进出口资格的证明文件或联营窗口协议。

2.10 申请人须提交具有依法缴纳税收和社会保障资金良好记录的有关证明文件。

2.11 申请人须提交在参加本次招标活动之前的两年之内的所有经营活动没有重大违法记录的相关证明文件。

2.12 如果申请人是联合体，须提交联合体各方的独立法人资格证书、联营协议，联合体不得超过三家的证明文件，联合体必须满足本资格预审文件中所规定的对投标人的资格要求和条件的证明文件。组成联合体的所有各方必须分别提交本资格预审文件中第二部分“资格预审须知”中第4.10、4.11条款规定的证明文件。

3. 资格预审申请书：

3.1 资格预审合格申请人的投标，须以递交的资格预审申请书中的资料得到证实为前提。

3.2 你方保留如下权力：

3.2.1 更改本招标项目的规模和金额，在这种情况下，招标公告仅面向资格预审合格且满足变更后要求的申请人。

3.2.2 废除或接受任何资格预审申请，取消资格预审、资格预审结果及废除全部资格预审申请。

3.3 你方将不对上述3.2款行为承担任何责任。

4. 我们确认如果我方通过资格预审，将保证参加本项目的投标活动。

11.5 投　标

11.5.1　一般规定

1. 投标单位是响应招标、参加投标竞争的法人或者其他组织。任何不具独立法人资格的附属机构，或者为招标项目的前期准备或者监理工作提供设计、咨询服务的任何法人及其任何附属机构，都无资格参加该招标项目的投标。

2. 投标单位应当按照招标文件的要求编制投标文件。投标文件应当对招标文件提出的实质性要求和条件作出响应。

3. 投标文件一般包括下列内容：

(1) 投标函

(2) 投标报价

(3) 施工组织设计

(4) 商务和技术偏差表

4. 投标保证金

(1) 招标单位可以在招标文件中要求投标单位提交投标保证金。投标保证金除现金外，可以是银行出具的银行保函、保兑支票、银行汇票或现金支票。

(2) 投标保证金一般不得超过投标总价的 2%，但最高不得超过 80 万元人民币。投标保证金有效期应当超出投标有效期 30 天。

(3) 投标单位应当按照招标文件要求的方式和金额，将投标保证金随投标文件提交给招标单位。

(4) 投标单位不按招标文件要求提交投标保证金的，该投标文件将被拒绝，作废标处理。

11.5.2　投标要点

1. 投标提交

(1) 投标单位应当在招标文件要求提交投标文件的截止时间前，将投标文件密封送达投标地点。招标单位收到投标文件后，应当向投标单位出具标明签收单位和签收时间的凭证，在开标前任何单位和个人不得开启投标文件。

(2) 在招标文件要求提交投标文件的截止时间后送达的投标文件，为无效的投标文件，招标单位应当拒收。

(3) 投标单位在招标文件要求提交投标文件的截止时间前，可以补充、修改、替代或者撤回已提交的投标文件，并书面通知招标单位。补充、修改的内容为投标文件的组成部分。

(4) 在提交投标文件截止时间后，到招标文件规定的投标有效期终止之前，投标单位不得补充、修改、替代或者撤回其投标文件。投标单位补充、修改、替代投标文件的，招标单位不予接受。投标单位撤回投标文件的，其投标保证金将被没收。

(5) 在开标前，招标单位应妥善保管好已接收的投标文件、修改或撤回通知、备选投标方案等投标资料。

2. 提交投标文件的投标单位少于 3 个的，招标单位应当依法重新招标。重新招标后投标单位仍少于3个的，属于必须审批的工程建设项目，报经原审批部门批准后可以不再进行招标，其他工程建设项目，招标单位可自行决定不再进行招标。

3. 联合体投标

（1）两个以上法人或者其他组织可以组成一个联合体，以一个投标单位的身份共同投标。联合体各方签订共同投标协议后，不得再以自己名义单独投标，也不得组成新的联合体或参加其他联合体在同一项目中投标。

（2）联合体参加资格预审并获通过的，其组成的任何变化都必须在提交投标文件截止之日前征得招标单位的同意。如果变化后的联合体削弱了竞争，含有事先未经过资格预审或者资格预审不合格的法人或者其他组织，或者使联合体的资质降到资格预审文件中规定的最低标准以下，招标单位有权拒绝。

（3）联合体各方必须指定牵头单位，授权其代表所有联合体成员负责投标和合同实施阶段的主办、协调工作，并应当向招标单位提交由所有联合体成员法定代表人签署的授权书。

（4）联合体投标的，应当以联合体各方或联合体中牵头单位的名义提交投标保证金。以联合体中牵头单位名义提交的投标保证金，对联合体各成员具有约束力。

11.5.3 违规与处罚

1. 投标单位串通投标报价：

（1）投标单位之间相互约定抬高或压低投标报价。

（2）投标单位之间相互约定，在招标项目中分别以高、中、低价位报价。

（3）投标单位之间先进行内部竞价，内定中标单位，然后再参加投标。

（4）投标单位之间其他串通投标报价的行为。

2. 招标单位与投标单位串通投标：

（1）招标单位在开标前开启招标文件，并将投标情况告知其他投标单位，或者协助投标单位撤换投标文件，更改报价。

（2）招标单位向投标单位泄露标底。

（3）招标单位与投标单位商定，投标时压低或抬高标价，中标后再给投标单位或招标单位额外补偿。

（4）招标单位预先内定中标单位。

（5）投标单位不得挂名其他施工单位，或从其他单位通过转让或租借的方式获取资格或资质证书，或由其他单位及其法定代表人在自己编制的投标文件上加盖印章和签字等行为。

11.6 开标、评标和定标

11.6.1 开标

1. 开标应当在招标文件确定的提交投标文件截止时间的同一时间公开进行，开标地点应当为招标文件中确定的地点。

2. 投标文件有下列情形之一的，招标单位不予受理：

（1）逾期送达的或未送达指定地点的。

（2）未按招标文件要求密封的。

3. 投标文件有下列情形之一的，由评标委员会初审后按废标处理：

（1）无单位盖章并无法定代表人或法定代表人授权的代理人签字或盖章的。

（2）未按规定的格式填写，内容不全或关键字迹模糊、无法辨认的。

（3）投标单位递交两份或多份内容不同的投标文件，或在一份投标文件中对同一招标项目报有两个或多个报价，且未声明哪一个有效，按招标文件规定提交备选投标方案的除外。

（4）投标单位名称或组织结构与资格预审时不一致的。

（5）未按招标文件要求提交投标保证金的。

（6）联合体投标未附联合体各方共同投标协议的。

11.6.2 评标和定标

1. 评标

（1）评标委员会可以书面方式要求投标单位对投标文件中含义不明确、对同类问题表述不一致或者有明显文字和计算错误的内容作必要的澄清、说明或补正。评标委员会不得向投标单位提出带有暗示性或诱导性的问题，或向其明确投标文件中的遗漏和错误。

（2）投标文件不响应招标文件的实质性要求和条件的，招标单位应当拒绝，并不允许投标单位通过修正或撤销其不符合要求的差异或保留，使之成为具有响应性的投标。

（3）评标委员会在对实质上响应招标文件要求的投标进行报价评估时，除招标文件另有约定外，应当按下述原则进行修正：

1）用数字表示的数额与用文字表示的数额不一致时，以文字数额为准；

2）单价与工程量的乘积与总价之间不一致时，以单价为准。若单价有明显的小数点错位，应以总价为准，并修改单价。调整后的报价经投标单位确认后产生约束力。投标文件中没有列入的价格和优惠条件在评标时不予考虑。

（4）对于投标单位提交的优越于招标文件中技术标准的备选投标方案所产生的附加收益，不得考虑进评标价中。符合招标文件的基本技术要求，且评标价最低或综合评分最高的投标单位，其所提交的备选方案方可予以考虑。

（5）招标单位设有标底的，标底在评标中应当作为参考，但不得作为评标的惟一依据。评标委员会完成评标后，应向招标单位提出书面评标报告。评标报告由评标委员会全体成员签字。

2. 定标

（1）评标委员会提出书面评标报告后，招标单位一般应当在 15d 内确定中标单位，但最迟应当在投标有效期结束日 30 个工作日前确定。

（2）中标通知书由招标单位发出。

（3）评标委员会推荐的中标候选人应当限定在 1～3 人，并标明排列顺序。招标单位应当接受评标委员会推荐的中标候选单位，不得在评标委员会推荐的中标候选单位之外确定中标单位。

（4）招标单位应当确定排名第一的中标候选单位为中标单位。排名第一的中标候选单位放弃中标、因不可抗力提出不能履行合同，或者招标文件规定应当提交履约保证金而在规定的期限内未能提交的，招标单位可以确定排名第二的中标候选单位为中标单位。排名第二的中标候选单位因前款规定的同样原因不能签订合同的，招标单位可以确定排名第三的中标候选单位为中标单位。

(5) 招标单位可以授权评标委员会直接确定中标单位。

3. 中标后的工作

(1) 招标单位不得向中标单位提出压低报价、增加工作量、缩短工期或其他违背中标单位意愿的要求，以此作为发出中标通知书和签订合同的条件。

(2) 中标通知书对招标单位和中标单位具有法律效力。中标通知书发出后，招标单位改变中标结果的，或者中标单位放弃中标项目的，应当依法承担法律责任。

(3) 招标单位全部或者部分使用非中标单位投标文件中的技术成果或技术方案时，需征得其书面同意，并给予一定的经济补偿。

(4) 招标单位和中标单位应当自中标通知书发出之日起 30 日内，按照招标文件和中标单位的投标文件订立书面合同。招标单位和中标单位不得再行订立背离合同实质性内容的其他协议。

(5) 招标文件要求中标单位提交履约保证金或者其他形式履约担保的，中标单位应当提交。拒绝提交的，视为放弃中标项目。招标单位要求中标单位提供履约保证金或其他形式履约担保的，招标单位应当同时向中标单位提供工程款支付担保。招标单位不得擅自提交履约保证金，不得强制要求中标单位垫付中标项目建设资金。

(6) 招标单位与中标单位签订合同后 5 个工作日内，应当向未中标的投标单位退还投标保证金。

(7) 合同中确定的建设规模、建设标准、建设内容、合同价格应当控制在批准的初步设计及概算文件范围内，确需超出规定范围的，应当在中标合同签订前，报原项目审批部门审查同意。凡应报经审查而未报的，在初步设计及概算调整时，原项目审批部门一律不予承认。

(8) 依法必须进行施工招标的项目，招标单位应当自发出中标通知书之日起 15 日内，向有关行政监督部门提交招标投标情况的书面报告。报告至少应包括下列内容：

1) 招标范围；

2) 招标方式和发布招标公告的媒介；

3) 招标文件中投标单位须知、技术条款、评标标准和方法、合同主要条款等内容；

4) 评标委员会的组成和评标报告；

5) 中标结果。

11.7 给水排水工程建设项目投标监理

11.7.1 给水排水工程建设项目资格审查的监理

1. 监理人员督促建设单位落实以下招标必要条件：

(1) 给水排水工程建设项目已批准立项。

(2) 向建设行政主管部门履行了报建手续并取得批准。

(3) 建设资金能满足工程的要求，符合规定的资金到位率。

(4) 依法取得建设用地批准文件和建设项目规划许可证。

（5）技术资料能满足招标要求。

（6）法律、法规、规章所规定的其他条件。

2. 项目监理部协助建设单位向建设工程招投标主管部门提出申请，经批准后方可进行招标工作。

3. 按《中华人民共和国招标投标法》规定，招标方式分为公开招标和邀请招标，招标方式按立项批准报告上核准的方式进行，其程序参照有关规定进行。

4. 如建设单位自行招标，根据监理合同内容，项目监理部协助建设单位进行招投标组织工作。招标方式采取公开招标（7 家以上投标单位）和邀请招标（3 家以上投标单位）。

5. 一般项目应采用公开招标，项目监理部可协助建设单位根据资格预审文件对报名投标单位进行审查，选择 7 家以上投标单位。对于外资或特殊工程，经北京市招投标管理办公室批准后可采用邀请招标方式，即由建设单位直接向符合投标资格的 3 家以上单位发出投标邀请。

6. 资格审查时，招标单位不得以不合理的条件限制、排斥投标单位，不得对投标单位实行歧视待遇。任何单位和个人不得以行政手段或者其他不合理方式限制投标单位的数量。

11.7.2　给水排水工程建设项目招标、评标的监理

1. 按招标投标法规定，建设单位自身具备招标能力，可自行进行招标，如不具备招标能力，应委托具有招标代理资质的单位进行招标工作。监理合同要求监理单位协助其组织招标，可由项目监理部配合、协助建设单位完成招标工作。

2. 委派项目监理机构招标的组织工作由建设单位（招标单位）主持，监理机构配合进行。招标工作大致有以下各项内容：

（1）组织编制招标文件；

（2）发布招标广告或发出招标邀请函；

（3）对投标者进行资格审查；

（4）向资格审查合格的投标者出售或发放招标文件；

（5）组织投标者勘察工程现场，针对投标者的询问，解释招标文件中的疑点；

（6）组织编制标底；

（7）接受投标者的投标书；

（8）审查投标书的符合性与由开户银行出具的投标保函；

（9）组织评标委员会进行评标，提出评标报告，确定中标者，并按项目隶属关系，向上级主管部门报送评标报告；

（10）发出中标通知书及施工承包合同拟定稿（副稿）；

（11）与中标者签订施工承包合同并根据工程的情况决定是否履行公证手续。

如果建设监理在招标阶段及早介入，将对工程施工的监理工作带来很大的好处。建设单位（建设单位）可以委托或指定符合条件的工程咨询、工程建设监理等机构参与招标的具体组织工作。其主要的工作是招标文件和标底的编制和对投标人的审核评议。

3. 总监理工程师应组织项目监理部的专业工程监理人员熟悉施工图纸及有关技术文件，充分掌握工程情况，以便协助建设单位编制招标文件或对招标文件提出意见和建议。

4. 对投标人的审核和评审

(1) 承包人资质的核查

1) 承包人的资质是代表承包人承包工程能力水平的一个重要标志，是综合考核了承包人的建设业绩、人员素质、管理水平、技术装备及资金等情况确定的；

2) 是承包人依法进行工程承包及经营活动的重要依据，也是确保工程质量的一项重要工作。

(2) 市政公用工程施工总承包企业资质分为：特级、一级、二级、三级。

(3) 特级资质标准：

1) 企业注册资本金3亿元以上；

2) 企业净资产3.6亿元以上；

3) 企业近3年年平均工程结算收入15亿元以上；

4) 企业其他条件均达到一级资质标准。

(4) 一级资质标准：

1) 企业近5年承担过下列4项中的2项以上，单项合同额3000万元以上的市政公用工程施工总承包或主体工程承包，工程质量合格；

a. 城市道路、桥梁、隧道、公共广场工程；

b. 城市供水工程、排水工程或污水处理工程；

c. 城市燃气工程或热力工程；

d. 城市生活垃圾处理工程。

2) 企业经理具有10年以上从事工程管理工作经历或具有高级职称，总工程师具有10年以上从事施工技术管理工作经历并具有本专业高级职称，总会计师具有高级会计职称，总经济师具有高级职称；

3) 企业有职称的工程技术和经济管理人员不少于240人，其中工程技术人员不少于150人。工程技术人员中，具有高级职称的人员不少于10人，具有中级职称的人员不少于40人。企业具有的一级资质项目经理不少于12人；

4) 企业注册资本金4000万元以上，企业净资产5000万元以上；

5) 企业近3年最高年工程结算收入1.6亿元以上；

6) 企业具有与承包工程范围相适应的施工机械和质量检测设备。

(5) 二级资质标准：

1) 企业近5年承担过下列4项中的2项以上，单项合同额1000万元以上的市政公用工程施工总承包或主体工程承包，工程质量合格；

a. 城市道路、桥梁、隧道、公共广场工程；

b. 城市供水工程、排水工程或污水处理工程；

c. 城市燃气工程或热力工程；

d. 城市生活垃圾处理工程。

2) 企业经理具有8年以上从事工程管理工作经历或具有中级以上职称，技术负责人具有8年以上从事施工技术管理工作经历并具有本专业高级职称，财务负责人具有中级以上会计职称；

3) 企业有职称的工程技术和经济管理人员不少于100人，其中工程技术人员不少于

60 人。工程技术人员中，具有高级职称的人员不少于 4 人，具有中级职称的人员不少于 20 人。企业具有的二级资质以上项目经理不少于 10 人；

4）企业注册资本金 2000 万元以上，企业净资产 2500 万元以上；

5）企业近 3 年最高年工程结算收入 6000 万元以上；

6）企业具有与承包工程范围相适应的施工机械和质量检测设备。

（6）三级资质标准：

1）企业近 5 年承担过下列 4 项中的 2 项以上，单项合同额 300 万元以上的市政公用工程施工总承包或主体工程承包，工程质量合格；

a. 城市道路、桥梁、隧道、公共广场工程；

b. 城市供水工程、排水工程或污水处理工程；

c. 城市燃气工程或热力工程；

d. 城市生活垃圾处理工程。

2）企业经理具有 5 年以上从事工程管理工作经历，技术负责人具有 5 年以上从事施工技术管理工作经历并具有本专业中级以上职称，财务负责人具有初级以上会计职称；

3）企业有职称的工程技术和经济管理人员不少于 50 人，其中工程技术人员不少于 30 人。工程技术人员中，具有中级以上职称的人员不少于 8 人。企业具有的三级资质以上项目经理不少于 8 人；

4）企业注册资本金 500 万元以上，企业净资产 600 万元以上；

5）企业近 3 年最高年工程结算收入 1000 万元以上；

6）企业具有与承包工程范围相适应的施工机械和质量检测设备。

（7）承包工程范围：

1）特级企业：可承担各类市政公用工程的施工；

2）一级企业：可承担单项合同额不超过企业注册资本金 5 倍的各类市政公用工程的施工；

3）二级企业：可承担单项合同额不超过企业注册资本金 5 倍的下列市政公用工程的施工：

a. 城市道路工程，单跨跨度 40m 以内桥梁工程，断面 $20m^2$ 及以下隧道工程，公共广场工程；

b. 10 万 t/d 及以下给水厂，5 万 t/d 及以下污水处理工程，$3m^3/s$ 及以下给水、污水泵站，$15m^3/s$ 及以下雨水泵站，各类给排水管道工程；

c. 总贮存容积 1000 立方米及以下液化气贮罐场（站），供气规模 15 万 m^3/d 燃气工程，中压及以下燃气管道、调压站，供热面积 150 万 m^2 热力工程；

d. 各类城市生活垃圾处理工程。

4）三级企业：可承担单项合同额不超过企业注册资本金 5 倍的下列市政公用工程的施工：

a. 城市道路工程（不含快速路），单跨跨度 20m 以内桥梁工程，公共广场工程；

b. 2 万 t/d 及以下给水厂，1 万 t/d 及以下污水处理工程，$1m^3/s$ 及以下给水、污水泵站，$5m^3/s$ 及以下雨水泵站，直径 1m 以内供水管道，直径 1.5m 以内污水管道；

c. 总贮存容积 $500m^3$ 及以下液化气贮罐场（站），供气规模 5 万 m^3/d 燃气工程，

$2kg/cm^2$ 及以下中压、低压燃气管道、调压站，供热面积 50 万 m^2 及以下热力工程，直径 0.2m 以内热力管道；

d. 生活垃圾转运站。

5. 监理工程师对承包人资质的考核

（1）根据工程的类型、规模和特点，确定参与招投标企业的类型及资质等级，并取得招投标管理部门的支持。

（2）对符合参与招投标承包人的考核。

（3）查对《建筑业企业资质证书》，了解其实际的建设业绩、人员素质、管理水平、资金情况、技术装备等。

（4）考核承包人近期的表现，查对施工现场考评结果及年检情况、升降级情况，了解其是否有工程质量施工安全、现场管理等问题，以及企业管理的发展趋势，质量是否有上升趋势，选择向上发展的企业。

（5）查对近期承建工程，实地参观考核工程质量情况及现场管理水平。在全面了解的基础上，重点考核与拟建工程类型、规模和特点相似或接近的工程。优先选取创出名牌优质工程的承包人。

（6）对承包人质量保证体系的核查

1）了解承包人的质量意识和质量管理情况，重点了解开展全面质量管理的情况，企业质量管理的基础工作、工程项目管理和工序质量控制的情况；

2）核查贯彻 ISO 9000 标准、体系建立和通过认证的情况；

3）承包人领导班子的质量意识及质量管理机构落实、质量管理权限实施的情况等；

4）综合各方面的情况，对承包人给出一个综合的评价，形成文字材料，送建设单位、招投标管理部门、建设行政主管部门等单位作为参考。

（7）在中标企业的范围内，与有关部门共同选取综合条件好的企业为承包人。

（8）在承建过程中，对承包人资质的进一步考核。

1）了解承包人的真实质量控制能力，监理单位直接实地考核，深入了解其质量控制措施的完备情况和实施程度；

2）确定监理规划和监理力度，在具体了解承包人的管理水平和控制能力的基础上，制订监理大纲和监理的深度，其目的是保证工程质量达到预定的目标。

6. 项目监理部应配合建设单位组织投标单位勘察施工现场，一方面让投标单位了解工程的现场情况、自然条件、施工条件以及周围环境条件，以便编制投标书；另一方面也是要求投标单位通过自己的实地考察确定投标的原则和策略，避免合同履行过程中以不了解现场情况为理由推卸应承担的合同责任。

7. 总监理工程师应根据监理合同的内容和建设单位的工作要求，事先编制施工招投标阶段的工作计划，明确工作的时间安排、内容和程序，明确各位监理人员的工作职责和工作纪律。项目监理部配合建设单位及标底编制单位参加标前会议，解答投标单位提出的书面质疑问题。

8. 项目监理部协助建设单位按招标文件预定的时间、地点开标，开标由招标单位主持，通知各投标单位参加，同时应邀请当地招投标主管部门（有必要时请公证部门）参加进行监督。

9. 在开标会上应就各投标单位的报价、工期、质量承诺等方面进行唱标，如设有标底应在开标会上公布标底。

10. 对投标书的评审

(1) 投标书作为投标人对招标单位的承诺，将作为合同文本的重要组成部分承担法律责任。投标人提交的施工技术方案和组织设计，须提交切实可行的、可靠的施工技术方案，保证在施工时投入足够数量的设备、人力和资金，保证能够在预定的工期内保质保量地完成工程建设。因此应在评审时重点评审。

1) 施工技术方案是否先进可靠，施工计划是否合理和有保证；

2) 施工机械设备、人力和资金是否落实。投标人是否具有能力保证施工时按计划提供承诺的设备、人力和资金。

(2) 为保证对投标人有准确的了解，除了对投标书和施工资质进行审核之外，有必要对投标人进行各方面实地考察，例如投标人的施工业绩、已建各工程的质量情况、队伍的技术力量、合同的履行情况等。

11. 根据招标文件中的有关规定确认投标文件的有效性，确定进入评标阶段的投标单位。

12. 评标工作是一项综合性极强的工作，既要考虑每一个具体方面的情况，又要考虑诸多因素之间的种种联系，做出综合判断。监理工程师提出的决标建议本身也包含风险。

(1) 被评定人的资质：

1) 资格初审情况；

2) 对该投标人的实地考察情况；

3) 资格终审（或补审）情况；

4) 监理工程师综合印象。

(2) 被评定人的投标文件：

1) 投标文件对招标做出了实质性的反应；

2) 投标文件的编制合乎要求；

3) 投标文件中未含有不可接受的条件和保留。

(3) 被评定人的工艺、方案、施工组织的可行性：

1) 技术上的可行性；

2) 质量的保证程度；

3) 施工组织的保证；

4) 工期的保证；

5) 技术上的风险有否可靠的保证措施。

(4) 被评定人报价的合理性：

1) 总报价情况；

2) 主要项目单价分析；

3) 结合工程进度对资金的运用情况；

4) 被评定人的财务状况；

5) 财务上的风险有否可靠的保证措施。

(5) 被评定人在技术上、经济上与下一名被选人区别的主要特点。

（6）质询、澄清会谈情况及印象。

（7）授标建议。

（8）授标后，监理工程师参与建设单位与中标人的谈判，协助建设单位与中标人签订工程承包合同。合同签订后，中标人即成为承包人。

13. 评标和审定合同条款

评标的工作是由建设单位来组织和主持的，建设监理接受建设单位的邀请，可以参与评标的工作。决标之后，建设单位应与中标人会谈签订承包合同，合同中的内容应与招标文件的内容相一致，也可以协商补充和修改某些条款，包括质量控制方面的条款。监理工程师可以参加建设单位和承包人的协商，并提供咨询意见。

14. 参加开标会的投标单位委托人应在开标记录上签字确认。

15. 按《中华人民共和国招标投标法》规定，并按照市建设行政主管部门的要求，在专家库中随机抽取评标专家，评标专家的人数应占评标小组总人数的2/3以上。评标专家与招标单位的代表一同组成评标小组，对有效标书按评标办法进行评审。

16. 评标委员会在评审后将评分结果列出一览表，写出评标报告，推荐不超过3名有排序的合格中标候选人交招标单位，确定中标单位。如招标单位授权也可由评标委员会直接确定中标单位。

17. 项目监理部协助建设单位在确定中标单位之日起15日内发出中标通知书，通知中标单位，并就施工合同进行进一步协商。

18. 项目监理部协助建设与中标单位签订施工合同：

（1）总监理工程师协助建设单位与中标单位协商施工合同内容，应重点审查合同条款是否正确全面，如有不够全面或含糊不清之处应予改正，双方达成协议后签订施工合同。

（2）中标单位需要将部分工程分包时，项目监理部应协助建设单位对分包单位的资质等方面进行审查。

11.7.3 编写监理工作总结

总监理工程师主持编写施工招标阶段的监理工作总结。监理工作总结由总监理工程师审核签字，一式两份，一份报送建设单位，一份交公司档案资料管理部门保存。

施工招标阶段的监理工作总结应在施工合同签订后15日内完成并报送建设单位。

第 12 章　材料的监理

12.1 材料的监理程序

12.1.1　材料使用的批准程序（图 12-1）

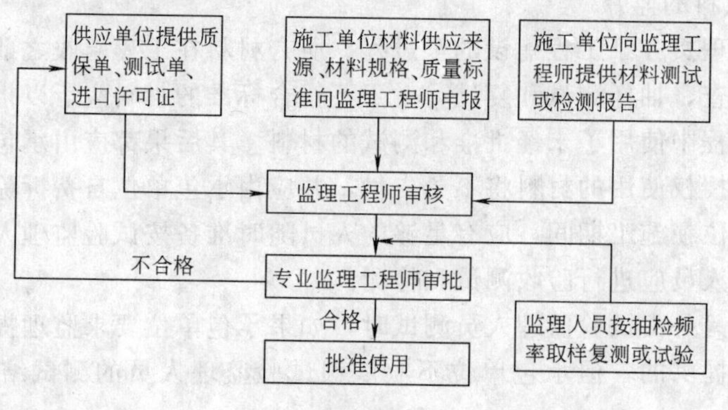

图 12-1

12.1.2　材料质量监理的意义

1. 工程结构物的质量和成本与它所用的材料密切相关。

2. 材料的性能如何在极大程度上决定着工程的使用和寿命。

3. 材料质量的监理

(1) 对工程有基本保证：包括承受荷载、抵抗腐蚀、保温隔热、防水、耐火、装饰美化等。

(2) 材料的费用在工程造价中所占的比重很大，低者为 30%～50%，高者可达 70%～80%，如何合理选材，无疑是工程经济中应考虑的重要环节。

(3) 是保证工程建设高质量、高效益的关键。

12.1.3　材料质量标准的依据

1. 国家标准和规程规定的质量要求

(1) 国家标准

(2) 行业标准

(3) 地方标准

2. 国际标准

(1) 美国材料试验标准（ASTM）。

(2) 日本工业标准（JIS）。

(3) 英国标准（BS）。

(4) 德国工业标准（DIN）。

（5）澳大利亚标准（AS）。

12.1.4 材料质量监理的任务

1. 控制材料的供应来源

工程材料由材料商提供

（1）承包单位应尽早通知试验监理人员对材料来源进行检查和测试，当供应材料达不到规范要求时，承包单位应随时提供其他来源的材料。

（2）当地材料的来源可以在施工图中标明，这种材料的质量一般是可以接受的。为使材料达到规范的要求，承包单位应负责确定材料所需的加工工序、加工设备的种类和数量。因为仅以样品的质量来确定整个料场的情况是不够的，还需对变化情况进行考虑。试验监理人员可能选择一个料场的某一部分，也可能拒绝接受料场的另一部分。

2. 加强对材料的监督

（1）材料监理贯穿于工程建设的全过程。所有材料在工程验收之前的任何时候，监理人员有权进行检查、抽样测试和复试，对于不符合标准的材料应予以拒绝。

（2）任何工程中使用了未经批准和测试的材料，其后果都应由承包单位承担，使用不合格材料和未经授权使用的材料将不予支付，并应由承包单位自费拆除。

（3）承包单位在施工期间，应有足够的人员随时准备按试验监理人员的要求进行抽样测试。试验监理人员应进行验收测试和检测。

（4）当材料只是由试验监理人员测试时，如果承包单位要求监理提供所有测试报告的复印件那是可以提供的，但承包单位不应依赖试验监理人员的测试结果来进行质量工艺控制。

3. 对材料的工艺控制

（1）承包单位负责控制所有的工艺，应定期进行测试，以确保其操作符合规范要求；

（2）实验室设备应保持清洁，所有试验装置都应保持良好状态；

（3）试验监理人员应检查和核实承包单位的试验设备，承包单位对此应提供方便。对有关实验室设施、设备、物品或测试人员和测试程序等的不足之处，试验监理人员都有权书面通知承包单位限期改正。

（4）在施工期间，承包单位应按照规范规定的检测频率进行检测，具体检测内容和点次数量见以下各节质量监理表。

（5）监理人员对原材料的质量、各项控制指标都应进行平行或复合性试验；对现场质量的抽检频率，一般为承包单位自检频率的10%～20%，以确保工程建设的质量。

4. 材料监理试验程序

（1）试验数据是监理人员判断和确认各种材料和工程部位内在品质的主要依据。每道工序中诸如材料性能、拌合料配合比、成品的强度等物理力学性能以及打桩的承载能力等，常需通过试验手段取得试验数据来判断质量情况。

（2）为了加强工程建设的质量控制，必须明确承包单位、现场监理人员及试验监理人员在试验检测方面的职责，相互配合，保证工程顺利进行。

（3）试验室的主要职责

1）完成合同条款规定的由试验监理人员进行的试验任务。

2）监督承包单位的工地试验，使其操作符合试验规程的要求，检查承包单位试验结果的准确性和可靠性。

3）对承包单位所作的控制指标试验进行复核性试验，包括各类土、稳定土及稳定骨料的最大干密度、最佳含水量、强度及配合比，混凝土混合材料的配合比等。

4）对原材料进行抽样检查和对现场监理人员认为质量有疑问的项目进行抽样检测。

5）配合专业监理人员完成现场的重大试验。

6）检测单位应严格按照有关管理规定和技术标准进行检测，出具公正、真实、准确的检测报告。见证取样和送检的检测报告必须加盖见证取样检测的专用章。

（4）现场监理人员的主要职责

1）向承包单位发出指令，责成其及时进行各项目试验。监理机构可视工程质量情况采取见证取样、见证试验、平行检验等方法来获取试验结果与数据，对工程质量进行评价和验收。

2）安排监理人员与承包单位共同对试验的项目进行现场取样，以保证所取试样具有代表性。

a. 见证人员应按照见证取样和送检计划，对施工现场的取样和送检进行见证，取样人员应在试样或其包装上做出标识、封志。标识和封志应标明工程名称、取样部位、取样日期、样品名称和样品数量，并由见证人员和取样人员签字。

b. 见证人员应制作见证记录，并将见证记录归入施工技术档案。见证人员和取样人员应对试样的代表性和真实性负责。

c. 见证取样的材料送检时，应由送检单位填写委托单，委托单应有见证人员和送检人员签字。检测单位应检查委托单及试样上的标识和封志，确认无误后方可进行检测。

3）随时检查现场材料，发现问题及时责令承包单位进行试验并参与监督，以确保用于工程中的材料是合格的。

4）对承包单位施工控制试验进行监督，确保每一工序的质量控制指标符合技术规范的要求。

5）对“成品”或“半成品”的质量检验进行监督，确保工程质量达到技术规范所要求的标准。

6）组织、协调工地现场的重大试验。

（5）承包单位的责任

1）承包单位应使用自己的仪器、设备和人员在监理人员的监督下进行合同所规定的试验，以保证其提供的材料、施工工艺、工程质量是合格的，达到合同要求的标准并使监理人员满意。

2）承包单位必须在进行取样和试验之前的合理时间内，通知现场监理人员，监理结果须经双方人员签字方可有效。

3）承包单位必须在专项工程开工之前的规定时间，将原材料试验和控制指示试验的结果报监理人员批准认可，作为开工应具备的条件之一，在试验结果被认可之前不得开工。

12.1.5　驻厂监理工作流程（图 12-2）

对于特殊重大工程所用的原材料、半成品及成品，经常需直接派监理工程师进厂进行监理，其监理工作流程如下：

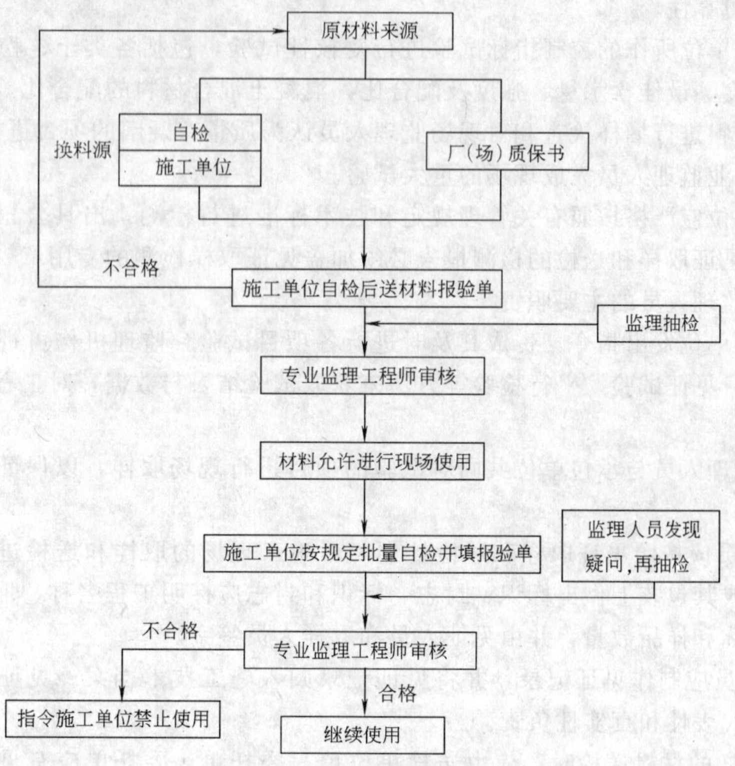

图 12-2 驻厂监理工作流程

12.2 常用建筑材料监理

12.2.1 水泥的材料监理

1. 水泥的质量监理工作流程（图 12-3）

2. 水泥的分类（表 12-1）

表 12-1

类别	主要品种举例	主 要 性 能
通用水泥	硅酸盐水泥、普通硅酸水泥、矿渣硅酸盐水泥、火山灰质硅酸盐水泥	强度较高或一般、凝结硬化速度中等或稍慢
早强水泥	快硬硅酸盐水泥、快凝快硬水泥、浇筑水泥、硫铝酸盐水泥、高铝水泥	凝结硬化快、早期强度高
膨胀水泥	硅酸盐膨胀水泥、明矾石膨胀水泥、石膏矾土膨胀水泥	有一定的膨胀性
水工水泥	硅酸盐大坝水泥、矿渣大坝水泥、抗硫酸盐水泥、低热微膨胀水泥	水化热低、强度中等,有一定的抗硫酸盐侵蚀能力
自应力水泥	硅酸盐自应力水泥、铝酸盐自应力水泥、硫铝酸盐自应力水泥	具有比较大的膨胀能量

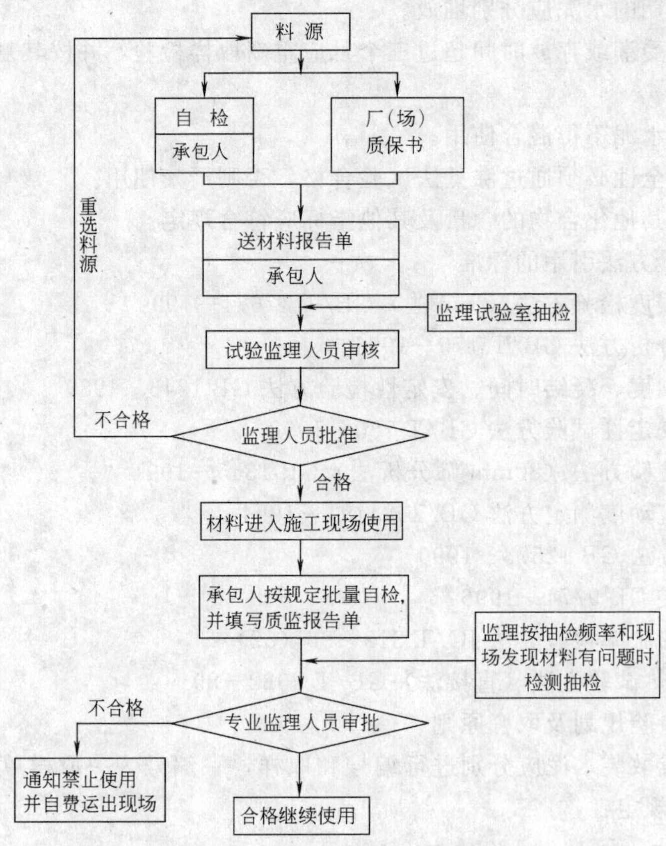

图 12-3　水泥的质量监理工作流程

3. 水泥的监理要点

(1) 用于稳定土的水泥均可采用 32.5 级的普通硅酸盐水泥、矿渣水泥或火山灰水泥，但应选用终凝时间较长（宜在 6h 以上）的水泥。其检测频率为同一批号产品至少抽检一次，有疑问时，按专业监理工程师指令抽检。

(2) 配置混凝土的水泥，可采用硅酸盐水泥、普通硅酸盐水泥（简称普通水泥）、矿渣硅酸盐水泥（矿渣水泥）、火山灰质硅酸盐水泥（火山灰水泥）、或粉煤灰硅酸盐水泥（粉煤灰水泥），在特殊需要时，可采用快硬硅酸盐水泥（快硬水泥）或其他水泥。选用水泥时，应注意其特性对混凝土结构强度和使用条件是否有不利影响。

(3) 水泥进场时，必须要有质量证明书、进市许可证，并对其品种、强度等级、包装（或散装仓号）、出厂日期、数量等检查无误后，方可验收。结硬变质，质量不符要求的均不得使用。

(4) 选用水泥等级时，应以能使所配置的混凝土强度满足设计要求、收缩小、和易性好和节约水泥的原则。

1) 混凝土强度等级在 C10 以下时，可采用 32.5 级以下的水泥。

2) C10～C25 可用 32.5 级水泥或 42.5 级水泥。

3) C30 以上时，宜用 42.5 级以上的水泥。

(5) 袋装水泥在运输和储存时，应防止受潮，堆垛高度不宜超过 10 袋。不同强度等级、品种和出厂日期的水泥应分别堆放。

(6) 水泥如果受潮或存放时间超过三个月应重新取样检验，并按其复验结果的报告结论控制使用。

(7) 不同性质水泥不得混合使用。

(8) 水泥的安全性必须通过沸煮法试验合格，否则严禁使用。

(9) 水泥含有其他化合物的含量及其他指标应符合规定。

(10) 水泥检验方法引用的标准

1) 水泥胶砂强度检验方法（ISO 法）GB/T 17671—1999

2) 水泥化学分析方法 GB/T 176—1996

3) 水泥标准细度、凝结时间、安定性检验方法 GB 1346—1989

4) 水泥压蒸安定性试验方法 GB/T 750—1992

5) 水泥细度检验方法（80mm 筛分析法）GB 1345—1991

6) 水泥胶砂流动度测定方法 GB/T 24191—1994

7) 水泥取样方法 GB 12573—1990

8) 水泥包装袋 GB 9774—1996

9) 膨胀水泥膨胀率检验方法 JC/T 313—96 (82)

10) 水泥水化热试验方法（直接法）GB/T 2022－89

(11) 水泥的检验规划及取舍原则

1) 袋装水泥或散装水泥应分别进行编号和取样，一编号为一取样单位，水泥出厂编号按厂年生产能力规定：

a. 120 万 t 以上，不超过 1200t 为一编号；

b. 60～120 万 t，不超过 1000t 为一编号；

c. 30～60 万 t，不超过 600t 为一编号；

d. 10～30 万 t，不超过 400t 为一编号；

e. 10 万 t 以下，不超过 200t 和不超过 3 天产量为一编号。

f. 取样应有代表性，可连续取样，可从 20 个以上不同部位取等量样品，总量至少 12kg。

2) 工地取样应在一批到货中取样，由监理和施工单位共同取样，取样方法按 GB 12573 进行。

3) 凡氧化镁、三氧化硫、初凝时间、安定性中任一项不符合标准时，均为废品。

4) 凡细度、终凝时间中任一项不符合标准时或混合材料掺量超过最大限量和强度低于商品强度等级的指标时，为不合格品。

5) 水泥包装标志中水泥的品种、强度等级、生产单位名称和出厂编号不全的也属于不合格品。

6) 当用户需要时，水泥厂应在水泥发出之日起 7 天内寄发除 28 天强度以外的各项试验结果。28 天水泥中抽取试样，双方共同签封后保存 3 个月，在 3 个月内当买方对水泥质量有疑问时，则买卖双方应将签封的试样送省级或省级以上国家认可的水泥质量监督检验机构进行仲裁检验。

(12) 水泥的包装、标志、运输与储存

1）袋装水泥每袋净含量为 50kg，且不得少于标志重量的 98%。随机抽取 20 袋，总重量不得少于 1000kg。

2）水泥包装袋应符合 GB 9774 的规定。

3）水泥袋上应清楚标明：产品名称、代号、净含量、强度等级、生产许可证编号、生产单位名称和地址、出厂编号、执行标准号、包装年、月、日。掺灰的灰质混合材料的矿渣水泥还应标上“掺火山灰”的字样。矿渣水泥袋的印刷采用绿色，火山灰和粉煤灰水泥袋的印刷采用黑色。

4）水泥在运输与储存时，不得受潮，不同品种和强度等级的水泥应分别储运、不得混杂。

5）散装时应提交与袋装标志相同内容的卡片

4. 常用水泥的质量控制标准

（1）硅酸盐水泥

1）硅酸盐水泥的物理性能指标（表 12-2）

表 12-2

性能	水泥细度 008 号筛余量(%)	凝结时间		体积安定性	烧失量(%)	燃料中 MgO (%)	水泥中 SO_3 (%)
		初凝(min)	终凝(h)				
指标	<12	>45	<12	合格	转窑<5.0 立窑<7.0	<5.0	<3.5

2）硅酸盐水泥的力学性能指标（表 12-3）

表 12-3

水泥强度等级	抗压强度(MPa)		抗折强度(MPa)	
	3d	28d	3d	28d
32.5	18.0	42.5	3.4	6.4
32.5R	22.4	42.5	4.2	6.4
42.5	23.0	52.5	4.2	7.2
42.5R	27.5	52.5	5.0	7.2
52.5	29.0	62.5	5.0	8.0
52.5R	32.6	62.5	5.6	8.0
62.5	37.7	72.5	6.3	8.8

注：标号后带 R 者为早强型，以下同

（2）普通硅酸盐水泥

1）普通硅酸盐水泥物理性能指标（表 12-4）

表 12-4

性能	水泥细度 4900 孔筛筛余量(%)	凝结时间		体积安定性	膨胀率(%)		透水性（试验 8at）	水泥中 SO_3 (%)
		初凝(min)	终凝(h)		养护 1d	养护 28d		
指标	≤150	≥20	≤10	≤10 合格	≥0.3	≤1.0	≥0.3 不透水	≤1.05

2）普通硅酸盐水泥的力学指标（表 12-5）

表 12-5

水泥强度等级	抗压强度(MPa)		抗折强度(MPa)	
	3d	28d	3d	28d
32.5	16.0	42.5	3.4	6.4
32.5R	21.4	42.5	4.2	6.4
42.5	21.0	52.5	4.2	7.2
42.5R	26.5	52.5	5.0	7.2
52.5	27.0	62.5	5.0	8.0
52.5R	31.6	62.5	5.6	8.0
62.5	36.7	72.5	6.3	8.8

（3）矿渣硅酸盐水泥

1）矿渣硅酸盐水泥的物理指标（表 12-6）

表 12-6

性能	水泥细度 008 号筛余量(%)	凝结时间		体积安定性	烧失量(%)	燃料中 MgO (%)	水泥中 SO_3 (%)
		初凝(min)	终凝(h)				
指标	≤15	≥45	≤12	≤12 合格	—	≤5.0	≤4.0

2）矿渣硅酸盐水泥的力学性能指标（表 12-7）

表 12-7

水泥强度等级	抗压强度(MPa)		抗折强度(MPa)	
	3d	28d	3d	28d
32.5	—	42.5	—	6.4
42.5	—	52.5	—	7.2

（4）快硬硅酸盐水泥

1）快硬硅酸盐水泥主要技术指标（表 12-8）

表 12-8

项　目	测　定	指　标
细度	4900 孔/cm^2 方孔筛筛余	≤10%
凝结时间	初凝 终凝	≥45min ≤10h
体积安定性	用煮沸法试验安定性	合格
三氧化硫	水泥中 SO_3	≤4.0%
氧化镁	水泥热料中 MgO	≤5.0%

2）快硬硅酸盐水泥的力学性能指标（表 12-9）

表 12-9

水泥强度等级	抗压强度(MPa)		抗折强度(MPa)	
	1d	3d	1d	3d
32.55	19.0	42.5	4.5	6.4

(5) 自应力水泥

自应力水泥质量标准（表 12-10）

表 12-10

性能 \ 水泥类别		硅酸盐自应力水泥	硝酸盐自应力水泥	硫铝酸盐自应力水泥
比表面积(cm^2/g)		⩾3400	⩾5600	⩾3700
凝结时间	初凝	不早于 30min	不早于 30min	不早于 30min
	终凝	不迟于 8h	不迟于 3h	不迟于 4h
砂浆或混凝土自由膨胀率(%)		≯3	7d<1.2 28d<1.5	7d≯1.5 28d≯2.0
砂浆或混凝土自应力值(MPa)		分三个等级:2、3、4	7d>3.5 28d>4.5	>4.5
膨胀稳定期(d)		28		
强度(MPa)	抗压强度	⩾8.0	7d>30 28d>35	1d=25,3d=35, 7d=42.5,28d=52.5
	抗折强度			1d=4.2,3d=4.8 7d=5.4,28d=6.0
SO_3 含量(%)			15.5～17.0	

注：1. 铝酸盐自应力水泥的自应力值，自由膨胀率和强度用 1∶2 软练砂浆测定。

2. 硫铝酸盐自应力水泥用 1∶2.5 砂浆测定。

12.2.2 砂和碎石的监理

1. 砂和碎石的质量监理工作流程与水泥的监理工作流程相同。

2. 砂的质量监理

(1) 砂的细度模数分类（表 12-11）

表 12-11

砂的种类	粗 砂	中 砂	细 砂	特细砂
平均粒径(mm)	⩾0.5	0.35～0.5	0.25～0.35	⩽0.25
细度模数	3.7～3.1	3.0～2.3	2.2～1.6	1.5～0.7

注：细度模数为各标准筛的累计筛余率之和除以 100 所得之值。

(2) 砂的级配范围（表 12-12）

表 12-12

级配区	累计筛余,重量(%),筛孔尺寸(mm)为						
	10.0	5.0	2.50	1.25	0.63	0.315	0.16
Ⅰ区	0	10～0	35～5	65～35	85～71	95～80	100～90
Ⅱ区	0	10～0	25～0	50～10	70～41	92～70	100～90
Ⅲ区	0	10～0	15～0	25～0	40～16	85～55	100～90

注：1. Ⅰ区细度模数为 3.9～2.8，适用配制高强度混凝土和富混凝土。

2. Ⅱ区细度模数为 3.4～2.1，属中砂和部分偏粗的砂，应用较普通。

3. Ⅲ区属细砂和一部分偏细的中砂，宜用少砂率，混凝土干缩较大，表面易产生微裂缝。

(3) 砂中的杂质含量应通过试验测定，其最大含量不得超过规定。

1) 砂中含泥量的规定（表 12-13）

表 12-13

混凝土强度等级	高于或等于 C30	低于 C30
含泥量，按重量计不大于(%)	3	5

注：1. 对有抗冻、抗渗或其他特殊要求的混凝土用砂，其含泥量不应大于 3%。

2. 对 C10 或 C10 以下的混凝土用砂，其含泥量可酌情放宽。

3. 含泥量即粒径小于 0.080mm 的尘屑、淤泥和黏土的总含量。

2) 砂中有害物质允许含量（表 12-14）

表 12-14

项　目	质量指标
云母含量，按重量计，不宜大于(%)	2
轻物质量，按重量计，不宜大于(%)	1
硫化物及硫酸盐含量，按重量计(折算成 SO_3)，不大于(%)	1
有机物质含量(用比色法试验)	颜色不应深于标准色，如深于标准色，则应配成砂浆，进行强度对比试验，予以复核

注：1. 对有抗冻、抗渗要求的混凝土，砂中云母含量不应大于 1%。

2. 砂中如含有颗粒状的硫酸盐或硫化物，则要求经专门检验，确认能满足混凝土耐久性要求时方能采用。

3. 碎石（卵石）的质量监理

(1) 碎石（卵石）的级配范围（表 12-15）

表 12-15

级配情况	公称粒级(mm)	累计筛余、按重量计(%) 筛孔尺寸(圆孔筛)(mm) 2.5	5	10	15	20	25	30	40	50	60	80	100
连续粒级	5~10	95~100	80~100	0~15	0								
连续粒级	5~15	95~100	90~100	30~60	0~10	0							
连续粒级	5~20	95~100	90~100	40~70		0~10	0						
连续粒级	5~30	95~100	90~100	70~90		15~45		0~5	0				
连续粒级	5~40		95~100	75~90		30~65			0~5	0			
单粒级	10~20		95~100	85~100		0~15	0						
单粒级	15~30		95~100		85~100			0~10	0				
单粒级	20~40			95~100		80~100			0~10	0			
单粒级	30~60				95~100			75~100	45~75		0~10	0	
单粒级	40~80					95~100			70~100		30~60	0~10	0

注：1. 公称粒级的上限为该粒的最大粒径。

2. 根据结构或构件对混凝土粗骨料的粒度要求，连续粒级亦可与其相邻接的间断粒级配成较大粒度的连续粒级。

3. 根据混凝土工程和资源的具体情况，进行综合技术经济分析后，允许直接采用间断粒级。

4. 最大粒径超过 40mm 的连续粒级，可参考有关资料使用。

(2) 碎石（卵石）的含杂质量检查

1) 针、片状颗粒的含量要求（表 12-16）

表 12-16

混凝土强度等级	高于或等于 C30	低于 C30
针、片颗粒含量按重量计不大于(%)	15	25

注：1. 针、片状颗粒的定义是，凡颗粒的长度大于该颗粒所属粒级的平均粒径 2.4 倍者称为针状颗粒，厚度小于平均粒径 0.4 倍者称为片状颗粒，平均粒径是指该粒级上下限粒径的平均值。
2. 对 C10 及 C10 以下的混凝土，其粗骨料中的针、片状颗粒含量可放宽到 40%。

2）含泥量要求（表 12-17）

表 12-17

混凝土强度等级	高于或等于 C30	低于 C30
含泥量按重量计不大于(%)	1.0	2.0

注：1. 对有抗冻、抗渗或其他特殊要求的混凝土，其所有碎石或卵石的含泥量不应大于 1%。
2. 如含泥基本上是非黏土质的石粉时，其总含量可由 1.0%及 2.0%分别提高到 1.5%和 3.0%。
3. 对 C10 和低于 C10 的混凝土所有碎石或卵石，其含泥量可酌情放宽。

3）有害物质允许含量（表 12-18）

表 12-18

项　目	质 量 标 准
硫化物及硫酸盐含量(折合为 SO_3)按重量计不宜大于(%)	1
卵石中有机质含量(用比色法试验)	颜色不应深于标准色，如深于标准色，则应以混凝土进行强度对比试验，予以复核。

注：碎石或卵石如含有颗粒状硫酸盐或硫化物，则要求专门检验，确认能满足混凝土耐久性要求时方能采用。

(3) 碎石或卵石的压碎性指标

1）碎石的压碎性指标（表 12-19）

表 12-19

岩 石 品 种	混凝土强度等级	碎石压碎指标值(%)
水成岩	55～40	≤10
	≤35	≤16
变质岩或深成的火成岩	55～40	≤12
	≤35	≤20
火成岩	55～40	≤12
	≤35	≤30

2）卵石的压碎指标值（表 12-20）

表 12-20

混凝土强度等级	55～40	≤35
压碎指标值(%)	≤12	≤16

4. 砂（石）含泥量的测定（湿法）

(1) 仪器

天平：最大称量 1kg，感量 0.5g

锥形瓶：容量为 500mL

(2) 测定步骤：

1）将锥形瓶装满水至瓶口，准确称出其重量 Q_1（记于瓶上）。

2）向锥形瓶内装入约 300g 清水，再取欲测含泥量的砂样约 300g（不需称量，不需烘干）投入瓶中，稍加摇动，排出水中气泡后加清水至瓶口，准确称出其重量 Q_2。

3）倒去一部分水，约剩砂体积一倍多，用玻璃棒强力搅拌 0.5～1min，然后静止 1.5～2min，用虹吸管小心地将距砂面 30mm 以上的浊水吸出。

4）再倒入清水搅拌清洗，排出浊水，直至砂面上的水清为止。

5）向瓶内加清水至瓶口，准确称出其重量 Q_3。

6）按下式计算含泥量 q：

$$q=\frac{Q_2-Q_3}{Q_2-Q_1}\times 100\%$$

5. 质量监理的检测频率

（1）砂：对一批料源每批砂（＜500t）检验一次。

（2）碎石：对每一料源每批料不少于一次。

12.2.3 砖的监理

1. 砖的质量监理工作流程（图 12-4）

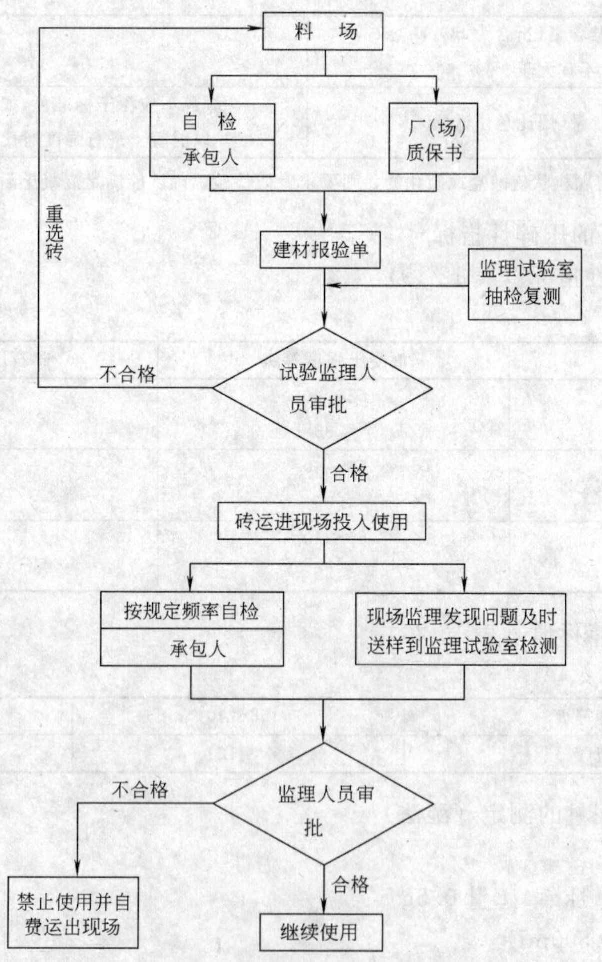

图 12-4 砖的质量监理工作流程

2. 砖的质量监理

(1) 砖的质量监理的一般规定

1) 砖的品种、强度等级必须符合工程的设计要求，并应规格一致。

2) 在进行砖砌体前，普通砖、空心砖应提前浇水湿润，含水率宜为 10%～15%；灰砂砖、粉煤灰砖含水率宜为 5%～8%。

3) 砖的强度等级、抗压、抗折强度必须符合要求。

4) 砖的耐久性如抗冻、泛霜、石灰爆裂点、吸水率必须符合要求。

5) 砖的外形尺寸及外观质量必须符合要求，凡不符合要求的，均不能使用。

(2) 烧结普通砖的质量监理

1) 砖的外形尺寸：长 240mm，宽 115mm，厚 53mm。

2) 检查砖的强度等级规定（表 12-21）

表 12-21

强度等级	抗压强度(MPa)		1～5 严重风化地区，抗冻性要求	
	平均值不小于	标准值不小于	抗压强度平均值(MPa)不小于	单块砖的干质量损失(%)不大于
MU30	30.0	23.0	23.0	2.0
MU25	25.0	19.0	19.0	2.0
MU20	20.0	14.0	14.0	2.0
MU15	15.0	10.0	10.0	2.0
MU10	10.0	6.5	6.5	2.0
MU7.5	7.5		5.0	2.0

注：1～5 严重风化地区：黑龙江、吉林、辽宁、内蒙、新疆五省区。

3) 砖的抗风化性能规定（表 12-22）

表 12-22

项目 / 砖种类	严重风化区				非严重风化区			
	5h 沸煮吸水率(%)不大于		饱和系数不大于		5h 沸煮吸水率(%)不大于		饱和系数不大于	
	平均值	单块最大值	平均值	单块最大值	平均值	单块最大值	平均值	单块最大值
黏土砖	19	21	0.80	0.83	23	25	0.88	0.90
粉煤灰砖	20	22			30	32		
页岩砖	15	17	0.72	0.74	18	20	0.78	0.80
煤矸石砖	18	20			21	23		

注：1. 粉煤灰掺入量（体积比）小于 50%时，按黏土砖规定。

2. 本表严重风化地区为：宁夏、甘肃、青海、陕西、山西、河北、北京、天津，其余省份为非严重风化地区。

3. 1～5 地区以外的砖的抗风化性能符合本表规定者，可不做冻融试验，否则必须符合 1～5 地区的抗冻性要求。

4) 烧结普通砖的外观质量要求（表 12-23）

表 12-23

项目		优等品	合格品
两条面高度差(mm)	不大于	2	5
弯曲(mm)	不大于	2	5
杂质凸出高度(mm)	不大于	2	5
缺棱掉角的三个破坏尺寸(mm)	不得同时大于	15	30
裂纹长度 a. 大面上宽度方向及其延伸至条面的长度 b. 大面上长度方向及其延伸至顶面的长度或条顶面上水平裂纹的长度		 70 100	 110 150
完整面		一条面和顶面	—
颜色		基本一致	无要求
泛霜		无	不严重
石灰爆裂:爆裂区域最大破坏尺寸		≤2mm	2～15mm 不多于 15 处其中:大于 10mm 的不多于 7 处
欠火、酥砖、螺旋纹		不允许	不允许

注：完整面系指宽度中不大于 1mm 的裂纹长度不得超过 30mm，条顶面上造成的破坏面不得同时大于 10mm×20mm。

(2) 烧结多孔砖的质量监理

1) 检查烧结多孔砖的规格和孔洞（表 12-24）

表 12-24

型号	外形尺寸(mm)			孔洞(mm)		
	长	宽	高	圆孔直径	非圆孔内切圆直径	手抓孔
M	190	190	90	≤22	≤15	(30～40)×(75～85)
P	240	115	90			

2) 烧结多孔砖的强度规定（表 12-25）

表 12-25

产品等级	强度等级	抗压强度(MPa)		抗折荷重(kN)	
		平均值不小于	单块最小值不小于	平均值不小于	单块最小值不小于
优等品	MU30	30.0	22.0	13.5	9.0
	MU25	25.0	18.0	11.5	7.5
	MU20	20.0	14.0	9.5	6.0
一等品	MU15	15.0	10.0	7.5	4.5
	MU10	10.0	6.0	5.5	3.0
合格品	MU7.5	7.5	4.5	4.5	2.5

3) 烧结多孔砖的物理性能（表 12-26）

表 12-26

项 目	鉴 别 指 标
冻融	1. 干质量损失不大于2% 2. 冻裂长度不大于表12-27中4的合格品规定
泛霜	1. 优等品：不允许出现轻微泛霜 2. 一等品：不允许出现中等泛霜 3. 合格品：不允许出现严重泛霜
石灰爆裂	试验后的每块砖样必须符合下列要求： 1. 优等品 a. 最大直径为2～5mm的爆裂区域不超过两处的砖样不得多于2块，且爆裂区域不得在同一条面或顶面上出现 b. 最大直径大于5mm，不大于10mm的爆裂区域一处的砖样不得多用1块 c. 在各面上不得出现最大直径大于10mm的爆裂区域 2. 一等品 a. 最大直径大于5mm，不大于10mm的爆裂区域不超过两处的砖样不得多于2块，且爆裂区域不得在同一条面或顶面上出现 b. 在各面上不得出现最大直径大于10mm的爆裂区域 3. 合格品 在条面和顶面上不得出现最大直径大于10mm的爆裂区域
吸水率	1. 优等品：不大于22% 2. 一等品：不大于25% 3. 合格品：不要求

注：空心砖各部名称：

大面——有孔洞的面（长×宽）

条面——平行于抓孔方向的侧面（长×厚）

顶面——垂直于抓孔方向的侧面（宽×厚）

4）检查烧结多孔砖的外观质量（表12-27）

表 12-27

项 目	优等品	一等品	合格品
1. 颜色（一条面和一顶面）	基本一致	—	—
2. 完整面 不得少于	一条面和一顶面	一条面和一顶面	—
3. 缺棱掉角的三个破坏尺寸 不得同时大于 （mm）	15	20	30
4. 裂纹长度 不大于 （mm）			
a. 大面上深入孔壁15mm以上宽度方向及其延伸到条面的长度	80	100	120
b. 大面上深入孔壁15mm以上长度方向及其延伸到条面的长度	80	120	140
c. 条、顶面上的水平裂纹	100	120	140
5. 杂质在砖面上造成的凸出高度 不大于 （mm）	3	4	5
6. 欠火砖和酥砖	不允许	不允许	不允许

注：凡有下列缺陷之一者，不能称为完整面：

1. 缺损在条面或顶面上造成的破坏面尺寸同时大于20mm×30mm。
2. 条面或顶面上裂纹宽度大于1mm，其长度超过70mm。
3. 压陷、焦花、粘底在条面或顶面上的凹陷或凸出超过2mm，区域尺寸同时大于20mm×30mm。

（3）烧结空心砖和空心砌块的质量监理

1）烧结空心砖和空心砌块等级和规格

烧结空心砖和空心砌块根据密度分为800、900和1100三个密度级别。每个密度级别根据孔洞及排数、尺寸偏差、外观质量、强度等级及物理性能分为：优等品（A）、一等品（B）和合格品（C）三个等级。

烧结空心砖和空心砌块规格系列（长、宽、高尺寸选择）

a. 290mm，190(140)mm，90mm

b. 240mm，180(175)mm，115mm

2）检查烧结空心砖和空心砌块的强度（表 12-28）

表 12-28

等级	强度等级	大面抗压强度(MPa)		条面抗压强度(MPa)	
		平均值不小于	单块最小值不小于	平均值不小于	单块最小值不小于
优等品	5.0	5.0	3.7	3.4	2.3
一等品	3.0	3.0	2.2	2.2	1.4
合格品	2.0	2.0	1.4	1.6	0.9

3）烧结空心砖和空心砌块的密度要求（表 12-29）

表 12-29

密 度 等 级	五块密度平均值(kg/m³)
800	≤800
900	800～900
1100	901～1100

4）检查烧结空心砖和空心砌块的孔洞及结构（表 12-30）

表 12-30

等级	孔洞排数(排)		孔洞率(%)	壁厚(mm)	肋厚(mm)
	宽度方向	高度方向			
优等品	≥5	≥2	≥35	≥10	≥7
一等品	≥3	—			
合格品	—	—			

5）检查烧结空心砖和空心砌块的外观质量（表 12-31）

表 12-31

项 目		优等品	一等品	合格品
1. 弯曲	不大于 (mm)	3	4	5
2. 缺棱掉角的三个破坏尺寸	不得同时大于 (mm)	15	30	40
3. 未贯穿裂纹长度	不大于 (mm)			
a. 大面上宽度方向及其延伸到条面的长度		不允许	100	140
b. 大面上长度方向或条面上水平方向的长度		不允许	120	160
4. 贯穿裂纹长度	不大于 (mm)			
a. 大面上宽度方向及其延伸到条面的长度		不允许	60	80
b. 壁、肋沿长度方向、宽度方向及其水平方向的长度		不允许	60	80
5. 肋、壁内残缺长度	不大于 (mm)	不允许	60	80
6. 完整面	不少于	一条面和一大面	一条面和一大面	—
7. 欠火砖和酥砖		不允许	不允许	不允许

注：凡有下列缺陷之一，不算完整面：

1. 缺损在大面、条面上造成的破坏面尺寸同时大于 20mm×30mm。
2. 大面、条面上裂纹宽度大于 1mm，其长度超过 70mm。
3. 压陷、粘底、焦花在大面、条面上的凹陷或凸出超过 2mm，区域尺寸同时大于 20mm×30mm。

6）烧结空心砖和空心砌块的物理性能（表 12-32）

表 12-32

项　目	鉴 别 指 标
冻融	1. 优等品：不允许出现裂纹、分层、掉皮、缺棱掉角等冻坏现象 2. 一等品、合格品： a. 冻裂长度不大于表 12-31 中 3、4 的合格品规定 b. 不允许出现分层、掉皮、缺棱掉角等冻坏现象
泛霜	1. 优等品：不允许出现轻微泛霜 2. 一等品：不允许出现中等泛霜 3. 合格品：不允许出现严重泛霜
石灰爆裂	试验后的每块砖样必须符合下列要求： 1. 优等品 在同一大面或条面上出现最大直径大于 5mm 不大于 10mm 的爆裂区域不多于 1 处的试样，不得多于 1 块 2. 一等品 a. 在同一大面或条面上出现最大直径大于 5mm 不大于 10mm 的爆裂区域不多于 1 处的试样，不得多于 3 块 b. 各面出现最大直径大于 10mm 不大于 15mm 的爆裂区域不多于 1 处的试样，不得多于 2 块 3. 合格品 各面不得出现最大直径大于 15mm 的爆裂区域
吸水率	1. 优等品：不大于 22% 2. 一等品：不大于 25% 3. 合格品：不要求

(4) 蒸压灰砂砖的质量监理

1）蒸压灰砂砖的等级

蒸压灰砂砖根据砖的抗压强度和抗折强度的不同分为 25、20、15、10 四个等级。根据外观质量分为优等品、一等品和合格品。

砖的外形尺寸：长 240mm，宽 115mm，厚 53mm。

2）灰砂砖的外观质量要求（表 12-33）

表 12-33

项　目		指　标		
		优 等 品	一等品	合格品
1. 尺寸偏差(mm)不超过 长度 宽度 高度		±2 ±1	±2	±3
2. 缺棱掉角的最小破坏尺寸(mm)	不大于	15	30	40
3. 完整面	不少于	2 个条面和 1 个顶面或 2 个顶面和 1 个条面	1 个条面和 1 个顶面	1 个条面和 1 个顶面
4. 裂缝长度(mm) a. 大面上宽度方向及其延伸到条面的长度 b. 大面上长度方向及其延伸到顶面上的长度或条、顶面水平裂纹的长度	不大于	 30 50	 50 70	 70 100

注：凡有下列缺陷者，均为非完整面：

1. 缺棱尺寸或掉角的最小尺寸大于 8mm。
2. 灰球黏土团、草根等杂物造成破坏面的两个尺寸同时大于 10mm×20mm。
3. 有气泡、麻面、龟裂等缺陷。

3）灰砂砖的力学性质要求（表 12-34）

表 12-34

强度等级	抗压强度(MPa)		抗折强度(MPa)	
	平均值不小于	单块值不小于	平均值不小于	单块值不小于
MU25	25.0	20.0	5.0	4.0
MU20	20.0	16.0	4.0	3.2
MU15	15.0	12.0	3.3	2.6
MU10	10.0	8.0	2.5	2.0

注：优等品的强度等级不得低于 MU15 级。

4）灰砂砖的抗冻性能要求（表 12-35）

表 12-35

强度等级	抗压强度(MPa)平均值不小于	单块砖的干质量损失(%)不大于
MU25	20.0	2.0
MU20	16.0	2.0
MU15	12.0	2.0
MU10	8.0	2.0

注：优等品的强度等级不得低于 MU15 级。

（5）粉煤灰砖的质量监理

1）粉煤灰砖的等级

粉煤灰砖根据抗压强度和抗折强度分为 MU20、MU15、MU10、MU7.5 四级。根据外观质量、强度、抗冻性和干缩值分为优等品（A）、一等品（B）和合格品（C）。

粉煤灰砖的外形尺寸：长 240mm，宽 115mm，高 53mm。

2）粉煤灰砖的技术条件（表 12-36）

表 12-36

强度等级	强度指标(MPa)不小于				抗冻性指标	
	抗压强度		抗折强度		抗压强度(MPa)	砖的干质量损失(%)
	10 块平均值	单块值	10 块平均值	单块值	平均值不小于	单块值不大于
MU20	20	15	4	3	16	2
MU15	15	11	3.2	2.4	12	2
MU10	10	7.5	2.5	1.9	8	2
MU7.5	7.5	5.6	2	1.5	6	2

注：1. 强度等级以蒸汽养护后一天的强度为准。

2. 优等品的强度等级≥MU15 级，一等品的强度等级≥MU10 级。

3）粉煤灰砖的外观质量要求和干缩值要求（表 12-37）

3. 砖的检测频率

（1）外墙：按楼层（或 4m）高以内，每 20m 抽查一处，每处 3 延米长，但不少于 3 处。

（2）内墙：按有代表性的自然间抽查 10%，但不少于 3 间。

表 12-37

项目			优等品	一等品	合格品
尺寸允许偏差(mm)	长		±2	±3	±4
	宽		±2	±3	±4
	高		±2	±3	±3
对应高度差(mm)		不大于	1	2	3
每一缺棱掉角的最小破坏尺寸		不大于	10	15	25
完整面		不少于	二条面，一顶面或二顶面，一条面	一条面和一顶面	
裂纹长度(mm)	大面上的宽度方向裂纹	不大于	30	50	70
	其他裂纹	不大于	50	70	100
层裂			不允许		
干燥收缩值(mm/m)		不大于	0.6	0.75	0.85

注：在条面或顶面上破坏面的两个尺寸同时大于 10mm 和 20mm 者为非完整面。

（3）每 20 万块为一批（标准规定普通砖 3.5 万块，多孔砖 5 万块），在成品中随机抽样，抽取 15 块。

（4）施工现场监理人员与施工单位共同取样，并由施工单位测试填报验单，由专业监理工程师认可。

12.2.4　石料的监理

1. 石料质量监理工作流程（图 12-5）

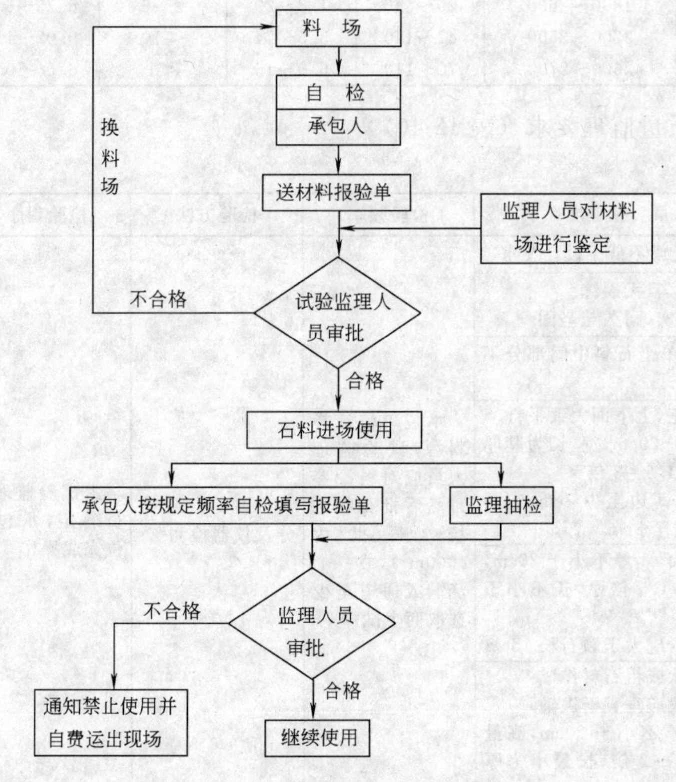

图 12-5　石料质量监理工作流程

2. 石料的质量监理

(1) 石料的种类及质量要求（表12-38）

表12-38

种类	规格	用途	质量要求
料石（细料石）	六面加工较规划，外露面及相接周边表面凹深不大于2mm，接砌面的表面凹入深度不大于10mm，长宽均不小于200mm，长度不大于厚的3倍	墙身、踏步、地坪、拱石、纪念石料	1. 外观要求石质一致，无裂纹、风化等现象； 2. 重要部位使用应作强度试验，抗压强度不得小于10MPa； 3. 严寒（−15℃以下）地区使用应作抗冻性试验，要求石材经15、25或50次冻融循环试验后，无贯穿裂缝，重量损失不超过5%，强度降低不大于25%为合格
块石（粗料石）	毛石去掉棱角打成六面，顶面及底面较平整，并相互平行，表面凹凸深度不大于20mm，长度尺寸同料石	基础勒脚、墙身、涵洞、桥墩等	
平毛石	为人工或爆破开采形状不规则之石块，大致有两个平面，在一个方向尺寸应有300～400mm，中部厚不小于150mm	基础、勒脚、墙身、挡土墙、堤坝、毛石混凝土等	
乱毛石	形状不规则，厚度不小于150mm	基础、挡土墙、毛石混凝土等	

(2) 石材的物理性能要求（表12-39）

表12-39

名称	密度（kg/m^3）	强度（MPa）		吸水率（%）	膨胀系数（10^{-6}/℃）	耐用年限（年）
		抗压	抗折			
花岗石（豆渣石）	2500～2700	120～250	8.5～15	<1	5.6～7.34>34	75～200
石灰石（青石）	1800～2600	20～140	1.8～20	2～6	6.75～6.77	20～40
砂石（表条石）	2200～2500	47～140	3.5～14	<10	9.02～11.2	20～200
大理石（大理石）	2600～2700	70～110	6.0～16	<1	6.5～10.42	40～100

(3) 石料的质量监理要求（表12-40）

表12-40

项目	质量标准	检验频率	检验方法	检验程序	认可程序
强度	不小于三级或不低于设计要求	承包单位选择料源，试验监理人员应对料源鉴订然后批石料进场（每批为1000m^3），或一个涵洞或通道至少选取两个试样	目测、尺测、筛分及仪器检测	由试验监理人员确定，承包单位完成操作	由试验监理人员认可
外观	1. 质细、色匀、无裂缝 2. 强韧、密实、耐久与坚固				
片石	大致成形，单个石料中间部分不小于15cm				
块石	1. 大致方正，上下面大致平行 2. 厚不小于20cm，宽、长为其厚的1～1.5及1.5～3倍 3. 无尖边，薄边至少7cm，表面凹陷深度不大于2cm				
粗石料	1. 大致六面体，厚不小于20cm，宽不小于1～1.5倍厚，长不小于1.5～4倍厚 2. 用作丁石应大于顺石长15cm				
拱石	1. 可由片状或粗石料作成 2. 石纹一般应垂直于拱轴 3. 拱圆面厚不小于20cm，高最小为厚的1.5～2倍，长最小为厚的1.5～4倍				

12.2.5　砂浆的质量监理

1. 砂浆质量监理工作流程（图 12-6）

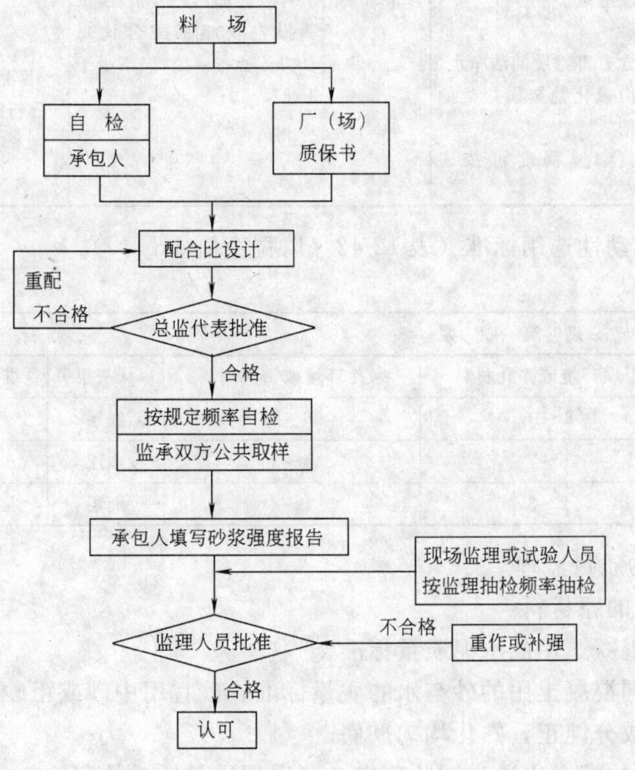

图 12-6　砂浆质量监理工作流程

2. 砂浆的质量监理

砂浆的质量监理主要是要正确地选用材料，适当的配合比，以保证其强度及粘合力。

(1) 水泥砂浆质量监理总汇表（表 12-41）

表 12-41

项目		质量标准	允许误差	检验频率	检验方法	备注
砌筑砂浆	水泥 砂 混合料	符合混凝土相应标准 中砂，最大粒径：砌片石，砌块石 含泥量： 当强度等级＞M5 时，当强度等级＜M5 时 配合比由试验定，稠度见表 12-42 和表 12-43	 ≤5mm ≤2.5mm ≤5% ≤10%	砂浆强度等级：每个构造物不少于 3 组试样。每楼层或 250m³ 砌体，每台搅拌机至少检查一次，作一组试块（房建）每 50m³ 砌体作一组试块（港工）	目测 尺测 筛分	砂浆应随拌随用，一般在 3～4h 内用完，气温超过 30℃ 时，在 2～3h 内用完，水用饮用水
抹面砂浆	水泥 砂 水 混合料	强度等级 中或粗砂 含泥量 饮用水配合比不低于1∶2，见表 12-44	≥32.5 级 ≤3%	检查试验报告和记录，按有代表性的自然间抽查 10%，其中过道按 10 延长米礼堂厂房按两轴线为一间，楼梯、踏步台阶按每层梯段为一处，但均不少于 3 间一处	目测 用仪器测 筛分	要拌合均匀，随铺随拍实，初凝前完成抹平

续表

项目		质量标准	允许误差	检验频率	检验方法	备注
防水砂浆	水泥	强度等级	≥32.5级	检查产品出厂合格证，试验报告及施工配合比每 $100m^2$ 抽查一处，但不少于3处。	目测 分析筛	随拌随用
	砂	中砂				
	水	不含有害物质的洁净水				
	外加剂	可由氯化物金属盐类的防水剂				
	混合料	配合比，稠度可按表12-45				

（2）砂浆的流动性选用标准（表12-42（以稠度值cm计））。

表 12-42

砌筑砂浆			抹灰砂浆		
砌体种类	干燥环境或多孔材料	寒冷环境或密实材料	抹灰层	继续抹灰	手工抹灰
砖砌体	8～10	6～8	底层	8～9	11～12
普通毛石砌体	6～7	4～5	中层	7～8	7～8
振捣毛石砌体	2～3	1～2	面层	7～8	9～10

3. 砌筑砂浆的质量监理

（1）砌筑砂浆的原材料

1）水泥：同混凝土用的水泥质量标准。

2）砂、水：同混凝土用的砂与水的质量标准，砂宜用中砂或粗砂。

3）石灰：应成分纯正，熟化均匀彻底。

（2）砌筑砂浆的配合比通过试验确定，可采用质量比或体积比。

1）必须具有良好的和易性，其稠度以标准圆锥体沉入度表示，用于石砌体为5～7cm；用于砖砌体为7～10cm。气温较高时，考虑水分蒸发，可适当增大。

2）砖砌体的砂浆稠度要求（表12-43）

表 12-43

砖砌体种类	砂浆稠度(cm)	砖砌体种类	砂浆稠度(cm)
实心砖墙、柱	7～10	空心砖墙、柱	6～8
实心砖平拱式过梁	5～7	空心墙、间拱	5～7

（3）砌筑砂浆的质量监理

1）对砂浆的配合比、计量、拌合、使用时间、养护以及试块制作进行研究跟踪检查或抽检。

2）在现场用生石灰制作石灰膏时，熟化时间不得少于7d；如采购成品石灰膏，应问清熟化时间，不允许施工单位购买、使用脱水硬化的石灰膏。

3）检查施工单位是否根据审定的砂浆配合比进行生产，称量是否准确。塑化材料的掺量对水泥混合砂浆强度影响较大，称量时应特别注意。

4）督促施工单位使用机械拌合砂浆，拌合时，要注意材料顺序，均匀搅拌塑化材料不结块，搅拌时间不小于90s。掺用微沫剂时，应适当延长时间。

5）检查、测定砂浆质量。砂浆的稠度应满足不同种类砌体的具体要求，砂浆强度指标应满足设计要求。

6）砂浆在运输过程中，应督促施工单位采取措施防止离析。

7）拌好的砂浆应及时使用，现拌现用。水泥砂浆和水泥混合砂浆在拌制后，应分别在 3h 和 4h 内使用完毕。如气温超过 30℃时，相应缩短 1h。灰槽中的砂浆应及时清理干净，隔日的砂浆不得再使用。

4. 抹面砂浆的原材料标准

1）水泥：普通硅酸盐水泥，强度等级＞32.5 级。

2）砂：宜用中砂，含泥量＜3％。

3）抹面砂浆的配合比不低于 1∶2，稠度＞3.5cm。（表 12-44）

表 12-44

面层种类	构造层	水泥砂浆体积比	相应的水泥砂浆强度等级	水泥砂浆稠度（以标准圆锥体沉入度计，mm）
条石、缸砖面层	结合层和面层的填缝	1∶2	≥M15	25～35
水泥钢（铁）屑面层	结合层	1∶2	≥M15	25～35
整体水磨石面层	结合层	1∶3	≥M10	30～35
预制水磨石板、大理石板、花岗石板、陶瓷锦砖、陶瓷地砖层面	结合层	1∶2	≥M15	25～35
水泥花砖、预制混凝土板面层	结合层	1∶3	≥M10	30～35

4）抽检频率：房屋建筑 10％，下水道窨井砌筑 25％。

5. 防水砂浆

（1）防水砂浆的原材料标准

1）水泥：＞32.5 级。

2）砂：中砂，不得含有有害物质和泥块。

3）水：饮用水。

4）外加剂：氯化物金属盐类的防水剂，也可用其他防水剂。

（2）防水砂浆的配合比及稠度要求（表 12-45）

表 12-45

名称	配合比		水灰比	稠度	备注
	水泥	砂			
水泥浆	按工程需要定量	—	0.37～0.4	—	
水泥浆	按工程需要定量	—	0.55～0.6	—	
水泥砂浆	1	2.5	0.6～0.65	7～8	

（3）防水砂浆的检查频率：每 $100m^2$ 抽查一处，但不少于 3 处。

12.2.6　钢材及钢管的质量监理

1. 钢材质量监理工作流程（图 12-7）

2. 我国钢材的分类（表 12-46）

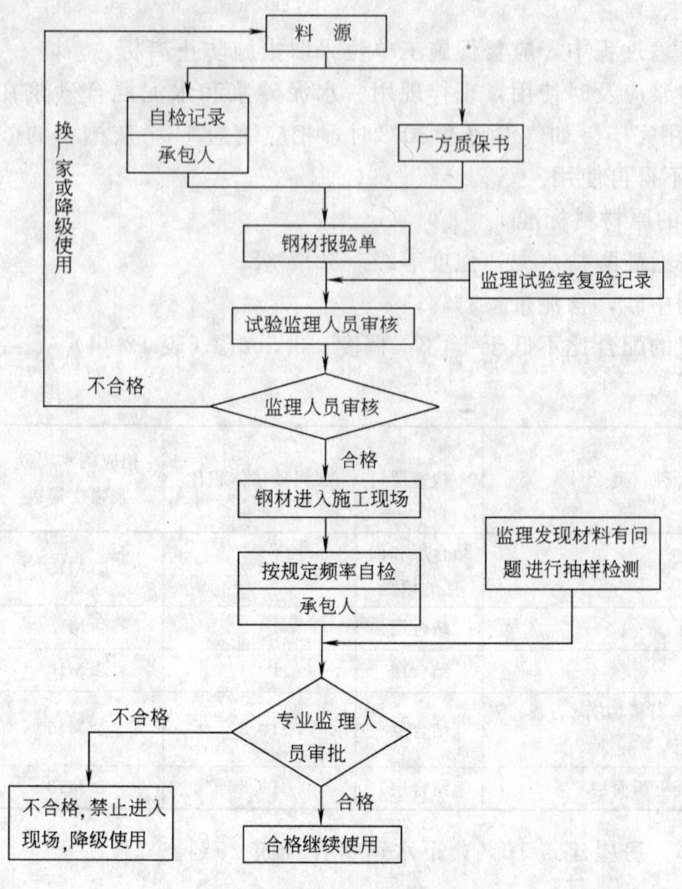

图 12-7 钢材质量监理工作流程

表 12-46

类别	品种	说明
型材	重轨	每米重量＞30kg 的钢轨(包括起重机轨)
	轻轨	每米重量≤30kg 的钢轨
	大型钢材 中型钢材 小型钢材	普通钢圆钢、方钢、扁钢、六角钢、工字钢、槽钢、等边或不等边角钢及螺纹钢等。按尺寸大小分为大、中、小型
型材	线 材	直径 5～10mm 的圆钢和螺纹钢
	冷弯型钢	将钢板或钢带冷弯成型制成的型钢
	优质型材	优质圆钢、方钢、扁钢、六角钢等
	其他钢材	包括重轨配件、车轴坯、轮箍等
板材	厚钢材	厚度＞4mm 的钢板
	薄钢板	厚度≤4mm 的钢板
	钢带	也叫钢带,实际上是长而窄并成卷供应的薄钢板
	电工硅钢薄板	也叫硅钢片
管材	无缝钢管	用热轧、热轧-冷拔或挤压等方法生产的管壁无接触缝的钢管
	焊接钢管	将钢板或钢带卷曲成型,然后焊接制成的钢管
金属制品	金属制品	包括钢丝、钢丝绳、钢绞线

3. 钢材质量监理的控制标准、重点和检验频率

(1) 钢材在进场前，一般都应对钢厂的质保书、批号、炉号、化学成分和机械性能逐项验收，钢材的品种规格应符合国家标准的规定或定货合同中的技术规定要求。

(2) 对钢材质量的主要检测项目为：屈服强度、极限强度、延伸率、冷弯、反复弯曲和化学分析等。

(3) 进场后的钢材应根据具体情况，按施工监理规定的抽检频率进行抽检。

1) 目前碳素钢的质量在我国定点生产的厂家已经比较稳定，如果供应资料完整，且批量不大时，可以不再抽检，如果批量较大时，则仍应按规定抽检。

2) 对合金结构钢等钢材，特别对一些新的合金钢种，就必须做复核试验。

(4) 钢材材质必须均匀，不得有夹层、裂缝、非金属夹杂和严重锈蚀（鳞片、锈斑）等缺陷。钢材表面不得有肉眼可见的气孔、结疤、折叠、压入的氧化铁皮以及其他的缺陷。

(5) 各种钢筋混凝土用热轧钢筋是指钢筋混凝土用的直径≥8mm 的直条钢材。按其外形及轧后冷却方式的不同分为热光圆钢筋、热轧带肋钢筋和余热处理钢筋。钢筋级别分Ⅰ、Ⅱ、Ⅲ级，其强度等级代号分别为 HPB235、HRB335、HRB400，带肋钢筋的公称直径等于横截面积相等的光圆钢筋的公称直径，直径范围为 8～50mm，推荐的公称直径为 8、10、12、16、20、25、32 和 40mm。

余热处理钢筋是带有月牙肋的钢筋，热轧后立即淬水，进行表面控制冷却，然后利用芯部余热自身完成回火处理。钢筋级别为Ⅲ级，强度等级代号为 RRB400，其公称直径范围为 8～40mm。

钢筋混凝土用钢筋的机械性能及化学成分应符合《市政工程质量通病防治手册》的规定。

(6) 钢筋试件的取样方法与试验方法及检验频率如下：

1) 钢筋混凝土用钢筋：同一牌号同一截面尺寸和同一炉号的钢筋以 60t 为检查批，除检查其出厂质量保证书和试验报告外，每批任取两根，截去端部 500mm 后拉伸、弯曲各截取两根，共 4 根。

2) 钢筋盘条（ϕ8mm 以下）：每批取两根拉伸、两根弯曲（不同盘）。

3) 预应力钢绞线：同规格每批不大于 10t，应从每批盘数中选 15%，取两根，一根拉伸试验 [试样长度：10d＋200mm（d 为钢筋直径）]，一根反复弯曲试验 [试验长度：5d＋150mm]。但一般取长不得＜450mm。

4) 钢筋拉力和冷弯的试验方法分别按 GB 228—76 和 GB 232—82 的规定进行，化学成分试验按 GB 222—63 和 GB 223—81 的有关规定进行。

(7) 进口的钢材，必须具有海关商检证，并有制造厂有关质量、尺寸、炉号、日期的标签以及出厂的试验报告单。

(8) 钢材经验收合格后，应在其端部固定标牌，注明其规格、钢号、数量和材质验收证明书编号，并在钢材端部涂以油漆色标（表 12-47）。

表 12-47

钢号	Q195	Q215	Q235	Q255	Q275	10Mn
油漆颜色	白＋黑	黄色	红色	黑色	绿色	白色

（9）在通常情况下，钢结构的材质、品种、规格必须符合设计要求，才能下料使用，但当供货方无法满足设计要求，又无其他货源的情况下，经原设计单位同意后方可代用，但在代用时应注意：

1）代用钢材的化学成分和机械性能应与原设计一致。当钢号能满足设计要求，但材质保证中缺少设计单位提出的部分性能要求时，则应做补充试验，合格后方能使用。各种型号规格、试件数量，一般不能少于3件。

2）钢号能满足设计要求，但钢材材质优于设计要求时，要经过验算，用量较大时，要注意节约。

3）钢号能满足设计要求，但钢材材质低于设计要求时，一般严禁代用。

4）钢号和材质都与设计要求不符时，应重新改变设计。

5）当采用代用钢材而引起构件强度、稳定性和刚度变化较大，并产生较大偏心影响时，要重新进行设计。

（10）钢材在使用中不论作变更设计或代用其他品种时，必须取得监理人员的认可。

4. 钢管的质量监理

（1）低压焊接钢管及镀锌钢管规格要求（表12-48）

表 12-48

DN		外径(mm)		普通钢管			加厚钢管		
				壁厚		单位重量	壁厚		单位重量
(mm)	(in)	外径	允许偏差	公称尺寸(mm)	允许偏差	(kg/m)	公称尺寸(mm)	允许偏差	(kg/m)
6	1/8	10	±0.50%～±1%	2.06	12%～15%	0.39	2.5	±12%～15%	0.46
8	1/4	13.5		2.25		0.62	2.5		0.73
10	3/8	17.0		2.25		0.82	2.75		0.97
15	1/2	21.3		2.75		1.26	3.25		1.45
20	3/4	26.8		2.75		1.63	3.50		2.01
25	1	33.5		3.25		2.42	4.00		2.91
32	11/4	42.3		3.25		3.13	4.00		3.78
40	11/2	48.0		3.50		3.84	4.25		4.58
50	2	60.0	±0.50%～±1%	3.50	12%～15%	4.88	4.50	±12%～15%	6.16
65	21/2	75.5		3.75		6.64	4.50		7.88
80	3	88.5		4.00		8.34	4.75		9.81
100	4	114.0		4.00		10.85	5.00		13.44
125	5	140.0		4.50		15.04	5.50		18.24
150	6	165.0		4.50		17.81	5.50		21.63

（2）电焊钢管规格要求（表12-49）

12.2.7 铸铁管的质量监理

1. 铸铁管的分类（表12-50）

表 12-49

DN		外径(mm)	薄壁钢管		普通钢管		加厚钢管	
(mm)	(in)		公称壁厚(mm)	单位重量(kg/m)	公称壁厚(mm)	单位重量(kg/m)	公称壁厚(mm)	单位重量(kg/m)
10	3/8	17.0	1.8	0.6747	2.25	0.8184	2.75	0.9664
15	1/2	21.3	2.0	0.9519	2.75	1.2580	3.25	1.4466
20	3/4	26.8	2.35	1.4169	2.75	1.6310	3.50	2.0110
25	1	33.5	2.65	2.0160	3.25	2.4244	4.00	2.9099
32	11/4	42.3	2.65	2.5911	3.25	3.1297	4.00	3.7779
40	11/2	48.0	2.90	3.2253	3.50	3.8408	4.25	4.5852
50	2	60.0	2.90	4.0834	3.50	4.8765	4.50	6.1588
65	21/2	75.5	3.25	5.7905	3.75	6.6351	4.50	7.8789
80	3	88.5	3.25	6.8324	4.00	8.3351	4.75	9.8100
100	4	114.0	3.65	9.9325	4.00	10.8504	5.00	13.4397
125	5	140.0	—	—	4.50	15.0364	5.50	18.2422
150	6	165.0	—	—	4.50	17.8106	5.50	21.6330

表 12-50

<table>
<tr><td colspan="2">分类方法</td><td colspan="5">分 类 名 称</td></tr>
<tr><td colspan="2">按制造材料</td><td colspan="2">普通灰口铸铁管</td><td colspan="3">球墨铸铁管</td></tr>
<tr><td colspan="2">按接口形式</td><td colspan="2">承插式铸铁管</td><td colspan="3">法兰铸铁管</td></tr>
<tr><td rowspan="4">按浇注形式</td><td>分类</td><td colspan="2">砂型离心铸铁直管</td><td colspan="3">连续铸铁直管</td></tr>
<tr><td>按壁厚</td><td>P 级</td><td>G 级</td><td>LA 级</td><td>A 级</td><td>B 级</td></tr>
<tr><td>型号表示</td><td>砂型管 P
-500-6000</td><td>砂型管 G
-500-6000</td><td>连续管 LA
-500-5000</td><td>连续管 A
-500-5000</td><td>连续管 B
-500-5000</td></tr>
<tr><td>代表意义</td><td colspan="2">P、G 为壁厚分级，500 为公称直径(mm)，6000 为管长(mm)</td><td colspan="3">LA、A、B 为壁厚分级，500 为公称直径(mm)，5000 为管长(mm)</td></tr>
</table>

2. 铸铁管的质量监理

(1) 铸铁管应有制造厂的名称和商标、制造日期及工作压力符号等标记。

(2) 铸铁管、管件应进行外观检查，每批抽 10％检查其表面状况、涂漆质量及尺寸偏差。内外表面应整洁，不得有裂缝、冷融、瘪陷和错位等缺陷，其他要求如下：

1) 承插部分不得有粘砂及凸起，其他部分不得有大于 2mm 厚的粘砂及 5mm 高的凸起。

2) 承口的根部不得有凹陷，其他部分的局部凹陷不得大于 5mm。

3) 机械加工部位的轻微孔穴不大于 1/3 厚度，且不大于 5mm。

4) 间断沟陷、局部重皮及疤痕的深度不大于 5％壁厚加 2mm，环状重皮及划伤的深度不大于 5％壁厚加 1mm。

5）铸铁管内外表面的漆层应完整光洁，附着牢固。

（3）铸铁管的规格检查

1）砂型离心铸铁管规格（表12-51）

表 12-51

DN(mm)	壁厚 (mm)		内径 (mm)		外径(mm)	总重量(kg)			
						有效长度 5000mm		有效长度 6000mm	
	P级	G级	P级	G级		P级	G级	P级	G级
200	8.8	10.0	202.4	200	220.0	227.0	254.0		
250	9.5	10.8	252.6	250	271.6	303.0	340.0		
300	10.0	11.4	302.8	300	322.8	381.0	428.0	452.0	509.0
350	10.8	12.0	352.4	350	374.0			566.0	623.0
400	11.5	12.8	402.6	400	425.6			687.0	757.0
450	12.0	13.4	452.4	450	476.8			806.0	892.0
500	12.8	14.0	502.4	500	528.0			950.0	1030.0
600	14.2	15.6	602.4	599.6	630.8			1260.0	1370.0
700	15.5	17.0	702.0	698.8	733.0			1600.0	1750.0
800	16.8	18.5	802.6	799.0	838.0			1980.0	2160.0
900	18.2	20.0	902.6	899.0	939.0			2410.0	2630.0
1000	20.5	22.6	1000.0	955.8	1041.0			3020.0	3300.0

2）连续铸铁管规格（表12-52）

表 12-52

DN (mm)	外径 (mm)	壁厚(mm)			管道总重量(kg)								
					有效长度 4000mm			有效长度 5000mm			有效长度 6000mm		
		LA级	A级	B级	LA级	A级	B级	LA级	A级	B级	LA级	A级	B级
75	93.0	9.0	9.0	9.0	75.1	75.1	75.1	92.2	92.2	92.2			
100	118.0	9.0	9.0	9.0	97.1	97.1	97.1	119	119	119			
150	169.0	9.0	9.2	10.0	142	145	155	174	178	191	207	211	227
200	220.0	9.2	10.1	11.0	191	208	224	235	256	276	279	304	328
250	271.0	10.0	11.0	12.0	260	282	305	319	347	376	378	412	446
300	322.8	10.8	11.9	13.0	333	363	393	409	447	484	486	531	575
350	374.0	11.7	12.8	14.0	418	452	490	514	557	604	609	662	718
400	425.6	12.5	13.8	15.0	510	556	600	626	685	739	743	813	878
450	476.8	13.3	14.7	16.0	608	665	718	747	819	884	887	973	1050
500	528.0	14.2	15.6	17.0	722	785	848	887	966	1040	1050	1150	1240
600	630.8	15.8	17.4	19.0	963	1050	1140	1180	1290	1400	1400	1530	1660
700	733.0	17.5	19.3	21.0	1240	1360	1460	1530	1670	1800	1810	1980	2140
800	836.0	19.2	21.1	23.0	1560	1700	1830	1910	2080	2250	2270	2470	2680
900	939.0	20.8	22.9	25.0	1900	2070	2240	2340	2550	2760	2770	3020	3280
1000	1041.0	22.5	24.8	27.0	2290	2500	2700	2810	3070	3320	3330	3640	3940
1100	1144.0	24.2	26.6	29.0	2720	2960	3190	3330	3630	3930	3950	4300	4660
1200	1246.0	25.8	28.4	31.0	3170	3450	3730	3880	4230	4580	4590	5010	5430

3）球墨铸铁管规格（表 12-53）

表 12-53

DN(mm)	壁厚(mm)	有效管长(mm)	制造方法	重量(kg)	
				直部每米重	每根管总重
500	8.5	6000	离心铸造	99.2	650
600	10			139	905
700	11			178	1160
800	12			222	1440
900	13			270	1760
1000	14.5		连续铸造	334	2180
1200	17			469	3060

（4）铸铁管及管件，如无制造厂的水压试验资料时，使用前需每批抽 10%作水压试验。各级铸铁管的水压试验要求（表 12-54）

表 12-54

铸铁管种类	壁厚种类	公称直径 DN(mm)	试验压力(MPa)
砂型离心铸铁管	P	≤450	1.96
		≥500	1.47
	G	≤450	2.45
		≥500	1.96
连续铸铁管	LA	≤450	1.96
		≥500	1.47
	A	≤450	2.45
		≥500	1.96
	B	≤450	2.94
		≥500	2.45
管件		≤430	2.45
		≥350	1.96

（5）检查铸铁管材及管件承插口空隙及管材的平直度（表 12-55）

表 12-55

DN(mm)	铸铁管		DN(mm)	铸铁管管件	
	插口外径	承口内径		插口外径	承口内径
≤450	+2 −4	+4 −2	75～200	+3.5 −4	+4 −3.5
500～800	+3 −5	+5 −3	250～900	+4 −5	+5 −4
≥900	+4 −6	+6 −4	1000～1500	+4.5 −6	+6 −4.5

（6）检查铸铁管材及管件承口内径与插口外径的偏差（表 12-56）

表 12-56

承插口环隙(E)		承插口深度(H)	管道平直度(mm/m)	
DN≤800	±E/3	±0.05H	DN<200	3
			DN200～450	2
DN>800	±(E/3+1)		DN>450	1.5

12.2.8 塑料管的质量监理

1. 硬聚氯乙烯（UPVC）

（1）管材规格（表 12-57）

表 12-57

公称外径	PN0.6MPa		PN0.8MPa		PN1.0MPa		PN1.25MPa		PN1.6MPa	
dn	en	di	en	di	en	di	en	di	en	di
20									2.0	16.0
25									2.0	21.0
32							2.0	28.0	2.4	27.2
40					2.0	36.0	2.4	35.2	3.0	34.0
50			2.0	46.0	2.4	45.2	3.0	44.0	3.7	42.6
63	2.0	59.0	2.5	58.2	3.0	57.0	3.8	55.4	4.7	53.6
(75)	2.2	70.6	2.9	69.2	3.6	67.8	4.5	66.0	5.6	64.0
(90)	2.7	84.6	3.5	83.0	4.3	81.4	5.4	79.4	6.7	76.6
110	3.2	103.6	3.9	102.2	4.8	100.4	5.7	98.6	7.2	95.6
(125)	3.7	117.6	4.4	116.2	5.4	114.2	6.0	113.2	7.4	110.0
(140)	4.1	131.8	4.9	130.2	6.1	127.8	6.7	126.6	8.3	123.4
160	4.7	150.6	5.6	148.8	7.0	146.0	7.7	144.8	9.5	140.8
(180)	5.3	169.4	6.3	167.4	7.8	164.4	8.6	162.8	10.7	158.6
200	5.9	188.2	7.3	185.4	8.7	182.6	9.6	181.0	11.9	176.2
225	6.6	211.8	7.9	209.2	9.8	205.4	10.8	203.6	13.4	198.2
(250)	7.3	235.4	8.8	232.4	10.9	228.2	11.9	226.2	14.8	220.4
(280)	8.2	263.6	9.8	260.4	12.2	255.6	13.4	253.4	16.6	246.8
315	9.2	296.6	11.0	293.0	13.7	287.6	15.0	285.0	18.7	277.6
(355)	9.4	336.2	12.5	330.0	14.8	325.4	16.9	323.2		
400	10.6	378.8	14.0	372.0	15.3	369.4	19.1	362.0		
(450)	12.0	426.0	15.8	418.4	17.2	415.8	21.5	507.2		
500	13.3	473.4	16.8	466.4	19.1	461.8	23.9	452.6		
(560)	14.9	530.2	17.2	525.6	21.4	517.2	26.7	506.6		
630	16.7	596.6	19.3	591.4	24.1	581.8	30.0	570.0		

注：括号内管径为非常用规格。

（2）管材质量要求（表 12-58）

表 12-58

指标名称	指标
外观颜色	内、外壁应光滑、清洁，没有划伤和其他缺陷，不允许有气泡、裂口及明显的凹陷、杂质、分解变色线等，一般为灰色或蓝色
密度 维卡软化温度	1350～1460kg/m^3 ≥80℃
密度 弹性模量	1350～1460kg/m^3 3000MPa
扁平试验 耐丙酮性 落锤冲击试验 同一截面的壁厚偏差	无裂缝 不允许分层或碎裂 0℃、10 次冲击均无破裂 ≤14%

2. 聚乙烯（PE）管

(1) 规格及参考重量（表 12-59）

表 12-59

外径(mm)	外径公差(mm)	壁厚及公差(mm)	近似重量(kg/m)
12	±0.3	1.5+0.3	0.046
16	±0.3	2.0+0.4	0.081
20	±0.4	2.0+0.4	0.104
25	±0.4	2.0+0.5	0.133
32	±0.5	2.5+0.5	0.213
40	±0.6	3.0+0.6	0.321
50	±0.6	4.0+0.6	0.532
63	±0.8	5.0+0.8	0.838

(2) 检查性能指标（表 12-60）

表 12-60

名称	指标
外观颜色	管道内外光滑、平整、清洁，颜色一般为本色或黑色
拉伸强度(kg/m)	≥80
断裂伸长率(%)	≥200
液压试验(2倍使用压力)	保持5min，无破裂，渗漏现象
使用压力(常温下)(MPa)	0.4

3. 聚丙烯（PP）管

(1) 规格及参考重量（表 12-61）

表 12-61

公称外径及公差(mm)	Ⅰ型工作压力 0.4MPa		Ⅱ型工作压力 0.6MPa	
	壁厚及公差(mm)	近似重量(kg/m)	壁厚及公差(mm)	近似重量(kg/m)
50±0.4	2.0+0.4	0.3	2.6+0.5	0.38
63±0.5	2.3+0.5	0.44	3.3+0.6	0.61
75±0.5	2.7+0.5	0.61	3.9+0.6	0.85
90±0.7	3.2+0.6	0.87	4.7+0.7	1.23
110±0.8	3.9+0.6	1.27	5.7+0.8	1.83
125±1.0	4.4+0.7	1.63	6.5+0.8	2.33
140±1.0	5.0+0.7	2.06	7.3+1.0	2.95
160±1.2	5.7+0.8	2.68	8.3+1.1	3.81
180±1.4	6.4+0.9	3.39	9.4+1.2	4.85
200±1.5	7.1+1.0	4.18	10.4+1.3	5.97
225±1.8	7.9+1.0	5.20	11.7+1.4	7.53
250±1.8	8.3+1.1	6.10	13.0+1.5	9.28
280±2.0	9.9+1.2	8.09	14.5+1.7	11.61
315±2.5	11.1+1.3	10.18	16.3+1.9	14.68
355±3.0	12.5+1.5	12.94	18.4+2.1	18.65
400±3.5	14.1+1.7	16.45	20.7+2.4	23.66
450±4.0	15.8+1.8	20.68		
500±4.5	17.6+2.0	25.59		

(2) 检查弯曲度，不得超过允许弯曲度（表 12-62）。

表 12-62

管材外径(mm)	≤110	>110
弯曲度(mm)	≤2.0	≤1.0

(3) 管材性能指标（表 12-63）

表 12-63

指标名称			指标
轴向尺寸变化率(%)			$-2.0 \leqslant L \leqslant 2.0$
扁平试验			三段试样全部通过为合格
20℃液压试验(瞬时爆破环向应力)(MPa)			≥2.0
20℃落锤冲击能量(kg·m)		公称外径(mm)	
	Ⅰ型	50	3
		63	4
		75	5
		90	6
		110	7
	Ⅱ型	50 63 75 90 110	8

12.2.9 商品混凝土的监理

1. 商品混凝土的质量监理

(1) 工程建设项目中，在采用商品混凝土前，一般均应作经济和技术分析。只有在工地无集中大规模生产的条件，为缩短施工时间，在保证工程质量的前提下采用比较适宜。

(2) 在建设单位或施工单位与商品混凝土生产厂（站）签订合同前，商品混凝土生产厂（站）必须将生产资质、工艺过程、试验室的等级以及计量装置近期经过国家计量部门检定的资料报监理审查认可。

(3) 混凝土生产厂（站）所用的原材料来源、规格、品种、生产厂家、测试资料，在正式生产前，必须报监理审核。同时在监理与施工双方共同在场的情况下，随机取样送检测中心测试，在取得测试合格报告后，方可投入生产。

(4) 通用的商品混凝土等级一般小于 C40，坍落度不大于 15cm，粗骨料的最大粒径<40mm，且含气量符合《混凝土外加剂应用技术规定》(GBJ 119) 的规定，超过通用规定范围的商品混凝土为特制品。

2. 商品混凝土原材料的检验

(1) 水泥

1) 商品混凝土应采用不低于 32.5 级的普硅水泥或矿渣硅酸盐水泥，其性能应符合《硅酸盐水泥、普通硅酸盐水泥》GB 175—1999、《矿渣硅酸盐水泥、火山灰质硅酸盐水泥及粉煤灰硅酸盐水泥》GB 1344—1999 的规定。

2）进场水泥应有生产厂提供的有生产许可证号的产品质量合格证或试验报告单，包装水泥袋上应有水泥品种、强度等级、生产日期、生产厂名和生产许可证编号等标志。

3）进场水泥应按下列要求检查验收：

a. 逐批查验质量合格证或质量检验报告单，并应对其品种、强度等级、标准稠度用水量、凝结时间和体积安定性等进行验收。

b. 对质量免检企业的水泥也应定期查验质量合格证或质量检验报告单，并每月抽检一次强度等级、标准稠度用水量、凝结时间和体积安定性。

c. 对储存期超过2个月或对质量有怀疑的水泥，应复验其强度等级、标准稠度用水量、凝结时间和体积安定性，并按试验结果使用。

4）水泥的储存

a. 水泥应先到先用，储存期不应超过2个月。

b. 散装水泥应按品种、强度等级分仓储存。

c. 包装水泥应按品种、强度等级、生产厂和生产日期分别储存于室内，地面应有防潮措施，堆放层数不应超过12层。

（2）砂

1）砂宜采用洁净、坚硬、级配良好的河砂或海砂，其细度模数 M_X 为2.3～3.2的中粗砂，其技术要求应符合《普通混凝土用砂质量标准及检验方法》JGJ 52—1992的规定。

2）砂必须在产地过筛，筛孔不大于20mm×20mm。

3）道路用商品混凝土的砂，其含泥量不大于2%；云母含量不大于1%。

4）不同产地的砂应分别堆放，分别配料和使用。

（3）碎石

1）碎石的技术要求应符合《普通混凝土用碎石或卵石质量标准及检验方法》JGJ 53—1992的规定。

2）道路用商品混凝土应采用机轧碎石。

3. 商品混凝土的出厂检验

1）出厂检验的试件取样和试验工作应由商品混凝土生产厂（站）承担，将测试报告及时送交驻厂（站）监理人员。

2）每组试件（3块）取样应从搅拌机的同盘中抽取，并在卸出料达1/4到3/4时采样。每次抽取试样量不少于0.03m^3。

3）取样频率同混凝土的坍落度和清堵的检验，每100m^3取样试验不得少于1次；每台班（批）拌制的混凝土不足100m^3时，取样试验也应保证一次。

4）特殊工程应加做含气量试验。

5）混凝土强度检验评定应符合《混凝土强度检验评定标准》GBJ 107—87的规定。

4. 商品混凝土的到达检验

1）商品混凝土到达工地交货检验的抽样试验工作由施工单位承担。

2）混凝土搅拌车到达浇筑地点30min内从出料口由现场监理人员见证取样，制作试件并在30min内完成。

3）取样频率与出厂检验的取样频率相同。

4）在交货地点测得的混凝土坍落度值与合同规定的坍落度值之差，应符合表 12-64 的要求。

表 12-64

合同规定的坍落度值(mm)	允许偏差(mm)
≤40	±10
50～90	±20
≥100	±30

12.3 给排水专用材料的监理

12.3.1 盘根填料的监理

1. 常用橡胶石棉盘根规格及参考重量（表 12-65（kg/10m））

表 12-65

断面形状	尺寸（mm）	石棉编结盘根	石棉卷制盘根	石棉铜丝编结盘根	石棉铜丝卷制盘根	石棉钢丝编结盘根	石棉钢丝卷制盘根
方形	3×3	0.11	—	0.12	—	—	—
	4×4	0.18	—	0.22	—	0.27	—
	5×5	0.31	—	0.34	—	0.43	—
	6×6	0.45	—	0.48	—	0.61	—
	8×8	0.80	—	0.86	—	1.10	—
	10×10	1.25	—	1.35	—	1.70	—
	13×13	—	2.10	—	2.30	—	2.87
	16×16	—	3.20	—	3.46	—	4.35
	19×19	—	4.50	—	4.87	—	6.10
	22×22	—	6.10	—	6.50	—	8.20
	25×25	—	7.80	—	8.40	—	10.60
	32×32	—	12.80	—	13.80	—	17.40
	38×38	—	18.10	—	19.50	—	24.50
	44×44	—	24.00	—	26.10	—	33.00
	50×50	—	31.00	—	33.80	—	42.50
扁形	4.5×19	1.03	—	1.07	—	—	—
	4.5×25	1.23	—	1.35	—	—	—
	4.5×32	1.73	—	1.80	—	—	—
	6×19	1.37	—	1.42	—	—	—
	6×25	1.80	—	1.83	—	—	—
	6×32	2.30	—	2.40	—	—	—
	6×33	2.74	—	2.85	—	—	—
	6×50	3.60	—	3.75	—	—	—
	10×25	3.00	—	3.13	—	—	—
	10×38	4.50	—	4.75	—	—	—
	10×50	6.00	—	6.25	—	—	—

2. 油浸石棉盘根规格及参考重量（表 12-66（kg/10m））

表 12-66

直径或边长(mm)	方形油浸石棉盘根	方形油浸石棉夹铜丝盘根	方形油浸石棉夹铅丝盘根	圆形油浸石棉盘根	圆形油浸石棉夹铜丝盘根	圆形油浸石棉扭制盘根	圆形油浸石棉夹铅丝扭制盘根
1	—	—	—	—	—	0.011	0.012
2	—	—	—	—	—	0.042	0.048
3	—	—	—	—	—	0.095	0.108
4	0.2	0.2	0.3	—	—	0.168	0.192
5	0.3	0.3	0.4	0.3	0.3	0.233	0.300
6	0.4	0.4	0.6	0.4	0.4	0.378	0.432
8	0.8	0.8	1.1	0.8	0.8	0.672	0.768
10	1.2	1.2	1.7	1.2	1.2	1.050	1.200
13	2.0	2.0	2.9	2.0	2.0	1.770	2.028
16	3.1	3.1	4.4	3.0	3.0	2.688	3.072
19	4.3	4.3	6.1	4.3	4.3	3.790	4.332
22	5.8	5.8	8.2	5.8	5.8	5.000	5.810
25	7.5	7.5	10.6	7.5	7.5	6.560	7.500
32	12.3	12.3	17.4	12.3	12.3	—	—
38	17.3	17.3	24.5	17.3	17.3	—	—
44	23.2	23.2	32.9	23.2	23.2	—	—
50	30.0	30.0	42.5	30.0	30.0	—	—

3. 盘根性能规定（表 12-67）

表 12-67

品种	牌号	适用极限压力(MPa)	适用极限温度(℃)	容积重量(g/cm³)	说　明
橡胶石棉盘根	XS450	5.9	450	1.1	可以浸渍润滑剂、夹橡胶条、夹橡胶芯或夹金属丝
	XS350	4.4	350		
	XS250	4.4	250		
油浸石棉盘根	YS450	5.9	450	0.9（夹铜丝 1.1）	有方形、圆形和扭制三种
	YS350	4.4	350		
	YS250	4.4	250		

4. 盘根选择要求（表 12-68）

表 12-68

安装位置	介质	介质温度(℃)	盘根名称	技术要求		
				编结方法	烧失量(%)	尺寸、外观及性能
水泵阀门	水	≤60	油浸石棉盘根	夹心编结	30～40	1. 油浸石棉盘根所用的浸渍油及石墨的含量为 25%～30% 2. 油浸棉纱盘根可以不涂石墨 3. 石棉盘根的尺寸偏差应符合下列要求： 石棉盘根的尺寸(mm)；允许偏差(mm) 3×3～5×5　±0.3 6×6～10×10　0.4 13×13～16×16　0.6 18×18～25×25　±0.8 4. 石棉盘根不夹铜丝 5. 石棉盘根表面花纹应匀称、平正、不应有外露线头、弯曲、跳线等缺陷 6. 石棉盘根应具有一定弹性，在压装盘根弯曲时不应产生凸起、断线、裂缝或分层现象 7. 腐蚀试验应符合建设部标准
			油浸棉纱盘根	发辫式		
高压(10～20MPa)水泵、阀门		常温	油浸石棉盘根	穿心编结	30～40	

续表

<table>
<tr><th rowspan="2">安装位置</th><th rowspan="2">介质</th><th rowspan="2">介质温度(℃)</th><th rowspan="2">盘根名称</th><th colspan="3">技术要求</th></tr>
<tr><th>编结方法</th><th>烧失量(%)</th><th>尺寸、外观及性能</th></tr>
<tr><td>氨压缩机、阀门</td><td>氨</td><td>≤140</td><td>橡胶夹布盘根</td><td></td><td></td><td>氨压缩机用橡胶夹布盘根中的橡胶应用耐油橡胶</td></tr>
<tr><td rowspan="2">酸泵、阀门</td><td rowspan="2">硫酸浓度98%</td><td rowspan="2">≤90</td><td>橡胶棒盘根、环行橡胶盘根</td><td rowspan="2"></td><td rowspan="2"></td><td rowspan="2">1. 耐酸系数0.85%
2. 其他往复冷油泵油缸用盘根与第1～6条相同</td></tr>
<tr><td>多股铅丝盘根</td></tr>
<tr><td>盐水泵、阀门</td><td>盐水</td><td></td><td>油浸棉纱盘根</td><td>发辫式</td><td></td><td></td></tr>
</table>

注：1. 介质温度<350℃时，盘根箱内第一圈至第三圈压装石棉盘根，第四圈开始压装铅盘根，然后与石棉盘根间隔压装，盘根箱最外一圈均为石棉盘根。

2. 编结或卷制橡胶石棉盘根制造标准，应符合部标准 JG 67—64 的规定；油浸石棉盘根制造标准，应符合部标准 JG 68—64 的规定。其他盘根无正式标准，可参照本表中技术要求订货和验收。

12.3.2 垫片选择的监理

1. 与法兰、阀门配套用的石棉垫的规格（表 12-69）

表 12-69

内径(mm)	重量(kg/个)	内径(mm)	重量(kg/个)
14	0.50	200～250	2.30
20～50	0.55	300～400	3.30
65	0.85	450～500	5.00
80～100	1.10	550～600	5.50
125～150	1.20		

2. 软钢纸板的技术性能要求（表 12-70）

表 12-70

<table>
<tr><th colspan="2">纸板规格(mm)</th><th colspan="3">技术性能</th><th rowspan="2">用途</th></tr>
<tr><th>长度×宽度</th><th>厚度</th><th>性能</th><th>单位</th><th>指标</th></tr>
<tr><td rowspan="3">920×650
650×490
650×400
400×300</td><td rowspan="3">0.5～0.8
0.9～1.0
1.1～2.0
2.1～3.0</td><td>密度</td><td>g/cm²</td><td>1.1～1.4</td><td rowspan="3">用于制作连接处密封垫片</td></tr>
<tr><td>单位横断面抗拉强度，横向≥</td><td>MPa</td><td>29.4</td></tr>
<tr><td>水分</td><td>%</td><td>6～10</td></tr>
</table>

3. 石棉橡胶板

(1) 性能要求（表 12-71）

(2) 规格及重量要求（表 12-72）

4. 工业用硫化橡胶板

(1) 性能指标（表 12-73）

表 12-71

指标		GB 3985—83 高压 XB450	GB 3985—83 中压 XB350	GB 3985—83 低压 XB200	GB 539—83 耐油	HB 203—76 400 耐油	用途
表面颜色		紫	红	灰			高压石棉橡胶板用作各种技术装备的金属接头和连接面上的衬垫。 中压石棉橡胶板：用作水管及蒸汽管道接合处的密封衬垫； 低压石棉橡胶板：用作一般水暖设备及低压水管与蒸汽管道接合处的密封衬垫； 耐油石棉橡胶板：用作在煤油、汽油和润滑油介质中工作的发动机、管子接头密封衬垫，但不宜在高温下使用； 400 石棉耐油橡胶板：分涂石墨的及不涂石墨的两种，适用于温度为 400℃、压力为 3.92MPa 的油品、溶剂、碱类介质的设备和管道法兰连接处密封衬垫之用
密度		1.5～2	1.5～2	1.5～2	1.5～2	1.5～2	
适用条件	温度(℃)	≤450	≤350	≤200	—	≤400	
	压力(MPa)	≤5.0	≤3.9	≤1.47	—	≤3.9	
纵向抗张强度(MPa)	室温	≥44.1	≥29.4	≥16.7	≥33.4	—	
	室温、浸喷气燃料和 70 号航空汽油 24h 后	—	—	—	≥18.6	—	
	150℃浸 20 号航空润滑油 24h 后	—	—	—	≥29.4	—	
横向抗张强度(MPa)	室温	≥19.6	≥12.3	≥6.9	≥12.8	—	
	室温、浸喷气燃料和 70 号航空汽油 24h 后	—	—	—	≥7.85	≥14.7	
	150℃浸 20 号航空润滑油 24h 后	—	—	—	≥10.80	≥27.5	
吸油率(%)	150℃浸 20 号航空润滑油 24h 后	—	—	—	≤23	≤9	
	室温、浸喷气燃料和 70 号航空汽油 24h 后	—	—	—	≤8～22	≤15	

注：高、中、低压石棉橡胶板贮存期限为二年，耐油石棉橡胶板及 400 石棉耐由橡胶板贮存期限为一年半。应贮存在 0～30℃的仓库内，并应防止日晒或靠近加热装置 1m 以内的地方。

表 12-72

品名	厚度(mm) 0.4	0.5	0.6	0.8	1.0	1.2	1.5	2.0	2.5	3.0	3.5	4.0	4.5	5.0	5.5	6.0	宽度 (mm)	长度 (mm)
	重量，(kg/m²)不大于																	
XB450	—	1.0	1.2	1.6	2.0	2.4	3.0	4.0	5.0	6.0	—	8.0	—	—	—	—	500 620	500 620
XB350	—	—	—	1.6	2.0	—	3.0	4.0	5.0	6.0	7.0	8.0	9.0	10.0	11.0	12.0	1260	1000 1260
XB200	—	—	—	1.6	2.0	—	3.0	4.0	5.0	6.0	7.0	8.0	9.0	10.0	11.0	12.0	1500	40000
耐油	0.8	1.0	1.2	1.6	2.0	2.4	3.0	4.0	5.0	6.0	—	—	—	—	—	—		
400 耐油	—	—	—	—	2.0	—	—	4.0	—	6.0	—	—	—	—	—	—	550 1100	650 1100

表 12-73

耐酸、碱橡胶板	2707 2807	硬度较高,具有耐酸、碱性能,可在温度为－30～＋60℃之间的20%的酸(或碱)液体中工作。可用于冲制各种形状的垫圈及铺盖各种机械设备
	2709	硬度较高,具有耐酸、碱性能,可在温度为－30～＋60℃之间的20%的酸(或碱)液体中工作。可用于冲制各种形状的垫圈及铺盖各种机械设备
耐油橡胶板	3707 3807	硬度较高,具有较好的耐溶剂膨胀性能,可在温度为－30～＋100℃机油变压器油、汽油等介质中工作。适用于冲制各种形状的垫圈
	3709 3809	硬度较高,具有较好的耐溶剂膨胀性能,可在温度为－30～＋80℃之间机油、润滑油、汽油等介质中工作。适用于冲制各种形状的垫圈
耐热橡胶板	4708 4808	硬度较高,具有耐热性能,可在温度为－30～＋100℃之间,压力不大的蒸汽、热空气等介质中工作。用作冲制各种垫圈和隔热垫板
	4710	中等硬度,具有耐热性能,可在温度为－30～＋100℃之间,压力不大的热空气、蒸汽等介质中工作。用作冲制各种垫圈和隔热垫板
	4604	硬度低,具有优良的耐热老化、耐臭氧等性能,可在温度为－60～＋250℃的空气中工作,供冲制各种密封垫圈、垫板等用

12.3.3 滤料选择的监理

1. 石英砂滤料

(1) 石英砂滤料的规格(表 12-74)

表 12-74

名称	粒径(mm)	粒径级配(mm)		
		D10	D80	K80
石英矿破碎的石英砂	0.6～0.9	0.54	0.84	1.56
	0.5～1.2	0.65	1.09	1.68
	0.5～1.0	0.52	0.98	1.88
	0.6～1.3	0.65	1.09	1.68
	1～2	1.27	1.81	1.42
	2～4	2.52	2.74	1.09
天然石英砂	0.5～0.8	0.54	0.84	1.56
	0.5～1.2	0.65	1.09	1.68
	0.5～1	0.52	0.98	1.88
	0.6～1.3	0.65	1.09	1.68
	1～2	1.27	1.81	1.42
	2～4	2.52	2.74	1.09
石英海砂	0.5～1.0	0.6	1.05	≤0.8

(2) 石英砂滤料的质量要求(表 12-75)

表 12-75

原料组成	外型	破碎率和磨损率之和	密度	有机轻物质	盐酸可溶率	含泥量
应为硬的、耐用的密实颗粒,以含硅物质为主的天然石英砂筛分而成,或由石英石经机械破碎筛分而成	大部分颗粒应接近球形或等边体	≤1.5%	≤2.55t/m³	≤0.5%颜色不得深于标准色	≤3.5%	≤1%

2．常用无烟煤滤料

（1）主要性能指标（表 12-76）

表 12-76

名　称	粒径范围(mm)	密度(t/m^3)	孔隙率(%)
粒状无烟煤滤料	0.8～1.6 0.8～1.8 0.8～2.0 0.8～1.2 0.6～1.2	1.54	57.24

（2）无烟煤滤料的质量要求（表 12-77）

表 12-77

原料组成	外型	破碎率和磨损率之和	密度	盐酸可溶率	含泥量
应为硬的，耐用的各种无烟煤颗粒所组成	大部分颗粒接近等边体	≤3%	1.4～1.6 t/m^3，并做浮沉法测定浮上物≤8%	≤3.5%	≤4%

3．活性炭滤料

（1）粉末活性炭滤料的规格和性能要求（表 12-78）

表 12-78

牌号	规格及性能	用　途
782A—A	脱色力(0.15%甲基蓝)/10mL　干燥减量 60% pH=5～7　总铁 0.05% 氯化物 0.20%　酸溶物<3% 钙镁(MgO)0.25%　灼烧残渣 4%	具有脱色、脱臭和净化性能，用于给水和污水处理
782A—B	脱色力(0.15%甲基蓝)14mL　干燥减量 60% pH=7～9　总铁 0.05% 氯化物 0.05%	
TH—2	一级、二级品质分别达到以下要求： 亚甲蓝吸附　100mg/L　95mg/L 氯化物　≤0.05%　≤0.05% pH　5～7 铁盐　≤0.05%　≤0.05% 重金属　≤0.005%　0.005% 酸溶物　≤3.5%　≤3.5% 水溶物　≤0.5%　≤0.5% 醇溶物　≤0.2%　≤0.2% 粒度　80～100 目　80～100 目 含水率　≤10%　≤10% 灰分　≤5%　≤5%	具有脱色、除臭，提纯作用，用于给水和污水处理的除臭、脱色

（2）颗粒活性炭的指标（表 12-79）

4．天然锰砂滤料的性能指标（表 12-80）

5．磁铁矿滤料的性能指标（表 12-81）

表 12-79

牌　号	粒度(目)	堆积密度(kg/m^3)	外　观
ZJ—15	10～20	450～530	暗黑色柱状
QJ—20	8～14	400	球状
PJ—09	12～16	400	不定形颗粒
ZJ—25	6～12	520	黑色柱状
PJ—20	8～16	400	不定形颗粒
GH—16	10～28	340～440	
GH—17	8～24	≥350	
防净 2#	8～20	≤250	细散颗粒

表 12-80

品名	密度(kg/m^3)	堆积密度(kg/m^3)	孔隙率	品　质
瓦房子锰砂	3200	1600	50%	机械强度稍差
湘潭锰砂	3400	1700	50%	MnO_2 含量为 50% 质地较好
马山锰砂	3600	1800	50%	MnO_2 含量为 50%～55% 为良好的除铁、除锰滤料

表 12-81

粒径范围(mm)	密度(t/m^3)	孔隙率(%)	不均匀系数	杂质含量
0.25～0.5 0.5～1.0 1.0～2.0 2.0～4.0 4.0～8.0 8.0～16.0	4.5～4.6	55.6	1.48～1.65	Fe 含量 60% Si 含量 7% S 含量 3% Cu 含量 0.5%

第 13 章　工程施工测量放样监理

13.1　构筑物工程施工测量放样

13.1.1　施工测量工作要点

1. 工程施工测量放样内容：

(1) 根据构筑物施工总体布置图和有关资料，按施工需要布设施工控制网。

(2) 针对构筑物工程施工各阶段的不同要求，进行施工放样及检查工作。

(3) 提供构筑物工程局部施工布置所需要的测绘资料。

(4) 构筑物外部变形观测点的埋设和施工期间的定期观测工作。

(5) 构筑物几何形体的竣工测量。

2. 施工平面控制网的坐标系统，宜与规划设计阶段的坐标系统相一致。也可以根据施工需要建立与设计阶段的坐标系统有换算关系的施工坐标系统。施工高程系统，必须与设计阶段的高程系统一致，并应根据需要与就近国家水准点进行联测场地控制网。

3. 施工测量主要精度指标（表 13-1）

表 13-1

项　目		精度指标(mm)			说　明
分布工程	部位	内容	平面位置中误差	高程中误差	
混凝土	构筑物底板	轮廓点放样	±20	±20	①平面相对于轴线控制点（泵址中心轴线标志点）；②高程相对于工地水准基点
混凝土	进、出水流道和泵井	轮廓点放样	±10	±10	
混凝土	岸墙、翼墙	轮廓点放样	±25	±20	
混凝土	消力池、铺盖	轮廓点放样	±30	±30	
浆砌石	岸墙、翼墙	轮廓点放样	±30	±30	
浆砌石	护底、海漫、护坡	轮廓点放样	±40	±30	
干砌石	护底、海漫、护坡	轮廓点放样	±40	±30	
土石方开挖		轮廓点放样	±50	±50	包括土方保护层开挖
构筑物机电设备与金属结构安装		安装点	±(1～3)	±(1～3)	相对于构筑物安装轴线和相对水平度
施工期间外部变形观测		水平位移测点	±(3～5)	—	相对于观测基点
施工期间外部变形观测		垂直位移测点	—	±(3～5)	

4. 对于测绘仪器与工具，必须做到及时检查校正，加强维修保养，定期检修和验定，使其保持良好状态。

5. 各种外业手簿的原始记录，必须做到数据真实、字迹清楚、端正齐全，严禁涂改转抄与事后补记。

13.1.2 平面控制网的布置

1. 以轴线网为宜，如用三角网时，构筑物轴线宜作为三角网的一个边。

2. 根据构筑物中心标志，测设轴线控制的标点（简称轴线点），其相邻标点位置中的误差应符合规定（表 13-2）。

表 13-2

轴线类别	相对于邻近控制点点位中误差(mm)
土建轴线	±10
安装轴线	±5

3. 平面网控制测量等级，宜按四等三角和一、二级小三角，与一、二级导线测量的有关技术要求进行。三角网主要技术要求（表 13-3）和一、二级导线测量的主要技术要求（表 13-4）。

表 13-3

等级	相对中误差		测回数		测角中误差	三角形最大闭合差
	起始边	最弱边	DJ_2 型	DJ_6 型	(mm)	(mm)
四等三角	1/80000	1/40000	6		±2.5	±9
一级小三角	1/40000	1/20000	2	6	±5	±15
二级小三角	1/20000	1/10000	1	2	±10	±30

表 13-4

等级	导线总长度(km)	导线边长(m)(平均)	量距相对误差	导线轴线闭合差	测回数		测角中误差(mm)	方位角闭合差(mm)	注
					DJ_2 型	DJ_6 型			
一级导线	2.4	100～300 (200)	1/10000	1/10000	2	4	±5	$\pm 10\sqrt{n}$	n 为测站数
二级导线	1.2	50～150 (100)	1/5000	1/5000	1	2	±10	$\pm 20\sqrt{n}$	

4. 平面控制点，应选埋于通视良好、有利于扩展、方便放样、地基稳定且能长期保存的地方。平面控制网建立后，应定期进行复测，若发现控制点有位移迹象时，应进行检测，其精度应不低于测设的精度。

5. 施工水准网的布设，应按由高到低逐等控制的原则进行，接测国家水准点时，必须接测两点以上，检测高差符合要求后，才能正式布网。

6. 工地水准基点，宜设地面明标与地下暗标各一座，大型构筑物应设置明标与暗标各两座。基点位置应设在不受施工影响，地基坚实、便于保存的地点，埋设深度应在冰冻层以下 0.5m，并浇灌混凝土基础。

7. 给水排水构筑物高程控制测量等级要求（表 13-5）。

表 13-5

施测部位	水准测量等级
大型构筑物垂直变形	二
大型构筑物水准网布设	二或三
大型泵房垂直变形、中型构筑物水准网布设	三
大、中型构筑物进、出水渠道主要混凝土构筑物	四
一般土石方工程	五

8. 高程测量的各项技术要求（表 13-6）。

表 13-6

项目 水准 等级	标尺 类型	水准仪 型号	视线 长度 (m)	前后 视距差	前后 视距 累计差 (m)	视线 离地面 高度 (m)	基铺分划 (红黑面) 读数差 (mm)	往返较差、环线或附合闭合限差		说明
								平原 (mm)	山地 (mm)	
二	单回	DS_1	≤50	≤1.0	≤3.0	≥0.3	0.5	$\pm4\sqrt{4}$		n—水准测量单程测站数，每千米多于16站时，按山地计算闭合差； L—水准测量路线长度(km)，当成像显著，清晰稳定时，视线长度可按表中规定放长20%
三	单回 双回	DS_1 DS_3	≤100 ≤75	≤2.0	≤5.0	三丝能读数	1.0 2.0	$\pm12\sqrt{L}$	$\pm3\sqrt{n}$	
四	双回	DS_3	≤80	≤3.0	≤10.0		3.0	$\pm20\sqrt{L}$	$\pm5\sqrt{n}$	
五 (等外)	双回 (单回)	DS_3	≤100	大约 相等	—	—	—	$\pm30\sqrt{L}$	$\pm10\sqrt{n}$	

13.1.3 测设、测量放线的监理

1. 场地控制网包括平面控制网和标高控制网。

(1) 场地控制网是整个场地内各幢构筑物和构筑物平面、标高定位以及高层建筑竖向控制的基本依据。监理工程师要监督承包单位准确地测定与保护好场地控制网，首先要审查承包单位的场地控制网测设方案，然后，在承包单位控制网测定、自检合格后，进行验线。

(2) 场地控制网测设方案的审查

监理工程师应根据场地情况、设计与施工要求，按照便于控制全面又能长期保留的原则，审核承包单位的场地控制网测设方案。

1) 场地平面控制网应均布全场区，控制线间距要适宜。控制网必须包括：作为场地定位的起始点和起始边，构筑物的对称轴和主要轴线，弧形构筑物的圆心点和直径方向，电梯井的主要轴线等；

2) 场地平面控制网的网形，应适合和满足整个场地构筑物测设的需要。控制点之间应通视、易丈量，且易于长期保留；

3) 一般构筑物附近要设 2 个水准点或者±0.000 水平线，高层建筑附近至少设置 3 个水准点或±0.000 水平线。在整个场地内施测时，要能同时后视到 2 个水准点。场地内各水准点应构成闭合图形，以便于闭合校核。

4) 各水准点点位要设在构筑物开挖和地面沉降范围以外，水准点桩的构造及埋设应规范，以便长期保留。

(3) 场地平面控制网的检测

1) 承包单位要按监理工程师批准的方案测设场地平面控制网；

2) 一般以测绘单位给定的一个红线桩的点位和一条红线边的方向为准进行测设；

3) 承包单位将控制网测定、自检合格后，发出验线通知单，同时提交整体网形的闭合校核和局部校核资料。监理工程师分析测设资料后，为慎重起见，还应实地校测。验线合格，签证认可后，方允许其正式使用该场地控制网。

(4) 场地标高控制网的检测与精度要求

1）承包单位应根据测绘单位指定的已知标高的水准点引测到场地内，测设场地内各构筑物水准点或±0.000水平线，以构成场地标高控制网，并接测到另一指定的水准点作为附合校对；

2）闭合差小于规定，可以按测站数成正比例进行闭合差调差。若测绘单位只给出一个已知标高的水准点作为依据，则可采用往返测法作校核；

3）承包单位将标高控制网测设后，自检合格，报请验线。监理工程师检测合格后，批准其正式使用。

2. 校测起始依据

（1）若起始依据是附近原有建（构）筑物，则应与建设单位、测绘院、承包单位共同在现场，对定位依据的构筑物的边、角、中级、标高等具体位置，进行明确的指定和确认，以防发生差错。

（2）若起始依据是规划红线和水准点，要根据城市规划局批准的红线图，请测绘院到现场给定起始依据，包括红线桩的桩位和水准点的标高。校测无误，并经监理工程师校测后，方允许使用。

（3）监理人员在熟悉设计文件和图纸的基础上，会同承包单位、设计单位、勘测部门在现场交接中线控制桩和水准点，并指令和检查承包单位对所有测量控制桩和水准点，进行有效的保护，直到工程竣工验收结束。

（4）监理工程师对建设单位提供的图纸，或在设计单位现场交桩获得的原始定线资料，进行复核和校核，确保原始定线方位、水准点高程的数据准确无误。若发现有连续2个以上原始基准点损坏时，应通知建设单位由设计勘测单位补定。

（5）监理工程师应审核和检查承包单位提交的施工放样报验单及测量资料。对进行检查验收合格的，及时给予书面认可。发现有差错，应及时通知承包单位重测，合格后再予以书面认可。

（6）监理工程师应对承包单位以加密控制点、辅助基线、临时水准点和施工放样为目的的测量工作，进行现场监督、检查、复核并认可。

3. 构筑物定位放线的验线

（1）构筑物的定位放线通常是根据定位条件，先测设一个平行于构筑物并距基槽外1～5m的构筑物矩形控制网，网上有构筑物的各中线点和轴线点。基础开挖后，即可据此恢复构筑物的中线和轴线。

（2）承包单位根据构筑物各轴线桩或控制桩，按基础图撒好基槽灰线，自检合格后，报请监理工程师验线。

1）验线时，首先要检查定位依据的正确性和定位条件的几何尺寸，再检查构筑物矩形控制网、构筑物四廓尺寸以及轴线间距，最后要检查各轴线，特别是主轴线的控制桩（引桩）桩位是否准确和稳定；

2）验线合格后，签证认可。沿规划红线兴建的构筑物，还需要请城市规划部门验线，验线合格，方可破土动工。

（3）构筑物基础放线的验线

1）当基础垫层浇筑后，承包单位在垫层上必须准确地测定构筑物各轴线、边界线、墙宽线和桩位线等。自检合格后，书面通知监理工程师验线；

2）基础放线是具体确定构筑物的位置，至关重要，验线时必须严格把关。

4. 检查轴线控制网

(1) 要检查各轴线控制桩，确定没有被碰动和位移，才允许使用。

(2) 要检查有无用错轴线桩，当构筑物轴线较复杂时，更应防止用错。

5. 四大角和轴线的检测

(1) 根据基槽边上的轴线控制桩，用经纬仪检查基础垫层上各轴线的投测位置，亦即检查基础的定位；

(2) 实地量测四大角和各轴线的相对位置，防止整个基础在基槽内移动错位。

6. 检查垫层顶面的标高。

7. 测量放样质量监理工程流程（图 13-1）

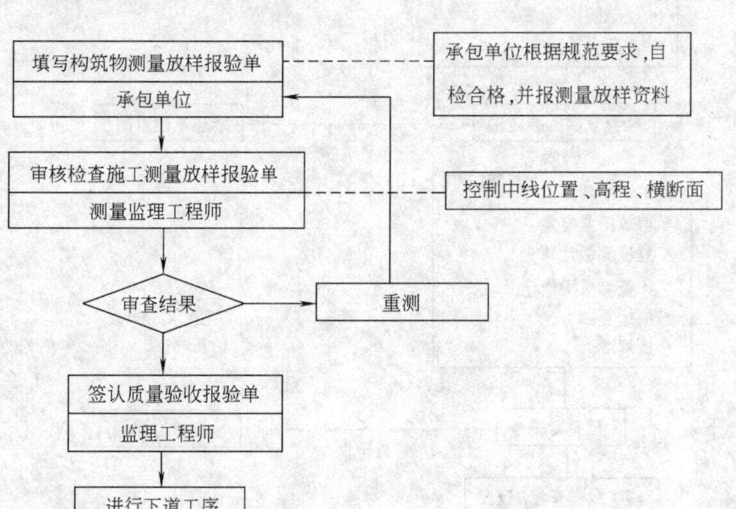

图 13-1 测量放样质量监理工作流程

8. 施工测量监理工作流程（图 13-2）

9. 构筑物施工测量质量监理

(1) 工程测量基桩的接受与交桩。

(2) 测量控制网的建立及其监理。

(3) 构筑物测量控制网的图形。

1）控制网的各条边和角都必须准确测量，测量的闭合误差应符合规范标准，各桩点的坐标值应经平差计算最后得到；

2）一般控制网内三角形较多，复核测量的次数较多，控制网的精度较好；

3）其他组合由测量工程师酌定。

(4) 测量控制网的精度控制。

(5) 控制网测量的监理工作程序：

1）承包单位接收到了监理工程师移交的基点桩位后，应立即开始建立测量控制网的工作；控制网的埋桩、测量、建网和计算由承包单位独立完成或委托专门的测量部门来完成。

2）完成此项工作的人员要有合格的资历和工作经验，使用的仪器必须经过检验标定，

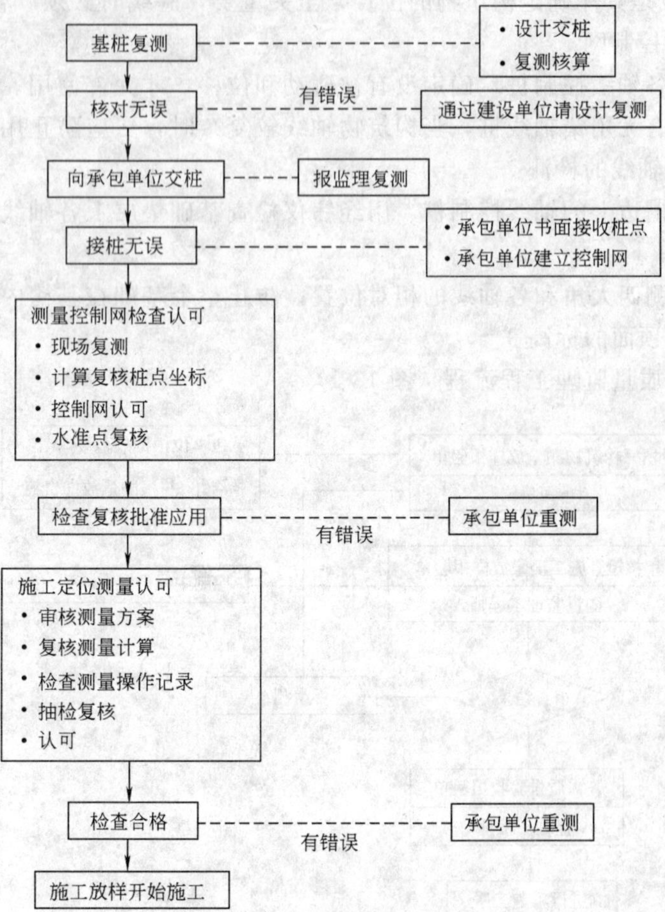

图 13-2 施工测量监理工作流程

符合精度要求；

3）工作完成后，应书面向监理工程师提出报告和计算资料，并现场交桩。监理工程师接到报告后，要独立地组织复测检查，认为准确无误，精度符合要求后，可以批准使用；

4）经检查批准的桩位标志，应责令承包单位妥善保护，保证施工中和竣工验收时使用，批准使用的桩位应涂上鲜明的颜色以示区别；

5）所有施工放样的测桩，都必须经监理工程师检查批准，否则不能使用；

6）控制网在施工过程中有可能被移动，应定期复测。监理工程师在任何时候认为控制网稳定性有问题时，可指令承包单位限期对控制网复测检查。复测检查以前停止使用有可能已被移动的桩位。

（6）施工定位测量的监理

1）控制网建立并经监理工程师批准后，可以开始作具体工程部位的施工定位测量放样工作；

2）在测量放样开始前，承包单位应交一份测量放样方案。内容包括：

a. 测设部位；

b. 测设的方法，具体使用的置镜点，后视点的桩位编号；

c. 测设计算书：根据测放点位、置镜点后视点计算出相应的偏角与边长；

d. 校核的方法：校核时用的置镜点，后视点桩位编号及相应的计算书。

3）由测量监理工程师对测量方案进行审核，测量方案应满足以下的要求：

a. 测量放样所用的所有置镜点、后视点必须是控制网的桩点，不能用临时桩点或临时测放的桩点作为放样的置镜点或后视点，以避免误差积累和出现错误；

b. 测量方案必须能保证有足够的精度，在测量过程中应不受施工的干扰，例如：避免使测量误差集中在桥位某一位置，水中桥墩采用浮运法施工时，桥墩定位测量时应采用交会法等；

c. 所有定位放样的测量都必须有可靠的校核方法，以保证测量没有错误。保证误差在允许的范围之内，如交会法放样应取三点交会，坐标法放样应从两个桩点放样核对，测点在同一直线上应串线等。

4）承包单位必须在得到监理工程师对测量方案的书面批准后方可进行测量放样。测量时必须使用经过检验标定的仪器，监理人员应旁站以保证测读无误。

（7）水准基点的布设原则

1）施工水准点测设精度，应不低于三等水准测量要求，厂区应设置不少于2个水准点；

2）根据施工需要及地质不良或易受破坏的地段，应适当增设辅助水准点，其精度应符合五等水准要求。

13.2 管道施工测量监理

13.2.1 管线施工测量工作内容

1. 测定管道中线、附属构筑物位置，并标出与管道冲突的地上、地下构筑物位置。

2. 核对永久水准点，建立临时水准点。

3. 核对接入原有管道或河道接头处的高程。

4. 施放挖槽边线、堆土堆料界线及临时用地范围。

5. 测量管线地面高程（机械挖槽）或埋设坡度板（人工挖槽）。

6. 中心桩、方向桩及水准点均应设置固定可靠的桩、点和明显标志。

7. 对所有测量标志，在施工中（中心桩为开槽前）均应妥为保护，不得拆毁或碰撞。严禁攀登坡度板或高程桩，并不得在坡度板或高程桩上悬挂衣物。

13.2.2 管道施工定位

1. 管道施工定位的准备工作

（1）熟悉设计图纸、资料，弄清管线布置、走向及工艺设计和施工安装要求。

（2）熟悉现场情况，了解设计管线走向，以及管线沿途已有平面及高程控制点分布情况。

（3）根据管道平面和已有控制点，结合实际地形，作好施测数据的计算整理，并绘制施测草图。

（4）根据管道在生产上的不同要求、工程性质、所在位置和管道种类等因素，确定施测精度。如厂区内部管道比外部要求精度高，无压力的管道比有压力管道要求精度高。

2. 定位注意事项

（1）施工图用解析法（坐标法）表示管线位置时，应按给定坐标数据测定点位。用图解法表示管线位置时，应先测定控制点、线的位置，再按给定值测定管线各点。

（2）管线的中线桩和水准点均应用平移法设置于线路施工操作范围之外，便于观察和使用的部位。

（3）管线定位完成后，主要的中线桩应进行加固或安放标石。

（4）管线转角处与附近永久性工程或埋设的标石建立关系，在其上标志点位及相对于管线转角的位置关系。

3. 管道定线的一般原则：

（1）在城镇或厂区内的管道应符合城镇或厂区地下管线综合设计和规划的要求，其走向和定线需报规划管理部门批准。一般按规划道路定线，尽量避免在高级路面、重要道路及构筑物下面通过。

（2）城镇之外的管道定线时，必须考虑与城乡建设规划相结合，尽量缩短线路长度，减少拆迁，少占农田，管渠施工和运行维护方便。尽量沿现有道路定线，以便施工和检修。减少与铁路、公路、河流及其他障碍物的交叉，避免穿越滑坡、岩层、沼泽、高地下水位和河水淹没冲刷地区。

（3）测定管道中线时，应在起点、终点、平面折点、纵向折点及直线段的控制点测设中心桩，桩顶钉中心钉。并应在起点、终点及平面折点的沟槽外面适当位置设置方向桩。

（4）确定中心桩桩号时，应用钢尺丈量中心钉的水平距离。丈量时钢尺必须抻紧拉平。

4. 管道定位的内容（表 13-7）

表 13-7

项　目	要　求
定线次序	主干线、构筑物支干线、构筑物用户线
主干线及各转角	应在地面上定位
支线、用户线	可按主干线的定位方法
管线中的构筑物，构件	管线定位后用钢尺丈量方法

5. 管线定位的基本方法

按导线确定管道中心线位置。

（1）直角坐标法

1）根据地面上已有构筑物进行管线定位；

2）施工现场在管线附近有与管线平行或垂直的道路中心线折点的坐标位置，即可采用直角坐标法放出管道中心折点相应点的位置。

（2）直角坐标法适用于以下两个条件：

1）管道附近有控制点和控制线；

2）控制线与管道平行或垂直。

（3）极坐标法

1）根据控制点进行管线定位；

2）当在管道规划设计地形图上已给出管道主点坐标，主点附近又有控制点时，可根据控制点定位。如现场无适当控制点可利用，可沿管线近处布设控制导线。管线定位时，最常采用极坐标法与角度交会法。其测角精度一般可采用 30″，量距精度为 1/5000，管线的起止点、转折点在地面测定后，必须进行检查测量，实测各转折点的夹角，其与设计值的偏差不得超过±1″。同时应丈量它们之间的距离，实量值与设计值比较，其相对误差不得超过 1/2000，超过时须予以合理调整。

13.2.3　纵断面测量

1. 根据管线附近敷设的水准点，用水准仪测出中线上各里程桩和加桩处的地面高程。然后根据测得的高程和相应的里程桩号绘制纵断面图。纵断面图表示出管道中线上的地面高低起伏陡缓情况。

2. 管线纵断面水准测量。地面高程水准测量记录簿（表 13-8）。

表 13-8

测点编号	后视	前视	中视	仪高	高程	备注
水准点 M	1.684			147.726	145.862	
0+000	1.443	1.313		147.856	146.413	
0+030			0.750		147.102	
0+060			1.050		146.862	
0+100	1.474	1.774		147.556	146.082	
0+140			2.330		145.222	
0+180			2.050		145.502	
0+200	1.354	1.761		147.149	145.795	
0+250			1.100		146.052	
0+300	1.405	1.397		147.157	145.752	
0+350			1.750		145.412	
0+400	1.358	2.034		146.481	145.123	
0+500	1.578	1.905		146.154	144.576	
0+600	1.476	1.834		145.796	144.320	
0+650			1.370		144.422	
0+700	1.872	1.574		146.094	144.222	
0+800	1.713	1.341		146.466	144.753	
0+850			1.720		144.742	
0+900	1.431	1.205		146.692	145.261	
0+000	1.546	1.819		146.419	144.873	
水准点 N		1.355			145.064	（已知 145.040）

3. 建立临时水准点及水准测量要求

（1）施工水准点的布局如下：

1）管道工程和过河工程应每 100m 设置一个；

2）顶管工程主坑内，构筑物工程及倒虹管工程必须设两个以上；

3）大型工程可视规模而定。

（2）水准测量要求：

1）水准测量的闭合差不得大于±12L(mm)，式中 L——水中平距离，以 km 计。

2）临时水准点应设在稳固及不易被碰撞的地点。其间距以不大于 100m 为宜，且每次使用前应当校测。

（3）冬季施工，应每隔 1000m 左右，设置不受冻胀的水准点一处。如无条件将水准点设在永久构筑物的固定点上，可砌筑保护井，深入地下 1m 左右，水准点设于井内，并做好防冻措施。

13.2.4 坡度板的测设

1. 坡度板在每隔 10m 或 20m 槽口上设置一个，作为施工中控制管道中线和位置、掌握管道设计高程的标志。

2. 坡度板距槽底深度不应大于 3m。人工挖土，一层沟槽坡度板一般应在开槽前埋设，多层沟槽一般应在开挖底层槽前埋设。机械挖土，则在机械挖土后、人工清底前埋设。

3. 坡度板必须稳定、牢固，其顶面应保持水平。板顶不宜高出地面（设于底层槽者，不应高出槽台面），两端伸出槽边不宜小于 30cm。板的截面一般采用 15cm×15cm。

4. 用经纬仪将中心位置测设到坡度板上，钉上中心钉，安装管道时，可在中心钉上悬挂锤球，确定管中线位置。以中心钉为准，放出混凝土垫层边线，开挖边线及沟底边线。

5. 为了控制管槽开挖深度，应根据附近水准点测出各坡度板顶的高程。管底设计高程可在横断面设计图上查得。

6. 坡度板顶与管底设计高程之差称为下返数。由于下返数往往非整数，而且各坡度板的下返数都不同，施工检查时很不方便。为保证一段管道内的各坡度板具有相同的下返数（预先确定的下返数），可按下式计算每一次坡度板顶向上或向下量取调整数：

（1）调整数＝预先确定下返数－(板顶高程－管底设计高程)

（2）根据调整数，在高程板上定出点位，钉上小钉，称为坡度钉，两相邻的坡度钉连线，即为管底坡底线的平行线。

7. 施测或校测坡度板时，必须与另一水准点闭合。

8. 受地面或沟槽断面等条件的限制，不宜埋设坡度板的沟槽，可在沟槽两侧面边坡或槽底两边，对称地测设一对高程桩，每对高程桩上钉一对等高的高程钉。高程桩的纵向距离以 10m 为宜。并且应在挖槽见底前及管道铺设或砌筑前，测设管道中心线或辅助中心线。

9. 在挖槽见底前，灌注混凝土基础前，管道铺设或砌筑前，应及时校测管道中心线及高程桩的高程。

13.2.5 施工测量允许偏差

1. 水准点闭合差：±12L(mm)，式中 L 为水准点之间的水平距离，单位为 km。

2. 导线方位角闭合差：±40″ n，n 为测站数。

3. 直接丈量测距的允许偏差（表 13-9）。

表 13-9

固定测桩间距(m)	允许偏差
<200	1/5000
200～500	1/10000
>500	1/20000

4. 工程测量允许偏差（表 13-10、表 13-11）。

表 13-10

工 程 项 目	允许偏差(mm)
基槽底标高	±10
室内填土标高	±20
墙边线对轴线位移	±10
楼面标高	±10
现浇环形基础底标高	±3
基础轴线中心位移	±10
钢筋混凝土柱子安装中心线对轴线位移	±5

表 13-11

工 程 项 目		允许偏差(mm)
柱子安装倾斜量	5m 以下	±5
	5m 以上	±10
	10m 以上	柱高的 1/1000,不得大于 25
管道中心线对轴线位移		±30
管道标高(排水管)		±3

13.3 检查测量仪器

13.3.1 经纬仪、水准仪的检定和检校

1. 检查测量仪器的技术监督局的检定和检校报告和检定周期是否在规范规定内。
2. 据经纬仪检定规则（JJG 414—86）。
3. 据水准仪检定规则（JJG 425—86）。
4. 经纬仪的检定周期为 1～3 年。
5. 水准仪的检定周期为 1～2 年。
6. 在检定周期内每 2～3 个月检校一次主轴线关系。

13.3.2 钢尺的检定和检校

1. 根据钢尺的检定规则（JJG 4—89）。
2. 一般使用一级钢尺。

13.4 测量放线监理

13.4.1 测量放线监理的一般规定

1. 监理工程师应检查承包单位的专职测量人员的岗位证书及测量设备检定证书。

2. 承包单位应将施工测量方案、红线桩的校核成果、水准点的引测成果填写《施工测量放线报验表》，并附工程定位测量记录，报项目监理部查验。

3. 承包单位在施工场地设置平面坐标控制网（或控制导线）及高程控制网后，应填写《施工测量放线报验表》，并附基槽验线记录，报项目监理部查验。

4. 对承包单位的报验、监理工程师应进行必要的内业及外业复合，符合规定时，由监理工程师签认。

5. 监理工程师应检查承包单位对红线桩、水准点、工程控制桩等是否采取有效保护措施。

6. 施工测量放样是给水排水工程施工的基础，直接影响工程施工的顺利进行。监理工程师对测量放样的检查、复核、验收，应按照施工测量监理程序执行。

7. 测量监理操作程序：

（1）专业监理工程师应按以下要求对承包单位报送的测量放线控制成果及保护措施进行检查，符合要求时，专业监理工程师对承包单位报送的施工测量成果报验申请表予以签认：

1）检查承包单位专职测量人员的岗位证书及测量设备检定证书；

2）复核控制桩的校核成果、控制桩的保护措施以及平面控制网、高程控制网和临时水准点的测量成果。

（2）监理单位填写测量放线的查验表，应由负责查验的监理工程师填写，填写内容为：

1）放线的依据材料是否正确；

2）实际验线结果是否正确，填写“查验结论”，并签字；

3）当“查验结论”为合格时，监理工程师应在相关的所附记录签字；

4）沉降观测记录报验“查验结果”栏中填写“该观测点和观测时间是否符合图纸要求”，不需填写“查验结论”，仅作为监理单位存档备案之用。

5）测量放样的检查验收报验表（表 13-12）。

表 13-12

<table>
<tr><td colspan="2">施工测量放线报验表</td><td>编号</td><td></td></tr>
<tr><td>工程名称</td><td>北京××工程</td><td>日期</td><td>2003—03—01</td></tr>
<tr><td colspan="4">致　北京××监理公司　（监理单位）：＿＿＿＿＿＿
我方已完成（部位）：＿＿＿＿＿＿
（内容）☑轴线竖向投测控制线，预留洞口位置线等的测量放线，经自检合格，请予查验。
附件：1. □放线的依据材料＿＿页
2. □放线成果表＿＿页
测量员（签字）：×××岗位证书号：037—0001040
查验员（签字）：×××岗位证书号：037—0001039
编制单位名称：北京××建筑工程公司　技术负责人（签字）：×××</td></tr>
<tr><td colspan="4">查验结果：
（1）放线的依据材料正确；
（2）实际验线结果正确。
经检查：符合施工图纸及相关规范的要求。
查验结论：　合格　□纠错后重报
承包单位名称：北京××监理公司　监理工程师（签字）：×××　日期：2003—03—02</td></tr>
</table>

注：本表由承包单位填报，建设单位、监理单位、承包单位各存一份。

13.4.2　开工前交、接桩监理

1. 设计交桩测量监理程序（图 13-3）

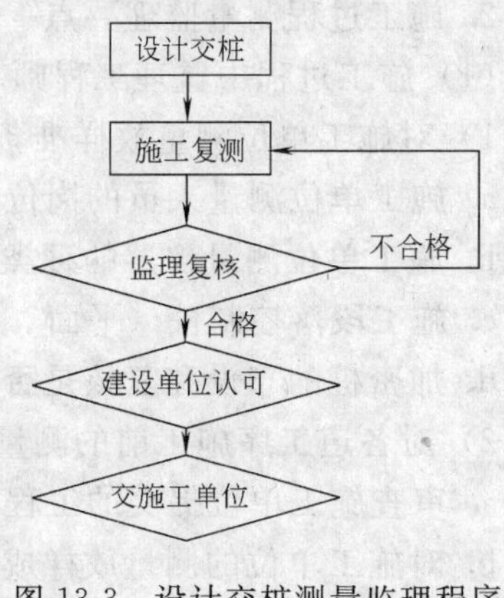

2. 开工前交、接桩监理要点

(1) 工程开工以前，一般由建设单位安排勘察设计单位向监理工程师和施工单位交桩，交桩的内容有：

1) 全线平面控制桩，包括导线桩、转角桩、方向桩、构筑物和重要构筑物定位桩；

2) 高程控制；

3) 控制桩的导线桩及护桩。

设计交桩
施工复测
监理复核
不合格
合格
建设单位认可
交施工单位
图 13-3　设计交桩测量监理程序

(2) 监理工程师应对勘察设计单位的交桩进行复核。当复核结果表明勘察设计单位的交桩数量和精度已能满足施工要求时，接桩单位签署接桩文件（一般情况下，施工单位再据此进行施工放样测量）。

(3) 校测红线桩。由城市规划部门批准并经测绘单位测定的规划红线是构筑物定位的依据，它在法律上起着建设用地四周边界的作用。规划红线桩位的精度一般很高，但由于种种原因，桩位可能被碰动。因此，监理工程师应要求承包单位在使用红线前进行校测。

1) 核算设计总平面图上各红线桩的坐标与其边长、左右夹角是否对应；

2) 对红线桩位进行实地校测，并将校测资料提交监理工程师审核。证实红线桩位无误后，监理工程师签证认可，准予使用。若发现有差错或误差超限，监理工程师应会同承包单位重新校测。当确认有差错时，应和测绘单位联系，妥善处理，办好手续后，方可允许使用。

13.4.3　加密临时水准点测量监理

1. 加密临时水准点测量监理程序（图 13-4）

2. 加密临时水准点测量监理要点

(1) 控制网加密的指示桩，应选在建筑物行列线或主要设备中心线方向上。

(2) 采用国家大地测量网作为起算，当边长较大时，在精度满足要求的情况下，可采用同级或越级差网等形式进行加密，以缩短其边长。

13.4.4　施工中测量放样监理

1. 施工过程测量监理程序（图 13-5）

施工单位、复加密点，
临时水准点
监理复核
不合格
合格
同意使用
图 13-4　加密临时水准点测量监理程序

施工单位放样
施工单位复核
合格
监理复核
不合格
合格
同意使用
图 13-5　施工过程测量监理程序

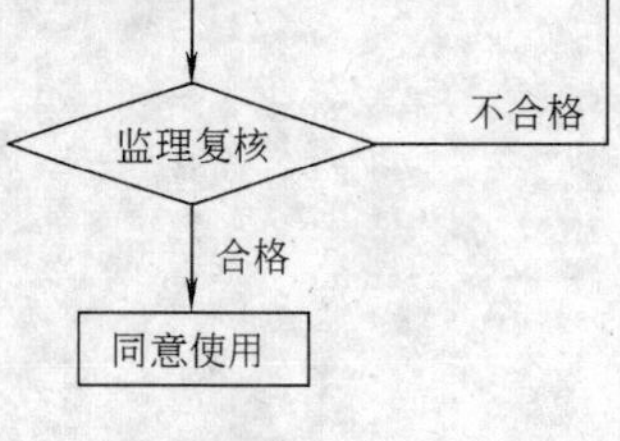

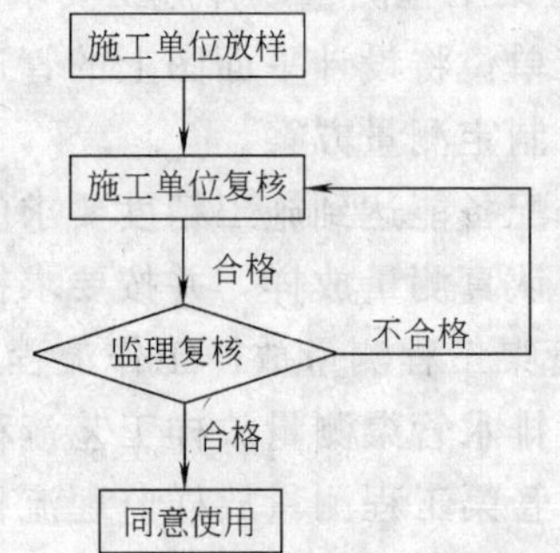

2. 施工过程测量监理要点

(1) 施工过程中监理工程师对测量放样工作的检查验收，主要包括三个方面的内容：

1) 对施工单位测量放样准备工作的检查验收。

a. 施工单位测量人员的岗位证书；

b. 施工单位测量仪器的种类、数量、精度级别和设备检定证书；

c. 施工段落控制桩（平面、高程）的恢复情况和复核精度；

d. 加密桩的布设和复核是否满足施工要求和规范规定。

2) 对各道工序施工前的测量放样工作的检查验收。

a. 审查施工单位提交的工程测量放样报告是否合乎要求；

b. 对施工单位的测量放样成果进行复核；

c. 按照复核结果发出监理通知，对已满足要求的测量成果，批准施工单位测量放样报验报告。

(2) 对需要定期复核的测量工作的检查验收。包括对施工周期较长、经历不利季节(如雨季)、规范规定需定期复核的控制桩，督促施工单位进行复核，并对复核结果进行审核。

13.4.5 测量放样的检查验收标准

按照现行给水排水工程质量检验评定标准的规定，构筑物、给水排水管渠工程测量验收标准为：

1. 水准点闭合差：$\pm 12\sqrt{L}$(mm)。其中 L 为水准点之间的水平距离，单位为 km。

2. 导线方法角闭合差：$\pm 40\sqrt{n}$(mm)（n 为测站数）。

3. 直接丈量测距的允许偏差（表 13-13）。

表 13-13

序 号	固定测桩间距或墩、台间距离(m)	允许偏差
1	＜200	1/5000
2	200～500	1/10000
3	501～1000	1/20000

13.4.6 管渠工程测量放样质量监理

1. 管渠工程测量放样施工要求

施工单位将设计平面图上的管道及检查井的位置按设计要求测放到现场，正确埋设。

(1) 制定测量方案。

(2) 配备能达到施工精度要求的仪器设备。

(3) 认真测量放样，并按要求提交取验单给监理。

2. 管渠工程测量放样工作流程

(1) 排水管渠测量放样工艺流程（图 13-6）。

(2) 管渠工程测量放样监理流程（图 13-7）。

3. 管渠工程测量放样监理工作要点：

(1) 审核施工方案，确保方案合理，满足工程质量要求。

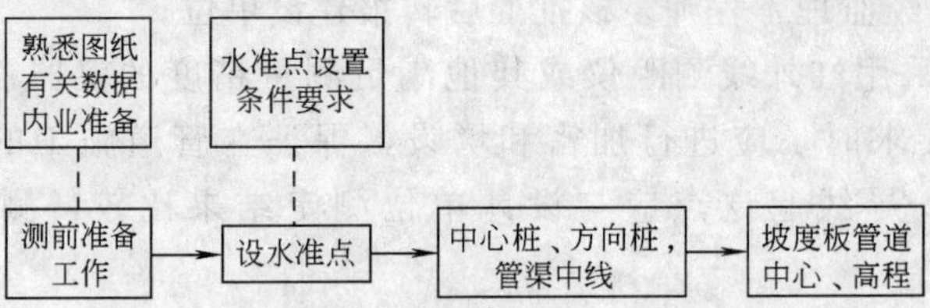

图 13-6　排水管渠测量放样工艺流程

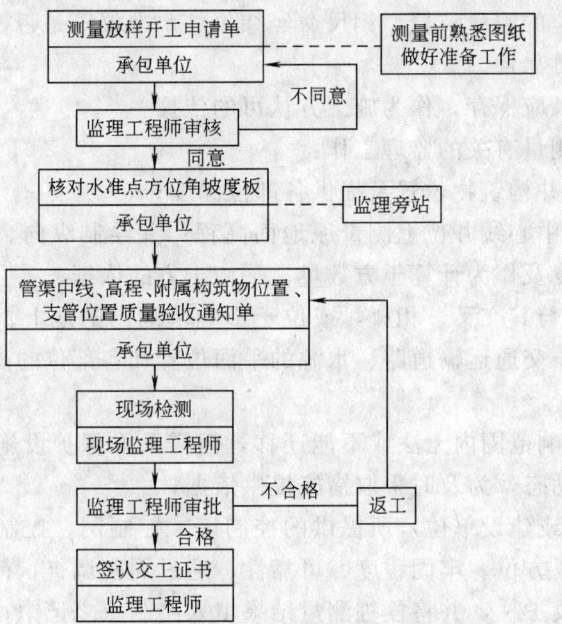

图 13-7　管渠工程测量放样监理流程

(2) 监理人员应要求承包单位测量人员熟悉图纸、掌握测量需用的有关数据和做好内业等有关准备工作后，经监理审查同意后方可进场进行测量放样。

(3) 监理人员主要进行复核性检查，检查临时水准点闭合差和导线方位角闭合差是否分别在允许范围之内，检验管渠中线及附属构筑物位置与沟槽长度，检查坡度板设置位置和高程是否准确，是否与另一水准点闭合。

(4) 检测管道中线的控制点、中心桩、中心钉高程，标示与管线上下有冲突构筑物位置，检查接入原有管道或河道接头处高程，检查挖槽边线、堆土界线和交通、排水等措施是否妥善，检查一层沟槽或多层沟槽中埋设坡度板是否准确。

1) 中线桩一般在直线段上每 50m 设一个，在曲线段上每 20m 设一个，高程桩每 400～500m 设一个；

2) 承包单位在接受桩志和资料后，应立即组织力量进行导线复测、校对水准基点等放样工作。完成后将所有测量资料，包括计算书和图纸报监理工程师，经监理工程师审核和复测桩志后决定批准或不批准；

3) 承包单位通过复核、校对及放样，应向监理工程师递交一份书面资料，证明原设计的地面和工程量是正确的，如有异议时应正式递交一份表格，列出原设计错误的位置、标高以及工程数量，经监理工程师复核批准后转报建设单位；

4）导线复测应采用红外线测距仪或其他满足测量精度的仪器。当原有导线点及水准点不能满足施工要求时，应进行加密和增设，保证在管道施工的全过程中，相邻导线点间能相互通视，导线起讫点应与设计单位测定结果比较，测量精度应满足设计要求；

5）监理工程师对承包单位因施工需要所增加的水准点和附合导线，应进行复核，复核合格后批准其为测量资料的一部分，直到竣工验收。

（5）检查施工单位的测量仪器，钢尺、经纬仪、水准仪等是否校验合格，以保证其测量精度及测量数据的可靠性。

（6）监理校核记录应保存，作为施工方认可的依据。

（7）与管线施工测量有关的监理工作：

1）连接旧管、旧井构筑物位置及提供各部位深度；

2）沿管线走向在中心线井位上测量原地面高程，并绘制纵向、横向地形剖面图，以此确定工槽深度、宽度及作为计算土方数量、平衡土方的依据；

3）测量管道沿线与其交叉、相碰，或位于影响范围内的地上、地下原有构筑物、各种管道、河渠、坑塘、交通运输道路、水源的平面位置和各部位的高程，以便为制定处理措施提供可靠的数据；

4）对那些位于影响范围内无法或不能迁移，但需采取保护设施的构筑物，应设观测点，专人定期观测其动态，为及时采取措施提供依据；

5）对设计单位（或建设单位）所提供的控制塔、控制网、控制点、水准点应逐个核对编号、级别、桩类、方位、牢固程度、可靠性、通过周密调查，待核定无误后，再进行核测、栓桩、标志、设护栏，并将栓桩测量结果填入绘制点之记中；

6）开工前定线，应根据设计图纸提供的定线，施放管道中心线，并检查复测。每个检查井除钉桩外，还应设置不少于 3 个以上的栓桩，设在明显的构筑物上，或另设栓点桩，并在栓点上注明栓桩号、栓桩材质，检查井编号，距离、方向、用点之记作好记录工作。

顶管、构筑物（沉井）、倒虹吸管亦同样施放中心线桩和栓桩，也需绘制点之记。

7）控制桩和半永久性水准点桩的埋设要求如下：

a. 埋深不能小于 1m，桩材可用混凝土，或者预制埋入均可，其规格为 50cm×50cm；

b. 埋桩可采用灰土夯实，也可用混凝土固定，外围应做护栏和标志。

8）埋设检查井样板要求如下：

a. 开槽前，先在检查井井位上埋设一块样板（用平直的撑板即可，长度为槽上口宽度加 2m），并将中心线及上口线移至样板上；

b. 如机械挖槽，可先用白灰撒好边线，待沟槽土方挖完后，补上样板，以保证管中心线的位置准确。

9）雨水管道井应定出井位的拴桩，以保证井位、雨水支管预埋方向准确；

10）根据实测地面高程计算出槽深、上口宽度，并用木桩或白灰放出管道和检查井的槽边线；

11）管线放样质量监理表（表 13-14）。

表 13-14

项　目	质量标准	允许误差	检验频率	检验方法	检验程序	备注
JTJ062 1-85						
中桩桩位允许误差	(s/1000＋0.1)m					
纵向	10cm					式中 s 为交点或转点至桩位的距离
横向	60″					
圆曲线大于 550m 以上曲线闭合差			监理工程师根据承包单位测量情况自等决定检测频率	全站仪，经纬仪，水准仪，因瓦尺。	承包单位自检	
纵向	1/1000					
横向	10cm					
水平角闭合差	60″					
高程测量	±50*					误差 10cm
推荐值						
中线控制桩间误差	≤1/5000					
中桩与中桩间误差	≤1/2000					
中线控制桩横向误差	±25mm					

（8）质量标准、检测频率与方法（表 13-15）。

表 13-15

项　目	允许偏差	检 验 方 法
水准测量高程闭合差	$\pm12\sqrt{L}$(mm)	水准仪
导线测量方位角闭合差	$\pm40\sqrt{N}$(″)	水准仪
导线测量相对闭合差	1/3000	经纬仪或全站仪
直线丈量测量	1/5000	铟瓦尺或全站仪
综合性工程宜使用两个以上永久水准点进行校核；两个以上施工单位共同施工的工程，其衔接处相邻设置的水准点和控制桩，应相互校核并调整；管道沿线临时水准点，一般每 200m 不少于一个。若测距 200～500m 时，允许偏差 1/10000；测距大于 500m 时，允许偏差 1/20000。		

注：（1）L 为水准测量闭路线的长度（m）；

（2）N 为导线测量的测站数。

13.4.7　现浇混凝土管道测量放样质量监理

1. 施工要求

（1）必须全面掌握设计图纸中有关管线的走向、上下游的连接点、轴线转折点、窨井的位置和既有管道的设置关系，以此作为测量放样的依据。

（2）根据管道的实地放样，发现图纸内容与现场地形、构筑物或地下管线有较大出入，将影响管道施工或环境安全时，应提出管道轴线的变更，经批准后进行调整。

（3）根据工程的测量精度要求，使用经计量部门鉴订过的经纬仪、测距仪或全站仪进行轴线定位。

(4) 中线及高程引设都要建立交接与复核制度，发现疑问应立即提出。

(5) 管道轴线的中心线和控制桩，一经放线定位后，应在不受施工干扰的地方设置红线桩，以便在施工中随时核实使用。

(6) 在进行测量外业前，必须做好相应的内业准备。对管道和检查井的外形尺寸、放坡的坡度值、沟槽支护的宽度等，都需作出书面准备，供外业测量时使用。

(7) 开工前应按照设计图纸提供的水准点，向测量部门核实所用水准点的变化情况。并会同测量人员实行领桩交接制。

(8) 引设的临时水准点，应坚固稳妥，并由测量人员负责。既进行保护，又定期复核。高程样板应设置在可靠的槽壁上，保持良好的视线。

(9) 临时水准点引设后，应向有关人员进行实地交底，并办理交底卡。无关人员一律不得参与标高测量。

(10) 相邻两个或以上的单位工程，须加强联系，对有关联的水准点进行测量闭合。

(11) 按规定进行测量仪器的计量鉴订及误差调整。

2. 监理重点

(1) 检查现浇混凝土管道轴线与施工图是否相符，与其他构筑物的相对位置有无偏差。

(2) 检查沟槽平面是否按管道中心线和控制桩的准确位置放出，如沟槽边长、土方开挖线、井间距等。

(3) 检查实际放测的标高与设计图纸标高有无差异。

13.5 工程监测中的测量监理

13.5.1 工程监测中测量的内容

1. 给水排水构筑物工程在建设中和建设后期需要进行工程检测。

2. 给水排水构筑物的沉降、上浮和位移的工程监测。

3. 基坑工程的变形的工程监测。

13.5.2 工程监测中测量的监理要点

1. 工程监测必须事先调查清楚基坑周围地下管线和建（构）筑物的状况及原始资料。

2. 对位于地铁、隧道及合流污水工程等大型地下构筑物安全保护区内的基坑，应按国家或省、自治区、市政府颁布的有关文件确定其环境保护标准。

3. 测量的仪器应能满足以下测量的精度要求：

(1) 墙顶水平位移≤±1mm。

(2) 土体侧向变形≤±1mm。

(3) 墙体变形≤±1mm。

(4) 坑底隆起≤1mm。

(5) 地下水位测试：水位计的标尺最小读数为 1mm。

(6) 墙顶和立柱沉降监测≤1mm。

4. 监测单位按设计要求制定监测大纲：

（1）测试项目和各测点布置的平面、立面图。

（2）采用的探头和仪器的标定资料和型号、规格。

（3）各测试项目的报警值。

5. 监测中的测量监理要点：

（1）目标

1）确保构筑物工程、基坑工程的安全和质量；

2）对基坑周围环境进行有效的保护；

3）检验设计所采取的各种假定值和参数的正确性。

（2）检查现场使用的测量仪器、计量部门颁发的质量合格证书和完整的质保书。对其他的监测仪器和设备，要求有良好的稳定性和可靠度。

（3）构筑物工程施工期观测项目应包括沉降、位移、水位等。

（4）各种观测设备在埋设前均应检查和鉴订。

（5）观测基点的选择与埋设，应符合下列要求：

1）基点应布置在构筑物两侧，不受沉陷和位移的影响，便于观测的基岩或坚实的土基上，临时观测基点应与永久观测基点相结合；

2）基点应建成具有强制归心的混凝土观测墩；

3）用于观测垂直位移的基点，至少布设一组，每组不少于 3 个固定点。

（6）检查构筑物变形观测点，应设置牢固，有足够的数量，能反映变形特征。各项变形观测的位移量中误差，应符合表 13-16 的规定。

表 13-16

观测项目	位移量中误差(mm)		说　明
	平面	高程	
滑坡观测	±5	±5	相对观测基点
高边坡稳定观测	±5	±5	相对观测基点
临时围堰观测	±5	±10	相对观测基点
基坑沉陷（回弹）	—	±3	相对观测基点
裂缝	±3	—	相对观测基点

（7）水平位移观测宜采用视准线法。

（8）检查沉降标点是否应用铜制或钢制镀铜。

1）施工期一般埋设在底板的四角及中部，沉降标点埋设后应立即观测初始值；

2）施工期间按不同加载情况定期观测，每次观测时间间隔不宜超过 15d，竣工放水前后，应分别观测一次；

3）放水前应将水下的沉降标点转移到便于继续观测的上部结构；

4）对附近重要构筑物亦应设立标点进行观测。

（9）岸墙、翼墙墙身的倾斜观测应在标点埋设后、填土过程中及放水前后进行。

（10）水位观测设施应设在水流平稳地段，施工围堰处应设置临时水位标尺。

（11）各项观测设备应由专人负责观测和保护。施工期间所有观测项目均应按时观测。观测数据应及时整理分析。

（12）所有观测设备的埋设安装、验定检查和施工期观测记录、资料分析等，均应移交建设单位。

（13）监理对监测资料的具体要求：

1）使用正规的监测记录表格，数据应及时计算整理，并由记录人、校核人签字后上报现场监理和有关部门；

2）监测资料必须有相应的工况描述；

3）对监测值的演变情况应有评述，当接近报警值时应及时提请有关部门注意；

4）工程结束时，监理应督促监测单位撰写完整的监测报告，报告应包括全部监测项目、监测全过程的演变情况、监测相应的工况、监测最终结果及评述。

6. 一、二级基坑变形的设计和监测的控制（表 13-17）

表 13-17

	墙顶位移(cm)		墙体最大位移(cm)		地面最大沉降(cm)	
	监控值	设计值	监控值	设计值	监控值	设计值
一级工程	3	5	5	8	3	5
二级工程	6	10	8	12	6	10

考虑时空效应，并控制监测值的变化速率，一级工程宜控制在 2mm/d 之内，二级工程宜控制在 3mm/d 之内。

7. 各类构筑物对差异沉降的承受能力（表 13-18）

表 13-18

建筑结构类型	δ/L（L 为构筑物长，δ 为差异沉降）	构筑物反应
1. 一般砖墙承重结构，包括有框架的结构；构筑物长高比小于 10；有圈梁；天然地基	达 1/500	分隔墙和承重砖墙发生相当多的裂缝，可能发生结构破坏
2. 一般钢筋混凝土框架结构	达 1/150	发生严重变形
	达 1/500	开始出现裂缝
3. 高层刚性建筑（箱型基桩，桩基）	达 1/250	可观察到构筑物倾斜
4. 有桥式行车的单层排架结构的厂房；天然地基或桩基	达 1/300	桥式行车运行困难，不调整轨面水平难以运行，分隔墙有裂缝
5. 有斜撑的框架结构	达 1/600	处于安全极限状态
6. 一般对沉降差反应敏感的机器基础	达 1/800	机器使用可能会发生困难，处于可运行的极限状态

第 14 章　土方工程监理

14.1　一般土方工程监理

14.1.1　土石工程分类和土的工程性质

1. 土石工程分类

(1) 土的分类（表 14-1）

表 14-1

土的级别	土(岩)的名称	压实系数 f	密度(kg/m³)
一类土(松软土)Ⅰ	略有黏性的砂土;粉砂土;腐殖土;疏松的种植土及泥炭(淤泥)	0.5～0.6	600～100
二类土(普通土)Ⅱ	潮湿的黏性土和黄土;软的盐土和碱土;含有建筑材料碎屑,碎石、卵石的堆积土和种植土	0.6～0.8	1100～1600
三类土(坚土)Ⅲ	中等密实的黏性土或黄土;含有碎石、卵石或建筑材料碎屑的潮湿的黏性土或黄土	0.8～1.0	1800～1900
四类土(砂砾坚土)Ⅳ	坚硬密实的黏性土或黄土;含有碎石、砾石(体积在 10%～30%,重量在 25kg 以下石块)的中等密实黏性土或黄土;硬化的重盐土;软泥灰岩	1～1.5	1900
五类土(软石)Ⅴ～Ⅵ	硬的石炭纪黏土;胶结不紧的砾岩;软的、节理多的石灰岩及贝壳石灰岩;坚实的白垩岩;中等坚实的页岩、泥灰岩	1.5～4.0	1200～2700
六类土(次坚石)Ⅶ～Ⅸ	坚硬的泥质页岩;坚实的泥灰岩;角砾状花岗岩;泥灰质石灰岩;黏土质砂岩;云母页岩及砂质页岩;风化的花岗岩、片麻岩及正长岩;骨石质的蛇纹岩;密实的石灰岩;硅质胶结的砾岩;砂岩;砂质石灰质页岩	4～10	2200～2900
七类土(坚石)Ⅹ～ⅩⅡ	白云岩;大理石;坚实的石灰岩、石灰质及石英质的砂岩;坚硬的砂质页岩;蛇纹岩;粗粒正长岩;有风化痕迹的安山岩及玄武岩;片麻岩、粗面岩;中粗花岗岩;坚实的片麻岩,粗面岩;辉绿岩;玢岩;中粗正常岩	10～18	2500～2900
八类土(特坚石)ⅩⅡ～ⅩⅤ	坚实的细粒花岗岩;花岗片麻岩;闪长岩;坚实的玢岩、角闪岩、辉长岩、石英岩;安山岩、玄武岩;最坚实的辉绿岩;特别坚实的辉长岩、石英岩及玢岩	18～25 以上	2700～3300

注：1. 土的级别为相当一般 16 级土石分类级别。

2. 坚实系数 f 为相当于普氏岩石强度系数。

(2) 土的野外鉴别方法（表 14-2）

表 14-2

类别	土的名称	观察颗粒粗细	干燥时的状态及强度	湿润时用手拍击状态	黏着程度
碎石土	卵(碎)石	一半以上的颗粒超过20mm	颗粒完全分散	表面无变化	无黏着感觉
	圆(角)砾	一半以上的颗粒超过2mm	颗粒完全分散	表面无变化	无黏着感觉
砂土	砾砂	约有1/4以上的颗粒超过2mm	颗粒完全分散	表面无变化	无黏着、感觉粗
	砂	约有一半以上的颗粒超过0.5mm	颗粒完全分散，但有个别胶结一起	表面无变化	无黏着、感觉中
	砂	约有一半以上的颗粒超过0.25mm	颗粒基本分散，局部胶结，但一碰即散	表面偶有水印	无黏着、感觉细
	砂	大部分颗粒>0.074mm	颗粒大部分分散，少量胶结，部分稍加碰撞即散	表面有水印（翻浆）	偶有轻微黏着感觉
	砂	大部分颗粒>0.05mm	颗粒少部分分散，大部分胶结，稍加压力可分散	表面有显著翻浆现象	有轻微黏着感觉

(3) 人工填土、淤泥、黄土、泥炭的野外鉴别方法（表14-3）

表 14-3

土的名称	观察颜色	夹杂物质	形状(构造)	浸入水中的现象	湿土横条情况
人工填土	无固定颜色	砖瓦碎块、垃圾、炉灰等	夹杂物显露于外，构造无规律	大部分变为稀软淤泥，其余部分为碎瓦、炉渣在水中单独出现	一般搓成直径3mm土条但易断，遇有杂质多时不能搓条
淤泥	灰黑色有臭味	池沼中半腐败的细小的动物植物遗体，如草根、小螺壳等	夹杂物轻，仔细观察可以发觉构造常呈层状，但有时不明显	外观无显著变化，在水面出现气泡	一般淤泥质土接近轻亚黏土，能搓成直径3mm土条（长至少3cm），容易断裂
黄土	黄褐二色的混合色	有白色粉末出现在纹理之中	夹杂物质常清晰显见，构造上有垂直大孔（肉眼可见）	分散的颗粒集团，在水面上出现很多白色液体	搓条情况与正常的粉质黏土相似
泥炭	深灰或黑色	在半腐败的动植物遗体，其含量超过60%	夹杂物有时可见，构造无规律	极易崩碎，变为稀软淤泥，其余部分为植物和动物残体渣滓悬浮于水中	一般能搓成直径1～3mm土条，但残渣甚多时，仅能搓成3mm以上的土条

2. 土的工程性质

(1) 土的可松性系数（表14-4）

(2) 土的压缩率参考值（表14-5）

14.1.2 一般土方工程监理要点

1. 土方工程施工质量的事前监理。

表 14-4

土的名称	可松性系数	
	$K_{初}$	$K_{终}$
不含杂质的砂，无杂质的砂壤土	1.08～1.17	1.01～1.02
细的和中等的砾中，含杂质的种植土，正常湿度的黄土，含有碎石和卵石的砂，轻壤黏土和黄土类壤黏土，含有碎石的砂壤土	1.14～1.28	1.015～1.05
不含根的种植土	1.20～1.30	1.03～1.04
干黄土，重壤黏土	1.24～1.30	1.04～1.07
碎石，黏土，含有碎石的壤黏土	1.26～1.32	1.06～1.09
松散岩性土	1.40～1.50	1.10～1.20

注：1. 最初体积增加百分比＝$(V_2-V_1)/V_1\times100\%$；最后体积增加百分比＝$(V_3-V_1)/V_1\times100\%$。

K_p——为最初可松性系数，$K_p=V_2V_1$；

K_p'——为最终可松性系数，$K_p'=V_3V_1$；

V_1——开挖前土的自然体积；

V_2——开挖后土的松散体积；

V_3——运至填方处压实后之体积。

2. 在土方工程中，K_p 是用于计算挖方装运车辆及挖土机械的重要参数，K_p' 是计算填方时所需挖土工程的重要参数。

表 14-5

土的类别	土的名称	土的压缩率	每立方米松散土压实后的体积(m^3)
一～二类土	种植土	20%	0.80
	一般土	10%	0.90
	砂土	5%	0.95
三类土	天然湿度黄土	12%～17%	0.85
	一般土	5%	0.95
	干燥坚实黄土	5%～7%	0.94

(1) 研究工程地质勘察报告。

(2) 审核承包人的施工组织设计或施工技术方案。

(3) 复查定位放线和水准点、标高是否符合设计要求和施工规范的规定。经监理工程师认可后，方可进行土方施工。

2. 土方工程施工过程中的质量监理。

(1) 经常复查平面位置、水平标高和边坡坡度等是否符合设计要求。检查平面控制桩和水准点是否正确。

(2) 挖方和填方的边坡坡度及加固、排水设施断面尺寸及标高、平面的中线位置、填方的基底处理和土方分层压实程度必须符合设计要求和施工规范的规定。

(3) 平整场地的挖方和填方的位置、标高、坡度和填土压实程度必须符合设计要求和施工规范的规定，并检查有无局部沉陷或过湿的地段。

(4) 柱基、基坑、基槽和管沟基底的土质必须符合设计要求，并严禁扰动。其位置、尺寸、标高、边坡必须符合设计要求和施工规范的规定。

(5) 填方和柱基、基坑、基槽、管沟回填土的土料必须符合设计要求和施工规范的规定。

(6) 填方和柱基、基坑、基槽、管沟的回填，必须按规定分层夯压密实。取样测定压实后土的干土质量密度合格率不小于 90%，不合格干土质量最低值与设计值的差不应大于 80kg/m^3，且不能集中于某一区域。

(7) 挖土时严禁放水浸泡后再开挖，或回填黏土采用水撼法，以免造成建（构）筑物的不均匀沉降。

(8) 经常检查场地排水或降水情况，防止基坑浸泡、塌方、滑波等。

(9) 土方工程质量监理表（表 14-6）

表 14-6

项目	质量标准	允许误差(mm)		检验频率	检验方法
标高	如图纸所示	柱基、基坑、基槽、管沟	+0 −50	柱基按总数抽查 10%，不少于 5 个，每个不少于 2 点：基坑每 20m² 取 1 点，每坑不少于 2 点；基槽、管沟、排水沟、路面基层每 20m 取 1 点，但不少于 5 点；挖方、填方、地面基层每 30～50m² 取 1 点；场地平整每 100～400m² 取 1 点，但不少于 10 点	水准仪检测，下一道工序施工之前，应得到项目工程师的书面认可，否则不得施工
		挖方、填方、场地平整	人工±50		
			机械±100		
		排水沟	+0 −50		
		地（路）面基层	+0 −50		
长度、宽度	如图纸所示	排水沟+100 −0		每 20m 取 1 点，每边不少于 1 点	用经纬仪、拉线和尺量检查，下一道工序施工之前，应得到项目工程师的书面认可，否则不得施工
		其他−0			
边坡偏陡	边坡坡度应根据工程地质、边坡高度，结合当地同类土体的稳定坡度值确定，不能超过规定值	不允许		每 20m 取 1 点，每边不少于 1 点	观察，或用坡度尺检查 下一道工序施工之前，应得到项目工程师的书面认可，否则不得施工
表面平整度	用 2m 直尺检查，用楔形塞尺测应≤20mm	地(路)面基层 20		每 30～50m² 取一点	用 2m 靠尺和楔形塞尺
回填土压实后土的干土质量密度	合格率不应小于 90%	不合格干土质量密度的最低值与设计值的差不应大于 80kg/m³，且不应集中		柱基抽查总数 10%，不少于 5 个；基槽和管沟每层按长度 20～50m 取样 1 组，不少于 1 组；基坑和室内每层按 100～500m² 取样 1 组，不少于 1 组；场地平整填方每层按 400～900m² 取样 1 组，不少于 1 组	环刀法取样，检查取样平面图及试验记录，观查检查

3. 土方工程竣工验收时应提供下列资料：

（1）土方工程施工所依据的技术文件。

（2）土方工程定位放线和标高测量记录及验收签证。

（3）地基验槽记录签证，隐蔽验收签证。

（4）地基采取特殊措施的记录及允许变更的文件。

（5）填方所用土料和其他材料的试验记录。

（6）地基土取样平面图及试验记录。

（7）土方分项工程质量检验评定表。

（8）土方施工的监理文件。

14.2　基坑土方工程监理

14.2.1　基坑土方工程工作流程

1. 基坑施工流程（图 14-1）

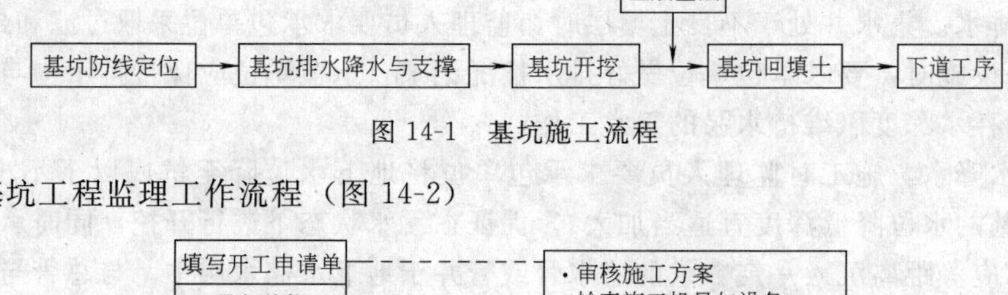
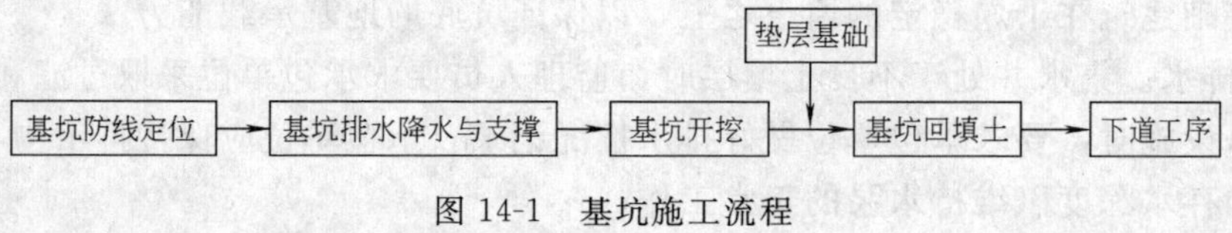

图 14-1　基坑施工流程

2. 基坑工程监理工作流程（图 14-2）

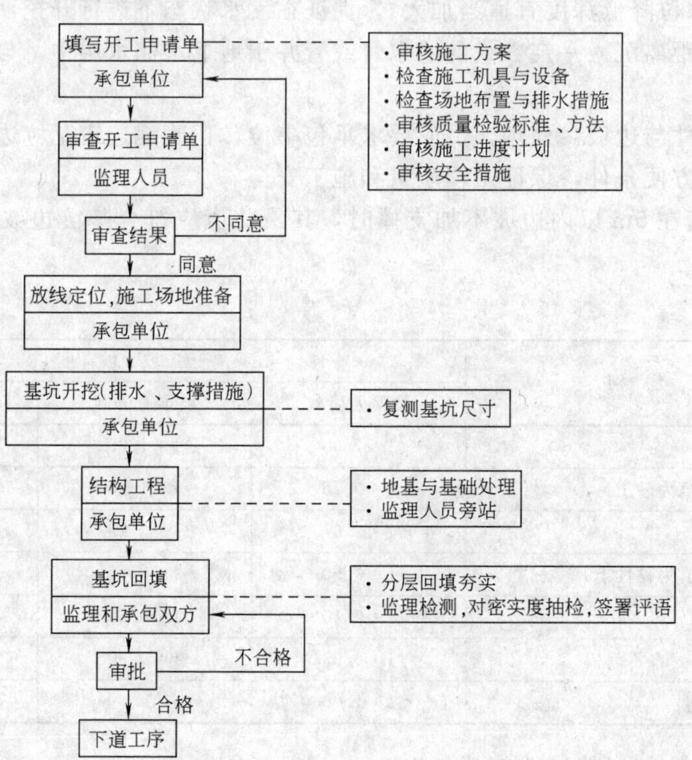

图 14-2　基坑工程监理工作流程

14.2.2 基坑施工监理要点

1. 基坑定位放线

(1) 基坑定位质量监理工作要点。监理人员应要求承包单位按照设计要求进行定位测量，监理人员选择检测位置，承包单位复测，监理旁站。

(2) 基坑定位质量监理表（表 14-7）

表 14-7

项目	允许偏差(mm)	检验频率		检验方法	检查程序
		范围	点数		
轴线位移	5	每个基坑	4	用经纬仪测量	监理工程选择检测位置，承包单位检测并填表
高程	±5		4	用水准仪测量	
轴线距离相对误差	≤1/5000		2	用钢尺量	

2. 基坑开挖监理要点

(1) 施工排水。基坑遇有地下水时监理人员应要求承包单位先降低地下水位，再进行开挖，使基础建筑在干燥稳定的原土之上，以保证坑底的地基承载能力。

1) 明排水。集水井处于不良土壤层时，监理人员要求承包单位采取过滤和封闭措施，当没有排水设施时，要求承包单位做好排水情况记录，承包单位应保持排水沟与进水的疏通和必要的存水深度以维持水泵的正常工作；

2) 排水降水。施工时监理人员要求承包单位将地下水位降至坑底以下不小于 0.5m（对软土地基的水位降低深度宜适当加大），保证在无水状态下进行开挖，同时承包单位在基坑开挖前应等距离沉入一定数量的滤水管或管井于地下水储水层中，与总管与抽水设备连接。

(2) 基坑尺寸与边坡。监理人员应要求承包单位，正确地选定基坑边坡开挖尺寸，为构筑物施工创造方便条件，保证工程质量和施工安全。

1) 挖方深度在 5m 以内边坡不加支撑时，其最陡值应符合基坑边坡的最陡坡度要求（表 14-8）；

表 14-8

土壤类别	边坡坡度		
	坡顶无荷载	坡顶有静载	坡顶有动载
中密的砂土	1∶1.00	1∶1.25	1∶1.50
中密的碎石类土(充填为砂土)	1∶0.75	1∶1.00	1∶1.25
硬塑的黏质粉土	1∶0.67	1∶0.75	1∶1.00
中密的碎石类土(充填为黏性土)	1∶0.50	1∶0.67	1∶0.75
老黄土	1∶0.10	1∶0.25	1∶0.33
硬塑的粉质黏土	1∶0.33	1∶0.50	1∶0.67
软土(经井点降水后)	1∶1.00		

2) 永久性填方边坡的高度限值（表 14-9）；

3) 黄土或类黄土重要填方的边坡坡度（表 14-10）；

表 14-9

土 的 种 类	填方高度(m)	边坡坡度
黏土类土、黄土、类黄土	6	1∶1.50
粉质黏土、泥灰岩土	6～7	1∶1.50
中砂和粗砂	10	1∶1.50
砾石和碎石土	10～12	1∶1.50
易风化的岩土	12	1∶1.50
轻微风化、尺寸在 25cm 内的石料	6 以内	1∶1.33
	6～12	1∶1.50
轻微风化、尺寸大于 25cm 的石料，边坡用最大石块、分排整齐铺砌	12 以内	1∶1.50～1∶0.75
轻微风化、尺寸大于 40cm 的石料，其边坡分排整齐	5 以内	1∶0.50
	5～10	1∶0.65
	>10	1∶1.00

注：1. 当填方高度超过本表规定限值时，其边坡可做成折线形，填方下部的边坡坡度应为 1∶1.75～1∶2.00。
2. 凡永久性填方，土的种类未列入本表者，其边坡坡度角不得大于土的自然倾斜角。

表 14-10

填土高度(m)	自地面起高度(m)	边 坡 坡 度
6～9	0～3	1∶1.57
	3～9	1∶1.50
9～12	0～3	1∶2.00
	3～6	1∶1.75
	6～12	1∶1.50

4）压实填土地基承载力和边坡坡度值（表 14-11）。

表 14-11

填 土 类 别	压实系数 λ_c	承载标准值 f_k(kPa)	边坡坡度容许值(高度比)	
			坡高在 8m 以内	坡高 8～15m
碎石、卵石	0.94～0.97	200～300	1∶1.50～1∶1.25	1∶1.75～1∶1.50
砂夹石(其中碎石、卵石占全重 30%～50%)		200～250	1∶1.50～1∶1.25	1∶1.75～1∶1.50
土夹石(其中碎石卵石、占全重 30%～50%)		150～200	1∶1.50～1∶1.25	1∶2.00～1∶1.50
黏性土($10<I_p<14$)		130～180	1∶1.75～1∶1.50	1∶2.25～1∶1.75

（3）承包单位不得超挖、扰动地基。超挖时，监理人员应要求承包单位采用原土回填压实；当地基含水量较大时，可回填卵石、碎石或级配砂石。

（4）基坑开挖质量监理表（表 14-12）。

3. 基坑土方回填施工监理

（1）质量监理工作要点

表 14-12

项目		允许偏差(mm)	检验频率		检验方法	检查程序
			范围	点数		
槽底高程		50	每座	2	用经纬仪测量、纵横各计1点	监理人员在场的情况下，承包单位检测并填表，由监理员签署评语
基底高程	土方	±20		5	用水准仪测量	
	石方	+20，−200				
基坑尺寸		−50 0		4	用尺量 每边各计1点	
基坑边坡		不陡于规定		4	用边坡尺量 每边各计1点	

1）要求承包单位用同类土筑填，严禁不均匀填筑材料混杂使用，每层回填厚度依不同情况按规范要求确定；

2）回填时，监理旁站，承包单位应采取措施防止地面水流入，并预留一定下沉高度（一般沉降量不超过填方高度的3%）；

3）地下部分质量经监理人员认可后，应要求承包单位及时进行回填；

4）不做满水试验的构筑物，在其墙的强度未达到设计强度之间，回填时其允许填土高度应与设计单位协商确定；

5）填土经夯实后不得有翻浆现象，填土中不得含有淤泥、腐殖土及有机质等，填土应分层夯实，承包单位自检，监理旁站。

（2）填土质量监理表（表14-13）

表 14-13

项目	相对密实度(%)	检验频率		检验方法	检查程序
		范围	点数		
密实度	有地面散水≥95	每个构筑物	每层3点	用环刀法检验	监理和承包双方共同选择取样，承包单位做试验并填表
密实度	≥90				
项目	允许偏差(mm)				
顶面标高	0 −50	每个构筑物		用水准仪和拉线尺检查	
表面平整度	20	每个构筑物		用2m靠尺和楔形塞尺检查	

14.2.3 基坑支撑结构的监理

1. 支撑的种类结构型式

（1）按材料分类：

1）钢管支撑，ϕ300、ϕ500、ϕ609等种类钢管；

2）型钢支撑；

3）钢筋混凝土支撑；

4）钢结构和钢筋混凝土组合支撑。

（2）按受力形式分：

1）单跨压杆式支撑；

2）多跨压杆式支撑；

3）双向多跨压杆式支撑；

4）水平桁架支撑；

5）水平框架式支撑；

6）大直径环梁及边桁架相结合的支撑、斜撑。

2. 钢筋混凝土支撑监理

（1）钢筋混凝土支撑具有较高的整体刚度、稳定性好，费用比钢支撑低。适用于施工复杂、基坑暴露时间较长的工程。

（2）钢筋混凝土支撑施工监理要点：

1）控制好支撑标高，避免与地下室楼盖结构的标高太接近，造成楼盖施工困难；

2）控制好水平轴线位置；

3）控制支撑断面尺寸；

4）与支撑节点连接的施工隐蔽验收要高度重视；

5）按照钢筋混凝土施工验收规范要求进行钢筋、混凝土的现场检验。

3. 钢支撑施工监理

（1）钢支撑结构：

1）钢支撑结构目前常用的是钢管（ϕ609 较多）和 H 型钢结构；

2）钢支撑结构重量较轻、刚度大、装拆工作量小，可重复利用，材料消耗少；

3）需专业施工队方能胜任此项工作。

（2）钢支撑结构施工监理要点：

1）熟悉图纸和设计意图；

2）事先检查施工准备情况；

3）检查千斤顶和压力计等预加轴力的装置；

4）讨论确定预加轴力的大小，一般 ϕ609 钢管，预加轴力宜在 1000kN 左右；

5）施工过程中对轴线进行复查、签证。对钢支撑来说，轴线误差和钢管的弯度控制应十分严格，因为轴线、中心偏差对钢结构支撑的受力影响较大；

6）按照钢结构施工验收规范对钢结构的焊接质量进行检查；

7）重视围檩的检查验收。如钢围檩是否封闭，谨防围檩滑移，同时应重视围檩的刚度和平整度，如利用支护桩顶上的钢筋混凝土圈梁支承钢支撑，则应重视对支点处钢筋混凝土的抗压、抗剪、抗弯等的审核或复核验算。

4. 支撑设计及施工中，监理应注意的问题

（1）设计支撑结构体系应该遵照传力明确、有足够的刚度和装拆方便的原则。

（2）支撑杆件之间的连接应按现行的规范和构造要求。

（3）钢立柱下端应锚入钢筋混凝土灌注桩，锚入长一般取 1/3 的柱高。立柱的桩基应有足够的承载力。

（4）支承支撑结构的立柱，必须避开地下室楼盖的主梁或次梁；

（5）钢筋混凝土支撑体系时，要注意的几个问题：

1）软土地层中支撑体系的支承柱抗隆起及抗沉降的安全系数应予提高，可利用工程

桩，但同时要考虑上部结构施工的影响；

2）支撑立模应有足够的刚度和精确度，务使偏心误差最小；

3）要验算温度变化对支撑应力的影响。

（6）用钢支撑体系要注意的几个问题：

1）施工中要严格控制支撑轴线及交汇点的偏心，设计者要验算允许的偏心值及所引起的弯矩；

2）支撑端点处的承压板、垫板要保证接触均匀，承压板中心与支撑轴线要尽量一致；

3）长支撑中间设置的三向约束节点构造。具有三向约束作用而又能使单向或双向加支撑预应力时不致使节点产生不可忽略的强迫位移；

4）钢支撑体系中的支撑柱，要有足够的抗回弹和沉降的安全度；

5）钢支撑中应设置预加轴力的顶力装置和测力装置。监理工程师应要求施工方提交这方面的书面报告并检验。

6）斜向支撑与围护结构相接处，接触要均匀、平整，要有足够的抗剪强度（$k \geqslant 2.0$）。

14.2.4 深基坑土方工程施工监理

1. 基坑土方开挖施工的技术要点：

（1）确定控制基坑施工引起地层移动的技术标准。一般深基坑侧向形变宜控制为 $f \leqslant 4.0$cm，周围沉降控制值 $[s] \leqslant 2$cm，水平位移速度控制值宜为 0.3cm/d，钢支撑内力控制值（ϕ609 钢管）宜为 1200kN。

（2）确定安全、合理的施工程序

1）坚持“分层开挖，先撑后挖”的原则；

2）坚持“对称开挖”，防止基坑支护结构承受偏载；

3）对支撑，围檩、拉锚等构件的质量应加强检查，并要有相应的应急措施；

4）严禁基坑周围堆载的“超载”；

5）事先应计划好排水、堵水及降水的措施；

6）应满足出土数量和时间要求，开挖设备、运输车辆以及道路畅通、堆场等应事先联系好；

7）利用监测信息指导施工，要有抢险组织，防止事故的发生。

2. 深基坑土方开挖施工监理要点

（1）深基坑支护事前监理

1）认真分析地质报告，研究地质报告中建议的基坑支护设计参数，与临近建筑的地质报告进行比较，挖掘设计潜力，地质报告中 C、ϕ 值的取值至关重要，合理确定 C、ϕ 值大小，对支护结构设计的经济性影响很大；

2）熟悉场地四周环境，掌握周围地下管线分布情况，对选择安全、合理的施工方法至关重要；

3）协助建设单位考察、选择优秀的投标单位：单位内部考察，查询资料、管理制度、资金及设备状况，实地考察在建或已建工程的施工情况，建设单位的评价。

（2）深基坑支护结构施工过程中的监理

1）检查承包人进驻现场进行的准备，监理工程师向承包人进行交底，审核施工组织设计和意见，专业监理工程师编制监理细则，进行旁站监理，各道工序验收、组织或协助建设单位、质量主管部门进行验收；

2）对承包人进驻现场的监理，承包人应按合同规定的进场日期进驻施工现场；

3）大型机械设备进场需通过监理核验，并提交安全检查证；

4）检查施工人员上岗证；

5）检验仪器的核查：经纬仪及水准仪标定证书，长度或深度检测工具，混凝土坍落度检测设备等等；

6）现场文明施工准备，包括临时设施、材料堆放场地、道路及地面处理、围护设施（包括围墙）等等；

7）认真审核施工单位的“土方开挖和支撑施工组织设计”，找出问题，提出建议。关键性技术问题均应反映在“施工组织设计”内，并应有相应的组织措施予以落实。对关键工序事先明确质量标准，避免施工过程中返工或与监理产生抵触；

8）坚持安全第一、“事前控制”、“预防为主”的原则；

9）土方开挖过程中，对施工进度进行检查，同原进度计划进行对比，及时调整。调整方法主要是增加、减少设备数量，增加或减少工作时间等；

10）检查、督促施工方控制好标高，谨防“超挖”和“欠挖”；

11）认真分析“监测数据”，掌握基坑安全的脉搏，及时采取补救措施；

12）土方开挖完成，督促土建抓紧后续工序的施工，防止基坑曝露时间过长，造成安全事故。

3. 基坑施工安全措施（表 14-14）

表 14-14

开挖中可能出现的问题	安全、稳定应变措施
围护结构出现渗水、漏泥砂或开挖面以下出现冒水	1. 出现渗水、漏泥砂，应及时采取止水堵漏措施 2. 发现止水体在设计施工中的薄弱环节，及时采取加固弥补措施
开挖土方不均衡，支撑延时导致围护墙和支撑的受力和变形速率变化过大，基坑回弹和周围土体变位过大	采用调整开挖及支撑的施工部署及参数，使基坑外荷载均衡，减小每步开挖的空间尺寸，加快安装支撑的时间，增加支撑复加预轴力的次数
围护结构刚度、强度不足，围护结构变形过大	1. 增加临时斜撑、角撑 2. 支撑加设预应力 3. 调整支撑的竖向间距 4. 基坑四周卸载或坑内压载
基坑隆起，变形过大	1. 分区分步开挖，并在最下一层开挖时，分步挖，分步浇筑快硬混凝土垫层，矫正支护墙体位移 2. 采用中心岛法施工 3. 在坑底被动区土层中，超前一步进行双液快凝分层注浆加固土体或压载
支撑挠曲变形	1. 加固支撑杆件；采用临时拉系构件，缩短长细比，必要时在水平向及竖向增设支撑 2. 地面对称卸载，坑内压载

续表

开挖中可能出现的问题	安全、稳定应变措施
支撑截面不足，有压损迹象	对支撑断面加固；在竖向及水平向增设支撑
支撑立柱桩不均匀沉降（上浮）	1. 设置竖向剪刀撑 2. 设置稳定支撑的拉系构件 3. 支撑和节点上卸载或加载 4. 调整立柱上支托支撑的支托构件标高
围护、支撑，周围地表变形，坑底土体隆起变化速率均急剧加大，基坑有失稳趋势	对基坑进行局部甚至全面回填或放水回灌，以得到临时稳定，赢得时间进行地基或支撑加固

4. 深基坑安全监测

(1) 监测的内容一般有以下几个方面：

1) 坑周土体变化测量；

2) 围护结构变形测量和内力测量；

3) 支撑结构轴力测量；

4) 土压力测量；

5) 地下水位及孔隙水压力测量；

6) 相邻建（构）筑物及地下管线、隧道等保护对象的变形测量。

(2) 监测的技术要点：

1) 现场测试方法；

2) 测量的设备；

3) 测点布置；

4) 数据处理；

5) 信息化施工等。

(3) 基坑监测的监理要点：

1) 熟悉安全监测的内容和技术要点；

2) 协助建设单位选择有经验、满足资质要求及服务好的监测单位；

3) 审核监测单位提交的“监测方案”或“施工组织设计”；

4) 施工过程中认真研究、分析数据；

5) 利用检测数据为工程安全服务；

6) 专业检测单位的监测不能替代原基坑设计、施工单位自己的监测或测量工作。

14.3 沟槽土方施工监理

14.3.1 沟槽的挖方施工监理要点

1. 沟槽的土方挖土监理要点

(1) 在城镇街道施工沟槽，监理人员应检查沟槽两侧是否设路障等明显标志，夜间是否设红灯，以及防止行人或车辆造成事故和保护与沟槽相交的电杆、标桩及其他管道、构筑物的措施。

(2) 监理人员检查沟底土层，不被扰动：当无地下水时，挖至设计标高以上 5～10cm

可停挖；遇地下水时，可挖至设计标高以上 10～15cm，待到下管之前平整沟底。

（3）沟底遇大颗粒石块，应将其开挖至沟底设计标高以下 0.2m，再用粗砂或软土夯实至沟底设计标高。

（4）挖土超挖在 15cm 以内且无地下水时，可用原土回填夯实，密实度为 95%。沟底遇地下水时，采用砂夹石回填。

（5）在湿陷性黄土地区开挖沟槽，监理人员要求尽量不在雨季施工，且在沟底以上预留 3～6cm 土层予以夯实。

（6）当在深沟内挖土施工时，监理人员要注意沟壁的稳定情况，所有人员不得在沟槽内坐卧、休息，要在沟上设专人监视，并应采取措施，防止塌方伤人。

（7）当沟边有电杆时，应检查加固支撑，当挖土遇到管道时，应检查采取保护措施。

（8）当沟槽位于旧坟墓区、沼泽地带时，要检查防止有害气体中毒的措施。

（9）采用机械挖掘时，检查挖掘沟槽平直，管沟中心线要符合设计的要求。应在基底标高以上预留一层，用人工清理。使用拉铲、正铲或反铲施工时，应保留 30cm 厚土层不挖。待下一工序开始前挖除。

（10）在软土地区开挖管沟时，施工前检查是否做好降水工作，地下水位应降至基底以下 0.5～1.0m 后，方可开挖。

（11）管沟的开挖过程中，应经常检查管沟壁的稳定情况并及时安装管道。作好原始记录及绘出断面图。如发现基底土质与设计不符时，需经有关人员研究处理，并做出隐蔽工程记录。

2. 管沟的开挖堆土监理要点：

（1）监理人员要检查管沟开挖的堆土情况，要求尽量堆土于沟槽一侧，堆土线距边线不小于 0.5～1.0m，对湿陷性黄土地区，沟边宽度留大一些，并作土埂，以防雨水流入沟内。

（2）在电杆、变压器附近堆土时，其堆土高度要考虑到距电线的安全距离。

（3）堆土不宜靠紧建筑物外墙，如靠外墙堆土，其高度不得超过 1.5m，防止土堆的侧压力将墙推倒。

（4）堆土不得压盖任何管线的井盖、雨水排出口和测量标志等，并不得阻碍交通。

3. 管沟开挖的质量要求：

（1）深度≤5m 的管沟边坡最陡坡度（同表 14-8）

（2）管沟底部每侧工作面宽度（表 14-15）

表 14-15

管道结构宽度(mm)	每侧工作面宽度(mm)	
	非金属管道	金属管道或砖沟
200～500	400	300
600～1000	500	400
1100～1500	600	600
1600～2500	800	800

注：1. 管道结构宽度：无管座按管身外皮计；有管座按管座外皮计；砖砌或混凝土管沟按管沟外皮计。
2. 沟底需增设排水沟时，工作面宽度可适当增加。
3. 有外防水的砖沟或混凝土沟时，每侧工作面宽度宜取 800mm。

14.3.2 沟槽的支撑加固监理

1. 沟槽的支撑加固形式（表 14-16）

表 14-16

支撑方式	适用条件
断续的水平支撑	能保持直立壁的干土或天然湿度的黏土类中，地下水很少，坑深小于 2m
带间隙的水平支撑	能保持直立壁的干土或天然湿度的黏土类中，地下水很少，坑深小于 3m
连续的水平支撑	在可能塌落的干土或天然湿度的黏土中，地下水很少，坑深 3～5m
水平垂直混合支撑	沟槽下部有含水层时
混凝土或钢筋混凝土支护	天然湿度的黏土类土中，地下水很少，地面荷载很大，做圆形结构护壁坑深 6～10m

2. 支撑作业监理要点

(1) 监理人员应检查随沟槽的开挖及时支撑的情况，支护的检查内容：

1) 在土质较差的地区，挖土深度超过 1.2m 时，就开始支撑，开挖深度在 3m 以内的沟槽，可采用横列板支护；

2) 土质较差，开挖深度大于 3m 的沟槽，宜采用钢板桩支护；

3) 土质极差、含水量高、粉砂地区以及邻近有建筑物、地下管线或河道旁等特殊地区开挖沟槽时，还需采用树根桩支护、地层注浆或高压旋喷桩、深层搅拌等加固支护措施。

(2) 沟槽的支撑加固的要求如下：

1) 横撑、垫板、撑板应当相互靠牢。横撑支在垂直垫板上，须在横撑端下方钉托木；在水平垫板上，横撑端应当用铁扒钉与水平垫板钉牢，且横撑端头下方也钉上托木；

2) 考虑下步工序的方便，以安管时尽量不倒撑或少倒撑为原则，确定横撑支撑位置，横撑顺沟槽方向的间距采用 1.5m 左右；

3) 横撑应尽量使用支撑调节器，以减少木材的消耗，若用方、圆木作横撑时，撑木长度比支撑未打紧之前的空间长 2～5cm 为宜，如果横撑稍短时，可在端头加木楔；

4) 采用水平密撑时，若一次挖至沟底再支撑有危险，可挖至一半先行初步支撑，见底后再行倒撑；

5) 撑板厚度一般为 4～5cm，支撑应稳固可靠，支撑材料应坚实，撑木不得有劈裂或腐烂情况。

(3) 检查是否有攀登沟槽支撑的横撑上下的行为，检查是否在沟槽边安放施工机械。

3. 支护监理要点：

(1) 检查横列板、钢板桩支护是否稳定。

(2) 检验开挖过程中支护作业是否严格按施工技术规程进行。

(3) 列板支护沟槽开挖质量监理和检查项目：

1) 列板支护一般用于施工环境狭窄、周围地下管线较密集、开挖深度<3m 的沟槽开挖；

2) 横列板及竖列板的尺寸应有足够的刚度；

3) 横列板放置要水平、板缝严密、板头齐整，其放置深度要到达碎石基础面；

4) 挖土深度至 1.2m 时，必须撑好头挡板，一次撑板高度宜为 0.6～0.8m；

5）撑板宜采用组合钢撑板，其尺寸为厚 6～6.4cm、宽 16～20cm、长 300～400cm，竖列板应采用木撑板，其尺寸为厚 10cm、宽 20cm、长 250～300cm，当沟槽宽度为 3m 以内时，撑柱套筒可使用 ϕ63.5mm×6mm 的钢管；

6）铁撑柱两头应水平，每层高度应一致，每块竖列板上支撑不应少于两只铁撑柱，上下两块竖列板应交错搭接；

7）管节长度在 2m 以下时，铁撑柱的水平间距不大于 2.5m，管节长度为 2.5m 时，支撑水平距离≯3m；

8）铁撑柱的钢管套筒不得弯曲，支撑应充分绞紧，铁撑柱应垫托木，用扒钉或用8～12 号钢丝绑扎牢固，上下沟槽应设安全梯，严禁攀登支撑；

9）开挖过程中，对每道支撑不断检查其是否充分绞紧，防止脱落；

10）撑柱的水平间距、垂直间距、头档撑柱、末道撑柱等位置要合理、规范。

（4）板桩支护沟槽开挖质量监理和检查项目：

1）施工环境狭窄、周围地下管线密集的施工场合，或开挖深度≥3m 的沟槽宜采用板桩支护；

2）钢板桩槽宽度为 0.6～0.8m，应挖至原土层，并暴露地下管线，清除障碍物；

3）钢板桩的入土深度经计算确定，选择的钢板桩排列形式要合理；

4）钢板桩的咬口要紧密，钢板桩要挺直，打入时要垂直；

5）挖土深度至 2m 时，应先据地面 0.6～0.8m 处撑头道支撑。管顶上的一道支撑与管顶净距不小于 20cm，离混凝土基础（或钢筋混凝土基础）面上 20cm 处应加设一道临时支撑。排管前，在混凝土基础侧面与板桩之间用砖块或短木填塞稳固后，方可拆除临时支撑；

6）钢板桩支撑的水平间距、管节长度在 2m 以下时钢筋混凝土承插管不大于 3m，支撑的垂直间距不大于 2m。

4. 拆撑作业基本要求

（1）拆撑前要仔细检查沟槽两侧的建筑物、电杆及其他外管道是否安全，必要时要加固后再拆撑。

（2）拆撑应注意安全，认真检查槽壁有无裂缝，发现沟壁有坍塌危险，可先还土，再用导链将支撑拉出，在土质良好条件下，一般可随填土随拆撑。

（3）采用排水井排水的沟槽，可由两座排水井的分水岭向两端延伸拆除。

（4）多层撑的沟槽，可按自下而上的顺序逐层拆除，待下层拆撑还土后，再拆上层支撑。

（5）对密撑与板桩，一般可先填土至下层横撑底面，再拆下面横撑，然后还土至半槽，拆除上层横撑，再将木板或桩拔出。

（6）一次拆除水平撑板尚感危险时，应考虑倒撑，另外用横撑将上半槽撑好之后，再将原横撑与下半槽撑板拆除，下半槽还土后，再将上半槽支撑拆除。

14.3.3　沟槽回填监理

1. 沟槽回填土工作流程

（1）沟槽回填土施工流程（图 14-3）

（2）沟槽回填土施工监理流程（图 14-4）

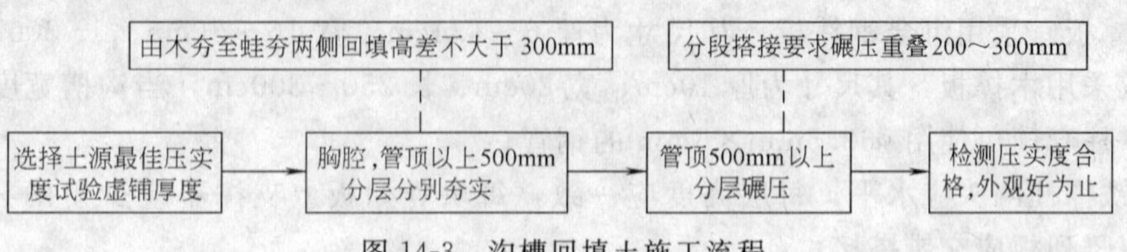

图 14-3 沟槽回填土施工流程

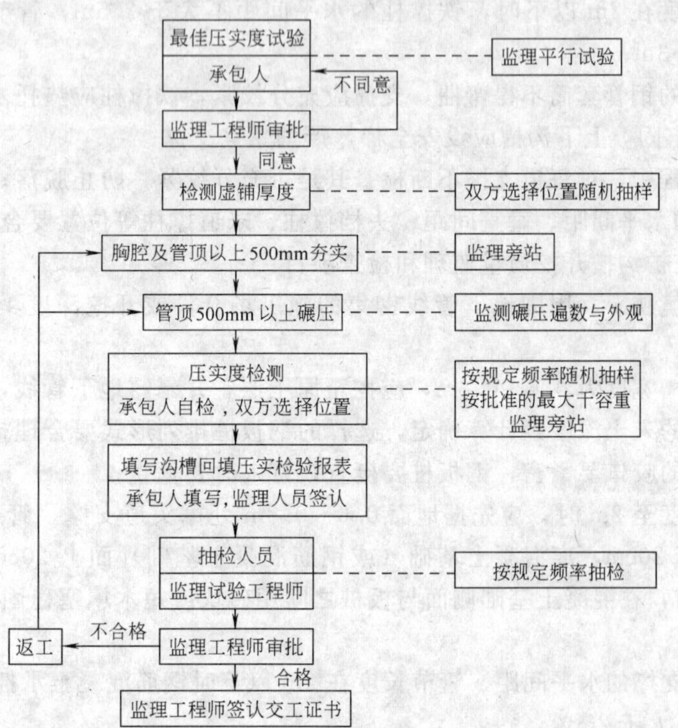

图 14-4 沟槽回填土施工监理流程

2. 沟槽回填土施工监理要点

（1）监理人员根据承包人申报的沟槽回填分三个部分：胸腔、管顶以上500mm及管顶500mm以上回填，分别有其不同的压实度要求及相应的土壤最佳含水量和最大干密度、以及虚铺厚度、分层压实等施工方案，审批其开工申请。制订监理工作细则和压实度质量标准。完工时，须经监理人员复查，合格者签认交工证书。监理人员在分层回填土时，复核检测承包人对沟槽胸腔、管顶500mm以上各部分不同的压实度要求和不同压实方法，是否均符合规范、规程与设计规定，使其达到最佳压实度。

（2）当施工管道完成后，将管道二侧及管顶以上0.5m部分回填，留出接口的位置。管道质量检验合格后，将剩余土方回填。一般地段回填土要夯实，靠自然沉实时，回填土要预留一定的沉降量，一般沉降量可按填方高度的30%预留。

（3）回填前，管沟的支撑应依次拆除。管道两侧及管顶0.5m内的回填土宜轻夯。采用推土机回填时，推土机不得在管道上行驶压实。回填土每层不宜超过0.3m。

（4）冬季回填时，监理一般不允许回填冻土。检查管沟上的结冰和积雪在回填前是否清除。回填土已完全冻实的地区，回填工作应在春季进行。因工程需要已回填冻土，其管道试水完毕后，须将管道的水全部放光，以防冻管。试水后正常投入使用的管道，要保证管内水处于经常流动状态。

(5) 具体要求承包人做下列工作：

1) 核测最佳压实度，确定土壤的最佳含水量与相应的最大干密度。最佳含水量时的最大干容重，是衡量回填土质量的依据；

2) 检测分层回填虚铺厚度，检查夯压机具与相应碾压遍数和外观要求。沟槽两侧同时回填，其高差不得超过300mm，并用木夯、蛙式打夯机夯实。夯时应夯夯相连，不得漏夯，在胸腔以上部分回填，检查分段搭接处是否符合要求，压路机碾压应重叠200～300mm；

3) 检测压实度是否符合设计规定；

4) 控制井点降水的停止；

5) 控制钢板桩的横挡支撑拆除速度，拔除钢板桩后，缝隙应及时回灌砂土等填料。

(6) 控制回填土质量，其中回填粗砂满足沟槽回填粗砂干重度表（表14-17）。

表 14-17

项目	干重度 (kN/m^3)	检验频率		检验方法
		范围	点数	
胸腔部分	≥16	两井之间	每层一组(三点)	用 $\phi1$ 钢筋锤击检测
管顶以上 500mm	≥16	两井之间	每层一组(三点)	用 $\phi1$ 钢筋锤击检测

(7) 填方的技术要求

1) 沟槽填方要求（表14-18）

表 14-18

填方部位	密实度要求	
胸腔部分填方	密实度应达 95%	
管顶以上 0.5m 厚度内填方	密实度应达 85%	
管顶以上 0.5m 至地面部分填方	当年修路时	密实度应达 95%
	当年不修路时	密实度应达 90%

2) 沟槽填方要点（表14-19）

表 14-19

回填部位	回填要点
胸腔部分回填	1. 管两侧应同时回填，以防管线产生位移
	2. 只能采用人工夯实，每次填方厚 15cm，用尖头铁锤夯打 3 遍，做到夯夯相连
	3. 夯填中不得掺有碎砖、瓦砾、杂物等大于 10cm 的土块
管顶以上回填	1. 对管顶以上 50～80cm 以内的复土采用小铁锤夯打
	2. 管顶以上 80cm 以上，可采用蛙式打夯机夯填，每层虚厚 30cm
管顶以下回填	采用脚踏实后，用木夯或小铁锤轻轻夯打

3. 质量标准、检测频率与方法

(1) 在管顶以上500mm内，不得回填大于100mm的石块、砖块等杂物。回填时，槽内应无积水，不得回填淤泥、腐殖土、冻土及有机物质。

（2）沟槽回填土质量监理表（表 14-20）。

表 14-20

<table>
<tr><th colspan="3" rowspan="2">项　目</th><th rowspan="2">压实度(%)(轻型击实试验法)</th><th colspan="2">检验频率</th><th colspan="2">检 测 与 认 可</th></tr>
<tr><th>范　围</th><th>点　数</th><th>检验方法</th><th>检查程序</th></tr>
<tr><td colspan="3">胸腔部分</td><td>>90</td><td rowspan="7">每井之间</td><td rowspan="7">每层一组
（3 点）</td><td rowspan="7">用环刀法检验</td><td rowspan="7">监理在场，施工单位检测填报表，由监理人员签署评语及姓名</td></tr>
<tr><td colspan="3">管顶以上 500mm</td><td>>85</td></tr>
<tr><td rowspan="5">管顶 500mm 以上至地面</td><td rowspan="5">当年修路（按路槽以下深度）</td><td>0～800mm</td><td>>98
>95
>92</td></tr>
<tr><td>800～1500mm</td><td>>95
>90
>90</td></tr>
<tr><td>>1500mm</td><td>>95
>90
>85</td></tr>
<tr><td>当年不修路或农田</td><td>>85</td></tr>
</table>

注：1. 本表系按道路结构形式分类确定回填土的压实度标准。
2. 最佳压实度检验办法 CJJ 3—90。
3. 高级路面为水泥混凝土路面、沥青混凝土路面、水泥混凝土预制块等。次高级路面为沥青表面处理路面、沥青贯入式路面、黑色碎石路面等。过渡式路面为泥结碎石路面、级配砾石路面等。
4. 如遇到当年修路的快速路和主干路时，不论采用何种结构形式，均执行上列高级路面的回填土压实度标准。

14.4　施工排水、降水监理

14.4.1　施工排水降水的一般规定

1. 施工排水、降水方法（表 14-21）

表 14-21

<table>
<tr><th colspan="2" rowspan="2">排水、降水方法</th><th colspan="2">适 用 范 围</th></tr>
<tr><th>土的渗透系数(m/d)</th><th>降低水位深度(m)</th></tr>
<tr><td>明排水</td><td colspan="3">最简单普遍应用的一种方法，除细砂土外适用各种土质</td></tr>
<tr><td rowspan="2">轻型井点</td><td>单层轻型井点</td><td>0.1～80</td><td>3～5</td></tr>
<tr><td>多层轻型井点</td><td>0.1～80</td><td>6～12</td></tr>
<tr><td colspan="2">电渗井点</td><td><0.1</td><td>5～6</td></tr>
<tr><td colspan="2">管井井点</td><td>20～200</td><td>3～5</td></tr>
<tr><td colspan="2">喷射井点</td><td>0.1～2</td><td>8～20</td></tr>
<tr><td colspan="2">深井泵</td><td>10～250</td><td>>15</td></tr>
<tr><td colspan="2">简易井点</td><td>0.1～50</td><td><6</td></tr>
</table>

2. 明沟排水常用方法及施工要求（表14-22）

表 14-22

排水方法	施工要求	适用条件
常用明沟与集水井排水	在基坑周围的一侧或两侧，或在基坑中心设置排水边沟，每隔30～40m设一个集水井，用水泵将水抽出基坑外，挖土时，集水井低于排水边沟1m左右，或深于水泵吸水管上阀门的高度，井壁须作临时简易加固措施，随挖土随加深排水沟与集水井	适用于一般基础及中等面积的基础群与建筑物基坑（槽）的排水
分层明沟排水	在基坑边坡上设置2～3层明沟，分层排除上部土壤中地下水	适用于基（槽）深度较大，地下水位较高，与多层土中上部有透水性较强的土的条件下
深沟排水	在场区的（外部一侧或两侧）适当地点；挖纵长深沟作为干沟，在场区四周设置边沟，中部挖小支沟与干沟，边沟连通，将水流引至干沟泄出。干沟沟底应较最深基坑低1～2m	适用于设备基础群与大面积场区施工降低地下水位

3. 施工排水、降水监理要点

（1）审核、批准施工单位申报的施工组织设计。

（2）施工组织设计应包含的主要内容：

1）降水地区工程地质和水文地质资料，采用的土层渗透系数必须可靠，必要时应作现场抽水试验确定；

2）井点管的构造、长度和数量，抽水机械的型号和数量（包括泵和电动机的备用量），必须时应设双电源；

3）井点降水系统的平、剖面布置图和安装图；井点管的沉设方法，排水沟、管的埋设及排水地点选择；防止地面水、雨水进入基坑槽的措施；井点管路与施工道路交叉处的保护措施；

4）复杂土层应按降水要求作补充勘察，查明相对应的含水层和不透水层、地下水的补给关系、主要含水层和下卧层等的情况。

（3）施工前应复验井点、基坑位置。

（4）井点滤管在运输、装卸和堆放时应防止滤网损坏，下入井点孔前，必须对滤管逐根检查，保证滤网完好。

（5）基坑开挖过程中，降水深度应≥开挖面0.5～1.0m，开挖至坑底时，降水深度应在基坑底以下0.5～1.0m之间，但降水的水位又要防止引起围护结构外侧地面沉降。据此，监理应重点审核井点位置及深度。井点布置基本原则：

1）常用轻型井点的成孔孔径应根据土质条件和成孔深度确定，孔径常用ϕ250～ϕ300mm，间距1.2～2.0m，冲孔深度应超过滤管管底0.5m；

2）常用喷射井点的成孔孔径为ϕ400～ϕ600mm，间距3.0～6.0m，孔深宜超过滤管管底1.0m；

3）深井井点的间距为14～18m，深井泵吸水口宜高于井底1.0m以上；

4）电渗降水正、负极的距离：采用轻型井点时，宜为0.8～1.0m，采用喷射井点时，宜为1.2～1.5m。电压梯度可采用0.5V/cm，工作电压≤60V，土中通电时的电流密度宜为0.5～1.0A/m²，宜采用间歇通电；

5）井点成孔应垂直，井点管滤头宜设置在透水性较好的土层中，必要时可采取扩大井点滤层等措施；

6）放坡开挖的基坑，井点管距坑边≥1.0m，机房距坑边≥1.5m；

7）井点降水设备的排水口应与坑边保持一定距离，防止排出水回渗，流入坑内；

8）拔除井管后的孔洞，应立即用砂土填实。对于穿过不透水层进入承压含水层的进管，拔除后应用黏土球填塞封死，杜绝井管位置发生管涌。

（6）降水应确保砂滤层施工质量，做到出水常清，应及时打好观察井。

（7）降水要求在基坑开挖前2～3周开始，以使土体在开挖时已有相当程度的排水固结。降水开始后，要定期对预先埋设的在基坑内外的水位观察坑的水位进行定时测量，以检查降水深度是否达到要求。基坑外地下水观察井的水位下降深度不宜大于环保要求。

（8）为减少井点降水对周围环境的影响，可在降水管与受保护对象之间设置回灌井点、回灌砂井和砂沟。

（9）钻孔时，随时检查施工是否符合规定要求。

（10）提醒和督促施工单位取土样，核对含水层的范围和土的颗粒组成。成孔过程中应及时检查成孔垂直度，成孔后测量成孔深度。

（11）井点管在运输、装卸和埋设时，应防止被挤压、碰撞变形和滤网损坏，下入井点孔前，必须逐点检查过滤管是否完好。下入井点管前必须清孔，放入井管位置应在需要抽水的地层范围内，并在井管周围填砂滤料，亦可在下管前在井管规定长度上预先放砂滤料。

（12）应用时提醒施工单位在井孔上部封填土层，督促施工单位在井管埋设后立即进行抽水，以抽出滤料中的粉粒，保证滤层具有良好的透水性，同时检查井点的抽水效果。

（13）填砂料前，应将孔内泥浆适当稀释，井管应居中，灌填高度≥计算值的95%。

（14）应对泵的性能进行检查，检查电缆和接头的绝缘性是否符合安全可靠的要求，并要求配置保护开关控制，保证泵的完好。督促施工单位安装水泵或调试水泵前测量井深。

（15）抽水水质浑浊，应督促施工单位及时分析原因进行处理，防止泥砂流失引起地面沉陷。加强井点系统的维护和检查，保证井点能正常地、不断地抽水。

（16）督促施工单位详细做好抽水记录。

14.4.2 轻型井点排水、降水监理要点

1. 集水总管、滤管和泵的位置和标高应正确，井点系统各部件均应安装严密，防止漏气。连接集水总管与井点管的弯联管宜采用软管。

2. 按封闭方法布置单套井点设备时，集水总管宜在抽水机组的对面断开。采用多套井点设备时，各套井点设备的集水总管之间宜装设阀门隔开。

3. 井点管的沉设可按现场条件及土层情况选用：

（1）直接利用井点管水冲下沉。

（2）用冲水管冲孔（亦可同时用压缩空气或使用加重钻杆辅助冲孔）后，沉设井点管。

（3）套管式冲枪水冲法或振动水冲法成孔后，沉设井点管。

4. 冲孔孔径≤300mm，深度应比滤管底深>0.5m，管距一般为0.8～1.6m。

5. 每根井点管沉设后检验渗水性能：井点管与孔壁之产填砂滤料时，管口应有泥浆水冒出；向管内灌水，能很快下渗，方为合格。

6. 井点系统安装完毕，必须及时试抽，并全面检查管路接头质量、井点出水状况和抽水机机械运转情况等。如发现漏气和“死井”应立即处理。检查合格后，井点孔口到地面下5～1.0m的深度范围内应用黏性土填塞。

7. 轻型井点按抽水机组类型分为：干式真空泵井点、射流泵井点和隔膜泵井点。

(1) 干式真空泵井点，可根据含水层渗透系数大小选用相应型号的真空泵和水泵。

(2) 射流泵井点和隔膜泵井点，适用于粉砂、轻亚黏土等渗透系数较小的土层中降水。

(3) 干式真空泵井点的水泵与排水管连接处，宜装置逆止阀。气水分离箱与总管连接的管口，应高于水泵的叶轮轴线。

14.4.3 喷射井点排水、降水监理要点

1. 喷射井点的施工

(1) 按规范标准和建设单位、监理认可的施工组织设计施工。

(2) 井点管组装前，应检验喷嘴混合室和滤网等。组装后，每根井点管应在地面作抽水试验和真空度测定。地面测定真空度≥700mm汞柱。

(3) 进水总管与滤管的位置、标高应正确，井点管路应安装严密。各根井点管的连接管必须安装阀门。

(4) 高压水泵的出水管必须装有压力表和调压回水管路，以控制水压力。

(5) 当直接利用井点管水冲下沉时，应先沉设外管，待下沉结束后再安装内管。

(6) 沉设井点管前，应先挖井点坑和排泥沟，坑的直径应大于冲孔直径，坑内不得有石子等硬物。

(7) 管距一般为2～3m，冲孔径深度应比滤管底深1m以上。

2. 喷射井点排水、降水要点

(1) 每根井点试抽时排出的浑浊水不得回入循环管路系统。试抽时间的长短，应根据井点出水由浊变清程度而定。

(2) 井点的内管与外管底座接触处，必须安装严密，内、外管顶端接头处，应用油封连接。抽水时如发现某井点管周围有翻砂、冒水现象，应立即关闭此井点，及时检查处理。

(3) 工作水应保持清洁。全面试抽两天后应用清水更换，在降水过程中应视水质浑浊程度定期更换。

(4) 每套喷射井点宜控制在30根左右，并配相应水泵。各套进水总管均应用阀门隔开，各套回水总管应分开。

(5) 降水过程中，应按时观测工作水压力、地下水的流量、井点的真空度和孔水位。发现异常现象，应采取措施进行调节。观测孔孔口标高应在抽水前测量一次，以后定期观测，以计算实际降深。

3. 喷射井点排水、降水监理要点

(1) 检查安装密封环，严禁用管钳卡在密封铜环上。

(2) 检查外管底座上的密封面，应无锈蚀，且应保持必要的光洁度。

(3) 检查露在地面上的内管和外管之间的紧固件，应箍紧，防止井点内管上升。

(4) 井点外管或内管接头连接后要进行压水试验，检验合格方可使用。

(5) 严格检查扬水器加工质量，重点是同心度和焊缝质量，组合后，每根井点管应在地面作泵水试验和真空度测定，合格后，方可装配使用。

(6) 装配扬水器时要防止工具损伤喷嘴夹板焊缝，井点管和总管内必须除净铁屑、泥砂和焊渣等杂物，并加以防护，以防喷嘴堵塞。

(7) 检查工作水，要求保持清洁，工作水压力要调节适当。

(8) 要求喷射井点应按规定程序施工，井点沉设后应及时进行单井试抽。一套井点沉设完毕后，应及时全面试抽。

(9) 检查井点滤管是否设在透水性较大的土层中，冲孔应垂直，孔径不宜小于40cm，孔深宜大于井点底端1m以上。

(10) 试抽开始时水质浑浊，而后变清是属于正常现象。水质变清后连续试抽时间不宜小于1h，以提高砂滤层及其附近土层的渗水性能。

(11) 注意检查井点内管顶部的管卡是否拧紧，防止内管上移。

(12) 井点的进水闸门和回水闸门在安装前必须检验质量。安装后，任何一根喷射井点的进水闸门和回水闸门在使用时均应开足。在未使用时均应关严，防止漏水，冬季要防冻。

(13) 保持循环水池清洁，经常测定循环水池底部淤积深度，并加以清理。水泵供水量和压力必须与井点数量和降水深度相匹配。

(14) 检查井点进水连接短管接头：必须牢固，防止脱落。连接短管的长度要保持一定余量，以防地表下沉将接头拉脱。回水连接短管接头亦应牢固。井点的启闭应严格按规定操作，避免误操作导致短管爆裂。

14.4.4 深井井点排水、降水监理要点

1. 施工要求

(1) 按规范标准和建设单位、监理认可的施工组织设计施工。

(2) 深井钻孔方法可根据土层条件和孔深要求，选用冲击钻孔、回转钻孔或水冲法施工。

(3) 孔径应比井管直径大300mm，深度应考虑抽水时间内沉淤物可能阻塞孔径，垂直度必须符合要求。

(4) 钻孔时应符合以下规定：

1) 孔位附近不得大量抽水；

2) 孔口设置护筒；

3) 设置泥浆坑，防止泥浆水漫流；

4) 应取土样，核对含水层的范围和土的颗粒组成。

(5) 根据钻孔时的土层情况和设计要求配齐所用管材，并按照沉放顺序堆放在孔位附近。

(6) 井管沉放前应清孔，疏干含水层应设置倒滤管，在周围填砂料后，应按规定及时洗井和单井试抽。

（7）降水井内装置深井泵时，电动机的机座应平稳牢固，转向正确，严禁逆转，防止转动轴解体。装置潜水井泵时，潜水电机、电缆及接头的绝缘必须安全可靠，并配置保护开关控制。

（8）安装水泵或调试水泵前，均应量测井深和井底沉淀物厚度，必要时清洗水井，冲除沉渣。

（9）各管段、轴件的连接，必须紧密、牢固，使用前必须检验，不得漏水。

（10）排水管路的连接、埋深、走向和坡度均应按规定施工。排水口应设置在降水范围以外。

（11）降水过程中应根据施工要求，确定启动和暂不抽水井点的数量。按时观测水位下降情况和流量等。

（12）基坑内降水在基坑开挖过程中，降水深度应深于开挖面0.5～1.0m以下；开挖至坑底时，降水深度应在基坑底以下0.5～1.0m之间。但降水的水位，又要防止引起围护结构外侧地面沉降。据此，监理应重点审核井点位置、深度及落水坡降。

2. 深井井点排水、降水监理要点

（1）正确地按规定要求安装设备，地基要平整坚固，护口管、转盘、天车要在一条垂直线上。

（2）不使用过于细的薄壁钻杆钻大口径井孔及过短的岩芯管。

（3）变换口径时要使用导向器并应降低转速和压力。

（4）在钻进软硬互变或容易使钻孔弯曲的地层时，也应降低转速和压力。

（5）在开始钻进时，由于方钻杆直接与钻头相连，整套钻具头重脚轻，钻进时要低速回转，保持钻杆直立不摆动。

（6）钻具要经常检查补焊，保持钻具圆整。

（7）根据钻进中的地质情况，随时调整孔内泥浆黏度和相对密度。

（8）长时间停钻时，应每隔3～4h搅动井孔内的泥浆，并可适当加入泥浆，以保持孔内必要的压力。

（9）在扩孔时，应事先增加井孔内的泥浆黏度和相对密度，并使孔内上下的泥浆搅动均匀以后，才可进行扩孔。

（10）根据地层和水文地质具体条件，使用符合要求的泥浆，钻进中一定要保持孔内清洁，不可中途停泵时间太长。

（11）不使用弯曲的钻杆，不采用钻杆自重加压而采用钻铤加压，钻压要适当，避免造成斜孔而形成键槽卡钻。

（12）在膨胀性地层钻孔，应使用失水量小的泥浆，避免缩径。

（13）深井的井管和滤管全部安装结束并在井管四周回填砂滤料后，应及时洗井。选择合理地洗井方法，活塞洗井用的活塞结构应合理，压缩空气洗井时的风管和风压参数应按规定选用，使用风管前应检查接头牢固程序，以防脱落，活塞洗井的延续时间长短应控制适当，洗井时必须根据相应的操作工艺进行，并防止因操作不当而损坏井管。

（14）应测量井孔的实际深度和井底沉淀物的厚度，如果井深不足或沉淀过厚，需对井孔进行冲洗，排除沉渣。

（15）先按照实际水文地质资料计算降水范围总涌水量、深井单位进水能力、抽水时所需过滤部分总长度、深井数量、间距及单井出水量，复核深井过滤部分长度、深井出水量及特定点降深。

（16）选择深井泵（或深井潜水泵）时应考虑到满足不同降水阶段的涌水量和降深要求。

14.4.5 电渗井点排水、降水监理要点

1. 施工要求

（1）按规范标准和建设单位、监理认可的施工组织设计施工。

（2）电渗井点阴、阳极的制作与设置，宜符合以下规定要求：

1）阴极可用原有的井点管，阳极可用 ϕ25mm 以上的钢筋或其他金属材料制成，并应考虑电蚀量；

2）阴、阳极的数量宜相等，必要时阳极数量可多于阴极数量。阳极的设置深度宜较井点管深约 500mm，露出地面为 200～400mm；

3）阴、阳极应分别用电线或钢筋连接成电路，并接至直流点源的相应极上；

4）阳极埋设应垂直，严禁与相邻阴极相碰；

5）在不需要通电流的范围内（如渗透系数较大的上层）的阳极表面可涂绝缘材料。

（3）施工前宜通过必要试验，确定合理的电压梯度和电极布置，井点设于基坑四周时，阳极应布置在井点圈内侧，与阴极并列或交错。

（4）阴、阳极的一般距离：采用轻型井点时，为 0.8～1.0m；采用喷射井点时，为 1.2～1.5m。工作电压≤60V，电流密度宜为 0.5～1.0A/m^2。

（5）在阴、阳极间的地面上，应清除无关的金属和其他导电物。

（6）降水应经试验后选择连续或间歇通电方式，通电时间应根据施工的不同阶段和具体情况而定。降水过程中，应按时观测电压、电流密度、耗电量及观察孔水位等，并做好记录，以后定期观测，以计算实际降深。

2. 电渗井点降水监理要点

（1）对于淤泥质黏土之类的地层，渗透系数小于 0.1cm/d 情况下，采用电渗井点降水。

（2）必须要用直流电源；对正极和负极的联接线应有明显的标志。

（3）作为正极的钢筋必须设置在要求降低地下水位的一侧，对基坑降水来说，井点管设置在外侧，作为正极的钢筋设置在内侧。

（4）井点管和钢筋在加工时均应保持成直线。在运输和堆放时防止受弯；在埋设时应检查是否保持成直线，若发现弯曲应立即调直；井点管和钢筋应保持一定间距，不能过于靠近；

（5）用作正极的钢筋设置深度应比井点深度大 500mm；

（6）负极与正极之间的距离，应经过计算确定，根据经验一般按井点的种类可参考下值：

1）采用轻型井点作为负极时，其相隔距离为 0.8～1.0m；

2）采用喷射井点作为负极时，其相隔距离为 1.2～1.5m。

（7）电渗井点降水的工作电压不宜大于 60V，电流密度宜为 0.5～5A/m^2。

第 15 章　土建工程监理

15.1　地基和基础工程监理

15.1.1　常用地基加固施工监理

1. 地基加固方法及施工要点（表 15-1）

（1）灰土基层地基

表 15-1

材料要求	施工要点	质量标准
1. 灰土的土料，可采用基槽挖出的土。凡有机质含量不大的黏性土都可用作灰土的土料。表面耕植土不宜采用。土料应过筛，粒径不宜大于 15mm 2. 用作灰土的熟石灰应过筛，粒径不宜大于 5mm，并不得夹有未熟化的生石灰块和含有过多的水分	1. 施工前应验槽，将积水、淤泥清除干净，待干燥后再铺灰土 2. 灰土施工时，应适当控制其含水量，以用手紧握土料成团，两指轻捏能碎为宜。如土料水分过多或不足时可以晾干或洒水湿润。灰土应拌合均匀，颜色一致，拌好后应及时铺好夯实。铺土应分层进行 3. 每层灰土的夯打遍数，应根据设计要求的干密度在现场试验确定。一般夯打（或碾压）不少于 4 遍 4. 灰土分段施工时，不得在墙角、柱墩及承重窗墙下接缝，上下相邻两层灰土的接缝间距不得小于 0.5m，接缝处的灰土应充分夯实。当灰土垫层地基高度不同时，应作成阶梯形，每阶宽度不少于 0.5m 5. 在地下水位以下的基槽、坑内施工时，应采取排水措施，使在无水状态下施工。入槽的灰土，不得隔日夯打。夯实后的灰土 3d 内不得受水浸泡 6. 灰土打完后，应及时进行基础施工，并及时回填土，否则要做临时遮盖，防止日晒雨淋。刚打完毕或尚未夯实的灰土，如遭受雨淋浸泡，则应将积水及松软灰土除去并补填夯实，受浸湿的灰土，应在晾干后再使用	可用环刀取样，测定其干密度。质量标准可按压实系数 λ_c（即施工时实际达到的干密度 ρ_d 与其最大干密度 ρ_{dmax} 之比）鉴定，一般为 0.93～0.95

（2）碎砖三合土地基（表 15-2）

表 15-2

材料要求	施工要点	质量标准
1. 石灰：用未粉化的块灰，临时加水化开或淋成石灰膏使用 2. 砂：用中砂、粗砂或泥砂，不得含草根、贝壳等有机杂物 3. 碎砖：用一般废断砖打碎，粒径为 20～60mm，不得夹有杂物 4. 常用体积配合比为1∶2∶4或1∶3∶6（石灰∶砂或黏土∶碎砖）	1. 施工前应验槽，清除积水、污泥，并夯两遍 2. 用人工配制，材料按体积配合比，倒在拌板上浇水拌匀，或将石灰与砂用水在池内调成浓浆，将碎砖、倒在拌板上浇浆拌匀拌透 3. 铺设厚度第一层为 220mm，以后每层为 200mm，每层均夯打至 150mm 4. 夯实用人力夯或机械夯，作到夯实均匀，表面平整（偏差不大于 20mm）。夯打时，如三合土太干，可补浇灰浆，并随浇随打。铺好的三合土不得隔日夯打 5. 铺到设计标高后，在最后一遍夯打时，须加浇浓浆一层，待表面略晾干后，再在上面铺薄层砂子或炉渣，进行最后整平夯实。如刚打完的三合土，突然遇雨水冲刷或积水过多，表面灰浆被冲坏时，可在排除积水后，在新浇灰浆夯打坚实	

（3）砂垫层地基（表 15-3）

表 15-3

材料要求	施工要求	质量标准
砂垫层和砂石垫层所用材料，宜采用颗粒级配良好、质地坚硬的中砂、粗砂、砾砂、碎（卵）石、石屑或其他工业废粒料。在缺少中、粗砂和砾砂地区，也可采用细砂，但宜同时掺入一定数量的碎石或卵石，其掺量按设计规定（含石量不应大于 50%）。所用砂石料，不得含有草根、垃圾等有机杂物。兼起排水固结作用时，含泥量不宜超过 3%。碎石或卵石最大粒径不宜大于 50mm	1. 施工前应验槽，先将浮土清除，基槽（坑）的边坡必须稳定，防止塌土。槽底和两侧如有孔洞、沟、井和墓穴等，应在未做垫层前加以处理 2. 人工级配的砂、石材料，应按级配拌合均匀，再行铺填捣实 3. 砂垫层和砂石垫层的底面宜铺设在同一标高上，如深度不同时，施工应按先深后浅的程序进行。土面应挖成台阶或斜坡搭接，搭接处应注意捣实 4. 分段施工时，接头处应作成斜坡，每层错开 0.5～1.0m，并应充分捣实 5. 采用碎石垫层时，为防止基坑底面的表层软土发生局部破坏，应在基坑底部及四侧先铺一层砂，然后再铺碎石垫层 6. 垫层应分层铺填，分层夯（压）实。分层厚度可用样桩控制。捣实砂层应注意不要扰动基坑底部和四侧的土，以免影响和降低地基强度。每铺好一层垫层，经密实度检验合格后方可进行上一层施工	1. 在捣实后的砂垫层中，用容积不小于 200cm³ 的环刀取样，测定其干密度，以不小于通过试验所确定的该砂料在中密状态时的干密度数值为合格。如系砂石垫层，可在垫层中设置纯砂检查点，在同样施工条件下取样检查 2. 中砂在中密状态的干密度，一般为 1.55～1.60g/cm³

(4) 重锤夯实地基（表 15-4）

表 15-4

材料要求	施工要求	质量标准
	1. 夯实前应进行试夯，选定夯锤重量、底面直径及落距，确定最后下沉量及相应的夯击遍数和总下沉量。最后下沉量指最后 2 击平均每击上面的沉落值，对黏性土和湿陷性黄土取 10～20mm，对砂土取 5～10mm。落距一般采用2.5～4.5m，夯击遍数由试验确定，层数不少于 2 层，夯击遍数比试夯确定的遍数增加 1～2 遍，一般为8～12 遍 2. 夯实前槽、坑底面应高出设计标高，预留土层的厚度，可为试夯时的总下沉量再加50～100mm 3. 夯实时，地基土含水量应控制在最优含水量范围内。简易测定方法是以手捏紧后，松手不散，易变形而不挤出水，抛在地上即呈碎裂为宜；如表层含水量过大，可采取铺撒干土、碎砖、碎石、生石灰等；如过低应适当洒水 4. 大面积基坑或条形基槽内夯实时，应一夯挨一夯顺序进行，在一次循环中同一夯位应连夯两下，下一循环的夯位，应与前一循环错开 1/2 锤底直径，落锤应平衡，夯位应准确。在独立柱基夯打时，采用先周边后中间或先外后里的跳打法 5. 基底标高不同时，应按先深后浅的程序逐层挖土夯实，夯打作到落距正确，落锤平稳，夯位准确，基坑的夯实密度应比基坑每边宽0.2～0.3m 6. 重锤夯实分层地基填土时，每层的虚铺厚度以相当于锤底直径为宜，夯实完后，应将基坑（槽）表面修整至设计标高	重锤夯实地基试夯的密实度和夯实深度必须达到设计要求。重锤夯实地基的最后下沉量和总下沉量必须符合设计要求及有关规定。夯击检查点数，独立基础每个不少于 1 处，基槽每 30m² 不少于 1 处，整片地基每 50m² 不少于 1 处。检查后如质量不合格，应进行补夯，直至合格为止

(5) 强夯地基（表 15-5）

表 15-5

材料要求	施工要求	质量标准
	1. 施工前场地应进行地质勘探，通过现场试验确定强夯施工技术参数（试夯分区尺寸不小于20m×20m） 2. 强夯前应平整场地，周围做好排水沟，按夯点布置测量放线确定夯位。地下水位较高时应在表面铺 0.5～2.0m 厚中（粗）砂或砂石垫层。以防设备下陷和便于消散强夯产生的孔隙水压，或降低地下水位后再强夯 3. 强夯应分段进行，顺序从边缘向中央。对厂房柱基亦可一排一排夯，吊车直线行驶，从一边向另一边进行，每夯完一遍，用推土机整平场地，放线定位，即可接着进行下一遍夯击 4. 夯击时，落锤应保持平稳，夯位应准确，夯击坑内积水应及时排除。坑底土含水量过大时，可铺砂石后再进行夯击。离建筑物小于 10m 时，应挖防振沟	夯击前后应对地基土进行原位测试，包括室内土分析试验、野外标准贯入、静力（轻便）触探、旁压仪（或野外荷载试验）测定有关数据，以确定地基的影响深度。检查点数，每个建筑物的地基不少于 3 处，检测深度和位置按设计要求确定，同时现场测定每遍夯击点后的地基平均变形值，以检验强夯效果

(6) 灰土挤密桩地基（表 15-6）

表 15-6

材料要求	施工要求	质量标准
	1.施工前应在现场进行成孔、夯填工艺和挤密效果试验，以确定分层填料厚度、夯击次数和夯实后干密度等要求 2.桩的成孔方法，可选用沉管法、爆扩法、冲击法或洛阳铲成孔法等，一般多采用 0.6t 或 1.8t 柴油打桩机将与桩同直径钢管打入土中，拔管成孔。桩管顶设桩帽，下端作成锥形约成 60°角，桩尖可以上下活动，以减少拔管阻力，避免坍孔 3.桩施工顺序应先外排后里排，间排内应间隔 1～2 孔，以免因振动挤压造成相临孔缩孔或坍孔。成孔后应清底夯实、夯平，并立即夯填灰土 4.桩孔应分层回填夯实，每次回填厚度为 350～400mm。人工夯实用重 25kg 带长柄的混凝土锤；机械夯实用简易夯实机，一般落锤高不小于 2m，每层夯击不少于 10 锤。桩顶高出设计标高 150mm，挖土时，将高出部分铲除	1. 桩成孔质量，应按桩数 5%抽查。成孔垂直度应小于 1.5%，中心位移不大于 50mm，桩径偏差不大于 －20mm，（沉管法为 ±50mm，冲击法为 ＋100mm、－50mm），桩深度：沉管法为 －100mm（爆扩法、冲击法为 －300mm） 2. 桩夯填的质量，采用随机抽样，检查数量不少于桩数的 2%，同时每台班至少抽查一根

(7) 砂桩砂井地基（表 15-7）

表 15-7

材料要求	施工要求	质量标准
砂用天然级配的中、粗砂，粒径 0.3～3.0mm 为宜，含泥量不大于 5%	1.打砂桩、砂井可用振动沉桩机，振动力以 30～70kN 为宜，亦可用汽锤、落锤、柴油打桩机，另配一台起重机拔管，施工工艺与混凝土灌注桩基本相同 2.打砂桩、砂井，先打入外径为柱（井）直径，下端装有自由脱落的混凝土桩靴或带活瓣式桩靴的桩管活瓣，用草圈或铁圈约束，使呈圆锥形，当将桩管沉入到要求深度后，即吊起桩锤在桩管中灌入砂子，然后再利用桩架上的卷扬机及振动箱或汽锤的上下锤击，将桩管徐徐拔出，拔管速度控制在 1～1.5m/min，使砂子借助振动留于桩孔中形成密实的砂桩（井），亦可二次打入桩管灌砂形成扩大砂桩 3.打砂桩顺序应从外围或两侧向中间进行，砂井间距较大可逐排进行。打桩后基坑表层会产生松动或隆起，应进行压实或在开挖基坑时，预留 0.5～1.0m 厚的土层，打完桩后再挖除 4.灌砂的含水量应加控制，对饱和水的土层，砂可采用饱和状态；对非饱和土或杂填土或能形成直立孔的土层，含水量采用 7%～9%	砂桩应保持连续，不断桩、不缩颈，成桩后采用标准贯入或轻便触探检查，以不小于设计要求的数值为合格。桩的垂直度应 $\leqslant L/100$，用目测桩架和桩管垂直度检验。平面位移 $\leqslant d/2$，桩长符合设计要求

(8) 振冲地基(表 15-8)

表 15-8

材料要求	施工要求	质量标准
骨料采用坚硬、不受侵蚀影响的砾石、碎石、卵石、粗砂或矿渣等,粒径5～50mm 较合适,含泥量不宜大于10%,不得含杂质土块	1. 振冲试验 施工前应先在现场进行振冲试验,以确定其施工参数,如振冲孔间距、达到土体密实度时的密实电流值、成孔速度、留振时间、填料量等 2. 制桩 碎石桩成桩施工过程包括定位、成孔、清孔和振密等 (1)定位。振冲前,应按设计图定出冲孔中心位置并编号 (2)成孔。振冲器用履带式起重机或卷扬机悬吊,对准桩位,打开下喷水口,启动振冲器。水压可用 400～600N/mm^2,水量可用 200～400L/min。此时,振冲器以其自身重量和在振动喷水作用下,以 1～2m/min 的速度徐徐沉入土中,每沉入 0.5～1.0m,宜留振 5～10s 进行扩孔,待孔内泥浆溢出时再继续沉入,直达设计深度为止。在黏性土中应重复成孔 1～2 次,使孔内泥浆变稀,然后将振冲器提出孔口,形成直径 0.8～1.2m 的孔洞 (3)清孔。当下沉达设计深度时,振冲器应在孔底适当留振并关闭下喷口,打开上喷水口减少射水压力,以便排除泥浆进行清孔 (4)振密。将振冲器提出孔口,向孔内倒入一批填料,约 1m 堆高,将振冲器下降至填料中进行振密,待密实电流达到规定的数值,将振动器提出孔口。如此自下而上反复进行至孔口,成桩操作即告完成 3. 排泥。在施工场地上应事先开设排泥水沟系统,将成桩过程中产生的泥水集中引入沉淀池。定期将沉淀池底部的厚泥浆挖出,运送至预先安排的存放地点。沉淀池上部较清的水可重复使用 4. 成桩顺序。桩的施工顺序一般采用“由里向外”或“一边推向另一边”的方式,因为这种方式有利于挤走部分软土。对抗剪强度很低的软黏土地基,为减少制桩时对原土的扰动,宜用间隔打的方式施工 5. 振冲地基表面的处理。振冲地基表面 0.1～1.0m 的范围内密实度较差,一般应予挖除,否则应加填碎石进行夯实或压路碾压密实	1. 振冲法加固土体,用密实电流、填料量和留振时间来控制。用 ZCQ-30 振冲器加固黏性土地基的密实电流为 50～55A,砂性土为 45～50A;直径 0.8m 时,每米桩体填料量为 0.6～0.7m^3,土质差时填料量应多些 2. 桩位偏差不得大于 0.2d(d 为桩孔直径) 3. 桩位完成半个月(砂土)或一个月(黏性土)后,方可进行荷载试验或动力触探试验来检验桩的施工质量。如在地震区进行抗液化加固地基,尚应进行现场孔隙水压力试验

(9) 深层搅拌地基(表 15-9)

表 15-9

材料要求	施工要求	质量标准
深层法加固软土的水泥用量一般为加固体重的 7%～15%,每加固 1m^3 土,掺入水泥约 110～160kg。如用水泥砂浆作固化剂,其配合比为1∶1～2(水泥∶黄砂)增强流动性可掺入水泥重量 0.2%～0.25%的木质磺酸钙、1%的硫酸钠和 2%的石膏,水灰比 0.43～0.50	1. 定位:起重机(或用塔架)悬吊深层搅拌机到达指定桩位,对中。当地面起伏不平时,应使起吊设备保持水平 2. 预搅下沉:待深层搅拌机的冷却水循环正常后,启动搅拌机电机,放松起重机钢丝绳,使搅拌机沿导向架搅拌切土下沉,下沉速度可由电机的电流监测表控制。工作电流不应大于 70A。如果下沉速度太慢,可从输浆系统补给清水以利钻进 3. 制备水泥浆:待深层搅拌机下沉到一定深度时,即开始按设计确定的配合比拌制水泥浆,在压浆前将水泥浆倒入集料斗中 4. 喷浆、搅拌和提升:深层搅拌机下沉到达设计深度后,开启灰浆泵将水泥浆压入地基中,并且边喷浆、边旋转,同时严格按照设计确定的提升速度提升深层搅拌机 5. 重复上、下搅拌:深层搅拌机提升至设计加固深度的顶面标高时,集料斗中的水泥浆应正好排空。为使软土和水泥浆搅拌均匀,可再次将搅拌机边旋转边沉入土中,至设计加固深度后再将搅拌机提升出地面 6. 清洗:向集料斗中注入适量清水,开启灰浆泵,清洗全部管路中残存的水泥浆,直至基本干净,并将粘附在搅拌头的软土清洗干净 7. 移位:重复上述 1～6 步骤,进行下一根桩的施工 8. 考虑到搅拌桩顶部与上部结构的基础或承台接触部分受力较大,因此通常还可对桩顶 1.0～1.5m 范围内再增加一次输浆,以提高其强度	施工前应标定深层搅拌机械的灰浆泵输浆量、灰浆经输浆管到达搅拌机喷浆口的时间和起吊设备提升速度等施工参数,并根据设计要求通过成桩试验,确定搅拌桩的配合比和施工工艺。施工过程中,应严格按规定的施工参数进行。随时检查施工记录,对每根桩进行质量评定。搅拌桩应在成桩后 7d 内用钻机钻取桩身加固土样,观察搅拌均匀程度,同时根据轻便触探击数用对比法判断桩身强度。检查桩的数量应不少于已完成桩数的 2%。对桩身强度有怀疑的桩、场地复杂或施工有问题的桩、或对相邻桩搭接要求严格的工程,尚应分别考虑进行取芯、单桩载荷试验或开挖检验

（10）旋喷地基（表 15-10）

表 15-10

材料要求	施工要求	质量标准
水泥用新鲜无结块的 32.5 级普通水泥，一般泥浆水灰比为 1∶1～1.5∶1，为消除离析，一般再加入水泥用量 3%的陶土和 0.09%的碱	1. 钻机就位。使钻杆对准孔位中心，并使钻杆轴线垂直对准钻孔中心位置，其倾斜度不得大于 1.5% 2. 钻孔。钻孔方法视地基的地质情况、旋喷深度、机具设备等条件而定。通常，单管旋喷多用 70 型或 76 型旋转振动钻机，钻进深度可达 30m 以上，适用于标准贯入度小于 40 的砂类土和黏性土，当遇到比较坚硬的地层时，宜用地质钻机钻孔 3. 插管。使用 70 型、76 型振动钻机钻孔时，插管与钻孔两道工序合二为一。使用地质钻机钻孔完毕，必须拔出岩芯管，再将旋喷管插入到预定深度。在插管过程中，为防止泥砂堵塞喷嘴，可边射水、边插管，水压力一般不超过 1.0N/mm²。如压力过高，则易将孔壁射塌 4. 喷射。喷射使用的参数根据试验确定。当浆液初凝时间超过 20h 时，应及时停止使用该水泥浆（正常时，水灰比 1∶1，初凝时间为 15h 左右） 5. 安放钢筋笼。当设计为加筋旋喷桩时，要放钢筋笼。较长、较重的钢筋笼可用卷扬机吊放。当旋喷桩喷射完毕，钻机向前移动，让出桩孔位置，向下插放钢筋笼，随时校正中心位置，直至准确放至设计标高 6. 冲洗。施工完毕，应把注浆管等机具设备冲洗干净，管内、机内不得残存水泥浆。通常在管内注水，在地面喷射，以便于把浆液洗净	将旋喷桩挖出直接检验质量，或用钻机在旋喷桩上垂直钻孔取芯样检查内部桩体的均匀程度，或用标准贯入、平板荷载试验测定单桩承载力

2. 特殊地基的处理（表 15-11）

表 15-11

特殊地基名称	处理方法
冲沟	对边坡上不深的冲沟，可用好土或三七灰土逐层回填夯实，或用浆砌块石填砌至坡面一边，并在坡顶作排水沟及反水坡，以阻截地表雨水冲刷坡面，对地面冲沟用土分层夯填
落水洞	将落水洞上部及塌陷地段挖开，清除松软土，用好土分层填土、夯实，面层用黏土夯填，并使之比周围地面略高，同时作好地表水的截流防渗漏，将地表径流引到附近排水沟中，不使下渗
窑洞（土洞）	对住人窑洞一般采取人工分层回填至离顶 1.8m 左右，再从里向外分段回填至洞口 2m 处夯至洞顶，洞顶不好回填部分用块石堆砌填实；对废弃窑洞，多埋设在地下，在摸清部位后，用好土进行分层回填夯实处理
天然古河古湖泊	对年代久远的古河、古湖泊，已被密实的沉积物填满，且无被水冲蚀的可能性，土的承载力不低于相接天然土的，可不处理；对年代近的古河、古湖泊，如沉积物填充密实亦可不处理；如为松软、含水量大的土，应挖除用好土分层夯实；作地基部位用灰土分层夯实，与河、湖边坡接触部位做成阶梯形接槎，台阶宽不小于 1m，接槎处应仔细夯实，回填应按先深后浅的顺序进行
人工古河古湖泊	老填土而成的古河道、古湖泊，已被填充填积物填塞密实，承载力不低于相接天然土的，可不处理；新填土而成的，要将松软填土挖除，视情况用素土或灰土分层回填、夯实，或采用加固地基的措施

续表

特殊地基名称	处理方法
流砂地基	1.安排在全年最低水位季节施工,使基坑内动水水压减小 2.采取水下挖土(不抽水或少抽水),使坑内水压与坑外地下水压相平衡或缩小水头差 3.采用井点降水,使水位降至基坑底0.5m以下,使动水压力的方向朝下,坑底土面保持无水状态 4.沿基坑外围四周打板桩,深入坑底下面一定深度,增加地下水从坑外流入坑内的渗流路线和渗水量,减小动水压力 5.往坑底抛大石块,增加土的压重和减小动水压力,同时组织快速施工 6.当基坑面积较小也可采取在四周设钢板护筒,随着挖土不断加深,钢板护筒随着下沉,直到穿过流砂层
橡皮土地基	1.暂停一段时间施工,使"橡皮土"含水量逐渐降低,或将土层翻起进行晾槽 2.如地基已成"橡皮土",可采取在上面铺一层碎石或碎砖后进行夯击,将表土层挤紧 3.橡皮土较严密可将土层翻起并粉碎均匀,掺加石灰粉以吸收水分水化,同时改变原土结构成为灰土,使之具有一定强度和水稳性 4.当为荷载大的房屋地基,采取打石桩,将毛石(块度为200～300mm)依次打入土中,或垂直打入MU10机砖,纵距260mm,横距300mm,直至打不下去为止,最后在上面铺厚50mm的碎石,再夯实 5.采取换土,挖去"橡皮土"重新填好土或级配砂石夯实
滑坡地基	1.地表排水和护坡　许多滑坡事故都与地表水的影响有直接关系。一般滑坡都发生在雨季。所以做好地表排水工程是整治滑坡的基本措施。主要做法如下: (1)在滑坡体外设置一条或多条环形截水沟,拦截山洪、雨水及其他地表水 (2)在滑坡体上设置树枝状排水沟系统。主沟应与滑坡移动方向大体一致,支沟应与滑动方向成30°～45°角 (3)如坡面土质松散或具有大量裂缝时,应进行平整夯填,防止地表水下渗 (4)在滑坡面植树、种草皮、浆砌片石等保护坡面 2.地下排水　多年来,地下排水在我国铁路工程滑坡整治中应用比较广泛,其主要做法有: (1)设置盲沟(或称渗沟):盲沟有支撑盲沟和截水盲沟两种。支撑盲沟的主要作用为支撑滑坡体,并疏导滑坡体内的地下水。一般深2m,底部设在滑动面以下的稳定地层中,排水坡度2%～4%。底部用浆砌片石,内部堆砌坚硬的片石,沟顶用黏土夯填 截水盲沟的主要作用是拦截滑坡体外丰富的深层地下水。盲沟背水面的沟壁应设置黏土或浆砌块石隔水层,防止地下水通过沟壁渗入滑体,盲沟的迎水面沟壁应设置粗砂反滤层,沟底用砌块石筑成凹槽形,并埋入不透水层内 (2)盲洞:当地下水埋深超过15m时,作深层盲沟就不经济了,应采用盲洞。但盲洞工程需要的机具材料多,施工比较复杂,只有在施工力量比较强,有特殊要求时才宜选用 (3)垂直孔群排水:是借助于垂直钻孔群穿过滑坡体内滑动带的隔水层,将滑坡体内储存的地下水排至下伏透水层的办法 3.阻滑结构: (1)抗滑挡土墙:是建筑工程阻滑结构中应用最广泛的一种,一般采用石砌重力式挡土墙或混凝土重力挡土墙。抗滑挡土墙设计中的土压力,主要根据滑坡推力计算求得 (2)抗滑桩:当滑坡推力较大时,使用重压式挡土墙困难又不经济。而采用抗滑桩能承受较大的滑坡推力,且可分级支挡 4.卸土减重 滑坡卸土减重的目的在于减少滑坡体上部主滑部分的土重,放在滑体的前缘以降低滑体的下滑力。但这种方法只有当滑床上陡下缓,滑坡后壁及两侧岩体比较稳定时,才能使用 5.反压 上述方法虽就已滑动坡体而言,但同样适用于未产生滑动的坡体,包括切坡、开挖深基坑等。排水与支挡是防止滑坡发生的重要而有效的方法

续表

<table>
<tr><th>特殊地基名称</th><th>处 理 方 法</th></tr>
<tr><td>膨胀土地基</td><td>1. 提前整平场地，使经雨水预湿，减少挖填方湿度差别过大，使含水量得到新的平衡，大部分膨胀力得到释放
2. 尽量保持原自然边坡、场地的稳定条件，避免大挖大填。基础适当埋深或用墩式基础、桩基础，以增加基础附加荷载，减小膨胀土层厚度，减轻升降幅度。但成孔时切忌向孔内灌水，成孔后，宜当天浇灌混凝土
3. 临坡建筑，不宜在坡脚挖土施工，避免改变坡体平衡，使建筑物产生水平膨胀位移
4. 采取换土处理，将膨胀土层部分或全部挖去，用灰土、土石混合物或砂砾回填夯实，或用人工垫层，如砂、砂砾作缓冲层，厚度不小于 900mm
5. 在建筑物周围作好地表渗水、排水沟等。散水坡适当加宽（可做成 1.2～1.5m），其下做砂或炉渣垫层，并设隔水层。室内下水道设防漏、防湿措施，使地基土尽量保持原有天然湿度和天然结构
6. 加强结构刚度，如设置地箍、地梁，在两端和内外墙连续处设置水平钢筋加连接等
7. 做好保湿防水措施，加强施工用水管理，做好现场施工临时排水，避免基坑（槽）浸泡和建筑物附近积水。基坑（槽）挖好，及时分段快速施工完成，及时回填覆盖夯实，减少基坑（槽）曝露时间。避免曝晒处理方法：对已发生胀缩裂缝的建筑物应迅速修复，断沟漏水，堵住局部渗漏，加宽排水坡，做渗排水沟，以加快稳定。对裂缝进行修补加固，如加柱墩，抽砖加扒钉、配筋，压、喷浆，拆除部分砖墙重新砌筑等。在墙外加砌砖垛和加拉杆，使内外墙连成整体，防止墙体局部倾斜</td></tr>
</table>

3. 常用基础的构造要求（表 15-12）

表 15-12

<table>
<tr><th>基础</th><th>项 目</th><th colspan="4">内 容 与 要 求</th></tr>
<tr><td rowspan="9">刚性基础</td><td>材料</td><td colspan="4">混凝土、毛石混凝土。混凝土强度等级可根据具体条件确定，一般应大于或等于 C10</td></tr>
<tr><td>截面形式</td><td colspan="4">可根据实际需要有矩形、阶梯形、锥形等</td></tr>
<tr><td>柱脚高度</td><td colspan="4">刚性基础的柱脚高度 H_0 应大于或等于柱脚宽度 b_1（$b_1 \geqslant$ 300mm），且应大于或等于 $20d$（d 为柱中纵向受力钢筋直径）</td></tr>
<tr><td>基础底面的宽度</td><td colspan="4">基础底面的宽度应符合下式要求
$$b \leqslant b_0 + 2H_0 \mathrm{tg}\alpha$$
式中 b——基础底面宽度；
b_0——基础顶面的砌体宽度；
h_0——基础高度；
$\mathrm{tg}\alpha$——基础台阶宽高比的允许值</td></tr>
<tr><td rowspan="5">基础台阶宽高比允许值</td><td rowspan="2">混凝土强度等级</td><td colspan="3">台阶宽高比允许值</td></tr>
<tr><td>$p \leqslant 100$</td><td>$100 < p \leqslant 200$</td><td>$200 < p \leqslant 300$</td></tr>
<tr><td>C7.5</td><td>1 : 1.00</td><td>1 : 1.25</td><td>1 : 1.50</td></tr>
<tr><td>C10</td><td>1 : 1.00</td><td>1 : 1.00</td><td>1 : 1.00</td></tr>
<tr><td>C7.5～C10 毛石混凝土
（掺入毛石 20%～25%）</td><td>1 : 1.00</td><td>1 : 1.25</td><td>1 : 1.50</td></tr>
<tr><td rowspan="4">板式基础</td><td>锥形基础边缘高度 h</td><td colspan="4">不宜小于 200mm</td></tr>
<tr><td>阶梯形基础的每阶高度 h_1</td><td colspan="4">宜为 300～500mm</td></tr>
<tr><td>垫层厚度</td><td colspan="4">宜为 50～100mm，一般取用 100mm</td></tr>
<tr><td>底板受力钢筋的最小直径与间距</td><td colspan="4">底板受力钢筋的最小直径小于 8mm，间距不宜大于 200mm</td></tr>
</table>

续表

基础	项　目	内 容 与 要 求
板式基础	钢筋保护层厚度	当有垫层时钢筋保护层的厚度不宜小于 35mm，无垫层时不宜小于 70mm
	垫层混凝土强度等级	一般取用 C10
	基础混凝土强度等级	不宜低于 C15
	基础插筋	对于现浇筑的基础，如与柱不同时浇灌，其插筋的数目和直径与柱内纵向受力钢筋相同。插筋的锚固长度及与柱的纵向受力钢筋的搭接长度，应符合有关规定
筏形基础	基础形式	基础平面应大致对称，尽量减少基础所受的偏心力矩，且基础一般为等厚
	基础垫层混凝土强度等级	基础一般宜采用 C10 混凝土垫层 100mm 厚，每边伸出基础底板不小于 100mm，一般取 100mm
	基础混凝土强度等级	基础混凝土强度等级不宜低于 C20
	底板厚度	基础底板的厚度不宜小于 200mm
	梁截面	梁截面按计算确定，高出底面的顶面，一般不小于 300mm，梁宽不小于 250mm
	钢筋	钢筋宜采用Ⅰ、Ⅱ级钢筋
	钢筋保护层厚度	钢筋保护层厚度不宜小于 35mm
箱形基础	平面布置	为避免基础出现过度倾斜，箱形基础在平面布置上尽可能对称，以减少荷载的偏心距，偏心距一般不宜大于 0.1ρ，ρ 为基础底板面积抵抗矩对基础底面积之比
	高度	箱形基础高度一般取建筑物高度的 1/8～1/12，同时不宜小于其长度的 1/8
	底、顶板厚度	底、顶板的厚度应满足柱或墙冲切验算要求，根据实际受力情况通过计算确定。底板厚度一般取隔墙间距的 1/10～1/8，约为 300～1000mm，顶板厚度约为 200～400mm，内墙厚度不宜小于 200mm，外墙厚度不应小于 250mm
	混凝土强度等级	基础混凝土强度等级不应低于 C20
	抗渗等级	抗渗等级不宜低于 0.6N/mm²
	墙体	为保护箱形基础的整体刚度，对其墙体的数量应有一定的限制，即平均每平方米基础面积上墙体长度不得小于 400mm，或墙体水平截面积不得小于基础面积的 1/10，其中纵墙配置量不得小于墙体总配置量的 3/5

注：1. p 为基础底面处的平均压力（kN/m^2）；

2. 当基础由不同材料叠合组成时，应对接触部分作抗压验算；

3. 对混凝土基础，当基础底面处的平均压力超过 $300kN/m^2$ 时，尚应按下式进行抗剪验算：$V \leqslant 0.07 f_c A$。式中：V—剪力设计值；f_0—混凝土轴心抗压强度设计值；A—基础台阶高度变化处的剪切断面面积。

15.1.2　基础施工监理一般规定

1. 施工前审查工程地质勘察报告、桩位平面布置图和桩基结构施工图。

2. 审核承包单位的施工组织设计或施工技术方案，审查重点是：质量检验体系、质量保证措施、成桩后质量检验。

3. 检查基础施工材料：

（1）水泥、砂、石、外加剂、钢材质量、储存、供应及混凝土配合比的试配。

(2) 经常抽查原材料质量，是否按试验确定的混凝土配合比通知单进行计量、配制。

(3) 检查水灰比、搅拌时间、坍落度，随机取样制作试块。

4. 复查测量放线、桩孔定位及标高

5. 地基竣工验收时，承包单位提供的资料：

(1) 桩位测量放线图和竣工图。

(2) 制作桩的材料试验报告和出厂合格证。

(3) 现场进行成桩强度试验记录和施工记录。

(4) 隐蔽工程验收记录和分项工程质量检验评定表。

15.1.3 强夯加固监理

1. 强夯施工工艺流程

场地平整——测量放线，夯点定位——夯锤及起重机就位——试夯区同原位测试——试夯——测量、记录——在该原位测试处进行试夯效果检测——按试夯后检验确定的各项技术参数夯击——测量、记录——夯锤、起重机移位到下一夯点。

2. 施工前的监理工作

(1) 分析强夯场地平面图及设计对强夯的效果要求资料，根据地下水位高低和土层含水量，确定直接进行夯击还是铺填砂、砂砾层后再夯击。

(2) 复测强夯场地边线和夯点布置位置，检查水准控制点是否会受强夯影响。

(3) 试夯

1) 试夯区不小于 20m×20m；

2) 在夯击前进行测试，取原状土样有关土质数据，试夯后，仍进行测试及取土样进行对比分析。

3. 强夯施工的质量监理工作

(1) 检查试夯的锤重、落距、各夯击点的夯击次数、夯击遍数和两遍间的间隔时间是否符合设计要求。

(2) 夯击。重复检查试夯的锤重、落距、各夯击点的夯击次数、夯击遍数和两遍间的间隔时间是否符合要求

(3) 检查夯击后地基密实度的检验情况，必要时抽查密实度。

4. 强夯地基工程质量监理表（表 15-13）

表 15-13

项目	质量标准	允许误差(mm)	检验频率	检验方法	认可程序
复查定位放线、标高、水准点	设计要求和参照本手册建筑施工测量中有关部分所述地基质量监理进行复查		抽查	尺量和水准仪测量，检查定位放线签证	监理人员认可后，才能进行下一道工序施工
复查夯击点布置位置	设计要求。在每遍夯击前，应对夯击点放线进行复核		复查	观察和用尺检查	监理人员认可后，才能进行下一道工序施工

续表

项目	质量标准	允许误差(mm)	检验频率	检验方法	认可程序
锤重、落距、各夯击点的夯击次数	设计要求。锤重为 80～250kN，个别可达 400kN；落距 8～25m；夯击次数应按现场试夯确定		经常检查	观察检查，检查施工记录	监理人员认可后，才能进行下一道工序施工
夯击遍数和两遍之间的间歇时间	设计要求。夯击遍数大多数工程夯 2～4 遍；根据土质情况间歇时间为 3～4 周			观察检查，检查施工记录	监理人员认可后，才能进行下一道工序施工
夯击点中心位移	夯击点中心位移不超过 150mm	150	按夯击点数量抽查 5%	经纬仪或拉线和尺量	监理人员认可后，才能进行下一道工序施工
顶面标高	设计要求	±20	按夯击点数量抽查 5%	水准仪或拉线和尺量	监理人员认可后，才能进行下一道工序施工
表面平整度	用 2m 直尺检查，用锲形塞尺量	30	按夯击点数量抽查 5%	2m 靠尺和锲形尺	监理人员认可后，才能进行下一道工序施工
夯后密实度	设计要求。强夯施工结束后应间隔一定时间方能检验：碎石土和砂土地基间隔 1 至 2 周，饱和黏性土地基 4 至 6 周，其他黏性土地基 2 至 4 周		对一般建筑物，每个建筑物地基的检查点不应少于 3 处，对复杂场地或重要建筑物适当增加检验点数	查检验报告，标准贯入试验	监理人员认可后，才能进行下一道工序施工
地基容许承载力	设计要求。强夯施工结束后应间隔一定时间方能检验：碎石土和砂土地基间隔 1 至 2 周，饱和黏性土地基 4 至 6 周，其他黏性土地基 2 至 4 周		对一般建筑物，每个建筑物地基的检查点不应少于 3 处，对复杂场地或重要建筑物适当增加检验点数	查检验报告，原位测试，对重要工程必要时应做现场大压板静荷载试验	在进行下一道工序施工之前，应得到监理人员的书面认可，否则不得施工

15.1.4 深层搅拌桩加固监理

1. 深层搅拌法施工工艺流程：

测量放线——深层搅拌机定位——搅拌下沉到标高——喷浆搅拌上升——重复搅拌下沉——重复喷浆搅拌上升——施工完毕。

2. 深层搅拌施工前的监理工作

(1) 检查水泥、外加剂的质量。根据设计要求，做试配，以验证设计水泥掺量的正确性。

（2）做试桩，要求标定灰浆泵输浆量、提升速度、灰浆经输浆管到达输浆口的时间。

3. 深层搅拌的质量监理工作

（1）复查轴线，桩位布置和桩数必须符合设计要求。

（2）水泥的品种、强度等级，水泥浆的水灰比和外加剂品种、掺量必须符合试配及设计要求。

（3）检查水泥用量，供浆时灰浆搅拌机不要停止搅拌。要检查供浆、搅拌、提升时间以及重复搅拌次数。

（4）深层搅拌的深度、直径及桩体强度必须符合设计要求，必要时，抽检成桩强度。

（5）基槽开挖时，检查成桩桩位、桩数与桩顶强度，验收合格后，方可进行后续工序施工。

4. 深层搅拌地基工程质量监理表（表 15-14）

表 15-14

项　目	质量标准	允许误差	检验频率	检验方法	备注
复查轴线、桩位布置尺寸和桩数	设计要求和参照本手册建筑施工测量中有关部分所述质量监理进行复查	桩位布置与设计误差不得大于50mm	复查	经纬仪和尺量	
水泥品种、强度等级、水灰比、外加剂和水泥参量	试配结果及设计要求		经常检查	检查材料质保书及试验报告	有疑时抽检
水泥用量、喷泥时间、提升和下沉速度、注浆压力、重复搅拌次数	提升速度 0.3～0.5m/min 下沉速度 0.38～0.75m/min 注浆压力 0.4～0.6MPa		经常检查	观察和随时检查施工原始记录	
搅拌深度、直径、超搅长度	设计要求，超搅如无设计要求，一般可要求超搅 500mm		经常检查	观察和用尺量	
桩位中心位移	桩位中心位移不超过 50mm	50mm	抽检	用经纬仪、拉线和尺量	
钻杆垂直度	钻杆垂直度不超过 $1.5H/100$		抽检	经纬仪和靠尺	H 为钻杆长
桩体强度	设计要求，在成桩 7d 内进行轻便触探，用对比法判断桩身强度；用静载法进行单桩承载测试		抽检总桩数的 2%～5%	轻便触探、钻孔取芯、平板荷载试验	抽检数量由设计人员定
成桩桩位、桩数、桩顶强度	设计要求，用±16、长 2m 的平头钢筋，垂直放在桩顶，如用人力能压入 100mm(28d)，则说明桩顶质量有问题，需进行处理		全部	观察、用尺量和平头钢筋压人检查	基槽开挖后检查

15.1.5　预制桩工程监理

1. 预制桩施工的工艺流程

平整场地——测量放线定桩位及标高——桩架就位——起吊插桩——打桩——接桩（焊接）——继续打桩——送桩到设计标高。

2. 预制桩施工前的监理工作

(1) 检查桩的生产厂家是否持有产品质量考核合格证。

(2) 检查产品外观尺寸和质量，了解原材料质量和生产情况，着重检查以下方面：

1) 主筋的品种、规格、数量和位置是否符合设计要求。

2) 应用闪光焊对接，检查接头位置是否错开；钢筋及焊接接头，检查物理力学性能是否合格。

3) 主筋端头保护层是否太薄，应不超过第一层钢筋网片。

4) 桩顶钢筋网片应按设计要求的位置与间距设置，不得偏斜。桩尖钢筋应与钢筋骨架中心纵轴线一致。

5) 应由桩顶朝桩尖方向进行连续浇筑，浇筑要密实，确保混凝土质量。

6) 桩顶平面与桩纵轴线倾斜不应大于 3mm，桩身应平直。

7) 要充分养护，经蒸汽养护达到设计强度，还应有一个月以上的自然养护。

(3) 图纸会审时，应明确沉桩质量标准，是按桩尖标高控制，还是按桩最后 3 击贯入度控制，抑或采用双控制。

(4) 审核承包单位的施工机具、施工方法及打桩顺序。保证沉桩的垂直度，使桩锤、桩帽和桩身在同一直线上的技术措施。

3. 预制桩施工中的质量监理

(1) 督促承包单位加强对预制桩的尺寸、质量进行检查和验收。不合格的桩，必须清理退场。

(2) 检查桩的垂直度。如发现桩不垂直，应设法纠正。不允许用走桩架的方法进行纠正，这样会使桩身弯曲，桩身有可能断裂。

(3) 检查桩的接桩质量，接头处必须严格按照设计要求及施工验收规范执行。

(4) 经常检查每米进尺锤击数。当接近设计标高时，检查最后 1m 锤击数，最后 3 击贯入度。若按贯入度控制，桩尖达到了设计标高，但贯入度大于设计要求，则应继续打桩，直至贯入度达到设计要求为止。若桩尖未达到设计标高，而贯入度满足或小于设计要求，则需综合分析，采取必要的处理措施。

(5) 检查相邻的桩有无异常情况：桩顶横向位移、桩身上长，若有异常，应召集承包单位分析原因，研究治理措施和预防对策。

4. 预制桩工程质量监理表（表 15-15）

表 15-15

项目	质量标准	允许误差(mm)	检验频率	检验方法	备注
查预制桩、制作材料及混凝土强度	设计要求。预制桩的钢筋骨架的允许偏差和制作混凝土预制桩的允许偏差参照施工规范的规定		抽查	查生产许可证、材料合格证、试验报告，外观尺寸和质量	到生产厂检查和现场检查

续表

项目	质量标准	允许误差(mm)			检验频率	检验方法	备注
查施工组织设计(或施工方案)	根据设计要求和施工规范的规定进行审核				检查	施工机具、施工方法及打桩顺序	
检查轴线控制桩、水准点、桩位布置尺寸和桩数	施工过程中对桩基轴线应作系统检查,每10d不少于1次。打桩地区的附近水准点数量不宜少于2个				复查	观察和用尺量	
沉桩垂直度	使桩锤、桩帽和桩身在同一直线上				经常检查	观察和检查施工记录	
接桩质量	设计要求	压桩法施工的接桩时间应尽量缩短,按桩的弯曲矢高不得大于1%			经常检查	观察检查	
每m进尺锤击数,最后1m锤击数,最后三击贯入度,桩尖标高	设计要求				经常检查	观察检查,检查施工记录和试验报告	
对相邻桩的影响	桩顶横向位移或桩身上升等异常现象				经常检查	观察和用尺量、水准仪检查	
方、管、圆桩中心位置偏移	检查桩的中心位置偏移的误差	有基础梁的桩	垂直基础梁的中心线方向	100	按不同规格桩数各抽查10%,但均不少于3根	用经纬仪或拉线和尺量检查	D为桩的直径或截面边长
			沿基础梁的中心线方向	150			
		桩数为1~2根或单排桩		100			
		桩数为3~20根		D/2			
		桩数多于20根	边缘桩	D/2			
			中间桩	d			
板桩	板桩的位置偏移和垂直度的误差	位置偏移		100	按不同规格桩数各抽查10%,但均不少于3根	用经纬仪或拉线和尺量检查	H为桩长
		垂直度		H/100			
成桩质量	设计要求				设计人员定	动测法、钻取岩芯、埋管超声法	
单桩承载力	设计要求				大应变动测,检测数量不少于总桩数3%,并不少于5根。静荷载试验试桩数量不少于总桩数1%,并不少于2根	单桩静荷载试验,大应变动测	

5. 预制桩工程质量标准（表 15-16）

表 15-16

桩基础	项　　目	允许偏差(mm)	检验方法
预制桩（钢桩）	单排或双排桩条形桩基 (1)垂直于条形桩基纵轴方向； (2)平行于条形桩基纵轴方向	 100 150	用经纬仪或拉线和尺量检查
	桩数为 1～3 根桩基中的桩	100	
	桩数为 4～16 根桩基中的桩	1/3 桩径或 1/3 边长	
	桩数大于 16 根桩基中的桩 (1)最外边的桩 (2)中间桩	 1/3 桩径或 1/3 边长 1/2 桩径或 1/2 边长	

注：由于降水、基坑开挖和送桩深度超过 2m 等原因产生的位移偏差不在此表内。

15.1.6　钻孔灌注桩监理

1. 钻孔灌注桩施工工艺

(1) 钻孔灌注桩施工工艺图（图 15-1）。

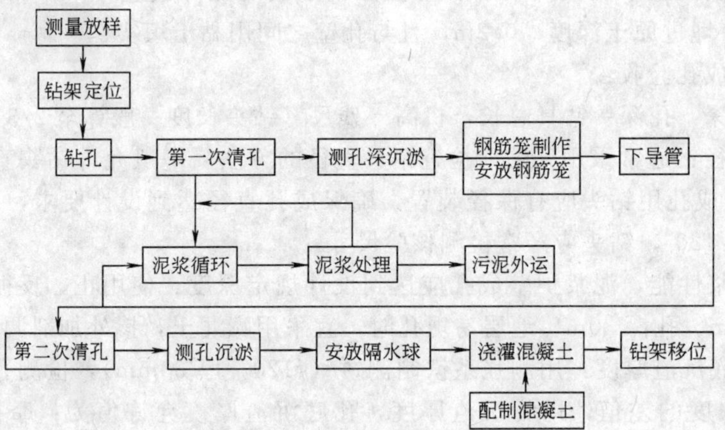

图 15-1　钻孔灌注桩施工工艺图

(2) 施工要求

1) 钻孔灌注桩施工前，必须试成孔，数量≥2 个。如测得的孔径、垂直度和孔壁稳定度等监测指标不符合设计要求时，应拟定改进措施或重新制定施工工艺；

2) 按规范标准和建设单位提供的施工图纸施工；

3) 泥浆护壁成孔的灌注桩施工时，应在孔位先埋设护筒。固定桩孔位置，保持孔口地面不坍塌，引导钻锥方向，隔离地面水。保持孔内水（泥浆）位高出地下水位一定高度，形成对孔壁的静水压力，以稳定孔壁，防止坍孔；

4) 采用泥浆护壁时，应根据地层情况、钻孔机具，制备性能合适的泥浆。

2. 钻孔灌注桩施工监理

(1) 钻孔灌注桩施工前的监理工作：

1) 审查施工组织设计，检查施工机具设备（如钻具、钻头、锥尖、抱径圈等），搅拌机械设备要能保证混凝土连续浇灌，施工场地必须坚实、文明及安全施工；

2) 检查钻孔定位放线及标高、钻数；

3）检查水泥、砂、石、外加剂、钢材质量、储存、供应及混凝土配合比的试配。检查钢筋、焊条等原材料的产品合格证和复试报告，自拌混凝土要查水泥、粗细骨料、外加剂的产品合格证、复试报告及混凝土配合比，商品混凝土要查混凝土配合比及其质量保证资料；

4）进行泥浆试验、调制及要专人负责质量控制；

5）检查现场排污、排渣通道及储存的位置，不能堵塞城市下水道和污染周围环境；

6）现场地质条件复杂时，应先试成孔，一般不少于2孔。

(2) 钻孔灌注桩施工的监理要点

1）抽查原材料质量，按试验确定的混凝土配合比通知单进行计量和配制，检查水灰比、搅拌时间、坍落度，随机取样制作试块；

2）检查钻机就位正确、垂直，机架要平稳，钻杆的垂直偏差应控制在1%以内，钻头对孔应正确，钻头中心与护筒中心偏差宜控制在15mm以内；

3）检查泥浆的试验、调制及质量控制；

4）监督承包单位控制好孔底沉渣，亦即清孔换浆；

5）护筒埋设位置准确，其中心线与桩位中心线的允许偏差＜20mm，并应保证护筒垂直，护筒底口埋进原土深度＞0.2m，且与孔壁之间用黏土填实；

6）泥浆、成孔验收：

a. 检查孔深：孔深＝钻具总长－机高－残尺（钻头长度一般算至2/3锥高处）；

b. 检查孔径：通常采用开钻前检查钻头直径的方法。一般允许钻头直径比设计直径小30～20mm，成孔用钻头应有保径装置，确保成孔直径达到设计要求，若采用锥形钻，其锥形夹角应＞120°，钻头应经常检测核验尺寸；

c. 检查泥浆性能，泥浆护壁成孔应达到设计规定深度：使用正、反循环回转钻，当钻头直径＞1.2m、孔深30m、地层易坍孔时，宜采用膨润土，掺外加剂调制高质量泥浆；

d. 检查孔底沉渣厚度：用测强系铁制测饼（ϕ120，厚30mm），检测孔深，测绳测得的孔深与终孔浓度的差值，即为沉渣厚度，孔底沉渣厚度允许值为：摩擦桩≤300mm，端承桩≤50mm，摩擦端承桩、端承摩擦桩≤100mm；

e. 护壁泥浆可采用原土造浆或人工造浆，注入孔口和排出孔口泥浆性能指标应按照《钻孔灌注桩施工规程》执行；

f. 成孔开始前应充分做好准备工作，保证一次不间断地完成，不得无故停钻，做好施工原始记录，成孔完毕至浇灌混凝土的时间间隔＜24h；

g. 成孔时钻机定位应准确、垂直、稳固，钻机转盘中心与护筒中心的允许偏差应≤20mm；

h. 成孔至设计深度后，施工单位应会同建设单位、监理单位对孔深等进行检查，确认符合要求，检测项目都满足设计要求和施工验收规范规定后，办理终孔验收签证，方可进行下一道工序施工。

7）清孔及沉渣：

a. 清孔应分两次进行，第一次清孔在成孔完毕后立即进行，第二次清孔在下钢筋笼和浇灌混凝土的导管安装完毕后进行；

b. 清孔过程中应测定泥浆指标，清孔后的泥浆相对密度应≤1.15（正循环）或≤

1.10（反循环），

c. 清孔后孔内应保持水头高度，并应在 30min 内浇灌混凝土，若超过 30min，浇灌混凝土前应重新测定沉淤厚度，不合格者应重新清孔至符合要求。

8）钢筋笼制作：

a. 所使用的各种钢筋规格要符合设计要求；

b. 钢筋笼的外形尺寸符合设计要求；

c. 为确保保护层厚度，钢筋笼上应设垫块，设置数量每节钢筋笼≥2 组，若长度>12m，中间应增设 1 组，每组块数≥3 块，且均匀分布在同一截面的主筋上；

d. 焊接用的焊条应根据母材的材质合理选用；

e. 钢筋搭接长度应符合的规定。焊缝宽度≮0.7D，厚度≮0.3D，钢筋笼的焊接应符合规定（表 15-17）。

表 15-17

钢筋级别	焊缝形式	搭接长度	钢筋级别	焊缝形式	搭接长度
一级	单面焊	8d	二级	单面焊	10d
	双面焊	4d		双面焊	5d

f. 环形箍筋与主筋的连接应采用点焊接，螺旋箍筋与主筋的连接可采用铁丝绑扎并间隔点焊或直接点焊固定。

9）钢筋笼应经验收合格后方可安装，钢筋笼吊装入孔时，应持垂直状态，对准孔位徐徐轻放，避免碰撞孔壁；

10）下节笼与上节笼连接操作时，上、下节笼主筋位置应校正对中，且上、下节笼持垂直状态方可旋焊，焊接时宜两边对称实焊；

11）每节笼子焊接完毕后应补足焊接部分的箍筋，并经验收合格后，方可继续下笼进行下一节笼的安装；

12）钢筋笼全部吊装入孔后应检查安装位置，确认符合要求后，使钢筋笼定位，避免浇灌混凝土时笼子上拱；

13）混凝土浇筑：

a. 监控清孔换浆后至混凝土开浇时间控制在 1.5～3h，一般不得超过 4h，否则重新清孔；

b. 在换浆合格后，尽快进行钻杆拆卸、钻机移位、终孔验收、下钢筋笼、导管下放等工作；

c. 检查导管，导管应能及时拆卸，下部应设导向装置，使导管在浇灌混凝土过程中始终处于孔洞中心；

d. 检查混凝土质量和供应，随机抽样做试块，检查坍落度，碎石粒径不宜大于 40mm，应防止大石块混入卡住导管，造成事故，要有切实有效的措施，保证混凝土正常供应；

e. 监理人员签署混凝土浇捣令后，才能浇灌混凝土。签署浇捣令前的监理工作：测量孔底标高，导管下口距孔底距离以 300～500mm 为宜，ϕ600 左右的桩应加大距离，储料斗内应储存尽可能多的混凝土，使首次浇筑时，导管底端能一次埋入混凝土中应大于0.8～1.0m，并且导管内存留的混凝土高度足以抵抗钻孔内的泥浆侵入导管；

f. 浇筑混凝土过程中，要连续浇筑，孔内混凝土每小时上升速度不宜小于2m，经常检查导管埋置深度：最小不宜少于2m，最大不宜大于6m。要勤检查，均匀拔管，保持埋管深度在2～3m；

g. 检测混凝土实际浇筑量，必须大于按孔径计算的体积；

h. 停机前，检查桩顶标高，桩顶混凝土面浇灌高度，一般比设计桩标高高出1倍桩径。

14）水下混凝土：

a. 检查浇灌前的准备工作，保证混凝土灌注能连续进行，在导管内临近泥浆面位置吊挂隔水栓；

b. 单桩混凝土浇筑时间不宜超过8h，1≤充盈系数≤1.3；

c. 混凝土初筑量应能保证混凝土灌入后，导管埋入混凝土深度≥0.8～1.3m；

d. 混凝土浇筑过程中导管应始终埋在混凝土中，严禁将导管提出混凝土面，导管插入混凝土面的深度≥2m，导管应勤提勤拆，一次提管拆管<6m；

e. 混凝土浇筑中应经常测定和控制混凝土面上升情况，当混凝土在达到标高时，经测定确定符合要求后，方可停止浇筑；

f. 混凝土实际浇筑高度应大于设计桩顶标高，应根据桩长、地质条件和成孔工艺等因素合理确定，其最小高度≥桩长的5%，且≥2m。

（3）钻孔灌注桩施工质量标准：

1）护筒制作及护筒埋设要求（表15-18、表15-19）。

表 15-18

项目			要求
材料			木、钢、钢筋混凝土、以钢护筒为多
尺寸规格	内径	机械回转成孔	比钻头>150～200mm
		冲击法成孔	比钻头>200～400mm
	高度		每节1.5～2.0m

表 15-19

项目		埋设要求
顶端高度	陆地 水中	高出地面0.3～0.5m 高出施工水位1.0～2.5m
埋深	黏性土 砂土	≥1.0m ≥1.5m
位置偏差		≤50mm

2）泥浆性能指标、土层与黏度选用、注入孔口与排出孔口泥浆性能（表15-20、表15-21、表15-22）。

表 15-20

地层情况	相对密度 γ	黏度 T(S)	静切力 θ (mg/cm^2)	含砂率 η（%）	胶体率（%）	失水率 β (mL/30min)
一般地层	1.0～1.25	16～22	10～25	<8～1	≥90～95	>30
松散易坍地层	1.2～1.6	19～28	50～70	<8～1	≥90～95	>20

表 15-21

土层	细黏性土	黏性土	砂土	砂夹卵石	卵石
黏度(s)	16～17	17～19	19～21	21～23	22～25

表 15-22

项目		技术指标	
		注入孔口	排出孔口
泥浆密度(g/cm^3)	正循环成孔	≤1.15	≤1.30
	反循环成孔	≤1.10	≤1.15
漏斗黏度	正循环成孔	18″～22″	20″～26″
	反循环成孔	16″～18″	18″～22″

3）孔质量要求及检测方法（表 15-23）。

表 15-23

项目			允许偏差	备注
孔径	承重桩		$-0\sim+0.20d$	1. d 为桩的设计直径 2. 桩径允许偏差正值指平均断面，负值仅指个别断面
	围护桩		$-0.05\sim+0.10d$	
垂直度			≤1%	
孔深	承重桩		−0～+300mm	
桩位	承重桩	单桩	1/10d	
		条形桩基垂直轴线方向和群桩基础边桩	1/6d	
		条形桩基顺轴线方向和群桩基础中间桩	1/4d	
	支护桩		1/12d	

4）孔结束时应测孔底沉淤厚度（表 15-24）。

表 15-24

序号	测定设备	允许沉淤的厚度(cm)		检测方法
1	标准水文测绳测定	承重桩	≤10	用带圆锥形测锤
2		支护桩	≤30	测锤重量不应小于 1kg

5）钢筋笼整体长度允许偏差±100mm，直径允许偏差±10mm，主筋间距允许偏差±10mm，箍筋间距允许偏差±20mm，钢筋笼主筋混凝土保护层允许偏差±20mm。

3. 钻孔灌注桩施工质量监理表（表 15-25、表 15-26）

表 15-25

项目	质量标准	允许误差(mm)	检验频率	检验方法	备注
查原材料、外加剂、配合比	设计要求和参照本手册混凝土分项工程的有关规定		经常检查	观察，查出厂合格证、试验报告	
桩孔定位，放线及标高、桩数	设计要求和参照本手册建筑施工测量中有关部分所述质量标准		复查	尺量、水准仪、经纬仪检查	
钻杆垂直度	钻头对孔应正确，钻头中心与护筒中心偏差宜控制在15mm以内	垂直度1%内	检查	经纬仪或吊锤	
钻头中心与护筒中心	钻头对孔应正确，钻头中心与护筒中心偏差宜控制在15mm以内	15以内	检查	用尺量	
泥浆试验、研制及质量	泥浆黏度为18～22s，含砂率为小于6%，胶体率不小于95%。泥浆相对密度根据不同土控制在1.1%～1.3%		检查	泥浆相对密度称、漏斗黏度计、含砂量测定器	
清孔	样品泥浆密度与进浆泥浆密度相等或接近，并以手捻泥浆无砂粒感觉时为合适		取距孔底300～500mm处的泥浆样品	测泥浆性能和观察	
孔深、孔径、沉渣厚度	设计要求和沉渣厚度不超过允许误差	摩擦桩≤300，端承桩≤50，摩擦端承桩、端承摩擦桩≤100	全部检查	钻杆或钢丝绳、钢筋圆圈、测强系铁制测饼	
钢筋笼	设计要求和主筋、箍筋间距及钢筋直径、长度不超过允许误差	主筋间距±10，箍筋间距±20；直径±10；长度±50	全检	尺量检查	
混凝土质量	设计要求和参照本手册混凝土分项工程的有关规定		经常检查	观察、测坍落度，原材料称量	随机抽样做试块
混凝土实际浇灌量和桩的长度	设计要求和参量照本手册混凝土分项工程的有关规定		经常检查	观察检查，查施工记录，检查埋置深度	

续表

项目	质量标准	允许误差(mm)		检验频率	检验方法	备注
桩的位置偏移	设计要求和参量照本手册混凝土分项工程的有关规定	单桩、条桩基础垂直于轴线方向及群桩的边桩	条形基础沿轴线方向和群桩中间桩	基坑开挖后全查	经纬仪和尺量检查	D为桩的直径
		$d/6$ 且不大于 100	$d/4$ 且不大于 150			
垂直度	设计要求和不超过施工规范规定的允许误差	$1/100H$		基坑开挖后全查	吊线和尺量检查	H 为桩长
成桩质量	设计要求			设计人员定	动测法、钻取岩芯、埋管超声法	
成桩质量	设计要求			设计人员定	动测法、钻取岩芯、埋管超声法	
单桩承载力	设计要求			大应变动测检查数量不少于总桩数 2%，不少于 5 根静载荷试验试桩数量不少于总数 1%，并不少于 3 根	单桩静载荷试验、大应变动测	

表 15-26

项目	允许偏差(mm)	检验频率		检验方法	检验程序
		范围	点数		
桩位	100	每根桩	1	用钢尺量	承包单位检测并填表，监理人员签署评语
倾斜度	$<1/100H$	每 5m	1	用仪器检测	
沉淀厚度	$\leqslant$50cm $\leqslant 0.4d$	每根桩	1	用仪器检测	
缩径	$\pm 1/10d$	每根桩	全高	用仪器检测	
混凝土抗压强度	按 GBJ 107—87 标准			标准养护	

注：d 为桩的直径，H 为桩的高度。

4. 钻孔灌注桩施工质量标准（15-27）

表 15-27

项目					允许误差	检测方法
混凝土和钢筋混凝土灌注桩	钢筋笼	主筋间距(mm)			±10	尺量检查
		箍筋间距(mm)			±20	
		直径(mm)			±10	
		长度(mm)			±50	
	桩的位置偏移	泥浆护壁成孔、干成孔、爆扩成孔灌注桩	垂直于桩基中心线	1～2 根桩	$d/6$ 且不大于 200	拉线和尺量检查
				单排桩		
				群桩基础的边柱		
			沿桩基中心线	条形基础的桩	$d/4$ 且不大于 300	
				群桩基础的中间桩		
		套管成孔灌注桩	1～2 根或单排桩		70	
			3～20 根桩基的桩		$d/2$	
			桩数多于 20 根	边缘柱	$d/2$	
				中间桩	d	
	垂直度				$H/100$	吊线和尺量检查

15.1.7 人工挖孔灌注桩监理

1. 人工挖孔灌注桩的施工工艺

测量定桩位中心——做井圈——挖孔——测量与控制孔的垂直度与孔径——做护壁——挖孔、测量、护壁……往复进行——成孔验收——安放钢筋笼——浇筑混凝土。

2. 人工挖孔灌注桩施工前的监理工作

(1) 当地层复杂，起伏变化较大，成孔要穿越多种土层，甚至穿越含水流砂层，监理人员应向建设单位建议，对施工场地进行补勘，摸清每根桩下土层分布和地下水分布情况，以便采取相应的技术措施和安全措施。

(2) 桩净距小于 2 倍桩径且小于 2.5m 时，应间隔挖。

1) 土石方堆放应距孔口 1m 以外；

2) 孔内照明通风应符合有关规定，用电装置中须附有漏电开关；

3) 护壁类型应根据桩径及土层性质选择：

a. 桩径 1.2m 以内宜用混凝土护壁，混凝土强度等级不低于桩身强度，每节高度 0.8～1.0m，视土质而定，厚度 100～150m，护壁不宜太厚；

b. 桩径较大，在护壁内应配置钢筋网片，上下护壁网片的纵向钢筋还应弯成勾，互相搭接。必要时，宜向侧壁土中打入短钢筋；

c. 遇到流塑淤泥层或含水流砂层，宜用 4～5m 厚的钢板制成的钢护壁；

d. 流砂层厚度较大在 4～5m 时，用钢护筒，在孔下制作钢筋混凝土沉井作为护壁。

4) 检查水泥、砂、石、外加剂、钢筋质量以及储存、供应情况，检查混凝土配合比、试压资料并进行现场试拌；

5) 应先试成孔，检查施工设备、施工工艺以及技术要求。

3. 人工挖孔灌注桩施工的质量监理

（1）复查测量放线、标高，井圈中心误差≤20mm，井圈高出地面150～200mm。

（2）抽查孔径、垂直度及护壁施工质量。

（3）检查抽水情况。在混凝土护壁养护期间，若孔底有水，应不停地抽水。

（4）督促施工单位边挖土，边检查，除检查孔径几何尺寸、垂直度及护壁质量外，还应对照地质资料，核对孔底土质，使每次挖进深度小于该土层土体稳定的极限高度，一般挖深为0.8～1.0m。

（5）检查施工安全，防止从孔口坠物伤人。检查孔内通风情况，严禁在孔内吸烟，避免缺氧影响人身安全。

（6）挖至设计标高，应由原勘察单位验槽，判别是否达到持力层，确认后办理验收签证。

（7）成孔验收。

1）复核桩孔垂直度、桩底直径、孔底标高、扩孔弧度；

2）检查孔底渣土清理情况，要求无碴土及积水；

3）如遇砂质泥岩或泥质砂岩遇水容易软化，应及时做好混凝土封底。

（8）检查钢筋笼制作验收及下钢筋笼（同钻孔灌注桩施工）。

（9）经常抽检混凝土的原材料质量，检查混凝土配制过程的计量，按时取样制作试块。

（10）浇灌桩身混凝土（同钻孔灌注桩施工）。

4. 人工挖孔灌注桩质量监理表（表15-28）

表15-28

项目	质量标准	允许误差	检验频率	检验方法	备注
施工组织设计或施工技术方案	设计要求及施工验收规范、地层情况		审核	审核施工技术措施	
定位放线、轴线、标高	设计要求和参照本手册建筑施工测量中有关部分所述质量标准进行复查	坐标数据不允许有误差，井圈中心线与设计轴线偏差不得大于20mm	全部检查	复算坐标数据，经纬仪、水准仪	
孔深、孔径、扩孔孔径、桩底面矢高、沉渣厚度	设计要求	沉渣厚度为0，清理渣土后应及时用混凝土封底，桩径±50(20)mm，垂直度5‰(1%)注：括号内的数值钢套管护壁桩	全部检查	尺量检查	
钢筋笼	设计要求和主筋、箍筋间距、长度不超过允许误差	主筋间距±10mm；箍筋间距±20mm；直径±10mm；长度±50mm；保护层±10mm	全部检查	尺量检查	
混凝土质量	设计要求和混凝土分项工程的有关规定		经常检查	观察、测坍落度，原材料计量	随机抽样试块

续表

项目	质量标准	允许误差(mm)		检验频率	检验方法	备注
桩位偏移	设计要求,规范要求	单桩、条形基础垂直轴线方向及群桩的边桩	条形桩基沿轴线方向和群桩基础的中间桩	开挖后全部测量	经纬仪、钢卷尺	
		50(100)	150(200)			
成桩质量	设计要求			设计人员定	动测法、钻孔取芯、埋管超声法	

5. 人工挖孔灌注桩施工质量标准 (15-29)

表 15-29

人工挖孔灌注桩	桩孔位中心线		±10mm	
	桩孔径		±10mm	指有护壁混凝土
	桩的垂直度		$3L/1000$	L 为挖孔桩长
	护壁混凝土		±30mm	
	孔底虚土			不允许
	钢筋笼	主筋间距中心线	±10mm	用尺量检查
		箍筋间距或螺旋筋间距	±20mm	
		钢筋笼直径	±10mm	
		钢筋笼长度	±50mm	

15.2 砖石砌体工程监理

15.2.1 一般规定

施工准备阶段的监理

(1) 认真研究施工图纸，搞清不同构筑物、不同部位对砌体强度等级、砂浆强度等级的要求，对各部位砌体的配筋、预留洞、预埋件、预埋木砖的位置，做到心中有数，便于巡视时检查。审核承包单位的施工技术方案，例如施工留槎应作统一考虑等等，并督促其进行技术交底。

(2) 复核承包单位测设的构筑物位置、平面尺寸和标高。

(3) 审查承包单位提供的原材料样品、出厂证明书、试验报告，符合设计及规范要求。

15.2.2 砌砖工程质量监理

1. 施工准备阶段的监理

(1) 审定承包单位提供的砂浆配合比。

(2) 检查承包单位的原材料、水平运输、垂直运输、砂浆拌合机械的准备情况。

(3) 检查承包单位的施工方案，着重检查其对墙体垂直度、平整度、标高的控制措施。

2. 对砌筑砂浆质量的监理

(1) 拌合砂浆用的水泥质量检验和控制，参照混凝土工程进行。

(2) 砂浆的拌合：

1) 监理人员应督促、检查承包单位根据审定的砂浆配合比进行生产，称量要准确；

2) 督促承包单位使用机械拌合砂浆，拌合时应注意投料顺序，保证块状的塑化材料能拌开，搅拌时间不得少于 1.5min，掺用微沫剂时，应适当延长；

3) 检查、测定拌出砂浆的质量，砂浆的稠度应满足不同种类砌体的具体要求，砂浆试块的制作往往被承包单位忽略，监理人员应及时检查、督促。

3. 对砖砌体施工的监理

(1) 检查基底的清理情况，砂浆、杂物等要清除干净。基底若为混凝土垫层或砖砌体，应事先浇水湿润。砖在砌筑前一天应浇水湿润，砖含水率控制在 10%～15%，严禁干砖上墙。

(2) 在施工现场检查，检查控制砖的层数，检查是否拉线控制砖层的水平。

(3) 督促承包单位合理组织施工，外墙要同步砌筑，尽量不留槎。当要留槎时，留槎的部位、形式，必须事先报请监理人员批准。接槎时，接槎处必须清理干净并浇水湿润。

(4) 检查砌墙的砌筑形式是否符合规范要求：内外墙砖应相互咬槎，不允许出现竖向通缝；若留直槎，必须按规定放置拉结钢筋，并应检查拉结筋的长度、间距以及拉结筋部位砂浆的饱满程度。

(5) 检查砌体的水平灰缝厚度和竖向灰缝宽度，灰缝一般为 10mm，不小于 8mm，也不应大于 12mm。砖层水平灰缝砂浆的饱满度不得低于 80%，竖缝内砂浆应饱满，对外墙必须达到此要求。

(6) 检查砌体中的预埋件、预留洞以及配筋是否符合设计要求，对埋于砖砌体中的木砖要做好防腐处理。木砖的数量一般不超过 10 皮砖一块，单砖墙或轻质隔墙要用混凝土木砖。

(7) 砖柱横、竖向灰缝的砂浆都必须饱满，每砌完一层砖，都要进行一次竖缝刮浆塞缝工作，以提高砌体强度。

4. 砌砖工程质量监理表（表 15-30）

表 15-30

项目	质量标准	允许误差(mm)	检验频率	检验方法
砖的品种、强度等级	砖的品牌、强度等级必须符合设计要求	—		观察检查，检查出厂合格证或试验报告
砂浆	砂浆品种符合设计要求，强度必须符合下列规定： 一、同品种、同各度等级砂浆各组试块的平均强度不小于 $f_{m,k}$； 二、任意一级试块的强度不小于 $0.75f_{m,k}$			检查试块抗压强度试验报告

续表

项目	质量标准	允许误差(mm)	检验频率	检验方法
砌体灰缝	砌体砂浆必须饱满，实心砖砌体水平灰缝的砂浆饱满度不小于80%		每步架抽查不少于3处	用百格网检查砖底面与砂浆的粘结痕迹面积，每处掀3块，取平均值
留槎	外墙的转角处严禁留直槎，其他临时间断处，留槎的做法必须符合施工规范的规定			观察检查
错缝	砖柱、垛无包心砌法；窗间墙及清水墙面无通缝；混水墙每间(处)4～6皮通缝不超过3处(上、下两皮砖搭接长度小于25mm为通缝)			
接槎	接槎处灰浆注实，缝、砖平直，每处接槎部位水平灰缝厚度小于5mm中透亮的缺陷不超过10个		外墙按楼层(或4m高以内)每20m抽查1处，每处3延米，但不少于30处；内墙，按有代表性的自然间抽查10%，但不少于3间	观察或尺量检查
接结筋	数量、长度均符合设计要求和施工规范规定，留置间距偏差不超过3皮砖			
构造柱	留置位置应正确，大马牙槎先退后进；残留砂浆清理干净			观察检查
清水墙面	组砌干净，刮缝深度适宜，墙面整洁			
轴线位置偏移		10	外墙、按楼层(或4m高以内)每20m抽查1处，每处3延米，但不少于3处；内墙，按有代表性的自然间抽查10%，但不少于3间，每间不少于2处，柱不少于5根	用经纬仪或拉线和尺量检查
基础和墙砌体顶面标高		±15		用水准仪和尺量检查
垂直度	每层			用2m托线板检查
	全高 ≤10m	10		用经纬仪或吊线和尺量检查
	全高 20	20		
表面平整度	清水墙、柱	5		用2m靠尺和楔形塞尺检查
	混水墙、柱	8		
水平灰缝平直度	清水墙	7		拉10m
	混水墙	10		
水平灰缝厚度	(10皮砖累计数)	20		与皮数杆比较尺量检查
清水墙面游丁走缝		20		吊线和尺量检查，以底层第一砖为准
门窗洞口	宽度	±5		尺量检查
	门口高度	±15 −5		
预留构造柱截面	(宽度、深度)	±10		
外墙上下窗口偏移		20		用经纬仪或吊线检查以底层窗口为准

5. 砌体的允许偏差（表 15-31）

表 15-31

项目			允许偏差(mm)			检验方法
			基础	墙	柱	
轴线位移			10	10	10	用经纬仪复查或检查施工测量记录
基础顶面和楼面标高			±15	±15	±15	用水平仪复查或检查施工测量记录
墙面垂直度	每层		—	5	5	用 2m 托线板检查
	全高	小于或等于 10m	—	10	10	用经纬仪或吊线和尺检查
		大于 10m	—	20	20	
表面平整度		清水墙、柱	—	5	5	用 2m 直尺和楔形塞尺检查
		混水墙、柱	—	8	8	
水平灰缝平直度		清水墙	—	7	—	拉 10m 线和尺检查
		混水墙	—	10	—	
水平灰缝厚度(10 皮砖累计数)			—	±8	—	与皮数杆比较,用尺检查
清水墙游丁走缝			—	20	—	吊线和尺检查,以每层第一皮砖为准
外墙下上窗口偏移			—	20	—	用经纬仪或吊线检查以底层窗口为准
门窗洞口宽度(后塞口)			—	±5	—	用尺检查

15.2.3 砌石工程质量监理

1. 控制好材料的质量

（1）审查石料订购合同，严格控制好石材的订货质量标准。

（2）在石料加工中，严禁混入风化石，过于细长形、扁薄形、尖锥形、圆形等乱石应及时挑出。

（3）石材内在质量要均匀，不得有内部裂纹。

2. 督促承包单位对经过细加工的石料采取措施，将其相互隔开，避免运输过程中碰撞损坏。现场的石料堆场应有可靠的排水措施，以防泥浆玷污石材。

3. 加强石材的验收，外形尺寸应符合设计及规范要求，石料表面无泥浆、水锈等杂质。

4. 督促组织进行技术交底，把组砌方法、质量要求交待给工人，监理人员应巡视砌筑现场，发现问题，及时要求承包单位进行整改。常见的问题有：

（1）墙体出现垂直通缝。砌筑时应加强石块的挑选工作，注意石块上下、左右、前后的交搭，必须将砌缝错开。在施工间隙必须留槎。留槎的高度以每次 1m 左右为宜。

（2）墙体砌成内外两层皮。砌筑时应注意大小石块搭配使用，每皮石块砌筑时要隔一定距离（1～1.5m）砌一块块石。

（3）石块与砂浆粘结不牢。砌筑时选料不当，砌体灰缝过大，砂浆收缩引起石块与砂浆间粘结不牢、空鼓。砌筑前石块未事先洒水湿润，一次砌筑太高，造成灰缝变形，石料表面不洁净等，也会引起空隙。

(4) 砌墙时未挂好线。用乱毛石砌筑时，未精心挑选平整大面摆放在正面。

(5) 墙体勾缝开裂、脱落。勾缝前，应清理灰缝，浇水湿润。按设计要求配制砂浆，控制好勾缝厚度，凸缝分二次勾成。勾缝后加强对砂浆的早期养护。

(6) 砌筑挡土墙时应按设计要求及时留置泄水孔。回填土时应认真处理好泄水孔四周的疏水层。

(7) 加强对砌筑砂浆的质量控制，并做好砂浆强度试块。

5. 砌石工程质量监理表（表 15-32）

表 15-32

项　目	质量标准	检验频率	检验方法
石料	石料的质量、规格必须符合设计要求和施工规范规定		观察检查或检查试验报告
砂浆	砂浆品种必须符合设计要求，强度必须符合下列规定：1. 同等级砂浆各组试块的平均强度不小于 $f_{m.k}$； 2. 任意一组试块的强度不小于 $0.75f_{m.k}$		检查试块抗压强度试验报告
留槎	转角处必须同时砌筑，交接处不能同时砌筑时必须留斜槎		观察检查
石砌体组砌形式	内外搭砌，上下错缝，拉结石、丁砌石交错设置；毛石墙拉结石每 0.7m² 墙面不少于 1 块；料石灰缝厚度符合施工规范规定	外墙，按楼层（或 4m 高以内）每 20m 抽查 1 处，每处 3 延长米，但不少于 3 处；内墙，按有代表性的自然间抽查 10%，但不少于 3 间	观察检查
墙面勾缝	勾缝密实，粘结牢固，墙面洁净		

6. 石砌体的允许偏差（表 15-33）

表 15-33

项　目		允许偏差(mm)								检验方法
		毛石砌体		料石砌体						
				毛料石		粗料石		半细料石	细料石	
		基础	墙	基础	墙	基础	墙	墙、柱	墙、柱	
轴线位移		20	15	20	15	15	10	10	10	用经纬仪；水平仪复查或检查施工测量记录
基础和楼面标高		±25	±15	±25	±15	±15	±15	±10	±10	
砌体厚度		+30	+20 −10	+30	+20 −10	+15	+10 −5	+10 −5	+10 −5	用尺检查
墙面垂直度	每层	—	20	—	20	—	10	7	5	用经纬仪或吊线和尺检查
	全高	—	30	—	30	—	25	20	15	
表面平整度	清水墙、柱	—	20	—	20	—	10	7	5	细料石：用 2m 直尺和楔形塞尺检查 其他：两直尺垂直于灰缝拉 2m 线和尺检查
	混水墙、柱	—	20	—	20	—	15	—	—	
清水墙水平灰缝平直度		—	—	—	—	—	10	7	5	拉 10m 线和尺检查

15.3　钢筋混凝土工程监理

15.3.1　现浇混凝土工程

1. 模板工程

(1) 模板工程施工前的监理工作

1) 审核施工组织设计的模板工程：

a. 保证工程结构和构件各部分形状尺寸和相互位置的正确性；

b. 具有足够的承载能力、刚度和稳定性，能可靠地承受新浇筑混凝土的自生和侧压力，以及在施工过程中所产生的荷载；

c. 构造简单，装拆方便，并便于钢筋的绑扎、安装和混凝土的浇筑、养护等要求；

d. 模板的接缝不漏浆。

2) 监理人员要督促承包单位进行技术交底，并把有关质量标准交待给工人，以便于自检与互检。如有必要，监理人员可以参加交底会，适时给予指导。关于模板工程质量验收，应按《建筑工程质量检验评定标准》(GB J301—88) 有关内容进行。

(2) 模板工程施工中的质量监理：

1) 柱模卡箍间距应适当，不得松扣；

2) 在支柱模前，应先在底部弹出中线，将柱子位置兜方找中；

3) 校正钢筋位置，在柱底部焊外包框，柱子的支撑应牢固。

(3) 承包单位可以根据混凝土强度增长情况和规范要求，决定侧模的拆除。对于底模，承包单位应征得监理人员同意后，方可拆除，以防止承包单位为加速模板周转，过早拆除底模，造成质量事故。

(4) 模板安装的质量标准

1) 预制构件模板安装的允许偏差（表15-34）。

表 15-34

项　　目	允许偏差(mm)	项　　目	允许偏差(mm)
长度 1.板、梁 2.薄腹梁、桁架 3.柱 4.块体	 ±5 ±10 −10 −5	高度 1.板 2.梁、薄腹梁、桁架、柱、块体	 +2 −3 +2 −5
		板的对角线差 相邻两板表面的高低差 表面平整(用和2m直尺检查)	7 1 3
宽度 1.板 2.梁、薄腹梁、桁架、柱、块体	 −5 +2 −5	侧向弯曲 1.梁、柱 2.板、薄腹梁、桁架、块体	 $L/1000$ $L/1500$,且不得大于15

注：L 为构件长度（mm）。

2) 整体式结构模板安装的允许偏差（表15-35）。

表 15-35

项　　目	允许偏差(mm)	项　　目	允许偏差(mm)
轴线位置	5	垂直层高	
底模上表面标高	±5	1. 全高≤5m	6
截面内部尺寸	±10	2. 全高>5m	8
1. 基础	+4	相邻两板表面高低差	2
2. 柱、墙、梁	−5	表面平整(用 2m 直尺检查)	5

3）固定在模板上的预埋件与预留孔洞的允许偏差（表 15-36）。

表 15-36

项　　目	允许偏差(mm)	项　　目	允许偏差(mm)
预埋钢板中心线位置	3	预留孔中心线位置	3
预埋管中心线位置	3	预留洞:	
预埋螺栓:		中心线位置	5
中心线位置	2	截面内部尺寸	+10
外露长度	+10		

（5）模板工程质量监理表（表 15-37）。

表 15-37

项目		质量标准	允许误差(mm)				检验频率	检验方法
			单层、多层	高层框架	多层大模	高层大模		
模板系统		模板及其支架必须具有足够的强度、刚度和稳定性;其支架的支承部分有足够的支承面积。如安装在基土上,基土必须坚实并有排水措施。对湿陷性黄土,必须有防水措施;对冻胀性土,必须有防冻融措施						对照模板设计,现场观察或尺量检查
接缝		宽度不大于 2.5mm					按梁、柱和独立基础的件数各抽查10%,但均不应少于3件;带形基础、圈梁每30~50m抽查1处(每处3~5m),但均不应少于3处;墙和板按有代表性的自然间抽查10%,礼堂、厂房等大间按两轴线为一间,墙每4m左右高为一检查层,每面为1处,板每间为1处,但均不应少于3处	观察和用楔形塞尺检查
表面清理及隔离措施	墙板、基础	每件(处)粘浆和漏涂隔离剂累计面积不大于 2000cm²						观察和尺量检查
	梁、柱	每件(处)粘浆和漏涂隔离剂累计面积不大于 800cm²						
轴线位移	基础		5	5	5	5		尺量检查
	柱、墙、梁		5	3	5	3		
标高			±5	+2 −5	±5	±5		用水准仪或拉线尺量检查

续表

<table>
<tr><th colspan="2" rowspan="2">项目</th><th rowspan="2">质量标准</th><th colspan="4">允许误差(mm)</th><th rowspan="2">检验频率</th><th rowspan="2">检验方法</th></tr>
<tr><th>单层、多层</th><th>高层框架</th><th>多层大模</th><th>高层大模</th></tr>
<tr><td rowspan="2">截面尺寸</td><td>基础</td><td></td><td>±10</td><td>±10</td><td>±10</td><td>±10</td><td rowspan="11"></td><td rowspan="2">尺量检查</td></tr>
<tr><td>柱、墙、梁</td><td></td><td>+4
−5</td><td>+2
−5</td><td>±2</td><td>±2</td></tr>
<tr><td colspan="2">每层垂直度</td><td></td><td>3</td><td>3</td><td>3</td><td>3</td><td>用 2m 托线板检查</td></tr>
<tr><td colspan="2">相邻两板表面高低差</td><td></td><td>2</td><td>2</td><td>2</td><td>2</td><td>用直尺和尺量检查</td></tr>
<tr><td colspan="2">表面平整度</td><td></td><td>5</td><td>5</td><td>2</td><td>2</td><td rowspan="2">用 2m 靠尺和楔形塞尺检查</td></tr>
<tr><td colspan="2">预埋钢板中心线位移</td><td></td><td>3</td><td>3</td><td>3</td><td>3</td></tr>
<tr><td colspan="2">预埋管、预留孔中心线位移</td><td></td><td>3</td><td>3</td><td>3</td><td>3</td><td rowspan="5">拉线和尺量检查</td></tr>
<tr><td rowspan="2">预埋螺栓</td><td>中心线位移</td><td></td><td>2</td><td>2</td><td>2</td><td>2</td></tr>
<tr><td>外露长度</td><td></td><td>+10
−0</td><td>+10
−0</td><td>+10
−0</td><td>+10
−0</td></tr>
<tr><td rowspan="2">预留洞</td><td>中心线位移</td><td></td><td>10</td><td>10</td><td>10</td><td>10</td></tr>
<tr><td>截面内部尺寸</td><td></td><td>+10
−0</td><td>+10
−0</td><td>+10
−0</td><td>+10
−0</td></tr>
</table>

2. 钢筋工程

(1) 钢筋工程的施工要点

1) 钢筋的弯钩与弯折规定（表 15-38）

表 15-38

项　目	内　容
Ⅰ级钢筋末端作 180°弯钩(普通混凝土结构)	Ⅰ级钢筋末端需要作 180°弯钩，其圆弧弯曲直径 D 不应小于钢筋直径 d 的 2.5 倍，平直部分长度不宜小于钢筋直径 d 的 3 倍
Ⅰ级钢筋末端作 180°弯钩(轻集料混凝土结构)	Ⅰ级钢筋末端需要作 180°弯钩，其弯曲直径 D 不应小于钢筋直径 d 的 3.5 倍，平直部分长度不宜小于钢筋直径 d 的 3 倍
Ⅱ、Ⅲ级钢筋末端作 90°或 135°弯折	Ⅱ、Ⅲ级钢筋末端需作 90°或 135°弯折时，Ⅱ级钢筋的弯曲直径 D 不宜小于钢筋直径 d 的 4 倍；Ⅲ级钢筋不宜小于钢筋直径 d 的 5 倍，平直部分长度应按设计要求确定
弯起钢筋中间部位的弯折	弯起钢筋中间部位弯折处的弯起直径 D，不应小于钢筋直径 d 的 5 倍

2) 半圆弯钩实际增加长度（表 15-39）

表 15-39

钢筋直径 d(mm)	一个弯钩	两个弯钩	操作方法
4	$8d$	$16d$	手摇扳子或弯曲机操作
5	$7d$	$14d$	
6	$6d$	$12d$	
8～10	$5d$	$10d$	
12～16	$5.5d$	$11d$	平口扳子或弯曲机操作
18～22	$5d$	$10d$	
25～32	$4.5d$	$9d$	

3）钢筋的混凝土保护层厚度（表 15-40）

表 15-40

环境与条件	构件名称	混凝土强度等级		
		低于 C25	C25 及 C30	高于 C30
室内正常环境	板、墙、壳	15		
	梁和柱	25		
露天或室内高湿度环境	板、墙、壳	35	25	15
	梁和柱	45	35	25
有垫层	基础	35		
无垫层		70		

4）钢筋绑扎接头的最小搭接长度（表 15-41）

表 15-41

混凝土类别	钢筋级别	受拉区	受压区
普通混凝土	Ⅰ级 Ⅱ级 Ⅲ级 冷拔低碳钢丝	$30d_0$ $35d_0$ $40d_0$ 250mm	$20d_0$ $25d_0$ $30d_0$ 200mm
轻骨料混凝土	Ⅰ级 Ⅱ级 Ⅲ级 冷拔低碳钢丝	$35d_0$ $40d_0$ $45d_0$ 300mm	$25d_0$ $30d_0$ $35d_0$ 250mm

注：d_0 为钢筋直径；钢筋绑扎接头的搭接长度，除应符合本表要求外，在受拉区不得小于 250mm，在受压区不得小于 200mm，轻骨料混凝土均应分别增加 50mm；当混凝土强度等级为 C13 时，除冷拔低碳钢丝外，最小搭接长度应按表中数值增加 $5d$。

5）绑扎网和绑扎骨架的允许偏差（表 15-42）

表 15-42

项目	允许偏差(mm)	项目		允许偏差(mm)
网长、宽	±10	箍筋间距		±20
网眼尺寸	±10	受力钢筋	间距	±10
骨架宽、高	±5		排距	±5
骨架长	±10			

6）钢筋位置的允许偏差（表 15-43）

表 15-43

项目		允许偏差(mm)	项目		允许偏差(mm)
受力钢筋的排距		±5	焊接预埋件	中心线位移	5
钢筋弯起点位置		20		水平高差	+3
箍筋、横向钢筋间距	绑扎骨架	±20	受力钢筋的保护层	基础	±10
	焊接骨架	±10		桩、梁	±5
				板、墙	±3

7）钢筋绑扎与安装的施工要点（表 15-44）

表 15-44

项目	操作要点
钢筋的现场绑扎安装	(1)钢筋绑扎前，应熟悉施工图纸，核对钢筋配料表和料牌。核对成品钢筋的钢种、直径、形状、尺寸和数量，如有错漏，应纠正增补。准备绑扎用的铁丝、绑扎工具、绑扎架等。 (2)绑扎形式复杂的结构部位时，应研究好钢筋穿插就位的顺序及与模板等其他专业的配合先后次序，以减少绑扎困难。 (3)基础、楼板和墙等钢筋网的绑扎，四周两行钢筋的相交点应每点扎牢，中间部分可相隔交错扎牢，双向主筋的钢筋网，则需将全部钢筋相交点扎牢。绑扎时应注意相邻绑扎点的铁丝扣要成八字形，以保持其设计距离正确。 (4)梁与板纵向受力钢筋采用双层排列时，两排钢筋之间应垫以直径 25mm 或 25mm 以上的短钢筋，以保持其设计距离正确。 (5)结构采用双排钢筋网时，上、下两排钢筋网之间应设置钢筋撑脚或混凝土撑脚，每隔 1m 放置一个，墙壁钢筋网之间应绑扎 $\phi6$～$\phi10$ 钢筋制成的撑钩，间距约为 1m，相互错开排列，以保持双排钢筋间距正确。大型基础底板或设备基础，应用 $\phi16$～$\phi25$ 钢筋或型钢焊成的支架来支持上层钢筋网，支架间距为 0.8～1.5m。 (6)柱、梁、箍筋应与主筋垂直，箍筋的接头应交错布置在四角纵向钢筋上，箍筋转角与纵向钢筋的交叉点均应扎牢。箍筋平直部分与纵向交叉点可间隔扎牢，以防骨架歪斜。 (7)板、次梁与主筋交叉处，板的钢筋在上，次梁的钢筋居中，主梁的钢筋在下，当有圈梁或垫梁时，主筋的钢筋应放在圈梁上。主筋两端的搁置长度应保持均匀一致。框架梁、牛腿及柱帽等钢筋，应放在柱的纵向钢筋内侧，同时要注意梁顶面主筋间的净距要有 30mm，以利灌注混凝土
绑扎钢筋网与钢筋骨架安装	(1)预制钢筋绑扎网与钢筋绑扎骨架，一般宜分块或分段绑扎，应根据结构配筋特点及起重运输能力而定，网片分块面积以 6～12m^2 为宜，骨架分段长度以 6～12m 为宜，安装时再予以焊接或绑扎。为防止运输安装中歪斜变形，在斜向应用钢筋拉结临时加固，大型钢筋网或骨架应设钢筋桁架或型钢加固。 (2)钢筋网与钢筋骨架的吊点应根据其尺寸、重量和刚度确定。宽度大于 1m 的水平钢筋网宜采用四点起吊，跨度小于 6m 的钢筋骨架宜采用两点起吊，跨度大、刚度差的钢筋骨架宜采用四点起吊。为防止吊点处钢筋受力变形，可采取兜底或用短筋加强。 (3)绑扎钢筋网与钢筋骨架的交接处做法与钢筋的现场绑扎相同
焊接钢筋网与钢筋骨架安装	(1)焊接网与焊接骨架沿受力钢筋方向的搭接接头宜位于受力小的部位，如承受均布荷载的简支受弯构件，接头宜放在跨度两端各 1/4 跨长范围内，其搭接长度应符合规定。 (2)在梁中焊接骨架的搭接长度内应配置箍筋或短的槽形焊接网。箍筋或网中的横向钢筋间距不得大于 $5d$，轴心受压或偏心受压构件中的搭接长度内，箍筋或横向钢筋的间距不得大于 $10d$。 (3)在构件宽度内有若干焊接网或焊接骨架时，其接头位置应错开，在同一截面内搭接的受力钢筋的总截面面积不得大于构件截面中受力钢筋全部截面面积的 50%；在轴心受拉及小偏心受拉构件(板和墙除外)中，不得采用搭接接头。 (4)焊接网在非受力方向的搭接长度宜为 100mm。当受力钢筋直径≥16mm 时，焊接网沿分布钢筋方向的接头宜辅以附加钢筋网，其每边的搭接长度为 $15d$

（2）钢筋工程质量监理工作流程（图 15-2）

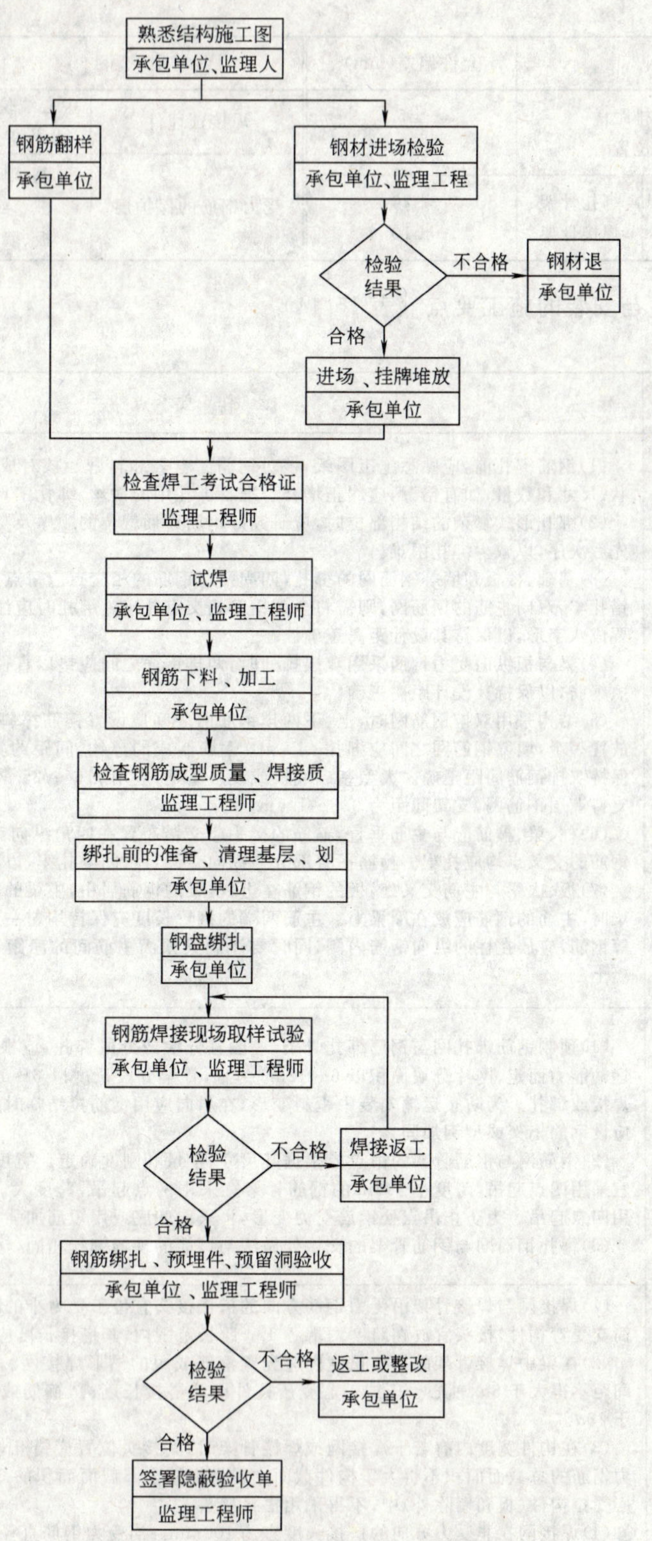

图 15-2 钢筋工程质量监理工作流程

(3) 钢筋施工事前的监理工作

1) 审查结构施工图、钢筋的品种、规格、绑扎要求以及某些部位配筋的特殊处理，检查有关配筋变化的图纸会审记录和设计变更通知单，应及时在相应的结构图上标明；

2) 原材料进场检验：

a. 检查钢筋的品种，检查进场的钢筋出厂质量证明书或试验报告单；

b. 进场的钢筋应按同牌号，同炉罐（批）号、同规格、同等级分批检验。检验内容包括对标志、外观的检查，并按有关标准的规定取试样，作物理力学性能试验；

c. 检查有抗震要求的框架结构的纵向受力钢筋：钢筋的抗拉强度实测值与钢筋屈服强度实测值不应小于 1.25；钢筋的屈服强度实测验值与钢筋强度标准值的比值，当按一级抗震设计时，不应大于 1.25；当按二级抗震设计时，不应大于 1.4。

3) 检查钢筋放样，审查钢筋下料、加工，对钢筋工的技术交底。监理人员对成形的钢筋进行检查，发现问题，及时通知承包单位改正。

(4) 钢筋工程施工的质量监理：

1) 钢筋绑扎过程中，监理人员应到现场巡视，发现问题，及时指出，令其纠正，钢筋绑扎完毕，承包单位自检合格后填报钢筋工程隐蔽验收单；

2) 监理人员验收时，应对照结构施工图，检查所绑扎钢筋的规格、数量、间距、长度、锚固长度、接头设置等等，是否符合设计要求；

3) 检查的详细内容和着重检查某些构造措施：

a. 检查框架节点箍筋加密区的箍筋及梁上有集中荷载作用处的附加吊筋或箍筋，不得漏放；

b. 具有双层配筋的厚板和墙板，检查设置撑筋和拉钩；

c. 检查控制钢筋保护层的垫块强度、厚度、位置是否符合规范要求；

d. 检查预埋件、预留孔洞的位置是否固定可靠，孔洞周边钢筋加固应符合设计要求；

e. 检查柱纵向钢筋的接头。柱子每边钢筋≤4 根，在一个水平面上接头：每边 5～8 根，在两具水平面上接头；每边 9～12 根，在三个水平面上接头。相邻钢筋接头的间距：焊接≥500mm，搭接≥600mm；柱子钢筋接头最低点距柱端不宜小于柱截面长边尺寸，且宜在楼板面以上 750mm 处；

f. 检查框架柱的箍筋加密：

(a) 柱两端在高度等于矩形截面长边尺寸或圈柱截面直径、柱净高的 1/6、500mm 三者中的最大值范围内；

(b) 柱净高与截面长边尺寸之比小于 4 的柱全高范围内；

(c) 底层刚性地坪上、下各 500mm 范围内；

(d) 框架角柱全高范围内。

g. 框架顶层柱的纵向钢筋应锚固在柱顶或板、梁内，锚固长度由板、梁底算起，按结构抗震等级：一级框架不小于 $L+10d$，二级不小于 $L+5d$，三级和四级不小于 L，且弯折后应有不小于 $10d$ 的直线长度。式中 L 为规范规定的受拉钢筋的最小锚固长度。

h. 检查框架梁纵向钢筋的配置。梁截面上部和下部至少应配置两根贯通梁全跨的钢筋，钢筋直径：一、二级框架梁不应小于 14mm，三、四级框架梁不应小于 12mm；

i. 检查框架梁纵向钢筋的锚固长度：

(a) 框架梁纵向钢筋伸入边柱的锚固长度：一级 $L_{a_E}=L_a+10d$；二级 $L_{a_E}=L_a+5d$；三级和四级 $L_{a_E}=L_a$。一、二级框架梁纵向钢筋应伸过边框架节点中心线。当纵向钢筋在节点内水平锚固长度不够时，应伸到对面柱边后再向下弯折，弯折前的水平锚固长度不应小于 $0.45L_{a_E}$，弯折后的垂直长度不应小于 $10d$，也不宜大于 $22d$。对于顶层的框架梁，上部钢筋弯折前的水平锚固长度不应小于 $0.45L_{a_E}$，弯折后的垂直长度则为 ≥（L_{a_E} + 梁高 h）；

(b) 检查框架梁纵向钢筋中间节点锚固情况。框架梁上部纵向钢筋应贯穿中间节点，对一级框架梁宜在柱轴线附近增加锚固措施。梁的下部钢筋伸入中柱节点的总长度也应大于 L_{a_E}，并应伸过柱中心线 $5d$，也不宜大于 $20d$。

j. 框架梁的梁端箍筋加密问题：

(a) 一级框架梁端 2 倍梁高范围内和二、三、四级框架梁端 1.5 倍梁高范围内，箍筋应当加密，且加密区长度不应小于 500mm，第一个箍筋应设置在距离节点边缘 50mm 以内；

(b) 箍筋应有 135°弯勾，弯钩端头直线段长度 ≥ $10d$，d 为箍筋直径；

(c) 在箍筋加密区范围内，箍筋肢距一、二级不应大于 200mm，三、四级不宜大于 200mm。梁中纵筋多于 4 根，宜每隔一根用箍筋或拉筋予以固定。

k. 查验剪力墙的连梁构造：

(a) 连梁上、下水平钢筋伸入墙内的长度 L_{a_E} 不应小于：一级 $=L_a+10d$；二级 L_a+5d；三级和四级及抗震设计 L_a，并且伸入墙内长度不应小于 60mm；

(b) 边梁的沿梁全长箍筋的构造要求与框架梁梁端加密区箍筋构造要求相同；

(c) 在连梁伸入墙体的钢筋长度范围内，应设置间距小于 150mm 的构造箍筋，其直径同该连梁的箍筋直径。

l. 检查剪力墙分布钢筋的连接与锚固：

(a) 双排钢筋之间应采用拉筋连接，拉筋直径 ≥ $\phi 6$，间距 ≤ 700mm，拉筋应与外表水平钢筋勾牢固，底部加密部位的拉筋应适当加密；

(b) 剪力墙水平施工缝，宜增设定位连接钢筋与剪力墙、暗柱主筋焊牢固，目的是保证剪力墙的分布筋位置准确；

(c) 剪力墙水平分布钢筋的搭接长度 ≥ L_{a_E}，相邻钢筋搭接间距 ≥ 500mm；

(d) 剪力墙水平分布钢筋在端部的锚固：当剪力墙端部有暗柱时，水平钢筋伸到端头弯钩即可；当端部未形成暗柱时，水平钢筋伸至端头弯钩，另加一开口钢箍，套在排水平钢筋外面，其肢长等于锚固长度 L_a；

(e) 剪力墙竖向分布钢筋的连接：一级剪力墙所有部位和二级剪力墙的加强部位，接头位置应错开，每次连接的钢筋数量不大于 50%，三、四级剪力墙可在同一部位连接。

m. 钢筋的代换的审查：

(a) 用高级别钢筋等强度代换低级别钢筋时，应进行裂缝宽度验算，某些对变形限制较严格的结构，尚应进行变形验算；

(b) 用低级别钢筋等强度代换高级别钢筋时，应考虑到钢筋面积或根数增加影响到钢筋的排列、锚固长度、根数以及因力偶臂减小而引起承载力不足问题；

(c) 用同级别的较粗钢筋，以扩大钢筋间距，减少每米宽度内的钢筋根数，等截面代换设计较小直径的钢筋，如水池池壁、地下室外墙，应进行抗裂、裂缝宽度的验算；

(d) 对有抗震要求的框架，不宜以强度等级较高的钢筋代换原设计中的钢筋；

(e) 将高一级钢筋降级使用，采取等截面等根数代换，必须征求设计单位的书面同意。

4) 钢筋焊接接头的监理：

a. 焊接网绑扎钢筋的最小搭接长度（表15-41）；

b. 预制柱钢筋外露长度（表15-45）；

表 15-45

焊接形式	钢筋外露长度(mm)		焊接形式	钢筋外露长度(mm)	
	受力钢筋≤14根	受力钢筋>14根		受力钢筋≤14根	受力钢筋>14根
坡口焊	250	350	搭接焊	250＋焊缝长度	350＋焊缝长度

c. 焊接网和焊接骨架的允许偏差（表15-33）；

d. 焊接前，应监督焊工进行现场施工条件下的焊接性能试验，合格后，方可正式生产；

e. 查验钢筋焊接接头，应执行《钢筋焊接及验收规程》（JGJ 18—96）的有关规定，分批进行质量检查与验收，自检与互检报监理方检查验收。质量检查包括外观检查和力学性能试验，合格后，才能办理验收签证。

5) 钢筋安装及预埋件位置的允许偏差和检验方法（表15-46）；

表 15-46

项目		允许偏差(mm)	检验方法
网的长度、宽度		±10	尺量检查
网眼尺寸	焊接	±10	尺量连续三档，取其最大值
	绑扎	±20	
骨架的宽度、高度		±5	尺量检查
骨架的长度		±10	
受力钢筋	间距	±10	尺量两端中间各一点，取其最大值
	排距	±5	
箍筋、构造筋间距	焊接	±10	尺量连续三档，取其最大值
	绑扎	±20	
钢筋弯起点位移		20	尺量检查
焊接预埋件	中心线位移	5	
	水平高度	+3 −0	
受力钢筋保护层	基础	±10	
	梁柱	±5	
	墙板	±3	

6) 钢筋工程质量监理表（表15-47）

表 15-47

项　　目	质量标准	检验频率	检验方法
热轧钢筋	《钢筋混凝土用钢筋》(GB1499—84)	同一炉号，重量不大于60t，作为一批，任选2根	1. 外观检查：用卡尺量；2. 力学性能：每根取2个试样分别进行拉力和冷弯试验。如有一项结果不符合标准规定的数值，则另取双倍数量的试样重做
冷拉钢筋	《混凝土结构工程施工及验收规定》(GB 50204—92)的第三章第二节钢筋冷拉和冷拔	同级别、同直径，重量不大于20t作为一批。每批任选2根	
冷拔低碳钢丝		甲级：逐盘检查，从每盘任一端取二个试样做拉力和反复弯曲试验； 乙级：以同直径5t为一批，从中选取3盘，每盘取2根取样，分别做拉力和反复弯曲试验	外观检查：用卡尺量； 力学性能：在试验机上做拉力和冷弯试验
钢筋的品种、质量	钢筋的品种必须符合设计要求和有关标准的规定		检查出厂质量证明书和试验报告
冷拉冷拔钢筋的机械性能	冷拉冷拔钢筋的机械性能必须符合设计要求和施工规范的规定		检查出厂质量证明书、试验报告和冷拉记录
钢筋外表	钢筋的表面应保持清洁，带有颗粒状或片状老锈，经过除锈后仍留有麻点的钢筋严禁按原规格使用		观察检查
钢筋加工	钢筋的规格、形状、尺寸、数量、锚固长度和接头位置必须符合设计要求和施工规范规定		观察和尺量检查
焊条、焊剂	焊条、焊剂的牌号、性能以及接头中使用的钢板或型钢均必须符合设计要求和有关标准的规定		检查出厂质量证明书和试验报告
焊接接头	钢筋焊接接头、焊接制品的机械性能试验结果必须符合钢筋焊接及验收的专门规定		检查焊接试件试验报告
钢筋绑轧	缺扣、松扣的数量不超过应绑扣数的20%，且不应集中	按梁、柱和独立基础的件数各抽查10%，但均不应少于3件；带形基础、圈梁每30～50m抽查1处（每处3～5m），但均不应少于3处，墙壁和板按有代表性的自然间抽查10%（礼堂、厂房等大间可以按轴线划分间），墙每4m左右高为一个检查层，每面为1处，板每间为1处，但均不应少于3处	观察和手扳检查
钢筋弯钩、接头	搭接长度均不小于规定值的95%		
用Ⅰ级钢筋或冷拔低碳钢丝制作的箍筋弯钩、接头	数量符合设计要求，弯钩角度和平直长度基本符合施工规范规定		观察和尺量检查

续表

项目	质量标准	检验频率	检验方法
钢筋网和骨架焊接	骨架无漏焊、开焊。钢筋网片漏焊、开焊不超过焊点数的4%，且不应集中；板伸入支座范围内的焊点无漏焊、开焊	按梁、柱和独立基础的件数各抽查10%，但均不应少于3件，带形基础、圈梁每30～50m抽查1处。（每处3～5m），但均不应少于3处；墙壁和板按有代表性自然间抽查10%，礼堂、厂房等大间按两轴线为1间，墙每4m左右高为1个检查层，每面为1处，板每间为1处，但均不少于3处	观察和手扳检查
点焊焊点	无裂纹、多孔性缺陷及明显烧伤。焊点压入深度符合钢筋焊接及验收的专门规定	点焊网片、骨架按同一类型制品抽查5%，梁、柱、桁架等重要制品抽查10%，但均不应少于3件，对焊接头抽查10%，但不少于10个接头；电弧焊、电渣压力焊接头应逐个检查；埋弧压力焊接头抽查10%，但不少于5件	用小锤、放大镜、钢板尺和焊缝量规检查
对焊接头	接头处弯折不大于4°；钢筋轴线位移不大于0.1d，且不大于2mm，无横向裂纹。Ⅰ、Ⅱ、Ⅲ级钢筋无明显烧伤；Ⅳ级钢筋无烧伤；低温对焊时，Ⅰ、Ⅱ级钢筋均无烧伤		
电弧焊接头	绑条沿接头中心线的纵向位移不大于0.5d；接头处弯折不大于4°；钢筋轴线位移不大于0.1d，且不大于3mm；焊缝厚度不小于0.05d。无较大的凹陷、焊瘤。接头处无裂缝。咬边深度不大于0.5mm（低温焊接咬边深度不大于0.2mm）。帮条焊、搭接焊在长度2d的焊缝表面上；坡口焊、熔槽帮条焊在全部焊缝上气孔及夹渣均不多于2处，且每处面积不大于6mm^2，预埋件和钢筋焊接处，直径大于1.5mm的气孔或夹渣，每件不超过3个		
电渣压力焊接头	接头处弯折不大于4°；钢筋轴线位移不大于0.1d，且不大于2mm。无裂纹及明显烧伤		
埋弧压力焊接头	钢筋无明显烧伤。咬边深度不超过0.5mm。钢板无焊穿、凹陷		

续表

项目		质量标准				检验频率	检验方法
网的长度、宽度		±10				按梁、柱和独立基础的件数各抽查10%，但均不应少于3件，带形基础、圈梁每30～50m抽查1处。（每处3～5m），但均不应少于3处；墙壁和板按有代表性自然间抽查10%，礼堂、厂房等大间按两轴线为1间，墙每4m左右高为1个检查层，每面为1处，板每间为1处，但不应不少于3处	尺量检查
网眼尺寸		±20					尺量连续三档取其最大值
骨架的宽度、高度		±5					尺量检查
骨架的长度		±10					尺量检查
受力钢筋	间距	±10					尺量两端中间各一点取其最大值
	排距	±5					尺量两端中间各一点取其最大值
箍盘、构造筋间距		±20					尺量连续三档取其最大值
钢筋弯起点位移		20					尺量检查
焊接预埋件	中心线位移	5					尺量检查
	水平高差	+3 −0					尺量检查
受力钢筋保护层	基础	±10					尺量检查
	梁、柱	±5					尺量检查
	墙板	±3					尺量检查
		单层 多层	高层 框架	多层 大模	高层 大模		
轴线位移	独立基础	10	10	10	10		尺量检查
	其他基础	15	15	15	15		尺量检查
	柱、墙、梁	8	5	8	5		尺量检查
标高	层高	±10	±5	±10	±10		用水准仪或尺量检查
	全高	±30	±30	±30	±30		用水准仪或尺量检查
截面尺寸	基础	+15 −10	+15 −10	+15 −10	+15 −10		尺量检查
	柱、墙、梁	+8 −5	±5	+5 −2	+5 −2		尺量检查
柱、墙垂直度	每层	5	5	5	5		用2m托线板检查
	全高	H/1000 且<20	H/1000 且<30	H/1000 且<20	H/1000 且<30		用经纬仪或吊线和尺量检查
表面平整度		8	8	4	4		用2m靠尺和楔形塞尺检查
预埋钢件中心线位置偏移		10	10	10	10		尺量检查
预埋管、预留孔中心线位置偏移		5	5	5	5		尺量检查
预埋螺栓中心线位置偏移		5	5	5	5		尺量检查
预留洞中心线位置偏移		15	15	15	15		尺量检查
电梯	井筒长、宽对中心线	+25 0	+25 −0	+25 −0	+25 −0		
	井筒全高垂直度	H/1000 且<30	H/1000 且<30	H/1000 且<30	H/1000 且<30		用经纬仪或吊线和尺量检查

3. 混凝土工程

(1) 混凝土工程施工要点

1) 混凝土搅拌最短时间(表15-48)。

表15-48

混凝土坍落度(cm)	搅拌机机型	搅拌机容积(L)		
		＜400	400～1000	＞1000
≤3	自落式	90s	120s	150s
	强制式	60s	90s	120s
＞3	自落式	90s	90s	120s
	强制式	60s	60s	90s

注:1. 掺外加剂时,搅拌时间应适当延长。
2. 全轻骨料混凝土宜采用强制式搅抖机搅拌;砂轻骨料混凝土可用自落式搅拌机搅拌,但搅拌时间均应延长60～90s。
3. 轻骨料宜在搅拌前预湿。

2) 混凝土运输:

a. 混凝土运输的基本要求(表15-49);

表15-49

项 目	内 容 与 要 求
坍落度	混凝土运至浇筑地点,应符合浇筑时规定的坍落度,当有离析现象时,必须在浇筑前进行二次搅拌
运输容器	(1)不吸水,不漏浆,能防止水泥浆流失。 (2)内壁平滑光洁,弯折处做成弧状,减少死角,防止粘结。 (3)敞口车或料斗宜覆盖,夏季防曝晒,冬期能保温,雨期能防水。 (4)使用前先用净水泥浆湿润,卸料要卸清,下班要冲洗,清理残渣
运输道路	(1)要基本平坦,避免使混凝土振动、离析、分层。 (2)不得直接压、踏钢筋,应采用马凳将桥板架空
时间控制	混凝土应以最少的转载次数和最短的时间,从搅拌地点运至浇筑地点。混凝土从搅拌机中卸出到浇筑完毕的延续时间不宜超过规定

b. 混凝土从搅拌机中卸出到浇筑完毕的延续时间(表15-50);

表15-50

混凝土强度等级	气 温		混凝土强度等级	气 温	
	不高于25℃	高于25℃		不高于25℃	高于25℃
不高于C30	120min	90min	高于C30	90min	60min

注:1. 对掺用外加剂或采用快硬水泥拌制的混凝土,其延续时间应按试验确定。
2. 对轻集料混凝土,其延续时间应适当缩短。

3) 混凝土从搅拌机卸出后到浇筑完毕的允许延续时间(表15-51);

表15-51

混凝土强度等级	气 温		混凝土强度等级	气 温	
	低于25℃	高于25℃		低于25℃	高于25℃
≤C28	120min	90min	＞C28	90min	60min

注:1. 掺用外加剂或采用快硬水泥拌制混凝土时,应按试验确定。
2. 轻骨料混凝土的运输、浇筑延续时间应适当缩短。

4）混凝土浇筑层厚度（表 15-52）；

表 15-52

捣实混凝土的方法		浇筑层的厚度(cm)
插入式振捣		振捣器作用部分长度的 1.25 倍
表面振动		200
人工捣固		
1.在基础、无筋混凝土或配筋稀疏的结构中		250
2.在梁、墙板、柱结构中		200
3.在配筋密列的结构中		150
轻骨料混凝土	插入式振捣	300
	表面振动(振动时需加荷)	200

5）混凝土的坍落度（表 15-53）；

表 15-53

结 构 种 类	坍落度(cm)
基础或地面等的垫层、无配筋的厚大结构(挡土墙、基础或厚大的块体等)或配筋稀疏的结构	1～3
板、梁和大型及中型截面的柱子等	3～5
配筋密列的结构(薄壁、斗仓、筒仓、细柱等)	5～7
配筋特密的结构	7～9

注：1. 本表系指采用机械振捣的坍落度，采用人工振捣时可适当增大。
2. 需要配制大坍落度混凝土时，应掺加外加剂。
3. 曲面或斜面结构的混凝土，其坍落度值，应按实际需要另行选定。

6）混凝土运动、浇筑和间歇的允许时间（表 15-54）；

表 15-54

混凝土强度等级	气温		混凝土强度等级	气温	
	低于 25℃	高于 25℃		低于 25℃	高于 25℃
≤C30	210min	180min	＞C30	180min	150min

注：本表数值包括混凝土的运输和浇筑时间。

7）混凝土养护的时间（表 15-55）；

表 15-55

混凝土品种	开始浇水的时间	浇水养护日期
普通水泥混凝土	混凝土浇筑完毕后 12h 以内	不少于 7d
矿渣、火山灰质混凝土	混凝土浇筑完毕后 12h 以内	不少于 14d
矾土水泥混凝土	混凝土浇筑完毕后 12h 以内	不少于 3d
抗渗混凝土	混凝土浇筑完毕后 12h 以内	不少于 14d
掺有塑性附加剂混凝土	混凝土浇筑完毕后 12h 以内	不少于 14d

注：1. 如气温低于＋5℃时，不得浇水养护。
2. 采用其他品种水泥时，混凝土养护须根据水泥技术性能确定。

8）蒸汽养护温度和时间（表 15-56）。

表 15-56

项　目		温度与时间	项　目	温度与时间
静置期	室温 10℃以下	>12h	升温速度	10～15℃/h
	室温 10～25℃	>8h	恒温	65～70℃，6～8h
	室温 25℃以上	>6h	降温速度	10～15℃/h
			降温后浸水覆盖洒水养护	不少于 10d

（2）混凝土工程质量的事前监理：

1）审核施工组织设计。审查施工组织设计有关混凝土工程所采取的组织措施和技术措施是否合理，其中应特别注意混凝土的生产、输送、浇筑顺序和施工缝的设置。严冬、酷暑施工混凝土，以及大体积混凝土的浇筑，应专门制定施工方案，采取相应措施；

2）审查施工现场混凝土搅拌站、水泥库、砂石堆场的布置。砂石堆场应分隔，砂石相互不混杂。有一定的储备量，能保证混凝土连续生产。砂石进场、卸料与称量应较方便。袋装水泥进库口与出库口应分开，避免运输路线交叉，使先进场的水泥先使用；

3）审查商品混凝土运输、生产许可证，根据施工要求，提出在卸车地点的混凝土质量要求；

4）混凝土生产设备及施工机具进行检查；

5）对原材料的监理；

a. 审查水泥、砂、石、外加剂、混凝土配合比及拌制的质量；

b. 检查原材料的储存：散装水泥要按品种分仓贮存，袋装水泥要存放在离地面300mm以上的木搁板上，按品种分批存放；堆放高度不宜太高，入库、出库要详细记录品种和时间，要采取有效措施，避免受潮结块。砂、石要按品种、规格分别存放在不积水的平地上，避免混入异物。外加剂要按不同品种及各自的要求贮存，防止掺混，并应注意过期外加剂的失效问题；

c. 审查混凝土配合比。监理人员参与对原材料见证取样，进行混凝土配合比设计与试配，通过试配确定混凝土配合比；

d. 签署混凝土浇筑开机令，监理人员在钢筋、模板工程、水电暖通专业以及混凝土浇筑准备验收认可后，签署开机单，同意施工单位开机搅拌，浇筑混凝土。

（3）混凝土施工中的质量监理

a. 监理人员对混凝土拌制过程不定期抽查，抽查内容有：原材料称量及加水量控制、加料顺序及搅拌时间，测量坍落度，随机取样制作试块；

b. 混凝土运输。使用商品混凝土，混凝土从搅拌机中卸出到浇筑完毕的延续时间，不得超过规范的规定；

c. 混凝土的浇筑顺序，对于大体积、大面积混凝土的浇筑，分层、分段要合理；间隔时间要计划好，层间混凝土，振捣器要插入到下一层。浇筑竖向结构，要采用串洞、开门子洞等方法，保证混凝土浇筑中不发生离析，并保证浇筑密实；对配筋密及预埋件多的地方，要认真浇筑，把各处振捣密实，并避免碰动钢筋及预埋件；

d. 施工缝的处理。施工缝的留置位置应符合规范要求，在施工缝处继续浇筑混凝土时，监理人员应检查已浇筑的混凝土抗压强度是否已达到 1.2N/mm^2 以上，并检查施工缝处凿毛、清理、接浆情况；

e. 加强检查督促，在混凝土浇筑过程中，监理人员应对混凝土的浇筑质量实施动态监理；

f. 混凝土的养护。监理人员应高度重视，督促派专人对混凝土进行养护。防止在硬化过程中受到冲击、振动及过早地加载，在混凝土强度未达到 1.2N/mm^2 前，不允许承包单位在其上进行作业；

g. 混凝土质量的检查和缺陷的修整。拆模后检查其偏差是否超过规范要求，发现混凝土结构存在蜂窝、麻面、露筋甚至孔洞时，做好详细记录，报请监理人员检查，然后根据缺陷的严重程度，区别对待，进行修整。对于影响结构性能的缺陷，必须会同设计单位共同研究处理。

（4）混凝土工程质量监理表（表 15-57）

表 15-57

项目	质量标准	检验频率	检验方法	认可程序
原材料	混凝土使用的水泥、水、骨料、外加剂等必须符合施工规范和有关的规定		检查出厂合格证或试验报告	监督承包单位的取样，检查检查厂合格证或试验报告，并结合现场检查。符合要求，监理人员签字认可
混凝土生产	混凝土的配合比、原材料计量、搅拌、养护和施工缝的处理必须符合施工规范的规定		观察检查和检查施工记录	
强度	混凝土强度必须符合《混凝土强度检验评定标准》(GBJ 107—87)规定		检查标准养护龄期 22d 试块强度的试验报告	
裂缝	对设计不允许有裂缝的结构，严禁出现裂缝；设计允许出现裂缝的结构其裂缝宽度必须符合设计要求		观察和用刻度放大镜检查	
蜂窝	梁、柱上的一处不大于 1000cm^2，累计不大于 2000cm^2；基础、墙板上的一处不大于 2000cm^2，累计不大于 4000cm^2（蜂窝系指混凝土表面无水泥浆；露出石子深度大于 5mm，但小于保护层厚度的缺陷）	按梁、柱和独立基础的件数各抽查 10%，但均不应少于 3 件；带形基础、圈梁每 30～50m 抽查 1 处（每处 3～5m），但均不应少于 3 处；墙和板按有代表性的自然间抽查 10%（礼堂、厂房等大间按两轴线为 1 间），墙每 4m 左右高为 1 个检查层，每面为 1 处，板每间为 1 处，但均不应少于 3 处	尺量外露石子面积及深度	承包单位自检，填写自检表。监理人员检查，评定质量等级
孔洞	梁、柱上的一处不大于 40cm^2，累计不大于 80cm^2；基础、墙、板上的一处不大于 100cm^2，累计不大于 200cm^2（孔洞系指浓度超过保护层厚度，但不超过截面尺寸 1/3 的缺陷）		凿去孔洞周围松动石子；用尺量孔洞面积及深度	

续表

项目	质量标准	检验频率	检验方法	认可程序
主筋漏筋	梁、柱上的露筋长度一处不大于 10cm，累计不大于 20cm；基础、墙、板上的露筋长度一处不大于 20cm 累计不大于 40cm（主筋露筋系指主筋没有被混凝土包裹而外露的缺陷，但梁端主筋锚固区内不允许有露筋）	按梁、柱和独立基础的件数各抽查 10%，但均不应少于 3 件；带形基础、圈梁每 30～50m 抽查 1 处（每处 3～5m），但均不应少于 3 处；墙和板按有代表性的自然间抽查 10%（礼堂、厂房等大间按两轴线为 1 间），墙每 4m 左右高为 1 个检查层，每面为 1 处，板每间为 1 处，但均不应少于 3 处	尺量钢筋外露长度	承包单位自检，填写自检表。监理人员检查，评定质量等级
缝隙夹渣层	梁、柱上的缝隙夹渣层长度和深度均不大于 5cm；基础、板、墙上的缝隙、夹渣层长度不大于 20cm，深度不大于 5cm，（缝隙夹渣层系指施工缝处有缝隙或夹有杂物）		凿去夹渣层、尺量缝隙长度和深度	

15.3.2 混凝土构件安装工程监理

1. 构件安装的事前监理

（1）监理人员在预制构件制作前，应仔细阅读施工图纸，发现问题及时与设计人员联系解决。应在构件制作初期，深入构件厂，检查预埋构件的制作质量能否满足设计与安装精度要求。

（2）监理人员审核施工组织设计，应先全局、后单体，先重点、后一般。对安装精度有特殊要求的构件安装，要专题研究，认真交底。

2. 构件安装的监理

（1）复验建筑物的轴线与标高。

监理人员审核在吊装前，测量仪器的检定，复验建筑物的纵横轴线与标高。超过允许偏差应分析原因，再次检测。确定有误，应报告监理人员，经批准后，重新放线。

（2）防止构件运输、堆放产生裂纹或断裂。

（3）检查进场构件的质量：

1）构件不得有影响结构性能或安装使用的外观缺陷；

2）构件应具有合格证和合格标志；

3）构件尺寸的允许偏差，应符合规范的规定，对检验不合格的构件应标上标记，及时清运出场；

4）检查承包单位在支承结构上划出的中心线和标高、结构的轴线位置、预埋件的位置和标高、构件上标注的中心线等，这些均应符合设计要求，其误差应在设计和规范所允许的范围内，各标志线应清晰可见；

5）吊装设备应能胜任该项吊装工程，特别是钢丝绳、刹车装置、限位装置应可靠。

3. 现浇混凝土结构构件的质量标准

（1）现浇混凝土结构构件的允许偏差和检验方法（表 15-58）

表 15-58

项目		允许偏差(mm)				检验方法
		单层多层	高层框架	多层大模板	高层大模板	
轴线位移	独立基础	10	10	10	10	尺量检查
	其他基础	15	15	15	15	
	柱、墙、梁	8	5	8	5	
标高	层高	±10	±5	±10	±10	用水准仪或尺量检查
	全高	±30	±30	±30	±30	
截面尺寸	基础	+15 −10	+15 −10	+15 −10	+15 −10	尺量检查
	柱、墙、梁	+8 −5	±5	+5 −2	+5 −2	
柱墙垂直度	每层	5	5	5	5	用 2m 托线板检查
	全高	H/1000 且不大于 20	H/1000 且不大于 30	H/1000 且不大于 30	H/1000 且不大于 30	用经纬仪或吊线和尺量检查
表面平整度		8	8	4	4	用 2m 靠尺和楔形塞尺检查
预埋钢板中心线位置偏移		10	10	10	10	尺量检查
预埋管、预留孔中心线位置偏移		5	5	5	5	
预埋螺栓中心线位置偏移		5	5	5	5	
预留洞中心线位置偏移		15	15	15	15	
电梯井	井筒长、宽对中心线	+25 −0	+25 −0	+25 −0	+25 −0	
	井筒全高垂直度	H/1000 且不大于 30	H/1000 且不大于 30	H/1000 且不大于 30	H/1000 且不大于 30	吊线和尺量检查

注：1. H 为柱、墙全高；
2. 滑模、升板等结构的检验应按专门规定执行。

(2) 混凝土设备基础的允许偏差和检验方法（表 15-59）

表 15-59

项目		允许偏差(mm)	检验方法
坐标位移(纵横轴线)		±20	用经纬仪或拉线和尺量检查
不同平面的标高		+0 −20	用水准仪或拉线和尺量检查
平面外形尺寸		±20	尺量检查
凸台上平面外形尺寸		+0 −20	
凹穴尺寸		+20 −0	
平面水平度	每米	5	用水准仪或吊线和尺量检查
	全长	10	
垂直度	每米	5	用经纬仪或吊线和尺量检查
	全高	10	

续表

项目		允许偏差(mm)	检验方法
预埋地脚螺栓	标高(顶部)	+20 −0	在根部及顶端用水准仪或拉线和尺量检查
	中心距	±20	
预埋地脚螺栓	中心线位置偏差	±10	尺量纵横两个方向
	深度尺寸	+20 −0	尺量检查
	孔垂直度	10	吊线和尺量检查
预埋活动地脚螺栓锚板	标高	+20	拉线和尺量检查
	中心线位置偏移	±5	
	带螺纹孔锚板平整度	2	用直尺和楔形塞尺检查
	带槽锚板平整度	5	
检查数量		按各类型的设备基础各抽查 10%,但均不应少于 3 件	

15.3.3　预应力混凝土工程施工要点

1. 先张法预应力混凝土构件的施工要点（表 15-60）

表 15-60

项目	施工要点
气温	在气温低于 0℃的环境下,不宜制作预应力混凝土构件
模板	(1)模板要求不变形、不漏浆、装拆方便 (2)作为支承张拉力的模外张拉的侧板或底板,应有足够的刚度 (3)用地坪台面作底板时,安装模板应避开伸缩缝;如必须跨压伸缩缝时,宜用薄钢板或油毡纸垫铺,以备放张时滑动 (4)槽形板胎模的圆角要光滑,端部横肋斜度应大于 1∶1.5 (5)大型屋面板不宜采用反模(即肋向上)的方法浇筑
钢筋	(1)铺放预应力筋时,应采取防止隔离剂玷污预应力筋的措施 (2)在张拉至 9%σ_{con}时,可进行预埋件、钢箍等的校正工作
设备	(1)已磨蚀较大的锚夹具,应即更换,不宜勉强使用 (2)张拉前应进行一次检查,钢丝绳无破损,千斤顶无泄漏,滑轮组润滑良好 (3)用横梁成组张拉时,注意力点均匀对称;注意横梁、千斤顶、拉力架等的稳定
张拉	(1)张拉后的预应力筋与设计位置的偏差不得大于 5mm,且不得大于构件截面最短边长的 4% (2)应将张拉参数(张拉力、油压表值、伸长值等)标在牌上,供操作人员掌握 (3)当同时张拉多根预应力筋时,应预先调整初应力,使其相互之间的应力一致,并在张拉至 5%～10%时检查,在钢筋或张拉杆上记上标志,作为伸长值的起点,以供检查 (4)分批张拉时,先张拉靠近台座截面重心部位的筋,避免台座偏心受力过大 (5)如对冷拔低碳钢丝作折线张拉时,应在两端张拉,并在钢丝弯折处装设定位滚筒,减少摩擦损失
锚定	(1)张拉完成后,持荷 2～3min。待预应力值稳定后,方可锚定 (2)顶塞圆锥形锚塞、齿板、夹片时,不宜突然用力过猛撞击;拧螺母时,注意压力表维持在控制张拉力的读数上 (3)进行预应力值的检查 (4)张拉工艺的各项数值,应按规定填写记录

续表

项　目	施　工　要　点
浇筑	(1)按照有关规定进行操作 (2)如用人工操作,必须反铲下料;如用翻斗车、吊斗下料,应注意辅料均匀;如构件上面有构造网片的,不宜用翻斗车、吊头直接下料,避免压弯网片 (3)根据构件种类,采用适当的振捣设备:梁柱宜用插入式振捣器;大梁宜用附着式振捣器;小梁、板肋宜用剑式振动器;板类宜用平板式振动器;短线模外张拉的构件,宜用振动台 (4)振捣工作要求边角密实饱满,特别是两端必须密实饱满 (5)振捣时,振动棒严禁触动预应力筋 (6)每一条长线台座的构件,宜在一个台班内全部完成
养护	(1)必须在初凝前覆盖,保湿养护 (2)混凝土强度设计值小于 1.2N/mm^2 时,不准踩踏该生产线的预应力筋

2. 预应力筋张放的原则（表 15-61）

表 15-61

项　目	内　容
混凝土强度	(1)放张预应力筋时,混凝土强度必须符合设计要求;当设计无专门要求时,不得低于设计的混凝土强度标准值的 75% (2)混凝土强度,应以同条件养护的试块为准
放张的顺序及断筋方法	(1)预应力筋的放张顺序,应符合设计要求;当设计无专门要求时,应符合下列规定: ① 对承受轴心预压力的构件(如压杆、桩等),所有预压应力筋应同时放张 ② 对承受偏心预压力的构件,应先同时放张预压力较小区域的预应力筋,再同时放张预压力较大区域的预应力筋 ③ 当不能按上述规定放张时,应分阶段、对称、相互交错地放张 (2)长线台座预应力冷拔低碳钢丝的放张,应先从中间开始,后向两端进行 ① 放张后预应力筋的切断顺序,宜由放张端开始,逐次切向另一端 ② 钢丝及小钢筋,可用断线钳剪断;不得用反复弯曲方法扭断 ③ 钢筋可在放张后再用乙炔割断 ④ 任何钢筋、钢丝均不得用电弧烧断

3. 后张法

(1) 后张法构件制作要点（表 15-62）

表 15-62

项　目	制　作　要　点
构件(块体)制作	(1)整体式预应力构件,如吊车梁、托架,一般在预制厂生产。跨度在 24m 以下的屋架、屋面梁,多采取现场平卧重叠生产,重叠不宜超过四层 (2)现场布置应考虑混凝土浇捣、抽芯管、穿筋、张拉、吊装等工序操作方便,留出必要的操作场地 (3)块体拼装式构件,如 24m 以上屋架,多在预制场生产,制成两榀块体,运到现场拼装成整体 (4)预应力构件(块体)混凝土宜一次浇筑,不留施工缝,屋架先浇上弦和腹杆,然后从下弦中间向两边浇筑或从下弦两端向中间合拢,使其在水泥初凝时间内完成

续表

项目	制作要点
构件预留孔道轴芯方法	(1)预留孔道的尺寸与位置应正确,孔道应平顺,端部的预埋钢板应垂直于孔道中心线 (2)构件预留孔道的直径、长度、形状由设计确定,如无规定时,孔道直径应比预应力筋直径、钢筋对焊接头处外径,或需穿过孔道的锚具或连接器的外径大10~15mm。对钢丝或钢绞线孔道的直径应比预应力束外径或锚具外径大5~10mm,且孔道面积应大于预应力筋的两倍。孔道之间净距和孔道至构件边缘的净距均不应小于25mm (3)当铺设已穿有预应力筋的波纹管或其他金属管道时,严禁电火花损伤管道内的钢丝或钢绞线 (4)孔道成形后,应立即逐孔检查,发现堵塞,应及时疏通 (5)孔道可采用预埋波纹管、钢管抽芯、胶管抽芯等方法成形。钢管应平直光滑,胶管宜充压力水或采取其他措施以增强刚度,波纹管应密封良好并有一定的轴向刚度,接头应严密,不得漏浆。固定各种成孔管道用的钢筋井字架间距不宜大于1m;波纹管不宜大于0.8m;胶管不宜大于0.5m;曲线孔道宜加密。灌浆孔间距:预埋波纹管不宜大于30m;抽芯成形孔道不宜大于12m;曲线孔道的曲线波谷部位,宜设置泌水管 (6)钢管抽芯法要求管表面平直圆滑,使用前除锈、刷油,钢管在构件中用钢筋井字架固定位置,与钢筋骨架扎牢。两根管接头处用厚0.5mm、长300~400mm套管连接。混凝土浇筑后,每隔10~15min转管一次,在混凝土初凝后、终凝前抽管,常温下抽管时间约在混凝土浇筑后3~5h。抽管要平直、稳妥、均速,次序为先上后下,一般用人工或用小型卷扬机拉拔 (7)胶管抽芯法:帆布橡胶管采用有5~7层帆布夹层,壁厚6~7mm的普通橡胶管,用前一端密封,另一端接上阀门充水或充气,短构件留孔,可用一根胶管对弯后穿入两个平行孔道;长构件留孔,可用长400~500mm铁皮套管连接,内径比胶管外径大2~3mm,固定胶管亦用井字架,间距500mm。曲线孔道宜加密。加压到0.5~0.8N/mm² 使胶管外径增大3mm。抽管时将阀门松下,先曲后直。当缺乏充水、充气设备时,短构件也可用$\phi4$~$\phi6$钢筋(丝)穿入管内塞满,端头放水(或放气)降压,待胶管断面回缩自行脱离,即可抽出。抽管时间比钢管略迟,顺序是先上后下,露出400mm,抽管时,先抽出1/3钢筋(丝),余下与胶管一起抽出 (8)预埋管法:波纹管用厚0.25mm、内径30~130mm管,每根长4~6m,连接采用大一号同型波纹管,长200mm,用密封胶带或塑料热塑管封口严密,波纹管用钢筋卡子每隔600mm焊在箍筋上固定。振捣混凝土时,应避免振动波纹管 (9)在构件两端及跨中应设置灌浆孔,其孔距不宜大于12m。曲线孔道的曲线波谷部位,宜设泌水孔

(2) 后张法张拉方法要求(表15-63)

表 15-63

项目	内容
预应力筋张拉操作	(1)预应力筋张拉时,结构的混凝土强度应符合设计要求,当设计无具体要求时,不应低于设计强度标准值的75% (2)参考张拉程序 (3)预应力筋的张拉顺序应符合设计要求,当设计无具体要求时,可采用分批、分阶段对称张拉。采用分批张拉时,应计算分批张拉的预应力损失值,分别加到先张拉预应力筋的张拉控制应力值内,或采用同一张拉值逐根复张补足 (4)预应力筋张拉端的设置,应符合设计要求;当设计无具体要求时,应符合下列规定: ① 抽芯成形孔道:对曲线预应力筋和长度大于24m的直线预应力筋,应在两端张拉;对长度不大于24m的直线预应力筋,可在一端张拉 ② 预埋波纹管孔道:对曲线预应力筋和长度大于30m的直线预应力筋,宜在两端张拉;对长度不大于30m的直线预应力筋可在一端张拉。当同一截面中有多根一端张拉的预应力筋时,张拉端宜分别设置在结构的两端;当两端同时张拉同一根预应力筋时,宜先在一端锚固,再在另一端补足张拉力后进行锚固

续表

项　目	内　容
预应力筋张拉操作	(5)整体构件可平卧或直立张拉；分段制作的构件张拉前应进行拼装，先用拼装架将构件直立稳住，纵轴线对准，其直线偏差不得大于3mm，立缝宽度偏差不得超过＋10mm或－5mm。在两端及拼接处用垫木支承，相邻块体孔道用一般100～150mm长铁皮管连接，张拉前先焊接预拉部分的连接板（如屋架的上弦，拼缝后灌浆），张拉后再焊接预压部分的连接板。接缝处砂浆（或细石混凝土）应密实，强度达到块体设计强度等级的40%，且不低于C15时方可进行张拉 (6)张拉前应计算预应力筋的张拉力及相应的伸长值。预应力筋的实际伸长值尚应扣除混凝土构件在张拉过程中的弹性压缩值和锚具与垫板之间的压缩值 (7)穿筋时，成束的预应力筋要将一头打齐，顺序编号并套上穿束器，穿入孔道使露出所需长度为止，穿入构件要防止扭结和错向 (8)安装张拉设备时，对直线预应力筋，应使张拉力的作用线与孔道中心线重合；对曲线预应力筋，应使张拉力的作用线与孔道中心线末端的切线重合 (9)预应力张拉次序，应采取分批、分阶段、对称地进行，避免构件受过大的偏心压力。采用分批张拉时，应计算分批张拉的预应力损失值，分别加到先张拉钢筋的张拉控制应力值内，或采用同一张拉值。再逐根复张补足，或统一提高张拉力，即在张拉力中增加弹性压缩损失平均值 (10)平卧重叠浇筑的构件，宜先上后下逐层进行张拉。为了减少上下层之间因摩阻引起的预应力损失，可逐层加大张拉力。底层张拉力，对钢丝、钢绞线、热处理钢筋，不宜比顶层张拉力大5%；对冷Ⅱ、Ⅲ、Ⅳ级钢筋，不宜比顶层张拉力大9%，且不得超过表的规定。当隔离层效果较好时，可采用同一张拉值 (11)预应力筋锚固后的外露长度，不宜小于30mm，锚具应用封端混凝土保护，当需长期外露时，应采取防止锈蚀的措施
孔道灌浆	(1)预应力筋张拉完毕后，应尽快进行灌浆，以防锈蚀。灌浆材料应采用强度等级不低于32.5级普通硅酸盐水泥配制的水泥浆；对空隙大的孔道，可采用砂浆灌浆。水泥浆及砂浆强度，均不应小于20N/mm^2。灌浆用水泥浆的水灰比宜为0.4左右，搅拌后三小时泌水率宜控制在2%，最大不得超过3%，当需要增加孔道灌浆的密实性时，水泥浆中可掺入对预应力筋无腐蚀作用的外加剂。如掺入水泥重量0.5%的经脱脂处理的铝粉，或掺加0.25%的木质素磺酸钙或0.25%FON，或0.5%NNO减水剂，可使水泥浆减水10%～15%，泌水小，收缩微小，早期强度提高。灰浆必须过滤，并在浇灌时不断搅拌，以防沉淀、析水 (2)灌浆前孔道应湿润、洁净；灌浆顺序宜先灌注下层孔道；灌浆应缓慢均匀地进行，不得中断，并应排气通顺；在灌满孔道并封闭排气孔后，宜再继续加压至0.5～0.6N/mm^2，稍后再封闭灌浆孔。不掺外加剂的水泥浆，可采用二次灌浆法 (3)用连接器连接的多跨连接预应力筋的孔道灌浆，应张拉完一跨随即灌注一跨，不得在各跨全部张拉完毕后，一次连续灌浆 (4)灌浆用设备常用灰浆搅拌机、灌浆泵、贮浆桶、过滤器、橡胶管和喷浆嘴等。橡胶管宜用带5～7层帆布夹层的厚胶管 (5)灌浆水泥浆强度不应低于M20级，灌浆后应做三组灰浆试块，以便检查强度，当灰浆强度不小于15N/mm^{2}时，方可移动构件

4. 无粘结预应力筋施工方法与要求（表 15-64）

表 15-64

项　目	施工方法与要求
无粘结筋制作	(1)无粘结筋宜采用钢丝或钢绞线等预应力钢材制作 (2)无粘结盘的涂料层，可采用防腐油脂或防腐沥青制作，外包层应符合下列要求： (3)无粘结筋的外包层，可采用高压聚乙烯塑料制作，外包层应符合下列要求： ① 在－20～＋70℃温度范围内，低温不脆化，高温化学稳定性好 ② 必须具有足够的韧性，抗破损性强 ③ 对周围材料无侵蚀作用 (4)制作单根无粘结筋时，宜优先选用防腐油脂作涂料层，塑料外包层宜采用塑料注塑机注塑成形。防腐油脂应充足饱满，外包层应松紧适度 (5)成束无粘结筋可用防腐沥青或防腐油脂作涂料层。当使用防腐沥青时，应用密缠塑料带作外包层，塑料带各圈之间的搭接宽度应不小于带宽的二分之一，缠绕层数不应小于四层 (6)无粘结筋的包裹物有塑料布、塑料管等，塑料布厚 0.17～0.2mm，宽度切成约 70mm，分两层交叉缠绕在预应力筋上，每层重叠一半，实为四层，总厚为 0.7～0.8mm，要求外观挺直规整。塑料管可用一般塑料管套在预应力筋上或管子挤压成型包裹在预应力筋上，壁厚 0.8～1.0mm (7)无粘结筋的涂包成型可手工完成。吨位较大和大规模生产无粘结钢筋束或钢丝束，宜用涂包成束机或挤压涂层机完成
包装、运输、保管及使用	(1)无粘结预应力筋的包装、运输、保管应符合下列要求： ① 对不同规格的无粘结预应力筋应有标记 ② 当无粘结预应力筋带有镦头锚具时，应有塑料袋包裹 ③ 无粘结预应力筋应堆放在通风干燥处，露天堆放应搁置在架板上，并加以覆盖 (2)无粘结筋使用前，应逐根进行检查外包层的完好程度，对有轻微破损者，可包塑料带补好，对破损严重者应予以报废
无粘结筋的铺设与张拉锚固	(1)无粘结筋铺设顺序，在单向连续板中与非预应力筋基本相同。在双向连续平板中，应事先编出铺设顺序，先铺设搭接点标高较低部分的无粘结筋，后铺设标高较高部分的无粘结筋 (2)无粘结筋应严格按设计要求的曲线形状就位并固定牢靠。在连续梁的支座处，用短钢筋将无粘结筋按铺设曲线矢高架立起来，或用铁丝将曲线筋吊在上部的非预应力钢筋骨架上，绑扎铁丝的间距 0.7～1.0m，与箍筋扎牢。在双向连续平板中，无粘结筋曲线标高，可采用垫块、马凳(ㄇ形钢筋架，间距 1.25～2.0m)或将其吊绑在板内顶部钢筋上等方法控制，各控制点的高度偏差不超过±5mm (3)板、梁浇筑混凝土要连续作业，不留施工缝，浇筑混凝土从板或梁中间逐步往两边推进，用平板或插入式振动器捣实、抹平，并加强养护 (4)无粘结筋张拉过程中，当有个别钢丝发生滑脱或断裂时，可相应降低张拉力，但滑脱或断裂的数量，不应超过结构同一截面无粘结预应力筋总量的 2%；对多跨双向连续板，其同一截面应按每跨计算 (5)无粘结筋的锚具性能，应符合Ⅰ类锚具的规定 (6)无粘结筋的锚固区，必须有严格的密封防护措施，严防水汽进入，锈蚀预应力筋。对外露的预应力筋应分散弯折后，再浇筑在封头混凝土内
无粘结筋端部处理	(1)张拉端处理按所采用的无粘结筋与锚具不同而异。在双向连续平板中采用钢丝束镦头锚具时，其张拉端头处理的塑料套筒是在钢丝张拉时从混凝土中拉出锚杯，用油枪通过锚杯的注油孔将塑料套筒内空隙注满防腐油，最后用钢筋混凝土圈梁将板端外露锚具封闭。采用无粘结钢绞线夹片式锚具时，张拉后端头钢绞线预留长度应不小于 150mm，多余部分割掉，并将钢绞线散开打弯，埋在圈梁中固定 (2)无粘结筋的固定端可设在构件内，采用无粘结钢丝束时，固定端可采用扩大头的镦头锚板，并用螺栓加强，如端部无结构配筋，需配置构造钢筋。采用无粘结钢绞线时，钢绞线在固定端处可用压花成型，放置在设计部位，压花锚用压花机成型，浇筑固定端的混凝土强度等级应大于 C30，以形成可靠的粘结式锚头

5. 电热法工艺方法要点（表 15-65）

表 15-65

项　目	工艺、方法要点
电热设备的接线方法	(1)三相变压器的容量宜选择大些，最好带冷却设备，并有可变电阻，以便调节电流 (2)当施工缺乏大容量变压器，可用一台或多台同规格、同型号的弧焊机联合进行电热张拉。电流不够时用并联，电压不够时用串联 (3)钢筋并联还是串联，取决于电热设备和电压。当电流、电压都能满足要求，或当电流仅能满足要求而电压较大时，钢筋串联；当电压仅能满足要求，而电流较大时，钢筋并联
电热张拉操作	(1)做好预应力筋与预埋件间的绝缘处理，以免分流 (2)电张前，用拧紧螺母的方法，将各预应力筋拉直并使其松紧一致，建立相同的初应力(其值一般为 5%～10%σ_{con})，并作出伸长值的标记 (3)正式电张前应进行试张拉，检查电热系统线路、次级电压、钢筋中的电流密度和电压降是否符号要求 (4)预应力筋张拉应分组、对称进行，防止构件偏心受压。方法是将两根或三根预应力筋用短导线联结在一条闭合电路中，同时通电张拉。如单根张拉，对称的两根预应力筋先后张拉间隔时间控制在 20min 内，平卧重叠生产的构件，电张次序应先下后上 (5)电张时，应经常测量一、二次导线的电压、电流、预应力筋温度、通电时间等。冷拉钢筋的加热温度不应超过 350℃，以免屈服点下降，同时其反复电张次数不宜超过三次 (6)测量伸长时宜在构件一端进行，另一端设法顶紧，或用小锤敲击钢筋，使所有伸长集中一端 (7)锚固(拧紧螺母或插入Π形垫板)应随着钢筋的伸长随时进行，直至达到预定的伸长值，停电为止 (8)电张完毕，停电冷却 12h 后，将预应力筋、螺母、垫板和预埋铁板相互焊牢，然后开始灌浆(也可先灌浆后焊)，灌浆方法与要求同后张法

6. 预应力混凝土工程

(1) 对钢筋的要求（表 15-66）

表 15-66

钢　筋　种　类	混凝土强度等级最小值	钢　筋　种　类	混凝土强度等级最小值
碳素钢丝 刻痕钢丝 钢绞线 热处理钢筋	C40	冷拉Ⅱ、Ⅲ、Ⅳ级钢筋 甲级冷拔低碳钢丝	C30
		LL650 或 LL800 级冷轧带肋钢筋	C25

注：混凝土和孔道灌浆用的材料中均不得掺用有侵蚀作用的外加剂，如氧化钙、氯化钠等。

(2) 预应力受力钢筋的选用（表 15-67）

表 15-67

张拉方法	钢　筋　种　类
先张法	冷拉Ⅱ、Ⅲ、Ⅳ级粗钢筋 碳素钢丝 刻痕钢丝 LL650 级或 LL800 级冷轧带肋钢筋，甲级冷拔低碳钢丝(中小型构件用)
后张法	冷拉Ⅱ、Ⅲ、Ⅳ级粗钢筋 钢丝束 钢筋束(常用为直径 d=12mm 冷拉Ⅱ、Ⅲ、Ⅳ级钢筋，每束 3～6 根，最多 7 根) 钢绞线束(常用直径 d=12mm 钢绞线，每束 3～6 根，最多 7 根)

（3）预应力钢筋的锚固长度（表 15-68）

表 15-68

种类		混凝土强度等级		
		C30	C40	≥C50
刻痕钢丝（ϕ5）		$170d$	$105d$	$85d$
钢绞线	三股	—	$100d$	$100d$
	七股	—	$120d$	$120d$
冷拔低碳钢丝		$110d$	$100d$	$100d$

注：1. 当采用骤然放松预应力钢筋的施工工艺时，锚固长度的起点应从离构件末端 $0.25l_{tr}$ 处开始。

2. 表中钢筋强度标准值为：刻痕钢丝 1570N/mm²；钢绞线 1860N/mm²；冷拔低碳钢丝 700N/mm²。当强度标准值为其他数值时，锚固长度按强度比例增减。

3. ϕ7 刻痕钢丝和二股钢绞线的锚固长度应根据试验确定。

7. 预应力混凝土工程质量的事前监理

（1）学习相关的规范、规程和质量标准，熟悉图纸和技术资料。

1）对图纸中梁、柱、剪力墙交汇点或其他预应力筋、非预应力筋、管线分布密集处，事先要求承包单位画出大样；

2）对不能满足施工条件的部位，应与设计院商量改动，以免届时影响施工。

（2）重点审核施工方案是否符合有关规范、标准，明确其质保体系。

（3）检验现场的预应力钢筋：

1）冷拉钢筋和冷拔低碳钢丝的性能应符合国家现行规范《混凝土结构工程施工及验收规范》（GBJ 50204—92）要求；

2）热处理钢筋应符合国家现行标准《预应力混凝土用热处理钢筋》（GB 4463—84）；

3）钢丝应符合国家现行标准《预应力混凝土用钢丝》（GB/T 5223—95）；

4）钢绞线应符合国家现行标准《预应力混凝土用钢绞线》（GB 5224—95）；

5）无粘结预应力筋应符合《无粘结预应力混凝土技术规程》（JGJ/T 92—93）的要求。

（4）对预应力筋制作进行跟踪监理，及时验收。

1）监理人员应对承包单位提供的下料长度进行验算；

2）当采用镦头锚具时，钢丝下料长度的相对值应符合规范要求：不大于钢丝束长度的 1/5000，且不得大于 5mm；

3）严禁使用电弧切割钢筋；

4）监督将已下料的预应力筋，逐根理顺，捆扎，避免预应力筋生锈、沾上油污，要保持钢筋表面洁净。

（5）预应力筋锚具、夹具和连接器的性能应符合国家现行标准。

1）检查其出厂合格证、锚夹具的外观、硬度，进行静载锚固性能试验，检查由锚夹具生产厂提供的试验报告；

2）锚夹具制作原材料进行严格检验，材质必须符合设计要求，不得有夹渣、裂缝等缺陷。锚、夹具在验收、使用应注意问题：

a. JM12 型锚具：锚具、夹片、预应力筋三者的硬度有密切的关系。夹片硬度太低，预应力筋易从夹片中滑出；夹片硬度太高，夹片易破裂，预应力筋易受损伤，甚至被夹片的齿切断。锚具锚环孔的锥度与夹片的锥度，应符合设计要求；

b. 检查锥形锚具：锚环、锚塞的硬度与加工精度应符合要求。预应力钢丝在下料、编束时，应严格控制好同一束中各根钢丝直径的绝对偏差在规范的允许范围内；

c. 检查钢丝束镦头锚具：锚杯的硬度与加工精度应符合要求。预应力钢丝下料长度应精确控制，钢丝两端的断口应平整，镦头不得偏心，大小适中；

d. 检查螺丝端杆锚具：端杆材质应符合要求，加工螺纹时不得损伤端杆，对于锚、夹具在验收时，应从材料、实际测试两方面，严格控制好材质、硬度和加工精度；

f. 监理人员应召集各施工单位开会，阐明监理的工作程序及要求，检查各施工单位的组织结构，明确各自职责。各方取得一致意见后，方可开始施工；

g. 张拉设备、张拉所用千斤顶应有标定期限及标定曲线，与其相匹配的压力表精度不低于 1.5 级。

8. 先张法构件生产的质量监理

（1）先张法生产工艺流程：在台座上或钢模上张拉钢筋——临时固定——浇筑混凝土——养护并需达到设计强度 70％以上——放松预应力钢筋。

1）检查台座。要求台座平整、表面清洁，台座的强度、刚度、稳定性满足要求，在张拉时不致发生倾覆、滑移、弯曲等质量问题；

2）检查张拉设备工作是否在可靠程度的范围之内。

（2）监理人员的任务就是要督促承包单位周密布置，从预应力筋的购置与防腐包裹，锚具、夹具、张拉设备的选择，到施工过程的每一环节，都要严格把关，尽可能减少预应力损失。

（3）张拉时，应检查是否根据设计要求控制好张拉应力，按照规定的张拉程序和规定的超张拉值进行张拉。监理人员要督促承包单位认真填写张拉记录。

（4）参照钢筋混凝土的技术要求，对构件的钢筋、模板、混凝土质量进行监理。混凝土强度等级不宜低于 C30；当用碳素钢丝、钢绞线或Ⅴ级热处理钢筋作预应力钢筋时，混凝土强度等级不宜低于 C40。应按设计要求做好混凝土试块，认真养护，作为日后放张的依据。

（5）监理人员应严格控制好预应力筋放张时间。先要检查混凝土试块的强度是否达到设计及规范要求。未经监理人员同意，承包单位不得自行放张。放张时，监理人员应到现场，督促承包单位按规定的放张顺序，切断预应力筋。

（6）加强对预制构件成品的质量验收。

9. 后张法构件生产的质量监理

（1）后张法工艺流程：绑扎非预应力钢筋——立模板和预留孔道——浇筑钢筋混凝土构件——养护达设计强度——穿束——安装千斤顶——张拉钢筋——锚住钢筋——拆除千斤顶——孔道压力灌浆。

（2）参照钢筋工程和模板工程的监理工作要求，监督钢筋绑扎和该部分模板工程的质量。

（3）监理人员根据设计要求，检查预埋孔道放样，对孔道的固定情况、孔道的接头处理、孔道与灌浆管道和泌水管道接头处的处理都要进行认真检查，发现问题，应立即要求承包单位进行处理。

(4) 经监理人员同意，承包单位方能浇筑混凝土，并认真养护。

(5) 承包单位提出张拉申请，监理人员先审核混凝土强度是否达到设计和规范要求。张拉时，监理人员应到现场，检查张拉钢筋前的各项准备工作是否完备，了解张拉情况。督促承包单位按设计和规范要求，严格控制预应力筋的张拉应力和内缩量，认真填写施加预应力记录表。

(6) 监理人员检查督促承包单位进行锚具防锈处理和孔道灌浆。灌浆前应对孔道进行检查，控制好水泥浆的水灰比和灌浆密实度。

10. 无粘结预应力混凝土的质量监理

(1) 无粘结预应力混凝土施工工艺流程：下料及包裹无粘结预应力筋、加工埋件、螺旋筋——立梁的底模及端模——绑扎非预应力筋及支架定位——铺放无粘结预应力筋及安装埋件——浇筑混凝土——养护达张拉强度要求——安装锚具、夹片和千斤顶——张拉预应力筋——锚住预应力筋 ——端部切割后封闭处理。

(2) 把好进场材料质量关：

1) 无粘结预应力筋及锚具，对其生产、制作的要求；

2) 选择信誉好的企业的预应力筋及锚具；

3) 材料进场时，应要求供货方提供产品合格证及检测报告，并按规定，抽样检验；

4) 督促施工单位做好预应力筋的保管及吊运工作，监理要督促施工单位在做好防锈蚀工作的同时，对不同规格的预应力筋及锚具作好标记，现场吊运，督促施工单位采取措施，防止预应力筋外包层受损伤；

5) 现场巡视无粘结预应力筋的铺放：

a. 监理人员检查控制预应力筋的矢高，应进行抽查量测；

b. 保证无粘结预应力筋的顺直。预应力筋的设计要求一定曲线假定，施工中应尽量做到设计要求的曲线形状，对节点或其他钢筋、管道分布密集部位，监理应要求各施工工种积极配合，优化施工顺序，保证预应力筋的顺直，严禁将预应力筋硬折或扭绞；

c. 外观检查。如前所述，无粘结预应力筋是因为其与混凝土没有粘结，通过锚具建立预应力。其外包层一旦破损，水泥浆掺入，影响张拉，将降低需要建立的预应力的有效值。因此对破损的外包层，应采取修补措施，破损严重的，应予以报废；

d. 张拉端、锚固端的检查。无粘结预应力筋的张拉端、锚固端应做到位置正确，固定牢靠。必须指出，由于螺旋筋的内径一般大大超过预应力筋的直径，因此容易滑动变位，而起不到提高混凝土局部抗压能力的作用。监理人员在检查时，应加强对螺旋筋固定的检查；

e. 混凝土的浇筑：

(a) 无粘结预应力筋安放完毕，经监理人员检查，验收合格并签发开浇令后，方可浇筑混凝土；

(b) 浇筑混凝土过程中，监理人员应检查振捣对预应力筋是否有影响，要求振捣时，不得碰撞预应力筋及其配件；

(c) 对无粘结预应力的混凝土工程，每次浇筑时，监理人员应要求施工单位多做几组试块，在现场同样条件下养护，取得不同龄期混凝土强度值，供监理人员是否同意张拉预应力筋提供依据。

f. 混凝土浇筑完毕后，监理人员应督促施工单位及时并加强对混凝土养护；

g. 预应力筋的张拉

(a) 张拉时，混凝土立方体抗压强度应符合设计要求，当设计无要求时，不宜低于混凝土设计强度等级的 75%；

(b) 工程开始阶段，遇预应力筋张拉，监理人员应全过程监理，检查张拉设备工作是否正常，并校核预应力筋伸长值与计算值的相差是否在规程允许范围内，一旦异常，监理人员应要求立即停止张拉。待查明原因并解决后，方可继续施工。工程正常开始后，监理人员应经常检查张拉情况；

(c) 张拉过程中，监理人员应督促施工人员安全操作，避免发生意外伤亡事故。

h. 张拉后的质量控制

(a) 张拉后，监理人员应督促施工人员以砂轮或其他机械方法切割预应力筋，严禁用电弧切断，同时要求预应力筋切断后，外露长度不小于 3cm；

(b) 切割后，预应力筋及锚具应作防火、防腐处理；

(c) 外墙装修前，监理人员应对预应力封头作一次全面检查。确认封头部位符合有关要求后，方可同意开始外装修，且要求外装修施工时，不得破坏封头处的封堵材料。

i. 工程验收应提交的资料：

(a) 设计变更和钢材代用证件；

(b) 原材料质量合格证件及检验报告；

(c) 无粘结预应力筋、锚具出厂质量合格证；

(d) 工程的重大问题处理文件；

(e) 混凝土试件的试验报告及质量评定记录；

(f) 无粘结预应力筋张拉记录；

(g) 隐蔽工程验收记录；

(h) 加工、组装无粘结预应力筋张拉端和固定质量验收记录；

(i) 其他文件。

11. 预应力混凝土工程质量监理表（表 15-69）

表 15-69

项　目	质量标准	检验频率	检验方法	认可程序
冷拉钢筋和冷拔低碳钢丝	《混凝土结构工程施工及验收规范》(GB 50204—92)第二节	参见钢筋工程	参见钢筋工程	监理人员到场监督取样，并根据试验结果批准钢材进场或拒收这批钢材
热处理钢筋	《预应力混凝土用热处理钢筋》(GB 4463—84)	从每批钢筋中选取 10% 的数(不少于 25 筋进行拉力试验)	力学性能试验，如有一项不合格时，该不合格筋报废，再从未试验过的钢筋中取双倍数量的试样进行复试，如仍不合格，该批为不合格品	

续表

项目	质量标准	检验频率	检验方法	认可程序
碳素钢丝	《预应力混凝土用钢丝》(GB/T 5223—95)	从每批中抽取10%的筋数，但不少于15筋，由每筋钢丝两端各取一套试样进行抗拉强度、弯曲和伸长率的试验	逐筋检查钢丝外观和尺寸。力学性能有任何一项不合格，该筋报废，另从未检验过的钢丝中取双倍数量进行试验，若仍有一个试样不合格，则该批钢丝报废	监理人员到场监督取样，并根据试验结果批准钢材进场或拒收这批钢材
划痕钢丝	《预应力混凝土用钢纯正》(GB/T 5223—95)	从每批中抽取10%的筋数，但不少于15筋，由每筋钢丝两端各取一套试样进行抗拉强度、弯曲和伸长率的试验	逐筋检查钢丝外观和尺寸。力学性能有任何一项不合格，该筋报废，另从未检验过的钢丝中取双倍数量进行试验，若仍有一个试样不合格，则该批钢丝报废	
钢绞线	《预应力混凝土用钢绞线》(GB 5224—95)	每10t内任选15%(盘)，但不少于10盘，如批量不足10盘则逐盘检验	逐筋检查钢绞线外观和尺寸。 从每筋任一端截取一个试样作机械性能试验	
混凝土	预应力钢筋混凝土的混凝土按混凝土工程的有关规定检查	锚具：外观检查，从每批中抽取10%，但不少于10套。 硬度检查，从每批中抽取5%的锚具，但不少于5套。 锚固能力试验，从同批中抽取3套锚具。钢丝镦头强度检查数量：预先制作6个镦头试件，进行外观检查和拉力试验	检查材料出厂合格证、试验报告和标准养护28d的试块强度报告	承包单位自检合格后，监理人员检查，签字认可
锚夹具	预应力所有的锚夹具质量必须符合设计要求和施工规范及专门规定		检查锚夹具出厂证明，以及硬度、锚固能力、探伤及外观检查报告	
钢丝镦头	钢丝镦头强度必须符合施工规范的规定。其外形尺寸及外观质量符合有关标准的规定		用游标卡尺检查和检查抗拉试验报告	
后张法张拉时混凝土强度	后张法张拉预应力筋时，混凝土强度及块体立缝混凝土(砂浆)强度，必须符合设计要求和施工规范的规定		检查同条件养护混凝土(砂浆)试块的	
预应力筋的内缩量	锚固阶段张拉端预应力筋的内缩量必须符合施工规范第6.2.7条的规定		检查施加预应力记录	
孔道灌浆	后张法孔道水泥浆强度必须符合设计要求或施工规范的规定		全面观察检查和检查水泥浆试块的试验报告	

续表

项目			质量标准	检验频率	检验方法	认可程序
实际预应力值与设计规定值的偏差百分率	机械张拉		不超过±5%	按预应力混凝土工不同类型件数各抽查10%,但均不少于3件	检查施加预应力筋	承包单位自检,填好自检表。监理人员检查,评定等级
	电热张拉		不超过＋10%～－5%			
多根钢丝同时张拉时,构件断面的断丝和滑丝的数量			不超过钢丝总数的3%,且一整流器钢丝不超过一根	全面检查	全面观察或检查施加预应力筋	
截面尺寸	长度	块体	±5	按预应力混凝土结构构件不同类型件数各抽查10%,但均不少于3件	尺量检查	承包单位自检,合格后,监理人员检查,签字认可
		薄腹梁、桁架	＋15 －10			
	宽度		±5			
	高度		±5			
侧向弯曲			构件长度的1/1000,且不大于20		拉线和尺量检查	
保护层厚度			＋10 －5		尺量检查	
块体对角线差			10		尺量两个对角线	
预应力筋预留孔道位置偏移			5		用直尺和楔形塞尺检查	
预埋钢板	中心线位置偏移		10		用直尺和楔形塞尺检查	
	上表面平整度		5			
	构件两端锚固支承面平整度		2			
预埋螺栓	中心线位置偏移		5		尺量检查	
	外露长度		＋10 －5			
预埋管、预留孔中心线位置偏移			5			
预留洞中心线位置偏移			15			
块体拼装	纵轴线位置偏移		3		拉线和尺量检查	
	立缝宽度		＋10但最小宽度－5不小于10		尺量检查	
采用钢丝束镦头锚具钢丝下料长度相对差值			钢丝下料长度的1/5000,且不大于5		尺量检查	

15.4 门窗、屋面工程质量监理

15.4.1 门窗安装工程质量监理

1. 监理工作流程（图 15-3）

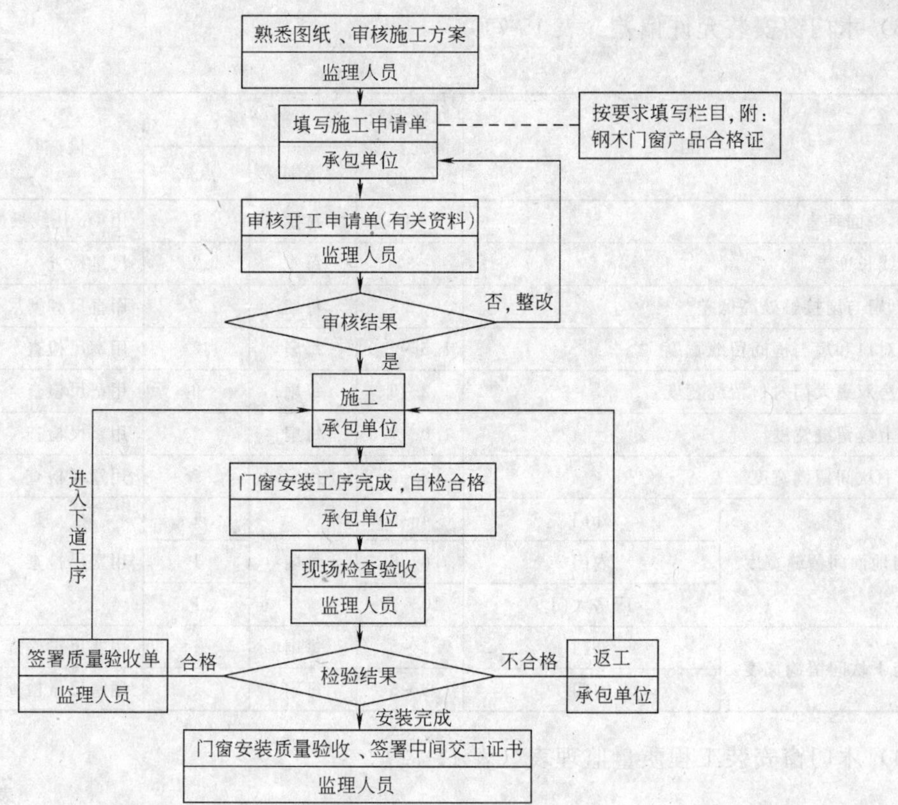

图 15-3　门窗安装工程质量监理工作流程

2. 门窗安装工程质量监理

（1）检查项目

1）钢木门窗安装必须牢固，位置准确，预埋件和小五金安装位置应准确，数量齐全；

2）钢木门窗必须开启灵活，无变形和翘曲现象；

3）油漆粉刷应光亮均匀一致，严禁有脱皮、漏刷和反锈现象，基本无流坠、皱皮现象，不得污染小五金和拉手等。

（2）钢门窗安装允许偏差（表 15-70）

表 15-70

项　目		允许偏差(mm)	检验频率		检　验　方　法
			范围	点数	
门窗框两对角长度差	≤2000mm	5	每扇	2	用钢卷尺检查，量里角
	>2000mm	6			
窗框扇配合间隙的限值	铰链面	≤2	每堂	2	用 2×50 塞片检查，量铰链面
	执手面	≤1.5			
窗框扇茬接量的限值	实腹窗	≥2	每堂	2	用钢针划线和深度尺检查
	空腹窗	≥4			
门窗框正侧面垂直度		3	每扇	1	用 1m 托线板检查
门窗框水平度		3	每扇	1	用 1m 水平尺和塞尺检查
门无下槛时，内门扇与地面间留缝限值		4～8	每扇	1	用塞尺检查

(3) 木门窗安装允许偏差（表 15-71）

表 15-71

项　　目		允许偏差留缝宽度(mm)	检验频率		检　验　方　法
			范围	点数	
框的正、侧面垂直度		3	每堂	2	用1m托线板检查
框对角线长度差		3	每堂	2	尺量检查
框与扇、扇与扇接触处高低差		2	每扇	2	用直尺和塞尺检查
门窗扇对口和扇与框间留缝宽度		1.5～2.5	每扇	2	用塞尺检查
工业厂房双扇大门对口留缝宽度		2～5	每扇	2	用塞尺检查
框与扇上缝留缝宽度		1.0～1.5	每扇	2	用塞尺检查
窗扇与下坎间留缝宽度		2～3	每扇	2	用塞尺检查
门扇与地面间留缝宽度	外门	4～5	每扇	1	用塞尺检查
	内门	6～8		1	
	厂房大门	10～12		1	
门扇与下坎间留缝宽度	外门	4～5	每扇	1	用塞尺量检查
	内门	3～5	每扇	1	用塞尺量检查

(4) 木门窗安装工程质量监理表（表 15-72）

表 15-72

项目	质　量　标　准	允许误差(mm)	检验方法	认可程序
木门窗安装	1. 门窗框安装位置必须符合设计要求 2. 门窗框必须安装牢固，固定点符合设计要求和施工规范的规定 3. 门窗框与墙体间需填塞保温材料时，应填塞饱满，均匀 4. 门窗扇安装应裁口顺直，刨面平整，开关灵活，无倒翘 5. 门窗小五金安装应位置适宜，槽深一致，边缘整齐，尺寸准确，安装齐全，规格符合要求，木螺丝拧紧卧平，插销关启灵活 6. 门窗披水、盖口条、压缝条、密封条的安装应尺寸一致，平直光滑，与门窗结合牢固严密，无缝隙		观察和尺量检查 观察和用手推拉检查 观察检查 观察和开关检查 观察、尺量和开关检查 观察和尺量检查	由承包单位填报质量验收通知单，经监理人员抽样检查，签署书面验收意见
框的正、侧面垂直度		3	用 1m 托线板检查	
框对角线长度差		2	尺量检查	
框与扇、扇与扇 接触处高低差			用直尺和楔形塞尺检查	
		2	用楔形塞尺检查	

续表

项目		质量标准	允许误差（mm）	检验方法	认可程序
门窗扇对口和扇与框间留缝宽度			1.5～2.5	用楔形塞尺检查	
工业厂房双扇大门对口留缝宽度			2～5		
框与扇上缝留缝宽度			1.0～1.5		
窗扇与下坎间留缝宽度			2～3		
门扇与地面间留缝宽度		外门	4～5	用楔形塞尺检查	
		内门	6～8		
		卫生间门	10～12		
		厂房大门	10～12		
门扇与下坎间留缝宽度		外门	4～5		
		内门	3～5		

（5）钢门窗安装工程质量监理表（表 15-73）

表 15-73

项目		质量标准	允许误差（mm）	检查频率	检验方法	认可程序
钢门窗安装		1. 钢门窗及其附件质量必须符合设计要求和有关标准的规定 2. 钢门窗安装的位置、开启方向，必须符合设计要求 3. 钢门窗安装必须牢固，预埋铁件的数量、位置、埋设连接方法必须符合设计要求 4. 钢门窗扉安装应关闭严密，开关灵活，无阻滞、回弹和倒翘 5. 钢门窗附件安装应齐全、牢固、位置正确，启闭灵活适用 6. 钢门窗框与墙体间缝隙填嵌应饱满密实，表面平整；嵌填材料和方法应符合设计要求		按不同门窗类型的樘数，各抽查5%，但均不少于3樘	观察检查和检查出厂合格证、产品验收凭证 观察检查 观察和手扳检查，并检查隐蔽记录 观察和开闭检查 观察和手扳检查 观察检查	由承包单位填报质量验收通知单，经监理人员抽样检查，签署书面验收意见
门窗框两对角线长度差	≤2000mm		5		用钢郑尺检查，量里角	
	＞2000mm		6			
窗框扇配合间隙的限值	铰链面		≤2		用 2×50 塞片检查，量铰链面	
	手执面		≤1.5		用 1.5×50 塞片检查，量框大面	
窗框扇搭接量的限值	空腹窗		≥2			
	空腹窗		≥4		用钢针划线和深度尺检查	
门窗框（含接樘料）正、侧面的垂直度			3		用 1m 托线板检查	

续表

项　　目	质量标准	允许误差(mm)	检查频率	检验方法	认可程序
门窗框(含接樘灶)的水平度		3	按不同门窗类型的樘数,各抽查5%,但均不少于3樘	用1m水平尺和楔形塞尺检查	由承包单位填报质量验收通知单,经监理人员抽样检查,签署书面验收意见
门无下槛时,内门扇与地面留缝限值		4～8		用楔形塞尺检查	
双层门窗内外框、梃(含拼樘料)的中心距		5		用钢板尺检查	

15.4.2　一般抹灰工程监理

1. 施工前的监理工作

(1) 一般抹灰工程施工前，监理人员应参加施工方技术交底会，根据质量等级提出注意事项和检验标准。

(2) 审核施工方案提交的灰浆配比，灰浆应具有良好的和易性和粘结强度。

1) 砂浆的底层的稠度为10～12cm，砂的最大粒径为2.8mm；

2) 中层稠度为7～9cm，砂的最大粒径为2.6mm；

3) 面层稠度为7～8cm，砂的最大粒径为1.2mm。

(3) 检查基体表面的平整度。

1) 体表面应清除干净；

2) 对局部凹凸处应提前凿平或用1∶3水泥砂浆找平；

3) 阳角处应用1∶2水泥砂浆做护角，每侧宽度不小于50mm。

(4) 检查验收钢、木门窗框位置、与墙连接应牢固，连接处的缝隙应分层嵌塞密实。

(5) 木结构与砖石结构、混凝土结构等相接处应在其体表面铺钉金属网，金属网搭接宽度应满足要求，并应绷紧牢固。

(6) 协调好与安装工程的配合。上下水、煤气等管道安装应在抹灰前进行，散热器和密集管道等背后的墙面抹灰，宜在散热器和管道安装前进行。

(7) 基体应在抹灰前充分湿润。

2. 一般抹灰工程施工的质量监理

(1) 抹灰砂浆配比和稠度等检查合格后，方可使用。水泥砂浆及掺有水泥或石膏拌制的砂浆，应控制在初凝前用完，超过初凝时间的不允许再使用。

(2) 督促承包单位控制抹灰层的平均厚度并应控制每遍的厚度：

1) 水泥砂浆宜为5～7mm；

2) 石灰砂浆和水泥石灰砂浆每遍厚度宜为7～9mm。

(3) 水泥砂浆应等前一层抹灰层凝结后，方可涂抹后一层。石灰砂浆应等前一层7～8成干发白后，方可涂抹后一层。

(4) 检查外墙的的窗台、窗楣、雨篷、阳台、压顶和突腰线等处，上面做流水坡度，下面做滴水线或滴水槽。滴水槽的宽度和深度均不应小10mm，并整齐一致。

(5) 底层砂浆与中层砂浆的配合比应基本相同。

(6) 门窗框边要认真塞缝，确保与墙体连接牢固。安装钢窗时，窗台抹灰应不低于钢窗框下1cm。

(7) 抹灰后检查空鼓、裂缝情况。达到20cm×20cm的空鼓须返工。

(8) 砂浆在抹灰层凝结前，应防止快干、水冲、撞击和振动。

(9) 冬季施工应采取保温措施，涂抹时，砂浆温度不宜低于5℃。夏季应注意养护工作。

(10) 高级抹灰工程应先做样板间，并经设计、建设单位、监理认可后，方可进行全面施工。

3. 一般抹灰工程质量监理表（表15-74）

表 15-74

项目	质量标准	允许误差(mm)			检验频率	检验方法
一般抹灰	1. 各抹灰层之间及抹灰层与基体之间必须粘结牢固，无脱层、空鼓和裂缝等缺陷 2. 表面：普通抹灰表面应光滑、洁净，接槎平整。中级抹灰表面应光滑、洁净，接槎平整，灰线清晰顺直，阳角方正。高级抹灰表面应光滑、洁净，颜色均匀、无抹纹、灰线平直方正、清晰美观、阴阳角方正 3. 孔洞、槽、盒和管道后的抹灰表面应尺寸正确、边缘整齐、光滑，管道后面平整 4. 分格条(缝)宽度、深度均匀，平整光滑，棱角整齐，横平竖直通顺 5. 滴水线、槽尺寸符合规定、整齐一致				室外：以4m左右高为一检查层，每20m长抽查1次(每处3延长米)，不少于3处室处 室内：按有代表性的自然间抽查10%，过道按10延长米，礼堂、厂房等大间按两轴线为1间，不少于3间	用小锤轻击和观察检查 观察和手摸检查 观察检查 观察或尺量检查
		普通	中级	高级		
表面平整		5	4	2		用2m靠尺和楔形塞尺检查
阴、阳角垂直		—	4	2		用2m托线板检查
立面垂直		—	5	3		用2m托线板检查
阴、阳角方正		—	4	2		用方尺和楔形塞尺检查
分格条(缝)平直		—	3	—		接5m线和尺量检查

15.4.3 涂料工程质量监理

1. 涂料工程应在土建及水、电、暖通等安装工程完成、基层处理完毕后才能进行。

2. 边巡视边验收是涂料工程监理的特点。

3. 要对基层的处理进行严格的检查验收：

(1) 应根据不同的基体，采用批嵌腻子、打磨等方法，达到基体平整光洁。

(2) 如果木装饰表面是清漆，应用砂纸打磨基层到新面。是浅色、本色装饰，还要进行木材漂白，所有尖眼、钉眼均须用腻子补平。

4. 巡视中应注意检查涂刷，必须涂刷均匀，不漏刷，上下涂刷层的接头要接好，流平性要好，颜色均匀一致。

5. 严格检查涂料的色彩：

(1) 几桶涂料中色泽有差别，应将涂料倒入大桶中，搅拌均匀再施工。

(2) 涂料进行配色，应一次配成够涂刷一间或几间房的涂料，在一间房里不可用两次配成的涂料涂刷。

6. 检查涂料的黏度或稠度，使其在施涂时不流坠，不显刷纹。施涂过程中不得任意稀释。

7. 使用双组份或多组分涂料：

(1) 要严格按产品说明规定的配合比，分批混合。

(2) 在规定的时间内用完。

(3) 施涂过程中，应充分搅拌。

8. 涂料施涂必须等前一遍涂层成膜干燥后进行。

9. 涂料工程质量监理表（表 15-75）。

表 15-75

质量标准	检验频率	检验方法
1. 材料品种、颜色必须符合设计和选定的样品要求 2. 涂料表面质量不得掉粉、起皮、漏刷和透底，中级允许有轻微少量反碱、咬色，高级不允许。颜色一致。中级允许有轻微少量砂眼，刷纹通顺，高级不允许 3. 清漆表面不允许漏刷、脱皮、斑迹。棕眼刮平、木纹清楚；光亮柔和，光滑无挡手感；不允许裹棱、流坠、皱皮；颜色一致，无刷纹；五金、玻璃洁净 4. 美术涂饰表面图案颜色应鲜明，不得漏涂、斑污和流坠等；不同颜色的线条应横平竖直，均匀一致，套色漏花的图案不得移位，纹理和轮廓应清晰	室外：按施涂面积抽查 10% 室内：按有代表性的自然间（过道按 10 延米，厂房、礼堂等大间按两轴线为一间）抽查 10%，但不少于 3 间	观察、手摸检查 拉线尺量检查

15.4.4 防水质量监理要点

1. 防水卷材质量监理表（表 15-76）。

表 15-76

项目		质量标准	允许误差(mm)	检验频率	检验方法	认可程序
外观质量	沥青防水卷材	不允许有：孔洞、硌伤、露胶、涂盖不匀。距卷芯 100mm 外，折纹、折皱长度不大于 100mm；裂纹长度不大于 10mm、边缘裂口小于 20mm、缺边长度小于 50mm、深度小于 20mm 每卷不超过 4 处。接头，每卷不超过 1 处	每卷面积 20±0.3m²；卷重(kg) 350 号：粉毡≥28.5 片毡≥31.5；片毡≥42.5	每个品种每批取样检验一次。抽检数量：大于 1000 卷抽取 5 卷；500～1000 卷抽取 4 卷，100～499 卷抽取 3 卷；少于 100 卷抽取 2 卷	目测观察并定性定量地记录外观缺陷	只有外观质量符合要求后，才可以进行物理力学性能的取样检验工作

续表

项目		质量标准	允许误差(mm)		检验频率	检验方法	认可程序
外观质量	高聚物改性沥青防水卷材	不允许有：断裂、皱折、孔洞、剥离、胎未浸透、露胎、涂盖不匀	厚度	长度允许偏差	每个品种每批取样检验一次。抽检数量：大于1000卷抽取5卷；500～1000卷抽取4卷，100～499卷抽取3卷；少于100卷抽取2卷	目测观察并定性定量地记录外观缺陷	只有外观质量符合要求后，才可以进行物理力学性能的取样检验工作
			2.0	15～20			
			3.0	10.0			
			4.0	7.5			
			5.0	5.0			
	合成高分子防水卷材	折痕：每卷不超过2处，总长度不超过20mm。杂质：大于0.5mm颗粒不允许。胶块：每卷不超6处，每处面积不大于$4mm^2$。缺胶：每卷不超过6处，每处不大于7mm，深度不超过本身厚度的30%	厚度	长度允许偏差			
			1.0	20.0			
			1.2	20.0			
			1.5	20.0			
			2.0	10.0			
物理力学性能	沥青防水卷材	拉伸、耐热度、柔性、不透水性，均应符合要求			每个品种每批取样检验一次	在专业监理人员和承包单位都在场时取样，试样应送往有资质的检测单位检验	监理人员根据外观检查结果和物理力学性能测试报告，作出使用与否的书面的意见
	高聚物改性沥青防水卷材	拉伸、耐热度、柔性、不透水性均应符合要求					
	合成高分子防水卷材	拉伸、耐热度、柔性、不透水性均应符合要求					

2. 卷材防水层工程质量监理表（表 15-77）

表 15-77

项目	质量标准	检验频率	检验方法	认可程序
细部构造的处置	1. 天沟、檐沟及其与屋面连接处，突出屋面结构的连接处以及水落口四周均应加铺一层卷材。 2. 高低跨内排水沟与墙交接处应作能适应变形的密封处理。 3. 泛水收头密封处理。 4. 水落口周围直径500mm范围内坡度不小于5%，并作防水、密封处理	跟踪检查	目测	监理人员跟踪检查，发现承包单位未执行施工方案和操作要求的，必须立即通知其予以纠正
卷材铺贴、搭接及封口	铺贴方法和搭接顺序应符合相应的卷材施工规定，搭接宽度应准确，接缝必须严密，表面应平整，不得有皱折、鼓泡和翘边，卷材收头应密封处理。高聚物改性沥青防水卷材及合成高分子防水卷材接缝宽度不应小于10mm	跟踪检查。每个工作班均应检查与玛琋脂耐热度相应的性能指标	目测、尺量、试验	

续表

项　　目	质量标准	检验频率	检验方法	认可程序
卷材与基层的粘结	按设计要求和施工方案拟定的粘贴形式进行。除排气孔处外屋面全部被卷材所封闭,不起鼓,不起褶、无起泡、空洞、裂缝、翘边等	普查	目测	监理人员跟踪检查发现承包单位未执行施工方案和操作要求的,必须立即通知其予以纠正
防水卷材的保护层	保护层用散粒状材料铺散均匀,粘结牢固不得露底。用水泥砂浆、细石混凝土、块材应分别设隔离层、分隔缝,表面压光	跟踪检查	目测、尺量	
卷材屋面防水效果	无渗、漏水,无积水	施工毕检验一次	雨天后观察检查,可采取蓄水检查,蓄水后,持续24h后进行检查	蓄水工作由承包单位承担;由监理人员、承包单位在场进行检查,结果未出现渗漏水及屋面积水,由监理人员签认

3. 沥青基防水涂料质量要求（表 15-78）

表 15-78

项　　目	质量要求	项　　目		质量要求
固体含量	≥50%	不透水性	压力	≥0.1MPa
耐热度(80℃,5h)	无流淌、起泡和滑动		保持时间	≥30min 不渗透
柔性(10±1℃)	4mm 厚,绕 ϕ20mm 圆棒,无裂纹、断裂	延伸(20±2℃拉伸)		≥4.0mm

4. 涂膜类防水材料和胎体增强材料的质量监理表（表 15-79）

表 15-79

项目	质量标准		检验频率	检验方法	认可程序
物理性能	涂膜类	延伸率或断裂延伸率、固含量、柔性、不透水性、耐热性,均应满足要求	同一规格品种的每 10t 为一批,抽检一次	在专业监理人员和承包单位都在场进取样,取样应送往有资质的检测单位检验	监理人员根据检测报告作出使用与否的意见
	胎体增强类	拉力和延伸率均应满足要求	每 3000m^2 为一批抽检一次		

5. 涂膜防水屋面工程质量监理表（表 15-80）

表 15-80

项目	质量标准	检验频率	检验方法	认可程序
基层处理	用基层处理剂应涂刷均匀,覆盖完全,基层上所留需密封的缝口,必须严密嵌缝	处理时作跟踪检查。涂膜前全面检查一次	目测	监理人员通过目测判断处理到位后下达涂膜施工命令

续表

项目	质量标准	检验频率	检验方法	认可程序
细部构造的处理	分隔缝部位空铺的附加层应扩大涂刷，延扩不小于 80mm，屋面转角及立面的涂层应涂多遍。上述细部构造处均应加铺有胎体增强材料的附加层	适度跟踪，每工作班至少检查 2 次	目测尺量	在跟踪期间发现的质量问题，监理人员随时下达整顿指令直至按规定要求施工为止
涂刷层次及厚度(mm)	沥青基涂膜≥8(Ⅲ级防水) ≥4(Ⅳ级防水) 高聚物改性涂膜≥3(单独使用) ≥1.5(复合使用) 合成高分子涂膜≥2(单独使用) ≥1(Ⅲ级复合使用)	适度跟踪验收时检查	目测	在跟踪期间发现的质量问题，监理人员随时下达整顿指令直至按规定要求施工为止
胎体增强材料的铺设	增强材料与涂料粘结牢固，并应完全被涂料覆盖，不得外露	适度跟踪	目测	在跟踪期间发现的质量问题，监理人员随时下达整顿指令直至按规定要求施工为止
成品保护	应作保护层。保护层材料有：细砂、云母、蛭石等，也可用厚度不小于 20mm 的水泥砂浆块材，但应与涂膜层间设置隔离层	验收进入普查	目测	在跟踪期间发现的质量问题，监理人员随时下达整顿指令直至按规定要求施工为止
涂膜屋面的防水效果	无渗、漏水、无积水	施工完毕后检查一次	雨天后观察检查，也可采取蓄水 24h 后检查	未出现渗、漏水、积水、监理人员才能认可屋面质量

6. 刚性防水屋面原材料质量监理表（表 15-81）

表 15-81

项目	质量标准	检验频率	检验方法	认可程序
水泥	强度等级不低于 32.5 级，宜用普通硅酸盐水泥或硅酸盐水泥，应有质保书，不得使用火山灰质水泥	同一屋面所用水泥，检查一次	按 GB 175—92 检验	检查出厂日期和质保书，是否无结块现象，进行认可。如对质量有疑时，应取样检验怀疑项目。质量符合标准后，监理人员作出书面认可
砂子	中砂或粗砂，含泥量不应大于 2%	同一屋面所有材料，检查一次	按 JGJ 52—92 检验	检查试验报告，结果符合质量标准，监理人员作签认
碎卵石	最大粒径不大于 15mm，含泥量不大于 1%	同一屋面所有材料，检查一次	按 JGJ 53—92 检验	检查试验报告，结果符合质量标准，监理人员作签认

续表

项目	质量标准	检验频率	检验方法	认可程序
外加剂	应具有质保书和使用说明	使用前检查其试配报告	检查产品鉴定证书及质保书	由承包单位按GBJ 119—88进行配合比试验，从而确定其掺量及实际使用效果，然后，承包单位填写材料申请表提交监理方，最后由监理人员作出认可意见
钢筋	质量标准应满足现行规范要求	一个工程的屋面检查一次	按规范要求取样检验	按检验报告监理人员作出使用与否的意见
混凝土	混凝土强度等级按设计要求，补偿收缩混凝土的自由膨胀率应为0.05%～0.1%	刚性层施工前检查一次混凝土配合比单及膨胀率测定报告	专业监理人员审核	在检查原材料及审核配合比认定可行后，监理人员签认准用指令
防水块体	无裂缝、无石灰颗粒、无灰浆泥石、无缺棱掉角，质地密实表面平整	每批检查一次	目测	检测合格后予以使用

7. 细石混凝土施工质量监理表（表15-82）

表 15-82

项目	质量标准	允许误差	检验频率	检验方法	认可程序
分隔缝的处置	设置的位置及间距按设计要求，缝宽通常取20～40mm		施工中，检查一次分隔缝设置的方法	尺量	由监理人员检查认可后，继续施工
钢筋网的设置	钢筋应调直，网格尺寸及网片离基面距离按设计要求	网片离基层距离，以不贴靠基层、不露筋为控制的允许误差，其距离宜控制在为防水层厚度高的2/3	施工中普查一次	观察、尺量	由监理人员检查认可后，继续施工
混凝土面层的浇灌质量	其厚度、坡度应符合设计要求；表面应平整，无裂缝，无起壳、起砂等缺陷		施工前，作隐蔽工程验收检查；施工中，跟踪检查；施工毕，作一次普查	观察、量测	通过对混凝土面层质量及其坡度、走向检查认可后，作防水性能检验。经试水检验，未出现渗漏水及屋面积水现象后，监理人员作书面认可签证

15.4.5　分隔缝及表面平整度质量监理表（表 15-83）

表 15-83

项目	质量标准	允许误差	检验频率	检验方法	认可程序
分隔缝	如图纸未示，缝宽宜取 20～30mm；设置间距不超过 6m（水泥砂浆）或 4m（沥青砂浆）		施工前量测分隔设施一次	尺量测	监理方、承包单位双方现场量测，量测结果如不满足要求，监理人员通知承包单位，令其调整
屋面与其他部位的边结（屋面特殊部位）	牢固、无松动；转折处均弧形，以卷材铺贴顺畅为准		逐处检查一次	目测	
表面平整度	表面平整，空隙仅允许平缓变化	2m 靠尺下最大空隙不超过 5mm	每 $100m^2$ 查 1 处，每处查 3 点	观察和尺量检查	

第 16 章　围堰和沉井工程监理

16.1　围堰工程监理

16.1.1　围堰适用范围及施工要求

1. 围堰类型的选用（表 16-1）

表 16-1

围堰类型	适用条件		
	河床	最大水深(m)	最大流速(m/s)
土围堰 草土围堰		2 3	0.5 1.5
草捆土围堰 草(麻)袋围堰 堆石土围堰 石笼土围堰	不透水	5 3.5 4 5	3 2 3 4
木板桩围堰 钢板桩围堰	可透水	5 —	3 3

2. 土、草捆土、草（麻）袋等围堰的施工要求（表 16-2）

表 16-2

堰型	断面尺寸			堰顶高出施工期最高水位(m)	材料规格	
	堰顶宽(m)	边坡坡度			土	其他
		堰内	堰外			
土围堰	≥1.5	1∶1～1∶3	>1∶2	0.5～0.7	采用松散黏性土、不含石块、垃圾等杂物、不得使用冻土	用草皮、树枝、碎石护坡
草土围堰	～2	1∶1～1∶3	>1∶2	0.5～0.7		草可用稻草、麦秸和杂草
草捆土围堰	(2.5～3)水深	1∶0.2～1∶0.5	1∶0.5～1∶1	1.0～1.5		草捆长:150～180cm 直径:40～50cm 草捆拉绳为麻绳,直径为 2cm
草(麻)袋围堰	1～2	1∶0.2～1∶0.5	1∶0.5～1∶1	0.5～0.7		草(麻)袋装土 2/3,袋口缝合,不得漏土
堆石土围堰	≥1.5	1∶0.5～1∶1	1∶0.2～1∶0.5	0.5～0.7		使用就地河沟中的大块碎石、卵石
石笼土围堰	≥1.5	1∶1.5	1∶1	0.5～0.7		竹笼常用直径 0.4～0.6m,长 1.5～6.0m,内装碎石

3. 常用围堰的施工要求（表 16-3）

表 16-3

序号 \ 围堰类型	土围堰	土袋围堰	钢板桩围堰
1	清除围堰底河床上的树根、石块、淤泥和杂物		在未填土前应采取措施保证钢板的整体稳定；堰身填土不能一次到顶，应间隔填筑，利用河水浸泡、泥土逐层沉实；围堰内壁应有止水措施。拆除时，先挖土方，然后拆除拉条卸围囹，最后拔桩，清除堰底
2	土方采用松散的黏土或黏性土填筑，堰底与河岸的交接处应采取措施，防止连接部位渗漏		
3	土围堰填筑后应分层夯实，必要时用草包、柴排等加以保护	每只土袋内盛土量应为其容量的一半，土袋上下层和内外层应相互错开堆置；每层土袋间应夹填黏土，堆叠密实整齐	

4. 围堰工程施工要点

(1) 编制围堰工程施工组织设计。

(2) 围堰的范围要满足主体构筑物施工要求，围堰顶标高应高出施工期间可能出现的最高水位 50cm 以上。

(3) 围堰结构要满足自身强度和稳定要求。当河床坡度较陡或需保持通航要求时，宜采用钢板桩围堰。

(4) 土围堰和草（麻）袋围堰：

1) 土围堰直接将土抛入水中填筑，水下部分不可能立刻加以压实，常用堆石或草袋填筑排水棱体；

2) 装土草（麻）袋围堰的草袋装土仅装满 2/3，以便叠筑稳固。

(5) 堆石土围堰填筑时要考虑拆除措施。

(6) 草土围堰：

1) 围堰堰身转弯处要特别仔细施工，保持围堰头与围堰中心线相垂直关系，压草时，外围多压草捆，内围少压；

2) 压草层数随水深增加，当水深在 1.5～6m 范围内，压草的层数变化在 2～10 层之间；

3) 压草原则是使草绳的位置与方向能有效抵抗外力作用，使草捆稳定并连系牢固；

4) 铺土应均匀，土层厚为 30～40cm，利用土重将草捆压至水底；

5) 当堰身高于水面后，必须夯实，打夯地点要离开前面围堰头 2m，以免将草绳打断，发生脱节事故。

16.1.2　围堰工程的一般监理内容

1. 施工方案的审查重点

(1) 施工中可能发生的问题：

1) 在修建草土混合围堰时，最易发生的问题是滑坡与渗漏；

2) 在围堰堰身转弯处，容易发生掏刷冲毁；

3) 草土围堰在修筑过程中，前部围堰系浮在水面逐渐下沉，加以水流冲击，就容易发生滑坡现象。主要原因如下：河床地形变化过剧，河道中水深、流速大，围堰头压土过厚，发生脱节，打夯过早，围堰头尚未沉实，草绳长度和强度不够，土壤含水量过小，黏性低；

4）防止围堰基础与围堰本身的土壤发生管涌现象。

(2）解决问题的预案：

1）解决滑坡的措施：应从其中部（滑坡长度 1/2 处）下草捆和铺散草，可将滑坡部分与后部的围堰体连结在一起；

2）当滑坡坡度大于 45°时，要进行拆除，减小坡度后继续进行。

(3）审查围堰的结构和施工方案，应保证其可靠的稳定性、坚固性和不透水性。

2. 检查、复测围堰的断面及标高。

3. 检查围堰形式是否选择妥当，位置、材料、施工方案是否与施工组织设计一致。

4. 严格按围堰的构造要求和施工要求监理，保证堰体稳固而不渗水，从而保证构筑物水中施工的安全顺利。

5. 检查施工的围堰和基槽边界间的距离，应满足施工排水与运输的需要。

6. 监理人员应考虑波浪、壅高和围堰的沉陷，检查堰顶高程的超高一般在 0.5～1.0m 以上。

7. 围堰的材料应就地取材，能迅速进行施工、修理和拆除。

8. 审查围堰防止水流冲刷措施。

9. 围堰布置不影响航行，特别注意河水流速对航行的影响。

16.1.3 围堰的钢板桩施工监理

1. 钢板桩围堰的施工要点

(1）钢板桩围堰的施工要求（表 16-4）

表 16-4

围堰类型	断面尺寸			堰顶高出施工期最高水位数量（m）	材料要求
	堰顶宽（m）	边坡坡度			
		堰内	堰外		
木板桩围堰	0.5～1.5	1∶0.5	1∶0	0.5～0.7	板桩有无撑、单支撑、多支撑等形式；板桩端部应有吊孔；板桩组拼时，应在锁口内填充防水混合料
钢板桩围堰	0.5～1.5	1∶0		0.5～0.7	

(2）钢板桩的施工

1）插打前，在锁口内应涂防水混合料；

2）吊装钢板桩，吊点位置不得低于桩顶以下 1/3 桩长；

3）钢板桩可采用锤击、振动和射水等方法下沉，但在黏土中不宜用射水，锤击时应设桩帽；

4）应设导向设备保证插打质量，最初插打的钢板桩，应详细检查其平面位置和垂直度；

5）接长的钢板桩，其相邻两钢板桩的接头位置，应上下错开；

6）拔出钢板桩前，应向堰内灌水与堰外水位相同，拔桩应由下游开始。

2. 钢板桩工程监理要点

(1) 检查项目：

1）桩位、桩顶平顺直立，挡土板与槽帮紧贴；

2）支撑平直牢固，间距合理；

3）严禁扰动基底土壤，如发生超挖，严禁用土回填；

4）基底不得受水浸泡或受冻。

(2) 巡视和检查锤击沉桩保持重锤低击。

(3) 钢板桩桩身弯曲矢高>1%桩长时，不得使用。

(4) 打入前应检查锁口，并涂黄油或其他油脂。用于永久性工程的钢板桩，应按设计要求进行。

(5) 检查支撑布置，保证板桩自身稳定外，还应保持基坑不出现隆起或管涌现象。

(6) 要求带桩帽打桩。发现板桩入土过慢，桩锤回弹过大，应要求施工单位查明原因，解决后再进行。

(7) 打桩时应检查桩架和桩的垂直度。

(8) 检查锁口钢板桩密缝，应采取密封加固措施。

(9) 进行外观检验：包括长度、宽度、厚度、高度等方向，表面有无缺陷，端头矩形比，垂直度和锁口形状等。对桩上影响打设的焊接件应割除，如有割孔、断面缺损等应补强，若有严重锈蚀，应量测断面实际厚度，以便计算时予以折减。

(10) 除上述外观检验外，须对各种缺陷进行矫正，如表面缺陷、桩挠曲、桩体截面局部变形及锁口变形等。

(11) 检查钢板桩导架的刚度、复测导架的位置和标高。导架的高度要适宜，不能与钢板桩相碰，有利于控制钢板桩的施工高度和提高功效。

(12) 检查相邻两桩同时接桩位置，必须错位。

(13) 审查打桩的方式，不宜单块打入。半封闭或全封闭的板桩，检查板桩规格和封闭段的长度计算块数。

(14) 拔除时检查桩孔的回填时间，尽快回填，减少对邻近建筑物的影响。

(15) 打桩后，基坑开挖中应注意的问题：

1) 钢板桩墙脚部向外移动情况；

2) 钢板桩弯曲变形程度；

3) 桩的插入深度。

3. 打入的钢板桩的平面位置和垂直度偏差（表 16-5）

表 16-5

项　目		允许偏差(mm)	项　目		允许偏差(mm)
轴线位置	陆上打桩	100	顶部高程	陆上打桩	±100
				水上打桩	±200
	水上打桩	200	垂直度		1/100～1.5/100L

注：L 为桩长。

4. 钢板桩工程监理表（表 16-6）

表 16-6

项　目	允许偏差(mm)	检验频率		检　验　方　法
		范围	点数	
桩垂直度(以 5m 为准)	±100(深度增加 1m,偏差增加 10mm)	长 20m	4	挂垂球用直尺丈量
基底高程	±20	每座	5	用水准仪测量
轴线位移	50		4	用经纬仪测量,纵、横各 2 点
基坑尺寸	不小于规定		4	用尺量,每边各计 1 点
基坑边坡	不陡于规定		4	用坡度板检验,每边各计 1 点

注：桩入土深度与桩规格，在操作规程中根据槽深作相应规定。

16.1.4 挡墙工程监理要点

1. 挡墙工程施工

(1) 挡墙施工要求（表 16-7）

表 16-7

项目			要求
地基			基础必须建筑在实土上，否则应作处理
基础			各类基础的施工工作工序均应符合前述各相应的施工规程
墙身	浆砌块石	材质	质地均匀，不易风化、无裂缝，强度不低于设计要求，加工后的块石外露面应整齐，棱角方正，拼缝前应顺直，尾部略有斜面，每边向内收口≤10mm
		砌筑	先砌四周面石，再填筑中间填心部分；面石上下两层应错缝，同一层面应按一顶一顺或一顶二顺排列；中间填心部位，先铺一层 1/5～1/4 石层高度的砂浆，然后嵌砌石块，空隙处用中小块石和砂浆灌实
		勾缝	同一部位不得勾成两种不同型式的缝，缝宽一致，凹缝应在块石表面深 3～5cm 以内将砂浆勾入，修正成凸缝，凸缝将灰缝刮深 2cm 左右，然后用砂浆勾成宽 2cm、厚 1cm 的凸缝；平缝的灰浆也应饱满平实
	嵌石混凝土		嵌实量≤墙身体积的 20%；石块的极限抗压强度≥60MPa；块石应嵌在灌筑的混凝土终凝前，竖向放置，并埋入混凝土中一半高度；嵌石时不得碰触结构中预埋件
墙后填土			砂浆强度≥70%设计强度后才能填土，墙后不能积水
泄水孔			填土时不得把预埋在墙身内的泄水孔阻塞，孔处应铺设过滤层，泄水孔不得有倒落水
混凝土压顶			块石砌体表面应冲洗干净，去除浮浆，混凝土应外光内实，顶面平整，侧面顺直；压顶标高允许偏差+20mm
沉降缝			应保持在同一垂直面上，顺直贯通

(2) 若在平均气温<5℃或最低气温<−3℃时，还应按冬季施工技术要求处理。

2. 挡墙施工监理重点

(1) 旁站挡墙工程地基处理。

(2) 检查控制墙身材质及砌筑工艺。

(3) 检查控制墙后填土的时间，不得有积水填土，不得堵塞泄水孔。

3. 挡墙施工质量标准及监理表（表 16-8）

16.1.5 出口护坡及护底工程监理要点

1. 出口护坡及护底施工要求

(1) 出口沟管管底以下部分及坡脚采用浆砌块石，坡脚应做至最低水位以下，一般管底以上为干砌块石，干砌块石应做到最高水位以上 300mm。

(2) 出口护坡土基应达到规定的密实度。

(3) 干砌块石护坡应符合下列要求：

1) 倒滤层或垫层按顺序垫筑后平整拍实；

2) 块石砌体应缝隙紧密、接缝交错，不得有通缝、叠砌、浮空或高低不平等现象，块石应稳定；

3) 沟管四周用 1∶2 水泥砂浆填嵌密实；

4) 如需勾缝，应在护坡稳定后进行。

(4) 浆砌块石护底应符合下列要求：

表 16-8

项目		允许偏差(mm)		检验频率		检验方法
		浆砌料石预制块	浆砌料石	范围	点数	
砂浆抗压强度		不低于设计强度		1组	3块	见本表注(3)
断面尺寸		+10 −0	+20 −10	每个构筑物	3	用尺量，长宽高各计1点
顶面高程		±10	±15		4	用水准仪测量
轴线位移		10	15		2	用经纬仪测量，纵横向各计1点
墙面垂直度		0.5%H，且≤20	0.5%H，且≤30		3	用垂线检查
平整度	料石	20	25		3	用2m直尺检验取最大值
	预制板	10				
水平缝平直度		10	—		4	拉10m小线量取最大值
墙面坡度		不陡于设计规定			2	用坡度尺检验

注：1. 表中 H 为构筑物高度。

2. 水泥混凝土挡土墙参照浆砌预制挡土墙标准执行。

3. 各个构筑物或 $50m^3$ 砌体制作试件一组，如砂浆配合比变更时，也应制作试块。砂浆抗压强度必须符合下列规定：同强度等级砂浆的极限强度不得低于设计强度等级；任意一组试块的极限强度最低值不得低于设计强度等级的75%。

1）护底应坐落在原状土上，标高应符合设计要求；

2）块石排砌时，下面应有2～3cm的座浆，缝隙间砂浆饱满，过角处宜放置大石块。

（5）护坡或抛石应在护底施工完毕后进行，并不得在水中施工。

2. 出口护坡及护底监理重点

（1）严格监控护坡坡脚及坡顶的标高。

（2）监控护坡、护底土基密实度。

3. 出口护坡及护底质量标准及监理表（表16-9）

表 16-9

项目	允许偏差(mm)		检验频率		检验方法
	浆砌料石护底、护坡	干砌块石护底、护坡	范围	点数	
砂浆抗压强度	不低于设计强度等级		1组	3块	见本表注(3)
断面尺寸	不小于设计规定		每个构筑物	3	用尺量，长宽高各计1点
平整度	30	30		3	用2m直尺检验取最大值
墙面坡度	不陡于设计规定			2	用坡度尺检验

注：1. 表中 H 为构筑物高度。

2. 水泥混凝土挡土墙参照浆砌预制挡土墙标准执行。

3. 各个构筑物或 $50m^3$ 砌体制作试件一组，如砂浆配合比变更时，也应制作试块。砂浆抗压强度必须符合下列规定：同强度等级砂浆的极限强度不得低于设计强度等级；任意一组试块的极限强度最低值不得低于设计强度等级的75%。

16.2 沉井工程监理

16.2.1 沉井工程施工流程

1. 沉井施工流程（图16-1）

测量
场地平整
铺设砂垫层
立模板
沉井制作
拆模养护
挖土下沉
接高井壁
下沉至设计标高后封底
浇底板
浇顶板

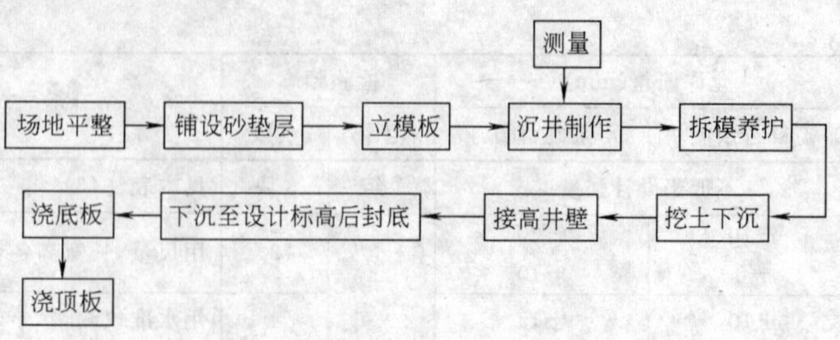

图 16-1　沉井施工流程

2. 沉井工程监理流程（图 16-2）

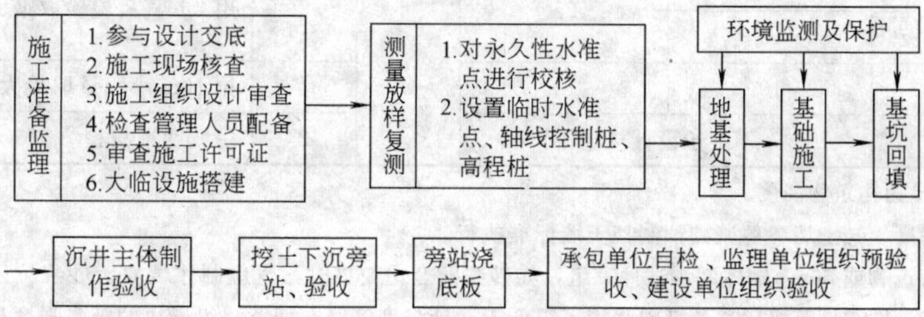

施工准备监理
1.参与设计交底
2.施工现场核查
3.施工组织设计审查
4.检查管理人员配备
5.审查施工许可证
6.大临设施搭建
测量放样复测
1.对永久性水准点进行校核
2.设置临时水准点、轴线控制桩、高程桩
环境监测及保护
地基处理
基础施工
基坑回填
沉井主体制作验收
挖土下沉旁站、验收
旁站浇底板
承包单位自检、监理单位组织预验收、建设单位组织验收

图 16-2　沉井工程监理流程

16.2.2　放线及沉降观测点设置监理

1. 沉井的定位放线监理要点

(1) 按沉井的平面位置检查和复核定位、抄平放线的测量结果、并检测布置水准点的正确性。

(2) 布置沉降观测点。若沉井附近有建筑物，则在该建筑物上设置沉降观测点，沉降观测点要设在不受施工影响、不受干扰和不影响视线的地方。

2. 平整场地、修建临时设施

(1) 整平场地，要求标高合乎要求，按施工组织设计布置平面图。

(2) 作好临时排水、截水沟，修建临时道路，架设水、电线路及其他暂设工程。

16.2.3　沉井基础及基坑施工监理

1. 沉井基础及基坑施工

(1) 沉井基坑施工要点：

1) 沉井基坑开挖深度标高应高于地下水位 0.5m 以上；

2) 基坑底部设排水沟，四角设集水坑、集水坑应比排水沟底至少低 0.5m；

3) 基坑平面尺寸应比沉井大 2～3m，当基坑深度较大时，应按挖方边坡坡度确定开槽尺寸，四周设不小于 2m 的护道和地面排水沟，以防雨水等淌入；

4) 基坑底部松软土层应予清除，开挖应分层按顺序进行，底面浮泥应清除干净并应保持平整和疏干状态；

5) 设置排水沟、集水井及井点。

(2) 砂垫层的铺设要点：

1) 沉井刃脚下应铺垫木，垫木下铺砂垫层；

2）砂垫层厚度 h 为 50～200cm 之间，可根据下式确定：

$$P \geqslant \frac{G_0}{l+2h_s \tan\alpha}+Y_s h_s$$

式中 P——地基土的承载力（kN/m²）；

G_0——沉井单位长度重量（kN/m）；

l——承垫木的长度（m）；

h_s——砂垫层的厚度（m）；

α——砂垫层的压力扩散角，可取 $\tan\alpha=0.5\sim0.6$；

Y_s——砂的重力密度，一般取 $Y_s=18\text{kN/m}^3$。

砂垫层铺设的宽度为

$$B \geqslant b+2l$$

式中 B——砂垫层底面的宽度（m）；

b——沉井刃脚踏面的宽度（m）；

l——承垫木的长度（m）。

3）将级配较好的中、粗砂放入周边刃脚的基础槽内，分层洒水夯实，控制干密度为 $\geqslant 1.56\text{t/m}^3$。

2. 沉井基础、基坑监理重点

（1）根据基坑底面几何尺寸开挖深度及边坡定出基坑开挖边缘。整平场地后根据设计图纸上的沉井中心坐标定出沉井中心桩以及纵横轴线控制桩，并测设控制桩的攀线桩作为沉井制作及下沉过程的控制桩。亦可利用附近的固定建筑物设置控制点。以上施工放样完毕后，须经监理复核后方可开工。

（2）刃脚外侧面至基坑底边距离 1.5～2.0m，能满足绑扎钢筋及立外模板的需要。

（3）检查基坑开挖深度，应通过综合比较和按施工组织方案进行。

（4）检查高于地下水位的坑底的边坡，深度≤5m 无支护基坑最大允许边坡（表 16-10）。

表 16-10

土的类别	边坡坡度（高：宽）		
	坡顶无荷载	坡顶有荷载	坡顶有动载
硬塑的轻亚黏土	1：0.67	1：0.75	1：1
硬塑的亚黏土、黏土	1：0.33	1：0.5	1：0.67
软土（经井点降水）	1：1.0～1：1.5	经计算定	经计算定

（5）检查地基处理：制作沉井的场地应预先清理、平整和夯实，认真核算和检查砂层的厚度，使具有足够的承载力，避免沉井制作过程中发生不均匀沉降。

（6）制作沉井前监理人员须检查钻孔是否已用黏土堵塞，以防在沉井下沉至黏土层时土层被承压水顶穿。

（7）砂垫层的铺筑监理：

1）砂垫层厚度不宜小于 60cm，一定要根据工程地质情况、沉井的重量、构造进行计算；

2）检查砂垫层施工压实、夯实，做好一层经监理检验合格后再做一层，采用平板式振捣器时，松砂的分层厚度取 20～25cm。砂垫层密实度的质量标准用砂的干密度控制，中砂取 1.56～1.8t/m^3，粗砂可适当提高。

（8）承垫木铺垫监理：

1）承垫木铺垫时监理人员应复测和验收刃脚踏面是否在同一水平面上，平面布置应均匀对称，每根承垫木的长度中心应与刃脚踏面中线相重合；

2）承垫木之间至少要留 20～30cm 间隙。定位垫木的布置要使沉井最后有对称的着力点；

a. 圆形沉井的定位垫木一般可以对称设置在互成 90°的四个支点上；

b. 矩形沉井可设置在四长边，每边两个。当沉井长边 L 与短边 b 之比在 1.5～2.0 之间时，两个定位支点之间的距离为 0.71m；当 L 与 b 之比≥2 时，为 0.61m。

16.2.4 钢筋混凝土沉井的制作施工监理

1. 沉井的制作施工要点

（1）刃脚制作。先在支垫上放出大样，安上刃脚侧面的角钢，按样立内、外模板及撑架，绑扎钢筋，然后浇筑混凝土。

（2）井壁的制作：

1）支模施工要点：

a. 在基坑中制作时，基坑应比沉井宽 2～3m，四周设排水沟、集水井，将地下水位降至基坑底面的 0.5m，同时防止地表水向基坑流入，以免土体塌方；

b. 当井壁高度大于 12m 时，宜分段制作，在底段井筒下沉后继续加高井壁，一般底段井筒高度小于 8～12m；

c. 井壁内外模均采用竖向分节支设，每节高 1.5～2.0m，用 ϕ12～ϕ16mm 对拉螺栓拉槽钢固定。有抗渗要求的，在螺栓中间设止水板。

2）沉井钢筋安装就位，用人工绑扎或焊接连接，接头错开 1/4；

3）混凝土浇筑：

a. 应将沉井分为若干段，同时对称均匀分层浇筑，每层厚 30cm，以免造成地基不均匀下沉或产生倾斜；

b. 混凝土宜一次连续浇筑完成，井筒第一节混凝土强度达到 70%方可浇筑第二节井筒；

c. 井壁有抗渗要求时，上下节井壁的接缝应设置水平凸缝，接缝处凿毛并冲洗处理后，再继续浇筑下一节井筒，在浇筑前先浇一层减半石子混凝土；

d. 前一节井筒下沉应为后一节混凝土浇筑工作预留 0.5～1.0m 高度，以便操作；

e. 混凝土可采用自然养护。为加快拆模下沉，冬季可用防雨帆布或塑料薄膜等置于模板外侧，使之成密闭气罩，通蒸汽加热养护或采用抗冻早强混凝土浇筑；

f. 对高度大的井壁也可采用滑模施工。

2. 沉井的制作施工监理要点

（1）审查施工组织设计：施工方案、沉井结构施工要点、可能发生的事故及措施、安全措施等。

（2）沉井制作一定要在沉井基础及基坑工序验收合格后才能进行；

（3）监理人员参与沉井定位、复测工作，检查沉井的制作，支模、绑扎钢筋、浇筑混凝土及养护工作应按前述要求进行。检查采取的排水措施，沉井下沉到位后做好封底工作，监理人员旁站。

（4）注意沉井的内模板宜一次安装完毕或分节安装。刃脚底模应用水平仪进行校平，使之保持在同一水平面上。外模根据具体情况而定，当井壁厚度超过 60cm 时，一次安装高度不宜超过 1.5m。

（5）检查沉井内模应保证垂直，外模紧随内模支立，不得内外倾倒，以保证外壁面平整垂直以及井壁厚度均等。内外模板支撑的牢固性、刚性、密闭性须经验算检查符合要求。

（6）检查大型预埋件的设置支撑，不得撑在井壁或隔墙的模板或钢筋上，内外脚手架应和模板与钢筋分开。

（7）钢筋的绑扎及钢封门、预埋件的安装：

1）所有预埋件、预留孔洞的位置和尺寸应符合设计要求，在浇筑混凝土以前，监理应进行隐蔽工程的核对检查；

2）钢筋规格尺寸应符合设计图纸规定，绑扎钢筋时应采用撑铁将二层钢筋位置固定，保持钢筋应有的间距及保护层厚度；

3）沉井钢洞门安装完毕后，监理单位应对提交的安装质量检验资料进行验收；

4）对有防渗要求的各类穿墙管件和固定模板用的对拉螺栓等应设有止水片。

（8）井内开启闸门的闸门槽施工监理。井壁及井的内隔墙中设置有开启闸门时，其闸门槽须在井体最终稳定后再做，使闸门槽上下保证垂直。

（9）施工缝止水与拉杆螺栓止水：

1）当井壁厚度较薄，防水要求不高时，施工缝可直接用平缝。当防腐要求较高时，应在井壁中心埋设竖立的橡胶或钢板止水条；

2）井壁厚度较大时，应用凸或凹式施工缝，施工前应将施工缝清洁干净；

3）防水要求高的厚井壁宜用钢板止水。镀锌钢板厚度一般为 2～3mm，宽 500mm 左右，设置在平缝中。施工接缝在浇筑上一层混凝土前，下层的混凝土面须凿毛，用水湿润表面，并铺浆 10～15mm，然后浇筑混凝土；

4）井壁横板用对拉螺栓拧紧螺帽固定，为防止水的渗漏，在拉杆中间应加焊钢板止水片，拆模后卸下螺帽然后用水泥砂浆嵌平。

（10）沉井制作质量监理表（表 16-11）。

表 16-11

项目		允许偏差（mm）	检验频率		检验方法	检验程序
			范围	点数		
平面尺寸	长、宽	±0.5%且不大于 100	1 座	4	用尺量	承包人检测，监理人员抽检签署评语
	曲线部分半径	±0.5%且不大于 50		4	用尺量	
	两对角线差	对角线长的 1%		4	用经纬仪测量分角重复 4 次	
井壁厚度		±15	1 座	4	用尺量	
井壁、隔墙垂直度		1%	1 座	4	吊锤	
预埋件、预留孔位移		±20	1 个	1	用经纬仪测量	

16.2.5 沉井的下沉施工监理

1. 沉井的下沉监理的一般要求

(1) 监理人员旁站和巡视相结合检查沉井的下沉施工的整个过程，一个工序验收后才能进行下一个工序。

(2) 检查刃脚垫架的拆除和井壁孔洞处理：

1) 大型沉井混凝土达到设计强度的 100%，小型沉井泵房达到 70%时，方可拆除刃脚垫架；

2) 抽除刃脚下的垫架应分区、分组、依次、对称、同步的进行；

3) 圆形沉井抽出垫架的次序：先对称抽除一般垫架，后拆除定位垫架；

4) 矩形沉井抽出垫架的次序：先抽内隔墙下垫架，然后分组对称地抽除外墙两短边下的垫架，再后抽除长边下一般垫架，最后同时抽除定位垫架。

5) 将垫木底部的土挖去，将垫木抽出，同时每抽出一根垫土，应用砂、石充填密实，抽除时，注意观测下沉是否均匀；

6) 井壁上较大的孔洞在制作时应预埋钢框、螺栓，用钢板、方木封闭，中间填加砂石及配重，对进水窗则采用内侧用钢板封闭，沉井施工完毕再拆除封闭钢板。

(3) 监理人员旁站检查井筒分节接高与混凝土的灌筑：

1) 沉井分节制作一次下沉时，制作总高度不宜超过沉井短边或直径长，一般不应超过 12m；

2) 第一节混凝土达到设计强度的 70%后可浇筑第二节混凝土，冬季制作沉井时第一节混凝土未达到设计强度，或其余各节未达到设计强度的 70%时，均不得受冻；

3) 沉井接高的轴线应与沉井中轴线重合或平行，在接高混凝土浇筑过程中应尽量使沉井刃脚踏面外压力保持均匀；

4) 沉井接高位置一般应在沉井浇筑面露出地面尚有 0.8～1.0m 时进行，在接高前的一段下沉过程中应特别注重纠偏。

(4) 测量控制检查：

1) 在沉井过程中应设几个下沉观测点，发现沉井偏斜时，或井项中心位移时，立即予以纠正；

2) 沉井在下沉过程的监测方法简介（表 16-12）

表 16-12

监测方法	监测项目	说　明
垂球法	井筒倾斜	在井筒内壁 4 个对称点悬挂垂球，当井筒发生倾斜时，垂球线偏离井壁上的垂直标志线
标尺测定法	水平位移、井筒倾斜	在井筒外壁 4 条直线上绘出高程标记，并对准高程标记设置水平标尺，观测时移动水平标尺使其一端与井壁接触，读出水平移动数与下沉高程数，由相应两次读数之差可求水平位移与井筒倾斜值
水准测量法	井筒倾斜	在井筒四周设置高程标志，通过水准仪观测各点的下沉高度

(5) 监理要点：

1) 在挖土时，随时观测垂直度，当四面标高不一致时，即应纠正；

2）沉井下沉时应加强位置、垂直度和标高（沉降值）的观测，每班至少测量两次（每班及每次下沉后检查一次），并做好记录；

3）如有倾斜、位移和扭转，应及时纠正，使偏差控制在允许范围以内。

2. 沉井的排水下沉监理

（1）施工要求：

1）下沉时要及时掌握土层情况，做好下沉测量记录。随时分析和检验土的阻力与井筒重量的关系。特别是开始和最终阶段应增加观测次数，必要时要连续观测；

2）挖土要均匀不要使内隔墙底部受顶托，底节支承位置处的土深度和隔墙两边的土面高差，一般不大于 50cm；

3）在沉入基底以上 2m 时，要控制井内除土量和位置，并注意正位和调平井筒；

4）沉井若遇到倾斜岩层时，应将刃脚大部分嵌入岩层，其余不到岩层部分应作处理：

a. 抽水时，刃脚土不会向内坍塌，可将井筒范围内的土挖净后封底；

b. 井内涌水量大时，井外土易向内坍塌，停止排水，由潜水员下井，清除井内碴物，以麻袋装混凝土堵塞缺口排水除碴，最后封底；

c. 若刃脚距岩层 1m 以上时，井外为砂或砂类卵石类土，可在井外打眼插入铁管，压入水泥浆加固井外土，然后排水、除碴、封底；

d. 井底岩层倾斜面可凿成台阶。

（2）监理重点：

1）采用水力机械出土并可适当结合人工掏挖时，监理人员检查水源是否充足和泥水排放条件，应严格按照施工组织设计及其有关规定进行操作，并有切实可靠的安全措施，防止因突沉时井内土面骤升而造成安全事故；

2）监理人员检查井内干砂性土与井外土层干湿程度；

3）当沉井由数个井格组成，挖土时各井格的土面高差一般不宜超过 0.5m；

4）用抓斗挖土时，井内严禁站人，人工挖土应以井格为中心划分工作面，挖土速度和方位应基本相应和对称。定位支点不宜固定，应对称稳定。

3. 不排水开挖下沉监理

（1）不排水开挖下沉施工要求：

1）主要用抓土斗和吸泥机作业。吸泥机适用于砂、黏土和砂夹卵石等地层，在黏性土或较紧密土层中使用时常配合高压射水，把土冲碎后再吸泥。开挖时应配备水泵，不断注水，使井内水位高出井外水位，以防翻砂；

2）挖土应均匀，并要防止局部坍塌，或造成井筒偏斜。

（2）不排水开挖下沉监理重点：

1）监理人员旁站和检查不排水下沉时，井内水位不得低于井外水位，挖流动性土时，应保持井内水位高出井外水位不少于 1m。不排水下沉中应监测和控制水位、井底开挖几何尺寸、下沉量和速度，以稳定井度，防止突沉，控制终沉；

2）井内壁刃脚端面至井顶应有明显的高度标志；

3）沉井下沉过程中，监理人员巡视、检查，每班至少观测两次，如有倾斜、位移应及时纠正；

4）采用泥浆润滑套减阻下沉的沉井，在井下沉时泥浆槽内应充满泥浆，其液面应接近自然地面，并应储备一定数量的泥浆以便及时补浆，检查泥浆要定期置换以保证泥浆套的质量（表 16-13）。当下沉完成后，对泥浆套应按要求进行固化。

表 16-13

名称	指标	试验方法	名称	指标	试验方法
相对密度	1.1～1.25	泥浆相对密度秤	失水率(mm/30min)	＜14	失水量仪
黏度(s)	＞30	500cc/700cc/漏斗法	泥皮厚度(mm)	≤3	失水量仪
含砂量(%)	＜4		静切力(mg/cm^2)	＞30	静切力计(10min)
胶体率(%)	100	量杯法	pH 值	≥8	pH 试纸

5）采用壁后压气法减阻下沉的沉井：

a. 检查内管的布置：环形管从上而下分层布设，层间间距为 2m，离井壁外侧的距离 3cm，每层环管可按井平面形状分若干段，每层之间竖管接通；

b. 检查喷气孔上的凹槽，一般为长 15cm，宽 5cm，喷气孔直径 1mm，各层凹槽间距设置数量与井筒侧面积和各凹槽作用面积有关；

c. 检查压气设备机的风压，应大于最深处的水压力与送气时的损失值之和，设置应简捷，尽量短，并减少弯头和接头；

d. 沉井前，应对凹槽作压气检查。压气下沉，先开井壁上层凹槽，再开下层，逐层开通，检查压气时间一次不超过 1min。若出土不及时，应立即停气除土，停气应缓慢减压，不能将高压气体突然停止，在井外 1m 左右范围内的地面保持约 0.5m 的积水。待刃脚下除土完毕，再压气沉井。

4. 沉井下沉允许偏差和监理表（表 16-14）

表 16-14

项目			质量标准	允许误差(mm)	检验频率		检验方法	检验程序	认可程序
					范围	点数			
沉井下沉	混凝土抗压强度		沉井下沉后，内壁及封底均不得有渗漏现象	必须符合 CJJ2-90 规定	每座		用经纬仪测量	(1)下沉前，承包单位设观测点、观测线，送验 (2)承包单位做好下沉记录 (3)承包单位将封底混凝土配比送审 (4)封底完成后承包单位申报下沉质量验收报验单	(1)现场监理人员检验认可 (2)现场监理人认可记录 (3)监理试验室复查试验送监理人员审查认可 (4)监理人员验收认可
	轴线位移	顺桥纵轴线		1%H(H＜10000mm 时允许 100)		2			
		垂直桥纵轴线		1.5%H(H＜10000mm 时允许 150)		2			
	沉井高程			±100		4	用水准仪测量		
	垂直度			2%H		2	用垂线或经纬仪检验纵横向各1点		
垫层	顶面高程		铺筑垫层前，基底必须保持干净、无淤泥、杂物	0，－20	每座	5	用水准仪测量	垫层铺筑前，承包单位申报验坑，填隐蔽工程验收单	监理人员检验认可
	轴线位移			50		2	用经纬仪测量纵横向各计1点		
	平面尺寸			＋100，0		4	用尺量每边计1点		

注：H—沉井下沉深度（m）。

16.2.6 沉井的封底施工监理

1. 排水封底施工监理

(1) 排水封底施工要点：

1) 将井底修整成锅底形，由刃脚向中心挖沟，填以卵石作成滤水暗沟，在中部设2～3个深1～2m的集水井，井间用盲沟相通，插入 $\phi600$～$\phi800$mm 穿孔钢管，四周填卵石，在集水井中排水使水位低于基底面0.3m以下；

2) 先浇一层厚0.5～1.5m的混凝土垫层，达到50%设计强度后绑钢筋，连续浇筑底板混凝土。由四周向中央推进，可分层浇筑，每层厚30～50cm，并用振捣器捣实，当井内有隔墙时，应前后左右对称地逐格浇筑；

3) 混凝土采用自然养护，养护期应继续抽水；

4) 待混凝土强度达到70%后，对集水井逐个停止抽水，逐个封堵。封堵的方法是将集水井中水抽干，在套管内迅速用干硬性高强度混凝土进行堵塞并捣实。然后上法兰，用螺栓拧紧或焊固。上部用混凝土垫实捣平。

(2) 排水封底施工监理要点：

1) 监理人员要求承包单位沉井在封底时，应待底板混凝土达到设计规定，且满足抗浮要求时，方可停止抽水；

2) 检查验收沉井下沉至设计标高，经沉降观测沉降率在允许范围内即可进行封底，排水封底过程应旁站；

3) 沉井封底前检查井内开挖锅底简图；

4) 井点降水施工的沉井，在封底前应检查石块刃脚下垫实的情况，检查加强井点连续抽水的准备；

5) 采用触变泥浆护壁下沉的沉井，检查置换触变泥浆的情况；

6) 检查封底前锅底清除浮泥情况，混凝土接触面应凿毛清洗，井内积水应排干，并在每个井格底部中央至少设置一个集水井；

7) 检查封底前浇筑素混凝土垫层质量，表面应平整，当强度达到设计强度的25%以上时，才允许在上面绑扎底板钢筋。经施工单位自检，监理验收合格后方可浇筑底板混凝土；

8) 检查底板钢筋混凝土强度达到要求时，方可停止井点降水，复核能满足抗浮时方可封填集水井；

9) 检查钢筋混凝土底板平整和渗漏情况，发现有渗漏应压浆堵漏，漏水严重时应设临时泄水管引流，堵漏结束后再封闭泄水管；

10) 当封底面积较大、底梁较多时，可对称分格封底。

2. 不排水封底施工监理

(1) 不排水封底施工：

1) 不排水封底施工的要点（表16-15）。

2) 检查混凝土的配合比，试配强度比设计强度提高5%～20%，坍落度为16～22cm，灌筑初期坍落度宜14～16cm；

3) 检查水下封底混凝土是否为水下不分散混凝土，水下混凝土所用水泥强度等级宜大于32.5级，每 m^3 混凝土的水泥量不少于350kg，配合比合理。粗骨料可用碎石或卵

表 16-15

项　目	技　术　要　点
准备工作	1. 清理基底浮泥及其他杂物，超挖及软土基础应铺以碎石垫层 2. 混凝土凿毛处应洗刷干净
导管要求	1. $DN200$～$DN300$mm 的钢管制作，内壁应光滑，管段接头应密封良好并便于拆装 2. 每根导管上端装有数节 1.0m 长的短管；导管中设球塞及隔板等隔水。采用球塞时，导管下端距井底的距离应比球塞直径大 5～10cm；采用隔板或扇形活门时，其距离不宜大于 10cm，由计算确定导管有效作用
导管数量	半径可取 3～4m，其布置应使各导数的浇筑面积互相交叉
浇筑	1. 每根导管浇筑前，应备有足够的混凝土量，使开始浇筑时，能一次将导管底埋住 2. 浇筑顺序应从低处开始，向周围扩大 3. 当井内有隔墙，应分格浇筑 4. 每根导管的混凝土应连续浇筑，且导管埋入混凝土的深度不宜小于 1.0m 5. 各导管间混凝土浇筑面的平均上升速度不应小于 0.25m/h，坡度不应小于 1∶5；相邻导管间混凝土上升速度宜相近，终浇时混凝土面应略高于设计高程 6. 水下封底混凝土强度达到设计规定，且沉井能满足抗浮要求时方可将井内水抽除

石，粒径 5～40mm；细骨料宜用中粗砂，含砂率一般为 45%～50%。初始浇筑时坍落度宜为20～22cm。浇筑过程中导管下端应埋入混凝土 1～1.5m，混凝土平均升高速度不应小于 0.25m/h；

a. 水下不分散混凝土拌合物应尽快浇筑，若静停时间超过 0.5h，应进行二次搅拌后再浇筑；

b. 水下不分散混凝土采用泵压法时，宜将出料口埋入混凝土中，在连续供料的条件下允许有 0.5m 的水中落差，在絮凝剂掺量为 2.5%以上，且连续供料的条件下可短时允许 2m 落差。

c. 吊罐法采用的吊罐，其容积应不少于 $1m^3$；

4）水下封底混凝土应一次浇捣完，当中内有隔墙、底梁时应预先隔断，分格浇筑。

5）水下混凝土每浇筑 $10m^3$，取试块两组，其中一组一天后拆模，放到水下进行同等条件养护，另一组在常温条件下养护；

6）检查水下封底混凝土达到设计强度后方可从井内抽水。

16.2.7　填方的监理

1. 沉井后的回填是非常重要的，监理人员一定要严格要求，认真检查，以保证沉井成井后的质量的长期稳定。

2. 检查填方经夯实后不得有翻浆、弹软现象。

3. 检查填方中不得含有淤泥、腐殖土及有机物质等。

4. 检查填方的质量。

5. 填方允许偏差和监理表（表 16-16）。

表 16-16

项目	相对密实度(%)(标准击实法)	检验频率		检验方法
		范围	点数	
密实度	≥90%	每1构筑物	每层一组(3点)	用环刀法

16.2.8 浮式沉井法施工监理

1. 浮式沉井的制造

(1) 岸上制造，预制场地要选择便于铺设滑道及拖拉下水处，一般在桥位上游处。

(2) 河边木排上预制，涨水时可自浮于水中，拖至墩位处下沉。

(3) 河边的筑岛预制，制造完毕后冲除砂岛浮运或用吊机起吊水中浮运。

(4) 水中搭架，水深于4m时，可在墩位水中搭架制造。

(5) 水中立桩搭架（工作平台），若水较深，可在水中打桩搭架，在桩支架上设工作台制造。

(6) 船上制造，水很深，打桩立架较困难时，可用大吨位船安设支架制作沉井。

2. 浮式沉井的制作工艺要点

(1) 刃脚的制造。制作刃脚与其他施工形式的井筒相似。

(2) 架设井筒骨架。井筒骨架作为钢筋（网）的支撑，即留置于沉井基础内作受力骨架，可按井壁竖截面形状制作，由主要竖向钢筋和若干内外箍组成。

(3) 铺设井筒钢筋网。在其上固定钢筋和钢丝网，内外壁和刃脚的铺网可同时进行，本着先内后外，先铺纵筋，后铺横筋的顺序作业。刃脚可由斜向立面开始，一圈圈地铺设，井壁部分应从上而下。

(4) 网铺好后，即可抹灰填缝。抹灰由下而上，先把灰浆从井腔内向外用力挤压，直至透过钢丝网。灌筑刃脚与井壁、隔板与井壁的接触处，应密实且整体性好，不能有渗漏和连接不牢现象。

3. 浮式沉井法施工

(1) 不带气筒的沉井：

1) 无底井壁可在岸边制造，通过滑道拖拉下水，浮运至墩位处，再接高井筒下沉；

2) 双层井壁由若干横隔板作联系及支撑，形成若干个有浮力的空腔，空腔尺寸由浮运稳定要求的吃水深度、内外井筒壁受力大小以及操作人员作业方便程度决定；

3) 横隔板都是由数层钢丝网均匀铺设在板两侧，再抹以水泥砂浆，使之充满整个网隙之间，以1～3mm厚为保护层，薄壁总厚约3cm。薄壁不会因砂浆凝固收缩而开裂，并具有一定的韧性抗压拉强度。

(2) 带钢气筒的沉井：

1) 沉井底节。由内、外壁板、刃脚斜板，竖直隔板、底板和各种支撑杆件组成，底节井孔为悬浮下沉中安放钢气筒及落入河床后吸泥出土之用，底节高度常为5m；

2) 单壁钢壳可分几层制造，每层层高为3～6m，在接高时拼焊。水平圆环用角钢焊成桁架结构，支撑在壁内侧或外侧；

3) 气筒由底座、筒身和顶盖组成。筒身由身板和焊在板外侧的若干道加劲环组成，顶盖一般为锥形，由盖板、加颈角钢环和带阀门的进气管组成；

4) 井孔间可设置水平连通管，以便平衡各井孔水位，并在井顶部设置桩槽，以便插入钢板桩。

(3) 拖拉下水浮运要点：

1) 浮运就位。井筒拖拉下水要有足够长的滑道使之滑至水中一定位置后，才可脱离而浮于水面。滑道的坡度根据地形条件选择，常为15%左右；

2）浮运最好在白天无风或小风时进行，在河两岸适当处布置主缆绳与必要的缆风绳，用拖轮和绞车拖拉；

3）浮运时，井筒应露出水面，但其高度不应超过1m；

4）锚碇要设在墩位上游；

5）井下沉时，要逐步放松主绳，让井下漂至基础设计位置。

4. 浮式沉井法施工监理要点

（1）监理人员审查施工组织设计。

（2）监理人员旁站和巡视相结合检查沉井的浮运、下沉施工的整个过程，一个工序验收后才能进行下一个工序。

（3）检查沉井的制作质量。

（4）审查工作准备：

1）浮运前对井筒作水密性试验，对损坏处，渗漏处修整处理；

2）对浮运的水域调查，查明浮运区水下有无沉船、暗礁等影响运输的障碍和水流、水深；

3）沉井处的河床地质土层情况，若有高低不平或承载力不足处应予以处理；

4）对拖运、定位、锚碇、潜水作业和沉井排水、灌水等设备的全面检查；

5）掌握浮运的水文、气象和航运资料。

第 17 章　管道工程监理

17.1　一 般 规 则

17.1.1　管道工程的特点及类型

1. 管道工程的特点

(1) 管道埋设于地下，系隐蔽工程，因此设计和施工必须保证管道工程质量的可靠。

(2) 管道必须具有足够的强度，以承受覆盖其上的土压力及地面荷载。

(3) 随着城市工业及环保发展的要求，管道必须具有抗腐蚀的能力。

(4) 排水管道一般为无压自流排放，管道内壁必须光滑、平整，管道内底高程及坡度符合设计要求。管节及其接口必须不渗水。

(5) 从施工角度看，有地下管线复杂、施工场地狭窄的特点，还有穿越河流、建筑群、铁路、防汛设施等情况，对于这些，都应加强监测和保护。

2. 类型

(1) 从用途分：室内给水管道、室内排水管道、室外给水管道、室外排水管道。

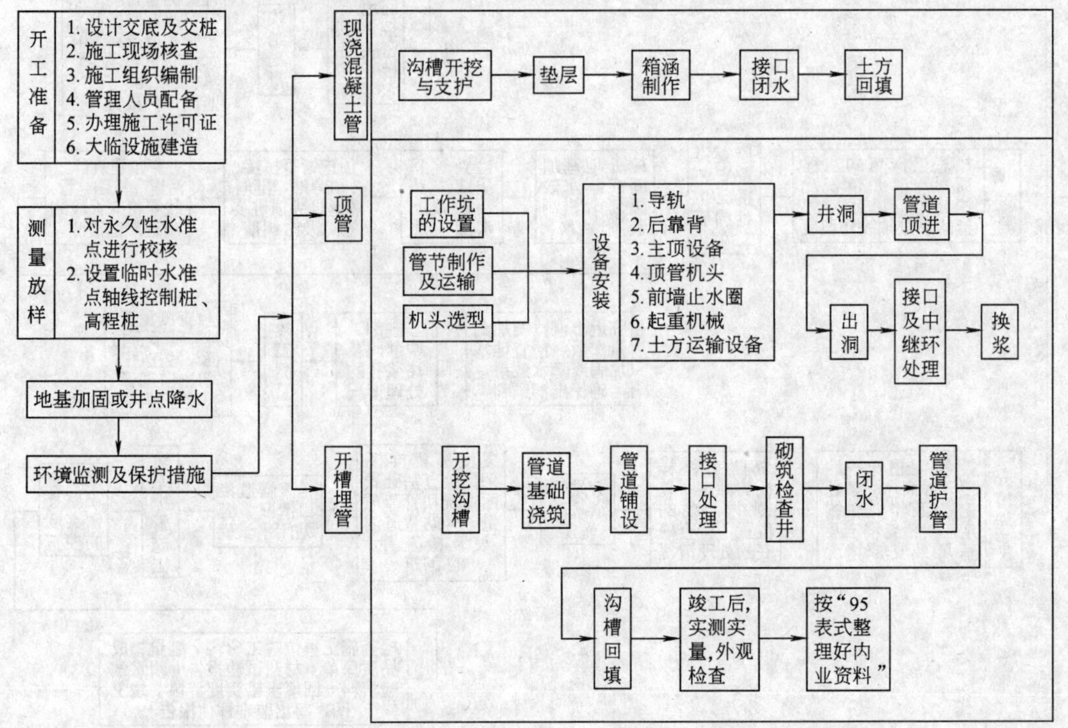

图 17-1　管道施工工艺流程图

（2）从施工方法分：开槽埋管、顶管、现浇混凝土管。

（3）从材质分：钢筋混凝土管、钢管、硬聚氯乙烯管、铸铁管、玻璃钢管、PCCP管。

17.1.2 施工工艺流程及依据

1. 管道施工工艺流程图（图17-1）

2. 施工依据

（1）施工承包合同。

（2）设计文件及施工图纸。

（3）国家和地方政府颁布的有关安全、消防、环保和文明施工等方面的规定。

（4）市政排水管道工程施工及验收规程。

（5）国家有关的规范、标准和规定。

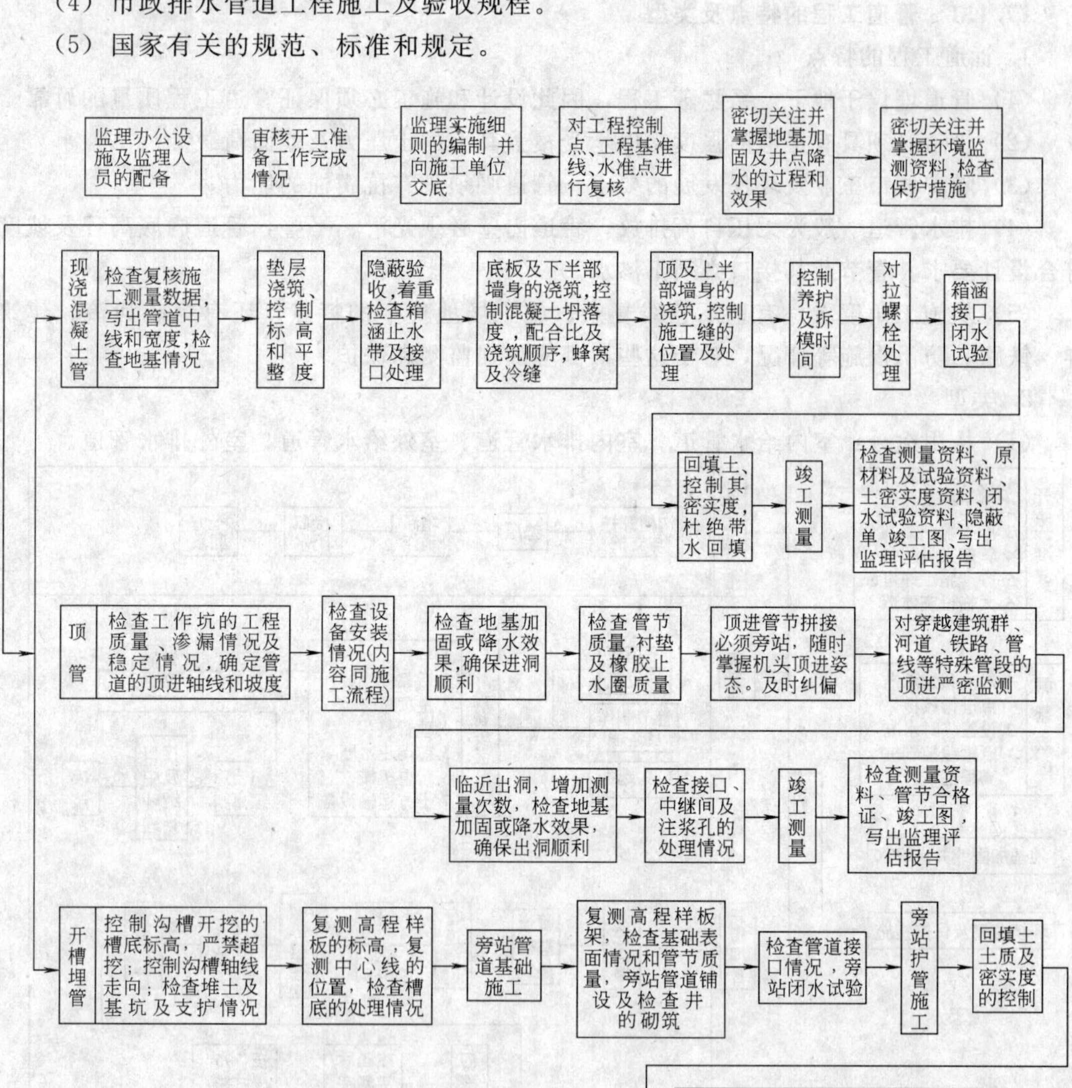

图17-2 管道监理工艺流程图

(6) 施工组织设计。

(7) 市政工程质量保证资料。

17.1.3 监理工作流程及依据

1. 管道监理工艺流程图（图 17-2)

2. 监理依据

(1) 建设监理合同。

(2) 施工承包合同。

(3) 设计文件及施工图纸。

(4) 国家和地方政府颁布的有关安全、消防、环保和文明施工等方面的规定。

(5) 市政排水管道工程施工及验收规程。

(6) 国家有关的规范、标准和规定。

(7) 施工组织设计。

(8) 市政工程质量保证资料“95 表式汇编”。

(9) 监理规划及监理实施细则。

(10) 市政工程监理资料表式汇编。

(11) 工程建设监理规范

17.2 排水管渠工程质量监理

17.2.1 排水管渠工程工作流程

1. 排水管渠工程的施工流程（图 17-3)

2. 排水管渠工程质量监理工作流程（图 17-4)

17.2.2 排水管渠沟槽质量监理

1. 排水管渠沟槽工作流程（图 17-5)

2. 排水管渠沟槽质量监理工作流程（图 17-6)

3. 排水管渠沟槽监理要点

(1) 监理人员检查承包人沟槽开挖的施工组织设计、施工工艺和措施，以及进场人员组成状况、材料、机具、设备检查与进场情况、现场施工条件等，重点是支撑系统、降水措施及安全措施。由监理人员批示承包人的开工申请，并制订沟槽开挖质量监理工作细则和质量标准，完工复查合格签认交工证书。监理应经常检查巡视工地，对现场安全施工进行动态监控。

(2) 监理人员在沟槽开挖前，复核检查沟槽断面型式是否安全适用。施工过程中，监理人员随机复查沟槽开挖的中线位置、每侧宽度、沟槽高程，严防槽底土壤超挖或扰动破坏，并要求承包人做好如下几点：

1) 检测沟槽高程、中线每侧底宽，注意不使槽底土壤结构遭受扰动或破坏，当机械挖槽时，宜在设计槽底高程以上留 20cm 左右不挖，作为保护层；

2) 沟槽支撑选用。当地下水位低于槽底，开挖直槽较浅时，可不设支撑。当开挖沟槽较深且条件许可时，一般采用大开槽，当受条件限制，则宜分层开挖。分层开挖的中槽和下槽采用直槽支撑，沟槽帮坡和槽层间留台宽度应符合设计或技术规程规定（包括安装

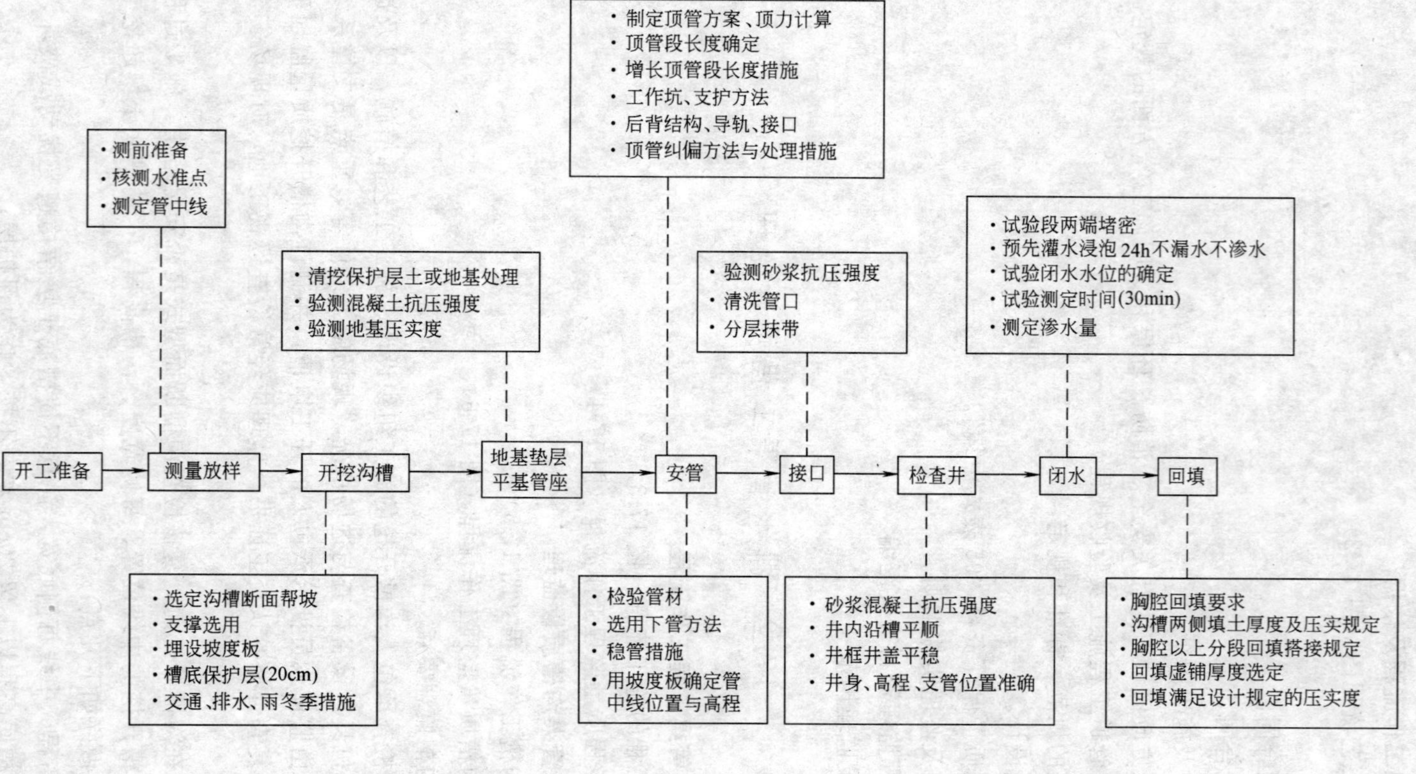

图 17-3 排水管渠工程的施工流程

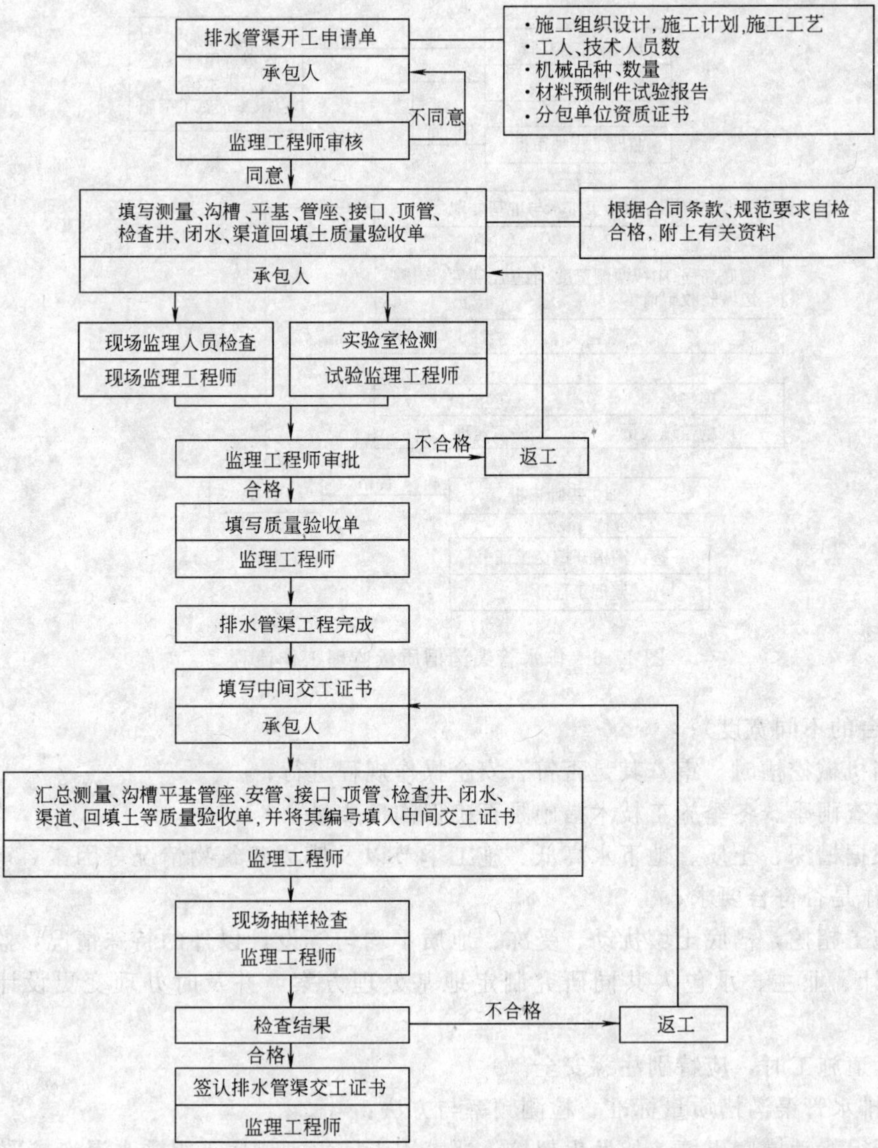

排水管渠开工申请单
承包人
·施工组织设计，施工计划，施工工艺
·工人、技术人员数
·机械品种、数量
·材料预制件试验报告
·分包单位资质证书
不同意
监理工程师审核
同意
填写测量、沟槽、平基、管座、接口、顶管、检查井、闭水、渠道回填土质量验收单
承包人
根据合同条款、规范要求自检合格，附上有关资料
现场监理人员检查
现场监理工程师
实验室检测
试验监理工程师
监理工程师审批
不合格
返工
合格
填写质量验收单
监理工程师
排水管渠工程完成
填写中间交工证书
承包人
汇总测量、沟槽平基管座、安管、接口、顶管、检查井、闭水、渠道、回填土等质量验收单，并将其编号填入中间交工证书
监理工程师
现场抽样检查
监理工程师
检查结果
不合格
返工
合格
签认排水管渠交工证书
监理工程师

图 17-4　排水管渠工程质量监理工作流程

·留台
·支撑
·坡度板
·留保护层 20cm，严禁扰动槽底土
·难设计处理的特殊情况，共同确定地基处理方案
·排水措施
沟槽大开挖
沟槽
地基处理保护层
·护坡
·选择支撑形式
·排水及雨冬季施工方案
·注意减少妨碍交通的措施
·堆土、堆料要点

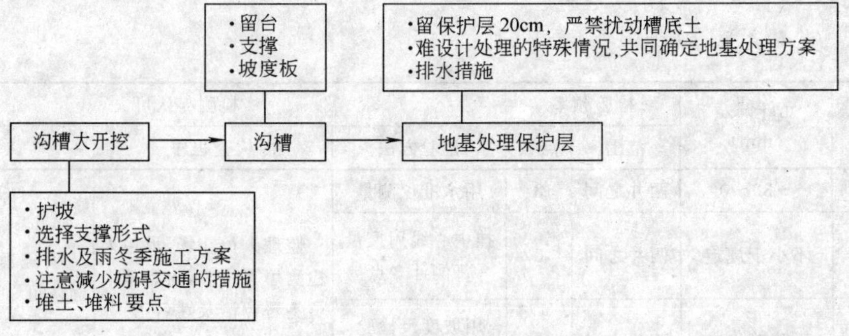

图 17-5　排水管渠沟槽工作流程

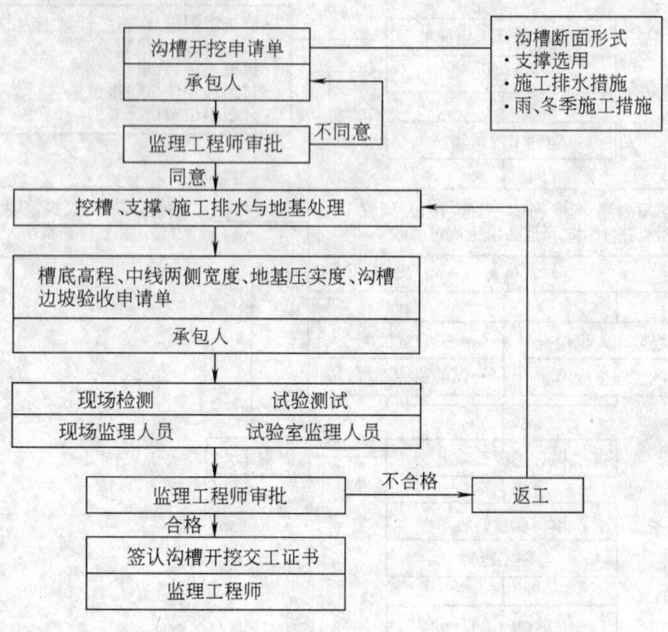

图 17-6 排水管渠沟槽质量监理工作流程

井点等留台的不同宽度)；

3）当机械挖槽时，审查其是否符合安全操作规程进行；

4）审查雨季、冬季施工技术措施是否确保沟槽质量；

5）根据槽深、土质、地下水高低、施工季节以及槽边建筑物情况等因素，审查支撑的加工制作是否符合要求；

6）施工超挖，槽底土壤扰动、受冻、地质不均匀等设计以外的特殊情况，监理人员应会同设计、业主、承包人共同研究制定地基处理方案，并及时办理变更设计或洽商手续；

7）管道施工时，应特别注意安全。

(3) 排水管渠沟槽质量标准、检测频率与方法：

1）不得扰动槽底土壤，如发生超挖，严禁用土回填，槽底不得受水浸泡或受冻；

2）排水管渠沟槽槽底高程、中线每侧宽度、沟槽边坡等质量要求见质量监理表（表17-1)；

表 17-1

项目	允许偏差(mm)	检验频率		检测与认可		
		范围	点数	检验方法	检查程序	认可程序
槽底高程	-30～0	两井之间	3	用水准仪测量	监理人员在场，承包人检测填写报表，由监理人员签署评语及姓名	须经监理人员的书面认可
槽底中线每侧宽度	不小于规定	两井之间	6	挂中心线用尺量每侧计3点		
沟槽边线	不陡于规定	两井之间	6	用坡度尺检验每侧计3点		

3）管沟底部每侧工作面宽度（表 17-2）；

表 17-2

管道结构宽度(mm)	每侧工作面宽度(mm)		管道结构宽度(mm)	每侧工作面宽度(mm)	
	非金属管道	金属管道或砖沟		非金属管道	金属管道或砖沟
200～500	400	300	1100～1500	600	600
600～1000	500	400	1600～2500	800	800

注：1. 管道结构宽度：无管座按管身外皮计；有管座按管座外皮计；砖砌或混凝土管沟按管沟外皮计。

2. 沟底需增设排水沟时，工作面宽度可适当增加。

3. 有外防水的砖沟或混凝土沟时，每侧工作面宽度宜取 800mm。

4）承插式接口工作坑尺寸：

a. 刚性接口工作坑尺寸（表 17-3）；

表 17-3

DN(mm) / 部位	75～100	150～200	250	300～700	≥800
坑宽(m)	DN+0.70	DN+0.80	DN+0.80	DN+1.20	DN+1.40
坑深(m)	0.3	0.3	0.3	0.4	0.5
坑长(前)(m)	0.8	0.8	0.9	1.0	1.0
坑长(后)(m)	0.2	0.2	0.2	0.3	0.4

b. 柔性接口工作坑尺寸（表 17-4）。

表 17-4

<table>
<tr><th>接口方式</th><th colspan="2">接口采取封口措施</th><th>接口不采用封口措施</th></tr>
<tr><td rowspan="6">接口工作坑尺寸</td><td rowspan="3">DN≤300mm</td><td>坑宽＝D＋0.3m</td><td></td></tr>
<tr><td>坑深＝0.15m</td><td></td></tr>
<tr><td>坑长＝承口锥形长度＋0.3m</td><td>坑宽＝D＋0.2m</td></tr>
<tr><td rowspan="3">DN＜300mm</td><td>坑宽＝D＋0.5m</td><td>坑深＝0.12m</td></tr>
<tr><td>坑深＝0.2m</td><td>坑长＝承口锥形长度＋0.3m</td></tr>
<tr><td>坑长＝承口锥形长度＋0.4m</td><td></td></tr>
</table>

17.2.3　地基处理和管渠基础的质量监理

1. 地基处理和管渠基础施工要求

（1）根据设计图中选用的管节接口型式、管节质量、地质及现场情况，核查管道基础。

（2）基础施工前必须复核高程样板的标高。

（3）沟槽底应清除淤泥及碎土、不得超挖，严禁用土回填，以确保地基质量。

（4）对于钢筋混凝土基础的施工要求，遵循混凝土及钢筋混凝土施工规范，并注意在基础浇筑完毕后 12h 内不得浸水，应注意养护，混凝土强度达到 2.5MPa 以上后方可拆模。

2. 地基处理和管渠基础工作流程

（1）地基处理和管道基础施工流程（图 17-7）

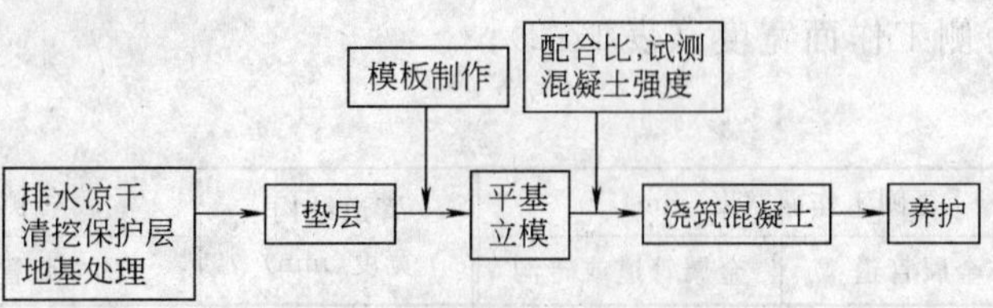

图 17-7 地基处理和管道基础施工流程

(2) 排水管道平基管座质量监理工作流程（图 17-8）

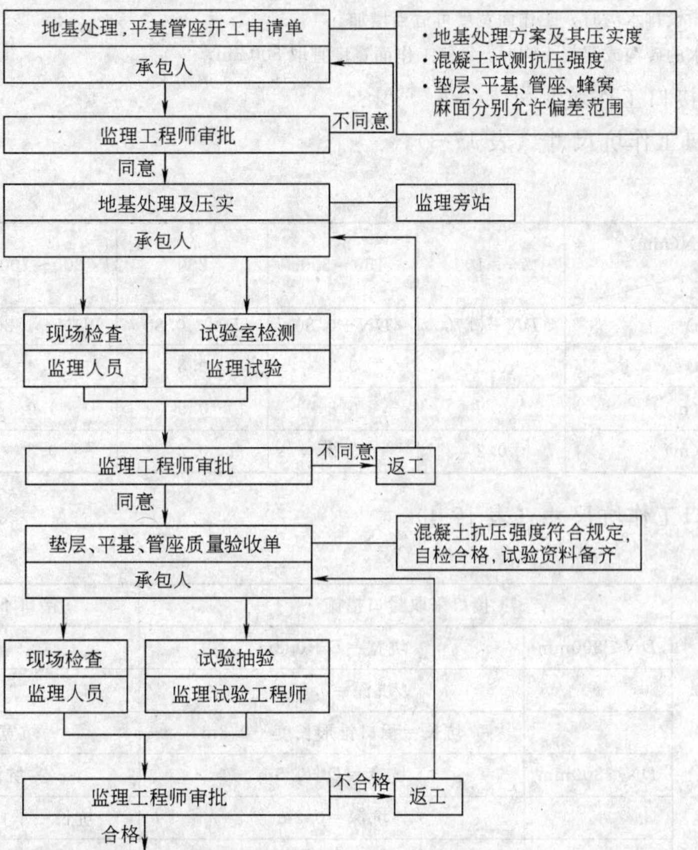

图 17-8 排水管道平基管座质量监理工作流程

3. 地基基础和管道基础监理工作要点

(1) 监理人员根据申报的排水管渠平基、管座施工组织设计、施工工艺、操作规程以及混凝土配合比、抗压强度等，审查批示开工申请，并制订该工序质量监理工作细则与质量标准。完工后，经监理人员复核检查，合格者签认交工证书。

(2) 监理人员在平基、管座浇筑前，认真验槽，复核检查有无超挖或扰动破坏槽底土壤，如发生超挖，严禁用土回填。监理人员复测地基容许承载力，用环刀法复测地基压实度值，不得小于设计规定。复查混凝土配合比、抗压强度。在施工过程中，监理人员随机复测平基、管座的中心位置、内底高程、宽度、厚度、蜂窝麻面等偏差是否控制在允许范围之内。

(3) 旁站基础的施工，且在混凝土浇筑完毕后 12h 内不得浸水，以防基础不实而引起管道变形。

(4) 采用天然地基时，复核检查地基不得受扰动。

(5) 槽底为岩石或坚硬地基时，应按设计施工，设计无规定时，管身下方应铺设砂垫层，其厚度应符合表 17-5 的规定。

表 17-5

管材种类	管径(mm)		
	≤500	>500 且≤1000	>1000
金属管	≥100	≥150	≥200
非金属管	150～200		

(6) 当槽底地基土质局部遇有松软土带、溶洞、墓穴等，应与设计单位商定处理措施。

(7) 非永冻地区，复核检查管道不得安放在冻结的地基上。管道安装过程中，应防止地基冻胀。

(8) 管道安装时，检查管节的中心及高程，逐节调整正确，安装后的管节应进行复测，合格后方可进行下一道工序的施工。

(9) 强调管道基础变形控制，以防管道基层混凝土浇筑后拱起、开裂，甚至断裂。

1) 沟槽开挖与支撑符合标准。沟槽排水良好、无积水，槽底的土，应在铺设碎石或砾石砂垫层前挖除，避免间隔时间过长；

2) 采用井点降水，应经常观察水位降低程度，检查漏气现象以及井点泵机械故障等，防止井点降水失效；

3) 混凝土拌制应使用机械搅拌，级配正确，控制水灰比；

4) 在雨季浇筑水泥混凝土时，应准备好防雨措施；

5) 做好每道工序的质量检验，未达标准宽度、厚度，应予返工重做；

6) 控制混凝土基础浇筑后卸管、排管的时间，根据管材类别、混凝土强度和当时气温情况决定；

7) 检查和控制管道基础尺寸线形偏差，以防边线不顺直，宽度、厚度不符合设计要求；

8) 在采用横列板支撑时，强调整修槽壁必须垂直，必要时可用垂球挂线校验；

9) 采用钢板桩支撑时，首先要检验钢板桩本身不得有弯曲。如有弯曲，应校正后才可使用。施打钢板桩时也必须测放直线、控制平面线形并使用夹板控制桩架垂直度；

10) 严格测量放样复核制，特别是轴线放样，应由上级派人员复核和监理人员复核，以明确责任；

11) 施工人员可以在沟槽放样时给规定槽宽适当余量，一般两边再加放 5～10cm，以防止因上宽下窄造成底部基础宽度不够。

(10) 检查和控制管道基础标高偏差：

1）设计图出图后数年施工时，应向国家水准点设置部门查询所引用的水准点数值有否变动，如有变动应按调整后的数值测放临时水准点，并进行闭合复测；

2）水准仪，应事前校验正确后才能使用；

3）测量人员应注意避免读尺或计算错误，严格测量放样复核制度；

4）测放高程的样板，应坚持每天复测，样板架设必须稳固，不准将样板钉在沟槽支撑的竖列板上；

5）两个以上施工单位，在相邻施工段施工，事前应相互校对测量用的水准点，务必达到统一数值，避免双方衔接处发生高差。

（11）地基基础和管道基础质量标准、检测频率与方法：

1）砂石平基及管座石子不得与管皮直接接触，管底必须与砂石平基紧密接触，砂石平基与管座不得泡水；

2）混凝土抗压强度必须符合国家 GBJ 107—87 规定；

3）非金属排水管道应没有碎石或混凝土垫层，因此必须在放线、测量、挖土以后，找正基础垫层的标高及坡度；

4）基础垫层应做在实土上，松土应进行夯实处理，不能把基础做在松土或者冻土上；

5）地基基础和管渠基础质量监理表（表 17-6）。

表 17-6

项目		允许偏差	检验频率		检测与认可	
			范围	点数	检验方法	检查程序
△混凝土抗压强度		必须符合 CJJ 3—90 附录三的规定	100m	1组	必须符合 CJJ 3—90 附录三的规定	监理人员在场，施工单位检测并填报各类报表，由监理人员签署评语及姓名
垫层	中线每侧宽度	不小于设计规定	10m	2	挂中心线用尺量每侧1点	
	高程	－15～0mm	10m	1	用水准仪测量	
平基	中线每侧宽度	0～10mm	10m	2	挂中心线用尺量每侧1点	
	高程	－15～0mm	10m	1	用水准仪测量	
	厚度	不小于设计规定	10m	1	用尺量	
管座	肩宽	－5～10mm	10m	2	挂中心线用尺量每侧1点	
	肩高	±20mm	10m	2	用水准仪测量每侧1点	
蜂窝面积		1%	两井之间（每侧面）	1	用尺量蜂窝总面积	

17.2.4 排水管道安管质量监理

1. 排水管道安管施工要求

(1) 必须防止管内污水冰冻和因土壤冰冻而损坏管道。污水有一定的流速和约 4～10℃的温度，因此无保温措施的生活污水管道或水温和它接近的工业污水管道，管底可埋在冰冻线以上 0.15m。

(2) 必须防止管道因受地面荷载而受到破坏，管顶上须有一定的覆土厚度。这一厚度决定于 3 个因素：管壁的强度，地面荷载的大小和重量的传递方式。在车行道下面，管顶最小覆土厚度一般不小于 0.7m。

(3) 必须保证能够承接接往污水干管的所有支管的连接，即下游干管一定要低于上游支管。

(4) 最小埋设深度（表 17-7）

表 17-7

管材	地面至管顶的距离(m)	
	素土夯实、碎石、大卵石、砾石、红砖地面	水泥、混凝土、沥青混凝土、菱苦土地面
排水铸铁管	0.70	0.40
混凝土管	0.70	0.50
带釉陶土管	1.00	0.60

(5) 沟槽扰动槽底原土，如发生超挖，应用砂填并夯实，严用土回填。槽底不得受水浸泡或冰冻。沟槽允许偏差应符合规定（表 17-8）。

表 17-8

序号	项目	允许偏差(mm)	检验频率		检验方法
			范围	点数	
1	槽底高程	0 −30	两井之间	3	用水准仪测量
2	槽底中线每侧宽度	不小于规定	两井之间	6	挂中心线用尺量每侧计 3 点
3	沟槽边坡	不陡于规定	两井之间	6	用坡度尺检验每侧计 3 点

(6) 应对管材质量进行检查：管节尺寸、圆度、外观及内在质量，不得有裂缝和破损。

(7) 应对橡胶圈及衬垫材料的质量进行检查：包括外观及其性能。

(8) 管道铺设时间应根据基础强度和施工现场气温因素确定。

(9) 管节安装前，清除基础表面的杂物和积水。

(10) 在安装前，严格复核高程样板，其设置必须稳固，检查稳管垫块是否与设计相符。安管过程中要经常复测高程样板架。

(11) 排管应从下游排向上游，承口面向上游。

(12) 管节安装时，不得损伤管节，密封橡胶圈不得脱槽、挤出和扭曲、承插口的间隙应均匀，间隙质量≤9mm。

(13) 严格控制管节的标高及走向、相邻管节垫实稳定等。严禁倒坡，管口间隙及错口亦需在规范允许范围内。

(14) 在操作接口时，注意接口的清洁、湿润和嵌实，注意嵌填材料的质量和养护。

2. 排水管道安管工作流程

(1) 排水安管、管座施工流程（图 17-9）

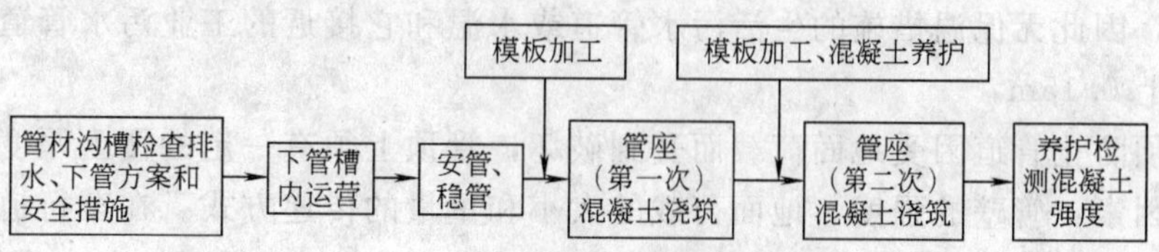

图 17-9 排水安管、管座施工流程

(2) 排水管道安管质量监理工作流程（图 17-10）

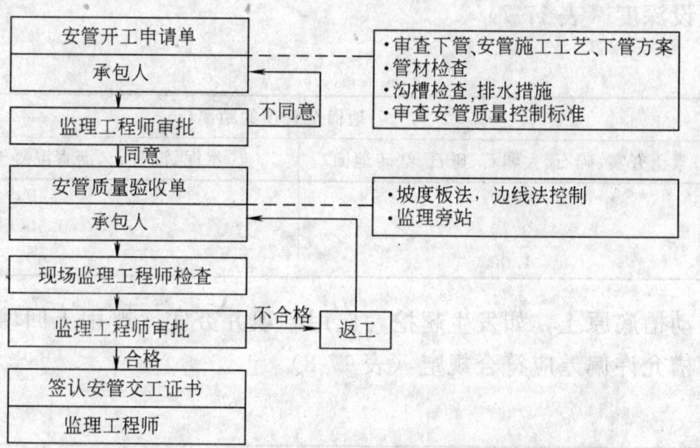

图 17-10 排水管道安管质量监理工作流程

3. 排水管道安管监理工作要点

(1) 监理人员根据承包人申报的下管安管准备工作、下管方案、安全措施，审批开工报告，制订下管安管监理工作细则与质量标准。完工时，须经监理人员复核检查，质量合格后签认交工证书。

(2) 监理人员在下管安管前，复核检查承包人下管安全措施（人工法、吊车法）、沟槽的槽底、地基、槽帮、堆土以及管材外观检查结果等是否符合设计规定。在安管过程中，监理人员随机复测管线中线位置、高程，使其质量控制在允许偏差范围之中。

1) 对中作业（表 17-9）

表 17-9

对中方法	操作程序检查要点
中心线法	1. 沿沟槽两边各打一龙门桩，桩上钉一块大致水平的木板 2. 按沟槽开挖前测定管道中心线所预留的隐蔽桩定出沟槽中心线，并在每个龙门板上钉一个中心钉，使各中心钉连线是一条与槽沟中心线在同一个垂直平面的直线 3. 对中时，在下到沟内的管中用水平尺置于管中，使水平尺的水准泡居中。此时，若由中心钉连线垂下的垂直吊线上的重球通过水平尺的二等分点，即表明等于中心线与沟槽中心线在同一个垂直平面内
边线法	1. 将边线两端栓在槽壁的边桩上 2. 对中时控制管子水平直径处外皮与边线间的距离为一常数，则表明管道处于中心位置

2）对高作业

a. 根据设计图纸，管道直径、坡度、地面高程、管底高程、检查井间距等用管线纵断面图求出各龙门架中心钉上沿高程并进行对高作业；

b. 决定龙门架中心钉上沿至管底的垂直距离；

c. 计算各龙门架上中心钉上沿高程。

（3）监理要求承包人做好下管安全规定，根据操作熟练程度、管材重量、管长、施工环境、沟槽深浅及吊装设备条件等因素，检查确定的下管方案是否合理，检查有无安全措施，能否确保施工安全。

（4）下管前对沟槽进行检查，检验管道管材。

（5）下管监理

1）采用吊车下管：检查吊车行走线路是否符合安全操作规程要求，在架空输电线路下是否符合下管规定，应有专人指挥，统一明确的指挥信号，梆套管道时应找准重心，起吊平稳；

2）人工下管：一般采用大绳下管。当管径为 900mm 以上时，用滑轮或斤不落下管。小口径管道用强勾从槽边吊下等，应检查是否适用，是否符合安全操作规定。

（6）管道铺设控制

1）用中线或边线法控制安管中心位置，按坡度板控制管道高程；

2）在平基或垫层上稳管时，应用混凝土预制块或干净石子从两侧卡牢，防止移动。稳管用混凝土块应事前按设计预制成形，安放位置准确。使用三角形扩建块，应将斜面作底部，并涂抹一层砂浆，以加强管道的稳定性。预制的管枕强度和几何尺寸应符合设计标准，不得使用不标准的管枕；

3）若在土基上稳管时，一般挖弧形槽铺垫砂子，使管道与土基良好接触；

4）稳管后，检测管道中心线及管底内壁高程，符合设计规定时，浇捣混凝土管座垫肩；

5）管道内、外防腐遭损伤或未做防腐层的部位，下管前应修补，修补后的质量应符合规定；

6）控制管道铺设偏差，防止管道不顺直、落水坡度错误、管道位移、沉降等；

7）在管道铺设前，必须对管道基础作仔细复核。复核轴线位置、线形以及标高是否与设计标高吻合，如发现有差错，应给予纠正或返工，切忌跟随错误的管道基础进行铺设；

8）管道铺设操作应从下游排向上游，承口向上，切忌倒排；

9）采取边线控制排管时所设边线应紧绷，防止中间下垂。采取中心线控制排管时应在中间铁撑柱上划线，将引线扎牢，防止移动，并随时观察，防止外界扰动；

10）每排一节管材应先用样尺与样板架观察校验，然后再用水准尺检验落水方向。

（7）管道封堵及拆除控制

1）闭水试验。需要对原管道实行临时封堵：

a. 复核检查封堵的原始记录，记好地点、井编号、封塞方法、上游或下游的部位附平面图说明，以及封堵日期等；

b. 检查封堵操作人员是否经过培训，持证上岗；

c. 严格按技术规程进行封堵拆除的操作，审定施工方案；

d. 拆除后，由建设单位和监理单位检查管道是否畅通及封堵拆尽情况，封堵材料经检验合格后才可使用；

e. 根据不同管径及水头压力确定砖墙封砌厚度，封堵管道砖墙厚度参考（表 17-10）；

表 17-10

管径(mm)	砖墙厚度(上游水位低于 2.5m)
ϕ600 以上	下半部(管径)一砖墙，上半部(管径)半砖墙
ϕ800～ϕ1000	下半部(管径)一砖半墙，上半部(管径)半砖墙十一砖立柱
ϕ1200～ϕ1500	全管用一砖墙
ϕ1500 以上	下半部(管径)一砖墙，上半部(管径)一半砖墙十一砖半立柱

注：如上游水位高于＋2.5m 以上，应按表列各增加一档半砖厚度。

f. 尽可能采取更先进的封堵方法（如充气管塞或机械管塞），为拆除提供方便。

4. 排水管渠安管质量标准、检测频率与方法

（1）管道安装必须牢固，管底不得出现倒坡。管材不得有裂缝、破损。管口间隙均匀，不得错口。管道内不得有泥土、砖、石、木块等杂物。

（2）排水管的最小管径及最小设计坡度（表 17-11）。

表 17-11

管道类型	位　置	最小管径(mm)	最小设计坡度
污水管	在街坊和厂区内	200	0.004
	在街道下	300	0.003
雨水管和合流管		300	0.003
雨水口连接管		200	0.1

（3）混凝土管和钢筋混凝土管铺设允许偏差（表 17-12）

表 17-12

项目	允许偏差	项目	允许偏差
中心线	20	承口插口之间的外表隙量	<9
管底标高	＋20，－10	护管(坞膀)高度	±20

（4）排水管道安管质量监理表（表 17-13）

表 17-13

项　目		允许偏差(mm)	检验频率		检测与认可	
			范围	点数	检验方法	检查程序
中线位移		15	两井之间	2	挂中心线用尺量	
Δ管内底高程	$D\leqslant$1000mm	±10	两井之间	2	用水准仪测量	监理人员在场，承包人检测填报各报表，由监理人员签署评语及姓名
	$D>$1000mm	±15	两井之间	2	用水准仪测量	
	倒虹吸管	±30	每道直管	4	用水准仪测量	
相邻管内底错口	$D\leqslant$1000mm	3	两井之间	3	用尺量	
	$D>$1000mm	5	两井之间	3	用尺量	

注：1. $D<$700mm 时，其相邻管内底错口在施工中自检，不计点。

2. 表中 D 为管径。

5. 有混凝土平基的排水管道铺设质量监理要点

(1) 检查纵断高程和平面位置是否准确，对高程应严格要求。

(2) 检查混凝土平基的排基施工工序：

1) 在垫块上稳管，然后灌注混凝土基础及抹带；

2) 先打平基，等平基达到一定强度，再稳管、打管座及抹带。

(3) 检查接口严密坚固，污水管道必须经闭水试验合格。

(4) 检查混凝土基础与管壁结合是否严密、坚固稳定。

6. 稳管质量监理要点

(1) 对管道中心线的控制，可采用边线法或中线法。采用边线法时，边线的高度应与管道中心高度一致，其位置以距管外皮 10mm 为宜。

(2) 在垫块上稳管时，应注意以下两点：

1) 检查垫块是否放置平稳，高程是否符合质量标准；

2) 检查稳管时管道两侧是否立保险杠，防止管道从垫块上滚下伤人。

(3) 检查稳管的对口间隙，管径 700mm 及大于 700mm 的管道按 10mm 掌握，以便于管内勾缝。管径 600mm 以内者，可不留间隙。

(4) 混凝土基础允许排管时间参考（表 17-14）

表 17-14

气温	管材类别及混凝土基础		
	混凝土承插管 C15(h)	钢筋混凝土承插管 C20(h)	钢筋混凝土企口管及 F 型钢承口管
15℃以上	16	24	36
4～15℃	24	36	48

(5) 稳较大的管道时，宜进入管内检查对口，减少错口现象。

(6) 稳管质量标准：

1) 管内底高程允许偏差±10mm；

2) 中心线允许偏差 10mm；

3) 相邻管内底错口不得大于 3mm。

7. 四合一施工质量监理要点

(1) 施工要点

1) 模板材料一般使用 15cm×15cm 方木，方木高程不合适时，用木板平铺找补，木板与方木用铁钉钉牢；

2) 板内部用支杆临时支撑，外面应支牢，防止安管时走动，一般可采用靠模板外侧钉铁钎的方法；

3) 90°基础者，模板一次支齐，135°及 180°基础者，为了管道铺设的方便，模板宜分两次安装，上部模板待管道铺设合格后安装，上部模板使用材料及安装方法同一般模板；

4) 管道下入沟槽后，一般放置在一侧模板上。铺设前应将管道洗刷干净，并保持湿润。

(2) 监理要点

1) 灌注平基混凝土时，一般应使混凝土面高出平基面 2～4cm（视管径大小而定），并进行捣固。管径400mm以内者，可将管座混凝土与平基一次灌齐，并将混凝土作成弧形。混凝土的坍落度一般采用2～4cm，应按管径大小和地基吸水程度适当调整。靠管口部位应铺适量与混凝土同配比的水泥砂浆，使基础与管口部位粘结良好。污水管管口部位应铺抹砂浆，以防接口漏水；

2）将管道从模板上移至混凝土面，轻轻揉动，将管道揉至设计高程（一般掌握高1～2mm，以备稳下一节时又稍有下沉），同时注意保持对口和中心线位置的准确。如管道下沉过多，超过质量要求时，应将管道撬起，补填混凝土或砂浆，重新揉至设计高程。管径较大者，可使用环链手拉葫芦或吊车稳管；

3）管道稳好后，补灌两侧管座混凝土，认真捣固，抹平管座两肩。如系钢丝网抹带接口，捣固时应注意保持钢丝网位置的准确；

4）管座灌好后进行抹带。抹带与稳管应至少相隔两根管的距离。

17.2.5 排水管道接口质量监理

1. 排水管道接口工作流程

（1）排水管道接口施工流程（图17-11）

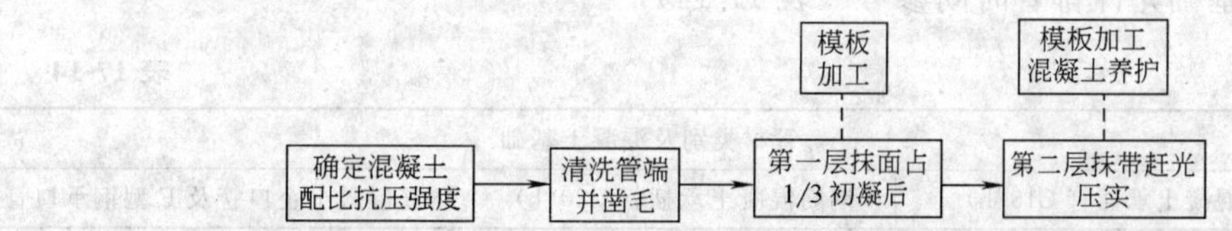

图17-11 排水管道接口施工流程

（2）排水管道抹带接口质量监理流程（图17-12）

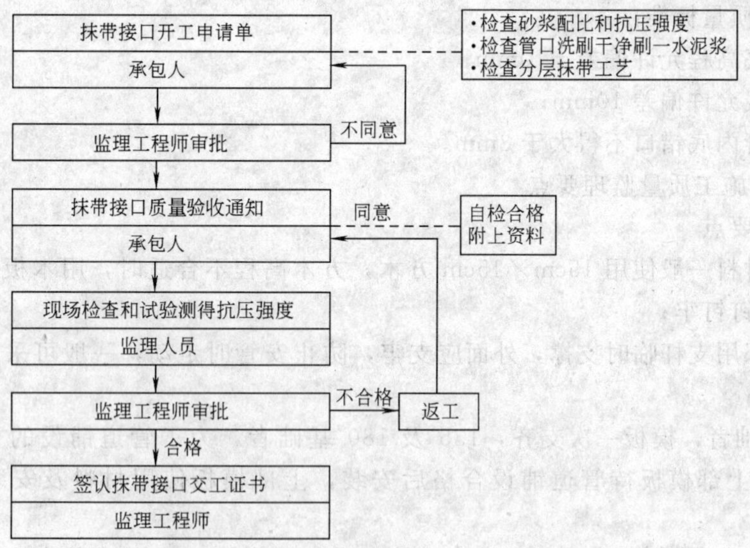

图17-12 排水管道抹带接口质量监理流程

2. 排水管道抹带接口质量监理要点

（1）排水管道接口型式及技术要求（表17-15）

表 17-15

接口型式	技术要求	适用范围
水泥砂浆抹带接口	采用1∶2.5或1∶3的水泥砂浆在接口处抹成半椭圆形砂浆带，带宽为120～150mm，中间厚为30mm	适用于地基土质较好的雨水管，平口、企口和承插口均可使用
钢丝网水泥砂浆抹带接口	将宽200mm的抹带范围管外壁凿毛，抹1∶(2.5～3)，厚15mm的水泥砂浆一层，在抹带层内埋置10mm×10mm方格钢丝网，钢丝网两端插入基础混凝土中固定，上面再压10mm厚的水泥砂浆一层	适用于地基土质较好的雨水管与污水管
石棉沥青卷材接口	将接口壁面刷净烤干，涂一层冷底子油，再刷3mm的沥青砂玛琋脂	一般适用于地基沿轴向沉陷不均匀地区
内套环石棉水泥接口	在内套环外壁与管道内壁间隙中用重量比石棉∶水泥∶水＝3∶7∶1的石棉水泥打口，也可采用膨胀水泥砂浆塞入	适用于较大口径的管道
沥青砂浆接口	管口处涂冷底子油，然后用模具定型、浇灌沥青砂浆。沥青∶石棉粉∶砂＝3∶2∶5，沥青砂浆在200℃具有良好的流动性	适用于地基不均匀沉降地区

3. 排水管道接口监理工作要点

(1) 监理人员根据承包人申报的砂浆抹带接口施工方案和砂浆配合比、抗压强度等有关资料审批开工报告，并确定质量标准。检查管道承插接口的结构、材料质量和密实程度，管道抹带接口的抹带宽度与管道附着情况。

(2) 监理人员复核检测砂浆配合比、抗压强度，并督促承包人按操作规程进行分层抹带接口施工。具体要求：抹第一层砂浆应在管缝居中，厚度为带厚的1/3，并压实与管粘结牢固，表面划线槽，等初凝后，抹第二层砂浆，用弧形抹子捋压成形，初凝后再赶光压实。

(3) 对所采用的管材必须经过严格检验，符合产品标准。凡不符合标准者不得使用，特别是卸管后，要再检查有无损伤、裂缝、承插口和企口有无缺口，包括管材圆度偏差。

(4) 完工后，须经监理人员复查，合格者签认交工证书。

(5) 刚性接口监理工作要点：

1) 监理必须检查管节是否清洗干净，是否需要凿毛，接缝处是否浇水湿润；

2) 督促施工单位对施工完毕的接缝的养护。

(6) 柔性接口监理工作要点：

1) 应检查橡胶圈质保单，并督促施工单位对其物理性能送检；

2) 监理抽取橡胶圈见证取样，送市政质监部门认可的检测单位检测；

3) 检查橡胶止水带（密封圈），必须符合规定的物理性能，其质量应符合耐酸、耐碱、耐油以及几何尺寸标准。

(7) 水泥砂浆接口监理工作要点：

1) 检验水泥砂浆接口材料、水泥标号、砂子孔径及含泥量，接口用水泥砂浆配比应按设计规定；

2) 钢丝网水泥砂浆抹带，钢丝网规格应符合设计要求，并应无锈、无油垢。每圈钢丝网应按设计要求，并留出搭接长度，事先截好。

3）水泥砂浆接口质量标准：

a. 抹带外观不裂缝，不空鼓，外光里实，宽度厚度允许偏差0～+5mm；

b. 管内缝平整严实，缝隙均匀；

c. 承插接口填捣密实，表面平整。抹带应与灌注混凝土管座紧密配合，灌注管座后，随即进行抹带，使带与管座结合成一体，如不能随即抹带时，抹带前管座和管口应凿毛、洗净，以利与管带结合。管径700mm及大于700mm的管道，管缝超过10mm时，抹带应在管内管缝上部支一垫托（一般用竹片做成），不得在管缝填塞碎石、碎砖、木片或纸屑等。

（8）承插接口监理工作要点：

1）检查非金属管道承插接口的填料是否采用水泥砂浆或沥青胶泥；

2）检查接口间隙环缝是否均匀，填料要密实、饱满、平整，填料凹入承口边缘不得大于5mm。

（9）抹带接口监理工作要点：

1）抹带接口一般用在平口式钢筋混凝土雨水管上；

2）管径小于或等于600mm，应刷去管口浆皮。管径大于600mm，应将抹带部分管子凿毛；

3）平口管的管口应对齐，然后在管口上抹上设计规定的宽度和厚度的水泥砂浆，检查抹带是否间断和裂缝，是否均匀一致；

4）砂浆抹带接口应表面平整，不得有间断、裂缝、空鼓和脱落现象，接口缝隙中严禁用砖头、石子嵌缝。

5）抹带接口的宽度和厚度允许偏差（表17-16）

表 17-16

项目	允许偏差(mm)	检验频率		检 测 与 认 可	
		范围	点数	检验方法	检 查 程 序
宽度	0～5	两井之间	2	用尺量	监理人员在场，承包人检测，填报表，由监理人员签署评语及姓名
厚度	0～5	两井之间	2	用尺量	

17.2.6 排水沟渠质量监理

1. 排水沟渠工作流程

（1）排水沟渠施工流程（图17-13）

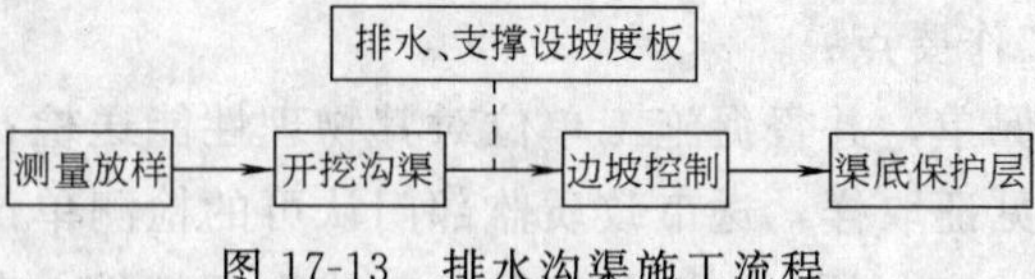

图 17-13 排水沟渠施工流程

（2）排水沟渠工程监理工作流程（图17-14）

2. 土渠施工监理工作要点

（1）土渠开挖断面应根据设计要求，结合沟深、土质、地下水及开挖方法等因素决定。排水沟渠的种类有土渠、钢筋混凝土渠、石渠、砖渠等。监理人员审查承包人申报的沟渠施工工艺、方案措施要求和现场施工条件，决定开工批示，并制订沟渠质量监理工作

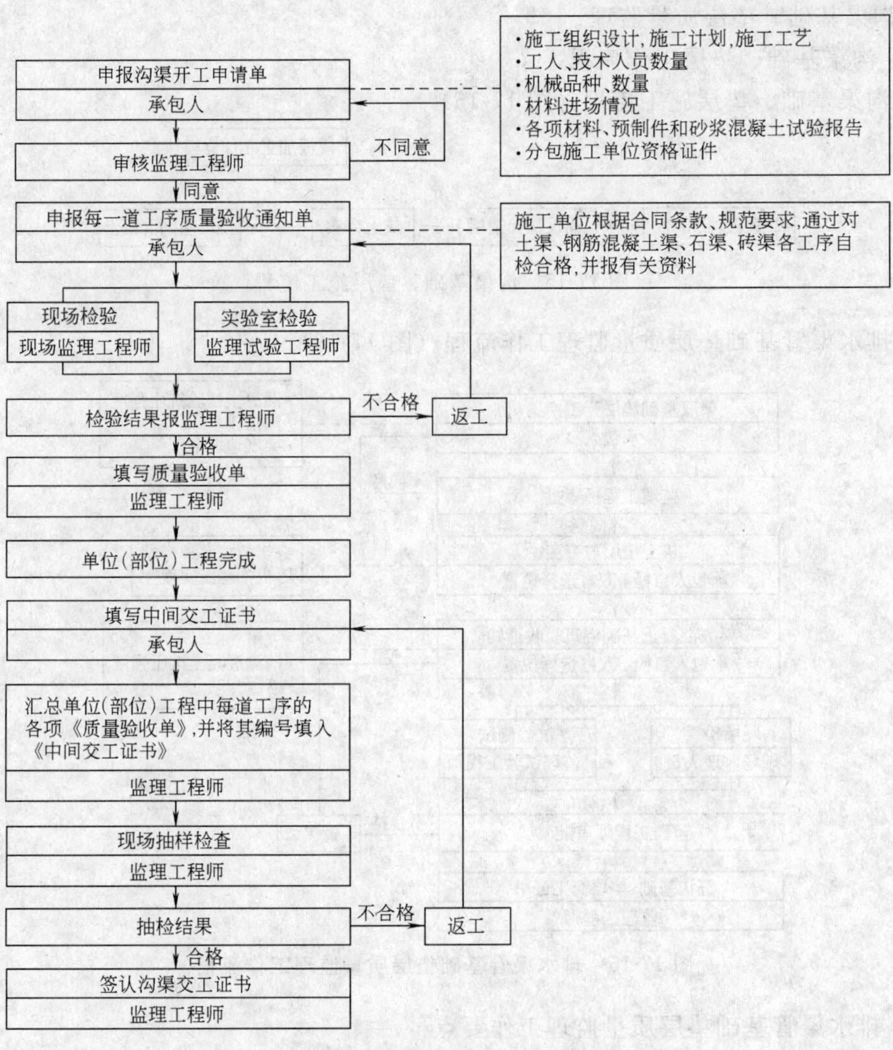

图 17-14　排水沟渠工程监理工作流程

细则和质量标准。完工时，须经监理人员复查合格后签认交工证书。

(2) 监理人员复查检测土渠水准点和方位角闭合差是否在允许范围之内，沟渠的支撑选用是否适用，检测土渠高程、渠底中线每侧宽度和土渠边坡是否符合设计规定。

(3) 质量标准、检测频率与方法：

1) 边坡必须平整、坚实、稳定，渠内不得有松土，渠底应平整，排水通畅；

2) 土渠质量监理表（表 17-17）

表 17-17

项　目	允许偏差	检验频率		检测与认可	
		范围(m)	点数	检验方法	检查程序
高程	0 −30mm	20	1	用水准仪测量	监理人员在场，承包人检测填报表，由监理人员签署评语及姓名
渠底中线每侧宽度	不小于设计规定	20	2	用尺量每侧计 1 点	
边坡		40	每侧 1	用坡度尺量	

3. 沟渠基础、垫层质量监理

(1) 沟渠基础、垫层工作流程

1) 沟渠基础、垫层施工流程（图 17-15）

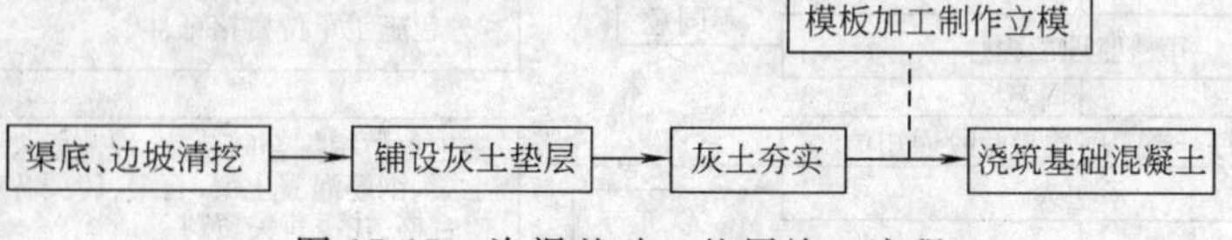

图 17-15 沟渠基础、垫层施工流程

2) 排水渠管基础垫层质量监理工作流程（图 17-16）

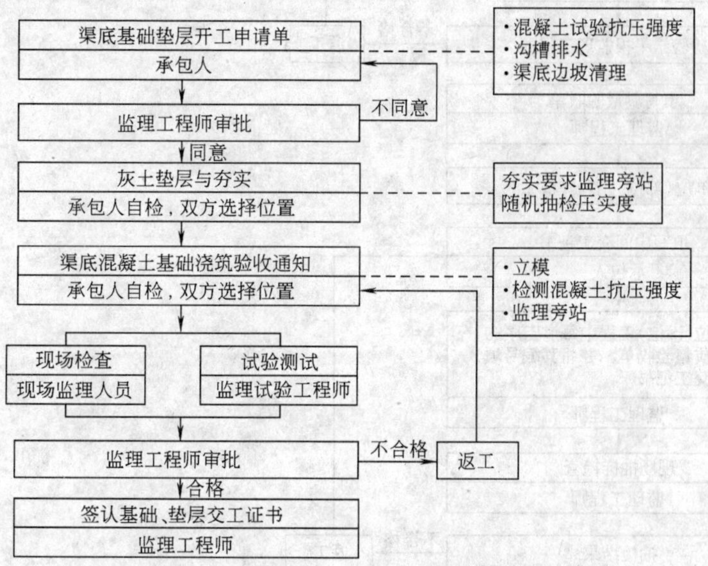

图 17-16 排水渠管基础垫层质量监理工作流程

(2) 排水渠管基础垫层质量监理工作要点

1) 监理人员根据承包人申报的排水沟渠基础、垫层施工组织设计、施工工艺及混凝土配合比、抗压强度等，审批开工申请，并制定各种沟渠质量监理工作细则与不同的质量标准，完工时，须经监理人员复核检查，合格者签认交工证书；

表 17-18

项目		允许偏差	检验频率		检测与认可	
			范围	点数	检验方法	检查程序
垫层	灰土压实度	＞95	100m	1组	环刀法	监理人员在场，承包人检测填报表，由监理人员签署评语及姓名
	高程	0～15mm	20m	1	用水准仪测量	
	中线每侧宽度	±10mm	20m	2	用尺量每侧计1点	
	厚度	±15mm	20m	1	用尺量	
基础	Δ混凝土抗压强度	必须符合 CJJ 3—90 规定	每台班	1组	必须符合附 CJJ 3—90 规定	
	高程	±10mm	20m	1	用水准仪测量	
	厚度	－10mm	20m	1	用尺量	
	中线每侧宽度	±10mm	20m	2	用尺量每侧计1点	
	蜂窝麻面面积	1%	20m 每侧面	1	用尺量蜂窝麻面总面积	

2）监理人员在施工前，复测地基容许承载力、压实度等，不得小于设计规定。施工中，随机复查中心位置、高程、厚度、蜂窝面积等，使其偏差控制在允许范围之内；

3）监理人员检测混凝土抗压强度及模板加工制作立模是否符合设计规定；

4）沟渠基础垫层压实度及质量监理表（表 17-18）

4. 混凝土及钢筋混凝土渠质量监理

（1）混凝土及钢筋混凝土渠工作流程

1）混凝土及钢筋混凝土渠施工流程（图 17-17）

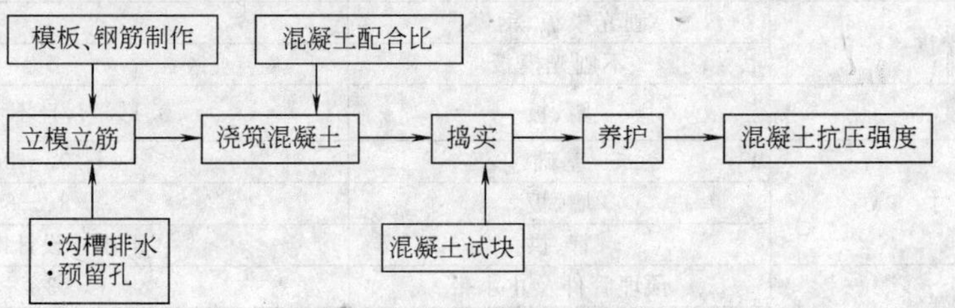

图 17-17　混凝土及钢筋混凝土渠施工流程

2）混凝土及钢筋混凝土渠质量监理流程（图 17-18）

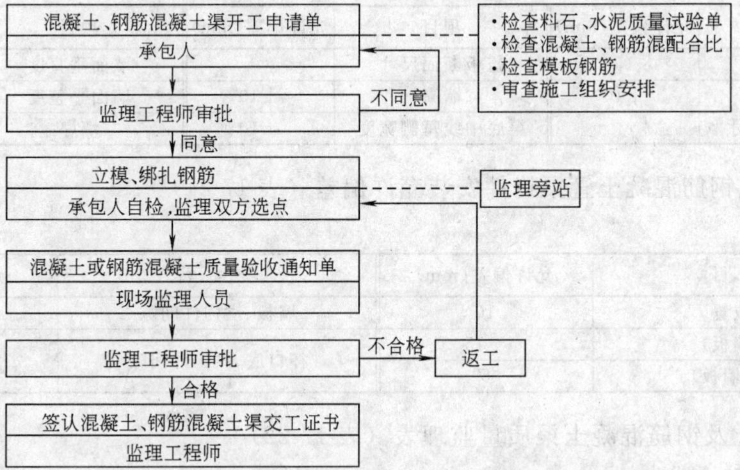

图 17-18　混凝土及钢筋混凝土渠质量监理流程

（2）混凝土及钢筋混凝土渠监理工作要点

1）监理人员审查承包人的施工工艺、方案措施及现场施工条件等，决定批示开工意见，并制订浇筑混凝土渠钢筋混凝土渠的质量监理工作细则，完工时，须经监理人员复查，合格后签认交工证书；

2）监理人员在施工前复核检测的内容：

a. 沟槽与排水是否符合要求，模板是否坚实稳固不漏水，钢筋加工制作、绑扎及其规格、间距、保护层等是否均符合设计规定；

b. 混凝土配合比和其抗压强度是否符合规定。

3）质量标准、检测频率与方法

a. 墙面板面严禁有裂缝，并不得有蜂窝、露筋等现象。墙和拱圈的伸缩缝与底板的伸缩缝应对准，不得有渗漏。渠底不得有建筑垃圾、砂浆、石子等杂物；

b. 现浇钢筋混凝土管渠模板安装允许偏差（表 17-19）

表 17-19

项目		允许偏差(mm)
轴线位置	基础	10
	墙板、管、拱	5
相邻两板表面高低差	刨光模板、钢筋	2
	不刨光模板	4
表面平整度	刨光模板、钢模	3
	不刨光模板	5
垂直度	墙、板	0.1%H,且不大于 6
截面尺寸	基础	+10、−20
	墙、板	+3、−8
	管、拱	不小于设计断面
中心位置	预埋管件及止水带	3
	预留孔洞	5

c. 现浇钢筋混凝土管渠允许偏差（表 17-20）

表 17-20

项目	允许偏差(mm)	项目	允许偏差(mm)	项目	允许偏差(mm)
轴线位置	15	盖板断面尺寸		墙面垂直度	15
渠底高程	±10	墙高	±10	墙面平整度	10
管、拱圈断面尺寸		渠底中线每侧宽度	±10	墙厚	±10　0

d. 装配式钢筋混凝土管渠构件安装允许偏差（表 17-21）

表 17-21

项目	允许偏差(mm)	项目	允许偏差(mm)
轴线位置	10	墙板、拱构件间隙	±10
高程(墙板)	±15	杯口底、拱构件间隙	+10　−5
垂直度(墙板)	5		

4）混凝土及钢筋混凝土渠质量监理表（表 17-22）

表 17-22

项目	允许偏差	检验频率		检测与认可	
		范围	点数	检验方法	检查程序
Δ混凝土抗压强度	必须符合 CJJ 3—90 规定	每台班	1组	必须符合 CJJ 3—90 规定	监理人员在场，承包人检测填报表，由监理人员签署评语及姓名
渠底高程	±10mm	20mm	1	用水准仪测量	
拱圈断面尺寸	不小于设计规定	20mm	2	用尺量，宽厚各计 1 点	
盖板断面尺寸	不小于设计规定	20mm	2	用尺量，宽厚各计 1 点	
墙高	±15mm	20mm	2	用尺量，每侧计 1 点	
渠底中线每侧宽度	±10mm	20mm	2	用尺量，每侧计 1 点	
墙面垂直度	15mm	20mm	2	用垂线检验，每侧计 1 点	
渠底中墙面平整度	10mm	20mm	2	用 2m 直尺或小线量取最大值，每侧计 1 点	
墙厚	+10mm 0	20mm	2	用尺量，每侧计 1 点	

5. 石渠质量监理

(1) 石渠工作流程

1) 石渠施工流程（图 17-19）

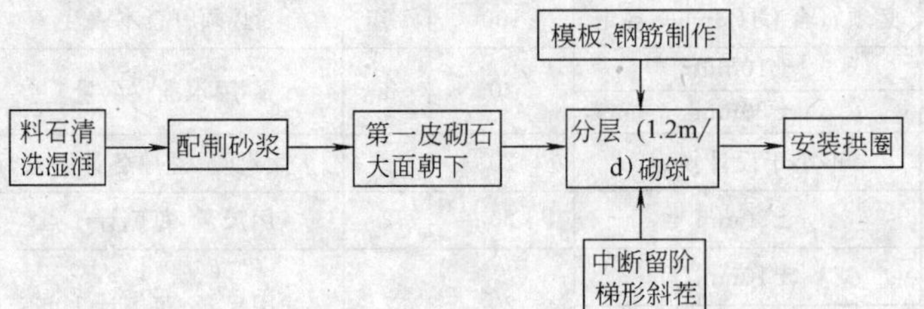

图 17-19　石渠施工流程

2) 石渠质量监理工作流程（图 17-20）

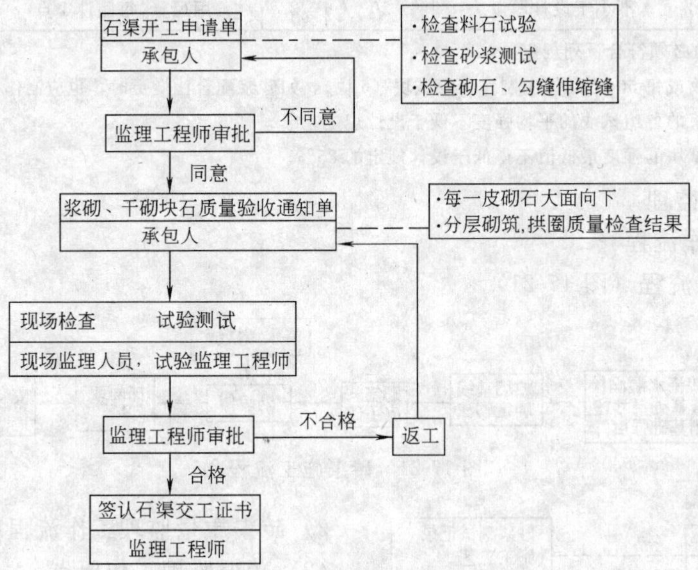

图 17-20　石渠质量监理工作流程

(2) 石渠施工监理工作要点

1) 监理人员根据承包人申报的石渠砌筑施工工艺、要求、措施，以及石料材质自检资料和现场施工条件等，审查批示承包人的石渠开工申请，并制订石渠砌筑质量监理工作细则与质量标准，完工时在承包人自检合格基础上，必须经监理人员复查，合格的签认交工证书，不合格令承包人返工重做，直至合格为止；

2) 监理人员在施工前，应复查承包人砌筑的石料材质和方法是否符合要求，查看第一皮及转角、交叉和洞口处是否应用较大平整的块石砌筑，基础第一皮块石应大面向下，分层卧砌高度不得超过 1.2m；检查临时中断时是否留阶梯形斜茬；

3) 监理人员复核砂浆抗压强度、水泥混凝土盖板的质量，砌筑体的高程、高度、厚度、宽度和垂直度与平整度，勾缝和干砌块石是否均符合规定。

4) 石渠质量监理表（表 17-23）

表 17-23

项目		允许偏差	检验频率		检测与认可	
			范围(m)	点数	检验方法	检查程序
Δ砂浆抗压强度		必须符合 CJJ 3—90 规定	100	1组	必须符合本表注	监理人员在场，承包人检测填报表，由监理人员签署评语及姓名
渠底高程	混凝土	±10mm	20	1	用水准仪测量	
	石	±20mm				
拱圈断面尺寸		不小于设计规定	20	2	用尺量，宽厚各计1点	
墙高		±20mm	20	2	用尺量，每侧计1点	
渠底中线每侧宽度	料石、混凝土	±10mm	20	2	用尺量，每侧计1点	
	块石	±20mm				
墙面垂直度		15mm	20	2	用垂线检验，每侧计1点	
墙面平整度	料石	20mm	20	2	用2m直尺或小线量取最大值，每侧计1点	
	块石	30mm				
墙厚		不小于设计厚度	20	2	用尺量，每侧计1点	

注：砂浆强度检验必须符合下列规定：

1. 每个构筑物或每 50m³ 砌体中制作一组试块（6块），如砂浆配合比变更时，也应制作试块。
2. 同标号砂浆的各组试块的平均强度不低于设计规定。
3. 任意一组试块的强度最低值不得低于设计规定的85%。

6. 砖渠质量监理

(1) 砖渠工作流程

1) 砖渠施工流程（图 17-21）

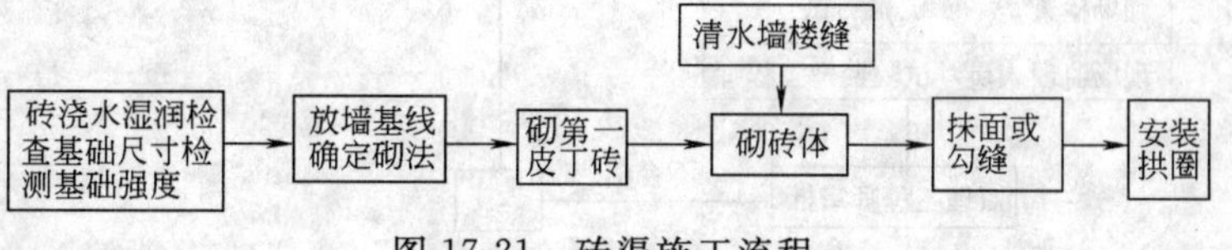

图 17-21 砖渠施工流程

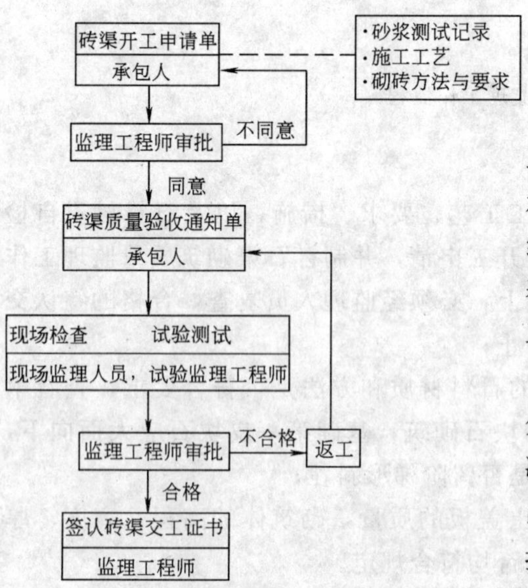

图 17-22 砖渠质量监理工作流程

2) 砖渠质量监理工作流程（图 17-22）

(2) 砖渠监理工作要点

1) 监理人员根据承包人申报的砖渠砌筑施工工艺、措施，以及现场施工条件等，审查批示其开工申请，并制定砖渠工程质量监理工作细则与质量标准，完工时，在承包人自检合格基础上，经监理人员复查检验，合格者签认交工证书；

2) 监理人员督促承包人做到待砌的砖应充分浇水湿润，并检查基础的尺寸与高程，待混凝土强度满足设计要求后开始砌筑，由中心放出墙基线并确定砌法，砌体上下错缝，内外搭接。最下一皮和最上一皮砖应丁砖砌筑，灰缝应符合规定，砌墙抹面随砌随将砂浆刮平，如清水墙随砌随楼缝后勾缝安拱圈；

3）监理人员复核砂浆配合比，试测其抗压强度，检查渠底高程、拱圈尺寸、墙高、渠底宽度、墙面垂直度和平整度；

4）砖渠质量监理表（表 17-24）

表 17-24

项　目	允许偏差	检验频率		检测与认可	
		范围	点数	检验方法	检查程序
Δ砂浆抗压强度	必须符合石渠质量监理表规定	100m，第一配合比	1 组	必须符合石渠质量监理表规定	监理人员在场，承包人检测填报表，由监理人员签署评语及姓名
渠底高程	±10mm	20mm	1	用水准仪测量	
拱圈断面尺寸	不小于设计规定	20mm	2	用尺量，宽厚各计 1 点	
墙高	±20mm	20mm	2	用尺量，每侧计 1 点	
渠底中线每侧宽度	±10mm	20mm	2	用尺量，每侧计 1 点	
墙面垂直度	15mm	20mm	2	用垂线检验，每侧计 1 点	
渠底中墙面平整度	10mm	20mm	2	用 2m 直尺或小线量取最大值，每侧计 1 点	

7. 管渠砌筑质量允许偏差（表 17-25）

表 17-25

项　目		砌体允许偏差(mm)			
		砖	料石	块石	混凝土块
轴线位置		15	15	20	15
渠底	高程	±10	±20		±10
	中心线每侧宽	±10	±10	±20	±10
墙高		±20	±20		±20
墙厚		不小于设计规定			
墙面垂直度		15	15		15
墙面平整度		10	20	30	10
拱圈断面尺寸		不小于设计规定			

17.2.7　护底、护坡、挡土墙质量监理

1. 护底、护坡、挡土墙工作流程

（1）护底、护坡、挡土墙施工流程（图 17-23）

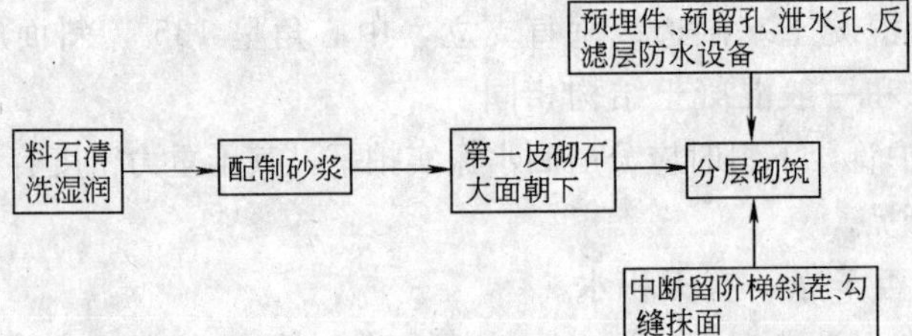

图 17-23　护底、护坡、挡土墙工作流程

(2) 护底、护坡、挡土墙质量监理工作流程（图 17-24）

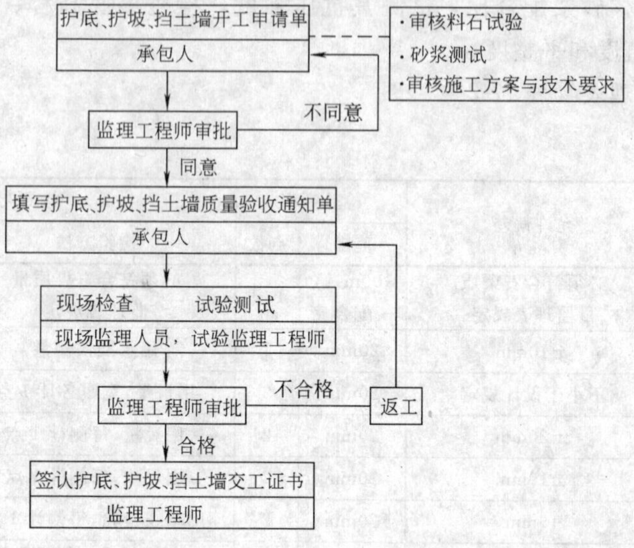

图 17-24　护底、护坡、挡土墙质量监理工作流程

2. 护底、护坡、挡土墙监理工作要点

(1) 监理人员审查批示承包人关于护底、护坡、挡土墙的开工申请，制定护底、护坡、挡土墙质量监理工作细则与质量标准，完工时，须经监理人员复查，合格者签认交工证书。

(2) 监理人员应检测砂浆抗压强度、砌体断面尺寸、顶面高程、中线位移、墙面垂直度、平整度和坡度，水平缝应平直。

(3) 施工中监理人员督促承包人在砌筑前应检查石料材质并清洗湿润，要按规定制配砂浆，基础第一皮石应大面向下。分层砌石，中断时留阶梯形斜茬，留预留孔、泄水孔、埋预埋件，设反滤层和防水设施。洒水养护。

(4) 质量标准：砂浆砌体必须嵌填饱满密实；灰缝整齐均匀，缝宽符合要求，勾缝不得空鼓，脱落；砌体分层砌筑，必须错缝，咬茬紧密；沉降缝（伸缩缝）必须直顺，上下贯通；预埋件、泄水孔、干砌石不得有松动、叠砌和浮塞。

(5) 沟渠护底、护坡、挡土墙质量监理表（表 17-26）

17.2.8　管道护管监理

1. 管道护管施工要求

(1) 管道护管应采用与基础同强度的混凝土或钢筋混凝土，在闭水检验合格后进行。

(2) 立模前管壁、基础表面均应干净，污泥应清除，面层积水应抽除。

(3) 护管模板应沿混凝土基础边线垂直支立，中心角呈 135°，斜面应拍实抹光。

(4) 护管施工要求和一般混凝土结构相同。

(5) 若采用中粗砂护管，下料时应分层洒水振实拍平，其干重力密度容量$\not<$16kN/m^3。

2. 管道护管监理重点

(1) 检查基础面是否干净，有无积水。

(2) 检查立模情况。立模后必须进行工序检验，符合宽度、高度要求，模板接缝严密。

表 17-26

<table>
<tr><th colspan="2" rowspan="3">项　目</th><th colspan="4">允许偏差(mm)</th><th colspan="2">检验频率</th><th colspan="2">检验与认可</th></tr>
<tr><th>浆砌料石、砖、砌块</th><th colspan="2">浆砌块石</th><th>干砌块石</th><th rowspan="2">范围</th><th rowspan="2">点数</th><th rowspan="2">检验方法</th><th rowspan="2">检查程序</th></tr>
<tr><th>挡土墙</th><th>挡土墙</th><th>护底护坡</th><th>护底护坡</th></tr>
<tr><td colspan="2">Δ砂浆抗压强度</td><td colspan="3">平均值不低于设计规定</td><td></td><td rowspan="9">每个构筑物</td><td></td><td>必须符合表的规定</td><td>监理人员在场,施工单位取样填表</td></tr>
<tr><td colspan="2">断面尺寸</td><td>+10
0</td><td>+20
−10</td><td>不小于设计规定</td><td></td><td>3</td><td>用尺量长、宽、高各计一点</td><td rowspan="8">监理人员在场,施工单位检测填表;由监理人员签署评语及姓名</td></tr>
<tr><td colspan="2">顶面高程</td><td>±10</td><td>±15</td><td></td><td></td><td>4</td><td>用水准仪测量</td></tr>
<tr><td colspan="2">中线位移</td><td>10</td><td>15</td><td></td><td></td><td>2</td><td>用经纬仪测量纵、横向各计 1 点</td></tr>
<tr><td colspan="2">墙面垂直度</td><td>0.5%H
<20</td><td>0.5%H
<30</td><td></td><td></td><td>3</td><td>用垂线检验</td></tr>
<tr><td rowspan="2">平整度</td><td>料石</td><td>20</td><td rowspan="2">30</td><td rowspan="2">30</td><td rowspan="2">30</td><td rowspan="2">3</td><td rowspan="2">用 2m 直尺或小线量取最大值</td></tr>
<tr><td>砖、砌块</td><td>10</td></tr>
<tr><td colspan="2">水平缝平直</td><td>10</td><td></td><td></td><td></td><td>4</td><td>拉 10m 小线量取最大值</td></tr>
<tr><td colspan="2">墙面坡度</td><td colspan="4">不陡于设计规定</td><td>2</td><td>用坡度尺检验</td></tr>
</table>

(3) 抽检混凝土试块或砂的干密度。

(4) 水泥混凝土拌制必须符合设计标准。操作人员应分两侧同步进行浇筑，并用插入式振荡器振捣密实。管道下口不留孔隙，使结成整体，并防止管道位移。

(5) 护管上口斜面（如 135°角）的表面应拍实抹光，防止斜面坍落。

(6) 采用黄砂护管，应用粗砂，如采取 180°中心角，高度至管节中心齐平，并应在管道两侧同时均匀下料回填。如回填规定在管顶上 50cm 时，都应分层（每层 250mm 高度）洒水振实、拍平，并测试其干容重不应小于 16kN/m³。

3. 管道护管允许偏差及检验方法（表 17-27）

表 17-27

<table>
<tr><th rowspan="2">量测项目</th><th rowspan="2">允许偏差</th><th colspan="2">检查频率</th><th rowspan="2">检　验　方　法</th></tr>
<tr><th>范围</th><th>点数</th></tr>
<tr><td>肩宽</td><td>−5,+20(mm)</td><td colspan="2">10m³ 1 点</td><td>挂中心线用尺量,每侧计 1 点</td></tr>
<tr><td>肩高</td><td>±20(mm)</td><td colspan="2">10m³ 1 点</td><td>挂中心线用尺量,每侧计 1 点</td></tr>
<tr><td>混凝土抗压强度</td><td>不低于设计要求</td><td colspan="2">10m³ 1 组</td><td>试块检验</td></tr>
<tr><td>蜂窝面积</td><td>1%</td><td colspan="2">两井间每侧面</td><td>用尺量</td></tr>
</table>

17.2.9　倒虹吸管施工监理

1. 倒虹吸管施工要求

(1) 倒虹吸管基础施工时，投料位置应准确，沟槽两侧定位桩上应设置基础高程标志，由潜水员下水检验和整平。

(2) 沟槽挖好后，应测量槽底高程和沟槽横断面，其测量间距应根据沟槽开挖方法及地质情况等确定，在全管道沟槽范围内不得小于设计断面。

2. 倒虹吸管监理要点

（1）检查管底与沟底接触的均匀程度和紧密性，管下如有冲刷，应采用砂或砾石铺填。

（2）检查接口情况。

（3）测量管道高程和位置。

3. 倒虹吸管质量标准

（1）水下开挖沟槽的允许偏差（表 17-28）

表 17-28

<table>
<tr><th rowspan="2">项　目</th><th colspan="2">允　许　偏　差</th></tr>
<tr><th>土</th><th>石</th></tr>
<tr><td>槽底高程</td><td>0
−300mm</td><td>0
−500mm</td></tr>
<tr><td>槽底中心线每侧宽度</td><td colspan="2">不小于设计规定</td></tr>
<tr><td>沟槽边坡</td><td colspan="2">不小于设计规定</td></tr>
</table>

（2）涵洞、倒虹吸管监理表（表 17-29）

表 17-29

<table>
<tr><th colspan="2">项　目</th><th>质量标准</th><th>允许误差</th><th>检验频率</th><th>检验方法</th><th>检验程序</th><th>认可程序</th></tr>
<tr><td rowspan="7">管
节</td><td>外观条件</td><td>无破裂、蜂窝、裂缝、麻面、剥落、露筋以及表面粗糙等缺陷</td><td>按项目工程师的决定</td><td>所有节管都必须在预制厂或安放于基座前进行检查</td><td>目测</td><td>双方共同检查，由承包人填写报表，所有在预制厂检查过的管节，应由专业监理人员做出标记，无标记不得运往现场</td><td>被拒收的管节应作出标记，不得用于永久工程</td></tr>
<tr><td>管节长度</td><td rowspan="4">按设计图纸规定</td><td>0～10mm</td><td rowspan="4">所需试验的试件总数不要超过预制构件总数的2%，但各种尺寸的管至少应取一个试样</td><td rowspan="4">水平尺
钢尺</td><td rowspan="4">双方共同在现场检验管节，并由承包人填写报表</td><td rowspan="4">被拒收的管节应作出标记，不得用于永久工程</td></tr>
<tr><td>内外直径</td><td>＋10mm，0mm</td></tr>
<tr><td>管壁厚度</td><td>＋10mm，−5mm</td></tr>
<tr><td>管端垂直度</td><td>＋5mm，任何直径</td></tr>
<tr><td rowspan="2">强度</td><td>内径 500mm，产生 0.25mm 裂纹的荷载 2400kg/m，极限荷载为 3600kg/m</td><td rowspan="2">试样经试验不能满足强度要求时，必须再取两根同样的管节再次试验，只有当所有再试验的试样满足了强度要求，预制管节才能被接受。如仍有不合格，这批管节将全部被拒收</td><td rowspan="2">对全部预制管的 2% 以下进行检查。而预制构件的最后验收，是在安装竣工之后进行的</td><td rowspan="2">三边加荷承载试验</td><td rowspan="2">由被授权监理人员选择试验管节，在专业监理人员在场的情况下，由承包人做试验并填写报表</td><td rowspan="2">如果有一整批管节全被拒收，承包人必须将有疑问的这批管节全部逐个进行试验以确定哪些管节可用于永久工程中，强度试验应在预制厂进行</td></tr>
<tr><td>内径为 750mm 和大于等于 1000mm，产生 0.25mm 裂纹的荷载 3600kg/m、5400kg/m，极限荷载为 4800kg/m、7200kg/m</td></tr>
</table>

续表

项目		质量标准	允许误差	检验频率	检验方法	检验程序	认可程序
基槽	位置	按图纸所示或专业监理人员的指示	超挖处必须再用与基础同标号混凝土填筑且连成整体	当基槽完成时应全部检查	经纬仪、水准仪、量尺、目测	双方共同在现场检验，承包人记录，在回填完成之前基槽内决不允许有水，开挖暴露期间不得超过30d，或不超过其他处所规定	下一步作业进行之前应得到专业监理人员的书面认可
	深度						
	宽度	按图纸所示的基脚外形开挖，有足够尺寸放置基脚的全宽、全长，按基脚全部水平开挖					
	槽底	使成型并夯实					
混凝土基础		管道应放置在连续的混凝土基础上，尺寸与特殊垫层相同，混凝土强度等级除另有规定外应为C15混凝土					
安装		管道安装从下游端开始，铺设段的纵向中线与流水线重合，应有足够的预留拱度	管的坡度偏差为规定偏差的±0.3% 中线偏差：30mm 高程偏差：20mm	在管节安装完毕之后必须全部检查	水准仪、经纬仪、目测	双方共同在现场检验，由承包人填写报表	在下一步作业进行之前应得到监理人员的书面认可 管节必须采用认可的起重设备进行安装 接缝土填实以后，围绕缝的外面包以用C20混凝土做的抹带，抹带与垫层相接处，要调整好，形成不透水的缝
接头		接头缝宽度不应超过10mm，从接缝的里、外侧用麻絮和沥青将缝填实，接缝外面包以两层宽150mm的沥青毡，沥青毡事先用热沥青浸透		在接头作业完成时	ASTMD—226的要求对于涵洞直径：≥450mm以上的管进行烟雾试验，≤450mm以下的涵洞进行管内冲水试验		
回填	宽度	沟槽顶部的回填宽度应在管道每边填筑2倍于管道直径或4m以取其小数	无		测尺	双方共同在现场检验，由承包人填写报表	必须得到监理人员的书面认可 回填必须在涵洞两侧以同样速度进行，必须人工夯实
	压实度	压实必须达到技术规范的规定		每二层做一次试验			
	层铺厚	≤150mm		每二层做一次试验	测尺		

续表

项目	质量标准	允许误差	检验频率	检验方法	检验程序	认可程序
预制构件及混凝土	应符合本工序“混凝土与预应力混凝土”所规定的设计要求		检验成品合格率			
砌体	外观要求 (1)涵身垂直涵底辅砌平整、密实 (2)进出口与上下游沟槽连接顺适,流水畅通,无阻水现象 (3)帽石及一字墙、八字墙平直无翘曲现象	孔径±20mm壁厚: a:钢筋混凝土 ±10mm −5mm b:混凝土±15mm c:浆砌料块石 ±20mm 轴线偏差: 明涵 20mm 暗涵 50mm 拱涵 30mm 流水面高程:±20mm 长度+100mm −50mm 顶面高程明涵:±20mm 暗涵±50mm 拱圈厚度: 混凝±15mm 石料±20mm	每个涵洞放样及安装前应检查一次,竣工验收总检查一次,中间检查由承包人自检和监理人员抽查	测尺、仪器	双方共同在场,由承包人完成检测	监理人员签字认可

(3) 倒虹吸管检验标准(表17-30)

表 17-30

项目	质量标准	允许误差	检验及认可				
			检验频率		检验方法	检验程序	认可程序
			范围	点数			
轴线位移		50mm	道	2	挂线用尺量	监、承双方共同选择位置,由承包人检测记录,并填写报表	由监理人员的书面签字认可
底面高程	应满足设计规定	±30mm	道	4	用水准仪测量		
泄水断面尺寸		不小于设计规定	道	2	用尺量		
涵管长度	应符合设计规定	+100mm −50mm	道	1	用尺量		
倒虹吸管闭水试验		不大于排水管道闭水试验允许渗水量表规定	每井段	1	灌水并计算渗水量		
外观检查	1. 砌体必须咬扣紧密,砂浆密实;灰缝整齐,不得有空鼓,墙面应平齐 2. 流水道必须畅通,不得阻水				目测	监、承双方共同检查,承包人记录,并填写报表	由监理人员的书面签字认可

17.2.10 雨、冬期施工质量控制

1. 雨期施工监理要点

雨期施工应采取以下措施防止泥土随雨水进入管道，对管径较小的管道，应从严要求。

(1) 按土方雨期施工的要求，防止地面径流的雨水进入沟槽。

(2) 配合管道铺设，及时砌筑检查井和连接井。

(3) 凡暂时不接支线的预留管口，及时砌死抹严。

(4) 铺设暂时中断或未能及时砌井的管口，应用堵板或干码砖等方法临时堵严。

(5) 已做好的雨水口应堵好围好，防止进水。

(6) 必须作好防止漂管的措施。

(7) 雨天不宜进行接口，如接口时，应采取必要的防雨措施。

2. 冬期施工监理要点

(1) 冬期进行水泥砂浆接口时，水泥砂浆应用热水拌合，水温不应超过 80℃，必要时可将砂子加热，砂温不应超过 40℃。

(2) 对水泥砂浆有防冻要求时，拌合时应掺氯盐。

(3) 水泥砂浆接口，应盖草帘养护。抹带者，应用预制木架架于管带上，或先盖松散稻草 10cm 厚，然后再盖草帘，草帘盖 1～3 层，根据气温选定。

17.2.11 排水管道闭水试验质量监理

1. 排水管道闭水试验监理要点

(1) 监理工作重点

1) 检查试验频率是否够；

2) 检查方法是否对；

3) 按试验步骤旁站。

(2) 监理人员根据承包人申报进行闭水试验的方案、措施、要求，以及有关准备工作等，审查批示承包人的闭水试验申请，并制定闭水试验监理工作细则与合格标准。根据闭水 30min 渗水量大小来决定试验管段是否合格。当其渗水量在允许范围之内（如表排水管道闭水试验允许渗水量表查核），即认为合格，由监理人员签认合格证书。

(3) 监理人员在闭水试验前，复查由承包人对试验管段灌水浸泡以及堵口、管道、井身等有无渗漏情况的结果，待水位稳定后，开始试验。并记录经 30min 水位下降值，由此求得该试验管段实际渗水量。具体要求承包人做好下列工作：

1) 闭水试验应在管道填土前进行，试验段灌满水后需浸泡 24h 后进行，闭水试验的水位应在试验段上游管道内顶以上 2m，如上游管内顶至检查口的高度小于 2m 时，则闭水试验水位至井口为止。对渗水量的测定时间不少于 30min，不同管径段应分别测定渗水量；

2) 检查试验管段堵口是否密封、砖堵，管道、井身有无漏水或严重渗水。试验时，测定 30min 渗水量，合格者，监理人员书面签认。

2. 排水管道闭水试验质量标准

(1) 闭水试验时应对接口和管身进行外观检查，以无漏水和无严重渗水为合格。

(2) 排水管道闭水试验允许渗水量表（表 17-31）

表 17-31

管径(mm)	允许渗水量				检测与认可
	陶土管		混凝土管、钢筋混凝土管和石棉水泥管		检验程序
	$m^3/(d·km)$	L/(h·m)	$m^3/(d·km)$	L/(h·m)	
150以下	7	0.3	7	0.3	监理在场旁站，承包人测定30min实际渗水量，由监理人员签署评语及姓名
200	12	0.5	20	0.8	
250	15	0.6	24	1.0	
300	18	0.7	28	1.1	
350	20	0.8	30	1.2	
400	21	0.9	32	1.3	
450	22	0.9	34	1.4	
500	23	1.0	36	1.5	
600	24	1.0	40	1.7	
700	—		44	1.8	
800	—		48	2.0	
900	—		53	2.2	
1000	—		58	2.4	
1100	—		64	2.7	
1200	—		70	2.9	
1300	—		77	3.2	
1400	—		85	3.5	
1500	—		93	3.9	
1600	—		102	4.3	
1700	—		112	4.7	
1800	—		123	5.1	
1900	—		135	5.6	
2000	—		148	6.2	
2100	—		163	6.8	
2200	—		179	7.5	
2300	—		197	8.2	
2400	—		217	9.0	

注：1. 排除腐蚀污水的管道，不允许渗漏。

2. 当地下水位不高出管顶2m，可不做渗入水量试验。

3. 异形截面管道的允许渗水量可按周长折算为圆形管道计。

(3) 排水管道闭水试验检验频率（表17-32）

表 17-32

项目		检验频率		检验方法
		范围	点数	
倒虹吸管		每个井段	1	灌水测定、计算渗水量
其他管道	管径<700mm	每个井段	1	
	管径700～1500mm	每3个井段抽验1段	1	
	管径>1500mm	每3个井段抽验1段	1	

注：闭水试验应在管道灌满水后经24h后进行。

(4) 管道内径大于表17-32规定的管径时，实测渗水量应不大于按下式计算的允许渗水量：

$$Q=1.25D$$

式中 Q——允许渗水量（$m^3/(24h \cdot km)$）；

D——管道内径（mm）。

(5) 所有污水管都要做渗出水量试验，如属潮湿土壤，且地下水超过管顶2m，还应作渗入水量试验，地下水位超过管顶2～4m，渗入水量不应超过表17-25的规定，地下水位超过管顶4m以上，每增加1m水头，允许增加渗入水量10%。

(6) 渗入水量试验：将上游检查井入口和下游检查井出口分别封闭，然后排尽下游检查井积水，静待30min后，测出渗入水量，折算不大于表17-25规定为合格。

3. 检测频率

(1) 倒虹吸管和管径小于700mm者，每井段取1点。管径700mm以上者，每3个井段抽查1个井段，取1点。

(2) 污水管道必须逐节检验（两检查井之间的管道为一节）。

(3) 雨水管道及雨污水合流管道一般可不闭水，但在粉砂地区至少必须每4节抽取1节。

4. 检测方法：灌水计算渗水量。

(1) 直径≤ϕ800mm的管道，采用磅筒闭水：

1) 管道两端管口封墙必须严密，下游封墙的上侧应埋设一根ϕ25mm的铁管作为进水口，上游靠近封墙管顶设一气孔；

2) 检查设在下游管道上方的磅筒内水头高，应为检验段上游管道内顶以上2m；

3) 磅筒内加水，出气孔应有水喷出后，再用水塞塞紧。

(2) 直径≥ϕ1000mm的管道，采用检查井闭水：

1) 检查两端封墙是否现严密；

2) 闭水水头应为检验段上游管道内顶以上2m，若其井顶与管道内顶的距离小于2m，则闭水水头高至井顶止。

5. 排水管道闭水试验质量监理表（表17-33）

表17-33

项目		允许偏差(mm)	检验频率		检测与认可	
			范围	点数	检验方法	检查程序
倒虹吸管		不大于表"排水管道闭水试验允许渗水量表"规定	每个井段	2	灌水	监理在场，承包人检测，填报表，由监理人员签署评语及姓名
其他管道	D<700mm		每个井段	2	计算渗水量	
	d700～1500mm		每3个井段抽验1段	1		
	>1500mm		每3个井段抽验1段	1		

注：1. 闭水试验应在管道填土前进行。

2. 闭水试验应在管道灌满水后经24h后再进行。

3. 闭水试验的水位，应为试验段上游管道内顶以上2m。如上游管内顶至检查口的高度小于2m时，闭水试验水位可至井口为止。

6. 排水管道的闭气检验

(1) 闭气检验适用于直径为300～1200mm的承插口、企口、平口混凝土排水管道的检验，与闭水试验起同等作用。

(2) 闭气检验宜在管道回填之前，地下水位低于管外底150mm的条件下进行，其检验时的环境温度宜在－15～50℃的范围内，不宜于雨天进行闭气检验。

(3) 排水管道的闭气检验设备（表17-34）

表17-34

名　称	规　格	数　量
管道封密管堵	ϕ300～ϕ1200mm	各2个
空压机	ZV-0.1-0.3/7型	1台
打气筒		1个
膜盒压力表	0～4000Pa	1个
普通压力表	0～0.4MPa	2个
喷雾器		1个
秒表		1块

(4) 排水管道的闭气检验步骤

1) 对闭气检验的排水管道与管堵接触部分的内壁进行清洁磨光处理，表面不得有毛刺及污物。管口内壁处理可采用砂轮将管口内壁沿圆弧面磨光及用坚硬器具刮去管口内壁毛刺，再用砂纸打光。分别将管堵安装和固定在管道两端，每端接上充气胶圈上的压力表和充气嘴。

2) 用打气筒给管堵上的充气胶圈充气，加压至0.15～0.20MPa，将管道密封。管堵充气胶圈严禁漏气，充气达到规定压强值2min后，应无压降。在试验过程中应注意检查和进行必要的补气。

3) 用空压机向管道内充气至3000Pa，关闭气阀，使气压趋于稳定，气压由3000Pa降至2000Pa历时应为5min。气压下降较快，可适当补气，下降太慢，可适当放气。检验测定前，应对试验连接导管接头做漏气检查。

4) 当管道内气压恰为2000Pa时开始记时，测定其下降到不小于1500Pa的时间应符合表17-37的规定，即为合格。当闭气检验不合格时，可用喷雾器喷洒发泡液的方法，找出漏气处。首先检查管堵对管口的密封，然后检查接口及管材。当找出漏气部位后，要及时进行修补处理，修补后再复检，直至合格。

5) 管道闭气检验完毕后，必须首先排除管道内气体，再排除管堵内气体，最后卸下管堵。

6) 发泡液配合比（表17-35）

表17-35

温度(℃)	水(kg)	表面活性剂(kg)	防冻剂(kg)
>0	100	0.4	
0～5	100	4.9	17.5
－5～－10	100	5.9	42.4
－10～－15	100	7.1	71.4

7) 管道闭气检验记录表（表17-36）

表 17-36

序号	桩号 0+00(　)0+00	管径(mm)	规定最最短压降时间(s)	管内实测压降读数(Pa)	检验结果	备注
1						
2						
3						
4						
5						
6						
7						
8						

观测：　　　　　　　　记录：

(5) 排水管道的闭气检验标准（表 17-37）

表 17-37

管径(mm)	管内压力(Pa)		规定闭气时间(s)
	起点	终点	
300	2000	≥1500	60
400			95
500			125
600			155
700			185
800			215
900			250
1000			290
1100			330
1200			370

17.3　给水管道工程质量监理

17.3.1　给水管道工程工作流程和准备阶段的监理工作

1. 给水管道工程施工流程（图 17-25）

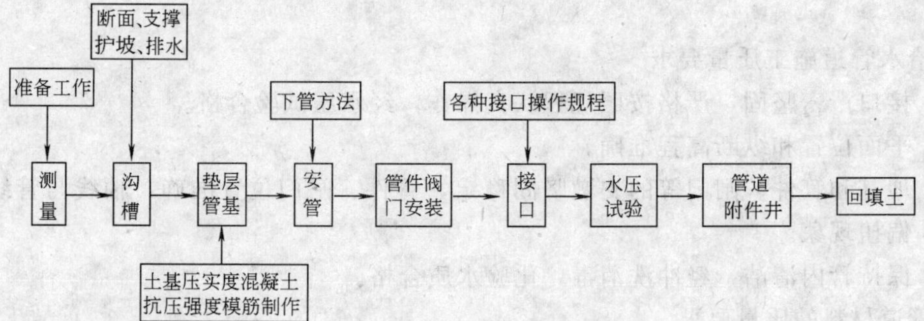

图 17-25　给水管道工程施工流程

2. 给水管道工程质量监理流程（图 17-26）

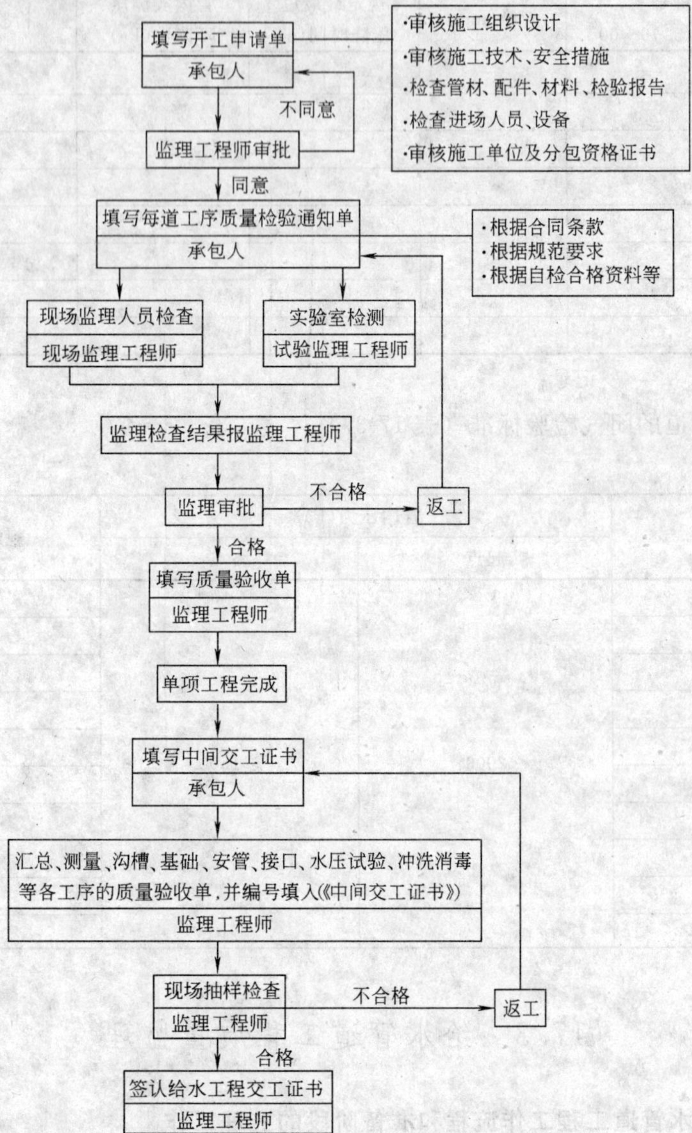

图 17-26 给水管道工程质量监理流程

3. 给水管道施工质量要求

（1）接口严密坚固，严格按照规程认真操作，经水压试验合格。

（2）平面位置和纵断高程准确。

（3）地基和管件、闸门等的支墩坚固稳定，管件、闸门位置准确，轴线与管线一致，无倾斜、偏扭现象。

（4）保持管内清洁，经冲洗消毒，化验水质合格。

4. 管道材料的质量要求

（1）室外架空敷设的管道应采用镀锌钢管或非镀锌钢管。埋地管道可采用镀锌钢管或非镀锌钢管、铸铁给水管及预应力钢筋混凝土管、自应力钢筋混凝土管和石棉水泥压力管。

（2）钢管及铸铁给水管的质量要符合要求。

（3）承插式自应力钢筋混凝土管应符合 GB 4084—83 标准，预应力钢筋混凝土管应符合 GB 5696—85 标准。但目前全国尚无统一规格的自预应力钢筋混凝土管，选用时应注意管道、管件及橡胶圈的配套。

（4）石棉水泥管应符合 GB 3039—82 的标准。

（5）所有管材和管件均应具有出厂合格证。

5. 监理人员检查施工准备和作业条件

（1）检查管沟：平直，管沟深度、宽度符合要求，管沟底夯实，沟内无障碍物，且采取防塌方措施。

（2）检查管沟两侧，不得堆放施工材料及其他物品。

（3）沟边布管时，要检查不得堵塞交通，不得影响沟槽安全，要方便施工。对承插接口的管材，检查其承口方向是否朝来水方向。坡度较大区域，布管时检查是否将水口边坡朝上，以利于装管和接口。在现场狭窄地段施工，运来的管材应立即下沟槽，不允许在沟边摆放，要防止管材滚入沟槽内造成事故。

（4）在布管前，检查三通、阀门等定位位置，并逐个定出接口工作坑的位置。

（5）管材的运输和堆放的检查（表 17-38）

表 17-38

管材		运输	堆放
钢管	一般	1. 整体固定 2. 长度不得超过车体长度	放在棚库内，防止雨淋，水浸而锈蚀
	大口径	1. 管内应设支撑架，防止运输过程中变形 2. 管材应固定	1. 堆放在棚库内 2. 不宜成层堆放
铸铁管		1. 相邻管材的承口互为倒置放置 2. 底层管材应用木块垫平	1. 堆放高度≤1m 2. 承口相互倒置堆放
混凝土管		1. 管材之间用木块支垫 2. 插口应用草袋包裹以免损坏	堆放时，每层管材应用木块垫起来
塑料管		1. 严禁抛扔或激烈碰撞 2. 应避免日光曝晒	1. 应避免堆放在棚库内，堆放高度≤1.5m 2. 相邻管材的承口相互倒置，并让出承口部分，以免承口部分受集中荷载 3. 出厂时，管材承口内放置了橡胶圈的，不宜取出

（6）检查管件规格、品种符合设计要求，管壁薄厚均匀，内外光滑整洁，不得有砂眼、裂纹，飞刺和疙瘩，承插口应规距，并有出厂合格证。检查阀门、消火栓、水表等，应阀体完好，部件齐全，密封填料适当，开关灵活严密，并有出厂合格证。

17.3.2　给水铸铁管道安装质量监理

1. 给水铸铁管道安装工作流程

（1）给水铸铁管道安装施工流程（图 17-27）

（2）给水铸铁管道安装质量监理工作流程（图 17-28）

2. 给水铸铁管道安装施工要点

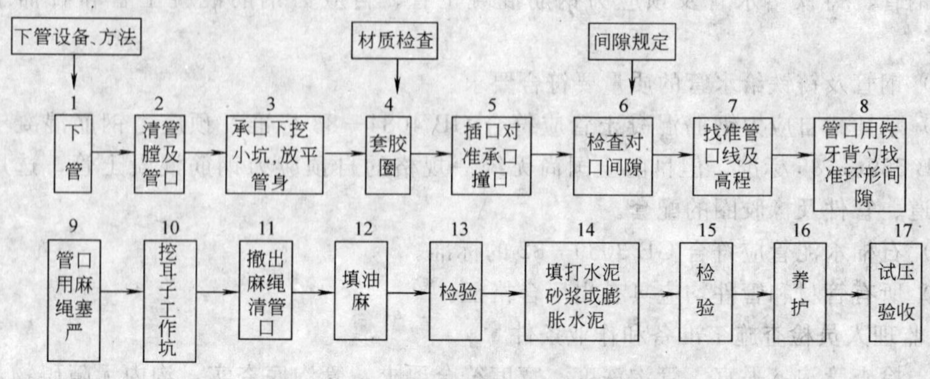

图 17-27 给水铸铁管道安装施工流程

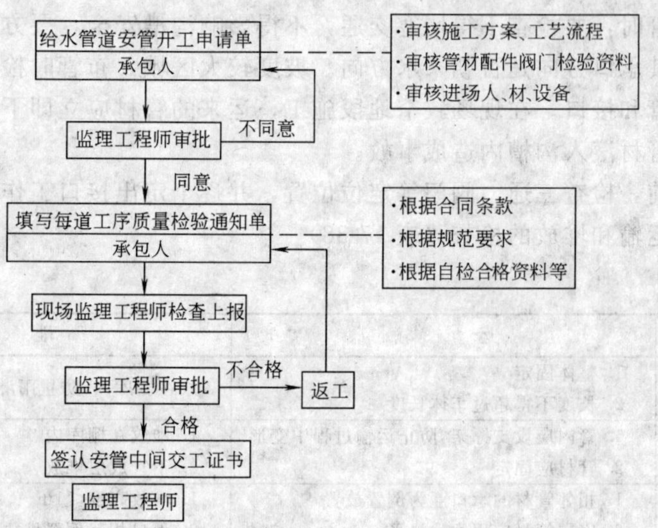

图 17-28 给水铸铁管道安装质量监理工作流程

(1) 在管及管件下管前，应清除承口内部的油污、飞刺、铸砂及凹凸不平的铸瘤。柔性接口铸铁管及管件承口的内工作面、插口的外工作面应修整光滑，不得有沟槽、凸脊缺陷，有裂纹的管及管件不得使用。

(2) 沿直线安装管道时，宜选用管径公差组合最小的管节组对连接，接口的环向间隙应均匀，承、插口间的纵向间隙≮3mm。

(3) 管道沿曲线安装时，接口的允许转角不得大于接口允许转角表的规定。

(4) 刚性接口材料应符合下列规定：

1) 水泥宜采用 425 号水泥；

2) 石棉应选用机选 4F 级温石棉；

3) 油麻应采用纤维较长、无皮质、清洁、松软、富有韧性的油麻；

4) 圆形橡胶圈应符合现行国家标准《预应力、自应力钢筋混凝土管用橡胶密封圈》的规定；

5）铅的纯度≮90%；

6）石棉水泥宜在填打前拌和，石棉水泥重量配合比应为石棉 30%，水泥 70%，水灰比宜≤0.20，拌好的石棉水泥应在初凝前用完，填打后的接口应及时养护；

7）热天或昼夜温差较大地区的刚性接口，宜在气温较低时施工，冬期宜在午间气温较高时施工，并应采取保温措施；

8）用石棉水泥做接口外层填料，当地下水对水泥有侵蚀作用时，应在接口表面涂防腐层；

9）刚性接口填打后，管道不得碰撞及扭转。

（5）柔性接口采用滑入式 T 形、梯唇形及柔性机械式接口时，橡胶圈的质量、性能、细部尺寸，应符合现行国家铸铁管、球墨铸铁管及管件标准中有关橡胶圈的规定。每个橡胶圈的接头≤2 个。

（6）橡胶圈安装就位后不得扭曲，当用探尺检查时，沿圆周各点应与承口端面等距，其允许偏差±3mm。

（7）安装滑入式橡胶圈时，推入深度应达到标记环，并复查其相邻已安好的第一至第二接口推入深度。

（8）安装柔性机械接口时，应使插口与承口法兰压盖的纵向轴线相重合，螺栓方向应一致，并均匀、对称紧固，螺栓外露 2～4 扣。

（9）当特殊需要采用铅接口施工时，管口表面应干燥、清洁，严禁水落入铅锅内。灌铅时，铅液应沿注孔一侧灌入，一次灌满，不得断流。脱膜后将铅打实，表面应平整，应凹入承口 1～2mm。

（10）管道安装完毕，应作水压试验。铸铁管道水压试验的试验压力确定：当工作压力<0.5MPa 时，试验压力为 2 倍工作压力；当工作压力≥0.5MPa 时，试验压力为工作压力加 0.5MPa。试验时，逐步升压至试验压力，保持 10min，再降压至工作压力，保持 2h，管道不损坏，不渗漏为合格。

3. 给水铸铁管道安装监理要点

（1）监理工程师首先在掌握设计要求和规范规定的基础上，复查承包人的施工组织设计、施工方案，制订安管质量监理工作细则，审批承包人的开工申请。

（2）监理人员在施工过程中，督促承包人做好每根管道的外观检查。监理人员复查给水管道从污水管或污水构筑物中穿过的措施是否妥当合用，应确保不受污染。并督促承包人加强沟槽排水防止发生浮管事故。

（3）铸铁管下管前，监理人员应检测挖好接口的工作坑，铸铁管接口工作坑尺寸（表 17-39）。

表 17-39

管径(mm)	工作坑尺寸(m)			
	宽 度	长 度		深 度
		承口前	承口后	
75～200	管径+0.6	0.8	0.2	0.3
250～700	管径+1.2	1.0	0.3	0.4
800～1200	管径+1.2	1.0	0.3	0.5

(4) 铸铁管下槽就位后，监理人员应督促承包人检测管身与基础之间的空隙，胸腔部分应仔细填夯密实。

(5) 监理人员复查承包人安装的给水铸铁管承插口的对口最大间隙，必须符合“铸铁管承口和插口的对口最大间隙”规定。

(6) 监理人员复查承包人安装的铸铁管承插口的环形间隙的标准尺寸是否符合“铸铁管承插接口的环形间隙标准尺寸及允许偏差”表的规定。

(7) 监理人员复查承包人安装的铸铁管的承插口允许转角是否在允许范围之内，铸铁管承插口允许转角（表 17-40）。

表 17-40

公称直径(mm)	允许转角(°)	公称直径(mm)	允许转角(°)
≤500	2	>500	1

(8) 检查闸阀安装是否牢固、严密，启闭灵活，与管道轴线垂直。

(9) 铸铁管、球墨铸铁管道安装质量标准、检测频率与方法。

1) 铸铁、球墨铸铁管安装允许偏差和检测方法（表 17-41）

表 17-41

项目	允许偏差(mm)		检测方法
	无压力管道	压力管道	
轴线位置	15	30	经纬仪或拉线、钢卷尺测量
高程	±10	±20	水准仪和标尺测量

2) 铸铁管道穿过墙壁或楼板，其管端露出长度应≥500mm，两管端连接处应离开楼板或墙面 500mm 以上。管道穿墙与混凝土紧贴或埋入混凝土的部位禁止涂漆。管道出厂若已涂漆，安装前应将该部位油漆清除干净；

3) 铸铁管支架、托架安装位置应准确，埋设平整牢固，砂浆饱满，但不应突出墙面，与管道接触应紧密。滑动支架的滑动面无歪斜和卡涩现象，间距≤3m；

4) 铸铁管承口和插口的对口最大间隙（表 17-42）

表 17-42

管径(mm)	沿直线铺设时(mm)	沿曲线铺设时(mm)	管径(mm)	沿直线铺设时(mm)	沿曲线铺设时(mm)
75	4	5	600～700	7	12
100～250	5	7	800～900	8	15
300～500	6	10	1000～1200	9	17

5) 铸铁管承插式管道连接应平直，环形间隙应均匀，允许偏差不得超过表 17-43“铸铁管承插接口的环形间隙标准尺寸及允许偏差”的规定。灰口应整齐、密实、饱满、凹进承口不大于 5mm；

表 17-43

管径(mm)	标准环形间隙(mm)	允许偏差(mm)
75～200	10	+3 −2
250～450	11	+4 −2
500～900	12	
1000～1200	13	

6）铸铁管的阀门安装应紧固、严密，与管道中心线应垂直，操作机构应灵活、准确；

7）铸铁管的法兰式管道连接应平整、紧密，螺栓应紧固，螺帽应在同一面，螺栓露出螺帽的长度不应大于螺栓直径的 1/2；

8）给水铸铁管安管质量监理表（表 17-44）

表 17-44

项目	质量标准	允许偏差(mm)	检测与认可			
			检验频率	检验方法	检查程序	认可程序
管道高程中线位置立管垂直度	按设计要求	±10 10 每米 2 且不大于 10	抽查时每节管分别取 2 点	用水准仪测量、用尺量、用垂线和尺量	监理在场，与承包人共同选管段取点，由承包人填表；监理人员签署评语及姓名	须经监理工程师书面认可
承插口环形间隙 直径 75～200	标准环形间隙 10	+3 −2	抽查时每节管分别取 2 点	用尺量	监理在场，与承包人共同选管段取点，由承包人填表；监理人员签署评语及姓名	须经监理工程师书面认可
直径 250～450 直径 500～900 直径 1000～1200	11 12 13	+4 −2				

17.3.3　钢制管道安装监理

1. 钢制管道安装施工要点

(1) 管道安装前，管节应逐根测量、编号，宜选用管径相差最小的管节组对安装。

(2) 下管前应先检查管节的内外防腐层，合格后方可下管。

(3) 管节焊接采用的焊条应符合下列规定：

1）焊条的化学成分、机械强度应与母材相同且匹配，兼顾工作条件和工艺性；

2）焊条质量应符合现行国家标准《碳钢焊条》、《低合多焊条》的规定；

3）焊条应干燥。

(4) 对口时应使内壁齐平，当采用长 300mm 的直尺在接口内壁周围顺序贴靠，错口的允许偏差应为 0.2 倍壁厚，且≤2mm。

(5) 对口时纵、环向焊缝的位置应符合下列规定：

1）纵向焊缝应放在管道中心垂线上半圆的 45°左右处；

2）纵向焊缝应错开，当管径＜600mm 时，错开的间距≥100mm，当管径≥600mm 时，错开的间距≥300mm；

3）有加固环的钢管，加固环的对焊焊缝应与管节纵向焊缝错开，其间距≥100mm，加固环距管节的环向焊缝≥50mm；

4）环向焊缝距支架净距≥100mm；

5）直管管段两相邻环向焊缝的间距≥200mm，管道任何位置不得有十字形焊缝。

(6) 不同壁厚的管节对口时，管壁厚度相差≤3mm；不同管径的管节相连时，当两管径相差大于小管管径的 15%时，可用渐缩管连接，渐缩管长度≥两管径差值的 2 倍，且≥200mm。

(7) 管道上开孔应符合下列规定：

1) 不得在干管的纵向、环向焊缝处开孔；

2) 管道上任何位置不得开方孔；

3) 不得在短节上或管件上开孔。

(8) 直线管段不宜采用长度小于800mm的短节拼接。

(9) 在寒冷或恶劣环境下焊接应符合下列规定：

1) 清除管道上的冰、雪、霜等；

2) 当工作场所的风力大于5级、雪天或相对湿度大于90%时，施焊过程应采取保护措施；

3) 焊接时，应使焊缝可自由伸缩，并应使焊口缓慢降温；

4) 冬期焊接时，应根据环境温度进行预热处理，并应符合规定（表17-45）。

表 17-45

钢号	环境温度(℃)	预热宽度(mm)	预热达到温度(℃)
含碳量≤0.2%碳素钢	≤−20	焊口每侧≮40	100～150
0.2%<含碳量<0.3%	≤−10		
16Mn	≤0		100～200

(10) 钢管对口检查合格后，方可进行点焊。点焊时，应符合下列规定：

1) 点焊焊条应采用与接口焊接相同的焊条；

2) 点焊时，应对称施焊，其厚度应与第一层焊接厚度一致；

3) 钢管的纵向焊缝及螺旋焊缝处不得点焊；

4) 点焊的长度与间距（表17-46）。

表 17-46

管径(mm)	点焊长度(mm)	环向点焊点(处)
350～500	50～60	5
600～700	60～70	6
≥800	80～100	点焊间距≤400mm

(11) 管径>800mm时，应采用双面焊。

(12) 管道对接时，环向焊缝的检验与质量应符合下列规定：

1) 检查前应清除焊缝的渣皮、飞溅物；

2) 应在渗油、水压试验前进行外观检查；

3) 管径≥800mm时，应逐口进行油渗检查，不合格的焊缝应铲除重焊；

4) 当有特殊要求进行无损探伤检验时，取样数量与要求等级应按设计规定执行；

5) 不合格的焊缝应复修，修复次数不得超过3次。

(13) 钢管采用螺纹连接时，管节的切口断面应平整，偏差不得超过一牙，螺纹应光洁，不得有毛刺、乱丝、断丝，缺丝总长不得超过螺纹长的10%。接口紧固后宜露出2～3牙螺纹。

(14) 管道法兰连接应符合下列规定：

1) 法兰接口平行度允许偏差应为法兰外径的1.5%，且≤2mm，螺孔中心允许偏差应为孔径的 5%；

2）应使用相同规格的螺栓，安装方向一致，螺栓应对称紧固，紧固好的螺栓应露出螺母之外 2～4 牙；

3）与法兰接口两侧相邻的第一至第二个刚性接口或焊接接口，待法兰螺栓紧固后方可施工；

4）法兰接口埋入土中时，应采取防腐措施。

2. 钢制管道安装监理重点

(1) 严格检查控制钢管材质、表面质量、管节几何尺寸。

(2) 钢管焊接质量应符合规定，工厂焊接应提供焊缝探伤资料，施工现场焊接应作无损探伤检查。

(3) 检查法兰接口平行度是否满足要求，法兰盘对是否平行、紧密，垫片不应使用双层，与管道中心线应垂直。连接螺栓应能自由穿入，不得强硬连接。螺帽应在同一面，螺栓露出螺帽的长度不应大于螺栓直径的 1/2。

(4) 检查管道穿墙是否采取防渗漏措施。

(5) 检查管道安装平面位置、高程误差是否在允许范围以内。

(6) 检查埋地钢管道内外防腐层是否按规定施工。

(7) 旁站管道压力试验是否符合要求。

(8) 检查钢管的支、吊、托架安装位置是否准确，埋设平整、牢固，砂浆饱满，但不应突出墙面，与管道接触应紧密。滑动支架应灵活，滑托与滑槽间应留有 3～5mm 的间隙，并留有一定的偏移量。

(9) 检查钢管焊接表面：

1）不得有裂缝、烧穿、结瘤和较严重的夹渣、气孔等缺陷；

2）钢板卷管螺旋钢管对接，纵焊缝相互错开 100mm 以上，直线管段相邻两环形焊缝之间距离不应小于 200mm；

3）对口间隙尺寸：壁厚为 5～9mm 时不大于 2mm，壁厚大于 9mm 时不大于 3mm。

(10) 检查丝口连接是否紧固，管端是否清洁，不得有毛刺或乱丝，并留有 2～3 扣螺纹。

(11) 检查阀门安装是否紧固、严密，与管道中心线是否垂直，操作机构是否灵活、准确。

3. 钢制管道安装质量标准和检测

(1) 钢管道安装允许偏差和检测方法（表 17-47）

表 17-47

项目	允许偏差(mm)		检测方法
	无压力管道	压力管道	
轴线位置	15	30	经纬仪或钢卷尺测量
高程	±10	±20	水准仪和标尺测量

(2) 法兰花接口平等度允许偏差应为法兰外径的 1.5%，且≤2mm，螺孔中心允许偏差应为孔径的 5%。

检测方法：钢管安装找平后观察检查，钢板尺测量。

（3）管道的支、吊、托架应按设计要求埋设牢固，水平及垂直位置正确，间距不超过3m。

检测方法：观察检查，钢卷尺测量。

（4）焊缝外观质量（表17-48）

表 17-48

项目	技术要求
外观	不得有熔化金属流到焊缝外未熔化的母材上，焊缝和热影响区表面不得有裂纹、气孔、弧坑和灰渣等缺陷；表面光顺、均匀，焊道与母材应平缓过渡
宽度	应焊出坡口边缘2～3mm
表面余高	应≤1+0.2倍坡口边缘宽度，且≤4mm
咬边	深度应≤0.5mm，焊缝两侧咬边总长不得超过焊缝长度的10%，且连续长≤100mm
错边	应≤0.2t，且≤2mm
未焊满	不允许

注：t 为壁厚（mm）。

（5）直焊缝卷管管节几何尺寸允许偏差（表17-49）

表 17-49

项目	允许偏差(mm)	
周长	D≤600	±2.0
	D>600	±0.0035D
圆度	管端0.005D，其他部位0.01D	
端面垂直度	0.01D，且≤1.5	
弧度	用弧长$\pi D/6$的弧形板量测于管内壁或外壁纵缝处形成的间题，其间隙为0.1t+2，且≤4；距管端200mm纵缝处的间隙≤2	

注：D 为管内径（mm），t 为壁厚（mm）。圆度为同端管口相互垂直的最大直径与最小直径之差。

（6）同一管节允许有两条纵焊缝，管径≥600mm时，纵向焊缝的间距应>300mm，管径<300mm时，其间距应>100mm。

（7）钢管安装监理表（表17-50）

表 17-50

项目		允许偏差(mm)	检验频率		检测与认可	
			范围	点数	检验方法	检查程序
△管道高程		±10	每节点	2	用水准仪测量	监理人员在场，由承包人取点检测填表，由监理人员签署评语及姓名
中线位移		10			用尺量	
立管垂直度		每米2且不大于10			用垂线和尺检验	
对口错口壁厚(mm)	2.5～5	0.5	每口	1	用尺量	
	6～10	1				
	12～14	1.5				
	>16	2				

17.3.4　非金属管安装监理

1. 一般规定

1）钢筋混凝土管沿直线安装时，管口间的纵向间隙应符合规定（表17-51）；

表17-51

管材种类	接口类型	管径(mm)	纵向间隙(mm)
混凝土及钢筋混凝土管	平口、企口	<600	1.0～5.0
		≥700	7.0～1.5
	承插式甲型口	500～600	3.5～5.0
	承插式乙型口	300～1500	5.0～1.5

2）预应力管、自应力混凝土管安装应平直、无突起、突弯现象。沿曲线安装时，管口间的纵向间隙最小处不得大于5mm，接口转角不得大于规定（表17-52）；

表17-52

管材种类	管径(mm)	转角(°)
预应力混凝土管	400～700	1.5
	800～1400	1.0
	1600～3000	0.5
自应力混凝土管	100～800	1.5

3）承插式甲型接口、套环口、企口应平直，环向间隙应均匀，填料密实、饱满，表面平整，不得有裂缝现象；

4）钢丝网水泥砂浆抹带接口应平整，不得有裂缝、空鼓等现象，抹带宽度、厚度的允许偏差应为0～+5mm；

5）橡胶圈应位于插口小台内，并应无扭曲现象；

6）非金属管道基础及安装的允许偏差（表17-53）。

2. 预应力钢筋混凝土压力管质量标准

（1）预应力钢筋混凝土管安装施工流程（图17-29）

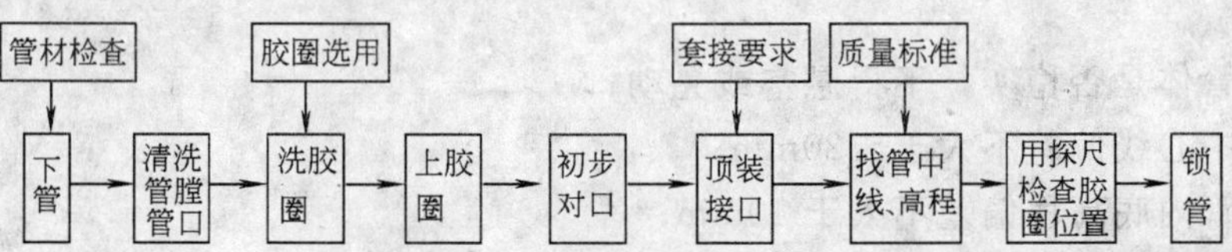

图17-29　预应力钢筋混凝土管安装施工流程

（2）预应力钢筋混凝土压力管监理工作要点：

1）监理工程师审查承包人的开工申请，掌握进场的人员、管材、设备，制订质量监理工作细则和质量标准，审批能否开工；

2）监理人员在施工前，复查承包人对每根管道外观检查是否符合设计规定和施工要求，管道出厂前的抗渗试验应符合国家标准GB 5695—85规定；

表 17-53

项目				允许偏差(mm) 无压力管道	允许偏差(mm) 压力管道
垫层			中线每侧宽度	不小于设计规定	
			高程	0 −15	
管道基础	混凝土	管座平基	中线每侧宽度	0 +10	
			高程	0 −15	
			厚度	不小于设计规定	
		管座	肩宽	+10 −5	
			肩高	±20	
			抗压强度	不小于设计规定	
			蜂窝麻面面积	两井间每侧≤1.0%	
	土壤、砂或砂砾		厚度	不小于设计规定	
			支承角侧边高程	不小于设计规定	
管道安装	轴线位置			15	30
	管道内底高程		$D\leqslant1000$	±10	±20
			$D>1000$	±15	±30
	刚性接口相邻管节内底错口		$D\leqslant1000$	3	3
			$D>1000$	5	5

注：D 为管道内径（mm）。

3）用量径尺量出承口工作面内径超过标准内径的最大与最小值，使所选胶圈在最大值处不漏水，最小值处压缩率应在许可范围内；

4）检验密封圈保证不污染水质，满足国家标准 ZBQ43001—87 中有关橡胶圈密封性能要求，如胶圈的使用范围、制作方法、物理性能、尺寸公差和外观质量。监理人员督促承包人在管道套接时必须符合下列要求：胶圈不允许扭曲，必须进入承口工作面；胶圈不允许有从插口凸箍上面外翻现象。当监理人员检查发现不符上述情况之一者，必须责令承包人将管道退出重装，直至合格为止。完工后，监理人员实地复测管道中线位移、插口插入承口长度和胶圈位置；

5）审查橡胶圈的热粘接法和化学粘接方法的操作步骤和注意事项，直至合格拉力为止；

6）检查管体是否稳实，不得悬空或晃动；

7）检查中心线偏差不大于±20mm；

8）检查管内底高程偏差不大于 10mm；

9）检查承插口环形间隙最大与最小值之差不超过 2mm；

10）检查插口插入就位准确度±5mm；

11）胶圈紧靠小台，不出现上台、闷鼻、麻花、跳井等现象；

12）检查自然转角不超过 1°；

13）检查水压试验；

14）给水预应力钢筋混凝土管安装质量监理表：

a. 质量标准、检测频率与方法（表 17-54）

表 17-54

项目	质量标准	允许偏差(mm)	检测与认可		
			检验频率	检验方法	检查程序
中线位称	按设计要求	±20	每节管分别取 2 点	挂中线用尺量	监理人员在场，与承包人共同选管段取点抽查，由承包人填表，监理人员签署评语及姓名
管道内底高程		±10		用水准仪测	
环形间隙		最大与最小之差不大于 2		用尺量	
胶圈	不许扭曲滚至插口小台	±5		用尺量	

b. 预应力钢筋混凝土管坐标、标高的允许偏差（表 17-55）

表 17-55

项目	允许偏差(mm)	检　验　方　法
坐标	50	检查测量记录或用经纬仪，水准仪（水平尺）、直尺、拉线和尺量检查
标高	20	

17.3.5　给水管道接口质量监理

1. 给水管道接口监理工作流程（图 17-30）

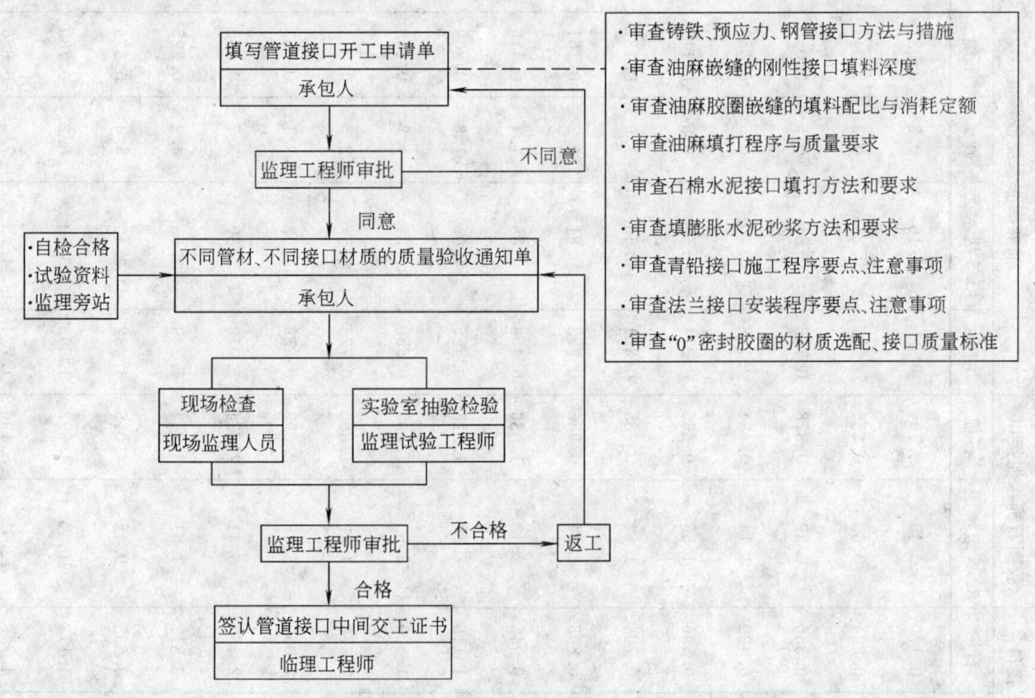

图 17-30　给水管道接口监理工作流程

2. 给水管道接口监理工作要点

（1）监理工程师审查承包人的施工组织设计，审查各种管材和不同接口施工方案是否适用，制订接口质量监理工作细则和质量标准，审批承包人的开工申请。监理人员在施工过程中督促承包人严格按设计要求和规范规定进行施工。

（2）用油麻、胶圈分别作嵌缝材料时，监理人员应检验接口填料配比是否正确，其填料用量可参照"承插铸铁管常用刚性接口填料消耗定额"（每口用料的 kg 数）（表 17-56）检查。

表 17-56

管径（mm）	油麻3：7石棉水泥接口			胶圈石棉水泥接口		油麻膨胀水泥砂浆接口					胶圈膨胀水泥砂浆接口				油麻青铅接口	
	油麻	32.5级水泥	石棉	32.5级水泥	石棉	油麻	42.5级水泥	砂子	石膏	矾土	42.5级水泥	砂子	石膏	矾土	油麻	青铅
75	0.09	0.40	0.170	0.45	0.194	0.09	0.16	0.2	0.031	0.031	0.18	0.3	0.035	0.035	0.106	2.518
100	0.111	0.53	0.224	0.60	0.255	0.111	0.21	0.3	0.042	0.042	0.24	0.4	0.047	0.047	0.151	3.107
150	0.154	0.79	0.336	0.89	0.378	0.153	0.31	0.5	0.063	0.063	0.35	0.6	0.071	0.071	0.239	4.343
200	0.198	1.01	0.429	1.14	0.484	0.198	0.40	0.6	0.080	0.080	0.45	0.7	0.091	0.091	0.307	5.557
250	0.274	1.40	0.596	1.56	0.665	0.274	0.56	0.9	0.110	0.110	0.62	1.0	0.124	0.124	0.422	7.745
300	0.324	1.65	0.704	1.84	0.785	0.324	0.66	1.0	0.131	0.131	0.73	1.1	0.146	0.146	0.499	9.140
350	0.373	2.02	0.863	2.24	0.956	0.373	0.81	1.3	0.161	0.161	0.89	1.4	0.179	0.179	0.641	10.55
400	0.406	2.21	0.942	2.43	1.036	0.406	0.88	1.4	0.176	0.176	0.97	1.5	0.194	0.194	0.665	11.45
450	0.455	2.62	1.118	2.87	1.223	0.455	1.05	1.6	0.209	0.209	1.14	1.8	0.228	0.228	0.827	13.34
500	0.650	3.11	1.329	3.53	1.505	0.650	1.24	1.9	0.248	0.248	1.41	2.2	0.281	0.281	0.916	18.05
600	0.773	3.93	1.676	4.42	1.885	0.773	1.57	2.5	0.313	0.313	1.76	2.9	0.352	0.352	1.211	21.48
700	0.859	4.81	2.050	5.38	2.293	0.859	1.92	3.1	0.383	0.383	2.15	3.5	0.428	0.428	1.546	24.89
800	1.019	5.76	2.457	6.41	2.734	1.019	2.30	3.7	0.460	0.460	2.56	4.1	0.511	0.511	1.920	28.32
900	1.249	6.59	2.811	7.51	3.204	1.249	2.63	4.2	0.525	0.525	3.00	4.8	0.599	0.599	2.332	31.75
1000	1.452	8.52	3.635	9.42	4.016	1.452	3.40	5.4	0.679	0.679	3.76	6.0	0.750	0.750	2.578	44.44
1100	1.593	9.79	4.173	10.77	4.592	1.593	3.90	6.2	0.780	0.780	4.30	6.8	0.859	0.859	3.068	48.78
1200	1.734	11.11	4.740	12.19	5.196	1.734	4.43	7.0	0.886	0.886	4.86	7.7	0.971	0.971	3.597	53.06

（3）油麻嵌缝接口质量监理工作要点：

1）监理人员检查油麻制作是否符合设计要求和有关规定，油麻应松软而有韧性，清洁而无杂物；

2）石棉水泥及膨胀水泥砂浆接口的填料深度控制为承口总深的 1/3，铅接口的油麻深度以距承口水线里边缘 5mm 为准；

3）铅接口填麻深度允许偏差±5mm，石棉水泥及膨胀水泥砂浆接口的填麻深度，不小于设计规定；

4）填麻时，应将每缕油麻拧成麻花状，其粗度（截面直径）约为接口间隙的 1.5 倍，以保证填麻紧密。每缕油麻绕管一圈或二圈后，应有 50～100mm 的搭接长度。每缕油麻宜按实际要求的长度和粗度，事先截好、分好；

5）油麻在存放及填打过程中，均应保持洁净，不得随地乱放；

6）填麻检查，先将承口间隙用铁牙背匀，然后用麻錾将油麻塞入接口。塞麻时需倒换铁牙。打第一圈油麻时，应保留一个或二个铁牙，以保证接口环形间隙均匀。待第一圈油麻打实后，再卸下铁牙，填第二圈油麻；

7）检查石棉水泥接口及膨胀水泥砂浆接口的填麻：

a. 管径≤400mm 时，用一缕油麻，绕填两圈；

b. 管径 450～800mm 时，每圈用一缕油麻，填两圈；

c. 管径≥900mm 时，每圈用一缕油麻，填三圈。

8）铅接口的填圈数，一般比上述规定增加一圈至二圈；

9）套管接口填麻一般比普通接口多填一圈或两圈麻辫。第一圈麻辫宜稍粗，塞填至距插口端约 10mm 为度，同时第一圈麻不用麻锤打，第二圈麻填打时用力亦不宜过大，其他填打方法同普通接口；

10）进行下层填料时，应将麻口重打一遍，以麻不动为合格，并将麻屑刷净。

（4）填油麻质量标准：

1）填麻深度按表 17-57 的规定；

表 17-57

管径（mm）	接口间隙（mm）	承口总深（mm）	接口填料深度（mm）			
			油麻、石棉水泥接口油麻、膨胀水泥砂浆接口		油麻、铅接口	
			麻	灰	麻	铅
75	10	90	33	57	40	50
100	10	95	33	62	45	50
125	10	95	33	62	45	50
150	10	100	33	67	50	50
200	10	100	33	67	50	50
250	11	105	35	70	55	50
300	11	105	35	70	55	50
350	11	110	35	75	60	50
400	11	110	38	72	60	50
450	11	115	38	73	65	50
500	12	115	42	77	55	60

续表

管径(mm)	接口间隙(mm)	承口总深(mm)	接口填料深度(mm)			
			油麻、石棉水泥接口油麻、膨胀水泥砂浆接口		油麻、铅接口	
			麻	灰	麻	铅
600	12	120	42	78	60	60
700	12	125	42	83	65	60
800	12	130	42	88	70	60
900	12	135	45	90	75	60
1000	13	140	45	95	71	69
1100	13	145	45	100	76	69
1200	13	150	50	100	81	69

2）填打密实，用錾子重打一遍，不再移动。

（5）胶圈接口的质量监理工作要点：

1）监理人员检验承包人使用“0”型橡胶密封是否满足 JC 197—76 和 ZBQ 43001—87 要求，检查选用胶圈是否符合设计规定，检查接口后填打胶圈的操作规范和注意事项执行情况；

a. 胶圈的物理性能应符合表 17-58 的要求：

表 17-58

含胶量(%)	邵氏硬度	拉应力(MPa)	伸长度(%)	永久变形(%)	老化系数(70℃、72h)
≥65	45～55	≥16.0	≥500	<25	0.8

b. 外观检查，粗细均匀、质地柔软、无气泡、无裂缝、重皮；

c. 胶圈接头宜用热接，接缝应平整牢固，严禁采用耐水性能差的胶水（如 502 胶）粘接；

d. 胶圈接口应尽量采用胶圈推入器，使胶圈在装口时滚入接口内；

e. 胶圈接口外层灌铅者，填打胶圈后，必须再填油麻一圈或两圈，以填至距承口水线里边缘 5mm 为准；

f. 监理人员督促承包人做到胶圈压缩率符合要求；胶圈填至小台，距承口外缘的距离均匀；胶圈的内环径一般为插口外径的 0.85～0.87 倍；胶圈截面直径的选择，以胶圈填入接口截面直径的压缩率$\left(\frac{\text{胶圈截面直径}-\text{接口间隙}}{\text{胶圈截面直径}}\right)$等于 35%～40%为宜。

2）应检查管子的承插接口是否完好，清除插口的泥土、污物；

3）插入后检查橡胶圈接口应平直无扭曲，对口间隙均匀。

（6）石棉水泥接口质量监理工作要点：

1）监理人员检验原材料及配合比是否符合设计规定；

2）监理人员检查承包人在填石棉水泥前的准备工作：如前道工序是填油麻嵌缝的，应用探尺检查其填麻深度，并用錾子将麻口重打一遍，以麻不动为合格，并将麻屑刷净，如填石棉水泥前道工序是填胶圈嵌缝的，则用探尺检查胶圈位置是否准确；胶圈外缘的距离应一致，先用清水湿润接口缝隙。监理人员发现不符上述情况时，应返工重做至合格止；

3）监理人员检查承包人是否执行填打石棉水泥的操作规程和注意事项及养护规定。

4）监理人员复查承包人使用的石棉水泥配合比是否准确。表面应呈黑色，凹进承口1～2mm，深浅一致，要求用錾子用力连打三下表面不再凹入，填打，直到复查合格。

（7）膨胀水泥砂浆接口质量监理工作要点

1）监理人员复查原材料及配合比。水泥净浆试件各龄期的膨胀率应符合设计规定，或按有关要求执行；

2）监理人员检查膨胀水泥砂浆拌制是否按规定进行：

a. 膨胀水泥宜用石膏矾土膨胀水泥或硅酸盐膨胀水泥，出厂超过 3 个月者，应经试验，证明其性能良好，方可使用；

b. 试验方法可将拌好的砂浆灌入一玻璃瓶内灌满，放置一昼夜，如玻璃瓶产生裂纹，则膨胀水泥有效，失效水泥一律不得使用；

c. 膨胀水泥接口所用的黄砂应用筛子筛选，粒径在 0.5～2.5mm，并用水清洗后才能使用；

d. 自行配制膨胀水泥时，必须经技术鉴定合格，方可使用。砂应用洁净的中砂，最大粒径不大于 1.2mm，含泥量不大于 2%；

e. 采用质量合格的膨胀水泥和纯净的细砂，砂和水泥的配合比（重量比）为 1：1：(0.28～0.32)；

f. 水的用量控制到拌好后砂浆捏成团会松散为止，拌好后的砂浆应及时使用，30min 内用完。当气温较高或风较大时，用水量可酌量增加，但最大水灰比不宜超过 0.353。

3）监理人员督促承包人落实填膨胀水泥砂浆前的准备工作；

4）施工中监理人员检查配合比是否符合设计规定，分层填捣密实，凹进承口 1～2mm，表面平整：

a. 膨胀水泥砂浆分三次填入，三次捣实，最后一次捣至表面有稀浆为止。接口填料捣实时不得用手锤敲打，以免砂浆膨胀时会将承口胀破；

b. 膨胀水泥接口完成后，在 12h 内需保持接头稳定，做好养护工作，接头应经常保持湿润状态。有地下水时，填料捻口 4h 后方可被地下水浸淹；

c. 管内充水养护需在 12h 以后，水的压力不超过 0.1MPa 表压强，2d 后方可试压。

（8）青铅接口质量监理工作要点

1）监理人员复查承包人严格按青铅接口操作规程和注意事项进行施工；

2）监理人员要求承包人做到灌铅一次灌满无断流，铅凹进承口 1～2mm，表面平整；

3）熔铅必须检查并严禁将带水或潮湿的铅块投入已熔化的铅液内，避免发生爆炸，并检查防止水滴落入铅锅采取的措施，掌握熔铅火候的铅桶、铅勺等工具应与熔铅同时预热；

4）安装灌铅卡箍前，检查管口内水分是否擦干，以免爆炸。要求将卡箍贴承口套好，开口位于上方，以便灌铅。卡箍与管壁接缝部分用粘泥抹严，以免漏铅。用粘泥将卡子口围好；

5）检查灌铅工人是否有防护，要求操作人员站于管顶上部，应使铅罐的口朝外，铅罐口距管顶约 20cm，使铅缓缓流入接口内，以便排气，大管径管道应将铅流放大，以免铅熔液中途凝固；

6）要求每个铅接口的铅熔液应不间断地一次灌满，但中途发生爆声时，应立即停止灌铅；

7）检查铅凝固后，即可取下卡箍。

（9）法兰接口质量监理工作要点

1）监理要求承包人做到法兰盘试压力应大于等于管道水压试验压力，检查符合：盘面平整、无裂纹，不得有疤、砂眼及辐射沟纹；螺孔位置应准确，法兰盘密封面与管轴线垂直，允许偏差在设计规定值内或直径≤300mm 为 1mm，直径＞300mm 为 2mm；法兰盘加工后的厚度偏差应不大于 1.5mm；螺栓螺母丝纹一致；检查法兰盘的安装要求和应注意事项；

2）监理人员复查承包人，两法兰盘面应平行，法兰与管中心线垂直，管件或阀门等不产生拉应力，螺栓应露出螺母外至少 2 扣丝，但其最多大于螺栓直径的 1/2；

3）监理检验法兰接口所用环形橡胶垫圈，规格质量要满足如下要求：

a. 质地均匀，厚薄一致，未老化，无皱纹，采用非整体垫片时，应粘结良好，拼缝平整；

b. 厚度：管径≤600mm 者宜采用 3～4mm，管径≥700mm 者宜采用 5～6mm；

c. 垫圈内径应等于法兰内径，其允许偏差：管径 150mm 以内者为＋3mm，管径 200mm 及大于 200mm 者为＋5mm；

d. 垫圈外径应与法兰密封面外缘对齐。

4）法兰接口质量标准：

a. 两法兰盘面应平行，法兰与管中心线应垂直；

b. 管件或闸门等不产生拉应力；

c. 螺栓应露出螺帽外至少 2 扣丝，但其长度最多不应大于螺栓直径的 1/2。

（10）钢管安装质量标准及检验方法（表 17-59）

表 17-59

项别	项目		质量标准	检验方法	检查数量
保证项目	管道、部件、焊接材料		型号、规格、质量必须符合设计要求和规范规定	检查合格证、验收或试验记录	按系统全部检查
	阀门		焊缝表面及热影响区不得有裂纹；焊缝表面不得有气孔、夹渣等缺陷	检查合格证和逐个试验记录	
	焊缝		焊缝表面及热影响区不得有裂纹；焊缝表面不得有气孔、夹渣等缺陷	观察和用放大镜检查	按系统内的管道焊口全部检查
	焊缝探伤		焊缝的射线探伤或超声波探伤必须按设计要求或规范规定的数量检验。有特殊要求者必须符合有关规定	检查探伤记录。必要时，可按规定检验的焊口数抽查 10%	按系统内的管道焊口全部检查
	焊缝机械性能检验		焊接接头的机械性能必须符合表 7-18 规定	检查试验记录	按系统抽查 10%但不应少于 3 件
	弯管	表面	弯管表面不得有裂纹、分层和过烧等缺陷	观察检查	
		探伤、热处理	需作无损探伤和热处理者，必须符合设计要求和规范规定	检查探伤和热处理记录	

续表

项别	项目	质量标准	检验方法	检查数量
保证项目	管道试压	强度、严密性试压必须符合设计要求和规范规定	按系统检查分段试验记录	按系统全部检查
	清洗、吹除	管道系统必须按设计要求和规范规定进行清洗、吹除	检查清洗、吹除试样或记录	
基本项目	吊、托架安装	位置应正确、平正、牢固、与管道接触紧密。滑动、导向和滚动支架的活动面与支承面接触良好，移动灵活。吊架的吊杆应垂直，丝扣完整，有偏移量的应符合规定。弹簧支架的弹簧压缩度应符合设计规定	用手拉动和观察检查弹簧压缩度，检查安装记录	按系统内支、吊、托架的件数各抽查10%，但均不应少于3件
	法兰连接	对接应紧密、平行、同轴，与管道中心线垂直。螺栓受力应均匀，并露出螺帽2～3扣，垫片安置正确	用扳手拧试，观察和必须用量尺检查	按系统内法兰的类型各抽检10%，但均不应少于5处
	管道坡度	应符合设计要求和规范规定	检查测量记录或用水准仪（水平尺）检查	按系统每50m直线管段抽查2段，不足50m抽查一段
	阀门安装	位置、方向应正确，连接牢固、紧密，操作机构灵活、准确。有传动装置的阀门，指示器指示的位置应正确，传动可靠，无卡涩现象。有特殊要求的阀门应符合有关规定	观察和作自闭检查或检查调试记录	按系统内阀门的类型各抽查10%，但均不应少于3个，有特殊要求的阀门应逐个检查
	除锈、油漆	铁锈、污垢应清除干净。管道需涂的油料品种、颜色及遍数应符合设计要求和规范规定。油漆的颜色和光泽应均匀。无漏涂，附着良好	观察检查	按系统每20m抽查1处

项目			允许偏差	检验方法	检查数量
焊口平直度	管壁厚（mm）	≤10	管壁厚的1/5	用尺和样板尺检查	按系统内的管道焊接口全部检查
		>10～20	2mm		
		>20	3mm		
焊缝加强层		高度	+1mm	用焊接检验尺检查	
		宽度	+1mm		
咬肉	深度		<0.5mm	用尺和焊接检直尺检查	
	长度	连续长度	25mm		
		总长度（两侧）	<焊缝长度的10%		
坐标及标高	室外	架空	15mm	检查测量记录或用经纬仪、水平尺（水平仪）、直尺、拉线和用尺量检查	按系统检查管道起点、终点、分支点和变向点水平管道
		地沟	15mm		
	室内	架空	10mm		
		地沟	15mm		

续表

<table>
<tr><th>序号</th><th colspan="3">项　目</th><th colspan="2">允许偏差</th><th>检验方法</th><th>检查数量</th></tr>
<tr><td rowspan="16">允许偏差项目</td><td></td><td>室内</td><td>地沟</td><td colspan="2">15mm</td><td></td><td rowspan="3">每50m直线管段抽查2段，不足50m抽查1段</td></tr>
<tr><td rowspan="2">水平管道纵、横方向弯曲</td><td>$DN\leqslant 100mm$</td><td rowspan="2">每10m</td><td>1/1000</td><td rowspan="2">最大20mm</td><td rowspan="2">用水平尺、直尺和拉线检查</td></tr>
<tr><td>$DN>100mm$</td><td>1/1000</td></tr>
<tr><td colspan="3">立管垂直度</td><td colspan="2">2/1000最大15mm</td><td>用尺、水平尺吊线检查</td><td rowspan="3">按系统各抽查10%</td></tr>
<tr><td rowspan="2">成排管段</td><td colspan="2">在同一平面上</td><td colspan="2">5mm</td><td rowspan="2">用尺和拉线检查</td></tr>
<tr><td colspan="2">间距</td><td colspan="2">+5mm</td></tr>
<tr><td>交叉</td><td colspan="2">管外壁或保温层间隙</td><td colspan="2">+10mm</td><td>用尺检查</td><td>管道交叉处，按系统全部检查</td></tr>
<tr><td rowspan="9">弯管</td><td rowspan="2">椭圆率</td><td>$DN<150mm$</td><td colspan="2">8%</td><td rowspan="2">用尺和外卡钳检查</td><td rowspan="6">按系统抽查10%，但不应少于3件</td></tr>
<tr><td>$DN>150mm$</td><td colspan="2">5%</td></tr>
<tr><td rowspan="2">弯曲角度</td><td>$PN<10MPa$</td><td colspan="2">每米+3mm最长+10mm</td><td rowspan="2">用尺和样板检查</td></tr>
<tr><td>$PN>10MPa$</td><td colspan="2">每米±1.5m</td></tr>
<tr><td rowspan="2">管壁减薄度</td><td>$PN<10MPa$</td><td colspan="2">15%</td><td rowspan="2">用测厚仪检查</td></tr>
<tr><td>$PN>10MPa$</td><td colspan="2">10%</td></tr>
<tr><td rowspan="3">褶皱不平度</td><td>$DN<150mm$</td><td colspan="2">3%</td><td rowspan="3">用尺和外卡钳检查</td><td rowspan="3">按系统检查10%，但不应少于3件</td></tr>
<tr><td>$DN>150\sim 250mm$</td><td colspan="2">2.5%</td></tr>
<tr><td>$DN>250mm$</td><td colspan="2">2%</td></tr>
</table>

17.3.6　塑料管道施工监理

1. 硬聚氯乙烯管道施工监理要点

(1) 监理工作一般规定：

1) 检查硬聚氯乙烯管道与相邻管道之间的水平净距，不宜小于施工及维护要求的开槽宽度及设置闸门井等附属构筑物要求的宽度，与热力管等高温管道和高压燃气管等有毒气体管道之间的水平净距不宜小于1.5m。饮用水管道不得敷设在排水管道和污水管道下面；

2) 检查硬聚氯乙烯管道中线与建（构）筑物外墙（柱）皮之间的水平距离，不宜小于下列规定：外径不大于200mm时为1m，外径大于200mm时为3.0m；

3) 硬聚氯乙烯管道穿越铁路、高速公路等路堤、建（构）筑物时，检查是否设置保护套管，套管内径不宜小于硬聚氯乙烯管外径加300mm，套管结构设计应按路堤主管部门的规定执行。穿越河道时还应在保护套管外部采取包混凝土等措施；

4) 硬聚氯乙烯管道在其他管道上部跨越时，管底与下面管道顶部的净距不得小于0.2m，并应按设计规定进行地基处理；

5) 当设计无规定时，硬聚氯乙烯管道不得采用360°满包混凝土进行地基处理或增强管道承载能力；

6) 检查硬聚氯乙烯管道埋深：

a. 在道路下管顶埋深不宜小于1.0m；

b. 在人行道下，外径大于63mm时，不宜小于0.75m；外径不大于63mm时，不宜小于0.5m。在永久性冻土或季节性冻土地层中，管顶埋深应在冰冻线以下。

7）管材弯曲敷设时：

a. 检查弯曲半径，不宜小于管外径的300倍，管材长度不得小于6m，外径不得大于160mm；

b. 利用管道柔性接头敷设，检查转角 α 不宜大于1°；

c. 施工环境温度小于5℃时，不得进行弹性弯曲敷设。

8）管道敷设完毕后，检查是否在沿管顶上部回填土内埋置可用金属探测器测管道位置的金属示踪线，或在地面上设置《给水管道》标志碑。

（2）硬聚氯乙烯管道连接监理工作要点

1）胶圈密封柔性接头：

a. 检查管材、管件及胶圈质量，清理干净承口内侧（包括胶圈凹槽）和插口外侧，不得有土或其他杂物，将橡胶圈安装在承口凹槽内，不得扭曲，异形胶圈检查是否安装正确，不得装反；

b. 检查管端插入长度，要留出由于温差产生的伸量，硬聚氯乙烯管伸量表（表17-60）；

表17-60

插入时最低环境温度(℃)	设计最大升温(℃)	伸量(mm)
≥15	25	10.5
10～15	30	12.6
5～10	35	14.7

注：1. 表中，管道运行中最高温度按40℃计算；当大于40℃时应按实际升温计算；
2. 管长不为6m时，伸量可按管道适实际长度依比例增减。

c. 外径大于315mm的管道插入，可用手动戎芦等专用拉力工具。严禁用挖土机械等施工机械推、顶管道；

d. 插入时阻力过大，应检查胶圈是否扭曲，不得强行插入。插入后用塞尺顺接口间隙沿管圆周检查胶圈位置是否正确；

e. 采用润滑剂时，检查润滑剂是否对管材、弹性密封圈有损害作用。对输送饮用水的管道，润滑剂必须无毒、无味、无臭，且不会发育细菌。

2）溶剂粘接连接

a. 检查管材、管件质量。必须将管端外侧和承口内侧擦拭干净，使被粘接面保持清洁、无尘砂与水迹。表面沾有油污时，必须用棉纱蘸丙酮等清洁剂擦净；

b. 涂抹粘接溶剂时，应先涂承口内侧，后涂插口外侧，涂抹承口时应顺轴向，由里向外涂抹均匀、适量，不得漏涂或涂抹过量；

c. 涂抹粘接溶剂后，应立即将管端插入承口到位，插入后将管旋转1/4圈，在不少于60s时间内保持施加的外力不变，并保证接口的直度和位置正确；

d. 静止固化时间（表17-61）；

e. 监理要求硬聚氯乙烯管道粘接接头：不得在雨中或水中施工，不宜在5℃以下操作，所使用的胶合剂须经过检验，胶合剂与被粘接管材的环境温度宜基本相同，不得采用明火或电炉等设施加热胶合剂。

表 17-61

d_n(mm)	管材表面温度	
	18～40℃	5～18℃
≥50	20	30
63～90	45	60

注：工厂加工各类管件时，粘接固化时间由生产厂技术条件确定。

3）管道伸缩节：

a. 检查采用粘接连接的管道是否设置伸缩节，伸缩节之间的距离应根据施工时闭合温度与管道可能出现的最高温度差计算确定。施工闭合温度不超过 20℃时，管道伸缩节距离不宜大于 200m；施工闭合温度不超过 10℃时，伸缩节距离不宜大于 250m；

b. 管道的闭合温度不大于 20℃，夏天施工时宜在晚间低温情况下。

（3）止推墩、固定墩、防滑墩

1）在管道水平或垂直转弯处、改变管径处、三通四通端头和阀门处检查是否设置止推墩；

2）检查止推墩的混凝土，不宜低于 C15 级，应现场浇筑在开挖的原状土地基和槽坡上；

3）检查止推墩的支承面积，在缺乏土质试验资料时，几种典型土的水平向许可承载力可按表 17-62 采用；

表 17-62

土　　质	许可承载力 kPa(t/m³)
软黏土	25(2.5)
粉土、黏性土、砂土、红黏土	50(5.0)
砂砾	75(7.5)
碎石土	100(10.0)

4）检查固定下弯弯头的管箍总拉力必须大于管道弯头处总推力，管箍必须固定在混凝土墩内预埋的锚固件上，钢制管箍必须采取相应的防腐处理；

5）检查管道和水平向混凝土止推墩、管箍等锚固件之间是否设置塑料或橡胶等弹性缓冲层，要求厚度采用 3mm；

6）当管道转角 α 不大于 10°、管道周围回填土密实度大于 95%时，可不设止推墩。

7）当管道坡度大于 1∶6 时，应检查是否浇筑防止管道下滑的混凝土防滑墩。防滑墩基础必须浇筑在管道基础下开挖的原状土内，并将管道锚固在防滑墩上。混凝土防滑墩宽度不得小于管外径加 300mm，长度不得小于 500mm。基础齿墙宽度不得小于 200mm，深度：黏性土层不得小于 300mm，岩石中不得小于 150mm。防滑墩间距可按管道坡度设置，当设计无规定时，可按表 17-63 的规定。

表 17-63

管道坡度	间距	管道坡度	间距
≥1∶6	每隔 4 条管道	≥1∶4	每隔 2 条管道
≥1∶5	每隔 3 条管道	≥1∶3	每隔 1 条管道

(4) 附配件和附属构筑物

1) 管道上设置阀门、消火栓、排气阀等附配件时，其重量不得由管道支承，监理人员必须检查是否设置混凝土、砖砌等刚性支墩；

a. 支墩应有足够的体积和稳定性，并有锚固装置和固定附配件；

b. 支墩混凝土强度等级不得低于 C115，砖支墩必须采用和机制黏土砖，用水泥砂浆砌筑。

2) 检查阀门的固定程度

a. 井采用整体板式基础时，阀门支墩应支承在阀门井的混凝土基础底板上。底板上用插筋锚固支墩时，底板可与支墩共同承受阀门关闭时产生的轴向推力；

b. 阀门井内无基础底板时，阀门支墩必须按规程设置独立的支墩，当支墩重量及刚度不足以支承轴向推力时，必须在管道上采取其他有效止推措施。

3) 管道穿越阀门井与井墙刚性连接时，监理人员检查是否采用专用穿墙套管，不得采用硬聚氯乙烯管直接浇筑在池壁内；

4) 在管道伸出闸门井外 0.3～0.5m 处检查是否设置柔性接头；

5) 连接构筑物的管道下超挖的槽深部分，监理人员检查是否用砂砾土回填密实，并按管道敷设要求做不小于 90°弧形土基；

6) 当阀门井内设置排水（泥）管时，监理人员检查排水井的井底是否比接入排水管的管底低不小于 0.3m。检查消火栓、排泥阀、泄水阀等附件排水（泥）时，不能在排放过程中冲涮附件的基础；

7) 阀门、消火栓、排气阀等敷设时，监理人员检查埋在土中围护阀门杆的套筒是否能支承在回填密实的土层上。采用混凝土管、铸铁管等作套筒时，应在套管下浇筑混凝土或砖砌基础，套筒四周回填土必须夯实。

2. 聚丙烯塑料管道施工监理工作要点（表 17-64）。

表 17-64

施工方法	操 作 要 点	适用条件
焊接法	将待连接管的两端制作坡口，焊枪焊接温度控制于 240℃左右，并用焊枪将两端管材与聚丙烯焊条同时熔化，再将焊枪沿加热部位后退，焊条随着焊枪向前，两管端即焊成	适用于压力较低条件下
加热插粘接法	将甘油加热到 170℃左右，再将待接管管端插入甘油内加热，同时在另一管管端涂上 601 胶合剂；将甘油内加热管变软的待接管由甘油中取出，最后将管端涂过胶合剂的已接管插入待接管管端，经冷却后接口即成	适用于压力较低条件下
热熔压紧法	将两待接管管端对好，使 250℃左右的恒温电热板夹置于两端之间，当管端熔化之后，即将电热板抽出，用力紧压熔化的管端面，经冷却后，接口即成	适用于中、低压力条件下
钢管插入搭接法	将待接管管端插入 170℃左右甘油中，再将钢管短节的一端插入到熔化的管端，经冷却后将接头部位用铁丝绑扎；再将钢管短节的另一头插入该熔化的另一管端，经冷却后用铁丝绑扎。这样两条待安管即由钢管搭接而成	适用于压力较低条件下
螺纹法	如钢管施工，只是螺纹要硬些，便于接牢	适用于压力低的条件下

3. 塑料管安装质量要求

(1) 安装质量要求（表 17-65）

表 17-65

项目	质 量 要 求	检验方法	检查数量
水压和注水试验	在规定时间内，必须符合设计要求和规范规定	按系统检查分段试验记录	按系统全检查
焊缝	不得有断裂、烧焦变色、分层鼓泡和凸瘤等缺陷	观察检查	按系统内接口数抽查10%，但不应少于5个口
坡度	应符合设计要求和规范规定	检查测量记录或用水准仪(水平尺)、直尺、拉线和尺量检查	按系统内每100mm直线管段抽查3段。不足100m不应少于2段
支、吊、托架安装	位置应正确，埋没平正、牢固，砂浆饱满，但不应突出墙面。与管道接触紧密、固定牢靠，并应垫以非金属垫片，铁锈、污垢应清除干净，油漆应均匀无漏	用手拉动和观察检查	按系统内支、吊、托架件抽查10%，但不应少于5件
焊缝表面	应光洁，焊条排列均匀、紧密，宽窄应一致	观察检查	按系统内接口数抽查10%，但不应少于5件
粘接	应牢固，连接件之间应紧密无孔隙		
螺纹连接	应紧固管端，应清洁不乱丝，并留2～3道螺纹		
法治兰盘(包括松套法兰盘)	对接应平行、紧密，垫片不应使用双层，与管道中心线应垂直。螺帽应在同一侧，螺栓露出螺帽的长度不应大于螺栓直径的1/2	用扳手拧试、尺量检查和观察检查	
阀门安装	应紧固、严密，与管道中心线应垂直，操作机构灵活、准确	用扳手拧试作启闭检查。有特殊要求的阀门，检查阀门水压、气压和严密性试验记录	按系统阀门的个数抽查10%，但不少于2个。有特殊要求的阀门应逐个检查
部件安装	应平直、不扭曲，表面不应有裂纹、鼓泡和变质等缺陷，外圆弧均匀	观察检查	

(2) 安装允许偏差（表 17-66）

表 17-66

项目			允许偏差(mm)	检验方法	检查数量
坐标	室外	埋地	50	检查测量记录或用经纬仪、水准仪(水平尺)、直尺、拉线和尺量检查	按系统检查管道的起点、终点、分支点和变向点及各点之间的直线管段。室外每50m抽查1点，不足50m不抽查；室内每20m抽查1点，不足20m不抽查
		架空及地沟	20		
	室内	埋地	15		
		架空及地沟	10		
标高	室外	埋地	±15		
		架空及地沟	±10		
	室内	埋地	±10		
		架空及地沟	±5		
水平管道纵、横方向弯曲		室内外架空、地沟埋地每10m	10	用水平尺、直尺、拉线和尺量检查	水平管道按系统内每100m直线管段抽查3段，不足100m不应少于2段
横向弯曲全长25m以上			25		

续表

项目			允许偏差(mm)	检验方法	检查数量
立管垂直度		每米	1.5	用吊线和尺量检查	按立管段数(以按层分段)抽查 10%，但不少于 2 段
		高度超过 5m	不大于 8		
成排管段和成排阀门		在同一直线上	3	用拉线和尺量检查	按系统内成排管段(阀门数)抽查 10%，但不少于 2(组)段
		间距	管壁厚 1/4		
焊口平直度	管壁厚	10mm 以内		样板尺和尺量检查	按系统内接口数抽查 10%，但不少于 5 个口
		10mm 以上	3		

17.3.7　不锈钢管道安装标准及检验方法（表 17-67）

表 17-67

项目		质量标准	检验方法	检查数量
管材、部件、焊接材料		型号、规格、质量必须符合设计要求和规范规定	检查合格证、验收或试验记录	按系统全部检查
阀门		型号、规格和强度、严密性试验及需作解体检验的阀门，必须符合设计要求和规范规定	检查合格证和逐个试验记录	
焊缝外观		表面及热影响区不得有裂纹、过烧；焊缝表面不得有气孔、夹渣等缺陷	观察和用放大镜检查。要求着色探伤者检查记录	按系统内的管道焊口全部检查
氩弧焊缝		表面不得有发黑、发渣和钨的飞溅物等缺陷		
焊缝无损探伤		焊缝的射线探伤必须按设计要求或规范规定的数量检查。有特殊要求者，必须符合有关规定	检查探伤记录。必要时可按规定检验的焊口数抽查 10%	
焊缝机械性能		焊缝接头的机械性能必须符合表 17-15 中的规定	检查试验记录	
晶间腐蚀检验		需作晶间腐蚀试验者，必须符合设计要求和规范规定	检查试验记录	
弯管	表面	表面不得有裂纹、分层和过烧等缺陷	观察检查	按系统抽查 10%，但不应少于 3 件
	热处理	热处理后的晶间腐蚀试验，必须符合设计要求和规范规定	检查试验记录	
管道试压		强度、严密性试验必须符合设计要求和规范规定	检查分段试验记录	按系统全部抽查
清洗、吹扫		管道系统必须按设计要求和规范规定进行清洗、吹扫	检查清洗、吹扫试样或记录	
支、吊、托架安装		位置应正确、平正、牢固，与管道接触的垫板应和管道材质相同(也可用非金属垫板)，且与管道接触紧密。滑动、导向支架的活动面与支承面接触良好，移动灵活。吊架的吊杆应垂直，丝扣完整，锈蚀、污垢应清除干净，油漆均匀，无漏涂，附着良好	用手拉动和观察检查	按系统内支吊、托架的件数各抽查 10%，但均不应少于 3 件

续表

项目	质量标准	检验方法	检查数量
法兰连接	对接应紧密、平行、同轴，与管道中心线垂直。螺栓受力应均匀，并露出螺帽 2～3 扣，垫片安置正确。松套法兰管口翻边折弯处应为圆角，表面无褶皱、裂纹和刮伤	用打拧试、观察和用尺检查	按系统内法兰的类型各抽查 10%，但均不应少于 3 处
管道坡度	应符合设计要求和规范规定	检查测量记录或用水准仪（水平尺）检查	按系统每 50m 直线管段抽查 2 段，不足 50m 抽查 1 段
阀门安装	位置、方向应正确，连接牢固、紧密。操作机构灵活准确。有特殊要求的阀门应符合规定	观察和作启闭检查或检查调试记录	

17.3.8 玻璃钢管道施工监理工作要点

1. 玻璃钢管道接口（表 17-68）

表 17-68

类型	方式	安装要点	适用条件
胶接接口	搭接胶接	1. 在两根管的连接部位均加工出不大于 1/6 的坡度 2. 用丙酮等试剂清除粘接区的污物 3. 涂胶要均匀，厚度宜为 0.05～0.15mm，胶接面上的胶应无遗漏和气泡等	管径较小，工作压力较低，不常拆卸的地下压力管道的施工
	对接，用毡、布带包缠	除上述作法外 1. 用玻璃毡、布带涂正	适用于中、小直径，低、中压工作压力的管道及直线形管道和配件的连接
	承插口胶接加毡、布带包缠	常温固化树脂	
承插接口	单圈密封	1. 承插口及密封沟槽凡与胶圈接触的密封表面均应平整、光滑、无气孔及影响密封的缺陷 2. 放置在插口上的密封胶圈安装时伸长量不得超过 30% 3. 相接承插口允许倾角为 2°	适用于轴向荷载较小的直径在 2000mm 以下的中、高压力地下管道
	双圈密封		
法兰接口	固定法兰	与钢法兰接口要点相同，采用橡胶垫时厚度不小于 1.5mm	适用于各种压力和管径的管道的连接
	活套法兰		

2. 玻璃钢管道的回填

（1）监理人员检查玻璃钢管道的回填情况，玻璃钢管道和回填料可共同形成管-土体系，提高管道的性能。

（2）回填料中允许最大颗粒的粒径（表 17-69）

（3）玻璃钢管道安装完毕后应立即回填，防止发生浮管和热膨胀而对管道造成破坏。

（4）管周的回填料应为颗粒状材料，使回填料充满管周围，与管外壁紧密结合。应边回填边夯实，分层厚度不宜超过 30cm。

表 17-69

DN(mm)	石块最大粒径(mm)
<800	13
800～1600	19
>1600	25

17.3.9　阀门安装监理要点

1. 检查填料和压盖螺栓有无足够的调节余量。

2. 检查阀杆是否灵活，有无卡涩和歪斜现象。

3. 阀门检查合格后，应根据管道工程的适用规范的要求对阀门进行强度试验，强度试验合格后进行严密性试验。不合格的阀门应进行修理，合格后才可安装。试验合格的阀门，应及时排尽内部积水，涂防锈油。

4. 阀门安装注意事项

(1) 阀门在搬运时不允许抛掷，阀门堆放时，不同规格、不同型号的阀门应分别堆放。禁止将碳钢阀门和不锈钢阀门或有色金属阀门堆放在一起；

(2) 阀门吊装时，钢丝绳应栓在阀体的法兰处，切勿固定在手轮或阀杆上，以防扭曲或折断阀杆、手轮；

(3) 阀门应安装在维修、检查和操作方便的地方，不论何种阀门均不应埋地安装；

(4) 在水平管道上安装阀门时，阀杆应垂直向上。必要时也可向上倾斜一定的角度，但不允许阀杆向下安装。如果装在难于接近的地方或者较高的地方时，为了操作方便，可以将阀杆水平安装。阀门的传动或电动装置，动作要灵活，指示要准确。不许用杠杆或其他工具强行启闭阀门；

(5) 阀门介质的流向和阀门指示要求的流向相一致，各种阀门的安装一定要满足阀门的特性要求；

(6) 安装直通式阀门要求阀门两端的管道要平行，且同心；

(7) 电动阀门的电机转向要正确，若阀门开启或关闭到位后电机仍继续运转，应检修好行程开关以后才可投入运行。

17.3.10　给水管道试压监理

1. 给水管道水压试验监理工作要点

(1) 监理工程师审查承包人进行水压试验的原则、方案、安全措施和有关准备工作，经审查同意后，方可进行水压试验。

(2) 检查给水管道试压的分段情况：

1) 给水管道试压的分段（表 17-70）

表 17-70

施工地段条件	分段长度(m)
一般条件下	500～1000
管段转弯多时	300～500
湿陷性黄土地区	200
管道通过河流、铁路等障碍物时	单独进行试压

2）如果管件阀门出厂压力小于管道试验压力，又符合设计要求时，可用盲板隔开，不参加试压。

（3）埋地管道的水压试验应在管基检查合格、管身上部回填土不小于500mm后（工作坑除外），避免管道移动，并将沿线管件（如弯头、三通、大小头等）的支墩加固牢靠，方可作压力试验，并应在管件支墩做完达到要求强度后进行，未做支墩的管件应做临时后背支撑。水压试验长度一般不超过1000m。试压合格后，做好水压试验记录。

（4）检查落实试压打泵前的复查和准备工作：

1）检验打泵盖堵及接头是否符合设计要求与有关规定；

2）审查试压后背、管件、支墩是否符合设计规定；

3）审查不同管材、不同管径、不同接口采用的不同盖堵及其支顶是否符合设计规定和有关要求；

4）做好压力表的检验校正，做好放水排气设施等准备的检查工作：

a. 排气：排气孔位置通常设置在起伏的各顶点处，对于长距离水平管道上，须进行多点开孔排气；

b. 灌水排气须保证排出水流中无气泡，水流速度不变。

5）试压前试压管段宜保持0.2～0.3MPa水压浸泡，其浸泡时间（表17-71）；

表 17-71

管道种类		浸泡时间(h)
铸铁管		24
钢管		24
预(自)应力钢筋混凝土管	$DN<1000$mm	48
	$DN>1000$mm	72
硬聚氯乙烯管		48

6）水压试验一般应在管身胸腔填土后进行，接口部位是否填土应根据实际情况确定；

7）水压试验时，应统一信号，统一指挥，明确分工，并对后背、支墩、接口、排气阀等都应规定专人负责检查，规定发现问题时的联络信号；

8）对所有后背、支墩必须进行最后检验，确认安全可靠时，方可进行水压试验。支设后背要求进行如下的检查：

a. 对所试压管段的两端堵板处应加固并设后背支撑，防止在试压过程中松动；

b. 采用原有管沟土挡作后背墙时，其长度不得小于5m。后背墙支撑面积，可视土质与试验压力值而定，一般土质按承受0.15MPa考虑；

c. 后背墙应与管道轴线垂直，紧贴墙壁应横放方木一排，立放方木一排，立木外放钢板一块。

（5）水压试验开始时应逐步升压，每升压一次以0.2MPa为宜，每次升压后检查没有问题后，再继续升压。

（6）水压试验时，后背、支墩、管端等附近不得站人，待停止升压时才进入检查。

（7）水压试验压力应按设计规定或“给水管道水压试验压力”（表17-72）规定执行。

表 17-72

管别	北京标准(MPa)		冶金部标准(MPa)	
	工作压力 P	试验压力	工作压力 P	试验压力
钢管	$P<0.5$	1.0	P	$P+0.5$，且≮0.9
	$P=0.5-2.0$	$P+0.5$		
铸铁管	$P\leqslant0.5$	$2P$	$P<0.5$	$2P$
	$P>0.5$	$P+0.5$	$P>0.5$	$P+0.5$
预应力钢筋混凝土管	$P\leqslant0.5$	$2P$	$P<0.6$ $P>0.6$	$1.5P$ $1.5P+0.3$
	$P>0.5$	$P+0.5$		
钢筋混凝土管	$P\leqslant0.2$	$P+0.2$		
自应力钢筋混凝土管、石棉水泥管				

(8) 放水法测定管道渗水量。其程序是：水压加至试验压力后，停止加压并开始记录时间、压力和降压0.1MPa所用时间 t_1 (min)；将水压重新升至试验压力，停止加压并打开水龙头放水入量桶，放水至降压0.1MPa为止，记录降0.1MPa所用时间 t_2 (min)；量桶中水量 Q (L)，根据试验段长度 L(m) 及 t_1、t_2、放水量 Q，即可计算得试压管道的渗水量 $q=Q/[(t_1-t_2)\cdot1000\cdot L]$ (单位 $L/(\text{min}\cdot\text{km})$)。

2. 质量标准、检验方法

(1) 落压试验：当管道直径≤400mm时，在试验压力下，如10min内落压不超过0.05MPa时，可不测定渗水量，即为合格。

(2) 放水法测定管道渗水量：试验结果管道未发生破坏，渗水量 q 值不大于表"给水管道水压试验允许渗水量"(表17-73) 规定的标准，经监理工程师复查符合规定，即为合格，签认交工证书。

表 17-73

管径(mm)	允许渗水量[$L/(\text{min}\cdot\text{km})$]		
	钢管	铸铁管	预应力混凝土管，自应力钢筋混凝土管，钢筋混凝土管
100	0.28	0.70	1.40
125	0.35	0.90	1.56
150	0.42	1.05	1.72
200	0.56	1.40	1.98
250	0.70	1.55	2.22
300	0.85	1.70	2.42
350	0.90	1.80	2.62
400	1.00	1.95	2.80
450	1.05	2.10	2.96
500	1.10	2.20	3.14
600	1.20	2.40	3.44
700	1.30	2.55	3.70
800	1.35	2.70	3.96
900	1.45	2.90	4.20
1000	1.50	3.00	4.42
1100	1.55	3.10	4.60

续表

管径(mm)	允许渗水量[L/(min·km)]		
	钢管	铸铁管	预应力混凝土管,自应力钢筋混凝土管,钢筋混凝土管
1200	1.65	3.30	4.70
1300	1.70		4.90
1400	1.75		5.00
1500	1.80		5.20
1800	1.95		5.80
2000	2.05		6.20
2200	2.15		6.60

注：1. 表中所列允许渗水量 q 值为试验段长度 1km 的标准；长度小于 1km 时，按比例折算成 1km 的。

2. 冶金部 1976 年试行标准中规定：

表中未列的各种管径，可用下列公式计算允许渗水量

钢管：

$$q=0.05\sqrt{D}$$

铸铁管：

$$q=0.1\sqrt{D}$$

预应力钢筋混凝土管，自应力钢筋混凝土管、钢筋混凝土管或石棉水泥管；

$$q=0.14\sqrt{D}$$

式中 D——管内径，(mm)；

q——每公里长管道允许渗水量，(L/min)。

(3) 塑料管道水压试验允许渗水量（表 17-74）

表 17-74

管道外径(mm)	允许漏水量[L/(min·km)]		管道外径(mm)	允许漏水量[L/(min·km)]	
	粘接连接	橡胶圈连接		粘接连接	橡胶圈连接
63～75	0.20～0.24	0.30～0.50	200	0.56	1.40
90～110	0.26～0.28	0.60～0.70	225～250	0.70	1.55
125～140	0.35～0.38	0.90～0.95	280	0.80	1.60
160～180	0.42～0.50	1.05～1.20	315	0.85	1.70

注：当管内试验管段大于或小于 1km 时，表中所列允许漏水量应按比例相应增减。

(4) 水压度验与渗水量试验记录表格（表 17-75）

3. 给水管道气压试验监理要点

(1) 管道气压试验的介质一般为空气，气压试验不受环境温度的限制，对周围环境污染小。缺点是膨胀能量大，试验安全性较低。

(2) 给水管道气压试验的要求

1) 气压试验强度试验压力采用设计工作压力的 1.15 倍；

2) 严密性试验在强度试验后进行，试验压力按设计工作压力，但真空管道不小于 0.1MPa；

3) 地上敷设的铸铁管试验压力不大于 0.15MPa，埋地铺设的铸铁管，试验压力不大于 0.4MPa；

4) 试压时不得用小锤敲击管道；

5) 气压试验之前要认真检查支撑固定情况，要求达到稳固可靠。

(3) 试压的操作要点

表 17-75

<table>
<tr><td>工程名称</td><td colspan="2"></td><td>工程地点</td><td colspan="2"></td><td>管径(mm)</td><td></td><td>管线长度(m)</td><td></td></tr>
<tr><td>管线工作压力</td><td colspan="2"></td><td>试验压力</td><td colspan="2"></td><td>10min 允许下降值</td><td></td><td></td><td></td></tr>
<tr><td rowspan="6">强度试验记录</td><td rowspan="2">次数</td><td rowspan="2">时间</td><td rowspan="2">试验压力</td><td colspan="2">压力降值</td><td rowspan="6">外观检查情况</td><td rowspan="6" colspan="3"></td></tr>
<tr><td>5min</td><td>10min</td></tr>
<tr><td>1</td><td></td><td></td><td></td><td></td></tr>
<tr><td>2</td><td></td><td></td><td></td><td></td></tr>
<tr><td>3</td><td></td><td></td><td></td><td></td></tr>
<tr><td>4</td><td></td><td></td><td></td><td></td></tr>
<tr><td rowspan="8">渗水量试验记录</td><td colspan="2">项目</td><td>次数
单位</td><td>1</td><td>2</td><td rowspan="6">验收评估</td><td rowspan="6" colspan="3"></td></tr>
<tr><td colspan="2">由试验压力下降 0.1MPa 的时间 t_1</td><td>min</td><td></td><td></td></tr>
<tr><td colspan="2">由试验压力下降 0.1MPa 的时间 t_2</td><td>L</td><td></td><td></td></tr>
<tr><td colspan="2">由试验压力下降 0.1MPa 的放水量 W</td><td>L/min</td><td></td><td></td></tr>
<tr><td colspan="2">渗水量计算</td><td>L/(min · km)</td><td></td><td></td></tr>
<tr><td colspan="2">单位渗水量</td><td>L/(min · km)</td><td></td><td></td></tr>
<tr><td colspan="2">允许渗水量</td><td></td><td></td><td></td><td rowspan="2">签字</td><td rowspan="2" colspan="3"></td></tr>
<tr><td colspan="2">差值</td><td></td><td></td><td></td></tr>
</table>

工程负责人：__________ 施工负责人：__________ 记录：__________

1）试验进气管的直径要求（表 17-76）；

表 17-76

试验管直径(mm)	15	100～150	200～300	500～700	800～1000	1200～2000
进气管直径(mm)	20	25	32	40	50	80

2）先打开空压机至试压管之间进气管路上的和压力表下的全部阀门，启动空气压缩机，首先升至试验压力的 50%，进行检查。如无泄漏及异常现象，继续按试验压力的 10%逐级升压，直至达到规定的试验压力，每一级稳压 3min，升压过程中应观察压力表的升压情况，并能及时联系，以便准确升压和及时停机；

3）当压力表上升到试验压力时，即关闭进气阀门稳压，管内稳压时间照表（表 17-77）；

表 17-77

DN(mm)	≤200	20～400	400 以上
停留时间(h)	12	18	24

注：管线较短或超长，停留时间可酌情减少和增加。

4）管内的空气处于平衡状态后，观察压力表读数是否符合试验压力要求，压力过高或过低时应采取措施使之达到试验压力，然后关闭控制阀门，开始检验。稳压 5min，以无泄漏、目测无变形作为强度试验合格的标志；

5）强度试验合格后，降至设计压力，用涂肥皂水等方法检查，如无泄漏，稳压 30min，压力不降，则严密性试验合格；

6）严密性试验合格后，应随即开启排放阀门，将管内空气缓慢放掉，以保安全；

7）试验合格后应及时填写试验记录。

17.3.11 给水管道冲洗消毒质量监理

1. 给水管道冲洗监理

（1）监理工程师审批承包人管道冲洗方案，制定管道冲洗质量监理实施细则和质量标准，经审查同意后，承包单位方可进行管道冲洗。

（2）监理人员复查接管放水冲洗的准备工作：

1）复查接管施工组织是否做到明确分工，统一指挥，密切配合；

2）复查关闸断水、支墩拆除、接管、支墩、开闸通过等具体要求、措施是否严密适用，要求承包人确保安全。

（3）监理人员复查承包人在放水冲洗前的准备工作：

1）开闸冲洗、检查管道沿线有无异常、关闸、放水、取样水质量化验等各工序是否符合规定；

2）放水完毕，管内存水达 24h 后，由承包人取水样化验合格，经监理工程师书面认可后，不用消毒。

2. 给水管道消毒监理

（1）监理工程师审查承包人的管道消毒方案和实施措施，并制定监理工作细则和质量标准。

（2）监理人员复查承包人水管消毒的准备工作，泵放漂粉溶液、关闸、泡管消毒、放净氯水、放入自来水、取水化验等各工序工作是否符合有关规定。

（3）水管消毒监理工作要点见表“水管消毒监理工作要点”（表 17-78）。取水化验符合标准，由监理工程师签认后才算完毕。

表 17-78

程　序	监理注意事项
准备工作	1. 在消毒前两天，与管理单位联系，取得配合 2. 制备漂粉溶液
泵入漂粉溶液	打开放水口和进水处闸门，根据漂粉溶液浓度，检查泵入速度，调节闸门开启程序控制管内流速，以保证每升水中游离氯含量 25～50mg
关闸	检查在放水口放出水的游离氯含量为每升 25mg 以上时，方可关闸
泡管消毒	24h 以上
放净氯水，放入自来水	关闸并存水 24h
取水化验	见证取样、化验；符合标准

17.3.12　室外给水管道安装分项工程质量检验评定

1. 应具备的技术资料：

(1) 材料出厂合格证。

(2) 隐蔽工程记录。

(3) 管道水压试验记录。

(4) 管道吹洗记录。

(5) 室外给水管道安装分项工程质量检验评定表（见表 17-79）

室外给水管道安装分项工程质量检验评定表　　**表 17-79**

工程名称：　　部位：

		项　目	质量情况
保证项目	1	埋地、敷设地沟槽内和架空管网的水压试验结果以及使用管材品种、规格尺寸必须符合设计要求和施工规范规定	
	2	管道及管道支座(墩)，严禁铺设在冻土和未经处理的松土上	
	3	给水管网竣工后或交付使用前，必须对系统进行吹洗	

		项　目	质量情况										等级
			1	2	3	4	5	6	7	8	9	10	
基本项目	1	管道坡度											
	2	金属和非金属管道的承插、套箍接口											
	3	镀锌碳素钢管道的连接											
	4	非镀锌碳素钢管道的连接											
	5	管道支(吊、托)架及管座(墩)											
	6	阀门安装											
	7	埋地管道的防腐层											
	8	管道和金属支架涂漆											

		项　目			允许偏差(mm)	实测值(mm)									
						1	2	3	4	5	6	7	8	9	10
允许偏差项目	1	坐标	铸铁管	埋地	50										
				敷设在沟槽内	20										
			碳素钢管	埋地	40										
				敷设在沟槽内及架空	15										
			预、自应力钢筋混凝土管、石棉水泥管	埋地	50										
				敷设在沟槽内	20										
	2	标高	铸铁管	埋地	±30										
				敷设在沟槽内	±20										
			碳素钢管	埋地	±15										
				敷设在沟槽内	±10										
			预、自应力钢筋混凝土管、石棉水泥管	埋地	±30										
				敷设在沟槽内	±20										

续表

		项目				允许偏差(mm)	实测值(mm)									
							1	2	3	4	5	6	7	8	9	10
允许偏差项目	3	水平管道纵横方向弯曲	铸铁管		每1m	1.5										
					全长(25mm以上)	$\ngtr$40										
			碳素钢管	每1m	管径≤100mm	0.5										
					管径＞100mm	1										
				全长(25mm以上)	管径≤100mm	$\ngtr$13										
					管径＞100mm	$\ngtr$25										
			预、自应力钢筋混凝土管、石棉水泥管		每1m	2										
					全长(25mm以上)	$\ngtr$50										
	4	隔热层	厚度			$+0.1\delta$ -0.05δ										
			表面平整		卷材或板材	5										
					涂沫或其他	10										

检查结果	保证项目				
	基本项目	检查	项,其中优良	项,优良率	%
	允许偏差项目	实测	点,其中合格	点,合格率	%
评定等级	工程负责人： 工长： 班组长：		核定等级	质量检查员：	

注：δ为隔热厚度。　　年　月　日

2. 质量标准及检验方法（表 17-80）

表 17-80

保证项目	质量标准： 1. 埋地、敷设在沟槽内和架空管网的水压试验结果以及使用的管材品种、规格尺寸必须符合设计要求和施工规范规定 2. 管道及管道支座(墩),严禁铺设在冻土和未经处理的松土上 3. 给水管网竣工后或交付使用前,必须对系统进行吹洗 检查数量:全数检查 检验方法： 1. 检查管网或分段试验记录 2. 观察检查或检查隐蔽工程记录 3. 检查吹洗记录
基本项目	1. 管道坡度 质量标准： 合格:坡度的正负偏差不超过设计要求坡度值的 1/3 优良:坡度符合设计要求 检查数量:按管网内直线管道长度每 100m 抽查 3 段,不足 100m 不少于 2 段 检查方法:用水准仪(水平尺)、拉线和尺量检查或检查测量记录

续表

基体项目	2. 金属和非金属管道的承插、套用箍接口 质量标准： 合格：接口结构和所用填料符合设计要求和施工规范规定，灰口密实、饱满。填料凹入承口边缘不大于 2mm，胶圈接口平直、无扭曲，对口间隙准确 优良：在合格基础上，环缝间隙均匀，灰口平整、光滑、养护良好，胶圈接口回弹间隙符合要求 检查数量：不少于 10 个接口 检验方法：观察和尺量检查
	3. 镀锌碳素钢管道的连接符合要求 4. 非镀锌碳素钢管道的连接符合要求
	5. 管道支（吊、托）架及管座（墩） 质量要求： 合格：构造正确，埋设平正牢固 优良：在合格基础上，排列整齐，支架与管子接触紧密 检查数量：不少于 10 个 检验方法：观察和尺量检查
	6. 阀门安装 质量标准： 合格：型号、规格、耐压强度和严密性试验结果，符合设计要求和施工规范规定，位置、进出口方向正确，连接牢固、紧密 优良：在合格基础上，启闭灵活，朝向合理，表面洁净 检查数量：按不同规格、型号抽查 10%，但不少于 10 个 检验方法：手扳检查和检查出厂合格证、试验单
	7. 埋地管道的防腐层 质量标准： 合格：卷材质量结构符合设计要求和施工规范规定，卷材与管道以及合层卷材间粘贴牢固 优良：在合格基础上，表面平整、无皱折、空鼓、滑移和封口不严等缺陷 检查数量：每 50m 抽查 1 处，但不少于 10 处 检验方法：观察或切防腐层检查
	8. 管道和金属支架涂漆 质量标准： 合格：油漆和涂漆遍数符合设计要求，附着良好，无脱皮、起泡和漏涂 优良：在合格基础上，漆膜厚度均匀，色泽一致，无流淌及污染现象 检查数量：各不少于 10 处 检验方法：观察检查
允许偏差项目	检查数量：1、2、3 项分别按管网起点、终点、分支点和变向点，查各点之间直线管段，每 100m 抽查 3 点（段），不足 100m 不少于 2 点（段）。4 项每 100m 抽查 3 处，不足 100m 不少于 2 处 检验方法：1、2、3 项用水准仪（水平尺）、直尺、拉线和尺量检查；4 项厚度用钢针刺入保温层检查；表面平整度用 2m 靠尺和锲形塞尺检查

17.4　室内给水排水管道安装监理

17.4.1　室内给水管道安装监理要点

1. 室内给水管道安装质量监理表（表 17-81）

表 17-81

项目类别	项目	质量标准	检验方法	检验频率
保证项目	水压试验	隐蔽管道和给水、消防系统的水压试验结果,必须符合设计要求和施工规范规定	检查系统或分区(段)试验记录	按系统全数检查
	管道铺设	管道及管道支座(墩),严禁铺设在冻土和未经处理的松土上	观察检查或检查隐蔽工程记录	
	系统吹洗	给水系统竣工后或交付使用前,必须进行吹洗	检查吹洗记录	
基本项目	坡度	合格:坡度的正负偏差不超过设计要求坡度值的 1/3 优良:坡度符合设计要求	用水准仪(水平尺)、拉线和尺量检查或检查隐蔽工程记录	按系统内直线管段长度每 5m 抽查两段,不足 5m 不少于一段;有分隔墙壁建筑,以隔墙壁为分段数,抽查 5%,但不少于 5 段
	碳素钢管螺纹连接	合格:管螺纹加工精度符合国标《管螺纹》(GB 3289.1～3289.39—82)规定,螺纹清洁、规整,断丝或缺丝不大于螺纹全扣数的 10%;连接牢固,管螺纹根部有外露螺纹,镀锌碳素钢管无焊接口 优良:在合格基础上,螺纹无断丝;镀锌碳素钢管和管件的镀锌层无破损,螺纹露出部分防腐蚀良好,接口处无露麻油等缺陷 观察和解体检查	观察和解体检查	不少于 10 个接口
	碳素钢管法兰连接	合格:对接平行、紧密,与管子中心衔接,螺杆露出螺母;衬垫材质符合设计要求和施工规范规定,且无双层 优良:在合格的基础上,螺杆露出螺母长短(橡胶垫)一致,且不大于螺杆直径的 1/2	观察检查	不少于 5 副
	非镀锌碳钢管焊接	合格:焊口平直度、焊缝加强面符合施工规范规定;焊口表面无烧穿、裂纹和明显的结瘤、夹渣及气孔等缺陷 优良:在合格基础上,焊口均匀一致,焊缝表面无结瘤、夹渣和气孔	观察或用焊接检测尺检查	不少于 10 个焊口
	金属或非金属管道的承插和套箍接口	合格:接口结构和所用填料符合设计要求和施工规范规定,灰口密实、饱满,填料凹入承口边缘不大于 2mm,胶圈接口平直无扭曲,对口间隙准确 优良:在合格的基础上,环缝间隙均匀,灰口平整、光滑、养护良好,胶圈接口回弹间隙符合施工规范规定	观察和尺量检查	不少于 10 个焊口
	管道支(吊、托)架及管座(墩)安装	合格:构造正确,埋设平整牢固 优良:在合格基础上,排列整齐,支架与管子接触紧密		

续表

<table>
<tr><th>项目类别</th><th>项目</th><th colspan="4">质量标准</th><th>检验方法</th><th>检验频率</th></tr>
<tr><td rowspan="3">基本项目</td><td>阀门安装</td><td colspan="4">合格：型号、规模、耐压强度和严密性的试验结果符合设计要求和施工规范规定；位置、进出口方向正确；连接牢固、紧密
优良：在合格基础上，启闭灵活，朝向合理，表面洁净</td><td></td><td rowspan="3"></td></tr>
<tr><td>埋地管道防腐层</td><td colspan="4">合格：材质和结构符合设计要求和施工规范规定，卷材与管道以及各层卷材间粘贴牢固
优良：在合格基础上，表面平整，无皱折、空鼓、滑移或封口不严等缺陷</td><td></td></tr>
<tr><td>管道、箱类和金属支架涂漆</td><td colspan="4">合格：涂漆种类和涂刷遍数符合设计要求，附着良好，无脱皮、起泡和漏涂
优良：在合格基础上，漆膜厚度均匀，色泽一致，无流淌及污染现象</td><td></td></tr>
<tr><td rowspan="14">允许偏差项目</td><td colspan="4">项目</td><td>允许偏差(mm)</td><td></td><td></td></tr>
<tr><td rowspan="6">水平管道纵、横方向弯曲</td><td rowspan="2">给水铸铁管</td><td colspan="2">每米</td><td>1</td><td rowspan="6">用水平尺、直尺、拉线和尺量检查</td><td rowspan="6">按系统直线管段长度每 50m 抽查 2 段，不足 50m 不少于 1 段；有分隔墙建筑，以隔墙为分段，抽查 5%，但不少于 5 段</td></tr>
<tr><td colspan="2">全长(25m 以上)</td><td>不大于 25</td></tr>
<tr><td rowspan="4">碳素钢管</td><td rowspan="2">每米</td><td>管径≤100mm</td><td>0.5</td></tr>
<tr><td>管径>100mm</td><td>1</td></tr>
<tr><td rowspan="2">全长(25m 以上)</td><td>管径≤100mm</td><td>不大于 13</td></tr>
<tr><td>管径>100mm</td><td>不大于 25</td></tr>
<tr><td rowspan="4">立管垂直度</td><td rowspan="2">给水铸铁管</td><td colspan="2">每米</td><td>3</td><td rowspan="4">用吊线和尺量检查</td><td rowspan="4">1 根立管为 1 段；两层及其以上按楼层分段，各抽查 5%，但均不少于 10 段</td></tr>
<tr><td colspan="2">全长(25m 以上)</td><td>不大于 15</td></tr>
<tr><td rowspan="2">碳素钢管</td><td colspan="2">每米</td><td>2</td></tr>
<tr><td colspan="2">全长(25m 以上)</td><td>不大于 10</td></tr>
<tr><td rowspan="3">附带热层</td><td rowspan="2">表面垂直度</td><td colspan="2">卷材或板材</td><td>4</td><td rowspan="2">用 2m 靠尺或楔形塞尺检查</td><td rowspan="3">水平管和立管，能按隔墙楼层分段的，均以每楼层分隔墙壁内的管段为一抽查点，抽查 5%，但不少于 5 处，不能按隔墙楼层分段的，每 20m 抽查 1 处，但不少于 5 处</td></tr>
<tr><td colspan="2">涂抹或其他</td><td>8</td></tr>
<tr><td colspan="3">厚度(δ 为隔热层厚度)</td><td>+0.1δ
−0.05δ</td><td>用钢针刺入隔热层尺量检查</td></tr>
</table>

2. 管道附件及卫生器具给水配件安装工程质量监理表（表 17-82）

表 17-82

项目类别	项目		质量标准	检验方法	检验频率
保证项目	自动喷洒和水幕消防装置		其喷头位置、间距和方向必须符合设计要求和施工规范规定	观察和对照图纸及规范检查	全数检查
基本项目	明装分户水表		合格：表外壳距墙表面净距离为 10～30mm，水表进水口中心距地面高度偏差不大于 20mm 优良：在合格的基础上，安装平整，水表进口中心距地面高度偏差小于 10mm	观察和尺量检查	抽查 10%，但不少于 5 个
	箱式消火栓		合格：栓口朝外，阀门距地面、箱壁的尺寸符合施工规范规定 优良：在合格的基础上，水龙带与消火栓和快速接头的绑扎紧密，并卷折挂在托盘或支架上		各抽查 10%，但不少于 5 组
	卫生器具给水配件		合格：镀铬件完好无损，接口严密，启闭部件灵活 优良：在合格的基础上，安装端正，表面洁净，无外露油麻	观查和启闭检查	
允许偏差项目	项　目		允许偏差(mm)	尺量检查	各抽查 10%，但均不少于 5 组
	大便器高、低水箱角阀及截止阀	安装标高	±10		
	水龙头				
	淋浴器莲蓬头下沿		±15		
	浴盆软管淋浴器挂钩		±20		

3. 室内给水管道附属设备安装工程质量监理表（表 17-83）

表 17-83

项目类别	项目	质量标准	检验方法	检验频率
保证项目	水泵安装	水泵就位前的基础混凝土强度、坐标、标高、尺寸和螺栓孔位置必须符合设计要求和施工规范规定	检查交接记录或根据设计图纸对照检查	全数检查
	水泵试运转	轴承温升必须符合施工规范规定	检查温升测试记录	
	水箱试验	敞口水箱的满水试验和密闭水箱的水压试验必须符合设计要求和施工规范规定	检查灌水和测试记录	
基本项目	水箱支架或底座安装	合格：尺寸及位置符合设计要求，埋设平整牢固 优良：在合格的基础上，水箱与支架(座)接触紧密	观察和对照设计图纸检查	
	水箱涂漆	合格：涂漆种类和涂刷遍数符合设计要求，附着良好，无脱皮、起泡和漏涂 优良：在合格基础上，漆膜厚度均匀，色泽一致，无流淌及污染现象	观察检查	

续表

项目类别	项目			允许偏差(mm)	检验方法	检验频率
允许偏差项目	水箱	标高		±15	用水准仪(水平尺)直尺、拉线和尺量检查	全数检查
		坐标		15		
		垂直度(每米)		1	吊线和尺量检查	
	离心式水泵	泵体水平度(每米)		0.1	在联轴器互相垂直的四个位置,用水准仪、百分表或测微螺钉和塞尺检查	
		联轴器同心度	轴向倾斜	0.8		
			径向位移	0.1		
	水箱保温	保温层厚度(δ为保温层厚度)		$+0.1\delta$ -0.05δ	用钢针刺入保温层检查	
		表面平整度	卷材或板材	5	用 2m 靠尺或楔形塞尺检查	每台不少于 5 点
			涂抹或其他	15		

17.4.2　室内排水管道安装工程质量监理要点（表 17-84）

表 17-84

项目类别	项目	质量标准	检验方法	检验频率
保证项目	灌水试验	隐蔽的热电厂水和雨水管道的灌水试验结果,必须符合设计要求和施工规范规定	检查区(段)灌水试验记录	全数检查
	管道坡度	必须符合设计要求和或施工规范规定	检查隐蔽工程记录或用水准仪(水平尺)、拉线和尺量检查	按系统内直线管段长度每 30m 抽查 2 段,不足 30m 不少于 1 段
	管道铺设	管道及管道支座(墩),严禁铺设在冻土和未经处理的松土上	观察检查或检查隐蔽工程记录	全数检查
	排水塑料管	必须按设计要求装设伸缩节。如设计无要求,伸缩节按间距不大于 4m 设置	观察和尺量检查	不少于 5 个伸缩节区间
	通水试验	排水系统竣工后的通水试验结果,必须符合设计要求和施工规范规定	通水检查或检查通水试验记录	全数检查
基本项目	承插和套箍接口(金属和非金属管道)	合格:接口结构和所用的填料符合设计要求和施工规范的规定;捻口密实、饱满。填料凹入承口边缘不大于 5mm,且无抹口 优良:在合格基础上,环缝间隙均匀,灰口平整,光滑,养护良好	尺量和用锤轻击检查	不少于 10 个接口
	镀锌碳素钢管或非镀锌碳素钢管的螺纹连接	合格:管螺纹加工精度符合国际《管螺纹》规定;螺纹清洁、规整,断丝或缺丝不大于螺纹全扣数的 10%;连接牢固;管螺纹根部有外露螺纹,镀锌碳素钢管无焊接口 优良:在合格的基础上,螺纹无断丝,镀锌碳素钢管和管件的镀锌层无破损,螺纹露出部分防腐蚀良好,接口处无露油麻等缺陷	观察和解体检查	不少于 5 副

续表

项目类别	项目	质量标准	检验方法	检验频率
基本项目	碳素钢管法兰连接或非碳素钢管法兰连接	合格：对接平行、紧密，与管子中心线垂直，螺杆露出螺母，衬垫材料符合设计要求和施工规范规定 优良：在合格的基础上，螺母在同侧，螺杆露出螺母长度一致，且不大于螺杆直径的1/2	观察检查	不少于10个焊口
	非镀锌碳素钢管焊接	合格：焊口平直度、焊缝加强面符合施工规范规定。焊口表面无烧穿、裂纹和明显的结瘤、夹渣及气孔等缺陷 优良：在合格的基础上，焊缝均匀一致，焊缝表面无结瘤、夹渣和气孔	观察或用焊接检测尺检查	
	管道支架及管座(墩)	合格：结构正确，铺设平正牢固 优良：在合格的基础上，排列整齐，支架与管子接触紧密	观察和用手扳动检查	各抽查5%，但均不少于5件(个)
	管道、箱类、金属支架涂漆	合格：涂漆种类和涂刷遍数符合设计要求，附着良好，无脱皮、起泡和漏涂 优良：在合格的基础上，漆膜厚度均匀，色泽一致，无流淌及污染现象	观察检查	各不于5处

项目类别	项目				允许偏差(mm)	检验方法	检验频率
允许偏差项目	坐标				15	用水准仪(水平尺)、直尺、拉线和尺量检查	立管坐标，检查管轴线距墙内表面中心距；横向联合管的坐标和标高，检查管道的起点、终点、分支点和变向点间的直管段。各抽查10%，但不少于5段
	标高				±1.5		
	水平管道纵横方向弯曲	铸铁管		每米	1		按系统内直线管段长度每30m查2段，不足30m不少于1段
				全长25m上	不大于25		
		碳素钢管	每米	管径≤100mm	0.5		
				管径>100mm	1		
			全长(25m以上)	管径≤100mm	不大于13		
				管径>100mm	不大于25		
		塑料管		每米	不大于2		
				10m以内	不大于8		
				10m以上	每10m大于8		
	立管垂直度	其他非金属管		每米	3	吊线和尺量检查	按系统内直线管段长度每30m查2段，不足30m少于1段
				全长(25m以上)	不大于75		
		铸铁管		每米	3		
				全长(25m以上)	不大于15		
		碳素钢管		每米	2		
				全长(5以上)	不大于10		
		塑料管		每米	不大于3		
				5以内	不大于10		
				5m以上	每5m水大于10 全高不大于30		
		石棉水泥管、缸瓦管、陶土管		每米	4		
				全长(10m以上)	不大于40		

17.4.3　室内硬聚氯乙烯管道安装监理

1. 硬聚氯乙烯（UPVC）管道施工监理要点

（1）检查管材和管件的承插粘接面，表面应平整，尺寸准确，以保证接口的密封性能。其承口尺寸（mm）应符合表 17-85 规定。

表 17-85

承口内径 (mm)	承口长度 (mm)	承口中部的平均内径(mm)		承口内径 (mm)	承口长度 (mm)	承口中部的平均内径	
		最小值	最大值			最小值	最大值
20	16.0	20.1	20.3	63	37.5	63.1	63.3
25	18.5	25.1	25.3	75	43.5	75.1	75.3
32	22.0	32.1	32.3	90	51.0	90.1	90.3
40	26.0	40.1	40.3	110	61.0	110.1	110.4
50	31.0	50.1	50.3				

（2）检查胶合剂

1）胶合剂应标有生产厂名称、出厂日期、有效使用期限、出厂合格证和使用说明书；

2）胶合剂应呈自由流动状态，不得为凝胶体，在未搅拌的情况下，不得有分层现象和析出物出现，不宜稀释；

3）胶合剂内不得有团块、不溶颗粒和其他影响胶粘剂粘结强度的杂质。

（3）不得使用有损坏迹象的材料。长期存放的材料，在使用前必须进行外观检查，若发现异常，应进行技术鉴定或复验。

（4）管道安装的监理

1）当施工现场与材料堆放处温差较大时，监理人员检查是否将管材和管件在现场放置一定时间，使其温度接近现场的环境温度；

2）管道穿墙壁、楼板及嵌墙暗敷时，监理人员检查是否与土建预留孔槽配套，检查其尺寸是否符合：

a. 预留孔槽尺寸较管外径大 50～100mm；

b. 嵌墙暗管墙槽尺寸的宽度为管外径 d+60mm，深度为 d+30mm；

c. 架空管上顶部的净空≥100mm。

3）监理人员检查管道的粘接是否符合下列规定：

a. 管道粘接不宜在湿度很大的情况下进行，操作场所应远离火源，防止撞止和阳光直射；

b. 在 0℃以下的环境中施工时应采取防寒防冻措施；

c. 涂抹胶合剂后，应在 24s 内完成胶接；若操作过程中，胶合剂出现干涸，应在清除干涸的胶合剂后重新涂沫；

d. 粘接时，应将插口轻轻插入承口中，迅速完成；插入深度到位，插接过程中，可稍做旋转。但不得超过 1/4 圈，不得插到底后进行旋转，管道承插过程不得用锤子击打；

e. 粘接完毕，应立刻将接头处多余的胶合剂擦揩干净；

f. 塑料管与金属管配件螺接时，应用注射成型的螺纹塑料管件，其管件螺纹部位的最小壁厚≥规定（表 17-86）；

表 17-86

塑料管外径(mm)	20	25	32	40	50	63
螺纹处厚度(mm)	4.5	4.8	5.1	5.5	6.0	6.5

g. 螺纹塑料管件与金属管配件螺接，宜采用聚四氟乙烯生料带作为密封填充物，不宜使用厚白漆、麻丝。

(5) 室内硬聚氯乙烯管道施工监理工作要点

1) 室内管道安装前应复核预留孔洞的位置是否正确；

2) 管道安装时，先设置管卡，检查位置是否正确，埋设平整牢固；

3) 管道安装应自下而上分层进行，先立管，后横管，连续施工；

4) 塑料管道穿过楼板时，注意检查应设置套管：管应高出地面、屋面≥100mm，并应采取严格的防水措施；

5) 立管安装应检查：

a. 安装立管时，应先扶正管段，按设计要求安装伸缩节，将管子插口试插入伸缩节承口底部，并按要求将管子拉出预留间隙，在管端划出标记；

b. 预留间隙的大小为：夏季 5～10mm；冬季 15～20mm。最后将管端插口平直插入伸缩节承口橡胶圈中，用力应均衡，不得摇挤。安装完毕，应随即将立管固定；

c. 立管安装完毕，应按规定堵洞或固定套管。

6) 检查横管安装，应符合下列规定：

a. 要求粘接后应迅速摆正位置，待粘接固化后，再紧固支承件，但不宜卡箍过紧；

b. 管道支承后拆除临时铁丝，并应将接口临时封堵。

7) 埋地管道的敷设

a. 先进行地坪±0.00 以下至基础墙外壁段的铺设，管道伸出外墙≥250mm，待土建施工结束后，再进行户外连接管的铺设；

b. 室内地坪以下管道铺设应在土建工程回填土夯实以后，重新开挖进行，严禁在回填土之前未经夯实的土层中铺设；

c. 检查铺设管道的沟底应平整，宜设厚度为 100～250mm 砂垫层，垫层宽度≮2.5 倍管外径；

d. 埋地管道回填时，应先用砂土或颗料径≤12mm 的土壤回填至管顶侧 200mm 处，经夯实后方可回填原土至设计标高；

e. 塑料管出地坪处监理人员检查是否设置护套，其高度应高出地坪 100mm；

f. 塑料管道在穿基础墙时，监理人员检查是否设置金属套管。套管与基础墙预留孔上方净空高度≥150mm。埋地管道穿越地下室外墙时，应按设计要求做好防水施工；

g. 埋地管灌水试验的灌水高度不得低于底层地面高度。灌水 15min 后，若水面下降，再灌满延续 5min，液面不下降为合格。经验收合格方可回填。

2. 硬聚氯乙烯（UPVC）管道质量标准和检测方法

(1) 管道系统的坐标、标高的允许偏差和检测方法（表 17-87）；

(2) 管道系统的横管宜保持 2%～5%的坡度，坡向泄水装置；

(3) 管道检验项目、允许偏差及检验方法（表 17-88）。

表 17-87

项目			允许偏差(mm)	检测方法
坐标	室外	埋地	50	经纬仪测量或钢卷尺测量
		架空或地沟	20	
	室内	埋地	15	
		架空或地沟	10	
标高	室外	埋地	±15	水准仪和标尺测量
		架空或地沟	±10	
	室内	埋地	±10	
		架空或地沟	±5	

表 17-88

序号	检验项目	允许偏差	检测方法
1	立管垂直	(1) 每 1m 高度≤3mm (2) <5m，全高≤10mm (3) >5m，每 5m≤10mm，全高≤30mm	挂线坠和用钢卷尺测量
2	横管弯曲度	(1)每 1m 长度≤2mm (2)<10m 以内，全长≤8mm (3)>10m 以上，每 10m≤8mmm	用水平尺、直尺和拉线测量
3	卫生洁具的排水管口及横支管口的纵横坐标	单独洁具≤±10mm 成排器具≤±5mm	用钢卷尺测量
4	横干管坡度	不得小于最小坡度	用水平尺或钢卷尺测量
5	卫生洁具接口标高	单独洁具≤±10mm 成排器具≤±5mm	用水平尺或钢卷尺测量

17.5 顶管及穿越障碍物施工质量监理

17.5.1 顶管施工质量监理一般规定

1. 顶管施工质量工作流程

(1) 顶管施工流程（图 17-31）

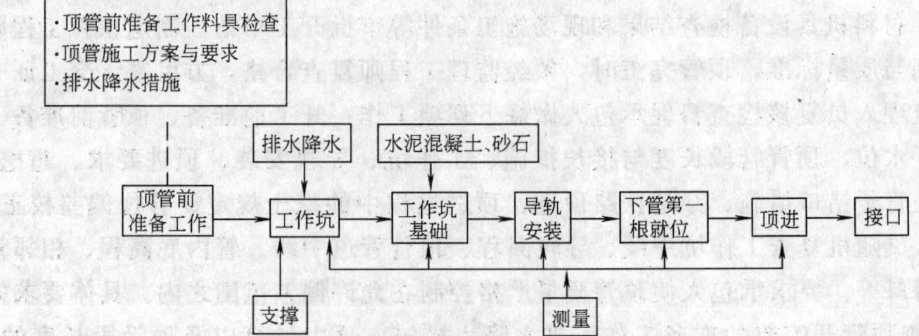

图 17-31 顶管施工流程

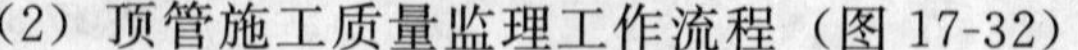

(2) 顶管施工质量监理工作流程（图 17-32）

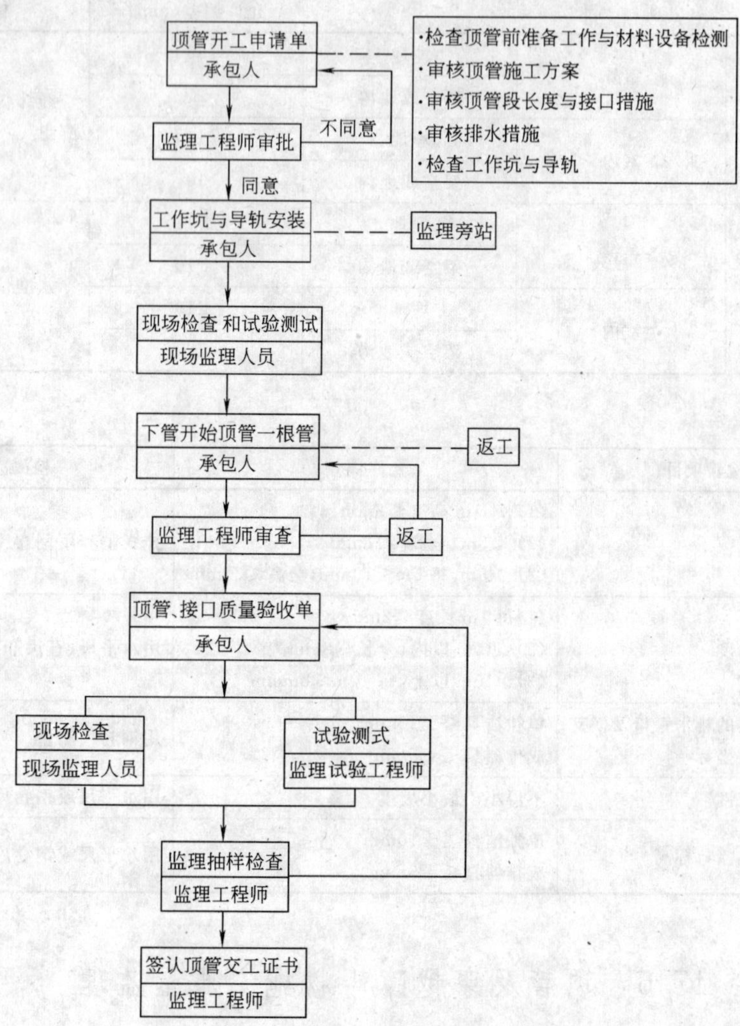

图 17-32 顶管施工质量监理工作流程

2. 顶管施工质量监理工作要点

(1) 监理工程师根据承包人申报的顶管施工组织设计、施工工艺及施工方案、进场的人员组合、材料机具设备检查结果和现场施工条件等审批开工申请，制定顶管工程质量监理工作细则与质量标准。顶管完工时，须经监理工程师复查合格，方可签认交工证书。

(2) 监理人员复核检查督促承包人做好下列项工作：开工前准备、顶管前准备、顶管方案、地下水位、顶管管段长度与接长措施、工作坑、导轨安装、顶进要求、超挖灌浆、纠偏、防止管子错口措施、穿越铁路顶进、顶进过程中的挖土规定、管位偏差校正措施，同时监理人员随机复查工作坑中线、导轨高程、顶管管道中线、管内底高程、相邻管间或对顶管子错口等。要求承包人使顶管质量严格控制在允许偏差范围之内。具体要求如下：

1) 审查顶管开工前的准备工作、排水降水措施、顶力计算以及顶管段长度的确定，检测工作坑的中线位置、后背的垂直度和水平线与中线的位置，检测导轨高程及其中线位置，检测顶进管道中线、管内底高程、相邻管间错口要求和对顶时管子错口大小；

2）顶管施工前的准备。熟悉图纸，实地调查，掌握制定顶管施工方案依据，如管道结构、埋深、设计要求，顶管段的土质和水文地质情况，顶管段上地下构筑物的结构及其基础和高程以及管理部门对顶管要求意见，现场三通一平条件，顶管顶力计算与顶管设备等；

3）审查顶管施工方案。着重审查降低地下水位方法，下管、出土及射出的泥水排除方法，顶管段长度及采用中继间、滑润剂和增加顶管长度的具体措施，顶管工作坑位置、开挖断面、坑底处理、支撑方法及工作平台、工作棚搭建，检查顶管后背结构及人工后背的设计是否符合设计要求，管子接口以及穿越构筑物的安全措施和确保工程质量措施；

4）审查顶管段长度。在长距离顶管施工时，顶管段应尽量放长，则根据顶力、后背、管口可能承受的顶力，并结合工作坑条件和管道井室间距等因素，合理确定顶管段长度；

5）审查需要加长顶管段的措施，如加固后背、加强管口边圈，选用滑润剂如触变泥浆、中继间或两工作坑向中间对顶等措施是否合理、适用；

6）审查工作坑中线、开挖断面、支撑、排水降水措施和顶管机具设备规格品种；

7）检查超挖或因校正造成管周围空隙过大而采用钻孔灌浆措施是否妥当，应符合设计规定；

8）钢筋混凝土管作为顶管时，应采用T型、F型接口，防止地下水的渗入；

9）检查安装的导轨，能否保证管子顶进方向，并应固定牢固，核算两根导轨内距；

10）当第一根管子下到导轨就位后，监理人员应检测管子中线、管内底前后端高程，确认无误后，方可顶进；

11）顶进过程中，监理人员巡视和旁站检查，防止管中线偏差。如发生偏差应及时纠偏，顶进第一管段20～30cm时，即应对中心线及其高程测量一次，每个接口测1点，有错口时测2点；

12）顶钢筋混凝土管时，管两端接口处应加衬垫。防止顶进中错口，应安装内胀圈；

13）监理人员检查是否顶管连续进行；

14）穿越铁路顶管施工，监理人员检查是否在列车通过时仍在挖土顶进；

15）监理人员检查挖土情况：

a. 对易塌土质应加管帽，当土质良好，一般可超挖30～50cm；

b. 在铁路道轨下，不得超挖10cm，在道轨外，不得超过30cm；

c. 严禁在顶管段下面135°范围内超挖，当两端对顶相距约100cm时，可从两端中线掏挖小洞，使两端通视，以便校核管中心线位置与高程。

16）审查管位偏差校正措施；

17）查看每班填写的顶管施工记录，发现问题应及时纠正处理；

18）工作坑后背、导轨及第一根顶管就位起顶应列为旁站重点监理。

（3）质量标准、检测频率与方法

1）对顶管工作坑要求（表17-89）

2）顶管的中线位移、管内底高程、相邻管间错口大小和对顶时管子错口等允许偏差（表17-90）

表 17-89

项目		允许偏差(mm)	检验频率		检测与认可	
			范围	点数	检验方法	检查程序
工作坑每侧宽度,长度		不小于设计规定	每座	2	挂中线用尺量	监理在场,承包人检测,填报表,由监理人员签置评语及姓名
后背	垂直度	0.1%H	每座	1	用垂线与角尺	
	水平线与中心线的偏差	0.1%L		1		
导轨	高程	+3mm −0	每座	1	用水平仪测	
	中线位移	左 3mm 右 3mm		1	用经纬仪测	

注:表内 H 为后背的垂直高度 (m),L 为后背的水平长度 (mm)。

表 17-90

项目		允许偏差(mm)	检验频率		检测与认可	
			范围	点数	检验方法	检查程序
中线位移		50	每节管	1	测量并查阅测量记录	监理人员在场,承包人检测,填报各报表,由监理人员签署评语及姓名
管内底高程	D<1500mm	+30 −40	每节管	1	用水准仪测量	
	D≥1500mm	+40 −50	每节管	1		
本邻管间错口		15%管壁厚,且不大于20	每个接口	1	用尺量	
对顶时管错口		50	对顶接口	1	用尺量	

17.5.2 顶管的施工方法和顶管机头的选型

1. 顶管的施工方法(表 17-91)

表 17-91

施工方法	优 点	缺 点	适用条件
直接顶入法	1. 可不预先挖土,不加套管 2. 省去挖土运土工序 3. 不影响铁路与公路正常交通	1. 顶管阻力大 2. 平面与高程位置不易控制,误差较大 3. 适用条件面窄	1. 适用于非岩石性土,尤以黏土与含水性黏土地区为佳 2. 不适宜流砂地段 3. DN=25~200mm,穿越长度较短的Ⅲ级铁路,公路
套管人工顶进法	1. 不影响正常交通 2. 穿越管发生故障可检修,不致造成路基下沉 3. 平面与高程位置易于控制 4. 穿越管安全可靠	1. 采用带基础套管整体顶人,增加费用 2. 劳动强度较大,运土、挖土较困难	1. 宜用于穿越Ⅰ、Ⅱ级铁路,套管直径应比穿越管直径大600mm,且不小于1000mm 2. 穿越流砂地段应采用带基础套管整体顶管施工

续表

施工方法	优　点	缺　点	适用条件
水平钻孔机械顶进法	1. 具有套管人工顶进法的优点 2. 黏性土与腐蚀淤泥土条件下，在不降低地下水条件下均可采用本法 3. 减去了挖运土操作，劳动强度低	1. 挖土、运土不易协调 2. 遇到地下障碍物无法排除 3. 耗费专用机械，增加一定动力费用	适用条件基本与套管人工顶进法相同

2. 顶管机头选型表（表17-92）

表 17-92

机头型式	适用管道内径 D(mm) 管道顶复土厚度 H(m)	地层稳定措施	适用地质条件	适用环境条件
手掘式	D:1000～1650 H:不小于3m ≥1.5D	遇砂性土用降水法疏干地下水、管道外周压浆形成泥浆套	黏性或砂性土；在软塑和流塑黏土中慎用	允许管道周围地层和地面有较大变形，正常施工条件下变形量10～20cm
挤压式	D:1000～1650 H:不小于3m ≥1.5D	适当调整推进速度和进土量，管道外周压浆形成浆套	软塑、流塑的黏性土，软塑流塑的黏性土夹薄层粉砂	允许管道周围地层和地面有较大变形，正常施工条件下变形量10～20cm
网格式（水冲）	D:1000～2400 H:不小于3m ≥1.5D	适当调整开孔面积，调整推进速度和进土量，管道外周压浆，形成泥浆套	软塑、流塑的黏性土，软塑流塑的黏性土夹薄层粉砂	允许管道周围地层和地面有较大变形，精心施工条件下，地面变形量可小于15cm
斗铲式	D:1800～2400 H:不小于3m ≥1.5D	气压平衡正面土压，管道外周压浆，形成泥浆套	地下水位以下的黏性土、砂性土，但黏性土上的渗透系数≯10^{-4}cm/s	允许管道周围地层和地面有中等变形，精心施工条件下，地面变形量可小于10cm
多刀盘土压平衡式	D:1800～2400 H:不小于3m ≥1.5D	胸板前密封舱内土压，平衡正面土压，管道外周压浆，形成泥浆套	软塑、流塑的黏性土，软塑流塑的黏性土夹薄层粉砂；黏质粉土中慎用	允许管道周围地层和地面有中等变形，精心施工条件下，地面变形量可小于10cm
刀盘削土土压平衡式	D:1800～2400 H:不小于3m ≥1.3D	胸板前密封舱内土压，平衡正面土压，以土压平衡装置自动控制；管道外周压浆，形成泥浆套	软塑、流塑的黏性土，软塑流塑的黏性土夹薄层粉砂；黏质粉土中慎用	允许管道周围地层和地面有较小变形，精心施工条件下，地面变形量量可小于5cm
加泥式机械土压平衡式	D:1800～2400 H:不小于3m ≥1.3D	胸板前密封舱内混有黏土浆的塑性土土压平衡装置自动控制；管道外周压浆，形成泥浆套	地下水位以下的黏性土砂质粉土，粉砂。地下水压力＞200kPa，渗透系数≥10^{-3}cm/s时慎用	允许管道周围地层和地面有较小变形，精心施工条件下，地面变形量可小于5cm

续表

机头型式	适用管道内径 D(mm) 管道顶复土厚度 H	地层稳定措施	适用地质条件	适用环境条件
泥水平衡式	D:1800～2400 H:不小于3m ≥1.3D	胸板前密封舱内护壁泥浆平衡正面土压,以泥水平衡装置自动控制;D≤1800可用遥控装置。管道外周压浆,形成泥浆套	地下水位以下的黏性土,砂性土;渗透系数 >10^{-1}cm/s,地下水流速较大时严防护壁泥浆被冲走	要求管道周围地层和地面有很小的变形,在精心施工条件下,地面变形≤3cm

注:1. 表中所列D、H等数值系考虑上海地区一般条件,特殊情况下可采取妥善措施以适应表列以外的D、H值。
2. 表中所列地表变形值系指D为2400mm,管顶覆土H为1.5D时,在减少纠偏、精心施工和采取综合稳定地层措施时,地表变形可酌情减少。

3. 监理重点

(1) 对施工组织设计应进行全面、细致的研究、分析和审查,特别对机头的类型、主千斤顶、管材的强度与接口形式、洞口构造、中继环的设置、压浆孔的布置、稳定土层的措施、环境监测及工程保护措施等应作重点审查。施工方法和采取的技术措施应符合设计要求,确保工程质量。

(2) 对确定的顶管施工方法,应重点了解该机具的性能,特别是对顶管穿越土层特性的适用性,审查施工单位是否具有类似工程顶管施工的实际经验。

(3) 对采用的顶管施工方法,其可能产生的地表变形和对周围环境的影响程度,应督促施工单位预先做出分析、估算,应符合合同规定的保护环境的要求。当预计影响程度难以确保对地面建筑物、道路、交通和地下管线的正常使用时,应督促施工单位采取有效技术措施进行监测和保护,必要时对建筑物、地下管线,可采取停止使用、限制使用、拆除、搬迁等措施。

17.5.3 顶管施工测量与放样监理要点

1. 控制施工井位偏差

顶管施工前应严格按照设计图纸和技术规程的规定,实施放样监理复核制度,校核控制点和监理工序签认管理。

2. 控制管道中心线偏差

(1) 严格执行测量放样复核制度。

(2) 测量仪器必须保持完好,必须定期进行计量校核。

3. 控制管底标高偏差

(1) 严格执行测量放样复核制度。

(2) 防止测量仪器被人或其他东西碰倒或移动。

(3) 出洞口管节要垫实,防止管节下沉。

17.5.4 顶管工作坑、接收坑及其设备安装监理

1. 工作坑、接收坑施工监理要点

(1) 顶管工作坑、接收坑型式:钢板桩、钢筋混凝土沉井、地下连续墙等类型。工作坑的平面型式有矩形和圆形,当管径≥ϕ1800mm或深度≥5.5m的顶管时,宜采用钢筋混

凝土沉井作为顶管工作坑。

（2）监理人员参照表 17-93 检查直线顶进工作坑平面尺寸是否可以满足顶管施工的需要，当选用的机头或管节较长时，工作坑的长度应经计算后作调整。

表 17-93

顶管内径(mm)	顶进坑(宽×长)(m)	接收坑(宽×长)(m)
800～1200	3.5×7.5	3.5×4.0～5.0
1350～1650	4.0×8.0	4.0×4.0～5.0
1800～2000	4.5×8.0	4.5×5.0～6.0
2200～2400	5.0×9.0	5.0×5.0～6.0

注：当采用泥水平衡顶管施工时，工作坑的宽度宜适当增加。

（3）监理人员检查工作坑的洞口是否设置止水圈和封门板，并在开顶前应安装完毕。

（4）顶管工作坑内监理人员检查顶管机头，还要检查的设备有：导轨、后靠承压壁、组合千斤顶架、主顶千斤顶、油泵站及管阀、U 型顶铁、O 型接口顶铁等。

装配式导轨：监理人员检查测放管道轴线和导轨安装定位情况，要求在顶进中不移位、不变形、不沉降，导轨的中轴线应与顶管轴线一致，两根轨道必须平行、等高。钢轨面的中心标高宜按设计管底标高设置，导轨坡度与设计管道坡度相一致。当导轨的中心标高与设计管底标高一致时，钢筋混凝土管的导轨轨距可按照表 17-94 选用。

表 17-94

管径(mm)	800	1000	1200	1350	1500	1650	1800	2000	2200	2400
管径厚度(mm)	82.5	100	120	165	175	190	200	210	220	230
计算轨距(mm)	540	663	796	1000	1083	1183	1265	1362	1459	1556

（5）后靠承压壁必须具有足够的强度和刚度，能够承受和传递最大顶力，并应留有较大的安全度。在承压壁直接承受顶力的接触面应设置一块 5cm 以上的厚钢板，钢板应与顶管轴线垂直。

（6）按施工选型确定的顶管机头，经严格维护保养确认其性能完好，方能运入工地，在吊入工作坑前，应对机头的外形尺寸和结构作进一步检查，并应符合设计要求。根据机头重量、现场条件等，选用具有足够起重能力的吊机，将机头缓慢、平稳吊入工作坑，并安放在导轨上。机头与导轨的接触面必须吻合、平稳。测定机头中心、标高、坡度，应符合设计要求。机头安装就位后，应将电、水、油、泥浆、气压和操作系统等设备分别连接，不得渗漏，并对各分系统进行试运行检查，直至运行正常，操作灵活。

（7）主顶千斤顶一般由 2～6 只偶数组成，固定在组合千斤顶架上，与管节端面呈对称布置。千斤顶必须规格一致，油路并联，行程同步，共同作用，每台千斤顶的使用压力不得大于额定工作压力，千斤顶伸出的最大行程应小于油缸行程 10cm。

（8）油泵站应设置在主顶千斤顶的近旁由专人负责，油路顺直，接头不漏油。油泵应装有限压阀、溢流阀和压力表等指示保护装置。

（9）钢质顶铁应满足刚度大、不变形、放置时稳定性好、相邻面垂直、几何尺寸准确的要求。组合使用时，端面接触紧贴，顶铁与管节端面的接触必须平整、均匀。

(10) 在工作坑内按顶管管道的设计中轴线设置激光水准仪及架设平台，激光水准仪的水准轴应和管道的设计中心线一致。

2. 监理重点

(1) 工作坑的平面位置除应符合设计和施工工艺要求外，还应同时考虑下列因素：

1) 应避免设置在高压电线下、小巷或单位的车辆出入口及交通繁忙场地狭小处；

2) 应尽可能避让或离开地下管线、建筑物、水体、铁路等有一定距离，减少施工扰动的影响；

3) 工作坑与建（构）筑物和地下管线的最小平面距离，应根据土质、场地条件并结合工作坑的施工方法而定。采用钢板桩或沉井法施工的工作坑，地面沉陷的影响范围，一般可按基坑深度的 1.5 倍考虑，否则应采用必要的技术保护措施；

4) 工作坑的施工机械设备或脚手架等装置，与架空输电线路之间最小距离，应满足有关电业规定（表 17-95）。

表 17-95

线路经过地区或跨越项目			最小距离(m)
电力线	垂直交叉	0.5kV 以下	1.0
		6～10kV	2.0
		35～110kV	3.0
		154～220kV	4.0
	水平接近	0.5kV 以下	2.5
		6～10kV	2.5
		35～110kV	5.0
		154～220kV	7.0

(2) 顶进工作坑的后靠设施和土体的最大允许反作用力必须经过计算，并满足最大顶力的需要的，必须结构稳定，无位移，必要时对结构后靠及土体应予以加固。

1) 严防后靠背严重变形、位移或损坏，要求用刚度好的钢结构取代单块钢板做后靠背。后靠背后面的洞口要采取措施，可用刚度好的板桩或工字钢叠成“墙”，垫住洞口或管口。后座墙后的土体采用注浆等措施加固，或者在其地面上压上钢锭，增加地面荷载。用钢筋混凝土浇筑整体性好的后座墙，并且尽量使墙脚插入到工作坑底板以下一定深度；

2) 严防工作井位移，要求验算沉井后靠土体的稳定性。沉井结构工作井则应按沉井计算荷载验算沉井结构强度，并验算沉井后靠土体稳定性。钢板桩支护工作井，按顶管荷载验算板桩结构强度和刚度，并验算板桩后靠土体稳定性。

(3) 加强对工作井位移的定时、定人的观察，以掌握其动态。

(4) 加固工作井后的土体。

(5) 使用中继间，降低主顶油缸对工作井的推力。

(6) 在顶管进出预留洞的一段距离范围内，通常可取 10～20m，视土体特性、机头类型、周边地下管线、建筑物的情况，应采取井点降水、土体加固及特设的保护措施，保持土体稳定，地下管线和建筑物的安全，确保机头顺利进出洞口，防止水土流失、机头下沉。

(7) 工作坑的洞口必须设置止水圈和封门板，止水圈应在整个顶管过程中能有效防止水土和触变泥浆的流失，封门板应抽拔方便。洞口止水圈应按设计要求的尺寸和材料进行加工，并应制成整体式，并按设计图纸的尺寸要求正确安装。设计没有提出要求时，应根据施工经验，洞口钢板内径可比管节外径大 4～6cm，洞口止水圈直径可比管节外径小10%左右为宜。

(8) 导轨、顶机、千斤顶、油泵站、后靠的布置、安装，应顺序进行，达到导轨稳定，顶机平稳，轴线、标高、坡度符合顶管设计要求。导轨应有一定的刚度并支撑牢固，扩建木应用硬木或用型钢、钢板，必要时可焊牢。对工作井底板进行加固。可采用刚度好的可调整导轨架，并同时采用刚度大的钢结构后座，以及油缸有一定自由度的主顶油缸架。顶机用相关设备应进行单机、单系统调试，并进行整机系统运行试车，操作运行正常后才能拆除封门机头顶入土体。在顶进过程中，全部设备应有专人维护和保养。正确安装主顶油缸，同时后靠背一定要用薄钢板垫实或用混凝土浇实。

(9) 仪器架一定要固定在基坑底板上，底板要牢固，不要把仪器架固定在会移动的支撑等上面。仪器附近应设栏杆，防止被碰，失准。发现仪器移动必须重新安装好，必须核对原始数据，确保重新安装后的仪器数据正确。同时，还应有人复核，并做好记录。

(10) 确保工作井不浸水

1) 雨季施工，应在工作井周围砌一圈挡水墙，以防止地面水流入工作井内；

2) 已顶好的管子应把管口封住，防止雨水或其他明水通过管道流到工作井里；

3) 工作井中的排水设施应完好，同时要有备品备件，以确保及时排水。

(11) 多个千斤顶同时使用时，必须规格、型号一致，油路并联，行程同步，若有偏差应查明原因，调整合格才准予使用。

(12) 顶管接收坑要点

1) 接收坑井壁预留的洞口主要供机头进洞时一次性使用，故洞口构造比工作坑的出洞口要简单。进洞口应按设计图制作并封堵，封堵有砖墙、混凝土及钢板桩封门。待机头靠近洞口时开凿封门，顶出机头；

2) 检查在机头进洞前临时安设承接机头的导轨架：导轨的标高、中轴线必须和机头进洞时相一致，并安装稳固，足够支承机头设备及机内的土重。当机头较长时，可将机头的前部与后部的工具管分段顶入洞口，脱出后分段吊出接收坑。

(13) 顶管设备必须经维修保养，检验合格后方可进入施工现场。开顶前对顶管全套设备及各类机具均应进行单机、整机联动及模拟操作，确认正常后方可设入使用。顶进中应有专人例行保养。

(14) 核查施工单位对选定机关的机械特性和适应土质的熟悉和掌握程度以及类似工程的施工经验，现场应配有熟练的操作人员，施工人员应经过技术培训和技术交底。

(15) 检查施工进场的机头和工具管，必须和经过批准的施工组织设计所选定的机头设备相一致，特别是机头直径、动力、纠偏设备、出土装置等必须匹配，机头与工具管的连接必须满足纠偏技术要求，无渗漏。

3. 质量标准与检验方法

(1) 钢板桩工作坑的平面尺寸以及后靠的稳定和刚度应满足施工操作和顶力的要求，

基础标高应符合施工组织设计要求。钢板桩宜采用咬口连接的方式，不渗水漏泥。平面形状宜平直、整齐，避免不规则的转角。允许偏差：轴线位置100mm，顶部标高±100mm，垂直度1/100。

（2）钢筋混凝土沉井的制作、结构强度、下沉标高应符合设计和施工技术规程，井体无渗漏现象，制作允许偏差见表（表17-96）。

表 17-96

偏差名称	允许偏差(mm)	偏差名称	允许偏差(mm)
长、宽	±0.5%，且不得大于100	井壁厚度	±15
曲线部分的半径	±0.5%，且不得大于50	井壁、隔墙垂直度	1%
两对角线长度	对角线长的1%	预埋件、预留孔位移	±20

（3）沉井下沉后位置允许偏差：

1）刃脚平均标高与设计标高的偏差不超过10cm；

2）沉井水平位移超过不沉总深度的1%，下沉总深度小于10m时，其水平位移允许10cm；

3）沉井刃脚底面四角（圆形井为相互垂直两直径与圆周的交点）中的任何两角的高差不得超过该两角间水平距离的1%。但最大不得超过30cm，如两角间水平距离小于10m，其刃脚底面高差允许为10cm；

4）下沉总深度是沉井下沉前后刃脚面标高之差。

（4）工作坑后靠墙应结构稳定，无位移，与顶机轴线垂直，后靠墙的承压面积应符合设计和施工组织设计的要求。其允许偏差：宽度5%，高度5%，垂直度1%。

（5）导轨应安装稳固，轴线、坡度、标高符合顶管设计要求。允许偏差：轴线3mm（左右），标高0～+3mm。

17.5.5 中继环安装及运行监理

1. 审核施工组织设计中顶力的估算、中继环设定的位置、数量、工作坑结构后靠强度及后靠土体所能承担的顶力等，必须满足设计要求和施工的实际状况。

2. 检查中继环的结构型式、几何尺寸、与管道的连接等应符合设计图纸，并进行实地检查和测量。

（1）中继环的千斤顶应做到同步同行程，不漏油。橡胶止水圈应耐磨，满足中继环振动筛伸缩的运行特点。

（2）单个中继环的总顶力应大于该段的顶力，并留有足够的余量。

（3）中继环使用前必须进行调试检查，使用中不得带病运行，发生故障应立即修复。

（4）检查中继间橡胶密封圈的材质和外形尺寸，要按设计要求加以严格控制。密封件磨损以后应有补偿措施，用来调整压缩量，重新形成有效的密封。也可把密封件设计成可更换的，一旦磨损严重时可以更换。

（5）中继间应与顶管机保持一定的距离，不能靠顶管机太近。方向纠偏过程中不能过猛，不能有大起大落的现象。

（6）中继间油缸下部向两边分别供油，或者分多组进油，以减小每个油缸推力衰减值造成的中继间推力分布不均匀的现象。

（7）中继间油缸的行程一般为 300mm，不宜太长。中继间外形尺寸，特别是外径要严格控制。

3. 顶管中最大顶力必须小于管材设计允许的顶力。

4. 工作坑的主千斤顶的最大总顶力，必须小于工作坑后靠结构设计允许顶力和后靠土体所能承受的顶力，并留有一定的余量。必要时应对后靠结构及后靠土体进行加固。

5. 为减少顶力和控制顶力的突增，除增设中继环，还应采用触变泥浆减少管壁与土体的摩擦阻力。必须连续顶进，减少停顶的时间，顶进中应勤挖土、勤顶进、勤压浆、勤测量、勤纠偏，以控制顶力的突增。

6. 对顶机的工作状况、技术参数、顶力中继环的设置与使用、顶进长度、触变泥浆的压注、纠偏、地面沉降、后靠等情况与数据，施工中应作详细真实的记录。监理人员应到现场旁站并收集信息，做到心中有数，应其有超前和防范意识，对遇到的异常情况能够及时分析，及时采取措施，防止顶力突增，甚至“抱管”顶不动等事故发生。要保证一定的浆液质量和正确的注浆和补浆方式。中继间伸缩时，要注意前、后区段管节浆套状况，要保持浆套完整，减少浆压的波动。中继间顶伸时，要随时补浆，充填空隙。

7. 质量标准与检验方法

（1）中继环的几何尺寸、千斤顶的布设应符合设计图纸和顶力的要求，中继环的壳体应与管道外径相等。

检验方法：按中继环工艺设计图和管材设计图，用钢尺丈量。

（2）顶力的配置应大于顶力的估算值并留有足够的余量。实际发生的最大顶力应小于管材允许的顶力。中继环的设置应满足顶力的要求，并符合施工组织设计的规定。

检验方法：按千斤顶的规格、技术参数计算顶力，并核对管材强度资料。顶进中应对管节内壁和接口进行外观裂缝及破损检查。

（3）中继环、千斤应与油泵并联，行程同步，油压不能超过设备的设定参数，使用应伸缩自如，不漏油和泥水。

检验方法：检查油路安装，核对规格，设置油压控制阀，使用前进行调试检查。

17.5.6　管节顶进监理

1. 管节顶进施工要点

（1）机头入土后应视土质情况对原设定的技术参数进行调整。随顶进随时调整切土、出泥、顶速、土压等技术参数，使顶进尽早进入正常状态。顶进中应经常测量并调整机头的轴心位置，贯彻勤测量、勤纠偏、微调的原则。

（2）顶管纠偏的常用的方法（表 17-97）

表 17-97

校正方法	具 体 作 法	适用条件
挖土校正法	在管子偏向设计中心的一侧适当超挖，以使迎面阻力减小；而在对方的一侧则不超挖或留坎，使迎面阻力增大，形成力偶，让首节管子调向，逐渐回到设计位置	当偏差为 10～30mm 时
顶木校正法	用圆木或方木一根，一端顶在管子偏向设计一侧内管壁上，另一端支在垫有木板的管前土壤上，支架稳固后，开动千斤顶，利用顶进时顶木斜支管子所产生的分力，使管子得以校正	当偏差大于 30mm 或采用挖土校正法无效时

续表

校正方法	具体作法	适用条件
小千斤顶校正法	此法基本与顶木校正法相同，并配合挖土校正法在超挖的一侧管端壁支上一个5～15t的小千斤顶，千斤顶底座上接一短顶木，利用小千斤顶的顶力使首节管子调向，然后在继续顶进中，逐渐回到设计位置	当偏差大于30mm或采用挖土校正法无效时
加垫钢板校正法	在顶管的终端与顶铁之间的适当位置垫置一块相应厚度的楔形钢板，使顶管与顶铁之间形成一个角度，顶进时即可使顶管逐渐回到设计位置	采用挖土校正法无效时

(3) 管道连接按插口在前，承口在后的形式，排管组合。必须按设计规定安装木衬垫、橡胶止水圈等接口材料。

(4) 压注触变泥浆

1) 管节顶出工作坑洞口后，应在机头工具管尾部与管节连接处压注触变泥浆；

2) 按设计和施工组织设计的要求，在管道顶进中，间隔顶入带有预留压浆孔的管节。在压浆孔中压注触变泥浆，随顶随压，定时定点，按量均匀压入，即“管中补浆”；

3) 在穿越地下不明管线及建筑物时，应避免做大的纠偏，并适当增加触变泥浆的压注量，在地面沉降增量或采取纠偏顶进时，均应适当增加压浆量，即特殊地段“增量压浆”；

4) 顶管中压注触变泥浆，对于降低管壁摩擦阻力、减少顶进力、支护成洞土体、减少土体流失和地面沉降具有十分重要的作用。为了保证管壁外周泥浆套的稳定，要求泥浆失水量小，黏滞度高，不沉淀，稳定性好；

5) 配置泥浆配合材料为：

a. 膨润土、木质素（CMC）、纯碱、水，膨润土和CMC应事先用水浸泡12h以上；

b. 膨润土矿粉：水＝1：9，拌制均匀的泥浆呈灰褐色，储存待用的泥浆应不泌水，每次使用前应复拌后再压注。

(5) 常用的压浆压力为0.1～0.3MPa，压浆量通常为机头外径与管壁外径的空隙量的3～5倍，当土质松软、顶管纠偏、地面冒（漏）浆、地面沉降时，应酌情加大压浆量并调整压浆压力。压浆压力不宜过大，压浆应随顶随压，分次压注。

(6) 每一顶程施工结束后，应及时用水泥粉煤灰砂浆进行固化压浆，以减少后期沉降。

(7) 顶进一定长度后，按施工组织设计布置中继环并继续顶进，直至一段管道贯通。

(8) 顶进中对土质、土压、顶速、顶力、纠偏、压浆、顶程、轴线偏差等技术参数及机械运行情况，均应详细真实记录以便分析。

(9) 顶进中机头如遇不明障碍物或顶力突增等异常情况，除作好记录外，应分析判断并采取相应措施，在确保安全前提下，可派有经验施工人员进入机头排除障碍，不得盲目顶进。

(10) 顶管前对使用的管道应逐节检查，对管壁、接口有裂缝、缺损的不得使用。

(11) 双排顶管时主要是使两段管子保持合适的中心距。由于泥水平衡顶管、土压平衡顶管及手掘式顶管对土体的扰动以及扰动后的土体稳定时间不同，所以它们各自中心距，即使在同一口径，同一条件下也有所不同。另外，影响中心距的因素还有土质条件、管道长度，根据多年顶管经验和工程实践，建议双排顶管中心距应大于沉降槽宽度的2倍。

2. 管节顶进监理要点

(1) 机头顶进入洞后，必须按土质及时调整操作并监控各类技术参数，使顶管尽早进入正常状态。

(2) 监理人员按施工组织设计和技术要求的规定，检查设有压浆孔的管节和中继环的的布置，检查并督促触变泥浆的压注应贯彻"机尾压浆、管中顺序补浆、随顶随压浆、特殊地段或地面沉降增量时增大压浆量"的原则，对压浆时段及浆量应作分析。

1) 机尾同步注浆应及时，要装压力表，控制好注浆压力。每节管子开顶时，都要检查注浆情况，确保管节浆液与机尾浆液通畅，形成完整的浆套。发现机尾缺浆，要及时补浆。浆量要充足，通常浆量要大于管道外空隙体积的5倍以上，松软土质、机头纠偏时，注浆量还要相应增加；

2) 随时掌握主顶油缸顶力变化动态。稍有不正常的较快上升，就应引起重视，并逐一检查管节注浆状况，有缺浆就补；

3) 顶进中，勤观察机尾、注浆管节、中继间、洞口的注浆情况，进行全线动态补浆，及时修补缺损的浆套。

(3) 监理人员检查纠偏措施并必须贯彻"勤测、勤纠、微调"的原则，经常检查机头内的照准板，以确定机头顶进的轨迹走向。若发生较大偏差，应分析原因，并督促分次逐步纠偏，防止纠偏过量，造成反复纠偏，影响顶管质量。机头内设的两组纠偏千斤顶的纠偏行程差值不能大于50mm。

(4) 监理人员应随时掌握顶进状况，及时分析顶进中的土质、顶力、压浆、轴线偏差、地面变形等情况，针对发生的问题督促施工单位及时采取相应的技术措施。发现地面有冒浆，应及时查明原因，采取封堵及减压措施。

(5) 使用的管材应符合设计要求。检查管材合格证、使用许可证、试验资料、外观及几何尺寸，必须达到顶管的质量标准和强度指标。发现管壁有裂缝、接口缺损等弊病的不准使用。

(6) 根据地质和环境资料选用合适的工具管及稳定地层的措施和施工方法，施工中严格控制顶进速度、顶进推力、出土量，使开挖面土体比较拉近土压平衡状态，减小地表变形量。

1) 对于挤压式或网格式工具管，在黏性土中顶进，精心操作，严格控制顶进速度和出土量，地层损失可控制在－5%～－2%；

2) 对于土压平衡式或泥水平衡式等平衡式顶管机，只要认真操作，加强监测信息反馈，控制好顶进速度和出土量，使开挖面土体稳定地保持在平衡状态，地层损失可控制在±0.1%～±1%的范围内；

3) 判明障碍物，排除障碍物或减慢顶进速度通过。

(7) 监理人员检查和要求施工中对安全的注意：

1) 顶管接收坑内空间狭小，频繁运上运下大型管件，非常容易造成事故；

2) 顶管接收坑施工现场，多台顶力很大的千斤顶同时工作也容易造成事故；

3）顶管接收坑施工现场属于高空作业区，存在高空作业的各种危险。

3. 几种形式的顶管施工监理要点

（1）手掘式顶管监理要点

1）控制高程偏差，当工具管前方出现塌方以后应采用井点降水或采用注浆等措施，也可在工具管内充以适当的气压来稳定挖掘面；

2）控制轴线偏差，尽量使管子两侧的措施对称，认真观察、测量机管轴线，及时纠偏切忌过猛；

3）控制主顶油缸推力，方向纠偏切忌过猛，加强注浆管理，可适当地增加浆液的稠度和注浆量，适当提前安装中继间。如果当主顶推力拉近设计总推力的80%时，就应安装中继间；当主顶推力达到设计推力的90%时，就应启动中继间。长距离顶管，第一只中继间的安装位置还可适当提前些，以降低主顶推力；

4）控制地面沉降，根据穿越地层的工程地质和水文地质情况，并判别可否采用。要精心施工，防超挖、坍方；

5）控制地面隆起，适当掌握好挖土与顶进的关系，做到勤挖、勤顶，同时加强地面观测。

（2）泥水平衡式机管监理要点

1）控制泥水密封舱的泥水压力在1～1.1倍正面土体静止土压力。土层渗透系数很大或覆土深度不够，应加深覆土。要注意土层土质特性，施加选择适当护壁浆液，在有黏性的土中，要增加进水中黏土的比例，提高进水比重，使泥水易渗透。在砂性土中，要按渗透性大小，采用比重不同的膨润土触变泥浆；

2）控制机头平衡，在粉砂等砂性土中顶进偏低时，一方面把膨润土泥浆浓度适当提高，以防砂性土开挖面坍塌，同时适当增加顶管机的推进速度。如果是遇到两层软硬程度不一样的土时，应注意让顶管机的头部略微往上翘一些，同时把前3～4节混凝土管与顶管机后壳体联成一体。控制好密封舱的泥浆压力；

3）避免泥水管内产生沉淀、堵塞，停止推进前必须对排泥管道进行较为彻底的清洗；

4）防止泥水压力过高，顶进距离过长时，应适时安装中继泵。经常检查排泥泵吸泥口，排除阻塞。

（3）土压平衡式顶管监理要点

1）严格控制好土仓内的土压力，一般此土压力宜为正面土体静止土压力的1～1.1倍。土比较浅比较差的情况下，要在开始顶进段，对地面沉降和地层移动进行监测，调整土仓内的土压力值。一旦发现有隆起，应把控制土压力调低些，做到及时合理调整；

2）防止螺旋输送机排土口喷泥水；

3）防止出洞时机头前倾下沉的措施：在工作井外洞口下部注浆加固土体；在洞口止水圈下部用混凝土浇筑一个弧形托块；把纠偏油缸全部收紧，同时再把顶管机与其后管节用吊紧螺栓拉紧，联成一体，后续管节出洞时，同样采用此法，逐节下去，直至不会叩头为止；机头出洞时，预抬高一些。

（4）反铲式气压顶管监理要点

1）防止漏气：检查顶管机及其附属设备和供气管路等处有无漏气，有则加以堵；按气压平衡要求确保覆盖层防漏气的最小厚度，采取相应的稳定气压措施；

2）控制地面沉降：在施工中保持气压稳定，要注意开挖面稳定。避免超挖引起坍方，要边挖边顶进，每次开挖和顶进距离不要过大；

3）控制轴线与高程偏差：纠偏的同时，以挖土方式的变化和顶进的配合来辅助纠偏同时，与方向纠偏系统共同进行纠偏。

（5）泥水机械平衡式顶管监理要点

1）控制地面隆起：正确设定土压平衡压力，推荐按下式设定：

$$P_{设}=P_{主}+[2/3(P_{被}-P_{主})$$

式中　$P_{设}$——设定的开挖面土压力值；

$P_{主}$——开挖面土体主动土压力值；

$P_{被}$——开挖面土体被动土压力值。

2）防止泥水压力过高：长距离顶进或排泥扬程高时，要增加排泥接力泵；适当的顶进速度，使其与刀盘进土量和排泥管道排泥能力相适应；

3）控制管道轴线偏差：控制好机头顶进的方向，方向纠偏要及时，要缓慢；在机头安装前后尺，可观察预计机头左右偏转，采用倾斜仪、坡度板，及时指示机头上下方向，可有效控制机头上下方向偏差。

（6）无排土顶管监理要点

1）控制轴线偏差：土质条件较硬而使顶管机偏高，可改变顶管机头部的几何形状，由一个个直径从小到大圆柱体叠加在一起的宝塔形，在其顶进过程中主要是端面的阻力，而很少有径向分力，顶管机也就不易产生偏差。遇到障碍的偏差，一般只有把所顶管子及所顶管机拔出，在另外一处再顶；

2）控制推力大小：可以拔出重顶，也可以在地面开挖，把障碍物排除以后再顶。

4. 质量标准与检验方法

（1）直线顶管采用钢筋混凝土企口管时，其相邻管节间（2m 长）允许最大纠偏角度不得大于表 17-98 中的数值。

表 17-98

管径(mm)	φ1350	φ1500	φ1650	φ1800	φ2000	φ2200	φ2400
纠偏角度(°)	0.76	0.69	0.62	0.57	0.52	0.47	0.43
分秒值	45′15″	41′15″	37′30″	34′23″	30′58″	28′08″	25′47″

（2）检验方法：根据允许最大纠偏角度控制纠偏千斤顶的行程差值，用钢尺、塞尺量测管节接口的间隙差值反算偏角。

（3）管道顶进无偏移，管节不错口、不裂、不渗水，管底坡度不得有倒落水，管内不得有泥土、建筑垃圾等杂物。

（4）顶管的允许偏差（表 17-99）

5. 管道接口施工监理

（1）管道接口施工要点

1）管道接口按插口在前，承口在后的原则顶进；

2）管道接口的形式及接口所用的木垫板、橡胶止水圈、钢套环等配件应按设计要求选用，尺寸准确，达到技术标准，钢套环无变形，焊缝平整。常用顶管接口形式及止水材料（表 17-100）；

表 17-99

项目		允许偏差(mm)		检验频率		检验方法
		钢管道(mm)	钢筋混凝土管道(mm)	范围	点数	
中线位移		50	100	每段	1	经纬仪测量
管道内高程 D(mm)	<ϕ1500	+30−40	+60～80	每段	1	水准仪测量
	≥ϕ1500	+40−50	+80～100	每段	1	水准仪测量
相邻管节错口		≤2	15%壁厚且不大于 20	每节、管	1	钢尺量
对顶时两端错口		50		每节、管	1	钢尺量
内腰箍		不渗漏		每节、管	1	外观检查
橡胶止水圈		不脱出		每节、管	1	外观检查

表 17-100

类别	内径(mm)	每节管长(mm)	接口方式	止水材料
平口管	ϕ800、ϕ1000、ϕ1200	3000	T 型钢套环	齿型橡胶圈 2 根
企口管	ϕ1350、ϕ1500、ϕ1650、ϕ1800、ϕ2000、ϕ2200、ϕ2400	2000	企口式	“O”型橡胶圈 1 根
承口管	ϕ2200、ϕ2400、ϕ2700、ϕ3000	2000	F 型钢套环	齿型橡胶圈 1 根

3）管道端口应平整，无缺损、裂缝，承插口外形尺寸准确；

4）接口顶合前，承口的木垫板应榫接成环形粘贴到位，插口的橡胶圈应平顺安装到位，管端插口应对中承口，缓慢顶入；

5）顶管结束后，管道接口内间隙应按设计规定填嵌抹平，无渗水；

6）橡胶圈应避免阳光直接照射和雨雪浸淋，不应与酸、碱、油类有机溶剂等影响橡胶质量的物质接触，距离热源应在 1m 以外。橡胶圈应自然平放在室内的架子上，室内温度应<35℃，相对温度不低于 50%。

（2）管道接口施工监理要点

1）顶进前应对混凝土成品管、钢套环、橡胶密封圈和木衬垫材料从外观、几何尺寸及质量试验资料作详细检查。必须符合设计要求，达到技术标准，并经现场试装，不合格的不得使用。监理人员有必要考察管道的生产厂家的设备、技术力量和生产能力以及质量保证体系；

2）检查管道承插口，外观应完好，无裂缝、缺损。钢套环必须按设计要求进行防腐处理，刃口无疵点，焊缝平整，肋板与环形钢板垂直，钢套环尺寸准确无变形。橡胶圈无裂缝、变形、老化、变质等现象；

3）监理人员应抽检管道承口的几何尺寸，槽口尺寸应准确、光洁、平整、无气泡；

4）接口顶合时应平整对中顶入，橡胶止水圈应均匀挤压到位，无扭曲、挤出外露，与钢套环或承管壁紧贴，木垫板无松动脱落，与端口接合紧密，接口间隙应均匀一致；

5）安装前应检查橡胶止水圈的规格、型号与外观质量，正确套入混凝土管的插口。止水圈进入套环或承口之前要涂抹一些浓肥皂水并缓慢操作主顶油缸，使管节正确插入合拢。止水圈不能有翻转、挤出现象；

6）木衬垫材料应通过取样试验室检测

a. 其应力、应变力学性能必须符合设计要求，允许偏差±5%；

b. 外形尺寸应符合设计通用图要求，衬垫环的允许偏差：曲率半径±2mm，宽度±2mm，厚度±0.5mm，每块长度+2～－4mm。

7）衬垫表面不应有剥离、木节；

8）橡胶密封圈应有产品合格证和物理力学性能检验报告，技术性能、断面尺寸和展开长度应符合设计要求。外观应平整，接头良好，表面不得有油污、裂缝和机械损伤；

9）管道接口应按设计规定嵌垫密实，压光平整，接口平顺，不渗水。相邻管节错口允许偏差≤15mm。

6. 管道顶管施工善后工作监理要点

（1）管道顶通后，端头一般应超过井壁20～30cm，并凿除超长部分。管端与井壁洞口的封堵、连接应按设计要求及时处理，并达到不渗不漏。

（2）中继环必须回缩到位，接缝无渗漏，浇筑钢筋混凝土内衬后，内壁应平整、圆顺、无渗漏。

（3）管道接口的间隙应均匀，如有渗漏现象，应采用堵漏措施，按设计要求嵌缝密实平整。

（4）防腐涂层施工必须按设计要求分层检查验收，原材料达到技术规定的标准，涂刷前管道内壁必须干净、干燥。孔洞、气泡等，必须用腻子嵌填抹平。

（5）顶管结束应工完料清，按设计要求修复路面、场地，恢复原貌。

（6）管道的压浆孔、内衬接口应封嵌密实，外观平顺。管道内应清扫干净无杂物，内壁及接口无渗漏现象，管道顺直无倒泛水。

17.5.7 管节进洞、出洞施工监理

1. 管节进洞施工监理要点

（1）管节进洞、出洞的施工是顶管施工的关键工序，监理人员要认真审查管节进洞、出洞施工方案，对可能出现的各种问题的解决措施是否可行进行审查并检查施工前的准备工作，监理人员要旁站监理管节进洞、出洞施工的全过程。

（2）管节进洞前，必须严格监控机头轴线和标高并对准洞口，控制平稳顶进和纠偏量，确保机头、管节顺利顶入接收坑洞口。

（3）对洞口处的土体、地下管线及地面构筑物，应采取必要的稳定和保护加固措施，并监测土体的变形情况。

（4）拆除洞口封门后，应迅速将机头顶入土中，机头中心位置和高程应符合设计要求。机头的工具管与管节连接时，工具管尾部至少有20～30cm搁在导轨上。

（5）若机头入洞即遇到异物、机头下沉，应暂缓顶进，查明原因，经处理后再顶进。特殊情况，有相应措施保护才可将机头退出，经处理后再次顶入出洞。

（6）管节进洞后，应用木楔将管道沿洞口楔紧垫稳，再用麻筋水泥将洞口空隙填实，

防止水土流失。当有中继环的管道全部顶紧靠拢，停止顶进后，按设计要求完成管道与洞口的连接。

2. 管节出洞施工监理要点

（1）管节出洞施工准备监理要点

1）出洞前，监理必须对顶管整个系统的安装、单机调试进行全面检查，督促并检查设备联动调试，确认设备系统运转正常，各项准备工作均已完成，才准予开顶出洞。未经监理批准，不准开顶；

2）机头顶出工作坑预留洞前，必须对所有顶管设备、压浆、测量、管材、人员组织等进行全面检查。经整体联动调试运转，确认全系统设备技术状态正常后，方可准备开洞门，机头出洞；

3）检查洞口止水圈的安装必须符合施工要求，应安装牢固、尺寸准确，能完全封堵机头与洞口的空隙，无渗出水土与触变泥浆；

4）检查洞口前方的土体已采取措施得以稳固，确保拆除洞口不会产生水土流失；

5）检查洞口前方的地下管线、地面构筑物已采取技术措施有效保护，并建立了沉降监测；

6）接收坑进洞口前，沿土体应采取加固措施，如井点降水等。对进洞口附近有地下管线和地面构筑物时，应采取保护措施，并进行沉降观测；

7）机头出洞前，应在接收坑内沿机头出洞方向安装接收导轨，导轨轴线和标高应与机头一致。导轨必须架设牢固、稳定，能够支承机头和工具管的重量。

（2）管节出洞操作要点

1）当机头临近进洞口时，开始拆除洞口砖封墙，拔除钢封门（当采用钢板桩接收坑时，可采用切割方式，同时对原有钢板桩进行支护加固），随即将机头、工具管和管节顶进洞口。机头及工具管先后顶至导轨上，即用吊车将设备分别吊于地面，经清洗保养后，准备下段顶管使用；

2）机头出洞时，顶进操作应谨慎平稳、匀速推进，首节管出洞口后即应开始均匀压注触变泥浆。在管节出洞 10～20m 范围内，监理应检查并督促施工人员将切土、出泥、顶速、土压、轴线、标高等技术参数和操作，逐渐调整至正常状态；

3）机头和管节出洞后，洞口橡胶止水圈应严密封堵机头管壁与洞口的环形间隙，水土与触变泥浆不冒出洞口；

4）严格控制工具管出洞 10m 范围内管道轨迹的偏差≯20mm；

5）管节出洞后，管端口应露出洞口井壁 20～30cm，管道与井壁的连接必须按设计规定施工，达到接口平整、不渗水。

（3）管道管节进、出洞允许偏差（表 17-101）。

表 17-101

项目		允许偏差(mm)	
		≤100m	>100m
中线位移		50	100
管道内底高程	<ϕ1500mm	+30、-40	+60、-80
	≥ϕ1500mm	+40、-50	+80、-100

17.5.8　附属设备安装监理

1. 起吊设备配置监理要点

(1) 起吊机械的造型、设备的场地平面布置、起重能力必须纳入施工组织设计，并报监理审核批准。起吊重量、吊臂长度、吊臂角度、起吊稳定性等与设备能力、现场施工条件、起重安全性等直接相关，必要时应督促施工单位进行核算和加固。

(2) 审核进场设备的合格证及操作人员的上岗证，督促施工单位在设备使用前必须进行调试和试吊，并检查调试和试吊的情况，确认安全可靠方可使用。起重设备应按规定，必须经劳动安全部门检验核准后方可投入使用。

(3) 起重机械严禁超负荷工作，并不得同时进行升降、变幅、旋转或行走的动作。严禁非工种人员操作设备。

(4) 严禁在起重机回转半径范围内有人或物，严禁重物在人头上越过或人站立在被吊物体上工作。

(5) 督促施工单位建立现场维护保养、定期检查制度，严禁设备带病运转。

2. 土方运输设备的监理要点

(1) 顶管管道内土方运输设备的规格、性能、运转、电量配置等均应列入施工组织设计，并应与顶机类型、土质、管内空间、运距、顶机的出土能力相匹配，经监理审核批准后方可实施。

(2) 检查运输设备的安装、调试及与整个顶管设备的适用性，确认系统工作正常后，准予投入使用。

(3) 对泥浆水力输送的泵、管系统中应增设排渣装置（箱），以利清除石渣等固体物。若发生出浆管堵塞不通畅时，应停顶清除管道内异物后才能继续顶进。

(4) 对平衡式顶机的泥土（水）仓，应控制一定的压力，以平衡机头正面的土（水）压力。应随时观测并调节顶速、切土量和出土量，使机头维持一个较正常的压力值，进行平衡顶进，确保顶管质量。

(5) 对水力出土的地面泥浆池的容积及结构的安全性应进行审核，应有足够的容积存放泥浆，防止泥浆池的开裂及坍塌。池壁及浆管应不漏水，溢流水可循环利用，不准直接排入下水道及河道。

17.5.9　拱管施工监理要点

1. 拱管施工准备阶段的监理的主要工作

(1) 拱管工程项目开工前，总监理工程师应组织专业监理人员审查拱管施工组织设计方案，提出审查意见，并经总监理工程师审核、签认后报建设单位。审查承包单位现场项目管理机构的质量管理体系、技术管理体系和质量保证体系，确能保证工程项目施工质量时予以确认。

(2) 监理人员审查承包单位报送的分包单位资格、资质资料，审核分包单位资格、营业执照、资质等级证书、特殊行业施工许可证、承包工程许可证，分包单位的业绩，人员的资格证、上岗证。

(3) 监理人员检查测量放线控制成果及保护措施，并检查测量人员的岗位证及测量设备检定证书。复核控制桩的校核成果、控制桩的保护措施以及平面控制网、高程控制网和临时水准点的测量成果。

（4）监理人员应对拟进场工程材料、构配件和设备的工程材料、构配件、设备资料进行审核，并对进场的实物采用平行检验或见证取样方式进行抽检。对未经监理人员验收或验收不合格的工程材料、构配件、设备，监理人员应拒绝签认，并将不合格的工程材料、构配件、设备撤出现场。

（5）监理人员检查进场的主要施工设备，审查设备的规格、型号是否符合施工组织设计的要求，检查承包单位的计量设备的技术状况。

2. 拱管的弯制施工监理要点

（1）先弯后接的施工监理要点

1）按拱管设计尺寸将管线分为适宜的几段，通常分为单数段（拱顶部分为一段，左右两个半跨对应分段）；

2）以分段的弧度及尺寸选择钢管，便可弯管焊制，钢管弯管可采用冷弯或热弯；

3）采用冷弯时，管子尚有一定回弹量。因此在顶弯管子时，应当使管子的矢高偏大一些，偏大多少应视不同管径与不同跨度，通过试验决定；

4）拱管弧形管段弯成之后，按设计要求在平整的场地上进行预装，经测量合格之后方可焊接，焊毕应再行测量，应当保证拱管管段中心轴线在同一个平面上，不得出现扭曲现象。

（2）先接后弯施工监理要点

1）将长度适当大于拱管总长的几根钢管焊接起来，而后在现场操作平台上采用卷扬机进行弯管；

2）检查弯管所用的模具与弯管的弧度正确与否，弯管作业时一定要做到牢固、准确，弯管的管子向模具靠紧速度要均匀，不宜过快；

3）为防止放松卷扬机钢丝绳之后管子回弹量过大，可在拉紧钢丝绳时，在拱管内侧用氧气烘烤到管壁发红后即可放松钢丝绳。由于拱管内侧由高温降至低温开始收缩，待管壁温度降至常温时，回弹量得以减少；

4）在管道焊接之后，需进行充气试验或油渗试验，以检查管道渗漏情况。

（3）拱管的安装施工监理要点

1）立杆安装法

a. 当管径较小、跨度较短时，立杆安装可采用两根扒杆，河岸两边各1根，其中一根为独脚扒杆，另一根是摇头扒杆。起吊前先将拱管摆置在两个管架的中间，吊装时两根扒杆同时起吊；

b. 当管径较大、跨度较大时，在河岸一边竖一台扒杆，主杆与悬臂长均由实际需要确定，扒杆立杆铁由四根中型角钢构成，利用悬臂将拱管吊起，并向河中心平移至两个管架之间；

c. 扒杆或悬臂将拱管提起之后，即送至两个管架上就位，由于管架上的水平托架已经焊死，因而拱管左右位置不致产生偏差，而前后位置以两端托架为准，用扒杆或悬臂加以调正，而拱管的垂直程度，则可用经纬仪在两端观测，用风绳予以校正；

d. 自拱管两个托架安装并校正后，随即进行焊接。如发现托架与管身之间有空隙，可用铁片嵌入后予以焊接。水平托架一经焊死，随即焊上斜托架，再用经纬仪观测拱管轴线，检查有否偏差。

2）履带式吊车安装法

a. 适用于水面较窄的河流条件下；

b. 可以减少管子位移及立装扒杆等准备工作，加速施工进度，其安装作业和要求，与立杆安装法基本相同。

（4）拱管安装施工监理要点

1）拱管控制的矢高比为 1/6～1/8，一般采用 1/8；

2）拱管由若干节短管焊接而成，每节短管长度为 1.0～1.5m，各节短管焊接要求较高，须进行充气或抗渗试验；

3）吊装时为避免拱管下垂变形或开裂，应在拱管中部加设临时钢索固定；

4）拱管安装完毕，应作通水试验，并观测拱管轴线与管架变位情况，必要时应作纠偏。

17.5.10　斜拉管桥施工监理要点

1. 混凝土索塔的施工

（1）跨河的斜拉管桥多为单柱式，单索面形式为主，索多集中于塔顶。采用提模法施工时，顶框和底框作为索塔柱提模的受力部件，将升板机悬挂于上。

1）由于索塔柱范围小，故塔设二层操作平台，在操作平台外设围护栏或钢丝网，以保证操作人员的安全；

2）螺杆与上层平台联接，下层施工平台和索塔柱四周的模板则组装在上层平台上。索塔柱模板组装，维修钢筋绑扎，电焊及索管的安装均在下层平台上进行。升板机提升操作和浇筑索塔柱混凝土则在上层平台上进行。

（2）提升模板拆模后挂在支架上。在施工中要注意：由于索塔柱体积小，每节的混凝土浇筑量小，所以浇筑速度快，侧压力大，因此模板的强度、刚度一定要经过计算确定，而且模板在转角处必须有可靠的连接。这是保证索塔柱混凝土质量的关键之一。

（3）索塔柱内钢筋直径较粗，宜采用单面焊接接头形式，也可搭接绑扎，为了确保钢筋位置准确，要对接长的钢筋上端进行限位，以免升板机在爬升时将钢筋撞弯移位。

（4）在施工中要注意索塔柱断面小、高度高引起的施工阶段的稳定问题，可以采用分阶段暂停索塔柱混凝土施工的办法解决。

2. 钢制索塔的安装

（1）钢制索塔需用铆、栓、焊等连接形式进行装配，截面一般是由型钢组成的框架和框架形式，其操作应遵循一般钢结构的拼装要求，特别应注意尺寸的准确性。

（2）在施工中应注意索塔沿管道方向呈柔性和垂直管道方向是刚性的特点，沿管道方向可通过两侧拉索控制塔顶的位置变化。垂直管道方向可通过塔横梁增加刚性。施工操作应尽量保持塔的受力平衡和控制塔顶变位。

3. 钢索的施工

（1）钢索的组成及其截面形式（表 17-102）。

（2）拉索安装后要进行索力和索长的调整，调整拉索的原则：

1）用拉索标高控制索力；

2）精确测定索力大小；

3）合理预计高速整索长与索力的量值；

表 17-102

项目		要求及注意事项
运输	盘　索	1. 成盘运输可盘绕成不小于30倍直径特制钢圆盘上 2. 直接索绕成圆圈，其直径一般为2.5～4m 3. 若有超高，超宽问题应先征得交通部门同意
	直　索	1. 一般在工地现场编制，在送到施工部位时，不宜先做刚性护套 2. 做完刚性护套后用多台手拉葫芦将整索均匀吊起，要避免局部过小半径的弯曲 3. 拉索护套外应再包麻布临时保护平放在人力或动力拖车上，拖车间距小于5m，用连杆固定
安装	设备及设施	1. 在主梁两端各安装一台5t的卷扬机，作为牵引拉索的动力 2. 在拟安装拉索的下方辅设槽钢导轨
	安　装	1. 将下端锚具装入梁体的预埋钢管，并旋紧螺母，使之固定 2. 用卷扬机钢丝绳拴住上端锚具并通过转向滑轮将索徐徐拉近塔身，施车配合，徐徐送索，并将上锚具进入预埋钢管，旋紧螺母，使之固定 3. 安装穿心式千斤顶，使之与张拉锚具连接准备张拉 4. 由低向高的顺序施工安装
张拉	初始张拉	1. 为拉索安装后的第一次张拉，使每根拉索处于紧张状态 2. 张拉部位：在塔柱部分，脚手架要离开一定距离（一般为50cm）可使千斤顶在这个间距吊放
	索力调整	1. 一般在管道全部接完后，用千斤顶进行最后一次索力调整 2. 索力调整要满足各条拉索受力均匀，达到设计要求
压浆涂色	PE套管涂玻璃钢	1. 拉索PE套管外涂玻璃钢，在索力调整后进行 2. 当玻璃钢固化达到强度后，向PE管和钢丝索之间压浆
	压　浆	1. 压浆泵控制压力为0.4～0.8MPa 2. 由索套下部注浆，索套上部应设排气孔，当水泥浓浆从排气孔溢出时，可将排气孔塞住，然后关泵 3. 压浆关键是平稳控制泵的压力，防止突然过高压力爆套管，造成事故
	涂　色	压浆全部完成后，应在拉索玻璃外皮，依设计颜色涂色

4）操作以简便为宜，次数越少越好。

（3）索长调整计算：

1）恒载作用下索长变化的计算：

$$\Delta L=\frac{100P\cdot L_n}{EA}$$

式中 ΔL——拉索长度变化值（m）；

L_n——拉索原有长度（m）；

P——连接点荷载（N）；

A——拉索截面积（cm^2）；

E——拉索的弹性模量（MPa）。

2）拉索变形计算的另一种形式：

$$\Delta L=\{[X]-1\}\cdot\Delta T=D\cdot\Delta T$$

式中　D——索力调整组合量（为一矩阵）$D=[X]-1$；

X——（x_i 为因素变化对索拉力影响的刚度矩阵），$X=[x_1,x_2,x_3\cdots\cdots x_n]$；

ΔT——索力变化量。

4. 索力调整计算

（1）自振频率计算索力公式：

$$f=\frac{n_c}{2L_0}\cdot\sqrt{\frac{F}{m}}$$

式中　f——自振频率，单位为 s；

n_c——拉索长度的半波个数（仪器测出）；

F——索拉力，假定沿索均匀分布有 $F=4fLm$，其中：$m=W/g$，m 为拉索的质量，W 为每延米索长重量；g 为重力加速度。

（2）索力测定方法：索力的大小可用钢索测力仪测定。这是一种用仪器测出引起拉索振动的自振频率，从而算出拉索拉力的方法。

（3）拉索的防腐处理

1）一般高强钢丝的临时防蚀措施：

a. 在钢丝表面喷洒各种防腐油，如“210 松香酚醛树脂”等；

b. 在钢丝表面裹附一层有助防腐的薄膜；

c. 镀锌处理；

d. 在拔丝和抽出钢绞线的最后工序时可进行 120～130℃的低温热处理，使钢丝表面产生法兰膜作临时防锈之用；

e. 加工前用工具简单除锈。

2）预应力高强钢筋的临时防蚀措施：

a. 在低合金钢冷拉制品上电泳涂漆；

b. 在高强螺纹筋装入钢套管密封过程中不断向管内吹风干燥；

c. 对碳钢或低合金的热轧圆钢筋进行淬火、回火、拉伸和尘兰处理。

3）永久性常用防腐形式（表 17-103）。

表 17-103

防腐方法	内　容	优　缺　点
直接包裹	将防腐材料用涂层或包裹方式直接缠包在钢索表面	1. 可满足防腐要求，施工不复杂 2. 易脆损破裂，外观不光洁
套管压浆法	在钢索与套管间压注特种水泥浆将钢索密封在套管内使之与空气隔绝达到防腐要求	1. 防腐效果好，美观 2. 施工工艺复杂（水泥浆应自下而上压注，必须保证密实） 3. 由于索管、钢索、水泥浆的热膨胀系数不同，可能发生收缩裂缝
热挤聚乙烯(PE)索套	热挤压聚乙烯(PE)形成索套，PE 料采用连续热套挤压工艺没有接缝，然后向索套和拉索间压浆	1. 工序简化，一次成型，防腐效果好 2. 外观挺拔，索套重量小 3. 可成盘运输，适于工厂化生产

17.6 管道附属构筑物施工监理

17.6.1 阀件安装监理

1. 主要阀件安装的特点（表 17-104）

表 17-104

阀门类型	结构说明	类别	结构特征	优缺点及适用场合
闸阀	流体流动的通道为直通的阀门。阀体两端口的轴线在同一直线上，关闭件(楔形、平行式闸板)由阀杆带动，沿阀座密封面作升降运动。阀杆轴线通常与阀体两端口的轴线垂直，并在同一平面上 按阀杆的传动螺纹位置和结构分，闸阀可以是： 1. 下螺纹　阀杆的传动螺纹设在体腔内部，它有两种形式 (1)下螺纹、明杆。当阀门开启时阀杆和连在阀杆上的手轮一起旋升 (2)下螺纹、暗杆。手轮与阀杆连接，只旋不升，当阀门开启时闸板在阀杆上提升 2. 上螺纹　阀杆的传动螺纹设在阀盖的外部，它有两种形式： (1)上螺纹、阀杆和手轮一起上升。当阀门开启时，阀杆和连在阀杆上的手轮一起上升 (2)上螺纹、仅阀杆上升。手轮与装在支架里的阀杆螺母相连，当阀门开启时，阀杆螺母旋转，阀杆上升 闸阀的型式： 1. 楔式闸阀　靠楔形闸板和阀座间的楔的作用来关闭。楔式闸阀可分成下列形式： (1)整体楔式。楔形闸板为一整块，可以是实心的、空心的或弹性的 (2)楔式双闸板。楔形闸板由两块组成 2. 平行式闸阀　靠闸板和阀座密封面间的滑动来关闭。平行式闸阀可以有下列形式： (1)带有掉开机构的双闸板闸阀。间板由两块组成，靠掉开机构使它与两个平行的阀座吻合，来保证阀门的有效密封 (2)双闸板阀。闸板由两块组成，不带有掉开机构，它在两个平行的阀座间滑动，靠流体的压力来密封，其有效的密封在闸板的出口侧			1. 密封性能较截止阀好 2. 流阻小 3. 具有一定的调节性能，阀杆上升的阀门，能从阀杆升降的高低，判断调节量的大小 4. 适于制成大口径的阀门 5. 除用于蒸汽、油品等介质外，适用于含有粒状固体及黏度较大的介质，并适于作放空阀和低真空系统的阀门 6. 加工较截止阀复杂 7. 密封面磨损后不便于修理
		楔式单闸板闸阀	关闭件为一楔形整体，其密封面与通路中心线成一倾斜角度的闸阀	1. 与弹性闸板阀比较，结构较简单 2. 在较高的温度下，密封性能不如弹性闸板阀或双闸板闸阀好 3. 适用于易结焦的高温介质
		弹性闸板闸阀	关闭件为中部环状开槽的闸板或由两块闸板从背面中间部分组焊而成	1. 与楔式闸阀比较，在高温时，密封性能好，闸板且不易在受热后被卡住 2. 适用于蒸汽、高温油品及油气等介质，并适用于开关频繁的部位。不宜用于易结焦的介质
		双闸板闸阀	关闭件由两块铰接的闸板组成。阀门关闭时，闸板间的球面顶心将闸板紧压在阀座上	1. 闸板密封面磨损后，将球面顶心底部的金属垫换为较厚的，即可使用，一般不必堆焊和研磨密封面 2. 密封性较楔式闸阀好。如密封面的倾斜角度和阀座配合不十分准确时，仍具有较好的密封性 3. 零件较其他型式的闸阀多 4. 除用于蒸汽、油品等介质外，适用于开关频繁的部位及对密封面磨损较大的介质，不宜用于易结焦的介质
		平行式闸阀	关闭件为两块平行的闸板，密封面与通路中心线垂直	1. 闸板及阀座密封面的加工及检修比其他型式的闸阀简单 2. 密封性较其他型式的闸阀差 3. 除在两块闸板上装有固定板的，闸板不易脱落外，凡用铅丝固定两块闸板的，闸板易脱落，使用不可靠，因而开启时，不宜将闸板 4. 适用于温度及压力较低的介质

续表

阀门类型	结构说明	类别	结构特征	优缺点及适用场合
截止阀	截止阀是由阀杆带动关闭件(盘形、针形阀排)作升降运动,达到与阀座密封,阀杆垂直于阀体密封面。它的结构可以是: 1. 下螺纹　阀杆传动螺纹设在阀盖里面 2. 上螺纹　阀杆传动螺纹设在阀盖外面 截止阀的型式: 1. 直通式　阀体进出口的轴线同在一条直线上,并与阀杆轴线垂直 2. 直流式(Y型)通常是球形阀体,阀体进出口的轴线同在一条直线上,阀杆轴线与阀体通路轴线成45°角 3. 直角式　通常是球形阀体,阀体进出口的轴线互相垂直,阀杆轴线与阀体一端通路的轴线重合 4. 针形阀　是截止阀的一种形式,一般限于小口径,可以是直通式或直角式的,也可以是直流式的,它的阀排呈针形 5. 其他型式　通常由阀体通路的相应位置而定名。例如,角阀、三通阀、T型阀			1. 与闸阀比较,调节性能较好。但因阀杆不是从手轮中升降,不易识别调节量的大小 2. 密封性一般较闸阀差。如介质含有机械杂质时,在关闭阀门时,易损伤密封面 3. 流阻较闸阀、球阀、旋塞大 4. 密封面较闸阀少,便于制造和检修 5. 价格比闸阀便宜 6. 适用于蒸汽等介质。不宜用于黏度较大、易结焦、易沉淀的介质,也不宜作放空阀及低真空系统的阀门
		针形阀	关闭件为针形	1. 与同公称压力等级的闸阀和截止阀比较,尺寸小、重量轻 2. 通道较小、易堵塞 3. 适用于仪表上的阀门或用于轻质油品和油气、清洁的液体、气体的取样阀及放空阀。不宜用于黏度大、易结焦、含有粒状固体的介质
		衬铅阀、衬胶阀	阀体内凡能与介质接触的表面均衬铅或衬橡胶,通常为直流式(Y型),关闭件与通路中心线成一角度	1. 既能耐一定介质的腐蚀,又能较非金属阀门承受较高的压力 2. 流阻小 3. 因阀门的支架倾斜,容易受安装位置的限制,不便于安装,也不便于检修 4. 密封性能较差 5. 衬铅阀适用于15%～65%的稀硫酸、海水等介质;衬胶阀适用于除强氧化剂(如硝酸、浓硫酸、铬酸、过氧化氢等)及某些溶剂(如苯、二硫化碳、四氧化碳等)外的大多数酸、碱、盐类介质 6. 使用温度与衬里材料有关,一般不能过高(衬铅阀≤100℃,衬胶阀≤50℃)
逆止阀	逆止阀是一种利用止回机构来阻止流体阀流的阀门,它靠流体的流动来开启,当流动中断时靠逆止机构的重量或背压来关闭 逆止阀的型式: 1. 旋启式　在逆止阀中盘形同协作旋转合动 2. 升降式　在逆止阀中、盘形、活塞形或　形同　沿阀座轴线作升降运动。按阀排的型式可分为: (1)　形式逆止阀在逆止阀中周旋呈盘状 (2)活塞式逆止阀(或者是缓冲器的止回阀)在逆止阀中没有缓冲器,它由活塞和气缸组成,在操作时起缓冲垫作用 (3)球形式逆止阀在逆止阀中周旋是一个球	升降式逆止阀	关闭件沿阀座中心频移动	1. 密封性较旋启式逆止阀好 2. 流阻较旋启式逆止阀大 3. 升降式水平排逆止阀在安装在水平管道上,升降式垂直排逆止阀应安装在垂直管道上
		旋启式止阀	关闭件在阀件内旋固定轴转动	1. 流阻较升降式逆止阀小 2. 密封性较升降式逆止阀差 3. 不方便制成小口径的 4. 可以装在水平、垂直、倾斜的管线上,但以安装在水平管线上为好。如安装在垂直管线上,升降流向应由下至上
		杠杆式安全阀	安装在吸入管底部的逆止阀,阀的最下部常设有滤网	按阀排的运动方式和销和分为旋启式陈阀和升降式陈阀两类,其优缺点分别同于旋启式逆止阀和升降式逆止阀

续表

阀门类型	结构说明	类别	结构特征	优缺点及适用场合
安全阀	在超过规定的安全压力时，压力正常后又能自动关闭的阀门。它通常用于要求快速卸压的可压缩性气体，如蒸汽和其他气体 安全阀的型式： 1. 欲启式安全阀　阀排自动开启高度$\leqslant D/24$，D——阀座直径 这种阀门可以是： (1)弹簧式　弹簧直接作用在阀排上 (2)杠杆式　通过杠杆将重锤力作用在阀排上 2. 中启式安全阀　阀排自动开启高度$\leqslant D/12$，D——阀座直径 3. 全启式安全阀　阀排自动开启高度在全开时应使阀座上方的环形卸压面积等于阀座通线的有效面积	杠杆式安全阀	依靠杠杆和垂锤来平衡阀排的压力，通过调节重锤在杠杆上的位置来调整启跳压力	1. 适用于锅炉系统，超主机配套供应 2. 阀体校笨重，动作迟钝 3. 因为没有弹簧，不怕介质的热影响
		缓冲式安全阀	有一主阀和一副阀，两阀配合协作	1. 适用于蒸汽锅炉系统，副主机配套供应 2. 结构复杂 3. 常用于通径大的情况下
		弹簧安全阀	协调整弹簧压力来调好阀门的启跳压力。有的带有"扳手"，有的阀座处有"调方圈"，以供检查和阀门之用	1. 适用于锅炉、压力专器、管道上，体积较小，动作发活 2. 应直立安装 3. 安全阀出口应尽量无阻力，避免产生"背压"现象。阀门的出口排泄管道不应小于其出口通径 4. 弹簧受到介质的热影响，长期使用后，可能影响其弹性 5. 对于某一公称压力等级的阀门，一般可配几种工作压力的弹簧，因此在这用时，除注明型号、名称、介质、温度外，尚应注明具体密封压力，以便配合适的弹簧
缢阀	煤阀的关闭件为一团，称为缢能围绕着它的固定轴旋转大约 90°，连固定轴垂直于流体的流动方向 缢阀的型式有手动缢阀（带扳手），电动缢阀，帼杆悼动缢阀			1. 与同公称压力等级的平行式闸阀比较，尺寸小，重量轻 2. 公称直径一般较大 3. 开启力小，开关较快 4. 主要用于切板，也可用于调节流量 5. 适用于温度小于 50℃、压力小于 1MPa 的气体、液体介质及水等 6. 带扳平的溢阀，可安装在管道的任何位置上；带转动装置的溢阀，应直立安装（惊动机构处于铅垂位置）

2. 阀件安装监理要点

(1) 安装阀件前，监理人员应按设计核对、检查型号，检查其质量和出厂检验手续，并根据介质流向确定其安装方向。

(2) 水平管道上的阀件，其阀杆一般应安装在上半圆范围内。

(3) 检查阀件传动杆，其轴线的夹角不应大于 30°，其接头应转动灵活。

(4) 安装阀件前应检查填料是否完好，压盖螺栓有否足够调节余量。

(5) 检查法兰或螺纹连接的阀件是否在关闭状态下安装。

(6) 检查阀件的操作机构和传动装置是否符合设计的要求，应做必要的调整和整定，使其传动灵活，指示准确。

(8) 安装铸铁阀件时，监理人员检查防止因强力连接或受力不均而引起损坏的安全措施。

(9) 安装阀件前，必须复核产品合格证和试验记录。

17.6.2 水表的安装监理要点

1. 检查是否尽量将水表设置于便于抄读的地方，并尽量与主管靠近。

2. 选择安装位置时，应当根据现场的实际情况，考虑拆装，搬运方便，必要时考虑今后换大口径水表或预留水表的位置，且应考虑防冻与卫生条件。

3. 注意检查和复核水表安装方向，务必使进水方向与表上标志方向一致，旋翼式水表应水平安装，切勿垂直安装，水平螺翼式水表可以水平、倾斜、垂直安装，但倾斜、垂直安装时，须保持水流流向自上而下。

4. 为使水流稳定的流经水表，使表计量准确，检查其表前阀门与水表之间的稳流长度是否大于或等于 8～10 倍管径。

5. 检查小口径水表在水表与阀门之间是否装设活接头。大口径水表前后采用伸缩相连，或者水表两侧法兰采用双层胶垫，以方便拆卸水表。

6. 检查大口径水表组装形式是否加旁通管，以便于水表故障时，不影响通水。

17.6.3 室外消火栓安装监理要点

1. 检查室外消火栓安装位置是否在交叉路口或醒目地点，要求距建筑物距离不小于 5m，距道路边不大于 2m，检查地下式消火栓是否在地面上标示明显位置。

2. 检查消火栓连接管管径是否大于或等于 100mm。

3. 检查地下式安装是否考虑消火栓出水接口处要有接管的充分余地，保证接管用时方便。

4. 在北方，乙型地上式消火栓安装试水后应检查是否放掉消火栓主管中的水，以防冬季冻坏。

17.6.4 安全阀安装监理要点

1. 检查安全阀安装方向是否使管内水从阀盘下向上流出。

2. 安装弹簧式安全阀应检查调节螺母位置，使阀板在规定的工作压力下可以自动开启。

3. 安装杠杆式安全阀须检查杠杆水平，按工作压力将重锤的重量与力臂调整好，并用罩将其盖住，以免重锤移动。

4. 检查安全阀是否垂直安装，当发现倾斜时，应予校正。

5. 在管道投入试运行时，安全阀应及时进行调校。

6. 安全阀的最终调整宜在系统上进行，开启和回座压力应符合设计文件的规定。当设计无规定时，其开启压力为工作压力的 1.05～1.15 倍，回座压力应大于工作压力的 0.9 倍。调压时压力稳定，每个安全阀启闭试验不应少于 3 次。安全阀经调整后，在工作压力下不得有泄漏。在调试过程中，监理人员旁站监理。

17.6.5 排气阀安装监理要点

1. 检查排气阀是否设在管线的最高点处，一般管线隆起处均应设排气阀。

2. 在长距离输水管线上，检查每隔 50～100m 是否考虑设置一个排气阀。

3. 检查排气阀是否垂直安装，不得倾斜。

4. 地下管道的排气阀应设置在井内，安装处应环境清洁，寒冷地区应采取保温措施。

5. 管线施工完毕试运时，应对排气阀进行调校。

17.6.6 排泥阀及泄水阀的安装监理要点

1. 排泥阀安装监理要点

(1) 检查排泥阀安装位置严格符合设计要求，并考虑设在能排除管内沉积物及检修时放空污物的场所。

(2) 安装排泥阀时，检查是否采用与排污水流成切线方向的排泥三通。

(3) 排泥阀安装完毕，检查是否及时关闭。

2. 泄水阀安装监理要点

(1) 检查泄水管与泄水阀是否设在管线最低处或管线下处，以放空管道及冲洗管道排水。

(2) 泄水管放出的水，可进入湿井，由水泵抽除，若高程及其他条件允许可不设温井直接将水排入河道或排水管内。

(3) 泄水阀安装完毕后，检查是否关闭。

17.6.7 检查井施工监理

1. 检查井施工要求

(1) 排水检查井一般有砖砌、现浇钢筋混凝土、砖混结构、混凝土或钢筋混凝土预制拼装等结构型式，各种结构型式的制作工序要求符合相应的施工技术规程。

(2) 现浇检查井基础应与管道基础同时浇筑，连成整体。底板下土体要密实稳定，预制底板应按标高、位置安装就位。

(3) 注意检查井井身结构形状尺寸、标高及位置的准确。注意井内流槽、接入的管口等的方向、标高及形状尺寸的准确，预留沟管应与内墙面接平。

(4) 钢筋混凝土盖板安放应根据道路的横坡设定，安装时，顶面和底面不得搞错，盖板搁置宽度每边≮150mm。

(5) 盖板安放前，必须在砖墙顶部先铺厚25mm的1：2水泥砂浆，盖板之间接缝用其嵌实，表面勾成凸缝，四周用其嵌实，抹成45°三角接缝，缝高50mm。

(6) 沟管上半圈墙体按规定砌砖拱圈，480mm×480mm里弄检查井采用砖砌收口，收口高度500mm，每层双面收进25mm。

(7) 安放铸铁盖座应先铺厚度为15mm的1：2水泥砂浆，标高校正后安置，盖座四周用C20细石混凝土嵌牢。

(8) 施工中需临时封堵的支管头子应封在靠近检查井井壁的管口内，暂不继续施工的检查井预留头子，除在井壁管口封堵外，宜在支撑管的另一端封堵。

2. 监理工作流程

(1) 检查井施工安装流程（图17-33）。

(2) 检查井质量监理工程流程（图17-34）。

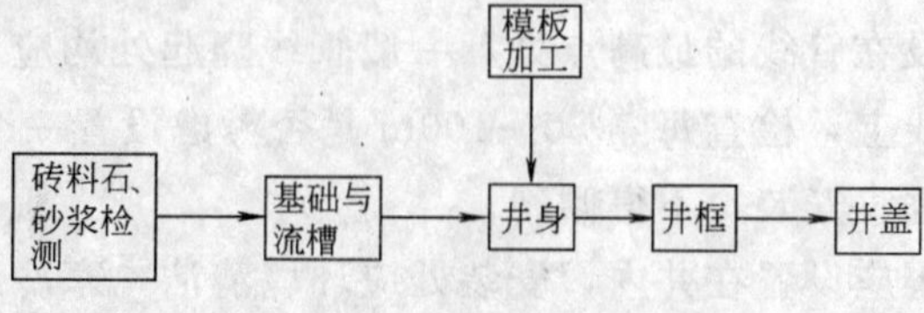

图17-33 检查井施工安装流程

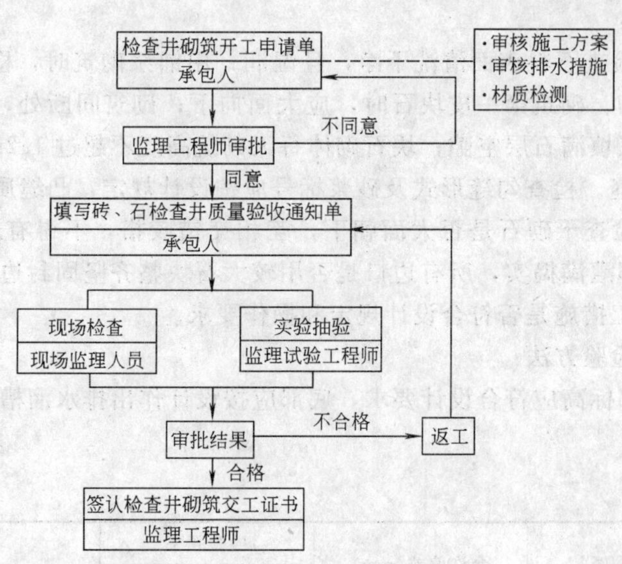

图 17-34　检查井质量监理工程流程

3. 监理工作内容

(1) 监理工作要点

1) 监控地基的处理，要求密实稳定，保证检查井的标高准确；

2) 检查井井身的结构形状尺寸应与图纸相符；

3) 检查井基础与井身、井身与盖板的施工连接要牢靠，依据不同结构形式，依照相应的施工技术规程监控；

4) 要使检查井内无漏水、渗水；

5) 盖板的安放要正确无误；

6) 检查井标高、排水溜槽及管道井出口；

7) 化粪池分隔舱连接管标高。

(2) 监理工程师根据设计规定和承包人申报开工的检查井施工工艺、施工方法与措施，以及砖砌检查井和块石检查井的不同要求，审查批示承包人的开工申请，并制定检查井质量标准和监理工作实施细则。当完工后，在承包人自检合格基础上，再由监理工程师复核抽查合格时，签认交工证书。

(3) 监理员在施工前应验看承包人自检材质结果，复核检验砂浆配合比、抗压强度等是否符合设计规定。施工过程中，监理员随机抽检检查井的井身尺寸、井底高程、勾缝规定和井盖安装等工程质量是否控制在允许偏差范围之内，发现问题随即责令承包人返工重做，直至合格为止。具体要求承包人做好如下工作：

1) 检查井一般为砖石砌筑或混凝土预制装配，要求结构和构件各部分形状尺寸和相互间位置准确；具有足够的稳定性、刚度和强度；预留管应封口抹平，对接入的支管应随砌随安。圆井掌握直径尺寸和收口规定，井盖安装按设计高程找平或与路面平齐；

2) 砖墙勾缝。勾缝前检查砌体灰缝的搭接深度应符合要求，如有瞎缝，应予凿开清除杂物，洒水湿润墙面；检查勾缝质量和凹缝是否符合规定；检查灰缝有无搭茬、毛刺、舌头灰等现象；

3）块石检查井：

a. 浆砌块石。检查石料表面清洗干净，且湿润；用铺浆砌筑时，检查是否分层卧砌，上下错缝，内外搭砌；砌筑第一皮块石时，应大面向下；砌筑间断处，应留阶梯形斜茬，砌筑中断时，用砂浆填满石层空隙；块石砌体每天砌筑高度不超过1.2m；

b. 浆砌块石勾缝。检查勾缝形式及砂浆标号应按设计规定，凸缝质量是否符合要求；

c. 干砌块石。检查干砌石是否大面朝下，互相交错咬搭，不得有通缝，底部是否垫稳，大缝用碎石全部灌满捣实，所有边口是否用较大石块整齐坚固封边；

d. 雨、冬季施工措施是否符合设计规定和操作要求。

4. 质量标准及检验方法

（1）检查井底部标高应符合设计要求，底部应按设计作出排水溜槽。检查井允许偏差应符合表17-105。

表 17-105

项目		允许偏差(mm)	检验频率		检验方法
			范围	点数	
井内尺寸		+20,不小于设计要求	每座	2	用钢尺量,长度各计一点
井盖高程	路面及人行道	标高应一致		1	用钢尺量
	非路面	+10,不低于地面		1	用钢尺量
井底高程	≤ϕ1000mm	±10		1	用水准仪测量
	>ϕ1000mm	±15		1	用水准仪测量

注：1. 设计的检查井内壁尺寸是指井内净距。
2. 墙体厚度必须符合设计图要求。

（2）井壁应不渗漏，管子穿过井壁处应密实。井壁必须互相垂直，不得有通缝，必须保证灰缝饱满、平整，抹面压光，不得有空鼓、裂缝等现象。井内流槽应平顺，踏步安装牢固，位置准确，不得有建筑垃圾等杂物。井框、井盖必须完整无损，安装平稳，位置准确。

（3）井身尺寸。长、宽、直径均不得超过允许偏差±20mm，检验频率为长宽各取1点、每座井均取2点。检验方法均用尺量。

（4）化粪池内三通管的标高应严格控制，允许误差为±10mm。

17.6.8 阀门井的砌筑监理要点

1. 施工要求

（1）钢筋混凝土浇灌同其他钢筋混凝土结构。

（2）各类预埋件的位置要准确。

（3）启闭机基座标高及闸门框底槛高程要符合设计要求。

2. 监理重点

（1）加强过程控制，保证土建施工时，预埋件位置和结构尺寸的正确。

（2）闸门安装高度合格后，应在无水情况下进行全行程检验，滚轮应转动自如，升降无阻卡，止水像胶带无缺损。

3. 质量标准及检验方法（表17-106）

表 17-106

项　目	允许偏差(mm)	检验频率		检验方法
		范围	点数	
预埋固定闸门杆垂直度	4	每座	1	用垂球和钢尺
铁杆与闸门杆轴线位移	8		1	用垂球和钢尺
预埋启闭机基座标高	±5		1	用水准仪
钢板平整度	5		1	用平板尺量
预埋铁轴线位移	5		1	用钢尺量
预埋闸门框垂直度	4		4	用垂球和钢尺
闸门框底槛高程	±10		3	用水准仪

4. 井室的砌筑监理要点

(1) 阀门井盖安装是否牢靠、型号统一、标志明显，室外温度小于等于－20℃的地区，检查是否井中设置为保温井口，增置保温井盖板。

(2) 检查阀门井室是否在铺管道、安装阀门之后砌筑，雨天砌筑井室，要检查防雨水流入井室和堵塞管道的措施。

(3) 盖板顶面标高应力求与路面标高一致，误差不超过±5cm，当为非路面时，井口须略高于路面，但不得超过50mm，且做坡度为0.02的护坡。

5. 井壁的砌筑监理要点

(1) 井壁通常采用MU7.5砖，M5混合砂浆砌筑，灰缝灰浆应饱满。

(2) 当采用C20钢筋混凝土制井筒时，拼装时须有M10水泥灰浆抹缝。

(3) 井壁内外均需用1∶2水泥砂浆抹面，厚2cm，抹面高度应高于地下水最高水位0.25m。

(4) 井壁内的爬梯通常采用$\phi16$钢筋制作，并防腐处理，水泥砂浆未达到设计强度75%以前，切勿脚踏爬梯。

6. 井底施工监理要点

(1) 采用C10混凝土底板，下铺15cm厚块石（或砾石）垫层，检查井底板是否置集水坑。

(2) 管道穿过井壁或井底，须预留5～10cm的环缝，用油麻填塞并捣实，或用灰土填实，再用浆面，环缝在管道上部应当预留稍大一些。

7. 阀门井砌筑允许偏差及检验方法（表 17-107）

表 17-107

项　目		允许偏差(mm)	检验频率		检验方法
			范围	点数	
井身尺寸	长、宽	±20	每座	2	用尺量，长宽各计一点
	直径	±2	每座	2	用尺量
井盖高程	非路面	±20	每座	1	用水准仪测量
	路面	与道路规一致	每座	1	用水准仪测量
井底高程	D<1000mm	±10	每座	1	用水准仪测量
	D>1000mm	±15	每座	1	用水准仪测量

注：表中D为管径。

17.6.9 窨井施工监理

1. 施工要求

(1) 砌筑前，对照设计图纸，竖立样板架，将井位的标高和角度一并设置在样板架上，以便砖砌时经常校核。实测窨井部位的沟槽宽度及基础宽度是否正确。

(2) 窨井砌长高度至 1m 左右时，应用直尺板和垂球吊线，测定井壁的垂直度，对于窨井的水平角度，可用 90°角尺测定窨井四角的角度是否相符。

(3) 施工时应找准地面上中心线及标高，可随时复核。标高样桩应设在离砌筑窨井最近处，以便随时核对。标高复核后，也应作书面记录备存。

(4) 底板的垫层要符合设计要求，密实、平整。

(5) 混凝土浇筑前，做好排水措施，确保垫层不积水。

(6) 基础底板支模，钢筋必须绑扎牢固，确保混凝土保护层厚度。

(7) 基础混凝土强度、级配应符合设计要求，振捣密实。并确保足量的试块，做好试块的养护。混凝土应确保养护达到设计强度后，才能砌井壁。

(8) 严格按设计的墙厚要求。砌砖应做到墙面平直，边角整齐，宽度一致，夹角应对齐，上下错缝，内外搭接，使井体不走样。控制砂浆拌和时间（机拌一般为 1～1.5min），确保砂浆稠度（标准圆锥体沉入度测定一般在 8～10cm），灌浆和座浆规范（缝宽一般为 10mm，误差不大于±2mm）等。

(9) 砌筑方法应使用“一块砖一铲灰、一揉挤”的砌筑方法。

(10) 沟管上半圈墙体应砌砖拱圈。若管径≥ϕ800mm，拱圈高度为 250mm；若管径≤ϕ600mm，拱圈高度为 125mm。砌砖时应由两侧向顶部合拢，保证砖位和拱圈的正确。

(11) 墙抹面应采用 1∶2 水泥砂浆，粉刷前应将墙面洒水湿润，残留的砖缝浆应清除。

(12) 抹面应两道工序，先刮糙打底后抹光，抹面宜先外壁，后内壁，厚度一般为 15mm，刮糙厚度一般控制在 10mm 内，用直尺刮平。刮糙的水泥砂浆终凝后，应及时粉刷第二道水泥砂浆，并压实抹光。

(13) 抹面终凝后，应做好养护，防止产生收缩裂缝。内外墙的粉刷接缝位置不得在同一截面上，应予错开。墙体与沟管的连接处，应用 1∶2 水泥砂浆抹成 45°的三角接缝。墙体砌筑缝应做到饱满，墙体与基础的接触处座浆应符合要求。

2. 监理要点

(1) 认真熟悉图纸，检查选定的通用图，明确窨井结构尺寸等技术要求。

(2) 检查是否有专职测量人员引设中线，是否建立交接复核制度，检查对窨井中心线、方向、角度进行放样和复核不得同一人进行。并有书面签证。

(3) 认真参加交底和检查复核工作，向现场操作人员详细交底，并有书面交底记录。

(4) 立足过程控制，检查直线窨井的内径尺寸，包括窨井上下口，转弯窨井，二通、三通交汇窨井的角度是否符合设计的规定。

(5) 先检查临时水准点高程引设，检查基础及管道预留孔的标高是否符合设计要求。

(6) 检查混凝土底板厚度是否不足，看有无表面松散、局部断裂现象。

(7) 检查砖墙砌筑是否符合设计及施工要求，有无墙面出现裂缝，砖墙粉刷起壳、剥落。

(8) 检查墙体砌筑有无缝渗水、漏水，墙体裂缝，墙体与基础面、沟管的接触是否密实，有无墙面粉刷接缝不佳，空鼓脱落现象。

17.6.10　支墩的砌筑监理要点

1. 支墩的设置条件

(1) 管径≤350mm 的管道，且试验压力不大于 1MPa 时，弯头、三通处一般可不设支墩。在松软土壤中，则应根据管中试验压力和土壤条件，确定是否需要设置支墩。

(2) 当管道转弯角度<10°时，可不设置支墩。

(3) 在管径大于 700mm 的管上选用弯管，若水平敷设，应尽量避免使用 90°弯管；若垂直敷设，应尽量避免使用 45°以上的弯管。

(4) 支墩不应修筑在松土上。利用土体被动土压承受推力的水平支墩后背必须为原状土，并保证支墩和土体紧密接触，如有空隙需用与支墩相同的材料填实。

(5) 水平支墩后背土壤的最小厚度应大于墩底在设计地面下深度的 3 倍。

2. 砌筑监理要点

(1) 检查支墩的后背是否为原状土，检查两者是否紧密靠紧，若采用砖砌支墩，原状土墩间缝隙，应以砂浆填密实。

(2) 检查水平支墩与阀件间是否设置沉降缝，缝间垫一层油毡。

(3) 砌筑支墩用的砖的强度等级不低于 MU7.5，混凝土强度等级不低于 C10，砂浆不低于 M5。

17.6.11　雨水口及连管的施工监理

1. 施工要求

(1) 雨水口按设计图纸布置，连管必须顺直，坡度一般为 3%～5%，与管线交汇处的困难地段应≥1%。

(2) 连管基座要做实，其他各工序也应按有关规范执行。

(3) 验收到场的管节，其上的覆土深度应≥70cm，否则应加固。

2. 监理重点

(1) 检查雨水口的类型、布置等是否符合设计要求。

(2) 检查连管的质量和埋设情况。

3. 雨水口及连接管允许偏差及检验方法（表 17-108）。

表 17-108

项　　目	允许偏差(mm)	检验频率		检验方法
		范围	点数	
井框与井壁	20	每座	1	用钢尺量
井框标高	0 −10		1	以道路面层为准用直尺板、塞尺量取最大值
井内尺寸	+20 0		2	用钢尺量长宽各取一点
井位与路边线平行位置	30		2	用钢尺量
井内管口高度差	+10 −20		2	用水准仪测量

17.7 埋地管道的防腐监理

1. 一般的监理要求

(1) 监理人员检查埋地铸铁管涂刷沥青情况，对出厂已涂沥青的，一般不再涂刷。

(2) 钢制管道用石油沥青及环氧煤沥青涂料外防腐层，雨期、冬期施工应符合下列规定：

1) 当环境温度低于5℃时，不宜采用环氧煤沥青涂料。当采用石油沥青涂料时，应采取冬期施工措施；当环境温度低于－15℃或相对湿度＞85%时，未采取措施不得进行施工；

2) 不得在雨、雾、雪或5级以上大风中露天施工；

3) 已涂石油沥青防腐层的管道，不宜直接受阳光照射。冬期当气温等于或低于沥青涂料脆化温度时，不得起吊、运输和铺设；

4) 检查外防腐层的材料质量，应符合下列规定：

a. 沥青应采用建筑10号石油沥青；

b. 玻璃布应采用干燥、脱蜡、无捻、封边、网状平纹、中碱的玻璃布。当采用石油沥青涂料时，其经纬密度应根据施工环境温度选用8×8根/cm～12×12根/cm的玻璃布，当采用环氧煤沥青涂料时，应选用经纬密度为10×12根/cm～12×12根/cm的玻璃布；

c. 外包保护层应采用可适应环境温度变化的聚氯乙烯工业薄膜，其厚度应为0.2mm，拉伸强度应≥14.7N/mm^2，断裂伸长率应≥200%；

d. 环氧煤沥青涂料，宜采用双组分、常温固化型的涂料，其性能应符合国家现行标准《埋地钢管道环氧煤沥青防腐层技术标准》中规定的指标。

2. 质量标准

(1) 涂底漆前管子表面应清除油垢、灰渣、铁锈，氧化铁皮采用人工除锈时，其质量标准应达St3级。喷砂或化学除锈时，其质量标准应达Sa2.5级（St3级、Sa2.5级应符合国家现行标准《涂装前钢材表面处理规范》的规定）。

(2) 涂底漆时基面应干燥，基面除锈与涂底漆的间隔时间≤8h。底漆应涂刷均匀、饱满，不得有凝块、起泡现象，底漆厚度宜为0.1～0.2mm，管两端150～250mm范围内不得涂刷。

(3) 沥青涂料熬制温度宜在230℃左右，最高温度≤250℃，熬制时间≥5h，每锅料应抽样检查，其性能应符合表17-109的规定。

表 17-109

项　目	性 能 指 标
软化点(环球法)	95℃
针入度	5～20(1/10mm)
延度	＞1cm

(4) 沥青涂料应涂刷在洁净、干燥的底漆上，常温下刷沥涂料时，应在涂底漆后24h之内实施，沥青涂料涂刷温度≥180℃。

(5) 涂沥青后应立即缠绕玻璃布，玻璃布的压边宽度应为 30～40mm，接头搭接长度≥100mm，各层搭接接头应相互错开，玻璃布的油浸透率应达到 95%以上，不得出现>50mm×50mm 的空白。管端或施工中断处应留出 150～250mm 的阶梯形搭槎，阶梯宽度应为 50mm。

(6) 当沥青涂料温度低于 100℃时，包扎聚氯乙烯工业薄膜保护层，不得有褶皱、脱壳现象，压力宽度应为 30～40mm，搭接长度应为 100～150mm。

(7) 检查沟槽内管道接口处施工，是否在焊接、试压合格后进行，检查接茬处是否粘结牢固、严密。

(8) 检查环氧煤沥青外防腐层施工，应要求：

1) 管节表面质量应符合规定，焊接表面应光滑无毛刺，无焊瘤、棱角；

2) 涂料配制应按产品说明书的规定操作；

3) 底漆应在表面除锈后 8h 之内涂刷，涂刷应均匀，不得漏涂，管道两端 150～250mm 范围内不得涂刷；

4) 外防腐层质量应符合表 17-110 的规定。

表 17-110

材料种类	构造	检查项目				
		厚度(mm)	外观	电火花试验		粘附性
石油沥青涂料	三油二布	≥4.0	涂层均匀,无褶皱、空泡、凝块	18kV	用电火花检漏仪检查无打火花现象	以夹角为 45～60°、边长 40～50mm 的切口,从角尖端撕开防腐层,首层沥青层应 100%的粘附在管道的外表面
	四油三布	≥5.5		22kV		
	五油四布	≥7.0		26kV		
环氧煤沥青涂料	二油	≥0.2		2kV		以小刀割开一舌形切口,用力撕开切口处的防腐层,管道表面仍为漆皮所覆盖,不得露出金属表面
	三油一布	≥0.4		3kV		
	四油二布	≥0.6		5kV		

(9) 检查埋地钢管道内外防腐层，遭损坏或局部未做防腐层的部位应进行修补，修补后的质量应符合有关规定。

(10) 石油沥青涂料外防腐层构造应满足要求（表 17-111）。

表 17-111

材料种类	三油二布		四油三布		五油四布	
	构造	厚度(mm)	构造	厚度(mm)	构造	厚度(mm)
石油沥青涂料	(1)底漆一层 (2)沥青 (3)玻璃布一层 (4)沥青 (5)玻璃布一层 (6)沥青 (7)聚氯乙烯工业薄膜一层	≥4.0	(1)底漆一层 (2)沥青 (3)玻璃布一层 (4)沥青 (5)玻璃布一层 (6)沥青 (7)玻璃布一层 (8)沥青 (9)聚氯乙烯工业薄膜一层	≥5.5	(1)底漆一层 (2)沥青 (3)玻璃布一层 (4)沥青 (5)玻璃布一层 (6)沥青 (7)玻璃布一层 (8)沥青 (9)玻璃布一层 (10)沥青 (11)聚氯乙烯工业薄膜一层	≥7.0

(11) 环氧煤沥青涂料外防腐层构造应满足要求（表 17-112）。

表 17-112

材料种类	二油		三油一布		四油二布	
	构造	厚度(mm)	构造	厚度(mm)	构造	厚度(mm)
环氧煤沥青涂料	(1)底漆 (2)面漆 (3)面漆	≥0.2	(1)底漆 (2)面漆 (3)玻璃布 (4)面漆 (5)面漆	≥0.4	(1)底漆 (2)面漆 (3)玻璃布 (4)面漆 (5)玻璃布 (6)面漆 (7)面漆	≥0.6

3. 钢管道内外防腐监理要点

水泥砂浆内防腐层的质量检查，应符合下列规定：

(1) 裂缝宽度不得大于 0.8mm，沿管道纵向长度不应大于管道的周长，且不应大于 2.0m。

(2) 防腐层厚度允许偏差及麻点、空窝等表面缺陷的深度应符合规定，缺陷面积每处不应大于 $5cm^2$（表 17-113）。

表 17-113

管径(mm)	防腐层厚度允许偏差	表面缺陷允许深度
≤1000	±2	2
>1000 且≤1800	±3	3
>1800	+4 −3	4

(3) 防腐层平整度：以 300mm 长的直尺，沿管道纵轴方向贴靠管壁，防腐层表面和直尺间的间隙应小于 2mm。

(4) 防腐层空鼓面积每平方米不得超过 2 处，每处不得大于 $100cm^2$。

第 18 章　水下工程监理

18.1　水下土石方工程监理

18.1.1　水下土石方开挖

1. 水下土石方开挖施工（表 18-1）

表 18-1

开挖方法		适用范围
挖泥船开挖	吸扬式	适用开挖砂、砂土、淤泥等，且沟槽要求严格
	链斗式	适用开挖砂、砂土、卵石加沙和淤泥等，且沟槽要求严格
	抓斗式	宜于抓取黏土、淤泥、砾石和卵石等，土方量不大的施工作业
空气吸泥开挖		具有构造简单、操作方便、应用广泛 $\phi 100 \sim \phi 150$ 的吸泥机，除土量可达 15m³/h $\phi 250$ 的吸泥机可开挖夹有大粒径的卵石
爆破法开挖		钻孔爆破宜于深层大面积工程 裸露爆破宜于浅层或小面积工程

2. 水下沟槽开挖施工监理要点

（1）检查沟槽边坡土质情况、水流速度、方向、沟槽深度及审定开挖施工方案。

1）水下沟槽开挖要满足管道下沉就位的要求；

2）在开挖沟槽中除对管道中心线、沟槽底宽和边坡控制外，还应控制槽底的平整度；

3）为了确保管道顺利下沉就位，沟槽应满足倒虹管水平划弧就位及在下沉时翻转的要求。

（2）挖槽的泥土应抛在与河相交沟槽断面的下游。多余的土应外运，不得堆积在河道内。

（3）监理岩石沟槽开挖前，必要时应进行试爆，并制定操作安全及保护施工机械设备的措施。

（4）沟槽挖好后，应检查测量槽底高程和沟槽横断面，在全管段沟槽范围内不得小于设计断面。

（5）检查设置在测定位桩上的基础高程标志，由潜水员下水检验和整平。

（6）沟槽挖至槽底或基础施工完成后，经检验合格应及时铺设管道。监理要求在沟槽施工完成时与管道的运输、沉管的准备工作配合妥当，如沟槽施工完成后不能及时铺设管道，将会造成沟槽冲淤，导致增加清槽工作。

3. 水下沟槽开挖的规定及质量标准

(1) 底宽成槽后，管道中心线距边坡下角处每侧开挖宽度应符合下式规定：

$$\frac{B}{2}=\frac{D_1}{2}+b+500$$

式中 B——管道沟槽底部的开挖宽度（mm）；

D_1——管外径（mm）；

b——管道保护层及沉管附加物等宽度（mm）。

(2) 水下开挖沟槽的质量监理表（表 18-2）。

表 18-2

项　目	允许偏差(mm)	
	土	石
槽底高程(mm)	0 −300	0 −500
槽底中心线每侧宽度	不小于设计规定	
沟槽边坡	不陡于设计规定	

(3) 水下基坑质量监理表（表 18-3）。

表 18-3

项　目		允许要求
坑底边长	一般	比取水头部基础大出 0.3～0.6m
	浮运沉度	比取水头部基础大出 0.75m 以上

18.1.2 水下土石方回填监理

1. 管道验收后回填沟槽

(1) 检查沉入槽底管道无损伤，管道位置、高程及水压试验合格，应及时回填沟槽。

(2) 回填时，应用砂砾石将管道拐弯处固定，然后再均匀回填沟槽。水下部位的沟槽应连续回填满槽，水上部位应分层回填夯实。

(3) 进行沟槽回填。回填时可以采用原开挖沟槽的设备，也可采用潜水工人在水下操纵水枪回填。

(4) 为防止管道被强力水流冲移，可用桩加固，管道回填完以后，进行第三次水压试验，以检验最后的施工质量。

(5) 检查回填材料可能冲刷性：

1) 先用砂砾石固定两弯头处，然后用土或砂回填管道两侧部位，直至河底高程；

2) 如水流速度大，可在管顶以上不少于 15cm 处再填压一层石笼，然后用土或砂砾石回填满槽。

2. 水下基面技术检查参数质量监理汇总

(1) 黏性土壤容许不冲刷流速表（表 18-4）

表 18-4

土壤名称	颗粒成分(%)		土壤的特征															
			不大密实的土(孔隙系数 1.2～0.9)土的单位体积重在 1.20t/m³ 以下				中等密实的土(孔隙系数 0.9～0.6)土的单位体积重 1.20～1.66t/m³				密实的土(孔隙系数 0.6～0.3)土的单位体积重 1.66～2.04t/m³				极密实的土(孔隙系数 0.3～0.2)土的单位体积重 2.04～2.14t/m³			
	<0.005(mm)	0.005～0.05(mm)	水流平均深度(m)															
			0.4	1.0	2.0	≥3.0	0.4	1.0	2.0	≥3.0	0.4	1.0	2.0	≥3.0	0.4	1.0	2.0	≥3.0
			平均流速(m/s)															
黏土	30～50	70～50	0.35	0.40	0.45	0.50	0.70	0.85	0.95	1.10	1.00	1.20	1.40	1.50	1.40	1.70	1.90	2.10
重砂质黏土	20～30	80～70																
密实的砂质黏土	10～20	90～80	0.35	0.40	0.45	0.50	0.65	0.80	0.90	1.00	0.95	1.20	1.40	1.50	1.40	1.70	1.90	2.10
沉陷已经结束的碱土性土壤							0.60	0.70	0.80	0.85	0.80	1.00	1.20	1.30	1.10	1.30	1.50	1.70
砂质土	5～10	20～40																

（2）岩石容许不冲刷流速表（表 18-5）

表 18-5

岩石名称	水流平均深度(m)			
	0.4	1.0	2.0	3.0
	平均流速(m/s)			
砾岩、泥灰岩、页岩	2.0	2.5	3.0	3.6
多孔的石灰岩、紧密的砾岩、成层的石灰岩、石灰质砂岩、白云石质石灰岩	3.0	3.5	4.0	4.8
白云石质砂岩、紧密不分层的石灰岩、硅质石灰岩、大理石	4.0	5.0	6.0	6.5
花岗岩、辉绿岩、玄武岩、安山岩、石英岩、斑岩	15.0	18.0	20.0	22.0

注：1. 上列两表数值不可内插，当水深在表列数值之间时，则流速应取较接近的水深项内的数值。
2. 水深大于表列最大水深时，流速最好采用实际观测资料，否则就采用最大水深时的数值。

（3）水下抛石的监理

1）水下抛石的质量监理表（表 18-6）。

表 18-6

	项目	规格
石料要求	每块重量	15～60kg
	极限抗压强度	≥35MPa
	浸水强度损失	≤10%
	表面质量	无严重裂纹，不呈片状
抛石要求	1. 应对准标出的位置，由深水处向岸坡依次进行；同时测定水深 2. 应通过试抛确定水流流速、水深及抛石方法对抛石位置的影响 3. 对水下抛石作夯实处理时，应预留夯沉量，宜为抛石厚度的 10%～20%	

2）水下基床抛石面的平整度质量监理表（表 18-7）。

表 18-7

项目	等级	要求
石料粒径	粗平	100～300mm
	细平	20～40mm
平整宽度	粗平	对混凝土基础加宽 1.0～1.5m
	细平	为混凝土基础加宽 0.5m
表面高程	粗平	允许偏差：－150mm
	细平	允许偏差－50mm

（4）铺砌加固质量监理表（表 18-8）

表 18-8

加固类型		水流平均深度(m) 0.4	1.0	2.0	3.0	容许条件 流冰	流水	边坡 1∶2 时波浪冲击高(m)
		平均容许流速(m/s)						
平铺草皮		0.9	1.2	1.3	1.4	—	—	0.2
叠铺草皮		1.5	1.8	2.0	2.2	—	—	0.4
双层柳排		—	3.0	—	—	—	—	—
抛石	D=0.15m 单层	2.7	3.0	3.4	3.7	—	—	0.4
	D=0.2m 单层	3.2	3.4	3.9	4.2	—	—	0.5
	D=0.15m 双层	3.3	3.7	4.1	4.5	—	—	0.7
	D=0.2m 双层	3.8	4.2	4.7	5.1	—	—	1.0
碎石层上单层铺砌片石	D=0.15m	2.5	3.0	3.5	4.0	薄弱的	—	0.7
	D=0.2m	3.0	3.5	4.0	4.5	中等的	不大的	1.0
	D=0.25m	3.5	4.0	4.5	5.0	中等的	不大的	1.2
碎石层上双层铺砌片石，上层石料 D=0.15m，下层 D=0.2m(碎石垫层不得小于 0.1m)		3.5	4.5	5.0	5.5	强烈的	中等的	1.5
碎石层上双层铺砌大片石，上层灌注水泥砂浆		5.0	6.0	7.5	8.5	强烈的	强烈的	1.8
C30 以上耐寒坚硬岩片		6.5	8.0	10.0	12.0	强烈的	强烈的	2.0
C10 混凝土护坡		5.0	6.0	7.0	7.5	中等的	中等的	1.5～2.0
C15 混凝土护坡		6.0	7.0	8.0	9.0	中等的	中等的	2.0～2.5
石笼尺寸不小于 0.5m×0.5m×1.0m		<4.0	<5.0	<5.5	<6.0	薄弱的	不大的	1.8
木石料交错的沉排		—	4.0	—	—	—	—	—
柔性混凝土护面(V 由板的大小厚度及铰结而定)		—	6.0～8.0	—	—	—	—	—

（5）石笼护体的质量监理汇总

1）石料应质地坚硬，不易风化，抗水性、抗冻性均应符合设计要求。笼材应坚韧，植物类笼材必须新鲜；

2）笼体要牢固结实，填料饱满、密实。石料的最小边尺寸，不得小于笼的孔眼尺寸；

3）笼体的质量监理表（表 18-9）；

表 18-9

序号	项目	允许偏差	检验频率 范围	点数	检验方法
1	长、宽、高	4cm	每个	各 1	用尺量计 3 点
2	孔眼	2cm	每个	10	用尺量
3	孔隙率	按设计要求	抽查 50%	1	取样检查

4）检查石笼护体，必须紧密，不得有掉笼、散笼、架空等现象，笼体接缝应错开，笼之间的联系应牢固。石笼护体质量监理表（表 18-10）。

表 18-10

序号	项目		允许偏差	检验频率		检验方法
				范围	点数	
1	石笼坝	坝顶宽	不小于设计规定	10m	1	用尺量
		坡度	设计的5%	20m	2	用坡度尺量
		轴线位移	10cm	20m	1	经纬仪纵横向各一点
		高程	±20cm	20m	2	用水准仪测量
2	石笼护坡	厚度	不小于设计规定	10m	1	用尺量
		坡度	设计的5%	20m	2	用坡度尺量
		高程	±20cm	20m	3	用水准仪测量
3	石笼护脚	厚度	不小于设计规定	20m	2	用尺量
		宽度	不小于设计规定	20m	2	用尺量
		高程	±25cm	20m	2	用水准仪测量

18.2 水下管道施工监理

18.2.1 水下管道铺设施工监理

1. 检查管道埋设深度：在非航行河道不得小于0.5m，航行河道不得小于1.0m。
2. 水下基础施工时，检查沟槽两侧的定位桩，并在桩上做好基础高程记号。
3. 沟槽和水下埋管质量监理表（表18-11）。

表 18-11

项目		允许偏差(mm)
水下埋管	轴线位置	200
	高程	±150
基槽	高程	+000，−300

18.2.2 水下架空管道施工监理

1. 水上打桩质量监理表（表18-12）。

表 18-12

项目		允许偏差(mm)
上面有盖梁的桩轴线位置	垂直于盖梁中心线	150
	平行于盖梁中心线	200
上面无纵横梁的桩轴线位置		1/2 桩径或边长
桩顶高程		+100 −50

2. 水下架空管道安装施工监理要点（表18-13）。

18.2.3 水下倒虹吸管的施工监理

1. 施工前的测量校测

表 18-13

项目	允许偏差(mm)
轴线位置	150
高程	±100

（1）检查设置在河道两岸的管道中线控制桩及临时水准点，每侧不应少于2个。

（2）检查河岸设置的管道中心控制桩应设置两个以上护桩。

（3）检查管道中心控制桩及水准点的位置，应设在河岸不致被水冲刷及影响通视的地段。

2. 水下倒虹吸管施工的监理

（1）沟槽超挖时，应用砂或砾石填补。

（2）在斜坡现浇混凝土基础时，检查下列项目：

1）检查降低混凝土坍落度或面层加盖模板等措施；

2）应自下而上进行浇筑；

3）检查防止混凝土下滑的措施。

（3）倒虹吸管竣工后，应进行水压试验。给水倒虹吸管应进行冲洗消毒。

（4）穿越通航河道的倒虹吸管竣工后，应按国家航运部门有关规定设置浮标或在两岸设置标志牌，标明水下管线的位置。

18.2.4 排海管道的施工监理

1. 排海管道的施工方法（表18-14）

表 18-14

施工方法		最大管径(cm)	最小管长(m)	最大管长(m)	最大深度(m)	最大海流速度(m/s)	对航运的影响
海底安装法	承插口式混凝土管	365	—	无限制	250	1	无
	钢管	235	—	无限制	250	1	
	铸铁管	135	—	无限制	250	1	
铺管船		45	1000	无限制	—	—	较大
		75	1000	无限制	200	3	
		120	1000	无限制	100	3	
牵引法	底部牵引	325	—	500	150	2.6	较大
		105	—	1000	—	2.6	
	表面牵引	—	—	100	—	2.6	
		—	—	300	—	0.5	
沉管法		200～300	7	—	—	—	严重
桩架法		—	—	—	—	—	较大
顶管法		大于180	1000	无限制			无
盾构法		大于300					无

2. 管道水上浮运及下沉施工监理要点

（1）浮运监理要点

1）检查施工船舶的作业及管道浮运、沉放是否有航政、航道等部门批准的批件。

2）审查拖运法或浮运法铺设时，河道水位情况、施工时间、季节。

3）审查和巡视拖运法施工：

a. 将管道用滑轨或滚木等牵引到铺设管道位置或拖运到水中，再浮运到管道位置进行沉管。管道由组装台上应缓慢地推动入水中，保持管身受力均匀，以防止管身因受力不均导致折断；

b. 在河道冰冻期，可将管道在冰面上拖运到铺设管道位置后再沉管；

c. 浮运法是在管道浮运前将两端管口封堵后入水，而后将浮在水中的管道用人工或船只等方法运到管道位置进行沉管。为了防止河道因涨落潮或汛期水位的变化导致影响管道拖运或浮运，通常选用常水位进行；

d. 管道两端管口通常用法兰螺栓堵板封堵，在堵板上应设进水管和排气管，并在管上装置阀门，以便沉管时灌水及排气；

e. 采用分段管道浮运时，可用橡胶球堵塞管口，充气应适当，以防止橡胶球堵塞不严或爆裂；

f. 如管道浮力不足时，可将浮筒用绳索绑在管上；

g. 在管道下沉前，对管道外防腐层则应进行全面检查，如有损坏应及时修补。

（2）浮管下沉施工监理要点

1）检查管沉前的准备

a. 设置定位标志应准确、稳固；

b. 开挖沟槽断面应考虑满足沉管就位要求，必要时由潜水员下水摸清沟槽情况，并清除沟槽内的杂物；

c. 检查牵引、起重设备及灌、排水用的水泵运转良好；

d. 检查水下作业的安全保护措施。

2）旁站钢管的起吊

a. 吊点通常设在直线管段，并经应力验算确定具体位置；

b. 为了防止损坏管壁，吊点的吊环不宜直接焊在管壁上，可采用钢制包箍，用紧箍件将钢制包箍固定在管壁外，吊环则焊在包箍顶上。

3）管下沉时施工监理要点

a. 测量定位准确，并在下沉中经常校测；

b. 管道充水时，同时排气；

c. 下沉速度不得过快；

d. 两端起重设备在吊装时应保持管道水平，并同步沉放槽底就位，将管道稳固后，再撤走起重设备。

4）倒虹管下沉时施工监理要点

a. 检查吊正管位；

b. 灌水下沉时，通常由管道一端进水，另一端同时排气，必须使管内空气排尽，不得产生夹气现象。灌水时不宜过快，应设置计量水表控制注水，并防止管内水流不均匀而产生集中于一端造成斜向下沉的事故；

c. 管道自重较轻不能下沉，则在管道上加系重物助沉；

d. 下沉时，吊装管道的牵引钢丝绳必须绷紧，灌水下沉与牵引绳放松应密切配合，力求管道水平下沉；

e. 如灌水过程中发现牵引设备不稳固时，应停止灌水，待修整后再继续灌水下沉；

f. 管道沉入槽底后，为了防止管身位移或倾斜，两岸设置的牵引设备不应立即拆除或放松，应采取措施将管道稳固后再拆除。

(3) 管道在水中采用浮箱法分段连接施工监理要点

1) 检查浮箱的制作止水严密，可采用耐水性强的胶合剂粘结在管卡与管外壁周围；

2) 将浮箱内积水抽干后，进行管道连接及接口处的防腐处理，完成后即撤走浮箱，进行沉管。

(4) 水下铺设管道施工质量监理表（表 18-15）

表 18-15

项目	允许偏差(mm)		项目	允许偏差(mm)	
	轴线位置	高程		轴线位置	高程
给水管道	50	0 −200	排水管道	50	0 −100

18.2.5 水下顶管施工监理

1. 检查水下顶管工作坑、接收坑

(1) 检查工作坑前方的止水墙：止水墙的中间预留有供掘进机出洞的洞口，洞口比掘进机的外径大 0.15～0.2m，在洞口安装上止水圈。

(2) 钢筋混凝土沉井不设止水墙。

(3) 覆土深度大于 10m 以上或者在穿越江河的工作坑中，洞口止水圈必须做两道。前面一道是充气的，它与管子不直接接触。中间有一道止水圈。

(4) 检查洞口止水圈各部尺寸（表 18-16）

表 18-16

代号 \ 尺寸(mm) \ 管径(mm)	600	700	800	900	1000	1100	1200	1350	1500	1650	1800	2000	2200	2400	2600	2800	3000	备注
D	730	850	960	1080	1200	1310	1430	1600	1780	1950	2120	2350	2380	2810	3040	3270	3500	管外径
G	670	670	900	1020	1120	1230	1350	1520	1700	1870	2040	2270	2480	2710	2940	3170	3400	橡胶圈孔径
J	160	160	160	160	180	180	180	180	180	180	180	210	210	210	210	210	210	橡胶圈宽度
$G/2+J$	495	555	610	670	740	795	855	940	1000	1115	1200	1315	1450	1560	1680	1795	1910	
$N+M$	440	440	440	490	590	590	590	620	740	740	800	840	840	840	840	840	840	
N	170	170	170	190	190	190	190	220	240	240	330	330	330	330	330	330	330	洞口支撑板高度
M	270	270	270	300	400	400	400	400	500	500	510	510	510	510	510	510	510	洞口上部宽度
H	1310	1430	1540	1710	1900	2040	2160	2360	2660	2830	3060	3330	3530	3830	4040	4270	4500	前止水墙高度
h	100	100	100	119	119	119	119	124	144	144	151	181	181	181	188	188	188	混凝土基础厚度

（5）洞口的封门

1）洞口可用低强度等级混凝土砌一堵砖封门；

2）出洞时可以用工具管直接把砖封门挤倒或用刀盘慢慢地把砖封门切削掉，也可用低标号的混凝土取代砖头；

3）在洞口外侧预先安装好由一块块槽钢制成的钢封门，把沉井的进出洞口封住。

2. 水下顶管对工具要求的监理

（1）对水下顶管工具选用或制作时，应根据管径和工程地质条件确定并符合规范要求。

（2）利用沉井井壁作后背时，后背设计应征得设计单位同意。后背与千斤顶接触平面应与管段轴线垂直，其倾斜偏差不得超过5mm。

（3）在井内设靠背，铺设导轨，安装千斤顶，监理安装精度（表18-17）。

表 18-17

设施项目	技术要求
千斤顶设备	使其轴线与顶进钢管轴线平行，对合力位置偏差≤5mm； 千斤顶头部向下允许偏差为3mm，左右允许偏差为2mm
导轨设置	顶管导轨安装允许偏差为： 轴线位置—3mm；高程—±2mm；两轨内矩—±2mm

（4）在井内应预埋特制穿墙套管，顶管时，将穿墙套管的内法兰盖打开，装上盘根填料和压盖法兰，将管道沿穿墙管顶出，挤紧压盖法兰使盘根填料与顶进中的管道密切接触，防止顶进中流砂及水流进。

（5）在顶管前端设工具管头。

（6）当泥土被顶入工具管头内，则开启水力机械冲泥、出泥。

（7）顶进中发现流砂及土层塌陷，要立即在密封仓内加气压来制止。

（8）顶进速度与出泥量要保持平衡，触变泥浆要在顶进前压入，避免泥浆下顶进。

（9）为防止仓内被泥砂淤满，堵死吸泥口，水力机械开启后，要提高局部气压来固结土体，仓内泥砂要基本冲洗干净，再向仓内灌水，一般要灌至管道内的1/3高度。

（10）在顶进中，经常测量管道的方向，一般每顶进30～100cm应测定一次。当顶进方向出现偏差时，可用工具管纠偏。

（11）在顶进中接管时，管子轴线应一致，管口应对齐，其错口尺寸应小于10%管壁厚，且小于2mm。

（12）当工具管头接近岸坡时，可不出泥硬顶。

18.2.6 水下管道安装质量及监理要求

1. 水下埋管及水下架空管道安装质量监理表（表18-18）

表 18-18

项目		允许偏差(mm)	检验频率		检验方法	检验程序
			范围	点数		
轴线位置	水下埋管	200	每5m	2	用经纬仪测量，纵横各1点	承包人检测，监理人员抽检
	水下架空管	150				
高程	水下埋管	±150	每5m	2	用水准仪测量	
	水下架空管	±100				

2. 水下顶管

应严格掌握顶进过程中纠偏的尺度：

1）一次纠偏角度：宜为 5′～20′；

2）错口：不大于管壁厚的 10%，且不大于 2mm；

3）钢管：轴线允许偏差：不超过 200mm；

高程允许偏差：底高程不超过±200mm。

4）监理人员对以上要求在检测时旁站，并由承包人做好记录；

5）顶管导轨安装质量监理表（表 18-19）。

表 18-19

项　目	允许偏差 (mm)	检验频率		检验方法	检验程序
		范围	点数		
轴线位置	3	每 5m	2	用经纬仪测量，纵横各 1 点	承包人检测，监理人员抽检
高程	±2	每 5m	2	用水准仪测量	
两轨	±2	每 5m	2	用尺量	

3. 水下铺设管道的允许偏差（表 18-20）

表 18-20

项　目	允许偏差(mm)	
	轴线位置	高程
给水管道	50	0 −200
排水管道	50	0 −100

18.2.7 水下埋管及水下架空管道水工保护监理

1. 护管工程

（1）审查护管工程的方案，直接防护水下埋管及水下架空管道的措施主要是控制河道的垂直冲刷。

（2）管线与河岸处于同一方向，当河岸不断冲刷后退，原埋设管道的位置逐渐成为新的河槽位置，导致管道外露。悬空长度和高度都可能非常大，给管线造成极大威胁。

2. 护岸工程

（1）审查护岸工程的方案：主要防护穿河管道或临近河岸的地下埋管安全。

（2）平顺护岸，采用一定的抗冲材料直接覆盖在河岸上，阻止水流对河岸的直接冲刷。

（3）丁坝护岸，采用一定的抗冲材料，在需要保护的河岸上游修建自河岸向水流凸出的丁字形坝，将水流挑离河岸，达到保护河岸的目的。

18.3 水下灌筑混凝土施工监理

18.3.1 水下灌筑混凝土的配制监理要点

1. 原材料的监理

(1) 原材料的验收、检验、见证取样。

(2) 原材料的标准和要求：

1) 水泥强度等级不宜低于 32.5 级，也不应过高，宜为混凝土设计强度的 2～2.5 倍。初凝时间用标准方法试验，不宜早于 2.5h。每立方米混凝土的水泥用量不得小于 350kg；

2) 粗骨料宜用卵石，最大粒径不可大于导管内径的 1/6～1/8 和钢筋最小净距的1/4，同时不宜大于 4cm，最小粒径不宜小于 5mm；

3) 碎石、卵石的较好级配范围（表 18-21）；

表 18-21

级 配	粒径(mm)	按重量计累计筛余(%)				
		2.5	5	10	20	40
连续粒级	5～10	95～100	85～100	0～15	0	
	5～20	95～100	90～100	40～70	0～10	0
	5～40	95～100	75～90	30～65	0～5	0

4) 细骨料石英含量高、颗粒浑圆，细度模数在 2.1～2.8 之间，最佳级配范围（表 18-22）。

表 18-22

筛孔尺寸(mm)	5.0	2.5	1.25	0.63	0.315	0.16
累计筛余率(%)	0～15	10～30	20～40	40～60	80～90	90～100

18.3.2 水下混凝土的配制监理要点

1. 水下灌注混凝土配合比（表 18-23）

表 18-23

粗骨料最大粒径(mm)	坍落度(cm)	水灰比 w/c	水泥用量(kg/m^3)	砂率(%)	导管直径(cm)	28d 抗压强度(MPa)	工程种类	施工方法	是否掺外加剂
40	15	0.476	370	37.4	25	31.0	岸壁		掺
40	15	0.52	370	—	30	28.0	防波堤		—
25	15	0.457	370	—	30	34.0	防波堤		—
25	15	0.50	370	41.0	25	31.8	护岸		掺
40	17	0.443	370	—	25	35.4	灌注桩		掺
40	15	0.473	370	—	25	33.2	灌注桩		掺
40	17	0.435	390	40.0	25	38.0	灌注桩	导管法	掺
25	17	0.465	370	43.0	25	37.2	灌注桩		掺
25	17	0.48	370	43.0	25	34.1	灌注桩		掺
25	17	0.44	370	32.0	25	40.3	灌注桩		掺
40	15	0.48	500	42.0	14	42.2	灌注桩		掺
40	15	0.48	460	42.0	14	41.2	灌注桩		掺

续表

粗骨料最大粒径(mm)	坍落度(cm)	水灰比 w/c	水泥用量(kg/m³)	砂率(%)	导管直径(cm)	28d抗压强度(MPa)	工程种类	施工方法	是否掺外加剂
40	15	0.47	511	42.0	14	44.2	灌注桩		掺
40	15	0.459	370	—	15	33.6	护岸		
40	18	0.51	371	—	10	33.0	护岸	泵压法	
25	15	0.483	370	—	15	34.2	护岸		
25	15	0.441	384	—	15	34.6	护岸		
25	17	0.465	390	—	15	38.1	地下墙	膨润土泥浆导管法	掺

2. 检查水灰比与性能

(1) 抗渗等级与水灰比的关系（表 18-24）

表 18-24

抗渗等级	S2	S4	S6	S8	S10	S12
水灰比 w/c	0.60～0.65	0.60～0.65	0.55～0.60	0.50～0.60	<0.50	<0.50

(2) 混凝土拌合物要求坍落度（表 18-25）

表 18-25

水下混凝土浇筑方法	导管法			泵压法	倾注法		袋装叠置法
	不振捣		机械振捣	—	自然推进	振动推进	
	导管直径 200～250(mm)	导管直径 300(mm)				—	
坍落度(cm)	18～20	15～18	14～16	12～15	10～15	5～9	5～8

18.3.3 水下混凝土灌筑监理

1. 水下混凝土灌筑常用方法（表 18-26）

表 18-26

方法	一般规定			
导管法适用于水深>1.5m 泵压法适用于水深不大于15m	混凝土	标号		施工配制应比设计提高 20%～30%
		配合料	水泥	不低于 32.5 级，用量不少于 350kg/m³
			骨料	宜用一半中砂，一半卵石，最大粒径不超过导管内径 1/4；且小于 6cm
			外加剂	可掺适量加气剂或塑化剂改善和易性
		坍落度		16～20cm(始灌时宜小，终灌时宜大)
	导管	规格		$DN200$～$DN300$，壁厚 4～6mm，每节长 1～2m
		作用半径		一根导管有效 R=3～4m，面积较大时，应采用 2 根以上导管同时灌注
		管底内压		P=0.1～0.25MPa

续表

方法		一般规定
导管法适用于水深>1.5m 泵压法适用于水深不大于15m	操作	1. 应在能防止水流影响的桩板或围囹内进行
		2. 开盘时漏斗应贮足混凝土，保证剪断浮球吊索后能充满导管并将下端包裹，不让管底翻水
		3. 导管在混凝土内插深保持不小于1m，垂直徐徐提升，每次升高不超过20cm，相邻管底标高差不超过管距的1/5，每根导管灌注停歇不超过20min
		4. 灌注中混凝土表面不应有陡于1∶5的斜坡，完毕时，顶面应高于设计标高15～20cm，如有必要，可在3d后清除浮浆层
倾注法适用于水深<1.5m	混凝土	按普通配比制备，坍落度为5～15cm
	岸坡	一般不陡于1∶15
	操作	自岸边开始灌注第一批混凝土露出水面20cm后，不断由里往外续灌挤推，全部灌注应在第一批凝固前完成
袋装法适于小型或辅助性、临时性工程	混凝土	按普通配比制备，坍落度为5～7cm
		袋面积宜为70cm×40cm（大麻袋的一半），潜水员堆码较为方便
		袋装容量2/3，交错叠置，使之相互挤紧
		小工程中作基墩时，可在层与层之间插短钢筋加固

2. 导管法施工监理

(1) 导管直径的选择（表18-27）

表 18-27

导管直径(mm)	100	150	200		250	300
通过能力(m^3/h)	3.0	6.5	12.5		18.0	26.0
允许粗骨料最大粒径(mm)	20	20	碎石	卵石	40	60
			20	40		

1) 导管的内径，可直接根据水深来选择：水深小于3m，选ϕ25；水深为3～5m选ϕ30；水深为5m以上者，选ϕ30～50；

2) 导管作用范围：一根ϕ25的导管，施工所及面积约$4m^2$；一根ϕ30的导管，施工所及面积5～$15m^2$；一根ϕ30～50的导管，施工面积15～$50m^2$。

(2) 在流速小于3m/min的静水中灌筑。

(3) 混凝土中，粗骨料的最大粒径为导管内径的1/6～1/8左右，过大易造成堵管。

(4) 灌筑开始，先堵住管的下口，装满混凝土。在灌筑过程中，混凝土也要经常保持满管。导管下口应埋入已灌混凝土50～60cm深度以上，做到混凝土不在水中落下。

(5) 灌筑过程和灌筑之后，要尽量做到混凝土和水不搅混。因此，要经常注意混凝土上升面的测定，以便摸清导管出口位置及混凝土升面位置，判断上提导管时间。

(6) 混凝土应连续灌筑。若灌筑中断，混凝土往往就难于再度流出，或引起堵管，以致不能继续施工。要做到连续施工，则必须做到合理组织。

(7) 混凝土灌筑速度，从混凝土运输车直接向导管投料时，每立方米混凝土以2.0～2.5min为标准。

(8) 混凝土易从导管上口的外部溅落到水中去，为此，宜在导管上设置漏斗，或在漏斗周围设置围护，以防止混凝土下落。

(9) 检查施工工艺参数选择：

1) 首批混凝土量

a. 首批混凝土冲出导管处堆高不宜小于 0.50m；

b. 导管口埋在混凝土中的深度不小于 0.30m；

c. 首批混凝土宜采用坍落度较小的混凝土拌合物。

2) 一根导管灌筑范围及混凝土需要量（表 18-28）；

表 18-28

作用半径(m)	长×宽(m×m)	长×宽(m×m)	长×宽(m×m)	灌注范围(m^2)	混凝土需要量(m^3/h)	
					t 初凝=3h	t 初凝=4h
3.0	4.2×4.2	5.4×2.7	5.7×1.9	10～20	4～8	3～6
3.5	5.0×5.0	6.2×3.1	6.5×2.2	15～25	8～13	6～10
4.0	5.6×5.6	7.1×3.5	7.5×2.5	20～30	12～18	9～14

3) 检查导管插入混凝土内的深度，最佳埋入深度等于流动性保持指标与混凝土面上升速度的 2 倍；

4) 检查超压力：导管底部最小超压力（表 18-29）；

表 18-29

仓面类型	桩孔	大仓面			
导管作用半径(m)	—	≤2.5	3.0	3.5	4.0
最小超压力(kN/m^2)	75	75	100	150	250

5) 检查混凝土面的上升速度，混凝土面上升速度不得小于 0.2m/h，对于大仓面宜为 0.3～0.4m/h，小仓面可达 0.5～1.5m/h。

3. 泵压法施工监理要点

(1) 一般采用 10～15cm 内径输送管，每根管的施工面积最多为 3～5m^2。

(2) 在水中安装输送管时，为了不使管内充满水，须在管底堵上一个能从管外摘下来的栓塞。

(3) 为使管的垂直部分装满混凝土，在水平管与垂直管联结处的圆弧弯管处，须设置一排气阀，以便把已压缩的空气排出去。

(4) 在压送混凝土时，管的出口必须始终埋在已浇混凝土面下 30～40cm 处，最深不得超过 1m。如果过浅，即可能发生水向管内倒流；过深，管内压力增大，潜伏着危险。

(5) 压送混凝土流出时的反力能把管子顶起来，所以施工前要设一个防止这种反力的装置。

(6) 混凝土灌筑开始打开管底栓塞时，混凝土一时流出过急，为防止发生管内有水倒灌的事故，在管底外面设置一个内径 60cm、长 2m 以上的辅助管，能收到良好的效果。

(7) 检查泵压系统。承料漏斗的容积约 1.5～3.0m^3，导管直径应与混凝土泵输送能力相适应（表 18-30）；

表 18-30

混凝土泵输送能力(m^3/h)	8	10	15	20	30	40
导管直径	180	200	240	260	300	350

（8）旁站灌注监理

1）检查混凝土深度

a. 灌注混凝土前，用测深尺、测深锤检测深度，计算回淤沉淀厚度，如超过规定，应再次进行清理；

b. 首批混凝土下落后，应随即测探混凝土面高度，并计算导管埋置深度，如符合要求，即可继续正常灌注；

c. 灌注过程中，随时探测混凝土高度，计算导管埋置深度，为正确指挥导管的提升与拆除提供准确、可靠的数据；

d. 通过对某一灌注阶段进行混凝土用量与混凝土面上升高度的换算和比较；

e. 测探工作须由两个人用两个测深锤从不同的位置测探，以防误测。

2）旁站水下混凝土的灌注

a. 根据导管距底的间距、导管的埋置深度及导管内混凝土柱的高度等因素，计算首批混凝土储备量，经拌制后存于储料斗内，必要时可装满爬斗备用。

b. 首批混凝土可用剪球法或开启活门的办法泄放。泄放后，孔口溢出相当数量的泥浆，导管下口被埋于混凝土中，若导管不漏水，说明情况正常。届时测探混凝土面高度，推算导管下端埋入混凝土中的深度，并做记录；

c. 继续灌注混凝土，直至导管下端埋入混凝土中的深度达到要求时，提升导管，然后再继续灌注混凝土；

d. 每次拆除导管后应保持下端被埋置深度不小于 1m；每次拆除导管前，其下端被埋置深度不得大于 6m；

e. 导管提升时，应保持轴线竖直和位置居中，稳步提升。如发生卡挂钢筋骨架现象，可转动导管，使其脱开钢筋骨架后移到孔中再继续提升；

f. 灌注过程中，应随时测混凝土面高度，计算导管埋置深度，正确指挥导管的提升与拆除；

g. 在灌注将近结束时，由于导管内混凝土柱高度减小，超压力降低，而导管外的泥浆稠度增加，比重增大，会出现混凝土顶升困难的现象，这时可注水稀释泥浆。

18.4　水下电缆敷设监理

1. 水底电缆应该是整根的。当整根电缆超过制造厂的制造能力时，可采用软接头连接。

2. 通过河流的电缆，应敷设于河床稳定及河岸很少受到冲刷的地方。在码头、锚地、港湾、渡口及有船停泊处敷设电缆时，必须采取可靠的保护措施。当条件允许时，应深埋敷设。

3. 水底电缆的敷设，必须平放水底，不得悬空，当条件允许时，宜埋入河床（海底）

0.5m 以下。

4. 水底电缆平行敷设时的间距不宜小于最高水位水深的 2 倍。当埋入河床（海底）以下时，其间距按埋设方式或埋设机的工作活动能力确定。

5. 水底电缆引到岸上的部分应穿管或加保护盖板等保护措施，其保护范围：下端应为最低水位时船只搁浅及撑篙达不到之处，上端高于最高水位。在保护范围的下端，电缆应固定。

6. 电缆线路与小河或小溪交叉时，应穿管或埋在河床下足够深处。

7. 在岸边水底电缆与陆上电缆连接的接头，应装有锚定装置。

8. 水底电缆的敷设方法、敷设船只的选择和施工组织的设计，应按照电缆的敷设长度、外径、重量、水深、流速和河床地形等因素确定。

9. 水底电缆的敷设，当全线采用盘装电缆时，根据水域条件，电缆盘可放在岸上或船上。敷设时可用浮筒浮托，严禁使电缆在水底拖拉。

10. 水底电缆不能盘装时，应采用散装敷设法。其敷设程序应先将电缆圈绕在敷设船舱内，再经舱顶高架、滑轮、刹车装置放入水槽下水，用拖轮绑拖，自航敷设或用钢缆牵引敷设。

11. 敷设船的选择，应符合下列条件：

(1) 船舱的容积、甲板面积、稳定性等应满足电缆长度、重量、弯曲半径和作业场所等要求。

(2) 敷设船应配有刹车装置、张力计量、长度测量、入水角、水深和导航、定位等仪器，并配有通讯设备。

12. 水底电缆敷设应在小潮汛、憩流或枯水期进行，并应视线清晰，风力小于五级。

13. 敷设船上的放线架应保持适当的退扭高度。敷设时根据水的深浅控制敷设张力，应使其入水角为 30°～60°。采用牵引顶推敷设时，其速度宜为 20～30m/min。采用拖轮或自航牵引敷设时，其速度宜为 90～150m/min。

14. 水底电缆敷设时，两岸应按设计设立导标。敷设时应定位测量，及时纠正航线和校核敷设长度。

15. 水底电缆引到岸上时，应将余线全部浮托在水面上，再牵引至陆上。浮托在水面上的电缆应按设计路径沉入水底。

16. 水底电缆敷设后，应作潜水检查，电缆应放平，河床起伏处电缆不得悬空，并测量电缆的确切位置。在两岸必须按设计设置标志碑。

第 19 章　地表水、地下水取水构筑物施工监理

19.1　地表水取水构筑物施工监理

19.1.1　地表水取水构筑物工作流程和监理要点

1. 地表水取水构筑物施工流程（图 19-1）

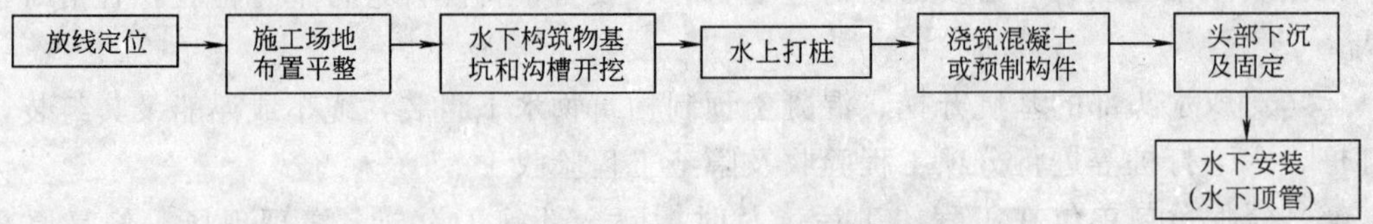

图 19-1　地表水取水构筑物施工流程

2. 地表水取水构筑物施工监理工作流程（图 19-2）

3. 地表水取水构筑物施工监理要点

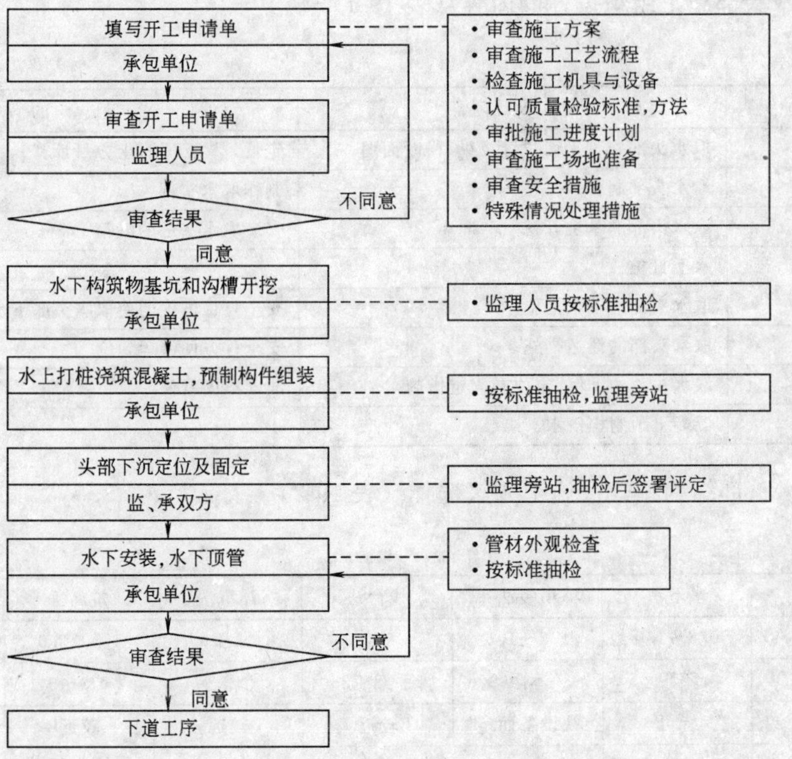

图 19-2　地表水取水构筑物施工监理工作流程

（1）监理人员审定承包单位提交的开工报告、施工组织设计、技术方案、进度计划，特别审查取水头部的下水措施、取水头部的浮运措施、取水头部的下沉、定位及固定措施，要求承包单位做施工现场平面和纵横断面图，对施工测量放线成果进行复验和确认。

（2）监理人员要求承包单位在水下构筑物的基坑和沟槽开挖前必须校测施工范围内的河床地形，确定水下挖泥、出泥施工方案，制作钢管的材质及加工管管节均应检验合格。对承包单位选用的机具设备加工能力，施工质量的控制，监理人员应提出认可意见，以确保各种地表水取水构筑物的质量。

（3）监理人员对承包单位的取水头部制作、取水头部的基坑开挖、混凝土预制构筑物水下组装、坡道上轨道的安装、坡道施工、缆车或浮船及其组装、水上打桩、水下打桩、安装等重点部位、关键工序的施工工艺和确保工程质量的措施，审核同意后予以签认。

（4）核查进场材料、设备、构配件的原始凭证、检测报告等质量证明文件及其质量情况，根据实际情况认为有必要时，对进场材料、设备、构配件进行平行检验，合格时予以签认。

（5）对取水头部的基坑开挖、混凝土预制构筑物水下组装，缆车或浮船及其组装，水上打桩、水下打桩等进行分项工程验收及隐蔽工程验收。

（6）督促承包单位在工程竣工后，及时拆除全部施工设施、清理现场，修复原有护坡、护岸等工程。

19.1.2 取水头部施工监理

1. 取水头部施工

（1）取水头部施工组织设计的内容（表 19-1）

表 19-1

序　　号	施工设计内容	目　　的
1	取水头部施工平面位置及纵、横断面图	定位，基坑开挖，土方量计算
2	取水头部制作	制作取水头部
3	取水头部的基坑开挖	安装取水头部的沉箱
4	水上打桩	
5	取水头部的下水措施	安全且最方便的使取水头部下水
6	取水头部的浮运措施	安全且方便浮运到位
7	取水头部的下沉、定位及固定措施	准确牢固就位
8	混凝土预制构筑水下组装	

（2）取水头部结构型式及施工方法选择（表 19-2）

表 19-2

施工方法		水下法	吊装法	栈台法	浮沉法	筑岛法	围堰法
作业条件	容许流速(m/s)	0.8～1.0	1.2～1.5	1.5	1.5	1.5～3.0	1.5～3.0
	容许水深(m)	不限	不限	脚手架≤3.0	≥2.0	≤3～5	≤3～5
	岸线远近	皆可	视设备而定	较近	较远	较近	较近
	其他	底砂流不严重	风力不超过五级，波高不超过 0.5m			河床为非岩质、非淤泥	河床不透水或弱透水

续表

施工方法			水下法	吊装法	栈台法	浮沉法	筑岛法	围堰法
主要特点			直接作业，缩时省工，潜水设备，陆水齐作，水深无碍，流速受限	抱杆吊装，离岸要近，浮吊起重，吃水需深，机械配套，效率才高	竹木脚手，筏子驳船，皆可搭台，操作灵便，沉桩灌注，浅水常用	利用浮力，减重就位，岸远水深，勘为相宜，流急浪高，艰难处理	砂砾河床，沉井灌注，傍岸筑岛，有效便当，作业面窄，工期稍长	干式施工，质量较佳，设备简单，但费工料，拆堰难净，易留后患
头部结构型式	1	墩式	○	△	△	×	×	○
	2	箱式	○	○	△	○	×	○
	3	沉船式	△	×	×	○	×	×
	4	沉井式	○	△	×	○	○	×
	5	气压沉箱式	○	×	×	×	○	×
	6	桩架式 打入桩	×	○	○	×	△	×
	7	桩架式 钻孔桩	△	×	○	×	○	×
	8	悬臂式	×	○	△	×	×	○

注：○——常用；△——可用或配合作用；×——不用。

(3) 取水头部制作

1) 墩型取水头部制作要点（表 19-3）

表 19-3

部位	施工条件及方法		施工注意事项
基底	岩石地基	干式施工	墩体可直接做在岩面上
		水下施工	墩腔周围内、外侧各 0.15～0.2m 宽的条带应将片石、碎石整平
	砂土地基	干式施工	铺 10cm 厚的低强度等级混凝土或砂浆垫层
		水下施工	宜作抛石基床
墩体	干式施工		1. 现浇混凝土强度 C15，体积较大时，可掺填 25% 的毛石 2. 浆砌石墩，料石强度等级不低于 MU30，水泥砂浆不低于 M7.5
	水下施工		1. 多用预制墩腔吊装就位，然后灌注 C15～C20 水下混凝土 2. 也有采用预制混凝土方块或麻袋混凝土吊入水中砌墩
墩腔	钢墩腔		1. 用 3～6mm 钢板焊成，当体积较大时，腔内应设纵横支撑和对角支撑，确保整体刚度 2. 墩腔内、外壁应刷防腐漆
	钢筋混凝土墩腔		1. 多用 C20 混凝土 2. 腔壁厚度应能承受混凝土初凝前的侧压力

2) 箱型取水头部制作（表 19-4）

表 19-4

部位	施工方法	施工注意事项
箱体	干式施工	1. 可采用不低于 C15 的现浇钢筋混凝土结构 2. 也可采用砖石或混合结构
	水下施工	1. 一般采用 C20 预制钢筋混凝土结构，必要时再进行水下二次浇筑或抛石、砂等填料压重 2. 吊装视吊装能力及水域条件，箱体可采用整体预制吊装；上、下分节水下拼装；柱、板件水下组装；浮运沉箱

3）常用桩型桩架式取水头部制作（表 19-5）

表 19-5

桩型	材料			桩径(cm)	长度(m)
预制打入桩	钢筋混凝土预制桩混凝土 C25～C40 钢：Ⅰ级，Ⅱ级	方桩	实心	20×20,25×25,30×30 35×35,40×40,45×45	10～24
			空心	45×45(空心 27×27) 50×50(空心 30×30)	
		管桩		D=40、55，t=8 (各分上、中、下三节)	节长 4、6、8、10、12
	钢桩——钢管、钢轨、工字钢等 木桩——松、杉、橡等坚挺木料			D=10～40(钢管) D=20～26	<15 6～16
钻孔灌注桩	钢筋混凝土灌注桩(混凝土；不低于 C20 钢筋混凝土，Ⅰ级)			D=40～120	不限
	钢管插孔桩(D 较大时，常在管内充填混凝土)			D=10～40	<15

（4）预制取水头部的允许偏差

1）预制箱式钢筋混凝土取水头部允许偏差（表 19-6）

表 19-6

项目	允许偏差(mm)	项目		允许偏差(mm)
长、宽(直径)高度	±20	中心位置	预埋件、预埋管	5
厚度	−5		预留孔	10
表面平整度(用 2m 直尺检查)	10			

2）箱式和管式钢结构取水头部制作的允许偏差（表 19-7）

表 19-7

项目		允许偏差(mm)	
		箱式	管式
椭圆度		D/200，且不大于 20	D/200，且不大于 10
周长	D<1600	±8	±8
	D>1600	±12	±12
长、宽(多边形边长)、高度		1/200，且不大于 20	
端面垂直度		4	2
中心位置	进水管	10	10
	进水孔	20	20

注：D 为直径（mm）。

2. 取水头部制作施工监理要点

（1）审查取水头部制作的施工方案，根据实际情况确定采用干式施工、湿式施工或桩式施工。

（2）检查取水头部的混凝土浇筑符合水工构筑物的质量标准，分三段进行：底板、2/3 壁高、1/3 壁高及顶板浇制。施工单位自检，监理人员在场，结果报专业监理人员认可。

（3）检查取水头部浮运前用木板及橡胶圈临时封闭好取水口的情况。

（4）检查取水头部下部的临时垫座，下水时将垫座顺滑道滑入水中后与取水头部分开。

（5）拖运前，应对取水头部进行满水试验，如结构本身渗水，可采用一般防水涂料修补。封板边缘漏水，可用桐油石灰麻丝填塞，外涂水玻璃与油-10号沥青及其他有效的堵漏措施。

（6）预制箱式钢筋混凝土头部质量监理表（表19-8）

表 19-8

项目		允许偏差(mm)	检验频率		检验方法	检验程序
			范围	点数		
长、宽(直径)、高度		±20	每5米	1	用尺量	监、承双方共同在场，承包单位检测并填表
厚度		+10，−5	每5米	1	用尺量	
表面平整度		10	每部件	1	用2m直尺量测	
中心位置	预埋件、预埋管	5	每件	1	用尺量	
	预留孔	10	孔			

（7）箱式和管式钢结构头部制作质量监理表（表19-9）

表 19-9

项目		允许偏差(mm)		检验频率		检验方法	检验程序
		箱式	管式	范围	点数		
椭圆度		D/200且不小于20	D/200且不大于10	每件	1	用尺量	承包单位检测并填表，人员抽检
周长	$D\leqslant1600$	±8	±8				
	$D>1600$	±12	±12				
长、宽(多边形边长)、高度		1/200且不大于20		每件	1	用尺量	
端面垂直度		4	2			用垂线量测	
中心位置	进水管	10	10	每件	1	用尺量	
	进水孔	20	20	孔	1	用尺量	

注：D为直径（mm）。

3. 取水头部的运送监理

（1）取水头部浮运法运送流程（图19-3）

（2）取水头部的下水监理

1）取水头部下水方法（表19-10）

表 19-10

下水方法	说明
利用河流天然水位	在低水位时预制沉箱，当河流高水位时，由于水位抬高而浮起沉箱
修建伸入河流水中的倾斜滑道	将取水头部沿滑道下滑至可将其浮运的深水中，滑道坡度宜为1∶3～1∶6
浮船浮运	在特制的浮船上制作取水头部，浮船将取水头部运至基础中心线上游处，向浮船灌水，使浮船下沉后，再沉取水头部

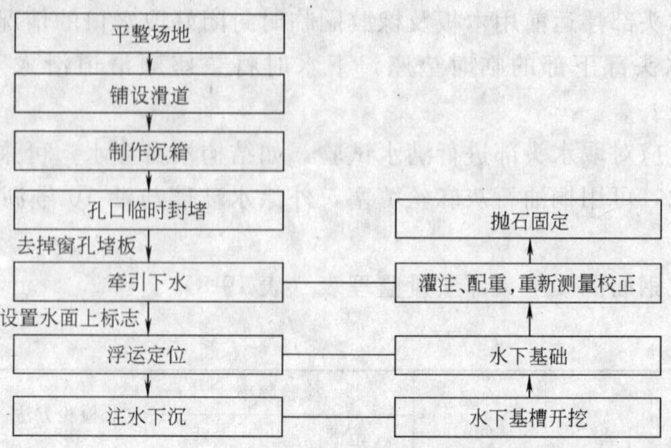

图 19-3　取水头部运送流程

2）检查滑道法下水的滑道设置：将取水头部至下水河段处地面挖成 1∶3～1∶6 的斜面，夯实，保持斜面斜率一致；铺设枕木，并在枕木上铺设钢轨，钢轨相互平行，且钢轨上表面均在一个平面上；钢轨上端置于取水头部制作平台，下端设在水中。

3）监理旁站取水头部下水施工

a. 拖曳缆绳绑扎牢固，下滑机具安装完毕且运转正常；

b. 由两处绞车拉放绳相互配合，使取水头部稳步下滑；

c. 检查下滑速度：一般控制在 15～30m/min，应连续、稳定缓慢下滑，防止突然加速和停止。

(3) 取水头部的浮运监理：

1）浮运前应检查的测量标志

a. 检查测量标杆，保证一定的强度和刚度，以满足沉放测量控制精度要求。沉放期间着重控制基坑下游边线和构件下游外侧棱边在一条直线上。检查取水头部中心线及其进水管口中心的测量标志，下沉后，测量标志仍应露出水面；

b. 检查取水头部各角水深度标尺，下沉后仍主尖露出水面；

c. 检查取水头部基坑定位的水上标志；

d. 精确测量构件底面外形轮廓尺寸和基坑坐标、标高，比较两者关系，若有问题，及时采取预控措施。沉放前三天检查后，在沉放前一天要重新复测，确保安装要求。

2）检查取水头部浮运前的准备工作：

a. 检查取水头部的混凝土强度达到设计规定，预制构件验收合格；

b. 检查取水头部清洁和水下孔洞是否全部封闭；

c. 检查拖航临时保护用的护木、护板等构件拆除情况，检查水下预埋螺栓和固定拖运浮筒的预埋件、支墩完成情况等；

d. 检查采取配重或浮托措施，调整取水头部下水后的吃水平衡。沉放前备好注水、灌浆、接管工作所需的材料，同时做好预埋螺栓修整工作；

e. 检查施工组织设计要求完成的上、下游航道施工挖泥工作，尤其是上游必须挖至设计标高值。构件到位前，需复测挖泥范围和标高是否满足要求；

f. 浮运拖轮、导向船及测量定位人员均做好准备工作；

g. 监理人员要求承包单位在头部下沉后测量标志仍应露出水面。头部定位必须准确，头部浮运前混凝土应达到设计规定，并清扫干净，水下孔洞全部封闭不得漏水，拖缆绳绑扎牢固，监理人员应旁观头部下沉过程；

h. 提前对操作人员进行岗位培训，集中配备性能良好的对讲机若干只，确保通讯联系清晰畅通。

4. 取水头部的下沉监理

取水头部的下沉施工：

1）沉放操作（表 19-11）

表 19-11

工序	技术要求	施工控制要点
转向	浮运到基坑上游约 2m 处，如果构件中心线与基坑中心线不在同一方向直线上，则需转向。拉环缆转动铰，部分缆松，部分缆紧，可分 3 次转成至与基坑中心成同一方向上	水平锚拉控制：头部上游的主牵引船、主缆牵引线、施工区域内设的若干个钢质锚拉墩，各配卷扬机和四轮滑车一付，并确定钢缆规格和拉力
平移	如果构件中心线与基坑中心线在一个方向，但不在一条直线上时的平移，可变换平移钢缆，拆除转动铰，构件则向下游方向平移若干距离	水平锚拉控制：同上。缆绳的收松受力均匀
就位	平移到坑位水面，同时安装下游限位墩，卡箍、拉杆等	限位控制：采用经纬仪 3 点交叉强制定位
沉放	斜拉钢缆，克服干舷高度，灌水若干吨，满足下沉力要求，构件下沉到设计标高，中途随时调整构件，保证平稳的下沉到位	下沉垂直控制：两岸或两侧墩位上各设一对斜钢缆，确定垂直方向总拉力，控制值为 $F=nP$，其中，n—缆绳数；P—单缆拉力，作为灌水施加下沉的力
调整	水下拆除限位墩、拉杆、卡箍、松提垂直控制绳（也可用顶升装置，如气袋起重器充气等），将沉箱提起。水平锚拉调整位置，下落到准确位置，一般由潜水员水下作业	顶升、微调控制：若干箱底部附设高压气袋若干只，充气后，气袋的总顶升力可使沉箱位置纠偏调整到位，结合缆绳锚拉调整，不再需潜水员水下作业
收缆固定	水下拆、收垂直控制缆绳和水平锚拉缆绳，就位固定，灌注水下混凝土，抛石基坑四周固定头部	安装限位控制：头部进坑就位后，安装锁定装置，经纬仪 3 点定面（气袋放气就位）

2）取水头部被浮运到预定位置后，采用经纬仪三点交叉定位法复测取水头部定位；

3）下沉时检查下沉箱内注水情况，同时检查导向船上两个绞车均匀放松情况，且由潜水员检查就位情况，及时调整；

4）取水头部下沉定位的允许偏差（表 19-12）；

表 19-12

项　目	允许偏差(mm)	项　目	允许偏差(mm)
轴线位置	150	扭转	1°
顶面高程	±100		

5）取水头部定位后，检查孔窗上的封板拆除情况；

6）取水头部定位后，应复测和检查下沉位置是否正确，合格后应及时用锚头固定浇灌水下混凝土及在基坑四周抛石固定，且水面上应设立航行标志及安全保护设施。

7）取水头部下沉质量监理表（表 19-13）。

表 19-13

项目	允许偏差(mm)	检验频率		检验方法	检验程序
		范围	点数		
轴线位置	150	每件	2	用经纬仪测量纵横各1点	监、承双方在场，承包单位检测并填表
顶面高程	±100	每件	2	用水准仪测量	
扭转	1°	座	1	用经纬仪测量	

19.1.3 移动式取水构筑物的监理

1. 移动式取水构筑物质量监理工作要点

(1) 监理人员审定承包单位提交的开工报告、施工组织设计、技术方案、进度计划，要求承包单位做施工现场平面图和纵横断面图，对施工测量放线成果进行复验和确认。

(2) 监理人员对承包单位水下抛石、反滤层铺设，缆车或浮船及其组装，水上打桩、水下打桩，安装等重点部位、关键工序的施工工艺和确保工程质量的措施，审核同意后予以签认。

(3) 核查进场材料、设备、构配件的原始凭证、检测报告等质量证明文件及其质量情况，根据实际情况认为有必要时，对进场材料、设备、构配件进行平行检验，合格时予以签认。

(4) 对水下抛石、反滤层铺设，缆车或浮船及其组装，水上打桩、水下打桩等进行分项工程验收及隐蔽工程验收。

2. 水下抛石的施工监理

监理人员现场检查承包单位作夯实处理，保证预留夯实沉量符合要求并予以签认。

1) 一般抛石厚度的10%～20%；

2) 在水面附近无法夯实时，则应进行铺砌或人工抛埋；

3) 水下基床抛石面的平整应符合下列规定（表 19-14）。

表 19-14

项　目	等　级	要　求
石料粒径	粗平	100～300mm
	细平	20～40mm
平整宽度	粗平	对混凝土基础加宽 1.0～1.5m
	细平	为混凝土基础加宽 0.5m
表面高程	粗平	允许偏差：−150mm
	细平	允许偏差：−50mm

3. 坡道施工监理

(1) 坡道上轨道的安装监理

1) 吊装轨道前，应现场检查、签认轨道的安装基准线；

2) 现场检查轨道的实际中线对坡道的实际中线的位置偏差不应超过 10mm；

3) 现场检查两平行轨道接头位置错开情况，其错开距离不应等于泵车前后车轮的轮距；

4) 监理人员要求承包单位在钢轨铺设前应进行检查：

a. 弯曲、歪扭、变形等经矫正后才能使用；

b. 检查钢轨正面、侧面的直顺度不超过钢轨长度的 1/500，且不大于 2mm；

c. 圆形钢轨中心线弧形偏差不得大于 2mm；

d. 钢轨的两端面应平直，其垂直度不应超过 1mm。

5）轨道接头应符合下列要求：

a. 接头用对接焊时，焊条和焊缝应符合钢轨的材质和焊接质量要求，焊好后接缝平整光滑；

b. 接头用鱼尾板连接时，接头偏移均不应大于 1mm，接头间隙不应大于 2mm；

c. 用垫板支承的方钢轨道，接头处的垫板宽度应比其他处增加一倍。

6）缆车常用钢轨规格（表 19-15）。

表 19-15

标准代号	钢轨类型(kg/m)		主要尺寸 A	B	C	D	单位重量	通常长度
			(mm)				(kg/m)	(m)
YB222-63	轻轨	5	50	44	22	4.5	5.03	5～10
YB222-63		8	65	54	25	7.0	8.42	5～10
YB222-63		11	80.5	66	32	7.0	11.20	6～10
YB222-63		15	91	76	37	7.0	14.72	6～12
YB222-63		18	90	80	40	10.0	18.06	7～12
YB222-63		24	107	92	51	10.9	24.46	7～12
YB350-63	重轨	33	120	110	60	12.5	33.286	12.5
GB183-63		38	134	114	68	13.0	38.733	12.5、25
GB182-63		43	140	114	70	14.5	44.653	12.5、25
GB181-63		50	152	152	70	15.5	51.514	12.5、25

7）坡道上轨枕、梁及轨道安装允许偏差（表 19-16）。

表 19-16

项目		允许偏差(mm)	项目		允许偏差(mm)
钢筋混凝土轨枕、梁	轴线位置	10	轨道	轴线位置	5
	高程	+2 +5		高程	±2
	中心线间距	±5		同一横截面上两轨高差	2
	接头高差	5		两轨内距	±2
	轨梁柱跨间对角线差	15		钢轨接头左、右、上三错位	1

8）钢轨铺设后，承包单位自检，监理旁站复测结果报专业监理人员认可。

9）钢轨铺设质量监理表（表 19-17）。

表 19-17

项目	允许偏差(mm)	检验频率 范围	点数	检验方法	检验程序
轴线位置	5	每 5m	1	用经纬仪测量	承包单位检测，监理人员抽检
轨顶高程	±2	5m	1	用水准仪测量	
圆形轨道半径	±2	5m	1	用尺量(或标尺)	
轨道接头间隙	±0.5	每个	1	用尺量	
轨道接头左、右、上三面错位	1	每个	1	用尺量	

(2) 坡道施工要求

1) 现浇混凝土和砖、石砌筑的坡道施工允许偏差（表 19-18）。

表 19-18

项目		允许偏差(mm)
轴线位置		20
长度		±L/200
宽度		±20
厚度		±10
高程	设计枯水位以上	±10
	设计枯水位以下	±30
表面平整度(用 2m 直尺检查)		10
中心位置	预埋件	5
	预留孔	10

注：L 为斜坡道总长度（mm）。

2) 坡道上现浇钢筋混凝土框架施工允许偏差（表 19-19）。

表 19-19

项目		允许偏差(mm)
轴线位置		20
长、宽		±10
高程		±10
垂直度		H/200,且不大于 15
水平度		L/200,且不大于 15
表面平整度(用 2m 直尺检查)		10
中心位置	预埋件	5
	预留孔	10

注：1. H 为柱的高度（mm）；
2. L 为单梁或板的长度（mm）。

3) 坡道上预制钢筋混凝土框架施工允许偏差（表 19-20）。

表 19-20

项目		允许偏差(mm)		
长度		板	梁	柱
宽度、高度或厚度		+10 −5	+10 −5	+5 −10
直顺度		±5	±5	±5
表面平整度(用 2m 直尺检查)		5	5	5
中心位置	预埋件	5	5	5
	预留孔	10	10	10

注：L 为构件长度（mm）。

4) 坡道上预制框架安装允许偏差（表 19-21）。

表 19-21

项　目	允许偏差(mm)	项　目	允许偏差(mm)
轴线位置	20	垂直度	H/200，且不大于 10
长、宽、高	±10	水平度	L/200，且不大于 10
高程(柱基，柱顶)	±10		

注：1. H 为柱的高度（mm）；
2. L 为单梁或板的长度（mm）。

(3) 坡道施工质量监理表

1) 坡道施工质量监理表（表 19-22）。

表 19-22

项　目		允许偏差(mm)	检验频率		检验方法	检验程序
			范围	点数		
轴线位置		20	每 5 米	2	用经纬仪测量	承包工队人检测并填表，监理人员抽检
长度		±L/200	每 5 米	2	用尺量	
宽度		±20	每 5 米	2	用尺量	
厚度		±10	每 5 米	2	用尺量	
高程	设计枯水位以上	±10	每 5 米	2	用水准仪测量	
	设计枯水位以下	±30		2		
表面平整度		10	每 5 米	1	用 2m 直尺量测	
中心位置	预埋件	3	每件	1	用尺量	
	预留孔	3	孔	1		

注：L 为坡道总长度（mm）。

2) 坡道上现浇钢筋混凝土框架质量监理表（表 19-23）。

表 19-23

项　目		允许偏差(mm)	检验频率		检验方法	检验程序
			范围	点数		
轴线位置		20	每架	2	用经纬仪测量	监理人员在场，承包单位检测由监理人员签署评语及姓名
长、宽		±10	每 5 米	2	用尺量	
高程		±10	每 5 米	2	用水准仪测量	
垂直度		H/200 且不大于 15	每 5 米	1	用垂线或水准仪测量	
水平度		L/200 且不大于 15	每 5 米	1		
表面平整度		±10	每架	2	用 2m 直尺量测	
中心位置	预埋件	5	每件	1	用尺量	
	预留孔	10	孔			

注：1. H 为柱的高度（mm）；
2. L 为单梁或板的长度（mm）。

3) 预制钢筋混凝土框架质量监理表（表 19-24）。

4) 坡道上预制框架安装质量监理表（表 19-25）。

5) 坡道上钢筋混凝土轨枕、梁及轨道安装质量监理表（表 19-26）。

表 19-24

项目		允许偏差(mm)			检验频率		检验方法	检验程序
		板	梁	柱	范围	点数		
长度		+10，−5	+10，−5	+10，−5	每件	1	用尺量	承包单位检测并填表，监理人员签署评语及姓名
宽度、高度或厚度		±5	±5	±5			用尺	
直顺度		L/1000 且不大于 20	L/1000 且不大于 20	L/1000 且不大于 20				
表面平整度		5	5	5			用 2m 直尺量测	
中心位置	预埋件	5	5	5	每件	1	用尺量	
	预留孔	10	10	10	孔	1		

注：L 为构件长度（mm）。

表 19-25

项目	允许偏差(mm)	检验频率		检验方法	检验程序
		范围	点数		
轴线位置	20	每 5 米	1	用经纬仪测量	承包单位检测监理人员抽检
长、宽、高	±10	每 5 米	1	用尺量	
高程(柱基、柱顶)	±10	每 5 米	1	用水准仪测量	
垂直度	H/200 且不大于 10	每座	4	用垂线或水准仪测量	
水平度	L/200 且不大于 10	每座	4		

注：1. H 为柱的高度（mm）；2. L 为梁或板的长度（mm）。

表 19-26

项目		允许偏差(mm)	检验频率		检验方法	检验程序
			范围	点数		
钢筋混凝土轨枕、梁	轴线位置	10	每一个轨枕、轨梁	4	用经纬仪测量	承包单位检测，监理人员工抽检
	高程	+2，−5		4	用水准仪测量	
	中心线间距	±5		4	用尺量	
	接头高程	5		4		
	轨梁柱跨间对角线	15		4		
轨道	轴线位置	5	每一个轨道	4	用经纬仪测量	
	高程	±2		4	用水准仪测量	
	同一横截面上两轨高差	2		4	用尺量	
	两轨内距	±2		4	用尺	
	钢轨接头左、右、上三面错位	1		4		

4. 摇臂管安装监理

(1) 摇臂管安装监理要点

1) 监理人员检查承包单位在摇臂管安装前应按设计条件测定挠度，合格后方可安装，摇臂管及接头应在组装前进行水压试验，试验压力为设计压力的 1.25 倍，且不小于 0.4MPa，现场检查，符合要求予以签认。

2）摇臂安装及摇臂和浮船各部位联合试运转应符合有关规定，承包单位应做好记录，监理人员应旁站。

3）现场检查船体向水泵吸水管方向的倾斜度不得超过船宽的 20%，且不大于 100mm；

4）核查进场材料、设备、构配件的原始凭证、检测报告等质量证明文件及其质量情况，根据实际情况认为有必要时对进场材料、设备、构配件进行平行检验，合格时予以签认；

5）现场检查配电设备正常，现场检查移动缆车、浮船接管车上、下三次，行走平稳，起重设备试吊合格，水泵面组连续运转 24h。摇臂管安装的水压试验；试运转；倾斜度检测监理人员应旁观。

6）摇臂钢筋混凝土支墩一般应在水位上涨至平台前完成。

（2）摇臂混凝土支墩质量监理表（表 19-27）

表 19-27

项目		允许偏差(mm)	检验频率		检验方法	检验程序
			范围	点数		
轴线位置		20	每套	2	用经纬仪测量	监理人员在场承包单位检测，监理人员签署评语及姓名
长、宽或直径		±20	每座	2	用尺量	
曲线部分半径		±10	每座	2	用弧形尺量测	
顶面高程		±10	每座	2	用水准仪测量	
顶面平整度		10	每座	2	用直尺量	
中心位置	预埋件	5	每件	1	用直尺	
	预留孔	10	孔	1		

5. 缆车、浮船接管车质量监理

（1）浮船各部尺寸允许偏差（表 19-28）

表 19-28

项目		允许偏差(mm)		
		钢船	钢筋混凝土船	木船
长、宽		±15	±20	±20
高度		±10	±15	±15
板梁、横隔梁	高度	±5	±5	±5
	间距	±5	±10	±10
接头外边缘高差		d/5 且不大于 2	3	2
机组与设备位置		10	10	10
摇臂管支座中心位置		10	10	10

注：d 为板厚（mm）。

（2）缆车、浮船接管车质量监理表（表 19-29）

6. 水上打桩质量监理表（表 19-30）

表 19-29

项　　目	允许偏差(mm)	检验频率		检验方法	检验程序
		范围	点数		
轮中心距	±1	每套	2	用尺量	承包单位检测，监理人员抽检
两对角轮距差	2	每套	2	用尺量	
外型尺寸	±5	每套	2	用尺量	
倾斜角	±30(′)	1个	2	用垂线和刻度板量测	
机组与设备位置	10	每套	4	用尺量	
出水管中心位置	10	1个	2	用尺量	

注：倾斜角为轮轨接触平面与水平面的夹角。

表 19-30

项　　目		允许偏差(mm)	检验频率		检验方法	检验程序
			范围	点数		
上面有盖梁的轴线位置	垂直于盖梁中心线	150	每件	2	用经纬仪测量	监、承双方共同在场，承包单位检测并填表
	平行于盖梁中心线	200				
上面无纵横梁的桩轴线位置		1/2 桩径或边长	每件	2	用经纬仪测量	
桩顶高程		+100，−50	每件	1	用水准仪测量	

19.2 地下水取水构筑物施工监理

19.2.1 地下水取水构筑物工作流程（图 19-4）

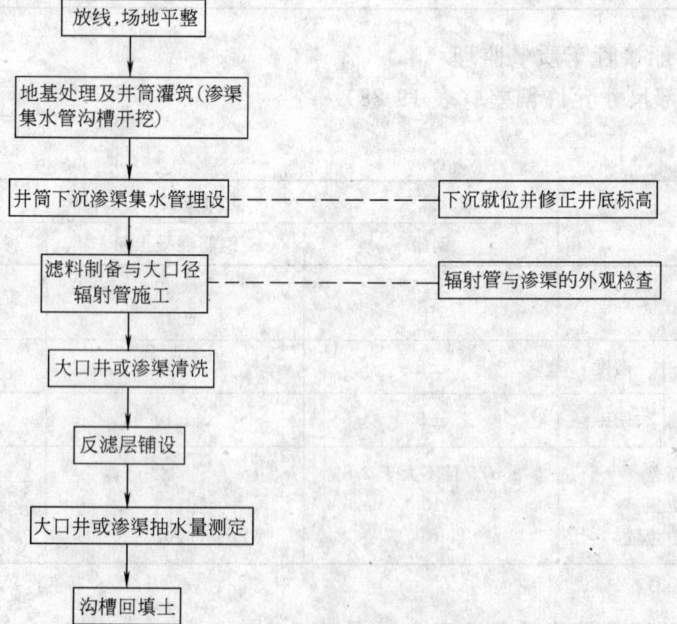

图 19-4 地下水取水构筑物工作流程

19.2.2　地下水取水构筑物质量监理工作要点

1. 大口井沉井施工监理（详见本手册第 16 章）

2. 反滤层铺设的监理

（1）滤料制备时应符合设计要求，滤料在铺设前应冲洗干净，承包人应采取措施使含泥量不应大于 1%（重量比）；

（2）反滤层铺设前应将大口井或渗渠中的杂物全部清除，经检查合格后方可铺设反滤层；

（3）承包人在操作滤料输道时不得由高处直接向井底或槽底倾倒。

3. 进行抽水清洗时，监理人员旁站

（1）对大口井应在井中水位降到设计最低动水位以下停止抽水，观察水位回升；

（2）对渗渠应将集水井中水位降到集水管管底以下停止抽水，待水位回到降水前静水位再行抽水。

3. 承包人应待取样测定含砂量≤0.5ppm（体积比）时才停止清洗，测定水量、水位稳定时间对于基岩地区不少于 8h，对于松散层地区不少于 4h。监理人员应要求承包人做好抽水记录并抽检。

19.2.3　大口井施工监理要点

1. 监理工程师要求承包人做到井壁进水孔的反滤层分层铺设，层次分明，装填密实。

2. 采用沉井法井筒下沉就位后应按设计要求整修井底并经检验合格后方可进入下道工序。

3. 下沉前铺设反滤层时，应在井壁的内侧，将进水孔临时封闭，超挖回填采用相应砂砾料或滤料等回填到井底设计高程。

4. 井底进水必须做反滤层，防止井底涌砂。承包人应保证反滤层分 3～4 层，并宜做成凸弧形，粒径自上而下由小变大，每层厚 200～300mm。

5. 当井底为卵石时，可不设反滤层。在刃脚处加厚 20%～30%，以防涌砂。

6. 辐射管的施工，应根据含水层的土壤、辐射管的直径、长度、管材以及设备综合比较选用。新建复合井一般应先施工管井。建成的管井井口应临时封闭牢固。大口井施工时不得碰撞管井且不得将管井作为任何支撑使用。

19.2.4　渗渠施工监理要点

1. 监理工程师要求承包人必须注意渗渠沟槽的槽底及两壁应平整。当采用弧形基础时，其弧形曲线应与集水管的弧度基本吻合，条形基础的上表面凿毛，并冲刷干净；

2. 承包人在浇筑管座时必须在集水管两侧同时浇筑；

3. 水管与条型基础的三角区应填实，以防集水管位移。

4. 要求承包人在铺设反滤层时，现浇管座混凝土的强度应达到 5MPa 以上，且符合反滤层的其他要求。

5. 承包人自检并做好记录，监理人员抽检，由专业监理工程师认可。

6. 渗渠质量监理表（表 19-31）。

7. 集水管铺设的质量监理表（表 19-32）。

8. 沟槽回填质量监理工作要点

（1）监理工程师要求承包人对反滤层宜选用不含有毒物质，不易堵塞反滤层的砂类土；

表 19-31

项　　目	允许偏差(mm)	检验频率		检验方法	检验程序
		范围	点数		
渗渠槽底高程	20	每5米	2	用水准仪测量	承包人检测，监理人员抽检
弧形基础时中心线	20	每5米	2	用经纬仪测量	
混凝土条型基础中心线	20	每5米	2		
顶面高程	±5	每5米	1	用水准仪测量	

表 19-32

项　　目	允许偏差(mm)	检验频率		检验方法	检验程序
		范围	点数		
轴线位置	10	每条	2	用经纬仪测量	承包人检测，监理人员抽检
内底高程	±20	每条	2	用水准仪测量	
对口间隙	±5	每口	1	用尺量	
相邻两管节高差和左右错口	5	每口	1	用尺量	

(2) 若槽底以上原土成层分布宜按原土顺层回填；

(3) 宜对称于集水管中心线分层回填，且不得破坏集水反滤层损伤集水管，回填压实度不得小于90%。对回填压实度承包人检测时，监理人员旁观。

第 20 章　泵房和水塔施工监理

20.1　泵房施工监理

20.1.1　泵房施工要点

1. 泵房施工方法的选择（表 20-1）

表 20-1

施工方法		选择参考条件
常规施工		适用于一般的送水泵房、加压泵房、深井泵房及其他位于干式施工地点的泵房施工
围堰法		常用于地表水取水泵房的施工，泵房位置被水淹没 1.5～5.0m 左右
SMWI 法		常适用于地下水位较高，不便于排水施工及施工现场条件差，可能影响周围建筑物时，采用此种方法
沉井施工方法	人工筑岛	适用于水深为 5m 之内的泵房施工，岛四周可采用构筑围堰或其他防护措施
	不用围堰的土岛	适用于泵房在水深小于 1.5m，水流速度<1.5m/s 的地点施工
	浮运沉井	水深>5m 的泵房施工中可采用。浮运沉井由预制钢筋混凝土刃脚、井壁和浮运板三部分组成
	一般	当地下水位较高，不易排水施工的地点，施工深度较大的排水泵房、地表水取水泵房，此种方法很常用

2. 泵房施工工艺流程（图 20-1）

砖石结构施工 → 填方 → 水泵及管件安装 → 竣工验收

图 20-1　泵房工艺流程

20.1.2　泵房施工监理的一般规定

1. 泵房施工准备阶段监理的主要工作

(1) 在泵房设计交底前，总监理工程师应组织监理人员熟悉泵房设计文件，并对图纸中存在的问题通过建设单位向设计单位提出书面意见和建议；

(2) 项目部监理人员应参加泵房设计技术交底会，总监理工程师应对技术交底会议纪要进行签认；

(3) 泵房工程开工前，总监理工程师应组织专业监理工程师审查承包单位报送的泵房施工组织设计（方案）报审表，提出审查意见，并经总监理工程师审核、签认后报建设单位；

(4) 泵房工程项目开工前，总监理工程师应审查承包单位现场项目管理机构的质量管理体系、技术管理体系和质量保证体系，确能保证泵房工程施工质量时予以确认；

(5) 泵房分包工程开工前，专业监理人员应审查承包单位报送的分包单位资格报审表和分包单位有关资质材料，符合有关规定后，由总监理工程师予以签认；

(6) 审核分包单位资格、营业执照、资质等级证书、特殊行业施工许可证、承包工程许可证；分包单位的业绩；人员的资格证、上岗证；

(7) 监理人员应检查承包单位报送的测量放线控制成果及保护措施并检查测量人员的岗位证及测量设备检定证书；复核控制桩的校核成果、控制桩的保护措施以及平面控制网、高程控制网和临时水准点的测量成果；

(8) 监理人员应审查泵房工程开工报审表及相关资料，确认具备开工条件后，由总监理工程师签发，并报建设单位；

(9) 当承包单位采用新材料、新工艺、新技术、新设备时，专业监理人员应要求承包单位报送相应的施工工艺措施和证明材料，组织专题论证，经审定后予以签认；

(10) 监理人员应对承包单位报送的拟进场工程材料、构配件和设备的工程材料/构配件/设备报审表及其质量证明资料进行审核，并对进场的实物按照委托监理合同约定或有关工程质量管理文件规定的比例采用平行检验或见证取样方式进行抽检。对未经监理人员验收或验收不合格的工程材料、构配件、设备，监理人员应拒绝签认，并应签发监理工程师通知单，书面通知承包单位限期将不合格的工程材料、构配件、设备撤出现场；

(11) 监理人员检查进场的主要施工设备，审查设备的规格、型号是否符合施工组织设计的要求；检查承包单位的计量设备的技术状况。

2. 泵房施工方案的审定监理

施工单位在泵房施工方案确定以后，必须将泵房方案（一般与施工组织设计同时）向监理人员申报，由监理人员根据该项目的施工条件、设计要求、合同规定（造价、工期等）对施工方案进行审查，决定对施工单位上报的施工方案是全部采用、部分采用还是重新选择制定。在泵房施工方案的审查中，监理人员应重点检查以下方面的内容：

(1) 泵房工程施工方法

泵房施工方法是施工方案的核心内容，它对工程的实施具有决定性作用。

1) 泵房施工方法应突出重点。不仅要有进行该项目操作的具体方法和过程，而且要提出明确的质量要求，以及达到这些质量要求所必需的技术措施；

2) 施工方法要有预见性。对施工过程中可能遇到的困难和发生的问题要有预防措施和处理、解决问题的办法；

3) 泵房施工方法要考虑设计要求和现场条件。施工方法应满足设计文件的要求，充分考虑施工现场一切有关的自然条件和施工单位拥有的施工设备和施工经验。

(2) 泵房施工作业方法和施工顺序

泵房施工作业方法是决定施工劳动组织和施工顺序的依据，泵房施工顺序是各个施工工序之间相互衔接顺序的客观规律及其制约关系，施工顺序安排原则上要做到：

1) 尽量安排流水作业或部分流水作业，以充分发挥劳动力和机具的效率；

2) 尽量减少停工时间，以加快施工进度；

3) 减少或避免各道工序作业间的相互影响和干扰，以保证施工的顺利进行；

4) 尽量防止自然条件对工程施工的不利影响，保证施工质量和安全生产。

(3) 施工机械设备的选择

泵房施工方法确定后，应选择泵房施工所需的施工机械设备。施工机械设备的选择除了能满足施工需要的合理组合以外，还应充分考虑其经济性。

(4) 各项施工技术组织措施

对泵房施工方案的审查，还包括为达到工程进度、质量、费用目标所采取的各项措施，如现场质量管理、文明施工、安全生产等措施。

3. 泵房施工组织设计的审核监理要点

(1) 在泵房工程施工前，施工组织设计应经专业监理工程师审查，并由总监理工程师组织审查和签认。需要承包单位修改时，应由总监理工程师签发书面意见退回承包单位修改，修改后再报，重新审核。检查项目如下：

1) 承包单位应在开工前向项目监理部报送泵房施工组织设计（施工方案），并填写《工程技术文件报审表》；

2) 大型的泵房工程或分期出图的工程可分阶段报批施工组织设计。

(2) 监理单位应当审查施工组织设计中的安全技术措施或者专项施工方案是否符合泵房建设强制性标准；

(3) 对于大型的泵房工程，可分阶段报批施工组织设计；项目监理部还应将施工组织设计（施工方案）报监理单位技术负责人审核后，再由总监理工程师签认发给承包单位；

(4) 泵房施工组织设计（施工方案）在实施过程中，承包单位如需作较大的改动，仍应经总监理工程师审核同意签认；

(5) 在分部（分项）工程施工前，承包单位应编制分项、分部工程施工方案和重点部位、关键工序的施工工艺和确保工程质量的措施，报项目监理部审核，监理人员要审查主要分部（分项）工程施工方案，同意后予以签认，检查项目如下：

1) 应要求承包单位对某些主要分部（分项）工程或重点部位、关键工序在施工前，将施工工艺、原材料使用、劳动力配置、质量保证措施等情况编写专项施工方案，填写《工程技术文件报审表》报项目监理部；

2) 当承包单位采用新技术、新工艺时，应审查其提供的鉴定证明和确认文件；

3) 应要求承包单位将季节性的施工方案（冬施、雨施等），在施工前填写《工程技术文件报审表》报项目监理部；

4) 上述方案经监理人员审核后，由总监理工程师签发审核结论；

5) 上述方案未经批准，该分部（分项）工程不得施工；

6) 专业监理工程师应要求承包单位报送泵房重点部位、关键工序的施工工艺和确保工程质量的措施，审核同意后予以签认。

4. 审核泵房施工组织设计（施工方案）的主要内容：

(1) 承包单位的审批手续是否齐全、有效；

(2) 泵房施工总平面图布置是否合理；

(3) 泵房施工方法是否可行，质量保证措施是否可靠并具有针对性；

(4) 工期安排是否满足建设工程施工合同要求；

(5) 进度计划是否保证施工的连续性和均衡性，所需的人力、材料、设备的配置与进度计划是否协调；

(6) 承包单位项目经理部的质量管理体系、技术管理体系和质量保证体系是否健全；

(7) 安全、环保、消防和文明施工措施是否符合有关规定。

5. 泵房工程质量的事中控制

(1) 总监理工程师应安排监理人员对泵房工程施工过程进行巡视和检查。对隐蔽工程的隐蔽过程、下道工序施工完成后难以检查的重点部位，专业监理工程师应安排监理员旁站，检查项目如下：

1）应对巡视过程中发现的问题，及时要求承包单位予以纠正，并记入监理日志；

2）应对泵房施工过程中的某些关键工序、重点部位进行旁站，并做旁站记录；

3）对所发现的问题可先口头通知承包单位进行整改，然后应及时签发《监理通知》；

4）承包单位应将整改结果填写《监理通知回复单》，报监理工程进行复查。

（2）专业监理工程师应根据承包单位报送的隐蔽工程报验申请表和自检结果进行现场检查，符合要求予以签认。对未经监理人员验收或验收不合格的工序，监理人员应拒绝签认，并严禁承包单位进行下一道工序的施工。

1）要求承包单位填写预检工程检查记录，报送项目监理部核查；

2）对预检工程检查记录的内容到现场进行抽样；

3）对不合格的分项工程，通知承包单位整改，并跟踪复查，合格后准予进行下一道工序。

（3）专业监理工程师应验收隐蔽工程

1）要求承包单位按有关规定对隐蔽工程先进行自检，自检合格，将隐蔽工程检查记录报送项目监理部；

2）应对隐蔽工程检查记录的内容到现场进行检测、核查；

3）对隐检不合格的工程，应填写《不合格项处置记录》，要求承包单位整改，合格后再予以复查；

4）对隐检合格的工程应签认隐蔽工程检查记录，并准予进行下一道工序。

（4）专业监理人员应对承包单位报送泵房的分项工程质量验评资料进行审核，符合要求后予以签认；总监理工程师应组织监理人员对承包单位报送的分部工程和单位工程质量验评资料进行审核和现场检查，符合要求后予以签认。

1）对报验的资料进行审查，并到施工现场进行抽检、核查；

2）签认合格要求的分项工程；

3）对不符合要求的分项工程，填写《不合格项处置记录》，要求承包单位整改；

4）经返工或返修的分项工程应重新进行验收；

5）给水、排水构筑物、电气、设备安装、管道等工程的分项工程签认，必须在施工试验、检测完毕且合格后进行。

（5）对施工过程中出现的质量缺陷，专业监理人员应及时下达监理工程通知，要求承包单位整改，并检查整改结果。

（6）监理人员发现泵房施工存在重大质量隐患，可能造成质量事故或已经造成质量事故，应通过总监理工程师及时下达工程暂停令，要求承包单位停工整改。整改完毕并经监理人员复查，结果符合规定要求后，总监理工程师应及时签署工程复工报审表。总监理工程师下达工程暂停令和签署工程复工报审表，宜事先向建设单位报告。

（7）对需要返工处理或加固补强的质量事故，总监理工程师应责令承包单位报送质量事故调查报告和经设计单位等相关单位认可的处理方案，项目监理机构应对质量事故的处理过程和处理结果进行跟踪检查和验收。总监理工程师应及时向建设单位及本监理单位提交有关质量事故的书面报告，并应将完整的质量事故处理记录整理归档。

（8）专业监理工程师应要求承包单位在分部工程完成后，填报《分项/分部工程施工报验表》，总监理工程师根据已签认的分项工程质量验收结果签署验收意见。

(9) 单位工程基础分部已完成，进入主体结构施工时，或主体结构完，进入装修前应分别进行基础和主体工程验收，要求承包单位申报基础/主体工程验收；并由总监理工程师组织建设单位、承包单位和设计单位共同核查承包单位的施工技术资料，进行现场质量验收，并会同各方在基础/主体工程验收记录上签字认可。

20.1.3　现浇钢筋混凝土泵房施工监理要点

1. 模板质量监理工作

(1) 要求承包人保证模板安装必须牢固，在施工荷载作用下不得有松动跑模下沉现象，模板拼缝必须严密不得漏浆，模内必须洁净。监理人员抽检安装质量，承包人自检，结果报专业工程师认可。

(2) 检查泵房池壁模板的安装顺序，可先安装一侧，绑扎钢筋后，另一侧采用分层安装，或采用一次安装模板到顶而分层预留操作窗口的方法，应检查：

1) 分层安装模板或窗口的层高不宜超过 1.5m，窗口的水平净距不宜超过 1.5m。斜壁模板及窗口的分层高度应适当减小；

2) 当有预留孔或预埋管时，宜在孔口或管口（外径）1/4～1/3 高度处分层，孔径或管外径小于 200mm 时可不限；

3) 分层模板及窗口模板应事先做好连接装置，使能迅速安装。安装时间，应符合混凝土施工规范关于浇筑混凝土间歇时间的规定；分层安装模板或窗口模板时，不许杂物落入模内。

4) 整体式结构模板质量监理表（表 20-2）

表 20-2

项目		允许偏差(mm)	检验频率		检验方法
			范围	点数	
相邻两板表面高低差	刨光模板(钢模)	±2 ±4	每个构筑物或每构件	4	用钢尺量
表面平整度	刨光模板(钢模) 不刨光模板	±3 ±5		4	用 2m 直尺检测
垂直度	墙、柱	0.1%H,且不大于 6		2	用经纬仪或垂线测量
内模尺寸	基础 梁、板 墙、柱	±10,−20 +3 −8		3	用尺量,长宽高各计 1 点
轴线位置	基础墙 梁、柱	15 10		4	用经纬仪测量纵横各 1 点
预留孔位移		10	每孔		用尺量
预埋件位移		5	每孔		用尺量

注：表中 H 为构筑物高度。

2. 钢筋的质量监理要点

(1) 监理人员要求承包人必须做到钢筋表面应洁净，不得有锈皮、油渍、油漆等污垢；钢筋必须平直，调正后表面伤痕及锈蚀不应使钢筋截面面积减少，钢筋弯曲成形后，表面不得有裂纹、鳞落或断裂现象。绑扎或焊接成的网片或骨架必须稳定牢固。在安装浇筑混凝土时不得松动或变形，所配置钢筋的级别、钢种、根数、直径等必须符合设计要求。承包人对加工质量自检，监理人员抽检，结果报专业监理人员认可。

（2）钢筋加工质量监理表（表 20-3）

表 20-3

项目		允许偏差(mm)	检验频率		检验方法
			范围	点数	
冷拉率		不大于设计规定	每根(每一类型抽查 10%且不少于 5 根)	1	用尺量
受力钢筋成型长度		+5,−10		1	用尺量
弯起钢筋	弯起点位置	±20		1	用尺量
	弯起高度	0,−10			用尺量
箍筋(宽高)		0,−5		2	用尺量,宽、高各 1 点

（3）钢筋网片和骨架成型质量监理表（表 20-4）

表 20-4

项目	允许偏差(mm)	检验方法		检验方法
		范围	点数	
网的长度	±10	每片网或骨架	2	用尺量长、宽各计 1 点
骨架的长、宽、高	0,−10		3	用尺量长、宽各计 1 点
网眼尺寸及骨架箍筋间距	±10		3	用尺量

（4）钢筋安装质量监理表（表 20-5）

表 20-5

项目		允许偏差(mm)	检验频率		检验方法
			范围	点数	
沿高度方向配置两排以上受力钢筋的间距		±5	每个构件或构筑物	2	用尺量
受力钢筋间距	梁、柱	±10		2	在任意一个断面取每根钢筋间距最大偏差值计 1 点
	板、墙	±10		2	
	基础	±20		4	
箍筋间距		±20		5	用尺量
保护层的厚度	梁、柱	±5		5	用尺量
	板、墙	±3			
	基础	±10			

3. 混凝土在浇筑地点的坍落度（表 20-6）

4. 小型预制构件质量监理

（1）泵房混凝土工程采用滑升模板、倒模板等定型模板施工中，检查预埋件埋设：凡是与模板有关的预埋件，无论是靠模板固定，还是穿模板，均采用预埋件埋设木盒或弯头插筋的方法。

表 20-6

部位及结构情况	坍落度(mm)
底板、基础、进(出)水池、铺盖、无筋或少量混凝土	20～40
墩、墙、梁、板、柱等一般配筋，浇捣不太困难	40～60
桥梁、电机大梁、泵房立柱等配筋较密，浇捣困难	60～80
隔水墙、胸墙、岸墙等薄壁墙，断面狭窄，配筋较密，浇捣困难	80～100
流道、泵井等体形复杂的曲面。斜面结构，配筋特密，浇捣特殊困难	根据实际需要另行选定

注：配置大坍落度（大于 80mm）混凝土时宜掺用外加剂。

(2) 泵房水池混凝土采用螺栓固定模板时，检查是否采用两端可以拆卸的螺栓，并在螺栓拆卸后，混凝土池壁面留有 4～5cm 深的锥形槽，检查是否做防水处理。

(3) 检查泵房工程地上、地下构筑物，凡与水接触部位都要做防水工程处理，均不得渗水，电缆沟内不得积水。

(4) 检查泵房工程预埋件安装是否遵守现行《水工建筑物金属结构制造、安装与交接验收规程》。

(5) 小型预制构件质量监理表（表 20-7）

表 20-7

项目		允许偏差(mm)	检验频率		检验方法
			范围	点数	
断面尺寸		±5	每件(每一类型构件抽查10%且不少于5件)	2	用尺量宽、高各1点
长度		0，−5			用尺量
榫头	断面尺寸	+3，0		1	用尺量宽高各1点
	长度	−3			用尺量
榫头	断面尺寸	+3，0		2	用尺量宽、高各1点
	深度	+3，0		1	用尺量

5. 泵房常规施工注意要点

(1) 泵房的地下和水下部分均应按防水处理施工，其内壁、隔水墙不得渗水，穿墙管均应采用预制防水套管在土建施工中预埋就位。但不宜马上安装管线，待泵房不再明显沉降后安装或者在套管内安装管线后，但管道上皮与套管间预留较大的沉降空隙，待泵房沉降平稳后再作防水填塞，填塞宜采用柔性防水材料，防止泵房沉降压断管道。

(2) 泵房地面施工必须按设计严格作出坡向，以保证泵房地面水流向排水渠或排水井，防止出现向电缆沟、管沟里淌水及地面积水的现象。

(3) 水泵和电机基础与底板混凝土不同时浇灌时，其接触面除应按施工缝处理外，底板应预埋插筋。

20.1.4 泵房沉井施工监理

1. 参见本手册第 17 章沉井施工监理的有关内容。

2. 审查沉井的施工方案监理主要应包括以下内容：

(1) 泵房施工平面及剖面图；

(2) 泵房采用分节制作或一次制作，分节下沉或一次下沉的措施；

(3) 刃脚的承垫及抽除的设计；

(4) 泵房沉井制作的模板设计；

(5) 泵房沉井制作的混凝土施工设计；

(6) 分阶段计算下沉系数，制定减阻、防止突沉和超沉措施；

(7) 排水下沉或不排水下沉的措施；

(8) 沉井下沉遇到障碍的处理措施；

(9) 沉井下沉中的纠偏措施；

(10) 挖土、出土、运输、堆土的方法及其机械设备的选用；

(11) 封底的方案和各种措施；

(12) 安全措施等。

3. 泵房沉井施工监理要点

(1) 降低地下水位宜用井点法降水，应降至沉井刃脚底0.5m以下，持续降水至封底稳定后；

(2) 泵房采用沉井时，其施工及监理的程序参见本手册第17章沉井施工监理的内容，沉井制作及下沉允许偏差和作其他用途的沉井基本相同；

(3) 沉井制作的质量监理工作要点。监理人员参与沉井定位、复测工作，井筒制备承包人应按一般钢筋混凝土相同要求进行，从支模、绑扎钢筋、浇筑混凝土（可一次浇筑或分段浇筑）及养护工作。承包人必须按设计要求考虑井内可能采取的排水措施，沉井下沉到位后做好封底工作，监理人员旁站；

(4) 泵房沉井制作质量监理表（表20-8）

表 20-8

项目		允许偏差（mm）	检验频率		检验方法
			范围	点数	
平面尺寸	长、宽	±0.5%且不大于100	每座	4	用尺量
	曲线部分半径	±0.5%且不大于50		4	用尺量
	两对角线差	对角线长的1%		4	用经纬仪测量分角重复4次
井壁厚度		±15	一座	4	用尺量

(5) 泵房沉井下沉质量监理工作要点。监理人员要求承包人保证沉井下沉后内壁不得有渗漏现象，底板表面应平整，也不得有渗漏现象，必须有充分的纠偏措施。沉井内各构件尺寸位置、强度均须符合设计规定，监理人员旁站检测下沉质量，承包人将结果报专业监理人员认可；

(6) 检查沉井混凝土需达到设计强度70%时，才容许下沉；

(7) 检查沉井预留孔砌堵情况，应将所有预留孔用M10水泥砂浆砌堵，外壁用1：3水泥砂浆抹面与沉井壁外面平；

(8) 泵房多格沉井挖土时，检查各格间挖土速度是否均衡，土面高差不大于0.3m，隔墙及梁应始终与土面保持一定空间；

(9) 泵房沉井下沉接近设计标高时，挖土速度应减慢，检查在刃脚下保留0.3～0.5m

厚的一层土不挖，在刃脚下用片石对称干砌石墩，墩顶可较设计高程高出 1～3cm，以后再挖保留土，用石墩控制下沉量，使沉井就位，防止超沉；

(10) 检查沉井中心集水井，是否能不间断地抽降地下水，待混凝土底板达到设计强度后方可封闭集水井，在集水井内设法兰铁短管，填铺滤料，管与井底板之间填早强膨胀混凝土，达到强度后，封闭法兰管；

(11) 泵房检查沉井四角（圆形为相互垂直两直径与圆周的交点）中任何两角的刃脚的底面高差，不得超过该两角水平距离的 0.7%，且最大不得超过 200mm；两角间水平距离<10m 时，其刃脚底面高差为 100mm；

(12) 泵房的门窗、屋顶等其他分部工程的施工和监理都按房屋结构要求进行；

(13) 监理人员要求承包人保证不论是开挖或沉井施工，泵房地下部分混凝土及砖石砌体除符合水池的有关规定外，岸边式泵房应在汛期前施工到安全部位地下部分内壁，隔水墙及底板均不得渗水。电缆沟内不得进水；

(14) 泵房沉井封底质量监理工作要点。监理人员要求承包人按不同封底方法做到，沉井在封底时，应待底板混凝土达到设计规定，且满足抗浮要求时，方可停止抽水。将排水封闭，补浇底板混凝土。沉井水下封底采用导管法进行水下混凝土封底时，应将基底浮泥、杂物清除干净；当为软土基础时，应辅以碎石或卵石垫层，混凝土凿毛处清洗干净。当水下混凝土封底的强度达到设计规定，且沉井能满足抗浮要求时方可将井内水排除。监理人员旁站封底过程；

(15) 泵房沉井质量监理表（表 20-9）

表 20-9

项　目	允许偏差(mm)	检验频率		检　验　方　法
		范围	点数	
轴线位移	1%H	1 座	4	用经纬仪测量
底板高程	±40	1 座	4	用水准仪测量
垂直度	0.7%H	1 座	2	用经纬仪测量纵横各 1 点

注：H 为井深。

20.1.5　泵房砌砖工程监理

1. 应按《砖石工程施工及验收规范》等执行。

2. 泵房工程砌石砌体中的预埋管、预埋件及预留洞与砌体连接应采取防渗漏水措施。

3. 泵房工程防水建筑物的砖砌体，砂浆应按设计标号，如无设计标号应用 M10 水泥砂浆。砂浆应满铺满挤，挤出的砂浆应随时刮平，以便做防水层。严禁用水冲浆灌缝，并用敲击砌体的方法纠正偏差。

4. 泵房工程防水建筑物的砖砌体，必须按设计做防水面层，如无明确规定，应做刚性防水层。

5. 凡在河道旁施工的建筑物，土石方堆弃及排泥等，均不得影响航运及港池水域（或水深），不得淤塞河道，也不得影响堤岸及附近建筑物的稳定。泵房施工如爆破、穿越堤岸时，应事先征得有关管理部门的同意。

6. 砖砌结构质量监理表（表 20-10）

表 20-10

项目		允许偏差(mm)	检验频率		检验方法
			范围	点数	
砂浆强度		平均值不低于设计标号	每个构筑物	1组	注 1
轴线位置		20		2	用经纬仪测量纵横各 1 点
室内地坪高程		±10		2	用水准仪测量
尺寸	长宽或直径	0.25%且不大于 25		2	用尺量
墙面垂直度		0.25%且不大于 10		4	用垂线检测
墙、柱表面平整度	清水	8		4	用 2m 直尺或小线量取最大值
	混水	5			
预埋件、预留孔位移		5	每件(孔)	1	用尺量
门宽、洞口宽度		±5	一樘	1	用尺量

注：1. 同一部位试块的抗压极限强度平均值不得低于设计标号；
2. 同一部位试块中，达到设计标号的试块组数不得低于总组数的 85%；
3. 任意一组试块的最低值不得低于设计标号的 85%。

7. 现浇混凝土及砖石砌筑泵房施工允许偏差及检验方法（表 20-11）

表 20-11

项目			允许偏差(mm)		检验频率		检验方法
			混凝土	砖砌体	范围	点数	
轴线位置	混凝土底板、砖石墙基		15	10	每座构筑	4	经纬仪测纵横轴各两点
	墙、柱、梁		8	10		4	经纬仪测纵横轴各两点
高程	垫层、底板、墙、柱、梁		±10	±15	每构件	2	水准仪
	吊梁支承面		−5	—		2	水准仪
平面尺寸(长宽或直径)	$L \leqslant 20m$		±20	±20	每座构筑	4	每一钢尺量纵横各一点 对角线上点
	$20m < L \leqslant 50m$		$L/1000$	$\pm L/1000$		4	
	$50m < L \leqslant 250m$		±50	±50		4	
截面尺寸	墙、柱、梁、顶板		+10 −5	—	每构件	2	钢尺量高、宽各一点
	洞、槽、沟净空		±10	±20		2	钢尺量
垂直度	$H \leqslant 5m$		8	8	每构件	2	用垂球吊量
	$5m < H \leqslant 20m$		$1.5H/1000$	$1.5H/1000$		2	用垂球吊量
	$H > 20m$		30	—		2	用垂球吊量
表面平整度	平面	垫层、底板、顶板	10	—	每构件	4	用 2m 直尺量取最大值
		墙、柱、梁	8	清水 5 混水 8		4	用 2m 直尺量取最大值
中心位置	预埋件、预埋管		5	5	每个	1	用钢尺量
	预留洞		10	10		1	用钢尺量

注：1. L 为泵房的长、宽或直径（m）；
2. H 为墙、柱等的设计高度（m）。

20.1.6　水泵基础施工监理

1. 检查水泵、电机安装的高程及预埋、预留位置，均应按设计要求施工，并严格执行有关质量标准（表 20-12）

表 20-12

项目		允许偏差	检验频率		检验方法
			范围	点数	
水泵与电动机基础	轴线位置	8	每个基础	4	用经纬仪或钢尺
	高程	－20		2	用水准仪测量
	平面尺寸	±10		4	用钢尺量
	水平度	5		4	用水准仪或直尺
	垂直度	10		4	用垂球和钢尺量
预埋地脚螺栓	顶端高程	±20		1	用水准仪测量
	中心距（在根部和顶部两处测量）	±2		1	用钢尺量
地脚螺栓预留孔	孔壁垂直度	10		1	用垂线吊置
	中心位置	8		4	用钢尺量
	深度	±20		2	用钢尺量
预埋活动地脚螺栓锚板	中位位置	5		4	用钢尺量
	高程	＋20		1	用水准仪测量
	水平度（带槽的锚板）	5		4	用水准仪或直尺
	水平度（带螺纹的锚板）	2		4	用水准仪或直尺
预埋铁件轴线		5		2	用钢尺量

注：本表包括支承基础。

2. 水泵和电机分装在两个楼层时，检查各层楼板的高程偏差应≤10mm，检查上下层楼板安装电机和水泵的预留孔中心位置应在同一垂直线上，其相对偏差不得超过 5mm。

3. 由于构筑物会产生沉降和倾斜，监理应设点观测，以便在浇筑底板和楼板时，调整设计图给出的标高，以保证楼层空间，满足安装要求。

4. 水泵和电机的基础与底板混凝土不同时浇筑时，检查其接触面按施工缝处理，且检查底板应预留插筋。

5. 控制水泵和电机基座二次灌浆的质量：当浇筑厚度≥40mm 时，宜采用细石混凝土；当浇筑厚度＜40mm 时，宜采用水泥砂浆，其强度均应比基座混凝土设计强度高一级。

6. 检查地脚螺栓的弯钩底端下应接触孔底，外缘离孔壁距离不应＜15mm；地脚螺栓的油污应清除干净，在混凝土或砂浆达到设计强度的 75%以后，方可将螺栓对称拧紧。

7. 设备上定位基准的面、线或点对安装基准的平面位置和标高的允许偏差（表 20-13）

表 20-13

项目	允许偏差(mm)	
	平面位置	标高
与其他设备无机械上的联系	±10	+20 −10
与其他设备有机械上的联系	±2	±1

8. 设备基础尺寸和位置的质量要求（表 20-14）

表 20-14

项目			允许偏差
基础	坐标位置(纵横轴线)		±20
	各不同平面的标高		+0
	平面外形尺寸		±20
	凸台上平面外形尺寸		−20
	凹穴尺寸		+20
	不水平度	每米	5
		全长	10
	竖向偏差	每米	5
		全长	20
预埋地脚螺栓	标高(顶端)		+20
	中心距(在根部和顶部两处测量)		±2
预埋地脚螺栓孔	中心位置		±10
	深度		+20
	孔壁的垂直度		10
预埋活动地脚螺栓锚板	标高		+20
	中心位置		±5
	不水平度(带槽的锚板)		+5
	不水平度(带螺纹孔的锚板)		2

20.1.7 泵房特殊部位的施工监理

1. 大型轴流泵进、出口变径流道的施工监理

(1) 检查大型轴流泵进、出口变径流道是否在泵房土建施工同时进行。

(2) 检查支模和预制变径流道的胎模，除预留出抹灰量外尚应富余一定的量，保证混凝土浇筑抹灰后，其变径流道的截面面积不小于设计规定。

(3) 在安装胎模时，检查防止混凝土浇筑后胎膜取出的方法和措施。

(4) 检查变径流道内壁抹灰，宜从上到下进行，抹灰要求密实，连续且表面光滑。

(5) 闸槽定位，埋件全部固定完毕后，应再进行一次校核和检查，合格后，应及时浇筑混凝土。

2. 混凝土螺旋泵槽的施工监理要点

(1) 注意螺旋泵槽的施工，一般不采用胎膜成型，常采用螺型旋泵转动成型法。

(2) 当螺旋泵基础及槽壁混凝土浇筑后，检查养生达到或大于设计程度的70%时，方可进行螺旋泵的安装。

(3) 检查安装的螺旋泵的位置，角度达到设计要求后，进行螺旋泵的空运转，一切正常后，开始进行螺旋泵槽的成型施工。

(4) 旁站检查安装的螺旋泵的过程

1) 拆下螺旋泵的连轴叶片，清理干净基础表面后，沿螺旋泵槽位置匀摊一层细石混凝土，其厚度能达到接触螺旋泵的叶片；

2) 重新装上螺旋泵叶片，通电后使其转动，叶片将细石混凝土刮刷成泵槽型；

3) 经检查泵槽细石混凝土摊铺均匀，没有遗漏，成型良好后，将螺旋泵叶片取下，对槽面进行人工压实抹光；

4) 压实抹光时要注意槽面与螺旋叶片外缘间的空隙应一致，且检查空隙不得小于5mm。

20.1.8 泵房内附设起重设施安装监理

1. 泵房内附设起重设施安装

(1) 吊车轨道安装技术要求（表20-15）

表 20-15

项　目	安装技术要求
钢行车梁上安装轨道	1. 斜垫铁、平垫铁与轨道和行车梁应接触紧密 2. 每组垫铁不应超过2块，长度不应小于100mm，宽度应比轨道底宽10～20mm。两组垫铁间距不应小于200mm
混凝土行车梁上安装轨道	1. 垫板应平整，与轨道底面接触紧密，面积应大于60%，局部间隙应小于1mm 2. 垫板与混凝土行车梁的间隙大于25mm，用水泥砂浆填实；小于25mm，用开口型垫铁垫实。垫铁应少于3块，垫铁应焊接 3. 固定轨道及部件的螺栓，其螺母下应加弹簧圈或用双螺母

(2) 吊车轨道重合度、轨距、倾斜度的允许偏差（表20-16）

表 20-16

项　目		允许偏差(mm)	检验方法
轨道实际中心线与安装基准线的重合度		3	拉钢丝线、吊线锤用钢板尺检查
轨距	桥式吊车、悬挂式吊车	±5	用弹簧秤拉钢盘尺检查
	龙门式吊车	±10	
轨道纵向倾斜度	轻轨、重轨、方钢轨全行程	1/1500 10	用水准仪和塔尺每6m检查1点
	工字钢轨全行程	1/1500 10	用水准仪和塔尺在每个固定点处检查
	龙门式吊车轨道	5/1000	用水准仪和塔尺每隔10m检查1点
两根轨道相对标高	桥式吊车	10	用水准仪和塔尺检查
	单梁悬挂吊车	5	用水准仪和塔尺在每个固定点处检查
	龙门式吊车	10	用水准仪和塔尺每10m检查1点

续表

项目		允许偏差(mm)	检验方法
轨道接头处上、左、右三面的偏移		1	用钢板尺和塞尺检查
伸缩缝间隙		±1	用钢板尺检查
龙门吊车同一侧的两根轨道	轨距	±2	用钢板尺检查
	相对标高	1.5	用铁水平和钢板尺检查

注：项次 2、3、4 为关键项。

2. 起重机的安装监理要点

(1) 手动梁式起重机和手动梁式悬挂起重机监理要点

1) 手动单梁起重机在吊装前，应按表 20-17 的规定标准和检查方法进行复查。

表 20-17

名称及代号	允许偏差(mm)	名称及代号		允许偏差(mm)
起重机跨度 S	±6	主梁上拱度 F	$S<10m$	+2
起重机跨度 S_1、S_2 的相对差$\|S_1-S_2\|$	6		$S\geqslant10m$	+3
对角线 L_1、L_2 的相对差$\|L_1-L_2\|$	8			

注：1. 起重机跨度两侧都应测量，测量方法应符合本节附录一的要求；
2. 当有特殊要求时，应检查起重机跨度的相对差；
3. 主梁上拱度的最大值应处在主梁跨度中部 $S/10$ 的范围内，测量方法应符合本节附录二的要求；
4. 上拱度 $F=S/1000$。

2) 手动双梁起重机在吊装前，应按表 20-18 的规定进行复查。

表 20-18

名称及代号		允许偏差(mm)
起重机跨度 S	$S\leqslant14m$	±6
	$S>14m$	±8
起重机跨度 S_1、S_2 的相对差$\|S_1-S_2\|$	$S\leqslant14m$	6
	$S>14m$	8
主梁上拱度 F		+3
对角线 L_1、L_2 的相对差$\|L_1-L_2\|$		8
小车轨距 K		±5
小车轨距 K_1、K_2 的相对差$\|K_1-K_2\|$		5

注：1. 起重机跨度两侧都应测量，测量方法应符合本节附录一的规定；
2. 主梁上拱度最大值应处在主梁跨度中部 $S/10$ 的范围内，测量方法应符合本节附录二的规定，主梁上拱度 $F=S/1000$；
3. 当有特殊要求时应检查对角线的相对差。

3) 手动单梁悬挂起重机在吊装前，应按表 20-19 的规定标准和检查方法进行复查。

表 20-19

名称及代号	允许偏差(mm)	名称及代号	允许偏差(mm)
起重机跨度 S	±6	对角线 L_1、L_2 的相对差 $\|L_1-L_2\|$	8
起重机跨度 S_1、S_2 的相对差 $\|S_1-S_2\|$	6	主梁旁弯度 f	$S/2000$
主梁上拱度 F	±2		

注：1. 起重机跨度两侧都应测量，测量方法应符合本节附录一的要求，主梁上拱度 $F=S/1000$；
2. 当有特殊要求时，应检查对角线的相对差；
3. 当现场组装主梁时，应检查主梁旁弯度。

3. 泵房内附设起重设施安装标准

(1) 手动单梁起重机的允许偏差（表 20-20）

表 20-20

名称及代号	允许偏差(mm)	名称及代号	允许偏差(mm)
起重机跨度 L 的偏差	±6	主梁上拱度 F(应为 $L/100$)的偏差：$L\leqslant14m$	+2
起重机跨度 L_1、L_2 的相对差	6	$L>14m$	+3
对角线 L_3、L_4 的相对差	8		

(2) 手动双梁起重机的允许偏差（表 20-21）

表 20-21

名称及代号	允许偏差(mm)	名称及代号	允许偏差(mm)
起重机跨度 L 的偏差：$L\leqslant14m$	±6	对角线 L_3、L_4 的相对差	8
$L>14m$	±8	主梁上拱度 F(应为 $L/1000$)的偏差	+3
起重机跨度 L_1、L_2 的相对差：$L\leqslant14m$	6	小车跨度 T 的偏差	±5
$L>14m$	8	小车轨距 T_1、T_2 的相对差	5

(3) 电动单梁起重机和电动单梁悬挂起重机的允许偏差（表 20-22）

表 20-22

名称及代号	允许偏差(mm)	名称及代号	允许偏差(mm)
起重机跨度 L 的偏差：$L\leqslant12m$	±3	对角线 L_3、L_4 的相对差	5
$L>12m$	±5		
吊车跨度 L_1、L_2 的相对差：$L\leqslant12m$	3	主梁上拱度 F(应为 $L/100$)的偏差：$L\leqslant12m$	+3
$L>12m$	5	$L>12m$	+4

(4) 现场组装小车运行机构的允许偏差（表 20-23）

表 20-23

名称及代号	允许偏差(mm)	名称及代号	允许偏差(mm)
起重机跨度 T 的偏差：$T\leqslant2.5m$	±2	对角线 L_3、L_4 的相对差	3
$T>2.5m$	±3	小车轮垂直偏斜(只允许下轮缘向内偏斜)	$h/400$
小车跨度 T_1、T_2 的相对差：$T\leqslant2.5m$	2	对两根平行基准线每个小车轮水平偏斜	1/1000
$T>2.5m$	3	小车主动轮和被动轮同位差	2

4. 起重机的试运转

(1) 起重机的试运转，除应按本规定执行外，尚应符合现行国家标准《机械设备安装工程施工及验收通用规范》GB 50231 的规定；

(2) 起重机的试运转应包括试运转前的检查、空负荷试运转、静负荷和动负荷试运转。在上一步骤未合格之前，不得进行下一步骤的试运转；

(3) 起重机试运转前，应按下列要求进行检查：

1) 电气系统、安全联锁装置、制动器、控制器、照明和信号系统等安装应符合要求，其动作应灵敏和准确；

2) 钢丝绳端的固定及其在吊钩、取物装置、滑轮组和卷筒上的缠绕应正确、可靠；

3) 各润滑点和减速器所加的油脂的性能、规格和数量应符合设备技术文件的规定；

4) 盘动各运动机构的制动轮，均应使转动系统中最后一根轴（车轮轴、卷筒轴、立柱方轴、加料杆等）旋转一周，不应有阻滞现象；

(4) 起重机的空负荷试运转，应符合下列规定：

1) 操纵机构的操作方向应与起重机的各机构运转方向相同；

2) 分别开动各机构的电动机，其运转应正常，大车、小车运行时不应卡轨，各制动器能准确、及时地动作，各限位开关及安全装置动作应准确、可靠；

3) 当吊钩下放到最低位置时，卷筒上钢丝绳的圈数不应少于 2 圈（固定圈除外）；

4) 用电缆导电地，放缆和收缆的速度应与相应的机械速度相协调，并能满足工作极限位置的要求；

5) 以上各项试验均应不少于 5 次，且动作应正确无误。

(5) 起重机的静负荷试验应符合下列规定：

1) 起重机应停在厂房柱子处；

2) 有多个起升机构的起重机，应先对各起升机构分别进行静负荷试验；对有要求的，再做起升机构联合起吊的静吊静负荷试验；其起升重量应符合设备技术文件的规定；

3) 静负荷试验应按下列程序和要求进行：

a. 先开动起升机械，进行空负荷升降操作，并使小车安全行程上往返运行，此项空载试运转≮3 次，应无异常现象；

b. 将小车停在桥式类型起重机的跨中或悬臂起重机的最大有效悬臂处，逐渐增加负荷做起升试运转，直至加到额定负荷后，使小车在桥或悬臂全行程上往返运行数次，各部分应无异常现象，卸去负荷后桥架结构应无异常现象；

c. 将小车停在桥式类型起重机的跨中或悬臂起重机的最大有效悬臂处，无冲击地起升额定起重量的 1.25 倍负荷，在离地面离度为 100～200mm 处，悬挂停留时间≮10min，并应无失稳现象。然后卸去负荷，将小车开到跨端或支腿处，检查起重机桥架金属结构，应无裂纹、焊缝开裂、油漆脱落及其他影响安全的破损或松动等缺陷；

d. 第三项试验不得超过 3 次，第三次应无永久变形。测量主梁的实际上拱度或悬臂的上翘度，其中：桥式起重机的上拱度应＞0.7S/1000mm，悬臂起重机的上翘度应＞0.7L/350mm；

e. 检查起重机的静刚度（主梁或悬臂下挠度）。起重机的静刚度允许值应符合表20-24的规定。

表 20-24

起重机类型		测量部位	允许值(mm)
通用桥式起重机	A_1～A_3	主梁跨中	$S/700$
	A_4～A_6	主梁跨中	$S/800$
	A_7～A_8	主梁跨中	$S/1000$
电动葫芦单、双梁起重机		主梁跨中	$S/800$
电动单梁悬挂起重机		主梁跨中	$S/700$
手动单、双梁起重机		主梁跨中	$S/400$

注：1. A_1～A_8 为起重机的工作级别；
2. 起重机的静刚度，应在主梁跨度中部 $S/10$ 的范围内测量；
3. S 为起重机跨度（mm）。

20.1.9 泵房闸阀施工监理

1. 泵房闸阀安装一般规定

（1）闸门、拦污栅、启闭机及清污机在安装前应具备下列资料：

1）设计图样和技术文件。设计图样应包括总图、装配图，易损零件图，水工建筑物图及闸门、拦污栅与启闭机、清污机安装图，电气控制原理图等；

2）闸门、拦污栅、启闭机及清污机的制造验收资料和质量证书，外购件合格证；

3）主要部件装配检查记录及产品预装检查报告；

4）安装用控制点位置图。

（2）闸门、拦污栅、启闭机及清污机的安装，必须按设计图样和有关技术文件进行，如有修改应有设计修改通知书。

（3）安装闸门、拦污栅、启闭机及清污机所用的钢卷尺和测量仪器的精度必须达到下列规定：

1）精度为万分之一的钢卷尺；

2）达到 J_2 型经纬精度的经纬仪；

3）达到 S_3 型水准仪精度的水准仪；

4）闸门、启闭机等安装所用量具和仪器，应定期由法定计量部门予以检定。

（4）用于测量高程和安装轴线的基准点及安装用的控制点均应明显、牢固且便于使用。

（5）压力表安装前应检验，表面的满刻度应为试验压力的 1.5～2 倍，精度等级不应低于 1.5 级。

（6）安装用焊接材料（焊条、焊丝及焊剂）必须具有出厂质量证书，其化学成分、机械性能和扩散氢含量等各项指标，应符合国家现行有关标准的规定。

（7）焊缝的外观质量和对Ⅰ、Ⅱ类焊缝内部缺陷探伤，应符合 SL 36-92《水工金属结构焊接通用技术条件》的规定；发现焊缝有不允许的缺陷时，应按上述标准的有关规定进行修补与处理。严禁在焊件组装间隙内填入金属材料。

（8）闸门、栏污栅运输吊装时，宜标出构件重点位置，并应采取措施，防止构件损坏和变形；闸门及埋件的加工应妥善防护，避免碰伤与锈蚀。

（9）启闭机、清污机及自动挂脱梁在运输保管过程中应防锈、防碰撞；液压启闭机堆放时应采取措施防止油缸变形。机械设备运至工地后，应入临时仓库妥善保管。

（10）金属结构件和机械设备的防腐涂层，在运输、安装过程中受到损坏和锈蚀，应按 SL 105-95《水工金属结构防腐蚀规范》中有关规定进行修补处理。

2. 闸门预埋件安装

（1）预埋在一期混凝土中的锚栓或锚板，应按设计图样制造，由土建施工单位预埋，并在混凝土开仓浇筑之前，会同有关单位对其预埋位置进行检查核对。

（2）预埋件安装前门槽中的模板杂物必须清除干净。混凝土的结合面应全部凿毛，二期混凝土的断面尺寸应符合图样要求。

（3）平面闸门预埋件安装允许公差与偏差应符合规定。

3. 泵房闸阀安装质量标准和监理要求

（1）进出水口闸门安装监理表（表 20-25）

表 20-25

项目		允许偏差(mm)	检验频率		检验方法
			范围	点数	
闸门垂直度		2	每个	2	用1m直尺量
闸板流水平面高程		±10	每个	1	用水准仪测量
钢丝网水泥闸门预制	长与宽	±5	每个	4	用尺量
	对角线	±10			
方正对角线		±3	每个	2	用尺量

（2）平板闸闸槽安装位置应准确，其安装允许偏差（表 20-26）

表 20-26

项目	允许偏差(mm)	项目		允许偏差(mm)
轴线位置	5	底槛	高程	±10
垂直度	$H/1000$ 且≤20		水平度	3
两闸槽间净距	±5		平整度	2
闸槽扭曲(自身及两槽相对)	2			

注：H—闸槽高度（mm）。

（3）拍门铰座安装允许公差与偏差（表 20-27）

表 20-27

项目	公差与偏差(mm)	项目	公差与偏差(mm)
铰座中心对空口中心距离	±1.5	铰座轴孔倾斜度(任意方向)	1/1000
里程	±2.0	两铰座轴线的同轴度	1.0
高程	±2.0		

（4）活动式拦污栅预埋件安装允许偏差（表 20-28）

（5）闸门止水允许漏水量（表 20-29）

（6）大车轨道安装允许公差与偏差（表 20-30）

表 20-28

项目	允许偏差(mm)		
	底栏	主轨	反轨
里程	±5.0	—	—
高程	±5.0	—	—
工作表面一端对另一端的高程	3.0	—	—
对栅槽中心线	—	±5.0 −2.0	±5.0 −2.0
对孔中心线	±5.0	±5.0	±5.0

表 20-29

止水材料	每米止水长度的漏水量(L/s)	止水材料	每米止水长度的漏水量(L/s)
橡皮	0.1	金属	0.8

表 20-30

项目名称	基本尺寸(m)	公差与偏差(mm)
大车轨道实际中心线与基准线偏差	跨度 $L \leqslant 10$ $L>10$	≤2.0 ≤3.0
大车轨距偏差	跨度 $L \leqslant 10$ $L>10$	±3.0 ±5.0
同跨两平行轨道的标高相对差	跨度 $L \leqslant 10$ $L>10$	其柱子处≤5.0 其柱子处≤8.0
大车轨道接头	左、右、上三面错位	≤1.0
	接头处间隙	≤2.0
轨道纵向直线度误差	—	1/1500
轨道全行程最高点与最低点之差	—	≤2.0

20.2 水塔施工监理

20.2.1 水塔施工的流程（图 20-2）

20.2.2 水塔基础施工质量监理要点

1. 监理人员检查水塔施工现场总平面布置，基坑开挖位置应按设计坐标测放，不得任意变动。

2. 钢性基础宽高比允许值（表 20-31）

表 20-31

基础名称	质量要求		台阶宽高比的容许值		
			$P \leqslant 10$	$10<P \leqslant 20$	$20<P \leqslant 30$
混凝土基础	C10 号混凝土		1∶1.0	1∶1.00	1∶1.25
	C10 号混凝土		1∶1.06	1∶1.25	1∶1.50
	C10 号混凝土		1∶1.00	1∶1.25	1∶1.50
	砖不低 MU7.5	M5 号砂浆	1∶1.50	1∶1.50	1∶1.50
毛石基础	M5 砂浆		1∶1.25	1∶1.50	
	M10 砂浆		1∶1.50		

注：P—基础底面处的平均压力，(t/m)。

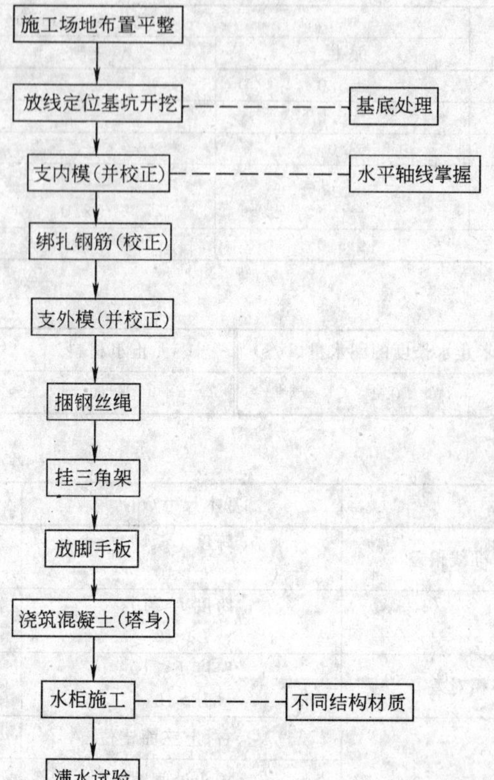

图 20-2 水塔施工的流程

3. 水塔基础挖土模时，检查挖土布置，先挖成标准槽，而后向两侧扩挖成型。

4. 检查基础的预埋螺栓及滑模支承杆位置和防止混凝土浇筑时发生位移的固定措施。

5. 水塔基础施工质量要求（表 20-32）

表 20-32

项　目	技术要求	允许偏差(mm)	备　注
土模表面保护层混凝土浇筑	1∶3 水泥砂浆抹角，厚度 15～20mm	＋5，－3	保护层不得破坏

20.2.3 塔身施工质量监理

1. 钢筋混凝土圆筒塔身施工监理要点

（1）模板施工监理要点

1）筒身采用金属模板施工时，检查金属模板下缘是否同下面一节混凝土搭接约 100mm；

2）检查模板应捆紧，缝隙应堵严，以防漏浆和错台；

3）检查模板是否支牢顶紧和有无变形，检查模板接触混凝土的一面是否及时清除灰浆，并涂刷上润滑油。

（2）钢筋施工监理要点

1）筒身的垂直钢筋应检查下列项目：

a. 应沿圆周均匀分布；

b. 搭接的钢筋两端应弯钩，搭接长度应为上接钢筋直径的 30 倍；

c. 规律性变形钢筋两端不弯钩，搭接长度为上接钢筋直径的 45 倍；

d. 垂直钢筋的接头应交错分布，每一水平截面不应多于钢筋总数的 25%，但直径为 18mm 以上的钢筋，在同一水平截面上可以有 50%的接头；

e. 变换筒身垂直钢筋的直径和根数时，应将其均布在整个圆周上。

2）检查筒身的水平钢筋接头是否交错分布，其接头数，每一垂直截面内不多于水平钢筋总数的 25%。

3）检查钢筋保护层厚度，是否用钢筋支承架或水泥砂浆垫块来控制：沿模板周长每米长度内不少于 1 个，筒身钢筋保护层厚度的误差不得超过±5mm。

（3）混凝土浇筑监理要点

1）材料质量宜采用普通硅酸盐水泥；石子粒径不应超过筒壁厚度的 1/5 和钢筋间距的 3/4，且最大粒径不得超过 60mm，不宜采用石灰石作骨料；

2）水塔施工对混凝土坍落度的要求（表 20-33）

表 20-33

灌筑顺序	部位	混凝土坍落度(cm)	说　明
1	环基	5～7	1. 筒壁过高时需分段灌注。先灌注护壁，后灌注池壁。其优点是：不受内模支撑影响，便于施工，如在冬季施工利于防寒 2. 筒壁、池壁混凝土的坍落度，适用于一般方法施工时采用，不适用于滑模施工
2	地下室地板	10～12	
3	筒壁	9～11	
4	下环梁(大锥底)	10～12	
5	水池底护壁下环梁	8～10	
6	护壁	10～12	
7	水池壁	8～11	
8	顶盖	10～12	

3）检查浇筑顺序，应沿整个截面均匀的分层浇筑，每层厚度为 200～300mm；在筒身每节高度内见证取样取试块一组（6 块），以检验 28d 期龄的强度；

4）浇筑混凝土时巡视检查，不允许倾倒下料冲击模板，以免变形；

5）旁站检查预埋穿墙套管及预埋件做法，参见本手册第 21 章有关水池及构筑物施工监理的章节；

6）筒身内外模的拆除，检查混凝土的强度是否已能承受上部荷重而不变形，混凝土强度是否不小于 0.8MPa，并且在塔身施工进出口处的承重板，混凝土强度至少达到 50%后才允许拆除；

7）拆模后，应浇水养护，保持经常湿润不少于 7d。

（4）钢筋混凝土圆筒塔身质量监理表（表 20-34）

表 20-34

项　目	允许偏差(mm)	检验频率		检验方法
		范围	点数	
中心垂直度	1.5H/1000 且不大于 30	每分格	4	用垂线量测
壁厚	+10，−3	每座	3	用尺量

续表

项目		允许偏差(mm)	检验频率		检验方法
			范围	点数	
塔身直径		±20	每座	3	用尺量
内外表面平整度		5	每分格	4	用弧长为2m的弧形尺量测
中心位置	预埋管(件)	5	每件	1	用尺量
	预留孔	10	孔		

注：H为圆筒塔身高度，(mm)。

2. 塔身滑模法施工质量监理要点

(1) 滑模设备的安装顺序

组装骨架→安装内模及部分操作平台→液压系统的组装和试验→基层钢筋绑扎→安装外模及其他操作平台、对中装置→当滑到一定高度安装吊篮、安全网及喷水装置

(2) 滑模组装操作要点（表 20-35）

表 20-35

项目	操作要点
组装的准备及组装架的搭设	1. 组装前应对各部件的质量、规格和数量，进行详细检查校对并编号 2. 组装架的搭设高度，应比内、外钢圈或辐射梁的安装标高略低，便于安装时垫平找齐
内、外钢圈辐射梁滑升架的安装	1. 内外钢圈及辐射梁安装前，应先在组装加平台上放出位置线 2. 各构件安装位置应准确，并保持水平 3. 滑升架应同时保持垂直
模板的安装	1. 内外模板安装顺序一般为：内模→绑扎钢筋→外模 2. 模板各部件安装顺序：固定围圈调整装置→固定围圈→固定模板→活动围圈顶紧装置→活动围圈→活动模板及收分模板
随升井架吊笼及拨杆的安装	1. 随升井架垂直偏差应不大1/200，井架中心应与筒身圆心一致 2. 井架安装后随之安装斜撑、滑轮座、柔性滑道、吊笼及拨杆等 3. 拨杆一般安装在平台内钢圈近侧，底板应大一些，能将荷载分布在四根以上的辐射梁上。拨杆位置应避开吊笼的出料口，并应使永久性爬梯在拨杆半径之内
平台铺板吊架的安装	1. 铺板按平台尺寸配制为定型板，安装时按编号铺设于辐射梁之间 2. 吊架铺板应环向搭接铺设，便于随吊架升移，如在吊架下层铺板上安装养生水管，为使水管的周长也随塔身直径的收缩而缩短，在整个圆周上设8～10处胶管接头 3. 内、外吊架安装好后，随之安装外侧围栏及悬挂安全网

(3) 塔身滑模工序及施工质量监理（表 20-36）

表 20-36

工序名称	质量标准	安全要求	控制办法
对上工序复核 1. 地下室复核 2. 顶杆复核	复核内容： 1. 门窗、铁梯和排溢、送配水管管盒及预埋件位置 2. 滑模架支撑台浇筑情况 3. 顶杆平面位置允许偏差±1cm 4. 顶杆接头数在同一平面上≤25%		监理人员旁站、复核并记录

续表

工序名称	质　量　标　准	安全要求	控制办法
滑模机具检查 1. 模板 2. 围圈 3. 提升架 4. 支承杆	表面凹凸度：±1mm　联结孔位置：±0.5mm 长度：±2mm　高度：±3mm 宽度：−2mm　宽度：±3mm 侧面平直度：±2mm　围圈支托位置：±2mm 联结孔位置：0.5mm　联结孔位置：±0.5mm 长度：±5mm　弯曲：2/1000L 长度：≤3 为±2mm　直径：0.5mm 弯曲长度：>3m 为±4mm　丝扣接头中心：0.25mm		监理人员复核并记录
5. 各种滑轮	动作灵活，磨损适度		
6. 卷扬机	1. 各部件灵活可行，机件磨损在允许限度之内 2. 有钢丝绳防跳槽装置	卷扬机工作时不得离人，任何人不得跨越钢丝绳	
7. 钢丝绳	不断丝、无扭曲，直径符合受力要求	不安全的钢丝绳及时更换	
8. 吊笼	1. 安全可靠，有防护栏杆 2. 有可靠的防护保险装置	滑模前吊笼安全卡应进行试验	监理人员到现场检验
9. 信号装置 10. 电动机及其他	1. 信号简单明了 2. 动作可靠，有保护装置	应设置限位开关	滑模早应有足够的千斤顶，卡头及其他易损件以备用
滑模机具安装	1. 模板及相应结构轴线位置：±3mm 2. 围圈位置偏差(水平垂直方向)：±3mm 3. 提升架垂直偏差：平面内±3mm，平面外±2mm 4. 千斤顶横梁水平偏差：平面内±2mm，平面外−2mm 5. 考虑倾斜后模板尺寸上口−1mm，下口+2mm 6. 千斤顶安装位置偏差：平面内±5mm，平面外±5mm 7. 围模直径方模边长±5mm 8. 相邻两块模板平面平整	安装前要对各构件尺寸进行校核，发现变形应修理。主要部件修理要用冷处理。中心立柱、天梁等不允许割断焊接，不允许随意改小螺栓或用拉焊代替螺栓连接	机具安装过程中，技术人员逐项进行检查，安装完毕应进行试运转。首先进行充油排气，而后加压重复 5 次进行全面检查
滑模前安全质量检查	1. 按第 3 条要求逐项检查 2. 各电器设备绝缘良好 3. 地垅固定牢固可靠		提前 2～3d 通知监理人员检查签证后才允许下工序施工
滑模作业 (1)控制柜	1. 提升偏差不宜超过 10mm 2. 每次提升间隔不宜超 1.5h，在钢筋较密时可加大混凝土坍落度或加入混凝土缓凝剂，减小浇筑高度，缩短提升间隔时间 3. 在正常气温下，每班提升高度应控制在 4m 左右	1. 滑模作业，严格执行换班交接制度，交待滑升进度、质量滑升设备的完好情况及下班应注意事项等，并填入工程日志内 2. 和卷扬机司机要有明确的联系信号，每次提升前都应联系，并及时纠偏 3. 注意电气机具安全，并有防雨措施 4. 滑升作业时，各千斤顶应有专人负责看守，发现异常(倾斜、卡阻、支承杆弯曲等)应立即通知停机，发现千斤顶偏斜，应及时予以垫平，严禁滑模架倾斜 5. 控制柜司机负责检查天梁及天梁滑车 6. 统一指挥	1. 通过电铃和卷扬机司机联系 2. 定时和吊中人员联系纠偏 3. 工地试验人员对出模混凝土进行监督 4. 走道丝安设自锁装置。当走道丝过紧，卷扬机自动断开 5. 设置备用发电机以备停电

续表

工序名称	质 量 标 准	安全要求	控制办法
浇筑平台立柱	滑模完毕后立即浇筑平台，按钢筋混凝土施工规范施工	1. 滑模完毕将预留顶杆相互焊接加强滑模架的稳定性 2. 切断电源	工地检查人到现场检查
焊接铁梯平台	符合钢结构设计规范	1. 工作人要戴安全帽和安全带 2. 上下呼应，防止坠物伤人	
拆除滑模架	1. 拆卸完好，轻拿轻放，清除浮灰，随即保养 2. 拆卸顺序：内模支架→千斤顶以外的电路系统元件→外模吊栏、平台→滑模架 3. 维修清整好滑模机具	1. 严禁往下抛掷构件 2. 工作人员应携带安全带 3. 顶部滑车地坑要安设可靠，要固定于支筒上	1. 拆架时间应得到监理人员的批准 2. 检查人员对拆除机具经检查完好后签字移交

（4）滑模安装允许偏差（表 20-37）

表 20-37

内 容		允许偏差(mm)	内 容		允许偏差(mm)
模板中心线不必要上应结构中心线		3	考虑倾斜度后的模板尺寸	上口	−1
围圈位置的横向偏差(水平、垂直)		3		下口	+2
滑升架垂直偏差	平面内	3	千斤顶安置位置偏差	滑升架平面内	5
	平面外	2		滑升架平面外	5
提升架安放千斤顶横梁水平偏差	平面内	2	圆模直径、方模边长		5
	平面外	1	相邻两块模板平面平整		1

（5）部件制作允许偏差（表 20-38）

表 20-38

名 称	内 容	允许偏差(mm)	名 称	内 容	允许偏差(mm)
横板	表面凹凸度 长度 宽度 侧面平直度 联接孔位置	1 2 −2 2 0.5	滑升架	高度 宽度 围圈支托位置 连接孔位置	3 3 2 0.5
围圈	长度 弯曲长度≤3m 弯曲长度>3m 联结孔位置	5 2 4 0.5	支承杆	弯曲 直径 丝扣接头中心	2/1000l(杆长) 0.5 0.25

3. 钢筋混凝土圆筒塔身施工允许偏差（表 20-39）

表 20-39

项 目	允许偏差(mm)	项 目	允许偏差(mm)
中心垂直度	1.5H/1000	塔身直径	±20
	且不大于 30	内外表面平整度(用弧长为 2m 弧形尺检查)	10
壁厚	+10	预埋管、预埋件中心位置	5
	−3	预留孔中心位置	10

注：H 为圆筒塔身高度，(mm)。

4. 钢筋混凝土框架塔身施工质量监理

(1) 现浇钢筋混凝土框架塔身施工质量监理要点（表 20-40）

表 20-40

项　　目	施工质量监理要点
支撑前	检查对框架基础预埋竖向钢筋的规格、基面的轴线和高程
对框架的稳定措施	检查其垂直度或倾斜度
每节模板高度	≤1.5m

(2) 钢筋混凝土框架塔身施工监理表（表 20-41）

表 20-41

项　　目	允许偏差(mm)	检验频率		检验方法	检验程序
		范围	点数		
中心垂直度	1.5H/1000 且不大于 30	每座	4	用垂线量测	监、承双方在场，承包人检测并填表，监理人员签署评语及姓名
柱间距和对角线差	L/500	每座	4	用经纬仪测量分角重复四次	
框架节点距塔身中心的距离	±5	每座	4	用尺量	
每节柱顶水平高程	5	每节	2	用水准仪测量	
预埋件中心位置	5	件	1	用尺量	

注：H 为框架塔身高度，(mm)；L 为柱间距或对角线长，(mm)。

5. 钢架、钢圆筒塔身施工质量监理

(1) 钢架、钢圆筒塔身施工监理要点（表 20-42）

表 20-42

项　　目	施 工 要 点
钢架塔身主杆	检查有中线标志
螺栓孔位改扩孔	检查不超过 2mm，不得用气割进行穿孔或扩孔
构件交叉处间隙	检查装入相应厚度的垫圈或垫板的情况
受剪螺栓	检查其丝扣不得位于连接构件的剪力面内
垫圈	检查每端垫圈不得超过两个
紧固	全部螺栓应紧固两次，第一次为钢架组装时，第二次在水柜安装以后

(2) 钢架及钢圆筒塔身施工允许偏差及检验方法（表 20-43）

表 20-43

项　　目	允许偏差(mm)		检验频率		检验方法
	钢架塔身	钢圆筒塔身	范围	点数	
中心垂直度	1.5H/1000 且≤30	1.5H/1000 且≤30	每座	4	用垂线测量
柱间距和对角线差	L/1000		每座	4	用经纬仪测量分角重复 4 次
钢架节点距塔身心距离	5		每座	4	用尺量

续表

项目		允许偏差(mm)		检验频率		检验方法
		钢架塔身	钢圆筒塔身	范围	点数	
塔身直径	$D\leqslant 2$m		$+D/200$	每座	4	用尺量
	$D>2$m		+10			
内外表面平整			10	每座	4	用弧长为 2m 弧形尺测量
焊接件预留孔中心位置			5	件孔	1	用尺量

注：H 为钢架或圆筒塔身高度，(mm)；L 为柱间距对身线长，(mm)；D 为圆筒塔身直径，(mm)。

6. 砖石砌体塔身施工质量监理

(1) 砖石砌体塔身施工质量监理要点

1) 检查砌筑水塔的砖石质量，强度等级应符合设计要求，外形尺寸、强度、抗冻性、火候、裂缝等符合国家标准一等砖的要求；

2) 砌筑砖筒身时采用刮浆法和挤浆法砌筑，砂浆强度等级应符合设计规定，检查灰缝，水泥砂浆填充要饱满；检查砌筑是否采用顶砌法，当水塔筒身直径较大时，才可采用顺砖和顶砖交错砌筑；

3) 检查砖缝：垂直环缝应交错 1/2 砖，放射状缝应交错砖，砌体垂直缝宽度为 8～12mm，水平缝厚度为 8～10mm。在 $5m^2$ 的砌体表面上取 10 处检查，只允许其中有 5 处砖缝宽度增大至多 5mm；

4) 监理人员复核并记录水塔筒身的垂直度，应每隔 5m 高，用线锤或激光垂直仪检查一次。同时检查筒身水平截面尺寸；

5) 砌筑筒身时，监理人员复核并旁站各种预埋件的砌入过程，不宜预留孔洞后进行补装；

6) 加强水塔施工的安全施工监理。水塔施工属于高空作业，应设置安全网等保护设备，检查砖石堆在架子平台上不宜过多，应随砌随运，打砖时应注意面向筒身，以免落下伤人，监理人员旁站和抽检。

(2) 砖石砌体塔身施工允许偏差及检验方法（表 20-44）

表 20-44

项目		允许偏差(mm)		检验频率		检验方法
		砖砌塔身	石砌塔身	范围	点数	
中心垂直度		$1.5H/1000$	$2H/1000$	每座	4	用垂线测量
壁厚			+20，−10	每座	4	用尺量
塔身直径	$D\leqslant 5$m	$\pm D/100$	$\pm D/100$	每座	4	用尺量
	$D>5$m	±50	±50			
内外表面平整度		20				用弧长为 2m 弧形尺测量
预埋件(管)中心位置		5	5	件	1	用尺量
预留洞中心位置		10	10	孔		

20.2.4 水柜的施工质量监理

1. 现浇钢筋混凝土水柜施工质量监理要点

（1）水箱底及护壁下环梁支模方法（表 20-45）。

表 20-45

支模方法	适用条件	操作要求
里架支模	钢筋混凝土塔身，当筒壁混凝土强度达设计强度的 50%后开始支模	1. 将下环梁外模拼装成整体，使用 ϕ8mm 松紧调节器加以箍紧，设置下环梁支撑木，支撑的下端在筒壁模板带上，上端承托在下环梁外模带木上，两端均以钉子固定，每块模板设三根支撑木，沿环梁均匀分布 2. 下环梁内模采用 ϕ22 短钢筋做支撑，每块模板两根，支撑钢筋与环梁内钢筋绑扎在一起不再取出
挑砖支撑	适用于砖砌塔身的施工	1. 环梁支模先由预留孔中用螺栓将环梁三角架固定，钢丝绳绷紧在其上支环梁模板 2. 环梁内膜可用钢筋支起，上口用卡子固定 3. 水箱底支模，先在筒内壁挑出的砖上放好垫木，放上小桁架、立柱及水箱底壳形格栅
预埋铁件支模	适用于钢筋混凝土塔身的施工	1. 在施工筒身时，在离水箱底适当高度的井壁上，预埋若干"钢牛腿" 2. 利用"钢牛腿"作支承点，放上方木进行水箱底的支模工作
留孔支模	小型水塔的施工	1. 在施工筒身时，在离水箱底适当高度的井壁上，留出若干孔洞 2. 将方木穿入孔洞，铺上跳板作为水箱底模立柱的平台

（2）水柜施工监理要点

1）旁站检查水柜底的混凝土施工的连续性，特别是不得在管道穿越池底处停工或接头。水柜的混凝土施工缝宜留在中环梁内；

2）水柜底与壁接缝要认真处理，详见本手册第 21 章中有关水池及构筑物的章节；

3）检查水柜底与水柜壁的抹灰是否连续操作，一次完成；

4）检查水柜壁抹灰后的养护，待水泥砂浆达到设计强度后，再进行水柜顶的施工；

5）检查正锥壳顶盖模板的支撑点是否与倒锥壳模板的支撑点相对应；

6）注意检查管道穿越池底、池壁特殊部位的处理。

（3）钢筋混凝土倒锥壳，圆筒水柜质量监理表（表 20-46）

表 20-46

项　目	允许偏差 (mm)	检验频率		检验方法	检验程序
		范围	点数		
轴线位置（对塔身轴线）	10	座	4	用经纬仪测量	监、承双方在场，承包人检查，并填表，监理人员签署评语及姓名
水柜直径	±20	座	4	用尺量	
表面平整度	20	每分格	4	用弧形 2m 的弧形尺量测	
壁厚	+10，−3	每座	4	用尺量	
预埋件、预埋管中心位置	5	件	1	用尺量	
预留孔中心位置	10	孔	1	用尺量	

2. 钢丝网水泥倒锥壳水柜施工监理要点

(1) 施工材料要求（表 20-47）

表 20-47

水泥		砂			
普通硅酸盐	矿渣硅酸盐	d_{max}	细度模量	含泥量(%)	云母含量(%)
≥42.5 级	不宜	≤4mm	2.0～2.5	≤2	≤0.5

(2) 钢丝网水泥倒锥壳水柜现浇模板质量监理表（表 20-48）

表 20-48

项目	允许偏差(mm)	检验频率		检验方法	检验程序
		范围	点数		
轴线位置(对塔身轴线)	5	每座	2	用垂线量测	承包人检测 监理人员抽检
高度	±5	每座	2	用尺量	
平面尺寸	±5	每座	2	用尺量	
表面平整度	3	每座	2	用 2m 直尺量测	

(3) 钢丝网水泥倒锥壳水柜预制模板安装质量监理表（表 20-49）

表 20-49

项目	允许偏差(mm)	检验频率		检验方法	检验程序
		范围	点数		
长度	±3	每件	2	用尺量	承包人检测 监理人员抽检
宽度	±2	每件	2	用尺量	
厚度	±1	每件	2	用尺量	
预留孔洞中心位置	2	每件	1	用尺量	
表面平整度	3	每座	2	用 2m 直尺量测	

(4) 筋网绑扎的施工质量监理要点

1) 筋网绑扎要求（表 20-50）

表 20-50

筋网表面要求	低碳冷拔钢丝连接		钢丝网搭接长度(mm)		扎结点间距(mm)	
	要求	搭接长度	环向	竖向	一般	网边
除锈、洁净无油污	不能焊接	≤250mm	≥100	≥50	≤100	≤50

2) 绑扎完成后应进行全面检查，补扎漏点并对不平处进行修整，严禁在网面上走动和抛掷物件。

(5) 钢丝网水泥砂浆的配合与拌制要求（表 20-51）

表 20-51

项目	要求
水灰比	0.32～0.40
灰砂比	1∶1.5～1∶1.7
机械拌合时间	≥3min
使用砂浆	从拌好至用完，不宜超过 1h，初凝后的砂浆不得使用
抹压砂浆	不得加水稀释或撒干水泥吸水

(6) 钢丝网水泥倒锥壳水柜的质量监理表（表 20-52）

表 20-52

项目	允许偏差(mm)	检验频率		检验方法	检验程序
		范围	点数		
水柜轴线对塔身中心的偏差	≤10	每座	4	用尺量	监、承双方在场，承包人检测并填表，监理人员签署评语及姓名
壳体裂缝宽度	≤0.05	每座	4	用尺量	
壳体内外表面平整度	≤5	每座	4	用弧长 2m 弧形尺检查	
累计有缺陷面积	≤1.5	每座		用尺量	
壳体外观	不得有空鼓，缺角、露丝、网和气泡				

(7) 钢丝网水泥及钢筋混凝土水柜的满水试验

1) 水柜满水试验要求（表 20-53）

表 20-53

试验条件		充水			观测时间		外观检查
水柜强度	保温水柜	次数	充水深度	静止时间	钢丝网水泥水柜	钢筋混凝土水柜	
达到设计强度后	做保温层之前	3	每次 1/3H	>3h	>72h	>48h	水柜及配管穿越部分均不得渗透

注：H—水柜深度，(m)。

2) 钢丝网水泥及钢筋混凝土水柜满水试验，应对地下室底板及内墙采取防渗漏和排水措施。满水试验的详细过程可参考本手册有关满水试验的章节。

20.2.5 倒锥壳水柜的提升施工监理要点

1. 提升前施工监理要点（表 20-54）

表 20-54

机械检查	检查强度	位置检查	提升试验
检查提升机械必须保持完好，具有平稳提升和安全措施	水柜中环梁及其下部结构强度达到设计强度的 70%方可提升	在塔身外壁周围标明水柜底面的坐落位置	将水柜提升至地面 0.2mm 左右，对各部位进行详细检查，确认完全正常后，方可正式提升

2. 水柜提升施工作业监理要点（表 20-55）

表 20-55

工序名称	质量标准	安全要求	控制办法
1. 上工序复核	1. 孔洞位置和水塔塔身顶安装千斤顶位置对应布置 2. 打去下环梁和塔身间的木楔 3. 塔身外壁和下环梁内壁间距 50mm	1. 按高空作业操作规范施工 2. 严禁用大量灌水法清除环梁内侧填砂，以防地基下沉	从塔顶千斤顶预埋件位置往下吊中，以确定环梁预留孔位置

续表

工序名称	质　量　标　准	安全要求	控制办法
2. 提升机具检查			
(1)提升架	1. 钢架、三角架等无变形、开裂，尺寸符合设计要求 2. 外吊篮铁件无裂伤，安全网可靠		逐项检查记录签字后方可安装提升
(2)油泵及油管、千斤顶	无变形、扭丝、外伤等缺陷，进油回油可靠，工作压力符合规定		
(3)螺杆、吊杆、接头	1. 无变形、外伤、严重锈蚀 2. 螺纹完好		提升杆定期进行拉力试验和探伤
(4)卷扬机钢丝绳	1. 各种件灵活可靠，机件磨损在规定限度之内 2. 钢丝绳无断丝、扭曲现象	滑轮、滑车直径应与钢丝绳直径符合参数要求	钢丝绳损伤情况超过规定者坚决更换新钢丝绳
3. 提升机具安装顺序	井字架→“钢牛腿”→下钢圈→千斤顶→上钢圈→吊杆		
(1)提升架	1. 安装尺寸正确，各部位螺栓紧固无缺孔 2. 钢三角架和塔身顶预埋板焊接牢固不允许点焊	1. 安装人员应挂安装带，戴安全帽 2. 所用工具材料要放置稳妥以免坠落伤人、砸坏塔头 3. 外吊篮杆挂设要可靠、平衡，钢丝绳和铁栏杆接触处要用软物垫起防止磨损	1. 工地检查人员逐项检查、工程师检查签认后可提升 2. 油泵、油管安装前应进行泵压检验 3. 塔头离地 0.2m 左右后要静置 12h，作静载试验 4. 工地应备足够的备用千斤顶
(2)油泵(管)千斤顶	油泵进油、回油正常无杂音、油管及千斤顶不漏油		
(3)螺杆吊杆	吊杆安装应将接头相应错开，使换杆人员操作方便及水柜就位时有活动余地		
(4)吊篮	1. 各部位牢固，安全网可靠，脚手板铺满，无探头，无损伤、结巴板 2. 安装要水平，各吊绳均匀受力		
4. 水柜提升 (1)油泵司机	1. 负责操作油泵 2. 均匀提升，随时纠偏	1. 严禁为加快提升速度而将两台油泵并联或串联使用 2. 随时注意油泵管、压力表接头情况。防止爆裂失压	1. 指挥人员随时进行检查 2. 塔顶设指挥人员一人，全面负责，检查提升作业的安全质量 3. 提升前应对吊杆受力进行验算
(2)拧螺栓人员	用力、速度协调一致，随千斤顶上升及时拧紧螺丝，螺栓距下钢圈距离不能大于 10mm		
(3)换吊杆	及时换接吊杆，配合塔上人员拧紧吊杆，将换下的吊杆运到地面	1. 每组吊杆必须保证有 3 根受力 2. 防止吊杆间碰撞，及时拧紧螺母，使各杆受力均匀 3. 提完吊杆后应及时拧紧螺母，使各杆受力均匀 4. 不准穿高跟、硬底鞋作业 5. 为防止吊杆及杂物滚落，塔头栏杆处应设挡板	
(4)卷扬机司机	1. 负责上下垂直运动，严格按操作规程执行 2. 兼管提下的吊杆保养装箱	集中精力坚守岗位	

续表

工序名称	质量标准	安全要求	控制办法
5. 支撑架焊接水柜就位	1. 水柜就位要严格水平，下环梁处高差≤5mm 2. 支撑架焊接按钢结构焊接规范	1. 水柜提升到位后要立即就位，并用木楔调平固定 2. 就位后应连续进行环托梁作业，吊杆应在环托梁浇筑后强度达到70%以后才能拆除	1. 实测三角支架水平度，决定各支架垫起之高度，保证水柜放置水平。垫平塔身预留孔底
6. 环托梁立模	按钢筋混凝土施工规范执行	1. 高空作业程序执行 2. 吊篮上脚手板要牢固可靠要满铺，安全网要牢固可靠	环托梁外模应做成喇叭口并高于内模0.1～0.2m使混凝土浇筑密实
7. 环托梁弯扎钢筋	1. 环托梁钢筋要和塔身顶留筋焊接牢固 2. 按钢筋混凝土施工规范施工		
8. 环托梁混凝土浇筑	按混凝土施工规范施工	1. 吊篮上接灰人员要挂安全带 2. 工作人员均戴安全帽	1. 塔身内外均应放置振动棒振动 2. 混凝土浇筑用记名挂牌制
9. 养生	加强养生，保持混凝土面湿润	养生人员至少上下两人照应	
10. 提升架拆除	拆卸完好，轻拿轻放，随即保养，分类堆放整齐	严禁往下抛掷构件	拆除时领工员现场指挥，检查人员检验收签字后方可移交

3. 预制倒锥壳水柜的装配技术要求（表 20-56）

表 20-56

项目		技术要求
准备工作	定位	1. 应在下环梁企口面上测定每块壳体构件安装中心，并检查其高程 2. 根据水塔中心线设装配控制桩，以控制构件起立高度及其顶部距水柜中心的距离
	构件接缝处预处理	表面凿毛，连结钢环应调整平顺，接缝处应冲洗干净并使接茬面保持湿润
构件吊装		吊绳与构件接触处应设木垫板，平稳起吊
构件装配	装配	1. 按一个方向顺序进行 2. 构件下端与下环梁拼接的三角缝，宜用薄板衬垫；三角缝的上面缝口应临时封堵，构件的临时支撑点应加垫木板
	固定	1. 构件全部调整就位后，可固定穿筋； 2. 插入预留钢筋环内的两根穿筋，应各与预留环靠紧，并用短钢筋在接缝中每隔0.5m处与穿筋焊接
	中环梁浇筑	1. 中环梁支模前，检查已安装固定的倒锥壳壳体顶部高程，按实测高程作为安装模板控制水平的依据 2. 混凝土浇筑前，应先埋设预埋件和预埋钢筋，并控制其位置
	壳体接缝施工	1. 宜在中环梁混凝土浇筑后进行 2. 接缝宜由下向上灌筑、振动、抹实，并沿其中一缝向两边方向进行
	顶盖装配	1. 安装和固定上环梁底模后，方可进行顶盖装配 2. 在接缝插入穿筋前须将塔顶栏杆安装好

4. 倒锥水柜预制、拼装及就地浇筑工序（表 20-57）

表 20-57

工序	施工阶段划分	工 序 划 分	控制工期
水柜预制	施工准备	1. 水泥砂浆施工配合比 2. 钢筋除锈 3. 检查预制板钢模尺 4. 检查伸出板外接缝钢筋的长度、间距(使用控制板检测) 5. 在工作台内绑扎筋网，并按设计检查	10d
	施工	1. 检查钢模支撑牢固后，筋网可入模就位 2. 浇筑水泥砂浆，振捣抹压密实 3. 制做水泥砂浆试件 4. 脱模吊出预制板、堆码编号并养护	
水柜拼装	施工准备	1. 下环梁现浇或成品拼装 2. 下锥壳预制板运输，进入拼装场地，按编号就位放置 3. 上锥壳(顶盖)预制板，待中环梁完成后运输进入拼装场地，按编号就位放置 4. 搭设起吊制板用的塔顶吊架	20～25d
	施工	1. 拼装下锥壳预制板 2. 中梁立模、钢筋绑扎，浇筑混凝土 3. 下锥壳及下环梁拼装缝施工 4. 上锥壳顶板(顶盖)预制板拼装及拼装缝 5. 水柜表面装饰	
	施工准备	1. 下环梁底板钢托环焊接(预留孔与吊杆分布一致) 2. 作好混凝土施工配合比，水泥、砂石料一次备足 3. 检查搅拌机、振捣器、秤称、卷扬机脚手架、模型支撑是否牢固，运输道路是否畅通 4. 检查模板缝隙是否严密，钢筋数量、规格、布置绑扎是否符合设计要求 5. 搭设下壳钢或木脚手	30d
	施工	1. 按浇筑记名挂牌分工的岗位，各就各位严格认真操作 2. 浇筑下环梁 3. 分节立下壳内模并浇筑水柜 4. 浇筑中环梁混凝土 5. 浇筑上环梁混凝土 6. 混凝土养护 7. 拆除脚手架、模板、支撑 8. 水柜表面装饰	

5. 整体吊装单支筒全钢水柜的施工要求（表 20-58）

表 20-58

项 目	允许偏差(mm)	检验频率		检验方法
		范围	点数	
水柜轴线对塔身中心的偏差	≤10	每座	4	用尺量
壳体裂缝宽度	≤0.05	每座	4	用尺量
壳体内外表面平整度	≤5	每座	4	用 2m 直尺测量
累计有缺陷面积	≤1.5	每座		用尺量

6. 钢筋混凝土倒锥壳、圆筒水柜允许偏差及检验方法（表 20-59）

表 20-59

项　　目	允许偏差（mm）	检验频率		检验方法	检验程序
		范围	点数		
轴线位置(对塔身轴线)	10	座	4	用经纬仪测量	监理、施工双方在场，施工单位检测、填表，监理人员抽检
水柜直径	±20	座	4	用尺量	
表面平整度	20	每分格	4	用弧长为 2m 弧形尺量测	
壁厚	+10，−3	每座	4	用尺量	
预埋件、预埋管中心位置	5	件	1	用尺量	
预留中心位置	10	孔	1	用尺量	

第21章　水池及处理构筑物施工监理

21.1　水池及处理构筑物的施工

21.1.1　一般规定

1. 水池分类（表21-1）

表21-1

水池分类		常用处理构筑物名称
按水池平面形状分	圆形 同心圆 矩形	调节池、竖流式沉淀池、消化池、一沉池、二沉池、配水井澄清池、虹吸滤池 平流沉淀池、曝气池、滤池、反应池、气浮池、配水井、混合井、溶药池
按结构和材料分	现浇钢筋混凝土水池	大、中型给排水工程的永久性水池、调节池、沉淀池、滤池、曝气池、一沉池、二沉池、反应池、气浮池、消化池、氧化沟等
	预应力混凝土水池 砖（石）砌水池 钢制水池	大型圆、方形清水池及蓄水池 小型临时性水池，蓄水池，沉淀池 小型、工业化生产的水池，特别是一体化的净水构筑物
按有盖无盖分	敞口水池	预沉池、澄清池、反应池、沉淀池、滤池、曝气池、一沉池、二沉池、气浮池
	有盖水池	吸水井、集水井、溶液池、清水池、蓄水池、调节池、消化池、吸水井、
底板形式	平板式 无梁楼盖式 有梁板式	配水井、吸水井、滤池、反应池、沉淀池、曝气池、一沉池、调节池 清水池、调节池 清水池、调节池
	旋转、壳体式、锥体穹体	澄清池、辐流式沉淀池、二沉池、消化池
	组合底式	清水池、澄清池

2. 水池施工方法的选择（表21-2）

表21-2

结构分类	处理构筑物种类	常用施工方法
现浇钢筋混凝土水池	大、中型给排水工程中的永久性水池：蓄水池、调节池、滤池、沉淀池、反应池、曝气池、气浮池、消化池、清水池、调节池、溶液池等水处理构筑物	现浇钢筋混凝土施工
装配式预应力混凝土水池	大型圆、方形蓄水池 大型圆形蓄水池	装配式施工 后张预应力施工
砌石砌体水池	小型或临时性给水排水工程水池：蓄水池、沉淀池、滤池等	砌砖施工 石砌施工
无粘接预应力钢筋混凝土水池	大、中型给水排水清水池，消化池等	无粘接预应力施工

21.1.2　水池及处理构筑物施工流程（图 21-1）

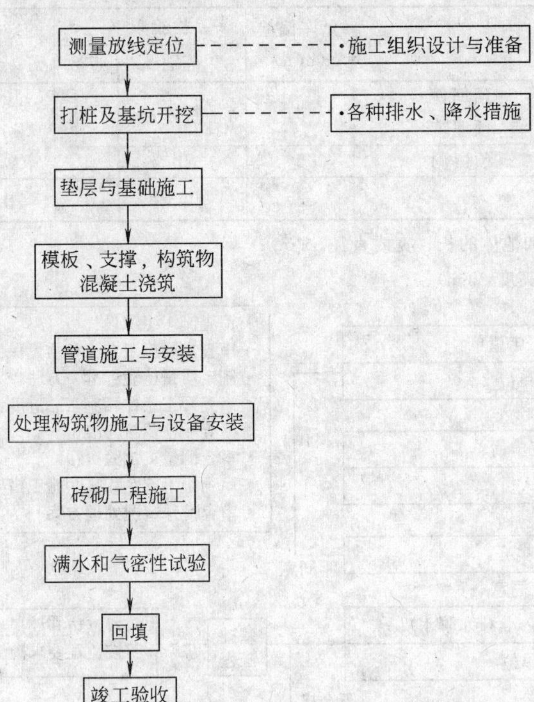

图 21-1　水池及处理构筑物施工流程

21.2　水池及处理构筑物的施工监理

21.2.1　水池及处理构筑物主体施工监理工作流程（图 21-2）

21.2.2　现浇钢筋混凝土水池施工监理

1. 现浇钢筋混凝土水池施工流程（图 21-3）
2. 现浇钢筋混凝土水池施工监理工作流程（图 21-4）
3. 现浇钢筋混凝土水池质量监理要点（表 21-3）

表 21-3

序号	项目		允许偏差(mm)	检验频率		检验方法	检查程序
				范围	点数		
1	轴线位置	底板	10	每座	15	用经纬仪测量，纵横各计 2 点	在监理人员在场的情况下，承包单位检测并填表，监理人员签署评语
		池壁、柱梁	5		8		
2	高程		±5	每 5 米	1	用水准仪测量	
3	平面尺寸（混凝土底板和池底的长、宽或直径）	$L \leqslant 20m$	±10	分格与整体	3	用尺量，长、宽各计 1 点	
		$20m \leqslant L \leqslant 50m$	$\pm L/2000$				
		$50m \leqslant L \leqslant 250m$	±25				
4	混凝土结构截面尺寸	池壁、柱梁顶板	±3	每 5 米	1	依轴线用经纬仪测量	
		洞、槽、沟净空缝宽度	±5				
5	垂直度（池壁、柱）	$H \leqslant 5m$	5	每分格	4	用垂线测量	
		$5m \leqslant H \leqslant 20m$	$H/1000$				
6	表面平整度		5			用 2m 直尺量测	

续表

序号	项目		允许偏差(mm)	检验频率		检验方法	检查程序
				范围	点数		
7	中心位置	预埋件 预埋管	3	每件	1	用尺量	在监理人员在场的情况下，承包单位检测并填表，监理人员签署评语
		预留洞	5	孔	1		
8	相邻两表面高低差		2	每5米	1	用水准仪测量	

注：1. L 为混凝土底板和池体的长、宽或直径，(m)；
2. H 为池壁、柱的高度，(m)。

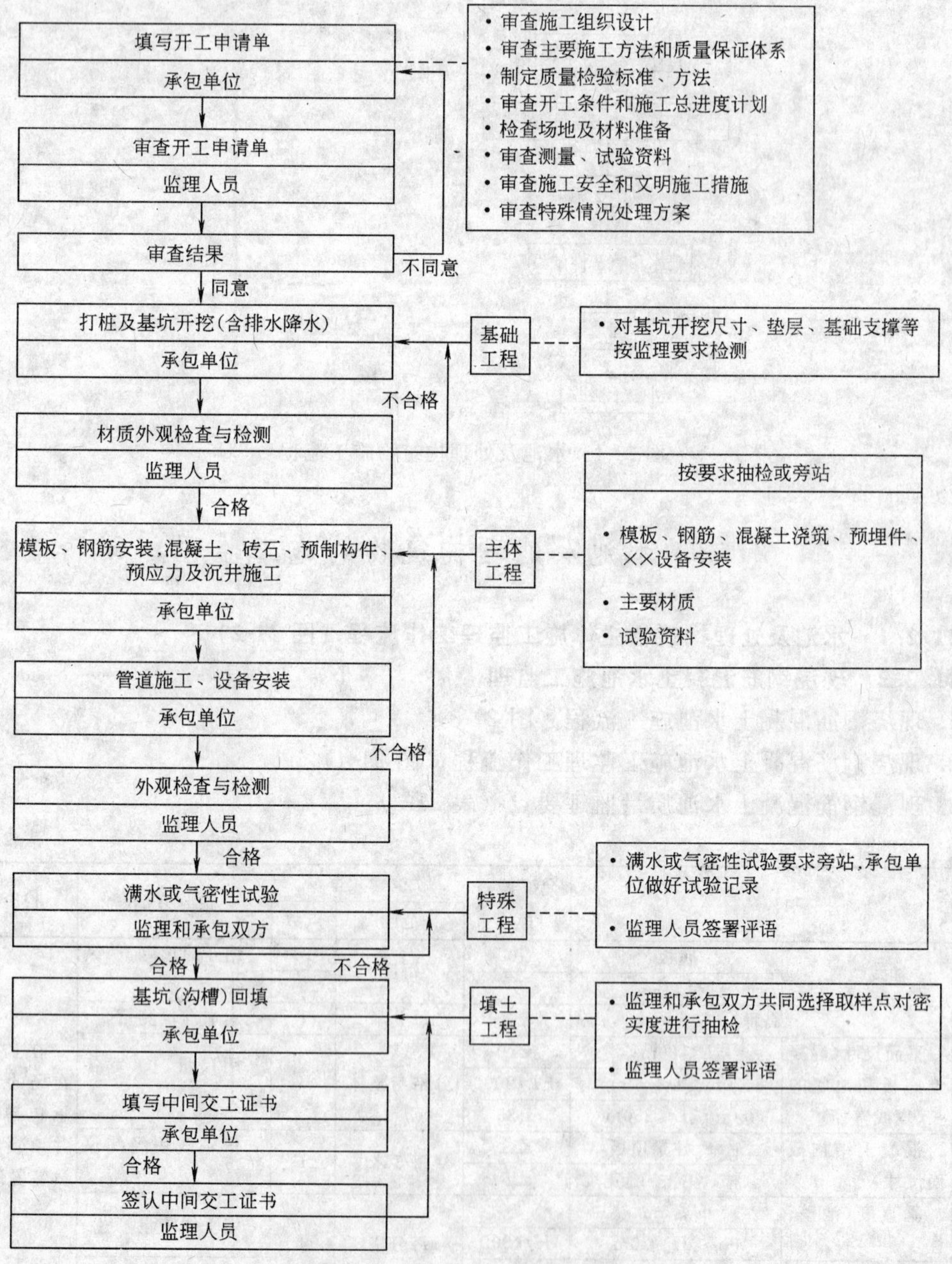

图 21-2　水池及处理构筑物主体施工监理工作流程

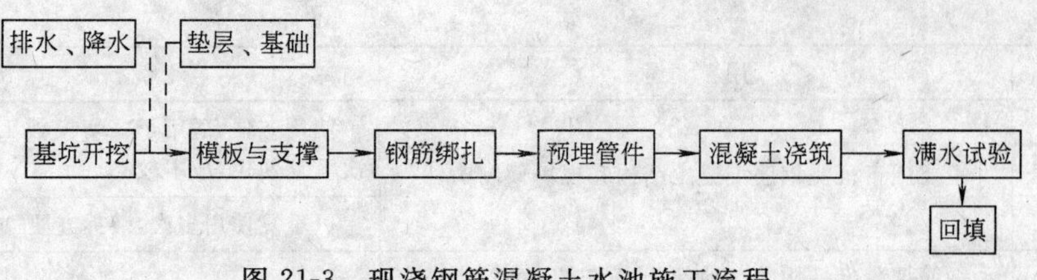

图 21-3　现浇钢筋混凝土水池施工流程

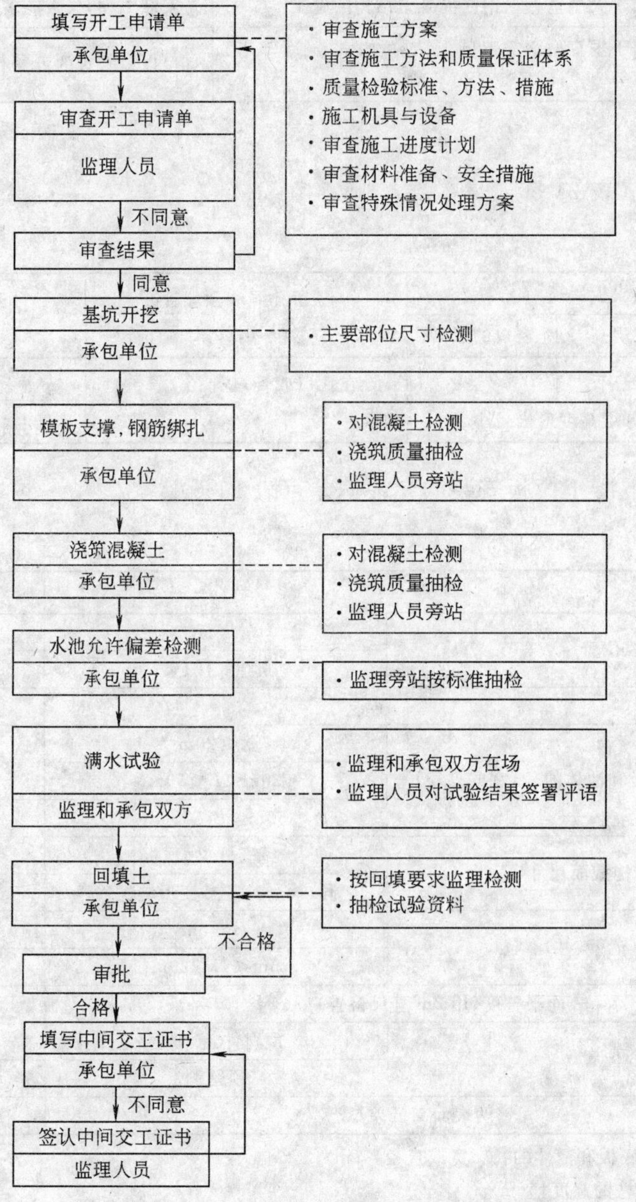

图 21-4　现浇钢筋混凝土水池施工监理工作流程

4. 模板安装监理

（1）常用模板的种类（表 21-4）

表 21-4

按材料分类	用　途	优　缺　点
木模	主要用于现浇钢筋混凝土结构和现场预制构件	使用方便，适用于一切模板工程，木模不能多次重复使用，成本较高
钢模		可重复使用多次，装拆方便，成本较低
土模	钢筋混凝土结构的埋地部分，如锥形池底、水塔壳形基础等	方便，成本低，要求基底土质稳定
装拼模板	适用于大型垂直型钢筋混凝土结构的施工	安装方便，模板能多次重复使用(钢模)
滑升式模板	适用于垂直型钢筋混凝土结构，如水塔、冷却塔、蓄水池等	可以最合理的重复利用模板

(2) 支模板施工监理

1) 安装要求 (表 21-5)

表 21-5

	分层按装模板层高		预留孔洞和预埋管分层的部位	安装一层模板或窗口模板的时间(h)	
	每层层高	窗口的层高			
直壁模板	≤1.5m	≤1.5m	设在孔口或管口外径 1/4～1/3 高度处	气温<25℃	≤3
斜壁模板	分层高度适当减小			气温≥25℃	≥2.5

2) 整体现浇混凝土模板安装的允许偏差 (表 21-6)

表 21-6

项　目		允许偏差(mm)
轴线位置	底板	10
	池壁、柱、梁	5
高　程		±5
平面尺寸(混凝土底板和池体的长、宽或直径)	$L\leqslant 20$m	±10
	20m$<L\leqslant$50m	$\pm L/2000$
	50m$<L\leqslant$250m	±25
混凝土结构截面尺寸	池壁、柱梁、顶板	±3
	洞、槽、沟净空，变形缝宽度	±5
垂直度(池壁、柱)	$H\leqslant 5$m	5
	5m$<H\leqslant$20m	$H/1000$
表面平整度(用 2m 直尺检查)		5
中心位置	预埋件、预埋管	3
	预留洞	5
相邻两表面高低差		2

注：1. L 为混凝土底板和池体的长、宽或直径，(m)；
2. H 为池壁、柱的高度，(m)。

(3) 模板制作和安装施工要点

1) 模板应具有足够的强度、刚度和稳定性。

2) 模板及支架应是两个独立的系统。

3）模板的制作安装应保证混凝土浇筑符合规程。

4）应在适当位置预留清扫杂物的窗口。

5）整体现浇混凝土拆模所需混凝土的强度（表 21-7）。

表 21-7

顺 序	结构类型	结构跨度(m)	达到设计强度的百分比(%)
1	板	≤2	50
		>2,且≤8	70
2	梁	≤8	70
		>8	100
3	拱壳	≤8	70
		>8	100
4	悬臂构件	≤2	70
		>2	100
5	侧模板	应在混凝土强度能保证其表面及棱角不因拆除模板而损坏时，方可拆除	

（4）模板制作与安装质量监理工作要点

1）一般要求

a. 承包单位制作的内模，经专业监理人员认可后方能用于施工。

b. 每块模板的宽度以拆除后不需拆散、可从人孔中吊出为限。

c. 模板选材、吊装、位移、止水片的固定、隔离剂的选用应符合规定。

d. 模板拆除的安全措施等应符合模板施工的一般要求。

e. 模板安装后，承包单位自检，监理人员旁站，并将检测结果报专业监理人员认可。

2）模板安装质量监理表（表 21-8）

表 21-8

项目		允许偏差(mm)	检验频率		检验方法	检验程序	认可程序
			范围	点数			
轴线位置	底板	10	每池	15	用经纬仪测量，纵横各计 2 点	在监理人员在场的情况下，承包单位检测并填表。由监理人员签署评语	专业监理人员认可
	池壁、柱梁	5		8			
高程		±5	每 5 米	1	用水准仪测量		
平面尺寸（混凝土底板和池底的长、宽或直径）	$L\leqslant20$m	±10	分格与整体	3	用尺量，长、宽各计 1 点		
	20m≤$L\leqslant50$m	±$L/2000$					
	50m≤$L\leqslant250$m	±25					
混凝土结构截面尺寸	池壁、柱梁顶板	±3	每 5 米	1	依轴线用经纬仪测量		
	洞、槽、沟净空缝宽度	±5					
垂直度（池壁、柱）	$H\leqslant5$m	5	每分格	4	用垂线测量		
	5m<$L\leqslant20$m	$H/1000$					
表面平整度		5	每分格	4	用 2 直尺量测		
中心位置	预埋件、预埋管	3	每件	1	用尺量		
	预留洞	5	孔	1			
相邻两表面高低差		2	每 5 米	1	用水准仪测量		

注：1. L 为混凝土底板和池体的长、宽或直径，(m)；
2. H 为池壁、柱的高度，(m)。

3）池壁倒模模板安装质量监理工作要点（表 21-9）

表 21-9

项目		允许偏差(mm)	检验频率		检验方法	检验程序
			范围	点数		
模板轴线与设计位置		±8	每步	4	用经纬仪测量纵横各 2 点	承包单位检测，监理人员在场
池壁断面尺寸		±3	每步	10	用尺量	
模板垂直度		2/步	每步	10	挂垂线量测	
模板平整度		3	每步	10	用 1.5m 直尺量测	
相邻两板高低差		1	每步	10	用尺量	
模板上表面高		±2	每个池	10	用水准仪测量	
池壁半径		±5	每步	10	用尺量	
预留预埋中心位置	预埋件(管)	3	每个	1	用尺量	
	预留洞	5				
相邻两表面高低差		2	每一接缝	2	用尺量	

注：步为倒模次数。

5. 钢筋工程监理

（1）钢筋工程的施工要点

1）钢筋绑扎牢固，留设保护层。应以相同配比的细石混凝土或水泥砂浆制成的垫块垫起钢筋，严禁以钢筋垫钢筋或将钢筋用钢钉、钢丝直接固定在模板上。

2）采用铁马凳架设钢筋时，在不能取掉的情况下，应在铁马凳上加焊止水环。

3）池壁开洞的钢筋布置：

a. 当水池池壁预埋管及预留孔洞的尺寸小于 300mm 时，可将受力钢筋绕过预埋管件或孔洞，不必加固。

b. 当水池池壁预埋管及预留孔洞的尺寸在 300～1000mm 之间，应沿预埋管或孔洞每边配置加强钢筋，其钢筋截面积不小于在洞口宽度内被切断的受力钢筋面积的 1/2，且不小于 2ϕ10。

c. 当水池池壁预埋管及预留孔洞的尺寸大于 1000mm 时，应在预留孔或预埋管四周加设小梁。

（2）钢筋工程绑扎、接头质量监理工作要点

1）监理人员要求承包单位除符合水池施工的一般要求外，预埋件及插筋等埋入部分不得超过混凝土结构厚度的 3/4。钢筋绑扎后，承包单位对绑扎位置自检，监理人员抽检，结果报专业工程师认可。

2）钢筋位置质量控制（详见第 15 章）

3）钢筋绑扎接头的最小搭接长度（详见第 15 章）

（3）池壁钢筋安装质量监理表（表 21-10）

（4）池顶钢筋安装质量监理表（表 21-11）

6. 混凝土工程监理

（1）混凝土的浇捣要点

1）钢筋混凝土水池池壁浇捣混凝土时，操作人员可进入模内振捣，将插入式振捣器放入振捣，并应用串筒将混凝土灌入，分层浇捣。

表 21-10

项目	允许偏差(mm)	检验频率		检验方法	检验
		范围	点数		
顺高度方向配置两排以上受力钢筋时钢筋排距	±5	每步	10	用尺量	承包单位检测，监理人员在场
受力钢筋间距	±10	每步	10	用尺量	
钢筋间距	±20	每步	10	用尺量	
钢筋长度	±15	每个池	10	用尺量	
保护层厚度	±3	每步	10	用尺量	
轴线与钢筋轴线位移	±8	每步		用尺量	

注：步为倒模次数。

表 21-11

项目	允许偏差(mm)	检验频率		检验方法	检验
		范围	点数		
顺高度方向配置两排以上受力钢筋时钢筋排距	±5	每座	5	用尺量	承包单位检测，监理人员在场
受力钢筋间距	±10	每座	5	用尺量	
钢筋间距	±20	每座	5	用尺量	
保护层厚度	±3	每座	5	用尺量	
轴线与钢筋位移	±8	每座	5	用尺量	

2）每一点的振捣延续时间应使混凝土表面呈现浮浆和不再沉落为宜。插入式振捣器振捣时间的移动间距不宜大于作用半径的 1.5 倍，振捣器距离模板不宜大于作用半径的 1/2，并尽量避免碰撞钢筋、模板、预埋管件等。振捣器应插入下层混凝土 5cm 左右。

3）在结构中若有密集的管道，预埋件或钢筋稠密处不易使混凝土捣实时，应改用相同抗渗标号的细石混凝土进行浇筑和铺以人工插捣。

4）遇到预埋大管径套管时，可在管底预先留下浇筑振捣孔，以利于浇捣和排气，浇筑后进行补焊。

5）防止变形裂缝的产生措施

a. 后浇缝宽度取 1.0～1.2m，后浇缝钢筋不断开，贯通整个水池，即池底、池壁、顶板全部设缝。一般在池壁浇筑混凝土后 1.5～3 个月，且气温低于池壁浇筑温度时，方可浇筑后浇缝混凝土，后浇缝应采用补偿收缩混凝土（微膨胀混凝土）浇筑。

b. 混凝土浇筑时应尽量减少施工次数。水池的主体部分宜分 2～3 次施工：池底一次，池壁和顶板一次。浇筑混凝土时宜先低处后高处，先中部后两端连续进行，避免出现冷缝。确保足够的振捣时间，使混凝土中多余的气体和水分排出，对混凝土表面出现的泌水应及时排干，池底表面在混凝土初凝前应压实抹光，从而得到强度高、抗裂性好、内实外光的池底。

c. 在水池的垫层上表面和底板下表面间贴一毡一油作为滑动层，在承台梁两侧和池内水沟的内侧设置 1～3cm 厚的聚苯乙烯硬质泡沫塑料压缩层，以减少地基对水池侧面的阻力。

6）施工缝的处理

a. 底板混凝土应连续浇筑，不得留施工缝。池壁一般只允许留设水平施工缝，其位置不应留在剪力与弯矩最大处或底板与侧壁交接处，一般宜留在高出底板上表面不小于200mm 的池壁上。池壁设有孔洞时，施工缝距孔洞边缘不宜小于 300mm。如必须留设垂直施工缝时，应留在结构的变形缝处。水池施工缝设置要求（表 21-12）。

表 21-12

施工缝设置位置		要　　求
池底、池顶		不宜留施工缝
池壁	与底板连接无腋角时，距底板	≥20cm
	与底板连接有腋角时，距腋角上	≥20cm
	与顶板连接，留在顶板下	≥20cm

b. 施工缝处理方法：施工缝表面进行凿毛处理。浇筑前用水冲洗并保持湿润，铺上20～25mm 厚的水泥砂浆。尽量缩短施工缝混凝土的浇灌间隙时间，捣实后再继续浇筑。

7）穿池壁管、件的防水处理

a. 预埋铁件和穿壁螺栓的防水作法（表 21-13）。

表 21-13

	作　法　要　点
预埋铁件	1. 预埋铁件上焊一块止水钢板 2. 施工时注意将铁及止水钢板周围的混凝土浇捣密实，保证质量 3. 预埋铁件较多较密时，可采用多个预埋件共用一块止水钢板的作法
穿墙螺栓	1. 如固定模板用的螺栓必须穿过防水混凝土结构时，应采取止水措施，一般采用在螺栓或套管上加焊止水环，止水环必须满焊，环数应符合设计要求 2. 固定设备用的锚栓等预埋件，应在浇筑捣混凝土前埋入。如必须在混凝土中预留锚孔时，预留孔底部须保留至少 150mm 厚的混凝土 3. 当预留孔底部的厚度小于 150mm 时，应采取局部加固措施

b. 穿越池壁、池底管的常用作法（表 21-14）

表 21-14

	作　法　要　点
放水套管施工	1. 预埋套管应加止水环，钢套管外的止水环应满焊严密 2. 池壁混凝土浇筑到距套管下面 20～30mm 时，将套管下混凝土捣实，振平 3. 对套管两侧呈三角形均匀、对称的浇灌混凝土，此时振捣棒要倾斜，并辅以人工插捣，此处一定要捣实、振平 4. 将混凝土继续填平至套管上皮 30～50mm，不得在套管穿越池壁处停工或接头 5. 管道穿越预埋套管后，用石棉水泥以打口形式，或膨胀水泥等封闭充填其空间
管道直埋施工	1. 混凝土浇捣过程及注意事项同上 2. 管道的位置、高程及管道的角度要求要相当精确，因为直埋后，没有活动的余地
预留孔洞后装管施工	1. 施工时，在管道通过位置留出带有止水环的孔洞 2. 在孔洞里装管道方法： (1)石棉水泥打口方法：像管道接口一样，首先用油麻缠绕在管道上，打入孔洞内，打实后用石棉水泥填塞，然后打口（详见管道石棉水泥接口）。注意孔洞不宜留得过大； (2)将管道焊上止水环后，放入孔洞内，从两面浇筑混凝土，并捣实

续表

	作　法　要　点
油毡防水层	1. 将双面焊螺栓的短管套管浇筑在混凝土池壁内 2. 在池壁一侧用短管上的螺栓和夹板将数层油毡固定于池壁边，然后用水泥砂浆做一层保护层 3. 将管道通过短管套管，塞进填料，用压紧环压紧

8）水池变形缝的处理

a. 矩形水池的伸缩缝间距（表 21-15）

表 21-15

结构类别 \ 地基类别 / 工作类别		岩基		土基	
		露天	地下式或有保温措施	露天	地下式或有保温措施
砌体	砖	30		40	
	石	10		15	
现浇混凝土		5	8	8	15
钢筋混凝土	装配整体式	20	30	30	40
	现浇	15	20	20	30

注：地下式或设有保温措施的构筑物和管段，由于施工条件因素，外露时间较长时，宜按露天条件设置伸缩缝。

b. 伸缩缝宽不宜小于 2cm，构筑物沉降缝宽不应小于 3cm。当采用止水带时，厚度小于 25cm 的构件宜在设缝端部处局部加厚截面。

c. 止水带的质量应符合下列要求：金属止水带应平整；接头采用折叠咬接或搭接；搭接长度不得小于 20mm，咬接或搭接必须采用双面焊接；在伸缩缝中的部分应涂防锈和防腐涂料；塑料或橡胶止水带接头应采用热接，不得采用叠接；接缝应平整牢固，不得有裂口、脱胶现象；止水带安装应牢固，位置准确，与变形缝垂直；其中心线应与变形缝中心线对齐，不得在止水带上穿孔或用铁钉固定就位。

（2）混凝土质量监理工作要点

1）钢筋混凝土构筑物的抗渗，应以混凝土本身的密实性来满足抗渗要求。混凝土抗渗标号应符合表 21-17 的要求。

2）监理人员要求承包单位对留组试块检测报告进行抽查，并对质量予以认可。

3）对于池底混凝土浇筑和池体施工，质量监理人员在场旁站，承包单位自检，报专业工程师认可。

a. 试块抽检留组要求（表 21-16）

表 21-16

试块名称	要　求	标　准
强度试块	每工作班不少于一组，每组三块；每 $100m^3$ 不少于一组，每组六块	有关规定
抗渗试块	每块按池底、池壁和顶板留置，每一部分不少于一组，每组六块	不低于设计要求
抗冻试块	1. 冻融循环 25 次及 50 次，留置三组，每组三块 2. 冻融循环 100 次及 100 次以上	其降低值不超过 25%；其重量损失不超过 5%

b. 混凝土抗渗要求（表 21-17）

表 21-17

最大作用水头与混凝土厚度之比(i_w)	抗渗等级	最大作用水头与混凝土厚度之比(i_w)	抗渗等级
<10 10～30	P4 P6	>30	P8

c. 池底混凝土浇筑质量监理表（表 21-18）

表 21-18

序号	项　　目	允许偏差(mm)	检验频率		检验方法	检验程序
			范围	点数		
1	高　　程	±10	每 5m	1	用水准仪测量，做方格网	在监理人员在场的情况下，承包单位检测并填表，监理人员签署评语
2	平整度	8	每方格	1	用 2m 的直尺量	
3	断面尺寸	±20	每 5m	3	用尺量长、宽、高，各 1 点	
4	混凝土抗压强度	按 GBJ 107-87 标准			标准养护	
5	接茬处平整度	8	每 5m	1	用 2m 的直尺量	
6	麻　　面	<1%	每侧	1	与侧面积之比	
7	坡　　度	0.15%	每 5m	1	用坡度尺测量	

4）混凝土配合比设计及外加剂的选择：保证结构的强度、抗渗、抗冻和施工和易性的要求，混凝土不得掺入氯盐。

5）混凝土的搅拌及运输：大体积混凝土需求量大时，应使用同品种、同强度等级的水泥拌制；运输路程长时防止离析。

6）搅拌车及泵送车的停车位置：应结合混凝土分仓位置、浇筑顺序、速度及振捣方法停置搅拌车和泵车，使混凝土的浇筑能连续进行。混凝土从搅拌机卸出到下次混凝土浇筑压茬的间歇时间应小于混凝土初凝时间。

7）预留施工缝的位置及要求：顶板和底板不能留施工缝，施工缝留在剪力及弯距较小处，不得采用平口缝，注意施工缝的凿毛及清洁。

8）变形缝的施工技术措施，必须严格按图纸及规范要求实施。

特别应检查止水带的形状尺寸、物理性能、安装牢固性、位置准确度、搭接长度（≥20mm）、有无砂眼和钉孔等。止水带两翼的混凝土必须浇捣密实，特别是底板的止水带下面，保证止水带位置的准确和安装牢固。

9）预防混凝土施工裂缝的措施，从预防裂缝的构造措施、技术措施及施工措施等着手，关键在于尽可能多地减少结构物内外温差，减少混凝土表面温度的急剧升降。

a. 控制水泥用量不能过大，选用低水化热的水泥。

b. 严格控制水灰比。

c. 必要时，加设细而密的钢筋。

d. 振捣密实，尤其注意预埋管、预留孔及须二次灌筑部位。

e. 注意混凝土的养护，特别是早期养护，注意混凝土表面的保温、保湿。

10）注意季节性施工的特殊措施。

（3）监理重点

1）按施工要求检查模板及支架强度、刚度、稳定性及尺寸，保证结构的质量及安全。

2）控制拆模时间。

3）认真做好隐蔽验收，对钢筋、预埋件、预留孔、止水带、变形缝等要仔细检查。

4）监控大体积混凝土的浇筑工艺，预防施工裂缝产生。

（4）质量标准和监理汇总表

1）整体现浇混凝土模板安装的允许偏差（表 21-19）

表 21-19

项目		允许偏差(mm)	检验频率		检验方法
			范围	点数	
轴线位移	底板墙柱、梁	10 5	每个构筑物和物体	2 2	用经纬仪
高程		±5		1	用水准仪
平面尺寸长宽或直径	$L\leqslant20$m $20\text{m}<L\leqslant50$m $L>50$m	10 $\pm L/2000$ ±25		3	用钢尺
结构截面尺寸	混凝土实体	±3		2	
	洞、管槽净空变形缝宽	±5		1	
垂直度(池壁、柱)	$H\leqslant5$m $5\text{m}<H\leqslant20$m	5 $H/1000$		2 2	用垂球
表面平整度		5		4	用 2m 直尺
预埋管、预埋件中心位移		3		1	用钢尺
预留孔中心位移		5		1	
相邻两表面高低差		2		2	
止水层中心线与变形缝中心位置		5		1	

注：L 为混凝土底板和池体长、宽或直径，(m)。

2）梁、顶板混凝土浇筑质量监理表（表 21-20）

表 21-20

项目	允许偏差(mm)	检验频率		检验方法	检验
		范围	点数		
混凝土抗压强度	按 GBJ 107-87 标准			标准养护	承包单位检测，监理人员在场
混凝土抗冻性能	不小于设计规定	五组	15 块	标准养护	
轴线位移	10	每个梁板	2	用经纬仪测量纵横各 1 点	
断面尺寸	+10，−3		2	用尺量宽、高各 1 点	
顶面支撑面高程	±5		2	用水准仪测量	
梁侧向弯曲	$1/1000L$	每个梁	1	沿构件全长拉线量测	
平整度	5	每个梁板	1	用弧长 2m 的弧形尺检查	
麻面	1%	每个侧面	1	麻面面积与每 1 侧面总面积之比	

注：表中 L 为梁的长度，(m)。

3）水池施工质量监理表（表 21-21）

表 21-21

项目		允许偏差（mm）	检验频率		检验方法	检验
			范围	点数		
轴线位置	底板	15	每座池		用经纬仪测量，纵横各 2 点	在监理人员在场的情况下，承包单位检测并填表，监理人员签署评语
	池壁、柱梁	8				
高程	垫层底板、池壁、柱梁	±10	每 5 米	1	用水准仪测量，底板不能有倒坡	
平面尺寸（底板和池体的长、宽或直径）	$L \leqslant 20m$	±20	分格与整体	3	用尺量长、宽各 1 点，高每 5m 计 1 点	
	$20 < L \leqslant 50m$	$\pm L/1000$				
	$50m < L < 250m$	±50				
垂直度	$H \leqslant 5m$	8	各分格	4	用尺量长、宽、高各 1 点	
	$5m < H \leqslant 20m$	$1.5H/100$				
截面尺寸	池壁、柱梁顶板	+10，−5	每 5 米	1	依据轴线，用标准尺量测	
	洞、槽、沟、净空	±0				
表面平整度		10	每分格	4	用 2m 的直尺量	
中心位置	预埋件预埋管	5	每件	1	用尺量	
	预留洞	10	孔	1		

注：L 为池工宽或直径，H 为水池高度。

（5）池壁回填土监理工作要点

1）要求承包单位对灰土分段施工接茬位置和留置方法遵照规范要求，逐步分层夯实。灰土要严格控制配合比，均匀夯实后表面应平整且无松散裂纹等现象。监理人员选点，承包单位做试验，结果报专业工程师认可。

2）池壁回填土质量监理表（表 21-22）

表 21-22

序号	项目	允许偏差（mm）	检验频率		检验方法	检验
			范围	点数		
1	密实度	不小于设计规定	每班每层	3	均匀回填用环刀法	监理人员选择取样，承包单位做试验。监理人员抽检
2	厚度	不大于 250	每班每层	3	按池壁标尺，用尺量	
3	灰土顶面高程	+50，−0	每 5 米	/	用水准仪测量	

21.2.3 装配式预应力混凝土水池的质量监理

1. 装配式预应力混凝土水池施工要点

（1）装配式预应力混凝土水池施工流程（图 21-5）

（2）装配式钢筋混凝土水池的施工要点

1）池底板施工：在底板与 L 形壁板的接头位置处支设企口形的边模，连接用的钢筋要预留好。

2）壁板与底板接头处理

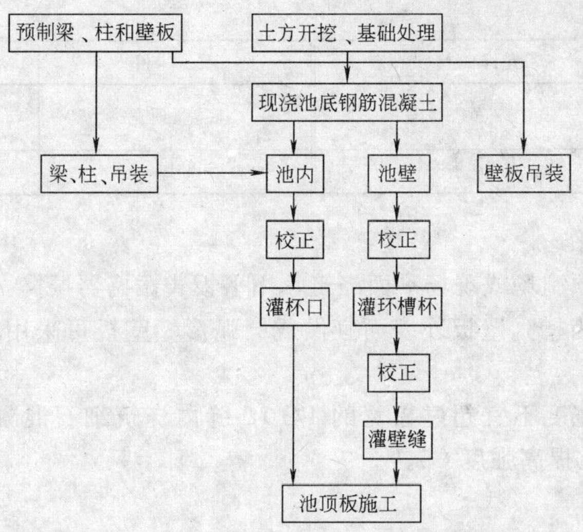

图 21-5　装配式预应力混凝土水池施工流程

a. 先将壁板伸出的钢筋与底板预留出的钢筋焊牢，冲洗干净后用微膨胀混凝土灌筑并振捣密实。

b. 在混凝土初凝后、终凝前再仔细抹压一次，湿养 14d。

c. 在壁板外侧与 C10 混凝土垫层交角处，每块板应设置两圆锥形木楔，用 C20 细石混凝土包封。

d. 混凝土缝初凝后拔出木楔，待强度达到 70%以上，用小型隔膜泵压浆灌满壁板底部与池底垫层间的空隙。压力灌浆的配合比为：水泥：水：铝粉＝100：45：0.05。

3）壁板侧面板缝处理先焊接或绑扎壁板侧面的锚固筋。浇灌接头亦用微膨胀混凝土。拆模后割去螺栓外露部分，并用水泥砂浆嵌补严密。

4）装配式圆形水池施工

a. 底板施工：在垫层混凝土强度达到 1.2MPa 后，校对集水坑、排污管、槽杯口的里外弧线，控制杯口吊斗位置，杯口里侧吊绑弧线及加筋区域弧线。

b. 钢筋绑扎：先布弧形筋，再布放射筋，然后布弧线筋，绑扎成整体。垫起保护层，布好铁马凳。

c. 模板安置：保证拼装接头的严密，注意吊模的支设，安装杯槽、杯口模板前应复测验证，杯槽口模板必须安装牢固。

d. 浇筑混凝土：由中心向四周扩张连续作业，接茬时间控制在 2h 之内，池壁杯槽、杯口部分，可交替两个茬口施工，由两个作业组相背连续操作，一次完成，不留施工缝。

e. 环槽杯口内壁，杯口应与底板的混凝土同时浇筑，不应留置施工缝，环槽杯口外壁宜后浇。

5）杯槽、杯口的施工

a. 杯槽高度宜尽量降低，杯槽内安装壁板后，壁板里、外侧的填料应在施加预应力后进行环槽环口。

b. 环口施工允许偏差（表 21-23）

表 21-23

项　　目	允许偏差(mm)	项　　目	允许偏差(mm)
轴线位置	8	底宽、顶宽	+10 −5
底面高程	±5	壁厚	±10

6）预制构件的制作

a. 水池壁板可在预制场或现场平面浇筑，用平板式振捣器振捣。

b. 壁板两侧应做齿槽，壁板外表面宜做成圆弧形。壁板可采用木模制作，采用无机脱模剂。

c. 壁板间的接缝宽度不宜超过板宽的 1/10，缝内浇筑细石混凝土或膨胀性混凝土，其等级应比壁板混凝土提高强度 C5。

7）构件的安装

a. 吊装及准备工作（表 21-24）

表 21-24

项　　目			要　　求
准备工作	环槽杯口、杯口		1. 将槽两侧凿毛、清理干净 2. 测好杯底标高，应不平处凿除
	环槽上口弹出壁板安放线		根据设计及预制壁板尺寸进行排列
	每块壁板		两侧凿毛
吊装	准备工作	构件吊装混凝土强度	≥70%设计强度
		构件堆放	1. 就近堆放，堆放场地平整夯实，有排水措施 2. 堆放应按设计受力条件支垫并保持稳定 3. 构件上的标志和吊环应向外
		构件检查	1. 复查合格后方可使用；有裂缝的构件应进行鉴定 2. 柱、梁、壁板应标注中心线
顺序		池内	柱——→灌杯口——→曲梁——→扇形板
		池壁	壁板——→灌环槽杯口——→最外一圆扇形板(内侧部分)
安装		构件安装就位后	应采取临时固定措施，曲梁应在梁的跨中临时支撑，待上部二期混凝土达到设计强度的 70%以上时，方可拆除支撑
		安装的构件	必须在轴线位置及高程进行校正后焊接或浇筑接头混凝土

b. 就位和临时固定：在板吊至杯口上空稳住并将其插入杯口，当接近杯底 3～5cm，刹住车，插入楔子。用目测板目测两个面的垂直度，并通过起重机操作使板身大致垂直。

c. 撬动楔子使板身中线对准杯底中线。对线时，应先对准两个小面，然后平移板对准大面。

d. 将板放到杯底，并复查对线。

8）接缝施工

a. 池壁环槽杯口的灌缝。先灌外杯口，后灌内杯口。在灌缝前应将槽杯清洗干净。采用细石混凝土灌填，并保持湿度养护一周以上。

b. 壁板接缝。壁板接缝的内模宜一次安装到顶，外模应分段随浇随支，分段支模高度不宜超过 1.5m。接缝混凝土强度应比壁板提高一级，宜采用微膨胀混凝土，接缝填浇宜选在气温较高，壁板缝稍有胀宽时进行。

(3) 绕丝法预应力钢筋混凝土水池施工

1) 施工工艺流程（图 21-6）

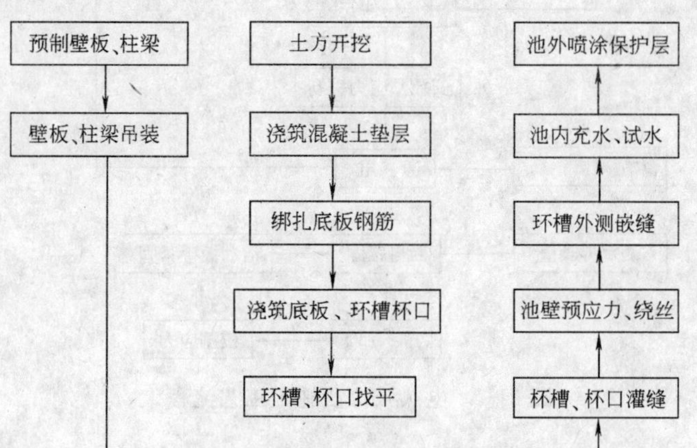

图 21-6　绕丝法施工工艺流程

2) 绕丝法施工要点

a. 从上到下检查池体半径、壁板垂直度，容许误差在 10mm 以内，壁缝填灌混凝土毛刺应铲平，高低不平的凸缝应凿成弧形。

b. 检查钢丝的质量和卡具的质量。

c. 绕丝机在地面组装后，安装大链条。大链条在离底 500mm 高处沿水平线绕池一周，穿过绕丝机，调整后，空车试运行并将绕丝机提到池顶。

d. 绕丝方向由上向下进行，第一圈距池顶的距离不宜大于 500mm。

e. 正确安装卡具。绕丝机前进时，末端卡具松开，钢丝绕过池一周后，开始张拉打紧。

f. 一般张拉应力为高强钢丝抗拉强度的 65%，控制在±1kN 误差范围内，要始终保持绕丝机拉力不小于 20kN，当超张拉在 23～24kN 之内时，就要不断地调整大弹簧。

g. 应力测定点从上到下宜在一条竖直线上，便于进行应力分析。可在一根槽钢旁选好位置，打卡具、测应力同时进行。

h. 钢丝接头应采用前接头法。将一根钢丝在牵制器前剩下 3m 左右时停止，卸去空盘换上重盘，将接头在牵器前接好，钢丝接头应采用 18～20 号钢丝密排绑扎牢固，其搭接长度不应小于 250mm。

i. 施加应力时，每绕一圈钢丝应测定一次钢丝应力，并作记录。

j. 池壁两端不能用绕丝机缠绕的部位，应在顶端和底端附近部位加密或改用电热法张拉。

(4) 电热张拉法预应力钢筋混凝土水池施工

1) 施工工艺流程（图 21-7）

2) 张拉前的准备工作

a. 当环槽坏口、壁板接缝浇灌的混凝土强度达到设计强度的 70%时，方可进行电热

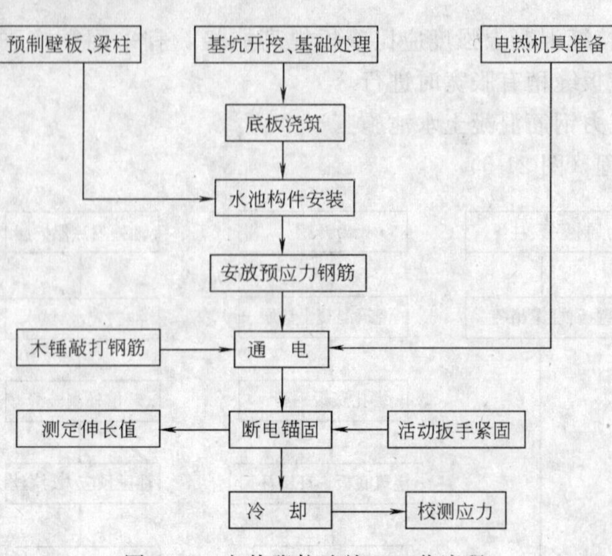

图 21-7 电热张拉法施工工艺流程

张拉。

b. 电热张拉前，应取一环作试张拉，进行验证。

c. 电热张拉前的准备工作，施工一般要求电热参数（表 21-25）。

表 21-25

项　目	参　数	项　目	参　数
升温(℃)	200～300	电流(A)	400～700
升温时间(min)	5～7	Ⅲ级钢电流密度(A/cm²)	＞150
电压(V)	35～65		

3）电热张拉注意事项

a. 张拉顺序，宜由池壁顶端逐圈向下，先下后上再中间，即张拉池下部 1～2 环，再张拉池顶 1 环，然后从两端向中间对称进行张拉，把最大环张力的预留力钢筋安排在最后张拉，以尽量减少部分预应力损失。

b. 与锚固相交处的钢筋应有良好的绝缘处理（一般采用酚醛纸板），端杆螺栓接电源处应除锈并保持接触紧密。

c. 通电前，钢筋应测定初应力，张拉端应刻划伸长标记。

d. 在张拉过程中及断电后 5min 内，应采用木锤连续敲打各段钢筋，使钢筋产生弹跳以帮助钢筋舒展伸长，调整应力。

（5）径向张拉法

1）预应力钢筋的准备

a. 应校验钢筋成分和机械性能是否合格。

b. 对焊接头应在冷拉前进行，接头强度不低于钢材本身，冷弯 90°合格。

c. 螺丝端杆可用同级冷拉钢筋制作，如果用 Q255 钢，热处理后强度不低于 700MPa，伸长率大于 14%。

d. 套筒用不低于 3 号钢材质的热轧无缝钢管制作，螺丝端杆与预应力钢筋对焊接长用带丝扣的套筒连接。螺杆与套筒精度应符合标准，分层配合良好，配套供应施工过程中采取措施保护丝扣免遭损坏。

e. 环筋分段长度一般每环分为 2～4 段，长约 20～40m。

2）径向张拉施工要点

a. 预应力筋按指定位置安装，尽力挤紧连套筒，再沿圆周每隔一定距离用简单的张拉将钢筋拉离池壁约计算值的一半，填上垫块，最后用测力张拉器逐点调整张力，直到达到设计要求，再用可调撑顶住。为了使各点离壁的间隙基本一致，张拉时宜同时用多个张拉器均匀地同时张拉。

b. 逐环张拉点数，视水池直径大小、张拉器能力和池壁局部应力等因素而定，点与点的距离一般不大于 1.5m，预制板以一板一点为宜。

c. 张拉时，径张系数一般取控制应力的 10%，即粗钢筋≤120MPa，高强钢丝束≤150MPa，以提高预应力效果。

d. 张拉点应避开对焊接头，距离不小于 10 倍钢筋直径，不进行超张拉。

3）施工测试

a. 池壁径向力的测定：将撑杆制成电阻传感器，用静态电阻应变仪测定。

b. 预应力钢筋内力测定：将套筒制成电阻传感器，用电阻仪测定。钢筋建立起的环拉力 N 与径面力 S 的比值 $\beta=N/S$ 应低于计算值。

c. 池壁变形的测定：在池壁上沿高度分布若干点，用百分仪测定。施加预应力后，测径向内缩值，装满水后，测径向外张值。

（6）枪喷水泥砂浆保护层

1）枪喷水泥砂浆要求（表 21-26）

表 21-26

砂			配合比	
粒径(mm)	刚度模数	含水率(%)	灰砂比	水灰比
≤5	2.3～3.7	1.5～0.33	0.3～0.5	0.25～0.35

2）喷浆作业注意事项

a. 喷浆施工应在水池满水试验结束后进行，应尽快进行钢丝保护层的喷浆。

b. 砂浆应拌合均匀，存放时间不得超过 2h。对受喷面应进行除污、去油、清洗处理。

c. 喷浆罐内压力宜为 0.5MPa，供水压力应相适应。输料管长度不宜小于 10m，管径不宜小于 25mm。

d. 喷浆应沿池壁的圆周方向自池身上端开始。喷口至受喷池面的距离应以回弹物较少、喷层密实确定。每次喷浆厚度为 15～20mm，共喷三遍，总的保护层厚度不小于 40mm。

e. 喷枪应与喷射面保持垂直，当受到障碍物时，其入射角不宜大于 15°，喷浆应连环旋射，出浆量应稳定且连续，不带滞射和扫射，且保持层厚和密实。

f. 喷浆宜在气温高于 15℃时进行，当有大风、冰冻、降雨或低温时，不得进行。湿润养护 14d 以上。

2. 预应力钢筋混凝土水池施工监理

(1) 预应力钢筋混凝土水池施工监理流程（图 21-8）

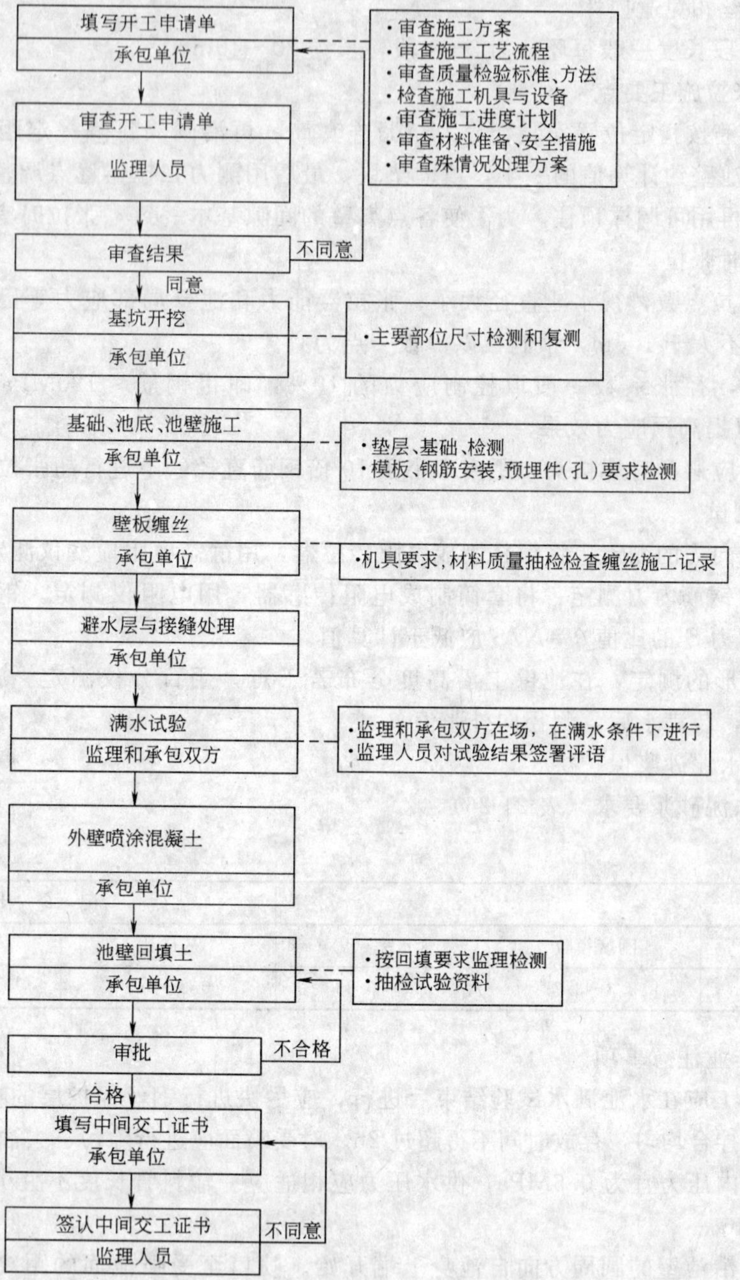

图 21-8　预应力钢筋混凝土水池施工监理流程

(2) 装配式预应力混凝土水池的质量监理工作要点

1) 池底施工，监理人员旁站。要求承包单位不允许留施工缝，底板和壁板采用杯槽连接时，在安装杯槽模板前，应复测杯槽中心位置，杯槽内壁与底板混凝土同时浇筑，外壁宜后浇筑。

2) 池底杯槽、杯口质量监理表（表 21-27）

表 21-27

项目	允许偏差(mm)	检验频率		检验方法	检验
		范围	点数		
轴线位置	8	每道墙每 5 米	1	用经纬仪测量	监理人员在场情况下，承包单位检测并填表
底面高程	±5	每道墙每 5 米	1	用水准仪测量	
底宽	+8	每 5 米	1	按轴线标志用尺量	
顶宽	−5				
壁厚	±10	每 5 米	1	用尺量	

3）池壁施工监理工作要点：监理人员要求承包单位做到预应力前先清理外壁表面并保持和养护。浇筑壁板接缝混凝土强度应达到设计强度的 70%，方可施加壁板环向预应力。承包单位在施加预应力前，应在池壁上标记预应力钢筋、钢丝的位置和次序。预应力构件的制作和吊装、构件运输其混凝土强度应符合规范要求，无规范时则不应低于设计强度的 70%。

4）柱、梁及顶板安装质量监理表（表 21-28）

表 21-28

项目	允许偏差(mm)	检验频率		检验方法	检验
		范围	点数		
轴线位置	5	每分格	2	用经纬仪测量，纵横各 1 点	监理人员在场情况下，承包单位检测并填表
垂直度(壁板、柱)	5 10	每件	2	用垂线检测	
高程(柱、壁板)	±5	每件	2	用水准仪测量	
壁板间隙	±10	每分格	2	用尺量	

5）预制构件的允许偏差（表 21-29）

表 21-29

项目		允许偏差(mm)		检验频率		检验方法
		板	梁、柱	范围	点数	
长度		±5	−10	每个构件	2	用钢尺
横截面尺寸	宽	−8	±5		2	用钢尺
	高	±5	±5			
	肋宽	+4 −2	—			
	厚	+4 −2	—			
板对角线差		10	—		2	用钢尺
直顺度		L/1000 且≤20	L/750 且≤20		2	用 2m 直尺
表面平整度		5	—		2	用 2m 直尺
预埋件	中心线位置	5	5		2	用钢尺
	螺栓位置	5	5			
	螺栓明露长度	+10 −5	+10 −5		1	用钢尺
预留孔洞中心线位置		5	5		2	用钢尺
受力钢筋保护层		+5 −3	+10 −5		5	用钢尺

注：1. L 为构件长度，(m)。
2. 受力钢筋的保护层偏差，仅在必要进行检查。
3. 横截面尺寸栏内的高，对板系指肋高。

6）柱、梁、壁板及顶板安装允许偏差（表 21-30）

表 21-30

项目		允许偏差(mm)	检验频率		检验方法
			范围	点数	
轴线位置		5	每个	2	用钢尺或经纬仪
垂直度(柱、壁、板)	$H\leqslant 5m$	±5		2	用垂球吊量
	$H>5m$	10		2	用垂球吊量
高程(柱、壁、板)		±5		2	用水准仪
壁板间隙		±10		2	用钢尺

注：H 为柱或壁板的高度，(m)。

7）预应力钢筋混凝土水池施工监理表（表 21-31）

表 21-31

项目		允许偏差(mm)	检验频率		检验方法	检验
			范围	点数		
轴线位置	底板	15	每座池		用经纬仪测量，纵横各 2 点	在监理人员在场的情况下，承包单位检测并填表，监理人员签署评语
	池壁、柱梁	8				
高程	垫层底板 池壁、柱梁	±10	每 5 米	1	用水准仪测量底板，不能有倒坡	
平面尺寸（底板和池体的长、宽或直径）	$L\leqslant 20m$	±20	分格与整体	3	用尺量长、宽各 1 点，高每 5m 计 1 点	
	$20m<L\leqslant 50m$	$\pm L/1000$				
	$50m<L<250m$	±50				
垂直度	$H\leqslant 5m$	8	各分格	4	用垂线或经纬仪检测	
	$50m<H\leqslant 20m$	$1.5H/100$				
截面尺寸	池壁、柱梁顶板	+10，−5	每 5 米	1	依据轴线用标准尺量测	
	洞、槽、沟、净空	±0				
表面平整度		10	每分格	4	用 2m 尺量测	
中心位置	预埋件、预埋管	5	每件	1	用尺量	
	预留洞	10	孔	1		

注：L 为池长宽或直径，(m)；H 为水池高度，(m)。

8）绕丝预应力圆形水池施工参考允许偏差（表 21-32）

表 21-32

项目		允许偏差(mm)
底板	局部凸凹度(用 2m 靠尺检查) 柱基杯口轴线位置	5 ±5
环槽	槽口宽度(上口与下口) 中心线 槽底标高	−10 ±5 −5
柱	长度 侧向弯曲(H 为柱总长度) 安装倾斜度($H>7m$) ($H<7m$)	+10，−5 $H/750$ 且不大于 20 10 8
圆弧梁	圆弧半径 安装轴线	±5 ±10

续表

项　目		允许偏差(mm)
盖顶预制板	板对角线差 表面高低差 板宽 板肋高，板厚	±10 ±5 +3，−5 +5，−3 +4，−2
壁板	宽度 长度 厚度 安装轴线偏差：环向 径向 垂直度（H 为壁板高度） 安装曲面的不平度（壁板间的偏差）	±5 +10，−5 +3 ±10 ±5 H/750 且不大于 20 +3，−5
预应力绕丝	钢丝应力 钢丝间距	+5%，−3% +10，−5
预埋件	中心位移 与混凝土表面的偏差 圆板中心螺栓位移 螺栓露明长度	10 5 5 +10，−5
水池安装总要求	水池半径的最大误差（R<30m） （R 为水池半径）（R>30m） 表面要求	+20，−10 +25，−15 圆周应是平滑曲线

（3）预制集水槽施工

1）模板和钢筋安装监理工作要点

a. 检查承包单位对模板安装，必须支撑牢固，在荷载作用下，不得有松动、跑模、下沉等现象。模板拼缝严密、不能漏浆，模内必须洁净，使用组合钢模板必须符合要求，圆形池必须符合设计弧形要求，钢筋的级别、钢种、根数、直径必须符合设计要求。焊接、搭接位置间距必须符合规范要求，模板和钢筋安装后，承包单位自报专业监理人员认可。

b. 预制集水槽模板安装质量监理表（表 21-33）

表 21-33

项　目		允许偏差(mm)	检验频率		检验方法	检　验
			范围	点数		
断面尺寸	长度	5	每节	2	用尺量	承包单位检测，监理人员抽检
	宽度	0，−15	每节	2	用尺量	
	高度	0，−15	每节	2	用尺量	
	对角线	15	每节	2	用尺量	
内底拱坡		0，−15	每节	2	用弧度板量测	
模底平整度		2		2	用 2m 直尺量测	
预制件位置		3		2	用尺量	

2）预制集水槽混凝土浇筑监理工作要点

a. 监理人员要求承包单位对所浇筑的混凝土配比必须符合规定，外加剂准确，构筑物不得有露筋蜂窝现象。承包单位对浇筑质量自检，监理人员旁站，结果报专业监理人员认可。

b. 预制集水槽钢筋安装质量监理表（表21-34）

表 21-34

项目	允许偏差(mm)	检验频率		检验方法	检验
		范围	点数		
顺高度方向配置两排以上受力钢筋时钢筋排距	±5	每槽	4	用尺量	承包单位检测，监理人员抽检
受力钢筋间距	±10	每槽	4	用尺量	
箍筋间距	±20	每槽	4	用尺量	
保护层厚度	±3	每槽	4	用尺量	
预埋件位置	5	每件孔	1	用尺量	

c. 预制集水槽混凝土浇筑质量监理表（表21-35）

表 21-35

项目		允许偏差(mm)	检验频率		检验方法	检验
			范围	点数		
混凝土抗压强度		按GBJ 107-87标准			标准养护	承包单位检测，监理人员抽检
混凝土抗渗性能		不小于设计规定	一组	6块	标准养护	
槽内底平整度		3	每节	1	用2m直尺量测	
断面尺寸	长度	±10	每节	2	用尺量	
	宽度	±10		2		
	高度	±10	每节	2	用尺量	
	对角线	15		2		
预埋件位置		5	每件	1	用尺量	
出水堰高程		±2	每5米	1	用水准仪测量	

3）预制集水槽吊装质量监理工作要点

a. 监理人员检查承包单位在吊装时物件的型号和位置是否符合设计要求。吊装后的物件不应出现扭曲、裂纹、损坏等现象。吊装完毕应自检，监理人员抽检，结果报专业工程师认可。

b. 检查进出口、薄壁堰、穿孔槽或孔口。薄壁堰、穿孔槽或孔口孔眼的底缘应在同一水平线上。检查其水平度，水平偏差不得超过±2mm。孔眼尺寸数量其间距偏差不得超过±5mm。监理人员应要求承包单位按设计要求测量，抽检复测时监理旁站。

c. 预制集水槽吊装监理表（表21-36）

表 21-36

项目	允许偏差(mm)	检验频率		检验方法	检验
		范围	点数		
轴线位置	5	每节	1	用经纬仪测量	承包单位检测，监理人员抽检
高程	±5	每节	1	用水准仪测量	
预埋件安装位置	5	每节	1	用尺量	
槽壁板安装	±5	每节	1	用尺量	
出水口高程	±5	每件	2	用水准仪测量	

(4) 构筑物预埋件、预留孔安装质量监理工作要点。

1) 监理人员应要求承包单位按设计要求严格控制高程位置、预埋位置。池壁预埋件不得错、漏、碰、缺，安装应牢固，并进行复测，管封闭不渗水。预埋件安装时若损坏钢筋，应按图复位。监理人员抽检时旁站，结果报专业监理人员认可。

2) 预埋件、预留孔安装质量监理表（表 21-37）

21.2.4 砖、石砌水池的施工监理

1. 砖砌水池的施工

(1) 池壁与底板的结合

表 21-37

顺序	项目	允许偏差(mm)	检验频率		检验方法	检验
			范围	点数		
1	高程	±10	每件	1	用水准仪测量	承包单位检测，监理人员抽检
2	位置	±5	孔	1	用经纬仪测量	
3	防腐处理	不得有漏空	孔	1	观察检查	
4	预埋件沉降观测点	按设计规定			用水准仪测量，绘制图表，定期复测	

1) 在底板混凝土初凝之前，将底板表面拉毛，铺砌一层湿润的砖，嵌入深度 2～3cm，并用 1∶2 水泥砂浆灌缝。

2) 再砌几层砖作为环梁的砖模，随即将环梁混凝土浇灌完毕。

(2) 池壁的砌筑

1) 池壁宜采用五顺一顶或三顺一顶的砌法，顺砖的搭接长度不宜少于 10cm。各层砖间应上、下错缝，内外搭砌，灰缝厚度宜为 10mm。圆形水池，里口灰缝宽度不应小于 5mm，并保证砂浆饱满。砌体砌好后，应用湿草袋覆盖。

2) 砌砖时砂浆应满铺满挤，挤出的砂浆应随时刮平，严禁用水冲浆灌缝，严禁采用敲击砌体的方法纠偏。砌体砌好后，应用湿草袋覆盖养护，养护时间不少于 7d。

3) 砌体中如配制构造钢筋时，宜环向均匀地放置在砖砌体上，钢筋表面应铺 2～3mm 砂浆层。钢筋搭接长度应不小于 24cm。同一层几根钢筋的接头应互相错开。如有竖向配筋，应置于竖向砖缝处。

4) 砖壁上不得留有脚手洞，所有预埋件、预留孔均应在砌筑时一次做好。

5) 预埋管应有防渗措施，可以在预埋管方形周围浇捣混凝土，混凝土强度等级宜为 C30，其管外浇筑厚度不应小于 10cm。

6) 砖壁砌筑过程中，必须顺着圆周往上砌筑，并经常检查圆周和垂直的准确。不得采用踏步式及马牙接头砌筑方法。

7) 砖砌水池不宜在冬季施工。

(3) 砖薄壳顶盖施工：圆形砖壁、砖薄壳结构，目前在 500～600m^3 水池工程上广泛应用。一般采用支模砌筑方法。

(4) 砖壁抹灰施工要点

1) 内壁抹灰前两天应扫清墙面，用水洗刷干净，并用铁皮将所有灰缝刮一下，要求

凹进 1～1.5cm。

2）应采用 32.5 级普通水泥配制水泥砂浆，配合比为 1∶2，必须称量准确，可掺适量防水粉，拌和要均匀。

3）在抹第一层底层砂浆时，应用铁板用力将砂浆挤入砖缝内，增加砂浆与砖壁的粘结力。底层灰不宜太厚，一般在 5～10mm。第二层将墙面找平，厚度 5～12mm。第三层面层进行压光，厚度 2～3mm。

4）砖壁与钢筋混凝土底板结合处，要特别注意操作，加强转角处抹灰厚度，使呈圆角，防止渗漏。

2. 料石砌体水池的施工

（1）池壁的砌筑

1）分层卧砌，上下错缝，丁顺搭砌。

2）水平缝宜采用坐灰法，竖向缝宜采用灌浆法。水平灰缝厚度宜为 10mm。竖向灰缝厚度：细料石、半细料石不宜大于 10mm，粗料石不宜大于 20mm。

3）纠正料石砌筑位置时，应将料石提起，刮除灰浆后再砌，防止碰动邻近料石，严禁用撬移和敲击纠偏。

4）料石砌体的勾缝应满足下列要求：

a. 在勾缝前，应将砌体表面上粘结的灰浆、泥污清扫干净，并洒水湿润。

b. 勾缝砂浆宜采用细砂拌制的 1∶1.5 水泥砂浆。

c. 勾缝深度宜为 3～4cm，分 2～3 层填入，分层压实。

（2）池壁抹灰要点

1）内壁抹灰前两天将墙面清刷干净，并用铁皮将所有的灰缝刮一下，要求凹进 1～1.5cm。

2）采用 32.5 级普通水泥配制水泥砂浆，配合比为 1∶2，可掺适量的防水粉，搅拌要均匀。

3）在抹第一层砂浆时，应用铁板用力将砂浆挤入石缝内，增加砂浆与池壁的粘结力。底灰层不宜太厚，一般在 5～10mm。第二层将墙面找出，厚度 5～12mm。第三层表面层进行压光，厚度 2～3mm。

4）池壁与钢筋混凝土底板结合处要特别注意操作，加强转角处抹灰厚度，使呈圆角，防止渗漏。

5）外壁抹灰可采用 1∶3 水泥砂浆一般操作法。

3. 砖、石砌体水池施工监理

（1）对砖、石、水泥砂浆的材质控制。

1）机制普通黏土砖强度不应低于 MU7.5，料石强度不应低于 MU20。采用的中、粗砂应有良好的级配，含泥量不应超过 3%。

2）每座砖石砌体水池或 100m^3 砌体，制作水泥砂浆试块 1 组，每组 6 块。

3）砂浆强度按单位工程内同品种、同强度等级为一个验收批。各组试块平均强度不得低于设计强度标准值，任意一组试块强度不得低于设计强度标准值的 0.75 倍。当只有一组试块时，其强度不低于设计强度标准值。

（2）注意预埋管处的防渗措施，监理人员旁站预埋管处施工，检查池壁，不得留有脚手眼和支搭脚手架。

（3）对砌筑工艺的控制：砌筑前，砖石应浇水，砖应浇透；控制好砂浆饱满度及砌缝宽度，缝宽一般宜为 10mm，粗料石竖向缝宽≤20mm，圆形砖砌体，里口灰缝宽不应小于 5mm，且不得有通缝。

（4）砖、石砌体水池施工允许偏差及检验方法（表 21-38）

4. 预应力筋保护层的施工监理要点

（1）监理人员应要求承包单位在水池满水试验合格后的满水条件下进行。

（2）承包单位的喷浆砂子粒径、水泥砂浆配比及喷浆工具等的工作条件应符合 GBJ 141-90 规范。

表 21-38

顺序	项目			允许偏差(mm)	检验频率		检验方法
					范围	点数	
1	轴线位置(池壁、隔墙、柱)			10	每一个构件或构筑物	2	用钢尺
2	高程(池壁、隔墙、柱的顶面)			±15		2	用水准仪
3	平面尺寸	$L \leqslant 20m$		±20		2	用钢尺
		$20m < L \leqslant 50m$		$\pm L/1000$		2	用钢尺
4	砌体厚度			+10 −5		2 2	用钢尺
5	垂直度(池壁)	$H \leqslant 5m$	砖	8		2	用垂球吊
			石	10			
		$H > 5m$	砖	$1.5H/1000$		2	用垂球吊
			石	$2H/1000$			
6	表面平整度	清水	砖	5		2	用 2m 直尺
			石	10			
		混水	砖	8		2	用 2m 直尺
			石	15			
7	中心位置	预埋件，预埋管		5	每件	1	用钢尺
		预留孔		10		1	用钢尺

（3）喷浆后浆面不得露钢丝，不得敲击钢丝以免发生钢丝断裂，喷浆表面应均匀、美观。

（4）壁板外壁砂浆喷涂质量监理汇总表（表 21-39）

表 21-39

顺序	项目	允许偏差(mm)	检验频率		检验方法	检验程序	认可程序
			范围	点数			
1	砂浆强度	平均值不低于设计标高	每池	2	任意一组试块最低值不低于设计标号的 85%	承包单位现场检测，监理人员随时抽检	专业监理人员认可
2	喷涂厚度	不小于设计规范	每块板	2	随喷涂用尺量		
3	外保护层	按设计规定	整个池	10	随施工检验记录		

21.3　给水排水构筑物的施工监理

21.3.1　沉砂池、曝气沉砂池施工监理要点

1. 施工要求

(1) 钢筋混凝土浇灌同其他钢筋混凝土结构。

(2) 各类预埋件的位置要准确。

(3) 结构尺寸和标高符合设计要求。

2. 监理重点

(1) 验收时认真控制预埋件位置及堰口标高。

(2) 平（竖）流式沉砂池施工允许偏差及检验方法（表 21-40）

表 21-40

项目		允许偏差(mm)	检验频率		检验方法
			范围	点数	
泥斗斜面平整度		3	每座	4	用尺量取最大值
△堰口高程	混凝土堰口	±5	每座	4	水准仪测量
	钢制堰口	±3		4	水准仪测量
闸槽净距		$H/100$	每侧	2	用垂球吊量
闸槽净距		+10	每座	4	用钢尺量取最大值
底板平整度		5		2	用直尺量取最大值
预埋件	管件中心轴线位移	5	每件	2	用钢尺量
	铁件轴线位移	5	每件	4	用钢尺量
水槽高程(槽底)		±10	每条	4	水准仪测量
各类管道高程		±10		各2	水准仪测量
泥斗与水平面倾角		+0.5°		2	水准仪、角度尺
泥斗下口尺寸		+10		各2	用钢尺量

注：1. 有△的项目合格率应达 100%；

2. H 为闸槽高度，(m)。

(3) 曝气沉砂池（带链条刮砂机）施工允许偏差（表 21-41）

表 21-41

顺序	项目		允许偏差(mm)	检验频率		检验方法
				范围	点数	
1	流槽斜面平整度		±3	每个构筑物	4	用 2m 直尺量
2	流槽	流槽净宽	±10 0		4	直尺量
		流槽侧面平整度	+10		各2	用 2m 直尺量
		流槽轨高程	±3		各2	用 2m 直尺量
3	预埋件	螺栓孔轴线位移	5		2	用直尺量
		流槽内铁件轴线位移	5		2	用直尺量
4	高程	进水堰口	±5		2	用水准仪测量
		进出水管底	±10		2	用水准仪测量

21.3.2 配水井、絮凝池和沉淀池施工监理

1. 配水井、絮凝池和沉淀池施工要求

(1) 配水井配水有堰门控制和闸门控制。沉淀池有平流式、竖流式、辐射式和斜板式（包括平流、斜管沉淀池、一沉池、二沉池）。

(2) 钢筋混凝土浇灌同其他钢筋混凝土结构。

(3) 堰门控制配水的配水井，应控制所有的堰门门底标高保持在同一水平面上，基础高程误差不得超过 5m。闸门控制配水的配水井，应参照闸门井有关规定执行。

(4) 孔室絮凝池四角应倒角形成圆弧状，以利形成旋流。

(5) 折板（波形板）絮凝池的折板和波形板安装时，应充分注意板的固定，以免初始运转时进水在相邻板间产生水位差，损坏折板。

(6) 网格（栅条）絮凝池的网格（栅条）应预制。池体浇筑时应预埋固定部件，亦可用射钉枪现场固定连接部件。

(7) 旋流絮凝池的进、出水管必须沿切线方向设置，施工时必须校验合格后才能开始浇筑。

(8) 平流式沉淀池进出水口采用堰流时，应控制堰顶水平，各堰口平度偏差不得超过 2mm，高程允许偏差不得超过 5mm。采用淹没式孔口时，孔口尺寸和位置允许偏差不得超过 5mm。其他有关标准参照竖流式沉淀池的规定执行。

(9) 竖流式沉淀池进水管的渐扩管口安装应保持水平，立管垂直。

(10) 辐流式沉淀池的进水管道和排泥管（廊）道，经充水检验合格后方可进行沟槽回填夯实，其密实度应达到 90%以上。

(11) 铺设构筑物清污设备的钢轨前应进行检查，有弯曲、歪扭等应矫形。钢轨正侧面的垂直度≤$L/1500$，且≤2mm（L 为钢轨长），圆弧形钢轨中心线的偏差≤2mm，钢轨两端面应平直，其垂直度（对轨轴）≤1mm。

2. 配水井、絮凝池和沉淀池监理重点

(1) 验收时认真监控预埋件位置、堰口标高及清污设备的钢轨形状、垂直度等。

(2) 沟槽回填前，对管道要充水检验，注意回填土的密实度。

3. 施工允许偏差及检验方法

(1) 竖流式沉淀池施工允许偏差及检验方法（表 21-42）

表 21-42

顺序	项目		允许偏差(mm)	检验频率		检验方法
				范围	点数	
1	泥斗	斜面平整度	±3	每个	8	用 2m 直尺量
		斜面侧角	+0.5°	每个	4	用角度尺量
2	中心管	轴线位移	10	每件	2	用钢尺量
		管底高程	±10	每件	2	用水准仪测量
3	立管垂直度		±10	每件	2	用垂球吊量
4	高程	反射板	±10	每件	8	用水准仪测
		出水管管底	±10	每件	1	用水准仪测
		进水槽槽底	±10	每件	2	用水准仪测
5	堰口面高程	混凝土堰口	±5	每件	2	用水准仪测
		钢制堰口	±3	每件	2	用水准仪测

(2) 辐流式沉淀池施工允许偏差（表21-43）

表21-43

顺序	项目		允许偏差(mm)	检验频率		检验方法
				范围	点数	
1	△中心支座	轴线位移	10	每个构筑物或构件	4	用钢尺量
		高程	±15		4	用水准仪测量
2	地脚螺栓孔轴线位移		10		2	用钢尺量
3	轨道混凝土基础	半径	±5		4	用钢尺量
		高程	±5		4	用水准仪测量
4	池底	坡度	1.5R/1000		2	用钢尺量
		平整度	5		4	用2m直尺量
5	中心竖管座预埋件	中心位移	15		2	用钢尺量
		高程	−10		2	用水准仪测量
6	高程	排渣斗	±10		4	用水准仪测量
		排泥斗	−10		2	用水准仪测量
7	△出流堰口高程	混凝土	±5		8	用水准仪测量
		钢制	±3		8	用水准仪测量
8	过墙管中心位移		±10	每个	1	用钢尺量

注：1. 有△的项目合格率应达100%；
2. 中心支座高程系指轨道混凝土基础高程；
3. 出流堰口高程系指池整体高程；
4. R为辐流式沉淀池半径，池底坡度应与地面呈锐角。

(3) 斜板（管）沉淀池施工允许偏差（表21-44）

表21-44

顺序	项目		允许偏差(mm)	检验频率		检验方法
				范围	点数	
1	斜板	垂直距离	±5	每个构筑物	2	用钢尺量
		斜板角度	0.5°		2	用角度量
						用水准仪测量
2	出水槽底高程		±10		4	用水准仪测量
3	堰口高程		±5		8	用水准仪测量
4	污泥斗	斜面平整底	±5		4	用2m直尺量
		斗底高程	±10		4	用水准仪测量
5	集水槽高程		±10		4	用水准仪测量
6	搁置工字“钢牛腿”高程		−10		2	用水准仪测量

4. 沉淀池施工监理

(1) 检查和巡视严禁扰动槽底土壤，如发生超挖，严禁用土回填，池底土基不得受水浸泡或受冻。

(2) 检查施工前应验算施工阶段的抗浮稳定性，当不能满足抗浮要求时，必须采取抗浮措施。

(3) 旁站和验收预埋在水池底板以下的管道及预埋件，验收合格后再进行下一道工序。池壁处的预留孔洞及预埋件，在浇混凝土前应复查其位置和尺寸。

(4) 平流式沉淀池的底板施工要注意底板的平整度和坡度，坡向排泥槽（斗）方向。

(5) 竖流式沉淀池及澄清池内的导流筒的施工要特别注意架设的钢筋成型正确。

(6) 监理集水槽孔眼施工时，可检查其工序：先预留长方形孔洞，找平后再埋设塑料短管。以保证集水孔眼在同一水平面上。

(7) 焊接斜管沉淀池出水槽，应当在装填料管之前或者充水淹没斜管之后，以防焊接火花引起火灾。

(8) 堰（孔）口高程的监理检验

1) 预制穿孔管、多口三角槽验收合格。

2) 对堰口安装高程用水准仪检测，检测点数可按水池尺寸大小取6～10个部位检测。检测部分可沿四周堰口均匀分布，测出高程最大偏差值。

3) 进出口薄壁堰、穿孔槽的孔口允许偏差（表21-45）

表 21-45

同一水池各堰顶，穿孔槽孔眼底缘	穿孔槽孔眼或穿孔堰孔眼
水平度允许偏差(mm)	间距允许偏差(mm)
±2	±5

(9) 排泥系统的监理

1) 检查排泥斗的斜面坡度是否满足沉泥下滑的要求。一般情况下，给水用排泥斗斜面坡角为45°，污水处理用排泥斗斜面与水平面夹角大于55°，且斜面施工要光滑。

2) 检查施工中是否有防止穿孔管或排泥管堵塞的措施和防腐措施。

3) 机械排泥卷扬机安装位置要准确（表21-46）

表 21-46

项目			允许偏差(mm)
基础	位置(纵、横轴线)		±20
	各不同平面标高		+0 −20
	平面外形尺寸 凸台上平面外形尺寸 凹穴尺寸		±20 −20 +20
	平面的不水平度	每米	5
		全长	10
	竖向偏差	每米	5
		全长	20

续表

项目			允许偏差(mm)
预埋地脚螺栓	位置	标高(顶部)	+20 −0
		中心距(在根部和顶部测量)	±2
	螺栓孔	中心位置	±10
		深度	+20 −10
		孔壁垂直度	10
	活动地脚螺栓锚板	标高	+20 −0
		中心位置	±15
		不水平度(带槽的锚板)	5
		不水平度(带螺纹孔的锚板)	2

5. 沉淀池主要施工环节的监理要求

(1) 土基坑允许偏差(表 21-47)。

表 21-47

项目	允许偏差(mm)	检查频率		检验方法
		范围	点数	
高程	±10	每5米	1	用水准仪测平桩,作方格网,挂线用尺量
坡度	0.2%	每方格	1	用坡度尺量测
平整度	10	每方格	1	用2m直尺量测
轴线位移	20	每个池	2	用经纬仪测量,纵、横各1点
基底半径	30 0	每5米	1	依据轴线桩用尺量

(2) 检查模板安装是否牢固,拼缝要严密,不得漏浆。检查垫层模板安装偏差(表 21-48)。

表 21-48

项目	允许偏差(mm)	检查频率		检验方法
		范围	点数	
高程	±10	每5米	1	水准仪测量
轴线和轴心位移	15	每个池体	2	经纬仪测量
模内尺寸(半径)	+10 −20	每5米	1	依据轴线用标准尺测量
相邻两板表面高低差	3	每个接头	1	用尺量

(3) 检查混凝土配合比是否符合规定。检查垫层混凝土浇筑偏差(表 21-49)。

(4) 检查稳流筒内壁管的安装。弯头、管件安装位置应正确,埋设平整、牢固、直立。管件接头填料密实、饱满,不得低于承口5mm。安装允许偏差(表 21-50)。

表 21-49

项　目		允许偏差(mm)	检查频率		检验方法
			范围	点数	
高程		±10	每5米	1	作方格网用水准仪测量
平整度		8	每方格	1	用2m直尺量测
断面尺寸	长宽	±20	每5米	1	依据轴线用标准尺量测
	半径				
混凝土抗压强度		按 GBJ 107-87 标准			标准养护
麻面		1%	每侧	1	用尺量后计算
接茬处平整度		8	每5米	1	用2m直尺测量

表 21-50

项　目	允许偏差(mm)	检查频率		检验方法
		范围	点数	
弯头中心线垂直	3	每个	2	用经纬仪测量,纵横各1点
管件中心线垂直(全高)	5	每个	2	用经纬仪测量,纵横各1点
弯头、管件高程	±10	每个	2	用水准仪测量,各1点
接口	按设计规定	每个口	1	用尺量

(5) 检查沉淀池稳流筒的混凝土浇筑。混凝土配合比必须符合规定，外加剂掺量必须准确。构筑物不得有露筋、蜂窝等现象。混凝土浇筑允许偏差（表 21-51）。

表 21-51

项　目	允许偏差(mm)	检查频率		检验方法
		范围	点数	
筒身中心线的垂直度	0.15%H且不大于15(H—筒高(m))	每个	2	用经纬仪测量纵横各1点
筒壁厚度	±20	每个	4	用尺量
筒壁直径	±15	每个	2	用尺量
筒身内外表面局部凹凸不平	±5	每个	4	用2m直尺量测
筒壁预埋高程与位置	±10	每个	2	用水准仪和经纬仪测量每孔各1点
预留弯头管中心线	10	每个	2	用经纬仪测量,纵横各1点
混凝土抗压强度	按 GBJ 107-87 标准			标准养护
混凝土抗渗性能	不小于设计规定	一组	6块	标准养护

(6) 检查沉淀池底板钢筋加工的偏差（表 21-52）。

表 21-52

项　目		允许偏差(mm)	检查频率		检验方法
			范围	点数	
冷拉率		不大于设计规定	每种规格每台班	5根	用尺量
受力钢筋成型长度		±5	每种规格每台班	5根	用尺量
弯起钢筋	弯起点位置	$2d$,最大不大于40	每种规格每台班	5根	用漏斗样板量取
	弯起高度	0,−10			
箍筋(宽、高)		0,−5	每种规格每台班	5根	用尺量
对焊接头处轴向偏移		$0.1d$,且不大于3	每种规格每台班	5根	拉小线量测
搭接焊接头处轴线偏差		$0.5d$	每种规格每台班	5根	拉小线量测

注：d 为钢筋直径。

（7）沉淀池底板。钢筋安装允许偏差（表 21-53）。

表 21-53

项目	允许偏差(mm)	检查频率		检验方法
		范围	点数	
顺高度方向配置两排以上受力钢筋时钢筋排距	±5	每分格	5	用尺量
受力钢筋间距	±10	每分格	5	用尺量
杯口预埋筋纵横位置	±5	每根	1	上、下加横筋焊接固定，用标准尺量测，每 10 根 1 点
杯口箍筋间距	±10	每分格	5	用尺量
保护层厚度	±5	每分格	5	用尺量

（8）沉淀池底板模板安装允许偏差（表 21-54）。

表 21-54

项目	允许偏差(mm)	检查频率		检验方法
		范围	点数	
相邻两板表面高低差	±1	杯口墙与各分格	4	用尺量
表面平整度	3	杯口墙与各分格	4	用 2m 直尺测量
垂直度	0.1%H，且≯2	杯口墙与各分格	4	用经纬仪或重线量测
横内尺寸	+3，−5	杯口墙与各分格	各 3	用尺量，长、宽、高各 1 点
轴线位移	5	杯口墙与各分格	各 2	用经纬仪测量，纵横各 1 点
预埋件、预留孔位移	5	每件、孔	1	用尺量

注：H 为模板高度，(m)。

（9）沉淀池底板混凝土浇筑（表 21-55）

表 21-55

项目	允许偏差(mm)	检查频率		检验方法
		范围	点数	
混凝土抗冻性能	不小于设计规定	五组	15 块	标准养护
混凝土抗渗性能	不小于设计规定	一组	6 块	标准养护
混凝土抗压强度	按 GBJ 107-87 标准			标准养护
轴线位移	5	每个池	4	用经纬仪测量，纵横各 2 点
高程	±10	第 5 米	1	做方格网，每 5 米用水准仪测量 1 点，不得有倒坡
尺寸	±10	分格与整体	3	用尺量，长、宽各 1 点，高每 5m 计 1 点
麻面	1%	每 1 侧面	1	麻面面积与每 1 侧面总面积之比

（10）检查沉淀池杯口模板安装。模板安装支撑必须牢固，在施工荷载作用下不得有松动、跑模、下沉等现象。模板拼缝必须严密，不得漏浆，模内必须洁净，安装必须符合组合模板的规范要求。杯口模板安装允许偏差（表 21-56）。

表 21-56

项　　目	允许偏差(mm)	检查频率		检 验 方 法
		范围	点数	
轴线位移	3	每道墙每 5 米	1	用经纬仪测量
模内尺寸	0　−3	每道墙每 5 米	2	按轴线标志用尺量，宽、高各 1 点
长度	5	每道墙	1	按轴线标志用尺量
对角线	5	每个	4	用尺量
杯底高程	−20　0	每个	1	用水准仪测量

（11）沉淀池杯口混凝土浇筑允许偏差（表 21-57）。

表 21-57

项　　目	允许偏差(mm)	检查频率		检 验 方 法
		范围	点数	
混凝土抗冻性能	不小于设计规定	五组	15 块	标准养护
混凝土抗渗性能	不小于设计规定	一组	6 块	标准养护
混凝土抗压强度	按 GBJ 107-87 标准			标准养护
杯口尺寸	+5　−8	每 5 米	4	按轴线标志用尺，宽、高各 1 点
长度	±8	每道墙	1	按轴线标志用尺量
对角线	2″	每边角	4	用经纬仪测量分角重复 4 次
高程	0　−10	每 5 米		用水准仪测量
平整度	3	每 5 米	3	用 2m 直尺量测
壁厚	±10	每 5 米	1	用尺量

（12）沉淀池底板后浇缝混凝土浇筑允许偏差（表 21-58）。

表 21-58

项　　目	允许偏差(mm)	检查频率		检 验 方 法
		范围	点数	
混凝土抗冻性能	不小于设计规定	五组	15 块	标准养护
混凝土抗渗性能	不小于设计规定	一组	6 块	标准养护
混凝土抗压强度	按 GBJ 107-87 标准			标准养护
混凝土自应力值	不小于设计规定	每台班	3 块	标养 1 组
高程	±10	每 5 米	1	不得有倒坡，用水准仪测量

（13）检查沉淀池预制壁板模板安装。必须支撑牢固，在施工荷载作用下不得有松动、跑模、下沉等现象。模板拼装必须严密不得漏浆，模内必须洁净。凡有弧度的构件模板其弧度必须符合规定，不得后抹弧面。预制壁板模板安装允许偏差（表 21-59）。

表 21-59

项　　目		允许偏差(mm)	检查频率		检 验 方 法
			范围	点数	
断面尺寸	长度	0，−5	每个构件	2	用尺量
	宽度	±5		2	
	高度	±2	每个构件	2	
	对角线	10	每个构件	2	

续表

项目		允许偏差(mm)	检查频率		检验方法
			范围	点数	
榫槽	断面	0,−3	每个构件	2	用尺量
	长度	0,−3		2	
内底弧度		2	每个构件	4	用弧形板塞尺量测
模底平整度		2	每个构件	4	3m 靠尺塞尺量测
预留孔洞及预埋件位置		3	每个构件	1	用尺量
砌砖模标高(相对)		3	每侧	3	水平仪

(14) 沉淀池预制壁板钢筋安装允许偏差(表 21-60)。

表 21-60

项目	允许偏差(mm)	检查频率		检验方法
		范围	点数	
沿高度方向配置两排以上受力钢筋时的钢筋排距	±5	每个构件	4	用尺量
钢筋间距	±10	每个构件	4	用尺量
保护层	±3	每个构件	5	用尺量
预埋件位置	±5	每个构件	2	用尺量

(15) 沉淀池预制壁板混凝土浇筑允许偏差(表 21-61)。

表 21-61

项目		允许偏差(mm)	检查频率		检验方法
			范围	点数	
混凝土抗冻性能		不小于设计规定	五组	15 块	标准养护
混凝土抗渗性能		不小于设计规定	一组	6 块	标准养护
混凝土抗压强度		按 GBJ 107-87 标准			标准养护
长度		±5	每块	2	用尺量
横截面尺寸	宽	−8	每块	2	用尺量测
	高	±5			
	肋宽	+4,−2			
	厚	+4,−2			
板对角线差		10	每块	2	
直顺度(或曲线的曲度)		$L/1000$,且$\not>20$	每块	3	用塞尺量测弧度板侧曲度
表面平整度		5	每2米	3	用 2m 直尺量测
预埋件	中心线位置	5	每个	1	用尺量测
	螺栓位置	5			
	螺栓露明长度	+10,−5			
顶留孔洞中心线位置		5	每个	1	用尺量测

注：L 为构件长度，(m)。

（16）沉淀池预制壁板吊装允许偏差（表 21-62）。

表 21-62

项目		允许偏差(mm)	检查频率		检验方法
			范围	点数	
杯形基础	中心线和轴线位移	10	每块板	1	用经纬仪测量，划墨线
	杯底安装高程	0　−10		1	用水准仪测量
壁板垂直度	5m 以下	5	每块板	1	用经纬仪测量
	5m 以上	8			
壁板中心线对定位轴线位移		2	每块板	1	用经纬仪测量
壁板对定位中线的半径		±7	每块板	3	用钢尺量
壁板顶高程		8　0	每块板	1	用经纬仪测量

（17）沉淀池预制壁板间后浇缝钢筋焊接允许偏差（表 21-63）。

表 21-63

项目		允许偏差(mm)	检查频率		检验方法
			范围	点数	
接头处钢筋轴线的曲折		4°	每个接头	1	用尺量
接头处钢筋轴线的偏移		0.1d，且≤10	每个接头	1	用尺量
焊缝高度		−0.05d	每个接头	1	用尺量
焊缝宽度		−0.1d	每个接头	1	用尺量
焊缝长度		−0.3d	每个接头	1	用尺量
咬肉深度		0.05d，且≤1	每个接头	1	用尺量
焊缝表面上气孔及夹渣	在 2d 长度上	≤2 个	每个接头	1	用尺量
	直径	≤3	每个接头	1	用尺量

（18）沉淀池预制壁板预应力绕丝张拉允许偏差（表 21-64）。

表 21-64

项目	允许偏差(mm)	检查频率		检验方法
		范围	点数	
张拉应力为高强钢丝拉断强度的 65%	±0.1t	每根	1	用应变仪测定
超张拉应力控制为拉断强度的 85%	±0.1t	每根	1	用应变仪测定
钢丝间距	按设计规定	每米	1	用尺量
钢丝接头	按设计规定	每根	1	用尺量

（19）沉淀池预制壁板外壁砂浆喷涂允许偏差（表 21-65）。

表 21-65

项目	允许偏差(mm)	检查频率		检验方法
		范围	点数	
砂浆强度	平均值不低于设计强度等级			
喷涂厚度	不小于设计规定	每块板	2	随喷涂用尺量测
外保护层	按设计规定	整个池	10	随施工作检验记录

(20) 沉淀池预制集水槽模板安装偏差（表 21-66）。

表 21-66

项目		允许偏差(mm)	检查频率		检验方法
			范围	点数	
断面尺寸	长度	5,0	每节	2	用尺量
	宽度	0,−15		2	
	高度	0,−5	每节	2	
	对角线	15		2	
内底拱坡		0,−5	每节	2	用弧形板量测
模底平整度		2	每节	2	用 2m 直尺量测
预埋件位置		3	每节	2	用尺量

(21) 沉淀池预制集水槽钢筋安装允许偏差（表 21-67）。

表 21-67

项目	允许偏差(mm)	检查频率		检验方法
		范围	点数	
沿高度方向配置两排以上受力钢筋时的钢筋排距	±5	每槽	4	用尺量
受力钢筋间距	±10	每槽	4	用尺量
钢筋间距	±20	每槽	4	用尺量
保护层厚度	±3	每槽	4	用尺量
预埋件位置	5	每件	1	用尺量

(22) 沉淀池预制集水槽混凝土浇筑允许偏差（表 21-68）。

表 21-68

项目		允许偏差(mm)	检查频率		检验方法
			范围	点数	
混凝土抗渗性能		不小于设计规定	一组	6 块	标准养护
混凝土抗压强度		按 GBJ 107-87 标准			标准养护
槽内底平整度		3	每节	1	用 2m 直尺量测
截面尺寸	长度	±10	每节	2	用尺量测
	宽度	±10			
	高度	±10			
	对角线	15			
板对角线差		5	每件	1	
顶留孔洞中心线位置		±2	每 5m	1	用水准仪测量

(23) 沉淀池预制集水槽吊装允许偏差（表 21-69）。

表 21-69

项目	允许偏差(mm)	检查频率		检验方法
		范围	点数	
轴线位移	5	每节	1	用经纬仪测量
高程	±5	每节	1	用水准仪测量
预埋件安装位置	5	每件	1	用尺量
槽壁板安装	±5	每节	1	用尺量
出水口高程	±5	每件	2	用水准仪测量

（24）沉淀池池顶混凝土浇筑允许偏差（表 21-70）。

表 21-70

项　目	允许偏差(mm)	检查频率		检 验 方 法
		范围	点数	
混凝土抗冻性能	不小于设计规定	五组	15 块	标准养护
混凝土抗渗性能	不小于设计规定	一组	6 块	标准养护
混凝土抗压强度	按 GBJ 107-87 标准			标准养护
轴线位移	5	每个池	4	用经纬仪测量,纵横各 2 点
高程	±5	第 5 米	2	用水准仪测量
盖梁顶平整度(表面处理后)	3	第 3 米	3	用 1m 直尺量测
断面尺寸	±5	第 10 米长	1	用直尺量宽、高
麻面	<1%	每 1 侧面	1	麻面面积与每 1 侧面总面积之比

21.3.3 曝气池施工监理

1. 施工要求

（1）钢筋混凝土浇灌同其他钢筋混凝土结构。

（2）鼓风曝气池池壁与管廊离墙内壁的平整度不应超过 5mm；管廊壁断面施工允许

表 21-71

顺　序	项　目		允许偏差(mm)	检验频率		检验方法
				范围	点数	
1	导流口	中心位移	10	每个构筑物部位	2	用钢尺量
		高程	±10		2	用水准仪测量
2	导流区两侧板净距		±10		8	用钢尺量
3	混凝土斜板	平整度	3		4	用 2m 直尺
		斜板角度	0.5°		2	用角度尺
4	出水槽	堰口高度	±5		8	用水准仪测量
		槽底高程	±10		4	用水准仪测量
5	回流缝(斜板处)净距		±10		2	用钢尺量
6	导流板平整度		3		8	用 2m 直尺
7	池底	高程	±10		4	用水准仪测量
		坡度	0.5°		2	用角尺量
8	中心管轴线位移		15	每个		用钢尺量
9	表曝机预留口轴线位移		5			用钢尺量
10	预埋铁件	轴线位移	5			用钢尺量
		高程	0,−5			用水准仪测量
11	表曝机基础	基础面高程	0			用水准仪测量
		平整度	2			用 2m 直尺
12	预埋螺栓轴线		5		2	用钢尺量

偏差不得超过 5mm；并控制好廊底坡降及出水堰口的标高。

2. 监理重点

(1) 注意池壁、管廊离墙内壁的平整度。

(2) 控制廊底坡降和堰口标高。

3. 曝气池质量标准及检验方法（表 21-71）

21.3.4 滤池施工监理

1. 滤池的种类及结构特点：普通快滤池、双阀滤池、虹吸滤池、无阀滤池、移动罩滤池、压力滤池、V 形滤池、生物滤池；池体为钢筋混凝土结构或钢板制作。

2. 旁站监理池壁等处的预留孔洞及预埋件的位置和尺寸，在浇混凝土前进行复查验收，在孔洞处的钢筋应尽量绕过，避免截断。

3. 检查和巡视水池混凝土浇筑，必须留施工缝时，可在底板以上 50cm 左右的池壁处设置施工缝。

4. 检查结构混凝土的强度、抗渗和严密性是否符合设计与规范要求。

(1) 结构平面尺寸允许偏差≤±20mm。

(2) 构筑物均匀布水的薄壁堰、穿孔槽或孔口的高程与中心位置的允许偏差应符合设计要求。

(3) 水平度偏差≤±2mm。

(4) 孔口中心距离允许偏差≤±5mm。

(5) 反冲洗排水槽的施工要特别注意，不仅要保证同一滤池内的排水槽面水平，同时也要保证与其他滤池的排水槽面处在同一水平面上。

(6) 预留管中心位置与高程允许偏差≤5mm，预留孔洞中心位置 10mm。

(7) 预制滤板的允许偏差：平面尺寸≤±3mm；厚度≤+4mm、≤−2mm。滤孔直径、间距应符合设计要求。

(8) 与滤料接触的池壁部分应做拉毛等粗糙处理。

5. 检查和巡视工艺管道的安装

(1) 进水、排水、虹吸及配水系统等工艺管道的管材、接口及其防腐做法应符合设计与规范要求。虹吸管接口应严密不漏气。

(2) 管道安装的允许偏差要求：

1) 中心位置≤5mm；高程≤±5mm。

2) 虹吸管的进、出口高程允许偏差≤±10mm。

3) 其他有高程要求的管道和装置不应大于设计要求或≤±10mm。

6. 配水系统的施工监理

(1) 检查穿孔管式大阻力配水系统。孔眼设于支管两侧，与垂线呈 45°角交错排列。支管与干管的连接一定要牢固。支管终端要用木方垫牢固定，铺设承托层时要注意铺匀轻放，不得将支管砸坏。

(2) 检查滤板的安装

1) 检查配水系统构件的质量（结构强度、缝隙宽度、构件尺寸等）。

2) 滤板安装前，上部结构施工及装修应全部完成，并将滤池作彻底的清扫、清洗，以避免交叉施工而堵塞、损坏滤孔或滤头。

3）滤板下的支撑柱（梁）及滤板锚栓做法应严格按设计要求施工。柱、梁及滤板安装的允许偏差要求：

a. 轴线≤8mm。

b. 锚栓位置≤5mm。

c. 高程≤±5mm。

d. 平整度≤5mm（3m 尺）。

e. 板间错台≤2mm。

4）滤板板缝填塞密实，所用填料应符合设计要求。板间锚栓、垫板材料应符合防腐要求。

5）滤板安装后，应对其高程、平整度、板间错台、板缝密封以及锚栓固定、防腐等项指标进行细致全面的检查验收。经检查验收合格后才可进行下一工序。

6）滤头安装按有关要求进行，监理应抽查其合格率，一定要达到 100%。

（3）旁站和验收承托层的装填。承托层的组成由下向上其承托层粒经为 16～32mm、8～16mm、4～8mm 和 2～4mm。基厚度为 100mm。

1）依据设计对承托层不同粒径所装填的厚度进行检查，在滤池池壁周划上相应的高度线。

2）砾石承托层要由粗到细分别逐级铺装。铺装时，要严格掌握厚度及均匀性并防止把已铺好的承托层搞乱。

3）滤料在装填前应作筛分试验，检查滤料粒径级配是否符合设计要求。

4）若滤料级配不符合要求，应进行筛分。

5）向滤池中慢慢放入水，使水位至排水槽，将合格的滤料投入滤池，达到预计数量后，开启排空阀门排水，然后将滤料大致刮平。

6）对滤池进行 3 次以上的冲洗，每次冲洗结束时都要逐渐降低冲洗强度，以完成有效的水力分级。并且在每次反冲洗后，都应将滤料表层 5～10mm 厚的细粉和杂质刮除。

7）反冲洗后，若滤料厚度没有达到设计要求，应再填加。

7. V 形滤池施工监理

（1）施工顺序（图 21-9）

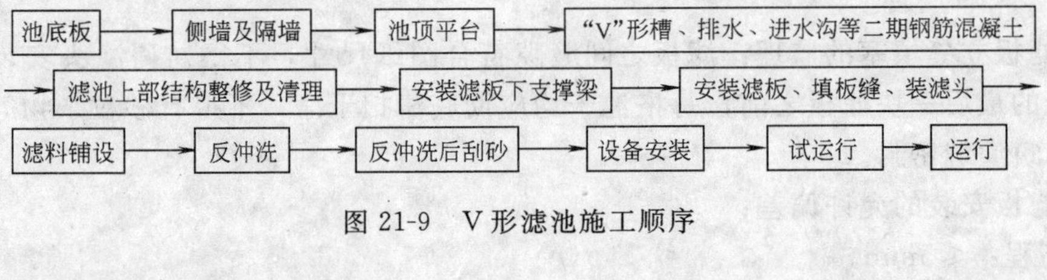

池底板 → 侧墙及隔墙 → 池顶平台 → "V"形槽、排水、进水沟等二期钢筋混凝土
→ 滤池上部结构整修及清理 → 安装滤板下支撑梁 → 安装滤板、填板缝、装滤头 →
滤料铺设 → 反冲洗 → 反冲洗后刮砂 → 设备安装 → 试运行 → 运行

图 21-9 V 形滤池施工顺序

（2）池体及 V 形槽的施工监理

1）测量放线、池底板及池壁轴线及尺寸。模板支搭后要逐条轴线检查验收，符合允许偏差的要求后，浇筑混凝土。池壁模板要一次支齐，混凝土浇到走道板以下 20～40cm，施工缝处理后，再浇走道板混凝土。旁站 V 形槽、排水槽施工。

2）滤池的 V 形槽的槽边要水平，其施工要求与普通快滤池的排水槽面要求相同。

3）同一 V 形槽的表冲孔的中心连线要水平，而且与池内的另一 V 形槽的孔在同一水平面上。孔径要相同，孔洞轴线要水平，且垂直于进水槽的进水方向。

4）旁站V形槽孔的施工步骤：

a. V形槽在池体混凝土浇筑时要一次完成，在V形槽孔的位置留孔洞，孔洞直径比设计孔径大30mm。

b. 按V形槽孔设计加工硬聚氯乙烯塑料或钢管短管，其管径与设计孔径相同，长度与槽壁厚相同。

c. 将短管装入V形槽的各个孔口，用石棉灰水泥或膨胀水泥砂浆填塞固定，固定前应用水准仪校正短管安装在同一水平线上，且要调整每根短管均与V形槽壁板垂直。

d. 冲洗水槽的两条上缘都要在同一水平面上，在水泥砂浆抹面时，既要保证冲洗水槽上缘水平，又要保证其刃角均匀且满足设计要求。因此，在抹面施工过程中应采用水准仪监测，随时修正。

（3）滤板的制作与安装监理

1）滤板混凝土采用低流动性混凝土，用附着式振动振捣。振捣后表面压实。使滤头的螺栓头部露出，滤板内钢筋用砂浆垫块绑扎固定，浇筑后养护时间不少于14d。

2）检查滤板预制偏差：

a. 平面尺寸：≤±2mm。

b. 板厚：－2～＋3mm。

c. 板对角：≤±5mm。

d. 滤头孔中心位置：≤±3mm。

e. 平整度：≤2mm。

3）旁站监理滤板安装

a. 检查预制滤池配水系统滤板是否合乎设计要求，检查放线位置及高程控制线。

b. 用水准仪及钢尺检查池平面尺寸、垂直度（包括池壁之间，池壁与底板之间）、预留孔洞标高、底板标高等，然后按要求将每格池子的滤板面标高弹墨线于池壁上。

c. 用水准仪测量每块滤板的四个角，各个滤池之间滤板标高误差为±4mm，每一个池内所有滤板的标高误差不得大于±2.5mm。垫平后再用水准仪复查一次。

4）检查安装偏差：高程偏差不超过±5mm，平整度不超过3mm，用长平尺及塞尺检查量测。

5）滤板立缝填塞的监理：滤板之间缝隙符合图纸尺寸，不得妨碍滤头安装，在安放每格池子的最后一块滤板之前，每格池子均应彻底清扫干净，不得有砂粒杂物等，合格后将滤板浇筑灌缝密封。

6）滤板安装的允许偏差：

a. 高程：≤5mm。

b. 平整度（3m直尺）：≤3mm。

c. 板间错台：≤2mm。

d. 滤板下锚栓位置：≤±5mm。

（4）滤头的安装监理

1）将装有滤帽螺母的滤板在滤池内安装、固定后，将滤池帽小心地拧紧。

2）安装滤帽时，宜从一侧开始向另一侧装，也可以两侧同时开始向中心装，但要认真检查，不得遗漏。

3）滤帽装完后要进行安装质量检查，合格后，马上装填滤头。滤头及滤柄要仔细检查，安装时要逐个紧固。做到不松动、无裂缝、滤头完整。

8. 无阀滤池施工监理要点

（1）无阀滤池结构混凝土分 4 次浇筑。第一次完成池底板，第二次浇伞形板以下的池壁和顶板，第三次浇上半部池壁和顶板部分，最后完成顶板上配水槽混凝土的浇筑。

（2）池壁、伞形盖、水箱壁应连续浇捣。因条件限制不能连续施工时，则应在池壁浇筑距伞形盖 20cm 左右时，停止浇捣，支伞形盖的模板及上部冲洗水箱壁模板，然后浇捣池壁和伞形盖以及冲洗水箱壁。

（3）伞形盖施工时，检查保证其严密性的措施。

（4）旁站监理滤池竖向三角连通渠的施工，检查其模板拆除的措施。拆除后的三角连通渠内，不应留有残余模板碎块。

（5）检查预制滤池配水系统单体最大边尺寸是否小于滤池人孔尺寸。

（6）无阀滤池的各个分配水箱的堰的施工监理

1）施工过程中应用水准仪监视，经常校测保证标高必须一致。

2）配水槽的堰顶高程应符合设计规定要求，且其误差不大于±2mm。

（7）管道安装监理要点

1）无阀滤池池壁、伞形盖上的管件均应在混凝土浇筑时预埋。

2）虹吸上升管和下降管均应焊接严密，不得漏气。

3）虹吸破坏管、吸气管以及它们与虹吸上升管交接处的连接要严密，不得漏气。

4）进水 U 形管或气水分离器的底标高，要保证严格按设计施工，不得上移。

5）破坏斗的安装标高应严格按设计施工，不得偏高或偏低。

9. 移动冲洗罩施工监理要点

（1）要求池底板、壁板连续施工，特别要保证池壁内侧垂直度。

（2）检查分格隔板 T 形顶面的平整度，全池隔板 T 形顶面的平整度不大于 5mm。

（3）池顶与分格隔板 T 形顶面应互相平行，可采取以钢轨顶面为基准。

（4）滤池浇注后，要测量滤池四角的标高，并以此来调整轨道标高及 T 形顶面的高程。

（5）钢轨铺设的技术要求（表 21-72）

表 21-72

项　目	允许偏差(mm)	项　目	允许偏差(mm)
轨道跨度	±4	两平行轨道接头位置应错开长度大于轮距	≤2
轨道纵向坡度(累积值)	1/1500(≤10)		
在平面上及沿高程方向轨端轨道标高	1	钢轨的鱼尾板联接处应焊跨接线钢轨终端应有良好接池	
两轨道接头处间隙	≤2		

（6）驱动装置安装允许偏差（表 21-73）

21.3.5　清水池施工监理

1. 矩形现浇钢筋混凝土清水池的施工监理

（1）底板钢筋混凝土的监理

表 21-73

项目		允许偏差(mm)
传动轴安装精度	轴长 $L<20$m	0.3
	轴长 $L\geqslant 20$m	0.5
链轮中心线重合度 e	中心距(m) $0<l<1$	1
	$1\leqslant l\leqslant 10$	1/1000

1）旁站水池底板混凝土一次连续浇筑完成。注意底板各部轴线位置及高程符合标准要求，钢筋位置（特别是底板内的预埋池壁、柱插筋）符合要求，混凝土的强度及抗渗标号要符合标准要求，设清水池的变形缝防水要符合要求。

2）复验测量放线。巡视底板模板安装、钢筋安装。

3）旁站底板混凝土浇筑：

a. 混凝土的原材料及配合比应符合设计与有关规范要求。混凝土的坍落度宜选用50～70mm，如采用掺用外加剂的泵送混凝土时，其坍落度不宜大于150mm。

b. 混凝土浇筑应连续进行。浇筑段的间歇时间：当气温小于25℃时，不应超过3h；气温≥25℃时，不应超过2.5h。

（2）池壁钢筋混凝土的监理。巡视和旁站池壁混凝土浇筑。

1）非泵送混凝土的坍落度不应大于80mm，掺加剂的泵送混凝土的坍落度不应大于150mm。

2）浇筑前施工缝应先铺15～20mm厚且与混凝土配合比相同的水泥砂浆。池壁混凝土应分层连续浇筑完成，每层混凝土的浇筑厚度不应超过40cm，沿池壁高度均匀摊铺，每层水平高差不超过40cm。

3）池壁转角、进出水口、洞口是配筋较密难操作的部位，应划分浇筑长度。插入式振捣器的移动间距不大于30cm，振捣棒要插入到下一层混凝土内5～10cm，使下一层未凝固的混凝土受到二次振捣。

4）池壁混凝土浇到顶部应停1h，待混凝土下沉收缩后再作二次振捣，以消除因沉降而产生的顶部裂缝。

（3）巡视和旁站顶板钢筋混凝土施工

顶板混凝土的浇筑顺序，应在较短的一侧开始分条浇筑，先浇低处。分条宽度应根据混凝土的供应量与接茬的间歇时间决定。

2. 单元组合式钢筋混凝土清水池的施工监理

（1）采用单元组合体，可以组合成不同容量与不同平面的整体水池，各单元均为独立施工段，将水池分为若干作业区进行工作。

（2）允许偏差和要求

1）柱、池壁轴线的偏差不超过5mm。

2）高程偏差（模板±5mm，混凝土±10mm）。

3）平整度允许偏差≤10mm。

4）止水带与变形缝位置±5mm。

5）钢筋保护层及预埋筋位置的允许偏差（柱±5mm，池壁±3mm，底板±10mm）。

6）混凝土密实、抗渗及抗压强度应符合标准要求，表面平整光洁、密实。

(3) 池壁与中隔墙的监理

1) 检查变截面的池壁与中隔墙段的钢筋是否一次绑扎到顶，混凝土是否连续浇筑到顶。

2) 巡视和旁站池壁与中隔墙的池壁与底板施工缝的施工。

(4) 柱施工的质量要求

1) 轴线位置偏差小于 8mm。

2) 垂直度偏差小于 8mm。

3) 柱截面尺寸偏差±5mm。

4) 柱平整偏差小于 8mm（用 2m 直尺）。

5) 柱帽顶标高偏差＋5mm、-10mm。

3. 装配式圆形预应力混凝土清水池的施工监理

(1) 装配式圆形预应力混凝土清水池可以分解为采用整体式现浇钢筋混凝土底板、装配式池壁板、柱及预制顶盖系统。

(2) 池壁板应外绕环向预应力碳素钢丝，并喷以水泥砂浆保护层。

(3) 柱下端应嵌入柱杯口内，填细石混凝土，柱顶与顶盖杯梁的节点处为装配整体式接头。

(4) 池壁板下端与底板环形槽接点处应为弹性铰接构造，池壁板顶端节点为先搁置连接，待预应力绕丝后改为现浇连接。

21.3.6 消化池的施工监理

1. 消化池施工的注意事项

(1) 池体施工注意事项

1) 消化池池体施工要点与现浇钢筋混凝土水池施工相同。

2) 底板施工要点

a. 在岩石地基上浇灌混凝土底板之前，应检查基石有无断裂层，如发现有断裂层，应采取压力灌浆将裂缝灌满。

b. 在软土地基上浇筑混凝土底板之前，应铺设一层砂垫层或天然级配的砂砾层，加固软土地基。

c. 底板混凝土一般宜用不低于 C20 的密实混凝土浇筑。具体施工要点与水池相同。

3) 池壁施工要点

a. 池壁与池底交结处宜一次连续浇筑施工。

b. 其消化池气室内壁应作防腐衬里，其下沿应深入到最低泥位 0.5m 以下。

c. 预埋管件应采用铸铁管件，并均应采用耐腐蚀螺栓。

d. 固定盖池顶，无论是弧形穹顶还是伞形盖形式均应与池壁整体浇筑。

e. 浮动式池顶宜采用钢结构，钢制顶盖应严密不漏气，顶盖放在池壁密封水槽里应能上下自由活动，无障碍。试运行时，应在密封水槽内注水，封密池盖与池壁的连接，使池内不漏气。

(2) 消化池经满水试验合格后，必须进行气密性试验。气密性试验压力宜为消化池工作压力的 1.5 倍，24h 的气压降不超过试验压力的 20%。

2. 圆柱形消化池施工要点

(1) 池体混凝土施工

1) 圆柱形消化池的池壁高度大(12～18m),因此多采用整体现浇施工。

2) 圆柱形消化池的支模方法有:满堂支模法和滑升模板法。前者模板与支架用量大,后者宜在池壁高度≥15m时采用。

3) 为了防止施工接缝处理不当而漏水,底板要求连续浇成整体,不设置施工缝。池壁(包括上环梁)也要求连续浇筑混凝土,不宜设置施工缝。

4) 底板与池壁之间、池壁与顶板之间的施工缝内,加设环形镀锌铁皮止水带,带厚4mm,宽300mm。

5) 池顶混凝土连续浇筑,不设置施工缝。

(2) 池体预应力施工

1) 绕丝预应力工艺

a. 预应力钢丝用绕丝机连续缠绕于池壁的外表面,预应力钢丝的端头用楔形锚具锚固在沿池壁四周特别的锚固槽内,绕丝完毕后喷涂50mm厚的水泥砂浆作保护层。详见水池绕丝预应力。

b. 绕丝预应力工艺的优点:预应力钢丝布置在池壁的外表面,可减少壁内配筋的拥挤,便于浇筑池壁混凝土;此外,还可减少锚具,避免摩擦损失,节省钢材。

c. 绕丝预应力工艺的缺点:当绕丝预应力的间距过密,其净距小于5mm时,会造成喷浆不实,日后将影响池的安全使用。

d. 绕丝预应力宜用于内径小于25m、水位低于15m的圆柱形消化池。

2) 后张有粘结工艺

a. 施工过程:在绑扎普通钢筋时预埋金属波纹管→浇筑混凝土→穿钢丝束→混凝土达到设计强度→张拉钢丝束→管道压力灌浆。

b. 池壁预应力筋采用7×7ϕ_s5mm钢丝束(也可用钢绞线),采用分段张拉,张拉角度120°,每座池设有6根锚固肋。

c. 施工时两端同时张拉,用XM型多根夹片锚具锚固。

d. 后张有粘结工艺的优点:通过孔道压浆,使预应力筋与孔道壁粘结牢靠,可减轻锚具负担。

e. 后张有粘结工艺的缺点:施工工序复杂,且孔道摩擦损失大。

f. 该工艺不常采用,宜用于大直径和高水位的圆柱形消化池。

3) 后张无粘结工艺

a. 无粘结预应力筋可采用7ϕ_s5mm钢丝束、ϕ_j12.7mm与ϕ_j15.2mm普通钢绞线及低松弛钢绞线等,其中以1860级ϕ_j15.2mm低松弛钢绞线综合经济效果最佳。

b. 无粘结预应力筋成束铺设,单根张拉。其张拉端锚固体系有两种作法:群锚体系与单锚体系。采用群锚体系,灌浆仅起保护作用,因为无粘结筋表面油脂无法清理干净;孔单锚体系,构造简单、施工方便、成本较低。

c. 单根无粘结筋采用YCN-23型前卡式千斤顶张拉。同束无粘结筋应先张拉池壁内侧的预应力筋,后拉外侧的预应力筋。每根预应力筋用两台千斤顶在两端同时张拉。同一圈内对称的两根预应力筋也应同时张拉,共需4台千斤顶同时工作。

d. 当池壁有4根锚固肋时,采用自上而下分两批对称张拉的顺序。池壁张拉完毕后再张拉环梁。

e. 无粘结预应力工艺在承担拉应力的环向预应力筋中采用较广，但对锚具要求严格。

3. 储气柜的施工要点

(1) 储气柜保温、采暖、给排水管道、工艺管道和电气仪表等工程，均按现行的各有关专业技术规范进行。

(2) 环形基础内应呈圆锥形状面中心突起，其突起高度应≥水槽直径的1%。

(3) 基础防水层不能有裂缝，排水管口要高于地坪，基础边缘的排水沟和排水管应通畅，基础周围地坪应低于排水管出口。

(4) 基础表面的干砂层应在防水层检查合格后铺设。干砂层的厚度为20～30mm，个别地方由于防水层突起，允许减薄到10mm，砂子粒径为3mm以下。

4. 消化池池体施工监理

(1) 消化池土基质量监理汇总表（表21-74）

表 21-74

顺序	项　目	允许偏差(mm)	检验频率		检验方法	检验
			范围	点数		
1	高程	±10	每5米	1	用水准仪测量，平桩作方格网，挂线用尺量	承包单位检测，监理人员在场
2	坡度(池底为锥形时)	0.2%	每一方格	1	用坡度尺量测	
3	平整度	10	每方格	1	用2m直尺量测	
4	轴线位移	20	每个池	2	用经纬仪测量，纵横各1点	
5	基底半径	+30,0	每5米	1	依据轴线用尺量	
6	排水沟	±50	每侧	4	用尺量宽、高各2点	
7	集水井	距结构≥500	每个	1	用尺量	

(2) 检查消化池池壁倒模模板的安装。池壁倒模模板安装允许偏差（表21-75）。

表 21-75

项　目		允许偏差(mm)	检查频率		检验方法
			范围	点数	
模板轴线与设计位置		±8	每步	4	用经纬仪测量，纵横轴各2点
池壁断面尺寸		±3	每步	10	用尺量
模板垂直度		2/步	每步	10	挂垂线量测
模板平整度		3	每步	10	用1.5m直尺量测
相邻两板面高低差		1	每步	10	用尺量
模板上表面高程		±2	每个池	10	用水准仪测量
池壁半径		±5	每步	10	用尺量
预留预埋中心位置	预埋件(管)	3	每个	1	用尺量
	预留洞	5	每个	1	用尺量
相邻两表面高低差		2	每一接缝	2	用尺量

(3) 消化池池壁钢筋安装允许偏差（表 21-76）。

表 21-76

项　目	允许偏差(mm)	检查频率		检验方法
		范围	点数	
沿高度方向配置两排以上受力钢筋时的钢筋排距	±5	每步	10	用尺量
受力钢筋间距	±10	每步	10	用尺量
钢筋间距	±20	每步	10	用尺量
钢筋长度	±15	每个池	10	用尺量
保护层厚度	±3	每步	10	用尺量
轴线与钢筋轴线位移	±8	每步	10	用尺量

(4) 消化池池壁混凝土浇筑允许偏差（表 21-77）。

表 21-77

项　目	允许偏差(mm)	检查频率		检验方法
		范围	点数	
混凝土抗压强度	按 GBJ 107-87 标准			标准养护
混凝土抗渗性能	不小于设计规定	一组	6 块	标准养护
混凝土抗冻性能	不小于设计规定	五组	15 块	标准养护
垂直度	$1.5H/1000$，且≤30	每座	2	用垂线测量或经纬仪
壁厚	+10，−3	每座	2	用尺量
内外表面平整度	10	每 5 米	10	用弧长为 2m 的弧形尺检查

注：H 为圆筒池身高度，(m)。

(5) 检查消化池池壁预埋件。消化池池壁预埋件不得漏缺、碰、错，安装牢固，管口封闭不渗水。安装预埋件、预留孔件时钢筋如被损坏应按图复位。允许偏差（表 21-78）。

表 21-78

项　目	允许偏差(mm)	检查频率		检验方法
		范围	点数	
高程	±10	每个件孔	1	用水准仪测量
位置	±5		1	按图用尺量测
防腐处理	不得有漏空	每个埋件	1	观查检查
预埋沉降观测点	按设计规定			用水准仪测量，绘制图表，定期复测

(6) 检查消化池池顶钢筋安装偏差（表 21-79）。

表 21-79

项　目	允许偏差(mm)	检查频率		检验方法
		范围	点数	
沿高度方向配置两排以上受力钢筋时的钢筋排距	±5	每座	5	用尺量
受力钢筋间距	±10	每座	5	用尺量
环筋间距	±20	每座	5	用尺量
保护层厚度	±3	每座	5	用尺量
轴线与钢筋位移	±8	每座	5	用尺量

（7）检查消化池池顶模板安装偏差（表21-80），模板安装支撑必须牢固，在施工荷载作用下，不得有松动、跑模、下沉等现象，模板拼装必须严密，不得漏浆，模内必须洁净。

表 21-80

项目		允许偏差(mm)	检查频率		检验方法
			范围	点数	
相邻两板表面高低差	刨光	2	每个构筑物	4	用尺量
表面平整度刨光		3		4	用2m直尺量测
模内尺寸		+3，−8		3	用尺量，长宽高各计1点
轴线位移		8		2	用经纬仪测量，纵横各计1点
预埋件预留孔位置		10		1	用尺量

（8）检查消化池梁、顶板混凝土浇筑偏差（表21-81）。

表 21-81

项目	允许偏差(mm)	检查频率		检验方法
		范围	点数	
混凝土抗压强度	按GBJ 107-87标准			标准养护
混凝土抗冻性能	不小于设计规定	五组	15块	标准养护
轴线位移	10	每个梁板	2	用经纬仪测量，纵横向1点
断面尺寸	+10，−3		2	用尺量，宽、高各计1点
顶面支撑面高程	±5		2	用水准仪测量
梁侧向弯曲	1/1000L	每个梁	1	沿构件全长拉线量测
平整度	5	每个梁板	1	用弧长2m的弧形尺检查
麻面	1%	每个侧面	1	麻面面积与每1侧面总面积之比

注：L—梁板长度（m）。

（9）如果消化池是砖砌结构，砌体砂浆必须密实饱满，水平灰缝的砂浆饱满度不得低于80%。组砌方法应正确，不得有通缝，转角处和交接处的斜槎和直茬通顺、密实，直缝应加拉接条。清水墙应清洁美观，勾缝密实，深浅一致，横竖缝交接处应平整。检查砖砌结构偏差（表21-82）。

表 21-82

项目		允许偏差(mm)	检查频率		检验方法
			范围	点数	
轴线位移		10	每层	4	用经纬仪测量，纵横各2点
高程		±15	每层	2	用水准仪测量
垂直度	每层	5	每5米	2	用经纬仪或垂线测量
	全高	20			
清水墙、柱表面平整度		5	每5米	1	用2m直尺量测
混水墙、柱表面平整度		8	每5米	1	用2m直尺量测
清水墙水平缝平直度		7	每10米	1	挂线用尺量
混水墙水平缝平直度		10	每10米	1	挂线用尺量
水平缝厚度		±8	每10行	1	与皮数杆比较，用尺量
游丁走缝		20	每层	1	垂线用尺量
砂浆饱满度		≥80%	每步架3处	每处3处	用百格网测取平均值

5. 消化池水泵安装监理

(1) 对所购设备先开箱按标准及图纸进行核对，对外观验收不合格不允许安装。

(2) 承包单位必须按设计要求做到底脚螺栓必须埋设牢固，丝扣露出部分不得锈蚀；泵座与基座应按触严密，多台泵并列时各种高程必须符合设计规定；水泵轴不得有弯曲，电机应与水泵轴相一致。承包单位自检，复测时监理人员旁站。

(3) 水泵安装质量监理汇总表（表 21-83）。

表 21-83

项目		允许偏差(mm)	检查频率		检验方法	检验程序
			范围	点数		
基座水平度		2	每台	4	用水准仪测量	承包单位检测，监理人员在场
底脚螺栓位置		±2	每台	1	用尺量	
泵体水平度		每 m0.1	每台	2	用水准仪测量	
联轴器同心度	轴向倾斜	每 m0.8	每台	2	用水准仪百分表或测微螺钉量测	
	径向位移	每 m0.1		2		

6. 消化池铸型铁管、钢管及管件安装监理

(1) 监理人员要求承包单位对管及管件的水压、气压严密性能和真空度试验必须符合设计或规范要求。

(2) 支吊托架位置应正确，埋设平整、牢固，砂浆饱满，突出墙面与管道接触紧密。

(3) 闸门安装应坚固、严密与管道中心线应垂直，操作机构应灵活准确。

(4) 安装完毕后承包单位自检，监理人员在场，结果报专业监理人员认可。

(5) 消化池铸铁管、钢管及管件安装质量监理汇总表（表 21-84）。

表 21-84

项目	允许偏差(mm)	检查频率		检验方法
		范围	点数	
管道高程	±10	每节	2	用水准仪测量
中线位移	10	每节	2	用尺量
立管垂直度	0.2%H且≤10	每节	2	用垂线量测

注：H—主管长度（m）。

7. 消化池穿墙套管密封监理

(1) 承包单位应做到密封口严密，表面平整光滑，填料配比准确。

(2) 消化池穿墙套管密封质量监理汇总表（表 21-85）。

表 21-85

项目	允许偏差(mm)	检查频率		检验方法	检验
		范围	点数		
试水	不允许漏渗	每个	1	与池整体试水时进行	承包单位检测，监理在场
内墙壁平整度	5	每个	1	用 1m 直尺量测	

注：试水水头高度不应小于 2m。

8. 消化池的气密性试验监理

（1）主要试验设备

1）压力计：可采用 U 形管水压计或其他类型的压力计，刻度精确至毫米水柱，用于测量消化池内的气压。

2）温度计：用以测量消化池内的温度，刻度精确至 1℃。

3）大气压力计：用以测量大气压值，刻度精确到 10Pa。

4）空气压缩机一台。

（2）测读气压

1）池内充气至试验压力并稳定后，测读池内气压值（初读数），间隔 24h，测读末读数。

2）同时测池内温度和大气压力，并统一压力单位。

（3）池内气压降按下式计算

$$\Delta P=(P_{d1}-P_{a1})-(P_{d2}-P_{a2})\frac{273+t_1}{273+t_2}$$

式中　ΔP——池内气压降（Pa）；

P_{d1}，P_{d2}——池内气压初读数和末读数（Pa）；

P_{a1}，P_{a2}——分别为测量 P_{d1}，P_{d2} 时相应大气压力（Pa）；

t_1，t_2——测量 P_{d1}，P_{d2} 时相应池内温度（℃）。

（4）消化池气密性试验质量监理汇总表（表 21-86）。

表 21-86

项　目	允许偏差(mm)	检查频率		检验方法	检　验
		范围	点数		
一昼夜试验气压降	<15	每个池	1	用空气压缩机供气，按装虹吸管和仪表检测	监、承双方共同检测，监理人员签署评语

注：外观检验用肥皂水涂抹池顶表面试气，特别注意接茬、预埋件、人孔等处有无漏气部位。

21.4　水池及构筑物的工程验收

21.4.1　水池满水试验监理

1. 试验条件

（1）池体的混凝土或砖石砌体的砂浆已达到设计强度。

（2）现浇钢筋混凝土水池的防水层、防腐层施工之前以及回填土之前。

（3）装配式预应力混凝土水池施加预应力之后，保护层喷涂之前。

（4）砖砌水池防水层施工之后，石砌水池勾缝之后。

（5）一般在基坑回填以前，若砖、石水池按有填土条件设计时，应在填土后达到设计规定之后。

2. 检查试验前的准备工作

（1）将池内清理干净，临时封堵预留孔洞、预埋管口及进、出水口等。检查进水及排水阀门，不得渗漏。

（2）设置水位观测标尺，标定水位测计，准备现场测定蒸发量的设备。

（3）充水的水源应采用清水且做好充水和放水系统设施的准备工作。

3. 水池满水试验监理要点

（1）充水

1）向水池内充水分三次进行：第一次充水 $H/3$，第二次充水 $2H/3$，第三次充水至设计水深（H—水池有效设计水深（m））。

2）可先充水至池壁底部的施工缝以上，检查底板的抗渗质量，当无明显渗漏时，再继续充水。

3）充水水位上升速度不宜超过 2m/h，相邻两次充水的间隔时间不应小于 24h。

（2）每次充水应测读 24h 的水位下降值，计算渗水量，在充水过程中和充水后，应对水池作外观检查。当发现渗水量过大时，应停止充水。待作出处理后方可继续充水。

（3）水位观测

1）充水时的水位可用水位标尺测定。

2）充水至设计水深进行渗水量测定时，应采用水位测针和千分表测定水位。

3）充水至设计水深后至开始进行渗水量测定的间隔时间不小于 24h。

4）测读水位的初读数与末读数之间的间隔时间应为 24h。

5）连续测定的时间可依实际情况而定。如第一天测定的渗水量符合标准，应再测定一天。如第一天测定的渗水量超过允许标准，而以后的渗水量逐渐减少，可继续延长观测时间。

（4）蒸发量测定

1）现场测定蒸发量的设备，可采用直径约为 50cm、高约 30cm 的敞口钢板水箱，并设有测定水位的千分表。水箱应检验，不得渗漏。

2）水箱应固定在水池上，水箱中充水深度可在 20cm 左右。

3）测定水池中水位的同时，测定水箱中的水位。

（5）水池的渗水量按下列计算：

$$q=A_1/A_2[E_1-E_2-(e_1-e_2)]$$

式中　q——渗水量，[L/(m^2·d)]；

A_1、A_2——水池的水面面积，浸湿总面积（m^2）；

E_1、E_2——水池中水位测针的初读数，初读后 24h 的末读数（mm）；

e_1、e_2——测读 E_1、E_2 时水箱中水位测针的读数（mm）；

注：当连续观测时，前次的 E_2、e_2，即为下次的 E_1 及 e_1；雨天时，不宜做满水试验渗水量的测定。

（6）水池满水试验记录格式（表 21-87）

21.4.2　工程验收的组织及程序

1. 工程验收的组织

（1）水池工程施工完毕后必须经过竣工验收，竣工验收由建设单位组织施工、设计、管理（使用）、质量监督及有关单位联合进行。

表 21-87

工程名称　　　　　　　　建设单位

水池名称　　　　　　　　施工单位

水池结构	钢筋混凝土砖砌体	允许渗水量[L/(m^2·d)]	2L/(m^2·d) 3L/(m^2·d)
水池平面尺寸(m)		水面面积 A_1(m^2)	
水深(m)		湿润面积 A_2(m^2)	
测读记录	初读	末读	两次读数差
测读时间 (年、月、日、时、分)			
水池水位 E(mm)			
蒸发水箱水位 e(mm)			
大气温度(℃)			
水温(℃)			
实际渗水量	(m^3/d)	[L/(m^2·d)]	占允许量的百分率
参加单位和人员	建设单位	设计单位	施工单位

(2) 隐蔽工程必须通过中间验收，中间验收由施工单位会同建设、设计及质量监督部门共同进行。

2. 工程验收的程序

(1) 对各单体工程进行初检，查看有无漏项。

(2) 核实竣工验收资料，进行必要的复检和外观检查。

(3) 对土建、安装和管道工程的施工位置、质量进行鉴定，并填写竣工验收鉴定书。

(4) 办理验收和交待手续。

(5) 建设单位将施工及竣工验收文件归档。

3. 施工单位应提供的竣工验收资料

(1) 竣工图及设计变更文件。

(2) 主要设备、材料和制品的合格证或试验记录。

(3) 施工测量记录。

(4) 混凝土、砂浆、焊接及水密性、气密性等试验、检验记录，管道的打压试验等记录。

(5) 施工记录。

(6) 工程质量检验评定记录。

(7) 工程质量事故处理记录。

(8) 其他。

4. 水池工程验收的内容

(1) 水池常规验收内容

1) 水池整体及各分项：底板、池壁、柱、梁的位置、高程、平面尺寸、预埋管道、管件的安装位置和数量。

2）水池的水密性（满水试验）、消化池的气密性结果。

3）水池的结构强度、抗渗、抗冻标号。

4）水池四周土的回填夯实及平整情况。

（2）水池配管工程

1）配管工程要验收管材、管径、长度、走向、埋深、坡度及连接方式以及管线的位置。

2）管道的严密性，防腐情况。

3）闸阀的数量、位置，是否启闭灵活、严密。

（3）钢筋混凝土水池工程验收资料

1）设计变更和钢材代用证件。

2）原材料质量合格证件。

3）混凝土试块的试验及质量评定记录。

4）混凝土工程施工记录。

5）钢筋及焊接接头的试验数据。

6）装配式结构构件的制作及安装验收记录。

7）预应力筋的冷拉和张拉记录。

8）隐蔽工程验收记录。

9）冬季施工热工计算及施工记录。

10）工程的重大问题处理文件。

（4）砖石水池工程验收资料

1）施工中对基础砌体，沉降缝、伸缩缝和防震缝作隐蔽验收的文件。

2）对砌体中的配筋及其他隐蔽项目验收。

3）除上述水池常规验收内容外，还应检查下列资料：

a. 材料出厂合格证或试验检验资料。

b. 砂浆试块强度试验报告。

c. 砖石工程质量检验评定记录。

d. 冬期施工记录。

（5）中间验收记录表格（表 21-88）

表 21-88

工程名称＿＿＿＿＿＿建设单位＿＿＿＿＿＿

构筑物名称＿＿＿＿＿＿施工单位＿＿＿＿＿＿

构筑物名称＿＿＿＿＿＿验收日期＿＿＿年＿＿＿月＿＿＿日

验收项目及数量				
质量情况及验收意见				
参加单位及人员	建设单位	设计单位	质量监督部门	施工单位

(6) 竣工验收鉴定书（表 21-89）

表 21-89

工程名称＿＿＿＿＿＿＿建设单位＿＿＿＿＿＿＿

构筑物名称＿＿＿＿＿＿＿施工单位＿＿＿＿＿＿＿

开工日期＿＿＿＿＿＿＿

竣工日期＿＿＿年＿＿＿月＿＿＿日

验收日期＿＿＿年＿＿＿月＿＿＿日

<table>
<tr><td>验收内容</td><td colspan="4"></td></tr>
<tr><td>复验质量情况</td><td colspan="4"></td></tr>
<tr><td>鉴定结果及验收意见</td><td colspan="4"></td></tr>
<tr><td rowspan="4">参加单位及人员</td><td>验收委员会(或组长)</td><td>建设单位</td><td>设计单位</td><td>质量监督部门</td></tr>
<tr><td></td><td></td><td></td><td></td></tr>
<tr><td>施工单位</td><td>管理(或使用)单位</td><td>监理单位</td><td></td></tr>
<tr><td></td><td></td><td></td><td></td></tr>
</table>

21.5 塘的施工监理

1. 边坡的施工监理

(1) 边坡必须平整、稳定、严禁用清淤土贴坡。河沟上口线和坡脚线应整齐，顺直。河沟底应平整，不得有反坡。

(2) 整坡堤段如局部土壤松动或有垃圾腐植土，应换较好土壤，挖台分层填筑夯实。

(3) 根据校核后的高程修整坡面，要求岸线平顺，坡面平整。

(4) 整坡允许偏差（表 21-90）

表 21-90

项　　目	允许偏差(m)	检查频率		检验方法
		范围	点数	
干表观密度	按设计要求	堤长 100m	1 组 3 点	用环刀法或灌砂法
密实度	按设计要求	堤长 100m	1 组 3 点	用环刀法或灌砂法
控制线位移	按设计要求	堤长 40m	2	用坡度尺量
平台与坡顶、坡脚高程	±5cm	堤长 40m	3	用水准仪测量
坡面平整度	设计的 5%	堤长 140m	2	用坡度尺量

(5) 检查边坡防护作法控制点（表 21-91）

表 21-91

护坡类型	边坡防护控制点
卵石堆砌护坡	1. 厚度为 0.5～0.9m 2. 下铺 0.4～0.5m 厚的砂砾石垫层 3. 为保证护坡稳定，卵石级配要好：最大粒径 15～20cm
干砌石护坡	1. 厚度为 0.25～0.4m 2. 下铺 0.1～0.2m 的碎石或砾石垫层，为防止堤身材料被淘汰，有时需设反滤层 3. 在寒冷地区，最好在边坡距结冰水位以上 1.5m 左右范围设置一非黏性土防冻层
浆砌石护坡	1. 厚度为 0.25～0.4m 2. 下铺 0.15～0.2m 的碎石或砾石垫层，粒径 20～80mm 3. 为节省水泥，也可采用干砌石勾缝，勾缝深度 0.15m 左右 4. 每隔 10～15m，设置一条伸缩缝
沥青砂浆胶结块石护坡	在坡面上浇筑厚为 80mm 的渣油混凝土，其上浇筑厚为 50mm 沥青砂浆层，随即错缝摆上块石，留缝 20mm，缝间灌以沥青砂浆，全部或部分填满
水泥砂浆护坡	1. 现场做成 2m×2m 的护砌块，厚 0.15m 左右 2. 底脚做成 0.5m×0.5m 的浆砌块石底坎，顶部伸入坡面内 0.5m
混凝土板护坡	1. 厚度一般为 0.15～0.2m 2. 预制板一般采用方形或六角形；平面尺寸为：方形边长 0.8～1.5m，六角形 0.3～0.4m；现浇板尺寸 5m×5m～10 m×10m，大尺寸应配筋 3. 混凝土强度不低于 C20 4. 预制板下垫层同浆砌石；寒冷地区现浇板下也应全铺垫层，若无冻胀，则只在板接缝处设置垫层或反滤层 5. 寒冷地区需在板下铺设非黏性土防冻层
水泥土护坡	1. 厚度 0.6～0.8m，相应水平宽度为 2～3m 2. 配比为：土：水泥(体积)＝85～90：15～10 3. 砂土、砂壤土及风化岩粉渣均可，黏粒含量不超过 13%；防冲刷护坡应尽量选砂土，且含有一定数量卵石 4. 施工时按水平分层夯实，每层压实厚≤0.15m，填筑下层前，将前面层打毛约 20mm 深，养护≥10d
草皮护坡	1. 将草皮切割成 0.2m×0.2m～0.25m×0.6m 的矩形或 0.25m×2.5m 的长条形，厚 0.05～0.1m，在堤坡面全铺或用草皮条铺成边长 1m 的方格，在方格中播种草籽 2. 在坡上铺表土层，或在坡上沿等高线挖锯齿沟，其上撒布腐植土和肥料，种下草籽

2. 堤（坝）的监理

(1) 河沟堤土堆放，按设计指定地点进行，不得随意乱堆。

(2) 基础的预留保护层要彻底清理干净，不得有树木、草皮、乱石、腐植土等。试坑、钻孔应按规定全部填实、封堵。

(3) 堤（坝）基开挖允许偏差（表 21-92）。

表 21-92

项目		允许偏差(cm)	检查频率		检验方法
			范围	点数	
基底高程	土方	+3	堤长 40m	4	用水准仪测量
	石方	−5	堤长 40m	4	用水准仪测量
轴线位移		5	堤长 40m	2	用经纬仪测量，纵横向各计一点
基坑尺寸		≥设计规定	堤长 40m	4	用尺量
基坑边坡		设计的 5%	堤长 40m	4	用坡度尺量

(4) 均质土堤（坝）允许偏差（表 21-93）。

表 21-93

项目	允许偏差(cm)	检查频率		检验方法
		范围	点数	
干表观密度	按设计要求	200～400m^3	每 2 层 1 组 3 点	用环刀法或灌砂法
密实度	按设计要求	200～400m^3	每 2 层 1 组 3 点	用环刀法或灌砂法
轴线位移	5	每 40m	2	用尺量
边坡	设计的 5%	每 40m	4	用坡度尺量
宽度	±3	每 40m	2	用尺量
高程	+5，−3	每 40m	4	用水准仪测量
堤(坝)面平整度	±3	每 40m	4	用尺量

(5) 堤（坝）体与其他构筑物结合处所筑齿墙，必须符合设计要求。

(6) 横向、纵向接缝时，应挖结合槽。堤（坝）面应平整，堤（坝）体应顺直。

3. 墙的监理

(1) 墙体与上下游坝体结合处，土砂料不得彼此混合。墙体不应有纵向接缝，横向结合以及墙体与地基和构筑物的结合要求与均质土堤（坝）相同。

(2) 斜墙保护层或防冻层以及墙后垫层，填筑必须符合设计要求。

(3) 黏土心墙与斜墙允许偏差（表 21-94）。

4. 土岸填筑监理

(1) 严格要求在经过鉴定符合“土料设计”要求的料区范围内取料。其土的种类、颗粒组成、有机物、含水量均应符合设计要求。

表 21-94

项　目	允许偏差(cm)	检查频率		检验方法
		范围	点数	
干表观密度	按设计要求	40m	1组3点	用环刀法
密实度	按设计要求		1组3点	用环刀法
渗透系数	≤设计的5%			用渗透仪和其他方法
轴线位移	4		2	经纬仪测纵横向
顶、底高程	±3		4	用水准仪测量
厚度	+5,−3		2	用尺量
坡度	设计的3%		4	用坡度尺量

注：1. 在墙体每填高 2m 时，在墙体各个部位取有代表性的样品进行检查，并在压实可疑处和墙体各结合处取样。

2. 必须在本层经检验合格，并将所有取样坑均已填实后，方可填筑上一层。

（2）旧土体中不准存有废管、孔穴、孔物。

（3）分层铺筑，压实合格。不得有漏压、起皮和翻浆等现象，表面平顺整齐。

（4）上下层基础与土体、新土与旧土、填筑缝、结合部位的相接处，要按规定处理，严密结合。

（5）在填筑过程中，不得有层间光滑面，剪力破坏，弹簧土，漏压虚土层、冻土块、裂缝等现象。

（6）土岸填筑允许偏差（表 21-95）。

表 21-95

项　目	允许偏差(cm)	检查频率		检验方法
		范围	点数	
密实度	按设计要求	每200m堤岸长间隔半米厚度取样	1	环刀法
各部位置(中线、边线、平台线、坡脚线)	±5	每50m堤岸测一横断面	5	用水准仪测量
顶高程	±3			
边坡	设计的5%			用坡度尺量

5. 人工填塘监理

（1）仅利用运土机车行驶压实，不再人工夯实的人工填塘，土料预留下沉量，边坡坡度和填度密实度均应达到设计要求。

（2）不加任何压实，任其天然沉实的人工填塘，土料预留下沉量和边坡坡度也要符合设计要求。沼泽地清淤、排淤后，遗留在填方下面的沼泽厚度，不得超过沼泽层与填土总厚度的 1/3。

（3）人工填塘的施工要求（表 21-96）。

6. 河沟的人工开挖及清淤监理

表 21-96

项目		要求
塘堤	材料	由不易透水材料构成，并至少压实到90%标准葡氏密度
	顶宽	≥2.4m
	最大坡度	≤1/3
	最小坡度	内坡≥1/4
	超高	≥0.6～0.9m
	防冲刷措施	设防冲乱石，或采用铺砌
塘底	土	应是难于压缩和紧密的，当最佳含水量为4%时，至少压实到90%标准葡氏密度
	止水层	可采用由土、膨胀土或合成衬里物构成
	平整度	应≤75mm
	顶灌	完全施工后，应放水预灌
进水管道	检查井	位置应靠近堤，其检查井底的水管应在塘的最高运行水位上150mm
	管道安装	应沿塘底装置，使管口略低于塘层止水层的平均高程，管道下方应有完好的止水层
	进水口防冲坦	进水管末端应安装在合适的混凝土防冲坦上，防冲坦的最小尺寸为0.6×0.6m²
泄降设施	淹没式排水	进水口至堤脚距离≥3.0m，至止水层顶高≥0.6m
	多水位排水	将排水管设置于不同高程，底管应为淹没式排水，其他泄水口为水平式
	事故溢流	应设溢流管

（1）河沟开挖允许偏差（表21-97）。

表 21-97

项目	允许偏差(cm)	检查频率		检验方法
		范围	点数	
边坡坡度	设计的3%	河沟长50～200m	4	用坡度尺量
河沟底高程	0～5	河沟长50m	3	用水准仪测量
河沟断面尺寸	不小于设计规定	河沟长50～200m	1	用尺量
河沟中心线	3	河沟长50m	2	用尺量

注：1. 河沟两岸高程及坡度应符合设计要求；
2. 一般河道每50m范围或50m以下者，可作为一个点进行检验。

（2）河沟清淤允许偏差（表21-98）。

表 21-98

项目	允许偏差(cm)	检查频率		检验方法
		范围	点数	
边坡坡度	不陡于清淤前河沟坡度	30m	4	用坡度尺量
河沟底高程	0～5	30m	3	用水准仪测量
河沟断面尺寸	不小于原河沟断面	30m	1	用尺量
轴线位移	3	50m	2	用尺量

注：允许偏差是指清淤后的河沟与原竣工断面尺寸的偏差值。

(3) 河道的机械疏浚工程允许偏差（表 21-99）。

表 21-99

项　目	允许偏差(cm)	检查频率		检验方法
		范围	点数	
轴线位移	30	沿导标线	2	用经纬仪、六分仪测量
长、宽	±200	按设计精度或每10～20m测一横断面	每10m测1点但≥9点	用水下测量法施测
挖底高程	±40			
坍落边坡	不占设计断面			

注：施工期、使用期的回淤问题，应在设计中予以考虑。

7. 塘的砌体工程允许偏差（表 21-100）

表 21-100

项　目	允许偏差(mm)								检验频率		检验方法
	浆砌块石				浆砌料石						
	基础堤脚	墙坝墩台	护坡护底	拱圈	基础堤脚	墙坝墩台	护坡护底	拱圈	范围	点数	
砂浆强度	平均值不低于设计强度										
轴线位移	20	15		15	10	10		10	每检验单位，详见注2	2	用经纬仪复查施工测量记录
断面尺寸	+30	+20 −10	+20 −10	+20	±15	+10	+10	+10		3	用尺量长宽高各计一点
顶面高程	±25	±15	±15	±15	±15	±15	±15	±15		4	用经纬仪复查施工测量记录
墙面垂直度	0.5%H且<30					0.5%H且<30				3	用经纬仪或垂线与尺量
表面平整度		20	20	20		15	15	15		3	用2m直尺或小线量取最大值
水平缝平直度						10	10			4	拉10m小线量最大值
墙面坡度	不陡于设计规定	不陡于设计规定			不陡于设计规定	不陡于设计规定				2	用坡度尺检验

注：1. 墙坝墩台包括闸（桥）墩台、挡土墙、防洪墙、防浪墙、翼墙、驳岸、坝体、闸槛、台阶等；

2. 工程检验单位：河道沟渠防洪墙、驳岸等工程以20延米为单位，大中型桥梁下部构造、墩台以每个为单位，上部构造以每一孔为单位，小桥及涵洞以每座为单位；

3. 表中H为构筑物高度；

4. 表中料石系指细料石，半细料石、粗料石、毛料石的表面平整度允许偏差应较细料石依次增大1、2、3mm。

第22章　设备、电气安装工程监理

22.1　通用设备安装监理

22.1.1　水泵安装监理

1. 监理的一般规定

（1）设备到货后，应经监理人员对其质量、数量检验认可后方可进行安装。泵的开箱检查要求：

1）按设备技术文件的规定清点泵的零件和部件，应无缺件、损坏和锈蚀；管口保护、轴承保护完好；

2）核对泵的主要安装尺寸，应与工程设计相吻合；

3）作好开箱记录。

（2）设备安装前应进行全面清理和检查，对重要部件的主要尺寸进行校核。安装时各金属滑动面应涂油脂，设备组合面应光洁无毛刺。水泵出厂时已装配、调正完善的部分不得拆卸。

（3）水泵机组安装前，审查泵站应具备的条件

1）行车安装、调试完毕，并通过劳动部门核验，允许起吊。

2）检查机组基础混凝土强度≥设计强度的70%。

3）站房内沟道和地坪已基本做完，并清理干净。

4）厂房已封顶不漏雨雪，门窗能遮避风沙。

（4）设备组合面的合缝检查要求

1）合缝间隙一般用0.05mm塞尺检查，不得通过。

2）当允许有局部间隙时，可用≤0.10mm塞尺检查，深度不应超过组合面宽度1/3，总长不应超过周长的20%。

（5）承压设备及连接件的耐压试验标准

1）强度耐压试验：试验压力为1.5倍额定工作压力，保持10min，无渗漏及裂纹等异常现象为合格。

2）严密性耐压试验：试验压力为1.25倍额定工作压力，保持30min，无渗漏现象为合格。

（6）水泵机组安装时，如发现机组基础有明显的不均匀沉降而影响机组找正、调平和找中心时，不得继续进行安装。

（7）基础两次灌浆：混凝土强度未达到设计强度的50%，不得在机组上拆装重件和进行撞击性工作；在未达到设计强度的80%前，不得拧紧地脚螺栓和启动机组。

（8）安装水泵吸入和输出管道时的规定：

1）吸入和输出管道应有各自支架，泵不得直接承受管道重量。

2）相互连接的法兰端面应平行；螺纹管接头轴线应对中，不得借法兰螺栓或管接头强行连接。

3）管道与泵连接后，应复验泵的原找正精度，当发现因管道连接而使泵精度超差时，应立即调正管道。

4）检查管道与泵连接后，不应在其上进行焊接和气割，当需焊接和气割时，应拆卸管道或采取必要措施，防止焊渣进入泵内。

（9）填料函与泵轴间的间隙在周围方向应均匀，并压入按产品说明书所规定的规格型号的填料，检查其压实力。

（10）油箱内应注入规定的润滑油并达到标定的油位，监理人员应认可油品并目测油位。

（11）泵的试运转应在其各附属系统单独试运转正常后进行；试运转的介质应符合设计要求。试运转时，对水泵的振动、噪声、流量、扬程分别进行测试，并应符合合同规定。

2. 基础浇筑监理

（1）带底座小型水泵与无底座中、大型水泵基础尺寸规定（表 22-1）。

表 22-1

	基础尺寸参考(m)		预留螺孔尺寸(mm)		
	带底座小型水泵	无底座的中、大型水泵	螺孔中心距基础边缘最小距离		孔径
长度	$L+(0.2\sim0.3)$	$L+(0.4\sim0.6)$	螺栓直径＜40	螺栓直径＞40	
宽度	$B+0.3$	$B+(0.4\sim0.6)$			
高度	$H+(0.1+0.15)$	$H+(0.1\sim0.15)$	＞300	＞150～200	80～200
注	L、B、H 为水泵底座的长、宽、高的尺寸	L、B、H 分别为水泵的长、宽、高的尺寸			

（2）浇筑施工监理要求

1）检查支模板浇筑，基坑的长和宽应比基础的实际尺寸大 100～150mm。

2）基坑开挖后，检查坑底

a. 实地基，则应铺 100～150mm 厚的碎砖或灰土并夯实。

b. 地基太软应加厚垫层。

3）地脚螺栓的安装监理要求（表 22-2、表 22-3）。

表 22-2

项　目	要　求
地脚螺栓的不垂直度	≤10/1000
地脚螺栓底端	不应碰预留孔底
地脚螺栓清洁度	应将地脚螺栓上的油脂和污垢清除干净
螺母、垫圈、设备底座	接触面应平整，不得有毛刺、杂屑
地脚螺栓的紧固	应在混凝土达到规定强度的 75%后进行，拧紧螺母后，螺栓必须露出螺母 1.5～5 倍螺距

表 22-3

螺栓直径(mm)	埋入深度(mm)	
	弯钩式螺钉	活动式螺钉
10～20	200～400	200～400
24～30	500	400
30～42	600～700	400～500
42～48	700～800	500

4）监理人员应注意检查立式泵基础上的管孔中心位置及与其他相联尺寸是否准确。孔径过大会影响基础牢度；反之，则无法安装管道。

5）混凝土浇筑的监理要求：水泥、砂、石子的配合比为 1∶2∶5（重量比），水灰比为 0.4。

6）设备上定位基准的面、线或点对安装基准的平面位置和标高的允许偏差（表 22-4）。

表 22-4

项　目	允许偏差(mm)	
	平面位置	标　高
与其他设备无机械上的联系	±10	+20 −10
与其他设备有机械上的联系	±2	±1

7）设备基础尺寸和位置的质量监理要求（表 22-5）。

表 22-5

项　目			允许偏差(mm)
基　础	坐标位置(纵横轴线)		±20
	各不同平面的标高		+0
	平面外形尺寸		±20
	凸台上平面外形尺寸		−20
	凹穴尺寸		+20
	不水平度	每米	5
		全长	10
	竖向偏差	每米	5
		全长	20
预埋地脚螺栓	标高(顶端)		+20
	中心距(在根部和顶部两处测量)		±2
预埋地脚螺栓孔	中心位置		±10
	深度		+20
	孔壁的垂直度		10
预埋活动地脚螺栓锚板	标高		+20
	中心位置		±5
	不水平度(带槽的锚板)		+5
	不水平度(带螺纹孔的锚板)		2

3. 卧式水泵安装监理

(1) 底座安装监理

1) 水泵安装前，审查技术资料和图纸，确定在安装过程中必须重点控制的部位和技术参数；同时要求安装施工单位编制施工技术方案，监理人员审核后实施安装。

2) 安装底座时，要保证底座的纵横中心位置与设计位置相一致。

3) 检查底座水平度的允许误差：横向（轴向）、纵向（水泵进出口方向）均≤0.1/1000mm。

检测方法：用精度为0.05mm/m的方形水平尺在底座的加工面上进行水平度的测量。

(2) 水泵机组安装监理

1) 对工厂组装的转动部件，安装前在工地检查其摆度值必须在允许范围以内，否则工厂应对其进行调整。

2) 在水泵的安装过程中，监理人员应对水泵的找正程度进行测量和控制。水泵找正允许误差：横向平行误差不大于0.5mm，交叉误差不大于0.1/1000。

3) 对于水泵的找平，监理人员应控制水泵的安装标高。水泵安装标高的允许误差为：单机组不大于±10mm；多机组不大于±5mm。

4) 调整时，调整铁垫片一次使用不得超过3片。泵体水平度、垂直度的允许偏差不得大于0.1/1000。

(3) 电机安装监理

1) 检查水泵和电机两轴不同心度，不得超过规定值（表22-6）。

表 22-6

联轴节外形最大外径(mm)	轴不同心度不应超过	
	径向位移(mm)	倾　斜
105～260	0.05	
290～500	0.10	0.2/1000

注：轴向间隙 b 允许公差为0.10～0.20mm。

2) 检查弹性圈柱销联轴器端面轴向间隙，不得超过规定范围（表22-7）。

表 22-7

轴孔直径(mm)	标准型			轻型		
	型号	外形最大直径(mm)	间隙(mm)	型号	外形最大直径(mm)	间隙(mm)
25～28	B_1	120	1～5	Q_1	105	1～4
30～38	B_2	140	1～5	Q_2	120	1～4
35～45	B_3	170	2～6	Q_3	145	1～4
40～55	B_4	190	2～6	Q_4	170	1～5
45～65	B_5	220	2～6	Q_5	200	1～5
50～75	B_6	260	2～8	Q_6	240	2～6
70～95	B_7	330	2～10	Q_7	290	2～6
80～120	B_8	410	2～12	Q_8	350	2～8
100～150	B_9	500	2～15	Q_9	440	2～10

3）弹性圈柱销联轴器的监理方法

a. 用塞尺塞进两联轴器之间，检查上下前后的端面间隙符合要求。

b. 用塞尺塞进联轴器端面间隙内，选择任意4个点，测量它们的间隙差，检查轴向偏差。

c. 使用角尺贴在两联轴器的轮缘，检查选择的任意几点的表面是否能与尺线贴平。

4. 立式轴流泵安装监理

（1）安装要点

1）安装前对基础的有关尺寸、位置和施工质量进行检查。并检查泵轴、传动轴（不应弯曲）、橡胶轴承（不应沾染油脂）。

2）将泵体的喇叭管、导叶体等部件吊入进水室内；将出水弯管吊到水泵梁上，使其地脚螺栓孔与梁上的预留孔对准，垫上校正垫铁；检查弯管，使其符合出水方向后，穿上地脚螺栓，螺母暂不拧紧。

3）使电机机座地脚螺栓孔与上预留孔对准，垫好垫铁。

4）初校水平

a. 电机机座以轴承座面为校准面，出水弯管以上橡胶轴承座面为校准面。

b. 用水平尺放到校准面上，调整垫铁的位置，校正电机机座以及出水弯管的水平度，使其达到技术说明书上的规定要求。

5）校正电机机座上的传动轴承孔与出水弯管上的泵辆孔的同心度，以电机机座为准撬动出水弯管，也可撬动电机机座。在找同心度的同时，出水弯管的位置可能已经改变，应同时校平，直到水平度和同心度都满足要求为止。此时可拧紧地脚螺栓。

6）安装泵体：将导叶体吊到出水弯管下面，装上导叶体，再把泵辆吊入泵体内，装上叶轮，然后再装上喇叭管。叶轮外缘与叶轮外壳内壁间隙应均匀，最后将填料函装上。泵轴上端的联轴器要用木块撑住，以防泵轴往下掉。

7）安装传动轴

a. 先将推力盘和轴承装到传动轴上，同时将轴承盖、圆螺母等套在轴上，然后装上弹性联轴器。

b. 将推力轴承装入电机机座的轴承体内，并将传动轴吊装插入机座轴孔中，传动轴下端装上刚性联轴器，并拧紧螺栓。

c. 将传动轴和轴承一起压入轴承体内，拧紧轴承盖上面的螺丝。

d. 检查传动轴和泵轴的垂直度（不大于0.02mm/m）。符合要求后拧紧刚性联轴器上的螺栓。

e. 最后调节传动轴上的圆螺母，使叶轮与叶轮外壳间隙符合要求。

8）基础灌浆：泵体和电机机座安装完毕，用水泥砂浆将地脚螺栓孔和底座触梁面的空隙全部填实。

9）吊装电机：将电机吊装到机座上，装好弹性联轴器，拧紧地脚螺栓。

（2）监理要点

1）水泵安装前，熟悉技术资料和图纸，确定在安装过程中必须重点控制的部位和技术参数；同时要求安装施工单位编制施工技术方案，监理人员审核后实施安装。

2）对工厂组装的转动部件，安装前在工地检查其摆度值必须在允许范围以内，否则工厂应对其进行调整。

3）水泵安装过程中，监理人员应对水泵、电机、中间架安装标高，泵壳、电机座、中间架水平度，以及泵轴、中间轴、电机轴的同轴度进行测量和控制。

4）水泵、传动轴中间架、电机座安装标高，允许偏差：±3mm。

检测方法：用水准仪测量。

5）泵轴与电机轴的同轴度，允许偏差：0.30mm。

检测方法：百分表测量；钢琴线加听诊器测量。

6）水泵泵壳的水平度，允许偏差：0.07/1000。

检测方法：用框式水平仪测量。

7）中间架水平度，允许偏差：0.50/1000。

检测方法：用框式水平仪测量。

8）电机座水平度，允许偏差：0.05/1000。

检测方法：用框式水平仪测量。

9）水泵泵壳与电机座同心度，允许偏差：0.60mm。

检测方法：钢琴线加听诊器测量。

10）传动轴上部联轴器处的跳动值，允许偏差：0.06mm。

检测方法：用百分表测量。

11）蜗壳泵叶轮密封环与进口管密封环的间隙，允许偏差：0.6～1.3mm，或按图纸规定；导叶泵叶片外缘与动叶外圈的间隙应符合图纸要求。

检测方法：用塞尺检测四周间隙。

12）水泵进出水口管道安装不得对水泵原找正精度产生不利影响。

13）水泵试运转必须在介质条件下进行。试运转前施工单位必须根据设计要求和有关规范规定编制调试大纲，监理人员审核后实施。

5. 深井泵安装监理

(1) 检查管井：检查井孔内径是否符合水泵入井部分的外形尺寸，井管的垂直度是否符合要求，清除井内杂物，测量井的深度（包括井总深、水深、静水位、动水位等），井水含砂量不超过0.5%。

(2) 检查基础：检查基础表面水平情况、地脚螺栓间距和直径大小。井管管口伸出基础相应平面不小于25mm。

(3) 检查设备：叶轮轴是否转动灵活，叶轮实际轴向间隙（JD型井泵不小于6～12mm，J、SD型井泵不小于9～12mm）；传动轴弯曲度不超过0.2～0.4mm；泵轴、泵管、轴承支架等零部件上的螺纹均应清除锈斑、毛刺、伤痕。电机转动是否灵活，绝缘值不小于0.5MΩ。

(4) 检查起吊各部件，部件不能碰撞、划伤，不得沾有泥砂等污物。

(5) 检查有螺纹和结合面的地方是否涂有黄油，橡胶轴承衬套是否涂有滑石粉，并注意检查滑石粉是否与油类接触。

(6) 每安装好一根输水管，都应用样板或量具检查泵轴与输水管口是否同心。每装好3～5节输水管，应检查传动部分能否用手转动。

6. 潜水泵安装监理

(1) 安装要点

1) 水泵的吊装。吊装时应注意水泵不能碰撞泵管，特别是水泵上的动力、信号引出电缆不能受到任何损伤。

2) 水泵上的锥形固定圈与密封“O”形圈一道压实在泵管下部的定位环上。

3) 拉动尼龙绳将吊链提出泵管；将月牙形盖板定位，调整拉直电缆，并压紧密封压盖；接紧固定吊环尼龙绳，千万不能掉入泵管内。

4) 注意电缆、尼龙绳之间不要产生任何交叉，以防在运行过程中相互磨擦，损坏电缆。

5) 先将大盖板固定，放上密封条，再将月牙形盖板压上固定。

(2) 安装准备监理要点

1) 安装前监理人员应检查水泵叶轮角度、电机绕组绝缘电阻、电机保护热敏电阻接线，定子线圈指示值应与空气温度相一致，其阻抗值≤300Ω（进行功能测试时，PTC阻抗器部分的电压值<5V，电流值<25mA）。

2) 检查导电电极、监测油室油质（从油孔取样检查油内是否含有水珠），检查油面是否低于正常线。

3) 检查动力、信号电缆进线处是否压实。

4) 通电检查水泵叶轮是否以顺时针方向旋转。

5) 检查泵体密封“O”形圈安放是否平整。

6) 检查泵管内密封面是否清洁。

7) 检查吊环尼龙绳是否装好。

8) 检查吊链是否完好，长度是否能满足起吊要求。

(3) 安装监理要点

1) 检查自动耦合装置是否灵活可靠，耦合面密封是否良好。

2) 检查导向线安装是否符合要求。

3) 电缆安装固定牢固，绝缘电阻应符合要求。

4) 控制潜水泵安装偏差在规定的允许范围以内（表22-8）。

表22-8

项目	允许偏差	检测方法
安装基准线与设计轴线	±20mm	拉线、钢(皮)尺测量
安装平面位置与设计平面位置	±10mm	拉线、钢(皮)尺测量
安装标高与设计标高	+20mm −10mm	水准仪测量
弯座上法兰(进水法兰)垂直度	0.1/1000	水平仪测量
弯座上法兰(出水法兰)横向水平度	0.1/1000	
水泵出水口中心与弯管下法兰中心	5mm	吊线和尺量
导杆垂直度(双导杆潜水泵)	1/1000 总偏差±3mm	
双导杆平行度(双导杆潜水泵)	±2mm	

22.1.2 水泵进、出水管道及附属设备安装监理

1. 进水（吸水）管道安装监理

(1) 离心泵水平吸水管的安装必须注意保证在任何情况下不能产生气囊。因此，吸水管路上必须采用异径渐缩管，管路的水平向中心线必须呈向水泵方向上扬，坡度应大于0.005，并应防止由于施工误差和泵站与管道产生不均匀沉降而引起吸水管路的倒坡，必要时可采用较大的坡度。

(2) 水泵吸水管路的接口必须严密，不能出现任何漏气现象。

(3) 吸水井（室）的吸水喇叭管安装时，注意吸水喇叭口必须有足够的淹没水深，以避免出现漩涡吸入空气；还应保持适当的悬空高度，可使进水口流速均匀，减少吸水阻力。当吸水井（室）内设有多台泵吸水时，各吸水管之间及吸水管与井（室）壁间要有适当的间距，避免互相干扰。

(4) 水泵泵体与进出口法兰的安装，其中心线允许偏差为5mm。

2. 水泵引水系统安装监理

(1) 底阀应垂直安装，不能倾斜。安装底阀还应注意检查：从水泵中心至底阀中心的距离必须为水泵吸水高度的3～4倍，否则不能使用。

(2) 引水箱及其联结管道应严密，保证在0.1MPa的负压时不漏气。水泵泵轴的填料函处不应产生较多的漏气。

(3) 真空系统的管道要求平直、严密，不得漏气，不得出现上下方向的S型存水弯。

(4) 真空系统的循环水箱出流管标高应与水环式真空泵中心标高一致。

21.1.3 水泵运行调试监理及运行故障和排除方法

1. 水泵运行调试监理

(1) 运行前检查监理

1) 检查所有与水泵运行有关的仪表、开关。

2) 检查电动机的转向应符合水泵的要求。

3) 各紧固件不得松动。

4) 润滑部位应符合运行要求。

5) 水泵进、出水闸阀应处于相应启闭状态。

6) 安全保护装置齐全、可靠。

7) 水泵叶轮转动灵活。

(2) 检查引水：根据设计的引水方案进行引水。若引水困难，则应查明原因，排除故障。

(3) 检查启动：按设计方式进行水泵机组的启动，同时观察机组的电流、真空、压力噪声等情况。机组启动时，机组周围不要站人。运行现场最好设有急停开关，以作应急之用。

(4) 检查运转：泵在设计负荷下连续运转不应少于2h，应符合下列监理要求：

1) 检查附属系统运行：真空、压力、流量、温度、电机电流、功率消耗、电机温度等要求应符合设备技术文件要求。

2) 检查运转中的声音，无较大振动，各连接部分不得松动或泄漏。

3) 检查滚动轴承温度不高于75℃；滑动轴承的温度不应高于70℃；特殊轴承的温度

应符合设备技术文件的规定。

4）检查填料的温度正常。在无特殊要求的情况下，普通软填料宜有少量的泄漏（每分钟不超过 10～20 滴）；机械密封的泄漏量不宜大于 10mL/h（每分种约 3 滴）。

（5）检查泵的安全、保护装置应灵敏、可靠。

（6）检查振动应符合设备技术文件的规定，如设备技术文件没有规定而又需测振动时，可参照表 22-9 执行。

表 22-9

转速 (r/min)	≤375	>375～600	>600～750	750>1000	>1000～1500	>1500～3000	>3000～6000	>6000～12000	>12000～20000
不振幅不应超过(mm)	0.18	0.15	0.12	0.10	0.08	0.06	0.05	0.03	0.02

（7）按调试方案达到要求，则可停止试运行。根据运行记录签字验收。

2. 水泵试运行故障及排除方法

（1）启动困难（表 22-10）

表 22-10

故障原因	排除措施
水泵灌不满水	检查底阀和吸水管是否漏；水泵底部放空螺丝或阀门是否关闭
水泵灌不进水	泵壳顶部或排气孔阀门是否打开
底阀水、底阀关不上	突然大量灌水，迫使底阀关上，如不见效果则底阀可能已坏，必须设法检修
底阀被杂物卡住	检查阀片并设法清除杂物
水泵或吸水管漏气、真空泵抽不成真空	检查吸水管及连接法兰本身是否漏水。拧紧填料压盖。检查水封冷却水管是否打开，水泵底部放水阀是否关紧。吸水井水位是否太低，吸水管是否漏气，灌泵给水管是否堵塞
真空系统故障	检查所用阀门是否在正确位置，真空止回阀是否失灵
真空泵补给水不足或真空泵抽气能力不足	增加真空泵补给水，但进水量过大或压力过高也会影响真空效率。如进水无问题，检查真空泵本身是否完好，发现问题即修理

（2）不出水或水量过少（表 22-11）

表 22-11

故障原因	排除措施
水未灌满，泵壳中存有空气	继续灌水或抽气
水泵转动方向不对	改变电动机接线，即将三相过线中任意对换二根接线
水泵转速太低	检查电路，是否电压太低或频率太低
吸水管及填料函漏气	压紧填料，修补吸水管
吸水扬程过高，发生气蚀	检查吸水管有无堵塞，如属于水位下降或安装原因，设法抬高水位或降低泵的安装高度
水泵扬程低于实际需要扬程	进行改造、换泵
底阀、吸水管或叶轮堵塞与漏水	检查原因、清除杂物、修补漏洞
水面产生漩涡，空气带入水泵	加深吸水口淹没深度或在吸水口附近漂放木板

续表

故障原因	排除措施
减漏环漏水或叶轮磨损	更换磨损零件
水封管堵塞	拆下清理、疏通
出水阀门或止回阀未开或故障	检查出水阀门、止回阀

(3) 振动或噪声过大（表 22-12）

表 22-12

故障原因	排除措施
基础螺栓松动或安装不完善	拧紧螺栓、完善基础安装、添加防振部件
泵与电机安装不同心	矫正同心度
发生气蚀	降低吸水高度减少吸水管水头损失
轴承损坏或磨损	更换或修理轴承
出水管存留空气	在存留空气处，加装排气设施

(4) 转动困难或轴功率过大（表 22-13）

表 22-13

故障原因	排除措施
填料压得太死，泵轴弯曲，轴承磨损	松压盖，矫直泵轴，更换轴承
联轴器间隙太小	高速间隙
电压过低	检查电路，找出原因，对症检修
流量过大，超过使用范围太多	关小出水阀门

(5) 轴承过热（表 22-14）

表 22-14

故障原因	排除措施
轴承安装不良	作同心检查和矫正泵轴与联轴器
轴承缺油或油太多(用黄油时)	调整加油量
油质不良，不干净	更换合格润滑油
滑动轴承的甩油环不起作用	放正油环位置或更换油环
叶轮平衡孔堵塞，泵轴向心力不能平衡	清除平衡孔上堵塞的杂物
轴承损坏	更换轴承

(6) 电机过负荷（表 22-15）

表 22-15

故障原因	排除措施
转速过高	检查电机与水泵是否配套
流量过大	关小出水闸门
泵内混入异物	拆泵除去异物
电机或水泵机械损失过大	检查水泵叶轮与泵壳之间间隙，填料函、泵轴、轴承是否正常

（7）填料函发热（表22-16）

表 22-16

故障原因	排除措施
填料压盖太紧	调整松紧使滴水呈滴状连续渗出
填料函位置装得不对	调整位置
水封环位置不对或冷却水不足	调整水量、保持水封压力，确定冷却水流畅
填料函与轴不同心	检修、改正不同心

22.1.4 风机安装监理

1. 监理的一般规定

（1）设备安装前，监、承双方应对设备的规格型号、外观质量、技术资料进行检验，符合设计要求后，方可进行安装。风机的开箱、检查、验收应符合下列规定：

1）核对风机型号及技术文件，根据技术文件，核对叶轮、机壳、地脚螺孔中心距和进、排气孔法兰孔径、位置及中心距以及轴中心高度等主要安装尺寸是否符合设计要求；

2）按风机技术文件的规定清点零件和部件，零部件应无缺件、损坏和锈蚀，进出风管口应保护完好，轴承及组合面应保护良好；

3）检查风机外露端部分各加工面的防锈情况，转子有否发生明显的变形或严重的锈蚀和碰伤等，若有上述情况，应会同有关单位研究处理；

4）作好开箱验收记录。

（2）检查风机安装的基础及通用技术是否符合有关设计要求。

（3）风机机组安装前，检查机房具备的条件：

1）土建工程主体项目必须结束，内部粉刷完工，门窗齐全，机房周围地面平整畅通；

2）行车安装调试完毕，并通过劳动部门核验发给准用证；

3）机组基础混凝土强度已大于或等于设计强度的70%。

（4）检查风机的搬运吊装要求

1）整体出厂的风机搬运和吊装时，绳索不得捆绑在转子和机壳上盖或轴承盖的吊环上。

2）现场组装的风机搬运和吊装时，绳索的捆绑不得损伤机件表面、转子和齿轮轴两端中心孔、轴瓦的推力面、推力盘的端面、转子轴颈和油封处以及机壳水平中分面的连接螺栓孔。

（5）检查风机机组安装时，发现机组基础有明显的不均匀沉降而影响机组找正、调平和找中心时，必须立即停止安装。

（6）检查机组地脚螺栓孔灌浆混凝土强度未达到设计强度的75%以上时，不得拧紧地脚螺栓和进行机件组装。

（7）检查机组进、出风管：进、出风口管道及阀门应有各自的支架支撑。

（8）检查所有连接螺栓及地脚螺栓的材质、规格必须符合设计图纸的规定。连接螺栓应顺向一致，拧紧后螺纹外露螺母2～4个螺距，地脚下螺栓拧紧后，螺纹外露螺母1/3～2/3螺栓直径。

(9) 检查两次灌浆的混凝土强度，必须较原基础（或地坪）提高一级。

(10) 风机定位允许偏差（表 22-17）

表 22-17

项目			允许偏差(mm)	检验方法
安装基准线	与建筑轴线距离		±20	用钢卷尺检查
	与设备	平面位置	±10	用水准仪和钢板尺检查
		标高	+20 −10	

(11) 皮带轮组装允许偏差（表 22-18）

表 22-18

项目	允许偏差(mm)	检验方法
皮带轮端面铅垂度	0.5/1000	吊线用钢板尺检查
两皮带轮端面在同一平面上	0.5	拉线用钢板尺检查

注：三角皮带的张力应适当、松紧程度一致。

2. 离心鼓风机的安装监理

(1) 离心鼓风机安装的一般规定

1) 检查设备型号、规格及技术参数必须符合设计要求。

2) 设备基础验收及检测设备就位找平。

3) 机壳和转子的吊装应保持水平，检查转子的吊运专用工具，检查转轴采取的保护措施，防止转轴损伤，转子和齿轮不准直接放在地上滚动或移动。

4) 隔板的取出、放入要轻吊、轻放。如隔板锈蚀不易取出时，可用铜锤轻击隔板，同时注入少许煤油，使隔板活动后再用双绳慢慢吊出。对于有定位销的隔板，必须先取出定位销后再吊出隔板。

5) 组装风机的各机件和附属设备均应清洗干净，其组合面的防锈油脂清除后，应重新涂以干净油脂加以保护，但机壳垂直中分面不应拆卸清洗。

6) 机组出厂后存放时间过长的润滑系统管路，必须切底清洗。先清除焊接部分的焊渣和氧化皮，用钢丝刷、钢丝除锈，压缩空气吹干净后进行酸洗，然后用热水和冷水分别冲洗，直到 pH 值与净水相同，用压缩空气吹干后再用同类型油冲洗一遍。

7) 轴瓦装配到轴承座上，必须按轴瓦的中心进行位置校正，同一传动轴的所有轴承的中心，应在同一直线上（用拉线检查）。轴就位后，用红丹漆检查各轴瓦表面的接触情况。接触情况及所有轴承孔的同轴度应符合设备技术文件的要求。

8) 轴瓦垫块正反调整垫片应采用整块钢质垫片，每个垫块的垫片数不宜超过 3 片。垫片应平整无毛刺、无卷边，其尺寸比垫块稍窄，垫片上的螺孔或油孔的孔径应比原孔稍大，且要对正。最终定位后应记录每组垫片的块数及每片的厚度。

9) 上下两轴瓦合并后放入轴承座内，合缝处不允许存在偏缝和错口，轴瓦与轴颈的接触、弧面、顶间隙、侧间隙以及轴瓦工的翻边或直口间隙，均应符合设计技术文件的规定，如某项指标不符，允许进行修刮，但修刮轴瓦时应校正转子与隔板密封装置的同轴度，并使转子与密封装置间的间隙符合设备技术文件的规定。

10）轴承的冷却水管路应畅通，并应对整个系统进行水压试验，压力应符合设备技术文件的规定。当设备技术文件无规定时，其压力不应低于0.4MPa。

11）风机的进风管道，必须彻底清洗，无垃圾、杂物、焊渣等，进风口要有防护网罩，各管路与风机连接时法兰面应贴平，中心对准，不应强行连接。进出风管中心位置偏差应<5mm。

(2) 离心鼓风机安装监理要点

1）风机安装前检查技术资料和图纸，审查在安装过程中必须重点控制的部位和技术参数，督促、贯彻安装施工单位编制的经监理审核后实施的施工技术方案。

2）风机安装过程中，监理人员应随时对风机安装进行观察或测量，从地脚螺栓、垫铁的放置及风机、电机的找平以及轴瓦的装配、修刮和同轴度的调整进行测量和控制。

3）监理人员应按规定对风机进行检查，检查结果不应超过给定范围（表22-19）。

表 22-19

检测项目	允许偏差	检测方法
基准标高与设计标高	+20mm −10mm	用水准仪、标尺(或钢直尺)测定
基准线与设计轴线	±20mm	用经纬仪测定或拉线用钢卷尺量
平面位置与设计中心线	±10mm	用经纬仪测定或拉线用钢卷尺量
纵向水平度	0.05/1000	用每米0.02mm框式水平仪在两端轴上测量
横向水平度	0.10/1000	用每米0.02mm框式水平仪在机壳下壳体中分面上测量，测点不少于3点，且水平度偏差方向应一致
带垫块轴瓦三垫块间隙	<0.05mm	用0.05mm塞尺检查
全部气封间隙	按设备技术文件一般≤0.1mm	径向左右间隙可用塞尺逐个测量，上下间隙可用压铅丝法逐个测量
上下机壳接合面局部间隙	按设备技术文件一般≤0.12mm	用塞尺在水平中分面四周检查
轴承盖中分面之间的间隙	按设备技术文件一般≤0.03mm	用塞尺在水平中分面四周检查
轴承座与底座接触间隙	<0.1mm	用塞尺检查
轴承座纵横方向水平度	<0.2mm/m	用水平仪测定
机壳与转子中心线重合度	<2mm	用千分表测定
叶轮进风口与机壳进风口接管轴向间隙	$<D_{叶轮}/100$	用直尺测量
主轴与轴瓦轴向间隙	(1.5/1000～2.5/1000)轴径	用卡尺测量

3. 罗茨鼓风机安装监理

(1) 罗茨鼓风机安装的一般规定

1）检查设备型号、规格及出厂合格证以及出厂性能试验资料是否符合设计要求。

2）设备基础验收及设备就位找平。

3）风机安装前应检查转子和机壳内部，清洗齿轮箱和齿轮、轴承箱及轴承。出厂期较短的整机（一般为6个月内）如保存良好，可不作解体检查。

4）清洗润滑系统使其畅通、清洁。

5）调整主动转子与从动转子之间的间隙

6）调整转子外径与机壳之间的径向间隙。

7）两转子的端面与机壳间轴间隙。

8）风机的进风管道需清洗干净，没有焊渣、垃圾及其他杂物，进风口要有防护网罩，进出风口法兰应贴平，中心偏差应<5mm。

（2）罗茨鼓风机安装的监理要点

1）风机安装前检查技术资料和图纸，掌握重点控制的部位和技术参数，严格按施工技术方案施工监理。

2）风机安装基准线与轴线之间允许偏差±20mm。检测方法：用经纬仪测量或拉线用钢卷尺量。

3）风机安装标高允许偏差＋20mm、－10mm。检测方法：用水准仪及标尺（或钢直尺）测量。

4）风机安装平面位置允许偏差±10mm。检测方法：用经纬仪测量或拉线用钢卷尺量。

5）风机安装水平度纵、横向允许偏差≤0.20/1000。检测方法：用0.02mm/1000的框式水平仪在进风口法兰面上测量。

6）严密监控主动转子与从动转子之间的径向间隙以及转子与前后墙板之间轴向间隙的调态，并作好记录。

a. 转子与机壳之间的径向间隙，按设备技术说明书规定，一般取0.25～0.35mm。

检测方法：用塞尺检查。

b. 主、从动转子之间的间隙，按照设备技术说明书规定，一般取0.30～0.51mm。

检测方法：用塞尺检查或用压铅丝法检查。

c. 转子与前后墙板之间的轴向间隙，按设备技术说明书规定，一般取0.65～0.80mm（前后两间隙之和），其中与后墙板之间的间隙≤0.25mm，与前墙板之间的间隙必须大于与后墙板之间的间隙。检测方法：用塞尺检查。

4. 离心式通风机（或轴流式通风机）的安装监理

（1）离心式通风机（或轴流式通风机）安装的一般规定

1）核对设备型号、规格及技术参数是否符合设计要求。

2）按照设计施工图通风管道位置，选定通风机安装位置及基础形式。

3）固定风机的螺栓必须符合风机螺孔的规格，并配齐平垫圈及弹簧垫圈。

4）检查风机转子与外壳有否碰擦，涂层是否平整完好。

5）风机支座必须牢固稳定，能承受风机动态载重。

（2）离心式通风机（或轴流式通风机）安装的监理要点

1）检查风机安装基准线与轴线的偏差，不得超过±20mm。检测方法：用经纬仪测定或拉线用钢卷尺量。

2）风机进出口中心标高、平面位置必须与通风管道中心标高、平面位置相一致。

3）风机安装标高允许偏差±10mm。检测方法：用水准仪、标尺（或钢直尺）测量。

4）风机安装平面位置允许位移10mm。检测方法：用经纬仪测量或拉线用钢卷尺量。

5）风机传动轴水平度允许偏差0.2/1000。检测方法：用每米0.02mm框式水平仪在传动轴上或皮带轮0°或180°的两个位置上测定。

6）联轴器同心度径向位移允许偏差 0.05mm，轴向倾斜允许偏差＜0.2/1000。检测方法：用 0.02mm 百分表在联轴器相互垂直的 4 个位置上测定。

7）风机进出风口与通风管道的连接必须是柔性接头，一般用帆布或软塑料板加工制成。外型必须平整，不准有凹陷或凸出，直径或边长需与通风管道相同。

5. 调试和试运转管理

（1）一般规定

1）核查调试和试运转方案。

2）检查供电、供水等动力源是否到位，是否已按设计全部完成。

3）检查进出风管道、管件安装是否完成，并已清理干净，无垃圾、杂物。

4）安全防护设施齐全。

5）按先辅机后主机、先部件后整机、先空载后带负荷、先单机后联动的步骤逐台调试。

6）首次启动应先用手盘动，然后再点动，确认转向正确、转子并无碰擦后方可正式启动。

7）控制润滑油温度及压力，启动时油温不低于 25℃，运转中油温不得高于 40℃，油压应符合技术文件规定，一般为 0.10～0.15MPa，低于 0.10MPa 需启动油泵，低于 0.08MPa 应报警，低于 0.05MPa 应立即停车。

8）试运转结束，必须切断一切动力电源，设备与附属设备回复到试运转前的状态。鼓风机滑动轴承的油温降到 45℃以下时，方可停止辅助油泵工作，关闭冷却系统，在机组完全冷却到室温前应每隔 30min 人力盘车 180°。

（2）监理要点

1）检查润滑油的名称、型号，主要性能和加注数量应符合设备技术文件规定。

2）控制轴承温度，不应超过 40℃，滚动轴承的工作温度不得超过 80℃，滑动轴承的工作温度不得超过 70℃。

3）设备运转时应无异常振动，运转时振动的振幅应符合设备技术文件的规定，若技术文件中没有明确规定，可用手提式振动仪测定。振动仪的触头沿铅垂方向安放于轴承压盖上，所测得的数值不应超过规定值（表 22-20、22-21）。

表 22-20

风机种类	离心鼓风机	罗茨鼓风机
轴承壳振动速度有效值(mm/s)	≤6.3	≤13

表 22-21

转速(r/min) 振幅(mm)		≤375	＞375～600	＞600～750	＞750～1000	＞1000～1500	＞1500～3000	＞3000～6000	＞6000
鼓风机	滚动轴承	—	—	—	—	—	0.06	0.04	0.02
	滑动轴承	—	—	—	—	—	0.05	0.04	0.02
其他类		0.18	0.15	0.12	0.10	0.08	0.06	0.04	0.02

（3）各种风机的调试和试运行质量监理标准（表 22-22）。

表 22-22

风机种类	连续试运转时间	运转要求
离心鼓风机	空负荷 4h，设计负荷 24h	油温、油压、气流量、轴承温升以及开停车、电流均正常，运转平稳无异声，无剧烈振动
罗茨鼓风机	空负荷运转 30min，额定工作压力下 4h	油温、油压、气流量、轴承温升以及开停车、电流均正常，运转平稳无异声，无剧烈振动
离心通风机	连续运转 2h	风压、电流正常，运转无异声，无剧烈振动
轴流通风机	连续运转 2h	风压、电流正常，运转无异声，无剧烈振动

22.1.5 起重机的安装质量监理

1. 起重机安装质量监理要点

(1) 起重机安装前应对设备的质量、轴距、轮距、配电设施等按技术要求进行测试和认可。

(2) 起重机轨道两安装梁应拉线并找平，其两梁的水平平面度误差不超过 5mm。

(3) 采用矩形或桥形垫板在混凝土行车梁上安装的轨道，其安装质量应符合监理汇总表中的规定（表 22-23）。

表 22-23

项目		允许偏差	检测方式
垫板与轨道	底面接触面	＞60％	塞尺
	局部间隙	＜1mm	塞尺
垫板与混凝土行车梁	接触间隙＞25mm	垫板数＜3 块	目测
	接触间隙＜25mm	水泥砂浆填实	目测

(4) 轨道的重合度、轨距和倾斜安装质量监理（表 22-24）。

表 22-24

项目		允许偏差	检测方法
轨道实际中心距与安装基准线的重合度		3mm	拉线直尺
轨距		±5mm	皮尺
轨道纵向倾斜度		1/1500	水平仪
	全行程	10mm	
两根轨道相对标高	单臂悬挂式	5mm	线尺
	桥式	10mm	
轨道接头处偏移(上、左、右三边)		1mm	直尺
伸缩缝间隙		±1mm	直尺

2. 起重机安装负荷试验的质量监理

(1) 静负荷试验质量监理要点

按额定负荷进行静负荷运行（起重量大于 50t 时，先按 75％的额定负荷运行，合格后，再按额定负荷运行）。除上拱度和下挠度必须符合规定外，其余要求按表 22-25 检查。

表 22-25

项　目	检　查　结　果
车轮与轨道顶面	接触良好、无啃道现象
主梁与端梁	连接牢固可靠
钢丝绳	位置准确，不乱绳
制动器	灵敏、准确、可靠

（2）动负荷试验的质量监理要点

1）在额定负荷下，检查起重机起吊小车，吊钩的运行，升降速度应符合设备的技术文件要求。

2）在超过额定负荷10%的情况下，升降吊钩3次，并将小车行至起重机的一端，起重机也行至轨道的一端，分别检查终端开关和缓冲器的灵敏可靠性，监、承双方观察结果并记录，合格后签字验收。

22.1.6　闸门的安装质量监理

1. 铸铁闸门的安装质量监理

（1）按技术文件检查设备的外观和质量，检查设备安装的螺孔位置，符合设计文件要求方可安装。

（2）按设备安装图检查土建预留孔、预埋板的位置尺寸，符合图纸要求后方可安装。

（3）铸铁闸门安装质量监理汇总表（表22-26）。

表 22-26

项　目	允许偏差	检测方法
闸门安装标高	≤10mm	直尺
门框水平度	<2/1000	水准仪
启闭机与闸门吊耳中心线垂直度	<1/1000	垂线、尺
轴导与轴径向间隙	均匀	涂色

（4）铸铁闸门安装方向应为正和安装，监、承双方应确认后方可安装固定。

（5）闸门启闭器的限位器开关应调整合适，动作灵敏可靠。

（6）闸门起闭操作应灵活，动作到位，无碰、卡、阻、突跳现象及异常声响，监、承双方在安装调试确认合格后方可签订合格证书。

2. 平面钢闸门的安装质量监理

（1）平面钢闸门安装前应对闸门的整体尺寸进行检测。检查闸门的导向轮位置尺寸，导向轮的转动灵活性，闸门的表面防腐漆等外观及技术数据，合格后方可安装。

（2）门框导槽安装的允许偏差（表22-27）。

表 22-27

变形和偏差名称	工作范围内允许偏差
工作面弯曲度	≤1/1500构件长度，但全长不得超过3mm
扭　曲	在3m内≤1mm，每增加1m，递增0.5mm、但全长不得超过2mm
垂直度	<1/1000
相邻构件结合面错位	≤0.5mm

(3) 门叶的允许偏差（表 22-28）。

表 22-28

偏差名称	允许偏差
门叶横向弯曲度	≤1/1500 门叶宽度
门叶竖向弯曲度	≤1/1500 门叶高度
对角线相对差	≤3mm
扭曲	≤3mm
止水座面不平度	≤3mm

(4) 单吊点的平面钢闸门应做静平衡试验。

试验方法为：将闸门吊离地面 100mm，测量上、下游与左右方向的倾斜度不应超过门高的 1/1000。

(5) 监理人员应对门框和门叶的安装认定合格后方可签字验收。

22.2 电气设备的安装监理

22.2.1 电气设备安装监理的通用规定

1. 电气设备安装准备工作

(1) 审查电气设备安装施工组织设计，参与施工图纸的会审及设计技术交底等工作。

(2) 进入施工现场的所有设备、材料及配件都应有产品合格证或质保书，设备应有铭牌。凡使用不合格产品影响安装质量及安全使用功能的，均应按工程质量问题处理。

(3) 主要电气设备订购前，施工单位必须先填报设备选型采购报审表，经监理审定报建设单位批准后才能订购。

(4) 成品、半成品及安装工程主要材料（例如：小型电箱，各种电缆、电线等）订购前预先填报成品、半成品及主要材料供货单位资质报审表，经监理审定报建设单位批准后方可订购。

2. 电气设备安装前监理

(1) 设备及器材检查监理

1) 检查设备和器材均应符合国家现行技术标准的规定，并应有合格证件，设备应有铭牌。

2) 设备及器材到达现场后应及时作下列验收检查：

a. 包装及密封应良好；

b. 开箱检查清点，规格应符合设计要求，附件、备件应齐全；

c. 产品的技术文件应齐全；

d. 按本手册要求作外观检查。

(2) 审查施工中的安全技术措施，应符合现行有关安全技术标准及产品的技术文件的规定；对重要工序，尚应审查制定安全技术措施。

(3) 检查电气设备安装有关的建设工程施工要求

1) 与高压电气安装有关的建设物、构筑物的建筑工程质量，应符合国家现行的建筑工程施工及验收规范中的有关规定，当设备或设计有特殊要求时，应满足其要求。

2）设备安装前，检查建筑工程是否具备下列的条件：

a. 屋顶、楼板施工完毕，不得渗漏；

b. 室内地面底层施工完毕，并在墙上标出地面标高。在配电室内，设备底座母线的构架安装完毕，做好抹光地面的工作，配电室的门窗安装完毕；

c. 预埋件及预留孔符合设计要求，预埋件牢固。进行装饰时，有可能损坏已安装的设备或设备安装后不能再进行装饰的工作应全部完毕；

d. 混凝土基础及构架达到允许安装的强度和刚度，设备支架焊接质量应符合要求；

e. 模板、施工设备及杂物清除干净，并有足够的安装用地，施工道路畅通；

f. 高层构架和走道板、栏杆、平台及梯子等齐全牢固；

g. 基坑已围填夯实。

3. 设备就位、找正和找平监理

(1) 检查设备安装基础的位置尺寸和标高质量要求应与设计施工图纸或设备技术文件相符。

(2) 检测电气设备安装基准线按设备基础的实际轴线、标高线放出。如无基础，可按构筑物或建筑物的墙、壁、柱的轴线或边缘线放出。

(3) 检查设备（或设备基础型钢）就位前，须清除设备（或设备基础型钢）安装表面的脏物及杂物。灌浆处的基础或地坪表面应凿毛，被油污沾染的混凝土应凿除。

(4) 检测设备（或设备基础型钢）就位时，其平面位置的轴线与安装基准的允许偏差为10mm。

(5) 设备就位后，应放置平稳，防止走位、变形。重心较高的设备，审查防止其摇动或倾倒措施。

(6) 审查设备的找正、找平，主要是对设备的水平度、铅垂度、平面度、直线度、平行度的检测和调正。

(7) 检测设备安装中的允许偏差方向，应符合设备技术文件的规定，如无规定，则应遵循使设备工作平稳、受力减小、排列整齐的原则，调整偏差方向。

(8) 检查设备的找正、找平，应用垫铁或专用装置进行调整。严禁使用过分拧紧或放松地脚螺栓及局部加压的方法。

(9) 检查测量工具必须是经过定期计量鉴定合格的量具，其精度必须高于设备安装所允许的误差。使用时应对量具的误差及其测量方法、测量条件、环境、温度等造成的误差加以修正。

4. 用电设备、柜、箱的固定监理

(1) 检查设备地脚与基础连接牢固，周边安装距离符合规范。开关柜拼装各中心线平行，无高低前后，拼缝紧密一致。

(2) 检查设备安装用的紧固件，除地脚螺栓外采用镀锌制品。户外用的紧固件应采用热镀锌制品，检查电气接线端子用的紧固件，应符合现行国家标准《变压器、高压电器和套管的接线端子》的规定。

22.2.2 变压器的安装监理

1. 安装前的变压器的监理

(1) 变压器到达现场后，应进行器身检查。器身检查的项目和要求：

1) 所有螺栓应紧固，并有防松措施；绝缘螺栓应无损坏，防松绑扎完好；

2) 铁心检查，应无变形，无多点接地等；

3) 绕组检查，绝缘层应完好，绕组的压钉应紧固；

4) 绝缘围屏绑扎牢固；

5) 引出线绝缘包扎紧固，无破损、拧弯现象；引出线绝缘应长度合格，固定牢靠；引出线的裸露部分应无毛刺或尖角，其焊接良好；引出线与套管的连接应牢靠，接线正确；

6) 无励磁调压切换装置，其各分接头与线圈的连接应紧固正确；各分接头应清洁，且接触紧密，弹力良好；所有接触到的部分，用 0.05mm×10mm 塞尺检查时，应塞不进去；转动接点应准确的停留在各个位置上，且与指示器所指位置一致；切换装置的拉杆、分接头凸轮、小辆、销子等应完整无损；转动盘应动作灵活，密封良好；

7) 有载调压切换装置的选择开关、范围开关应接触良好，分接引线应连接正确、牢固，切换开关部分密封良好。必要时抽出开关芯子进行检查；

8) 绝缘屏障应完好，且固定牢固，无松动现象；

9) 检查强油循环管路与下轭绝缘接口部位的密封情况；

10) 检查各部位应无油泥、水滴和金属屑末等杂物；

11) 变压器有围屏者，可不必解除围屏，由于围屏遮蔽而不能检查的项目，可不予检查。

(2) 器身检查完毕后，检查油箱底部，不得有遗留杂物。导向冷却的变压器还应检查进油管接头和连接箱。

(3) 检查运输用的定位钉是否已经拆除或反装。

2. 变压器试验与调整监理

(1) 测量线圈连同套管一起的直流电阻。

1) 对 1600kVA 以上的变压器，各相线圈的直流电阻相互间差别均应不大于三相平均值的 2%。

2) 无中性点引出时的线间差别应不大于三相平均值的 1%。

3) 1600kVA 及以下的变压器相间差别应不大于三相平均值的 4%，线间差别应不大于三相平均值的 2%。

4) 三相变压器的直流电阻，由于结构等原因超过相应标准规定时，可与产品出厂实测值比较，相应变化也应不大于 2%。

5) 应在各分接头的所有位置上进行测量。

(2) 检查所有分接头的变压比，所得变压比与制造厂数据相比应无明显差别，且应符合变压比的规律。

(3) 检查三相变压器的结线组别和单相变压器引出线的极性，极性和结线组别必须与变压器标志相符。

(4) 测量线圈连同套管一起的绝缘电阻和吸收比。

1) 绝缘电阻不低于产品出厂试验数据值的 70%，或不低于规定值（表 22-29）。

表 22-29

高压线圈电压等级	温 度(℃)							
	10	20	30	40	50	60	70	80
3～10kV	450	300	200	130	90	60	40	25
20～35kV	600	400	270	180	120	80	50	35
60～220kV	1200	800	540	360	240	160	100	70

2）当温度值与出厂试验报告上温度不同时，可按温度换算系数进行温度换算（表22-30）。

表 22-30

温度差(℃)	5	10	15	20	25	30	35	40	45	50	55	60
换算系数	1.2	1.5	1.8	2.3	2.8	3.4	4.1	5.1	6.2	7.5	9.2	11.2

注：在10～30℃时的吸收比，35kV以下者，应不低于1.2，60～330kV级者不低于1.5。

3）对干式变压器，绝缘电阻值和吸收比不作规定。

（5）测量线圈连同套管一起的介质损失角正切值 $tg\delta$：

1）电压等级在35kV及以上，且容量在1250kVA及以上的变压器必须进行介质损失角正切值 $tg\delta$ 的测量，1000V以下线圈可不测量。

2）被测线圈的 $tg\delta$ 值应不超过产品出厂试验数值的130%，或不超过规定值（表22-31）。

表 22-31

高压线圈电压等级	温 度(℃)						
	10	20	30	40	50	60	70
35V以上	1	1.5	2	3	4	6	8
35V及以下	1.5	2	3	4	6	8	11

3）测量温度与产品出厂温度不符时，可按介质损失角正切值 $tg\delta$（%）温度换算系数进行换算（表22-32）。

表 22-32

温度差(℃)	5	10	15	20	25	30	35	40	45	50
换算系数	1.15	1.3	1.5	1.7	1.9	2.2	2.5	3.0	3.5	4.0

（6）测量线圈连同套管一起的直流泄漏电流。

1）电压为35kV及以上，且容量为3150kVA及以上的变压器必须进行直流泄漏电流测量。读取时间为1min。油浸式电力变压器作泄漏电流的直流试验电压标准（表22-33）。

表 22-33

线圈额定电压(kV)	3	6～10	20～35	35以上
直流试验电压(kV)	5	10	20	40

2）线圈额定电压13.8kV、15.7kV者按10kV级标准，18kV者按20kV级标准。

(7) 电压在 35kV 及其以下，且容量为 8000kVA 以下的变压器应进行线圈连同套管一起的交流耐压试验，试验电压标准（表 22-34）。

表 22-34

额定电压(kV)	0.4 及以下	3	6	10	15	20	35
交流耐压试验电压(kV)	4	15	21	30	38	47	72

(8) 测量可接触到的穿心螺栓、轭铁夹件及绑扎钢带对轭铁、铁心、油箱及线圈压环的绝缘电阻。

(9) 进行非纯瓷套管试验。

1) 测量非纯瓷套管的绝缘电阻，绝缘电阻值不作规定。

2) 测量 35kV 及其以上非纯瓷套管的介质损失角正切值 tgδ（%）和电容值。

a. 检查电容值与产品铭牌相比有无显著差别。

b. 在 20℃时，套管的介质损失角正切值应不大于规定值（表 22-35）。

表 22-35

套管型式	额定电压(kV)		
	35	60～110	230～330
油浸纸电容式	1	1	1
胶纸充胶或充油式	2.5	2	1.5

3) 交流耐压试验电压（表 22-36）。

表 22-36

额定电压(kV)	3	6	10	15	20	35	60
固体有机绝缘管的交流耐压试验电压(kV)	22	28	38	50	59	90	150
纯瓷充油绝缘套管的交流耐压试验电压(kV)	25	32	42	57	68	100	165

(10) 油箱中绝缘油的试验，简化分析试验值应符合规定（表 22-37）。

表 22-37

项　目	标　准				说　明
酸　值	不应大于 0.03(mgKOH/g 油)				试验方法按 GB 264—77
水溶性酸和碱	无				试验方法按 GB 264—77
闪　点	不低于(℃)	DB-10	DB-25	DB-45	试验方法按 GB 264—77
		140	140	135	
机械杂质	无				按 GB 511—77
水　分	无				按 Y—4
游离碳	无				外观目测
电气强度试验	(1) 用于 15kV 及以下者:25kV (2) 用于 20～35kV:35kV (3) 用于 44～220kV 者:40kV				(1) 试验方法按 GB 507—77 (2) 产品有规定要求者,按产品要求 (3) 油样一般自设备中取出

(11) 检查有载调压切换装置。

1) 对有载调压切换装置应测量限流元件的电阻值，并与产品出厂数值相比较，应无显著差别。

2) 检查快速切换开关、定触头的全部动作顺序需符合产品要求（这二点仅在快速开关需要取出检查时才进行试验）。

3）检查切换装置的全部切换过程，应无任何开路现象，检查变压器空载下切换装置的调压情况，调压时电压变化范围均在产品出厂数据范围之内。

4）检查快速切换开关油箱中绝缘油的电气强度，不应低于30kV。

（12）变压器在额定电压下冲击合闸试验为5次，冲击合闸一般在高压侧进行，应无异常现象。

（13）检查相位，相位必须与电网相相位一致。

3. 变压器本体及附件安装监理

（1）变压器本体就位监理

1）检查变压器基础，轨道应水平，轨距与轮距应配合一致。

2）对于装有气体继电器的变压器，应检查顶盖沿气体继电器气流方向的升高坡度，坡度应为1%～1.5%（制造厂规定不须安装坡度者除外）。

3）当变压器须与封闭母线连接时，检查其套管中心线与封闭母线中心线是否相符。

4）对于装有滚轮的变压器，检查其滚轮转动是否灵活。在变压器就位后，检查滚轮是否已经加以固定。

（2）变压器密封处理的监理

1）检查所有法兰连接处，是否已用耐油密封垫（圈）密封。密封垫（圈）应无扭曲、变形、裂纹、毛刺，密封垫（圈）应与法兰面的尺寸相配合。

2）检查法兰连接面是否平整、清洁，密封垫应安置准确，其搭接处的厚度应与其原厚度相同，橡胶密封垫的压缩量不应超过其厚度的1/3。

（3）变压器有载调压切换装置的安装监理

1）传动机构的检查

a. 传动机构（包括操动机构、电动机、传动齿轮和模具杆）应固定牢靠，连接位置正确，且操作灵活、无卡阻现象。

b. 传动机构的摩擦部分应涂以适合当地气候条件的润滑油脂。

2）切换开关的检查

a. 切换开关的触头及其连接线应完整无损，且接触良好。

b. 其限流电阻应完好，无断裂现象。

3）切换装置的检查

a. 切换装置的工作顺序应符合产品出厂要求。

b. 切换装置在极限位置时，其机械联锁与极限开关的电气联锁动作应正确。

c. 切换开关油箱内应清洁，油箱应做密封试验，且密封良好。

d. 注入油箱中的绝缘油，其绝缘强度应符合产品的技术要求。

4）位置指示器应动作正常，指示正确。

（4）变压器冷却装置的安装监理

1）冷却装置在安装前应按制造厂规定的压力值用气压或油压进行密封试验，并符合下列要求：

a. 散热器、强迫油循环风冷却器持续30min无渗漏。

b. 强迫油循环水冷却器持续1h无渗漏，水、油系统应分别检查渗漏。

2）冷却装置安装前应用合格的变压器油经净油机循环冲洗干净，并将残油排尽。

3）冷却装置安装完毕后应立即注满油。

4）检查风扇电动机

a. 风扇电动机及叶片安装应牢固，并应转动灵活，无卡阻。

b. 试转时应无振动、过热现象。

c. 叶片应无扭曲变形或与风筒碰擦等情况，转向应正确。

d. 电动机的电源配线应采用具有耐油性能的绝缘导线。

5）检查管路中的阀门是否操作灵活，开闭位置正确；阀门及法兰连接处应密封良好。

6）外接油管路在安装前，检查除锈和清洗情况；管路安装后，检查管路的涂漆情况，油管应涂黄漆，水管应涂黑漆，并应有流向标志。

7）检查油泵

a. 油泵转向应正确，转动时应无异常噪声、振动和过热现象。

b. 油泵的密封应良好，无渗油或进气现象。

8）校验差压继电器、流速继电器，检查密封行。

（5）变压器储油柜的安装监理

1）储油柜安装前，检查清洗情况。

2）胶囊式（或隔膜式）储油柜中的胶囊（或隔膜）的检查

a. 胶囊应完整无破损。

b. 胶囊在缓慢充气胀开后无漏气现象。

c. 胶囊沿长度方向应与储油柜的长轴保持平行，不应扭偏。

d. 胶囊口的密封应良好，呼吸应畅通。

3）检查油位表

a. 油位表应动作灵活。

b. 油位表或油标管的指示必须与储油柜的真实油位相符，不得出现假油位。

c. 油位表的信号接点位置正确，绝缘良好。

（6）变压器升高座的安装监理

1）升高座安装前，先进行电流互感器的试验。电流互感器出线端子板应绝缘良好，其接线螺栓和固定件的垫块应紧固，端子板应密封良好，无渗油现象。

2）检查电流互感器铭牌和放气塞的位置。电流互感器铭牌位置应面向油箱外侧，放气塞位置应在升高座最高处。

3）电流互感器和升高座的中心应一致。

4）检查绝缘筒。绝缘筒应安装牢固，其安装位置不应使变压器引出线与之相碰。

（7）变压器套管安装监理

1）高压套管

a. 检查高压套管的引出端头与套管顶部接线柱连接处是否擦拭干净，接触紧密。

b. 高压套管与引出线接口的密封波纹盘结构的安装应严格按照制造厂的规定进行。

2）检查套管顶部结构的密封垫是否安装正确，密封是否良好。

3）连接引线时，检查顶部结构有没有松扣的现象。

4）检查充油套管。油标应面向外侧，套管末端应接地良好。

4. 变压器试运行监理

（1）对于中性点接地系统的变压器，在进行冲击合闸时，检查其中性点是否已经接地。

（2）变压器第一次投入时，可全电压冲击合闸，如有条件时应从零起升压；冲击合闸时，变压器一般可由高压侧投入。

（3）变压器应进行 5 次空载全电压冲击合闸，应无异常情况；第一次受电后，持续时间应不少于 10min。励磁涌流不应引起保护装置的误动。

（4）变压器并网前，应先核对相位。

（5）带电后，检查本体及附件所有焊缝和连接面，不应有渗油现象。

5. 监理重点

（1）检查生产厂经国家审查生产秩序鉴定合格证明书，生产厂提供复印件存档。

（2）检查生产厂提交的产品合格证、出厂试验记录、全套的安装使用说明书等技术文件是否齐全。

（3）检查变压器周边距离应符合安全供用电规范。

（4）检查高低压线排桥架（或电缆支架）与变压器高压带电部分的净距应＞225mm（10kV）。

（5）检查高、低压支持绝缘子应符合设计绝缘等级。检查相间及相对地净距必须大于各电压等级的最小净距。0.5kV 为 20mm；1～3kV 为 75mm；6kV 为 100mm；10kV 为 125mm。

6. 变压器安装分项工程质量监理评定表

工程名称：　　　　　　　　部位：

<table>
<tr><td rowspan="4">保证项目</td><td colspan="2">项　目</td><td colspan="11">质量情况</td></tr>
<tr><td>1</td><td>变压器及附件的规格质量必须符合设计要求。电力变压器及其附件的试验调整和器身检查结果必须符合施工规范规定</td><td colspan="11"></td></tr>
<tr><td>2</td><td>并列运行的变压器，必须符合并列条件</td><td colspan="11"></td></tr>
<tr><td>3</td><td>高低压瓷件表面严禁有裂纹和瓷釉损坏等缺陷</td><td colspan="11"></td></tr>
<tr><td rowspan="6">基本项目</td><td colspan="2" rowspan="2">项　目</td><td colspan="10">质量情况</td><td rowspan="2">等级</td></tr>
<tr><td>1</td><td>2</td><td>3</td><td>4</td><td>5</td><td>6</td><td>7</td><td>8</td><td>9</td><td>10</td></tr>
<tr><td>1</td><td>变压器本身安装</td><td></td><td></td><td></td><td></td><td></td><td></td><td></td><td></td><td></td><td></td><td></td></tr>
<tr><td>2</td><td>变压器附件安装</td><td></td><td></td><td></td><td></td><td></td><td></td><td></td><td></td><td></td><td></td><td></td></tr>
<tr><td>3</td><td>变压器与线路连接</td><td></td><td></td><td></td><td></td><td></td><td></td><td></td><td></td><td></td><td></td><td></td></tr>
<tr><td>4</td><td>接地（接零）</td><td></td><td></td><td></td><td></td><td></td><td></td><td></td><td></td><td></td><td></td><td></td></tr>
<tr><td rowspan="2">检查结果</td><td colspan="2">保证项目</td><td colspan="11"></td></tr>
<tr><td colspan="2">基本项目</td><td colspan="11">检查　　项，其中优良　　项，优良率　　%</td></tr>
<tr><td>评定等级</td><td colspan="2">工程负责人：
工　长：
班　组　长：</td><td>核定等级</td><td colspan="10">质量检查员：</td></tr>
</table>

年　月　日

22.2.3 高压开关设备的安装监理

1. 油断路器的安装与调整的监理

(1) 油断路器设备要求

1) 产品应具有出厂合格证，型号、规格、电压等级在设备铭牌上应表明。

2) 设备的所有部件及备件应齐全，无锈蚀或机械损伤的现象，瓷铁件应粘合牢固，绝缘部件不应有变形、受潮现象。

3) 检查油箱的焊缝应良好，外部油漆完整。

4) 检查充油运输的灭弧室及液压操动机构不应渗油。

5) 运到现场后，油断路器的绝缘部件应放于干燥通风的室内，绝缘提升杆应垂直放置，防止受潮或变形。

6) 少油断路器的灭弧室内应充满合格的绝缘油，多油断路器存放时应处于合闸状态。

7) 检查操作机构的金属转动摩擦部件、提升装置的钢丝绳等，应有防锈措施。

8) 检查控制箱防止受潮的措施。

(2) 检查油断路器及其操作机构的基础应符合要求（表 22-38）。

表 22-38

项　目	要　求
基础的中心距离及高度误差	≤10mm
预留孔或预埋铁板中心线误差	≤10mm
预埋螺栓中心线误差	≤2mm

(3) 油断路器组装监理

1) 检查油断路器固定牢靠程度。

2) 检查底座（或支架 ）与基础间的垫片。垫片不宜超过 3 片，其总厚度≤10mm，且各片间应焊接牢固。

3) 核对油断路器的部件编号，不可混装。

4) 连杆的检查

a. 三相联动（或同相各柱之间）的连杆，其拐臂应在同一平面上，拐臂角度应一致。

b. 连杆拧入深度应符合产品规定，防松螺母应拧紧。

5) 支持瓷套的检查

a. 支持瓷套内部应洁净，法兰密封垫应完好，安放位置正确且紧固均匀。

b. 支持瓷套的卡固弹簧应穿到底。

c. 支持瓷套的施工要求（表 22-39）。

表 22-39

项　目	技术要求	运行偏差(mm)
同相各支持瓷套	法兰面在同一平面上	各支柱中心线间距离≤5
三相联动的相关支持瓷套		三相底座或油箱中心线偏差≤5

(4) 油断路器和操作机构连接时，其支撑应牢固且受力均匀；机构动作灵活，无卡阻

现象。

（5）油气分离装置及排气管的检查

1）检查油气分离装置及排气管内部，应清洁，固定应牢靠。

2）检查油气分离装置内的瓷球应放满。

3）检查排气管的排出端加罩盖情况，排气管的长度及弯头数量应符合规定。

4）检查排气管口排出端的位置，应使其在排气时不致喷射至附近的设备上。

5）检查相间绝缘隔板应安装垂直牢固。

（6）检查手车式少油断路器的安装，应满足下列要求：

1）轨道应水平、平行，轨距应与手车轮距相配合，接地可靠；

2）制动装置应可靠且拆卸方便；

3）手车操作时应灵活、轻巧；

4）隔离静触头的安装位置正确，安装中心线应与触头中心线一致，接触良好，其接触行程和超行程应符合产品规定。

（7）油断路器和操作机构的安装监理

1）油断路器安装调整时，应配合检查合闸后的油断路器传动机构中间轴与样板的间隙以及传动机构杠杆与止钉间隙、行程、超行程、相间接触的同期性。

2）油断路器调整结束后注油前，应检查所有连接部位，机构无变形，锁片锁牢防松。

3）检查油断路器内部，不得遗留任何杂物。

4）顶盖及检查孔密封应良好。

5）检查注油油位，不得超过规定油位。

6）操作机构的检查

a. 操作机构的固定应牢靠，各转动部分应涂以润滑脂。

b. 电机转向应正确。

c. 分、合闸线圈的铁心应动作灵活。

d. 开关接点接触良好。

7）弹簧操动机构的检查

a. 弹簧操动机构应动作灵活，复位准确迅速、可靠。

b. 合闸弹簧储能时，牵引杆的位置不得超过死点，牵引杆的下端或凸轮与合闸锁扣可靠。

c. 棘轮转动时，不得提起或放下撑牙，防止电动机轴和手柄弯曲。

8）液压操动机构的检查

a. 检查油箱内部是否洁净，液压油的标号是否符合规定。

b. 各连接处应密封良好，无渗油。

c. 各工作部件应运行正常、准确、接触良好。

9）电磁操动机构的安装应注意辅助开关的动作应准确可靠，接触良好。

（8）油断路器的试验、调整监理

1）测量提升杆的绝缘电阻，用有机物制成的提升杆的绝缘电阻应不低于规定值（表22-40）。

表 22-40

额定电压(kV)	35 以下	35～110 以下	110～220
绝缘电阻(MΩ)	1000	2500	5000

2）测量 35kV 多油断路器的介质损失角正切值 $tg\delta$（%），在 20℃时，应不大于 5.5，测量应在分闸状态下按每只套管进行，若测得的 $tg\delta$（%）超出标准时，要卸下油箱进行分解试验。

3）测量 35kV 以上少油断路器的泄漏电流，支柱瓷套及灭弧室每个断口的试验电压为直流 40kV，其泄漏电流值不大于 10μA。

4）在合闸状态下进行交流耐压试验（表 22-41）。

表 22-41

额定电压(kV)	3	6	10	15	20	35	60
交流耐压试验电压(kV)	22	28	38	50	59	85	140

5）测量每相导电回路电阻，电阻值应符合产品要求。主触头与灭弧触头并联的断路器应分别测量其主触头和灭弧触头导电回路的电阻值。

6）测量油断路器的固有合闸和分闸时间，测得的时间应符合产品要求，测量应在额定操作电压下进行。当所测时间超过规定时，可检查线圈端子电压。

7）测量油断路器分、合闸速度，速度应符合产品要求，测量应在额定操作电压下进行，速度不符合规定时，应检查线圈端子电压。

8）测量油断路器触头分、合闸的同时性。并应符合产品要求。

9）测量分、合闸线圈及合闸接触器线圈的直流电阻，并符合产品要求。

10）检查操作机构分闸电磁铁和合闸接触器的最低动作电压（表 22-42）。

表 22-42

部 件 名 称	最低动作电压(额定电压的%值)V	
	不小于	不大于
分闸电磁铁	30	65
合闸接触器(或电磁铁)	30	80

注：当断路器短路电流峰值大于 50kA 时，允许为 85%额定电压值。

11）做断路器的操作试验时，应在直流母线额定电压值下分、合闸操作各三次，此时断路器动作应正常。

12）绝缘油试验，试验项目与绝缘油试验规定相同，对灭弧室、支柱瓷套等相互隔绝的断路器，应自各部件中分别取油进行试验。

13）电动合闸后，用样板检查调整油断路器传动机构中间轴与样板的间隙；传动机构杠杆与止钉间的间隙，检查行程、超行程、相间（包括同相各断口间）接触的同期性。检查结果应符合产品的技术规定。

2. 隔离开关、负荷开关及高压熔断器监理

（1）设备要求监理

1）检查设备应有产品合格证。

2）检查设备运到现场后的保管情况。应置于室内或室外平整、无积水的场地。

3）检查设备及其瓷件安置稳妥，以防倾倒损坏，触头及操动机构的金属转动部件应

有防锈措施。

(2) 隔离开关组装的监理

1) 检查隔离开关相间距离的误差：110kV 及以下不应大于 10mm，110kV 以上不应大于 20mm。相间连杆应在同一水平线上。

2) 检查支柱绝缘子

a. 支柱绝缘子应垂直于底座平面（V 型隔离开关除外），且连接牢固。

b. 隔离开关的各支柱绝缘子间应连接牢固。

c. 同一绝缘子柱的各绝缘子中心线应在同一垂直线上。

d. 同相各绝缘子柱的中心线在同一垂直平面内。

3) 检查均压环安装是否牢固。

(3) 隔离开关的试验、调整监理

1) 交流耐压试验，耐压值应符合规定（表 22-43）。

表 22-43

额定电压(kV)	3	6	10	15	20	35	40
交流耐压试验电压(kV)	24	32	42	55	65	95	155

2) 测量操作机构线圈的最低动作电压，操作线圈的最低动作电压在额定操作电压30%～80%的范围内。

3) 检查隔离开关的动作情况。在额定操作电源母线电压下进行分闸两次，动作应正常。

4) 隔离开关传动装置的拉杆应校直，拉杆的内径与操动机构转轴间的间隙不应大于1mm，定位螺钉应调整适当，并加以固定，以防止传动装置拐臂超过死点。

(4) 负荷开关安装监理

负荷开关安装应符合下列规定：

1) 以 0.05mm×10mm 的塞尺检查：对于线接触应塞不进去。对于面接触，其塞入深度：

a. 在接触表面宽度为 50mm 及以下时，不应超过 4mm；

b. 在接触表面宽度为 60mm 及以上时，不应超过 6mm。

2) 接触表面应平整、清洁、无氧化膜，并应涂一薄层中性凡士林或复合脂；

3) 载流部分的可挠连接不得有折损；

4) 载流部分表面应无严重的凹陷及锈蚀；

5) 触头间应接触紧密，两侧的接触压力应均匀。

(5) 高压熔断器的安装监理

1) 带钳口的熔断器，检查其熔丝管是否紧密地插入钳口内。

2) 跌落式熔断器的检查

a. 熔管的有机绝缘物应无裂纹、变形；

b. 熔管轴线与垂直线的夹角应为 15°～30°，其转动部分应灵活；

c. 跌落时不应碰及其他物体而损坏熔管。

3) 检查熔丝的规格是否符合设计要求，且应无弯曲、压扁或损伤。

4) 检查熔体与尾线是否压接紧密牢固。

3. 电抗器的安装监理

(1) 当安装场所的屋顶、四壁和地面有钢材时，监理人员应检查电抗器与其之间的距离，不得超过所规定的最小距离（表 22-44）。

表 22-44

项目	最小距离(mm)
与屋顶距离	电抗器本体半径－130
与四周钢构筑物或壁面距离	电抗器本体半径－120
与地面距离	电抗器本体半径－325

(2) 检查电抗器的安装序号，应遵守下列要求：

1) 三相垂直排列时，中间一相线圈的绕向应与上下两相相反。

2) 两相重叠与一相并列时，重叠的两相绕向相反，另一相与上面的一相绕向相同。

3) 三相水平排列时，三相绕向相同。

(3) 垂直安装时，检查各相中心线是否一致。

(4) 母线与电抗器端子的连接应符合母线装置的有关规定。当其额定电流为 1500A 及以上时，应采用非磁性金属材料制成的螺栓。

(5) 电抗器间隔内，所有磁性材料的部件，应可靠固定。

(6) 检查电抗器的支柱绝缘子是否已经按要求接地。具体要求如下：

1) 上下重叠安装时，底层电抗器下部的所有支柱绝缘子均应接地，其余的支柱绝缘子可不接地。

2) 每相单独安装时，每相支柱绝缘子均应接地。

3) 支柱绝缘子的接地线不应成为闭合环路。

4. 避雷器安装监理

(1) 阀式避雷器安装监理

1) 并列安装避雷器时，检查三相中心是否在同一直线上。

2) 检查拉紧绝缘子串必须紧固，弹簧应能伸缩自如，同相各拉紧绝缘子串的拉力应均匀。

3) 检查均压环应安装水平，不应歪斜。

4) 放电记录器的检查：应密封良好、动作可靠，安装位置应一致。

(2) 排气式避雷器安装监理

1) 检查避雷器应在管体的闭口端固定，开口端指向下方。

2) 当倾斜安装时，其轴线与水平方向的夹角应符合下列规定：

a. 普通管型避雷器应不小于 15°；

b. 无续流管型避雷器应不小于 45°；

c. 装于污秽地区时，应增大倾斜角度。

3) 审查避雷器安装方位，安装方位应使其排出的气体不致引起相间或对地短路，也不得喷及其他电气设备。

4) 检查避雷器及其支架安装是否牢固。

5) 检查无续流管型避雷器的高压引线与被保护设备的连接线长度，应符合产品的技术规定。

6）检查隔离间隙，应符合下列要求：

a. 隔离间隙轴线与避雷器管体轴线的夹角应不小于 45°，以免引起管壁外闪；

b. 隔离间隙宜水平安装，以免雨滴造成短路；

c. 隔离间隙必须安装牢固，其间隙距离应符合设计规定。

5. 高压开关安装分项工程质量监理评定表

工程名称：　　　　　　　　　　部位：

<table>
<tr><td colspan="3">项　　目</td><td colspan="11">质　量　情　况</td></tr>
<tr><td rowspan="3">保证项目</td><td>1</td><td>高压开关的型号、规格、质量必须符合设计要求。高压开关的试验调整结果必须符合施工规范规定</td><td colspan="11"></td></tr>
<tr><td>2</td><td>瓷件表面严禁有裂纹、缺损和瓷釉损坏等缺陷</td><td colspan="11"></td></tr>
<tr><td>3</td><td>导电接触面、开关与母线连接处必须接触紧密，用 0.05mm×10mm 塞尺检查：线接触的塞不进去；面接触宽 50mm 及其以下时，塞入深度不大于 4mm；接触面宽 60mm 及其以上时，塞入深度不大于 6mm</td><td colspan="11"></td></tr>
<tr><td rowspan="4">基本项目</td><td colspan="2" rowspan="2">项　　目</td><td colspan="10">质　量　情　况</td><td rowspan="2">等　级</td></tr>
<tr><td>1</td><td>2</td><td>3</td><td>4</td><td>5</td><td>6</td><td>7</td><td>8</td><td>9</td><td>10</td></tr>
<tr><td>1</td><td>开关安装</td><td></td><td></td><td></td><td></td><td></td><td></td><td></td><td></td><td></td><td></td><td></td></tr>
<tr><td>2</td><td>接地（接零）</td><td></td><td></td><td></td><td></td><td></td><td></td><td></td><td></td><td></td><td></td><td></td></tr>
<tr><td rowspan="2">检查结果</td><td colspan="2">保证项目</td><td colspan="11"></td></tr>
<tr><td colspan="2">基本项目</td><td colspan="11">检查　　　项，其中优良　　　项，优良率　　　%</td></tr>
<tr><td>评定等级</td><td colspan="2">工程负责人：
工　　长：
班 组 长：</td><td>核定等级</td><td colspan="10">质量检查员：</td></tr>
</table>

年　月　日

22.2.4　低压开关设备的安装监理

1. 低压开关设备安装监理

(1) 检测低压开关设备底面和手柄与地的距离。

1）低压电器底面一般应高出地面 50～100mm。

2）操作手柄中心距离地面一般为 1200～1500mm。

3）侧面操作的手柄距离建筑物或其他设备不宜小于 200mm。

(2) 安装固定低压电器时，应检查下列各项：

1）检查紧固螺栓规格，螺栓应选配适当；

2）电器的固定应牢固、平整；

3）电器内部不应受到额外应力；

4）检查紧固螺栓是否有防松措施。

(3) 电器的外部接线的监理要求：

1）检查是否按电器的接线端头标志接线。

一般情况下，电源侧导线应连接在进线端（固定触头接线端），负荷侧的导线应接在出线端（可动触头接线端）。

2）检查电器的接线螺栓及螺钉是否有防锈镀层，连接时，螺钉是否已经拧紧。

（4）低压电器的试验监理

1）电压线圈动作值校验、检测：

a. 吸合电压不大于 85%U，释放电压不小于 5%U；

b. 短时工作的合闸线圈应在（85～110）%U 范围内，分励线圈应在（75～110）%U 范围内均能可靠工作（U——额定工作电压）。

2）用电动机或液压、气压传动方式操作的电器，除产品另有规定外，当电压、液压或气压在 85%～110%额定值范围内，电器应可靠工作。

3）各类过电流脱扣器、失压和分励脱扣器、延时装置等应按设计要求进行整定，其整定值误差（%）不得超过产品的标称误差值。

（5）检查低压开关设备的操作宽度，不得小于规定的最小值（表 22-45（mm））。

表 22-45

布置方式	背面维护走廊	正面操作走廊	
	最小	最小	推荐
一面装有配电装置时	1000	1500	1800
两面装有配电装置时	1000	2000	2500

（6）低压电器安装分项工程质量监理评定表

工程名称：　　　　　　　　部位：

		项目	质量情况										等级
保证项目	1	电器的规格、型号及材料的材质必须符合设计要求。绝缘测量和绝缘电阻值必须符合施工规范规定											
	2	电器的导电接触面和母线连接的接触面必须接触紧密，用 0.05mm×10mm 塞尺检查；线接触的塞不进去；面接触宽 50mm 及其以下时，塞入深度不大于 4mm；接触面宽 60mm 及其以上时，塞入深度不大于 6mm											
基本项目		项目	质量情况										等级
	1	电器安装	1	2	3	4	5	6	7	8	9	10	
	2	操作机构安装											
	3	引线焊接											
	4	接地（接零）											
保证项目													
基本项目		检查　　项，其中优良　　项，优良率　　%											
评定等级		工程负责人： 工　长： 班组长：	核定等级	质量检查员： 年　月　日									

2. 接触器与启动器的安装监理

(1) 检查电磁铁的铁心和触头。铁心表面应无锈斑及油，触头的接触面应平整、清洁。

(2) 检查接触器、启动器的活动部件动作是否灵活、无卡阻；衔铁吸合后主尖有无异常响声、接触是否紧密、断电后是否能迅速脱开。

(3) 检查电磁启动器热元件的规格是否与电动机的保护特性相匹配。

(4) 检查可逆电磁启动器防止同时吸合的联锁装置动作是否正确、可靠。

(5) 星-三角启动器的检查

1) 启动器接线应正确，电动机定子绕组正常工作应为三角形接法。

2) 手动操作的星-三角启动器，应在电动机转速接近运行转速时进行切换；自动转换应按电动机负荷要求正确调节延时装置。

(6) 自耦减压启动器的安装、调整检查

1) 油浸式启动器的油面不得低于标定的油面线。

2) 减压抽头（65%～80%额定电压）应按负荷的要求进行调整，但启动时间不得超过自耦减压启动器的最大允许起动时间。

22.2.5 防爆、接地与防雷

1. 防爆监理

(1) 安装在有爆炸危险场所的仪表和材料，应检查其外部，外部不应有损伤和裂纹。

(2) 敷设在易爆炸和火灾危险场所的电缆（线）保护管应符合下列规定：

1) 保护管与现场仪表、检测元件、仪表箱、接线盒和拉线连接时应安装隔爆密封管件，并做充填密封；

2) 保护管应采用管卡固定牢固，不应焊接固定；

3) 密封管件与仪表箱、分线箱接线盒及拉线盒间的距离不应超过0.45m；

4) 全部保护管系统必须确保密封。

(3) 线路沿工艺管架敷设时，检查其是否敷设在爆炸和火灾危险性较小的一侧。

(4) 对于正压通风防爆的仪表箱，应检查箱内是否维持不低于设计规定的压力值。

(5) 对于安装在易爆炸和火灾危险场所的设备引入电缆，应采用防爆密封填料进行密封。

2. 接地施工监理

(1) 接地装置的一般规定

1) 用电仪表的外壳、仪表盘、柜、箱、盒和电缆槽、保护管、支架底座等，在正常条件下不带电的金属部分由于绝缘破坏而有可能带电者，因此均应作保护接地。

2) 宜建立统一接地体（总等电位连接板）。仪表盘（箱、架）内的保护接地、信号回路接地、屏蔽接地和本质安全型仪表系统接地应分别接到各自的接地母线上，再由各母线接到总等电位连接板。

3) 保护接地可接到电气工程低压电气设备的保护接地网上，连接应牢固可靠，不得串联接地。

4) 采用保护接地时，变压器零线必须可靠接地；电缆和架空线在建筑物进户处的零线应重复接地；在室内将零线与配电柜、控制屏的接地装置相连，最好将零线环接。

5) 电力设备接地电阻值应符合下列要求：

a. 保护接地电阻一般不大于4Ω；当配电变压器总容量不超过100kVA时，接地电阻值可不大于10Ω；

b. 重复接地电阻值一般不大于10Ω；当配电变压器总容量不超过100kVA且重复接地不少于3处时，重复接地的电阻值可不大于30Ω。

(2) 接地体安装监理

1) 对于交流电气设备的接地装置，检查其接地电阻值是否符合要求。

2) 人工接地体的监理要求

a. 人工接地体垂直敷设时，不应少于两根，垂直打入地下深度不应小于2.5m，角钢、钢管之间的距离不应小于3m。

b. 人工接地体水平敷设时，埋设深度不应小于0.7m。

c. 人工接地体的尺寸不得小于规定的最小尺寸（表22-46）。

表 22-46

接地体类别	最小尺寸(mm)	接地体类别	最小尺寸(mm)
圆钢(直径)	8	扁钢(截面)	48(mm^2)
角钢(厚度)	4	(厚度)	4
钢管(壁厚)	2.5		

3) 检查室内接地干线应沿墙明敷，固定卡子的间距，为1.0～1.5m，与墙面应有10～15mm间隙，离地面200～250mm，穿墙、柱时应用钢管保护。

4) 检查接地装置和避雷带及其支持件，严禁用非镀锌钢材和螺栓，敷设在土壤中的接地体不应涂漆。

5) 检查接地体器材、规格是否符合设计规定，并查看合格证件。

6) 检查接地体是否符合设计规定及埋设位置距建筑物距离>3m，并经隐蔽工程验收合格。

(3) 接地（干）线的敷设监理

1) 检查接地（干）线器材规格是否符合设计规定，并查看合格证件。

2) 复合接地装置的导体截面

a. 接地装置的导体截面应符合热稳定和机械强度的要求和设计规定；

b. 当无规定时，不应小于表22-47所列规格；

c. ≥110kV变电所或腐蚀性较强场所的接地装置应采用热镀锌钢材，或适当加大截面。

表 22-47

种类、规格及单位		地上		地下	
		室内	室外	交流电流回路	直流电流回路
圆钢直径(mm)		6	8	10	12
扁钢	截面(mm^2)	100		100	100
	厚度(mm)	4		4	6
角钢厚度(mm)		2.5		4	4
钢管管壁厚度(mm)				3.5	4.5

注：电力线路杆塔的接地体引出线截面≥50mm^2，引出线应热镀锌。

3）复合低压电气设备地面上外露的铜和铝接地线的截面，最小截面应符合规定（表22-48）。

表 22-48

名　称	铜(mm^2)	铝(mm^2)
明敷的裸导线	4	6
绝缘导体	1.5	2.5
电缆的接地芯或与相线包在同一保护外壳内的多芯导线的接地线	1	1.5

4）在地下不得采用裸铝导体作为接地体或接地线。

5）接地线的机械损伤和化学腐蚀检查

a. 检查与公路、铁路或管道等交叉处及其他可能使接地线遭受损伤的部位，应用管子或角钢等加以保护；

b. 接地线在穿过土墙壁、楼板和地坪处应加装钢管或其他坚固的保护套，有化学腐蚀的部位还应采取防腐措施。

6）接地检查

a. 接地干线应在不同的两点以上与接地网相连接；

b. 自然接地体应在不同的两点以上与接地干线或接地网相连接。

7）检查电气装置接地情况。每个电气装置的接地应以单独的接地线与接地干线相连接，不得在一个接地线中串接几个需要接地的电气装置。

8）检查明敷接地线的安装。安装应符合下列要求：

a. 敷设位置不应妨碍设备的拆卸与检修；

b. 支持件间的距离，在水平直线部分宜为 0.5～1.5m；垂直部分宜为 1.5～3m；转弯部分宜为 0.3～0.5m；

c. 接地线应按水平或垂直敷设，亦可与建筑物倾斜结构平行敷设；在直线段上，不应有高低起伏及弯曲等情况；

d. 接地线沿建筑物墙壁水平敷设时，离地距离宜为 250～300m；接地线与建筑物墙壁间的间隙宜为 10～15m；

e. 在接地线跨越建筑物伸缩缝、沉降缝处时，应设置补偿器。补偿器可用接地线本身弯成弧状代替；

f. 明敷接地线的表面应涂以 15～100mm 宽度相等的绿色或黄色相间的条纹。宜在每个导体的全部长度上或只在每个区间或每个可接触到的部位上做出标志，当使用胶带时，应使用双色胶带；中性线宜涂淡蓝色标志；

g. 在接地线引向建筑物的入口处或在检修用的临时接地处，均应刷白色底漆并标以黑色标志。

9）检查接地干线与接地极连接点焊接质量，检查搭接长度（表 22-49）。

10）回填土前进行接地电阻测试，其电阻值必须符合设计要求，并经隐蔽工程验收合格。

3. 防雷监理

表 22-49

项次	项目		规定数值	检测方法
1	搭接长度	扁钢	>2b	尺量检查
		圆钢	>6b	
		圆钢和扁钢	>6b	
2	扁钢搭接焊的棱边数		3	观察检查

(1) 检查所有进出受保护区的金属线路（如电气线路、信号线路、天馈线路），如接入到受保护的设备，必须加装防雷保护器。所有的保护器都应可靠接地。

(2) 检查电源防雷三级防护标准

1) B级，用于局部区域的总配电保护，10/350μs 波形，100kA 级。

2) C级，用于局部区域内各二级电气回路保护，8/20μs 波形，40kA 级。

3) D级，用于重要设备的重点保护，8/20μs 波形，5kA 级。

(3) 检查变压器低压侧的相线上宜装设低压避雷器；直接与架空线相连的电量计能表和架空线路与地埋线路的连接处宜装设保护间隙或避雷器。

(4) 建筑物上的防雷设施采用多根引下线时，检查在各引下线距离地面 1.5～1.8m 处设置断接卡，断接卡应加保护措施。

(5) 检查独立避雷针（线）设置独立的集中接地装置情况。当有困难时，接地装置可与接地网连接，与接地网的地中距离不宜小于 3m。

(6) 检查配电装置的架构或屋顶上的避雷针与接地网连接情况，应在其附近装设集中接地装置。

(7) 接地体在地下不得采用裸铝导体，检查顶面埋设深度不宜小于 0.6m。角钢及钢管接地体应垂直配置。

(8) 检查垂直接地体的间距不宜小于其长度的 2 倍。水平接地体的间距应符合设计规定。当设计无规定时不宜小于 5m。

(9) 检查接地干线，应在不同的两点及以上与接地网相连接。自然接地体应在不同的两点及以上与接地干线或接地网相连接。

(10) 检查接地体、接地线规格、数量（件数）是否符合设计规定，并查看合格证件。

(11) 检查接地体（干）线间焊接质量、搭接长度应符合规定。

(12) 避雷接地装置隐蔽前应进行接地电阻测量，接地电阻值必须符合设计要求，应经隐蔽工程验收合格。

4. 避雷针（网）及接地装置分项工程质量监理评定表

工程名称：　　　　　　　部位：

		项目	质量情况
保证项目	1	材料的质量符合设计要求，接地装置的接地电阻必须符合设计要求	
	2	接至电气设备、器具和可拆卸的其他非带电金属部件接地（接零）的分支线，必须直接与接地干线相连，严禁串连连接	

续表

<table>
<tr><td rowspan="5">基本项目</td><td colspan="4" rowspan="2">项　　目</td><td colspan="10">质 量 情 况</td><td rowspan="2">等　级</td></tr>
<tr><td>1</td><td>2</td><td>3</td><td>4</td><td>5</td><td>6</td><td>7</td><td>8</td><td>9</td><td>10</td></tr>
<tr><td>1</td><td colspan="3">针(网)及其支持件安装</td><td></td><td></td><td></td><td></td><td></td><td></td><td></td><td></td><td></td><td></td><td></td></tr>
<tr><td>2</td><td colspan="3">接地(接零)线的敷设</td><td></td><td></td><td></td><td></td><td></td><td></td><td></td><td></td><td></td><td></td><td></td></tr>
<tr><td>3</td><td colspan="3">接地体安装</td><td></td><td></td><td></td><td></td><td></td><td></td><td></td><td></td><td></td><td></td><td></td></tr>
<tr><td rowspan="6">允许偏差项目</td><td colspan="3" rowspan="2">项　　目</td><td rowspan="2">规定数值</td><td colspan="11">实测值(mm)</td></tr>
<tr><td>1</td><td>2</td><td>3</td><td>4</td><td>5</td><td>6</td><td>7</td><td>8</td><td>9</td><td colspan="2">10</td></tr>
<tr><td rowspan="3">1</td><td rowspan="3">搭接长度</td><td>扁钢</td><td>≥2b</td><td></td><td></td><td></td><td></td><td></td><td></td><td></td><td></td><td></td><td colspan="2"></td></tr>
<tr><td>圆钢</td><td>≥6b</td><td></td><td></td><td></td><td></td><td></td><td></td><td></td><td></td><td></td><td colspan="2"></td></tr>
<tr><td>圆钢和扁钢</td><td>≥6b</td><td></td><td></td><td></td><td></td><td></td><td></td><td></td><td></td><td></td><td colspan="2"></td></tr>
<tr><td>2</td><td colspan="2">扁钢搭接焊的棱边数</td><td>3</td><td></td><td></td><td></td><td></td><td></td><td></td><td></td><td></td><td></td><td colspan="2"></td></tr>
<tr><td rowspan="3">检查结果</td><td colspan="2">保证项目</td><td colspan="13"></td></tr>
<tr><td colspan="2">基本项目</td><td colspan="13">检查　　项,其中优良　　项,优良率　　%</td></tr>
<tr><td colspan="2">允许偏差项目</td><td colspan="13">实测　　项,其中合格　　项,合格率　　%</td></tr>
<tr><td>评定等级</td><td colspan="4">工程负责人:
工　长:
班 组 长:</td><td>核定等级</td><td colspan="10">质量检查员:</td></tr>
</table>

年　　月　　日

22.2.6 成套配电柜（盘）、箱及电气器具安装监理

1. 检查照明器具及配电箱、柜（盘）的产器合格证件。

2. 检查大（重）型灯具及吊扇等安装用的吊钩、预埋件的位置，并经隐蔽工程验收合格。

3. 配电箱的检查

(1) 配电箱（盘、板）安装应位置正确，部件齐全，箱件开孔合适，切口整齐。

(2) 暗式配电箱箱盖应紧贴墙面。

(3) 零线经汇流排（零线端子）连接，无绞接现象。

(4) 箱体（盘、板）油漆完整。

(5) 箱体内外清洁，箱盖开闭灵活，箱内接线整齐，回路编号齐全、正确。

4. 检查大（重）型灯具及吊扇等安装用的吊钩、预埋件是否埋设牢固。吊扇吊杆及其销钉的防松、防振装置是否齐全、可靠。

5. 检查器具的接地（接零）保护措施和其他安全要求是否符合施工规范规定。

6. 检查照明器具及配电箱（盘）的接地（接零）支线敷设是否连接紧密牢固，接地（接零）线截面选用是否正确，线路走向是否合理，需防腐的部分是否有涂漆，有无遗漏，色标是否正确。

7. 检查器具安装情况。具体要求如下：

(1) 器具及其支架牢固端正，位置正确，有木台的安装在木台中心。

(2) 暗插座、暗开关的盖板紧贴墙面，四周无缝隙，工厂照弯管灯、防爆弯管灯的吊

攀齐全，固定可靠；电铃、光字号牌等讯号显示装置清晰，部件完整，动作正确，灯具及其控制开关工作正常。

8. 检查导线与器具的连接，应符合以下规定：

(1) 连接牢固紧密，不伤芯线。压板连接时无松动；螺栓连接时，在同一端子的导线不超过两根，防松垫圈等配件齐全。

(2) 开关切断相线、螺口灯头相线接在中心触点的端子；同样用途的三相插座接线，相序排列一致；单相插座的接线，面对插座：右极接相线，左极接零线；单相三孔、三相四孔插座的接地（接零）线接在正上方；插座的接地（接零）线单独敷设，不与工作零线混同。导线进入器具、盒（箱）内的余量适当，绝缘保护良好。吊链灯的引下线整齐美观。

9. 检查照明器具、配电箱（盘、板）安装偏差（表 22-50）。

表 22-50

项次	项目			允许偏差(mm)	检测方法
1	箱、盘、板、垂直板	箱(盘、板)体高<50cm		1.5	吊线、尺量检查
		箱(盘、板)体高≥50cm		3	
2	照明器具	成排灯具中心线		5	拉线、尺量检查
3		明开关、插座的底板和暗开关、插座的面板	并列安装	0.5	尺量检查
4			同一场所高差	5	
			面板垂直度	0.5	吊线、尺量检查

22.2.7 动力开关柜及电器安装监理

1. 检查产品的技术文件合格证明是否齐全，应是国家认可的生产厂家生产的质量合格的产品。

2. 动力开关柜及用电气器具安装前，检查建筑工程所具备条件是否合格。

(1) 层顶、楼板施工完毕，不得渗漏。

(2) 室内地面基础施工完毕并在墙上标出地面标高，配电室的门窗安装完毕。

(3) 预埋件及预留孔符合设计要求，预埋件牢固，模板及施工设施拆除，场地清理干净。

(4) 进行装饰时可能损坏已安装的设备或设备安装后不能再进行装饰的工作应全部完成。

3. 设备和器具的检查

(1) 根据设计施工图纸和使用说明书对照核对规格、型号等是否与设计要求相符。

(2) 柜中所装电器元件应齐全完好，型号、规格、接线与设计图、出厂图一致，安装位置正确，固定牢固。

(3) 外观无损伤变形及锈蚀，漆层应完整无损。开关柜应标明柜号、柜名及开关按钮等功能名称。

(4) 绝缘部件严禁有裂纹、缺损和瓷釉损坏等缺陷。

(5) 柜中所有二次回路接线应准确可靠、标志清晰，绝缘符合要求，接线与出厂图、设计图一致。

4. 检查高压瓷件和低压绝缘部件。高压瓷件表面严禁有裂纹、缺损和瓷釉损坏等缺陷；低压绝缘部件完整。

5. 柜（盘）的试验调整监理

试验内容主要是交流耐压试验。柜（盘）内的电压互感器、断路器、电流互感器、隔离开关、母线（即支持绝缘子和套管）的交流耐压试验电压（22-51）。

表 22-51

额定电压(kV)	交流耐压试验电压(kV)				
	电压互感器	断路器电流互感器	隔离开关	母线(支持绝缘子和套管)	
				纯瓷	固体有机绝缘
3	22	22	24	25	22
6	28	28	32	32	28
10	38	38	42	42	38
15	50	50	55	57	50
20	59	59	65	68	59
35	85	85	95	100	90
60	125	140	155	165	150

6. 柜（盘）组安装监理

(1) 柜（盘）与基础型钢间连接紧密，固定牢固，接地可靠，柜（盘）间接缝平整。

(2) 复合基础型钢的安装偏差（表 22-52）。

表 22-52

项目	允许偏差(mm)	项目	允许偏差(mm)
不直度	每米1 全长5	水平度	每米1 全长5

(3) 检查盘面。盘面标志牌、标志框齐全、正确并清晰。

(4) 小车、抽屉式柜推拉灵活，无卡阻碰撞现象；接地触头接触紧密、调整正确，推入时接地触头比主触头先接触，退出时接地触头比主触头后脱开。

(5) 小车、抽屉式柜，动、静触头中心线调整一致，接触紧密；二次回路的切换接头或机械、电气联锁装置的动作正确、可靠。油漆完整均匀，盘面清洁，小车或抽屉互换性好。

(6) 复合柜（盘）安装的偏差（表 22-53）。

表 22-53

项目			允许偏差(mm)	检验方法
柜盘安装	每米垂直度		1.5	吊线、尺量检查
	盘顶垂直度	相邻两盘	2	直尺、塞尺检查
		成排盘顶部	5	拉线、尺量检查
	盘面垂直度	相邻两盘	1	直尺、塞尺检查
		成排盘面	5	拉线、尺量检查
	盘间接缝		2	塞尺检查

7. 检查柜（盘）内的设备及接线

（1）设备完整齐全、固定牢靠，操动部分动作灵活、准确。

（2）有两个电源的柜（盘），母线的相序排列一致；相对排列的柜（盘），母线的相序排列对称。

（3）母线色标正确（表 22-54）。

表 22-54

序号	电压(kV)	颜色	备注
1	直流	褐	1. 模拟母线的宽度一般为 6～12mm 2. 设备模拟的涂色应与相同电压等级的母线颜色一致 3. 不适用于电屏以及流程模拟的平台
2	交流 0.22	深灰	
3	交流 0.38	黄褐	
4	交流 3	深绿	
5	交流 6	深蓝	
6	交流 10	绛红	
7	交流 13.8～18	浅绿	
8	交流 35	鲜黄	
9	交流 60	橙黄	
10	交流 110	朱红	
11	交流 154	天蓝	
12	交流 220	紫	
13	交流 330	白	

（4）二次接线准确，固定牢靠，导线与电器或端子排的连接紧密，标志清晰、齐全。

（5）盘内母线色标均匀完整，二次接线排列整齐，回路编号清晰、齐全。采用标准端子头编号，每个端子螺栓接线不超过两根。柜（盘）的引入、引出线路整齐。

（6）柜（盘）内设备的导电接触面与外部母线连接必须符合用 0.05mm×10mm 塞尺检查：线接触的塞不进去；面接触的，接触面宽＜50mm，塞入深度≤4mm；接触面宽≥60mm，塞入深度≤6mm（电器的导电接触面和母线连接的接触面的检验和评定，必须按本规定进行）。

8. 检查接地（接零）

（1）柜（盘）电器及其支架的接地（接零）支线敷设应连接紧密牢固。

（2）接地（接零）线截面选用正确，线路走向合理。

（3）需防腐的部分涂漆均匀，无遗漏。

9. 绝缘测量和绝缘电阻值必须符合施工规范规定。

10. 电器安装监理内容：

（1）整体检查：部件完整、安装牢靠、排列整齐、绝缘器件无裂纹、缺损；

（2）电器的活动接触导电部分应接触良好，触头压力应符合电器技术条件；

（3）电刷在刷握内能上、下活动；

（4）集电环表面应平整、清洁；

（5）电磁铁心的表面应无锈斑及油垢，吸合、释放正常，通电后无异常噪声；

（6）注油的电器油位正确，指示清晰，油试验合格，贮油部分无渗漏现象；

（7）电器表面整洁，固定电器的支架或盘、板平整，电器的引出导结整齐、固定可靠，电器及其支架油漆完整。

11. 电器的操作机构安装检查

（1）操作机构动作灵活，触头动作一致，各联锁、传动装置位置正确可靠。

（2）操作时无较大振动和异常噪声，润滑良好。

12. 焊接处的检查

（1）电器的引线焊接应焊缝饱满、表面光滑，焊药清除干净，锡焊焊药无腐蚀性。

（2）焊接处防腐和绝缘处理良好，引线绑扎整齐，固定可靠。

13. 成套配电柜（盘）及动力开关柜安装分项工程质量监理评定表

工程名称：　　　　　　　　　　部位：

		项　目	质　量　情　况
保证项目	1	配电柜(盘)及开关柜的型号、规格、质量必须符合设计要求。柜(盘)的试验调整结果必须符合施工规范规定	
	2	高压瓷件表面严禁有裂纹、缺损和瓷釉损坏等缺陷,低压绝缘部件完整	
	3	柜(盘)内设备的导电接触面与外部母线连接,必须接触紧密,用 0.05mm×10mm 塞尺检查:线接触的塞不进去;面接触宽 50mm 及其以下时,塞入深度不大于 4mm;接触面宽 60mm 及其以上时,塞入深度不大于 6mm	

		项　目	质量情况 1	2	3	4	5	6	7	8	9	10	等　级
基本项目	1	柜(盘)组立											
	2	柜(盘)内的设备及接线											
	3	接地(接零)											

		项　目			允许偏差(mm)	实测值(mm) 1	2	3	4	5	6	7	8	9	10
允许偏差项目	1	基础型钢	顶部平直度	每米	1										
				全长	5										
	2		侧面平直度	每米	1										
				全长	5										
	3		每米垂直度		1.5										
	4	柜盘安装	盘顶平直度	相邻两盘	2										
				成排盘顶部	5										
	5		盘面平直度	相邻两盘	1										
				成排盘面	5										
	6		盘间接缝		2										

检查结果	保证项目				
	基本项目	检查	项,其中优良	项,优良率	%
	允许偏差项目	实测	项,其中合格	项,合格率	%

评定等级	工程负责人： 工　长： 班　组　长：	核定等级	质量检查员：

年　月　日

22.2.8 低压电器安装监理

1. 低压电器设备要求

(1) 所有电气设备及器材达到现场后，均应开箱清点检验，产品规格应符合设备要求，附件、备件齐全。

(2) 电器的技术文件齐全。

(3) 低压电器的外壳、漆层、手柄无损伤或变形。

(4) 内部仪表、灭弧罩、瓷件等应无裂纹或伤痕。

2. 低压电器安装监理

(1) 对于低压电器，应用支架或垫板固定在墙上或柱上。

(2) 落地安装的电器，其底面应高出地面50～100mm，操作手柄中心距地面一般为1200～1500mm，侧面操作的手柄距离建筑物或其他设备不宜小于200mm。

(3) 对于成排安装的低压电器，应排列整齐，有防振要求的电器应加装减振设备，螺栓紧固应有防松措施。

(4) 室外安装的低压电器设备应有防雨、雪、风沙侵蚀的措施。

3. 低压电器操作机构的安装监理

(1) 自动开关操作机构的操作手柄或传动杆的开、合位置应正确，操作力不应大于产品允许的规定值。

(2) 电动操作机构的接线应正确，在合闸过程中开关不应跳跃。合闸后，限制电动机或电磁铁通电时间的联锁装置应及时动作，使电磁铁或电动机通电时间不超过产品允许规定值。

(3) 触头接触面应平整，合闸后接触应紧密。在闭合、断开过程中，可动部分与灭弧室的零件不应有卡阻现象。

(4) 有脱扣装置的自动开关，脱扣装置动作应可靠。

(5) 铁心表面应无锈斑及油垢，衔铁吸合后无异常响声。

4. 接线监理

(1) 接线应在电器的接线端子上，电器内部不应受到额外压力。

(2) 一般情况下，电源侧导线应连接在进线端（固定触点端），负荷侧导线应接在出线端。

(3) 接线螺栓应采用镀层保护。

(4) 母线与刀片直接连接时，母线固定端必须牢固；母线与电器连接时，接触面要求应符合硬母线安装工程中母线连接的规定。

(5) 不同相母线间的最小净距应符合规定（表22-55）。

表 22-55

额定电压(V)	最小净距(mm)
$U\leqslant500$	10
$500<U\leqslant1200$	14

5. 熔断器、接触器等设备安装监理

(1) 有熔断指示的熔芯，其指示器的方向应装在便于观察侧；瓷质熔断器在金属底板上安装时，底座应垫以软绝缘衬垫；螺旋式熔断器，其电源进线应接在中心触点的端子上，负荷线接在螺纹外壳端子上。

(2) 接触器与启动器必须垂直安装，不能横装或卧装；油浸式启动器的油面不得低于标准的油面线；减压抽头应按负荷要求进行调整，但启动时间不得超过自耦减压启动器的最大允许启动时间。

(3) 按钮箱倾斜安装时，与水平面的倾角不宜小于 30°；按钮安装在启动器的右边，按钮的底边与启动器底取齐，两者留一定间距；“紧急”按钮应有鲜明的标记。

(4) 控制器操作手柄或手轮的动作方向应尽量与机械装置动作方向一致，控制器的触头压力应均匀，转动部分及齿轮减速器应润滑良好。

(5) 直接叠装的电阻器不宜超过 3 箱，必须超过时要用支架固定；多层叠加电阻器，引出导线也应用支架固定，垂直固定时，电阻器应安装在其他电器的上方，电阻器与电阻元件间的连接线应用裸导线。

(6) 变阻器的滑动触头与固定触头应有一定压力，可用 0.05mm×10mm 塞尺检查，塞不进去为合格。

6. 接地监理

金属外壳或框架应可靠接地（接零），接地线应接在规定的接地端子上，接地线应采用镀锌紧固件。

7. 低压电器安装分项工程质量监理评定表

工程名称：　　　　　　　　　部位：

		项目	质量情况
保证项目	1	电器的规格、型号及材料的材质必须符合设计要求。绝缘测量和绝缘电阻值必须符合施工规范规定	
	2	电器的导电接触面和母线连接的接触面必须接触紧密，用 0.05mm×10mm 塞尺检查：线接触的塞不进去；面接触宽 50mm 及其以下时，塞入深度不大于 4mm；接触面宽 60mm 及其以上时，塞入深度不大于 6mm	

		项目	质量情况 1	2	3	4	5	6	7	8	9	10	等级
基本项目	1	电器安装											
	2	操作机构安装											
	3	引线焊接											
	4	接地(接零)											

检查结果	保证项目	
	基本项目	检查　　项，其中优良　　项，优良率　　%

评定等级	工程负责人： 工　长： 班　组　长：	核定等级	质量检查员：

年　月　日

22.2.9 电缆安装监理

1. 汇线桥架（包括支架）敷设监理

(1) 检查电缆梯架（托盘）的规格应符合设计，并应有合格证件。

(2) 检查电缆桥架的配置，配置应符合下列要求：

1）电缆桥架（托盘）、电缆梯架（托盘）的支（吊）架、连接件和附件的质量应符合现行的有关技术标准。

2）电缆梯架（托盘）的规格、支吊跨距、防腐类型应符合设计要求。

(3) 检查梯架（托盘）

1）梯架（托盘）在每个支吊架上的固定应牢固。

2）梯架（托盘）连接板的螺栓应紧固，螺母应位于梯架（托盘）的外侧。

3）铝合金梯架在钢制支吊架上固定时，应有防止电化腐蚀的措施。

(4) 检查应该设有伸缩缝的地方是否已设伸缩缝。

1）当直线段钢制电缆桥架超过 30m、铝合金或玻璃钢制电缆桥架超过 15m 时，应有伸缩缝。

2）电缆桥架跨越建筑物处应设置伸缩缝。

(5) 电缆桥架转弯处的转弯半径，不应小于该桥架上的电缆最小弯曲半径的最大值。

(6) 检查电缆支、托架

1）钢材应平直，无明显扭曲。下料误差应在 5mm 范围内，切口应无卷边、毛刺。

2）支架应焊接牢固，无明显变形。各横撑间的垂直净距与设计偏差≤5mm。

3）金属电缆支架必须进行防腐处理。位于湿热、盐雾以及有化学腐蚀地区时，应根据设计作特殊的防腐处理。

4）电缆支架全长均应有良好的接地。

5）电缆支架的层间允许最小距离，当设计无规定时，可采用表 22-56 的规定。但层间净距不应小于两倍电缆外径加 10mm，≥35kV 高压电缆不应小于 2 倍电缆外径加 50mm。

表 22-56

电缆类型和敷设特征		支(吊)架(mm)	桥架(mm)
控制电缆		120	200
电力电缆	≤10kV(除 6～10kV 交联聚乙烯绝缘外)	150～200	250
	6～10kV 交联聚乙烯绝缘	200～250	300
	35kV 单心 35kV 三心 ≥110kV,每层多于 1 根	300	350
	≥110kV,每层 1 根	250	300
电缆敷设于槽盒内		$h+80$	$h+80$

注：h 表示槽盒外壳高度。

6）电缆支架最上层及最下层至沟顶、楼板或沟底、地面的距离，当设计无规定时，不宜小于表 22-57 的数值。

表 22-57

敷设方式	电缆隧道或夹层(mm)	电缆沟(mm)	吊架(mm)	桥架(mm)
最上层至沟顶或楼板	300～350	150～200	150～200	350～450
最下层至沟底或地面	100～150	50～100		100～150

7）电缆各支持点间的距离应符合设计规定。当设计无规定时，不应大于表 22-58 的规定。

表 22-58

电缆种类		敷设方式	
		水平(mm)	垂直(mm)
电力电缆	全塑型	400	1000
	除全塑型外的中低压电缆	800	1500
	控制电缆	1500	2000
控制电缆		800	1000

注：全塑型电力电缆水平敷设沿支架能把电缆固定时，支撑点间的距离允许为 800mm。

8）托架支吊架的固定方式应按设计要求进行。各支架的同层横档应在同一水平面上，其高低偏差≤5mm。托架支吊架沿桥架直向左右的偏差≤10mm。

9）在有坡度的电缆沟内或建筑物上安装电缆支架时，应有与电缆沟或建筑物相同的坡度。

10）组装后的钢结构坚固，其垂直偏差不应大于其长度的 2/1000；支横撑的水平误差不应大于其宽度的 2/1000；竖井对角线的偏差不应大于其对角线长度的 5/1000。

（7）检查电缆保护管

1）电缆保护管应管口光滑，无毛滑，固定牢靠，防腐良好，变曲处无弯扁现象，其弯曲半径不小于电缆的最小允许弯曲半径。

2）出入地沟、隧道和建筑物的保护管口应封闭严密。

3）出入地沟、隧道和建筑物时，保护管坡向及坡度正确。

4）明设部分应横平竖直，成排敷设应排列整齐。

2. 电缆敷设监理

（1）电缆敷设前应按下列要求进行检查：

1）敷设前应按设计和实际路径计算每根电缆的长度，合理安排每盘电缆，减少电缆接头。

2）电缆通道畅通，排水良好；金属部分的防腐层完整；隧道内照明、通风符合要求。

3）电缆型号、电压、规格应符合设计要求，符合国家现行技术标准的规定并应附有合格证明。1kV 及以上电缆尚应检查经国家签发的生产秩序整顿合格证书。

4）电缆外观应无损伤，绝缘良好，当对电缆的密封有怀疑时，应进行潮湿判断；直埋电缆与水下电缆应经试验合格。

5）电缆敷设前检查绝缘电阻，＜1kV 电缆用 1000V 兆欧表；≥1kV 电缆用 2500V 兆欧表。

6）在带电区域内敷设电缆，应有可靠的安全措施。

(2) 电缆敷设时，检查电缆沟、隧道、电缆井和人井的防水层，不应有所损坏。

(3) 对于并联使用的电力电缆，检查其长度、型号、规格是否相同。

(4) 电缆敷设时，电缆应从盘的上端引出，不应使电缆在支架上及地面摩擦拖拉。电缆不得有铠装压扁、电缆绞拧、护层折裂等未清除的机械损伤。

(5) 检查电缆的排列，应符合下列要求：

1) 电力电缆和控制电缆不能配置在同一层支架上；

2) 高低压电力电缆，强电、弱电控制电缆按顺序分层配置。一般情况宜由上而下配置；但在含有 35kV 以上高压电缆引入柜盘时，为满足弯曲半径要求，可由下而上配置。

3) 并列敷设的电力电缆，其相互间的净距应符合设计要求。

(6) 电缆在支架上的敷设应符合下列要求：

1) 控制电缆，在普通支架上不宜超过 1 层，桥架上不宜超过 3 层；

2) 交流三芯电力电缆，在普通支架上不宜超过 1 层，桥架上不宜超过 2 层；

3) 交流单芯电力电缆，应布置在同侧支架上。当按紧贴的正三角形排列时，应每隔 1m 用绑带扎牢；

4) 电缆在支架上敷设时，应固定牢靠。同一侧支架上的电缆排列顺序正确，控制电缆应放在电力电缆的下面，<1kV 的电力电缆应放在 1kV 电力电缆的下面。

(7) 检查电缆的弯曲半径（表 22-59）。

表 22-59

<table>
<tr><th colspan="3">电 缆 形 式</th><th>多芯</th><th>单芯</th></tr>
<tr><td colspan="3">控制电缆</td><td colspan="2">10D</td></tr>
<tr><td rowspan="3">橡皮绝缘电力电缆</td><td colspan="2">无铅包、钢铠护套</td><td colspan="2">10D</td></tr>
<tr><td colspan="2">裸铅包护套</td><td colspan="2">15D</td></tr>
<tr><td colspan="2">钢铠护套</td><td colspan="2">20D</td></tr>
<tr><td colspan="3">聚氯乙烯绝缘电力电缆</td><td colspan="2">10D</td></tr>
<tr><td colspan="3">交联聚乙烯绝缘电力电缆</td><td>15D</td><td>20D</td></tr>
<tr><td rowspan="3">油浸纸绝缘电力电缆</td><td colspan="2">铅包</td><td colspan="2">30D</td></tr>
<tr><td rowspan="2">铅包</td><td>有铠装</td><td>15D</td><td>20D</td></tr>
<tr><td>无铠装</td><td>20D</td><td></td></tr>
<tr><td colspan="3">自容式流油(铅包)电缆</td><td></td><td>20D</td></tr>
</table>

注：表中 D 为电缆外径。

(8) 电缆敷设完毕后，检查杂物是否清理干净，盖板是否盖好。

3. 地下直埋电缆的敷设监理

(1) 电缆敷设前应按下列要求进行检查：

1) 电缆型号、电压、规格应符合设计，符合国家现行技术标准的规定并应有合格证件。1kV 及以上电缆尚应检查经国家签发的生产秩序整顿合格证书；

2) 电缆外观应无损伤，绝缘良好，当对电缆的密封有怀疑时，应进行潮湿判断；直埋电缆应试验合格；

3) 检查绝缘电阻；

4）在带电区域内敷设电缆，应有可靠的安全措施。

（2）检查电缆的保护措施是否完善。

（3）检查电缆的埋设深度。电缆埋置深度应符合下列要求：

1）电缆表面与地面的距离≥0.7m；穿越农田时≥1m。在引入建筑物与地下建筑物交叉及绕过地下建筑物处，可浅埋，但应采取保护措施；

2）电缆应埋设于冻土层以下，当受条件限制时，应采取防止电缆受到损坏的措施。

（4）检查电缆之间、电缆与其他管道、道路、建筑物等之间平行和交叉时的间距，应符合规定（表 22-60）。严禁将电缆平等敷设于管道的上方或下方。特殊情况应按下列规定执行：

1）电力电缆间及其与控制电缆间的或不同使用部门的电缆间，当电缆穿管或用隔板隔开时，平行间距可降低为 0.1m；

2）电力电缆间、控制间以及它们相互之间，不同使用部门的电缆间在交叉点前后 1m 范围内，当电缆穿入管中或用隔板隔开时，其交叉净距可降为 0.25m；

3）电缆与热管道（沟）、易燃液体管道（沟）、热力设备或其他管道（沟）之间，虽净距能满足要求，但检修管道可能伤及电缆时，在交叉点前后 1m 范围内，尚应采取保护措施；当交叉净距不能满足要求时，应将电缆穿入管中，其净距可减为 0.25m。

4）电缆与热力管道（沟）及热力设备平行、交叉时，应采取隔热措施，使电缆周围土壤的温升不超过 10℃；

表 22-60

项目		最小净距(m)		项目		最小净距(m)	
		平行	交叉			平行	交叉
电力电缆间及其与控制电缆间	≤10kV	0.10	0.50	电气化铁路路轨	交流	3.00	1.00
	>10kV	0.25	0.50		直流	10.0	1.00
控制电缆间		—	0.50	公路		1.50	1.00
不同使用部门的电缆间		0.50	0.50	城市街道路面		1.00	0.70
热管道(管沟)及热力设备		2.00	0.50	杆基础(边线)		1.00	—
易燃液体管道(沟)		1.00	0.50	建筑物基础(边线)		0.60	—
其他管道(管沟)		0.50	0.50	排水沟		1.00	0.50
铁路路轨		3.00	1.00				

注：1. 电缆与公路平行的净距，当情况特殊时可酌减。

2. 当电缆穿管或者其他管道有保温层等防护设施，表中净距应从管壁或防护设施的外壁算起。

（5）当电缆与厂区道路交叉时，检查下列内容：

1）电缆是否敷设于坚固的保护管或隧道内；

2）电缆管的两端宜伸出道路路基两边各 2m；伸出排水沟 0.5m；

（6）直埋电缆的检查

1）直埋电缆的上、下部应铺以≥100mm 厚的软土或砂层，并加盖保护板，其覆盖宽度应超过电缆侧各 50mm，保护板可采用混凝土盖板或砖块。

2）直埋电缆在直线段每隔 50～100m 处、电缆接头处、转弯处、进入建筑物等处，应设置明显的方位标志或标桩。

3）直埋电缆的隐蔽工程记录及科图齐全、准确。

4. 电缆终端头和（中间）接头的制作监理

(1) 一般规定和准备工作：

1）电缆终端与接头的制作，应由经过培训的熟练工操作。电缆终端及接头制作时应严格遵守制作工艺规程；充油电缆油务及真空工艺等有关规程的规定。

2）在室外制作≥6kV 电缆终端与接头时，其空气相对湿度宜≤70%，当湿度大时，可提高环境温度或加热电缆。≥110kV 高压电缆终端与接头施工时，应搭临时工棚，环境温度应严格控制，温度宜为 10～30℃。制作塑料绝缘电力电缆终端与接头时，应防止尘埃、杂物落入绝缘内。严禁在雾或雨中施工。

3）≤35kV 电缆终端与接头应符合下列要求：

a. 型式、规格应与电缆类型如电压、芯数、截面护层结构和环境要求一致；

b. 结构应简单、紧凑，便于安装；

c. 所用材料、部件应符合技术要求；

d. 主要性能应符合现行国家标准《额定电压 26/35kV 及以下电力电缆附件基本性能要求》的规定。

4）采用的附件绝缘材料除电气性能应满足要求外，尚应与电缆本体绝缘具有相容性。两种材料的硬度、膨胀系数、抗张强度和断裂伸长率等物理性能指标应接近。橡胶绝缘电缆应采用弹性大、粘接性能好的材料作为附加绝缘。

5）电缆线芯连接金具，应采用符合标准的连接管和接线端子，其内径应与电缆线芯相紧密配合，间隙不应过大；截面宜为线芯截面的 1.2～1.5 倍。采用压接时，压接钳和模具应符合规格要求。

6）控制电缆在下列情况下可有接头，但必须连接牢固，不受到机械拉力：

a. 当敷设的长度超过其制造长度时；

b. 必须延长已敷设竣工的控制电缆时；

c. 当消除使用中的电缆故障时。

7）制作电缆终端和接头时，应熟悉安装工艺资料，做好检查，并符合下列要求：

a. 电缆绝缘状况良好，无受潮；塑料电缆内不得进水；充油电缆施工前应对电缆本体、压力箱、电缆油桶及纸卷桶逐个取油样，做电气性能试验，并应符合标准；

b. 附件规格应与电缆一致；零部件应齐全无损伤；绝缘材料不得受潮；密封材料不得失效。壳体结构附件应预先组装，清洁内壁；试验密封，结构尺寸符合要求；

c. 施工用机具齐全、清洁，便于操作。消耗性材料齐备，清洁塑料绝缘表面的溶剂宜遵循工艺导则准备妥善；

d. 必要时应进行试装配。

8）电力电缆接地线应采用铜绞线或镀铜编织丝，其截面积不应小于规定值（表 22-61）；≥110kV 电缆的截面面积应符合设计规定。

9）电缆终端与电气装置的连接，应符合现行国家标准《电气装置安装工程母线装置施工及验收规范》的有关规定。

(2) 制作的监理

表 22-61

电缆截面(mm^2)	接地线截面(mm^2)
<120	16
<150	25

1）制作电缆终端与接头，从剥切电缆开始应连续操作直至完成，缩短绝缘暴露时间。剥切电缆时不应损伤线芯和保留的绝缘层。附加绝缘的包绕、装配、热缩聚染料等应清洁。

2）充油电缆线路有接头时，应先制作接头；两端有位差时，应先制作低位终端头。

3）电缆终端应采取加强绝缘屏蔽、密封防潮、机械保护等措施。≥6kV 电力电缆的终端和接头，尚应有改善电缆屏蔽端部电场集中的有效措施，并应确保外缘相间和对地距离。

4）≤35kV 电缆在剥切线芯绝缘、屏蔽、金属护套时，线芯沿绝缘表面至最近接地点（屏蔽或金属护套端部）的最小距离应符合要求（表 22-62）。

表 22-62

额定电压(kV)	最小距离(mm)	额定电压(kV)	最小距离(mm)
1	50	10	125
6	100	35	250

5）塑料绝缘电缆在制作端头和接头时，应彻底清除半导电屏蔽层。对包带石墨屏蔽层，应使用溶剂去碳迹；以挤出屏蔽，剥除时不得损伤绝缘表面，屏蔽端部应平整。

6）三芯油纸绝缘电缆应保留统包绝缘 25mm，不得损伤。剥除屏蔽碳墨纸，端部应平整。弯曲线芯时应均匀用力，不得损伤绝缘纸；线芯弯曲半径不应小于其直径的 10 倍。包缠或灌注、填充绝缘材料时，应清除线芯分支处的气隙。

7）充油电缆终端和接头包绕附加绝缘时，不得完全关闭压力箱。制作中和真空处理时，从电缆中渗出的油应及时排出，不得积存在瓷套或壳体内。

8）电缆线芯连接时，应除去线芯和连接管内壁油污及氧化层。压接模具与金具应配合恰当。压缩比应有尽有符合要求。压接后将端子或连接管上的凸痕修理光滑，不得残留毛刺。采用锡焊连接铜芯时，应使用中性焊锡膏，不得烧伤绝缘。

9）三芯电力电缆接头两侧电缆的金属屏蔽层（或金属套）、铠装层应分别连接良好，不得中断；跨接线的截面不应小于规范中接地线截面的规定。直埋电缆接头金属外壳及电缆的金属护层应做好防腐处理。

10）三芯电力电缆终端处的金属护层必须接地良好；塑料电缆每相铜屏蔽和钢铠应锡焊接地线。电缆通过零序电流互感器时，电缆金属护层和接地线应对地绝缘，电缆接地点在互感器以下时，接地线应直接接地；接地点在互感器以上时，接地线应穿过互感器接地。

11）密封要求

a. 装配、组合电缆终端和接头时，各部件间的配合或搭接处必须采取堵漏、防潮和密封措施。

b. 铅包电缆铅封时应擦去表面氧化物，搪铅时间不宜过长，铅封必须密实无气孔。

c. 充油电缆的铅封应两次进行，第一次封堵油，第二次成形和加固，高位差铅封应用环氧树脂加固。

d. 塑料电缆宜采用胶粘带、胶粘剂（热熔胶）等方式密封；塑料护套表面应打毛，粘接表面应用溶剂除去油污，粘接应良好。

e. 电缆终端、接头及充油电缆供油管路均不应有渗漏。

12）电缆终端上就有明显的相色标志，且应与系统的相位一致。

13）控制电缆终端采用一般包扎，接头应有防潮措施。

5. 电缆线路分项工程质量监理评定表

工程名称： 部位：

		项目
保证项目	1	电缆的品种、规格、质量符合设计要求。电缆的耐压试验结果、泄漏电流和绝缘电阻必须符合施工规范规定
	2	电缆敷设严禁有绞拧、铠装压扁、护层断裂和表面严重划伤等缺陷；直埋敷设时，严禁在管道的上面或下面平行敷设
	3	电缆终端头和电缆接头的制作、安装必须符合下列规定： 1. 封闭严密，填料灌注饱满，无气泡、渗油现象；芯线连接紧密，绝缘带包扎严密，防潮涂料涂刷均匀；封铅表面光滑，无砂眼和裂纹。 2. 交联聚乙烯电缆头的半导体带、屏蔽带包缠不超越应力锥中间最大处，锥体坡度均匀，表面光滑 3. 电缆头安装、固定牢靠，相序正确。直埋电缆接头保护措施完整，标准准确清晰

		项目	质量情况 1	2	3	4	5	6	7	8	9	10	等级
基本项目	1	电缆支、托架安装											
	2	保护管安装											
	3	电缆敷设											
	4	接地(接零)											

		项目			允许偏差或弯曲半径	实测值(mm) 1	2	3	4	5	6	7	8	9	10
允许偏差项目	1	明设成排支架相互间高低差			10mm										
	2	电缆最小允许弯曲半径	油浸纸绝缘电力电缆	单芯	≥20d										
				多芯	≥15d										
			橡皮绝缘电力电缆	橡皮或聚乙烯护套	≥10d										
				裸铅护套	≥15d										
				铅护套钢带铠装	≥20d										
			塑料绝缘电力电缆		≥10d										
			控制电缆		≥10d										

续表

<table>
<tr><td rowspan="3">检查结果</td><td>保证项目</td><td colspan="4"></td></tr>
<tr><td>基本项目</td><td>检查</td><td>项,其中优良</td><td>项,优良率</td><td>%</td></tr>
<tr><td>允许偏差项目</td><td>实测</td><td>点,其中合格</td><td>项,合格率</td><td>%</td></tr>
<tr><td>评定等级</td><td>工程负责人:
工　长:
班　组　长:</td><td>核定等级</td><td colspan="3">质量检查员:</td></tr>
</table>

年　月　日

22.3 钢制非标准装置的制作与安装监理

22.3.1 钢制圆形压力装置的制作监理

1. 筒体的焊接监理

(1) 纵焊缝的对口错边量应≤壁厚的 10%，且不大于 3mm。

(2) 对于壁厚大于 10mm 的等厚对接环焊缝，其对口错边量应≤壁厚的 10%加 1mm，且不大于 6mm。

(3) 对接焊缝的棱角度，无论纵、环缝均要求不大于壁厚的 10%加 2mm，且不大于 5mm。

(4) 组装对接时焊缝布置要求：相邻筒节的纵焊缝距离或封头焊缝端点与相邻筒节焊缝距离要大于板厚的 3 倍，且不小于 100mm。

2. 检查加工的钢板和型钢。检查钢板、型钢加工的偏差（表 22-63）。

表 22-63

<table>
<tr><th colspan="2">项　目</th><th>允许偏差(mm)</th><th>监 理 方 法</th></tr>
<tr><td rowspan="2">钢板尺寸</td><td>长度、宽度</td><td>±1</td><td rowspan="2">用尺检查</td></tr>
<tr><td>两对角线之差</td><td>2</td></tr>
<tr><td colspan="2">钢板边缘不直度</td><td>±1</td><td>拉线和用尺检查</td></tr>
<tr><td rowspan="3">钢板局部挠曲矢高</td><td>厚度小于或等于 14mm</td><td>±1</td><td rowspan="3">用 1m 直尺检查</td></tr>
<tr><td>厚度大于 14mm</td><td>1</td></tr>
<tr><td>卷板厚度为 4～7mm</td><td>1.5</td></tr>
<tr><td colspan="2">弧形板与样板间隙</td><td>1</td><td>用弦长 1/2DN,但不大于 1m 的样板检查</td></tr>
<tr><td rowspan="2">坡口</td><td>钝角</td><td>±1°</td><td rowspan="2">用焊接检验尺检查</td></tr>
<tr><td>角度</td><td>±2.5°</td></tr>
<tr><td rowspan="3">型钢</td><td>弯曲型钢局部凸凹度</td><td>2</td><td>用弦长 1.5m 的样板检查(加工件弦长小于 1.5m,样板长度应等于加工件弦长</td></tr>
<tr><td>长度</td><td>±2</td><td>用尺检查</td></tr>
<tr><td>挠曲矢高
L-长度</td><td>$\frac{1}{1000}L$,但不大于 5</td><td>拉线和用尺检查</td></tr>
</table>

3. 筒体的监理。检查筒体的偏差（表 22-64）。

表 22-64

<table>
<tr><th colspan="4">项　目</th><th>允许偏差(mm)</th><th>检测方法</th></tr>
<tr><td colspan="2">最大直径与最小直径之差</td><td colspan="2">内压
外压
常压</td><td>1%DN,但不大于 25
0.5%DN
1.1%DN</td><td>用尺检查</td></tr>
<tr><td>外圈周长</td><td>直径(mm)</td><td colspan="2">小于 800
800～1200
1300～1600
1700～2400
大于 2600</td><td>±6
±9
±13
±16
±19</td><td>用尺检查</td></tr>
<tr><td colspan="4">L-筒体长度</td><td>$\pm\frac{2}{1000}L$</td><td>用尺检查</td></tr>
<tr><td colspan="2">不直度
(L-总长度)</td><td colspan="2">20m 以内
大于 20m</td><td>$\frac{2}{1000}L$,但不大于 20
$\frac{1}{1000}L$,但不大于 30</td><td>用直线检查</td></tr>
<tr><td rowspan="4">对口错边量</td><td colspan="3">纵向焊缝(S-壁厚)</td><td>0.1S,但不大于 2</td><td rowspan="4">用尺检查</td></tr>
<tr><td rowspan="2">环向焊缝</td><td colspan="2">厚度相等</td><td>0.2S,但不大于 4</td></tr>
<tr><td>厚度不等</td><td>S_1-厚度
S_2-较薄板</td><td>$\frac{S_2}{5}+\frac{S_1-S_2}{2}$,但不大于 4</td></tr>
<tr><td colspan="3">复合钢板</td><td>0.1S,但不大于 2</td></tr>
<tr><td colspan="4">对接焊缝棱角</td><td>0.1S+2,但不大于 5</td><td>纵焊缝用弦长 1/6DN 但不大于 300mm 的样板检查。环焊缝用弦长不小于 300mm 的尺检查</td></tr>
<tr><td colspan="2" rowspan="2">筒体法兰端面与轴线垂直度</td><td colspan="2">DN≤1800mm</td><td>2</td><td rowspan="2">用直角尺检查</td></tr>
<tr><td colspan="2">DN>1800mm</td><td>3</td></tr>
</table>

4. 封头的制作质量监理

（1）封头由两块或由左右对称的三块钢板对接制成时，对接焊缝距封头中心线应小于公称直径的 1/4。

（2）检查封头的制作的偏差（表 22-65）。

表 22-65

<table>
<tr><th rowspan="4">项　目</th><th colspan="6">允许偏差(mm)</th><th rowspan="4">检 验 方 法</th></tr>
<tr><th colspan="6">公称直径(mm)</th></tr>
<tr><th rowspan="2">小于
800</th><th>800</th><th>1300</th><th>1700</th><th>2600</th><th>3200</th></tr>
<tr><th>1200</th><th>1600</th><th>2400</th><th>3000</th><th>4000</th></tr>
<tr><td>直径</td><td>±2</td><td>±3</td><td>±4</td><td>±5</td><td>±6</td><td>±6</td><td rowspan="2">用尺检查</td></tr>
<tr><td>最大直径与最小直径之差</td><td>2</td><td>4</td><td>6</td><td>8</td><td>9</td><td>10</td></tr>
<tr><td>表面凸凹度</td><td>2</td><td>3</td><td>4</td><td>4</td><td>4</td><td>4</td><td>用弦长等于 1/6DN 但不小于 300mm 的样板检查</td></tr>
</table>

续表

项目	允许偏差(mm)						检验方法
	公称直径(mm)						
	小于800	800~1200	1300~1600	1700~2400	2600~3000	3200~4000	
曲面高度	±4	±6	±8	±12	±16	±20	用尺检查
直边高度	+5 −3	+5 −3	+5 −3	+5 −3	+5 −3	+5 −3	
直边纵向皱折深度	1.5	1.5	1.5	1.5	1.5	1.5	

注：手工锻打的封头表面凸凹度按上表规定各增加1mm。

5. 压力容器开孔及管道位置的开孔监理

(1) 压力容器开孔的一般要求

1) 在压力容器的体壳上开的孔应为圆孔、椭圆形孔和长圆形孔，当开椭圆形或长圆形孔时，孔的长径与短径之比不得大于2。

2) 孔位不得在焊缝处。

3) 孔口处补强材料一般应与筒体或封头的材料相同。

(2) 允许不另行补强的最大开孔孔径（表22-66）

表 22-66

P MPa	厚度系数 K	筒体内直径或球体内半径(mm)					注：
		≤1000	≤2000	≤3000	≤4000	≤6000	
0.6	1.0	57×5	57×5	76×6	76×6	76×6	$K\frac{S-C}{S_0}$ 式中 S—开孔处的实际壁厚(mm)； C—壁厚附加量(mm)； S_0—计算壁厚(mm)
	1.1	76×6	76×6	89×6	89×6	89×6	
	1.2	89×6	89×6	89×6	89×6	89×6	
	1.3	108×6	108×6	159×7	159×7	159×7	
1.0	1.0	38×3.5	45×3.5	57×5	57×5	76×6	
	1.1	57×5	57×5	76×6	76×6	89×6	
	1.2	76×6	76×6	89×6	89×6	108×6	
	1.3	89×6	89×6	108×6	159×7	159×7	
1.6	1.0	32×3.5	38×3.5	45×3.5	57×5	76×6	
	1.1	45×3.5	45×3.5	57×5	76×6	89×6	
	1.2	57×5	57×5	76×6	89×6	108×6	
	1.3	76×6	89×6	89×6	108×6	159×7	
2.5	1.0	25×3.5	38×3.5	45×3.5	57×5	76×6	
	1.1	38×3.5	45×3.5	57×5	76×6	89×6	
	1.2	45×3.5	57×5	76×6	89×6	108×6	
	1.3	57×5	76×6	89×6	108×6	159×7	

(3) 孔口补强时，允许的开孔范围

1) 当筒体内径 $D\leqslant1500$mm 时，开孔最大直径 $d\leqslant D/2$，且 $d\leqslant500$mm；当筒体内径 $D>1500$mm 时，开孔最大直径 $d\leqslant D/3$，且 $d\leqslant1000$mm。

2) 凸形封头或球壳上的开孔最大直径 $d\leqslant D/2$，其孔位距封头外缘距离不小于0.1D。

3）锥形封头的最大开孔直径 $d \leqslant D_1/3$（D_1—开孔中心线的锥体直径）。

（4）接管、法兰接管（包括开孔、进出口、观测口及其他仪表接管等）安装的允许偏差（表22-67）。

表 22-67

项目		允许偏差(mm)	监理方法
法兰面垂直接管中心线		$\frac{1}{1000}D$，但不大于3	用直尺检查不少于3处
接管法兰与图纸规定的方向			
接管法兰	水平度		用水平尺或吊线和尺检查不少于3处
	垂直度		
接管	位置偏移	5	用吊线和尺检查不少于3处
	伸出长度	±5	用尺检查不少于3处

注：D—法兰外径小于100mm者按100mm计算。

6. 压力容器制作的有关标准（表22-68）

表 22-68

标准号	名称	标准号	名称
JB 576—64	碟形封头	JB 580—79	回转盖人孔
JB 1154—73	椭圆形封头型式与尺寸	JB 581—79	重垂吊盖人孔
JB 1155—73	60°折边锥形封头型式与尺寸	JB 582—79	水平吊盖人孔
JB 1156—73	90°折边锥形封头型式与尺寸	JB 583—79	回转盖对焊法兰人孔
JB 1157—82	压力容器法兰分类与技术条件	JB 584—79	回转拱盖快开人孔
JB 1158—82	甲型平焊法兰型式与尺寸	JB 585—79	水平吊盖对焊法兰人孔
JB 1159—82	乙型平焊法兰型式与尺寸	JB 1166—81	支承式支座
JB 1160—82	长颈对焊法兰型式与尺寸	JB 1207—73	补强圈
JB 1161—82	压力容器法兰用金属转垫与尺寸	JB 928—67	压力容器焊缝射线探伤
JB 577—79	常压人孔	JB 1152—81	锅炉和钢制压力容器对接焊缝超声波探伤
JB 579—79	长圆形转盖快开人孔	JB 1614-81	锅炉受压元件焊接接头机械性能检验方法

22.3.2 钢制低压水箱、槽的监理

1. 低压水箱、槽的制作监理

（1）检查钢板。检查钢板制作的偏差（表22-69）。

表 22-69

项目		允许偏差(mm)	监理方法
长度、宽度		±1	用尺检查
两对角线之差		2	
钢板局部挠曲矢高	厚度小于或等于14mm	1.5	用1m直尺检查
	厚度大于14mm	1	
	卷板厚度为4～7mm	3	

续表

项目		允许偏差(mm)	监理方法
边缘不直度		±1	接线和用尺检查
弧形板与样板间隙		1	用 1/2DN 但不大于 1m 的样板检查
坡口	钝边	±1	用焊接检验尺检查
	角度	±2.5°	

(2) 检查型钢。检查型钢制作的偏差（表 22-70）。

表 22-70

项目	允许偏差(mm)	检测方法
长度	±2	用尺检查
挠曲矢高(L—长度)	$\frac{1}{1000}L$,但不大于 5	拉线和用尺检查
弧形型钢与平台实样线间隙	4	在平台实样线上用尺检查

(3) 水箱和水槽的制作监理。检查箱、槽制作的偏差（表 22-71）。

表 22-71

项目		允许偏差(mm)	检测方法
长、宽、高	小于或等于 3m	±5	用尺检查
	大于 3m	±8	
对角线之差(L—长度)	小于或等于 3m	5	用尺检查
	大于 3m	$\frac{1.5}{1000}L$,但不大于 10	
表面局部凸凹度		10	拉线和用尺检查

(4) 溜槽、漏斗制作监理。检查溜槽、漏斗制作的偏差（表 22-72）。

表 22-72

项目			允许偏差(mm)	检测方法
漏槽及漏斗	边长或直径	焊接连接	±2	边长:用尺在每端检查 直径:用尺在每端互成 90°的两条中心线上检查
		法兰连接	−2	
	长度或高度(L—长度、高度)		$\pm\frac{1.5}{1000}L$,但不大于 10	
法兰盘	边长或直径		+2	边长:用尺检查四边 直径:用尺在互成 90°的两条中心线上检查
	平整度		3	在平台上用塞尺检查
	组装垂直度		3	在平台上每端用角尺和尺检查

2. 低压水箱、槽的安装监理

(1) 箱、槽安装的偏差（表 22-73）。

表 22-73

项 目	允许偏差(mm)	检测方法
标 高	±5	用水准仪或尺检查
水平度(L—长度)	$\frac{1}{1000}L$,但不大于 10	用水准仪检查箱、槽四角
中心线位移	5	用尺检查

(2) 溜槽、漏斗安装的偏差(表 22-74)。

表 22-74

项 目	允许偏差(mm)	检测方法
标 高	±5	用水准仪或尺检查
水平度(H—高度)	$\frac{1}{1000}H$,但不大于 10	在上口中心吊线,在下口用尺检查
中心线位移	5	用尺检查

22.4 锅炉安装工程监理

22.4.1 设备的质量要求

1. 锅炉和省煤器的型号、规格必须符合设计要求。

2. 锅炉和省煤器应是由劳动部门批准的锅炉生产厂制造，并按具有锅炉设计资格的设计单位的图纸生产的合格产品。

3. 具有锅炉出厂合格证。

22.4.2 锅炉的安装监理

1. 基础验收

(1) 对基础进行复查。

1) 座标、标高尺寸应正确，混凝土强度应符合设计要求。

2) 基础外形应无裂纹、空洞、露筋和掉角的现象。

(2) 检查安装基准线。

1) 锅炉纵向中心线。

2) 锅炉炉排前轴中心线。

3) 省煤器纵向中心线和横向中心线。

2. 锅炉本体安装监理

锅炉本体的安装监理重点为找正与找平，应达到下列要求：

(1) 锅炉的纵向中心线与基础的纵向中心线相吻合，误差不大于 10mm；

(2) 锅炉炉排前轴中心线与基础上划出的前轴中心线相吻合，误差不大于 2mm；

(3) 锅炉的横向水平偏差不大于 5mm；

(4) 锅炉纵向水平的找正，如制造时已有排污坡度的锅炉，找正时应水平。制造时无排污坡度的锅炉，找正时应将锅炉前端较后端高出 25～35mm，以利排污。但此时应校核炉排前轴和后轴的组对标高，其误差应不大于 5mm。

3. 省煤器的安装监理

监理重点为省煤器的肋片完好情况及安装尺寸偏差。具体要求如下：

（1）铸铁省煤器每根肋片管上有破损的肋片数不应多于总肋片的10%，整个省煤器中有破损的肋片的管数不应多于总管数的10%；

（2）组装铸铁省煤器的偏差，按基础上所划中心线检查，支承架的水平方向位置偏差±3mm，支承架的标高偏差±5mm。

4. 锅炉与省煤器的水压试验

（1）锅炉本体的管道、阀门、仪表安装完毕后，可进行水压试验，锅炉本体与省煤器的水压试验应符合规定（表22-75）。

表22-75

名 称	锅炉工作压力(MPa)	试验压力(MPa)	附注
锅炉本体	<0.6	1.5P	不应小于
	0.6～0.8	P+0.3	0.2MPa
可分式省煤器	任何压力	1.25P+0.5	

（2）试压环境温度应不低于5℃，否则应采取防冻措施。

（3）当水压升至工作压力时，应暂停升压，检查各部分有无漏水，然后再升至试验压力，保持5min，5min内压力下降不超过0.05MPa时，再降至工作压力，此时检查各部分如无漏水现象即为合格。

5. 炉排安装监理

（1）往复式推动炉排的安装应控制炉排片的间隙，纵向间隙为1～2mm，炉排两侧的间隙为3～5mm。

（2）机械传动炉排安装完毕并与传动装置连接后，烘炉前应进行冷态试运转。冷态试运转的连续运转时间不应少于8h，冷态试运转速度最少应在两级以上，运转中应无杂声、卡住、凸起和跑偏等不正常现象。

6. 锅炉烘炉监理

烘炉的做法及合格标准必须符合下述要求：

（1）烘炉时间的长短及温升速度应根据锅炉型式、炉墙结构及自然干燥时间而定，一般不少于4d。

（2）烘炉时，第一天烟气温度不宜超过50℃，烘炉后期炉温不应高于150℃（烟温测试点为锅炉本体烟气出口处）。

（3）烘炉过程中，应由专人负责检查炉墙烘干程度及炉墙各部分的变化。

（4）烘炉期锅炉水位应保持在水位表最低水位，水位下降应及时补水，产生的蒸汽用抬高安全阀排放。

（5）链条炉烘炉期间，应定期转动炉排，防止烧坏炉排。

（6）烘炉升温速度不允许忽高忽低，更不允许中间中断，烘炉时应做好升温记录。

（7）烘炉合格标准：

1）炉墙表面温度均匀，在取样点处温度达到50℃后，继续烘烤48h即为合格。在48h内可以同时进行煮炉；

2）从取样点取灰浆样品分析其含水率，若灰浆含水率在10%以下，烘炉即为合格。

7. 锅炉煮炉监理

煮炉在烘炉末期进行，具体要求如下：

(1) 加药时炉水应在低水位，炉内无压力。

(2) 先将药品溶成浓度为20%的溶液，用临时加药泵和软管将药液送入炉筒内。禁止将固体药剂加入。

(3) 煮炉时加药的配方（表22-76）。

表 22-76

药品名称	加药量(kg/m^3)(水)	
	铁锈较薄	铁锈较厚
氢氧化钠(NaOH)	2～3	3～4
磷酸三钠($Na_3PO_4 \cdot 12H_2O$)	2～3	2～3

注：1. 药品按100%纯度计算。

2. 无磷酸三钠时，可用碳酸钠代替，数量为磷酸三钠的1.5倍。

3. 单独用碳酸钠煮炉，其数量为$6kg/m^3$（水）。

(4) 煮炉时间一般为2～3d，在煮炉第一天应使蒸汽压力保持在锅炉工作压力15%～30%之间，煮炉后期升到工作压力75%，煮炉期间锅炉水位应控制在高水位。

(5) 煮炉期间要取样分析炉水碱度和磷酸根含量。当碱度小于50mg・n/L时，应向炉内补充加药；当磷酸三钠含量趋于稳定时，表示炉内化学药品与锅炉内表面锈垢化学反应基本结束，煮炉便可结束。

(6) 煮炉结束后，停炉冷却到70℃以下，放掉炉水，清除锅筒和集箱内的积存物。用清水冲洗锅炉内部，要洗刷干净，尤其要认真检查排污阀和水位表，防止沉淀物堵塞通道。

第23章 给水排水专用设备安装工程监理

23.1 给水排水专用设备

23.1.1 给水排水处理设备分类

1. 拦污、除砂、沉淀、生物处理工艺与对应设备（表23-1）

表23-1

工艺单元	处理构筑物		处理设备		配套设备
	名称	型式	类别	名称	
拦污	格栅间	粗格栅 细格栅	格栅除污机	弧形格栅除污机、高链式格栅除污机、回转式格栅除污机、钢丝绳式格栅除污机、直立式格栅除污机、爬式格栅除污机、筒式格栅除污机、阶梯式格栅除污机、移动式格栅除污机	皮带输送机、螺旋输送机、螺旋压榨机、液压压榨机、破碎机、打包机
	滤网间	正面进水 侧面进水	旋转滤网	转刷网篦式清污机	
沉砂	平流式沉砂池 旋转式沉砂池 曝气沉砂池	矩形 方形 圆形	吸砂机	行车式气提吸砂机、行车式泵吸除砂机、旋转式除砂机	砂水分离器吸洗砂装置
			刮砂机	链板式刮砂机、链斗式刮砂机、行车式刮砂机、提耙式刮砂机、悬挂式中心传动刮砂机	
初次沉淀	初次沉淀池	平流	平流式刮泥机	行车式刮泥机、链板式刮泥机	
		辐流	辐流式刮泥机	中心传动刮泥机、周边传动刮泥机、方形池扫角挂泥	
二次沉淀	二次沉淀池	平流	平流式吸泥机	行车式吸泥机(虹吸式、泵吸式)	回流污泥螺旋泵
			平流式刮泥机	行车式刮泥机、链板式刮泥机	
		辐流	辐流式吸泥机	中心传动吸泥机(虹吸式、泵吸式、水位差式)、周边传动吸泥机(虹吸式、泵吸式、水位差式)	
			辐流式刮泥机	中心传动刮泥机、周边传动刮泥机	
生物处理	曝气池	鼓风曝气器	微孔曝气器	盘式曝气器、球式曝气器、钟罩式曝气器、平板式曝气器、软管式曝气器	空气除尘装置、清洗装置
		表面曝气	立轴式表面曝气机	泵型叶轮表面曝气机、倒伞型叶轮表面曝气机	
			卧轴式表面曝气机	转刷曝气机、转碟(盘)曝气机	
		水上曝气	水下曝气设备	泵吸式曝气机、自吸式射流曝气机、供气式射流曝气机、自吸式螺旋曝气机	

续表

工艺单元	处理构筑物		处理设备		配套设备
	名　称	型　式	类　别	名　称	
生物处理	曝气池	水下曝气	水下搅拌机	潜水搅拌机	
	氧化沟	表面曝气	立轴式表面曝气机	倒伞式表面曝气机、泵形叶轮表面曝气机	
			卧轴式表面曝气机	转碟(盘)曝气机、转刷曝气机	
	SBR 反应池	矩形圆形	滗水器	旋转式滗水器、虹吸式滗水器、套筒式滗水器	

2. 污泥处理工艺与对应设备（表 23-2）

表 23-2

工艺单元	处理构筑物		处理设备		配套设备
	名　称	型　式	类　别	名　称	
污泥浓缩	污泥浓缩池	方形、圆形	浓缩刮泥机	中心传动浓缩刮泥机、周边传动浓缩刮泥机	
	污泥浓缩池		旋转滤网	带式浓缩刮泥机、卧式螺旋离心浓缩机	
污泥脱水	污泥脱水间 污泥消化池	厌氧	压滤机	带式压滤机、板框压滤机、厢式压滤机	加药装置、空压机、清洗泵、污泥泵(螺杆泵、污泥输送泵)
			离心脱水机	卧式螺旋离心脱水机	
			消化池搅拌设备	机械搅拌设备、沼气搅拌设备、污泥循环搅拌设备	
			消耗池热交换设备	板式热交换设备、管式热交换设备、螺旋式热交换设备	
	污泥控制间 沼气压缩机房 沼气发电机房		沼气利用设备	沼气净化脱硫设备、沼气压缩机、沼气发电机、沼气发动机、沼气锅炉、沼气贮气设备、沼气燃烧器	

23.1.2 其他设备介绍

1. 滗水器

(1) 机械式滗水器

1) 旋转式滗水器

a. 由电动机、减速装置、四连杆机构或推杆机构、载体管道、拦渣器、出流堰口、回旋支撑等组成；

b. 滗水器负荷：20～32L/(m·s)；

c. 滗水范围：1.0～2.3m；

d. 滗水保护高：0.3～1.0m；

2) 套筒式滗水器

a. 分为丝杠式和钢丝绳式两种；

b. 滗水器负荷：10～12L/(m·s)；

c. 滗水范围：0.6～1.0m；

d. 滗水保护高：0.8～1.1m。

（2）自力（浮力）式滗水器

自力（浮力）式滗水器是依靠堰口上方的浮箱本身的浮力，使堰口随液面上下运动而不需外加动力。

（3）虹吸式滗水器

a. 滗水的最低水面限制在短管吸口以上，以防浮渣或泡沫进入；

b. 滗水器负荷：1.5～2.0L/(m・s)；

c. 滗水范围：0.4～0.6m；

d. 滗水保护高：0.3m。

2. 投药设备

（1）干粉投加机

1）适用于所有各类的干粉、颗粒和纤维药品的投加，主要应用于溶液和悬浮液的制备。

2）流量范围为 0.01～50000L/h，并可在 10%～100%之间进行调节。

3）投加精度为 0.5%～3%。

（2）湿式投药设备

1）适用于投加混凝剂、助凝剂、除氧剂、阻垢剂、杀菌剂、水质稳定剂以及酸碱中和。

2）可根据用户工艺流程来随机组合。

3. 消毒设备

（1）真空加氯机

1）由真空调节器、喷射器以及送气管道组成。

2）适用于市政供水、城市污水、工业废水等各领域的水质消毒。

（2）二氧化氯发生器

二氧化氯发生器可应用于各种供水、工业冷却和循环水、中水杀菌、灭藻、除臭、含氰废水、含酚废水的无害化处理等。

（3）紫外线消毒器

1）利用热极紫外线杀菌灯产生的 2537Å 波长，对水进行紫外线辐射，将水中的有害菌杀死。

2）不改变水的物理化学性质且不产生异味及其他有害物质。

（4）冷阴极臭氧发生器

该设备是以空气或氧气为原料，通过冷阴极无声放电产生臭氧。用于对水体消毒。

4. 软化脱盐设备

（1）顺流再生离子交换器

1）适用于原水含盐量较低的场合。

2）进水浊度应小于 5mg/L。

3）设备内表面应衬胶防腐。

（2）气顶压逆流再生阳阴离子交换器

1）设备采用气顶压方式，防止再生过程中树脂乱层，保证最佳逆流再生状态。

2）进水浊度应少于 3mg/L。

5. 膜处理设备

(1) 微滤膜技术

1) 主要应用于饮用水处理、给水预处理、废水回用的深度处理领域，可以作反渗透、超滤、离子交换等系统的预处理，也可以应用在常规自来水处理厂，生产高质量的饮用水。

2) 微孔滤膜的孔径范围为0.1～1μm，目前常用的规格有0.2μm、0.4μm两个。

3) 技术指标：

a. 进水：浊度<3500NTU，悬浮颗粒直径<1.5mm；

b. 材料：超高分子聚乙烯（UHMW－PE），寿命>8年；

c. 膜孔径：0.1～1μm（系列产品），对细菌、微生物去除率≥99.9%；

d. 出水：浊度≤0.5NTU，SDI≤2，SS≤1mg/L；

e. 对细菌微生物去除率≥99.9%；

f. 对有机物的去除率：40%～80%；

g. 单机处理能力：4～100t/h。

(2) 连续微滤膜设备（CMF）

1) 由微氯膜柱、压缩空气系统、反冲洗系统及PLC自控系统等组成。

2) 城市污水经二级处理后再经连续微滤膜设备处理的出水，各项指标应全部符合国家《生活杂用水水质标准》（CJ 25.1—89）。

(3) 电渗析设备

1) 全自动电渗析纯水装置，使电渗析器脱盐率达到99%以上。

2) 电渗析器出水水质（电阻率）最高可达500kΩ·cm以上。

3) 应用范围：

a. 太空水、饮料用水制备；

b. 纯水、超纯水处理；

c. 苦咸水、海水的除盐除氟、除重金属；

d. 医院各级用水的处理；

e. 电厂锅炉用水的处理；

f. 电子、电镀、轻工及纺织、印染工业用水处理；

g. 发酵产物的分离和提纯；“三废”处理；

h. 冶金工业的金属提炼。

4) 主要技术指标

a. 进水含盐量范围≤1000mg/L（超过此范围按协议生产）；

b. 脱盐率最高可达99%以上；

c. 水利用率可达70%；

d. 纯水产量：0.1L/h～10t/h（可根据用户要求设计）；

e. 进水压力：0.15～0.4MPa；

f. 电能消耗：0.2～0.5kWh/t水；

g. 工作环境温度：5～40℃；

h. 工作水温：5～40℃。

(4) 反渗透设备

1) 膜组件可除去99%以上的溶解固形物、颗粒、胶体、细菌及有机物。

2) 反渗透水利用率：海水淡化为30%～50%；苦咸水淡化为75%～85%。

3) 应用范围：广泛应用于海水、苦咸水淡化，生活饮用水、电子医药、化工电力行业纯水制备。

6. 污泥干化设备

根据目前了解的情况，各类干燥机性能特点（表23-3）。

表 23-3

指　　标	回转圆筒干燥器	闪蒸干燥器	带式干燥器
气体温度(℃)	150～400	530	160～180
卫生条件	可杀灭病原菌、寄生虫卵	可杀灭病原菌、寄生虫卵	可杀灭病原菌、寄生虫卵
蒸发强度[kg/(m³·h)]	55～80		
干燥结果(以含水率计)	5%～20%	约10%	15%～20%
运行方式	连续	连续	连续
干燥时间(min)	5～30	不到1	25～40
热效率	较低	高	较低
臭味	低	低	低
排烟中灰分	低	高	低

23.1.3 国产给排水处理设备状况

1. 通用机械设备

(1) 水处理用风机

1) 罗茨鼓风机

罗茨风机噪声大、升压低、缺少水处理适用的规格，已往在水工业领域使用不多。经改进后的罗茨风机可满足水工业用风机的技术要求，且基本达到国外同类产品水平。

2) 高速离心风机

高速离心风机采用了先进的三元流叶轮、可调节进风、出风口导叶，具有高效节能、流量可调节范围大、结构较紧凑、噪声偏低、可靠性高的特点。

(2) 水处理用阀门

1) 水处理阀门主要包括蝶阀、闸阀、止回阀和阀门电动装置等。

2) 我国阀门生产企业引进国外同类产品的设计、工艺等先进技术和加工设备，目前已能按ISO国际标准、DIN德国标准、AWWA美国标准等设计制造各种阀门，部分厂家的产品达到了国际水平。

(3) 水处理用水泵

1) 水处理用水泵主要包括单级单吸、单级双吸、污水泵、螺杆泵、深井泵和无堵塞泵。

2) 我国八十年代引进西德里茨公司技术生产潜水污水泵，引进KSB公司技术生产卧式和立式污水泵。之后，又陆续开发了潜水离心泵、潜水轴流泵、潜水混流泵等。目前国产的各型水泵，具备了较先进水平，基本可以满足我国水工业的需要。

2. 专用机械设备

(1) 拦污设备

1) 大型格栅用于取水口处，清污方式有链传动齿耙式、移动式和旋转滤网式。

2) 中等规格的格栅用于进、出水泵房，清污方式有全回转链条齿耙、钢丝绳齿耙、伸缩臂式、移动式等。

3) 细格栅用于沉砂池前后，有回转式固液分离机和弧形细格栅、直型细格栅、阶梯格栅、筒式格栅等。

4) 国产的拦污设备使用不锈钢的链条和栅条，延长了使用寿命，在清污传动机构中普遍增加了安全保护措施。

(2) 排泥排砂机械设备

1) 国内生产的排泥排砂机械设备，按池型分为圆形和矩形两大类，圆形池按传动方式有中心传动和周边传动，矩形池有桁架式和链条传动、钢丝绳传动。按排泥方式分为刮泥机和吸泥机。

2) 国产的刮泥机随着处理工艺的发展，产生了多种结构、多种排泥方式的一系列产品，基本能满足工艺的需求，但与国际先进水平相比还存在一定的差距。

(3) 污泥处理设备

1) 污泥处理设备主要是污泥的浓缩与脱水机械设备。

2) 我国开发生产的带式污泥脱水机的主要技术性能和使用性能已接近国外同类产品的水平，并在滤带纠偏装置的开发中使用了光电子技术和液压技术，具备了自己的特色。

3) 板框式压滤机的动力消耗大、产量低，在水厂中应用逐渐减少，但在工业污水处理中使用量仍较大，我国目前已有塑料板框、预加压脱水等新技术在推广使用。

4) 离心式污泥脱水机占地面积小、产率高、自动化程度高，在我国污水处理厂的使用比例逐渐扩大。

5) 传统的带式滤机与机械浓缩设备可联合使用，而取代重力式浓缩池。国内正在积极开发离心浓缩及脱水设备。但是，带式浓缩与带式脱水的一体化机、离心浓缩与离心脱水的一体化机和转鼓浓缩与带式脱水的一体化机与国外产品相比还有一定差距。

(4) 沼气利用设备

1) 沼气利用设备包括沼气发动机、沼气锅炉、沼气净化脱硫设备、余热锅炉等。

2) 我国在此方面进行的研究开发不多，也较少有专门的生产企业，当前使用的设备基本依赖进口。

(5) 曝气搅拌设备

1) 我国现在可以制作各种圆型、管型微孔曝气头，但关键材料橡胶膜还需进口。

2) 国内制造的转盘曝气机精度提高、重量减轻、能耗减少、充氧能力提高，已接近国外水平。

(6) 滗水器专用设备

1) 现在国内已经可以大量生产机械式滗水器，特别是旋转式滗水器，并得到推广使用。

2) 目前国内已有引进套筒式滗水器、虹吸式滗水器和自力式滗水器设备，但生产制造和使用尚不广泛。

(7) 加药、消毒设备

1）国产的加氯机、计量泵、臭氧发生器、次氯酸钠发生器等仅能满足一般需要，其产品在档次上与国际先进水平相比还有较大差距。

2）大容量臭氧发生器和二氧化氯发生器在国内还尚属空白。

23.1.4 国外给水排水处理设备生产企业

1. 国际性跨国大公司

(1) 法国威望迪水务公司

(2) 英国巴华特水处理集团

(3) 美国道尔-奥立弗公司

(4) 法国德格雷蒙公司

(5) 瑞典 ITT 飞力公司

(6) 荷兰 DHV 公司

(7) 日本荏原公司

2. 大型国际垄断企业的水处理设备制造子公司或分部

(1) 西德克鲁格公司、泊沙湾公司和曼纳斯曼公司

(2) 美国的爱米可公司

(3) 西屋电气公司和道氏化学公司

(4) 日本的石川岛播磨、三菱重工、月岛、日立、久保田

3. 大量的中、小型企业

(1) 英国西蒙-哈特利公司

(2) 西德里茨公司、ABS 公司、KSB 公司、琥珀公司

(3) 丹麦 HV-TURBO

(4) 日本栗田、水道机工公司

(5) 芬兰诺庞公司

4. 水处理仪器仪表

(1) 日本横河——北辰

(2) 英国肯特公司

(3) 西德西门子公司

(4) 德国 E+H 公司

(5) 美国 AB 公司

(6) 德国施奈德公司

23.2 给排水处理设备安装监理

23.2.1 给排水处理设备安装一般规定

1. 给排水处理设备的基础及通用技术，应符合有关设计要求。

2. 给排水处理设备的开箱验收应符合下列规定：

(1) 核对设备型号、产品合格证及技术文件，按照设备技术文件的规定清点设备零部件及备品备件；

(2) 检查设备外露部分加工面的防锈情况，有否严重锈蚀或受外力撞击受损的情况；

若有，需会同有关部门研究处理；

(3) 作好开箱验收记录。

3. 设备安装前应具备下列条件：

(1) 土建工程主体项目必须结束，机房（或设备基础）周围基本达到平整畅通，吊装机械能就近作业；

(2) 设备基础混凝土强度≥设计强度的 70%。

4. 所有连接螺栓和地脚螺栓的材质、规格、防腐措施等必须符合设计图纸的规定，连接螺栓应顺向一致，拧紧后螺纹外露螺母 2～4 个螺距，地脚螺栓拧紧后螺纹外露螺母 1/3～2/3 螺栓直径。

5. 两次灌浆的混凝土强度等级必须较原基础（或地坪）提高一级。

23.2.2 拦污机械设备安装监理

1. 常用格栅除污机的选型监理要点

(1) 格栅除污机的分类（表 23-4）

表 23-4

<table>
<tr><td rowspan="19">前清式
(前置式)</td><td rowspan="3">按格栅形式分</td><td colspan="3">弧形格栅</td></tr>
<tr><td rowspan="2">平板格栅</td><td colspan="2">倾斜式</td></tr>
<tr><td colspan="2">垂直式</td></tr>
<tr><td rowspan="10">按齿耙传动形式分</td><td rowspan="3">臂式</td><td colspan="2">伸缩式</td></tr>
<tr><td colspan="2">旋回式</td></tr>
<tr><td colspan="2">摆臂</td></tr>
<tr><td rowspan="3">链式</td><td colspan="2">湿式回转链</td></tr>
<tr><td rowspan="2">干式回转链</td><td>爬式</td></tr>
<tr><td>高链式</td></tr>
<tr><td rowspan="3">钢丝绳索式</td><td colspan="2">二索式</td></tr>
<tr><td colspan="2">三索式</td></tr>
<tr><td colspan="2">四索式</td></tr>
<tr><td colspan="3">液压</td></tr>
<tr><td rowspan="3">按除污机安装形式分</td><td>固定式</td><td colspan="2"></td></tr>
<tr><td rowspan="2">移动式</td><td colspan="2">悬挂式</td></tr>
<tr><td colspan="2">移动式</td></tr>
<tr><td rowspan="3">按齿耙功能分</td><td colspan="3">除草耙</td></tr>
<tr><td colspan="3">除污耙</td></tr>
<tr><td colspan="3">除漂木</td></tr>
<tr><td>后清式(后置式)</td><td colspan="4"></td></tr>
<tr><td rowspan="4">自清式</td><td colspan="4">自清洗连续带式(回转式固液分离机)</td></tr>
<tr><td colspan="4">网箅式</td></tr>
<tr><td colspan="4">鼓栅(细栅过滤器)</td></tr>
<tr><td colspan="4">阶梯式</td></tr>
</table>

（2）格栅除污机选型的监理。不同类型格栅除污机的使用范围、优缺点的比较（表23-5）。

表 23-5

类型	适用范围	优点	缺点
钢丝绳牵引式格栅除污机	固定式适于中小型格栅、深度范围广、移动式适于宽大格栅	1. 适用范围广泛。 2. 无水下固定部件的设备，维修检修方便	1. 钢丝绳易腐蚀，宜采用不锈钢丝绳。 2. 有水下固定部件的设备，维护检修需停水
链条式格栅除污机	深度不大的中小型格栅	1. 构造简单，制造方便。 2. 占地面积小	1. 杂物有时会卡住链条和链轮。 2. 套筒滚子链造价高，耐腐蚀差
自清式格栅除污机	深度较浅的中小型格栅，适于作二道格栅	1. 安装方便，占地小。 2. 动作可靠，容易检修	不能承受重大污物冲击
圆围回转式格栅除污机	深度较浅的中小型格栅	1. 构造简单，制造方便。 2. 动作可靠，容易检修	1. 配置圆弧形格栅，制造较难。 2. 占地面积较大
移动伸缩臂格栅除污机	中等深度的宽大格栅现有耙斗适于污水除污	1. 不清污时设备全部在水面上，维护检修方便。 2. 钢丝绳在水面上运行，寿命长	1. 需三套电动机，减速器，构造较复杂。 2. 移动式，耙齿与栅条间隙的对位较困难

（3）当不分设粗、细格栅时，可选用较小的栅条间距。监理时应以表23-6中所规定的内容为依据。

表 23-6

水泵口径(mm)	栅条的间距(mm)	水泵口径(mm)	栅条的间距(mm)
＜200	15～20	500～900	40～50
200～450	20～40	1000～3500	50～75

2. 平板格栅和夹板滤网的安装质量监理

（1）门框导槽的安装质量监理要点

1）门框导槽采用直埋法时（即安装平板格栅或平板滤网的构筑物，在土建施工时，直接将门框导槽按预埋件图埋入土建构筑物内），安装平板格栅或平板格网前，应检查门框导槽的预埋质量，经专业监理人员认可合格后方可安装平板格栅或平板滤网。

2）门框导槽采用安装法时，应首先检查门框导槽的质量，符合质量后方可按设计要求焊接或螺栓连接在土建预埋板上。其安装质量允许质量偏差（表23-7）。

表 23-7

项目	允许偏差(mm)	检测方法
门槽安装的垂直度	≤1/1000	垂线、直尺
二门槽安装的平行度	≤1.5/1000	直尺
二门槽安装中心线的重合度	≤1.5/1000	线、尺

（2）门框导槽安装前应调平调直。在安装前应检测门框导槽的质量，经专业监理人员认可后，方可安装。门框导槽的允许偏差（表 23-8）。

表 23-8

偏差名称	允许偏差(mm)	偏差名称	允许偏差(mm)
工作面弯曲度	≤1/1000 构件长度	扭曲	在 3m 内≤2mm，每增加 1m，递增 1mm

（3）检查格栅及滤网的偏差（表 23-9）。

表 23-9

偏差名称	允许偏差	偏差名称	允许偏差
横向弯曲度	≤1/1000 宽度	对角线相对差	≤4mm
竖向弯曲度	≤1/1000 高度	扭曲	<4mm

（4）格栅和滤网在安装前应做静平衡试验。

试验方法为：将格栅或滤网吊离地面 100mm，测量上、下游与左、右方向的倾斜，倾斜不应超过其高度的 2/1000。

3. 旋转滤网的安装质量监理

（1）旋转滤网安装前应对设备的安装尺寸进行复核，符合后方可安装。

（2）旋转滤网安装前应对设备安装的土建位置尺寸、预埋件、预留孔位置尺寸进行检测，符合设备的安装技术要求后，并经专业监理人员认可后方可安装。

（3）旋转滤网安装质量监理汇总（表 23-10）。

表 23-10

名称	允许偏差(mm)
轨道中心线在任何 1m 长度内，其直线度	≤1mm，全长应小于全长的 0.5/1000
同一水平高度左右两侧的轨道中心线平行度	≤2
轨道中心线的垂直度	≤全长的 1/1000
链轮轴水平度	≤两轴承距离的 0.5/1000
传动轴中心线对旋转滤网中心线的垂直度	≤2/1000
两链轮中心距	≤±1

（4）旋转滤网安装后应将接污装置和排水渠位置按设计要求调整合适，附属冲洗水管的水压、水量也应调整合适，冲洗污水应流入排污水渠，不应污染附近环境。

（5）旋转滤网的调整和试运转要求（表 23-11）。

表 23-11

项目	检查结果	检查方法
驱动装置	运转平稳	目测
两侧链轮动作	应同步，链轮与链条啮合不应有先后，无卡住现象	目测
滚轮在轨道上滚动	网板两侧四只滚轮应同时滚动至少三只滚动	目测
运动部件与机体	不应有摩擦和撞击现象	目测
无负荷试运转时间	一般为 1～2h	表测
带负荷运转测定项目	转速、功率应符合设计	转速表、功率表

4. 格栅除污机的安装质量监理

（1）格栅除污机安装前应对设备的安装尺寸进行校核并对安装设备的土建位置尺寸、预留孔和预埋板尺寸和标高尺寸进行检测，符合设备安装要求后并经专业监理人员认可后，方可进行安装。

（2）格栅除污机安装质量监理要点。

1）格栅除污机安装定位质量要求（表 23-12）。

表 23-12

项目		允许偏差	检测方法
格栅除污机安装位置与设计位置	平面位置	≤20mm	直尺
	标高	≤30mm	直尺
格栅除污机安装在混凝土上		连接牢固，垫块数<3 块	目测
格栅除污机安装在工字钢支架上		标高<5mm 两工字钢 平行度<2mm	直尺

2）移动式格栅除污机安装质量要求（表 23-13）。

表 23-13

项目	允许偏差	检测方法
轨道实际中心线与安装基线重合度	≤3mm	线、尺
轨距	±2mm	直尺
轨道纵向倾斜度	1/1000	水准仪
两根轨道相对标高	≤5mm	线、尺
行车轨道与格栅片平面的平行度	0.5/1000	线、尺

3）固定式格栅除污机安装质量要求（表 23-14）。

表 23-14

项目		允许偏差	检测方法
机械格栅与格栅井	角度偏差	±0.5°	直尺
	中心线平行度	<1/1000	直尺
格栅、栅片组合错落偏差		<4mm	直尺
机架水平度		1/1000	水准仪
导轨	水平度	两导轨间≤3mm	线、直尺
	不直度	0.5/1000	线、直尺
导轨与栅片组合平行度		≤3mm	直尺

4）阶梯式格栅除污机安装监理要点

a. 除污机的动力机械均应设置在水面以上，方便维修。

b. 格栅宽度为 500～3000mm，槽深不应大于 3mm。

c. 安装角度为 50°～60°。

5）转鼓式格栅除污机安装监理要点

a. 宜应用于给水净化厂（水厂取水口）及城市和工业污水进行机械方式的分离过滤。

b. 栅距应为 0.25～14mm。

6）链式旋转格栅除污机安装监理要点

a. 链式旋转格栅除污机水下部分及格栅应为不锈钢，水上部分应为铝合金或镀锌钢。

b. 格栅宽度为 800～3000mm。

c. 安装角度 60°～ 80°。

7）弧形格栅除污机安装监理要点

a. 宜应用于中小型污水处理厂或泵站水位较浅的水槽，拦截和清除较小的垃圾及漂浮物。

b. 格栅间距为 5～30mm，圆弧半径为 300～2000mm。

8）钢丝绳式格栅除污机安装监理要点

a. 宜应用于污水厂、泵站，拦截污水中漂浮物。

b. 格栅宽度为 1000～3000mm。

c. 安装角度为 75°～ 90°。

5. 格栅除污机的安装技术要求及监理要点

（1）两条块分割牵引钢丝绳或牵引链条应同步带动清污耙运行。清污耙运行应水平运行。

（2）清污耙的翻耙机构应动作协调准确，翻耙时不应有碰卡现象。

（3）齿耙与格栅片啮合时，齿耙与格栅片间隙均匀，一般应在 3～5mm 之间，不得碰卡。

（4）清污耙的滚轮在导向滑槽内应同时滚动，至少应保持有两只滚轮在滚动。

（5）牵引钢丝在绳轮中位置应正确，不应有缠绕跳槽现象。

（6）主从动链轮的中心面应在同一平面上，其不重合度不大于两轮中心距的 2/1000。

（7）移动格栅清污机的定位应准确可靠，清污时，运行小车应锁定，不应有位移现象。

（8）设备的各限位开关应定位准确，灵敏可靠。

（9）设备试运行应手动和自动操作各 5 次以上，各运行部件的动作准确无误，机件无抖动，卡阻现象。

6. 钢丝绳牵引安装格栅除污机监理要点

（1）安装前复测土建工程相关尺寸，测定池底池面标高及池壁宽度，必须与设备型号相吻合。

（2）检查池底的预埋槽钢规格并清扫干净，使格栅片下端稳稳固定在槽钢内。若设计无预埋槽钢，则必须使格栅片下端底板用膨胀螺栓固定在池底。

（3）格栅片吊装时，应合理地选择格栅片组上的吊点，避免在吊装过程中引起格栅片的变形。

（4）格栅片上部应用连接件焊在预埋钢板上，或用地脚螺栓固定上部构架。

（5）格栅片中部（包括道轨）必须要有多点与池壁上预埋钢板焊接固定，具体按设计图施工。若施工图不明确，则一般要求两固定点之间距为 1.5～2m，具体视格栅片构架钢度确定。

(6) 池壁凹凸不平或预埋件严重偏斜，应在安装前进行调整，必要时可由土建单位修正池壁。

(7) 格栅片安装必须平整，不能有局部隆起或凹陷现象。

(8) 道轨安装前必须先进行校直，导轨拼接时应进行处理，导轨表面应光滑平整，不应有错口现象。

(9) 必须确保两导轨之间的间距及表面的平行度，以及两导轨表面与格栅片表面之间的间距及平行度。

(10) 机座的定位应根据格栅片及导轨的对称中心线进行，同时应使机座与道轨之间的相对距离符合设计要求。

(11) 支座标高必须用水准仪测量安装在同一水平面上，立柱必须垂直，并用地脚螺栓牢固地固定在基础（或池顶面）上。

(12) 齿耙安装应保持水平状态，可通过调节钢丝绳的长度或调节花篮螺栓，但花篮螺栓必定要有防松螺母锁定。齿耙上下运动时，齿根与格栅片的间隙应均匀，间隙过大或过小均要对齿板进行调正或修正个别齿形。

(13) 格栅安装质量监理要求（表 23-15）。

表 23-15

检测项目	质量监理标准	监 理 方 法
除污机平面位置	±20mm	用拉线及钢卷尺量
除污机标高	±20mm	用水准仪、标尺测量
除污机纵向水平度	1/1000	用水准仪、钢尺测量或水平尺量
除污机横向水平度	1/1000	用水准仪、钢尺测量或用 0.5/1000 条式水平仪测量
格栅片组安装角度	按设计规定	用角度尺量
格栅片组表面平整度	≤4mm	用直线拉钢直尺量
格栅片组纵向铅垂直度	≤1/1000 全程<5mm	用铅垂线吊、钢直尺量
导轨中心线与基准线偏差	≤3mm	用直线拉钢卷尺量
导轨直线度	≤3/1000 全程 6mm	用直线拉钢直尺量
两根导轨相对平行度	10mm	用钢卷尺量
导轨与格栅片平面之间平行度	≤5mm	用钢直尺量
齿耙安装水平度	<5/1000	用水平尺或水准仪测量
齿耙根与格栅片端间隙	3～5mm	用钢直尺量
齿耙两端抱攀与导轨距	3～5mm	用钢直尺量

23.2.3 排砂排泥设备安装监理

1. 排砂排泥设备分类

(1) 常见除砂设备（表 23-16）。

表 23-16

池　型	集砂方式	设备名称	池　型	集砂方式	设备名称
平流式	刮砂	行车提板刮砂机 链斗式刮输砂机、链板式刮砂机(A、B) 螺旋式刮输砂机	旋流	吸(刮)	钟式沉砂设备
			其他	刮	
	吸砂	行车泵吸式吸砂机 行车双沟式吸砂机	其余输砂脱水设备		步进式输砂脱水机 无/有轴螺旋砂水分离器 旋流器

(2) 常见排泥设备（表 23-17）。

表 23-17

池　型	排泥形式			设备名称	
平流式	行车式		吸泥机	泵/虹吸	多吸管
					单吸管扫描
				虹吸行车吸泥机、泵吸式吸泥机	
			刮泥机	抬耙式刮泥机	
				提板式刮泥机	
	链板式			单列链牵引式刮泥机	
				双列链牵引式刮泥机	
	螺旋输送式			水平螺旋输送式刮泥机	
辐流式	中心传动	垂架式	吸泥机	多吸管水位差自吸式吸泥机	
		悬挂式		单管多吸口水位差自吸式吸泥机	
辐流式	中心传动	垂架式	刮泥机	曲线型刮板刮泥机	
				直线型刮板刮泥机	
		悬挂式		曲线型刮板刮泥机	
				直线型刮板刮泥机	
	周边传动（全/半桥）		刮泥机	曲线型刮板刮泥机	
				直线型刮板刮泥机	
			吸泥机	带集泥板多管水位差自吸式	
				大扁嘴多管水位差自吸式	
斜管式	刮泥机			钢丝绳牵引式刮泥机	
				销齿传动扫角式刮泥机	
	吸泥机			泵吸式吸泥机	
				虹吸式吸泥机	
加速澄清池	刮泥机			销齿传动刮泥机	

(3) 其他排泥设备

1) 泵吸式吸泥机

a. 适用于平流式沉淀池排泥；

b. 跨度 8～20m。

2）虹吸式吸泥机

a. 适用于污水处理厂矩形二次沉淀池的吸泥；

b. 水体中悬浮物的含量应低于5000mg/L，固体重量不大于2.5mg/粒；

c. 跨度8～20m。

3）螺旋输送机

适用于各种松散物料的输送及脱水后的污泥输送。

4）带集泥板多管水位差自吸式吸泥机（全/半桥）

a. 适用于污水处理厂圆形二沉池；

b. 适用池径18～40m。

5）大（小）扁嘴多管水位差自吸式吸泥机

a. 适用于大中型辐流式二次沉淀池的机械排泥；

b. 适用池径20～100m。

2. 链条刮砂机的安装监理

（1）一般规定

1）复核土建相关尺寸，定出链条刮砂机的纵向中心线作为安装基准线。

2）池底必须抹平，托脚、导槽、排污斗位置必须正确，固定牢固。

3）导轨的直线度与平面必须符合规范要求。

4）两导轨必须保持平行，接头位置需错开，其错开距离应小于刮砂板的间距。

5）传动轮轴线应与从动轮轴线保持平行，刮板、托脚、导轨应接触良好。链条、刮板在回程中要有足够的悬空间隙，以保证链条始终处于张紧状态。

6）刮板与池壁不宜有碰擦和过紧的间隙。

7）链条与链轮应啮合良好，运行平稳无卡住现象。

（2）监理要求

1）复查链条的节距、孔径、链轮的齿形等，必须符合设计要求。

2）核验链条刮砂机安装偏差（表23-18（mm））。

表 23-18

项 目	允 许 偏 差			
	平行度	重合度	间 隙	标高偏差
主动轴与各从动轴	<1/1000			
主动轮与各从动轮		<±2		
刮板与托架及池底			刮板与托架接触良好，与池底间隙3～5mm	
初沉池链条刮泥机撇渣机械与液面				≤20；刮板与池壁弹性接触良好，无明显漏缝

注：1. 回程中，在托架上的刮板和链条有足够的悬空部分，以保证链条始终处于紧张状态；

2. 试车前必须打开清水润滑开关，空载连续试车时间为2h，带负荷运行4h。机组在运行时应平衡、无异常跳动和噪声。

3）核验池底预埋件导轨安装偏差（表23-19）。

表 23-19

项　目	允许偏差	
	水平度(mm/m)	全长不平整度(mm)
导　轨	1≤	5<

3. 刮（吸）泥机安装监理

（1）一般规定

1）复核土建结构相关尺寸，符合设计要求方能进行安装。池体结构内径和设计内径的偏差＜20mm，池体的圆度偏差≤40mm。

2）中心筒定位应正确，中心筒中心与池体中心及中心筒标高必须符合设计图纸要求。

3）池底需平整，安装时土建预先两次抹平，钢刮板不能触及池底，需留有间隙，橡胶刮板应与池底面接触，但不能卡住。

4）周边传动刮泥机，若设计不安装道轨，传动橡胶轮直接在周边池面上滚动，周边池面必须平整，橡胶驱动轮的压紧程度应一致。

5）中心传动刮（吸）泥机，机组定位及标高应符合设计要求，中心柱管底部与预埋铁件之间用垫铁垫平，焊接焊缝要均匀、严密，中心柱管的进水管或出泥管和土建预留管口应有良好的对接，接口严密，不得有错缝和漏孔，经检查后方可两次灌浆，并办理隐蔽工程检验。

6）溢流三角堰板安装需水平，浮渣漏斗安装应与溢流板一起调正，高度应与溢流板的凸口线对齐，浮渣漏斗与触阀杆碰撞之前应密封良好，碰撞时开启灵活，碰撞后关闭灵活。

（2）监理要求

1）钢梁应预组装并检查拱值，吊装时要防止变形，水平就位后应用人力推动。

2）中心筒水平度和铅垂度偏差≤0.5/1000。

检测方法：水平度用 0.15mm/1000 的条式水平仪测定，铅垂度用吊铅垂线钢直尺测定。

3）中心筒中心与池体中心允许偏差≤10mm，中心筒标高偏差＜±10mm。

检测方法：定出中心筒中心，用钢卷尺四边量，标高用水准仪、标尺测量。

4）中心支座水平度、铅垂度允许偏差≤0.5/1000，与中心筒同心度偏差＜2mm。

检测方法：水平度用 0.15mm/1000 条式水平仪测定，铅垂度用铅垂线吊钢直尺量。

5）轨道面水平度≤2/1000，整个轨道面水平度允许偏差≤20mm（不安装轨道的池面水平度参照此标准执行），轨道与池体的同心度允许偏差≤10mm。

检测方法：水平度用水准仪、标尺在轨道面 360°内根据池体直径大小测 8 至 16 个点，同心度用钢卷尺在四边量。

6）中心泥缸水平度允许偏差≤1/1000，当排泥槽长度＜10m 时，其坡度值的允许偏差应＜±20mm，排泥槽长度＞10m 时，全长内坡度允许偏差＜±30mm。

检测方法：用水准仪标尺测量。

7）撇渣板高度应高出设计水面 100mm，允许偏差为±10mm，并与池内壁保持接触。

监理方法：根据池体直径大小在圆周 360°内用水准仪、标尺（或放水后直接用钢直尺）测定 8～16 个点。

8）溢流三角堰板标高与设计标高偏差≤±5mm，三角堰板各出水口的水平度<3/1000。

检测方法：用水准仪、标尺测量，水平度也可用加水法测量调正。

9）刮臂安装要求对正水平，水平度偏差应<1/1000，两臂通过同一标高基准点时，高度相差应<20mm，钢制刮板与池底面的间隙应为 30mm，允许偏差±10mm。

检测方法：水平度偏差用水准仪、标尺测量，刮板与池底的间隙可转动刮臂在 360°内用钢直尺直接量测若干点（视池底平整度，一般不少于 8～16 点）。

4. 平流式刮（吸）泥机的安装质量监理

（1）设备的行车桁架和运行机构的技术要求（表 23-20）。

表 23-20

名称及代号	偏差(mm)	名称及代号	偏差(mm)
主梁上拱度 F(应为 $L/1000$)的偏差	$+0.3F$ $-0.1F$	跨度 L_1、L_2 的相对差	5
		车轮垂直偏斜 Δh(只允许下轮缘向内偏斜)	$h/400$
对角线 L_3、L_4 的相对差： 箱形梁 单腹板和桁架梁	 5 10	对两条平行基准线，每个车轮 x_1-x_2；x_3-x_4 水平偏斜 y_1-y_2；y_3-y_4	1/1000
箱形梁旁弯度 f： 单腹板和桁架梁 $L\leqslant16.5$m $L>16.5$m	 ±5 $\pm L/3000$	同一端梁上车轮同位差 $m_1=x_5-x_6$ $m_2=y_5-y_6$	3
跨度 L 的偏差	±5		

注：此表为大车行走机构桁架的允许偏差所通用。

（2）行车车轮应与轨道顶面接触，不应有悬空现象。主动轮与从动轮中心面应在同一平面上，重合度不大于±2mm。

（3）真空、虹吸管的支架，管路的安装应符合设备技术文件规定。

（4）设备的调试安装的技术要求

1）设备的刮泥板、吸泥管与池底的间隙应为 50mm 左右，不允许刮、碰池底。

2）设备的行程位置应调整准确，应保证设备运行时池子的两端不存有刮泥死区。

3）设备的虹吸排泥管的虹吸高度应保证有足够的虹吸能力，但也不允许过大的虹吸高度，以免造成过大的排水量，浪费水量。

4）设备带负荷试运行时，应进行 5 次以上全过程操作，检查真空系统、排泥量的调节过程控制和附属电缆引线装置等工作状况正确无误。

5. 提板式刮泥的安装质量监理

（1）提板式刮泥机的行车桁架和运行机构的质量标准按表 23-20 的要求执行。

（2）提板式刮泥机的行量轮为胶轮时，其池面的土建要求符合规定（表 23-21）。

表 23-21

名　称	偏差及规定	名　称	偏差及规定
池宽(全程范围)	±10mm	池侧壁直线度(全程范围)	10mm
池侧壁平行度(全程范围)	10mm	滚动运行轨道表面	平整无凹陷

(3) 导向轮缘水平度应小于1.5mm，导向轮与池壁间隙应小于10mm。

(4) 刮泥架应保持平衡，无明显倾斜，落入池底时，刮泥架应平稳平行下落。

(5) 刮泥板、刮渣板与池壁不应发生碰撞和卡住现象。

(6) 设备运行时，刮泥和刮渣机构的提板和落板动作应协调、准确。

(7) 设备的行程控制应准确，允许根据安装实际情况进行调整。

6. 中心（周边）传动刮（吸）泥机安装质量监理

(1) 机座及主要部件的安装质量要求（表23-22）。

表 23-22

项　　目	允　许　偏　差	检　测　方　法
中心柱管与设计中心径向偏差	＜20mm	划线、尺
中心柱管的垂直度	＜1/1000	垂线、尺
中心转盘与调整机座水平度	＜0.5/1000	水准仪
中心柱管上轴承环与中心转盘同轴度	＜1/1000d （d 轴承环直径）	垂线、尺
轴瓦与水下轴承环间隙	均匀5～8mm	直尺
中心竖架垂直度	＜0.5/1000	垂线
刮臂水平度	对称水平，＜1/1000 两刮臂高差＜20mm	水准仪直尺

(2) 设备的相关部件的高度与液面允许偏差（表23-23）。

表 23-23

部件名称	允许相对设计高度偏差	部件名称	允许相对设计高度偏差
导流筒(上口)	±30mm	撇渣板(上口)	±20mm
集泥槽(上口)	±10mm	排渣斗(上口)	±10mm

(3) 设备整机安装后，应进行2h空载运行和4h满负荷运转，要求各传动部件必须转动灵活，运转平稳、润滑良好和无异常噪杂声。

7. 其他类型刮泥（砂）设备安装监理

(1) 提板式刮泥砂机械对池子土建监理要求（表23-24）。

表 23-24

名　　称	偏差及规定	名　　称	偏差及规定
池宽(全程范围)	±10mm	池壁侧壁直线度(全程范围)	10mm
池壁侧壁平行度(全程范围)	10mm	滚轮运行的轨道表面	平整无凹陷

(2) 螺旋排泥机安装偏差监理要求

1) 机壳中心线和机座中心线不重合度偏差（表23-25）。

表 23-25

排泥机长度(m)	3～15	＞15～30	＞30～50	＞50～70
不重合度(mm)	≤4	6≤	≤8	≤10

2）吊轴承端面与连接轴法兰表面间隙偏差（表 23-26）。

表 23-26

螺旋公称直径(mm)	150～250	300～600
间隙(mm)	≥1.5	≥2

23.2.4　曝气设备安装监理

1. 曝气设备分类

（1）常用曝气设备（表 23-27）

表 23-27

类　型	名　称	直径 D(mm)	浸沉深度 h(mm)	外缘线速 v(m/s)	动力效率 (kgO_2/kWh)	氧利用率(%)
水平推流型曝气机械	转刷曝气机械	350～1000	(1/3～1/4)D		1.8～2.8	
	转盘曝气机械	1400	500		1.8～2.7	
垂直提升型曝气机械	泵型叶轮曝气机械	700～1800	40	4.5～5	2.39～3.38	
	倒伞型叶轮曝气机械	300～3600	10～15	4～5	2.13～2.44	
	浮筒型叶轮曝气机械	650	20～25		1.5～1.85	
	潜水鼓风机曝气机械	1150～3000			1.85～2.4	
微孔曝气器	橡胶膜片式	192～230	5000		≥5.0	≥23
	刚玉式、半刚玉式	142～230	5000		≥6.0	≥23
	钛质型	178～200	5000		≥5.5	≥23
	增强 PVC 软管式	65	5000		≥4.0	≥17
旋混式曝气器		230×230×250	5000		4.5	≥17
散流式曝气器		600	4500		2.4	≥17
两用曝气器		喷嘴 800～2800	3500		4.0～5.0	15～17
动态曝气器		135～185	4400		1.5	14

（2）其他曝气设备

1）微孔曝气器

增强 PVC 软管式，寿命>5 年，微气泡 2～4mm，动力效果≥4.0kgO_2/kWh。

2）转盘曝气机

转盘式曝气机适用于各种类型的氧化沟进行曝气充氧，并起混合推流作用。用于氧化沟的沟宽为 1～11m。

3）转刷曝气机

装刷曝气机为水平推流式表面曝气机械，适用于城市生活污水和工业废水处理的氧化沟工艺中，可进行充氧、混合机推流。

4）泵型叶轮表面曝气机

用于曝气池表面曝气，叶轮直径 760～1000mm。

2. 曝气设备安装监理

(1) 立式曝气机安装质量监理

1) 安装前应检查设备安装尺寸和安装设备的土建位置尺寸、预埋板、预留孔的位置尺寸，标高位置尺寸等，符合设计要求后并经专业监理人员认可后方可进行安装工作。

2) 监理人员应复核安装偏差（表 23-28）。

表 23-28

项　目	允许偏差(mm)			项　目	允许偏差(mm)		
	水平度	径向跳动	上下跳动		水平度	径向跳动	上下跳动
机座	1/1000			导流锥顶		4～8	
叶片与上、下罩进水圈		1～5		整体		3～6	3～8

注：1. 叶轮的浸没深度应符合设计要求；
2. 叶轮的旋转方向应按设计要求定向，不允许反向运转。

3) 安装调试时，应调整叶轮的浸没度，使其符合设计要求。

4) 曝气机叶轮旋转方向应按设计要求调定，不允许反向转动。

(2) 水平式曝气机安装质量监理

1) 设备安装前，应按设备安装图检测设备安装土建位置尺寸，预埋板、预留孔位置尺寸和安装标高尺寸。

2) 监理人员应复合安装偏差（表 23-29）。

表 23-29

项　目	允许偏差(mm)			项　目	允许偏差(mm)		
	水平度	前后偏移	同轴度		水平度	前后偏移	同轴度
两端轴承座	5/1000	5/1000		两端轴承中心与减速机出轴中心同心线			5/1000

3) 设备的调试和试运转质量监理要点：

a. 设备安装定位经专业监理人员认可后方可进行调试和试运转。

b. 空负荷运行 2h，设备各部件运转正常，无异常杂音，无卡、碰现象。轴承的温度应符合设计要求。

c. 设备带负荷运行时间为 4h，并将刷片浸没深度调至最大时，设备的转速、功率、轴承温度、水花应符合设计要求。

d. 调整挡水板的位置，使之符合即挡压水头又能使水花充分破碎的最佳位置。

23.2.5 搅拌设备安装监理

1. 搅拌设备的分类

(1) 常用搅拌设备（表 23-30）

表 23-30

	搅拌器形式	叶片型式		搅拌器形式	叶片型式
推进搅拌	潜水搅拌机	二叶或三叶	混合搅拌	B 型开启涡轮式	B2 折叶
混合搅拌	A 型浆式	A1 直叶		C 型圆盘涡轮式	C1 直叶
		A2 折叶			C2 折叶
	B 型开启涡轮式	B1 直叶		D 型推进式	三　叶

(2) 其他搅拌设备

1) 潜水搅拌机

适用于对污水处理厂和工业流程中产生的含有悬浮物的污水、稀泥浆等进行搅拌或推进的潜水搅拌机。最大潜没深度10m。

适用范围：小型污水、污泥的搅拌和均质，含固率可达2%～3%。

2) 溶药推进式搅拌机

溶药推进式搅拌机适用于大中型污水处理厂投加药剂时溶解药剂的溶药搅拌。适用的搅拌槽直径1500～2500mm，搅拌槽深度2000～4000mm。

3) 溶药机械混合搅拌机

溶药机械混合搅拌机适用于水厂和污水处理厂的溶药搅拌，双层搅拌器适用于较深容器的混合搅拌。

2. 立式搅拌机的安装监理

(1) 一般规定

1) 核对设备型号、规格，必须符合设计要求。

2) 检查设备钢结构支座是否符合设计规定。

3) 设备安装位置及安装标高均应符合设计图纸，搅拌杆与池壁或其他结构不产生碰擦，应有适当间距。

4) 设备及平台结构等防腐涂膜，应涂刷平整，材质符合设计规定。

(2) 监理要点

1) 金属结构平台纵、横向水平度应$<L/1000$。

检测方法：用水准仪、标尺检测。

2) 设备基准中心线与建筑轴线允许偏差±20mm，与设计平面位置允许偏差±10mm。

检测方法：用经纬仪测定或拉直线用钢尺量。

3) 设备基座标高允许偏差+20mm、－10mm。

检测方法：用水准仪、标尺检测。

4) 设备安装纵、横向水平度允许偏差<0.5/1000。

检测方法：用0.15mm/1000条式水平仪在设备上部平面上测定。

5) 设备搅拌杆垂直度允许偏差<1/1000。

检测方法：吊铅垂线用钢直尺量。

3. 潜水搅拌机的安装监理

(1) 一般规定

1) 检查设备型号、规格必须符合设计要求。

2) 检查设备进线电缆是否有撞击、压扁、裂纹或外皮破损等。

3) 导杆支撑必须稳定牢固，符合设计规定。

4) 搅拌机沿导杆升降灵活自如，无碰撞，与线、缆无缠绕现象。

5) 导标支撑的基座标高及其垂直度均须符合设计和设备技术文件规定。

6) 可转动导杆转动时必须灵活，停转时应有可靠的销紧装置。

(2) 监理要点

1）复核设备型号、规格及安装角度。

2）核验设备进线电缆是否有裂痕、压扁或撞击等破损现象。

3）设备基准线与设计平面允许偏差±10mm。

检测方法：用经纬仪测定或拉直线用钢直尺量。

4）导杆支撑的平面位置及与建筑轴线之间的间距应符合设计图纸。

5）导杆垂直度允许偏差<1/1000，全程<3mm，或双导杆平行度±2mm。

检测方法：吊铅垂线用钢直尺量。

4. 溶液、混合搅拌机的安装质量监理

（1）搅拌机轴安装允许偏差（表 23-31）。

表 23-31

搅拌机型式		允许偏差	检测方法
浆式、框式和提升叶轮搅拌器	转数≤32 轴下端摆动量	≤1.5mm	尺
	转数≤32 浆叶对轴线垂直度	4/1000 浆板长且不超过 5mm	尺
推进式和圆盘平直涡轮式搅拌器	转数>32 轴下端摆动量	≤1.0mm	尺
	转数 100～400 轴下端摆动量	≤0.75mm	尺

（2）搅拌介质为有腐蚀性溶液的搅拌机宜采用不锈钢材料或碳钢涂环氧树脂 3 层、丙纶布 2 层包涂，以防腐蚀。

（3）搅拌机安装后，必须经过水作介质的试运转和搅拌工作介质的试运转。

1）这两种试运转都必须在容器内装满 2/3 以上容积的容量。

2）试运转时设备应运行平稳，无异常振动和噪声。

3）以水作介质的试运转时间不得少于 2h。

4）负载试运转时间对小型搅拌机为 4h，其他不少于 2h。

5. 加速澄清池搅拌机安装质量监理

（1）加速澄清池搅拌机安装允许偏差（表 23-32）。

表 23-32

项　目	允许偏差(mm)					
	叶轮直径(mm)			浆板长度(mm)		
	<1	1～2	>2	<400	400～1000	>1000
叶轮上下面板平面度	3	4.5	6			
叶轮出水口宽度	+2 0	+3 0	+4 0			
叶轮径向圆跳动	4	6	8			
叶轮端面圆跳动	4	6	9			
浆板与叶轮下面板应垂直其角度偏差				±1°30′	±1°15′	±1°

（2）搅拌机主轴上各螺母拧紧方向应与主轴的工作方向相反。搅拌机旋转方向应与叶轮叶片方向一致。

（3）搅拌机的调整和试运转

1）设备在试运转时，应运行平稳，无异常振动和噪声。

2）转速由最低速慢慢调至高速，叶轮由最小开启度调至最大开启度进行试验。

3）带负荷运行时其水位、转速、功率均应达到设计规定。

4）设备的试运行时间在最高速条件下不得少于2h。

23.2.6 污泥处理设备安装

1. 污泥处理设备分类

（1）污泥浓缩设备

1）转筒式浓缩机

a. 进泥含固率（混合污泥）0.7%～2%；

b. 常与带压压滤机联用，进行污泥脱水处理，除磷效果好于浓缩池＋带式压滤机。

2）卧螺离心浓缩机

a. 进泥含固率0.3%，浓缩后含固率5%～8%。

b. 絮凝剂投加量1.0～2.5kg/(t·d·s)。

c. 固体回收率85%。

3）重力离心池浓缩机

a. 重力浓缩池径一般小于20m，池中设置污泥浓缩机；

b. 浓缩机刮臂外边缘线速度应小于3.5m/min；

c. 中心传动浓缩机采用悬挂式时，池径一般小于12m。采用垂架式时则可适用于池径大于20m，甚至到50m。

（2）脱水设备

1）离心脱水机

a. 处理污泥的能力可达$50m^3/h$，甚至更大；

b. 混合生污泥时，脱水后泥饼含水率一般为75%～80%；混合消化污泥时，一般为75%～85%。

2）带式压滤机/带式浓缩脱水一体机

a. 进泥含水率不能太高，一般在90%～97%，根据污泥性质确定；

b. 进泥一般还需进行前处理，选用有机高分子絮凝剂充分絮凝；

c. 出泥泥饼的含水率可达65%～80%。

3）板框压滤机

a. 为间歇运行工作制，一个工作周期约1.5～4.5h；

b. 进泥含水率要求较宽，一般可为98%～99%；

c. 脱水后泥饼含水率最低，一般可达到65%或以下。

2. 离心式脱水机的安装监理

（1）一般规定

1）复测基础平面位置及相关尺寸，必须与设备型号相符合。

2）检查脱水机垫铁组的类型与布置应符合设备技术文件的规定。

3）脱水机的进泥泵、进泥管、冲洗水及加药系统等附属设施应按照本手册有关要求施工。

（2）监理要点

1）机组安装的轴线及平面位置必须符合设计图纸。

2）机组安装的轴线位置允许偏差±20mm，平面位置允许偏差±10mm。

检测方法：用经纬仪测定或拉直用钢尺量。

3）机组安装的标高及纵、横向水平度必须符合设备技术文件或设计图纸规定。

4）机组安装标高允许偏差+20mm、−10mm。

检测方法：用水准仪、标尺测量。

5）机组的纵、横向水平度允许偏差<0.05/1000。

检测方法：用0.02/1000框式水平仪在机身加工面上测定。

6）避振器类型、规格、安装位置必须符合设计要求，避振器安装水平度≤1/1000。

检测方法：观察及用0.15mm/1000条式水平仪测定。

3. 带式脱水机的安装监理

(1) 一般规定

1）检测基础平面位置及地脚螺栓孔尺寸必须与设备型号相符。

2）整体安装的机组体积大、机件重，因此搬运吊装时应避免碰撞而造成机组损伤。

3）脱水机的进泥泵、进泥管、冲洗水及加药系统以液压（气压）系统附属设施应按照本手册有关要求施工。

4）滤带应平坦、无皱折，接口处表面应光滑。要注意滤带的正反面，光滑的一面应是与污泥接触的表面。滤带封口处的连接线应穿过所有孔并扣紧，滤带穿过各辊轴的次序应正确。

(2) 监理要点

1）机组安装的轴线及平面位置，必须符合设计图纸规定。

2）机组就位后的位置基准线与设计基准线的偏差为±8mm。

检测方法：用经纬仪测定或拉线用钢尺量。

3）机组安装标高及纵、横向水平度必须达到规范要求。

4）机组安装标高允许偏差+20mm、−10mm。

检测方法：用水准仪、标尺测定。

5）机组纵向水平度允许偏差为1/1000，横向水平度允许偏差为0.5/1000。

检测方法：用0.02mm/1000框式水平仪纵向水平在重力脱水区机架上测定，横向水平以滚筒上母线为基准测定。

6）张紧机构的张紧力、执行机构的推力和行程，应符合设备技术文件。

检测方法：试运转时按设备技术文件调试、观察。

7）纠偏装置压力适中，无颤动、爬行或冲击现象，上下滤带在重叠区内，不重叠长度应<15mm。

检测方法：试运转调试时观察调正，用钢尺量。

8）现场组装的机组必须检测以下内容：

a. 减速箱、传动轴、轴承的润滑油；

b. 液压系统油箱的油料、油位和气压系统机组的油料、油位；

c. 滤带的型号、规格、尺寸必须符合技术文件的要求。

4. 旋转式固液分离机的安装

(1) 一般规定

1) 安装前复测土建工程相关尺寸，测定池底池面标高及池壁宽度，必须与安装设备型号相符合，池壁若凹凸不平，影响设备安装，应先由土建修正池壁。

2) 检查池底、池面预埋钢板与设备安装位置应相符，若有偏差应先调正加固预埋钢板，池底若无预埋钢板，则需增打膨胀螺栓固定。

3) 设备装卸应用卸扣扣在吊环上，禁止用钢丝绳直接捆绑在设备机身而损坏设备尼龙钩子或挡板式等。

4) 设备上、下部固定点都垫实，若下部空隙过大，无法垫实时，必须用碎石混凝土垫平固定。

5) 设备与池壁宽度尺寸不相适合时，造成橡皮挡渣板失去作用，必须加固设备与池壁间隙的拦污板。

(2) 监理要点

1) 设备安装角度必须符合设计要求。

检测方法：用角度尺测量。

2) 设备安装平面位置及标高、纵横向水平度均应符合设计施工图。

3) 设备安装标高与设计标高偏差+20mm、−10mm。

检测方法：用水准仪标尺测定。

4) 设备安装纵、横向水平度允许偏差为1/1000。

检测方法：用0.15mm/1000条式水平仪横向在机顶或主动轴上测量，纵向在机顶上测定。

5) 设备基准线和建筑轴线允许偏差±20mm。

检测方法：用经纬仪测定或拉直线用钢尺量。

6) 设备基准线与设计平面位置偏差±10mm。

检测方法：用经纬仪测定或拉直线用钢尺量。

7) 设备的固定必须稳定牢固，防止以膨胀螺栓代替地脚螺栓或预埋钢板。

23.2.7 其他设备安装监理

1. 滤池冲洗设备安装监理

(1) 旋转式表面冲洗设备安装允许偏差（表23-33）。

表 23-33

项目	允许偏差				
	距离(mm)	夹角(°)	水平度	垂直度	压力(MPa)
布水管在滤层上	50				
喷嘴与滤层表面	10～15	25			
旋转布水管			2/1000		
布水管与轴承座				2/1000	
进水压力					0.05

(2) 移动罩式冲洗设备安装的检查项目（表23-34）。

表 23-34

项 目	基本尺寸	备 注
分格T形顶面宽度	20～30cm	T形顶面应平整光滑
单向定位	取惯性小值	双向定位则取最大惯性值
引水压力管道坡度	3%～5%	
罩体安装防水橡胶离滤格顶面	50mm	
虹吸管排水口没入排水槽面	<0.2m	

2. 皮带输送机安装监理

(1) 一般规定

1) 核对设备型号、规格必须符合设计要求。

2) 检查设备在运输中是否有碰撞损伤或变形。

3) 检查固定设备的预埋件位置，若有偏差应先作调正。

(2) 监理要点

1) 设备的平面位置及标高必须符合设计要求，并与相邻互联设备衔接严密，不得使污物从间隙中外落。

2) 螺旋形转轴不准有弯曲变形等情况，与机壳不应有过大摩擦声和撞击声。

3) 设备基准线与建筑轴线允许偏差±20mm，与设计平面位置允许偏差±10mm。

检测方法：用经纬仪测定或拉直线用钢尺量。

4) 设备安装标高允许偏差+20mm、-10mm。

检测方法：用水准仪、标尺测量。

5) 设备纵、横向水平允许偏差为1/1000。

检测方法：用0.15mm/1000的条式水平仪在设备表面测定。

3. 螺旋压榨机的安装监理

(1) 一般规定

1) 核对设备型号、规格必须符合设计图纸。

2) 检查设备在运输中是否有因碰撞损伤而造成的变形。

3) 检查固定机组预埋件位置，若有偏差应先作调正。

(2) 监理重点

1) 设备的平面位置及标高必须按设计要求定位，并且还要考虑与除污机或皮带运输机的衔接严密，不使污物外落。

2) 设备基准线与建筑轴线允许偏差±20mm，与设计平面位置允许偏差±10mm。

检测方法：用经纬仪测定或拉直线用钢尺量。

3) 设备安装标高允许偏差+20mm、-10mm。

检测方法：用水准仪、标尺测量。

4) 设备纵横向水平度允许偏差为1/1000。

检测方法：用0.15mm/1000条式水平仪在设备表面测定。

5) 螺旋形转轴不应与机壳发生摩擦或撞击声。

4. 堰门安装监理

(1) 一般规定

1) 堰门预留孔尺寸及标高是否符合设计图纸。

2) 地脚螺栓预留孔或预埋钢板位置、尺寸必须符合设计要求。

3) 检查门框、门体的材质及配置的紧固件材质是否与设计相符，并检查堰门是否有缺陷或受外力损伤。

(2) 监理重点

1) 检测堰门型号、规格是否符合设计图纸规定。

2) 核查设备材质及是否有缺陷，以及安装标高与平面位置等。

3) 堰门平面位置与设计基准线允许偏差≤10mm。

检测方法：用钢卷尺直接量。

4) 堰门框安装标高与设计标高的允许偏差为＋20mm、－10mm。

检测方法：用水准仪和标尺测量。

5) 堰门框的纵向垂直度及横向水平面水平度允许偏差为2/1000。

检测方法：吊铅垂线用钢直尺直接量。

6) 启闭器纵、横向水平度允许偏差为2/1000。

检测方法：用水平尺量或吊铅垂线用钢直尺直接量。

7) 启闭器中心轴与堰门中心的同轴度允许偏差<2mm。

检测方法：吊铅垂线用钢直尺量。

5. 螺旋提升泵的安装监理

(1) 设备安装前应按设备安装技术要求检测设备安装的位置、标高、预埋板、预留孔的位置尺寸，符合安装尺寸方可进行设备安装。

(2) 螺旋泵的定位监理

螺旋泵的定位偏差（表23-35）。设备定位时，上下轴承座下的调整垫铁每组不超过3块，垫铁应放置平稳、焊接牢固。

表 23-35

项　目	允　许　偏　差	
	中心偏差(mm)	标高偏差(mm)
上下轴承与设计定位中心	<10	
上下轴承与设计标高		＋30～－10

(3) 螺旋泵安装质量监理（表23-36）

表 23-36

项　目	允许偏差	检测方法
上下轴承与泵体中心线	<2/1000	线、直尺
砂浆涂抹后的螺旋槽直线度	<1/1000，全长≤5mm	线、尺
二半联轴器平面轴向间隙	2～4mm	塞尺
泵体与抹后螺旋槽间隙	2～4mm	塞尺

(4) 螺旋提升泵试车监理

1) 用手、盘动泵体应转动灵活。

2) 上下轴承内应注入适量的润滑油，不允许有渗漏现象。

3) 空载 2h，应运转平稳，泵体与螺旋槽不得有碰擦。

4) 满载 4h，应运转平稳、无异常振动，轴承温度不大于 70℃。

23.3 投氯系统的安装监理

23.3.1 氯瓶的安装监理

1. 小型氯瓶（50kg、100kg）应立式放置，使用过程中应注意保持稳定，不得卧放。若采用台秤称重时，为保证氯瓶立放稳定，应采用支架和保护链索固定。

2. 卧式氯瓶安装监理

(1) 氯瓶上的两个出氯阀门的联线应垂直于地面，上面为氯气阀，下面为液氯阀。

(2) 直接向加氯设备供氯气时，氯瓶端应稍微垫高，并将出氯管接在上面的阀门上。

(3) 向蒸发器输送液氯时，氯瓶端应稍微放低，出氯管道接在下面的阀门上。

3. 氯瓶的运输监理

(1) 旋紧保护帽，妥善加以固定，轻装轻卸。

(2) 烈日下应有遮阳措施，防止曝晒。

(3) 运输车应有明显的剧毒标志，防止外人接近，并且车上应备有抢修工具、防毒面具等。

4. 出氯管与氯瓶的连接应严密，不得漏气。当周围发现氯味，调试人员应迅速关闭氯瓶出氯阀门，暂时撤离现场，待经处理及氯味消失以后，再检查漏氯部位。

23.3.2 液氯蒸发器的安装监理

1. 液虑蒸发器的蒸发能力与加热器功率必须符合要求（表 23-37）。

表 23-37

液氯蒸发量(kg/h)	114	152	190
加热器功率(kW)	12	15	18

2. 蒸发器、电加热器、控制盘、报警装置的电源电压、功率等应严格按制造厂规定给予保证。

3. 水箱内应加入纯水（亦可加饮用水）。水压为 0.7～0.93MPa。正常水位在液位计的 2/3～3/4 处。

4. 采用阴极保护的装置则应向水箱的水中投加硫酸钠，大致投放量为 113g，水箱中水的电流值应保持在 250mA 左右。

5. 膨胀室安全膜爆破压力为 2.76MPa。

6. 保护管道长度：$DN25$，$L=114m$；$DN20$，$L=190m$。

7. 泄压阀排气管：小于 15m 采用 $DN25$ PVC-U 管；15～30m 采用 $DN40$PVC-U。

8. 蒸发器采用电接点仪表自动控制氯压、氯温和水温等，其电气设备和管路及其阀门等附件的质量及安装应可靠。

9. 控制箱可与蒸发器一起就地安装。

23.3.3　氯瓶切换系统的安装监理

1. 手动氯气阀应安装在与气源相近的地方，并应固定在支架或墙壁上。

2. 气源自动切换系统

(1) 切换装置应固定安装在墙上。

(2) 与氯瓶接出的真空调节器相连接时，应使用ABS软管或钢管。

(3) 出口引入加氯机时应使用ABS软管。

(4) 调试应与加氯机同时进行，确认工作无误方能正式投入供氯运行。

3. 电动自动切换系统

(1) 从支管到加氯机的所有供氯组件均采用无缝钢管联接，并加以有效的固定。

(2) 电动阀在安装前应进行单体试机。

(3) 安装完毕后，管道及各部件要进行试压，合格后进行调试。

23.3.4　真空调节器安装监理

1. 单体真空调节器的安装位置不受限制，可以安装在氯瓶总阀上，也可以安装在供氯管道的支管上。

2. 不需用支架固定。

3. 有压供氯系统不必安装真空调节器。

23.3.5　出氯管道的安装监理

1. 输送液氯的管道应适用加厚无缝钢管或耐压氟塑料管；支管应使用退火铜管或氟塑料管。

2. 垫片材料应采用石棉板或氟塑料填料函。

3. 监理人员应特别注意阀门与管件连结处的检查，杜绝管路系统的泄露。

4. 应采取管道煨弯及焊接，减少管件连接。

5. 检查管道内部，不得有杂物和杂质。

6. 从氯瓶到加氯机之间的输氯管安装完毕后，要进行打压试验，试验合格后才能使用（表23-38）。

表 23-38

管道型式	试压条件		要求
	压强(MPa)	稳压时间(h)	
输送气态氯管道	0.8	24	不得漏气
输送液氯管道	4	24	不得漏气

23.3.6　机械设备安装工程质量监理评定表

1. 安装分项工程质量监理评定表

单位工程名称：　　　　　　　　设备型号：
分部工程名称：　　　　　　　　编　　号：

序号		检查项目	质量情况									
保证项目	1											
	2											
	3											
基本项目	1											
	2											
	3											
		检查项目	允许偏差	实测值								
				1	2	3	4	5	6	7	8	9
允许偏差项目	1											
	2											
	3											
备注												
检查结果	保证项目											
	基本项目	检查　项，其中优良　项，优良率　%										
	允许偏差项目	实测　项，其中合格　点，合格率　%										
评定等级		施工班组长		监理单位意见				安装单位盖章				
		施工技术员										
		单位工程负责人										

注：基本项目质量情况记录代号：优良：√、合格：○、不合格：×。

2. 分部工程质量监理评定表

单位工程名称：

序号	分项工程名称		项数	其中优良项数	备注
合计					优良率(%)
评定等级		施工班组长		监理单位意见	安装单位盖章
		施工技术员			
		单位工程负责人			

3. 单位工程观感质量监理评定表

工程名称：

序号	检查项目	检查要求		检查记录	得分
合计					
评定等级		施工班组长		监理单位意见	安装单位盖章
		施工技术员			
		单位工程负责人			

4. 单位工程质量监理评定表

单位工程名称：

序号	分部工程名称		个数	其中优良个数	备注
合计					优良率%
评定等级		施工班组长		监理单位意见	安装单位盖章
		施工技术员			
		单位工程负责人			

第24章　给水排水仪表、控制工程监理

24.1　仪表、控制工程监理的要点

24.1.1　给水排水检测仪表安装监理要点

1. 就地安装仪表监理要点

(1) 检查就地安装仪表的位置，不得安装在振动、潮湿、易受机械损伤、有强磁场干扰、高温、温度变化剧烈和有腐蚀性气体的地方。

(2) 检查仪表的中心距地面的高度为1.2～1.5m。

(3) 检查就地安装的显示仪表应安装在手动操作阀门时便于观察仪表示值的位置。

2. 仪表安装前外观检查应完整、附件齐全，并按设计规定检查其型号、规格及材质。

3. 仪表安装时不应敲击及振动，安装后检查应牢固、平正。

4. 设计规定需要脱脂的仪表，应经脱脂检查合格后方可安装。

5. 直接安装在工艺管道上的仪表监理要点

(1) 在工艺管道吹扫后压力试验前安装。

(2) 当必须与工艺管道同时安装时，在工艺管道吹扫时应将仪表拆下。

(3) 仪表外壳上箭头的指向应与被测介质的流向一致。

(4) 仪表与工艺管道连接时，仪表上法兰的轴线应与工艺管道轴线一致。

6. 直接安装在工艺设备或管道上的仪表安装完毕，应随同工艺系统一起进行压力试验及检测仪表受压部件的密封性检查。

7. 检查仪表及电气设备上的接线盒，盒引入口不应朝上，当不可避免时，应采取密封措施。

8. 检查仪表和电气设备外观完整无损，铭牌、型号规格、插件、端子、接头、固定附件等应齐全。

9. 仪表及电气设备的接线应检查下列项目：

(1) 接线前应校线并标号；

(2) 剥绝缘层时线芯不得损伤；

(3) 多股线芯端头宜烫锡或采用接线片。采用接线片时，电线与接线片的连接应压接或焊接，连接处应均匀牢固、导电良好；

(4) 锡焊时应使用无腐蚀性焊药；

(5) 电缆（线）与端子的连接处应固定牢固，并留有适当的余度；

(6) 接线应正确，排列应整齐、美观；

(7) 仪表及电气设备易受振动影响时，接线端子上应加弹簧垫圈；

(8) 线路补偿电阻应安装牢固，拆装方便，其阻值允许误差为±0.1Ω。

24.1.2　给水排水控制系统的安装监理要点

1. 开箱验收

控制系统（设备）的开箱验收应先检查包装箱是否完好及是否有压、挤、碰过的明显损伤；按“装箱清单”逐一检查箱内设备并做好检查记录。

2. 控制设备安装监理要点

（1）控制系统（设备）安装就位前必须检查是否符合设备说明书的要求，空间是否充足，地面是否结实，安装固定装置与设备是否配套，地下走线槽是否合理；供电电源系统是否符合要求。

（2）将控制系统（设备）的各部件大致就位，应按厂家的安装说明，检查、核实各部分的编号和其在图中的位置。就位后按照接线图连接，各电源线须确保所有相关电源处于关闭状态。

3. 带（通）电测试

仔细检查并核对控制系统（设备）各部件的连线、电源线、地线、信号线是否连接正确。确认无误后，再检查各部件的电源开关是否处于“关”的位置，然后逐个打开各部件的电源开关，看其加电检查是否正常；启动系统的测试程序（厂家提供）进行系统自检，检查所有硬件是否正常工作。

4. 控制系统功能测试

（1）PLC 或 DCS 系统功能测试应检查下列项目：

1）数字量输入信号测试：由现场设备或现场强制发出信号，PLC 有正确的响应（与地址表相符合）；

2）数字量输出信号测试：由 PLC 根据地址表强制发出信号，现场有正确的响应；

3）模拟量输入信号测试：用信号发生器由现场发出 4～20MA 信号（4～20MA 中均分 5 点），PLC 有正确的响应，信号误差不应大于信号发生器本身的误差；

4）模拟量输出信号测试：由 PLC 根据地址表强制发出 4～20MA 信号（4～20MA 中均分 5 点），现场检测仪有正确的响应，信号误差不应大于检测仪表的误差；

5）调节功能测试：宜在联动高度时进行，如果条件不具备，也可采用现场强制信号进行，调节功能测试应按功能流程图进行，闭环调节功能是否正确有效，输入、输出关系是否正确无误；

6）报警功能测试：在现场有报警信号时，PLC 能做出正确的响应。

（2）上位机系统功能测试应检查下列项目：

1）流程画面的测试：画面显示应不受现场环境的干扰，每幅画面上的各种动态点是否正确，量程显示是否正确；

2）控制系统的调试及算法整定：检查控制结构和参数的设置与现场是否相符，调整控制结构参数值和备用回路的输入、输出及反馈值，并逐回路进行调试、整定，检查是否满足设计指标要求；

3）报表打印功能的测试：用打印机按照预定要求打印出每张报表，检查正确与否；

4）系统的信号处理准确度测试：检查所有测量信号准确度是否满足设计指标要求；

5）控制系统（设备）的资料验收：检查厂家提供的随机资料是否齐全，检查现场记录是否完整齐全；

6）对照控制系统（设备）的出厂检验及验收结果是否相符，是否满足技术指标要求；

7）报警、保护及自启动功能测试：检查所有报警、保护及自启动功能是否满足设计指标要求；

8）测试验收结论：出具测试验收结论，须包括测试人员名单、测试人员签字。

（3）系统容错能力测试应检查下列项目：

1）键盘操作的容错测试

在操作站的键盘上操作任何未经定义的键时，系统不得出错或出现死机情况。

2）CPU 切换时的容错测试

人为退出控制站中正在运行的 CPU，此时备用的 CPU 应能自动投入工作，切换过程中，系统不得出错或出现死机情况。

3）备份机整体切换时的容错测试

人为退出控制站中正在运行的机器，此时备份机应能自动投入工作，切换过程中，系统不得出错或出现死机情况。

（4）系统各部件的负荷测试

1）中央处理单元的负荷率。所有控制站的中央处理单元恶劣工况下的负荷率不得超过 60%。计算站、数据管理站等的中央处理单元恶劣工况下的负荷率不得超过 40%。

2）数据通信总线的负荷率。在繁忙工况下数据通信总线的负荷率不得超过 30%；对于以太网则不得超过 20%。

（5）运行考核（考机）

在规定的实验条件下，在现场进行运行考核。考机时间及有效工作率值由供需方单位定。有效工作率 η 的计算方法为：

$$\eta = \frac{T_K - T_G}{T_K} \times 100\%$$

式中 T_K——考机时间；

T_G——故障时间。

24.2 给水排水检测仪表的安装监理

24.2.1 取源部件安装监理

1. 审查取源部件安装的施工方案，特别审查：

（1）审查取源部件安装程序。是与土建施工同步进行，还是土建施工完成后再另行安装。这对原材料的准备、施工方法有着重要的影响；

（2）审查取样部位的安装位置是否影响其取样的准确性。

2. 取源部件及仪表的安装监理要点

（1）取源部件的安装，检查与土建施工、设备安装同时进行的情况，检查取源部件的开孔与焊接工作，是否在管道或设备的防腐、衬里、吹扫和压力试验前进行。

（2）在管道和设备上开孔时，应采用机械加工方法。在混凝土构筑物上安装的取源部件应在砌筑或浇筑的同时埋入或预留安装孔。

（3）安装取源部件，检查是否在焊缝及其边缘上开孔及焊接。检查取源阀门与设备或管道的连接不宜采用卡套式接头。

(4) 检查取源位置是否具有工艺代表性，取样管是否尽量短，以保证取源水样分析的即时性。

(5) 仪表的安装位置，应检查下列项目：

1) 光线充足，操作维修方便；不宜安装在振动、潮湿、易受机械损伤、有强磁场干扰、高温、温度变化剧烈和有腐蚀性气体的地方，安装在室外的仪表应采取相应的防曝晒、防水、防潮、防冻措施；

2) 仪表的安装位置应选在便于检查、维修、拆卸、通风良好、且不影响人行和邻近设备安装与解体的场所，安装时不应敲击或振动，安装后应牢固、平整，其中心距地面的高度宜为1.2～1.5m；

3) 就地安装的显示仪表应安装在手动操作设备时便于观察仪表示值的位置；

4) 仪表安装前应外观完整、附件齐全，并按设计规定检查其型号、规格及材质。

(6) 设计规定需要脱脂的仪表，应经脱脂检查后方可安装。

(7) 直接安装在管道上的仪表，与管道连接时，检查仪表上法兰的轴线是否与管道轴线相一致，固定时是否使其受力均匀。

(8) 检查仪表及电气设备上接线盒的引入口不应朝上，避免杂质进入盒内，当不可避免时，应采取密封措施。

(9) 检查仪表和电气设备标志牌上的文字及端子编号等，应书写正确、清楚。

(10) 对于需用管道进行采样的仪表，检查是否装有旁通管和旁通阀，并在保证仪表有足够采样源的前提下把旁通阀开到最大，以保证取样源的瞬时性。

24.2.2 流量取源部件安装监理

1. 流量取源部件、流量测量仪表的安装监理要点

(1) 检查节流件开孔与管道同心情况以及节流件端面与管道轴线垂直情况。

(2) 孔板和喷嘴的检查应符合下列规定：

1) 孔板或喷嘴安装前应进行外观检查，孔板的入口和喷嘴的出口边缘应无毛刺和圆角，并按现行的国家标准《流量测量节流装置的设计安装和使用》的规定复验其加工尺寸；

2) 安装前进行清洗时不应损伤节流件；

3) 孔板的锐边或喷嘴的曲面侧应迎着被测介质的流向；

4) 在水平和倾斜的工艺管道上安装的孔板或喷嘴，若有排泄孔时，排泄孔的位置对液体介质应在工艺管道的正上方，对气体及蒸汽介质应在工艺管道的正下方；

5) 孔板或喷嘴与工艺管道的同轴度及垂直度，应符合规定；

6) 环室上有“+”号的一侧应在被测介质流向的上游侧，当用箭头标明流向时，箭头的指向应与被测介质的流向一致；

7) 垫片的内径不应小于工艺管道的内径。

(3) 检查差压计或差压变送器正、负压室与测量管路的连接。

(4) 检查转子流量计的安装垂直状态，下游侧直管段的长度不宜小于5倍工艺管道内径，检查前后的工艺管道固定是否牢固。

(5) 检查靶式流量计靶的中心是否在工艺管道的轴线上。

(6) 涡轮流量计的前置放大器与变送器间的距离不宜大于 3m。

(7) 电磁流量计的安装检查应符合下列规定：

1) 流量计、被测介质及工艺管道三者之间应接地连成等电位，接地电阻应小于 10Ω，周围有强磁场时，应采取防干扰措施；

2) 在垂直的工艺管道上安装时，被测介质的流向应自下而上，在水平和倾斜的工艺管道上安装时，两个测量电极不应在工艺管道的正上方和正下方位置；

3) 口径大于 300mm 时，应有专用的支架支撑，建议加装伸缩管；

4) 周围有强磁场时，应检查防干扰措施。

(8) 检查椭圆齿轮流量计的刻度盘面是否处于垂直平面内。

(9) 检查设置检查仪表井渗漏和防止雨水措施。

(10) 检查变送器的位置，应设在不受水气侵蚀处，如流量计引出线有足够的长度，最好将变送器设在有良好环境的室内。与变送器连接的引出线不允许有任何形式的接头。屏蔽线应进行良好的接地。

(11) 在取源部件安装点的上下游有弯头、三通或阀门等容易产生气泡的部件时，检查其距离是否符合设备的安装说明书要求。

(12) 检查管道式超声波流量计、电磁流量计取源部件的安装是否选在介质流速稳定且满管流的位置，其直管段长度应符合下列规定：

1) 上游直管段长度一般应不小于 5 倍管径；

2) 下游直管段长度一般应不小于 3 倍管径；

3) 或按产品说明书要求。

(13) 检查明渠式超声波流量计取源部件的安装位置是否选在介质流速稳定且液面相对稳定的地方。

(14) 检查管道式超声波流量计、明渠式超声波流量计传感器的安装位置是否符合设计图纸或产品说明书要求。

(15) 检查转子流量计是否垂直安装，检查上游侧直管段的长度不宜小于 5 倍管道内径。

(16) 检查涡轮流量计的前置放大器与变送器的距离，不宜大于 3m。

(17) 检查毕托管、文丘里流量计和均速管等流量检测元件的取源部件的轴线，是否与工艺管道轴线垂直相交；其上、下游侧直管段的最小长度是否符合仪表安装使用说明书的规定。

2. 流量仪表的调试监理

(1) 节流式装置所用各种压差计，应根据压差范围选择浮球式压力计或数字式压力计、补偿式压力计，用压差信号发生器作为输入信号源，用比较法进行调校；

(2) 靶式流量计应根据其测量范围计算出靶上各标定点的受力数据，用挂重（砝码）的方法进行调校；

(3) 电磁流量计采用制造厂家配套提供的模拟信号装置进行调校；

(4) 涡街、容积型流量计选用相适应的频率信号发生器作信号源进行调校；

(5) 远传转子流量计选用转子位移量进行调校；

(6) 进行基本误差调校时，首先将被校仪表置于工作位置，以调整信号源使被试仪表示值均匀上升或下降至各调试点，并读取输出值，求取基本误差及变差值，其调校点通常以5点为宜；

（7）积算器精度的调校：调整信号源至各调试点，用计时法读取计数值，求积算误差，其调试点通常以3点为宜。

3. 流量取源部件安装检验质量标准

（1）节流装置的直管段最小长度（表24-1、表24-2）

表 24-1

直径比 β	节流元件上游侧阻流件形式和直管段的最小长度(mm)							节流件下游侧直管段的最小长度 L_2（左面所有的局部阻流件）
	单个90°弯头或三通（流体只从一个支管流出）	在同一平面内有两个或多个90°弯头	在不同平面内有两个或多个90°弯头	渐缩管（在1.5D至3D长度内由2D变为D）	渐扩管（在1D至2D长度内由0.5D变为D）	球型阀全开	全孔球阀或闸阀全开	
≤0.2	10(6)	14(7)	34(17)	5	16(8)	18(9)	12(6)	4(2)
0.25	10(6)	14(7)	34(17)	5	16(8)	18(9)	12(6)	4(2)
0.30	10(6)	16(8)	34(17)	5	16(8)	18(9)	12(6)	5(2.5)
0.35	12(6)	16(8)	36(18)	5	16(8)	18(9)	12(6)	5(2.5)
0.40	14(7)	18(9)	36(18)	5	16(8)	20(10)	12(6)	6(3)
0.45	14(7)	18(9)	38(19)	5	17(9)	20(10)	12(6)	6(3)
0.50	14(7)	20(10)	40(20)	6(5)	18(9)	22(11)	12(6)	6(3)
0.55	16(8)	22(11)	44(22)	8(5)	20(10)	24(12)	14(7)	6(3)
0.60	18(9)	26(13)	48(24)	9(5)	22(11)	26(13)	14(7)	7(3.5)
0.65	22(11)	32(16)	54(27)	11(6)	25(13)	28(14)	16(8)	7(3.5)
0.70	28(14)	36(18)	62(31)	14(7)	30(15)	32(16)	20(10)	7(3.5)
0.75	36(18)	42(21)	70(35)	22(11)	38(19)	36(18)	24(12)	8(4)
0.80	46(23)	50(25)	80(40)	30(15)	54(27)	44(22)	30(15)	8(4)
对于所有的直径比 β	阻流件						上游侧最小直管段长度	
	直径比不小于0.5的对称骤缩异径管						30(15)	

注：1. 本表所列数字为管道内径 D 的倍数；

2. 本表括号外的数字为“零附加不确定度”的值；括号内的数字为“0.5%附加不确定度”的值。

表 24-2

直径比 β	单个90°短半径弯头	在同一平面内有两个或多个90°弯头	在不同平面内有两个或多个90°弯头	减缩管在3.5D的长度上从3D到D	减扩管在D的长度上从0.75D到D	全开球阀或闸阀
0.30	0.5	1.5(0.5)	(0.5)	0.5	1.5(0.5)	1.5(0.5)
0.35	0.5	1.5(0.5)	(0.5)	1.5(0.5)	1.5(0.5)	2.5(0.5)
0.40	0.5	1.5(0.5)	(0.5)	2.5(0.5)	1.5(0.5)	2.5(1.5)
0.45	1.0(0.5)	1.5(0.5)	(0.5)	4.5(0.5)	2.5(1.0)	3.5(1.5)
0.50	1.5(0.5)	2.5(1.5)	(8.5)	5.5(0.5)	2.5(1.5)	3.5(1.5)
0.55	2.5(0.5)	2.5(1.5)	(12.5)	6.5(0.5)	3.5(1.5)	4.5(2.5)

续表

直径比β	单个 90°短半径弯头	在同一平面内有两个或多个 90°弯头	在不同平面内有两个或多个 90°弯头	减缩管在 3.5D 的长度上从 3D 到 D	减扩管在 D 的长度上从 0.75D 到 D	全开球阀或闸阀
0.60	3.0(1.0)	3.5(2.5)	(17.5)	8.5(0.5)	3.5(1.5)	4.5(2.5)
0.65	4.0(1.5)	4.5(2.5)	(23.5)	9.5(1.5)	4.5(2.5)	4.5(2.5)
0.70	4.0(2.0)	4.5(2.5)	(27.5)	10.5(2.5)	5.5(3.5)	5.5(3.5)
0.75	4.5(3.0)	4.5(3.5)	(29.5)	11.5(3.5)	6.5(4.5)	5.5(3.5)

注：1. 直管段最小长度单位：(mm)，直管段均以直径 D 的倍数表示，从经典文丘里管上游取压口平面量起；
2. 不带括号的值为“零附加不确定度”的值；带括号的值为“0.5%附加不确定度”的值；
3. 下游直管段长度为 4 倍喉径的长度。

(2) 安装取源处流量计表上下游的直管段距离（表 24-3）

表 24-3

流量计型号	表前直管段	表后直管段
超声波流量计	不小于 20D	不小于 5D
电磁流量计	不小于 5D	不小于 2D
插入式涡轮(涡流涡街)流量计	不小于 20D	不小于 7D
节流式压差型流量计	5～10D	不小于 5D

(3) 流量取源部件安装的质量标准和检验方法（表 24-4）

表 24-4

<table>
<tr><th>工序</th><th colspan="2">检验项目</th><th>性质</th><th>质量标准</th><th>检验方法</th></tr>
<tr><td rowspan="6">节流元件安装前检查</td><td colspan="2">材质、规格型号</td><td>主要</td><td>符合设计要求</td><td>核对产品说明书和合格证</td></tr>
<tr><td colspan="2">外观</td><td>一般</td><td>光洁、平整</td><td>观察</td></tr>
<tr><td colspan="2">孔板与环室取压口方向</td><td>一般</td><td>“+”“−”一致</td><td>观察</td></tr>
<tr><td colspan="2">环室内径(D_1)</td><td>主要</td><td>$D \leqslant D_1 \leqslant 1.02D$</td><td>用卡尺测量</td></tr>
<tr><td colspan="2">孔径偏差</td><td>主要</td><td>符合设计要求</td><td>用卡尺测量，核对设计</td></tr>
<tr><td colspan="2">孔板入口及喷嘴出口边缘</td><td>主要</td><td>无毛刺、无圆角</td><td>观察</td></tr>
<tr><td rowspan="7">取源部件安装</td><td colspan="2">材质</td><td>主要</td><td>符合设计要求</td><td>核对产品合格证</td></tr>
<tr><td colspan="2">节流元件前后直管段最小长度</td><td>主要</td><td>符合设计要求和 GB 50093—2002 相关的规定</td><td>用尺测量</td></tr>
<tr><td rowspan="2">温度计装在节流元件上游距离(L)</td><td>温度计套管直径≤0.03D</td><td>一般</td><td>$L \geqslant 5D$</td><td>用尺测量</td></tr>
<tr><td>温度计套管直径在 0.03D 至 0.13D 之间</td><td>一般</td><td>$L \geqslant 20D$</td><td>用尺测量</td></tr>
<tr><td colspan="2">温度计安装在节流元件下游距离(L_1)</td><td>一般</td><td>$L_1 \geqslant 5D$</td><td>用尺测量</td></tr>
<tr><td rowspan="2">夹紧节流元件用的法兰安装</td><td>法兰与管道焊接</td><td>主要</td><td>管口与法兰面平齐</td><td>观察，核对安装记录</td></tr>
<tr><td>法兰面与管道轴线垂直度</td><td>主要</td><td>允许偏差 1°</td><td>用万能角尺测量</td></tr>
</table>

续表

工序	检验项目		性质	质量标准	检验方法
取源部件安装	夹紧节流元件用的法兰安装	法兰与管道同轴度	主要	符合 GB 50093—2002 相关的规定	观察，核对安装记录
		对焊法兰内径(D_2)	一般	$D_2=D$	观察，核对安装记录
	在水平和倾斜管道上取源方位	气体介质	一般	在管道水平中心线以上	观察
		液体介质	一般	在管道水平中心线以下45°夹角内	观察
		蒸汽介质	主要	在管道水平中心线以上45°夹角内	观察
	单独钻孔角接取源	上下游取源孔直径(D_3)	一般	相等	用尺测量
		上下游取源孔轴线与节流元件上下侧端面距离(L_2)	主要	$L_2=0.5D_3$	用尺测量
		取源孔轴线与工艺管道轴线垂直度	一般	允许偏差 3°	用万能角尺测量
	法兰取源	上下游取源孔轴线与孔板上下游侧端面距离(L_3)	主要	$L_3=25.4\pm0.08$mm	用卡尺测量
		上、下游取源孔直径	一般	相等	用尺测量
		取源孔轴线与工艺管道轴线	一般	垂直相交	观察，用角尺测量
	D 和 D/2 取源	上游取源孔轴线与孔板上游侧端面距离(L_4)	主要	$L_4=D\pm0.1D$	用卡尺测量
		下游取源孔轴线与孔板上游侧端面距离(L_5)	主要	$\beta\leqslant0.6$ $L_5=0.5D\pm0.02D$ $\beta>0.6$ $L_5=0.5D\pm0.01D$	用卡尺测量
		取源孔轴线与管道轴线	一般	垂直相交	观察，用角尺测量
		上下游取源孔直径	一般	相等	用尺测量
	均压环取源		主要	上下游取源孔数相等且在同一截面上	观察
取源部件安装	冷凝器安装		主要	两个冷凝器标高一致	用尺测量
	毕托管、文丘里管和均速管等	取源部件轴线与管道轴线	主要	垂直相交	观察，用尺测量
		上、下游直管段最小长度	主要	符合产品说明	用尺测量，核对产品说明书
	节流元件进出口		主要	方向正确	施工中检验
	严密性		主要	无渗漏	核对试漏记录
	耐压		主要	符合 GB 50093—2002 相关的规定	核对试压记录

注：β为孔板内径与管道内径之比值。D为管道内径。

（4）转子流量计上游直管段的长度对测量影响不大。安装位置和流体流向的规定是为了符合仪表使用要求和保证测量精度。对流量计上下游直管段的通常要求如下：

1）转子流量计，上游不小于0～5倍管径，下游无要求；

2）涡轮流量计，上游不小于5～20倍管径，下游不小于3～10倍管径；

3）电磁流量计，上游不小于5～10倍管径，下游不小于0～5倍管径；

4）超声波流量计，上游不小于10～50倍管径，下游不小于5倍管径。

（5）流量取源部件安装检验质量标准（表24-5）。

表 24-5

检验项目		质量标准
节流元件前后直管段最小长度		符合本章表24-1规定
温度计在节流元件上游距离(L)	温度计套管直径0.03D	$L\geqslant 5D$
	温度计套管直径在0.03D到0.13D之间	$L\geqslant 20D$
温度计装在节流元件下游距离(L_1)		$L_1\geqslant 5D$
单独钻孔角接取源	上下游取源孔直径	相等
	上下游取源孔轴线与节流元件上下游侧端面距离(L_2)	$L_2=0.5D$
	取源孔轴线与工艺管道轴线垂直度	允许偏差3°
法兰取源	上下游取源孔轴线与孔板上下游侧端面距离(L_3)	$L_3=25.4\pm 0.8$mm
	取源孔轴线与工艺管道轴线	垂直相交
D和$D/2$取源	上游取源孔轴线与孔板上游侧端面距离(L_4)	$L_4=D0.1D$
	下游取源孔轴线与孔板上游侧端面距离(L_5)	$\beta\leqslant 0.6L_5=0.5D\pm 0.02D$ $\beta>0.6L_5=0.5D\pm 0.01D$

24.2.3 水质分析取源部件及给水排水在线分析仪表的安装监理

1. 检查水质分析取源部件是否安装在压力稳定、反映真实成分、具有代表性的地方。浊度仪取源部件安装部位是否避开气泡多的地方。

2. 水质分析取源部件在水平和倾斜的管道上安装时，检查其安装方位是否符合本手册相关章节的规定。

3. 检查分析仪表前的取样管路是否设调节阀和带调节阀的旁通管。

4. 检查取样管是否尽可能短，以减少测量水样时间的滞后。

5. 在线取样分析仪表安装监理要点

（1）检查安装地点，尽可能靠近取样点，建议安装在室内，若在室外安装需加仪表箱，在北方地区应采取保温措施。

（2）检查安装地点是否具备必要的试剂存放空间、清洗水源和水样自然排放口。

（3）检查仪表安装应符合产品说明书的要求。

（4）仪表变送器安装的中心高度宜为1.2～1.5m。

6. 在线非取样分析仪表的安装监理要点

（1）检查安装地点，应具有固定、保养的空间，在寒冷地区应采取保温措施。

（2）检查插入式传感器，应确保在最低液位时伸入水面下200mm。

（3）检查仪表安装是否符合产品说明书的要求。

(4) 仪表变送器安装的中心高度宜为1.2～1.5m。

7. 浊度仪的安装监理要点

(1) 检查浊度仪安装，要确保其主体顶部水平，传感器应尽可能安装在采样点附近。

(2) 检查安装前是否清洗浊度仪主体和脱泡器。主体顶部应留至少 22cm 的空间，下面应留足够的空间，放置容器接取排放水。

(3) 在较大的输水管上宜安装样品进水龙头，龙头宜安装在管路的中心点。

8. pH/ORP 控制仪的安装监理要点

(1) 检查插入式传感器安装高度是否在最低液位以下，管道式传感器是否保证满管。

(2) 检查带自动清洗的控制仪，应在传感器旁设置水源或气源，并使其压力、流量符合产品说明书要求。

(3) 检查人工清洗的控制仪，传感器安装牢固，同时要拆卸方便，便于人工清洗。

9. 溶解氧检测仪的安装监理要点

(1) 检查传感器安装高度，应在最低液位以下 25mm。

(2) 检查带自动清洗的控制仪，应在传感器旁设置水源或气源，并使其压力、流量符合产品说明书要求。

(3) 检查人工清洗的控制仪，传感器安装牢固，同时要拆卸方便，便于人工清洗。

10. 余氯分析仪的安装监理要点

(1) 分析仪应尽量接近于取样点，分析仪的外壳应能保护其免受水处理工艺产生的有害气体或液体的损害。

(2) 余氯取样点宜选择在氯已完全混合，且已与水样反应的地点，其与加氯注入点之间的距离应 10 倍于管道的直径。

(3) 检查取样管是否采用会析出金属离子的管道。

(4) 检查取样点处的辅助设备情况

1) 输出压力超过 0.4MPa，检查是否加装了减压阀；

2) 小于 0.1MPa，是否加装了增压泵。

11. 污泥浓度计的安装监理要点

(1) 光学传感器安装在敞口池内。

1) 传感器部分安装在开口渠道中或敞口池壁上，常用的安装方法是用随仪表供货的夹子将传感器固定在池壁的护栏上。检查传感器在水下浸没部分，应大于 25mm，并与垂直方向成 15°夹角。

2) 检查传感器测量头

a. 应避免安装在水流湍急、产生大量气泡的地方，防止气泡进入测量室内，产生误差；

b. 如果安装在气泡较多的场合，可采用专用的防护罩，以减少气泡对测量的影响。

(2) 传感器安装在管路上。

1) 检查带有隔离切断阀，插拔传感器部分并不影响工艺管道的正常流通。

2) 适用于各种口径，不同安装方式。

(3) 现场标定方法如下：

1) 在正在测量的介质中取出一定量的被测介质，并记录仪表当时输出值；

2）将其中一部分送化验室，用化验的方法确定其浓度；

3）比较化验结果同当时记录输出值；

4）调整仪表标定旋钮，使得输出值等于化验结果值；

5）现场标定方法化验结果与实际差值较大，应在化验室用已知标准溶液来重新对仪表进行校准。

12. 检查水样取样泵和输样管，最好采用非金属或不锈钢的产品，以减少金属离子析出，避免对水样测量产生干扰。

13. 检查取样泵出口，输样管径，应在保证取样流量的前提下，尽可能选择较小口径的管道，提高水样参数的时效性。

14. 检查在取样口处传感器应垂直安装，与变送器之间的距离应严格控制。检查显示器的安装高度，应方便有关人员的观测和维护。

15. 分析取样源部件安装的质量标准和检验方法（表 24-6）。

表 24-6

工序	检验项目		性质	质量标准	检验方法
安装	材质		主要	符合设计要求	核对产品合格证
	位置		主要	符合设计要求或选择压力稳定且能灵敏反映介质真实成分处	核对设计或观察
	在水平和倾斜管道上取源方位	气体介质	一般	在管道水平中心线以上	观察
		液体介质	一般	在管道水平中心线以下 45°夹角内	观察
		蒸汽介质	一般	在管道水平中心线以上及其以下 45°夹角内	观察
	含有固体或液体杂质的气体取源装置仰角(θ)		主要	θ>15°	用样板尺测量
	严密性		主要	无渗漏	核对试漏记录
	耐压		主要	符合 GB 50093—2002 相关的规定	核对试压记录

24.2.4 物位取源部件及仪表安装监理

1. 检查物位取源部件安装位置，应安装在变化灵敏，且不使检测元件受到物料冲击的地方。

2. 检查浮球液位器用连接管的长度，是否保证浮球能在全量程范围内自由活动。

3. 超声波传感器安装在连通井内或池壁旁时，应检查距壁距离是否符合说明书要求，超声波的发射方向与物位面应保持垂直，在超声波发生器发射角方向范围内不得有其他障碍物。

4. 检查压差式液位计是否对引压管采取防止堵塞和便于疏通的措施，对传感器采取保护措施。

5. 双法兰差压变送器毛细管敷设应检查保护措施，其弯曲半径不小于 50mm。

6. 插入式液位计传感器的保护措施应检查下列项目：

(1) 保护管应用刚性且耐腐蚀的管材固定在池中，保护管底部 200mm 范围内应钻 ₵ 8mm 孔若干，保证保护管内与水池相通；

(2) 传感器插入保护管内位置应距池底 50～100mm，防止池底沉积物淹没传感器引起测量误差。同时应在显示器上加上这一相应的本底值。

7. 检查与传感器组装在一起的变送器的位置，应设在最高液位以上，防止被液体淹没。检查室外安装液位计的防护罩。

8. 超声波液位计安装位置应检查下列项目：

(1) 要在最高液面以上，其探头的安装高度应适当地高于盲区；

(2) 在其半径 500mm 内向下至液面不得有任何障碍物（包括池壁），防止障碍物反射声波干扰测量数值。

9. 测量腐蚀性液体，必须采用防腐型超声波液位计。安装时应特别注意检查接线端子出线口的严密防腐，不能疏漏。

10. 液（物）位仪表的调试质量标准

(1) 调校时，首先应将被校仪表置于工作位置。

(2) 对压力、差压液位计以调整信号源或改变物位的方法使被试仪表示值均匀上升、下降至各调试点，并读取数据，求取基本误差与变差值，通常以 5 点为宜。

(3) 对静压式液位计应根据测量对象的工艺数据进行零点迁移。

(4) 对浮子式、电容式、超声波式、核辐射式等物位计的实物标定，可在安装后，投入运行前进行。其标定点通常以 3 点为宜。

(5) 报警动作点的调试通常只校使用点。首先设定报警点，然后改变测量信号，直至发生报警动作信号，同时记取数据，并计算报警动作点误差。

11. 液位仪表安装的质量标准和检验方法（表 24-7）

表 24-7

检验项目		性质	质量标准	检验方法
材质		主要	符合设计要求	核对产品合格证
位置		主要	符合设计要求或选择能反映物位变化且不使检测元件受到物料冲击处	核对设计或观察
浮子液位计导向位置		一般	垂直导向装置内液流畅通	观察
双室平衡容器	容器本体	一般	垂直	观察，用角尺测量
	中心点	主要	与正常液位重合，允许偏差 2mm	用尺测量
单室平衡容器	容器本体	一般	垂直	观察，用角尺测量
	标高	主要	符合设计要求	用尺测量，核对设计
补偿式平衡容器		一般	有防热膨胀装置	观察
定位安装的浮子液位计法兰与工艺设备连接管		主要	保证浮子能在全量程范围内自由活动	观察
严密性		主要	无渗漏	核对试漏记录
耐压		主要	符合 GB 50093—2002 相关的规定	核对试压记录

24.2.5 温度测量仪表的安装监理

1. 接触式测温仪表的安装监理

(1) 接触式测温仪表的安装工序

1) 对工艺设备管道上的温度取源部件进行定位、开孔及取源部件的焊接；

2) 保护套管及感温元件的安装及接线；

3) 有些温度取源部件需要安装在砌体或浇筑体内，必须在施工过程中与有关专业密切配合；在砌筑或浇筑时，及时将温度取源部件或温度计埋入；

4) 表计安装（压力式温度计的安装还包括测温包安装，毛细管敷设等项）。

(2) 接触式测温仪表安装监理要点

1) 检查温度取源部件是否安装在温度变化灵敏和具有代表性的位置上；不能安装在阻力部件附近，流束死角处，介质流动缓慢，热交换差的地方；

2) 检查感温元件应插到工艺管道内介质流束的中心区域；

3) 检查在直管段上安装，应尽量垂直，在直径较小或管道拐弯处宜采用逆着介质流向安装；

4) 在小直径管道上安装测温元件时，应检查加设扩大管，将工艺管道的直径扩大到需要的大小；

5) 对于充液体的压力式温度计，应检查测温包与表计尽量处于一个水平面上，以减小由于静压引起的误差；

6) 热电偶的安装位置应检查下列项目：

a. 热电偶的安装位置应尽量离开强磁场；

b. 热电偶或热电阻安装在易受被测介质强烈冲击的地方，以及当水平安装时其插入深度大于 1m。

7) 表面温度计的感温面应检查被测表面紧密接触，固定牢固的情况；

8) 检查温度计的温包，必须全部浸入被测介质中，毛细管的敷设应有保护措施，其弯曲半径不应小于 50mm，周围温度变化剧烈时应采取隔热措施。

2. 接触式测温仪表的调试监理

(1) 液体膨胀式、固体式、压力式温度计的调试

1) 零点的调试：先将水与冰注入槽内，并使水面低于冰面 10mm；再将被试温度计与标准水银温度计同时置入冰槽内，待被试温度计示值稳定后，读取数据，超差时需调零；

2) 指示、记录基本误差的调试：根据被试仪表的量程范围选用试验设备与标准仪表。调校时，首先应将被试仪表置工作位置，将被校仪表的感温部分与标准温度计同时放入恒温浴中，均匀升温或降温至各校验点，待温度稳定之后读取数据求取基本误差，变差及记录差值。其校验点通常以 3 点为宜；

3) 记录纸行程误差及记录质量检查时，应使记录纸与时间弧线重合，在室温条件连续运行 24 小时；

4) 报警动作点的调试通常在使用点上进行。分别用升高或降低恒温槽内温度，直至发出报警动作信号，记取数据，计算报警动作点误差。

(2) 热电偶的校验

1) 热电偶的校验通常采用比较法。装设一个均匀的温度场，使被校热电偶与标准热电偶的工作端处同一温度。

2）为保证管形炉内有足够长度的等温区，要求管形炉内腔长度与直径之比至少20：1。

3）将被校热电偶与标准热电偶的工作端置入镍块中。

4）为避免被校热电偶污染标准热电偶，在校验镍铬——镍硅热电偶时，需将标准铂铑——铂热电偶装到石英管中，插入镍块的孔中进行校验。

5）校验时需将各支热电偶的冷端均置于冰点槽中以保持0℃。

6）各种热电偶的校验点通常以4点为宜。每个校验点上对每支热电偶的读数不少于4次，取其平均值，计算基本误差。

（3）热电阻的校验

1）检验时被校热电阻从保护管取出置于内径合适的试管内，并密封试管管口，浸入热源介质不少于200mm。

2）在被校热电阻置于恒温器内，使之达到校验点温度，然后调节分压器使毫安表的示值约4～5mA。

3）待热电阻阻值稳定（3～5mm变化不超过0.1℃时）分别读取标准电阻R_N上的电压U_N及被校热电阻上的电压U_t，按$R_t=(U_t/U_N)R_N$计算R_t值。

4）各支热电阻的校验点，通常以4点为宜，在每个校验点上对每支热电阻读取数据不少于3次，取其平均值，计算基本误差。

3. 热电偶一次仪表部件的安装位置，宜远离强磁场。

4. 温度取源部件安装的质量标准和检验方法（表24-8）

表 24-8

检验项目	性质	质量标准	检验方法
材质	主要	符合设计要求	核对产品合格证
位置	主要	符合设计要求和GB 50093—2002相关的规定	观察
垂直安装	主要	管道与取源部件两轴线垂直相交	观察，用角尺测量
在管道拐弯处安装	主要	管道与取源部件两轴线相重合，逆介质流向	观察，用尺测量
倾斜安装	主要	逆介质流向，管道与取源部件两轴线相交	观察
加扩大管安装	主要	符合GB 50093—2002相关的规定	观察，对高压高温等管道应核对探伤记录
严密性	主要	无渗漏	核对试漏记录
耐压	主要	符合GB 50093—2002相关的规定	核对试压记录

24.2.6 压力测量仪表的安装监理

1. 压力测量仪表的安装监理

（1）检查测量低压的压力表或变送器的安装高度，宜与取压点的高度一致；检查测量高压的压力表安装高度，宜距地面1.8m以上。

（2）检查就地安装的压力表，不应固定在振动较大的工艺设备或管道上。

（3）检查在靠近压力计处应装设U形管或盘形管和设置隔离容器情况。

（4）检查取样测压管进入传感器以前应设有阻尼装置。

(5) 检查取样口安装高度对测量数值的影响。

2. 压力测量仪表的调试监理

(1) 用标准仪表比较法

1) 调整压力源使被试仪表示值均匀上升、下降至各校验点。

2) 同时读取数据，求取基本误差、变差及记录读差值，其校验点通常以5点为宜。

(2) 用标准砝码比较法

1) 调整压力源，并加、减砝码使之与被试仪表的校验点相对应。

2) 再操作加压泵使活塞上升至工作位置，并旋动砝码盘同时读取数据，求取基本误差、变差、记录误差值。其校验点同样以5点为宜。

3) 在进行记录纸行程时间误差及记录质量的检查时，首先应使记录线与时间弧线重合，在施加80%的压力连续运行24h的条件下进行。

4) 报警动作点的调试，通常在使用点上进行。以调整压力源均匀上升、下降至动作点，直至发出报警动作信号，记取数据，计算报警动作点误差。

3. 压力取源部件安装的质量标准和检验方法（表24-9）

表 24-9

检验项目		性质	质量标准	检验方法
材质		主要	符合设计要求	核对产品合格证
位置		主要	符合设计要求或选择介质流束稳定处	核对设计，观察
在水平和倾斜管道上取源方位	气体介质	主要	在管道水平中心线以上	观察
	液体介质	主要	在管道水平中心线以下45°夹角内	观察
	蒸汽介质	主要	在管道水平中心线以上或以下45°夹角内	观察
带有灰尘或沉淀物等混浊介质管道上安装	垂直	主要	倾斜向上	观察
	水平	主要	在管道上方顺介质流向成锐角	观察
与温度取源孔相邻部位		主要	在温度取源孔上游	观察
取源短管端伸入管道或设备内壁		主要	不应超出内壁	施工中观察
严密性		主要	无渗漏	核对试漏记录
耐压		主要	符合GB 50093—2002相关的规定	核对试压记录

24.2.7 流动电流（SCD）检测器的安装监理

1. 取样系统应检查下列项目

(1) 检查取样点的位置，宜满足大约2min的延时时间。

(2) 废水处理的SCD水样应在混凝剂投加和混合之后、澄清阶段之前进行取样。

(3) 在气浮系统中，宜在废水进入DAF罐之前取样。

(4) 对于压滤系统，SCD的取样点宜在压滤机的重力排放段，不应在滤液与压滤机冲洗液混合处取样。对于离心机应注意避免取样中可能出现的泥块。

2. SCD传感器的安装位置应检查下列项目

(1) 靠近取样点。

(2) 对于采用静态混合器的工艺，可在混合器后 1m 左右取样；对于采用管道混合的工艺，可在距投药点约 40 倍管径处取样。

3. 检查和旁站 SCD 的设定值的设定过程传感器的安装位置。

24.3　仪表供电、管道系统的安装监理

24.3.1　供电系统的安装监理

1. 供电设备的监理要点

(1) 仪表供电设备必须全部检验。

(2) 检查设备安装场所，避开高温、潮湿、多尘、有腐蚀作用、振动及可能干扰其附近仪表等处。当不可避免时，须采取相应的防护措施。

(3) 检查、清洗或安装设备时需注意以下几点：

1) 不应损伤设备的绝缘、内部接线和触点部分；

2) 无特殊原因时，不应将设备上已密封的可调装置及密封罩启封；

3) 当必须启封时，启封后应重新密封，并做好记录。

(4) 安装的供电设备，其裸露带电体相互间或与其他裸露导电体之间的距离，不应小于 4mm，当无法满足时，相互间必须可靠绝缘。

(5) 供电设备安装的质量标准和检验方法（表 24-10）

表 24-10

工序	检验项目		性质	质量标准	检验方法
检查	规格型号		主要	符合设计要求	核对设计
	外观检查		一般	无损伤	观察
	内部检查		一般	元器件齐全无损伤	观察，必要时拆检
	绝缘电阻(R)		主要	$R \geqslant 5M\Omega$ 或符合产品说明	用兆欧表测量（半导体、集成电路元件除外）
	线圈（或一、二次线圈）		主要	无短路、无断路	用万用表测试
	接点（或闸刀）接触		一般	良好	用万用表测试
	接线端子（或紧固件）		一般	无损坏、无锈蚀	观察
	备用电压切换时间，电压值		一般	符合设计要求	核对产品说明书，必要时试动作
	整流电压		主要	符合设计要求	核对产品说明书
	稳压值		主要	符合设计要求	核对产品说明书
	熔断器规格		主要	符合设计要求	核对产品说明书
	防爆设备密封垫、填料		主要	完整、密封	观察
	拆封		一般	作拆封记录	结合产品说明书检验拆封记录
安装	位置		一般	符合设计要求	核对设计
	安装	单个	一般	端正	观察
		成排	一般	整齐	观察
	固定		一般	牢固	手试动观察，用扳手试紧

续表

工序	检验项目		性质	质量标准	检验方法
安装	接线	规格型号	主要	符合设计要求	核对设计
		连接	主要	正确	观察，用万用表检查
	线端连接		主要	牢固、导电良好	观察，用螺丝刀试紧，用万用表测试
	线号标志		一般	正确、清晰	观察
	操作标志		一般	正确、清晰	观察
	端子编号		一般	符合设计要求	核对设计
	用途标牌		一般	正确、清晰、排列整齐	观察
	带电裸导体间距(L_1)		一般	$L_1 \geq 4$mm 或采取隔离绝缘	用尺测量，观察
	接地		主要	符合设计要求	观察，用接地摇表测试
	位号		一般	符合设计要求	核对设计
供电箱安装	位置		一般	符合设计要求和 GB 50093—2002 相关的规定	核对设计
	固定		一般	牢固	手试动观察，用扳手试紧
	箱体中心至地距离(L_2)		一般	$L_2 = 1.3 \sim 1.5$m	用尺测量
	接地		主要	符合设计要求	用接地摇表测试，核对设计

2. 仪表用供电线路的敷设安装监理

(1) 监理的一般规定

1) 电缆（线）敷设前，应做外观及导通检查，并用直流 500V 兆欧表测量绝缘电阻，其电阻值不应小于 5MΩ；当有特殊规定时，应符合其规定；

2) 线路敷设应检查下列项目：

a. 应按最短途径集中、横平竖直、整齐美观，不宜交叉；

b. 不应敷设在易受机械损伤、有腐蚀性介质排放、潮湿以及有强磁场和强静电场干扰的区域；当无法避免时，应采取保护或屏蔽措施；

c. 线路不应敷设在影响操作，妨碍设备检修、运输和人行的位置。

3) 当线路周围环境温度超过 65℃时，应检查隔热措施；处在有可能引起火灾的火源场所时，应检查防火措施。检查线路：不宜平行敷设在高温工艺设备、管道的上方和具有腐蚀性液体介质的工艺设备、管道的下方；

4) 检查线路与绝缘的工艺设备、管道的绝热层表面之间的距离是否大于 20mm，与其他工艺设备、管道表面之间的距离是否大于 150mm；

5) 架空敷设的线路从户外进入室内时，检查防水措施；

6) 线路的终端接线处以及经过建筑物的伸缩缝和沉降处的线路应检查下列项目：

a. 应留有适当的余量。线路不应有中间接头，当无法避免时，应在分线箱或接线盒内接线，接头宜采用压接；

b. 当采用焊接时应用无腐蚀性的焊药；

c. 补偿导线宜采用压接。同轴电缆及高频电缆应采用专用接头。

7）线路敷设完毕，应检查校线及标号，并测量绝缘电阻测量线路绝缘电阻；

8）在线路的终端处和地下窨井处，检查标志牌，地下埋设的线路正上方地面上的标桩。

（2）支架安装的质量标准和检验方法（表24-11）

表24-11

检验项目			性质	质量标准	检验方法
支架间距（L）	水平敷设	电缆	一般	L=0.4～0.8m 允许不均匀误差50mm	用尺测量
		汇线槽及保护管	一般	L不大于2m 允许不均匀误差50mm	用尺测量
	垂直敷设	电缆	一般	L=0.8～1.2m 允许不均匀误差50mm	用尺测量
		汇线槽及保护管	一般	L不大于2m 允许不均匀误差50mm	用尺测量
垂直度（每米）			一般	允许偏差2mm	用尺测量
成排支架顶部高差	每米		一般	允许偏差2mm	拉线用尺测量
	总长大于5m		一般	允许偏差10mm	拉线用尺测量
固定			主要	牢固	观察，用扳手试紧
焊接			主要	符合国家标准《现场设备、工业管道焊接工程施工及验收规范》的有关规定	观察

（3）汇线槽桥架安装的质量标准和检验方法（表24-12）

表24-12

工序	检验项目		性质	质量标准	检验方法
检查	外形		一般	无扭曲变形	核对设计
	规格		一般	符合设计要求	核对设计
	镀层或涂漆		一般	完好	观察
	位置		一般	符合GB 50093—2002相关规定	观察
安装	水平	每米	一般	允许偏差2mm	拉线用尺测量
	倾斜度	总长大于5m	一般	允许偏差10mm	拉线用尺测量
	垂直度	每米	一般	允许偏差2mm	拉线用尺测量
		总长大于5m	一般	允许偏差10mm	拉线用尺测量
	拐弯		主要	内侧无直角弯，成排时弧度一致	观察
	补偿装置		一般	直线长度超过50m时有热膨胀补偿措施	观察
	不同宽（高）汇线槽连接		一般	平缓过渡	观察
	对口		一般	无错边	观察
	盖板安装		一般	牢固、拆卸方便	观察，用手试动
	固定	螺栓	主要	螺母应在槽外侧	观察
		焊接	主要	牢固、无变形	观察，用手试动

(4) 电线(缆)保护管的明敷设质量标准和检验方法(表 24-13)

表 24-13

工序	检验项目		性质	质量标准	检验方法
加工	材质、规格型号		主要	符合设计要求	核对设计和产品合格证
	弯曲半径(r)	无铠装	主要	$r \geqslant 8D$	用样板尺测量
		铠装	主要	$r \geqslant 10D$	用样板尺测量
	弯成角度(θ)		一般	$\theta \geqslant 90°$	用角度尺测量
	弯曲处表面		一般	无裂纹无凹陷	观察
	单根管直角弯数量		一般	不超过两个	观察
	管口光洁度		主要	光滑、无毛刺	观察,用手触检查
敷设	经过高温区的敷设		主要	有隔热措施	观察
	穿墙管段伸出墙面长度(L_1)		一般	$L_1 \geqslant 30$mm	用尺测量
	保护管段高出楼板(平台)高度(h)		一般	$h \geqslant 1$m	用尺测量
	管口距设备距离(L_2)		一般	$L_2 \geqslant 200 \sim 300$mm	用尺测量
	成排敷设	高度	一般	一致	观察
		弯曲弧度	一般	一致	观察
		排列	一般	横平竖直、整齐	观察
	普通管连接		主要	牢固并保证电气连续性	观察,用万用表测试
	防爆管连接		主要	符合本手册关于防爆规定	核对标准
	支架卡子距离		一般	均匀	观察
	固定		主要	牢固	用手试动或用扳手试紧
	防护		一般	有防腐和防水措施	观察

注:D 为管道外径。

(5) 电线(缆)保护管的暗敷设质量标准和检验方法(表 24-14)

表 24-14

工序	检验项目		性质	质量标准	检验方法
加工	材质、规格型号		主要	符合设计要求	核对设计和产品合格证
	弯曲半径(r)	电线管	主要	$r \geqslant 8D$	用样板尺测量
		电缆管	主要	$r \geqslant 10D$	用样板尺测量
	弯成角度(θ)		一般	$\theta \geqslant 90°$	用角度尺测量
敷设	埋设深度(L_3)	管顶距墙表面	一般	$L_3 \geqslant 15$mm	用尺测量
		管顶距公路路面	一般	$L_3 \geqslant 1$m	用尺测量
		管顶距铁路轨底	一般	$L_3 \geqslant 1$m	用尺测量
		管顶距排水沟底	一般	$L_3 \geqslant 0.5$m	用尺测量
	埋设宽度(B)	伸出路基	一般	$B \geqslant 1$m	用尺测量
		伸出排水沟	一般	$B \geqslant 1$m	用尺测量

续表

工序	检验项目		性质	质量标准	检验方法
敷设	与易燃介质管道距离(L_4)	平行敷设	主要	$L_4 \geqslant 1m$	用尺测量
		交叉敷设	一般	$L_4 \geqslant 0.5m$	用尺测量
	与热力管道距离(L_5)	平行敷设	主要	$L_5 \geqslant 2m$	用尺测量
		交叉敷设	一般	$L_5 \geqslant 0.5m$	用尺测量
	引出地坪高度(h_1)	出地面	一般	$h_1 \geqslant 0.2m$	用尺测量
		进入盘内	一般	$h_1 \geqslant 50mm$	用尺测量
	与电力电缆距离		一般	符合设计要求	核对设计
	补偿措施		主要	经建筑物伸缩缝和沉降缝时，有补偿措施	观察
	焊接		主要	牢固，焊口严密，有防腐处理	观察
	管口	光洁度	主要	光滑、无毛刺	用手触摸，观察
		密封	主要	严密	观察

(6) 硬质塑料管作电缆（线）保护管应检查下列项目：

1) 弯管时加热应均匀，管子不应有明显变形与烧焦；

2) 用套管加热连接时，管子插入套管内的深度宜大于其外径的1.5倍；当使用粘合剂连接时，应大于1.1倍；

3) 支架的间距不宜大于1.5m，对直径小于25mm的管子不宜大于1m；管的直径长度大于30m时，应采取热膨胀补偿措施；

4) 在管端及连接部件的两侧300mm处应加以固定。

(7) 电缆保护管管径选择（表24-15）

表24-15

管直径(mm)	纸绝缘三芯电力电缆截面(mm^2)			四芯电力电缆截面(mm^2)
	1kV	6kV	10kV	
50	≤70	≤25		≤50
70	95～150	35～70	≤50	70～120
80	185	95～150	70～120	150～185
100	240	185～240	150～240	240

(8) 电缆的明敷设质量标准和检验方法（表24-16）

表24-16

工序	检验项目	性质	质量标准	检验方法
检查	规格型号	一般	符合设计要求	核对设计和产品合格证
	外观	主要	无扁瘪、无损伤	观察
	绝缘电阻(R)	主要	$R \geqslant 5M\Omega$ 或符合产品说明	核对记录和产品说明书，用兆欧表测量

续表

工序	检验项目			性质	质量标准	检验方法
敷设	敷设环境温度(t)	交链聚乙烯电缆		一般	$t \geqslant 0℃$	核对记录
		低压塑料电缆		一般	$t \geqslant -20℃$	核对记录
		橡皮绝缘电缆	橡皮和聚乙烯护套	一般	$t \geqslant -15℃$	核对记录
			裸铅包	一般	$t \geqslant -20℃$	核对记录
			其他护套	一般	$t \geqslant -7℃$	核对记录
	电缆距绝热层表面距离(L_6)			主要	$L_6 \geqslant 200mm$	用尺测量
	电缆与其他工艺管道(设备)表面距离(L_7)			一般	$L_7 \geqslant 150mm$	用尺测量
	信号电缆与强电磁场设备距离(L_8)	屏蔽		主要	$L_8 \geqslant 0.8m$	用尺测量
		无屏蔽		主要	$L_8 \geqslant 1.5m$	用尺测量
	信号电缆与电力电缆距离	交叉		主要	成直角	观察
		平行		主要	符合设计要求	核对设计
	经过高温区的敷设			一般	有隔热措施	观察
	架空敷设			一般	进入室内前应有防水措施	观察
	通过障碍物敷设			一般	有保护措施	观察
	进入室内的敷设			一般	入口处有密封措施	观察
	不同电缆同槽敷设			一般	不同电压等级电缆应隔离	观察
	在有爆炸和火灾危险场所敷设			主要	符合本手册相关规定	核对标准
	电缆排列			一般	整齐,无扭绞	观察
	成排电缆拐弯弧度			一般	一般	观察
	电缆敷设松紧度			一般	适度	观察
	电缆排列顺序	信号线路		主要	上层	观察
		安全联锁线路		主要	中层	观察
		交直流供电线路		主要	下层	观察
	固定点位置	垂直和倾斜敷设		一般	每一个支架上	观察
		水平敷设	单个支架上	一般	每隔一个支架	观察
			托架上	一般	始末端和转弯处	观察
		通过保护管		一般	保护管前、后	观察
		引入盘内		一般	在盘关 300～400mm	用尺测量
		引入接线盒和分线箱		一般	在盒(箱)前 150～300mm	用尺测量
		拐弯、分支		一般	拐弯处、分支处	观察
	电缆接地位置			主要	符合本手册相关规定	核对标准
	电缆敷设记录			主要	齐全	观察
	标志牌			一般	齐全、正确、清晰	观察

(9) 电缆的暗敷设质量标准和检验方法（表 24-17）

表 24-17

工序	检验项目		性质	质量标准	检验方法
检查	规格型号		一般	符合设计要求	核对设计和产品合格证
	外观		主要	无扁瘪、无损伤	观察
	绝缘电阻(R)		主要	$R \geqslant 5M\Omega$ 或符合产品说明	核对记录和产品说明书，用兆欧表测量
敷设	电缆与其他物体间距(L_9)	建筑物地下基础	一般	$L_9 \geqslant 0.8m$	核对记录，必要时用尺测量
		电力电缆	主要	$L_9 \geqslant 0.5m$	核对记录，必要时用尺测量
	电缆与易燃易爆管道间距(L_{10})	侧平行敷设	主要	$L_{10} \geqslant 1m$	核对记录，必要时用尺测量
		交叉敷设	主要	$L_{10} \geqslant 0.5$	核对记录，必要时用尺测量
	电缆与热力管道间距(L_{11})	平行敷设	主要	$L_{11} \geqslant 2m$	核对记录，必要时用尺测量
		交叉敷设	主要	$L_{11} \geqslant 0.5m$	核对记录，必要时用尺测量
	电缆与其他工艺管道间距(L_{12})	平行敷设	主要	$L_{12} \geqslant 0.5m$	核对记录，必要时用尺测量
		交叉敷设	主要	$L_{12} \geqslant 0.5m$	核对记录，必要时用尺测量
	埋入深度		一般	冻土层以下，并不应小于 700mm	核对记录，必要时用尺测量
	上下铺砂厚度		一般	不应小于 100mm	核对记录，必要时用尺测量
	覆盖护板宽度		一般	超过电缆两侧边缘 50mm	核对记录，必要时用尺测量
	标志桩		主要	正确、明显、字迹清楚	观察

(10) 油浸纸绝缘电力电缆最大允许敷设水平高差（m）（表 24-18）

表 24-18

电压等级(kV)	电缆护层结构	铅套	铝套	电压等级(kV)	电缆护层结构	铅套	铝套
1～3	无铠装	20	25	6～10	无或有铠装	15	20
1～3	有铠装	25	25				

(11) 电缆终端带电引上部分之间及对地最小距离（表 24-19）

表 24-19

电压(kV)	10	6	1	电压(kV)	10	6	1
户内(mm)	125	100	75	户外(mm)	200	200	200

(12) 电缆头的制作质量标准和检验方法（表 24-20）

表 24-20

检验项目	性质	质量标准	检验方法
铠装电缆端部箍	主要	紧固	用手试动，观察
包扎	主要	清洁、紧密、干燥	用手触，观察
多个头包扎长度	一般	一致	观察
排列	一般	整齐	观察
固定	主要	牢固	观察
卡子螺丝	一般	齐全	观察

(13) 电缆的接线质量标准和检验方法（表 24-21）

表 24-21

检验项目	性质	质量标准	检验方法
芯线表面质量	主要	无伤痕及氧化层	观察
芯线弯圈方向	一般	应为螺栓旋紧方向	观察
线端连接	主要	螺栓、垫圈齐全 正确、牢固、导电良好	用手试动，用万用表测量
接线	主要	正确	用万用表测量
导线排列	一般	整齐	观察
线号标志	一般	正确、清晰	观察
绝缘电阻(R)	主要	$R \geqslant 5M\Omega$ 或符合产品说明	核对记录和产品说明书，用兆欧表测量

(14) 电线和补偿导线的敷设质量标准和检验方法（表 24-22）

表 24-22

检验项目		性质	质量标准	检验方法
规格型号		一般	符合设计要求	核对设计和产品合格证
绝缘电阻(R)	电线	主要	$R \geqslant 5M\Omega$ 或符合产品说明	核对记录和产品说明书，用兆欧表测量
	补偿导线	主要	符合产品说明	核对记录和产品说明书，用兆欧表测量
线路敷设		一般	无扭绞，通过高温区有隔热措施	观察
线端连接		一般	螺栓、垫圈齐全 正确、牢固、导电良好	用手试动，用万用表测量
线号标准		一般	正确、清晰	观察
信号线路与电力线路交叉敷设		一般	成直角	观察

24.3.2 供气系统的安装监理

1. 供气供液系统应按系统 50％抽检，并不应少于一个系统。

2. 检查供气系统内安全阀，应清洗干净，不应堵塞，动作应正确、灵活，并应按照规定的操作周期，按规定值进行整定。

3. 供气系统安装完毕后应进行吹扫，应检查下列项目：

(1) 吹扫前，应将控制室供气总管入口、分部供气总入口和接至各仪表供气入口处的过滤减压阀断开并敞口，先吹总管，然后依次吹各支管及接至各仪表的管路；

(2) 应使用符合仪表空气质量标准、压力为 $5\times10^5 \sim 7\times10^5$ Pa 的压缩空气；

(3) 当排出的吹扫气体内固体尘料以及油、水等杂质的含量不高于进入供气系统前的含量时，即为吹扫合格。

4. 供气系统安装的质量标准和检验方法（表 24-23）

表 24-23

工序	检验项目		性质	质量标准	检验方法
检查	材质、规格		一般	符合设计要求	核对设计
	管子、管件、阀门清洁度		一般	无油、水、锈等污物	观察，用漂白布擦拭检验
安装	控制室供气总管的坡度		一般	不小于 1/500	拉线用尺测量
	干、支管的排列		一般	整齐、美观	观察
	水平干线管上的支管位置		一般	在干线管上方	观察
	管弯曲半径(r)		一般	$r \geqslant 3D$	用样板尺测量
	排污装置	排污阀位置	一般	在干管末端或积液处，且便于操作	观察
		排污管口位置	一般	远离仪表和其他设备	观察
	供气减压位置		一般	靠近供气出口	观察
	干燥器再生装置	切换周期	主要	符合设计要求	核对设计并试动
		切换阀动作	主要	灵活、正确	试动检验
		户外安装	主要	加防护设施	观察
	供气管连接	镀锌钢管	主要	螺纹连接，连接处加密封胶或密封带	观察
		无缝钢管	主要	焊接应符合国家标准《现场设备、工业管道焊接工程施工及验收规范》的有关规定	观察
		严密性	主要	无渗漏	核对试漏记录或试漏
		耐压	主要	符合设计要求和符合 GB 50093—2002 相关的规定	核对试压记录
		系统清洁度	主要	出口空气中含水、油、污物等不高于干燥器出口空气中的相应含量	对比法观察或专门部门检验

注：D 为管道外径。

24.3.3 供液系统的安装监理

(1) 当液压泵的自然流动回液落差较大时，检查在集液箱之前安装一个水平段或“U”型弯管的情况。

(2) 供液系统安装的质量标准和检验方法（表 24-24）

表 24-24

检验项目		性质	质量标准	检验方法
过滤器	滤网	一般	符合产品标准	核对产品说明书
	进出口方向	主要	正确	观察
	排污阀距地面距离	一般	留有便于操作的距离	观察
逆止阀或闭锁阀		一般	内部清洁、动作灵活	观察，试动
系统管路敷设		主要	禁止平行敷设在热表面上方，距绝热层间距应大于 150mm	用尺测量并观察

续表

检验项目		性质	质量标准	检验方法
自然流动回液管坡度		主要	不小于1∶10	拉线用尺测量
回液管连接总管角度		主要	顺介质流向成锐角	观察
执行机构与供液管、回液管的连接		一般	用金属耐压软管时，不应有环形弯曲和折弯	观察
泵出口		一般	安装逆止阀或闭锁阀	观察
集气处		一般	有放空阀、放空管、上端下弯180°	观察
清洗		主要	符合GB 50093—2002相关的规定	观察并核对清洗记录
贮液箱	位置	主要	低于回液集管	观察
	回液集管与贮液箱上回液管接头的最小高度(L_1)	一般	L_1＝0.3～0.5m	用尺测量
	放空阀	一般	在回液箱上方或系统最高处	观察
供液系统耐压		主要	符合GB 50093—2002相关的规定	核对试压记录
供、回液阀(执行器和总管连接管的切断阀)标志		一般	有"未经许可不得关闭"标志	观察

24.3.4 仪表盘、仪表管路的安装监理

1. 仪表盘（操作台）的安装的监理要点

（1）仪表盘（箱、操作台）安装应检查下列项目：

1）成排安装的仪表盘（操作台）及其型钢底座必须全部检验并作整体检查；

2）单独安装的仪表盘（操作台）及其型钢底座应抽检30%，并不应少于1个；

3）仪表箱（板）、保温箱、保护箱均应抽检20%，并不应少于1个。

（2）仪表盘（箱、操作台）的质量标准和检验方法（表24-25）

表 24-25

检验项目	性质	质量标准	检验方法
固定	主要	牢固	观察，用扳手试紧
油漆	一般	完好	观察
接地	主要	符合设计要求	核对设计
螺栓	一般	有防锈层	观察
减振	一般	符合设计要求	核对设计
密封	一般	符合设计要求	核对设计

（3）仪表盘操作台型钢底座安装的质量标准和检验方法（表24-26）

表 24-26

工序	检验项目		性质	质量标准	检验方法
制作	材质、规格型号		一般	符合设计要求	核对设计和产品合格证
	外形尺寸		一般	与盘(操作台)相符	用尺测量
	直线度	每米	主要	允许偏差1mm	拉线，用尺测量最大偏差处
		总长大于5m	主要	允许偏差5mm	

续表

工序	检验项目		性质	质量标准	检验方法
安装	位置		一般	符合设计要求	用尺测量，核对设计
	底座上表面		一般	水平，高出地面	观察
	水平倾斜度	每米	主要	允许偏差1mm	拉线，用水平尺或水准仪测量
		总长大于5m	主要	允许偏差5mm	

(4) 单独仪表盘操作台安装的质量标准和检验方法（表24-27）

表 24-27

检验项目	性质	允许偏差(mm)	检验方法
垂直度(每米)	主要	1.5	在盘面、侧面用吊线和尺测量
水平倾斜度(每米)	主要	1	在盘顶拉线用尺测量或用水平尺测量

(5) 成排仪表盘操作台安装的质量标准和检验方法（表24-28）

表 24-28

检验项目		性质	允许偏差(mm)	检验方法
垂直度(每米)		主要	1.5	在盘面、侧面用吊线和尺测量
相邻两盘(台)顶部高差		主要	2	在盘顶拉线或用水平尺和尺测量
盘顶最大高差(盘间连接多于两处)		主要	5	在盘顶拉线或用水平尺和尺测量
盘正面平面度	相邻两盘(台)接缝处	主要	1	从盘面上、中、下用拉线的方法测量
	盘间连接(多于五处)	主要	5	从盘面上、中、下用拉线的方法测量
盘间接缝间隙		主要	2	用塞尺测量

(6) 仪表箱（板）安装的质量标准和检验方法（表24-29）

表 24-29

检验项目		性质	质量标准	检验方法
垂直度	高度等于或小于1.2m	主要	允许偏差3mm	用吊线和尺测量
	高度大于1.2m	主要	允许偏差4mm	
倾斜度	单个	主要	允许偏差3mm	用水平尺测箱顶
	5个以上	一般	允许偏差5mm	用水平尺、拉线测量
集中安装		一般	整齐	观察
保温箱的保温层		一般	完整无损	观察

2. 仪表盘（箱、架）内的配线的监理要点

(1) 检查仪表盘（箱、架）内的线路，可敷设在小型汇线槽内，也可明敷设；当明敷设时，电缆、电线束应用由绝缘材料制成的扎带扎牢，扎带间距宜为100mm。

(2) 检查电线的弯曲半径，不应小于其外径的 3 倍。

(3) 检查本质安全型仪表的信号线和非本质安全型仪表的信号线的分隔。

(4) 检查仪表盘（箱、架）内的线路，不应有中间接头，其绝缘护套不应有损伤。

(5) 检查仪表盘（箱、架）内端于板两端的线路，均应按施工图纸标号。

(6) 检查每一个接线端上的接线数，最多允许接两根芯线。

(7) 接线端子板应检查下列项目：

1) 安装应牢固；

2) 其在仪表盘（箱、架）底部时，距离基础面的高度为 250mm；

3) 顶部或侧面时，与盘（箱、架）边缘的距离宜为 100mm；

4) 多组接线端子板并列安装时，其间隔净距离宜为 200mm。

(8) 剥去外部护套的橡皮绝缘芯线及接地线、屏蔽线，应检查设绝缘护套。

(9) 检查导线与接线端子板、仪表、电气设备等连接时，要注意留有适当余度。

3. 仪表用管路的敷设的监理要点

(1) 管路的敷设质量标准和检验方法（表 24-30）

表 24-30

工序	检验项目		性质	质量标准	检验方法
检查	材质、规格		主要	符合设计要求	核对设计和产品合格证
	外观		一般	无裂纹，无伤痕，无重皮	观察
	内部		主要	清洁畅通	观察
	脱脂		主要	符合设计要求	核对脱脂记录
敷设	管子与工艺设备管道或建筑物表面距离(L)		一般	$L \geqslant 50$mm	用尺测量
	油、易燃易爆介质管路与热表面距离(L_1)		主要	$L_1 \geqslant 150$mm	用尺测量
	坡度		主要	1∶10～1∶100	拉线用尺测量
	排气装置		主要	在管路集气处	观察
	排液装置		主要	在管路集液处	观察
	埋地保护		主要	作防腐处理	核对隐蔽工程记录，必要时现场检验
	穿墙保护	非爆炸和火灾危险厂房	一般	加保护管段或保护罩	观察
		有爆炸、火灾毒害等危险厂房	主要	加密封的保护管段或保护罩	观察
	位置	一般管路	一般	符合设计要求	观察，核对设计
		差压管路	主要	两管环境温度一致	观察
	弯曲半径(r)	金属管	一般	$r \geqslant 3D$	用样板尺测量
		塑料管	一般	$r \geqslant 4.5D$	
	弯曲后表面质量		主要	无裂纹和凹陷	观察

续表

工序	检验项目			性质	质量标准	检验方法
敷设	焊接			主要	符合国家标准《现场设备工业管道焊接工程施工及验收规范》的有关规定	观察，高压管必要时做射线拍片检验
	连接	同径管对口焊		一般	两管轴线一致	观察
		承插焊（直径小于10mm 铜管）		一般	插入方向顺介质流向	观察
		镀锌管连接		主要	螺纹连接	观察
		高压管路分支		主要	三通连接	观察
		与高温工艺设备、管道连接		主要	有补偿热膨胀措施	观察
	固定	高压管路法兰连接		主要	符合国家标准《现场设备工业管道焊接工程施工及验收规范》的有关规定	观察
		成排管路		主要	牢固，间距均匀一致	观察，用手试动，用扳手试紧
		有振动管路		主要	牢固，管子与支架间加软垫	观察，用手试动，用扳手试紧
		不锈钢管路		主要	牢固，不与碳钢直接接触	观察，用手试动，用扳手试紧
		单根管路		主要	牢固、平直	观察，用手试动，用扳手试紧
	支架制作			一般	牢固、平正、尺寸准确	观察，用尺测量
	支架间距（L_2）	水平敷设	钢管	一般	$L_2=1\sim1.5m$ 均匀布设	用尺测量
			铜、铝、塑料管及管缆	一般	$L_2=0.5\sim0.7m$ 均匀布设	用尺测量
		垂直敷设	钢管	一般	$L_2=1.5\sim2m$ 均匀布设	用尺测量
			铜、铝、塑料管及管缆	一般	$L_2=0.7\sim1m$ 均匀布设	用尺测量
	畅通试验			主要	无堵塞、无错接	试验、观察
	吹除			主要	清洁，无水无油等污物	观察，用漂白布擦拭检验
	管路、管件、阀门等检查和试压			主要	符合 GB 50093—2002 相关的规定	核对试压记录，必要时试压检验
	标志牌			一般	按设计管号标志清楚无误	观察
	防护			一般	涂漆完好，按设计规定做绝热、伴热	观察

注：D 为管道外径。

(2) 仪表用管路系统的压力试验的监理要点

1) 管路系统的压力试验，宜采用液压；当试验压力小于 1.6MPa 且管路内介质为气体时，可采用气压进行。

2）液压试验压力为 1.25 倍设计压力，当达到试验压力后，停压 5min，无泄漏为合格。

3）气压试验压力为 1.15 倍设计压力，当达到试验压力后，停压 5min，压力下降值不大于试验压力的 1%为合格。

4）液压试验介质应用洁净的水，当管路材质为奥氏体不锈钢时，水的氯离子含量不得超过 0.0025%。试验后应将液体排净。

24.4 执行机构的安装监理

24.4.1 变送器的监理要点

变送器的单体调校质量标准和检验方法（表 24-31）

表 24-31

工序	检验项目	性质	质量标准	检验方法
检查	规格型号	主要	符合设计要求	核对设计
	外观	一般	完整无损，零件齐全	观察
	防爆等级	主要	符合设计要求	核对设计
	绝缘电阻	主要	符合产品说明	核对调校记录，必要时用兆欧表测量（半导体、集成电路元件除外）
	严密性（气动管路）	主要	无渗漏	观察或用肥皂水试漏
	杠杆传动和力平衡系统	一般	灵活、可靠	观察
	动圈的动作	一般	无卡涩现象	观察
	调零	一般	灵敏，有足够的调节幅度	核对调校记录，必要时作调零检验
调校	恒流性能	主要	符合产品说明	核对调校记录，必要时改变负载电阻，观察输出电流变化
	静压试验（当工作压力大于 1×10^6Pa 时）	一般	在额定工作压力下输出信号变化符合产品说明	核对调校记录，必要时向正负压室加额定工作压力检验
	基本误差值	主要	符合产品说明	核对调校记录，必要时用信号发生器输入信号检验
	回差值	主要	符合产品说明	核对调校记录，必要时用信号发生器输入信号检验
	开方性能	主要	符合产品说明	核对调校记录，必要时用信号发生器输入信号检验
	小信号切除	一般	符合产品说明	核对调校记录，必要时用信号发生器输入信号检验
	迁移量	主要	符合设计要求	核对调校记录
	调校记录	主要	字迹清楚 数据准确 项目齐全 责任明确	观察

24.4.2 执行机构、调节阀、电磁阀的监理要点

1. 检查执行器阀体上箭头的指向是否与介质流动方向一致；安装用螺纹连接的小型执行器等阀体时是否装有可拆卸的活动连接件。

2. 检查执行机构应固定牢固，操作手轮是否处在便于操作的位置。执行机构的机械传动是否灵活，不得有松动和卡涩现象。

3. 检查执行机构连杆的长度调节，保证调节机构在全开到全关的范围内动作灵活、平稳。

4. 当调节机构能随管道产生位移时，检查执行机构的安装是否能保证其和调节机构的相对位置不变。

5. 检查气动及液动执行机构的信号管，应有足够的伸缩余度，不应妨碍执行机构的动作。

6. 液动执行机构的安装位置应检查下列项目：

(1) 应低于调节器；

(2) 当必须高于调节器时，两者间最大的高度差不应超过 10m，且管路的集气处应有排气阀；

(3) 靠近调节器处应有逆止阀或自动切断阀体。

7. 电磁阀在安装前应按安装使用说明书的规定检查线圈与阀体间的绝缘电阻。

8. 变频调速器宜安装在温度较低的地方。当安装在控制盘内时应检查是否在控制盘外设散热部件。

9. 控制阀和执行机构的试验应检查下列项目：

(1) 阀体压力试验和阀座密封试验等项目，可对制造厂出具的产品合格证明和试验报告进行验证，对事故切断阀应进行阀座密封试验，其结果应符合产品技术文件的规定；

(2) 缸体泄漏性试验，行程试验应合格；

(3) 事故切断阀和设计规定了全行程时间的阀门，必须进行全行程时间试验；

(4) 执行机构在试验时应调整到设计文件规定的工作状态。

10. 调节阀、执行机构和电磁阀的单体调校质量标准和检验方法（表 24-32）

表 24-32

检验项目	性质	质量标准	检验方法
规格型号	主要	符合设计要求	核对设计
外观	一般	完整无损，零件齐全	观察
可动部分动作	一般	灵活、无卡涩现象	观察
减速箱油位	一般	不低于油标下限	观察
绝缘电阻	主要	符合产品说明	核对调校记录，必要时用兆欧表测量
严密性(气、液动管路)	主要	无渗漏	观察或试漏
位置反馈电流误差值	主要	符合产品说明	核对调校记录，必要时用标准电流表测量
阀门定位器调整	主要	符合设计要求	观察，必要时用信号发生器输入信号检验

续表

检验项目	性质	质量标准	检验方法
阀泄漏量(用于事故切断的阀)	一般	符合产品说明	核对调校记录
全行程及其时间	一般	符合产品说明	核对调校记录,必要时用秒表测量
阀强度试验(当工作压力大于1×10^6Pa时)	一般	符合产品说明	核对调校记录
调校记录	主要	字迹清楚 数据准确 项目齐全 责任明确	观察

24.5 控制及信号电缆的敷设安装监理

24.5.1 控制电缆的监理要点

1. 敷设前准备的监理要点

(1) 检查并确认电缆保护管管端的护套是否齐全，支架、电缆槽、保护管的接地和油漆工作是否已结束等。

(2) 检查并确认电缆的型号、规格是否符合设计要求，并在电缆敷设前对其进行绝缘和导通检查。

(3) 检查电缆盘的架设工具和其他一些敷设电缆所需的工机具的准备情况。

(4) 检查电缆间最小允许净距是否符合规定（表 24-33)

表 24-33

项目		最小允许净距(m) 平行	最小允许净距(m) 交叉	备注
电力电缆间及其与控制电缆间	10kV及以下	0.10	0.50	1. 控制平行敷设的间距不作规定 2. 1、3项，当电缆穿管或用隔板隔开时，平行净距可降低为0.1m 3. 在交叉点前后1m范围内，如电缆穿入管中或用隔板隔开，交叉净距可降低为0.25m
	10kV及以上	0.25	0.50	
控制电缆间			0.50	
不同部门的电缆间		0.50	0.50	
其他管道		0.50	0.50	1. 虽净距能满足要求，但检修管路可能伤及电缆时，在交叉点前后1m范围内，应采取保护措施 2. 当交叉净距不能满足要求时，应将电缆穿入管中，则其净距可减为0.25m 3. 应采取隔热措施，使电缆周围土壤的温升不超过10℃
建筑物基础(边线)		0.60		

2. 电缆盘的架设的监理要点

(1) 架设电缆盘，应选择在坚硬的地基上面。如现场无坚硬地基，可先在电缆盘架设位置铺上路基箱，再在其上面架设电缆盘。

(2) 电缆盘架设，应检查两端水平是否一致。

（3）要检查电缆盘的转动方向。

（4）电缆敷设到位后，检查是否排放整齐，检查拐弯处有足够的弯曲半径，并在沿线的适当位置加以固定。敷设控制电缆时还需注意以下问题：

1）当控制电缆在电缆槽架中敷设时，应检查控制电缆设置在信号电缆槽架的下层，以减少对信号电缆的电磁干扰；

2）当控制电缆在保护管中敷设时，可敷设多根控制电缆。先将镀锌铁线穿过保护管，将几根需穿的电缆端头扎在一起，用聚氯乙烯胶带将扎头处包覆，然后，将电缆拉过保护管；

3）避免电缆在敷设过程中受损伤，敷设时应在转弯处设置电缆滚轮，在敷设前，可在其保护管中加一些滑石粉；

4）尺寸较小的控制电缆，敷设用力应适中，以防拉伤电缆，破坏其绝缘性能；

5）保护管敷设多根控制电缆时，需同时穿入，防止在保护管中扭绞。

3. 控制电缆头的制作的监理要点

（1）检查电缆末端尺寸，要留一定余量。

（2）剥除电缆护套和纸带，切除线芯中的黄麻。电缆剥切时，不得伤及线芯绝缘层。

（3）若是钢带铠装控制电缆，应将钢带用黄绿线焊接后作接地引出线。

（4）多芯控制电缆印有编号，当线芯无编号时，可将两端线芯反向对应，按顺序套号箍。

（5）编完线芯号后，用聚氯乙烯绝缘带包扎线芯根部小段，使成橄榄形，以增加电缆头根部的绝缘性能和机械强度。

（6）套上控制电缆终端套，将终端套上口线芯接合处和下口电缆护套接合处用聚氯乙烯绝缘带包缠 3 至 4 层。

（7）贴电缆铭牌。铭牌外表用透明聚氯乙烯胶带包缠一层即可。

（8）交接线。要求线型号规格选择正确，电气连接可靠。压接时，线鼻子的压接位置应正确。交线时，通常采用通灯法，可用对讲机进行通信联络。

24.5.2　信号电缆及电缆头的监理要点

1. 为防止接点信号特别是交流接点信号对模拟信号的干扰，信号电缆敷设时，应将接点信号电缆与模拟信号的脉冲信号电缆分别设置。可将接点信号电缆敷设在控制电缆槽架内。

2. 信号电缆的敷设监理要点

（1）检查其在电缆槽架中敷设，应设置在最上层，以减少其受电磁干扰。

（2）集散系统的数据通讯电缆、流量计的信号电缆等抗电磁干扰要求特别强的信号，应检查是否单根穿金属保护管敷设，保护管是否单端接地。

（3）检查不同信号种类和电压等级的电缆是否分别设置，弱信号电缆敷设应注意检查是否远离动力线和强磁场。

（4）检查信号电缆在敷设过程中用力须适中，以防止拉伤电缆和破坏其屏蔽层。

（5）信号电缆种类较多，特性和用途不同，抗恶劣工作环境较差。在其敷设过程中，应检查相应的特殊保护措施。

3. 信号电缆头的制作监理要点

(1) 屏蔽电缆头制作与控制电缆头基本相同，但它要求将同一线路电缆的一端（并且只能一端）屏蔽层作抗干扰接地。

(2) 检查同轴电缆头制作、安装其屏蔽层引出线，不是接抗干扰接地系统，而是作为信号传输的导体之一。

4. 系统电缆及补偿电缆的敷设监理要点

(1) 系统电缆敷设在活动地板下夹层中，检查夹层中设置金属带盖封闭式电缆槽，不同电压等级的系统电缆，分别敷设在不同的电缆槽中；检查系统电缆除不得扭绞外，机柜进线处的开孔，应检查其插头进出方便。

(2) 补偿电缆的敷设应检查下列项目：

1) 补偿电缆专用于热电耦式温度计的模拟信号传输配线。传输信号为 mV 级电压信号；

2) 单对补偿电缆，补偿导线只能与相应型号的热电耦配用，是以热电耦的分度号来区分，切勿搞错类，补偿电缆属信号电缆类，敷设时应特别注意检查；

3) 检查补偿电缆芯敷设时不应有曲折、迂回等情况，不得拉得过紧；

4) 检查补偿电缆不应直接埋地敷设；

5) 检查补偿电缆不应与其他线路在同一根保护管内敷设；

6) 补偿电缆应避免中间接头。若必须接头时，线芯应用氧焊的方法连接，氧焊条材质应与补偿导线材质相同或相近，进行中间和终端接线时，严禁接错极性。

24.5.3 光纤电缆及电缆头的监理要点

1. 敷设光缆准备的监理要点

(1) 检查疏通管。

(2) 牵引时要有张力极限检查。

(3) 检查光缆的最小弯曲半径。

(4) 弯曲时要检查转变滚筒的设置，或者是否利用大口径硬塑波纹导管。

(5) 中途要检查进内要旋转直线滚筒。

2. 敷设光缆应检查下列项目：

(1) 利用现代通信工具前后呼应。

(2) 在机械牵引时要有张力极限。

(3) 根据光缆的大小注意最小弯曲半径。

(4) 埋地敷设（直埋、水泥槽敷设）需注意以下几点：

1) 最好采用人工牵引，10～15m 设一人循序渐进；

2) 光缆的最小弯曲半径；

3) 严格按设计要求填砖砂垫底；

4) 水泥槽内放 2/3 的河砂敷设再将砂填满，盖上槽盖；

5) 回填土，避免将石头填入。

3. 光纤接续及终端处理的监理要点

(1) 检查光纤的活动连接：光缆一般采用尾纤一端与专用连接器连接后，直接插入设备的光缆插口中。

(2) 光纤连接应检查下列项目：

1）光纤在切断前伸出连接器的部分以10mm为宜；

2）用镊钳镊合A、B两部分时，钳口夹紧的部位一定要正确，特别是下钳口一定要抵紧连接器的台阶部位；

3）注意不要弄脏光纤端面，最好立即将其插入设备光纤插口中，因为微小的灰尘也会影响信号传送的质量。

（3）检查光纤的固定连接

1）粘接法：采用光学粘接剂连接。

2）熔接法：一般采用电弧熔接法。

3）熔接步骤：

a. 光纤涂层剥离器剥离光纤涂敷层；

b. 剥离涂敷层后用光纤清洁器对光纤芯表面做清洁处理；

c. 用光纤切割机切割光纤的接续端面，要求与光纤成垂直截面；

d. 在熔接机上反复校正两端面的轴心位置及距离；

e. 用光纤熔接机熔接；

f. 用光时域反射计测试光纤；

g. 光缆加强芯的连接及处理；

h. 密封胶圈的安装；

i. 铜芯线连接；

j. 余纤在接头盒内的固定处理；

k. 接头盒封闭及安装。

4. 光缆的光纤全程总损耗测试的监理要点

（1）光损耗的测试；光纤连接损耗值（表24-34）

表 24-34

光纤连接损耗(dB)				
连接类别	多模		单模	
	平均值	最大值	平均值	最大值
熔接	0.15	0.3	0.15	0.3

（2）传输带宽的测试。

（3）脉码调制终端机特性测试。

（4）数字复用设备主要指标测试。

（5）光端机、光中继机主机指标测试。

24.5.4　综合布线施工监理要点

1. 施工监理的一般规定

（1）检查电源线、综合布线系统、缆线布放分隔，缆线间的最小净距应符合设计要求。

（2）检查构筑物内电、光缆暗管敷设，与其他管线最小净距（表24-35）

（3）预埋线槽和暗管敷设，应检查下列项目：

表 24-35

管线种类	平行净距(mm)	垂直交叉净距(mm)	管线种类	平行净距(mm)	垂直交叉净距(mm)
避雷引下线	1000	300	热力管(包封)	300	300
保护接地	50	20	给水管	150	20
热力管(不包封)	500	500	压缩空气管	150	20

1）敷设线槽的两端宜用标志标出编号和长度等内容；

2）敷设暗管宜采用钢管或阻燃硬质 PVC 管。布放多层屏蔽电缆、扁平缆线和大多数主干电缆或主干光缆时，直线管道的管径利用率应为 50%～60%，弯管道应为 40%～50%。暗管布放 4 对对绞电缆或 4 芯以下光缆时，管道的截面利用率应为 25%～30%。

（4）缆桥架和线槽敷设缆线应检查下列项目：

1）电缆线槽、桥架宜高出地面 2.2m 以上，线槽和桥架顶部距楼板不宜小于 300mm；在过梁和其他局部障碍物处，不宜小于 50mm；

2）槽内缆线布置应顺直，不宜交叉。在缆线进出线槽部位、转弯处应绑扎固定，其水平部分缆线可不绑扎。垂直线槽布放缆线应每间隔 1.5m 固定在缆线支架上；

3）电缆桥架内缆线垂直敷设时，在缆线的上端和每间隔 1.5m 处应固定在桥架的支架上；水平敷设时在缆线的首、尾、转弯及每间隔 5～10m 处应进行固定；

4）在水平、垂直桥架和垂直线槽中敷设时，应对缆线进行绑扎。绑扎间距不宜大于 1.5m，间距应均匀，松紧适度；

5）室内光缆宜在金属线槽中敷设，在桥架敷设时应在绑扎固定段加装垫套。

（5）检查构筑物群子系统的架空、管道、直埋、墙壁及暗管敷设电、光缆，其施工技术要求应按本地通讯线路工程验收的相关规定。

2. 支架及汇线槽的安装监理

（1）安装支架应检查下列项目：

1）在金属结构上和混凝土构筑物的预埋件上，应采用焊接固定。在混凝土上，宜采用膨胀螺栓固定；

2）在不允许焊接支架的管道上，应采用 U 型螺栓或卡子固定；

3）支架安装在有坡度的电缆沟内或构架上时，其安装坡度应与电缆沟或构架的坡度相同。

（2）汇线槽的连接应检查下列项目：

1）不宜采用焊接，当必须焊接连接时应牢固，不应有显著变形；

2）采用螺栓连接或固定时，宜用平滑的半圆头螺栓，螺母宜在汇线槽的外侧，固定应牢固；

（3）汇线槽安装在管架上时，宜在管道的侧面或上方。汇线槽拐直角弯时，其最小弯曲半径不应小于槽内最粗电缆半径的 10 倍。

（4）当由汇线槽内引出电缆时，应用机械加工开孔，并采用合适的护圈保护电缆。

（5）检查汇线槽是否有排水孔。

（6）支架安装质量标准表（表 24-36）

表 24-36

检验项目			质量标准
支架间距	钢管	水平敷设	1.0～1.5m
		垂直敷设	1.5～2.0m
	铜管、铝管、塑料管及电缆管	水平敷设	0.5～0.7m
		垂直敷设	0.7～1.0m
垂直度(每米)			允许偏差 2mm
成排支架顶部高差		每米	允许偏差 2mm
		总长大于 5 米	允许偏差 2mm

3. 补偿导线和电线的敷设施工监理要点

(1) 检查补偿导线是否穿保护管或在汇线槽内敷设，不能直接埋地敷设。补偿导线应单独在同一根保护管内敷设。

(2) 当补偿导线和测量仪表之间不采用切换开关或冷端温度补偿器时，宜将补偿导线直接和仪表连接。

(3) 仪表盘内的线路当明敷设时，检查电缆、电线束是否用绝缘材料制成的扎带扎牢，扎带间距是否为 100～200mm。电线的弯曲半径不应小于其外径的 3 倍。

(4) 检查本质安全型仪表信号线和非本质安全型仪表的信号线是否加以分隔。当仪表有特殊要求时，应按仪表安装使用说明书的规定进行配线。

(5) 仪表盘内端子板两端的线路，均应按施工图纸标号。检查仪表盘内的线路是否有中间接头，其绝缘护套是否有损伤。

4. 仪表管路的安装及压力试验监理

(1) 仪表管路在穿墙或过楼板处，检查保护管段或保护罩，管子的接头不应在保护管段或保护罩内。穿过加氯间或其他具有腐蚀空间时，检查保护管段或保护罩是否密封。

(2) 仪表保护管暗敷设质量标准（表 24-37）

表 24-37

项　目	位　置	允许值
埋设深度(m)	管底距墙表面	0.15
	管顶距公路路面	1
	管顶距铁路轨底	1
	管顶距排水沟底	0.5
埋设宽度(m)	伸出路基	1
	伸出排水沟	1
与易燃介质管道距离(m)	平行敷设	1
	交叉敷设	0.5
与热力管道距离(m)	平行敷设	1
	交叉敷设	0.5
引出地坪高度(m)	出地面	0.2
	进入盘内	0.05

(3) 检查仪表管道埋地敷设前是否经试压合格和防腐处理，直接埋地的管道连接时必须采用焊接，在穿过道路及进出地面处应加保护套管。当管路与高温设备、管道连接时应采取补偿热膨胀的措施。

(4) 管缆与仪表连接时，检查是否使仪表承受机械应力。是否防止管缆受机械损伤或交叉摩擦。敷设后的管缆是否留有适当的余量。

(5) 管路系统的压力试验，宜采用液压；液压试验介质应用洁净的水，液压试验压力为1.25倍设计压力。当试验压力小于16×10^5Pa，管路内介质为气体时，可采用气压进行。气压试验为1.15倍设计压力。

(6) 压力试验过程中，若发现有泄漏现象，应卸压后再修理，然后重新试验。

5. 综合布线系统工程检验项目（表24-38）

表 24-38

阶段	验收项目	验收内容	验收方式
施工前检查	1. 环境要求	(1)土建施工情况：地面、墙面、门、电源插座及接地装置 (2)土建工艺：机房面积、预留孔洞 (3)施工电源 (4)地板铺设	施工前检查
	2. 器材检验	(1)外观检查 (2)型式、规格、数量 (3)电缆、电气性能测试 (4)光纤特性测试	施工前检查
	3. 安全、防火要求	(1)消防器材 (2)危险物的堆放 (3)预留孔洞防火措施	施工前检查
设备安装	1. 交接间、设备间、设备机柜、机架	(1)规格、外观 (2)安装垂直、水平度 (3)油漆不得脱落，标志完整齐全 (4)各种螺栓必须紧固 (5)抗震加固措施 (6)接地措施	随工检查
	2. 配线部件及8位模块式通用插座	(1)规格、位置、质量 (2)各种螺栓必须拧紧 (3)标志齐全 (4)安装符合工艺要求 (5)屏蔽层可靠连接	随工检查
电、光缆布放（楼内）	1. 电缆桥架及线槽布放	(1)安装位置正确 (2)安装符合工艺要求 (3)符合布放缆线工艺要求 (4)接地	随工检查
	2. 缆线暗敷（包括暗管、线槽、地板等方式）	(1)缆线规格、路由、位置 (2)符合布放缆线工艺要求 (3)接地	隐蔽工程签证

续表

阶段	验收项目	验收内容	验收方式
电、光缆布放（楼间）	1. 架空缆线	(1)吊线规格、架设位置、装设规格 (2)吊线垂度 (3)缆线规格 (4)卡、箍间隔 (5)缆线的引入符合工艺要求	随工检查
	2. 管道缆线	(1)使用管孔孔位 (2)缆线规格、走向 (3)缆线的防护设施的设置质量	隐蔽工程签证
	3. 埋式缆线	(1)缆线规格，敷设位置、深度 (2)缆线的防护设施的设置质量 (3)回土夯实质量	隐蔽工程签证
	4. 隧道缆线	(1)缆线规格 (2)安装位置、路游 (3)图纸设计符合工艺要求	隐蔽工程签证
	5. 其他	(1)通信线路与其他设施的间距 (2)进线室安装、施工质量	随工检查或隐蔽工程签证
缆线终接	1. 8位模块式通用插座	符合工艺要求	随工检查
	2. 配线部件	符合工艺要求	
	3. 光纤插座	符合工艺要求	
	4. 各类跳线	符合工艺要求	
系统测试	1. 工程电气性能测试	(1)连接图 (2)长度、衰减 (3)近端串音(两端都应测试) (4)设计中特殊规定的测试内容	竣工检查
	2. 光纤特性测试	(1)衰减 (2)长度	竣工检查
工程总验收	1. 竣工技术文件	清点、交接技术文件	竣工检查
	2. 工程验收评价	考核工程质量，确认验收结果	

注：系统测试内容的验收亦可在随工中进行检验。

24.6　控制站（室）的安装监理

24.6.1　集中控制室的安装监理

1. 集中控制室一般情况下应设置控制站和操作站。检查两个控制室之间应相邻而不要相距太远。

2. 检查控制室环境温度及湿度：操作站控制室内温度为 22±3℃，相对湿度为40%～70%RH；控制站控制室内温度为 22±13℃，相对湿度为 15%～85%RH。

3. 检查供电电源，应为两套，一套工作，一套备用。检查控制系统（设备）应使用同一接地系统，接地电阻应小于 4Ω。

24.6.2 控制站的安装监理

1. 控制站设备固定就位后应按“测点清单”及“信号端子接线图”，仔细对照各机柜及柜内各端子板的位置，检查确认各接线端子的位置。

2. 检查确认各端子的开关及所有电源开关处于断开的位置，按照要求接好所有的现场接线。

3. 确认接线无误后，通电检查各 I/O 处理模板的测量准确度是否满足要求，各报警信号、输出信号是否正确。

4. 设备安装验收检查表（表 24-39）

表 24-39

项目	检查内容	检查结果		验收人	备注
		合格	不合格		
1	机房环境要求				
2	设备器材清点检查				
3	设备机架加固及安装检查				
4	设备安装检查				
5	通信电缆布放检查				
6	电源设备、电源架及电力电缆布放检查				
7	文字符号和标签检查				
8	机房防火措施				

24.6.3 操作站的安装监理

1. 操作站的 CRT 应安装固定于操作台上，主机应安装于操作台或主机柜内，检查操作台与主机间的距离应尽量小，以使鼠标及键盘能正常工作。

2. 主机柜前后开门的，应检查留出足够的空间以便于开门和操作，应检查确认机柜内的换气扇是否正常工作，以保证主机能正常散热。

3. 检查确认主机及 CRT 的供电电源是断开的，按照要求接好所有的现场接线。

4. 检查确认接线无误后，接通电源，检查主机能否正常启动，能否正常显示组态画面。

24.6.4 PLC 的安装监理

1. 检查 PLC 是否安装在垂直平面上，正对通风孔，且确保安装在水平状态。

2. 若干 PLC 安装在同一柜子里，应检查下列项目：

(1) 在两个 PLC 之间，至少有 150mm 的空隙，在 PLC 两侧至少有 100mm 的空隙，便于安装电缆槽和利于空气流通；

(2) 产生热量的设备（变压器，电源块，功率接触器等）应安装在 PLC 上部；

(3) 如果要安装在垂直导轨上，应该使用 DIN 导轨固定端子。

3. 检查 PLC 的系统配线，在供电距离较近时，可使用两条或三条单芯硬线。在供电距离较远时，应使用铠甲屏蔽电缆。所有交流电线缆应走槽盒或穿管，防护金属盒或管应可靠的接地。

4. 检查PLC系统设备的外供电提供的24V直流电线，是否不小于$1mm^2$的普通电线或铜网屏蔽电缆，当设备负荷电流较大时，截面积可适当扩大至$2.5mm^2$。

5. 检查模拟量输入输出信号线是否为屏蔽线缆，数字量输入输出信号线是否选用非屏蔽电缆。

24.7 系统调试的监理

24.7.1 系统调试监理的质量标准

1. 系统调试通用质量标准和检验方法（表24-40）

表 24-40

工序	检验项目	性质	质量标准	检验方法
检查	线路连接	主要	符合设计要求	核对设计，用万用表或校线器等检验
	管路连接	主要	符合设计要求	核对设计
	严密性（气动管路）	主要	无渗漏	观察或用肥皂水试漏
	绝缘电阻	主要	符合产品说明	核对调校记录，必要时用兆欧表测量（半导体、集成电路元件除外）
调试	调校记录	主要	字迹清楚 数据准确 项目齐全 责任明确	观察

2. 调节系统的调试质量标准和检验方法（表24-41）

表 24-41

工序	检验项目	性质	质量标准	检验方法
检查	调节器、执行器、调节阀动作方向	一般	符合设计要求	观察
调试	检测基本误差值	主要	不大于系统内各单元仪表允许基本误差平方和的平方根值	核对调校记录，必要时在检测端用信号发生器输入信号检验
	软手动输出特性	主要	符合产品说明	核对调校记录
	比例、积分、微分值	主要	设定值基本符合工况要求	观察
	手动、自动双向转换性能	主要	符合产品说明	核对调校记录
	控制点偏差值	主要	符合产品说明	核对调校记录
	执行器全行程动作（包括阀门定位器）	一般	灵活、无卡涩现象	观察
	手动操作机构输出信号	主要	与执行器动作和行程匹配	观察，核对调校记录，必要时作手动输出检验

3. 报警系统的调试质量标准和检验方法（表24-42）

表 24-42

工序	检验项目	性质	质量标准	检验方法
检查	灯光试验	主要	信号灯全亮	作试验、观察
灯光音响试验	报警试验	主要	信号灯闪、亮、伴有音响	作试验观察
	消声试验	主要	信号灯常亮，音响消失	作试验观察
	复位试验	主要	信号灯熄灭（检测点正常时）	作试验观察
信号模拟试验	各回路报警试验	主要	相应信号灯闪、亮、伴有音响	核对调校记录，在相应检测点输入模拟信号检验
	消声试验	一般	相应信号灯常亮，音响消失	按消音按钮检验
	各回路复位试验	一般	相应信号灯熄灭	在相应检测点输入正常值模拟信号检验
	给定值	主要	符合设计要求	核对设计，观察
	信号光字牌	一般	书写正确、清晰，显示正确	观察

4. 联锁系统的调试质量标准和检验方法（表 24-43）

表 24-43

工序	检验项目	性质	质量标准	检验方法
调试	联锁接点动作程序	主要	符合设计要求	观察，核对设计
	给定值	主要	符合设计要求	观察，核对设计
	给定值动作误差值	主要	符合产品说明	核对调校记录，在检测点输入模拟信号检验

24.7.2 工业过程计算机安装调试的监理要点

1. 主机硬件系统的安装调试的监理要点

(1) 设备外观应检查下列项目：

1) 设备名称、型号、规格、件数；

2) 设备尺寸、外观有无损伤、变形、潮湿、生锈、涂色；

3) 设备内插件板及装置、部件的型号、数量；

4) 插件板、面板上的灯、仪表、检测孔均应符合图纸要求；

5) 设备内外部件连接、端子连接等检查；

6) 附件、备品数量。

(2) 设备安装状况检查。

(3) 保护接地线、信号线、屏蔽线的连接检查。

(4) 交直流电源的调试及线路应检查下列项目：

1) 各线路交流直流电源的调试；

2) 各部电压及保险丝容量的检查；

3) 停电复电特性检查试验；

4) 电源电压、频率的检查；

5) 负荷电流应在规定范围内；

6) 绝缘试验、测量电源回路绝缘电阻应符合要求；

7) 元器件、设备线路检查；

8）保护接地线、信号线、屏蔽线的连接检查；

9）机械柜接地电阻测试，耐压、泄漏电流的检查试验及保护地、逻辑地之间的绝缘。

(5) 中断检查及时钟调整应检查下列项目：

1）计时器、定时器的启动、停止、复位、报警等功能检查；

2）时钟调整：测定时钟脉冲周期，脉宽和脉冲误差不大于±2%；

3）中断检查：用模拟信号或用程序进行中断检查：

a. 每一中断产生及对应的中断地址是否符合要求；

b. 在所有各级中断产生时，优先处理顺序应正确；

c. 中断发生时，应能正确检出中断位置，CPU 应能通过硬件实现自动退避和复位；

d. 禁止中断、开放中断功能正确；

e. 确认中断响应时间、顺序及优先处理级别正确；

f. 确认存储器屏蔽等功能正常。

(6) 主机调试应检查下列项目：

1）一般检查：电源、电压、频率检查、各直流输出电压的整定，绝缘回路电阻应不低于 5MΩ；

2）读写检查和地址译码系统各检查 10 次，应不出错；

3）存储管理等功能检查；

4）页面保护，断电保护等功能检查；

5）备用电源供电检查。

(7) 辅助存贮器装置调试应检查下列项目：

1）交、直流电源检查；

2）功能开关、指示灯检查；

3）系统交接线检查；

4）磁盘与磁盘驱动器调试：

a. 磁盘定位调整：用示波器观察出现猫眼波形为止；

b. 磁头左右方向的调整及测试；

c. 磁头复位调整；

d. 同步传感器的感应电压调整；

e. 检查磁盘驱动和通风部分，磁头托架执行单元、伺服电机、卸载机构、磁头读写功能等。

5）磁盘驱动器、磁带装置与 CPU 通道的检查，硬件功能检查和动作检查；

6）公共存贮器还要进行硬件设备检查、硬件功能测试、软件功能测试。

(8) 外部设备调试的监理要点

1）系统打字机、宽行打字机、记录打字机的调试应检查下列项目：

a. 交直流电源的确认；

b. 硬件设备检查；

c. 本机功能检查、字母打印情况检查、字符间距、行间距、速度测定；

d. 与主机相连、进行通道检查和硬件、程序测试；

e. 输入输出转换器检查。

2）激光打字机的调试应检查下列项目：

a. 电源的检查确认；

b. 各功能开关、指示灯检查；

c. 传动功能、转换功能、打字功能检查；

d. 与 CPU 的通道检查。

3）CRT 显示装置调试应检查下列项目：

a. 反复进行的全字符显示、回车换行、光标控制、颜色选定和闪光等功能测试均应正常；

b. 分别对图示画面的尺寸、垂直方向与水平方向的线性度、图像显示的稳定性、亮度和对比度、色度聚焦等进行检查，应符合要求；

c. 用测试程序全面检查键盘上开关的各种功能、报警显示及图形显示均应正确；

d. 检查装置的特殊功能，如外联打字机、记录仪、描图机、硬拷贝等，确认其各项动作与显示功能正常、图像清晰准确；

e. 画面显示的系统结构图应符合设计，所显示的瞬间量值，应用标准仪表校验其精度。

4）硬拷贝装置调整：功能开关、指示灯检查、CRT 专用通道检查、机械传动部分检查。

5）调制解调器：主要对调制、解调的功能调整及与 CPU 通道的检查。

6）双机切换系统的调试主要对硬件系统的模拟试验，方法如下：

a. 先用手动操作，确认过程监视器的中断键测试过程转换是否能执行；

b. 过程监视器装在通用母线的终端，监控器的启动周期从 1～60s 范围内选择。

7）工控机系统鉴定验收的文件完整性（表 24-44）

表 24-44

序号	文件名称	文件类别	序号	文件名称	文件类别
1	技术任务书或技术建议书	△	8	标准化审查报告	＋
2	技术设计说明书	△	9	软件文档及其载体	△
3	可靠性技术报告(注)	△	10	试制总结	△
4	型式检验报告	△	11	使用说明书	△
5	试验鉴定大纲	△	12	产业企业标准	△
6	试用(运行)报告	△	13	电路图、逻辑图、系统配制图	△
7	技术经济分析报告	＋			

注：1. 对批量生产的工控机系统产品，可靠性技术报告中应具有《可靠性验证报告》的有关内容。

2. 表中“△”表示必备文件，“＋”表示可选文件。

（9）外围设备调试的监理要点

1）测量主要测定点的波形（如脉冲列、时钟脉冲、开关脉冲），其指标均应符合设计或产品说明书的要求。

2）模拟量输入输出模件，按以下要求寻址和精度检查：

a. 利用测试程序对全部模件各地址和精度测试，对模拟量输入的检查，根据 CPU 打印的数据，作出精度判断，应符合要求；

b. 在模件输出端接额定负载，检查输出容量，其输出应满足精度要求；

c. 检查模件零飘、响应时间和抗串、共模干扰，均应符合要求；

d. 检查运算、控制组件的运控功能，应符合系统要求；

e. 测试时使用的信号源及检测仪表的精度，应符合量值传递要求。

3）使用测试程序对所有数字量输入输出模件逐个地址作扫描检查，确认其寻址功能；测量模件的频率、电压和脉冲宽度，均应符合要求。

4）读取装置调试除进行一般常规检查校正外，主要对各设备间信息交换通道检查、精度检查，选用信号脉冲的测试，地上部件与车的部件的检查。

2. 数据通信系统调试的监理要点

（1）测量装置的输入阻抗和负载能力，在规定的传输距离和允许负载范围内，负载变化时，输出电平的变化应在规定范围内。

（2）检查装置的显示、报警、操作、出错显示等动作应正常。

（3）使用测试程序检查下列信息传输功能：

1）以装置规定的各种传输方式进行传输操作，各功能均应正常；

2）确认传输过程中，优先顺序判断个别功能和出错重送功能应正常；

3）传送代码检查，使用测试程序检查后送代码所规定的各种代码操作，传送功能就正常；

4）使用测试程序、检查控制字符功能，在传送过程中对规定的全部字符进行操作，功能应正常。

（4）定时监视和信息传送稳定性应检查下列项目：

1）检查振荡器的频率应符合设计；

2）检查和调整传送过程中各监视时间，应符合设计；

3）检查在单位长度内，数据传送时，有效信号衰减应不超过规定值。

（5）联机调试包括近联机（1m 以内）和远联机（1m 以上）的调试，进行联机通道测试时，应无干扰和信息丢失现象。

1）近联机调试：利用测试程序，检查信息传送两侧的显示内容应一致。

2）远联机调试：调整联机等待时间，用测试程序检查传送通道工作，确认传送正常。

3. 计算机设备稳定性检查的监理要点

（1）拉偏检查的边界条件

1）电压拉偏检查：直流电源电压拉偏范围为±5%，交流电源拉偏范围±10%。

2）电源频率拉偏检查：电源频率拉偏范围为−2Hz～+1Hz。

3）环境拉偏检查：在设备规定的工作环境温度范围内进行上、下限拉偏检查。

（2）单体设备拉偏试验

1）在进行电压、频率和环境温度拉偏时，对计算机系统各设备的检查，应用测试检查程序进行，对于同类设备台数较多者，可按其总数的 20%～40%进行抽检；对过程输入输出点的检查也可按其比例进行抽检查。

2）在各种拉偏检查过程中，故障停机总数应小于3次。

3）在正常软件运行时，对全部设备进行综合拉偏试验，应检查下列项目：

a. 分别切断各设备电源，应不影响其他设备的正常工作；

b. 模拟电源故障中断，各相应显示报警功能，应正常发出信号及做出相应处理；

c. 在设备说明书规定的允许波动范围内，分别改变电压、频率和环境温度，系统功能和设备运行应保持正常；

d. 在设备说明书规定的允许范围内，用振荡器或橡胶锤敲击设备外壳或面板，设备和器件固定部位应无松动，配线无松脱，接触部位应可靠，设备运行和系统功能应保持正常。

4. 软件复原调试的监理要点

（1）基本软件复原调试

1）操作系统功能调试应检查下列项目：

a. 运转功能；

b. 任务管理功能；

c. 操作控制管理功能。

2）数据管理系统功能调试应检查下列项目：

a. 数据存取、文件管理功能；

b. 基本系统的建立、读入、显示、打印正确；

c. 语言编译系统功能调试。

d. 服务、诊断处理功能调试。

e. 辅助功能的检查调试。

（2）应用软件复原调试

1）过程控制功能的调试应检查下列项目：

a. 工艺过程生产线的跟踪；

b. 控制策略管理；

c. 自适应修改，最佳控制；

d. 设定计算；

e. 故障报警、诊断、处理；

f. 与生产调度控制级及基础自动化级的通信。

2）生产控制功能的调试应检查下列项目：

a. 水处理工艺生产线的管理、控制；

b. 收集、存储生产过程信息；

c. 生产记录、报告管理；

d. 事故记录；与生产管理级过程控制级的通信。

3）生产管理功能的调试应检查下列项目：

a. 计划管理系统；

b. 物料管理、跟踪；

c. 产品管理；

d. 作业的日报系统管理；

e. 信息交换通讯系统管理；

f. 技术信息（生产能力、产品、成本、质量等）管理；

g. 数据库管理；

h. 生产指令系统的管理。

4）数据通信功能的管理。

5）应用软件系统调试。

6）填写记录、整理资料。

5. 界面信息传送联运试验的监理要点

（1）静态接口试验应检查下列项目：

1）通电检查：通电检查接口装置内的开关、按钮、键等动作，应正确无误，人为动作装置内的继电器时，相应接口的动作显示应符合设计规定；

2）信号输出回路联动检查：以过程输入输出装置的操作设定与计算机联机，使用测试程序对各种信号寻址并设定输出值，被寻址过程点所在接口装置上产生的连锁动作和显示报警，应畅通无误；

3）信号输入回路的联动检查：用上项方式，对各过程信号寻址、设定输入值。操作接口各盘箱上的开关（按钮、数码开关、继电器等）或被寻址的仪表、电气装置的相应点上，输出模拟盘信号或脉冲，I/O装置应显示并打印出相应地址的输入信号（位组、数据），联锁动作，报警显示均应正常；

4）经过接口传送检测信号的功能应正常，检测值应达到设计或工艺规定的精度要求；

5）检查接口传送的信息显示、报警等功能正常。

（2）动态接口试验应检查下列项目：

1）手动操作使工艺线上各机械运转，检查联锁动作、报警、机械位置行程等，均应符合设计要求；

2）利用测试程序进行运控设定和操作，试验联机：

a. 利用I/O装置进行运控设定和操作设定面板试验脱机；

b. 利用测试程序进行运控设定和操作，试验联机。

6. 计算机控制系统的试运行和验收的监理要点

（1）各工艺设备和计算机系统联调完成后，应由计算机控制整个生产工艺作业线作系统整体运转，考核系统功能和监控精度等指标，均应符合设计和工艺要求。

（2）计算机控制系统的验收应检查下列项目：

1）连续无故障运行24h（外部停电、停运等造成的计算机停机时间除外）；

2）各主要工作方式（手动、自动、单机、双机等）试验不得少于3次；

3）有关试验记录、资料完整。

24.7.3 分散控制系统的安装监理

1. 现场调试准备工作的监理要点

（1）检查DCS调试工作是否由具有资质审查合格的专业调试机构进行；检查调试人员是否经过DCS技术培训，并经考核的合格者。

（2）调试前应进行下述技术准备工作：

1）学习DCS有关技术资料、文件；

2）消化DCS的组态工作单，并核对其技术数据；

3）熟悉有关设计图纸资料、工艺过程及相关设备性能；

4）审查编写调试方案；

5）参与调试负责人向参加调试人员进行的技术交底。

（3）在进行分散控制系统现场调试前，所有现场仪表的本机特性监理检查完毕，保证所有的现场仪表都能进行正常工作。还应注意以下内容：

1）分散控制系统的电源由不间断电源（UPS）提供，在将UPS输出电源接到DCS之前应检查确认供电的电压、交流、直流无误；

2）分散控制系统要求用户为DCS建立专用的工作接地极。DCS工作接地极必须有单独的接地系统，应检查下列项目：

a. 接地体与避雷入地接地点间的距离是否大于4m；

b. 接地体与交流电的中级及其他用电设备接地体间的距离是否大于3m；

c. DCS的工作接地是否与保护接地分开；

d. 测量接地电阻的阻值，测试报告经DCS厂商确认后，方可接到DCS的工作系统，监理人员旁站。

2. 常规检查的监理要点

（1）按图纸和设备配置资料，核对检查设备数量、插件位置、部件结构及有无缺损等项。

（2）DCS设备的安装应符合设计及有关资料的技术要求。

（3）检查DCS外部线路应准确无误，接触良好，标记清楚。

（4）DCS用电源设施调试应检查下列项目：

1）确认电源设备的型号、规格、保护装置及保险丝容量等项技术指标；

2）检查电源装置电源端与机壳之间的绝缘电阻应大于1MΩ；

3）电源设备（包括稳压、稳频电源、不停电电源等）的技术性能调试：

a. 保护装置检查与调试；

b. 电源投入及电源电压检查；

c. 电源设备的技术性能测试，包括稳频、稳压及不停电电源自动切换功能等，均应符合有关技术规定。

3. 单体调试的监理要点

（1）操作站的检查与调试应检查下列项目：

1）对操作站的专用电缆及接线进行检查与确认；

2）对各路输入、输出电压值及电源指示灯的检查确认；

3）用厂家提供的测试程序或用其本身维护功能对操作站等硬件进行诊断的检查；

4）装入组态数据，进行确认并复制保护的检查。

（2）控制站（监视站）的检查与调试应检查下列项目：

1）对各控制站，监视站的专用电缆及接线进行检查与确认的检查；

2）对各控制站，监视站输入、输出电压及电源指示灯的确认的检查；

3）A/D转换卡转换精度调试。

（3）数据通讯开通，调出系统维护功能进行确认的检查，并借助于故障代码的提示予以处理。

（4）各种冗余配置的调试的检查，用人工模拟的办法确认各项自动切换转移功能。

（5）检查过程I/O卡的调试应检查下列项目：

1）模拟量输入/输出目测的调试是在端子柜施加或取出模拟信号，并在操作站上依次调出，同时核对仪表位号、量程、报警庙宇点等项参数，其调试点应在量程范围内均匀选取，其数量不少于3点；

2）开关量输入/输出卡的调试是在端子柜施加或取出开关量信号，并在操作站上依次调出进行确认的检查。

4. 数据点调试的监理要点

（1）模拟输入数据点的调试应检查下列项目：

1）调试可在现场仪表的输入端加4～20mA的电流信号，并在控制室观察针对不同的输入量、数据点输入值的变化情况（通过现场和控制室的通信联系，便可知该模拟输入数据点是否正常）；

2）模拟输入数据点有报警或联锁功能，在调试时将报警值或联锁值输出，并检查输入值超过报警或联锁限值后数据点的状态变化及报警画面的变化，检查报警的优先级别与报警画面显示的关系。

（2）模拟输出数据点的调试应检查下列项目：

1）直接将模拟输出数据点或调节回路数据点的控制方式置为手动，给出输出值进行调试；

2）通过给出的输出值观察现场阀位的变化，以检查模拟输出数据点是否能正常工作；

3）现场调试时应对参与分程调节的调节阀特别检查，不管分程调节以何种方式实现，现场调试时应特别注意分散控制系统的输出与阀位的对应关系。

4）调试时遇到分散控制系统给出信号后，现场阀门并不动作的问题，应首先检查线路，确定故障所在；

5）如分散控制系统的输出端无信号，应检查数据点组态参数中有关地址分配的参数；

6）输出端有输出信号，现场没有收到电信号，应检查线路，现场接收到电信号，阀门都不动作，应检查电/气转换部分、气路和调节阀。

（3）数字输入数据点的调试应检查下列项目：

1）数字输入点主要用于反映过程的状态变化；如压力开关、流量开关、阀门限位开关、机泵的起停等；

2）检查接点的接线是否正确，在审查过程控制的方案中，要求与过程报警及紧急联锁相关的接点正常时，接点处于闭合状态；工艺过程处于联锁或报警状态时，接点处于断开状态，压力开关与流量开关都属于这种接点。而且同一装置中同类型的接点应有规律性，故障位置时阀的限位开关的接点为闭态，动力设备在带电运转时状态接点为闭合状态等；

3）接点接线检查完成后，可将现场接点断开或闭合以检查软件组态是否与要求一致，如数字输入点的状态指示（包括状态指示字与状态提示颜色）与过程状态不符，可通过改变数据点组态中的相应参数进行调整，以求得软件组态与接点状态的一致性；

4）注意检查过程报警或联锁数据点在报警或联锁状态时的状态指示字与状态提示颜

色，并注意此时现场接点的状态。

(4) 数字输出数据点的调试应检查下列项目：

1) 检查输出接点的接线是否正确。对于参与联锁的数字输出数据点，要求遵循“负逻辑”的规律，即正常工况时输出接点带电闭合，联锁时接点掉电断开。对于进行顺序或批量检制的数据点，并不要求阀位与输出接点有严格的对应关系，但应具有规律性和一致性。

2) 手动改变状态输出，观察被检设备的变化，检查设备的变化状态与数字输出数据点状态指示是否一致。

(5) 脉冲输入数据点的调试应检查下列项目：

1) 检查现场仪表指示的真实流量，与控制室显示的脉冲数进行比较，得出合理的系统数据；

2) 任何数点在调试完成后检查是否挂牌明示，未经允许，不能再进行调整，也不能改动软件组态的内容。检查调试负责人填写的调试报告，对调试的结果负责。

5. 控制程序的调试的监理要点

(1) 连续控制程序的调试：现场调试启动这些程序时，检查相应的输入值，以核实程序能否正常运行或运算的结果是否正确。

(2) 非连续控制程序的调试应检查下列项目：

1) 检查调试的现场条件，使现场设备满足程序运行所需状态；

2) 检查程序的运行结果与工艺要求是否一致；

3) 调试过程中出现问题时，首先检查程序的逻辑是否正确，再看数据点组态与控制程序中的语句是否匹配；

4) 检查调试时要求的与现场有关的一切信号是否送至或来自现场。

6. 操作画面的调试的监理要点

检查流程图画面的调试是否与数据点调试、控制、程序的调试及联锁系统的调试同时进行的；检查流程图画面是否反映工艺过程的真实状态。

7. 紧急联锁系统调试的监理要点

检查是否应按联锁逻辑框图逐项进行，在现场制造联锁源，观察联锁的结果是否与逻辑框图一致。

24.7.4 PLC 调试的监理要点

1. 一般规定

(1) 检查 PLC 调试工作是否由具有资质审查合格的专业调试机构进行。

(2) 检查调试人员是否经过 PLC 技术培训，并经考核的合格者。

(3) 调试前准备工作应检查下列项目：

1) 检查 PLC 有关技术资料、文件、并核对其技术数据；

2) 熟悉有关设计图纸资料、工艺过程及相关设备性能；

3) 审查调试方案；

4) 参与调试技术交底。

2. 调试工序的监理

(1) 常规检查

1）按图纸和设备配置资料，检查核对检查设备数量、插件位置、部件结构及有无缺损等。

2）检查PLC设备的安装是否符合设计及有关资料的技术要求。

3）检查PLC外部线路是否准确无误，接触良好，标记清楚。

4）检查PLC的接地系统，是否符合设计及有关资料的技术要求。

(2) PLC用电源设施调试应检查下列项目：

1）检查确认电源设备的型号、规格、保护装置及保险丝容量等项技术指标；

2）检查电源装置电源端与机壳之间的绝缘电阻是否大于1MΩ；

3）电源设备（包括稳压、稳频电源、不停电电源等）的技术性能调试如下：

a. 保护装置检查与调试；

b. 电源投入及电源电压检查；

c. 检查电源设备的技术性能测试，包括稳频、稳压及不停电电源自动切换功能等，均是否符合有关技术规定。

(3) 单体调试应检查下列项目：

1）模拟量输入/输出插件的调试是在端子柜施加或取出模拟信号，并在操作站上依次调出，同时核对仪表位号、量程、报警庙宇点等项参数，其调试点应在量程范围内均匀选取，其数量不少于3点；

2）开关量输入/输出插件的调试是在端子柜施加或取出开关量信号，并在操作站或编程器上依次调出进行确认；

3）对各个操作站、控制站、监视站的专用电缆及接线进行检查与确认；

4）对各路输入、输出电压值及电源指示灯的确认；

5）用厂家提供的测试程序或用其本身维护功能对操作站等硬件进行诊断；

6）数据通讯开通，调出系统维护功能，进行确认，并借助于故障代码的提示予以处理；

7）各种冗余配置的调试，用人工模拟的办法确认各项自动切换转移功能。

(4) 应用功能及回路系统调试应检查下列项目：

1）检测功能调试，在系统的信号发生端（变送器或检测元件处）施加模拟信号，在CRT上读取该点数据；

2）连续控制功能调试，依系统组态工作单的要求设置各功能块（或内部仪表）的参数，对调节功能块还应庙宇正反动作及PID等项参数。确认执行机构动作方向，并用手动方式进行执行机构从零点到终点动作情况和全行程时间的调试；

3）在系统的信号发生端施加信号进行调节规律、联锁、切换等功能的调试；

4）运算功能调试，依系统组态工作单的要求设置运算式中的常数系统数项，并在系统各信号的发生端施加模拟信号，进行运算功能及精度的调试；

5）报警功能调试，依系统组态工作单或报警点庙宇数据资料，设定报警点，并在系统信号发生端施加模拟信号，测试动作点偏差均应符合要求；

6）顺控功能调试，依系统组态工作单（或程序）等，用模拟联锁条件的方法，并按时序进行顺控功能的调试。

(5) PLC/DCS输入输出点调试记录表（表24-45）

表 24-45

建设项目	工程专业		工程单项	
设备名称及功能	PLC点		上位机	
	地址	结果	传输方向	结果

施工单位	监理单位	建设单位
测试人：	监理工程师：	现场代表：
负责人 日期	日期	日期

(6) PLC/DCS模拟量输入调试记录（表 24-46）

表 24-46

建设项目		工程专业	工程单项		
设备名称及功能	地址	标准值	实测值		最大误差(%)
			上行	下行	

施工单位	监理单位	建设单位
测试人：	监理工程师：	现场代表：
负责人 日期	日期	日期

24.7.5 DDC调试的监理要点

1. 常规检查的监理要点

(1) 按图纸和设备配备的资料，核对检查设备数量，模件位置、型号及无缺损等情况。

(2) 检查DDC设备的安装应符合设计及有关资料的技术要求。

(3) 检查DDC外部线路，应准确无误、接触良好，标记清楚。

(4) 检查DDC的接地情况，应符合设计及有关资料的技术要求。

2. DDC用电源设施调试的监理要点

(1) 检查确认电源设备的型号、规格、保护装置及保险丝容量等项技术指标。

(2) 检查电源装置电源端与机壳之间的绝缘电阻应大于1MΩ。

(3) 电源设备（包括稳压、稳频电源、不停电电源等）技术性能调试应检查下列项目：

1) 保护装置检查与调试；

2) 电源投入及电源电压检查；

3) 电源设备的技术性能测试，包括稳频、稳压及不停电电源自动切换功能等，均应符合有关技术规定。

3. 单体调试的监理要点

(1) 工作站的检查与调试应检查下列项目：

1) 对工作站的专用电缆及接线进行检查与确认；

2) 对各路输入、输出电压值及电源指示灯的确认；

3) 对工作站单独通电启动，检查工作站是否已装有操作系统；

4) 用计算机测试软件对硬件（硬盘、主频、CPU）进行测试与确认；

5) 用病毒诊断软件对计算机进行病毒检查和清除；

6) 装入DDC控制系统有关系统软件和应用软件，进行确认并复制保护。

(2) 机箱插件的检查与调试应检查下列项目：

1) 对机箱插件的专用电缆及接线进行检查与确认。

2) 对机箱插件输入、输出电压及电源指示灯的确认。

(3) 检查数据通讯开通，调出系统维护功能进行确认，并借助于故障代码的提示予以处理。

(4) 检查各种冗余配置的调试，用人工模拟的办法确认各项自动切换转移功能。

(5) 过程I/O模板的调试应检查下列项目：

1) 模拟量输入/输出模板的调试是在端子板施加或取出模拟信号，并在工作站上依次调出，同时核对工位、量程、报警庙宇点等项参数，其调试点应在量程范围内均匀选取，其数量不少于3点。

2) 开关量输入/输出模板的调试是在端子板施加或取出开关量信号，并在工作站上依次调出进行确认。

4. 应用软件及系统功能调试的监理要点

(1) 检测功能调试：在系统的信号发生端（变送器或检测元件处）施加模拟信号，在CRT上读取该点数据。

(2) 连续控制功能调试应检查下列项目：

1) 依应用软件规格书的要求设置功能块的参数，对调节能块还应设定正反动作及PID等项参数；

2) 确认执行机构动作方向，并用手动方式进行执行机构从零点到终点动作情况和全行程时间的调试；

3) 在系统的信号发生端施加信号进行调节规律、联锁、切换等功能的调试；

(3) 运算功能调试：依应用软件规格书的要求设置运算式中的常数系统项，并在系统各信号的发生端施加模拟信号，进行运算功能及精度的调试。

(4) 报警功能调试：依应用软件规格书或报警设定数据资料，设定报警点，并在系统信号发生端施加模拟信号测试动作偏差均应符合要求。

(5) 顺控功能调试：依应用软件规格书，用模拟联锁条件的方法，并按时序进行顺控功能的调试。

24.7.6 防雷施工监理

1. 检查电气线路、信号线路、天馈线路接入到受保护的设备，必须加装防雷保护器。所有的保护器都应可靠接地。

2. 电源防雷的检查，分为三级防护标准：

(1) B级用于局部区域的总配电保护，10/350μs 波形，100kA 级；

(2) C级用于局部区域内各二级电气回路保护，8/20μs 波形，40kA 级；

(3) D级用于重要设备的重点保护，8/20μs 波形，5kA 级。

3. 建筑物上的防雷设施多根引下线时，检查是否在各引下线距离地面的 1.5～1.8m 处设置断接卡，断接卡是否加保护措施。

4. 检查独立避雷针（线）是否设置独立的集中接地装置。接地装置可与接地网连接，与接地网的地中距离不宜小于 3m。

5. 检查配电装置的架构或屋顶上的避雷针是否与接地网连接，并是否在其附近装设集中接地装置。

6. 当系统地与工作地不能直接连接在一起时，检查是否采用等电位连接器将两者连在一起。

7. 检查接地体，在地下不得采用裸铝导体，顶面埋设深度不宜小于 0.6m。检查角钢及钢管接地体是否垂直配置。检查接地体引出线的垂直部分和接地装置焊接部位是否作防腐处理。

8. 检查垂直接地体的间距，不宜小于其长度的 2 倍。水平接地体的间距不宜小于 5m。

9. 检查接地干线，应在不同的两点以上与接地网相连接。自然接地体应在不同的两点及以上与接地干线或接地网相连接。

10. 检查每个电气装置的接地，应以单独的接地线与接地干线相连接，不得在一个接地线中串接几个需要接地的电气装置。

11. 检查接地（接零）线焊接搭接长度（表 24-47）

表 24-47

项目		规定数值	项目		规定数值
搭接长度	扁钢	$>2b$	搭接长度	圆钢和扁钢	$>6d$
	圆钢	$>6d$	扁钢搭接焊的棱边数		3

注：b 为扁钢宽度；d 为圆钢直径。

24.7.7 试运行和工程验收监理要点

1. 试运行监理内容

(1) 监理人员审查试运行操作方案，检查是否具备试运行的条件，参与试运行技术交底，旁站试运行的整个过程。

(2) 对试运行具备的条件应检查下列项目：

1) 取源部件、仪表、仪表线路、仪表供电系统、电器设备及其附件均已按设计和相关规范的规定安装完毕，且仪表设备已经过单体调校合格后，即可进行回路试验和系统试验；

2) 仪表系统调试完毕，并符合设计和相关规范的规定，即可与工艺系统一起投入试运行；

3) 回路试验和系统试验合格的仪表系统，并经48h连续正常运行后，即具备交接验收条件；

4) 对于计算机控制系统，在试运行期间，应注意设备因部件损坏、失效需要更换电路板的次数及由于软件原因造成的故障次数；

5) 单体试车：主要是传动设备的试运转检查，相关的自动化仪表系统均应启动，检查压力指示、轴承温度、报警和联锁系统等；

6) 无负荷联动试车：调节系统投入运行时，检查是否先置手动待工况稳定后再投入自动方式，计算机联动方式按顺序进行。根据水处理工艺流程的程序，用直接或模拟的方法建立启动条件、工作条件、中断条件、非常停止条件、时序条件来满足全流程联动试运转的进行，检查是否适合水处理工艺流程；

7) 负荷联动试车：检查负荷联动试车顺序，首先启动检测系统，报警系统、顺控系统，待上述系统运行正常后，进行调节系统的投入，并进行参数整定，整定在最佳值上。

2. 竣工、验收和交付生产监理内容

(1) 所有系统经试运行合格后，承包单位应向建设单位或总承包单位移交，建设单位应组织移交验收，监理单位组织预验收。

(2) 负荷试车正常进行72h后移交给建设单位。

(3) 移交验收时应交验下列文件：

1) 设计图纸、资料及工程竣工图和工程说明；

2) 安装的设备及制造厂提供的产品说明书、试验记录、合格证件及安装图纸等技术文件，系统软件及应用软件、电缆清册等明细表；

3) 检测仪表设备移交清单；

4) 隐蔽工程记录，包括直埋电缆输电线路的敷设位置图，比例宜为1：500。地下管段密集的地段不应小于1：100，在管线稀少、地形简单的地段可为1：1000；平行敷设的电缆线路，可以合用一张图纸。图上必须标明各线路的相对位置，并有标明地下管线的剖面图；电缆的型号、规格及其实际敷设总长度及分段长度，电缆终端和接头的型式及安装日期；电缆终端和接头中填充的绝缘材料名称、型号；

5) 特殊工程、隐蔽工程记录；

6) 管路敷设、试压、脱脂记录；

7) 电缆、补偿导线敷设记录；

8) 安装校验、试车记录，包括：

a. 各类检测仪表设备安装记录；

b. 各类检测仪表设备调校记录；

c. 系统回路调试记录。

9）仪表设备的检验调校记录；

10）系统各项技术性能的测试记录，测试过程中的故障和修复记录；

11）工程变更通知书，设计变更汇总表，设备、材料代用单和合理化建议；

12）未完工程项目明细表；

13）工程监理公司竣工验收报告；

14）工程试验、试运行记录；

15）工程交工证书；

16）中间交接证书。

3. 工程验收监理内容

(1) 生产工序的监测、遥测

1）给水工程应包括以下项目：

a. 原水水位、水量、水质等参数；

b. 机泵及设备运行性能参数；

c. 出厂水水质、水压、水量等参数。

2）排水工程应包括以下项目：

a. 原水及出厂水水量、水质等参数；

b. 机泵及设备运行性能参数；

c. 曝气池充氧污泥浓度、污泥界面等参数。

(2) 生产工艺控制

1）给水工程应包括以下项目：

a. 进、出水泵的开停；

b. 消毒剂、混凝剂及其他药剂的投加控制；

c. 滤池恒水位控制及自动冲洗；

d. 排泥处理。

2）排水工程应包括以下项目：

a. 进、出水泵的开停；

b. 曝气池供气量、回流污泥量控制；

c. 污泥消化、浓缩及脱水处理控制；

d. 排泥处理。

(3) 在线仪表

1）在线仪表管理应包括以下项目：

a. 压力仪测量精度；

b. 流量仪测量精度；

c. 浊度仪测量精度；

d. 余氯仪测量精度；

e. 液位仪测量精度；

f. pH/DO/ORP 仪测量精度；

g. COD（耗氧量）仪测量精度；

h. TOC（总有机碳）仪测量精度；

i. 污泥浓度仪测量精度。

2）计算机辅助管理应包括以下项目：

a. 自动生成生产报表，数据准确、全面；

b. 具有计算机辅助调度功能；

c. 根据出厂压力自动提出配泵方案；

d. 自动处理和解决故障。

3）DCS 系统应包括以下项目：

a. 平均无故障工作时间 MTBF；

b. 可用率 A；

c. 平均恢复时间 MTBR；

d. 系统综合误差 δ；

e. 数据正确率 I；

f. 数据通信负载容量平均负荷 a，峰值负荷 A。

4）系统响应时间应包括以下项目：

a. 主机的联机启动时间；

b. 系统查询、报警、控制指令响应时间；

c. 实时数据更新时间；

d. 计算机画面的切换时间。

5）外围系统应包括以下项目：

a. 防雷：防直击雷、感应雷的措施合理、充分；

b. 接地：接地合理、可靠；

c. 软件和硬件备份：充足可靠。

（4）网络工程

验收时应按规定检查下列项目：

a. 电缆规格应符合规定，应装设标志牌；

b. 电缆的固定、接线、相序排列应符合要求；

c. 电缆终端、电缆接头安装牢固；

d. 接地良好，接地电阻符合设计；

e. 电缆沟、照明、通风、排水等设施符合设计；

f. 直埋电缆路径标志应清晰、牢固、间距适当。

（5）隐蔽工程应进行中间验收。

第 25 章　给水处理厂、污水处理厂厂区工程监理

25.1　厂区平面布置、施工临时设施监理

25.1.1　施工现场条件检查

1. 施工现场的自然条件的调查（表 25-1）

表 25-1

调查项目	调　查　内　容	调　查　目　的
气温	1. 年平均、最高、最低、最冷、最热月的平均温度 2. ≤−3℃,0℃,5℃的天数与起止日期	1. 防暑降温 2. 冬季施工 3. 估计混凝土、砂浆强度的增长
降雨	1. 雨季起止时间 2. 全年降雨量,最大日降雨量 3. 全年雪、暴日数及雷击情况	1. 雨季施工、施工组织设计 2. 工地排水、防洪、安全 3. 防雷
地形	1. 工程地形图 2. 控制桩与水准点的位置	1. 布置施工总平面 2. 施工测量
地质	1. 地质剖面图、各层土的类别与厚度 2. 最大冰冻深度 3. 地下障碍物、防空洞、洞穴、古墓等	1. 基础施工 2. 障碍物清除计划 3. 安全
地震	烈度大小	1. 对地基影响 2. 施工措施,安全
地下水	1. 最高与最低地下水位及时间 2. 周围地下水水井开发情况 3. 水量、水质	1. 基础施工方案选择、施工组织设计 2. 降低地下水 3. 临时给水 4. 取水工程施工
地面水	1. 临近河湖的距离 2. 洪水、平水与枯水期及时间,其水位、流量与航道深度 3. 水质	1. 临时给水 2. 取水工程施工 3. 航运组织

2. 社会劳动力与生活供应条件的调查（表 25-2）

3. 道路、用水、用电及其他条件的调查（表 25-3）

表 25-2

调 查 项 目	调　查　内　容
社会劳动力	1. 当地可以利用的劳动力数量、技术水平及其来源 2. 当地劳动力的工资价格
房屋设施	1. 应在工地居住人数与住房占有的面积 2. 可供工程使用的房数及其他情况 3. 现有房屋较为适宜的用途
服务条件	1. 当地供应生活用品、食品、蔬菜的能力与条件 2. 邻近医疗单位至工地距离及可能服务的情况

表 25-3

调查项目	调查内容
公路	1. 将主要材料运至工地所经过公路的等级、路面完好程度、允许最大载重量 2. 当地运输能力、效率、运费、装卸费
航运	1. 有无可利用航道 2. 工地至航运河流距离，道路情况 3. 洪水、平水、枯水期通航船只的吨位，取得船只的可能性 4. 航运费、码头装卸费
施工用水及排水	1. 临时施工用水的方式、接管地点、管径、管材、埋深、水量、水压、水质与供水可靠性等 2. 施工排水(含雨水排除)的去向、距离、管坡、有无洪水影响等
施工用电	1. 电源位置、引进可能性、允许供电容量、电压、导线截面、保障率、电费、接线地点、至工地距离、地形地物情况 2. 是否具备柴油发电条件(包括油价、油源) 3. 永久电源现状

25.1.2　厂区工程施工用水量估算

1. 工地施工用水量

$$Q=Q_1+Q_2=(q_1MK_1/1000)+(q_2NK_2/1000) \quad (m^3/d)$$

式中　Q——工地施工用水量（m^3/d）；

Q_1——工程用水量（m^3/d）；

Q_2——生活用水量（m^3/d）；

q_1——施工用水定额（表 25-4）；

M——日可能完成的最多工程量；

K_1——现场用水变化系数（表 25-5）；

q_2——生活用水量定额［L/(人·d)］（表 25-6）；

N——福利区居住人口（人）；

K_2——生活用水变化系数。

消防用水量采用 10～15L/s。

2. 临时用水估算定额（表 25-4）

表 25-4

用水项目	耗水量 q_1(L/m³)	用水项目	耗水量 q_1(L/m³)
浇筑混凝土全部用水	1700～2400	砌砖工程全部用水	150～250
搅拌普通混凝土	250	砌石工程全部用水	50～80
搅拌轻质混凝土	300～350	搅拌砂浆	300
搅拌热混凝土	300～350	浇硅酸盐砌块	300～350
混凝土蒸汽养护	500～700	楼地面抹砂浆	190L/m²
模板湿润	10～15	浇砖	200～250L/千块
人工冲洗石子	1000	给水管道工程	100L/m
机械冲洗石子	600	排水管道工程	1130L/m
洗砂	1000		

3. 现场用水量变化系数（表 25-5）

表 25-5

用水量变化系数	用水对象	系数值
K_1	现场施工用水	1.50
	附属生产企业用水	1.25
K_2	生活区生活用水	2.00～2.50

4. 生活用水参考定额（表 25-6）

表 25-6

用水对象	单位	耗水量 q_2(L/m^3)	用水对象	单位	耗水量 q_2(L/m^3)
福利区全部生活用水	L/(人·d)	100～120	洗衣房	L/kg 干衣服	50～60
食堂	L/(人·次)	15～20	理发室	L/(人·次)	15～30
沐浴室	L/(人·次)	50～60	施工现场生活用水	L/(人·班)	25～30

25.1.3 厂区工程施工用电量估算

1. 施工用电总容量

$$W=1.10[(K_C \cdot \sum P_j)/(\eta \cdot \cos\phi)] \quad (kW)$$

式中 $\sum P_j$——上次可能投入的最多施工机械用电量额定容量的总和；

K_C——利用系数（采用 0.50～0.75）；

η——每台电动机平均效率（采用 0.86）；

$\cos\phi$——电动机功率因数（采用 0.75～0.93）。

2. 临时用电估算定额（表 25-7）

表 25-7

照明场所	用户性质	用电需用量(W/m^2)
露天场地照明	人工挖土工程	0.7～0.8
	机械挖土工程	1.0
	砌砖工程	1.2～1.5
	石工工程	0.8
	铆焊工程	2.0
	混凝土浇筑、拌合、破石与过筛	2.0～2.5
	制造与装配金属结构	2.4～3.5
	露天堆场	0.5
	机械停放场	1.5～2.5
	警卫照明	2.0
室内照明	居住房屋宿舍及住宅	5.0
	厨房食堂、普通办公室	10.0
	厕所	3.0
	浴室、洗脸间	5.0
	钢筋加工车间、金属构件车间、机械修理	13.0
	细木车间	6.0
	锯木厂	3.0～5.0
	锅炉房	3.0
	理发室	10.0
	医务所	6.0
	招待所	5.0
	其他文化、娱乐	3.0

25.1.4 厂区工程临时道路的设置

1. 施工现场道路最小宽度（表 25-8）

表 25-8

车辆种类及其要求	道路宽度(m)	车辆种类及其要求	道路宽度(m)
汽车单行道	≥3	平板拖车单行道	≥4
汽车双行道	≥6	平板拖车双行道	≥8

2. 道路最大纵坡（表 25-9）

表 25-9

道路种类	纵坡	道路种类	纵坡
土路	≤4%	加骨料路面	≤6%
土路特殊段	≤6%	加骨料路面特殊段	≤8%

3. 施工现场道路最小转弯半径（表 25-10）

表 25-10

车辆种类		路面内侧最小曲线半径(m)			载重(t)
		无拖车	带一辆拖车	带二辆拖车	
三轮汽车		6			
一般二轴载重汽车	单车道	9	12	15	4
汽车	双车道	7	12	15	5
三轴载重汽车，重型载重汽车		12	15	18	12、15
超重型载重汽车		15	18	21	40

25.1.5 场地平整监理

挖、填方和场地平整的尺寸要求（表 25-11）

表 25-11

项目		允许偏差(mm)
表面标高	人工清理	±50
	机械清理	±100
	爆破施工	+100，−300
	水下爆破	−0，−400
长，宽 （由设计中心线向两边量）	一般施工	不应偏小
	爆破施工	−100，+400
	水下爆破	−0，+1000
边坡坡度		不应偏陡

25.2 厂区管线综合布置监理

25.2.1 厂区管线综合布置监理要点

1. 地下管道一般自建筑物向道路中心由浅至深进行设置，其顺序如下：电讯电缆，电力电缆，热力管道和压缩空气管道，煤气管道，上水管道，污水管道，雨水管道。

2. 管道的平面布置应做到线路最短，转弯最少，减少与道路、铁路和管道间相互交叉，并与主要建筑物或道路垂直或平行敷设，当垂直敷设有困难时，交角也不应小于45°。

3. 管道的立面综合布置应根据小管让大管、有压让自流、临时让永久、新建让已建的原则进行，并应尽量避免大填大挖，以减少土方工程量。

4. 主干管应靠近主要用户和连接支管较多的一面敷设。

5. 架空管道应做到不影响运输和人行交通，不遮蔽建筑物的自然采光，尽量整齐，美观，保证铁路建筑界限及跨越道路时的必要高度。

6. 管线布置应尽量避免在滑坡，坍塌，高地下水位和洪水对管线有危害的区域，如不可避免时，应采取有效防护措施。

7. 不得在厂区发展用地，布置管线。

8. 共沟敷设的管线应保证符合防火、卫生和安全的要求，上下水道同热力管道，电力电缆，电讯电缆均不得同沟敷设。

25.2.2 厂区管线综合布置质量要求

1. 埋地管线与建筑物水平最小净距（m）（表 25-12）

表 25-12

相邻线名称		给水管线(mm)				污水管	
		$d\leqslant200$	$d=300$	$d=400$	$d=500$	下水管	雨水管
给水管线	$d\leqslant200$	0.5(1)	0.5(1.2)	0.6(1.3)	0.8(1.5)	1～1.5	1.5
	$d=300$	0.5(1.2)	0.5(1.2)	0.7(1.3)	0.8(1.8)	1～1.5	3
	$d=400$	0.6(1.3)	0.7(1.2)	0.7(1.3)	0.8(1.8)	1.5	3
	$d=500$	0.8(1.5)	0.8(1.8)	0.8	0.8(1.8)	1.5	3
雨水管、下水管		1～1.5	1～1.5	1.5	1.5	—	1.5
污水管		1.5	3	3	3	1.5	—
热力管		1～1.5	1～1.5	1.5	1.5	1.5	1.5
压缩空气管		1～1.5	1～1.5	1～1.5	1～1.5	1～1.5	1～1.5
煤气管	低压	1	1	1	1	1	1
	中压	1.5	1.5	1.5	1.5	1.5	1.5
	高压	2	2	2	2	2	2
通讯电缆		0.5	0.5	0.5	0.5	0.5	0.5
电力电缆		0.5	0.5	0.5	0.5	0.5	0.5
管架基础		2	2	2	2	2	2
照明及弱电电柱		1	1	1	1	1	1
高压线塔基础		2.5	2.5	3	3	2.5	2.5
建筑物		3	3	5	5	3	3
道路		1.5	1.5	1.5	1.5	1.5	1.5

注：1. 表中各值系指管线或基础埋设深度高差小于 0.5m 时的最小参考净距。当高大于 0.5m 时，应按土壤性质检验其相互的最小水平净距；

2. 表中水平净距，管道以内壁起计；有保温层的以保温层外壁起计；管沟以沟外壁起计；建筑物以地下最凸出部分起计；电缆以沟槽底边起计；电杆以中心计；道路以路缘石边起计；明沟以沟底起计；

3. 表中给水管的间距为无地下构筑物（表井）时的规定，有闸门时采用括号内数值；

4. 室外消火栓距外墙不应小于 5m，距路面边缘不应大于 2m；

5. 相互无干扰的管道，若一起开槽施工，净距可适当减小；

6. 本表不适用于湿陷性黄土地区。

2. 埋地管交叉最小垂直距离（m）（表 25-13）

表 25-13

名称	上水管	污水管	雨水管	热力管沟	煤气管	压缩空气管	电力电缆	电讯电缆
上水管	0.1	0.4	0.15	0.1	0.15			
污水管	0.4	0.15	0.15	0.1	0.15	0.1	0.5	0.5
雨水管	0.15	0.15	0.1	0.1	0.15	0.1	0.5	0.5
热力管沟	0.1	0.1	0.15	—	0.15	0.1	0.5	0.5
煤气管	0.15	0.15	0.1	0.15	0.15	0.1	0.5	0.5
压缩空气管	0.1	0.1	0.5	0.1	0.5	0.15	0.5	0.5
电力电缆	0.5	0.5	0.5	0.5	0.5	0.5	0.5	0.5
电讯电缆	0.5	0.5	0.5	0.5	0.5	0.5	0.5	0.5

3. 埋地管道最小埋深（m）（表 25-14）

表 25-14

名称		埋设深度(由地面至管顶或沟顶)
上水管		冰冻线以下 0.3,但不小于 0.7
下水管	管径≤300mm	冰冻线以下 0.3,但不小于 0.7
	管径≥400mm	冰冻线以下 0.5,但不小于 0.7
热力管	有沟	0.5
	无沟	1
	压缩空气	冰冻线以下,但不小于 0.8
电缆		0.7

注：管道最小埋深应以管子不受外部荷载损坏而定。

4. 架空管道与建筑物之间最小水平距离（表 25-15）

表 25-15

名称		净距(m)	名称		净距(m)
建筑物外墙面	有门窗	3.0	架空输电线	35～110kV	4.0
	无门窗	1.5	架空输电线	150kV	4.5
厂区道路	厂区型道路边缘	1.0	架空输电线	220kV	5.0
	公路型道路边沟边缘	1.0	架空输电线	330kV	6.0
人行道边缘		0.5	架空输电线	500kV	6.5
厂区围墙		1.0	树冠		0.5
架空输电线	电压 1kV	1.0	树干轴线		不小于 2.0
架空输电线	超过 1 到 20kV	3.0	照明、电信线杆		1.0

5. 架空管道跨越铁路、道路的最小垂直距离（表 25-16）

表 25-16

名称	垂直净距(m)
电力机车牵引的铁路轨面	6.6
蒸汽、内燃机车牵引的铁路轨面	5.5
道路路面	4.0
人行道路面	2.5
输电线路最近的一根导线交叉,1kV 以下	在管道上部通过 2.5
输电线路最近的一根导线交叉,1kV 以下	在管道上部通过 1.5
输电线路最近的一根导线交叉,超过 1kV 至 20kV	3.0
输电线路最近的一根导线交叉,35kV 至 110kV	4.0
输电线路最近的一根导线交叉,150kV	4.5
输电线路最近的一根导线交叉,220kV	5.0
输电线路最近的一根导线交叉,330kV	6.0
输电线路最近的一根导线交叉,500kV	6.5

25.3 厂区道路与绿化监理

25.3.1 厂区道路工程的监理要点

1. 土方的监理要点

(1) 检查填土经碾压夯实后不得有翻浆、“弹簧”现象，填土中不得含有淤泥、腐殖土及有机物质等。

(2) 路基土方压实度标准（表 25-17）

表 25-17

项目				压实度(%)	检查频率		检验方法
				重型击实	范围	点数	
路床以下深度(cm)	填方	0～30	主干路	95	1000m²	每层一组(三点)	用环刀法检验
			次干路	93			
			支路	90			
		80～150	主干路	93			
			次干路	90			
			支路	87			
		＞150	主干路	87			
			次干路	87			
			支路	87			
	挖方	0～30	主干路	93			
			次干路	93			
			支路	90			

注：1. 填方高度小于 80cm 及不填不挖路段，原地面以下 0～30cm 范围内土的压实度不低于表中所列挖方的要求。

2. 道路的类型应根据设计要求来确定。分期扩建的道路需按永久规划的道路类型设计。

2. 路床的监理要点

(1) 路床不得有翻浆、弹簧、起皮、波浪、积水等现象。用 12～15t 压路机碾压后，轮迹深度不得大于 5mm。

(2) 路床允许偏差（表 25-18）

表 25-18

项目		压实度(%)及允许偏差			检查频率			检验方法
		土路床		石路床	范围	点数		
△压实度(深度 0～30cm)	快速路和主干路	轻型击实	98		1000m²	3		用环刀法检验
		重型击实	95					
	次干路	轻型击实	95					
		重型击实	93					
	支路	轻型击实	92					
		重型击实	90					
中线高程		±20mm		±20mm	20m	1		用水准仪具测量
平整度		20mm		30mm	20m	路宽(m) ＜9	1	用 3m 直尺量取最大值
						9～15	2	
						＞15	3	
宽度		+200mm 0		+100mm 0	40m	1		用尺量
横坡		±20mm 且不大于±0.3%		±0.5%	20m	路宽(m) ＜9	1	用水准仪具测量
						9～15	4	
						＞15	6	

3. 基层的监理要点

(1) 砂石基层

1) 表面应坚实、平整，不得有浮石、粗细料集中等现象，用 12t 以上压路机碾压后轮迹深度不得大于 5mm。

2) 砂石基层允许偏差（表 25-19）

表 25-19

项目	允许偏差(mm)	检验频率			检验方法
		范围	点数		
厚度	+20 −10%	1000m²	1		用尺量
平整度	15	20m	宽度(m) <9	1	用 3m 直尺量取最大值
			9～15	2	
			>15	3	
宽度	不小于设计规定	40m	1		用尺量
中线高程	±20	20m	1		用水准仪具测量
横坡	±20 且横坡差不大于±0.3%	20m	宽度(m) <9	1	用水准仪具测量
			9～15	4	
			>15	6	
△压实密度	≥2.3t/m³	1000m²	1		灌砂法

（2）碎石基层

1）表面应坚实、平整，嵌缝料不得浮于表面或聚集形成一层，用 12t 以上压路机碾压后，轮迹深度不得大于 5mm。

2）碎石基层允许偏差（表 25-20）

表 25-20

项目		允许偏差(mm)	检验频率			检验方法
			范围	点数		
厚度		±10%	1000m²	1		用尺量
平整度		15	20m	宽度(m) <9	1	用 3m 直尺量取最大值
				9～15	2	
				>15	3	
宽度		≥设计规定	40m	1		用尺量
中线高程		±20	20m	1		用水准仪具测量
横坡		±20 且≤±0.3%	20m	宽度(m) <9	2	用水准仪具测量
				9～15	4	
				>15	6	
△压实密度	嵌缝	≥2.3t/m³	1000m²	1		灌砂法
	不嵌缝	≥2.0t/m³				

（3）沥青碎石基层

1）表面应坚实，平整，表面无积油、漏浇现象。12t 以上压路机碾压后，轮迹深度不得大于 5mm。

2）沥青贯入式碎石基层允许偏差（表 25-21）

表 25-21

项目	允许偏差(mm)	检验频率			检验方法
		范围	点数		
厚度	+20 −10%	1000m²	1		用尺量
平整度	15	20m	宽度(m) <9	1	用 3m 直尺量取最大值
			9～15	2	
			>15	3	
宽度	≥设计规定	40m	1		用尺量
中线高程	±20	20m	1		用水准仪具测量

续表

项　目	允许偏差(mm)	检验频率			检验方法
		范围	点数		
横坡	±20 且不大于±0.3%	20m	宽度(m) <9	2	用水准仪具测量
			9～15	4	
			>15	6	
压实密度	嵌缝≥2.1t/m³ 不嵌缝 2t/m³	1000m²	1		灌砂法

（4）石灰土类基层

1）灰土中粒径大于 20mm 的土块不得超过 10%，但最大的土块粒径不得大于 50mm。灰土应拌合均匀，色泽调和，石灰中严禁含有未消解颗粒。

2）有 12t 以上压路机碾压后，轮迹深度不得大于 5mm，并不得有浮土、脱皮、松散现象。

3）石灰土类基层允许偏差（25-22）

表 25-22

项　目	压实度(%)及允许偏差	检验频率			检验方法
		范围	点数		
压实度	轻型击实 98	1000m²	1		用环刀法检验
	重型击实 95				
厚度	+20 −10%	1000m²	1		用尺量
平整度	10	20m	1		用 3m 直尺量取最大值
宽度	不小于设计规定	40m	1		用尺量
中线高程	±20	20m	1		用水准仪具测量
横坡	±20 且不大于±0.3%	20m	路宽(m) <9	2	用水准仪具测量
			9～15	4	
			>15	6	

注：包括掺入一定比例的碎（砾）石、天然砂砾或工业废渣等材料铺筑的基层。

（5）石灰、粉煤灰类混合料基层

1）石灰、粉煤灰类混合料应拌合均匀，色泽协调一致。砂砾（碎石）最大粒径不大于 50mm，大于 20mm 的灰块不得超过 10%，石灰中严禁含有未消解颗粒。

2）摊铺层无明显的粗细颗料离析现象，用 12t 以上压路机碾压后，轮迹深度不得大于 5mm，并不得有浮料、脱皮、松散现象。

3）石灰、粉煤灰类混合料基层允许偏差（表 25-23）

表 25-23

项　目	压实度(%)及允许偏差	检验频率		检验方法
		范围	点数	
压实度	轻型击实 95	1000m²	1	灌砂法
	重型击实 98			
厚度	+10	50m	1	用尺量
平整度	10	20m	1	用 3m 直尺量取最大值
宽度	不小于设计规定	40m	1	用尺量
中线高程	±20	20m	1	用水准仪具测量
横坡	±20 且不大于±0.3%	20m	1	用水准仪具测量

4. 面层监理要点

(1) 混凝土面层

1) 模板必须支立牢固，不得倾斜、漏浆，板面边角应整齐，不得有大于0.3mm的裂缝，并不得有石子外露和浮浆、脱皮、印痕、积水等现象。

2) 伸缩缝必须垂直，缝内不得有杂物，伸缝必须全部贯通，传力杆必须与缝面垂直。切缝直线段应线直，曲线段应弯顺，不得有夹缝，灌缝不得漏缝。

3) 水泥混凝土面层允许偏差（表25-24）

表 25-24

项目		允许偏差(mm)	检验频率				检验方法
			范围	点数			
支模	直顺度	5	50m	1			拉20m小线量取最大值
	高程	±5	20m	1			用水准仪具测量
混凝土	抗压强度	不低于设计规定	每台班	1组			
	抗折强度	试块强度平均值不低于设计规定	每台班	1组			
	厚度	+20 −5	每块	2			用尺量
	平整度	5	块	1			用3m直尺量取最大值
	相邻板高差	3	缝	1			用尺量
	宽度	−20	40m	1			用尺量
	中线高程	±20	20m	1			用水准仪具测量
	横坡	±10且不大于±0.3%	20m	宽度(m)	<9	2	用水准仪具测量
					9～15	4	
					>15	6	
水泥混凝土	纵缝直顺	10	100m缝长	1			拉20m小线量取最大值
	横缝直顺	10	40m	1			沿路宽拉线量取最大值
	蜂窝麻面面积	≤2%	每块每侧面	1			用尺量蜂窝总面积
	井框与路面高差	3	每座	1			用尺量取最大值

(2) 沥青混凝土面层

1) 表面应平整，坚实，不得有脱落、掉渣、裂缝、推挤、烂边、粗细料集中等现象。用10t以上压路机碾压后，不得有明显轮迹。

2) 接茬应紧密、平顺、烫缝不应枯焦。面层与路缘石及其他构筑物应接顺，不得有积水现象。

3) 沥青混凝土面层允许偏差（表25-25）

表 25-25

项目	压实度(%)及允许偏差	检验频率				检验方法
		范围	点数			
压实度	≥95	$2000m^2$	1			称质量检验
厚度	+20 −5	$2000m^2$	1			用尺量
弯沉值	小于设计规定		路宽(m)	<9	2	用弯沉仪检测
				9～15	4	
				>15	6	

续表

项目	压实度(%)及允许偏差	检验频率				检验方法
		范围	点数			
平整度	≤2.6	40m	宽度(m)	≤20	2	
				>20	4	
	5		路宽(m)	<9	2	
				9～5	4	
				>15	6	
宽度	−20	40m	1			用尺量
中线高程	±20	20m	1			用水准仪具测量
横坡	±10 且≤±0.3%	20m	路宽(m)	<9	2	用水准仪具测量
				9～15	4	
				>15	6	
井框与路面的高差	5	每座	1			用尺量取最大值

(3) 黑色碎石面层

1) 表面应平整、竖实，不得有脱落、掉渣、裂缝、推挤、料边、粗细料集中等现象。用 10t 以上压路机碾压后，不得有明显轮迹。

2) 接茬应紧密、平顺、烫缝不枯焦。面层与路缘石接顺，不得有积水现象。

3) 黑色碎石面层允许偏差（表 25-26）

表 25-26

项目	压实度(%)及允许偏差	检验频率				检验方法
		范围	点数			
压实度	≥93%	2000m²	1			用蜡封称质量法
厚度	+20 −5	2000m²	1			用尺量
弯沉值	≥设计规定	20m	路宽(m)	<9	2	用弯沉仪检测
				9～15	4	
				>15	6	
平整度	5	20m	路宽(m)	<9	1	用 3m 直尺量取最大值
				9～15	2	
				>15	3	
宽度	−20	40m	1			用尺量
中线高程	±20	20m	1			用水准仪具测量
横坡	±10 且不大于±0.3%	20m	路宽(m)	<9	2	用水准仪具测量
				9～15	4	
				>15	6	
井框与路面的高差	5	每座	1			用尺量取最大值

(4) 沥青贯入式面层

1) 表面应平整、密实，不得有松散、裂缝、油包、油丁、波浪、泛油等现象。面层用 12t 以上压路机碾压后，不得有明显轮迹。

2) 沥青贯入应深透，浇洒应均匀，嵌缝料必须扫墁均匀，不得有重叠现象，面层与路缘石应接顺，不得有积水现象。

3) 沥青用量应满足有关规范要求。

4) 沥青贯入式面层允许偏差（表 25-27）

表 25-27

项目	压实度(%)及允许偏差	检验频率			检验方法
		范围	点数		
压实度	≥2.15t/m³	2000m²	1		灌砂法
厚度	+20 −5	2000m²	1		用尺量
弯沉值	小于设计规定	20m	路宽(m) <9	2	用弯沉仪检测
			9~15	4	
			>15	6	
平整值	7	20m	路宽(m) <9	1	用3m直尺量取最大值
			9~15	2	
			>15	3	
宽度	−20	40m	1		用尺量
中线高程	±20	20m	1		用水准仪具测量
横坡	±10且≤±0.3%	20m	路宽(m) <9	2	用水准仪具测量
			9~15	4	
			>15	6	
井框与路面的高差	5	每座	1		用尺量取最大值

(5) 沥青表面处治面层

1) 表面应平整、密实，不得有松散、裂缝、油包油丁、波浪、泛油等现象，沥青浇洒应均匀，嵌缝料必须均匀，不得有重叠现象。沥青用量应满足有关规范要求。

2) 沥青处治层允许偏差（表 25-28）

表 25-28

项目	压实度(%)及允许偏差	检验频率			检验方法
		范围	点数		
平整度	10	20m	路宽(m) <9	1	用3m直尺量取最大值
			9~15	2	
			>15	3	
宽度	−20	40m	1		用尺量
中线高程	±20	20m	1		用水准仪具测量
横坡	±20且≤±1%	20m	路宽(m) <9	2	用水准仪具测量
			9~15	4	
			>15	3	

(6) 泥结碎石面层

1) 泥浆必须浇灌均匀，表面应平整、坚实，不得有松散，弹簧等现象。用10t以上压路机碾压后，不得有明显轮迹。

2) 泥结碎石面层允许偏差（表 25-29）

表 25-29

项目	压实度(%)及允许偏差	检验频率		检验方法
		范围	点数	
厚度	+20 −10	1000m²	1	用尺量
平整度	15	20m	1	用直尺量取最大值
宽度	−20	40m	1	用尺量

续表

项目	压实度(%)及允许偏差	检验频率				检验方法
		范围	点数			
中线高程	±20	20m	1			用水准仪具测量
横坡	±20 且≤±1%	20m	路宽(m)	<9	2	用水准仪具测量
				9～15	4	
				>15	6	

(7) 级配砾石面层

1) 混合料配比必须符合级配曲线范围，拌合应均匀。表面应平整、坚实，不得有松散、粗细料集中、波浪等现象。面层用 10t 以上压路机碾压后，不得有明显轮迹。

2) 级配砾石面层允许偏差（表 25-30）

表 25-30

项目	压实度(%)及允许偏差	检验频率				检验方法
		范围	点数			
厚度	+20 −10	$1000m^2$	1			用尺量
平整度	15	20m	1			用直尺量取最大值
宽度	−20	40m	1			用尺量
中线高程	±20	20m	1			用水准仪具测量
横坡	±20 且≤±1%	20m	路宽(m)	<9	2	用水准仪具测量
				9～15	4	
				>15	6	

5. 侧石、缘石

(1) 侧石、缘石必须稳固，并应线直、弯顺、无折角，顶面应平整无错牙，侧石色缝应严密，缘石不得阻水。侧石背后回填必须密实。

(2) 侧石、缘石允许偏差（25-31）

表 25-31

项目	压实度(%)及允许偏差	检验频率		检验方法	项目	压实度(%)及允许偏差	检验频率		检验方法
		范围(m)	点数				范围(m)	点数	
直顺度	10	100m	1	拉 20m 小线量取最大值	缝宽	±3	20m	1	用尺量
相邻块高差	3	20m	1	用尺量	侧石顶面高程	±10	20m	1	用水准仪具测量

6. 预制块人行道

(1) 铺砌必须平整稳定，灌缝应饱满，不得有翘动现象。人行道面层与其他构筑物应接顺，不得有积水现象。

(2) 预制块人行道允许偏差（25-32）

表 25-32

项目		允许偏差(mm)	检验频率		检验方法
			范围	点数	
压实度	路床	≥90%	100m	2	用环刀法或灌砂法检验
	基层	≥95%			
平整度		5	20m	1	用 3m 直尺量取最大值

续表

项　目	允许偏差(mm)	检验频率		检验方法
		范围	点数	
相邻块高差	3	20m	1	用尺量取最大值
横坡	±0.3%	20m	1	用水准仪具测量
纵缝直顺	10	40m	1	接 20m 小线量取最大值
横缝直顺	10	20m	1	沿路宽拉小线量取最大值
井框与路面高差	5	每座	1	用尺量

7. 现浇水泥混凝土人行道

(1) 板面边角应整齐，不得有大于 0.3mm 的裂缝，并不得有石子外露、浮浆、脱皮、印痕等现象。表面线格必须整齐、清晰。

(2) 现浇水泥混凝土人行道允许偏差（表 25-33）

表 25-33

序号	项　目		允许偏差(mm)	检验频率		检验方法
				范围	点数	
1	压实度	路床	≥80	100m	2	用环刀法或灌砂法检验
		基层	≥95			
2	平整度		5	20m	1	用 3m 直尺量取最大值
3	抗压强度		≥设计规定	每台班	1 组	见附录三
4	横坡		±0.3%	40m	1	用尺量
5	宽度		−20	40m	1	用尺量
6	厚度		±5	20m	1	用尺量
7	井框与路面高差		5	每座	1	用尺量

8. 沥青类人行道

(1) 沥青人行道表面应平整、坚实，不得有脱落掉渣、裂缝、推挤、烂边、粗细料集中等现象。接茬应紧密、平顺，烫边不应枯焦。

(2) 沥青类人行道允许偏差（表 25-34）

表 25-34

序号	项　目		允许偏差(mm)	检验频率		检验方法
				范围	点数	
1	压实度	路床	≥90	100m	2	用环刀法或灌砂法检验
		基层	≥95			
2	平整度	沥青混凝土	5	20m	1	用 3m 直尺量取最大值
		其他	7			
3	横坡		±0.3%	40m	1	用尺量
4	宽度		−20	40m	1	用尺量
5	厚度		±5	20m	1	用尺量
6	井框与路面高差		5	每座	1	用尺量

25.3.2　厂区绿化工程监理要点

1. 施工前准备的检查

(1) 厂区绿化工程必须按照批准的绿化工程设计及有关文件施工。施工人员应掌握设计意图，进行工程准备。

(2) 施工前，设计单位应向施工单位进行设计交底，施工人员应按设计图进行现场核对。当有不符之处时，应提交设计单位作变更设计。

(3) 根据绿化设计要求，选定的种植材料应符合其产品标准的规定。

(4) 工程开工前应编制施工计划书，计划书应包括下列内容：

1) 施工程序和进度计划；

2) 各工序的用工数量及总用工日；

3) 工程所需材料进度表；

4) 机械与运输车辆和工具的使用计划；

5) 施工技术和安全措施；

6) 施工预算。

(5) 厂区建设综合工程中的绿化种植，应在主要构筑物、建筑物、地下管线、道路工程等主体工程完成后进行。

2. 种植穴、槽的挖掘的监理

(1) 种植穴、槽的定点放线应符合下列规定：

1) 种植穴、槽定点放线应符合设计图纸要求，位置必须准确，标记明显；

2) 种植穴定点时应标明中心位置。种植槽应标明边线；

3) 定点标志应标明树种名称（或代号）、规格；

4) 定点遇有障碍物影响株距时，应与设计单位取得联系，进行适当调整。

(2) 检查穴、槽是否垂直下挖，上口下底相等。

(3) 一般乔木类种植穴规格（cm）（表 25-35）

表 25-35

树　高	土球直径	种植穴深度	种植穴直径
150	40～50	50～60	80～90
150～250	70～80	80～90	100～110
250～400	80～100	90～110	120～130
400 以上	140 以上	120 以上	180 以上

(4) 落叶乔木类种植穴规格（cm）（表 25-36）

表 25-36

胸径	种植穴深度	种植穴直径	胸径	种植穴深度	种植穴直径
2～3	30～40	40～60	5～6	60～70	80～90
3～4	40～50	60～70	6～8	70～80	90～100
4～5	50～60	70～80	8～10	80～90	100～110

(5) 花、灌木类种植穴规格（cm）（表 25-37）

表 25-37

冠　径	种植穴深度	种植穴直径	冠　径	种植穴深度	种植穴直径
200	70～90	90～110	100	60～70	70～90

(6) 竹类种植穴规格（cm）（表 25-38）

表 25-38

种植穴深度	种植穴直径	种植穴深度	种植穴直径
比盘根或土球深	比盘根或土球大	20～40	40～60

(7) 绿篱类种植槽规格（cm）（表 25-39）

表 25-39

种植方式 / 苗高 \ 深×宽	单 行	双 行	种植方式 / 苗高 \ 深×宽	单 行	双 行
50～80	40×40	40×60	120～150	60×60	60×80
100～120	50×50	50×70			

（8）在土层干燥地区检查是否种植前浸穴，挖穴、槽后，检查是否施入腐熟的有机肥作为基肥。

3. 苗木种植前的修剪的监理

（1）种植前应检查是否进行苗木根系修剪，是否将劈裂根、病虫根、过长根剪除，并对树冠进行修剪，保持地上地下平衡。

（2）乔木类修剪应符合下列规定：

1）具有明显主干的高大落叶乔木应保持原有树形，适当疏枝，对保留的主侧枝应在健壮芽上短截，可剪去枝条 1/5～1/3；

2）无明显主干、枝条茂密的落叶乔木，对于径 10cm 以上树木，可疏枝保持原树形；对干径为 5～10cm 的苗木，可选留主干上的几个侧枝，保持原有树形进行短截；

3）枝条茂密具圆头型树冠的常绿乔木可适量疏枝。枝叶集生树干顶部的苗木可不修剪；

4）常绿针叶树，不宜修剪，只剪除病虫枝、枯死枝、生长衰弱枝、过密的轮生枝和下垂枝；

5）用作行道树的乔木，定于高度宜大于 3m，第一分枝点以下枝条应全部剪除，分枝点以上枝条酌情疏剪或短截，并应保持树冠原型；

6）珍贵树种的树冠宜作少量疏剪。

（3）灌木及藤蔓类修剪应按下列规定检查：

1）带土球或湿润地区带土裸根苗木及上年花芽分化的开花灌木不宜作修剪，当有枯枝、病虫枝叶时应予剪除；

2）枝长茂密的大灌木是否疏枝，对嫁接灌木是否将接口以下萌生枝条剪除；

3）分枝明显、新枝着生花芽的小灌木是否适当修剪，促生新枝，更新老枝；

4）用作要篱的乔灌木，应在种植后按设计要求整表修剪；

5）攀缘类和蔓性苗木可剪除过长部分。攀缘上架苗木可剪除交错枝、横向生长枝。

（4）苗木修剪质量应按下列规定检查：

1）剪口应平滑，不得劈裂；

2）枝条短截时应留外芽，剪口应距留芽位置以上 1cm；

3）修剪直径 2cm 以上大枝及粗根时，截口必须削平并涂防腐剂。

4. 树木种植的监理

（1）检查树木的种植时期是否选择最适宜的种植期。

（2）种植的质量应按下列规定检查：

1）种植应保持对称平衡，行道树或行列种植树木应在一条线上，相邻植株规格应合理搭配，高度、干径、树形近似，种植的树木应保持直立，不得倾斜，应注意观赏面的合理朝向；

2）种植绿篱的株行距应均匀。树形丰满的一面应向外，按苗木高度、树干大小搭配均匀。在苗圃修剪成型的绿篱，种植时应按造型拼栽，深浅一致；

3）种植带土球树木时，不易腐烂的包装物必须拆除；

4）种植时根系必须舒展，填土应分层踏实，种植深度应与原种植线一致。竹类可比原种植线深5～10cm。

(3) 树木种植应按下列规定检查：

1）应先检查种植穴大小及深度，不符合要求时，应修整种植穴；

2）种植裸根树木时，应将种植穴底填土呈半圆土堆，置入树木填土至1/3时，轻提树干使根舒展，并充分接触土壤，随填土分层踏实；

3）带土球树木必须踏实穴底土层，而后置入种植穴，填土踏实；

4）绿篱成块种植时，应从中心向外顺序退植。坡式种植时应由上向下种植。大型块植或不同彩色丛植时，宜分区分块种植；

5）假山或岩缝间种植，应在种植土中掺入苔藓、泥炭等保湿透气材料。

(4) 落叶乔木在非种植季节种植时，检查是否采取了以下技术措施：

1）苗木必须提前采取疏枝、环状断根或在适宜季节起苗用容器假植等处理；

2）苗木应进行强修剪，剪除部分侧枝，保留的侧枝也应疏剪或短截，并应保留原树冠的三分之一，同时必须加大土球体积；

3）可摘叶的应摘去部分叶片，但不得伤害幼芽；

4）夏季可搭棚遮荫、树冠喷雾、树干保湿，保持空气湿润；冬季应防风防寒。

(5) 干旱地区或干旱季节，种植裸根树木应检查是否采取了根部喷布生根激素和增加浇水次数等措施。针叶树是否在树冠喷洒聚乙烯树脂等抗蒸发剂。

(6) 检查排水不良的种植穴是否在穴底铺10～15cm砂砾或铺设渗水管、盲沟。

(7) 树木种植后浇水、支撑固定应按下列规定检查：

1）在种植穴周围筑成灌水土堰，堰应筑实不得漏水；

2）新植树木应在当日浇透第一遍水，北方地区种植后浇水不少于3遍；

3）粘性土壤，宜适量浇水，根系不发达树种，浇水量宜较多；肉质根系树种，浇水量宜少；

4）秋季种植的树木，浇足水后可封穴越冬；

5）干旱地区或遇干旱天气时，应增加浇水次数。干热风季节，应对新发芽放叶的树冠喷雾，宜在上午10时前和下午15时后进行；

6）应防止冲刷裸露根系或造成跑漏水。浇水后出现土壤沉陷，致使树木倾斜时，应及时扶正、培土。浇水渗下后，应及时用围堰土封穴。再筑堰时，不得损伤根系。

(8) 种植胸径5cm以上的乔木，应设支柱固定。

(9) 攀缘植物种植后，应进行绑扎或牵引。

5. 大树移植的监理

(1) 20cm以上的落叶乔木和15cm以上的常绿乔木的移植属大树移植。大树移植应制定移植的技术方案。

(2) 大树移植前应检查断根，修剪等移植的准备工作。

（3）大树移植应按下列规定检查：

1）对树木应标明主要观赏面积和树木阴、阳面；

2）必须按树木胸径的 6～8 倍挖掘土球或方形土台装箱；高寒地区可挖掘冻土台移植；

3）在装运过程中，应将树冠捆好，并应固定树干，防止损伤树皮，不得损坏土球；

4）大树移植应将主要观赏面安排适当，土球应直接吊放种植穴内，拆除包装，分层填土夯实；

5）大树移植后，必须设立支撑，防止树身摇动。

（4）大树移植应建立技术档案，其内容应包括：实施方案、施工和竣工记录、图纸、照片或录像资料、养护管理技术措施和验收资料等。记录表内容应符合表 25-40 的规定。

表 25-40

原栽地点	移植地点	树种	规格年龄（年）	移植日期	参加施工人员
技术措施					

6. 草坪、花卉种植的监理

（1）草坪种植应根据不同地区、不同地形选择播种、分株、茎枝繁殖、植生带、铺砌草块和草卷等方法。种植的适宜季节和草种类型选择：

1）冷季型草播种宜在秋季进行，也可在春、夏季进行。

2）冷季型草分株栽植宜在北方地区春、夏、秋季进行。

3）茎枝栽植暖季型草宜在南方地区夏季和多雨季节。

4）植生带、铺砌草块或草卷，温暖地区四季均可进行；北方地区宜在春、夏、秋季进行。

（2）草坪播种应按下列规定检查：

1）选择种籽不得含有杂质，播种前应做发芽试验和催芽处理，确定合理的播种量；

2）播种时应先保持土壤湿润，稍干后将表层土耙细耙平，进行撒播，均覆土 0.30m～0.50cm 后轻压，然后喷水；

3）喷水水点宜细密均匀，浸透土层 8～10cm，除降雨天气，喷水不得间断。亦可用草帘覆盖保持湿度，至发芽时撤除；

（3）草坪混播应按下列规定检查：

1）混合撒播应筑播种床育苗，株种植应将草带根掘起，除去杂草后 5～7 株分为一束，按株距 15～20cm，呈品字形种植于深 6～7cm 穴内，再踏实浇水；

2）茎枝繁殖宜取茎枝或匍匐茎的 5～7 个节间，穴深应为 6～7cm，埋入 3～5 枝，其露出地面宜为 3cm，并踏实、灌水。

（4）铺设草块应按下列规定检查：

1）草块应选择无杂草、生长势好的草源。在干旱地掘草块前应适量浇水，待渗透后掘取；

2）草块运输时宜用木板置放 2～3 层，装卸车时，应防止破碎；

3）铺设草块可采取密铺或间铺。密铺应互相衔接不留缝，间铺间隙应均匀，并填以种植土。草块铺设后应滚压、灌水。

（5）种植花卉的各种花坛（花带、花境等），应按照设计图定点放线，在地面准确划出位置、轮廓线。面积较大的花坛，可用方格线法，按比例放大到地面。

(6) 花卉用苗应选用经过1～2次移植，根系发育良好的植株。起苗应按下列规定检查：

1) 裸苗，应随起随种；

2) 带土球苗，应在灌水渗透后起苗，保持土球完整不散；

3) 盆育花苗去盆时，应保持盆土不散；

4) 起苗后种植前，应注意保鲜，花苗不得萎蔫。

(7) 各类花卉种植时，在晴朗天气、春秋季节、最高气温25℃以下时可全天种植；当气温高于25℃时，应避开中午高温时间。

(8) 主要水生花卉最适水深（表25-41）

表 25-41

类别	代表品种	最适水深(cm)	备注
沿生类	菖蒲、千屈菜	0.5～10	千屈菜可盆栽
挺水类	荷、宽叶香蒲	100以内	
浮水类	芡实、睡莲	50～300	睡莲可水中盆栽
漂浮类	浮萍、凤眼莲	浮于水面	根不生于泥土中

7. 绿化工程验收

(1) 种植材料、种植土和肥料等，均应在种植前由施工人员按其规格、质量分批进行验收。

(2) 工程中间验收的工序应符合下列规定：

1) 种植植物的定点、放线应在挖穴、槽前进行；

2) 种植的穴、槽应在未换种植土和放基肥前进行；

3) 更换种植土和施肥，应在挖穴、槽后进行；

4) 草坪和花卉的整地，应在播种或花苗（含球根）种植前进行；

5) 工程中间验收，应分别填定验收记录并签字。

(3) 工程竣工验收前，施工单位应于一周前向监理部提供下列有关文件：

1) 土壤及水质化验报告；

2) 工程中间验收记录；

3) 设计变更文件；

4) 竣工图和工程决算；

5) 外地购进苗木检验报告；

6) 附属设施用材合格证或试验报告；

7) 施工总结报告。

(4) 竣工验收时间应符合下列规定：

1) 新种植的乔木、灌木、攀缘植物，应在一个年生长周期满后方可验收；

2) 地被植物应在当年成活后，达到80%以上进行验收；

3) 花坛种植的一、二年生花卉及观叶植物，应在种植15d后进行验收；

4) 春季种植的宿根花卉、球根花卉，应在当年发芽出土后进行验收。秋季种植的应在第二年春节发芽出土后验收。

（5）绿化工程质量标准：

1）乔、灌木的成活率应达到95%以上。珍贵树种和孤植树应保证成活；

2）强酸性土、强碱性土及干旱地区，各类树木成活率不应低于85%；

3）花卉种植地应无杂草、无枯黄，各种花卉生长茂盛，种植成活率应达到95%；

4）草坪无杂草、无枯草，种植覆盖率应达到95%。绿地整洁，表面平整；

5）种植的植物材料的整形修剪应符合设计要求；

6）绿地附属设施工程的质量验收应符合《建筑安装工程质量检验评定统一标准》(GBJ 301）的有关规定。

（6）工验收后，填报竣工验收单，绿化工程竣工验收单应符合表25-42规定

表 25-42

工程名称			工程地址		
绿地面积(m^2)					
开工日期		竣工日期		验收日期	
树木成活率(%)					
花卉成活率(%)					
草坪覆盖率(%)					
整洁及平整					
整形修剪					
附属设施评定意见					
全部工程质量评定及结论					
验收意见					
施工单位 签字： 公章：	监理单位 签字： 公章：	建设单位 签字： 公章：		绿化质检部门 签字： 公章：	

25.4 给水处理厂试运行监理

25.4.1 给水处理厂试运行的前提条件

1. 在所有单项工程验收合格的基础上方可进行全厂试运行。
2. 机械设备必须先行进行单机试车。
3. 一般机械设备空车试运行时间不少于2h。
4. 一般机械设备带负荷运行4h。
5. 执行机构运作调试完毕。
6. 自动控制系统模拟运行正常。
7. 监测并记录单机运行数据。
8. 厂区管线综合布置已完成。

25.4.2 给水处理厂联机试运行要点

1. 按工艺流程，每个构筑物逐个通水，联机试运行。
2. 全厂联机试运行，时间应不少于24h。
3. 先采用手工操作运行，构筑物和设备全部运转正常后，方可转入自动控制运行。
4. 初始试运行，应适当加大混凝剂的投药量。
5. 监测并记录各构筑物运行情况和运行数据。

25.4.3 取水泵站试运行要点

1. 检查供电系统是否正常
2. 检查水泵体，附属设备及执行机构是否正常状态和处于备用位置。
3. 检查各检测仪表是否正常。
4. 进行单机联动试车。
5. 机泵并联试车。
6. 检查水泵扬程、流量、耗电量是否正常。
7. 检查各台设备是否出现过热、过流、噪声等异常现象。
8. 取水泵房试运行，可选择与各净水构筑物做满水试验。

25.4.4 混凝剂投加监理要点

1. 混凝剂的配制

(1) 配制方法

配制时先将凝聚剂倒入溶解池中用机械、水力或压缩空气使凝聚剂溶解，然后将溶解好的药液放入溶液池中，用水稀释成5%～10%的浓度。药液放置时间不宜太长，否则会影响混凝效果。

(2) 凝聚剂的投加量

1) 初步确定投加量。

2) 观察矾花，用沉淀池或澄清池实际出水浊度来调整投加量。

3) 积累经验，制定不同原水浊度的加药量图表，用以指导日常生产。

(3) 观察矾花的一般方法（表25-43）

表 25-43

矾花生成评价	特　点
投药量适当时	絮凝池中所结的矾花，颗粒清晰，水与颗粒界限清楚，并有分离倾向，絮凝池后部泥水分离清晰而透明，进入沉淀池后，即开始分离，这表明凝聚良好 对于浊度较高的原水，矾花一般密集、细小而结实 对于浊度较低的原水，矾花一般类似小雪花片，颗粒轻而不结实，在絮凝池中的后部才能看到 对于低浊度原水，例如10°以下，一般仅能看到矾花
投药量过大时	絮凝池后部就出现泥水分离，矾花密度降低，甚至在沉淀池中很快就沉淀或在沉淀池进口处虽产生泥水分离，但在出口处有大量矾花带出，并呈乳白色，出水浊度增高，这说明投药量已过大
投药量过小时	絮凝池中虽然也看到细小矾花，但在后部和沉淀池进口处没有泥水分离现象，水呈浑浊模糊状，表明投药量不够

2. 混凝剂投加操作

(1) 放入溶解缸时要按固定的水位，并均匀搅拌、消化溶解后才放入溶液池，放入溶液池的数量及稀释的水量都要按事先规定的进行；

(2) 投药前对所有投药设备及水射器进行检查，确保正常后方可按规定的顺序打开各控制阀门；

(3) 确定投药量必须按进水泵房开机数量和原水水质按试验数据或事先规定的投加标准进行。投加后及时观察矾花生成情况和沉淀池出口浊度加以调整；

(4) 必须按时正确测定原水浊度、pH值、沉淀池出口浊度，按控制出口浊度大小来调整投加量；

(5) 水泵停车前应提前3～5min关掉投药开关，以减少残留药液、减轻水泵叶轮或吸水管道的腐蚀。

25.4.5　絮凝池监理要点

1. 絮凝池运行控制一般根据经验按表25-44所示。

表25-44

絮凝池型式	流速(m/s) 最大流速	最小流速	平均速度梯度 G值(1/s)	停留时间 (min)	G_T值	备注
隔板絮凝池	0.6～0.5	0.3～0.2	30～100	20～30	(3～10)10^4	
折板絮凝池	第一段(相对折板) 0.35～0.25 第二段(平行折板) 0.25～0.15 第三段(平行直板) 0.15～0.1		60～100 30～50 15～25	6～15 (2～2.5) (2～2.5) (2～2.5)	$<3\times10^4$ $\geqslant2\times10^4$	
涡流絮凝池	0.5	0.2				
机械絮凝池（三级）	0.4～0.5	0.2	第一级 50～60 第二级 25～30 第三级 12～15	15～20	$(2.5\sim4.0)\times10^4$	
旋流絮凝池				10～15		

2. 按混凝要求，注意池内矾花形成情况及时调整加药量；定期清扫池壁，防止藻类滋生；及时排泥。

3. 在运行的不同季节应对反应池进行技术测定。内容主要是进水流量、进出口流速、停留时间、速度梯度的验算及记录测定时的气温、水温和水的pH值等。絮凝池G值的测定应事先确定絮凝池进水流量、水温、水头损失和絮凝池的有效容积，按下式计算。

$$G=\sqrt{\rho h/60\mu T}$$

式中　ρ——水的密度（1000kg/m^3）；

h——反应池内水头损失（m）；

μ——水的动力黏度系数（kg·s/m^2）。

25.4.6　沉淀池监理要点

1. 沉淀池试运行监理要点

(1) 检查加药设备是否正常，是否可以投入运行。

(2) 检查机械搅拌设备刮泥、排泥机械的空载状态是否正常。

(3) 缓慢进水，并加倍投药，采用竖向流形式的絮凝池应注意打开连通阀，防止隔板单面荷载损坏。

(4) 待沉淀、澄清池内水位接近正常水位时，开启机械絮凝设备或搅拌叶轮。

(5) 检查絮凝效果或泥渣形成状况。

(6) 检查沉淀、澄清效果，并取样化验沉淀水水质。

(7) 检查各检测仪表。

(8) 联动自动加药设备，连续运行，并记录参数，进行适当调整。

2. 平流沉淀池

(1) 掌握原水水质和处理水量的变化

正确地决定凝聚剂投加量。掌握的内容在原水水质方面有：一般要求2～4h测量一次原水浑浊度、pH 值、水温 、碱度，在水质变化频繁季节里要 1～2h 就进行一次测量。

在水量方面要了解进水泵房开停状况。对水质测定结果和处理水量的变化要及时填入生产日报。

（2）观察絮凝效果、及时调整加药量

在运转中要特别注意出水量变化前调整投药量和水质变坏时增加投药量这两个环节，还要防止断药事故。

（3）及时排泥

及时排泥是沉淀池运转中极为重要的工作。因为排泥不及时、池内积泥厚度升高，会缩小沉淀池过水断面、相应缩短沉淀时间，降低沉淀效果最终导致出水水质变坏。排泥过于频繁又会增加耗水量。

3. 斜管沉淀池

斜管沉淀池的管理须注意以下几点：

（1）要不间断地加注凝聚剂；

（2）及时排泥；

（3）如发生藻类滋长则可采用在原水中预加氯方法予以抑制；

（4）斜管顶部如出现泥毯则应降低水位、露出管孔、用压力水进行冲洗。

（5）斜管沉淀池上升流速控制在 2.5mm/s 左右较为合适。

4. 澄清池的试运行

（1）澄清池经满水试验合格后，将水放空，将池内杂物清扫干净，检查各种机械设备完好后可进行试运行。

（2）徐徐开启进水闸阀，使进水流量控制在设计流量的 1/3 左右，凝聚剂投量比正常增加 20%～30%；搅拌机转速控制在 5～7r/min；

（3）原水浊度较低时，为加速形成活性泥渣层，可向第一絮凝室投加黏土。

（4）当澄清池开始出水量，要仔细观察分离区的水质变化情况，同时应测定悬浮层的泥渣浓度和厚度以及沉降比。根据上述测定调整进水流量、混凝剂投量，排泥时间间隔及泥渣回流量，使之正常运行。

（5）一般，泥渣沉降比为 10%～20%，排泥时间为：小排泥 2～4h 一次，时间为 1～3min；大排泥每天一次，时间为 1h 左右。

（6）澄清池正常运行时，应保证进水流量的稳定。增加进水量，应预先提前 30min 增加混凝剂投量，并排除部分泥渣，降低泥渣层厚度，然后再逐渐增加进水流量。

（7）机械搅拌澄清池调节叶轮转速时要缓慢进行，叶轮提升可在运转中进行，叶轮下降必须停车操作。

（8）脉冲澄清池启动，先以悬浮方式运行，并适当加大混凝剂投量，当测定悬浮层厚度大于 1m 时并且池内水位升至集水管 10cm 以上时，则可启动脉冲，转入正常运行。

25.4.7 滤池试运行监理

1. 滤池试运行监理要点

（1）检查各台设备、阀门等是否正常。

（2）采用手动操作冲洗滤床（按正常冲洗程序进行）。

（3）放入沉淀池开始试运行，检测滤后水水质。

(4) 注意检查滤床的水头损失，并记录运行时间。

(5) 待达到设计要求，推荐最大水头损失或冲洗周期，然后进行反冲洗。测定反冲洗参数，检验是否达到设计要求。

(6) 待滤后水进入清水池。

2. 普通快滤池

(1) 快滤池新建或大修后需做如下投产前准备。

1) 检查所有管道和闸阀是否完好，检查各管口标高是否符合设计，特别是排水槽上缘是否水平。

2) 对滤料最好在放入前进行严格的检查，确保粒径和级配符合设计要求，初次铺设的滤料应比设计厚度增加 5cm 左右。

3) 清除滤池内杂物，保持滤料面平整。

4) 放水检查，放水按“操作运行”的过滤要求进行。放水要慢慢进行、排除滤料内空气。

5) 对滤料进行连续冲洗。冲洗按“操作运行的”的冲洗要求进行。要求冲到清洁为止。

6) 用漂白粉或氯气对滤料进行消毒处理。

(2) 操作运行

1) 运行前准备

a. 检查各种阀门是否全部关闭；

b. 检查沉淀水出口水位与浊度是否符合要求；

如果一切正常，开始进行过滤操作。

2) 过滤操作

a. 徐徐开启进水阀；

b. 当水位升到排水槽上缘时，徐徐开启出水阀，过滤开始，开始开启出水阀时要注意出水浊度，待达到要求时方可全部开启。

c. 按规定内容将时间、出口浊度、水头损失、记入操作运行原始记录簿。

3) 冲洗操作方法（表 25-45）

表 25-45

内　容	方　法
需要冲洗的衡量标准	一般达到下列情况之一就需冲洗： 1. 出水浊度超过规定的指标如 3NTU 2. 滤层内水头损失达到额定的指标如 2～3m 3. 运转时间达到规定的时间，如 24～48h
冲洗前准备工作	1. 检查冲洗水塔的水量是否足够 2. 清水池水位是否足够 3. 报告调度，得到允许后方可冲洗
冲洗顺序	1. 关闭进水阀 2. 待滤池内水位下降到滤料层砂面以上 10～20cm 时关闭出水阀 3. 开启排水阀 4. 徐徐打开反冲洗水阀 5. 冲洗 5～7min，使反冲洗水的浑浊度已下降到 20°左右时，关闭反冲洗水阀、冲洗停止
滤池恢复工作时	1. 关闭排水阀 2. 打开进水阀 3. 按过滤时要求，恢复滤池正常运转

3. 无阀滤池

(1) 投产前准备

1) 对滤池的几个关键性标高如虹吸辅助管管口、滤池出水口、进水分配箱堰口及底部、进水管U形弯底部、排水井堰口等的标高进行实测、复检，确实与设计符合后方可作投产准备。

2) 初次运行前先将冲洗强度调节器调整到1/4的开启度，以防冲走滤料，待试运行后根据情况逐步放大直到达到设计规定的要求为止。

3) 为了顺利排除池内空气，最好在投产前先将水注入冲洗水箱，自下而上地浸润滤料。否则就采取控制进水量使水慢慢地从挡板洒下的办法。

4) 试运行的滤池在冲洗水箱充满后即采用人工强制冲洗的方法连续冲洗滤料，然后按快滤池滤料消毒的方法进行消毒处理。

(2) 试运行

1) 试运行应先采用人工强制冲洗的办法加以冲洗，冲洗二次后，则无阀滤池开始自动运行；

2) 无阀滤池一般不设进水停止装置，冲洗时澄清池继续来水，如果需要停水可以设立“自动停止进水装置”。

4. V形滤池

(1) 投产前准备工作

1) 检查各滤池的滤料表面标高，检查进水V形槽边的标高（同一条槽边，同一池的两个槽边，不同池的槽边标高差），检查排水渠堰口的标高是否符合设计要求，检查V形槽的孔口的标高是否一致。对这些重要部位的标高进行实测、复检，确定满足设计要求。

2) 逐渐向池内放水，对滤料浸泡1～2h。

3) 检查冲洗水泵、风机、闸门，将冲洗水泵的冲洗管道闸门调整到1/4开启度，打开水泵将流量控制在水冲强度的1/2，使滤料层中的空气排出。

4) 调整气冲强度和水冲强度，调整好后将气冲、水冲及冲洗时间输入控制程序。

5) 对滤池进行强制冲洗两次，一方面检测冲洗过程参数是否符合设计要求，另一方面冲走滤料层的杂质。

(2) 操作运行

1) 完成投产前的各项准备工作，即可投入试运行。

2) 滤池正常进水，通过滤前水，滤后水浊度计记录下进出水的浊度，一般要控制为：进水浊度≤3NTU，出水浊度控制在0.1NTU。

3) 记录下单格滤层的过滤周期，比较是否符合设计要求。

4) 记录下冲洗的过程，特别要记录气冲时间，气冲强度，滤层的冲洗情况，是否有跑料现象；要记录水冲强度，水冲时间，滤层冲洗的情况。

5) 测定冲洗结束前冲洗排水的浊度，检查冲洗的效果。

6) 正常反冲洗还要观察，在冲洗时V形进水槽的孔口对冲洗水的横扫作用及其均匀性。

25.4.8 清水池试运行和投氯消毒监理要点

1. 清水池试运行前要对清水池采用漂粉或重氯进行消毒。

2. 投氯消毒投入使用前准备工作

(1) 操作人员事先要学习有关安全用氯的知识，熟悉加氯机的构造和性能，接受过训练并证明能独立操作者方可操作。

(2) 检查加氯间内检修工具和材料是否完备，防毒面具是否完好，是否备有氨水。

(3) 检查水射器、氯气导管、加氯管及压力水源是否正常。

(4) 检查加氯机各部件有无故障，氯瓶放置位置是否正确。

(5) 经过检查，一切正常后方可投入使用。

3. 投入运行的步骤

(1) 开启压力水阀门，使水射器投入工作，此时中转玻璃罩内应有气泡翻腾。

(2) 开启平衡水箱进水阀门，使水箱溢流管中溢出少量的水，此时中转玻璃罩中已无气泡翻腾，水射器的吸力由平衡水箱中水来满足。

(3) 缓慢开启氯瓶的出氯总阀一小圈或稍动一下，用氨水检查各有关接头部位是否漏气，如无异常再开启出氯总阀至正常状态。

(4) 缓慢开启控制阀，使转子稳定在需要的刻度上，此时应同时注意平衡水箱中的水位情况，并调节水箱进水阀以使少量的水从溢流管中溢出为度，再次用氨水检查各部位接头是否漏氯。如一切正常表示加氯机已经投入运行状态。

(5) 记录投入运行的时间和转子流量计显示的加氯量及氯瓶的重量。

4. 运行中的检查

(1) 经常注意转子流量计的转子位置是否移动。如有移动及时调整。

(2) 经常注意有否漏氯现象出现。

(3) 经常检查水射器的工作状况。

(4) 发现问题立即采取措施。

5. 关机的步骤

(1) 首先关闭出氯总阀；待转子流量计的转子跌落至零位时再关闭控制阀。

(2) 关闭平衡水箱进水阀门，此时中转玻璃罩中又将出现气泡翻腾现象。

(3) 待玻璃罩和玻璃管中透明无色后，再关闭压力水进水阀使水射器停止工作。

6. 漏氯的检验方法

氯与氨接触会很快生成氯化铵（NH_4Cl）晶体微粒，形成白色烟雾。因此漏氯的检验方法是当氯瓶出氯总阀开启后应随即用 10% 氨水，对准可能漏氯的部位，如果出现烟雾，就是表示该处漏氯。

7. 调换氯瓶的方法

(1) 调换氯瓶时，先关闭该氯瓶的出氯总阀。

(2) 然后旋开弹簧膜阀下端的拉杆帽，用扳手的槽孔嵌入拉杆帽槽内，向下压约 1min，以排除出氯总阀至弹簧膜阀之间的余氯。

(3) 再按关机的步骤使加氯机停止运行。

(4) 更换氯瓶。

(5) 如即需使用的可按“投入使用前准备工作”与“投入运行的步骤”投入使用。

25.4.9 二级泵站试运行监理要点

1. 检查供电系统是否正常

2. 检查水泵体，附属设备及执行机构是否正常状态和处于备用位置。

3. 检查各检测仪表是否正常。

4. 进行单机联动试车。

5. 机泵并联试车。

6. 检查水泵扬程、流量、耗电量是否正常。

7. 检查各台设备是否出现过热、过流、噪声等异常现象。

8. 缓慢启动出水阀，输入管网。

9. 监测出厂水压波动情况。

10. 开启与净水厂较近的小阀门排水，待出水符合要求后，缓慢关闭，同时通知二级泵站调试人员控制出厂水压。检查泄气阀工作状况。

25.5 污水处理厂试运行监理

25.5.1 格栅间监理要点

1. 检查除污机是否定时清除格栅所截污物，否则将造成格栅的阻塞，此时，不仅齿耙不易插入栅隙，使清污困难，减少水泵出水量，而且使水位差超过允许范围，造成超载，导致污水外溢，格栅倒塌。

2. 除污机的齿耙发生倾斜或不与格栅啮合，钢丝绳错位、链条等传动部位出故障或电气限位开关失灵等现象，应停机进行检修，不得强行开机。

3. 由于格栅所截污物中，存在一定量的有机污染物，不及时处理或处置，将影响环境卫生和人身健康。它可与沉砂池的浮渣一起处理，也可经粉碎机粉碎后，用水输送至污泥处理系统与污泥一起进行消化。

4. 除污机的操作因除污机的类别而异，运行中，监理人员应认真检查执行除污机操作规程情况。

5. 除污机需检修或因其他原因需清捞格栅污物，检查操作人员是否穿戴齐全劳保用品，系好安全带，做到一人操作，一人监护，避免出现意外事故。

6. 检查操作人员经常打扫、清理栅筛的垃圾和污物情况。

7. 检查污水过栅时的水头损失是否控制在 0.3m 以内。

25.5.2 进水泵房监理要点

1. 运转控制

(1) 检查粗格栅分别按时间顺序进行控制。

1) 15min 为一个周期，间歇时间为 10min，每次运转 5min。

2) 若两台以上粗格栅同时运行时，运行时间应错开。

3) 粗格栅同时还由设在格栅前后的超声波液位计的液位差控制，当液位差大于 25cm 时，粗格栅同时连续运行，直到液位差下降到小于 10cm，格栅恢复到时序控制状态运行。

4) 在冬季时应连续低转速运行。

(2) 检查每台格栅上扭矩开关，当测得开关过负荷运转时，立即停止格栅动作并向PLC发出过负荷运转报警信号，此时，位于格栅前面的电动闸阀应立即关闭。

(3) 检查螺旋输送压榨机的运行是否与格栅运行联锁

1) 当格栅运行一段时间后，螺旋输送压榨机自动启动。

2) 在格栅运行停止后，螺旋压榨机将继续运转一段时间后停机（min）。

3) 在冬季粗格栅连续运行时，输送机也连续低转速运转。

(4) 潜水进水泵的工作是由PLC根据水位变化控制的。设在格栅后的超声波液位计将水位信号传送给PLC，PLC将根据水位变化情况依次开停各台泵。

(5) 此时超越管线上的阀门转入现场手动，调整到进厂污水$25\times10^4m^3/d$，其余污水进入超越排放管道。

(6) 前池水位下降时启动的水泵将根据液位变化依次关闭，使水泵工作系统进入正常运行状态；为了避免1台泵重复启动，先开的水泵先停。

(7) 浮球开关仅设于前池，安装在标高位置作为保险指标。水位到达时给出最低或最高液位报警。

(8) 水泵的电机故障、温度故障和状态信号，送入PLC发出报警，当1台泵因为故障停止工作时，另1台泵自动投入运行。

2. 设备试运行前应进行如下检查：在使用粗格栅之前应对其性能进行测试、以确保其各部分功能正常；启动电机应检查运转方向是否正确。手动运行操作如下：

(1) 将就地控制箱上对应编号电源控制钮拨到ON位置；

(2) 逆时针旋转“就地……遥控”转换钮至就地位置；

(3) 按下“启动”按钮，粗格栅开始运转，此时其指示灯亮（绿色）；

(4) 按下“停止”按钮，其运行指示灯熄灭，“停止”指示灯亮（红色），粗格栅停止运行；

(5) 将电源控制钮拨至OFF位置。

(6) 自动运行操作如下：

1) 将就地控制箱上对应编号电源控制钮拨到ON位置；

2) 顺时针旋转“就地……遥控”转换钮至遥控位置，此时粗格栅将由PLC按预定程序自动运行；

3. 试运行中常见情况和注意事项有以下几点：

(1) 在粗格栅被启动之前必须确保其上面没有人工作；

(2) 启动前必须通知那些在粗格栅遥控或就地控制装置处的有关人员；

(3) 启动前应检查三相电压是否正常；

(4) 运行过程中应检查电流是否正常。

4. 螺旋压榨机操作规程

螺旋压榨机的控制采用就地手动和PLC自动控制两种形式。设备试运行前应进行如下检查：

(1) 在使用螺旋压榨机之前应对其性能进行测试，以确保各部分功能正常；

(2) 检查螺旋压榨机旋转方向是否正确；

(3) 在试运行中对压榨机做渗漏检查，如严重渗漏，则应拧紧压力螺丝，调整渗漏量到正常情况；

(4) 检查被压榨栅渣有无冰冻危险，如发现应及时处理。

(5) 试运行中常见情况和注意事项有以下几点：

1) 压榨机被启动之前必须确保其上面没有人工作；

2) 启动前必须通知那些在压榨机遥控或就地控制装置处的有关人员；

3) 运行过程中应检查三相电压是否正常；启动前应检查电流是否正常。

5. 进水泵操作规程

(1) 进水泵系统设备试运行前应进行如下检查：

1) 工作电压频率及泵送的介质温度等必须符合定货合同数据；

2) 检查油面。取下拧入的插塞及连接环，油面必须处于油入口的高度，如果低于此高度，通过加入填充油塞直到溢流；

3) 检查转动方向。在检查之前，一定要检查在泵壳体内是否有外来物。运行时间要尽量短，最多 3min，通过短启动以及观察叶轮来检查转动方向；

4) 检查电源安装是否正确。

(2) 试运行中注意事项：

1) 启动设备前应检查三相电压是否正常；

2) 设备启动后应注意观察运行电流是否正常；

3) 检修时必须在断电情况下进行，且必须有两人在场，其中一人负责安全监护工作；当水泵故障灯亮时，应先查明原因并作处理后方可重新按操作规程启动水泵。

25.5.3 除砂池监理要点

1. 除砂机械的使用

(1) 抓斗式除砂机

用抓斗深入到池底砂沟中抓取池底的沉砂。储砂池中的砂子经过一步重力脱水，存到一定数量后可用人力或者抓斗装车运走；砂斗中的砂子可直接装车。

(2) 链斗式除砂机

1) 链斗式除砂机的主链运行速度应保证在 3m/min 左右。

2) 一般只在暴雨季节时为连续运转，平时原则上为间歇运转。

3) 经过一段时间的运转与观察方可定出每日间歇运转的时间。

4) 开动设备时要注意观察。发现超负荷运转时应立即停机。

(3) 桁车泵吸式除砂机

1) 离心式砂泵从池底将沉积的砂浆抽出。检查是否设有专门的延时机构，使砂泵分前后顺序启动。

2) 检查吸口是否被埋没，若有必须采取措施使吸口脱离砂堆。

3) 当除砂机抽取的砂浆中有机物含量较大时，部分无机砂粒会被黏稠的有机物裹携，而从水力旋流器上部的溢流口排走，使出砂率降低。

2. 砂水分离设备

(1) 水力旋流器

结构上部有顶盖的圆筒，下部锥体。从切线方向进入圆筒，溢流管从顶盖中心引出；锥体的下尖部连有排砂管。

（2）螺旋洗砂机

1）砂斗：其作用是使混合砂浆暂时停留，使砂沉淀在斗底。

2）空心螺旋提升机：可使沉淀在斗底的砂粒沿筒壁升到最高处的出砂口。

（3）XS平流式除砂机操作时应注意：

1）调节阀门的出水量，以使砂水分离器工作在最佳状态。

2）及时排砂，排砂前应将圆筒中的水分排除后再打开排砂阀门。排砂管堵塞，可敲击排砂管协助排砂，经常砂堵可将排砂管及阀门加粗。

3. 沉砂池的试运行

（1）沉砂池应通过调节进水渠道与配水闸阀，使各池配水均匀，按设计流速和停留时间运行。

（2）当沉砂池进水量加大时，应增加空气量，气水比不大于0.2时，大部分砂粒恰好呈悬浮状态，且在前进中互相碰撞、摩擦，承受曝气剪力，使颗粒上包裹的有机物脱落，得到较纯净的无机砂粒。如曝气强度过大，砂粒将无法下沉，随水出流得不到好的沉砂效果；如果曝气强度太小，砂粒上的有机物就得不到有效分离。

（3）应及时检查清砂情况，沉砂池沉砂密度较大，流动性差，在管道内易沉积，造成堵塞。

1）沉砂在池内堆积，减少了池内有效容积的利用，使流速增大，不仅新进池的砂粒沉不下来，还带走已沉下砂粒，降低沉砂效率。

2）除砂机运行时，监理检查操作人员不得离开现场。

（4）发现设备故障，应采取相应的措施予以解决。

1）除砂泵或除砂机如较长时间不运行，池内积砂将阻碍除砂机械的启动和运行，影响除砂效果。

2）无论是刮泥机还是除砂机，工作结束都应妥善管理，将其恢复至待工作状态，做好设备的维护保养工作。

（5）清除的砂粒中，有一定的有机污染物，应及时外运填埋或做其他处置。被清除的浮渣应与栅渣和沉砂池中的沉砂一起放置，要及时清除处置。

（6）沉砂池上的电气控制柜宜安装在距水面较远的地方，而且密封性能要好。

（7）曝气沉砂池运行中不得随意停止供气，避免空气管路被沉砂堵塞。如需检修鼓风机或空气管路，应放水后再停气。运行开始时，要先供气，然后再进水。

（8）吊抓式除砂设备工作时，下面严禁站人。抓斗不得悬吊在半空或放在沉砂池走道上，避免出事故或影响操作人员巡视。

25.5.4 初次沉淀池监理要点

1. 检查调节配水井上各池进水闸阀的开启度，是否使并联运行的数个沉淀池水量均匀，负荷相等，停留时间一致，从而提高沉淀效率。

2. 检查排放污泥的含水率是否小于97%，采用间歇排泥时，应注意用污泥浓度计或界面计算仪器测试，从而控制排放污泥的浓度。此外，还用根据进水水温、水质的变化调整排泥间歇时间，夏季适当缩短。

3. 浮渣可刮至排渣斗中，如冲洗水不足，可能造成排渣斗或管道的堵塞。此时，检查操作人员是否及时疏通排渣管或用人工清捞浮渣，避免池面漂浮大量的浮渣。否则会影响出水效果。集中到浮渣池的浮渣捞出后，不得随意堆置，应与栅渣、沉砂池的浮渣一起处理。

4. 刮泥机初试运转时，检查池内污泥是否可能造成池底污泥板结。否则，刮泥机启动时阻力大，严重时甚至会损坏设备。

5. 剩余活性污泥回流到初次沉淀池与生污泥产生絮凝沉淀，不仅使污泥浓缩性好，沉淀效率高，但监理人员要注意剩余活性污泥回流比应小于 2%，否则沉淀效果不好。

6. 与排泥管道相连接的地方有沼气及有害气体释放，应检查通风措施，防止被有害气体伤害。

7. 检查斜板沉淀池斜板的完好。防止因斜板坍塌、折坏，造成排泥不畅或发生其他故障，降低沉淀效果。

8. 监理人员检查和检测，初次沉淀池 BOD_5 和 SS 两项污染指标的去除率应分别大于 25%和 40%，当进水浓度很低时，其去除率可能达不到该标准值。此时可遵守地方标准。

9. 检查初沉污泥含水率是否在 98%以下，消化可提高消化池的容积利用率，降低耗热量、耗电量以及减轻设备负荷等；直接脱水，可节省耗药量，省电，降低机械设备的损耗，提高脱水效果，有利于运输。

25.5.5 曝气池监理要点

1. 曝气设备

(1) 转刷曝气机

1) 检查转刷曝气机的转向正确、各部位无异常响声，就可持续运转。

2) 转刷的浸水深度根据工艺要求调节。螺旋型曝气机，通过调节转刷的高低调节进水阀门及出水堰来实现。

3) 转刷型曝气设备一般连续运转，保持其变速箱及轴承的良好润滑是非常重要的。

(2) 立式表曝机

表面曝气机的驱动部分一般都安装在曝气池或者氧化沟的中心。应经常通过调节升降机构及出水堰门来调节叶轮的浸没度，并通过观察电机的电流及“水跃”的好坏来确定。注意检查叶轮的运转方向不能搞反。

2. 曝气池的运行

(1) 推流式和完全混合式曝气池可通过调节进水闸阀使并联运行的曝气池进水量均匀、负荷相等。阶段曝气法则要求沿曝气池池长分段多点均匀进水，使微生物在食物较均匀的条件下充分发挥分解有机物的能力。

(2) 在活性污泥法系统中，根据处理效率和出水水质的要求，无论采用哪种运行方式，进行工艺控制时都需考虑污泥负荷、污泥龄及污泥浓度等几项重要的参数。调整污泥负荷率必须结合污泥的凝聚沉淀性能，考虑避开 0.5～1.5kgBOD_5/(kgMLSS · d) 这一污泥沉淀性能差，且易产生污泥膨胀的负荷区域进行。

1) 由于污泥龄是新增污泥在曝气池中平均停留的天数，并说明活性污泥中微生物的组成，时间长于污泥龄的微生物不能在系统中繁殖，所以污水在除碳和脱氮处理时，必须考虑硝化菌在一定温度下，污泥增长率所决定的泥龄，用污泥龄直接控制剩余污泥排放量，从而达到较好的处理效果。

2) 污泥浓度高，耐冲击负荷能力强。

a. 在有机负荷一定的情况下，曝气时间相对短，在曝气时间一定的情况下，负荷率就低。

b. 污泥浓度与需氧量成正比，非常高的污泥浓度，会使氧的吸收率下降，还由于回流污泥量的增高，加上水质的特性合成的污泥指数较高，容易发生污泥膨胀。

c. 污泥浓度宜控制在 2500～3000mg/L。

3）控制污泥负荷量、污泥龄、污泥浓度在最佳范围内，并根据实际情况加以调整，活性污泥就有良好的沉淀性能，并可达到稳定的净化效果。

（3）检查和控制曝气池出口处溶解氧宜为 2mg/L。

（4）污泥沉降比和曝气池混合液污泥浓度能反映曝气池正常运行的污泥量，沉降比一般控制在 20%～30%，污泥浓度则按运行方式不同也有一定的范围，当低于这些限度时少排泥，高于这个限度时多排泥。

（5）曝气池正常运行的特征

1）活性污泥成絮状结构，棕黄色，无异臭，吸附沉降性能良好，沉降时有明显的泥水分界面；

2）镜检可见菌胶团生长好，指示生物有固着型和葡萄型纤毛虫类，并有少量丝状菌和其他生物。

（6）溶解氧低，妨碍正常的代谢过程，过高又加速有机物的氧化而促使污泥老化，既增加运行费用，又容易造成二次沉淀池污泥 发生反硝化。

（7）污泥指数则可反映活性污泥的松散程度和凝聚性能。污泥指数过低说明泥粒细小，无机物多，缺乏活性和吸附能力。污泥指数过高说明污泥难于沉降分离即将膨胀或已经膨胀。正常运行时，污泥指数为 80～120mL/g，操作人员可按此值掌握曝气池污泥情况。

（8）试运行为春季与夏季过渡期，水温为 15～30℃时，如此时池内溶解氧低，曝气池内丝状菌将大量繁殖，导致污泥膨胀，所以此时应注意加大曝气量，或降低进水量，减轻负荷，或适当降低污泥浓度，使需氧量减少。

（9）活性污泥法处理污水，水温在 20～30℃时，净化效果最好。如水温能维持 6～7℃时，可采取提高污泥浓度和降低污泥负荷等措施保证二级出水水质。除磷脱氮的工艺系统，可以用延长曝气时间或其他提高水温的措施来弥补水温低所造成的影响。

（10）合建式曝气池的回流量是在试运行时，根据闸阀的开启度和叶轮转速作试验确定的，运行时可参考该数据来控制，也可用沉淀区的稳定性来控制，只要回流量不冲击沉淀区即可。

（11）经鼓风后的压缩空气温度与外界气温温差较大时，特别是在冬季，空气管内容易产生冷凝水，使空气流动受阻，影响正常曝气。所以应经常排放冷凝水和湿气，排放完毕立即关闭闸阀，防止空气流失。

（12）曝气池在运行中问题的处理

1）当池面出现大量白色气泡时，说明池内混合液污泥浓度太低，在培养活性污泥初期或回流污泥浓度低、回流量少时，可能出现上述情况，应设法增加污泥浓度，使其达到 2～3g/L。

2）当曝气池液面出现大量棕黄色气泡或其他颜色气泡时，可能进水中含碳量太高，丝状菌大量繁殖、或进水中含有大量的表面活性剂等原因。这时应采用降低污泥浓度，减少曝气的方法，使之逐步缓解。

(13) 曝气叶轮运转时，应注意浸没深度，叶轮正常运转时，周围涌浪推向池壁没有水珠飞溅现象。而叶轮离开水面时，会出现池面水泡细密、水珠飞溅、电流下降现象。为此，分建式曝气池可将出水闸阀压低，使池水位升高，避免叶轮离开水面和叶片堵塞。合建式曝气池回流窗口闸门不能提得太高，否则回流窗口出流不能破坏旋流而造成叶片离开水面和叶片堵塞。应注意窗口开启度的随时调整。

25.5.6　鼓风机房监理要点

1. 为满足曝气池中一定量的溶解氧，可根据风机类型及性能调节风量。通过改变转速、调节进气导向叶片的旋转角度及调整出风管闸阀的开启等方式达到目的。

2. 鼓风机运行中，遇到鼓风机过电流、低电压、工艺联锁保护掉闸或突然断电时，应关闭进、出气闸阀。由于水、油冷却系统突然断电，对不带辅助油泵的鼓风机应立即操作手摇泵，在惯性力作用下，为继续转动的鼓风机和电机提供润滑油，并关闭进、出气闸阀，直到风机和电机停止运转。

3. 鼓风机通风廊道内的负压很大，放置或掉入物品会堵塞滤布或滤袋，使进风量降低。

4. 离心风机工作时，由于风机本身的特性曲线和管道系统特性曲线是一定的，使用时必须使其工况点避开产生湍振的位置，使风机安全、平稳的工作。常用的方法是闸阀节流及自动放空等。

5. 鼓风机在运行中，操作人员除了每小时对其进行巡视时应注意风机有无异常的噪声、振动、温升外，还应观察风机及电机的油温、油压、风量、电流、电压等仪表显示的数值，发现不正常情况，采取调整或停机措施，并做好记录。

6. 鼓风机除了在运行和启动过程中要保持良好的润滑，在试车前盘动联轴器时也必须保持风机及电机轴承的良好的润滑，防止发生摩擦，造成磨损，导致烧毁事故。

7. 鼓风机通风廊道内的尘埃量很大，有害物质很多，廊道内的操作条件和环境非常恶劣，所以必须在防护工作准备好的情况下再进入廊道操作。

8. 鼓风机轴的转速很快，万一发生联轴器连接件的损坏，将沿着联轴器旋转的切线方向抛出，所以操作人员应远离或避开该处工作。

9. 沼气鼓风机的连接管路及闸阀必须严密，不得有漏气现象。否则，不仅影响风机的正常工作，而且有危险。操作人员应经常检查、巡视，发现问题及时处理。

10. 鼓风机冷却系统的正常工作对风机的正常工作起着很重要的作用。循环系统必须畅通无阻，水温、水压、水量应满足使用要求。夏季水温较高时，应做好循环水的冷却或采用合格的地下水作冷却水。

11. 关闭进出气闸阀，防止叶轮倒转损坏设备，再启动风机可减轻风机的启动负荷。

12. 通风廊道的结构应坚固、无损。由于过滤装置堵塞造成的廊道坍塌、墙体破损要及时组织维修、加固，保证气体在廊道内流动畅通。

13. 由于转子的自重较大，特别是大容量的风机，长期静止放置，将造成主轴弯曲，投入运行时，不能正常使用，所以应注意变换转子放置的角度。

25.5.7　二次沉淀池监理要点

1. 二次沉淀池的关键为均匀配水，使各池进水负荷相等，并在允许的表面负荷和上升流速内运行，以得到理想的出水效果及回流污泥。

2. 曝气池连续运行需要二次沉淀池提供一定量的、活性好的生物污泥。二次沉淀池污泥不连续排放，不仅影响沉淀池本身的处理效果，而且曝气池也会因污泥浓度低、生物活性差、污泥负荷高而降低有机物的分解。

3. 二次沉淀池在运行中，操作人员必须经常巡视刮吸泥机是否工作正常，避免因故障污泥得不到及时排放，产生厌氧发酵，使大块污泥上浮。另外还要经常调整污泥回流装置，使池内各处排泥均匀。

4. 气提作用发挥好时，可将池内大块杂物通过吸泥管收集在集泥槽内。由于槽内水流为重力流，此类杂物在槽内越积越多，不能随水排出。长时间不清除，给刮泥机增加负荷，而且还影响回流污泥的畅通。

5. 空气提升装置中的空气管道，空气分配器及变管接头等处，应定期检查其管道是否有被冷凝水堵塞现象，空气分配器是否有腐蚀现象，管道接口处是否密封完好等等。发现问题应采取相应的措施予以解决。

6. 保证回流污泥浓度在99.2%～99.6%的范围，满足曝气池的需要。回流污泥如浓度太高，则污泥在二次沉淀池内停留时间过长，污泥活性差，回流到曝气池对有机物的分界能力就会降低。如回流污泥浓度过低时，在同样回流比的情况下就会影响曝气池中混合液浓度，导致系统中污泥负荷率的增加，甚至引起SVI值的恶性增高，直至整个系统失去处理能力。

25.5.8 回流污泥泵房监理要点

1. 曝气池按传统活性污泥法和阶段曝气法运行，回流比一般控制在50%左右。若按吸附再生法运转，回流比则掌握在50%～100%。曝气池按A/O法运行，其回流比需达100%～200%，甚至还设内回流。此外，曝气池进水负荷变化，还需调整、控制一定的污泥浓度，所以应根据需要决定开启回流泵台数或调整曝气池进泥管路闸阀的开启度。

2. 回流泵房集泥池中的杂物不及时清除，若随回流污泥一起被提升，很可能将回流泵叶片卡住，降低回流量，又磨损叶轮，甚至损坏设备。

3. 无论采用哪种类型的泵提升回流污泥，均不得频繁启动，否则易造成电机、泵体及传动机构的损坏。

4. 因泵体带着活性污泥启动，逆向旋转，此时使启动负荷增大，易造成泵轴变形，甚至损坏其他连接处和基础。

5. 如回流泵的机械效率过低，将减少流量。

25.5.9 厌氧消化池监理要点

1. 厌氧消化系统

(1) 消化池的进泥与排泥分为上部进泥下部直排、上部进泥下部溢流排泥、下部进泥上部溢流排泥等形式。

(2) 消化池内需保持良好的混合搅拌。搅拌能起到以下几方面作用：

1) 使污泥颗粒与厌氧微生物均匀地混合接触；

2) 使消化池各处的污泥浓度、pH、微生物种群等保持均匀一致；

3) 及时将热量传递至池内各部位，使加热均匀；

4) 在出现有机物冲击负荷或有毒物质进入时，均匀地搅拌混合可使其冲击或毒性降至最低；

5）通过以上几个方面的作用，可使消化池有效容积增至最大；

6）采用机械搅拌、水力循环搅拌和沼气搅拌等有效的混合搅拌方式，可大大降低池底泥砂的沉积及液面浮渣的形成。

2. 厌氧消化工艺控制

（1）进排泥控制

1）投泥量不能超过系统的消化能力，否则将降低消化效果。但投泥量也不能太低，如果投泥量远低于系统的消化能力，虽能保证消化效果，但污泥处理量将大大降低，造成消化能力的浪费。最佳投泥量应为低于系统消化能力的最大投泥量，可计算如下：

$$Q_i=(V\cdot F_v)/(C_i\cdot f_v)$$

式中 V——消化池有效容积（m^3）；

F_v——消化系统的最大允许有机负荷[$kg/(m^3\cdot d)$]；

C_i——进泥的污泥浓度（kg/m^3）；

f_v——为进泥干污泥中有机分（%）；

Q_i——投泥量（kg/d）。

2）按上式算得的投泥量还应核算消化时间

$$T=V/Q_i\geqslant T_m$$

3）污泥消化希望进泥浓度越高越好，可使实际消化时间大大延长，大大提高了系统的稳定性。应尽量大的可能使投泥接近连续。

4）排泥量应与进泥量完全相等，并在进泥之前先排泥。排泥量大于进泥量，消化池工作液位下降，出现真空状态。真空度升至一定值时，消化池顶的真空安全阀破坏，空气进入池内，产生爆炸的危险。产生裂缝的消化池，空气会直接被抽入池内。排泥量小于进泥量，消化池的液位上升，污泥自溢流管溢走，得不到消化处理。

（2）pH 及碱度控制

1）温度波动太大。由于甲烷菌对温度波动极其敏感，可降低甲烷菌的活性，使其分解挥发脂肪酸的速率下降。产酸菌受温度影响较小，仍会将有机物分解成挥发性脂肪酸。会造成挥发性脂肪酸积累。与消化液中的碱度发生反应。消化液的 pH 将逐渐下降。甲烷细菌早已完全失去了活性，消化系统被完全破坏。

2）投入的有机物超负荷。投泥量突然增多或进泥中含固量升高时，因此会造成 VFA 积累，使 pH 降至 6.5 以下。

3）水力超负荷。使消化时间缩短，导致 pH 降至 6.5 以下。

4）甲烷菌中毒。受到抑制或完全失去活性。使 pH 降至 6.5 以下。

（3）pH 控制程序如下：

1）注意观察 VFA、ALK、VFA/ALK、CH_4 含量等指标的变化，如发现异常，则应开始 pH 控制；

2）判断是否需加碱控制 pH；

3）如果需加碱，则确定加药种类，并计算出投加量；

4）寻找出现异常的原因，并针对原因采取相应的排除措施。如果系由于温度波动导致的异常，应加强加热系统的控制，使温度保持稳定；如果系由于有机物超负荷所致，则应降低进泥量；如果系由甲烷菌中毒引起异常，则应控制毒物的进入；

5）采取措施以后，各项指标会逐渐恢复正常。待完全恢复以后，可停止加碱。

(4) 加热系统的控制

1）甲烷菌对温度的波动非常敏感，一般应将消化液的温度波动控制在±1.0℃范围之内。

2）温度是否稳定，与投泥次数和每次投泥量及其历时关系很大。投泥次数较少，每次投泥量必然较大。一次投泥太多，往往能导致加热系统超负荷，由于供热不足，温度降低，从而影响甲烷菌的活性。投泥控制应尽量接近均匀连续。

(5) 搅拌系统的控制

良好的搅拌可得到高效消化效果，搅拌是高效消化的最关键的操作。应注意：

1）在投泥过程中，应同时进行搅拌；

2）在蒸汽直接加热过程中，应同时进行搅拌；

3）在排泥过程中，如果底部排泥，则尽量不搅拌，如果上部排泥，则宜同时搅拌。运行中或正常运行以后改变搅拌工况时，对搅拌混合效果进行测试评价。

(6) 操作顺序与操作周期

1）消化池五大操作：进泥、排泥、排上清液、搅拌和加热。

2）合理的操作顺序决定于消化系统的具体情况，单级消化还是二级消化，溢流排泥还是非溢流排，蒸汽加热还是热水循环加热等都将影响合理操作顺序。

3）二级消化系统的二消池内不加热也不搅拌，主要作用是浓缩分离，排放上清液。

4）单级消化池一般不宜排放上清液，因为排放上清液之前必须要有一个静沉浓缩阶段，以便得到理想的泥水分离效果，提高上清液的水质。

5）静沉浓缩使温度降低，影响甲烷活性，同时使污泥浓度分布不均匀，给搅拌带来困难。

3. 污泥厌氧消化池的运行

(1) 污泥消化应据污泥中有机物分解程度、污泥消化天数等分别决定投配率的大小。投配率一经确定，就应按此值向消化池投泥，并保持相对稳定。投泥的连续性和间断性及间断时间也应尽量稳定。消化池的投料应定时、定量均匀投配，使有机物和微生物之间的比例保持相对恒定，另外，还应定时排放消化的污泥，以维持整个消化系统的平衡。

(2) 正在消化的污泥与生污泥先接触，可提高传热效率，还可扩大污泥与菌种接触，可以进行活跃的消化。新鲜污泥投放到消化池后，迅速搅拌，可使新鲜污泥与消化污泥的温度、浓度、pH值等混合均匀，有利于加速生化反应的进程。必须随环境温度的变化及热源的温度变化，调整控制加热时间，使泥温的恒定，但对温度的变化敏感性极强，适应性很差，严格控制消化池泥温是运行管理的一项重要内容。

(3) 单池的沼气搅拌可自成体系，使pH值、温度、浓度等池内环境均匀、搅拌充分、完全，采用辅助设备搅拌可临时代替沼气搅拌。

(4) 新鲜污泥投到消化池以后，在2～5h之内池内污泥应全部翻动一次，使池内泥温、浓度混合均匀，缓冲池内碱度，减少生物的抑制现象，还可提高污泥的分解速度和速率，防止污泥分层和形成浮渣。

(5) 消化池搅拌时，如排泥闸阀开启，污泥将大量从管道流失，沼气不能及时补充，使池内产生负压，易进入空气，破坏甲烷菌的生长环境，不利于污泥消化。

(6) 污泥厌氧消化过程中，消化池应封闭。通过监测产气量、pH 值、脂肪酸等几项工艺运行参数，将运行工况调整到最佳状态。

1) 沼气产量降低：温度或负荷的任务突然变化都可能使甲烷菌受抑制，影响到它的代谢作用及对有机物的降解过程，使产气量降低。

2) pH 值降低：当投配率过高，池内产生大量的挥发酸时，导致 pH 值低于正常值，从而抑制生物消化过程，使污泥消化不完全。

3) 挥发酸与总碱度的比值低于 0.5 保持在 0.2 左右时，说明所提供的缓冲作用足够，消化过程在稳定地进行。挥发酸与总碱度必须一起测定，而挥发酸的含量正常时，应保持在 500mg/L 以下。

4) 对沼气成分进行分析：测定 CO_2 与 CH_4 的含量是掌握消化过程反常现象的最快方法，特别是可反映出反应器内存在有毒的或有抑制作用的物质，重金属和某些阳离子，如硫化物等。

(7) 污泥处理前必须加设一道栅筛，并及时清捞，以去除污泥中纤维类、塑料类、木质类等杂物，防止堵塞，清捞出的杂物还需及时运走处置。

(8) 溢流管应充分发挥作用，防止因溢流管被堵或其他原因使池内结构遭破坏。当水封的水位低于设计高度时，池内沼气大量泄漏，将造成事故。同时，为防止冬季水封结冰，应采取必要的防冻措施。

(9) 在消化池刚刚启动时，为给池内污泥造成一个相对稳定的环境以利于甲烷菌的生长繁殖及污泥的分解，可适当减少搅拌的次数和时间。对于长期运行的消化池，池内死区较多，可通过延长搅拌时间、增加搅拌次数的方法使污泥得到充分搅拌。

(10) 在消化池的一项工艺操作前，都应检查运转的基本条件是否具备，用手试动闸阀的启闭情况，如需要体外加温后投泥时，则应将直接投泥的闸阀关闭，通往循环污泥管道及加热管道的一系列闸阀开启。另外检查投泥泵吸泥管及出泥管闸阀是否开启。否则，将造成投泥泵的空转和泵体受损。

(11) 蒸汽加热前放掉蒸汽管道内的冷凝水，防止由于冷凝水堵塞而影响或破坏加热过程。

(12) 消化池排泥时沼气回输池内可防止池内负压进入空气，抑制甲烷菌的生长、繁殖。

(13) 消化池搅拌时，如发现池内压力超过设计值时，应停止搅拌，防止因池内压力过高击穿水封，造成沼气泄漏。

(14) 经常检查、测试池体的沼气管道及闸阀处是否漏气，应及时修理，避免发生事故。

25.5.10 污泥脱水监理要点

1. 化学调节剂的选用应根据污泥脱水机的型式、污泥性质、施用污泥的农用土壤性质及经济成本综合比较确定。如应用带式压滤机和离心脱水机时，常选用有机高分子絮凝剂聚丙烯酰胺作化学调节剂。利用它的吸附架桥作用，使污泥形成大而强度高的絮凝体，降低污泥的比阻抗，有利于污泥开始阶段的自重脱水及进一步加压脱水。虽然它的造价较高，但用量少，效果好。

2. 针对脱水机械类型及其他条件选定了化学调节剂后，其投加量的大小应通过多组试验确定。因为污泥的性质不同，化学调节剂的用量存在显著的差异。一般情况下污泥的颗粒越小药剂的消耗量越大。污泥水中溶解物质和悬浮物的数量和成分也影响药剂的用量。有机物的成份含量不同，则药剂的消耗量也不同。污泥的消化程度与药剂的消耗量成反比。污泥含水率与药剂的消耗量成正比。所以在脱水机运行前，用作各种投加量试验，找出规律。在运行中根据情况调整药剂的投加量，以取得最佳的脱水效果。

3. 应根据化学调节剂的种类、性质的不同选择不同的贮存方式贮存药剂。液态和固态的药剂应分别用溶液槽或装袋等不同的容器贮存于专用的药库中，并根据各类药剂的有效期和用量决定贮存量。有的药剂如胶体溶液存放时间过长，将形成冻胶状，使絮凝效果降低，甚至失效不能用，所以运行中应坚持“现存现用”的原则。

4. 污泥进行机械脱水或露天干化，加入适量的药剂进行污泥调节，能够提高脱水效果，化学调节剂的配制、投药量和投药浓度的大小，应根据脱水工艺情况及污泥性质对混凝过程的影响综合考虑，并在长期、细致的室内实验和生产试验中的出较好的结论。

5. 脱水机滤布及机组周围的污泥除了在机组正常运转过程中的自动清洗和人工清理外，在停止脱水后还需彻底清洗滤布，避免污泥颗粒干燥后堵塞滤布孔眼，降低过滤效果并缩短滤布使用寿命。同时将机组周围的污物清除干净，保持环境卫生。

6. 污泥自然干化的脱水周期与脱水效果有关，而脱水效果又受污泥性质及干化场的渗透、蒸发与人工撇除等诸因素制约。为了提高污泥的干化效率，经常翻松干燥的污泥，并将撇出的污泥水及时排除，为污泥水分的蒸发和渗透创造良好的条件。此外，将干化的污泥及时起运，充分发挥干化场单位面积利用率。

7. 污泥自然干化，其中一部分污泥水分利用太阳的热量和风的作用蒸发掉，另一部分污泥水则依靠通过砂层、炉灰层等过滤而去除。当砂层随着污泥的起运损失一部分外，其余的也会因吸附污泥颗粒而堵塞过滤通道，因而应定期更换和补充滤料，提高干化场的脱水效果。

8. 脱水机经过几分钟的空车运转，可先将滤布浸湿，带负荷运行后利用泥饼剥落。同时还可初步调整脱水机滤布张力、主机转速及各种压力、真空度等影响脱水效果的控制装置。

9. 开机后，根据进泥性质及运行情况及时调整投药量、压力、转速等各有关因素，以获得最佳脱水效果。

10. 污泥进行机械脱水，污泥释放的有害气体和异味对人体、仪器、仪表和设备都有不同程度的影响甚至损害，所以值班室和机器间都应经常通风。

11. 由于水中的杂质容易在喷嘴和水箱内结垢，堵塞水流，使滤布不能得到有效的清洗，影响过滤效果并缩短滤布使用寿命，所以保持喷嘴及集水槽的清洁、无垢很重要。

25.6 污泥的培养驯化监理

25.6.1 活性污泥的培养驯化监理要点

1. 好氧活性污泥的培养

(1) 活性污泥培养，就是为活性污泥的微生物提供一定的生长繁殖条件，经历一段时间后，各种微生物在数量上逐渐增长，最后达到处理污水所需的污泥浓度，活性污泥具备了很好的生物化学处理能力的过程。

(2) 接种培养：一般只适合于小型污泥处理厂，或污水厂扩建时采用。

1) 将曝气池注满污水，然后大量投入接种污泥，再根据投入接种污泥的量，按正常运行负荷或略低进行连续培养。

2) 接种污泥一般为厂区污水处理厂的干污泥，也可以用化粪池底泥或河道底泥。

(3) 自然培养，是指不投入接种污泥，利用现有的少量微生物，逐渐繁殖的过程。这种方法，适合于污水浓度较高、气候比较温和的条件下采用。必要时，可在培养初期投入少量的河道或化粪池底泥。

(4) 自然培养有以下几种具体方法。

1) 间歇培养　将曝气池注满水，然后停止进水，开始曝气。只曝气不进水也就是闷曝 2～3d 后，停止曝气，静沉 1h，然后排出部分污水并进入部分新鲜污水，这部分污水约占池容的 1/5 左右。以后循环进行闷曝、静沉和进水三个过程，但每次进水量比上次有所增加，每次闷曝时间应比上次缩短，即进水次数增加。在污水的温度为 15～20℃时，采用这种方法，经过 15d 左右即可使曝气池中的 MLSS 超过 1000mg/L。此时可停止闷曝，连续进水连续曝气，并开始污泥回流。最初的回流比不要太大，可取 25%，随着 MLSS 的升高，逐渐将回流比增至设计值。

2) 连续培养　将曝气池注满污水，停止进水，闷曝 1d，然后连续进水连续曝气，当曝气池中形成污泥絮体，二沉池中有污泥沉淀时，可以开始回流污泥，逐渐培养直至 MLSS 达到设计值。在连续培养时，由于初期形成的污泥量少污泥代谢性能不强，应该控制污泥负荷低于设计值，并随着时间的推移逐渐提高负荷。培养过程污泥回流比，在初期也较低（一般为 25%左右），然后随 MLSS 浓度提高逐渐增加污泥回流比，直至设计值。

2. 污泥培养时应注意的问题

(1) 温度　一般污水温度在 15～20℃之间，适合进行好氧活性污泥的培养。温度越高，污泥培养越快。污水处理厂一般应避免在冬季培养污泥。若一定要在冬季进行培养，可适当投入接种污泥，并控制较低的运行负荷。

(2) 污水水质　一般来说，厂区污水对于微生物，营养成分是平衡的，但污水有机质浓度低时，培养速度较慢。为缩短培养时间，可在进水中增加有机质营养，如小型污水厂可投入一定量的粪便，大型污水厂可让污水超越初沉池，直接进水曝气池。

(3) 曝气量　污泥培养初期，由于污泥尚未大量形成，产生的污泥絮凝性能不太好，还处于离散状态，加之污泥浓度较低，微生物易处于内源呼吸状态，因此曝气量一定不能太大，一般控制在设计正常值的 1/2 左右即可。否则，絮状污泥不易形成。

(4) 观测　污泥培养过程中，不仅要测量曝气池混合液的 SV 与 MLSS，还应随时观察污泥的生物相，了解菌胶团及指示微生物的生长情况，以便根据情况对培养过程进行必要的调整。

(5) 目标　活性污泥的培养，不仅仅是要培养出污泥及 MLSS 达到设计值，更重要的是让活性污泥微生物发挥净化作用，使出水水质达到设计要求，使整个生物处理系统的各项指标达到设计要求。

3. 活性污泥处理系统的运行状况评价

(1) 巡查　监理、操作管理人员每班数次定时登上处理设施逐项观察，了解处理系统的表观状况，其主要观察内容如下：

1) 色、嗅　厂区污水处理厂良好的活性污泥，一般呈现黄褐色，略带泥土臭味。当曝气池供氧不足时，厌氧微生物的代谢活动增加，会使污泥发黑、发臭；当曝气池溶解氧过高或进水过淡、负荷过低时，污泥中微生物会因自身氧化而使污泥色泽转淡。

2) 二沉池观察与污泥性状　定时对二沉池运行状况观察，可以对好氧活性污泥性状进行判断。二沉池的泥面状态与好氧处理系统的运行正常与否有关密切关系，在巡视二沉池时，应注意观察二沉池泥面的高低、上清液透明程度、漂泥的有无、漂泥泥粒的大小等。上清液清澈透明，说明运行正常、污泥性状良好；上清液混浊，说明负荷过高、污泥对有机物氧化分解不彻底；泥面上升，SVI高，说明污泥膨胀、污泥沉降性差；污泥成层上浮，说明污泥中毒；细小污泥飘泥，说明水温过高、曝气过度、C/N不适、营养不足等原因导致污泥解絮。

3) 曝气池观察与污泥性状　通过巡视曝气池，可判断污泥的色、嗅及絮凝状况，观察液面翻腾情况，可判断曝气是否均匀；观察液面泡沫状况，可判断系统运行是否正常。当泡沫数量较少，泡沫易碎、黏性低、呈乳白色时，系统运行正常；当泡沫数量增多，或色泽变化、或黏性增大不易破碎，则系统可能不正常。

(2) 污泥性能指标

1) 污泥沉降体积　一般用SV表示，厂区污水厂SV值为20%～30%。对同一类污泥，期浓度越高，SV值也越大。有时发现二沉池污泥泥面偏高，又未发现异常现象，是污泥增长速率较高，而排放剩余污泥量较少，造成污泥浓度过高所致。

2) 混合液悬浮物浓度（MLSS）　对于厂区污水采用好氧活性污泥去处理时，曝气池中MLSS一般也维持在一定范围内。MLSS的浓度过低时，必然是污泥微生物性能差、污泥絮凝性差；MLSS浓度过高时必然导致曝气池搅拌和氧气扩散阻力增加，二沉池负荷过大。因此，需维持曝气池混合液MLSS在一定范围内，但不同的好氧活性污泥去MLSS浓度还会有所差异。

3) 污泥体积指数（SVI）　反映了活性污泥的松散度，是判断污泥沉降性能的常用参数。传统活性污泥法，SVI一般为80～120，SVI大于200时，污泥膨胀，沉降性能差。

4) 污泥挥发性　指污泥中的各种有机质含量。通常以MLVSS与MLSS的比值来衡量，一般在0.5～0.7左右。

5) 污泥可滤性　指污泥混合在滤纸上的过滤性能。一般而言，凡结构紧密、沉降性能好的污泥，滤速快；凡解絮、老化的污泥，滤速慢。

(3) 活性污泥生物相的观察

1) 运行正常的厂区污水处理厂的活性污泥，污泥絮粒大，边缘清晰，结构紧密，具有良好的吸附及沉降性能。絮粒以菌胶团为骨架，穿插生长着一些丝状菌，但其数量少于菌胶团细菌。微型动物以固着类纤毛虫为主，如钟虫、盖纤虫、累枝虫等，偶尔可见到少量的游动纤毛虫等，在出水水质良好时，可见到轮虫。生物相能在一定程度上反映好氧处理系统运行状况和处理质量。当水质条件、环境条件变化时，在生物相上也会有所反映。

2) 活性污泥的结构通过显微镜观察，低倍数时，除观察微型动物的活动外，可观察污泥絮体的大小、形状、结构紧密程度；高倍数时，可观察菌胶团细菌与丝状细菌的比例，大小与形状等。凡絮粒大、圆形、封闭状、絮粒胶体厚实、结构紧密、丝状菌数量较少、未见游离细菌时，污泥性状较好。

4. 活性污泥处理系统的运行控制

由于水量水质条件和环境条件的变化，活性污泥处理系统的污泥及其中微生物的量与质，都会有所变化。如何采取措施，克服外界因素的影响，使系统内活性污泥保持合理的稳定的数量高效而稳定的质量，是系统运行控制要解决的问题。常用的调节与控制内容有三个方面，即：曝气系统的控制、回流系统的控制、剩余污泥排放系统的控制。在活性污泥培养试运行的过程，由于人为对水量的控制，活性污泥的数量与质量均变化较大。因此，曝气量、回流量的控制重要。

(1) 曝气量的控制

1) 污水在厂区污水处理厂二级处理系统中，是由微生物的代谢过程来去除有机污染物的。因此，活性污泥系统必须维持微生物好氧代谢活动所需要的氧，这包括曝气池内微生物的代谢，还包括二沉池内微生物的代谢。此外，由于曝气池内水和污泥处于剧烈的混合状态，要使混合液处于悬浮状态，促进污水中污染物与活性污泥的充分混合接触，必须对曝气池进行符合要求的曝气。

2) 对好氧微生物的代谢活动来说，溶解氧不小于0.3mg/L时，就能够维持正常。但是，好氧微生物是以污泥絮粒形式存在于曝气池中，DO从混合液扩散进入污泥絮体，再扩散进入微生物体内，整个过程均需推动力。一般认为曝气池混合液DO控制在2mg/L左右，能保证活性污泥微生物良好的代谢活动，并且应按曝气池出水末端来控制，以防止二沉池中活性污泥处于缺氧状态。

3) 曝气池混合液的DO过高本身是能源的浪费，另外也造成因过度曝气微生物自身氧化（尤其是污泥负荷低时），或造成污泥絮粒因过度搅拌而打碎。

4) 鼓风曝气系统的DO控制，是通过改变曝气系统供给的空气量来调节的。鼓风曝气系统、表面曝气系统要使进入二沉池的曝气池末端混合液DO，维持在2mg/L左右，曝气量就需根据入流污水的水量与BOD浓度进行调节，在运行控制中，可按下式来估算曝气系统所需的供氧量，即

$$供氧量=f_o(S_o-S_e)Q$$

式中 Q——污水流量；

S_o，S_e——分别为进水和出水BOD_5的浓度；

f_o——耗氧系数，一般为1.0～1.2$kgO_2/kgBOD_5$。

(2) 回流污泥量的控制

1) 保持回流比恒定，当入流污水量变化时，回流污泥量相应做调整。采用这种方法，当剩余污泥排放量基本不变的情况下，可保持MLSS、F/M以及二沉池内泥位L_s基本恒定，而不随入流污水量Q的变化而变化，从而保证相对稳定的处理效果。

2) 定期或随时调节回流比和回流量，保持系统始终处于最佳状态。

3) 以上两种方法牵涉流量的测定、控制及回流比的确定，操作比较复杂，某些污水处理厂实施比较困难。

4) 保持回流污泥量不变的方法，对于大型污水厂是合适的。可能出现的问题有：

a. 因为水量水质的变化会导致活性污泥量在曝气池和二沉池内的重新分配，水量增大时，部分曝气池的活性污泥会转移到二沉池，使曝气池内 MLSS 浓度降低，而实际此时曝气池内需要的 MLSS 应更多，以应付增加的有机污染物负荷，MLSS 的不足会严重影响处理效果；

b. 大量活性污泥转移入二沉池，会使二沉池在水力负荷增加的同时，固体负荷也随之增加，可能会造成二沉池泥位提高，甚至影响二沉池淀效果，导致部分污泥流失；

c. 若保持回流污泥量不变，入流水量水质均降低，会有部分活性污泥转移到曝气池内，使曝气池 MLSS 升高，但此时曝气池并不需要太多的活性污泥，因为入流污水有机负荷降低。这样，只能是使污泥处于低负荷运行并处于过度曝气状态，污泥性能可能会变差；

d. 但是一般而言，保持回流污泥系统回流量不变仍是一种可取的方法，因为任何工艺都是允许污泥回流比和曝气池活性污泥 MLSS 浓度在一定范围内变化的。至于保持回流量恒定可以承受入流污水量或有机负荷在多大范围内变化，还需要运行管理人员在运行中加以研究；

e. 当回流污泥控制方式为可变化时，确定合适的回流比一般可采用以下几种方法：

（a）按照回流污泥及混合液污泥的浓度调节 曝气池混合液污泥 MLSS 浓度 X 及回流污泥浓度 X_r，会随着入流污水水量发生变化。污泥回流比 R 与 X 及 X_r 的关系为：$R=X/(X_r-X)$。可根据 X 与 X_r 的变化来调节回流系统的污泥回流比；

（b）按照二沉池的泥位调节回流比。要求选择一个合适的污泥层厚度，来确定一个合适的二沉池泥位。泥层厚度一般应控制在 0.4～1.0m 左右，相应泥位一般为 2.5～3.0m，而泥位的允许变化辐度为 0.6～1.0m 左右；

（c）通过调节回流污泥量，来使泥位稳定在所拟定的范围内。一般情况下，增大回流量可能降低泥位，减少泥层厚度；反之，降低回流量可能增大泥层厚度，提高泥位。控制时，应注意调节幅度不应太大，回流比的调整幅度一般为 5%以下。多少时间调整一次应视具体情况来定。

（d）按照沉降比调节回流比 回流比与沉降比之间存在如下关系：

$$R=SV/(100-SV)$$

为使这种计算更加准确，建议 30min 静沉的沉降比 SV，应该用低速搅拌下（一般为 5r/min 的转速）的沉降比 SSV 来代替。

（3）剩余污泥排放量的控制

活性污泥处理系统每天都要产生一定的微生物，使系统内污泥量增多，因此需每日排放一定的剩余污泥，以维持泥量的平衡。同时，当入流污水水量水质条件变化，环境条件变化时，微生物的生长状况、混合液污泥 MLSS 浓度、活性污泥系统的污泥负荷均会变化，这也需要利用系统的调节弹性来保证系统处于最佳运行状态。调节剩余污泥排放量就是一种有效的办法。一般采用以下方法来控制剩余污泥的排放：

1）按照 SV 调节。这是早期厂区污水厂操作者进行系统运行控制的方法。操作管理人员在 SV 试验之后，按近期达到优质出水的 SV 值来调节排泥量。当 SV 增大，及时排泥，降低 SV 值。本法操作简便，容易掌握，但是 SV 增加，不一定代表活性污泥 MLSS

浓度增加。因此按此法控制时，每次排泥量不能太多，应逐渐进行。

2）按 MLSS 调节。逐日测定活性污泥 MLSS 浓度，与处理系统工艺允许的 MLSS 值比较，来掌握剩余污泥排放量。

这种方法也比较简单，容易掌握，常常被采用。但是排泥时也应仔细掌握，尽量少排勤排，最好是连续排泥。采用此种方法，适合于水量水质变化不大的污水厂，应注意所测定的 MLSS 具有代表性。

3）按 F/M 调节。F/M 指活性污泥的有机负荷。由于是入流污水的有机污染物负荷 F，难于人为控制，因此该方法只能控制 M，即曝气池中的活性污泥量。这种方法的目的并不是通过调节剩余污泥排放来保持 MLSS 恒定，而是通过改变排泥量改变 MLSS，调整 F/M，使 F/M 保持在工艺允许的范围内。

计算 F/M 时，入流污水 BOD_5 及活性污泥的 MLVSS 浓度测定均比较麻烦，可以通过长期积累的 BOD/COD、MLVSS/MLSS 的关系，快速换算。但是仍应每日测定 BOD_5 与 MLVSS。

4）按照 SRT 调节。SRT 即污泥泥龄，指活性污泥系统内活性污泥微生物的平均停留时间。

a. 一般按下式计算：

SRT＝曝气池中活性污泥总量/系统排出的污泥量

b. 当入流污水水量水质稳定性较好，处理系统净化效果很好，二沉池出水 SS 浓度较低时，SRT 可按下式计算：

SRT＝曝气池中活性污泥总量/剩余污泥排放量

c. 采用这种方法调节剩余污泥排放量，应根据工艺要求的处理程度（包括污水和污泥）、环境因素和运行实践综合比较，确定一个合适的 SRT。

5. 生物膜处理系统的挂膜与运行控制

（1）生物膜系统挂膜

1）采用生物滤池、生物接触氧化池等生物膜法处理厂区污水或微污水或微污染的饮用水源水，生物膜法的处理作用是靠填料表面附着生长的微生物的代谢来完成的。因此，正常运行之前，要使填料表面形成生物膜。

2）直接培养挂膜法，过程可参照活性污泥的培养及驯化步骤。开始挂膜时，进水流量应小于设计值，可按设计流量的 20%～40%启动，连续运转，初期曝气量也应该低些。在填料外观可见有生物膜生成时，流量可提高至 50%～70%，待出水效果达到设计要求时，再提高至计算值。

3）分步挂膜法，分两步进行。首先，按照培养活性污泥的方法，培养出适合于待处理污水的活性污泥；然后，将活性污泥投入氧化池，让填料浸泡 24～48h，或将活性污泥混合液用泵循环淋洒在填料之上，经历 1～3d 后，已有少量污泥附在填料上，启动处理流程开始进水，进水量由小到大，随生物膜的增长、效果的提高，逐渐加大进水流量，直至设计值。生物膜不断增厚，达到设计所需的生物膜时，系统便可进入正常运行。

4）挂膜所需的水质条件、环境条件与活性污泥培菌时相同，要求合适的水质、营养、水温、pH 值、DO 等，并避免大量毒物的进入。冬季进行生物膜挂膜时，所需时间会比暖季延长 2～3 倍。

（2）生物膜处理系统的运行控制

1）水质控制与生物膜厚度

a. 生物膜法常会遇到填料堵塞问题，常需对污水进行预处理，以控制进水满足要求。甚至采取处理出水回流的措施来降低入流污水的有机质负荷。入流污水的SS和BOD浓度应控制为多少，应根据系统所选用的填料类型与规格来确定；

b. 采取二级串联、交替进水的方式来均分有机质负荷，防止生物膜生长过厚。但这样势必增加系统占地面积；

c. 运行控制中，还应注意均匀分配水量和空气量，以防止负荷不均、生物膜生长不均、填料局部堵塞、局部短流，甚至塌陷。

2）水温的影响控制　除生物接触氧化池外，其他生物膜法对水温变化带来的影响难以承受。如生物转盘和生物滤池，在水温降低后，生物活性和处理效果明显降低，在严寒季节时一般无法运行。此时只有采取盖保护或保温建筑，有时还需对污水加热升温。

3）供气量的控制　采用人工供气方法，为填料表面生物膜提供溶解氧时，溶解氧的扩散阻力要大于活性污泥混合液，因此应使氧化池中溶解氧保持在较高水平，一般为3～4mg/L。此外，加大供气量，可提高上升气流的剪切力，促进老化生物膜的脱落，防止填料的堵塞。

4）填料　处理厂区污水采用的填料有很多种，在生物膜系统氧化池运行过程中，需时常观察填料，防止填料出现堵塞、变形、塌陷、成团、流失等问题。并采取一定措施，例如：加大供气气量，冲刷老化生化膜；补充或更换填料；检查布水布气系统是否出现不均匀问题。

5）减少出水悬浮物　生物膜系统正常运行时，会有大块的生物膜随水进入二沉池，使二沉池进水悬浮物絮体大小不一。有些块状悬浮物可能会沉于池底，有些也可能浮于水面，为防止悬浮物流失，可将二沉池出水渠改为穿孔集水管，并淹没于二沉池水面之下50～100mm处。

6）生物相的观察

a. 正常的生物膜较薄，厚度约1～3mm，外观粗糙，具粘附性，呈灰褐色。当接触的入流污水水质浓度高、或处于生物膜处理系统的初级或上层时，生物膜厚度会大些，外观颜色会深些；

b. 随着水质的变化，或微生物处于生物膜系统级数或层次的变化，微生物种群会发生变化。当水质浓度最高时，或处于生物膜系统的初级，或处于填料的上层时，微生物所承受的有机负荷最高，此时，以耐高负荷的菌胶团占优势。当水质浓度下降，生物膜中会出现大量丝状菌，并开始出现游动型纤毛虫等原生动物，微生物种类增多，个体数量减少。处于出水端时，菌胶团细菌生长很弱，生物膜很薄，已出现轮虫等后生动物。

25.6.2　厌氧消化污泥的培养监理

1. 厌氧活性污泥的培养，当厌氧消化池经过满水试验和气密性试验后，便可开始甲烷菌的培养。

（1）接种培养法

接种培养法，是向厌氧消化装置中投入容积为总容积的10%～30%厌氧菌种污泥，接种污泥一般为含固率为3%～5%的湿污泥。

接种污泥，一般取自正在运行的厌氧处理装置，尤其是厂区污水处理厂的消化污泥，当液态消化污泥运输不便时，可用污水厂经机械脱水后的干污泥。在厌氧消化污泥来源缺乏的地方，可从废坑塘中取腐化的有机底泥，或以人粪、牛粪、猪粪、酒糟或初沉池污泥代替。大型污水水厂，若同时启动所需接种量太大，可分组分别启动。

(2) 自然培养法

逐步培养法指向厌氧消化池内逐步投入生泥，使生污泥自行逐渐转化为厌氧活性污泥的过程。该方法要使活性污泥经历一个由好氧向厌氧的转变过程，加之厌氧微生物的生长速率比好氧微生物低很多，因此培养过程很慢，一般需历时 6～10 月左右，才能完成甲烷菌的培养。

2. 注意事项

(1) 厌氧消化系统的处理主要对象是活性污泥，不存在毒性问题。但是厌氧消化菌繁殖速度太慢，为加快培养启动过程，除投入接种污泥以外，还应做好厌氧消化污泥的加热。

(2) 厌氧消化污泥培养，初期生污泥投加量与接种污泥的数量及培养时间有关。早期可按设计污泥量的 30%～50%投加，到培养经历了 60d 左右，可逐渐增加投泥量。若从监测结果发现消化不正常时，应减少投泥量。

(3) 厌氧消化系统处理厂区污水处理厂的活性污泥，由于活性污泥中碳、氮、磷等营养是均衡的，能够适应厌氧微生物生长繁殖的需要。因此，即使在厌氧消化污泥培养的初期也不需要像处理工艺废水那样，加入营养物质。

3. 厌氧消化系统的运行控制

(1) 运行控制指标

在厌氧消化污泥的培养过程中，应经常及时对 pH 值、产气量及气体中二氧化碳含量等指标，以及工艺参数（例如：投配负荷、加热温度等）进行连续检测，分析其变化情况，对照正常指标和理论规律，对培养过程随时予以调整，具体运行控制指标（表 25-46），达到指标时，标志着厌氧消化污泥已培养成功，可结束试运行，转入正常运行。

表 25-46

项目	允许范围	最佳范围
pH 值	6.4～7.8	6.5～7.5
氧化还原电位 ORP/mV	−490～−550	−520～−530
挥发性 VFA(以乙酸)计(mg/L)	50～2500	50～500
碱度 ALK($CaCO_3$)计(mg/L)	1000～5000	1500～3000
VFA/ALK	0.1～0.5	0.1～0.3
沼气中 CH_4 体积含量/%	>55	>60
沼气中 CO_2 体积含量/%	<40	<35

(2) 试运行控制时的注意事项

1) 投配负荷的控制

投入的活性污泥是厌氧微生物的营养源，应投加最适应产酸菌、甲烷菌代谢所需的有机质，过多或过少都会影响厌氧微生物的生长，尤其在厌氧消化污泥培养的初期。因此，消化池的生污泥投加量应根据池内消化时间、消化温度及消化方法等因素的经验确定。

培养厌氧消化污泥的初期，生污泥的投配负荷，即每天向每 m^3 有效池容内投入的生污泥量，一般要低于正常运行时的负荷，可按 1.0%～2.0%开始，逐渐增加至 2.0%～3.0%，大约 50～60d 后，可增加至 4.0%～5.0%。

生污泥投配负荷太高，会导致挥发性脂肪酸的大量积累，使酸衰退阶段时间太长，从而大大延长培养时间。有两种方法控制过高的投配负荷：一是降低投泥的浓度和数量；二是用二级出水注满消化池，稀释投入的污泥。降低投泥浓度。可采取以下几种方法：

a. 初沉污泥跨越浓缩池直接进入消化池；

b. 剩余污泥不经过浓缩直接进入消化池；

c. 增大初沉池排泥量，降低污泥浓度。

无论采用何种方法，控制生污泥的投配负荷，应在未产生甲烷气之前，有机物投配负荷不超过 0.5kgVSS/(m^3·d)，或 1.0kgSS/(m^3·d)。

2）排泥量的控制

污泥的厌氧消化系统运行管理取决于二级消化池的污泥和上清液的排出。

a. 消化污泥的排量大于投泥量，则池内上清液量增大，贮泥量减少，池内污泥浓度降低；

b. 上清液排量过多，会增加池内贮泥量，结果会使上清液中污泥浓度增高，造成产气量时增时减，消化池工作不稳定；

c. 厌氧消化池中消化污泥排量和上清液的排量的比值应根据既能维持池内消化污泥浓度高、又能使产气量高的要求，由经验确定；

d。消化污泥的排放一般采用间歇等量排出，每天排数次。消化污泥一般采用重力排放。排泥时，排泥管路上的闸门应快速全开，速开速闭，避免管路被泥砂堵塞。并防止漏气爆炸。

3）上清液的排放

池内上清液层的厚度与消化污泥贮量有关。上清液一般每天排放数次。一般而言，上清液排放量不可超过进泥量。排上清液时，消化池内液面若下降过多，则沼气会进入上清液管道，运行控制时特别值得注意。运行控制较好的消化池，排出上清液的固体浓度大约为 2000～4000mg/L，最差时，也应控制在 10000mg/L 的要求之下。

消化池中排出上清液，水质很差的原因主要有以下几方面：

a. 消化液中溶解有大量的 CO_2 气体，加之厌氧甲烷气的搅拌作用，使消化污泥的沉降分离效果大大降低；

b. 消化液中本身就含有大量的溶解性有机物质；

c. 消化池排放上清液的方式不利于沉降分离，没有设置出水溢流堰，无法控制溢流负荷。

因此，消化池排出上清液还应回流至污水处理系统前端，这又势必增大污水处理系统的负荷，运行中应认真对待。

（3）pH 值及碱度控制

厌氧消化系统正常运行时，碱度一般在 1000～5000mg/L（以 $CaCO_3$ 计）之间，典型值在 2500～3500mg/L 之间，挥发性脂肪酸 VFA 浓度随碱而变化，一般在 50～2500mg/L，维持碱度和酸度之间平衡，使消化液 pH 值自动维持在 6.5～7.5 的范围内。

只要碱度与酸度平衡，即使碱度超过4000mg/L，VFA超过1200mg/L时，系统也能正常运行。但总有许多原因导致产酸菌和甲烷菌失去平衡，导致pH值降至6.5以下，形成"酸败"，具体原因如下：

1）温度波动太大，甲烷菌无法适应，其活性降低，分解挥发性脂肪酸的速率下降。

2）投入的有机物超负荷，产酸菌适应性快，分解出较多的VFA，而甲烷菌适应性慢，不能立即将增多的VFA分解掉。

3）水力超负荷，使消化时间缩短，部分甲烷菌被冲刷掉，VFA积累。

4）甲烷菌中毒。

对于以上情况，应及时采取pH值控制措施，否则，消化系统破坏，需重新培养消化污泥。

采取措施后，各项指标逐渐恢复正常，待完全恢复以后，可停止加碱。

（4）氮气置换

1）当空气中CH_4含量在5%～15%（体积经）范围内，遇明火或700℃以上的热源，CH_4沼气即发生爆炸。

2）小型处理厂消化系统的氮气置换可用液氮瓶，通过减压及汇流装置进行；大型污水处理厂可采用液氮罐车。氮气置换程度目前尚无统一的要求，一些污水厂置换至氧气含量低于5%，也有污水厂要求低于2%以下。

（5）沼气的收集

1）产气量是判断消化状态的重要指标。一级消化池比二级消化池产气量大很多。

2）沼气中含大量水分，输气管中如存有冷凝水会影响沼气的流动，应在管路上设排水阀，将水及时排出。

3）沼气中含0.3%～10.0%的硫化氢，对金属有腐蚀作用，燃烧时产生的二氧化硫腐蚀性亦很强，应采用脱硫设备。排污泥或上清液时，池内可能会产生负压，不应使空气进入消化池；池内气压上升时，应注意安全阀及水封的工作情况。

（6）消化污泥加热

1）生污泥投入消化池之前，加热一般采用双管式，外管走热水，内管走污泥，污泥流速应控制在1.2m/s以上，盘管加热器一般置于消化池内，盘入口处水温应控制在40～55℃，蒸气直接吹入加热，效率高，但温度过高会杀死喷口处的甲烷菌。

2）甲烷菌对温度波动非常敏感，一般应将消化污泥的温度波动控制在±1.0℃之内。温度波动与投泥次数、投泥历时和每次投泥量有关。投泥次数少，投泥量必然较大，会导致加热系统超负荷，供热不足温度降低。因此，投泥应尽量接近均匀连续。

（7）消化池的污泥搅拌

1）搅拌的目的是使投入污泥和池内的消化污泥混合均匀，使池内各点的温度均匀，分离附在污泥颗粒上的气体以防止浮渣层结壳。搅拌良好的消化池容积利用率可达到70%，而搅拌不合理，则容积利用率会降至50%以下。

2）沼气搅拌能适应池内液位变化。沼气搅拌强度一般为1～2m^3沼气/（m^2池面·h）。采用机械搅拌时，搅拌强度一般为10～20W/m^3池容。

3）搅拌可以连续进行，也可以间歇操作，多数污水厂采用间歇方式。操作时应注意：

a. 投泥时应同时搅拌；

b. 蒸汽加热时应同时搅拌；

c. 底部排泥时可不搅拌，上部排泥宜同时搅拌。

搅拌效果的好坏可以通过纵横取样法或示踪法判断。取样法指在消化池不同位置及不同深度取泥样，测定其含固量，最深点数值与全池平均值的绝对偏差低于0.5%，说明搅拌有效。

(8) 运行操作顺序

厌氧消化池的运行中有五大操作，即：进泥、排泥、排上清液、加热和搅拌。这些操作不可能同时进行，尤其是消化污泥培养中后期。一般认为操作顺序对消化效果有一定影响，如何确定合理顺序，确保最佳运行效果，需要借鉴实践经验。例如：单级消化，采取溢流排泥内蒸汽加热时，合理的操作顺序是：进泥、排泥、加热、搅拌，二级消化，采取非溢流排泥，池外热交换器加热时，合理的操行顺序是：排上清液、排泥、进泥、加热、搅拌。

五大操作步骤的循环周期越短，越接近连续运行，其消化效果越好。人工操作时，操作周期可以为8h，完全自动控制的操作，操作周期可取为2～4h。

25.6.3 SBR的活性污泥培养

1. SBR工艺的特点

(1) 运行程序化。

(2) 工作水位滗水水位受到设备的严格限制。SBR反应池最高水位水深4.3m左右，最低工作水位为水深3.8m左右，滗水水位仅0.5m左右。

(3) 人工操作控制非常繁杂，可以认为无法进行手动人工操作。

2. 由于这些原因，特别是进水BOD_5浓度较低的厂区污水，SBR工艺不宜采用间歇投水方法和阶段培养方法。适当的方法如下：

(1) 活性污泥培养驯化之前，首先完善SBR工艺程序系统和自动化系统并投入使用；

(2) 大型SBR工艺，活性污泥培养驯化适宜采用满载（连续操作式全流量）培养方法，即按照实际全额流量进水培养；

(3) 为加快活性污泥培养，可采用两项技术强化措施。一是增加进水BOD_5浓度，如投加粪便水使活性污泥尽快繁殖。二是控制曝气时间，即不同的进展阶段随着活性污泥量增加和污泥活性的增强，调整曝气强度，在防止供氧不足的同时，更要注意防止污泥过氧化。

(4) 与普通活性污泥法相比，SBR工艺的主要特点是将一沉池、曝气池、二沉池集于一体。工艺的特点决定了活性污泥的特点。

1) 由于不设一沉池，SBR工艺活性污泥中挥发性悬浮固体（MLVSS）所占比例低。天津开发区污水处理一般MLVSS/MLSS在0.5左右。

2) 由于MLVSS所占比例少，SBR反应池活性污泥指数（SVI）较低，天津开发区污水处理厂SVI一般在50～70左右。

(5) SBR工艺曝气特点

1) 在普通活性污泥法中曝气系统的曝气强度主要取决于微生物供氧量，在满足微生物需求时，一般 就可满足污泥混合搅拌的强度和要求，但是在SBR反应池中略有差别。在天津开发区污水处理厂当曝气量减少到某一强度，沿曝气池水深方向溶解氧浓度呈显著差别的现象，说明了曝气强度小产生污泥分层现象。

2）由于SBR反应池工作水位随工艺周期交替变化，低水位和高水位运行时，空气管道工作压力明显变化。在这种变化过程中曝气，应设定自动调整系统，随着工作水深变化调节曝气阀门，即空气管路压力，以相对恒定SBR反应池中曝气强度。

25.7 给水、污水处理厂工程的施工记录要求

25.7.1 给水、污水处理设备施工记录

1. 设备基础检查验收记录

设备安装前应对设备基础的混凝土强度、外观质量进行了检查，并对设备基础纵、横轴线进行复核，对设备基础外形尺寸、水平度、垂直度、预埋地脚螺栓、地脚螺栓孔、预埋栓板以及锅炉设备基础立柱相邻位置、四立柱间对角线等进行量测，并附基础示意图。填写《设备基础检查验收记录》。

2. 钢制平台/钢架制作安装检查记录

钢制平台/钢架材质应符合设计要求，制作安装应达到质量标准要求。对立柱底座与柱基中心线、立柱垂直度、弯由度、立柱对角线、平台标高、栏杆、阶梯踏步、平台边缘围板等进行期全面检查，并填写《钢制平台/钢架制作安装检查记录》。

3. 设备安装检查记录

给水、污水处理厂（场）、站中使用的通用设备安装均可采用本表。应在安装中检查设备的标高、中心线位置、垂直度、纵横向水平及设备固定的形式，使之符合设计要求，达到质量标准。

4. 设备联轴器对中检查记录

设备联轴器安装完成后应对联轴器对中情况进行检查并记录，内容包括：径向位移值，轴向倾斜值，端面间隙值，并附联轴器布置示意图。

5. 容器安装检查记录

容器（箱罐）安装前应进行基础检查及容器严密性试验，安装中应对容器安装的标高、中心线、垂直度、水平度、接口方向及液位计、温度计、压力表、安全泄放装置、水位调节装置、取样口位置、内部防腐层、二次灌浆等内容进行检查并记录。

6. 安全附件安装检查记录

本表是对压力表、安全阀、水（液）位计等安全附件安装的情况进行的检查和记录。

7. 锅炉安装施工记录

锅炉安装施工记录应由安装单位按安全监察机构颁布的《工业锅炉安装工程质量证明书》（整装、散装）要求的技术文件的规定填写，凡要求盖章的地方，均应盖章并由项目负责人签字。

8. 软化水处理设备安装调试记录

软化水处理设备安装和调试，应填写《软化水处理设备安装调试记录》。

9. 燃烧及燃料管路安装记录

燃烧器及燃料管路安装时，应填写《燃烧器及燃料管路安装记录》。

10. 管道/设备保温施工检查记录

管道/设备如查设计要求保温，在保温施工时需对基层处理与涂漆情况、保温层施工情况、保护层施工情况进行检查并记录。对直埋热力管道的接口保温（套袖连接）还应进行气密性试验。

11. 给水厂水处理工艺系统调试记录

给水厂工程达到基本交验条件，工程竣工验收前，监理工程师对各专业工程的质量情况、使用功能进行全面检查，对发现的问题经施工（安装）单位整改及功能试验后，由监理单位组织，施工（安装）单位、设计单位和建设单位参加，对给水厂水处理工艺系统调试，由施工单位填写《给水厂水处理工艺系统调试记录》。

12. 加药、加氯工艺系统调试记录

加药加氯工程达到基本交验条件时，水处理工艺系统调试后，由监理单位组织，施工（安装）单位进行，必要时请建设单位及设计单位派代表参加，对加药、加氯工艺系统调试，由施工单位填写《加药、加氯工程系统调试记录》。

13. 离心水泵综合效率试验记录

给水厂离心泵安装、检查，符合设计文件和施工规范条件后，需对离心水泵综合效率进行试验，由施工单位（或试验单位）填写《离心水泵综合试验记录》。

14. 水处理工艺管线验收记录

水处理工艺管线工程完成后，监理（建设）单位组织，设计单位、施工（安装）单位等进行水处理工艺管线验收，由施工单位填写《水处理工艺管线验收记录》。

15. 污泥处理工艺系统调试记录

污泥处理工艺系统工程达到基本条件，污水处理工艺系统调试后，由监理单位组织，施工（安装）单位进行，必要时请建设单位及设计单位派人参加，对污泥处理工艺系统调试，由施工单位填写《污泥处理工艺系统调试记录》。

16. 自控系统调试记录

给水和污水处理厂自控系统工程完成后，监理（建设）单位组织，施工（安装）单位进行，对自控系统进行调试，由施工单位填写《自控系统调试记录》。

17. 自控设备单台安装记录

给水、污水处理厂自控设备安装完成后，由施工单位填写《自控设备单台安装记录》。

18. 污水处理工艺系统调试记录

19. 污泥消化工艺系统调试记录

25.7.2 电气安装工程施工记录

1. 电缆敷设检查记录

对电缆的敷设方式、编号、起/止位置、规格、型号进行检查，并按 GB 50168 规范要求，对安装工艺质量进行检查，填写《电缆敷设检查记录》。

2. 电气照明装置安装检查记录

对电气照明装置的配电箱（盘）、配线、各种灯具、开关、插座、风扇等安装工艺及质量按 GB 50303 要求进行检查，填写《电气照明装置安装检查记录》。

3. 电线（缆）钢导管安装检查记录

对电线（缆）钢导管的起、止点位置及高程、管径长度、弯曲半径、连接方式、防腐及排列情况进行检查并填写《电线（缆）钢导管安装检查记录》。

4. 成套开关柜（盘）安装检查记录

检查成套开关柜（盘）型钢外廓尺寸、基础型钢的不直度、不平度、位置、不平行度及开关柜的垂直度、水平偏差、柜面偏差、柜间接缝，要求成套开关柜（盘）安装偏差符合规范要求并填写《成套开关柜（盘）安装检查记录》。

5. 盘、柜安装及二次连线检查记录

对盘、柜及二次连线安装工艺及质量进行检查，内容包括：盘、柜及基础型钢安装偏差；盘柜固定及接地状况；盘、柜内电器元件、电气接线、柜内一次设备安装等及电气试验结果是否符合规范要求，并填写《盘、柜安装及二次连线检查记录》。

6. 避雷装置安装检查记录

检查避雷安装质量，对避雷针、避雷网（带）、引下线的材质、规格、长度，结构形式、外观、焊接及防腐情况，引下线高度，接地极组数及接地电阻测量数值、防腐处理情况进行检查并填写《避雷装置安装检查记录》。

7. 起重机电气安装检查记录

检查起重机电气安装质量，内容主要包括滑接线及滑接器、悬吊式软电缆、配线、控制箱（柜）、控制器、限位器、安全保护装置、制动装置、撞杆、照明装置、轨道接地、电气设备和线路的绝缘电阻测试并填写《起重机电气安装检查记录》。

8. 电机安装检查记录

对电机安装位置；接线、绝缘、接地情况；转子转动灵活性；轴承框动情况；电刷与滑环（换向器）的接触情况；电机的保护、控制、测量、信号等回路工作状态进行检验并填写《电机安装检查记录》。

9. 变压器安装检查记录

按 GBJ 148 标准要求，对变压器安装的位置、母线连接和接地、变压器器身、瓷套管、储油柜、冷却装置、油位、分接头位置、滚轮制动、测温装置及并列运行条件等进行检验，检查电气试验报告是否齐全、合格填写《变压器安装检查记录》。

10. 高压隔离开关、负荷开关及熔断器安装检查记录

对开关操动机构、传动装置、闭锁装置、安装位置、合闸时三相不同期值、分闸时触头打开角度、距离、触头接触情况进行检查，核对熔体额定电流与设计值，检查试验报告是否合格、齐全，填写《高压隔离开关、负荷开关及熔断器安装检查记录》。

11. 电缆头（中间接头）制作记录

对电缆型号、保护壳型式、接地线规格、绝缘带规格、芯线连接方法、相序校对、绝缘填料电阻测试值、电缆编号、规格型号等进行检查，填写《电缆头（中间接头）制作记录》。

12. 厂区供水设备、供电系统调试记录

电气设备安装调试应符合国家及有关专业的规定，各系统设备的单项安装调试合格后，由施工（安装）单位进行厂区供水设备供电系统调试，填写《厂区供水设备供电系统调试记录》。

第 26 章　建筑工程法律法规

26.1　中华人民共和国建筑法

第一条　为了加强对建筑活动的监督管理，维护建筑市场秩序，保证建筑工程的质量和安全，促进建筑业健康发展，制定本法。

第二条　在中华人民共和国境内从事建筑活动，实施对建筑活动的监督管理，应当遵守本法。

本法所称建筑活动，是指各类房屋建筑及其附属设施的建造和与其配套的线路、管道、设备的安装活动。

第三条　建筑活动应当确保建筑工程质量和安全，符合国家的建筑工程安全标准。

第四条　国家扶持建筑业的发展，支持建筑科学技术研究，提高房屋建筑设计水平，鼓励节约能源和保护环境，提倡采用先进技术、先进设备、先进工艺、新型建筑材料和现代管理方式。

第五条　从事建筑活动应当遵守法律、法规，不得损害社会公共利益和他人的合法权益。

任何单位和个人都不得妨碍和阻挠依法进行的建筑活动。

第六条　国务院建设行政主管部门对全国的建筑活动实施统一监督管理。

第七条　建筑工程开工前，建设单位应当按照国家有关规定向工程所在地县级以上人民政府建设行政主管部门申请领取施工许可证；但是，国务院建设行政主管部门确定的限额以下的小型工程除外。按照国务院规定的权限和程序批准开工报告的建筑工程，不再领取施工许可证。

第八条　申请领取施工许可证，应当具备下列条件：

（一）已经办理该建筑工程用地批准手续；

（二）在城市规划区的建筑工程，已经取得规划许可证；

（三）需要拆迁的，其拆迁进度符合施工要求；

（四）已经确定建筑施工企业；

（五）有满足施工需要的施工图纸及技术资料；

（六）有保证工程质量和安全的具体措施；

（七）建设资金已经落实；

（八）法律、行政法规规定的其他条件。

建设行政主管部门应当自收到申请之日起十五日内，对符合条件的申请颁发施工许可证。

第九条　建设单位应当自领取施工许可证之日起三个月内开工。因故不能按期开工的，应当向发证机关申请延期；延期以两次为限，每次不超过三个月。既不开工又不申请延期或者超过延期时限的，施工许可证自行废止。

第十条　在建的建筑工程因故中止施工的，建设单位应当自中止施工之日起一个月内，向发证机关报告，并按照规定做好建筑工程的维护管理工作。建筑工程恢复施工时，应当向发证机关报告；中止施工满一年的工程恢复施工前，建设单位应当报发证机关核验施工许可证。

第十一条　按照国务院有关规定批准开工报告的建筑工程，因故不能按期开工或者中止施工的，应当及时向批准机关报告情况。因故不能按期开工超过六个月的，应当重新办理开工报告的批准手续。

第十二条　从事建筑活动的建筑施工企业、勘察单位、设计单位和工程监理单位，应当具备下列条件：

（一）有符合国家规定的注册资本；

（二）有与其从事的建筑活动相适应的具有法定执业资格的专业技术人员；

（三）有从事相关建筑活动所应有的技术装备；

（四）法律、行政法规规定的其他条件。

第十三条　从事建筑活动的建筑施工企业、勘察单位、设计单位和工程监理单位，按照其拥有的注册资本、专业技术人员、技术装备和已完成的建筑工程业绩等资质条件，划分为不同的资质等级，经资质审查合格，取得相应等级的资质证书后，方可在其资质等级许可的范围内从事建筑活动。

第十四条　从事建筑活动的专业技术人员，应当依法取得相应的执业资格证书，并在执业资格证书许可的范围内从事建筑活动。

第十五条　建筑工程的发包单位与承包单位应当依法订立书面合同，明确双方的权利和义务。发包单位和承包单位应当全面履行合同约定的义务。不按照合同约定履行义务的，依法承担违约责任。

第十六条　建筑工程发包与承包的招标投标活动，应当遵循公开、公正、平等竞争的原则，择优选择承包单位。建筑工程的招标投标，本法没有规定的，适用有关招标投标法律的规定。

第十七条　发包单位及其工作人员在建筑工程发包中不得收受贿赂、回扣或者索取其他好处。

承包单位及其工作人员不得利用向发包单位及其工作人员行贿、提供回扣或者给予其他好处等不正当手段承揽工程。

第十八条　建筑工程造价应当按照国家有关规定，由发包单位与承包单位在合同中约定。公开招标发包的，其造价的约定，须遵守招标投标法律的规定。发包单位应当按照合同的约定，及时拨付工程款项。

第十九条　建筑工程依法实行招标发包，对不适于招标发包的可以直接发包。

第二十条　建筑工程实行公开招标的，发包单位应当依照法定程序和方式，发布招标公告，提供载有招标工程的主要技术要求、主要的合同条款、评标的标准和方法以及开标、评标、定标的程序等内容的招标文件。

开标应当在招标文件规定的时间、地点公开进行。开标后应当按照招标文件规定的评标标准和程序对标书进行评价、比较，在具备相应资质条件的投标者中，择优选定中标者。

第二十一条　建筑工程招标的开标、评标、定标由建设单位依法组织实施，并接受有关行政主管部门的监督。

第二十二条　建筑工程实行招标发包的，发包单位应当将建筑工程发包给依法中标的承包单位。建筑工程实行直接发包的，发包单位应当将建筑工程发包给具有相应资质条件的承包单位。

第二十三条　政府及其所属部门不得滥用行政权力，限定发包单位将招标发包的建筑工程发包给指定的承包单位。

第二十四条　提倡对建筑工程实行总承包，禁止将建筑工程分解发包。建筑工程的发包单位可以将建筑工程的勘察、设计、施工、设备采购一并发包给一个工程总承包单位，也可以将建筑工程勘察、设计、施工、设备采购的一项或者多项发包给一个工程总承包单位；但是，不得将应当由一个承包单位完成的建筑工程肢解成若干部分发包给几个承包单位。

第二十五条　按照合同约定，建筑材料、建筑构配件和设备由工程承包单位采购的，发包单位不得指定承包单位购入用于工程的建筑材料、建筑构配件和设备或者指定生产厂、供应商。

第二十六条　承包建筑工程的单位应当持有依法取得的资质证书，并在其资质等级许可的业务范围内承揽工程。禁止建筑施工企业超越本企业资质等级许可的业务范围或者以任何形式用其他建筑施工企业的名义承揽工程。

禁止建筑施工企业以任何形式允许其他单位或者个人使用本企业的资质证书、营业执照，以本企业的名义承揽工程。

第二十七条　大型建筑工程或者结构复杂的建筑工程，可以由两个以上的承包单位联合共同承包。共同承包的各方对承包合同的履行承担连带责任。两个以上不同资质等级的单位实行联合共同承包的，应当按照资质等级低的单位的业务许可范围承揽工程。

第二十八条　禁止承包单位将其承包的全部建筑工程转包给他人，禁止承包单位将其承包的全部建筑工程肢解以后以分包的名义分别转包给他人。

第二十九条　建筑工程总承包单位可以将承包工程中的部分工程发包给具有相应资质条件的分包单位；但是，除总承包合同中约定的分包外，必须经建设单位认可。施工总承包的，建筑工程主体结构的施工必须由总承包单位自行完成。

建筑工程总承包单位按照总承包合同的约定对建设单位负责；分包单位按照分包合同的约定对总承包单位负责。总承包单位和分包单位就分包工程对建设单位承担连带责任。

禁止总承包单位将工程分包给不具备相应资质条件的单位。禁止分包单位将其承包的工程再分包。

第三十条　国家推行建筑工程监理制度。国务院可以规定实行强制监理的建筑工程的范围。

第三十一条　实行监理的建筑工程，由建设单位委托具有相应资质条件的工程监理单位监理。建设单位与其委托的工程监理单位应当订立书面委托监理合同。

第三十二条　建筑工程监理应当依照法律、行政法规及有关的技术标准、设计文件和建筑工程承包合同，对承包单位在施工质量、建设工期和建设资金使用等方面，代表建设单位实施监督。

工程监理人员认为工程施工不符合工程设计要求、施工技术标准和合同约定的，有权要求建筑施工企业改正。

工程监理人员发现工程设计不符合建筑工程质量标准或者合同约定的质量要求的，应当报告建设单位要求设计单位改正。

第三十三条　实施建筑工程监理前，建设单位应当将委托的工程监理单位、监理的内容及监理权限，书面通知被监理的建筑施工企业。

第三十四条　工程监理单位应当在其资质等级许可的监理范围内，承担工程监理业务。

工程监理单位应当根据建设单位的委托，客观、公正地执行监理任务。工程监理单位与被监理工程的承包单位以及建筑材料、建筑构配件和设备供应单位不得有隶属关系或者其他利害关系。工程监理单位不得转让工程监理业务。

第三十五条　工程监理单位不按照委托监理合同的约定履行监理义务，对应当监督检查的项目不检查或者不按照规定检查，给建设单位造成损失的，应当承担相应的赔偿责任。

工程监理单位与承包单位串通，为承包单位谋取非法利益，给建设单位造成损失的，应当与承包单位承担连带赔偿责任。

第三十六条　建筑工程安全生产管理必须坚持安全第一、预防为主的方针，建立健全安全生产的责任制度和群防群治制度。

第三十七条　建筑工程设计应当符合按照国家规定制定的建筑安全规程和技术规范，保证工程的安全性能。

第三十八条　建筑施工企业在编制施工组织设计时，应当根据建筑工程的特点制定相应的安全技术措施；对专业性较强的工程项目，应当编制专项安全施工组织设计，并采取安全技术措施。

第三十九条　建筑施工企业应当在施工现场采取维护安全、防范危险、预防火灾等措施；有条件的，应当对施工现场实行封闭管理。

施工现场对毗邻的建筑物、构筑物和特殊作业环境可能造成损害的，建筑施工企业应当采取安全防护措施。

第四十条　建设单位应当向建筑施工企业提供与施工现场相关的地下管线资料，建筑施工企业应当采取措施加以保护。

第四十一条　建筑施工企业应当遵守有关环境保护和安全生产的法律、法规的规定，采取控制和处理施工现场的各种粉尘、废气、废水、固体废物以及噪声、振动对环境的污染和危害的措施。

第四十二条　有下列情形之一的，建设单位应当按照国家有关规定办理申请批准手续：

（一）需要临时占用规划批准范围以外场地的；

（二）可能损坏道路、管线、电力、邮电通讯等公共设施的；

（三）需要临时停水、停电、中断道路交通的；

（四）需要进行爆破作业的；

（五）法律、法规规定需要办理报批手续的其他情形。

第四十三条　建设行政主管部门负责建筑安全生产的管理，并依法接受劳动行政主管部门对建筑安全生产的指导和监督。

第四十四条　建筑施工企业必须依法加强对建筑安全生产的管理，执行安全生产责任制度，采取有效措施，防止伤亡和其他安全生产事故的发生。建筑施工企业的法定代表人对本企业的安全生产负责。

第四十五条　施工现场安全由建筑施工企业负责。实行施工总承包的，由总承包单位负责。分包单位向总承包单位负责，服从总承包单位对施工现场的安全生产管理。

第四十六条　建筑施工企业应当建立健全劳动安全生产教育培训制度，加强对职工安全生产的教育培训；未经安全生产教育培训的人员，不得上岗作业。

第四十七条　建筑施工企业和作业人员在施工过程中，应当遵守有关安全生产的法律、法规和建筑行业安全规章、规程，不得违章指挥或者违章作业。作业人员有权对影响人身健康的作业程序和作业条件提出改进意见，有权获得安全生产所需的防护用品。作业人员对危及生命安全和人身健康的行为有权提出批评、检举和控告。

第四十八条　建筑施工企业必须为从事危险作业的职工办理意外伤害保险，支付保险费。

第四十九条　涉及建筑主体和承重结构变动的装修工程，建设单位应当在施工前委托原设计单位或者具有相应资质条件的设计单位提出设计方案；没有设计方案的，不得施工。

第五十条　房屋拆除应当由具备保证安全条件的建筑施工单位承担，由建筑施工单位负责人对安全负责。

第五十一条　施工中发生事故时，建筑施工企业应当采取紧急措施减少人员伤亡和事故损失，并按照国家有关规定及时向有关部门报告。

第五十二条　建筑工程勘察、设计、施工的质量必须符合国家有关建筑工程安全标准的要求，具体管理办法由国务院规定。有关建筑工程安全的国家标准不能适应确保建筑安全的要求时，应当及时修订。

第五十三条　国家对从事建筑活动的单位推行质量体系认证制度。从事建筑活动的单位根据自愿原则可以向国务院产品质量监督管理部门或者国务院产品质量监督管理部门授权的部门认可的认证机构申请质量体系认证。经认证合格的，由认证机构颁发质量体系认证证书。

第五十四条　建设单位不得以任何理由，要求建筑设计单位或者建筑施工企业在工程设计或者施工作业中，违反法律、行政法规和建筑工程质量、安全标准，降低工程质量。建筑设计单位和建筑施工企业对建设单位违反前款规定提出的降低工程质量的要求，应当予以拒绝。

第五十五条　建筑工程实行总承包的，工程质量由工程总承包单位负责，总承包单位将建筑工程分包给其他单位的，应当对分包工程的质量与分包单位承担连带责任。分包单位应当接受总承包单位的质量管理。

第五十六条　建筑工程的勘察、设计单位必须对其勘察、设计的质量负责。勘察、设计文件应当符合有关法律、行政法规的规定和建筑工程质量、安全标准、建筑工程勘察、设计技术规范以及合同的约定。设计文件选用的建筑材料、建筑构配件和设备，应当注明其规格、型号、性能等技术指标，其质量要求必须符合国家规定的标准。

第五十七条　建筑设计单位对设计文件选用的建筑材料、建筑构配件和设备，不得指定生产厂、供应商。

第五十八条　建筑施工企业对工程的施工质量负责。建筑施工企业必须按照工程设计图纸和施工技术标准施工，不得偷工减料。工程设计的修改由原设计单位负责，建筑施工企业不得擅自修改工程设计。

第五十九条　建筑施工企业必须按照工程设计要求、施工技术标准和合同的约定，对建筑材料、建筑构配件和设备进行检验，不合格的不得使用。

第六十条　建筑物在合理使用寿命内，必须确保地基基础工程和主体结构的质量。

建筑工程竣工时，屋顶、墙面不得留有渗漏、开裂等质量缺陷；对已发现的质量缺陷，建筑施工企业应当修复。

第六十一条　交付竣工验收的建筑工程，必须符合规定的建筑工程质量标准，有完整的工程技术经济资料和经签署的工程保修书，并具备国家规定的其他竣工条件。建筑工程竣工经验收合格后，方可交付使用；未经验收或者验收不合格的，不得交付使用。

第六十二条　建筑工程实行质量保修制度。建筑工程的保修范围应当包括地基基础工程、主体结构工程、屋面防水工程和其他土建工程，以及电气管线、上下水管线的安装工程，供热、供冷系统工程等项目；保修的期限应当按照保证建筑物合理寿命年限内正常使用，维护使用者合法权益的原则确定。具体的保修范围和最低保修期限由国务院规定。

第六十三条　任何单位和个人对建筑工程的质量事故、质量缺陷都有权向建设行政主管部门或者其他有关部门进行检举、控告、投诉。

第六十四条　违反本法规定，未取得施工许可证或者开工报告未经批准擅自施工的，责令改正，对不符合开工条件的责令停止施工，可以处以罚款。

第六十五条　发包单位将工程发包给不具有相应资质条件的承包单位的，或者违反本法规定将建筑工程肢解发包的，责令改正，处以罚款。超越本单位资质等级承揽工程的，责令停止违法行为，处以罚款，可以责令停业整顿，降低资质等级；情节严重的，吊销资质证书；有违法所得的，予以没收。未取得资质证书承揽工程的，予以取缔，并处罚款；有违法所得的，予以没收。以欺骗手段取得资质证书的，吊销资质证书，处以罚款；构成犯罪的，依法追究刑事责任。

第六十六条　建筑施工企业转让、出借资质证书或者以其他方式允许他人以本企业的名义承揽工程的，责令改正，没收违法所得，并处罚款，可以责令停业整顿，降低资质等级；情节严重的，吊销资质证书。对因该项承揽工程不符合规定的质量标准造成的损失，建筑施工企业与使用本企业名义的单位或者个人承担连带赔偿责任。

第六十七条　承包单位将承包的工程转包的，或者违反本法规定进行分包的，责令改正，没收违法所得，并处罚款，可以责令停业整顿，降低资质等级；情节严重的，吊销资质证书。承包单位有前款规定的违法行为的，对因转包工程或者违法分包的工程不符合规定的质量标准造成的损失，与接受转包或者分包的单位承担连带赔偿责任。

第六十八条　在工程发包与承包中索贿、受贿、行贿，构成犯罪的，依法追究刑事责任；不构成犯罪的，分别处以罚款，没收贿赂的财物，对直接负责的主管人员和其他直接责任人员给予处分。对在工程承包中行贿的承包单位，除依照前款规定处罚外，可以责令停业整顿，降低资质等级或者吊销资质证书。

第六十九条　工程监理单位与建设单位或者建筑施工企业串通，弄虚作假、降低工程质量的，责令改正，处以罚款，降低资质等级或者吊销资质证书；有违法所得的，予以没收；造成损失的，承担连带赔偿责任；构成犯罪的，依法追究刑事责任。工程监理单位转让监理业务的，责令改正，没收违法所得，可以责令停业整顿，降低资质等级；情节严重的，吊销资质证书。

第七十条　违反本法规定，涉及建筑主体或者承重结构变动的装修工程擅自施工的，责令改正，处以罚款；造成损失的，承担赔偿责任；构成犯罪的，依法追究刑事责任。

第七十一条　建筑施工企业违反本法规定，对建筑安全事故隐患不采取措施予以消除的，责令改正，可以处以罚款；情节严重的，责令停业整顿，降低资质等级或者吊销资质证书；构成犯罪的，依法追究刑事责任。建筑施工企业的管理人员违章指挥、强令职工冒险作业，因而发生重大伤亡事故或者造成其他严重后果的，依法追究刑事责任。

第七十二条　建设单位违反本法规定，要求建筑设计单位或者建筑施工企业违反建筑工程质量、安全标准，降低工程质量的，责令改正，可以处以罚款；构成犯罪的，依法追究刑事责任。

第七十三条　建筑设计单位不按照建筑工程质量、安全标准进行设计的，责令改正，处以罚款；造成工程质量事故的，责令停业整顿，降低资质等级或者吊销资质证书，没收违法所得，并处罚款；造成损失的，承担赔偿责任；构成犯罪的，依法追究刑事责任。

第七十四条　建筑施工企业在施工中偷工减料的，使用不合格的建筑材料、建筑构配件和设备的，或者有其他不按照工程设计图纸或者施工技术标准施工的行为的，责令改正，处以罚款；情节严重的，责令停业整顿，降低资质等级或者吊销资质证书；造成建筑工程质量不符合规定的质量标准的，负责返工、修理，并赔偿因此造成的损失；构成犯罪的，依法追究刑事责任。

第七十五条　建筑施工企业违反本法规定，不履行保修义务或者拖延履行保修义务的，责令改正，可以处以罚款，并对在保修期内因屋顶、墙面渗漏、开裂等质量缺陷造成的损失，承担赔偿责任。

第七十六条　本法规定的责令停业整顿、降低资质等级和吊销资质证书的行政处罚，由颁发资质证书的机关决定；其他行政处罚，由建设行政主管部门或者有关部门依照法律和国务院规定的职权范围决定。依照本法规定被吊销资质证书的，由工商行政管理部门吊销其营业执照。

第七十七条　违反本法规定，对不具备相应资质等级条件的单位颁发该等级资质证书的，由其上级机关责令收回所发的资质证书，对直接负责的主管人员和其他直接人员给予行政处分；构成犯罪的，依法追究刑事责任。

第七十八条　政府及其所属部门的工作人员违反本法规定，限定发包单位将招标发包的工程发包给指定的承包单位的，由上级机关责令改正；构成犯罪的，依法追究刑事责任。

第七十九条　负责颁发建筑工程施工许可证的部门及其工作人员对不符合施工条件的

建筑工程颁发施工许可证的，负责工程质量监督检查或者竣工验收的部门及其工作人员对不合格的建筑工程出具质量合格文件或者按合格工程验收的，由上级机关责令改正，对责任人员给予行政处分；构成犯罪的，依法追究刑事责任；造成损失的，由该部门承担相应的赔偿责任。

第八十条　在建筑物的合理使用寿命内，因建筑工程质量不合格受到损害的，有权向责任者要求赔偿。

第八十一条　本法关于施工许可、建筑施工企业资质审查和建筑工程发包、承包、禁止转包，以及建筑工程监理、建筑工程安全和质量管理的规定，适用于其他专业建筑工程的建筑活动，具体办法由国务院规定。

第八十二条　建设行政主管部门和其他有关部门在对建筑活动实施监督管理中，除按照国务院有关规定收取费用外，不得收取其他费用。

第八十三条　省、自治区、直辖市人民政府确定的小型房屋建筑工程的建筑活动，参照本法执行。依法核定作为文物保护的纪念建筑物和古建筑等的修缮，依照文物保护的有关法律规定执行。抢险救灾及其他临时性房屋建筑和农民自建低层住宅的建筑活动，不适用本法。

第八十四条　军用房屋建筑工程建筑活动的具体管理办法，由国务院、中央军事委员会依据本法制定。

第八十五条　本法自1998年3月1日起施行。

26.2　建设工程安全生产管理条例

第一章　总则

第一条　为了加强建设工程安全生产监督管理，保障人民群众生命和财产安全，根据《中华人民共和国建筑法》、《中华人民共和国安全生产法》，制定本条例。

第二条　在中华人民共和国境内从事建设工程的新建、扩建、改建和拆除等有关活动及实施对建设工程安全生产的监督管理，必须遵守本条例。

本条例所称建设工程，是指土木工程、建筑工程、线路管道和设备安装工程及装修工程。

第三条　建设工程安全生产管理，坚持安全第一、预防为主的方针。

第四条　建设单位、勘察单位、设计单位、施工单位、工程监理单位及其他与建设工程安全生产有关的单位，必须遵守安全生产法律、法规的规定，保证建设工程安全生产，依法承担建设工程安全生产责任。

第五条　国家鼓励建设工程安全生产的科学技术研究和先进技术的推广应用，推进建设工程安全生产的科学管理。

第二章　建设单位的安全责任

第六条　建设单位应当向施工单位提供施工现场及毗邻区域内供水、排水、供电、供气、供热、通信、广播电视等地下管线资料，气象和水文观测资料，相邻建筑物和构筑物、地下工程的有关资料，并保证资料的真实、准确、完整。

建设单位因建设工程需要，向有关部门或者单位查询前款规定的资料时，有关部门或者单位应当及时提供。

第七条 建设单位不得对勘察、设计、施工、工程监理等单位提出不符合建设工程安全生产法律、法规和强制性标准规定的要求，不得压缩合同约定的工期。

第八条 建设单位在编制工程概算时，应当确定建设工程安全作业环境及安全施工措施所需费用。

第九条 建设单位不得明示或者暗示施工单位购买、租赁、使用不符合安全施工要求的安全防护用具、机械设备、施工机具及配件、消防设施和器材。

第十条 建设单位在申请领取施工许可证时，应当提供建设工程有关安全施工措施的资料。

依法批准开工报告的建设工程，建设单位应当自开工报告批准之日起15日内，将保证安全施工的措施报送建设工程所在地的县级以上地方人民政府建设行政主管部门或者其他有关部门备案。

第十一条 建设单位应当将拆除工程发包给具有相应资质等级的施工单位。

建设单位应当在拆除工程施工15日前，将下列资料报送建设工程所在地的县级以上地方人民政府建设行政主管部门或者其他有关部门备案：

（一）施工单位资质等级证明；

（二）拟拆除建筑物、构筑物及可能危及毗邻建筑的说明；

（三）拆除施工组织方案；

（四）堆放、清除废弃物的措施。

实施爆破作业的，应当遵守国家有关民用爆炸物品管理的规定。

第三章 勘察、设计、工程监理及其他有关单位的安全责任

第十二条 勘察单位应当按照法律、法规和工程建设强制性标准进行勘察，提供的勘察文件应当真实、准确，满足建设工程安全生产的需要。

勘察单位在勘察作业时，应当严格执行操作规程，采取措施保证各类管线、设施和周边建筑物、构筑物的安全。

第十三条 设计单位应当按照法律、法规和工程建设强制性标准进行设计，防止因设计不合理导致生产安全事故的发生。

设计单位应当考虑施工安全操作和防护的需要，对涉及施工安全的重点部位和环节在设计文件中注明，并对防范生产安全事故提出指导意见。

采用新结构、新材料、新工艺的建设工程和特殊结构的建设工程，设计单位应当在设计中提出保障施工作业人员安全和预防生产安全事故的措施建议。

设计单位和注册建筑师等注册执业人员应当对其设计负责。

第十四条 工程监理单位应当审查施工组织设计中的安全技术措施或者专项施工方案是否符合工程建设强制性标准。

工程监理单位在实施监理过程中，发现存在安全事故隐患的，应当要求施工单位整改；情况严重的，应当要求施工单位暂时停止施工，并及时报告建设单位。施工单位拒不整改或者不停止施工的，工程监理单位应当及时向有关主管部门报告。

工程监理单位和监理工程师应当按照法律、法规和工程建设强制性标准实施监理，并对建设工程安全生产承担监理责任。

第十五条　为建设工程提供机械设备和配件的单位，应当按照安全施工的要求配备齐全有效的保险、限位等安全设施和装置。

第十六条　出租的机械设备和施工机具及配件，应当具有生产（制造）许可证、产品合格证。

出租单位应当对出租的机械设备和施工机具及配件的安全性能进行检测，在签订租赁协议时，应当出具检测合格证明。

禁止出租检测不合格的机械设备和施工机具及配件。

第十七条　在施工现场安装、拆卸施工起重机械和整体提升脚手架、模板等自升式架设设施，必须由具有相应资质的单位承担。

安装、拆卸施工起重机械和整体提升脚手架、模板等自升式架设设施，应当编制拆装方案、制定安全施工措施，并由专业技术人员现场监督。

施工起重机械和整体提升脚手架、模板等自升式架设设施安装完毕后，安装单位应当自检，出具自检合格证明，并向施工单位进行安全使用说明，办理验收手续并签字。

第十八条　施工起重机械和整体提升脚手架、模板等自升式架设设施的使用达到国家规定的检验检测期限的，必须经具有专业资质的检验检测机构检测。经检测不合格的，不得继续使用。

第十九条　检验检测机构对检测合格的施工起重机械和整体提升脚手架、模板等自升式架设设施，应当出具安全合格证明文件，并对检测结果负责。

第四章　施工单位的安全责任

第二十条　施工单位从事建设工程的新建、扩建、改建和拆除等活动，应当具备国家规定的注册资本、专业技术人员、技术装备和安全生产等条件，依法取得相应等级的资质证书，并在其资质等级许可的范围内承揽工程。

第二十一条　施工单位主要负责人依法对本单位的安全生产工作全面负责。施工单位应当建立健全安全生产责任制度和安全生产教育培训制度，制定安全生产规章制度和操作规程，保证本单位安全生产条件所需资金的投入，对所承担的建设工程进行定期和专项安全检查，并做好安全检查记录。

施工单位的项目负责人应当由取得相应执业资格的人员担任，对建设工程项目的安全施工负责，落实安全生产责任制度、安全生产规章制度和操作规程，确保安全生产费用的有效使用，并根据工程的特点组织制定安全施工措施，消除安全事故隐患，及时、如实报告生产安全事故。

第二十二条　施工单位对列入建设工程概算的安全作业环境及安全施工措施所需费用，应当用于施工安全防护用具及设施的采购和更新、安全施工措施的落实、安全生产条件的改善，不得挪作他用。

第二十三条　施工单位应当设立安全生产管理机构，配备专职安全生产管理人员。

专职安全生产管理人员负责对安全生产进行现场监督检查。发现安全事故隐患，应当及时向项目负责人和安全生产管理机构报告；对违章指挥、违章操作的，应当立即制止。

专职安全生产管理人员的配备办法由国务院建设行政主管部门会同国务院其他有关部门制定。

第二十四条　建设工程实行施工总承包的，由总承包单位对施工现场的安全生产负总责。

总承包单位应当自行完成建设工程主体结构的施工。

总承包单位依法将建设工程分包给其他单位的，分包合同中应当明确各自的安全生产方面的权利、义务。总承包单位和分包单位对分包工程的安全生产承担连带责任。

分包单位应当服从总承包单位的安全生产管理，分包单位不服从管理导致生产安全事故的，由分包单位承担主要责任。

第二十五条　垂直运输机械作业人员、安装拆卸工、爆破作业人员、起重信号工、登高架设作业人员等特种作业人员，必须按照国家有关规定经过专门的安全作业培训，并取得特种作业操作资格证书后，方可上岗作业。

第二十六条　施工单位应当在施工组织设计中编制安全技术措施和施工现场临时用电方案，对下列达到一定规模的危险性较大的分部分项工程编制专项施工方案，并附具安全验算结果，经施工单位技术负责人、总监理工程师签字后实施，由专职安全生产管理人员进行现场监督：

（一）基坑支护与降水工程；

（二）土方开挖工程；

（三）模板工程；

（四）起重吊装工程；

（五）脚手架工程；

（六）拆除、爆破工程；

（七）国务院建设行政主管部门或者其他有关部门规定的其他危险性较大的工程。

对前款所列工程中涉及深基坑、地下暗挖工程、高大模板工程的专项施工方案，施工单位还应当组织专家进行论证、审查。

本条第一款规定的达到一定规模的危险性较大工程的标准，由国务院建设行政主管部门会同国务院其他有关部门制定。

第二十七条　建设工程施工前，施工单位负责项目管理的技术人员应当对有关安全施工的技术要求向施工作业班组、作业人员作出详细说明，并由双方签字确认。

第二十八条　施工单位应当在施工现场入口处、施工起重机械、临时用电设施、脚手架、出入通道口、楼梯口、电梯井口、孔洞口、桥梁口、隧道口、基坑边沿、爆破物及有害危险气体和液体存放处等危险部位，设置明显的安全警示标志。安全警示标志必须符合国家标准。

施工单位应当根据不同施工阶段和周围环境及季节、气候的变化，在施工现场采取相应的安全施工措施。施工现场暂时停止施工的，施工单位应当做好现场防护，所需费用由责任方承担，或者按照合同约定执行。

第二十九条　施工单位应当将施工现场的办公、生活区与作业区分开设置，并保持安全距离；办公、生活区的选址应当符合安全性要求。职工的膳食、饮水、休息场所等应当符合卫生标准。施工单位不得在尚未竣工的建筑物内设置员工集体宿舍。

施工现场临时搭建的建筑物应当符合安全使用要求。施工现场使用的装配式活动房屋应当具有产品合格证。

第三十条　施工单位对因建设工程施工可能造成损害的毗邻建筑物、构筑物和地下管线等，应当采取专项防护措施。

施工单位应当遵守有关环境保护法律、法规的规定，在施工现场采取措施，防止或者减少粉尘、废气、废水、固体废物、噪声、振动和施工照明对人和环境的危害和污染。

在城市市区内的建设工程，施工单位应当对施工现场实行封闭围挡。

第三十一条　施工单位应当在施工现场建立消防安全责任制度，确定消防安全责任人，制定用火、用电、使用易燃易爆材料等各项消防安全管理制度和操作规程，设置消防通道、消防水源，配备消防设施和灭火器材，并在施工现场入口处设置明显标志。

第三十二条　施工单位应当向作业人员提供安全防护用具和安全防护服装，并书面告知危险岗位的操作规程和违章操作的危害。

作业人员有权对施工现场的作业条件、作业程序和作业方式中存在的安全问题提出批评、检举和控告，有权拒绝违章指挥和强令冒险作业。

在施工中发生危及人身安全的紧急情况时，作业人员有权立即停止作业或者在采取必要的应急措施后撤离危险区域。

第三十三条　作业人员应当遵守安全施工的强制性标准、规章制度和操作规程，正确使用安全防护用具、机械设备等。

第三十四条　施工单位采购、租赁的安全防护用具、机械设备、施工机具及配件，应当具有生产（制造）许可证、产品合格证，并在进入施工现场前进行查验。

施工现场的安全防护用具、机械设备、施工机具及配件必须由专人管理，定期进行检查、维修和保养，建立相应的资料档案，并按照国家有关规定及时报废。

第三十五条　施工单位在使用施工起重机械和整体提升脚手架、模板等自升式架设设施前，应当组织有关单位进行验收，也可以委托具有相应资质的检验检测机构进行验收；使用承租的机械设备和施工机具及配件的，由施工总承包单位、分包单位、出租单位和安装单位共同进行验收。验收合格的方可使用。

《特种设备安全监察条例》规定的施工起重机械，在验收前应当经有相应资质的检验检测机构监督检验合格。

施工单位应当自施工起重机械和整体提升脚手架、模板等自升式架设设施验收合格之日起30日内，向建设行政主管部门或者其他有关部门登记。登记标志应当置于或者附着于该设备的显著位置。

第三十六条　施工单位的主要负责人、项目负责人、专职安全生产管理人员应当经建设行政主管部门或者其他有关部门考核合格后方可任职。

施工单位应当对管理人员和作业人员每年至少进行一次安全生产教育培训，其教育培训情况记入个人工作档案。安全生产教育培训考核不合格的人员，不得上岗。

第三十七条　作业人员进入新的岗位或者新的施工现场前，应当接受安全生产教育培训。未经教育培训或者教育培训考核不合格的人员，不得上岗作业。

施工单位在采用新技术、新工艺、新设备、新材料时，应当对作业人员进行相应的安全生产教育培训。

第三十八条　施工单位应当为施工现场从事危险作业的人员办理意外伤害保险。

意外伤害保险费由施工单位支付。实行施工总承包的，由总承包单位支付意外伤害保险费。意外伤害保险期限自建设工程开工之日起至竣工验收合格止。

第五章 监督管理

第三十九条 国务院负责安全生产监督管理的部门依照《中华人民共和国安全生产法》的规定，对全国建设工程安全生产工作实施综合监督管理。

县级以上地方人民政府负责安全生产监督管理的部门依照《中华人民共和国安全生产法》的规定，对本行政区域内建设工程安全生产工作实施综合监督管理。

第四十条 国务院建设行政主管部门对全国的建设工程安全生产实施监督管理。国务院铁路、交通、水利等有关部门按照国务院规定的职责分工，负责有关专业建设工程安全生产的监督管理。

县级以上地方人民政府建设行政主管部门对本行政区域内的建设工程安全生产实施监督管理。县级以上地方人民政府交通、水利等有关部门在各自的职责范围内，负责本行政区域内的专业建设工程安全生产的监督管理。

第四十一条 建设行政主管部门和其他有关部门应当将本条例第十条、第十一条规定的有关资料的主要内容抄送同级负责安全生产监督管理的部门。

第四十二条 建设行政主管部门在审核发放施工许可证时，应当对建设工程是否有安全施工措施进行审查，对没有安全施工措施的，不得颁发施工许可证。

建设行政主管部门或者其他有关部门对建设工程是否有安全施工措施进行审查时，不得收取费用。

第四十三条 县级以上人民政府负有建设工程安全生产监督管理职责的部门在各自的职责范围内履行安全监督检查职责时，有权采取下列措施：

（一）要求被检查单位提供有关建设工程安全生产的文件和资料；

（二）进入被检查单位施工现场进行检查；

（三）纠正施工中违反安全生产要求的行为；

（四）对检查中发现的安全事故隐患，责令立即排除；重大安全事故隐患排除前或者排除过程中无法保证安全的，责令从危险区域内撤出作业人员或者暂时停止施工。

第四十四条 建设行政主管部门或者其他有关部门可以将施工现场的监督检查委托给建设工程安全监督机构具体实施。

第四十五条 国家对严重危及施工安全的工艺、设备、材料实行淘汰制度。具体目录由国务院建设行政主管部门会同国务院其他有关部门制定并公布。

第四十六条 县级以上人民政府建设行政主管部门和其他有关部门应当及时受理对建设工程生产安全事故及安全事故隐患的检举、控告和投诉。

第六章 生产安全事故的应急救援和调查处理

第四十七条 县级以上地方人民政府建设行政主管部门应当根据本级人民政府的要求，制定本行政区域内建设工程特大生产安全事故应急救援预案。

第四十八条 施工单位应当制定本单位生产安全事故应急救援预案，建立应急救援组织或者配备应急救援人员，配备必要的应急救援器材、设备，并定期组织演练。

第四十九条 施工单位应当根据建设工程施工的特点、范围，对施工现场易发生重大事故的部位、环节进行监控，制定施工现场生产安全事故应急救援预案。实行施工总承包的，由总承包单位统一组织编制建设工程生产安全事故应急救援预案，工程总承包单位和分包单位按照应急救援预案，各自建立应急救援组织或者配备应急救援人员，配备救援器材、设备，并定期组织演练。

第五十条　施工单位发生生产安全事故，应当按照国家有关伤亡事故报告和调查处理的规定，及时、如实地向负责安全生产监督管理的部门、建设行政主管部门或者其他有关部门报告；特种设备发生事故的，还应当同时向特种设备安全监督管理部门报告。接到报告的部门应当按照国家有关规定，如实上报。

实行施工总承包的建设工程，由总承包单位负责上报事故。

第五十一条　发生生产安全事故后，施工单位应当采取措施防止事故扩大，保护事故现场。需要移动现场物品时，应当做出标记和书面记录，妥善保管有关证物。

第五十二条　建设工程生产安全事故的调查、对事故责任单位和责任人的处罚与处理，按照有关法律、法规的规定执行。

第七章　法律责任

第五十三条　违反本条例的规定，县级以上人民政府建设行政主管部门或者其他有关行政管理部门的工作人员，有下列行为之一的，给予降级或者撤职的行政处分；构成犯罪的，依照刑法有关规定追究刑事责任：

（一）对不具备安全生产条件的施工单位颁发资质证书的；

（二）对没有安全施工措施的建设工程颁发施工许可证的；

（三）发现违法行为不予查处的；

（四）不依法履行监督管理职责的其他行为。

第五十四条　违反本条例的规定，建设单位未提供建设工程安全生产作业环境及安全施工措施所需费用的，责令限期改正；逾期未改正的，责令该建设工程停止施工。

建设单位未将保证安全施工的措施或者拆除工程的有关资料报送有关部门备案的，责令限期改正，给予警告。

第五十五条　违反本条例的规定，建设单位有下列行为之一的，责令限期改正，处20万元以上50万元以下的罚款；造成重大安全事故，构成犯罪的，对直接责任人员，依照刑法有关规定追究刑事责任；造成损失的，依法承担赔偿责任：

（一）对勘察、设计、施工、工程监理等单位提出不符合安全生产法律、法规和强制性标准规定的要求的；

（二）要求施工单位压缩合同约定的工期的；

（三）将拆除工程发包给不具有相应资质等级的施工单位的。

第五十六条　违反本条例的规定，勘察单位、设计单位有下列行为之一的，责令限期改正，处10万元以上30万元以下的罚款；情节严重的，责令停业整顿，降低资质等级，直至吊销资质证书；造成重大安全事故，构成犯罪的，对直接责任人员，依照刑法有关规定追究刑事责任；造成损失的，依法承担赔偿责任：

（一）未按照法律、法规和工程建设强制性标准进行勘察、设计的；

（二）采用新结构、新材料、新工艺的建设工程和特殊结构的建设工程，设计单位未在设计中提出保障施工作业人员安全和预防生产安全事故的措施建议的。

第五十七条　违反本条例的规定，工程监理单位有下列行为之一的，责令限期改正；逾期未改正的，责令停业整顿，并处10万元以上30万元以下的罚款；情节严重的，降低资质等级，直至吊销资质证书；造成重大安全事故，构成犯罪的，对直接责任人员，依照刑法有关规定追究刑事责任；造成损失的，依法承担赔偿责任：

（一）未对施工组织设计中的安全技术措施或者专项施工方案进行审查的；

（二）发现安全事故隐患未及时要求施工单位整改或者暂时停止施工的；

（三）施工单位拒不整改或者不停止施工，未及时向有关主管部门报告的；

（四）未依照法律、法规和工程建设强制性标准实施监理的。

第五十八条　注册执业人员未执行法律、法规和工程建设强制性标准的，责令停止执业3个月以上1年以下；情节严重的，吊销执业资格证书，5年内不予注册；造成重大安全事故的，终身不予注册；构成犯罪的，依照刑法有关规定追究刑事责任。

第五十九条　违反本条例的规定，为建设工程提供机械设备和配件的单位，未按照安全施工的要求配备齐全有效的保险、限位等安全设施和装置的，责令限期改正，处合同价款1倍以上3倍以下的罚款；造成损失的，依法承担赔偿责任。

第六十条　违反本条例的规定，出租单位出租未经安全性能检测或者经检测不合格的机械设备和施工机具及配件的，责令停业整顿，并处5万元以上10万元以下的罚款；造成损失的，依法承担赔偿责任。

第六十一条　违反本条例的规定，施工起重机械和整体提升脚手架、模板等自升式架设设施安装、拆卸单位有下列行为之一的，责令限期改正，处5万元以上10万元以下的罚款；情节严重的，责令停业整顿，降低资质等级，直至吊销资质证书；造成损失的，依法承担赔偿责任：

（一）未编制拆装方案、制定安全施工措施的；

（二）未由专业技术人员现场监督的；

（三）未出具自检合格证明或者出具虚假证明的；

（四）未向施工单位进行安全使用说明，办理移交手续的。

施工起重机械和整体提升脚手架、模板等自升式架设设施安装、拆卸单位有前款规定的第（一）项、第（三）项行为，经有关部门或者单位职工提出后，对事故隐患仍不采取措施，因而发生重大伤亡事故或者造成其他严重后果，构成犯罪的，对直接责任人员，依照刑法有关规定追究刑事责任。

第六十二条　违反本条例的规定，施工单位有下列行为之一的，责令限期改正；逾期未改正的，责令停业整顿，依照《中华人民共和国安全生产法》的有关规定处以罚款；造成重大安全事故，构成犯罪的，对直接责任人员，依照刑法有关规定追究刑事责任：

（一）未设立安全生产管理机构、配备专职安全生产管理人员或者分部分项工程施工时无专职安全生产管理人员现场监督的；

（二）施工单位的主要负责人、项目负责人、专职安全生产管理人员、作业人员或者特种作业人员，未经安全教育培训或者经考核不合格即从事相关工作的；

（三）未在施工现场的危险部位设置明显的安全警示标志，或者未按照国家有关规定在施工现场设置消防通道、消防水源、配备消防设施和灭火器材的；

（四）未向作业人员提供安全防护用具和安全防护服装的；

（五）未按照规定在施工起重机械和整体提升脚手架、模板等自升式架设设施验收合格后登记的；

（六）使用国家明令淘汰、禁止使用的危及施工安全的工艺、设备、材料的。

第六十三条　违反本条例的规定，施工单位挪用列入建设工程概算的安全生产作业环境及安全施工措施所需费用的，责令限期改正，处挪用费用20%以上50%以下的罚款；造成损失的，依法承担赔偿责任。

第六十四条　违反本条例的规定，施工单位有下列行为之一的，责令限期改正；逾期未改正的，责令停业整顿，并处5万元以上10万元以下的罚款；造成重大安全事故，构成犯罪的，对直接责任人员，依照刑法有关规定追究刑事责任：

（一）施工前未对有关安全施工的技术要求作出详细说明的；

（二）未根据不同施工阶段和周围环境及季节、气候的变化，在施工现场采取相应的安全施工措施，或者在城市市区内的建设工程的施工现场未实行封闭围挡的；

（三）在尚未竣工的建筑物内设置员工集体宿舍的；

（四）施工现场临时搭建的建筑物不符合安全使用要求的；

（五）未对因建设工程施工可能造成损害的毗邻建筑物、构筑物和地下管线等采取专项防护措施的。

施工单位有前款规定第（四）项、第（五）项行为，造成损失的，依法承担赔偿责任。

第六十五条　违反本条例的规定，施工单位有下列行为之一的，责令限期改正；逾期未改正的，责令停业整顿，并处10万元以上30万元以下的罚款；情节严重的，降低资质等级，直至吊销资质证书；造成重大安全事故，构成犯罪的，对直接责任人员，依照刑法有关规定追究刑事责任；造成损失的，依法承担赔偿责任：

（一）安全防护用具、机械设备、施工机具及配件在进入施工现场前未经查验或者查验不合格即投入使用的；

（二）使用未经验收或者验收不合格的施工起重机械和整体提升脚手架、模板等自升式架设设施的；

（三）委托不具有相应资质的单位承担施工现场安装、拆卸施工起重机械和整体提升脚手架、模板等自升式架设设施的；

（四）在施工组织设计中未编制安全技术措施、施工现场临时用电方案或者专项施工方案的。

第六十六条　违反本条例的规定，施工单位的主要负责人、项目负责人未履行安全生产管理职责的，责令限期改正；逾期未改正的，责令施工单位停业整顿；造成重大安全事故、重大伤亡事故或者其他严重后果，构成犯罪的，依照刑法有关规定追究刑事责任。

作业人员不服管理、违反规章制度和操作规程冒险作业造成重大伤亡事故或者其他严重后果，构成犯罪的，依照刑法有关规定追究刑事责任。

施工单位的主要负责人、项目负责人有前款违法行为，尚不够刑事处罚的，处2万元以上20万元以下的罚款或者按照管理权限给予撤职处分；自刑罚执行完毕或者受处分之日起，5年内不得担任任何施工单位的主要负责人、项目负责人。

第六十七条　施工单位取得资质证书后，降低安全生产条件的，责令限期改正；经整改仍未达到与其资质等级相适应的安全生产条件的，责令停业整顿，降低其资质等级直至吊销资质证书。

第六十八条　本条例规定的行政处罚，由建设行政主管部门或者其他有关部门依照法定职权决定。

违反消防安全管理规定的行为，由公安消防机构依法处罚。

有关法律、行政法规对建设工程安全生产违法行为的行政处罚决定机关另有规定的，从其规定。

第八章　附则

第六十九条　抢险救灾和农民自建低层住宅的安全生产管理，不适用本条例。

第七十条　军事建设工程的安全生产管理，按照中央军事委员会的有关规定执行。

第七十一条　本条例自2004年2月1日起施行。

26.3　建设工程质量管理条例（摘要）

第一条　为了加强对建设工程质量的管理，保证建设工程质量，保护人民生命和财产安全，根据《中华人民共和国建筑法》，制定本条例。

第二条　凡在中华人民共和国境内从事建设工程的新建、扩建、改建等有关活动及实施对建设工程质量监督管理的，必须遵守本条例。

本条例所称建设工程，是指土木工程、建筑工程、线路管道和设备安装工程及装修工程。

第三条　建设单位、勘察单位、设计单位、施工单位、工程监理单位依法对建设工程质量负责。

第四条　县级以上人民政府建设行政主管部门和其他有关部门应当加强对建设工程质量的监督管理。

第五条　从事建设工程活动，必须严格执行基本建设程序，坚持先勘察、后设计、再施工的原则。

县级以上人民政府及其有关部门不得超越权限审批建设项目或者擅自简化基本建设程序。

第六条　国家鼓励采用先进的科学技术和管理方法，提高建设工程质量。

第七条　建设单位应当将工程发包给具有相应资质等级的单位。

建设单位不得将建设工程肢解发包。

第八条　建设单位应当依法对工程建设项目的勘察、设计、施工、监理以及与工程建设有关的重要设备、材料等的采购进行招标。

第九条　建设单位必须向有关的勘察、设计、施工、工程监理等单位提供与建设工程有关的原始资料。

原始资料必须真实、准确、齐全。

第十条　建设工程发包单位不得迫使承包方以低于成本的价格竞标，不得任意压缩合理工期。

建设单位不得明示或者暗示设计单位或者施工单位违反工程建设强制性标准，降低建设工程质量。

第十一条　建设单位应当将施工图设计文件报县级以上人民政府建设行政主管部门或者其他有关部门审查。施工图设计文件审查的具体办法，由国务院建设行政主管部门会同国务院其他有关部门制定。

施工图设计文件未经审查批准的，不得使用。

第十二条　实行监理的建设工程，建设单位应当委托具有相应资质等级的工程监理单位进行监理，也可以委托具有工程监理相应资质等级并与被监理工程的施工承包单位没有隶属关系或者其他利害关系的该工程的设计单位进行监理。

下列建设工程必须实行监理：

（一）国家重点建设工程；

（二）大中型公用事业工程；

（三）成片开发建设的住宅小区工程；

（四）利用外国政府或者国际组织贷款、援助资金的工程；

（五）国家规定必须实行监理的其他工程。

第十三条　建设单位在领取施工许可证或者开工报告前，应当按照国家有关规定办理工程质量监督手续。

第十四条　按照合同约定，由建设单位采购建筑材料、建筑构配件和设备的，建设单位应当保证建筑材料、建筑构配件和设备符合设计文件和合同要求。

建设单位不得明示或者暗示施工单位使用不合格的建筑材料、建筑构配件和设备。

第十五条　涉及建筑主体和承重结构变动的装修工程，建设单位应当在施工前委托原设计单位或者具有相应资质等级的设计单位提出设计方案；没有设计方案的，不得施工。

房屋建筑使用者在装修过程中，不得擅自变动房屋建筑主体和承重结构。

第十六条　建设单位收到建设工程竣工报告后，应当组织设计、施工、工程监理等有关单位进行竣工验收。

建设工程竣工验收应当具备下列条件：

（一）完成建设工程设计和合同约定的各项内容；

（二）有完整的技术档案和施工管理资料；

（三）有工程使用的主要建筑材料、建筑构配件和设备的进场试验报告；

（四）有勘察、设计、施工、工程监理等单位分别签署的质量合格文件；

（五）有施工单位签署的工程保修书。

建设工程经验收合格的，方可交付使用。

第十七条　建设单位应当严格按照国家有关档案管理的规定，及时收集、整理建设项目各环节的文件资料，建立、健全建设项目档案，并在建设工程竣工验收后，及时向建设行政主管部门或者其他有关部门移交建设项目档案。

第十八条　从事建设工程勘察、设计的单位应当依法取得相应等级的资质证书，并在其资质等级许可的范围内承揽工程。

禁止勘察、设计单位超越其资质等级许可的范围或者以其他勘察、设计单位的名义承揽工程。禁止勘察、设计单位允许其他单位或者个人以本单位的名义承揽工程。

勘察、设计单位不得转包或者违法分包所承揽的工程。

第十九条　勘察、设计单位必须按照工程建设强制性标准进行勘察、设计，并对其勘察、设计的质量负责。

注册建筑师、注册结构工程师等注册执业人员应当在设计文件上签字，对设计文件负责。

第二十条　勘察单位提供的地质、测量、水文等勘察成果必须真实、准确。

第二十一条　设计单位应当根据勘察成果文件进行建设工程设计。

设计文件应当符合国家规定的设计深度要求，注明工程合理使用年限。

第二十二条　设计单位在设计文件中选用的建筑材料、建筑构配件和设备，应当注明规格、型号、性能等技术指标，其质量要求必须符合国家规定的标准。

除有特殊要求的建筑材料、专用设备、工艺生产线等外，设计单位不得指定生产厂、供应商。

第二十三条　设计单位应当就审查合格的施工图设计文件向施工单位作出详细说明。

第二十四条　设计单位应当参与建设工程质量事故分析，并对因设计造成的质量事故，提出相应的技术处理方案。

第三十四条　工程监理单位应当依法取得相应等级的资质证书，并在其资质等级许可的范围内承担工程监理业务。

禁止工程监理单位超越本单位资质等级许可的范围或者以其他工程监理单位的名义承担工程监理业务。禁止工程监理单位允许其他单位或者个人以本单位的名义承担工程监理业务。

工程监理单位不得转让工程监理业务。

第三十五条　工程监理单位与被监理工程的施工承包单位以及建筑材料、建筑构配件和设备供应单位不得有隶属关系或者其他利害关系的，不得承担该项建设工程的监理业务。

第三十六条　工程监理单位应当依照法律、法规以及有关技术标准、设计文件和建设工程承包合同，代表建设单位对施工质量实施监理，并对施工质量承担监理责任。

第三十七条　工程监理单位应当选派具备相应资格的总监理工程师和监理工程师进驻施工现场。

未经监理工程师签字，建筑材料、建筑构配件和设备不得在工程上使用或者安装，施工单位不得进行下一道工序的施工。未经总监理工程师签字，建设单位不拨付工程款，不进行竣工验收。

第三十八条　监理工程师应当按照工程监理规范的要求，采取旁站、巡视和平行检验等形式，对建设工程实施监理。

第三十九条　建设工程实行质量保修制度。

建设工程承包单位在向建设单位提交工程竣工验收报告时，应当向建设单位出具质量保修书。质量保修书中应当明确建设工程的保修范围、保修期限和保修责任等。

第四十条　在正常使用条件下，建设工程的最低保修期限为：

（一）基础设施工程、房屋建筑的地基基础工程和主体结构工程，为设计文件规定的该工程的合理使用年限；

（二）屋面防水工程、有防水要求的卫生间、房间和外墙面的防渗漏，为 5 年；

（三）供热与供冷系统，为 2 个采暖期、供冷期；

（四）电气管线、给排水管道、设备安装和装修工程，为 2 年。

其他项目的保修期限由发包方与承包方约定。

建设工程的保修期，自竣工验收合格之日起计算。

第四十一条　建设工程在保修范围和保修期限内发生质量问题的，施工单位应当履行保修义务，并对造成的损失承担赔偿责任。

第四十二条　建设工程在超过合理使用年限后需要继续使用的，产权所有人应当委托具有相应资质等级的勘察、设计单位鉴定，并根据鉴定结果采取加固、维修等措施，重新界定使用期。

第四十三条　国家实行建设工程质量监督管理制度。

国务院建设行政主管部门对全国的建设工程质量实施统一监督管理。国务院铁路、交通、水利等有关部门按照国务院规定的职责分工，负责对全国的有关专业建设工程质量的监督管理。

县级以上地方人民政府建设行政主管部门对本行政区域内的建设工程质量实施监督管理。县级以上地方人民政府交通、水利等有关部门在各自的职责范围内，负责对本行政区域内的专业建设工程质量的监督管理。

第四十四条　国务院建设行政主管部门和国务院铁路、交通、水利等有关部门应当加强对有关建设工程质量的法律、法规和强制性标准执行情况的监督检查。

第四十五条　国务院发展计划部门按照国务院规定的职责，组织稽察特派员，对国家出资的重大建设项目实施监督检查。

国务院经济贸易主管部门按照国务院规定的职责，对国家重大技术改造项目实施监督检查。

第四十六条　建设工程质量监督管理，可由建设行政主管部门或者其他有关部门委托的建设工程质量监督机构具体实施。

从事房屋建筑工程和市政基础设施工程质量监督的机构，必须按照国家有关规定经国务院建设行政主管部门或者省、自治区、直辖市人民政府建设行政主管部门考核；从事专业建设工程质量监督的机构，必须按照国家有关规定经国务院有关部门或者省、自治区、直辖市人民政府有关部门考核。经考核合格后，方可实施质量监督。

第四十七条　县级以上地方人民政府建设行政主管部门和其他有关部门应当加强对有关建设工程质量的法律、法规和强制性标准执行情况的监督检查。

第四十八条　县级以上人民政府建设行政主管部门和其他有关部门履行监督检查职责时，有权采取下列措施：

（一）要求被检查的单位提供有关工程质量的文件和资料；

（二）进入被检查单位的施工现场进行检查；

（三）发现有影响工程质量的问题时，责令改正。

第四十九条　建设单位应当自建设工程竣工验收合格之日起15日内，将建设工程竣工验收报告和规划、公安消防、环保等部门出具的认可文件或者准许使用文件报建设行政主管部门或者其他有关部门备案。

建设行政主管部门或者其他有关部门发现建设单位在竣工验收过程中有违反国家有关建设工程质量管理规定行为的，责令停止使用，重新组织竣工验收。

第五十条　有关单位和个人对县级以上人民政府建设行政主管部门和其他有关部门进行的监督检查应当支持与配合，不得拒绝或者阻碍建设工程质量监督检查人员依法执行职务。

第五十一条　供水、供电、供气、公安消防等部门或者单位不得明示或者暗示建设单位、施工单位购买其指定的生产供应单位的建筑材料、建筑构配件和设备。

第五十二条　建设工程发生质量事故，有关单位应当在 24 小时内向当地建设行政主管部门和其他有关部门报告。对重大质量事故，事故发生地的建设行政主管部门和其他有关部门应当按照事故类别和等级向当地人民政府和上级建设行政主管部门和其他有关部门报告。

特别重大质量事故的调查程序按照国务院有关规定办理。

第五十三条　任何单位和个人对建设工程的质量事故、质量缺陷都有权检举、控告、投诉。

第五十四条　违反本条例规定，建设单位将建设工程发包给不具有相应资质等级的勘察、设计、施工单位或者委托给不具有相应资质等级的工程监理单位的，责令改正，处 50 万元以上 100 万元以下的罚款。

第五十五条　违反本条例规定，建设单位将建设工程肢解发包的，责令改正，处工程合同价款 0.5%以上 1%以下的罚款；对全部或者部分使用国有资金的项目，并可以暂停项目执行或者暂停资金拨付。

第五十六条　违反本条例规定，建设单位有下列行为之一的，责令改正，处 20 万元以上 50 万元以下的罚款：

（一）迫使承包方以低于成本的价格竞标的；

（二）任意压缩合理工期的；

（三）明示或者暗示设计单位或者施工单位违反工程建设强制性标准，降低工程质量的；

（四）施工图设计文件未经审查或者审查不合格，擅自施工的；

（五）建设项目必须实行工程监理而未实行工程监理的；

（六）未按照国家规定办理工程质量监督手续的；

（七）明示或者暗示施工单位使用不合格的建筑材料、建筑构配件和设备的；

（八）未按照国家规定将竣工验收报告、有关认可文件或者准许使用文件报送备案的。

第五十七条　违反本条例规定，建设单位未取得施工许可证或者开工报告未经批准，擅自施工的，责令停止施工，限期改正，处工程合同价款 1%以上 2%以下的罚款。

第五十八条　违反本条例规定，建设单位有下列行为之一的，责令改正，处工程合同价款 2%以上 4%以下的罚款；造成损失的，依法承担赔偿责任：

（一）未组织竣工验收，擅自交付使用的；

（二）验收不合格，擅自交付使用的；

（三）对不合格的建设工程按照合格工程验收的。

第五十九条　违反本条例规定，建设工程竣工验收后，建设单位未向建设行政主管部门或者其他有关部门移交建设项目档案的，责令改正，处 1 万元以上 10 万元以下的罚款。

第六十条　违反本条例规定，勘察、设计、施工、工程监理单位超越本单位资质等级承揽工程的，责令停止违法行为，对勘察、设计单位或者工程监理单位处合同约定的勘察费、设计费或者监理酬金 1 倍以上 2 倍以下的罚款；对施工单位处工程合同价款 2%以上

4%以下的罚款，可以责令停业整顿，降低资质等级；情节严重的，吊销资质证书；有违法所得的，予以没收。

未取得资质证书承揽工程的，予以取缔，依照前款规定处以罚款；有违法所得的，予以没收。

以欺骗手段取得资质证书承揽工程的，吊销资质证书，依照本条第一款规定处以罚款；有违法所得的，予以没收。

第六十一条　违反本条例规定，勘察、设计、施工、工程监理单位允许其他单位或者个人以本单位名义承揽工程的，责令改正，没收违法所得，对勘察、设计单位和工程监理单位处合同约定的勘察费、设计费和监理酬金1倍以上2倍以下的罚款；对施工单位处工程合同价款2%以上4%以下的罚款；可以责令停业整顿，降低资质等级；情节严重的，吊销资质证书。

第六十二条　违反本条例规定，承包单位将承包的工程转包或者违法分包的，责令改正，没收违法所得，对勘察、设计单位处合同约定的勘察费、设计费25%以上50%以下的罚款；对施工单位处工程合同价款0.5%以上1%以下的罚款；可以责令停业整顿，降低资质等级；情节严重的，吊销资质证书。

工程监理单位转让工程监理业务的，责令改正，没收违法所得，处合同约定的监理酬金25%以上50%以下的罚款；可以责令停业整顿，降低资质等级；情节严重的，吊销资质证书。

第六十三条　违反本条例规定，有下列行为之一的，责令改正，处10万元以上30万元以下的罚款：

（一）勘察单位未按照工程建设强制性标准进行勘察的；

（二）设计单位未根据勘察成果文件进行工程设计的；

（三）设计单位指定建筑材料、建筑构配件的生产厂、供应商的；

（四）设计单位未按照工程建设强制性标准进行设计的。

有前款所列行为，造成重大工程质量事故的，责令停业整顿，降低资质等级；情节严重的，吊销资质证书；造成损失的，依法承担赔偿责任。

第六十四条　违反本条例规定，施工单位在施工中偷工减料的，使用不合格的建筑材料、建筑构配件和设备的，或者有不按照工程设计图纸或者施工技术标准施工的其他行为的，责令改正，处工程合同价款2%以上4%以下的罚款；造成建设工程质量不符合规定的质量标准的，负责返工、修理，并赔偿因此造成的损失；情节严重的，责令停业整顿，降低资质等级或者吊销资质证书。

第六十五条　违反本条例规定，施工单位未对建筑材料、建筑构配件、设备和商品混凝土进行检验，或者未对涉及结构安全的试块、试件以及有关材料取样检测的，责令改正，处10万元以上20万元以下的罚款；情节严重的，责令停业整顿，降低资质等级或者吊销资质证书；造成损失的，依法承担赔偿责任。

第六十六条　违反本条例规定，施工单位不履行保修义务或者拖延履行保修义务的，责令改正，处10万元以上20万元以下的罚款，并对在保修期内因质量缺陷造成的损失承担赔偿责任。

第六十七条　工程监理单位有下列行为之一的，责令改正，处50万元以上100万元以下的罚款，降低资质等级或者吊销资质证书；有违法所得的，予以没收；造成损失的，承担连带赔偿责任：

（一）与建设单位或者施工单位串通，弄虚作假、降低工程质量的；

（二）将不合格的建设工程、建筑材料、建筑构配件和设备按照合格签字的。

第六十八条　违反本条例规定，工程监理单位与被监理工程的施工承包单位以及建筑材料、建筑构配件和设备供应单位有隶属关系或者其他利害关系承担该项建设工程的监理业务的，责令改正，处 5 万元以上 10 万元以下的罚款，降低资质等级或者吊销资质证书；有违法所得的，予以没收。

第六十九条　违反本条例规定，涉及建筑主体或者承重结构变动的装修工程，没有设计方案擅自施工的，责令改正，处 50 万元以上 100 万元以下的罚款；房屋建筑使用者在装修过程中擅自变动房屋建筑主体和承重结构的，责令改正，处 5 万元以上 10 万元以下的罚款。

有前款所列行为，造成损失的，依法承担赔偿责任。

第七十条　发生重大工程质量事故隐瞒不报、谎报或者拖延报告期限的，对直接负责的主管人员和其他责任人员依法给予行政处分。

第七十一条　违反本条例规定，供水、供电、供气、公安消防等部门或者单位明示或者暗示建设单位或者施工单位购买其指定的生产供应单位的建筑材料、建筑构配件和设备的，责令改正。

第七十二条　违反本条例规定，注册建筑师、注册结构工程师、监理工程师等注册执业人员因过错造成质量事故的，责令停止执业 1 年；造成重大质量事故的，吊销执业资格证书，5 年以内不予注册；情节特别恶劣的，终身不予注册。

第七十三条　依照本条例规定，给予单位罚款处罚的，对单位直接负责的主管人员和其他直接责任人员处单位罚款数额 5％以上 10％以下的罚款。

第七十四条　建设单位、设计单位、施工单位、工程监理单位违反国家规定，降低工程质量标准，造成重大安全事故，构成犯罪的，对直接责任人员依法追究刑事责任。

第七十五条　本条例规定的责令停业整顿，降低资质等级和吊销资质证书的行政处罚，由颁发资质证书的机关决定；其他行政处罚，由建设行政主管部门或者其他有关部门依照法定职权决定。

依照本条例规定被吊销资质证书的，由工商行政管理部门吊销其营业执照。

第七十六条　国家机关工作人员在建设工程质量监督管理工作中玩忽职守、滥用职权、徇私舞弊，构成犯罪的，依法追究刑事责任；尚不构成犯罪的，依法给予行政处分。

第七十七条　建设、勘察、设计、施工、工程监理单位的工作人员因调动工作、退休等原因离开该单位后，被发现在该单位工作期间违反国家有关建设工程质量管理规定，造成重大工程质量事故的，仍应当依法追究法律责任。

第七十八条　本条例所称肢解发包，是指建设单位将应当由一个承包单位完成的建设工程分解成若干部分发包给不同的承包单位的行为。

本条例所称违法分包，是指下列行为：

（一）总承包单位将建设工程分包给不具备相应资质条件的单位的；

（二）建设工程总承包合同中未有约定，又未经建设单位认可，承包单位将其承包的部分建设工程交由其他单位完成的；

（三）施工总承包单位将建设工程主体结构的施工分包给其他单位的；

（四）分包单位将其承包的建设工程再分包的。

本条例所称转包，是指承包单位承包建设工程，不履行合同约定的责任和义务，将其承包的全部建设工程转给他人或者将其承包的全部建设工程肢解以后以分包的名义分别转给其他单位承包的行为。

第七十九条　本条例规定的罚款和没收的违法所得，必须全部上缴国库。

第八十条　抢险救灾及其他临时性房屋建筑和农民自建低层住宅的建设活动，不适用本条例。

第八十一条　军事建设工程的管理，按照中央军事委员会的有关规定执行。

第八十二条　本条例自 2000 年 1 月 30 日起施行。

附　刑法有关条款

第一百三十七条　建设单位、设计单位、施工单位、工程监理单位违反国家规定，降低工程质量标准，造成重大安全事故的，对直接责任人员处五年以下有期徒刑或者拘役，并处罚金；后果特别严重的，处五年以上十年以下有期徒刑，并处罚金。

26.4　建设工程监理规范（GB 50319—2000）

1　总　则

1.0.1　为了提高建设工程监理水平，规范建设工程监理行为，编制本规范。

1.0.2　本规范适用于新建、扩建、改建建设工程施工、设备采购和制造的监理工作。

1.0.3　实施建设工程监理前，监理单位必须与建设单位签订书面建设工程委托监理合同，合同中应包括监理单位对建设工程质量、造价、进度进行全面控制和管理的条款。建设单位与承包单位之间与建设工程合同有关的联系活动应通过监理单位进行。

1.0.4　建设工程监理应实行总监理工程师负责制。

1.0.5　监理单位应公正、独立、自主地开展监理工作，维护建设单位和承包单位的合法权益。

1.0.6　建设工程监理除应符合本规范外，还应符合国家现行的有关强制性标准、规范的规定。

2　术　语

项目监理机构　监理单位派驻工程项目负责履行委托监理合同的组织机构。

监理工程师　取得国家监理工程师执业资格证书并经注册的监理人员。

总监理工程师　由监理单位法定代表人书面授权，全面负责委托监理合同的履行、主持项目监理机构工作的监理工程师。

总监理工程师代表　经监理单位法定代表人同意，由总监理工程师书面授权，代表总监理工程师行使其部分职责和权力的项目监理机构中的监理工程师。

专业监理工程师　根据项目监理岗位职责分工和总监理工程师的指令，负责实施某一专业或某一方面的监理工作，具有相应监理文件签发权的监理工程师。

监理员　经过监理业务培训，具有同类工程相关专业知识，从事具体监理工作的监理人员。

监理规划　在总监理工程师的主持下编制、经监理单位技术负责人批准，用来指导项目监理机构全面开展监理工作的指导性文件。

监理实施细则　根据监理规划，由专业监理工程师编写，并经总监理工程师批准，针对工程项目中某一专业或某一方面监理工作的操作性文件。

工地例会　由项目监理机构主持的，在工程实施过程中针对工程质量、造价、进度、合同管理等事宜定期召开的、由有关单位参加的会议。

工程变更　在工程项目实施过程中，按照合同约定的程序对部分或全部工程在材料、工艺、功能、构造、尺寸、技术指标、工程数量及施工方法等方面做出的改变。

工程计量　根据设计文件及承包合同中关于工程量计算的规定，项目监理机构对承包单位申报的已完成工程的工程量进行的核验、见证，由监理人员现场监督某工序全过程完成情况的活动。

旁站　在关键部位或关键工序施工过程中，由监理人员在现场进行的监督活动。

巡视　监理人员对正在施工的部位或工序在现场进行的定期或不定期的监督活动。

平行检验　项目监理机构利用一定的检查或检测手段，在承包单位自检的基础上，按照一定的比例独立进行检查或检测的活动。

设备监造　监理单位依据委托监理合同和设备订货合同对设备制造过程进行的监督活动。

费用索赔　根据承包合同的约定，合同一方因另一方原因造成本方经济损失，通过监理工程师向对方索取费用的活动。

临时延期批准　当发生非承包单位原因造成的持续性影响工期的事件，总监理工程师所作出暂时延长合同工期的批准。

延期批准　当发生非承包单位原因造成的持续性影响工期事件，总监理工程师所作出的最终延长合同工期的批准。

3　项目监理机构及其设施

3.1　项目监理机构

3.1.1　监理单位履行施工阶段的委托监理合同时，必须在施工现场建立项目监理机构。项目监理机构在完成委托监理合同约定的监理工作后可撤离施工现场。

3.1.2　项目监理机构的组织形式和规模，应根据委托监理合同规定的服务内容、服务期限、工程类别、规模、技术复杂程度、工程环境等因素确定。

3.1.3　监理人员应包括总监理工程师、专业监理工程师和监理员，必要时可配备总监理工程师代表。

总监理工程师应由具有三年以上同类工程监理工作经验的人员担任；总监理工程师代表应由具有二年以上同类工程监理工作经验的人员担任；专业监理工程师应由具有一年以上同类工程监理工作经验的人员担任。

项目监理机构的监理人员应专业配套、数量满足工程项目监理工作的需要。

3.1.4　监理单位应于委托监理合同签订后十天内将项目监理机构的组织形式、人员构成及对总监理工程师的任命书面通知建设单位。当总监理工程师需要调整时，监理单位应征得建设单位同意并书面通知建设单位；当专业监理工程师需要调整时，总监理工程师应书面通知建设单位和承包单位。

3.2 监理人员的职责

3.2.1 一名总监理工程师只宜担任一项委托监理合同的项目总监理工程师工作。当需要同时担任多项委托监理合同的项目总监理工程师工作时，须经建设单位同意，且最多不得超过三项。

3.2.2 总监理工程师应履行以下职责：

1. 确定项目监理机构人员的分工和岗位职责；

2. 主持编写项目监理规划、审批项目监理实施细则，并负责管理项目监理机构的日常工作；

3. 审查分包单位的资质，并提出审查意见；

4. 检查和监督监理人员的工作，根据工程项目的进展情况可进行监理人员调配，对不称职的监理人员应调换其工作；

5. 主持监理工作会议，签发项目监理机构的文件和指令；

6. 审定承包单位提交的开工报告、施工组织设计、技术方案、进度计划；

7. 审核签署承包单位的申请、支付证书和竣工结算；

8. 审查和处理工程变更；

9. 主持或参与工程质量事故的调查；

10. 调解建设单位与承包单位的合同争议、处理索赔、审批工程延期；

11. 组织编写并签发监理月报、监理工作阶段报告、专题报告和项目监理工作总结；

12. 审核签认分部工程和单位工程的质量检验评定资料，审查承包单位的竣工申请，组织监理人员对待验收的工程项目进行质量检查，参与工程项目的竣工验收；

13. 主持整理工程项目的监理资料。

3.2.3 总监理工程师代表应履行以下职责：

1. 负责总监理工程师指定或交办的监理工作；

2. 按总监理工程师的授权，行使总监理工程师的部份职责和权力。

3.2.4 总监理工程师不得将下列工作委托总监理工程师代表：

1. 主持编写项目监理规划、审批项目监理实施细则；

2. 签发工程开工/复工报审表、工程暂停令、工程款支付证书、工程竣工报验单；

工程开工/复工报审表应符合附录 A1 表的格式；工程暂停令应符合附录 B2 表的格式；工程款支付证书应符合附录 B3 表的格式；工程竣工报验单应符合附录 A10 表的格式。

3. 审核签认竣工结算；

4. 调解建设单位与承包单位的合同争议、处理索赔、审批工程延期；

5. 根据工程项目的进展情况进行监理人员的调配，调换不称职的监理人员。

3.2.5 专业监理工程师应履行以下职责：

1. 负责编制本专业的监理实施细则；

2. 负责本专业监理工作的具体实施；

3. 组织、指导、检查和监督本专业监理员的工作，当人员需要调整时，向总监理工程师提出建议；

4. 审查承包单位提交的涉及本专业的计划、方案、申请、变更，并向总监理工程师提出报告；

5. 负责本专业分项工程验收及隐蔽工程验收；

6. 定期向总监理工程师提交本专业监理工作实施情况报告，对重大问题及时向总监理工程师汇报和请示；

7. 根据本专业监理工作实施情况做好监理日记；

8. 负责本专业监理资料的收集、汇总及整理，参与编写监理月报；

9. 核查进场材料、设备、构配件的原始凭证、检测报告等质量证明文件及其质量情况，根据实际情况认为有必要时对进场材料、设备、构配件进行平行检验，合格时予以签认；

10. 负责本专业的工程计量工作，审核工程计量的数据和原始凭证。

3.2.6 监理员应履行以下职责：

1. 在专业监理工程师的指导下开展现场监理工作；

2. 检查承包单位投入工程项目的人力、材料、主要设备及其使用、运行状况，并做好检查记录；

3. 复核或从施工现场直接获取工程计量的有关数据并签署原始凭证；

4. 按设计图及有关标准，对承包单位的工艺过程或施工工序进行检查和记录，对加工制作及工序施工质量检查结果进行记录；

5. 担任旁站工作，发现问题及时指出并向专业监理工程师报告；

6. 做好监理日记和有关的监理记录。

3.3 监理设施

3.3.1 建设单位应提供委托监理合同约定的满足监理工作需要的办公、交通、通讯、生活设施。项目监理机构应妥善保管和使用建设单位提供的设施，并应在完成监理工作后移交建设单位。

3.3.2 项目监理机构应根据工程项目类别、规模、技术复杂程度、工程项目所在地的环境条件，按委托监理合同的约定，配备满足监理工作需要的常规检测设备和工具。

3.3.3 在大中型项目的监理工作中，项目监理机构应实施监理工作的计算机辅助管理。

4 监理规划及监理实施细则

4.1 监理规划

4.1.1 监理规划的编制应针对项目的实际情况，明确项目监理机构的工作目标，确定具体的监理工作制度、程序、方法和措施，并应具有可操作性。

4.1.2 监理规划编制的程序与依据应符合下列规定：

1. 监理规划应在签订委托监理合同及收到设计文件后开始编制，完成后必须经监理单位技术负责人审核批准，并应在召开第一次工地会议前报送建设单位；

2. 监理规划应由总监理工程师主持、专业监理工程师参加编制；

3. 编制监理规划应依据：建设工程的相关法律、法规及项目审批文件；与建设工程项目有关的标准、设计文件、技术资料；监理大纲、委托监理合同文件以及与建设工程项目相关的合同文件。

4.1.3 监理规划应包括以下主要内容：

1. 工程项目概况；

2. 监理工作范围；

3. 监理工作内容；

4. 监理工作目标；

5. 监理工作依据；

6. 项目监理机构的组织形式；

7. 项目监理机构的人员配备计划；

8. 项目监理机构的人员岗位职责；

9. 监理工作程序；

10. 监理工作方法及措施；

11. 监理工作制度；

12. 监理设施。

4.1.4 在监理工作实施过程中，如实际情况或条件发生重大变化而需要调整监理规划时，应由总监理工程师组织专业监理工程师研究修改，按原报审程序经过批准后报建设单位。

4.2 监理实施细则

4.2.1 对中型及以上或专业性较强的工程项目，项目监理机构应编制监理实施细则。监理实施细则应符合监理规划的要求，并应结合工程项目的专业特点，做到详细具体、具有可操作性。

4.2.2 监理实施细则的编制程序与依据应符合下列规定：

1. 监理实施细则应在相应工程施工开始前编制完成，并必须经总监理工程师批准；

2. 监理实施细则应由专业监理工程师编制；

3. 编制监理实施细则的依据：已批准的监理规划；与专业工程相关的标准、设计文件和技术资料；施工组织设计。

4.2.3 监理实施细则应包括下列主要内容：

1. 专业工程的特点；

2. 监理工作的流程；

3. 监理工作的控制要点及目标值；

4. 监理工作的方法及措施。

4.2.4 在监理工作实施过程中，监理实施细则应根据实际情况进行补充、修改和完善。

5 施工阶段的监理工作

5.1 制定监理工作程序的一般规定

5.1.1 制定监理工作总程序应根据专业工程特点，并按工作内容分别制定具体的监理工作程序。

5.1.2 制定监理工作程序应体现事前控制和主动控制的要求。

5.1.3 制定监理工作程序应结合工程项目的特点，注重监理工作的效果。监理工作程序中应明确工作内容、行为主体、考核标准、工作时限。

5.1.4 当涉及到建设单位和承包单位的工作时，监理工作程序应符合委托监理合同和施工合同的规定。

5.1.5 在监理工作实施过程中，应根据实际情况的变化对监理工作程序进行调整和完善。

5.2 施工准备阶段的监理工作

5.2.1 在设计交底前，总监理工程师应组织监理人员熟悉设计文件，并对图纸中存在的问题通过建设单位向设计单位提出书面意见和建议。

5.2.2 项目监理人员应参加由建设单位组织的设计技术交底会，总监理工程师应对设计技术交底会议纪要进行签认。

5.2.3 工程项目开工前，总监理工程师应组织专业监理工程师审查承包单位报送的施工组织设计（方案）报审表，提出审查意见，并经总监理工程师审核、签认后报建设单位。施工组织设计（方案）报审表应符合附录A2表的格式。

5.2.4 工程项目开工前，总监理工程师应审查承包单位现场项目管理机构的质量管理体系、技术管理体系和质量保证体系，确能保证工程项目施工质量时予以确认。对质量管理体系、技术管理体系和质量保证体系应审核以下内容：

1. 质量管理、技术管理和质量保证的组织机构；

2. 质量管理、技术管理制度；

3. 专职管理人员和特种作业人员的资格证、上岗证。

5.2.5 分包工程开工前，专业监理工程师应审查承包单位报送的分包单位资格报审表和分包单位有关资质资料，符合有关规定后，由总监理工程师予以签认。分包单位资格报审表应符合附录A3表的格式。

5.2.6 对分包单位资格应审核以下内容：

1. 分包单位的营业执照、企业资质等级证书、特殊行业施工许可证、国外（境外）企业在国内承包工程许可证；

2. 分包单位的业绩；

3. 拟分包工程的内容和范围；

4. 专职管理人员和特种作业人员的资格证、上岗证。

5.2.7 专业监理工程师应按以下要求对承包单位报送的测量放线控制成果及保护措施进行检查，符合要求时，专业监理工程师对承包单位报送的施工测量成果报验申请表予以签认：

1. 检查承包单位专职测量人员的岗位证书及测量设备检定证书；

2. 复核控制桩的校核成果、控制桩的保护措施以及平面控制网、高程控制网和临时水准点的测量成果。

施工测量成果报验申请表应符合附录A4表的格式。

5.2.8 专业监理工程师应审查承包单位报送的工程开工报审表及相关资料，具备以下开工条件时，由总监理工程师签发，并报建设单位：

1. 施工许可证已获政府主管部门批准；

2. 征地拆迁工作能满足工程进度的需要；

3. 施工组织设计已获总监理工程师批准；

4. 承包单位现场管理人员已到位，机具、施工人员已进场，主要工程材料已落实；

5. 进场道路及水、电、通讯等已满足开工要求；

5.2.9 工程项目开工前，监理人员应参加由建设单位主持召开的第一次工地会议。

5.2.10 第一次工地会议应包括以下主要内容：

1. 建设单位、承包单位和监理单位分别介绍各自驻现场的组织机构、人员及其分工；

2. 建设单位根据委托监理合同宣布对总监理工程师的授权；

3. 建设单位介绍工程开工准备情况；

4. 承包单位介绍施工准备情况；

5. 建设单位和总监理工程师对施工准备情况提出意见和要求；

6. 总监理工程师介绍监理规划的主要内容；

7. 研究确定各方在施工过程中参加工地例会的主要人员，召开工地例会周期、地点及主要议题。

5.2.11 第一次工地会议纪要应由项目监理机构负责起草，并经与会各方代表会签。

5.3 工地例会

5.3.1 在施工过程中，总监理工程师应定期主持召开工地例会。会议纪要应由项目监理机构负责起草，并经与会各方代表会签。

5.3.2 工地例会应包括以下主要内容：

1. 检查上次例会议定事项的落实情况，分析未完事项原因；

2. 检查分析工程项目进度计划完成情况，提出下一阶段进度目标及其落实措施；

3. 检查分析工程项目质量状况，针对存在的质量问题提出改进措施；

4. 检查工程量核定及工程款支付情况；

5. 解决需要协调的有关事项；

6. 其他有关事宜。

5.3.3 总监理工程师或专业监理工程师应根据需要及时组织专题会议，解决施工过程中的各种专项问题。

5.4 工程质量控制工作

5.4.1 在施工过程中，当承包单位对已批准的施工组织设计进行调整、补充或变动时，应经专业监理工程师审查，并应由总监理工程师签认。

5.4.2 专业监理工程师应要求承包单位报送重点部位、关键工序的施工工艺和确保工程质量的措施，审核同意后予以签认。

5.4.3 当承包单位采用新材料、新工艺、新技术、新设备时，专业监理工程师应要求承包单位报送相应的施工工艺措施和证明材料，组织专题论证，经审定后予以签认。

5.4.4 项目监理机构应对承包单位在施工过程中报送的施工测量放线成果进行复验和确认。

5.4.5 专业监理工程师应从以下五个方面对承包单位的试验室进行考核：

1. 试验室的资质等级及其试验范围；

2. 法定计量部门对试验设备出具的计量检定证明；

3. 试验室的管理制度；

4. 试验人员的资格证书；

5. 本工程的试验项目及其要求。

5.4.6　专业监理工程师应对承包单位报送的拟进场工程材料、构配件和设备的工程材料/构配件/设备报审表及其质量证明资料进行审核，并对进场的实物按照委托监理合同约定或有关工程质量管理文件规定的比例采用平行检验或见证取样方式进行抽检。

对未经监理人员验收或验收不合格的工程材料、构配件、设备，监理人员应拒绝签认，并应签发监理工程师通知单，书面通知承包单位限期将不合格的工程材料、构配件、设备撤出现场。

工程材料/构配件/设备报审表应符合附录 A9 表的格式；监理工程师通知单应符合附录 B1 表的格式。

5.4.7　项目监理机构应定期检查承包单位的直接影响工程质量的计量设备的技术状况。

5.4.8　总监理工程师应安排监理人员对施工过程进行巡视和检查。对隐蔽工程的隐蔽过程、下道工序施工完成后难以检查的重点部位，专业监理工程师应安排监理员进行旁站。

5.4.9　专业监理工程师应根据承包单位报送的隐蔽工程报验申请表和自检结果进行现场检查，符合要求予以签认。

对未经监理人员验收或验收不合格的工序，监理人员应拒绝签认，并要求承包单位严禁进行下一道工序的施工。

隐蔽工程报验申请表应符合附录 A4 表的格式。

5.4.10　专业监理工程师应对承包单位报送的分项工程质量验评资料进行审核，符合要求后予以签认；总监理工程师应组织监理人员对承包单位报送的分部工程和单位工程质量验评资料进行审核和现场检查，符合要求后予以签认。

5.4.11　对施工过程中出现的质量缺陷，专业监理工程师应及时下达监理工程师通知，要求承包单位整改，并检查整改结果。

5.4.12　监理人员发现施工存在重大质量隐患，可能造成质量事故或已经造成质量事故，应通过总监理工程师及时下达工程暂停令，要求承包单位停工整改。整改完毕并经监理人员复查，符合规定要求后，总监理工程师应及时签署工程复工报审表。总监理工程师下达工程暂停令和签署工程复工报审表，宜事先向建设单位报告。

5.4.13　对需要返工处理或加固补强的质量事故，总监理工程师应责令承包单位报送质量事故调查报告和经设计单位等相关单位认可的处理方案，项目监理机构应对质量事故的处理过程和处理结果进行跟踪检查和验收。

总监理工程师应及时向建设单位及本监理单位提交有关质量事故的书面报告，并应将完整的质量事故处理记录整理归档。

5.5　工程造价控制工作

5.5.1　项目监理机构应按下列程序进行工程计量和工程款支付工作：

1. 承包单位统计经专业监理工程师质量验收合格的工程量，按施工合同的约定填报工程量清单和工程款支付申请表；

工程款支付申请表应符合附录 A5 表的格式。

2. 专业监理工程师进行现场计量，按施工合同的约定审核工程量清单和工程款支付申请表，并报总监理工程师审定；

3. 总监理工程师签署工程款支付证书，并报建设单位。

5.5.2　项目监理机构应按下列程序进行竣工结算：

1. 承包单位按施工合同规定填报竣工结算报表；

2. 专业监理工程师审核承包单位报送的竣工结算报表；

3. 总监理工程师审定竣工结算报表，与建设单位、承包单位协商一致后，签发竣工结算文件和最终的工程款支付证书报建设单位。

5.5.3　项目监理机构应依据施工合同有关条款、施工图，对工程项目造价目标进行风险分析，并应制定防范性对策。

5.5.4　总监理工程师应从造价、项目的功能要求、质量和工期等方面审查工程变更的方案，并宜在工程变更实施前与建设单位、承包单位协商确定工程变更的价款。

5.5.5　项目监理机构应按施工合同约定的工程量计算规则和支付条款进行工程量计量和工程款支付。

5.5.6　专业监理工程师应及时建立月完成工程量和工作量统计表，对实际完成量与计划完成量进行比较、分析，制定调整措施，并应在监理月报中向建设单位报告。

5.5.7　专业监理工程师应及时收集、整理有关的施工和监理资料，为处理费用索赔提供证据。

5.5.8　项目监理机构应及时按施工合同的有关规定进行竣工结算，并应对竣工结算的价款总额与建设单位和承包单位进行协商。当无法协商一致时，应按本规范第6.5节的规定进行处理。

5.5.9　未经监理人员质量验收合格的工程量，或不符合施工合同规定的工程量，监理人员应拒绝计量和该部分的工程款支付申请。

5.6　工程进度控制工作

5.6.1　项目监理机构应按下列程序进行工程进度控制：

1. 总监理工程师审批承包单位报送的施工总进度计划；

2. 总监理工程师审批承包单位编制的年、季、月度施工进度计划；

3. 专业监理工程师对进度计划实施情况检查、分析；

4. 当实际进度符合计划进度时，应要求承包单位编制下一期进度计划；当实际进度滞后于计划进度时，专业监理工程师应书面通知承包单位采取纠偏措施并监督实施。

5.6.2　专业监理工程师应依据施工合同有关条款、施工图及经过批准的施工组织设计制定进度控制方案，对进度目标进行风险分析，制定防范性对策，经总监理工程师审定后报送建设单位。

5.6.3　专业监理工程师应检查进度计划的实施，并记录实际进度及其相关情况，当发现实际进度滞后于计划进度时，应签发监理工程师通知单指令承包单位采取调整措施。当实际进度严重滞后于计划进度时应及时报总监理工程师，由总监理工程师与建设单位商定采取进一步措施。

5.6.4　总监理工程师应在监理月报中向建设单位报告工程进度和所采取进度控制措施的执行情况，并提出合理预防由建设单位原因导致的工程延期及其相关费用索赔的建议。

5.7 竣工验收

5.7.1 总监理工程师应组织专业监理工程师，依据有关法律、法规、工程建设强制性标准、设计文件及施工合同，对承包单位报送的竣工资料进行审查，并对工程质量进行竣工预验收。对存在的问题，应及时要求承包单位整改。整改完毕由总监理工程师签署工程竣工报验单，并应在此基础上提出工程质量评估报告。工程质量评估报告应经总监理工程师和监理单位技术负责人审核签字。

5.7.2 项目监理机构应参加由建设单位组织的竣工验收，并提供相关监理资料。对验收中提出的整改问题，项目监理机构应要求承包单位进行整改。工程质量符合要求，由总监理工程师会同参加验收的各方签署竣工验收报告。

5.8 工程质量保修期的监理工作

5.8.1 监理单位应依据委托监理合同约定的工程质量保修期监理工作的时间、范围和内容开展工作。

5.8.2 承担质量保修期监理工作时，监理单位应安排监理人员对建设单位提出的工程质量缺陷进行检查和记录，对承包单位进行修复的工程质量进行验收，合格后予以签认。

5.8.3 监理人员应对工程质量缺陷原因进行调查分析并确定责任归属，对非承包单位原因造成的工程质量缺陷，监理人员应核实修复工程的费用和签署工程款支付证书，并报建设单位。

6 施工合同管理的其他工作

6.1 工程暂停及复工

6.1.1 总监理工程师在签发工程暂停令时，应根据暂停工程的影响范围和影响程度，按照施工合同和委托监理合同的约定签发。

6.1.2 在发生下列情况之一时，总监理工程师可签发工程暂停令：

1. 建设单位要求暂停施工、且工程需要暂停施工；
2. 为了保证工程质量而需要进行停工处理；
3. 施工出现了安全隐患，总监理工程师认为有必要停工以消除隐患；
4. 发生了必须暂时停止施工的紧急事件；
5. 承包单位未经许可擅自施工，或拒绝项目监理机构管理。

6.1.3 总监理工程师在签发工程暂停令时，应根据停工原因的影响范围和影响程度，确定工程项目停工范围。

6.1.4 由于非承包单位且非6.1.2条中2、3、4、5款原因时，总监理工程师在签发工程暂停令之前，应就有关工期和费用等事宜与承包单位进行协商。

6.1.5 由于建设单位原因，或其他非承包单位原因导致工程暂停时，项目监理机构应如实记录所发生的实际情况。总监理工程师应在施工暂停原因消失，具备复工条件时，及时签署工程复工报审表，指令承包单位继续施工。

6.1.6 由于承包单位原因导致工程暂停，在具备恢复施工条件时，项目监理机构应审查承包单位报送的复工申请及有关材料，同意后由总监理工程师签署工程复工报审表，指令承包单位继续施工。

6.1.7 总监理工程师在签发工程暂停令到签发工程复工报审表之间的时间内，宜会同有关各方按照施工合同的约定，处理因工程暂停引起的与工期、费用等有关的问题。

6.2 工程变更的管理

6.2.1 项目监理机构应按下列程序处理工程变更：

1. 设计单位对原设计存在的缺陷提出的工程变更，应编制设计变更文件；建设单位或承包单位提出的工程变更，应提交总监理工程师，由总监理工程师组织专业监理工程师审查。审查同意后，应由建设单位转交原设计单位编制设计变更文件。当工程变更涉及安全、环保等内容时，应按规定经有关部门审定。

2. 项目监理机构应了解实际情况和收集与工程变更有关的资料。

3. 总监理工程师必须根据实际情况、设计变更文件和其他有关资料，按照施工合同的有关条款，在指定专业监理工程师完成下列工作后，对工程变更的费用和工期作出评估：

1）确定工程变更项目与原工程项目之间的类似程度和难易程度；

2）确定工程变更项目的工程量；

3）确定工程变更的单价或总价。

4. 总监理工程师应就工程变更费用及工期的评估情况与承包单位和建设单位进行协调。

5. 总监理工程师签发工程变更单。

工程变更单应符合附录 C2 表的格式，并应包括工程变更要求、工程变更说明、工程变更费用和工期、必要的附件等内容，有设计变更文件的工程变更应附设计变更文件。

6. 项目监理机构应根据工程变更单监督承包单位实施。

6.2.2 项目监理机构处理工程变更应符合下列要求：

1. 项目监理机构在工程变更的质量、费用和工期方面取得建设单位授权后，总监理工程师应按施工合同规定与承包单位进行协商，经协商达成一致后，总监理工程师应将协商结果向建设单位通报，并由建设单位与承包单位在变更文件上签字；

2. 在项目监理机构未能就工程变更的质量、费用和工期方面取得建设单位授权时，总监理工程师应协助建设单位和承包单位进行协商，并达成一致；

3. 在建设单位和承包单位未能就工程变更的费用等方面达成协议时，项目监理机构应提出一个暂定的价格，作为临时支付工程进度款的依据。该项工程款最终结算时，应以建设单位和承包单位达成的协议为依据。

6.2.3 在总监理工程师签发工程变更单之前，承包单位不得实施工程变更。

6.2.4 未经总监理工程师审查同意而实施的工程变更，项目监理机构不得予以计量。

6.3 费用索赔的处理

6.3.1 项目监理机构处理费用索赔应依据下列内容：

1. 国家有关的法律、法规和工程项目所在地的地方法规；

2. 本工程的施工合同文件；

3. 国家、部门和地方有关的标准、规范和定额；

4. 施工合同履行过程中与索赔事件有关的凭证。

6.3.2 当承包单位提出费用索赔的理由同时满足以下条件时，项目监理机构应予以受理：

1. 索赔事件造成了承包单位直接经济损失；

2. 索赔事件是由于非承包单位的责任发生的；

3. 承包单位已按照施工合同规定的期限和程序提出费用索赔申请表，并附有索赔凭证材料。

费用索赔申请表应符合附录 A8 表的格式。

6.3.3　承包单位向建设单位提出费用索赔，项目监理机构应按下列程序处理：

1. 承包单位在施工合同规定的期限内向项目监理机构提交对建设单位的费用索赔意向通知书；

2. 总监理工程师指定专业监理工程师收集与索赔有关的资料；

3. 承包单位在承包合同规定的期限内向项目监理机构提交对建设单位的费用索赔申请表；

4. 总监理工程师初步审查费用索赔申请表，符合本规范第 6.3.2 条所规定的条件时予以受理；

5. 总监理工程师进行费用索赔审查，并在初步确定一个额度后，与承包单位和建设单位进行协商；

6. 总监理工程师应在施工合同规定的期限内签署费用索赔审批表，或在施工合同规定的期限内发出要求承包单位提交有关索赔报告的进一步详细资料的通知，待收到承包单位提交的详细资料后，按本条的第 4、5、6 款的程序进行。

费用索赔审批表应符合附录 B6 表的格式。

6.3.4　当承包单位的费用索赔要求与工程延期要求相关联时，总监理工程师在作出费用索赔的批准决定时，应与工程延期的批准联系起来，综合作出费用索赔和工程延期的决定。

6.3.5　由于承包单位的原因造成建设单位的额外损失，建设单位向承包单位提出费用索赔时，总监理工程师在审查索赔报告后，应公正地与建设单位和承包单位进行协商，并及时作出答复。

6.4　工程延期及工程延误的处理

6.4.1　当承包单位提出工程延期要求符合施工合同文件的规定条件时，项目监理机构应予以受理。

6.4.2　当影响工期事件具有持续性时，项目监理机构可在收到承包单位提交的阶段性工程延期申请表并经过审查后，先由总监理工程师签署工程临时延期审批表并通报建设单位。当承包单位提交最终的工程延期申请表后，项目监理机构应复查工程延期及临时延期情况，并由总监理工程师签署工程最终延期审批表。

工程延期申请表应符合附录 A7 表的格式；工程临时延期审批表应符合附录 B4 表的格式；工程最终延期审批表应符合附录 B5 表的格式。

6.4.3　项目监理机构在作出临时工程延期批准或最终的工程延期批准之前，均应与建设单位和承包单位进行协商。

6.4.4　项目监理机构在审查工程延期时，应依下列情况确定批准工程延期的时间：

1. 施工合同中有关工程延期的约定；

2. 工期拖延和影响工期事件的事实和程度；

3. 影响工期事件对工期影响的量化程度。

6.4.5 工程延期造成承包单位提出费用索赔时，项目监理机构应按本规范第 6.3 节的规定处理。

6.4.6 当承包单位未能按照施工合同要求的工期竣工交付造成工期延误时，项目监理机构应按施工合同规定从承包单位应得款项中扣除误期损害赔偿费。

6.5 合同争议的调解

6.5.1 项目监理机构接到合同争议的调解要求后应进行以下工作：

1. 及时了解合同争议的全部情况，包括进行调查和取证；

2. 及时与合同争议的双方进行磋商；

3. 在项目监理机构提出调解方案后，由总监理工程师进行争议调解；

4. 当调解未能达成一致时，总监理工程师应在施工合同规定的期限内提出处理该合同争议的意见；

5. 在争议调解过程中，除已达到了施工合同规定的暂停履行合同的条件之外，项目监理机构应要求施工合同的双方继续履行施工合同。

6.5.2 在总监理工程师签发合同争议处理意见后，建设单位或承包单位在施工合同规定的期限内未对合同争议处理决定提出异议，在符合施工合同的前提下，此意见应成为最后的决定，双方必须执行。

6.5.3 在合同争议的仲裁或诉讼过程中，项目监理机构接到仲裁机关或法院要求提供有关证据的通知后，应公正地向仲裁机关或法院提供与争议有关的证据。

6.6 合同的解除

6.6.1 施工合同的解除必须符合法律程序。

6.6.2 当建设单位违约导致施工合同最终解除时，项目监理机构应就承包单位按施工合同规定应得到的款项与建设单位和承包单位进行协商，并应按施工合同的规定从下列应得的款项中确定承包单位应得到的全部款项，并书面通知建设单位和承包单位：

1. 承包单位已完成的工程量表中所列的各项工作所应得的款项；

2. 按批准的采购计划订购工程材料、设备、构配件的款项；

3. 承包单位撤离施工设备至原基地或其他目的地的合理费用；

4. 承包单位所有人员的合理遣返费用；

5. 合理的利润补偿；

6. 施工合同规定的建设单位应支付的违约金。

6.6.3 由于承包单位违约导致施工合同终止后，项目监理机构应按下列程序清理承包单位的应得款项，或偿还建设单位的相关款项，并书面通知建设单位和承包单位：

1. 施工合同终止时，清理承包单位已按施工合同规定实际完成的工作所应得的款项和已经得到支付的款项；

2. 施工现场余留的材料、设备及临时工程的价值；

3. 对已完工程进行检查和验收、移交工程资料、该部分工程的清理、质量缺陷修复等所需的费用；

4. 施工合同规定的承包单位应支付的违约金；

5. 总监理工程师按照施工合同的规定，在与建设单位和承包单位协商后，书面提交承包单位应得款项或偿还建设单位款项的证明。

6.6.4　由于不可抗力或非建设单位、承包单位原因导致施工合同终止时，项目监理机构应按施工合同规定处理合同解除后的有关事宜。

7　施工阶段监理资料的管理

7.1　监理资料

7.1.1　施工阶段的监理资料应包括下列内容：

1. 施工合同文件及委托监理合同；
2. 勘察设计文件；
3. 监理规划；
4. 监理实施细则；
5. 分包单位资格报审表；
6. 设计交底与图纸会审会议纪要；
7. 施工组织设计（方案）报审表；
8. 工程开工/复工报审表及工程暂停令；
9. 测量核验资料；
10. 工程进度计划；
11. 工程材料、构配件、设备的质量证明文件；
12. 检查试验资料；
13. 工程变更资料；
14. 隐蔽工程验收资料；
15. 工程计量单和工程款支付证书；
16. 监理工程师通知单；
17. 监理工作联系单；
18. 报验申请表；
19. 会议纪要；
20. 来往函件；
21. 监理日记；
22. 监理月报；
23. 质量缺陷与事故的处理文件；
24. 分部工程、单位工程等验收资料；
25. 索赔文件资料；
26. 竣工结算审核意见书；
27. 工程项目施工阶段质量评估报告等专题报告；
28. 监理工作总结。

7.2　监理月报

7.2.1　施工阶段的监理月报应包括以下内容：

1. 本月工程概况；
2. 本月工程形象进度；
3. 工程进度：

(1) 本月实际完成情况与计划进度比较；

(2) 对进度完成情况及采取措施效果的分析。

4. 工程质量：

(1) 本月工程质量情况分析；

(2) 本月采取的工程质量措施及效果。

5. 工程计量与工程款支付：

(1) 工程量审核情况；

(2) 工程款审批情况及月支付情况；

(3) 工程款支付情况分析；

(4) 本月采取的措施及效果。

6. 合同其他事项的处理情况：

(1) 工程变更；

(2) 工程延期；

(3) 费用索赔。

7. 本月监理工作小结：

(1) 对本月进度、质量、工程款支付等方面情况的综合评价；

(2) 本月监理工作情况；

(3) 有关本工程的意见和建议；

(4) 下月监理工作的重点。

7.2.2 监理月报应由总监理工程师组织编制，签认后报建设单位和本监理单位。

7.3 监理工作总结

7.3.1 监理工作总结应包括以下内容：

1. 工程概况；

2. 监理组织机构、监理人员和投入的监理设施；

3. 监理合同履行情况；

4. 监理工作成效；

5. 施工过程中出现的问题及其处理情况和建议；

6. 工程照片（有必要时）。

7.3.2 施工阶段监理工作结束时，监理单位应向建设单位提交监理工作总结。

7.4 监理资料的管理

7.4.1 监理资料必须及时整理、真实完整、分类有序。

7.4.2 监理资料的管理应由总监理工程师负责，并指定专人具体实施。

7.4.3 监理资料应在各阶段监理工作结束后及时整理归档。

7.4.4 监理档案的编制及保存应按有关规定执行。

8 设备采购监理与设备监造

8.1 设备采购监理

8.1.1 监理单位应依据与建设单位签订的设备采购阶段的委托监理合同，成立由总监理工程师和专业监理工程师组成的项目监理机构。监理人员应专业配套、数量应满足监理工作的需要，并应明确监理人员的分工及岗位职责。

8.1.2 总监理工程师应组织监理人员熟悉和掌握设计文件对拟采购的设备的各项要求、技术说明和有关的标准。

8.1.3 项目监理机构应编制设备采购方案，明确设备采购的原则、范围、内容、程序、方式和方法，并报建设单位批准。

8.1.4 项目监理机构应根据批准的设备采购方案编制设备采购计划，并报建设单位批准。采购计划的主要内容应包括采购设备的明细表、采购的进度安排、估价表、采购的资金使用计划等。

8.1.5 项目监理机构应根据建设单位批准的设备采购计划组织或参加市场调查，并应协助建设单位选择设备供应单位。

8.1.6 当采用招标方式进行设备采购时，项目监理机构应协助建设单位按照有关规定组织设备采购招标。

8.1.7 当采用非招标方式进行设备采购时，项目监理机构应协助建设单位进行设备采购的技术及商务谈判。

8.1.8 项目监理机构应在确定设备供应单位后参与设备采购订货合同的谈判，协助建设单位起草及签订设备采购订货合同。

8.1.9 在设备采购监理工作结束后，总监理工程师应组织编写监理工作总结。

8.2 设备监造

8.2.1 监理单位应依据与建设单位签订的设备监造阶段的委托监理合同，成立由总监理工程师和专业监理工程师组成的项目监理机构。项目监理机构应进驻设备制造现场。

8.2.2 总监理工程师应组织专业监理工程师熟悉设备制造图纸及有关技术说明和标准，掌握设计意图和各项设备制造的工艺规程以及设备采购订货合同中的各项规定，并应组织或参加建设单位组织的设备制造图纸的设计交底。

8.2.3 总监理工程师应组织专业监理工程师编制设备监造规划，经监理单位技术负责人审核批准后，在设备制造开始前十天内报送建设单位。

8.2.4 总监理工程师应审查设备制造单位报送的设备制造生产计划和工艺方案，提出审查意见。符合要求后予以批准，并报建设单位。

8.2.5 总监理工程师应审核设备制造分包单位的资质情况、实际生产能力和质量保证体系，符合要求后予以确认。

8.2.6 专业监理工程师应审查设备制造的检验计划和检验要求，确认各阶段的检验时间、内容、方法、标准以及检测手段、检测设备和仪器。

8.2.7 专业监理工程师必须对设备制造过程中拟采用的新技术、新材料、新工艺的鉴定书和试验报告进行审核，并签署意见。

8.2.8 专业监理工程师应审查主要及关键零件的生产工艺设备、操作规程和相关生产人员的上岗资格，并对设备制造和装配场所的环境进行检查。

8.2.9 专业监理工程师应审查设备制造的原材料、外购配套件、元器件、标准件以及坯料的质量证明文件及检验报告，检查设备制造单位对外购器件、外协作加工件和材料的质量验收，并由专业监理工程师审查设备制造单位提交的报验资料，符合规定要求时予以签认。

8.2.10 专业监理工程师应对设备制造过程进行监督和检查，对主要及关键零部件的制造工序应进行抽检或检验。

8.2.11　专业监理工程师应要求设备制造单位按批准的检验计划和检验要求进行设备制造过程的检验工作，做好检验记录，并对检验结果进行审核。专业监理工程师认为不符合质量要求时，指令设备制造单位进行整改、返修或返工。当发生质量失控或重大质量事故时，必须由总监理工程师下达暂停制造指令，提出处理意见，并及时报告建设单位。

8.2.12　专业监理工程师应检查和监督设备的装配过程，符合要求后予以签认。

8.2.13　在设备制造过程中如需要对设备的原设计进行变更，专业监理工程师应审核设计变更，并审查因变更引起的费用增减和制造工期的变化。

8.2.14　总监理工程师应组织专业监理工程师参加设备制造过程中的调试、整机性能检测和验证，符合要求后予以签认。

8.2.15　在设备运往现场前，专业监理工程师应检查设备制造单位对待运设备采取的防护和包装措施，并应检查是否符合运输、装卸、储存、安装的要求，以及相关的随机文件、装箱单和附件是否齐全。

8.2.16　设备全部运到现场后，总监理工程师应组织专业监理工程师参加由设备制造单位按合同规定与安装单位的交接工作，开箱清点、检查、验收、移交。

8.2.17　专业监理工程师应按设备制造合同的规定审核设备制造单位提交的进度付款单，提出审核意见，由总监理工程师签发支付证书。

8.2.18　专业监理工程师应审查建设单位或设备制造单位提出的索赔文件，提出意见后报总监理工程师，由总监理工程师与建设单位、设备制造单位进行协商，并提出审核报告。

8.2.19　专业监理工程师应审核设备制造单位报送的设备制造结算文件，并提出审核意见，报总监理工程师审核，由总监理工程师与建设单位、设备制造单位进行协商，并提出监理审核报告。

8.2.20　在设备监造工作结束后，总监理工程师应组织编写设备监造工作总结。

8.3　设备采购监理与设备监造的监理资料

8.3.1　设备采购监理的监理资料应包括以下内容：

1. 委托监理合同；
2. 设备采购方案计划；
3. 设计图纸和文件；
4. 市场调查、考察报告；
5. 设备采购招投标文件；
6. 设备采购订货合同；
7. 设备采购监理工作总结。

8.3.2　设备采购监理工作结束时，监理单位应向建设单位提交设备采购监理工作总结。

8.3.3　设备监造工作的监理资料应包括以下内容：

1. 设备制造合同及委托监理合同；
2. 设备监造规划；
3. 设备制造的生产计划和工艺方案；

4. 设备制造的检验计划和检验要求；
5. 分包单位资格报审表；
6. 原材料、零配件等的质量证明文件和检验报告；
7. 开工/复工报审表、暂停令；
8. 检验记录及试验报告；
9. 报验申请表；
10. 设计变更文件；
11. 会议纪要；
12. 来往文件；
13. 监理日记；
14. 监理工程师通知单；
15. 监理工作联系单；
16. 监理月报；
17. 质量事故处理文件；
18. 设备制造索赔文件；
19. 设备验收文件；
20. 设备交接文件；
21. 支付证书和设备制造结算审核文件；
22. 设备监造工作总结。

8.3.4 设备监造工作结束时，监理单位应向建设单位提交设备监造工作总结。

26.5 工程监理企业资质管理办法

第一条 为了加强对工程监理企业资质管理，维护建筑市场秩序，保证建设工程的质量、工期和投资效益的发挥，根据《中华人民共和国建筑法》、《建设工程质量管理条例》，制定本规定。

第二条 在中华人民共和国境内申请工程监理企业资质，实施对工程监理企业资质管理，适用本规定。

第三条 工程监理企业应当按照其拥有的注册资本、专业技术人员和工程监理业绩等资质条件申请资质，经审查合格，取得相应等级的资质证书后，方可在其资质等级许可的范围内从事工程监理活动。

第四条 国务院建设行政主管部门负责全国工程监理企业资质的归口管理工作。国务院铁道、交通、水利、信息产业、民航等有关部门配合国务院建设行政主管部门实施相关资质类别工程监理企业资质的管理工作。

省、自治区、直辖市人民政府建设行政主管部门负责本行政区域内工程监理企业资质的归口管理工作。省、自治区、直辖市人民政府交通、水利、通信等有关部门配合同级建设行政主管部门实施相关资质类别工程监理企业资质的管理工作。

第五条 工程监理企业的资质等级分为甲级、乙级和丙级，并按照工程性质和技术特点划分为若干工程类别。

工程监理企业的资质等级标准如下：

（一）甲级

1. 企业负责人和技术负责人应当具有15年以上从事工程建设工作的经历，企业技术负责人应当取得监理工程师注册证书；

2. 取得监理工程师注册证书的人员不少于25人；

3. 注册资本不少于100万元；

4. 近三年内监理过5个以上二等房屋建筑工程项目或者3个以上二等专业工程项目。

（二）乙级

1. 企业负责人和技术负责人应当具有10年以上从事工程建设工作的经历，企业技术负责人应当取得监理工程师注册证书；

2. 取得监理工程师注册证书的人员不少于15人；

3. 注册资本不少于50万元；

4. 近三年内监理过5个以上三等房屋建筑工程项目或者3个以上三等专业工程项目。

（三）丙级

1. 企业负责人和技术负责人应当具有8年以上从事工程建设工作的经历，企业技术负责人应当取得监理工程师注册证书；

2. 取得监理工程师注册证书的人员不少于5人；

3. 注册资本不少于10万元；

4. 承担过2个以上房屋建筑工程项目或者1个以上专业工程项目。

第六条　甲级工程监理企业可以监理经核定的工程类别中一、二、三等工程；乙级工程监理企业可以监理经核定的工程类别中二、三等工程；丙级工程监理企业可以监理经核定的工程类别中三等工程。

第七条　工程监理企业可以根据市场需求，开展家庭居室装修监理业务。具体管理办法另行规定。

第八条　工程监理企业应当向企业注册所在地的县级以上地方人民政府建设行政主管部门申请资质。

中央管理的企业直接向国务院建设行政主管部门申请资质，其所属的工程监理企业申请甲级资质的，由中央管理的企业向国务院建设行政主管部门申请，同时向企业注册所在地省、自治区、直辖市建设行政主管部门报告。

第九条　新设立的工程监理企业，到工商行政管理部门登记注册并取得企业法人营业执照后，方可到建设行政主管部门办理资质申请手续。

新设立的工程监理企业申请资质，应当向建设行政主管部门提供下列资料：

（一）工程监理企业资质申请表；

（二）企业法人营业执照；

（三）企业章程；

（四）企业负责人和技术负责人的工作简历、监理工程师注册证书等有关证明材料；

（五）工程监理人员的监理工程师注册证书；

（六）需要出具的其他有关证件、资料。

第十条　工程监理企业申请资质升级，除向建设行政主管部门提供本规定第九条所列资料外，还应当提供下列资料：

（一）企业原资质证书正、副本；

（二）企业的财务决算年报表；

（三）《监理业务手册》及已完成代表工程的监理合同、监理规划及监理工作总结。

第十一条　甲级工程监理企业资质，经省、自治区、直辖市人民政府建设行政主管部门审核同意后，由国务院建设行政主管部门组织专家评审，并提出初审意见；其中涉及铁道、交通、水利、信息产业、民航工程等方面工程监理企业资质的，由省、自治区、直辖市人民政府建设行政主管部门或商同级有关专业部门审核同意后，报国务院建设行政主管部门，由国务院建设行政主管部门送国务院有关部门初审。国务院建设行政主管部门根据初审意见审批。

审核部门应当对工程监理企业的资质条件和申请资质提供的资料审查核实。

第十二条　乙、丙级工程监理企业资质，由企业注册所在地省、自治区、直辖市人民政府建设行政主管部门审批；其中交通、水利、通信等方面的工程监理企业资质，由省、自治区、直辖市人民政府建设行政主管部门征得同级有关部门初审同意后审批。

第十三条　申请甲级工程监理企业资质的，国务院建设行政主管部门每年定期集中审批一次。国务院建设行政主管部门应当在工程监理企业申请材料齐全后3个月内完成审批。由有关部门负责初审的，初审部门应当从收齐工程监理企业的申请材料之日起1个月内完成初审。国务院建设行政主管部门应当将审批结果通知初审部门。

国务院建设行政主管部门应当将经专家评审合格和国务院有关部门初审合格的甲级资质的工程监理企业名单及基本情况，在中国工程建设和建筑业信息网上公示。经公示后，对于工程监理企业符合资质标准的，予以审批，并将审批结果在中国工程建设和建筑业信息网上公告。

申请乙、丙级工程监理企业资质的，实行即时审批或者定期审批，由省、自治区、直辖市人民政府建设行政主管部门规定。

第十四条　新设立的工程监理企业，其资质等级按照最低等级核定，并设一年的暂定期。

第十五条　由于企业改制，或者企业分立、合并后组建设立的工程监理企业，其资质等级根据实际达到的资质条件，按照本规定的审批程序核定。

第十六条　工程监理企业申请晋升资质等级，在申请之日前一年内有下列行为之一的，建设行政主管部门不予批准：

（一）与建设单位或者工程监理企业之间相互串通投标，或者以行贿等不正当手段谋取中标的；

（二）与建设单位或者施工单位串通，弄虚作假、降低工程质量的；

（三）将不合格的建设工程、建筑材料、建筑构配件和设备按照合格签字的；

（四）超越本单位资质等级承揽监理业务的；

（五）允许其他单位或个人以本单位的名义承揽工程的；

（六）转让工程监理业务的；

（七）因监理责任而发生过三级以上工程建设重大质量事故或者发生过两起以上四级工程建设质量事故的；

（八）其他违反法律法规的行为。

第十七条　工程监理企业资质条件符合资质等级标准，且未发生本规定第十六条所列行为的，建设行政主管部门颁发相应资质等级的《工程监理企业资质证书》。

《工程监理企业资质证书》分为正本和副本，由国务院建设行政主管部门统一印制，正、副本具有同等法律效力。

第十八条　任何单位和个人不得涂改、伪造、出借、转让《工程监理企业资质证书》；不得非法扣压、没收《工程监理企业资质证书》。

第十九条　工程监理企业在领取新的《工程监理企业资质证书》的同时，应当将原资质证书交回原发证机关予以注销。

工程监理企业因破产、倒闭、撤销、歇业的，应当将资质证书交回原发证机关予以注销。

第二十条　县级以上人民政府建设行政主管部门和其他有关部门应当加强对工程监理企业资质的监督管理。

禁止任何部门采取法律、行政法规规定以外的其他资信、许可等建筑市场准入限制。

第二十一条　建设行政主管部门对工程监理企业资质实行年检制度。

甲级工程监理企业资质，由国务院建设行政主管部门负责年检；其中铁道、交通、水利、信息产业、民航等方面的工程监理企业资质，由国务院建设行政主管部门会同国务院有关部门联合年检。

乙、丙级工程监理企业资质，由企业注册所在地省、自治区、直辖市人民政府建设行政主管部门负责年检；其中交通、水利、通信等方面的工程监理企业资质，由建设行政主管部门会同同级有关部门联合年检。

第二十二条　工程监理企业资质年检按照下列程序进行：

（一）工程监理企业在规定时间内向建设行政主管部门提交《工程监理企业资质年检表》、《工程监理企业资质证书》、《监理业务手册》以及工程监理人员变化情况及其他有关资料，并交验《企业法人营业执照》。

（二）建设行政主管部门会同有关部门在收到工程监理企业年检资料后40日内，对工程监理企业资质年检作出结论，并记录在《工程监理企业资质证书》副本的年检记录栏内。

第二十三条　工程监理企业资质年检的内容，是检查工程监理企业资质条件是否符合资质等级标准，是否存在质量、市场行为等方面的违法违规行为。

工程监理企业年检结论分为合格、基本合格、不合格三种。

第二十四条　工程监理企业资质条件符合资质等级标准，且在过去一年内未发生本规定第十六条所列行为的，年检结论为合格。

第二十五条　工程监理企业资质条件中监理工程师注册人员数量、经营规模未达到资质标准，但不低于资质等级标准的80%，其他各项均达到标准要求，且在过去一年内未发生本规定第十六条所列行为的，年检结论为基本合格。

第二十六条　有下列情形之一的，工程监理企业的资质年检结论为不合格：

（一）资质条件中监理工程师注册人员数量、经营规模的任何一项未达到资质等级标准的80%，或者其他任何一项未达到资质等级标准；

（二）有本规定第十六条所列行为之一的。

已经按照法律、法规的规定予以降低资质等级处罚的行为，年检中不再重复追究。

第二十七条　工程监理企业资质年检不合格或者连续两年基本合格的，建设行政主管部门应当重新核定其资质等级。新核定的资质等级应当低于原资质等级，达不到最低资质等级标准的，取消资质。

第二十八条　工程监理企业连续两年年检合格，方可申请晋升上一个资质等级。

第二十九条　降级的工程监理企业，经过一年以上时间的整改，经建设行政主管部门核查确认，达到规定的资质标准，且在此期间内未发生本规定第十六条所列行为的，可以按照本规定重新申请原资质等级。

第三十条　在规定时间内没有参加资质年检的工程监理企业，其资质证书自行失效，且一年内不得重新申请资质。

第三十一条　工程监理企业遗失《工程监理企业资质证书》，应当在公众媒体上声明作废。其中甲级监理企业应当在中国工程建设和建筑业信息网上声明作废。

第三十二条　工程监理企业变更名称、地址、法定代表人、技术负责人等，应当在变更后一个月内，到原资质审批部门办理变更手续。其中由国务院建设行政主管部门审批的企业除企业名称变更由国务院建设行政主管部门办理外，企业地址、法定代表人、技术负责人的变更委托省、自治区、直辖市人民政府建设行政主管部门办理，办理结果向国务院建设行政主管部门备案。

第三十三条　以欺骗手段取得《工程监理企业资质证书》承揽工程的，吊销资质证书，处合同约定的监理酬金1倍以上2倍以下的罚款；有违法所得的，予以没收。

第三十四条　未取得《工程监理企业资质证书》承揽监理业务的，予以取缔，处合同约定的监理酬金1倍以上2倍以下的罚款；有违法所得的，予以没收。

第三十五条　超越本企业资质等级承揽监理业务的，责令停止违法行为，处合同约定的监理酬金1倍以上2倍以下的罚款；可以责令停业整顿，降低资质等级；情节严重的，吊销资质证书；有违法所得的，予以没收。

第三十六条　转让监理业务的，责令改正，没收违法所得，处合同约定的监理酬金25%以上50%以下的罚款；可以责令停业整顿，降低资质等级；情节严重的，吊销资质证书。

第三十七条　工程监理企业允许其他单位或者个人以本企业名义承揽监理业务的，责令改正，没收违法所得，处合同约定的监理酬金1倍以上2倍以下的罚款；可以责令停业整顿，降低资质等级；情节严重的，吊销资质证书。

第三十八条　有下列行为之一的，责令改正，处50万元以上100万元以下的罚款，降低资质等级或者吊销资质证书；有违法所得的，予以没收；造成损失的，承担连带赔偿责任：

（一）与建设单位或者施工单位串通，弄虚作假、降低工程质量的；

（二）将不合格的建设工程、建筑材料、建筑构配件和设备按照合格签字的。

第三十九条　工程监理单位与被监理工程的施工承包单位以及建筑材料、建筑构配件和设备供应单位有隶属关系或者其他利害关系承担该项建设工程的监理业务的，责令改正，处5万元以上10万元以下的罚款，降低资质等级或者吊销资质证书；有违法所得的，予以没收。

第四十条　本规定的责令停业整顿、降低资质等级和吊销资质证书的行政处罚，由颁发资质证书的机关决定；其他行政处罚，由建设行政主管部门或者其他有关部门依照法定职权决定。

第四十一条　资质审批部门未按照规定的权限和程序审批资质的，由上级资质审批部门责令改正，已审批的资质无效。

第四十二条　从事资质管理的工作人员在资质审批和管理工作中玩忽职守、滥用职权、徇私舞弊的，依法给予行政处分；构成犯罪的，依法追究刑事责任。

第四十三条　省、自治区、直辖市人民政府建设行政主管部门可以根据本规定制定实施细则，并报国务院建设行政主管部门备案。

第四十四条　本规定由国务院建设行政主管部门负责解释。

第四十五条　本规定自发布之日起施行。1992 年 1 月 18 日建设部颁布的《工程建设监理单位资质管理试行办法》（建设部令第 16 号）同时废止。

26.6　建设工程监理范围和规模标准规定（建设部令第 86 号）

第一条　为了确定必须实行监理的建设工程项目具体范围和规模标准，规范建设工程监理活动，根据《建设工程质量管理条例》，制定本规定。

第二条　下列建设工程必须实行监理：

（一）国家重点建设工程；

（二）大中型公用事业工程；

（三）成片开发建设的住宅小区工程；

（四）利用外国政府或者国际组织贷款、援助资金的工程；

（五）国家规定必须实行监理的其他工程。

第三条　国家重点建设工程，是指依据《国家重点建设项目管理办法》所确定的对国民经济和社会发展有重大影响的骨干项目。

第四条　大中型公用事业工程，是指项目总投资额在 3000 万元以上的下列工程项目：

（一）供水、供电、供气、供热等市政工程项目；

（二）科技、教育、文化等项目；

（三）体育、旅游、商业等项目；

（四）卫生、社会福利等项目；

（五）其他公用事业项目。

第五条　成片开发建设的住宅小区工程，建筑面积在 5 万平方米以上的住宅建设工程必须实行监理；5 万平方米以下的住宅建设工程，可以实行监理，具体范围和规模标准，由省、自治区、直辖市人民政府建设行政主管部门规定。

为了保证住宅质量，对高层住宅及地基、结构复杂的多层住宅应当实行监理。

第六条　利用外国政府或者国际组织贷款、援助资金的工程范围包括：

（一）使用世界银行、亚洲开发银行等国际组织贷款资金的项目；

（二）使用国外政府及其机构贷款资金的项目；

（三）使用国际组织或者国外政府援助资金的项目。

第七条　国家规定必须实行监理的其他工程是指：

（一）项目总投资额在 3000 万元以上关系社会公共利益、公众安全的下列基础设施项目：

（1）煤炭、石油、化工、天然气、电力、新能源等项目；

（2）铁路、公路、管道、水运、民航以及其他交通运输业等项目；

（3）邮政、电信枢纽、通信、信息网络等项目；

（4）防洪、灌溉、排涝、发电、引（供）水、滩涂治理、水资源保护、水土保持等水利建设项目；

（5）道路、桥梁、地铁和轻轨交通、污水排放及处理、垃圾处理、地下管道、公共停车场等城市基础设施项目；

（6）生态环境保护项目；

（7）其他基础设施项目。

（二）学校、影剧院、体育场馆项目。

第八条　国务院建设行政主管部门商同国务院有关部门后，可以对本规定确定的必须实行监理的建设工程具体范围和规模标准进行调整。

第九条　本规定由国务院建设行政主管部门负责解释。

第十条　本规定自发布之日起施行。

26.7　工程建设监理取费（[1992] 价费字 479 号）

各省、自治区、直辖市及计划单列市物价局（委员会）、建委（建设厅），国务院各有关部门：

一九八八年以来，我国开始试行工程建设监理制度。几年的实践表明，实行工程建设监理制度，在控制工期、投资和保证质量等方面都发挥了积极作用。为了保证工程建设监理事业的顺利发展，维护建设单位和监理单位的合法权益，现对工程建设监理费有关问题规定如下：

一、工程建设监理，由取得法人资格，具备监理条件的工程监理单位实施，是工程建设的一种技术性服务。

二、工程建设监理，要体现“自愿互利、委托服务”的原则，建设单位与监理单位要签订监理合同，明确双方的权利和义务。

三、工程建设监理费，根据委托监理业务的范围、深度和工程的性质、规模、难易程度以及工作条件等情况，按照下列方法之一计收：

（一）按所监理工程概（预）算的百分比计收（见附表）；

（二）按照参与监理工作的年度平均人数计算：3.5 万～5 万元/人·年；

（三）不宜按（一）、（二）两项办法计收的，由建设单位和监理单位按商定的其他方法计收。

四、以上（一）、（二）两项规定的工程建设监理收费标准为指导性价格，具体收费标准由建设单位和监理单位在规定的幅度内协商确定。

五、中外合资，合作、外商独资的建设工程，工程建设监理费由双方参照国际标准协商确定。

六、工程建设监理费用于监理工作中的直接、间接成本开支，交纳税金和合理利润。

七、各监理单位要加强对监理费的收支管理，自觉接受物价和财务监督。

八、国务院各有关部门和各省，自治区、直辖市物价部门、建设部门可依据本通知规定，结合本地区、本部门情况制定具体实施办法，报国家物价局、建设部备案。

九、本通知自一九九二年十月一日起施行。

国家物价局、建设部

1992 年 9 月 8 日

工程建设监理收费标准 附表

序 号	工程概(预)算 M(万元)	设计阶段(含设计招标)监理取费 a(%)	施工(含施工招标)及保修阶段监理取费 b(%)
1	$M<500$	$0.20<a$	$2.50<b$
2	$500\leqslant M<1000$	$0.15<a\leqslant 0.20$	$2.00<b\leqslant 2.50$
3	$1000\leqslant M<5000$	$0.10<a\leqslant 0.15$	$1.40<b\leqslant 2.00$
4	$5000\leqslant M<10000$	$0.08<a\leqslant 0.10$	$1.20<b\leqslant 1.40$
5	$10000\leqslant M<50000$	$0.05<a\leqslant 0.08$	$0.08<b\leqslant 1.20$
6	$50000\leqslant M<100000$	$0.03<a\leqslant 0.05$	$0.60<b\leqslant 0.80$
7	$100000\leqslant M$	$a\leqslant 0.03$	$b\leqslant 0.60$

26.8 监理工程师资格考试和注册试行办法

第一条　为加强监理工程师的资格考试和注册管理，保证监理工程师的素质，制定本办法。

第二条　本办法所称监理工程师系岗位职务，是指经全国统一考试合格并经注册取得《监理工程师岗位证书》的工程建设监理人员。

监理工程师按专业设置岗位。

第三条　国务院建设行政主管部门为全国监理工程师注册管理机关。

第四条　监理工程师资格考试，在全国监理工程师资格考试委员会的统一组织指导下进行，原则上每二年进行一次。

第五条　全国监理工程师资格考试委员会由国务院建设行政主管部门和国务院有关部门工程建设、人事行政管理的专家十五至十九人组成，设主任委员一人、副主任委员三至五人。

第六条　省、自治区、直辖市及国务院有关部门成立地方或部门监理工程师资格考试委员会，分别负责本行政区域内地方工程建设监理单位或本部门直属工程建设监理单位的监理工程师资格考试工作。地方或部门监理工程师资格考试委员会的成立，应报全国监理工程师资格考试委员会备案。

第七条　监理工程师资格考试委员会为非常设机构，于每次考试前六个月组成并开始工作。

第八条　全国监理工程师资格考试委员会的主要任务是：

（一）制定统一监理工程师资格考试大纲和有关要求；

（二）确定考试命题，提出考试合格的标准；

（三）监督、指导地方、部门监理工程师资格考试工作，审查、确认其考试是否有效；

（四）向全国监理工程师注册管理机关书面报告监理工程师资格考试情况。

第九条　地方和部门监理工程师资格考试委员会的主要任务是：

（一）根据监理工程师资格考试大纲和有关要求，发布本地区、本部门监理工程师资格考试公告；

（二）受理考试申请，审查参考者资格；

（三）组织考试，阅卷评分和确认考试合格者；

（四）向本地区或本部门监理工程师注册机关书面报告考试情况；

（五）向全国监理工程师资格考试委员会报告工作。

第十条　参加监理工程师资格考试者，必须具备以下条件：

（一）具有高级专业技术职称、或取得中级专业技术职称后具有三年以上工程设计或施工管理实践经验；

（二）在全国监理工程师注册管理机关认定的培训单位经过监理业务培训，并取得培训结业证书。

第十一条　凡参加监理工程师资格考试者，由所在单位向本地区或本部门监理工程师资格考试委员会提出书面申请，经审查批准后，方可参加考试。

第十二条　经监理工程师资格考试合格者，由监理工程师注册机关核发《监理工程师资格证书》。

第十三条　一九九五年底以前，对少数具有高级技术职称和三年监理实践经验、年龄在 55 岁以上、工作能力较强的监理人员，经地区、部门监理工程师注册机关推荐，全国监理工程师资格考试委员会审查，全国监理工程师注册管理机关批准，可免予考试，取得《监理工程师资格证书》。

第十四条　《监理工程师资格证书》的持有者，自领取证书起，五年内未经注册，其证书失效。

《监理工程师资格证书》式样由国务院建设行政主管部门统一制定。

第十五条　申请监理工程师注册者，必须具备下列条件：

（一）热爱中华人民共和国，拥护社会主义制度，遵纪守法，遵守监理工程师职业道德；

（二）身体健康，胜任工程建设的现场监理工作；

（三）已取得《监理工程师资格证书》。

第十六条　申请监理工程师注册，由拟聘用申请者的工程建设监理单位统一向本地区或本部门的监理工程师注册机关提出申请。监理工程师注册机关收到申请后，依照本办法第十五条的规定进行审查。对符合条件的，根据全国监理工程师注册管理机关批准的注册计划择优予以注册，颁发《监理工程师岗位证书》，并报全国监理工程师注册管理机关备案。《监理工程师岗位证书》式样由国务院建设行政主管部门统一制定。

第十七条 已经取得《监理工程师资格证书》但未经注册的人员，不得以监理工程师的名义从事工程建设监理业务。已经注册的监理工程师，不得以个人名义私自承接工程建设监理业务。

第十八条 监理工程师注册机关每五年对持《监理工程师岗位证书》者复查一次。对不符合条件的，注销注册，并收回《监理工程师岗位证书》。

第十九条 监理工程师退出、调出所在的工程建设监理单位或被解聘，须向原注册机关交回其《监理工程师岗位证书》，核销注册。核销注册不满五年再从事监理业务的，须由拟聘用的工程建设监理单位向本地区或本部门监理工程师注册机关重新申请注册。

第二十条 国家行政机关现职工作人员，不得申请监理工程师注册。

第二十一条 违反本办法，有下列行为之一的，由监理工程师注册机关根据情节，分别给予停止执业、收缴《监理工程师资格证书》、收缴《监理工程师岗位证书》、限期四年不准参加考试或注册的处罚，并可处以罚款：

（一）未经注册，以监理工程师的名义从事监理业务的；

（二）以监理工程师个人名义承接工程监理业务的；

（三）以不正当手段取得《监理工程师资格证书》或《监理工程师岗位证书》的。

第二十二条 因监理工程师的过错造成利害关系人严重经济损失的，除追究其所在单位经济责任外，还应撤消其注册，收缴其《监理工程师岗位证书》；构成犯罪的，由司法机关依法追究其刑事责任。

第二十三条 监理工程师资格考试委员会成员及监理工程师注册机关工作人员泄露监理工程师资格考试内容，在监理工程师资格考试或注册中违反有关规定的，应由其所在单位给予行政处分；对监理工程师资格考试委员会成员应取消其考试委员会成员资格。

第二十四条 当事人对行政处罚决定不服的，可以在收到处罚通知之日起十五日内，向作出处罚决定机关的上一级机关申请复议，对复议决定不服的，可以在收到复议决定之日起十五日内向人民法院起诉；也可以直接向人民法院起诉。逾期不申请复议或者不向人民法院起诉，又不履行处罚决定的。由作出处罚决定的机关申请人民法院强制执行。

第二十五条 省、自治区、直辖市人民政府建设行政主管部门和国务院有关部门可以根据本办法制定实施细则，并报国务院建设行政主管部门备案。

第二十六条 国外及港、澳、台地区的工程建设监理人员来我国大陆执业的注册管理办法，另行制定。

第二十七条 本办法由国务院建设行政主管部门负责解释。

第二十八条 本办法自一九九二年七月一日起施行。

26.9 房屋建筑工程施工旁站监理管理办法（建市［2002］189号）

第一条 为加强对房屋建筑工程施工旁站监理的管理，保证工程质量，依据《建设工程质量管理条例》的有关规定，制定本办法。

第二条 本办法所称房屋建筑工程施工旁站监理（以下简称旁站监理），是指监理人员在房屋建筑工程施工阶段监理中，对关键部位、关键工序的施工质量实施全过程现场跟班的监督活动。

本办法所规定的房屋建筑工程的关键部位、关键工序，在基础工程方面包括：土方回填，混凝土灌注桩浇筑，地下连续墙、土钉墙、后浇带及其他结构混凝土、防水混凝土浇筑，卷材防水层细部构造处理，钢结安装；在主体结构工程方面包括：梁柱节点钢筋隐蔽、混凝土浇筑、预应力张拉、装配式结构安装、钢结构安装、网架结构安装。

第三条　监理企业在编制监理规划时，应当制定旁站监理方案，明确旁站监理的范围、内容、程序和旁站监理人员职责等。旁站监理方案应当送建设单位和施工企业各一份，并抄送工程所在地的建设行政主管部门或其委托的工程质量监督机构。

第四条　施工企业根据监理企业制定的旁站监理方案，在需要实施旁站监理的关键部位、关键工序进行施工前 24h，应当书面通知监理企业派驻工地的项目监理机构。项目监理机构应当安排旁站监理人员按照旁站监理方案旁站监理。

第五条　旁站监理在总监理工程师的指导下，由现场监理人员负责具体实施。

第六条　旁站监理人员的主要职责是：

（一）检查施工企业现场质检人员到岗、特殊工种人员持证上岗以及施工机械、建筑材料准备情况；

（二）在现场跟班监督关键部位、关键工序的施工执行施工方案以及工程建设强制性标准情况；

（三）核查进场建筑材料、建筑构配件、设备和商品混凝土的质量检验报告等，并可在现场监督施工企业进行检验或者委托具有资格的第三方进行复验；

（四）做好旁站监理记录和监理日记，保存旁站监理原始资料。

第七条　旁站监理人员应当认真履行职责，对需要实施旁站监理的关键部位、关键工序在施工现场跟班监督，及时发现和处理旁站监理过程中出现的质量问题，如实准确地做好旁站监理记录。凡旁站监理人员和施工企业现场质检人员未在旁站监理记录（见附件）上签字的，不得进行下一道工序施工。

第八条　旁站监理人员实施旁站监理时，发现施工企业有违反工程建设强制性标准行为的，有权责令施工企业立即整改；发现其施工活动已经或者可能危及工程质量的，应当及时向监理工程师或者总监理工程师报告，由总监理工程师下达局部暂停施工指令或者采取其他应急措施。

第九条　旁站监理记录是监理工程师或者总监理工程师依法行使有关签字权的重要依据。对于需要旁站监理的关键部位、关键工序施工，凡没有实施旁站监理或者没有旁站监理记录的，监理工程师或者总监理工师不得在相应文件上签字。在工程竣工验收后，监理企业应当将旁站监理记录存档备查。

第十条　对于按照本办法规定的关键部位、关键工序实施旁站监理的，建设单位应当严格按照国家规定的监理取费零部件执行；对于超出本办法规定的范围，建设单位要求监理企业实施旁站监理的，建设单位应当另行支付监理费用，具体费用标准由建设单位与监理企业在合同中约定。

第十一条　建设行政主管部门应当加强对旁站监理的监督检查，对于不按照相办法实施旁站监理的监理企业和有关监理人员要进行通报，责令整改，并作为不良记录载入该企业和有关人员的信用档案；情节严重的，在资质年检时应定为不合格，并按照下一个资质等级重新核定其资质等级；对于不按照本办法实施旁站监理而发生工程质量事故的，除依法对有关责任单位进行处罚外，还要依法追究监理企业和有关监理人员的相应责任。

第十二条　其他工程的施工旁站监理，可以参照本办法实施。

第十三条　办法自2003年1月1日起施行。

旁站监理记录表

工程名称：　　　　　　　　　　　　　　　　　　　　编号：

日期及气候：	工程地点：
旁站监理的部位或工序：	
旁站监理开始时间：	旁站监理结束时间：
施工情况：	
监理情况：	
发现问题：	
处理意见：	
备注：	
施工企业： 项目经理部： 质检员(签字)： 年　月　日	监理企业： 项目监理机构： 旁站监理人员(签字)： 年　月　日

26.10 房屋建筑工程和市政基础设施工程实行见证取样和送检的规定（建建［2000］211号）

第一条　规范房屋建筑工程和市政基础设施工程中涉及结构安全的试块、试件和材料的见证取样和送检工作，保证工程质量，根据《建设工程质量管理条例》，制定本规定。

第二条　凡从事房屋建筑工程和市政基础设施工程的新建、扩建、改建等有关活动，应当遵守规定。

第三条　本规定所称见证取样和送检是指在建设单位或工程监理单位人员的见证下，由施工单位的现场试验人员对工程中涉及结构安全的试块、试件和材料在现场取样，并送至经过省级以上建设行政主管部门对其计量认证的质量检测单位（以下简称“检测单位”）进行检测。

第四条　国务院建设行政主管部门对全国房屋建筑工程和市政基础设施工程的见证取样和送检工作实施统一监督管理。

县级以上地方人民政府建设行政主管部门对本行政区域内的房屋建筑工程和市政基础设施工程的见证取样和送检工作实施监督管理。

第五条　涉及结构安全的试块、试件和材料见证取样和送检的比例不得低于有关技术标准中规定应取样数量的30%。

第六条　下列试块、试件和材料必须实施见证取样和送检：

（一）用于承重结构的混凝土试块；

（二）用于承重墙体的砌筑砂浆试块；

（三）用于承重结构的钢筋及连接接头试件；

（四）用于承重墙的砖和混凝土小型砌块；

（五）用于拌制混凝土和砌筑砂浆的水泥；

（六）用于承重结构的混凝土中使用的掺加剂；

（七）地下、屋面、厕浴间使用的防水材料；

（八）国家规定必须实行见证取样和送检的其他试块、试件和材料。

第七条 见证人员应由建设单位或该工程的监理单位具备建筑施工试验知识的专业技术人员担任，并应由建设单位或该工程的监理单位书面通知施工单位、检测单位和负责该项工程的质量监督机构。

第八条 在施工过程中，见证人员应按照见证取样和送检计划，对施工现场的取样和送检进行见证，取样人员应在试样或其包装上作出标识、封志。标识和封志应标明工程名称、取样部位、取样日期、样品名称和样品数量，并由见证人员和取样人员签字。见证人员应制作见证记录，并归入施工技术档案。见证人员和取样人员应对试样的代表性和真实性负责。

第九条 见证取样的试块、试件和材料送检时，应由送检单位填写委托单，委托单应有见证人员和送检人员签字。检测单位应检查委托单用试样的标识和封志，确认无误后方可进行检测。

第十条 检测单位应严格按照有关管理规定和技术标准进行检测，出具公证、真实、准确的检测报告。见证取样和送检的检测报告必须加盖见证取样检测的专用章。

第十一条 本规定由国务院建设行政主管部门负责解释。

第十二条 本规定自发布之日起施行。

26.11 工程建设重大事故报告和调查程序规定

第一条 为了保证工程建设重大事故及时报告和顺利调查，维护国家财产和人民生命安全，制定本规定。

第二条 本规定所称重大事故，系指在工程建设过程中由于责任过失造成工程倒塌或报废、机械设备毁坏和安全设施失当造成人身伤亡或者重大经济损失的事故。

第三条 重大事故分为四个等级：

（一）具备下列条件之一者为一级重大事故：

1. 死亡三十人以上；

2. 直接经济损失三百万元以上。

（二）具备下列条件之一者为二级重大事故：

1. 死亡十人以上，二十九人以下；

2. 直接经济损失一百万元以下，不满三百万元。

（三）具备下列条件之一者为三级重大事故：

1. 死亡三人以上，九人以下；

2. 重伤二十人以上；

3. 直接经济损失三十万元以上，不满一百万元。

（四）具备下列条件之一者为四级重大事故：

1. 死亡二人以下；

2. 重伤三人以上，十九人以下；

3. 直接经济损失十万元以上，不满三十万元。

第四条　重大事故发生后，事故发生单位必须及时报告。

重大事故的调查工作必须坚持实事求是、尊重科学的原则。

第五条　建设部归口管理全国工程建设重大事故；省、自治区、直辖市建设行政主管部门归口管理本辖区内的工程建设重大事故；国务院各有关主管部门管理所属单位的工程建设重大事故。

第六条　重大事故发生后，事故发生单位必须以最快方式，将事故的简要情况向上级主管部门和事故发生地的市、县级建设行政主管部门及检察、劳动（如有人身伤亡）部门报告；事故发生单位属于国务院部委的，应同时向国务院有关主管部门报告。

事故发生地的市、县级建设行政主管部门接到报告后，应当立即向人民政府和省、自治区、直辖市建设行政主管部门报告；省、自治区、直辖市建设行政主管部门接到报告后，应当立即向人民政府和建设部报告。

第七条　重大事故发生后，事故发生单位应当在二十四小时内写出书面报告，按第六条所列程序和部门逐级上报。

重大事故书面报告应当包括以下内容：

（一）事故发生的时间、地点、工程项目、企业名称；

（二）事故发生的简要经过、伤亡人数和直接经济损失的初步估计；

（三）事故发生原因的初步判断；

（四）事故发生后采取的措施及事故控制情况；

（五）事故报告单位。

第八条　事故发生后，事故发生单位和事故发生地的建设行政主管部门，应当严格保护事故现场，采取有效措施抢救人员和财产，防止事故扩大。

因抢救人员、疏导交通等原因，需要移动现场物件时，应当做出标志，绘制现场简图并做出书面记录，妥善保存现场重要痕迹、物证，有条件的可以拍照或录相。

第九条　重大事故的调查由事故发生地的市、县级以上建设行政主管部门或国务院有关主管部门组织成立调查组负责进行。

调查组由建设行政主管部门、事故发生单位的主管部门和劳动等有关部门的人员组成，并应邀请人民检察机关和工会派员参加。

必要时，调查组可以聘请有关方面的专家协助进行技术鉴定、事故分析和财产损失的评估工作。

第十条　一、二级重大事故由省、自治区、直辖市建设行政主管部门提出调查组组成意见，报请人民政府批准；

三、四级重大事故由事故发生地的市、县级建设行政主管部门提出调查组组成意见，报请人民政府批准。

事故发生单位属于国务院部委的，按本条一、二款的规定，由国务院有关主管部门或其授权部门会同当地建设行政主管部门提出调查组组成意见。

第十一条　重大事故调查组的职责：

（一）组织技术鉴定；

（二）查明事故发生的原因、过程、人员伤亡及财产损失情况；

（三）查明事故的性质、责任单位和主要责任者；

（四）提出事故处理意见及防止类似事故再次发生所应采取措施的建议；

（五）提出对事故责任者的处理建议；

（六）写出事故调查报告。

第十二条　调查组有权向事故发生单位、各有关单位和个人了解事故的有关情况，索取有关资料，任何单位和个人不得拒绝和隐瞒。

第十三条　任何单位和个人不得以任何方式阻碍、干扰调查组的正常工作。

第十四条　调查组在调查工作结束后十日内，应当将调查报告报送批准组成调查组的人民政府和建设行政主管部门以及调查组其他成员部门。经组织调查的部门同意，调查工作即告结束。

第十五条　事故处理完毕后，事故发生单位应当尽快写出详细的事故处理报告，按第六条所列程序逐级上报。

第十六条　事故发生后隐瞒不报、谎报、故意拖延报告期限的，故意破坏现场的，阻碍调查工作正常进行的，无正当理由拒绝调查组查询或者拒绝提供与事故有关情况、资料的，以及提供伪证的，由其所在单位或上级主管部门按有关规定给予行政处分；构成犯罪的，由司法机关依法追究刑事责任。

第十七条　对造成重大事故的责任者，由其所在单位或上级主管部门给予行政处分；构成犯罪的，由司法机关依法追究刑事责任。

第十八条　对造成重大事故承担直接责任的建设单位、勘察设计单位、施工单位、构配件生产单位及其他单位，由其上级主管部门或当地建设行政主管部门，根据调查组的建议，令其限期改善工程建设技术安全措施，并依据有关法规予以处罚。

第十九条　工程建设重大事故中属于特别重大事故者，其报告、调查程序，执行国务院发布的《特别重大事故调查程序暂行规定》及有关规定。

第二十条　本规定由建设部负责解释。

第二十一条　本规定自一九八九年十二月一日起施行。

26.12　工程质量监督机构管理办法（建质［2003］167 号）（摘要）

一、建设行政主管部门或其委托的工程质量监督机构（以下统称监督机构）在监督工作中，应严格依照国家有关法律、法规和规章规定的程序加强对监理企业履行质量责任行为的监督。

上述监理企业履行质量责任行为，是指监理企业受建设单位委托在建设工程施工全过程中，依照有关法律、法规、技术标准以及设计文件、建设工程承包合同和监理合同，对工程施工质量实施监理，并对施工质量承担监理责任的行为。

二、监督机构应在工程开工时核查工程项目监理机构的组成和人员资格情况：

（一）监理企业履行监理合同时，必须按工程项目建立项目监理机构，且有专业配套的监理人员，数量应符合监理合同的约定；

（二）项目总监理工程师应有监理企业法人代表出具的委托书，其负责监理的项目数量不得超过有关规定；

（三）项目总监理工程师和现场监理工程师应持有规定的资格证书或岗位证书。

三、监督机构应根据《建设工程监理规范》核查工程项目监理规划及监理实施细则。重点核查按照《建设工程监理规范》、《房屋建筑工程施工旁站监理管理办法（试行）》所确定的旁站监理的关键部位和工序，以及旁站监理的程序、措施及职责等。

四、监督机构应抽查监理工程师对施工单位项目经理部质量保证体系审查的记录及其他有关文件，以核查监理企业对施工单位质量管理体系审查的情况。

五、监督机构应抽查旁站监理记录，将监理工程师的检查结论与现场抽查的实际情况对比，以核查监理企业履行旁站监理责任的情况。

六、监督机构应抽查以下主要监理资料，以核查监理企业根据工程项目监理规划及监理实施细则，对施工过程进行质量控制的情况：

1. 监理企业签认的设计交底和图纸会审会议纪要；

2. 监理企业对施工组织设计中确保关键部位和工序工程质量措施的审查记录；

3. 监理企业签认的工程材料进场报验单、施工测量放线报验单和隐蔽工程检查记录；

4. 监理企业对施工企业试验室考核的记录，以及有关见证取样和送检的记录；

5. 监理企业签认的工程项目检验批质量验收记录、分项工程质量验收记录、分部（子分部）工程质量验收记录；

6. 监理企业对单位（子单位）工程的质量评估报告。

七、监理企业应将在工程监理过程中发现的建设单位、施工单位、工程检测单位违反工程建设强制性标准，以及其他不严格履行其质量责任的行为，及时发出整改通知或责令停工；制止无效的，应报告监督机构。监督机构接到报告后，应及时进行核查并依据有关规定进行处理。

八、监督机构应支持监理企业履行监理职责。监督机构在监督检查中发现施工单位未经监理工程师签字将建筑材料、建筑构配件和设备在工程上使用或安装的；上道工序未经监理工程师签字进行下一道工序施工的；不按照监理企业下达的有关施工质量缺陷整改通知及时整改的，要责令改正，并将其行为作为不良记录内容予以记录和公示。

九、监督机构在监督检查中发现建设单位未经总监理工程师签字即进行竣工验收的，要责令其重新组织验收。已经交付使用的要停止使用。

十、对监理企业在工程监理过程中不履行其质量责任的行为，监督机构应责令整改，并作为不良记录内容予以记录和公示，作为企业资质年检的重要依据。

26.13 工程监理责任保险条款（2002年4月8日由中国保险监督管理委员会核准备案）

保险对象

第一条 凡经建设行政主管部门批准，取得相应资质证书并经工商行政管理部门登记注册，依法设立的工程建设监理企业，均可作为本保险的被保险人。

保险责任

第二条 在本保险单明细表中列明的保险期限或追溯期内，被保险人在中华人民共和国境内（不包括港、澳、台地区）开展工程监理业务时，因过失未能履行委托监理合同中约定的监理义务或发出错误指令导致所监理的建设工程发生工程质量事故，而给委托人造成经济损失，在本保险期限内，由委托人首次向被保险人提出索赔申请，依法应由被保险人承担赔偿责任时，保险人根据本保险合同的约定负责赔偿。

第三条 下列费用，保险人也负责赔偿：

（一）事先经保险人书面同意的仲裁或诉讼费用及律师费用；

（二）保险责任事故发生时，被保险人为控制或减少损失所支付的必要的、合理的费用。

第四条 对于每次事故，保险人就上述第二条、第三条（一）和第三条（二）项下的赔偿金额分别不超过本保险单明细表中列明的每次事故赔偿限额；本保险期限内，保险人的累计赔偿金额不超过本保险单明细表中列明的累计赔偿限额。

责任免除

第五条 下列原因造成的损失、费用和责任，保险人不负责赔偿：

（一）战争、类似战争行为、敌对行为、军事行为、武装冲突、恐怖活动、罢工、骚乱、暴动；

（二）政府有关部门的行政行为或执法行为；

（三）核反应、核子辐射和放射性污染。

第六条 下列原因造成的损失、费用和责任，保险人也不负责赔偿：

（一）被保险人的故意行为；

（二）泄露委托人的商业秘密；

（三）委托人提供的资料、文件的毁损、灭失或丢失；

（四）他人冒用被保险人的名义承接工程监理业务；

（五）被保险人将工程监理业务转让给其他单位或者个人；

（六）被保险人承接超越其国家规定的资质等级许可范围的工程监理业务；

（七）被保险人被收缴《监理许可证书》或《工程监理企业资质证书》后或被勒令停业顿期间继续承接工程监理业务；

（八）被保险人的监理工程师被吊销执业资格后或被勒令暂停执业期间执行业务。

第七条 对于下列各项，保险人不负责赔偿：

（一）被保险人未签订《建设工程委托监理合同》进行监理的建设工程发生的任何损失；

（二）由于保险责任事故造成的任何性质的间接损失；

（三）被保险人或其雇员的人身伤亡及其所有或管理的财产的损失；

（四）罚款、罚金、惩罚性赔偿；

（五）本保险单明细表或有关条款中列明的免赔额。

第八条 其他不属于保险责任范围内的损失、费用和责任，保险人不负责赔偿。投保人、被保险人义务。

第九条 投保人应履行如实告知的义务，提供全部在册从业人员名单，并如实回答保险人提出的询问。

第十条　投保人应按保险单中的约定交付保险费。

第十一条　在本保险期限内，保险单明细表中列明的事项发生变更的，被保险人应及时书面通知保险人，并根据保险人的要求办理变更手续。

第十二条　被保险人获悉索赔方可能会提起诉讼或仲裁时，或在接到法院传票或其他法律文书后，应立即以书面形式通知保险人。

第十三条　发生本保险责任范围内的事故时，被保险人应采取必要的措施，控制或减少损失；立即通知保险人，并书面说明事故发生的原因、经过和损失程度。

第十四条　被保险人应遵守国家及政府有关部门制定的相关法律、法规及规定，加强管理，采取合理的预防措施，尽力避免或减少工程监理责任事故的发生。

第十五条　本保险期限届满时，被保险人应将在本保险期限内签订的所有《建设工程委托监理合同》的副本送交保险人备案。

第十六条　投保人或被保险人如果不履行上述第九条至第十五条约定的各自应尽的任何一项义务，保险人均不负赔偿责任，或从解约通知书送达投保人时解除本保险合同。

赔偿处理

第十七条　发生保险责任范围内的事故时，未经保险人书面同意，被保险人或其代表对索赔方不得作出任何承诺、拒绝、出价、约定、付款或赔偿。必要时，保险人可以被保险人的名义对仲裁或诉讼进行抗辩或处理有关索赔事宜。

第十八条　由被保险人监理的建设工程发生工程质量事故的，保险人以法院、仲裁机构或政府建设行政主管部门依法作出的鉴定结果作为赔偿的依据。

第十九条　被保险人向保险人申请赔偿时，应提交保险单正本、索赔申请、损失清单、证明事故责任与被保险人存在雇佣关系的证明材料、事故责任人的执业资格证书、事故原因证明或裁决书、与委托人签订的《建设工程委托监理合同》正本以及其他必要的有效单证材料。

第二十条　发生保险责任范围内的损失，应由有关责任方负责赔偿的，被保险人应立即以书面形式向该责任方提出索赔，并积极采取措施向该责任方进行索赔。保险人自向被保人赔付之时起，取得在赔偿金额范围内代位追偿的权利。保险人向有关责任方行使代位追偿时，被保险人应当积极协助，并提供必要的文件和有关情况。

第二十一条　收到被保险人的索赔申请后，保险人应及时做出核定，对属于保险责任的，保险人应在与被保险人达成有关赔偿协议后 10 日内，履行赔偿义务。

第二十二条　保险人进行赔偿后，累计赔偿限额应相应减少。被保险人需增加时，应补交的保险费，由保险人出具批单批注。应补交的保险费为：原保险费保险事故发生日至保险期限终止日之间的天数/保险期限（天）增加的累计赔偿限额/原累计赔偿限额。

第二十三条　本保险单负责赔偿损失、费用或责任时，若另有其他保障相同的保险存在，不论是否由被保险人或他人以其名义投保，也不论该保险赔偿与否，本保险单仅负责按比例分摊赔偿的责任。对应由其他保险人承担的赔偿责任，本保险人不负责垫付。

第二十四条　被保险人对保险人请求赔偿的权利，自其知道或应当知道保险事故发生之日起二年不行使的，视为自动放弃。

争议处理

第二十五条 本保险合同的争议解决方式由当事人从下列两种方式选择一种，并列明于本保险单明细表中：

（一）因履行本保险合同发生争议，由当事人协商解决。协商不成的，提交仲裁委员会仲裁；

（二）因履行本保险合同发生争议，由当事人协商解决。协商不成的，依法向人民法院起诉。

其他事项

第二十六条 本保险合同生效后，投保人可随时书面申请解除本保险合同，保险人亦可提前15日向投保人发出解约通知书解除本保险合同，保险费按日平均计收。

第二十七条 本保险合同的争议处理适用中华人民共和国法律。

26.14 中华人民共和国合同法（摘要）

第十六章 建设工程合同

第二百六十九条 建设工程合同是承包人进行工程建设，发包人支付价款的合同。

建设工程合同包括工程勘察、设计、施工合同。

第二百七十条 建设工程合同应当采用书面形式。

第二百七十一条 建设工程的招标投标活动，应当依照有关法律的规定公开、公平、公正进行。

第二百七十二条 发包人可以与总承包人订立建设工程合同，也可以分别与勘察人、设计人、施工人订立勘察、设计、施工承包合同。发包人不得将应当由一个承包人完成的建设工程肢解成若干部分发包给几个承包人。

总承包人或者勘察、设计、施工承包人经发包人同意，可以将自已承包的部分工作交由第三人完成。第三人就其完成的工作成果与总承包人或者勘察、设计、施工承包人向发包人承担连带责任。承包人不得将其承包的全部建设工程转包给第三人或者将其承包的全部建设工程肢解以后以分包的名义分别转包给第三人。

禁止承包人将工程分包给不具备相应资质条件的单位。禁止分包单位将其分包的工程再分包。建设工程主体结构的施工必须由承包人自行完成。

第二百七十三条 国家重大建设工程合同，应当按照国家规定的程序和国家批准的投资计划、可行性研究报告等文件订立。

第二百七十四条 勘查、设计合同的内容包括提交有关基础资料和文件（包括概预算）的期限、质量要求、费用以及其他协作条件等条款。

第二百七十五条 施工合同的内容包括工程范围、建设工期、中间交工工程的开工和竣工时间、工程质量、工程造价、技术资料交付时间、材料和设备供应责任、拨款和结算、竣工验收、质量保修范围和质量保证期、双方相互协作等条款。

第二百七十六条 建设工程实行监理的，发包人应当与监理人采用书面形式订立委托监理合同。发包人与监理人的权利和义务以及法律责任，应当按照本法委托合同以及其他有关法律、行政法律的规定。

第二百七十七条 发包人在不妨碍承包人正常作业的情况下，可以随时对作业进度、质量进行检查。

第二百七十八条　隐蔽工程在隐蔽以前，承包人应当通知发包人检查。发包人没有及时检查的，承包人可以顺延工程日期，并有权要求赔偿停工、窝工等损失。

第二百七十九条　建设工程竣工后，发包人应当根据施工图纸及说明书、国家颁发的施工验收规范和质量检验标准及时进行验收。验收合格的，发包人应当按照约定支付价款，并接收该建设工程。

建设工程竣工经验收合格后，方可交付使用；未经验收或者验收不合格的，不得交付使用。

第二百八十条　勘查、设计的质量不符合要求或者未按照期限提交勘察、设计文件拖延工期，造成发包人损失的，勘察人、设计人应当继续完善勘查、设计，减收或者免收勘查、设计费并赔偿损失。

第二百八十一条　因施工人的原因致使建设工程质量不符合约定的，发包人有权要求施工人在合理期限内无偿修理或者返工、改建。经过修理或者返工、改建后，造成逾期交付的，施工人应当承担违约责任。

第二百八十二条　因承包人的原因致使建设工程在合理使用期限内造成人身和财产损害的，承包人应当承担损害赔偿责任。

第二百八十三条　发包人未按照约定的时间和要求提供原材料、设备、场地、资金、技术资料的，承包人可以顺延工程日期，并有权要求赔偿停工、窝工等损失。

第二百八十四条　因发包人的原因致使工程中途停建、缓建的，发包人应当采取措施弥补或者减少损失，赔偿承包人因此造成的停工、窝工、倒运、机械设备调迁、材料和构件积压等损失和实际费用。

第二百八十五条　因发包人变更计划，提供的资料不准确，或者未按照期限提供必需的勘查、设计工作条件而造成勘查、设计的返工、停工或者修改设计，发包人应当按照勘察人、设计人实际消耗的工作量增付费用。

第二百八十六条　发包人未按照约定支付价款的，承包人可以催告发包人在合理期限内支付价款。发包人逾期不支付的，除按照建设工程的性质不宜折价、拍卖的以外，承包人可以与发包人协议将该工程折价，也可以申请人民法院将该工程依法拍卖。建设工程的价款就该工程折价或者拍卖的价款优先受偿。

26.15　中华人民共和国招标投标法（摘要）

第一条　在中华人民共和国境内进行下列工程建设项目包括项目的勘察、设计、施工、监理以及与工程建设有关的重要设备、材料等的采购，必须进行招标：

（一）大型基础设施、公用事业等关系社会公共利益、公众安全的项目；

（二）全部或者部分使用国有资金投资或者国家融资的项目；

（三）使用国际组织或者外国政府贷款、援助资金的项目。

第六条　依法必须进行招标的项目，其招标投标活动不受地区或者部门的限制。任何单位和个人不得违法限制或者排斥本地区、本系统以外的法人或者其他组织参加投标，不得以任何方式非法干涉招标投标活动。

招标分为公开招标和邀请招标。公开招标，是指招标人以招标公告的方式邀请不特定的法人或者其他组织投标。邀请招标，是指招标人以投标邀请书的方式邀请特定的法人或者其他组织投标。

第十一条　招标人有权自行选择招标代理机构，委托其办理招标事宜。任何单位和个人不得以任何方式为招标人指定招标代理机构。招标人具有编制招标文件和组织评标能力的，可以自行办理招标事宜。任何单位和个人不得强制其委托招标代理机构办理招标事宜。

第十六条　招标人采用公开招标方式的，应当发布招标公告。依法必须进行招标的项目的招标公告，应当通过国家指定的报刊、信息网络或者其他媒介发布。

第十七条　招标人采用邀请招标方式的，应当向三个以上具备承担招标项目的能力、资信良好的特定的法人或者其他组织发出投标邀请书。

第十九条　招标人应当根据招标项目的特点和需要编制招标文件。招标文件应当包括招标项目的技术要求、对投标人资格审查的标准、投标报价要求和评标标准等所有实质性要求和条件以及拟签订合同的主要条款。

第二十二条　招标人不得向他人透露已获取招标文件的潜在投标人的名称、数量以及可能影响公平竞争的有关招标投标的其他情况。招标人设有标底的，标底必须保密。

第二十三条　招标人对已发出的招标文件进行必要的澄清或者修改的，应当在招标文件要求提交投标文件截止时间至少十五日前，以书面形式通知所有招标文件收受人。该澄清或者修改的内容为招标文件的组成部分。

第二十四条　招标人应当确定投标人编制投标文件所需要的合理时间；但是，依法必须进行招标的项目，自招标文件开始发出之日起至投标人提交投标文件截止之日止，最短不得少于二十日。

第二十七条　投标人应当按照招标文件的要求编制投标文件。投标文件应当对招标文件提出的实质性要求和条件做出响应。招标项目属于建设施工的，投标文件的内容应当包括拟派出的项目负责人与主要技术人员的简历、业绩和拟用于完成招标项目的机械设备等。

第二十八条　投标人应当在招标文件要求提交投标文件的截止时间前，将投标文件送达投标地点。招标人收到投标文件后，应当签收保存，不得开启。投标人少于三个的，招标人应当依照本法重新招标。

第二十九条　投标人在招标文件要求提交投标文件的截止时间前，可以补充、修改或者撤回已提交的投标文件，并书面通知招标人。补充、修改的内容为投标文件的组成部分。

第三十条　投标人根据招标文件载明的项目实际情况，拟在中标后将中标项目的部分非主体、非关键性工作进行分包的，应当在投标文件中载明。

第三十一条　两个以上法人可以组成一个联合体，以一个投标人的身份共同投标。联合体各方均应当具备承担招标项目的相应能力；联合体各方均应当具备规定的相应资格条件。由同一专业的单位组成的联合体，按照资质等级较低的单位确定资质等级。联合体各方应当签订共同投标协议，明确约定各方拟承担的工作和责任，并将共同投标协议连同投标文件一并提交招标人。联合体中标的，联合体各方应当共同与招标人签订合同，就中标项目向招标人承担连带责任。

第三十二条　投标人不得相互串通投标报价，不得排挤其他投标人的公平竞争，损害招标人或者其他投标人的合法权益。

第三十三条　投标人不得以低于成本的报价竞标，也不得以他人名义投标或者以其他方式弄虚作假，骗取中标。

第三十四条　开标应当在招标文件确定的提交投标文件截止时间的同一时间公开进行；开标地点应当为招标文件中预先确定的地点。开标由招标人主持，邀请所有投标人参加。

第三十六条　开标时，由投标人或者其推选的代表检查投标文件的密封情况，也可以由招标人委托的公证机构检查并公证；经确认无误后，由工作人员当众拆封，宣读投标人名称、投标价格和投标文件的其他主要内容。

第三十七条　评标由招标人依法组建的评标委员会负责。评标委员会由招标人的代表和有关技术、经济等方面的专家组成，成员人数为五人以上单数，其中技术、经济等方面的专家不得少于成员总数的三分之二。与投标人有利害关系的人不得进入相关项目的评标委员会；已经进入的应当更换。评标委员会成员的名单在中标结果确定前应当保密。

第四十条　评标委员会应当按照招标文件确定的评标标准和方法，对投标文件进行评审和比较；设有标底的，应当参考标底。评标委员会完成评标后，应当向招标人提出书面评标报告，并推荐合格的中标候选人。招标人也可以授权评标委员会直接确定中标人。

第四十一条　中标人的投标应当符合下列条件之一：

（一）能够最大限度地满足招标文件中规定的各项综合评价标准；

（二）能够满足招标文件的实质性要求，并且经评审的投标价格最低；但是投标价格低于成本的除外。

第四十三条　在确定中标人前，招标人不得与投标人就投标价格、投标方案等实质性内容进行谈判。

第四十五条　中标人确定后，招标人应当向中标人发出中标通知书，并同时将中标结果通知所有未中标的投标人。招标人和中标人应当自中标通知书发出之日起三十日内，按照招标文件和中标人的投标文件订立书面合同。招标人和中标人不得再行订立背离合同实质性内容的其他协议。

第四十八条　中标人应当按照合同约定履行义务，完成中标项目。中标人不得向他人转让中标项目，也不得将中标项目肢解后分别向他人转让。中标人按照合同约定，可以将中标项目的部分非主体、非关键性工作分包给他人完成。接受分包的人应当具备相应的资格条件，并不得再次分包。中标人应当就分包项目向招标人负责，接受分包的人就分包项目承担连带责任。

第五十一条　招标人以不合理的条件限制或者排斥潜在投标人的，对潜在投标人实行歧视待遇的，强制要求投标人组成联合体共同投标的，或者限制投标人之。

第五十九条　招标人与中标人不按照招标文件和中标人的投标文件订立合同的，或者招标人、中标人订立背离合同实质性内容的协议的，责令改正；可以处中标项目金额千分之五以上千分之十以下的罚款。

第六十条　中标人不履行与招标人订立的合同的，履约保证金不予退还，给招标人造成的损失超过履约保证金数额的，还应当对超过部分予以赔偿；中标人不按照与招标人订立的合同履行义务，情节严重的，取消其二年至五年内参加依法必须进行招标的项目的投标资格并予以公告，直至由工商行政管理机关吊销营业执照。

26.16 房屋建筑和市政基础设施工程施工分包管理办法（摘要）

第七条 建设单位不得直接指定分包工程承包人。任何单位和个人不得对依法实施的分包活动进行干预。

第八条 分包工程承包人必须具有相应的资质，并在其资质等级许可的范围内承揽业务。严禁个人承揽分包工程业务。

第九条 专业工程分包除在施工总承包合同中有约定外，必须经建设单位认可。专业分包工程承包人必须自行完成所承包的工程。

劳务作业分包由劳务作业发包人与劳务作业承包人通过劳务合同约定。劳务作业承包人必须自行完成所承包的任务。

第十条 分包工程发包人和分包工程承包人应当依法签订分包合同，并按照合同履行约定的义务。分包合同必须明确约定支付工程款和劳务工资的时间、结算方式以及保证按期支付的相应措施，确保工程款和劳务工资的支付。

分包工程发包人应当在订立分包合同后 7 个工作日内，将合同送工程所在地县级以上地方人民政府建设行政主管部门备案。分包合同发生重大变更的，分包工程发包人应当自变更后 7 个工作日内，将变更协议送原备案机关备案。

第十一条 分包工程发包人应当设立项目管理机构，组织管理所承包工程的施工活动。

项目管理机构应当具有与承包工程的规模、技术复杂程度相适应的技术、经济管理人员。其中，项目负责人、技术负责人、项目核算负责人、质量管理人员、安全管理人员必须是本单位的人员。具体要求由省、自治区、直辖市人民政府建设行政主管部门规定。

前款所指本单位人员，是指与本单位有合法的人事或者劳动合同、工资以及社会保险关系的人员。

第十二条 分包工程发包人可以就分包合同的履行，要求分包工程承包人提供分包工程履约担保；分包工程承包人在提供担保后，要求分包工程发包人同时提供分包工程付款担保的，分包工程发包人应当提供。

第十三条 禁止将承包的工程进行转包。不履行合同约定，将其承包的全部工程发包给他人，或者将其承包的全部工程肢解后以分包的名义分别发包给他人的，属于转包行为。

违反本办法第十一条规定，分包工程发包人将工程分包后，未在施工现场设立项目管理机构和派驻相应人员，并未对该工程的施工活动进行组织管理的，视同转包行为。

第十四条 禁止将承包的工程进行违法分包。下列行为，属于违法分包：

（一）分包工程发包人将专业工程或者劳务作业分包给不具备相应资质条件的分包工程承包人的；

（二）施工总承包合同中未有约定，又未经建设单位认可，分包工程发包人将承包工程中的部分专业工程分包给他人的。

第十五条 禁止转让、出借企业资质证书或者以其他方式允许他人以本企业名义承揽工程。

分包工程发包人没有将其承包的工程进行分包，在施工现场所设项目管理机构的项目负责人、技术负责人、项目核算负责人、质量管理人员、安全管理人员不是工程承包人本单位人员的，视同允许他人以本企业名义承揽工程。

第十六条 分包工程承包人应当按照分包合同的约定对其承包的工程向分包工程发包人负责。分包工程发包人和分包工程承包人就分包工程对建设单位承担连带责任。

第十七条 分包工程发包人对施工现场安全负责，并对分包工程承包人的安全生产进行管理。专业分包工程承包人应当将其分包工程的施工组织设计和施工安全方案报分包工程发包人备案，专业分包工程发包人发现事故隐患，应当及时作出处理。

分包工程承包人就施工现场安全向分包工程发包人负责，并应当服从分包工程发包人对施工现场的安全生产管理。

第十八条 违反本办法规定，转包、违法分包或者允许他人以本企业名义承揽工程的，按照《中国人民共和国建筑法》、《中华人民共和国招标投标法》和《建设工程质量管理条例》的规定予以处罚；对于接受转包、违法分包和用他人名义承揽工程的，处1万元以上3万元以下的罚款。

第十九条 未取得建筑业企业资质承接分包工程的，按照《中华人民共和国建筑法》第六十五条第三款和《建设工程质量管理条例》第六十条第一款、第二款的规定处罚。

26.17 房屋建筑和市政基础设施工程施工招标投标管理办法（摘要）

第三条 房屋建筑和市政基础设施工程（以下简称工程）的施工单项合同估算价在200万元人民币以上，或者项目总投资在3000万元人民币以上的，必须进行招标。

省、自治区、直辖市人民政府建设行政主管部门报经同级人民政府批准，可以根据实际情况，规定本地区必须进行工程施工招标的具体范围和规模标准，但不得缩小本办法确定的必须进行施工招标的范围。

第四条 国务院建设行政主管部门负责全国工程施工招标投标活动的监督管理。

县级以上地方人民政府建设行政主管部门负责本行政区域内工程施工招标投标活动的监督管理。具体的监督管理工作，可以委托工程招标投标监督管理机构负责实施。

第五条 任何单位和个人不得违反法律、行政法规规定，限制或者排斥本地区、本系统以外的法人或者其他组织参加投标，不得以任何方式非法干涉施工招标投标活动。

第六条 施工招标投标活动及其当事人应当依法接受监督。

建设行政主管部门依法对施工招标投标活动实施监督，查处施工招标投标活动中的违法行为。

第七条 工程施工招标由招标人依法组织实施。招标人不得以不合理条件限制或者排斥潜在投标人，不得对潜在投标人实行歧视待遇，不得对潜在投标人提出与招标工程实际要求不符的过高的资质等级要求和其他要求。

第八条 工程施工招标应当具备下列条件：

（一）按照国家有关规定需要履行项目审批手续的，已经履行审批手续；

（二）工程资金或者资金来源已经落实；

（三）有满足施工招标需要的设计文件及其他技术资料；

（四）法律、法规、规章规定的其他条件。

第九条 工程施工招标分为公开招标和邀请招标。

依法必须进行施工招标的工程，全部使用国有资金投资或者国有资金投资占控股或者主导地位的，应当公开招标，但经国家计委或者省、自治区、直辖市人民政府依法批准可以进行邀请招标的重点建设项目除外；其他工程可以实行邀请招标。

第十条 工程有下列情形之一的，经县级以上地方人民政府建设行政主管部门批准，可以不进行施工招标：

（一）停建或者缓建后恢复建设的单位工程，且承包人未发生变更的；

（二）施工企业自建自用的工程，且该施工企业资质等级符合工程要求的；

（三）在建工程追加的附属小型工程或者主体加层工程，且承包人未发生变更的；

（四）法律、法规、规章规定的其他情形。

第十一条 依法必须进行施工招标的工程，招标人自行办理施工招标事宜的，应当具有编制招标文件和组织评标的能力：

（一）有专门的施工招标组织机构；

（二）有与工程规模、复杂程度相适应并具有同类工程施工招标经验、熟悉有关工程施工招标法律法规的工程技术、概预算及工程管理的专业人员。

不具备上述条件的，招标人应当委托具有相应资格的工程招标代理机构代理施工招标。

第十二条 招标人自行办理施工招标事宜的，应当在发布招标公告或者发出投标邀请书的5日前，向工程所在地县级以上地方人民政府建设行政主管部门备案，并报送下列材料：

（一）按照国家有关规定办理审批手续的各项批准文件；

（二）本办法第十一条所列条件的证明材料，包括专业技术人员的名单、职称证书或者执业资格证书及其工作经历的证明材料；

（三）法律、法规、规章规定的其他材料。

招标人不具备自行办理施工招标事宜条件的，建设行政主管部门应当自收到备案材料之日起5日内责令招标人停止自行办理施工招标事宜。

第十三条 全部使用国有资金投资或者国有资金投资占控股或者主导地位，依法必须进行施工招标的工程项目，应当进入有形建筑市场进行招标投标活动。

政府有关管理机关可以在有形建筑市场集中办理有关手续，并依法实施监督。

第十四条 依法必须进行施工公开招标的工程项目，应当在国家或者地方指定的报刊、信息网络或者其他媒介上发布招标公告，并同时在中国工程建设和建筑业信息网上发布招标公告。

招标公告应当载明招标人的名称和地址，招标工程的性质、规模、地点以及获取招标文件的办法等事项。

第十五条　招标人采用邀请招标方式的，应当向 3 个以上符合资质条件的施工企业发出投标邀请书。

投标邀请书应当载明本办法第十四条第二款规定的事项。

第十六条　招标人可以根据招标工程的需要，对投标申请人进行资格预审，也可以委托工程招标代理机构对投标申请人进行资格预审。实行资格预审的招标工程，招标人应当在招标公告或者投标邀请书中载明资格预审的条件和获取资格预审文件的办法。

资格预审文件一般应当包括资格预审申请书格式、申请人须知，以及需要投标申请人提供的企业资质、业绩、技术装备、财务状况和拟派出的项目经理与主要技术人员的简历、业绩等证明材料。

第十七条　经资格预审后，招标人应当向资格预审合格的投标申请人发出资格预审合格通知书，告知获取招标文件的时间、地点和方法，并同时向资格预审不合格的投标申请人告知资格预审结果。

在资格预审合格的投标申请人过多时，可以由招标人从中选择不少于 7 家资格预审合格的投标申请人。

第十八条　招标人应当根据招标工程的特点和需要，自行或者委托工程招标代理机构编制招标文件。招标文件应当包括下列内容（略）

第十九条　依法必须进行施工招标的工程，招标人应当在招标文件发出的同时，将招标文件报工程所在地的县级以上地方人民政府建设行政主管部门备案。建设行政主管部门发现招标文件有违反法律、法规内容的，应当责令招标人改正。

第二十条　招标人对已发出的招标文件进行必要的澄清或者修改的，应当在招标文件要求提交投标文件截止时间至少 15 日前，以书面形式通知所有招标文件收受人，并同时报工程所在地的县级以上地方人民政府建设行政主管部门备案。该澄清或者修改的内容为招标文件的组成部分。

第二十一条　招标人设有标底的，应当依据国家规定的工程量计算规则及招标文件规定的计价方法和要求编制标底，并在开标前保密。一个招标工程只能编制一个标底。

第二十二条　招标人对于发出的招标文件可以酌收工本费。其中的设计文件，招标人可以酌收押金。对于开标后将设计文件退还的，招标人应当退还押金。

第二十三条　施工招标的投标人是响应施工招标、参与投标竞争的施工企业。

投标人应当具备相应的施工企业资质，并在工程业绩、技术能力、项目经理资格条件、财务状况等方面满足招标文件提出的要求。

第二十四条　投标人对招标文件有疑问需要澄清的，应当以书面形式向招标人提出。

第二十五条　投标人应当按照招标文件的要求编制投标文件，对招标文件提出的实质性要求和条件作出响应。

招标文件允许投标人提供备选标的，投标人可以按照招标文件的要求提交替代方案，并作出相应报价作备选标。

第二十六条　投标文件应当包括下列内容（略）

第二十七条　招标人可以在招标文件中要求投标人提交投标担保。投标担保可以采用投标保函或者投标保证金的方式。投标保证金可以使用支票、银行汇票等，一般不得超过投标总价的 2%，最高不得超过 50 万元。

投标人应当按照招标文件要求的方式和金额，将投标保函或者投标保证金随投标文件提交招标人。

第二十八条　投标人应当在招标文件要求提交投标文件的截止时间前，将投标文件密封送达投标地点。招标人收到投标文件后，应当向投标人出具标明签收人和签收时间的凭证，并妥善保存投标文件。在开标前，任何单位和个人均不得开启投标文件。在招标文件要求提交投标文件的截止时间后送达的投标文件，为无效的投标文件，招标人应当拒收。

提交投标文件的投标人少于 3 个的，招标人应当依法重新招标。

第二十九条　投标人在招标文件要求提交投标文件的截止时间前，可以补充、修改或者撤回已提交的投标文件。补充、修改的内容为投标文件的组成部分，并应当按照本办法第二十八条第一款的规定送达、签收和保管。在招标文件要求提交投标文件的截止时间后送达的补充或者修改的内容无效。

第三十条　两个以上施工企业可以组成一个联合体，签订共同投标协议，以一个投标人的身份共同投标。联合体各方均应当具备承担招标工程的相应资质条件。相同专业的施工企业组成的联合体，按照资质等级低的施工企业的业务许可范围承揽工程。

招标人不得强制投标人组成联合体共同投标，不得限制投标人之间的竞争。

第三十一条　投标人不得相互串通投标，不得排挤其他投标人的公平竞争，损害招标人或者其他投标人的合法权益。

投标人不得与招标人串通投标，损害国家利益、社会公共利益或者他人的合法权益。

禁止投标人以向招标人或者评标委员会成员行贿的手段谋取中标。

第三十二条　投标人不得以低于其企业成本的报价竞标，不得以他人名义投标或者以其他方式弄虚作假，骗取中标。

第三十三条　开标应当在招标文件确定的提交投标文件截止时间的同一时间公开进行；开标地点应当为招标文件中预先确定的地点。

第三十四条　开标由招标人主持，邀请所有投标人参加。开标应当按照下列规定进行：

由投标人或者其推选的代表检查投标文件的密封情况，也可以由招标人委托的公证机构进行检查并公证。经确认无误后，由有关工作人员当众拆封，宣读投标人名称、投标价格和投标文件的其他主要内容。

招标人在招标文件要求提交投标文件的截止时间前收到的所有投标文件，开标时都应当当众予以拆封、宣读。

开标过程应当记录，并存档备查。

第三十五条　在开标时，投标文件出现下列情形之一的，应当作为无效投标文件，不得进入评标（略）

第三十六条　评标由招标人依法组建的评标委员会负责。

依法必须进行施工招标的工程，其评标委员会由招标人的代表和有关技术、经济等方面的专家组成，成员人数为 5 人以上单数，其中招标人、招标代理机构以外的技术、经济等方面专家不得少于成员总数的三分之二。评标委员会的专家成员，应当由招标人从建设行政主管部门及其他有关政府部门确定的专家名册或者工程招标代理机构的专家库内相关专业的专家名单中确定。确定专家成员一般应当采取随机抽取的方式。

与投标人有利害关系的人不得进入相关工程的评标委员会。评标委员会成员的名单在中标结果确定前应当保密。

第三十七条　建设行政主管部门的专家名册应当拥有一定数量规模并符合法定资格条件的专家。省、自治区、直辖市人民政府建设行政主管部门可以将专家数量少的地区的专家名册予以合并或者实行专家名册计算机联网。

建设行政主管部门应当对进入专家名册的专家组织有关法律和业务培训，对其评标能力、廉洁公正等进行综合评估，及时取消不称职或者违法违规人员的评标专家资格。被取消评标专家资格的人员，不得再参加任何评标活动。

第三十八条　评标委员会应当按照招标文件确定的评标标准和方法，对投标文件进行评审和比较，并对评标结果签字确认；设有标底的，应当参考标底。

第三十九条　评标委员会可以用书面形式要求投标人对投标文件中含义不明确的内容作必要的澄清或者说明。投标人应当采用书面形式进行澄清或者说明，其澄清或者说明不得超出投标文件的范围或者改变投标文件的实质性内容。

第四十条　评标委员会经评审，认为所有投标文件都不符合招标文件要求的，可以否决所有投标。

依法必须进行施工招标工程的所有投标被否决的，招标人应当依法重新招标。

第四十一条　评标可以采用综合评估法、经评审的最低投标价法或者法律法规允许的其他评标方法。

采用综合评估法的，应当对投标文件提出的工程质量、施工工期、投标价格、施工组织设计或者施工方案、投标人及项目经理业绩等，能否最大限度地满足招标文件中规定的各项要求和评价标准进行评审和比较。以评分方式进行评估的，对于各种评比奖项不得额外计分。

采用经评审的最低投标价法的，应当在投标文件能够满足招标文件实质性要求的投标人中，评审出投标价格最低的投标人，但投标价格低于其企业成本的除外。

第四十二条　评标委员会完成评标后，应当向招标人提出书面评标报告，阐明评标委员会对各投标文件的评审和比较意见，并按照招标文件中规定的评标方法，推荐不超过3名有排序的合格的中标候选人。招标人根据评标委员会提出的书面评标报告和推荐的中标候选人确定中标人。

使用国有资金投资或者国家融资的工程项目，招标人应当按照中标候选人的排序确定中标人。当确定中标的中标候选人放弃中标或者因不可抗力提出不能履行合同的，招标人可以依序确定其他中标候选人为中标人。

招标人也可以授权评标委员会直接确定中标人。

第四十三条　有下列情形之一的，评标委员会可以要求投标人作出书面说明并提供相关材料：

（一）设有标底的，投标报价低于标底合理幅度的；

（二）不设标底的，投标报价明显低于其他投标报价，有可能低于其企业成本的。

经评标委员会论证，认定该投标人的报价低于其企业成本的，不能推荐为中标候选人或者中标人。

第四十四条　招标人应当在投标有效期截止时限30日前确定中标人。投标有效期应当在招标文件中载明。

第四十五条 依法必须进行施工招标的工程，招标人应当自确定中标人之日起 15 日内，向工程所在地的县级以上地方人民政府建设行政主管部门提交施工招标投标情况的书面报告。书面报告应当包括下列内容：

（一）施工招标投标的基本情况，包括施工招标范围、施工招标方式、资格审查、开评标过程和确定中标人的方式及理由等。

（二）相关的文件资料，包括招标公告或者投标邀请书、投标报名表、资格预审文件、招标文件、评标委员会的评标报告（设有标底的，应当附标底）、中标人的投标文件。委托工程招标代理的，还应当附工程施工招标代理委托合同。

前款第二项中已按照本办法的规定办理了备案的文件资料，不再重复提交。

第四十六条 建设行政主管部门自收到书面报告之日起 5 日内未通知招标人在招标投标活动中有违法行为的，招标人可以向中标人发出中标通知书，并将中标结果通知所有未中标的投标人。

第四十七条 招标人和中标人应当自中标通知书发出之日起 30 日内，按照招标文件和中标人的投标文件订立书面合同；招标人和中标人不得再行订立背离合同实质性内容的其他协议。订立书面合同后 7 日内，中标人应当将合同送县级以上工程所在地的建设行政主管部门备案。

中标人不与招标人订立合同的，投标保证金不予退还并取消其中标资格，给招标人造成的损失超过投标保证金数额的，应当对超过部分予以赔偿；没有提交投标保证金的，应当对招标人的损失承担赔偿责任。

招标人无正当理由不与中标人签订合同，给中标人造成损失的，招标人应当给予赔偿。

第四十八条 招标文件要求中标人提交履约担保的，中标人应当提交。招标人应当同时向中标人提供工程款支付担保。

第四十九条 有违反《招标投标法》行为的，县级以上地方人民政府建设行政主管部门应当按照《招标投标法》的规定予以处罚。

第五十条 招标投标活动中有《招标投标法》规定中标无效情形的，由县级以上地方人民政府建设行政主管部门宣布中标无效，责令重新组织招标，并依法追究有关责任人责任。

第五十一条 应当招标未招标的，应当公开招标未公开招标的，县级以上地方人民政府建设行政主管部门应当责令改正，拒不改正的，不得颁发施工许可证。

第五十二条 招标人不具备自行办理施工招标事宜条件而自行招标的，县级以上地方人民政府建设行政主管部门应当责令改正，处 1 万元以下的罚款。

第五十三条 评标委员会的组成不符合法律、法规规定的，县级以上地方人民政府建设行政主管部门应当责令招标人重新组织评标委员会。招标人拒不改正的，不得颁发施工许可证。

第五十四条 招标人未向建设行政主管部门提交施工招标投标情况书面报告的，县级以上地方人民政府建设行政主管部门应当责令改正；在未提交施工招标投标情况书面报告前，建设行政主管部门不予颁发施工许可证。

26.18 房屋建筑工程和市政基础设施工程竣工验收暂行规定（建设部建建［2000］142号）（摘要）

第一条 工程竣工验收工作，由建设单位负责组织实施。

县级以上地方人民政府建设行政主管部门应当委托工程质量监督机构对工程竣工验收实施监督。

第二条 工程符合下列要求方可进行竣工验收：

（一）完成工程设计和合同约定的各项内容。

（二）施工单位在工程完工后对工程质量进行了检查确认工程质量符合有关法律、法规和工程建设强制性标准，符合设计文件及合同要求，并提出工程竣工报告。工程竣工报告应经项目经理和施工单位有关负责人审核签字。

（三）对于委托监理的工程项目，监理单位对工程进行了质量评估，具有完整的监理资料，并提出工程摄影师评估报告。工程质量评估报告应经总监理工程师和监理单位有关负责人审核签字。

（四）勘察、设计单位对勘察、设计文件及施工过程中由设计单位签署的设计变更通知进行了检查，并提出质量检查报告。质量检查报告应经该项目勘察、设计负责人和勘察、设计单位有关负责人审核签字。

（五）有完整的技术档案和施工管理资料。

（六）有工程使用的主要建筑材料、建筑构配件和设备的进场试验报告。

（七）建设单位已按合同约定支付工程款。

（八）有施工单位签署的工程质量保修书。

（九）城乡规划行政主管部门对工程是否符合规划设计要求进行检查，并出具认可文件。

（十）有公安消防、环保等部门出具的认可文件或者准许使用文件。

（十一）建设行政主管部门及其委托的工程质量监督机构等有关部门责令整改的问题全部整改完毕。

第三条 工程竣工验收应当按以下程序进行：

（一）工程完工后，施工单位向建设单位提交工程竣工报告，申请工程竣工验收。实行监理的工程，工程竣工报告须经总监理工程师签署意见。

（二）建设单位收到工程竣工报告后，对符合竣工验收要求的工程，组织勘察、设计、施工、监理等单位和其他有关方面专家组成验收组，制定验收方案。

（三）建设单位应当在工程竣工验收7个工作日前将验收的时间、地点及验收组名单书面通知负责监督该工程的工程质量监督机构。

（四）建设单位组织工程竣工验收。

1. 建设、勘察、设计、施工、监理单位分别汇报工程合同履约情况和在工程建设各个环节执行法律、法规和工程建设强制性标准的情况；

2. 审阅建设、勘察、设计、施工、监理单位的工程档案资料；

3. 实地查验工程质量；

4. 对工程勘察、设计、施工、设备安装质量和各管理环节等方面作出全面评价，形成经验收组人员签署的工程竣工验收意见。

参与工程竣工验收的建设、勘察、设计、施工、监理等各方不能形成一致意见时，应当协商提出解决的方法，待意见一致后，重新组织工程竣工验收。

第四条 工程竣工验收合格后，建设单位应当及时提出工程竣工验收报告。工程竣工验收报告主要包括工程概况，建设单位执行基本建设程序情况，对工程勘察、设计、施工、监理等方面的评价，工程竣工验收时间、程序、内容和组织形式，工程竣工验收意见等内容。

工程竣工验收报告还应附有下列文件：

（一）施工许可证。

（二）施工图设计文件审查意见。

（三）本规定第五条（二）、（三）、（四）、（九）、（十）项规定的文件。

（四）验收组人员签署的工程竣工验收意见。

（五）市政基础设施工程应配有质量检测和功能性试验资料。

（六）施工单位签署的工程质量保修书。

（七）法规、规章规定的其他有关文件。

第五条 负责监督该工程的工程质量监督机构应当对工程竣工验收的组织形式、验收程序、执行验收标准等情况进行现场监督，发现有违反建设工程质量管理规定行为的，责令改正，并将对工程竣工验收的监督情况作为工程质量监督报告的重要内容。

第六条 建设单位应当自工程竣工合格之日起 15 日内，依照《房屋建筑工程和市政基础设施工程竣工验收备案管理暂行办法》的规定，向工程所在地的县级以上地方人民政府建设行政主管部门备案。

26.19 房屋建筑工程和市政基础设施工程竣工验收备案管理暂行办法（建设部令第 78 号）（摘要）

第四条 建设单位应当自工程竣工验收合格之日起 15 日内，依照本办法规定，向工程所在地的县级以上地方人民政府建设行政主管部门（以下简称备案机关）备案。

第五条 建设单位办理工程竣工验收备案应当提交下列文件：

（一）工程竣工验收备案表；

（二）工程竣工验收报告。竣工验收报告应当包括工程报建日期，施工许可证号，施工图设计文件审查意见，勘察、设计、施工、工程监理等单位分别签署的质量合格文件及验收人员签署的竣工验收原始文件，市政基础设施的有关质量检测和功能性试验资料以及备案机关认为需要提供的有关资料；

（三）法律、行政法规规定应当由规划、公安消防、环保等部门出具的认可文件或者准许使用文件；

（四）施工单位签署的工程质量保修书；

（五）法规、规章规定必须提供的其他文件。

商品住宅还应当提交《住宅质量保证书》和《住宅使用说明书》。

第六条　备案机关收到建设单位报送的竣工验收备案文件，验证文件齐全后，应当在工程竣工验收备案表上签署文件收讫。

工程竣工验收备案表一式二份，一份由建设单位保存，一份留备案机关存档。

第七条　工程质量监督机构应当在工程竣工验收之日起5日内，向备案机关提交工程质量监督报告。

第八条　备案机关发现建设单位在竣工验收过程中有违反国家有关建设工程质量管理规定行为的，应当在收讫竣工验收备案文件15日内，责令停止使用，重新组织竣工验收。

第九条　建设单位在工程竣工验收合格之日起15日内未办理工程竣工验收备案的，备案机关责令限期改正，处20万元以上30万元以下罚款。

第十条　建设单位将备案机关决定重新组织竣工验收的工程，在重新组织竣工验收前，擅自使用的，备案机关责令停止使用，处工程合同价款2%以上4%以下罚款。

第十一条　建设单位采用虚假证明文件办理工程竣工验收备案的，工程竣工验收无效，备案机关责令停止使用，重新组织竣工验收，处20万元以上50万元以下罚款；构成犯罪的，依法追究刑事责任。

第十二条　备案机关决定重新组织竣工验收并责令停止使用的工程，建设单位在备案之前已投入使用或者建设单位擅自继续使用造成使用人损失的，由建设单位依法承担赔偿责任。

第十三条　竣工验收备案文件齐全，备案机关及其工作人员不办理备案手续的，由有关机关责令改正，对直接责任人员给予行政处分。

第十四条　抢险救灾工程、临时性房屋建筑工程和农民自建低层住宅工程，不适用本办法。

26.20　市政公用事业特许经营管理办法（摘要）

第二条　本办法所称市政公用事业特许经营，是指政府按照有关法律、法规规定，通过市场竞争机制选择市政公用事业投资者或者经营者，明确其在一定期限和范围内经营某项市政公用事业产品或者提供某项服务的制度。

城市供水、供气、供热、公共交通、污水处理、垃圾处理等行业，依法实施特许经营的，适用本办法。

第三条　实施特许经营的项目由省、自治区、直辖市通过法定形式和程序确定。

第四条　直辖市、市、县人民政府市政公用事业建设单位管部门依据人民政府的授权（以下简称主管部门），负责本行政区域内的市政公用事业特许经营的具体实施。

第五条　实施市政公用事业特许经营，应当遵循公开、公平、公正和公共利益优先的原则。

第六条　实施市政公用事业特许经营，应当坚持合理布局，有效配置资源的原则，鼓励跨行政区域的市政公用基础设施共享。

跨行政区域的市政公用基础设施特许经营，应当本着有关各方平等协商的原则，共同加强监管。

第七条　参与特许经营权竞标者应当具备以下条件：

（一）依法注册的企业法人；

（二）有相应的注册资本金和设施、设备；

（三）有良好的银行资信、财务状况及相应的偿债能力；

（四）有相应的从业经历和良好的业绩；

（五）有相应数量的技术、财务、经营等关键岗位人员；

（六）有切实可行的经营方案；

（七）地方性法规、规章规定的其他条件。

第八条 主管部门应当依照下列程序选择投资者或者经营者：

（一）提出市政公用事业特许经营项目，报直辖市、市、县人民政府批准后，向社会公开发布招标条件，受理投标；

（二）根据招标条件，对特许经营权的投标人进行资格审查和方案预审，推荐出符合条件的投标候选人；

（三）组织评审委员会依法进行评审，并经过质询和公开答辩，择优选择特许经营权授予对象；

（四）向社会公示中标结果，公示时间不少于20天；

（五）公示期满，对中标者没有异议的，经直辖市、市、县人民政府批准，与中标者（以下简称“获得特许经营权的企业”）签订特许经营协议。

第九条 特许经营协议应当包括以下内容：

（一）特许经营内容、区域、范围及有效期限；

（二）产品和服务标准；

（三）价格和收费的确定方法、标准以及调整程序；

（四）设施的权属与处置；

（五）设施维护和更新改造；

（六）安全管理；

（七）履约担保；

（八）特许经营权的终止和变更；

（九）违约责任；

（十）争议解决方式；

（十一）双方认为应该约定的其他事项。

第十条 主管部门应当履行下列责任：

（一）协助相关部门核算和监控企业成本，提出价格调整意见；

（二）监督获得特许经营权的企业履行法定义务和协议书规定的义务；

（三）对获得特许经营权的企业的经营计划实施情况、产品和服务的质量以及安全生产情况进行监督；

（四）受理公众对获得特许经营权的企业的投诉；

（五）向政府提交年度特许经营监督检查报告；

（六）在危及或者可能危及公共利益、公共安全等紧急情况下，临时接管特许经营项目；

（七）协议约定的其他责任。

第十一条　获得特许经营权的企业应当履行下列责任：

（一）科学合理地制定企业年度生产、供应计划；

（二）按照国家安全生产法规和行业安全生产标准规范，组织企业安全生产；

（三）履行经营协议，为社会提供足量的、符合标准的产品和服务；

（四）接受主管部门对产品和服务质量的监督检查；

（五）按规定的时间将中长期发展规划、年度经营计划、年度报告、董事会决议等报主管部门备案；

（六）加强对生产设施、设备的运行维护和更新改造，确保设施完好；

（七）协议约定的其他责任。

第十二条　特许经营期限应当根据行业特点、规模、经营方式等因素确定，最长不得超过30年。

第十三条　获得特许经营权的企业承担政府公益性指令任务造成经济损失的，政府应当给予相应的补偿。

第十四条　在协议有效期限内，若协议的内容确需变更的，协议双方应当在共同协商的基础上签订补充协议。

第十五条　获得特许经营权的企业确需变更名称、地址、法定代表人的，应当提前书面告知主管部门，并经其同意。

第十六条　特许经营期限届满，主管部门应当按照本办法规定的程序组织招标，选择特许经营者。

第十七条　获得特许经营权的企业在协议有效期内单方提出解除协议的，应当提前提出申请，主管部门应当自收到获得特许经营权的企业申请的3个月内作出答复。在主管部门同意解除协议前，获得特许经营权的企业必须保证正常的经营与服务。

第十八条　获得特许经营权的企业在特许经营期间有下列行为之一的，主管部门应当依法终止特许经营协议，取消其特许经营权，并可以实施临时接管：

（一）擅自转让、出租特许经营权的；

（二）擅自将所经营的财产进行处置或者抵押的；

（三）因管理不善，发生重大质量、生产安全事故的；

（四）擅自停业、歇业，严重影响到社会公共利益和安全的；

（五）法律、法规禁止的其他行为。

第十九条　特许经营权发生变更或者终止时，主管部门必须采取有效措施保证市政公用产品供应和服务的连续性与稳定性。

第二十条　主管部门应当在特许经营协议签订后30日内，将协议报上一级市政公用事建设单位管部门备案。

第二十一条　在项目运营的过程中，主管部门应当组织专家对获得特许经营权的企业经营情况进行中期评估。

评估周期一般不得低于两年，特殊情况下可以实施年度评估。

第二十二条　直辖市、市、县人民政府有关部门按照有关法律、法规规定的原则和程序，审定和监管市政公用事业产品和服务价格。

第二十三条　未经直辖市、市、县人民政府批准，获得特许经营权的企业不得擅自停业、歇业。

获得特许经营权的企业擅自停业、歇业的，主管部门应当责令其限期改正，或者依法采取有效措施督促其履行义务。

第二十四条 主管部门实施监督检查，不得妨碍获得特许经营权的企业正常的生产经营活动。

第二十五条 主管部门应当建立特许经营项目的临时接管应急预案。

对获得特许经营权的企业取消特许经营权并实施临时接管的，必须按照有关法律、法规的规定进行，并召开听证会。

第二十六条 社会公众对市政公用事业特许经营享有知情权、建议权。

直辖市、市、县人民政府应当建立社会公众参与机制，保障公众能够对实施特许经营情况进行监督。

第二十七条 国务院建设主管部门应当加强对直辖市市政公用事业建设单位管理部门实施特许经营活动的监督检查，省、自治区人民政府建设主管部门应当加强对市、县人民政府市政公用事业建设单位管理部门实施特许经营活动的监督检查，及时纠正实施特许经营中的违法行为。

第二十八条 对以欺骗、贿赂等不正当手段获得特许经营权的企业，主管部门应当取消其特许经营权，并向国务院建设主管部门报告，由国务院建设主管部门通过媒体等形式向社会公开披露。被取消特许经营权的企业在三年内不得参与市政公用事业特许经营竞标。

第二十九条 主管部门或者获得特许经营权的企业违反协议的，由过错方承担违约责任，给对方造成损失的，应当承担赔偿责任。

第三十条 主管部门及其工作人员有下列情形之一的，由对其授权的直辖市、市、县人民政府或者监察机关责令改正，对负主要责任的主管人员和其他直接责任人员依法给予行政处分；构成犯罪的，依法追究刑事责任：

（一）不依法履行监督职责或者监督不力，造成严重后果的；

（二）对不符合法定条件的竞标者授予特许经营权的；

（三）滥用职权、徇私舞弊的。

26.21 世行贷款项目国内竞争性招标采购指南（摘要）

1.1 本指南旨在确定使用世界银行贷款的项目通过国内竞争性招标采购货物、工程和服务的原则和程序。执行世界银行贷款项目的各有关机构，均须遵循本文所规定的程序。

1.2 世界银行和中国政府及其机构之间的法律关系由贷款（信贷）协定和项目协定确定。本指南适用于在上述协定的范围内通过国内竞争性招标方式进行的货物、工程和服务的采购。

2.1 目的（略）

3.1 合格条件（略）

4.1 国内和地区优惠（略）

5.1 通告和广告（略）

6 投标人的资格预审

6.1 对于大型复杂的工程、专门设备和服务，应对投票人进行资格预审，以确保投标邀请只发送给那些具有足够能力和经验履行合同的投标人。对投标人的资格预审，应该完全以其能否按要求履行该合同为基础，考虑的因素包括：(1) 是否有政府部门颁发的生产许可证（适用于国内投标人）；(2) 经验和过去履行类似合同的情况：(3) 人员、设备、工厂和生产方面的能力；(4) 建议的施工方法；(5) 现在承担的任务；(6) 财务状况。资格预审的邀请应按上述5.1段的规定刊登广告。对于那些以书面形式表示有兴趣申请资格预审的所有公司，均应发出通知，明确说明合同范围和资格合格的条件。一旦资格预审完毕，并且其结果经有关省、自治区、直辖市人民政府或国务院主管部委批准、世界银行认可（如果要求的话），招标文件将发送给合格的投标人。

6.2 资格预审文件由项目执行单位负责编制。也可以请中方或外方机构（公司）或咨询人帮助编制文件。参与编制及评审资格预审的机构（公司）或咨询人不得参加投标。文件应清楚地说明对投标人经验、能力、规模、财务状况及任何其他方面的最低要求。评审的标准及方法应在文件中说明。项目执行单位应在发送资格预审文件之前得到世界银行的同意（如果要求的话）。

招标文件

7.1 招标文件应提供所有必需的资料，以使投标人能编制提供货物、工程及服务的投标。招标文件的细节及复杂程度将根据拟招标的分标和合同的大小及特点而定，一般应包括：(1) 投标人须知；(2) 投标使用的各种格式，如各种保证金的格式；(3) 合同格式；(4) 通用和专用合同条款；(5) 技术规格（规范）；(6) 货物清单或工程量清单；(7) 图纸；(8) 附件。资格预审文件和招标文件的收费只能根据文件编制和出版的实际成本而定。此费用以人民币支付，允许外国投标人支付外币。

7.2 招标文件可以由项目执行单位自行编制，也可与一家选定的采购机构合作，或由本国或外国咨询公司协助或指定设计院来编制。参与招标文件编制的机构不得参加投标。招标文件在省、自治区、直辖市人民政府或国务院主管部委批准及世界银行同意前（如果需要的话），不能公开发行。

招标文件的澄清

7.3 招标文件的条文应有利于鼓励竞争，并且清楚准确地说明工程的范围行点，提供的货物及其技术规格，交货或安装和地点，交货或完工的时间表，维修保修的要求，技术服务和培训的要求（如果需要的话）及付款、运输、保险、仲裁的条件和条款。如有必要，招标文件中还应规定所采用的考核验收的方法与标准。

7.4 招标文件应明确规定在评标时要考虑的除价格以外的其他能够量化的因素，以及评价这些因素的方法。

7.5 对原招标文件的任何补充、澄清、勘误或内容改变，都必须在投标截止期前送给所有招标文件购买者，并留给足够的时间，使其能采取适当的行动。

技术规格（规范）

7.6 技术规格（规范）应明确定义。不能用某一制造厂家的技术规格（规范）作为招标文件的技术规格（规范）。技术规格（规范）的规定必须能最大限度地引起竞争。技术规格（规范）应包括明确规定的特性、标准编号、运行参数。应避免使用产品的商标、目录号或类似的分类号。如果确定需引用某一制造厂家的某一商档或目录号才能完整清楚地表示该产品的技术规格（规范）时，应在这一提名后加上“实质上等同的产品也可”这样的词句。如果兼容性的要求是有得利的，技术规格（规范）应清楚地说明与已有的设施或设备兼容的要求。技术规格（规范）方面应允许接受在实质上特性相似，在性能与质量上至少与规定要求相等的货物。

7.7 如果对设备、材料或工艺确定了特定的标准和规则，在招标文件的适当段落中应说明，哪些与其他标准相符的设备、材料或工艺也可以接受，只要这些标准与规则能保证产品质量和运用等同或优于招标文件中规定的标准与规则的要求。

土建工程合同中的投入（略）

投标有效期和投标保证金

7.9 投标有效期应使项目执行单位有足够的时间完成比较与评标工作，获得授予合同的内部批准及获得世界银行的认可（如果需要的话），在规定期限内完成授予合同的工作。

7.10 投标人应用人民币向项目执行单位或指定的采购机构提交投标保证金。保证金可以是现金、支票或银行保函、汇票，或由投票人开户银行出具的信用证。提交投标保证金，最后期限应是投标截止时间。项目执行单位应拒绝接受投标截止日期和时间以后提交保证金的投标。投票保证金的数额和形式在招标文件中具体确定，但金额不宜定得地过高，以免影响投标人的投标积极性。投标保证金的有效期应持续到投标有效期或延长期结束后 30 天。不能得到合同授予的投标人一经决定，就应退还其已交的投标保证金。

货币的规定（略）

支付

7.12 支付条件应与将要采购的货物、工程和有关服务所适用的商务和金融惯例相一致。支付的详细方法和条件在招标文件中应明确规定。对于货物、工程和服务合同可根据项目的情况，在合同签订后支付适当的预付款。预付款的金额应以进点动员费和有关开支的估算数为依据。如果有其他预付款，其金额和预付时间，包括预付款银行保函，也应在招标文件中明确规定。

价格调整

7.13 除非合同条款另有规定，招标文件应规定投标价格固定不变。但对于那些施工时间在 12~18 个月以上的土木工程合同应该规定价格调整条款。货物和设备合同通常不需要价格调整条款。在物价剧烈变动期或高通货膨胀阶段，含有货物受价格剧烈波动影响的合同可以有价格调整条款。

7.14 价格调整规定的说明和方法应简单明了。合同价可以采用事先规定的公式进行调整，也可以证据为依据调整，但是证据应由中央或省、自治区、直辖市政府有关机构出具。所采用的合同价格调整方法、计算公式和基础数据应在招标文件内明确规定。同一规定对于所有投标人都适用。

履约保证金

7.15 招标文件应要求提供履约保证金，其金额应足以补偿项目执行单位在供货人或承包人违约时所受的损失。履约保证金形式可以是银行保函、信用证或履约担保，由中外银行、中外保险公司、中外证券公司出具。履约保证金的金额应在招标文件内加以规定，其有效期应至少持续到预计的工程完工交接日期或交货或接受货物日期或保证期（缺陷责任期）后30天。

运输与保险

7.16 对供货的投标应以指定的地点或仓库交货为基础进行报价。投标价应包括成本、保险费和运费（所有运输费用）。允许投标人安排任何合格机构进行运输和保险。确定最低评标价应以在指定地点或仓库交货的价格为基础，包括保险费和运费、关税、进口税等。

7.17 保险赔偿支付的货币应与合同所列货币相同，以保证损失或损坏的货物能够及时置换。

7.18 招标文件应明确投标人将提供的保险的险别和条件。对于土建工程，需要承包人提供一切险的保险单，包括但不限于和第三方险、劳工险等（如果适用的话）。合同条款还应要求承包人开始进点实施合同之前向项目执行单位提供各种保险单副本。

违约损失赔偿

7.19 招标文件中应有适当金额的违约损失赔偿条款，用于补偿因工程完工和货物交付的拖延或因工程及货物不符合运行要求，而对项目执行单位造成的额外支出或收入损失，或对项目执行单位其他利益的影响，违约损失赔偿的比率和总金额应在招标条件中明确规定。根据货物和工程的重要性以及货物交货和工程完工的关键性要求，每个合同规定的违约损失赔偿金额可以不同，但应保持在合理的限度内。

不可抗力（略）

争端的解决

7.21 合同条款中应规定在解释合同条款时使用中华人民共和国的法律。争端可以在中国法院或按照中国仲裁程序解决。但是，在争端付诸于法律解决之前，合同各方应将争端提交到有关省、自治区、直辖市人民政府或国务院主管部委解决，如果在60d之内尚不能解决，合同各方可以提请仲裁或向法院起诉。

语言（略）

投标书的修改和撤回

7.23 招标文件应规定招标人在投标之后，可以更改或者撤回其投标，条件是项目执行单位或招标机构应在规定的截止日之前接到投标人要求更改或撤回的书面通知。投标人更改或撤回投标的通知应按投票规定书写、标记和发送。撤回投标的通知也可用电传、传真、电报发送，但随后须寄出签字的确认件，邮戳日期不得晚于投标截止日期。投标截止日之后不允许改变投标。

7.24 投标人不能在招标截止日期与投标有效期终止期之间撤回投标。如果投票人在此期间撤回投标，项目执行单位或指定的采购机构将没收投标人的保证金。

开标

8.1 从招标到递交投标书应给予足够的时间。从招标日算起给予的时间一般应不少于30天，对于大型工程或复杂设备的招标可给予更长的时间。在招标通告中应规定投标的截止日期、时间和地点。

开标程序

8.2　开标时间应为递交投标的截止时间或紧接于截止时间之后。开标应按招标通告中规定的时间、地点公开进行，允许所有的投标人或其代表参加。投标人名称、每一投标的决报价和是否提供投标保证金，应在启封后高声朗读，予以记录。这些记录将由有关的机构保存。在截止日期之后收到的投标将不予考虑，并原封不动地退回投标人。

投标的澄清

8.3　出于评标需要，项目执行单位可以要求任何投标人澄清其投标书，但在开标后，不得要求或允许任何投票人对其投标书的实质内容或价格进行修改。

程序的保密

8.4　在公开开标后至宣布授予合同之前，有关审标、澄清、评标及合同授予建议等情况，均不得向投标人或其他与该程序无正式关系的人员泄露。

审标

8.5　项目执行单位应根据所采购的设备或工程的特点建立评标小组。小组成员应包括技术、经济、财务及法律等部门的专家。评标小组的人员名单及其职务应记录在案。

8.6　项目执行单位应审查投标书并确定其：(1) 是否符合招标文件中所规定的合格条件的要求；(2) 是否已经由为本合同供货、承包工程、服务的授权当事人正确签字；(3) 是否在实质上响应了招标文件；(4) 是否在计算上存在实质性的错误；(5) 其他部分是否一般无差错。未能在实质上响应的投标，将不予进一步考虑。

评标

8.7　评标的目的是为了在评标价格基础上对各标进行比较，以确定合同的中标者。合同应授予最低评标价的投标，但不一定是报价最低的投标。

8.8　招标文件中应规定在评标时价格因素以外尚需考虑的其他有关因素，以及应用这些因素来确定最低评标价的方法。需要考虑的因素包括运输条件、支付时间、完工或交货日期、经营费用、技术服务、设备的效率与兼容性、服务和备件的供应。除价格外，用以确定最低评标的其他因素应根据可能折算成货币数量来表示，用来量化这些因素的方法应明确地写在招标文件中。

8.9　评标时不考虑适用于合同执行期间的价格调整条款。

8.10　在工程合同中承包人应负担所有关税、税金及政府征收的其他费用。投标人应在编制投标书时将上述因素考虑在内。对投标的评价和比较应在此基础上进行。

资格后审

8.11　如果对投标人未经资格预审，项目执行单位应确定被评为最低评标价的投标人是否有必要的生产许可证（适用于国内投标人），是否有足够的能力、规模、经验和资源有效地履行合同，采取的施工方法是否可靠。要求达到的标准应在招标文件中列明。如果最低评标价的投标人没有达到规定的标准，其投标将被拒绝。在这种情况下，项目执行机构应挑选下一个评标价最低的投标人。

8.12　项目执行单位应准备一份详细的评标报告，说明其建议授予合同的具体理由。在授予合同之前，该报告应报送有关项目主管单位审查批准，同时抄送财政部审核。但对于金额小于五百万元的土建合同，评标报告不必抄送财政部。如果项目执行单位将评标出报告挂号寄出后三星期或派人送到财政部两星期后，财政部没有提出意见，同视为财政部无异议。在完成内部审批程序后，评标报告将送世界银行认可（如果需要的话）。

8.13 项目执行单位不得要求投标人降低其投标报价，改变供货、工程和服务的范围，或在评标过程中假借澄清的名义降低标价，也不允许项目执行单位或指定的采购机构同投标人谈判合同价格。如果由于某种正当理由出现原投标价与合同价明显不一致时，项目执行单位应在评标报告中详细说明。

合同的授予

9.1 项目执行机构应在投标有效期内，将合同授予被确定和批准的评标价最低的，并且其能力、经验和财力均合格的投标人。不应要求投标人承担招标文件中没有规定的工程或供货责任，或要求修改招标内容作为合同授予的条件。

投标有效期延长

10.1 如确有特殊原因，投标有效期需要延长，必须在投标有效期到期之前，书面要求所有的投标人延期。在要求延长投标有效期时，不得要求或允许投标人改变报价或其他投标条件。投标人有权拒绝延长投标有效期的要求，所交的投标保证金不应被没收，但对于同意延长投标有效期的投标人，则应相应延长其投标保证金的有效期。

重新招标和拒绝所有投标

11.1 由于缺乏有效的竞争或其他正当理由，项目执行机构可以重新招标，但就取得有关项目主管单位和世界银行的同意（如果需要的话），而且不应过分延期。不允许单纯为了获得更低的价格，以同样的规格条件废除已有的投标而另行招标。当所有的投票的主要项目均未达到招标文件要求时，允许拒绝有投标。拒绝所有投标须经有关省、自治区、直辖市人民政府或国务院主管部委批准及世界银行认可。一旦拒绝所有投标，项目执行单位应研究废标的原因，考虑是否对技术规格（规范）或项目本身或二者进行修改，然后再重新招标。

26.22 机电产品国际招标投标实施办法（摘要）（外经贸部2000年第七号令，2000年10月8日颁布，自2000年11月1日起施行）

第二条 在中华人民共和国境内进行机电产品国际招标投标活动，适用本办法。

第三条 本办法所称“国际招标投标”系指国际公开竞争性招标投标。对不适宜公开招标的，经对外贸易经济合作部（以下简称外经贸部）批准，可采取有限或邀请招标。

第四条 外经贸部系进口机电设备招标投标的国家行政主管部门，负责监督和协调全国机电产品的国际招标投标工作，制定实施办法，制定机电产品国际招标目录，并不定期进行调整公布；审定机电产品国际招标代理机构的资格及买方自行办理国际招标事宜所具备的条件；承担国家评标委员会的日常工作。

第五条 各地区、各部门机电产品进出口机构（以下简称进出口机构）依据本办法，负责本地区、本部门机电产品国际招标投标的监督、协调。

第六条 机电产品国际招标代理机构（以下简称招标机构），受买方委托承办机电产品国际招商代理业务。

第七条 本办法所称买方，是指提出国际招标采购机电产品的国家机关、企业、带来事业单位或其他组织。具备自行招标条件的，参照《国际招标机构资格审定办法》，向外经贸部备案核准后，可自行办理招标事宜。本办法所称招标机构，是指依照《国际招标机构资格审定办法》，取得招标资格并从事机电产品国际招标代理业务的企业法人。本办法所称投标人，是指依照招标文件参与投标竞争的法人。

第二章 招标范围

第八条 下列机电产品需要进行国际招标

（一）国家规定进行国际招标采购的机电产品（见附件一）；

（二）基础设施项目或公用事业项目中进行国际招标采购的机电产品；

（三）使用国有资金或国家融资资金进行国际招标采购的机电产品；

（四）用国际组织或者外国政府贷款、援助资金（以下简称国外贷款）进行国际招标采购的机电产品；

（五）政府采购项下规定进行国际招标采购的机电产品；

（六）其他需要进行国际招标采购的机电产品。

第九条 属下列情况之一者可不招标：

（一）对外不需支付外汇；

（二）供生产配套用零部件；

（三）旧机电产品；

（四）一次进口金额少于10万美元；

（五）其他不适于进行国际招标采购的机电产品。

第三章 招标文件

第十条 买方可根据采购需要自行编制招标文件或委托招标机构、咨询服务机构编制招标文件。主要包括下列内容（略）

第十一条 招标文件不得设立不合理的条件或歧视条款。

第十二条 除本办法第十条规定的内容外，招标文件还应包括对制造商的业绩要求和评标依据。对其中重要条款要加注“*”号，若其中一条不满足将导致废标。评标依据除构成废标的主要商务和技术条款外，还应包括：商务和技术条款中允许偏离的最大范围、最高基数项数，以及在允许偏离范围和项数内进行评标价格调整的计算方法。

第四章 招投标程序

第十三条 买方如委托招标，需与具有国际招标资格的招标机构签订招标委托协议。

第十四条 买方将招标文件及设备采购清单、有关项目批复文件按《机电产品进口管理暂行办法》，报相应的进出口机构。进出口机构要在20个工作日内（单台设备应在10个工作日内）完成对招标文件的审核，并将审核复函通知买方及有关单位。若因特殊原因不能在规定时间内复函，应用时向买方说明理由和需要延长的时间。

第十五条 未经相应进出口机构同意，不得擅自修改已经审定的招标文件。

第十六条 买方和招标机构在收到招标文件审核复函后，应在国家指定的媒介上刊登招标公告。

第十七条 投标期限自招标文件发售之日起，一般不得少于20个工作日，对大型设备或成套设备不得少于50个工作日。

第十八条 投标人应根据招标文件要求编制投标文件，并对招标文件提出的要求和条件作出实质性响应。

第十九条 投标人应在规定投标截止时间前，将投标文件送达投标地点。允许投标人在规定投票截止时间前对已提交的投标文件进行补充、修改或撤回。补充、修改的内容作为投标文件的组成部分。

第二十条　按照招标公告规定的时间、地点进行开标。投标人的投标方案、投票声明（价格折扣或其他声明）都要在开标时一并唱出，否则评标时不予承认。开标时，需有买方、投标人及有关人员参加。

第二十一条　买方或招标机构应在开标两日内将开标记录送至或邮寄（以邮戳为准）到相应的进出口机构备案。

第二十二条　当投标截止时间到达时，投标人少于3个的应停止开标，并依照本办法重新招标。

第五章　评标规则

第二十三条　评标由依法组建的评标委员会负责。评标委员会由具有高级职称或具有同等专业水平的相关领域专家、买方和招标机构代表等5人以上单数组成，其中专家人数不得少于2/3。与招标项目有直接利害关系或投标人有任何利害关系的专家，不得进入相关项目的评标委员会。

第二十四条　评标委员会成员名单在中标结果确定前应当保密。

第二十五条　评标工作应严格按照招标文件、投标文件进行评审。商务、技术均满足招标文件要求时，评标价格最低者为中标者。

第二十六条　商务评标要求下列情况之一者，应予废标（略）

第二十七条　技术评标要求（略）

第二十八条　价格评标要求

（一）按招标文件中的评标依据进行评标。计算评标价格时，对需要进行价格高的部分，要依据招标文件和投标文件的内容加以说明。

（二）投标人必须根据招标文件要求和产品技术状况列出质量保证期内必备件的清单和价格，并将该备件价计入投标总价。若所提供的产品不需必备件或免费提供，应在投标文件中说明。否则，评标时须将其他有效标中必备件的平均价计入该标评标出总价（或按贷款机构要求计入有效标中的最高价）。

（三）利用国外贷款的项目，计算评标总价时，国外产品以CIF价、国内产品以出厂价（不含增值税）为计算基础。

（四）除国外贷款的项目，计算评标总价时，以货物到达买方指定安装地点为依据。国外产品为CIF价＋进口环节税＋国内运输、保险费等；国内产品为出厂价（含增值税）＋国内运输、保险费等。

（五）如果招标文件允许以多种货币投标，在进行价格评标时，应当以开标当日中国银行公布的外汇卖出价统一转换成美元。

第二十九条　评标中其他若干问题处理原则

（一）银行资信证明应由投标人开立基本帐户的银行提供原件，也可提供银行在开标日前三个月内开具资信证明的复印件。

（二）对投标文件中含义不明确的内容，可要求投标人进行澄清或说明，但不得改变投标文件的实质性内容。澄清要通过书面方式进行。澄清后满足要求的按有效标接受。

（三）投标人复制招标文件的技术规格作为其投标文件中一部分可导致废标。

（四）境内的合资合作企业生产的产品，技术总负责方业绩满足招标文件要求的，视为业绩合格。

第六章　办理进口手续

第三十条　评标结束后15个工作日内，买方和招标机构将加盖公章并有各评委签名的评标报告，按进口管理权限报相应的进出口机构。

第三十一条　进出口机构在十个工作日内对评标报告进行审核。若无异议，对国外中标产品即按《机电产品进口管理暂行办法》办理有关进口手续；对国内中标产品即函复买方和招标机构。买方（自行招标时）或招标机构凭有关进口手续或复函向中标人发出中标通知书，并将结果通知其他投标人。

第三十二条　使用国外贷款项目，评标报告审核后，招标机构国家评标委员会的《评标结果通知》，向贷款方报送评标报告，获其批准后发出中标通知书，并申请办理有关进口手续。

第三十三条　买方和中标人应当自中标通知书发出之日起30d内，按照招标文件和投标文件签订供货合同。

第七章　违规与处罚

第三十四条　下列行为之一者，属违规（略）

第三十五条　处罚（略）

第八章　附则

第三十六条　评标过程中如遇重大意见分歧时，可向国家行政主管部门提出审议。

第三十七条　投标人和其他利害关系人认为招标投标活动不符合本办法有关规定的，有权向买方、招标机构提出投诉。

第三十八条　使用国际组织或者外国政府贷款、援助资金进行机电产品国际招标，贷款方、资金提供方对招标投标的具体条件和程序有不同规定的，可以适用其规定。

第三十九条　本办法由外经贸部负责解释。过去有关规定与本办法不符的，以本办法为准。

26.23　北京市建设工程监理行业自律公约（摘要）

第二条　北京市建设监理协会各会员单位及其从业的监理人员必须遵守本公约。

第四条　监理企业不得以欺诈手段获取《工程监理企业资质证书》，不得超越本企业营业范围和核准的资质等级承接监理业务，不得转让监理业务，不得以收取管理费等方式允许其他监理企业或个人以本企业名义承揽监理业务。

第五条　监理企业不得在工程监理招投标活动中弄虚作假，不得为获取中标，而承诺以低于北京市规定的取费标准的价格为投标价，不得与招标单位或其他投标单位串通作弊，不得以其他非法方式获得监理业务，不得恶意诋毁竞争对手，不得以提取回扣或返回监理费用等不正当手段承揽监理业务。

第六条　监理企业不得与建设单位另立以监理酬金让利为主要条款的监理协议。

第七条　当监理企业与被监理的承包单位以及建筑材料、构配件和设备供应单位有隶属或其他利害关系时，应告之建设单位，其中一方应回避。

第八条　各监理单位不得以诋毁其他单位名誉等不正当手段招揽或以扣留监理人员资格证书、岗位证书等不正当手段限制监理人员的正常流动。

第九条　监理企业应按监理合同约定设立项目监理机构，按照《建设工程监理规程》和约定配备能够胜任监理工作的监理人员。不随意更换项目骨干监理人员，不使用无资格或未经监理业务培训的人员。

第十条　对本单位监理人员违反第三章有关规定的行为，不得包庇，视其违约情节严重程度，积极向监理协会反映情况，并配合监理协会的调查工作。

第三章　监理人员廉洁自律守则

第十一条　监理人员应维护国家的荣誉和利益，维护监理行业的整体形象。

第十二条　监理人员应持证上岗，每年要接受一定学时的继续教育并注册登记。

第十四条　规范监理行为，完善内部管理制度，努力提高监理工作质量和工作效率，不无理拒绝或拖延处理建设单位和施工企业的合理意见和要求，确保监理项目工作到位、设施到位、责任到位，避免监理工作的重大失误。敢于坚持原则，有理、有利、有节地处理监理工作中出现的各类问题，公正、客观、实事求是的评定工程质量及统计工作数量，以真实准确的数据资料为依据，对自己签任的各种证据负责。

第十六条　不得以个人名义承揽监理业务。不得同时在两个或两个以上监理单位注册和从事监理活动，不在政府部门和施工、材料设备的生产供应等单位兼职。

第十七条　监理人员不得与建设单位或承包商、材料、设备供应商串通，弄虚作假，降低工程质量。不得将不合格的建设工程、建筑材料设备按照合格签字。

第十八条　不得为所监理项目指定承包商、建筑构配件、设备、材料供应商和施工方法。

第十九条　不得收受被监理单位的任何形式的不合法报酬。

第二十条　不得随意泄露所监理工程各方认为需要保密的事项。

第二十一条　应坚持独立自主地依法开展工作。

第四章　违约罚则

第二十二条　监理企业、监理人员如违反本公约，经查实后，由北京市监理协会报请市建委执法大队查处，并给予相应处分。

第二十三条　处分的方式

（一）书面警告；

（二）在会刊或协会网站上予以通报批评；

（三）取消年度评优资格；

（四）取消北京市监理协会会员资格；

（五）将监理企业或监理人员的违约行为作为不良记录载入其信用档案；报北京市建设行政主管部门备案；有违法、违规行为的建议有关部门依法查处。

（六）建议北京市建设行政主管部门依法对监理单位给予罚款、责令停业整顿、降低资质等级、吊销资质证书等处罚；对监理人员给予罚款、取消监理工程师注册资格等处罚。

第二十四条　对违反本公约的行为，视其违约事实和情节严重程度，酌情按照第二十三条（一）至（六）款进行处分。

第五章 附则

第二十五条 北京市监理协会建立会员单位和从业注册监理工程师的信用档案。

第二十六条 北京市监理协会设立违约举报电话 63176484。（从 2004 年 9 月 1 日开始实施）

26.24 北京市建设工程监理招标投标实施办法（京建法［1999］365 号）（摘要）

第二条 本市行政区域内下列建设工程监理必须通过招标投标方式选择监理单位：

（一）投资在 500 万元（含 500 万元）以上的基础设施工程；

（二）建筑面积在 $10000m^2$（含 $10000m^2$）以上的公用事业等关系社会公共利益、公共安全的项目；

（三）住宅小区工程；

（四）全部或者部分使用国有资金投资或者国家融资的项目；

（五）使用国际组织或者外国政府贷款、援助资金的项目。

第三条 北京市城乡建设委员会（以下简称市建委）负责本市建设工程监理招标投标管理工作，市建设工程招标投标管理办公室（以下简称市招标办）实施监理招投标活动的监督管理。

第四条 参加投标的监理单位必须具有与招标工程规模相适应的资质等级。

第五条 招标单位可以自行组织监理招标，也可以委托具有相应资质的招标代理机构组织招标。必须进行监理招标的项目，招标单位自行办理招标事宜的，应当向市招标办备案。

第六条 监理招标应实行公开招标或邀请招标。

招标单位采用公开招标方式的，应在北京市建设工程发包承包交易中心（以下简称交易中心）或指定的报刊上发布招标公告。

招标单位采用邀请招标方式的应当向 3 个以上具备资质能力的特定的监理单位发出邀标通知书。

招标公告和邀标通知书应当载明招标单位的名称和地址、招标项目的性质和数量、实施地点和时间以及获取招标文件的办法等事项。

第七条 监理招标应按下列程序进行：

（一）招标单位自行办理招标事宜的，到市招标办办理备案手续；

（二）编制招标文件；

（三）发布招标公告或发出邀标通知书；

（四）向投标单位发出投标资格预审通知书，对投标单位进行资格预审；

（五）向投标单位发出招标文件；

（六）组织必要的答疑、现场勘察、解答投标单位提出的问题，编写答疑文件或补充投标文件等；

（七）接受投标书；

（八）组织开标、评标、决标；

（九）招标单位自确定中标单位之日起 15d 内向市招标办提交招标投标情况的书面报告。

（十）向投标单位发出中标或未中标通知书；

（十一）与中标单位订立书面委托监理合同。

第八条　招标文件应包括下列内容：

（一）工程概况：包括项目主要建设内容、规模、地点、总投资、现场条件和开竣工日期等；

（二）招标方式；

（三）委托监理的范围和要求；

（四）合同主要条款：包括监理费报价、投标单位的责任、对投标单位的资质和现场监理人员的要求以及招标单位提供的交通、办公和食宿条件等；

（五）投标须知。

第九条　投标单位应向招标单位提供下列材料：

（一）企业营业执照、资质等级证书和其他有效证明文件；

（二）企业简历；

（三）主要检测设备一览表；

（四）近三年来的主要监理业绩。

第十条　投标书一般应当包括下列内容：

（一）投标综合说明；

（二）监理大纲；

（三）拟派现场监理机构及监理人员情况一览表（其中应当明确项目总监理工程师人选）；

（四）监理费报价。

第十一条　投标单位应当在招标文件要求提交投标文件的截止时间前，将投标文件送达投标地点。招标单位收到投标文件后，应当签收保存，不得开启。投标单位少于三个的，招标单位应当依照本办法重新招标。

在招标文件要求提交投标文件的截止时间后送达的投标文件，招标单位应当拒收。

第十二条　投标书应当使用专用投标袋并密封，投标袋密封口处必须加盖投标单位两枚公章和法定代表人的印鉴，在规定的期限内送达指定地点。

第十三条　开标应统一在交易中心内进行，由工程的招标单位或其指定的代理人主持，并应邀请市招标办有关人员参加。

第十四条　评标由评标委员会组织。评标委员会应由招标单位的代表和有关技术、经济等方面的专家组成，成员为五人以上单数，其中专家不能少于成员总数的三分之二。参加评标的专家人选应在开标前三日内，由招标单位在市招标办的评标专家库中随机抽取确定，与投标单位有利害关系的人不得进入该项目的评标委员会。评标委员会负责人由招标单位担任，评标委员会成员的名单在中标结果确定前应当保密。

第十五条　开标的一般程序（略）

第十七条　评标一般应采用计分的方法，对投标文件中的监理大纲、监理业绩、监理人员、监理手段和监理取费等进行全面评审。评标方法应在招标文件中确定，开标后不得更改，否则评标结果无效。

第十八条　招标单位根据评标委员会提出的书面评标报告和推荐的中标侯选单位中确定中标单位，招标单位也可以授权评标委员会直接确定中标单位。

第十九条　评标委员会经过评审可以否决所有投标单位，所有投标被否决的，招标单位应当依照本办法重新组织招标。评标决标工作一般应在开标会议后 15d 内完成。

第二十条　中标单位确定后，招标单位应当向中标单位发出中标通知书，并同时将中标结果通知所有未中标的投标单位。

第二十一条　招标单位和中标单位应当自中标通知书发出之日起 30d 内按照招标文件和中标单位的投标文件订立书面委托监理合同（可采用北京市城乡建设委员会和北京市工商行政管理局联合颁发的监理示范合同文本），招标单位和中标单位不得再行订立背离合同实质性内容的其他协议。

26.25 《北京市建设工程监理招标综合评分实施细则》（摘要）（京建监［1999］394 号）

第四条　建设工程监理评标，采用综合评分的方法，总分值为 100 分。

各项分值分配如下：

一、监理大纲（25 分）

质量控制　9 分

进度控制　5 分

造价控制　7 分

合同和信息管理　4 分

对质量、进度、造价等控制的方法科学、合理，具有先进性，措施有力，有针对性的得满分；方法可行、措施一般的酌情扣分；措施不力、方法不合理的可不得分。

二、现场监理机构人员资质（30 分）

（一）总监理工程师（9 分）

资质符合北京市城乡建设委员会有关规定的得 6 分；监理过类似规模工程的，有一个加 1 分；监理过获得市级以上优质工程称号的，有一个加 1 分。

该项的总分值不得超过 9 分。

（二）人员专业配套（6 分）

专业工种配套基本齐全的得 3 分；专业工种完全配套，其中人员有明显监理业绩的得满分。

（三）人员职称年龄结构等（5 分）

监理机构配备人员数量合理，以高、中级为主，老、中青搭配合理的得 3 分；全部为高、中级职称，且年龄结构合理的得 5 分。

（四）注册监理工程师所占比例（10 分）

30%以下　0 分

30%～40%（不含 40%）6 分

40%～50%（不含 50%）8 分

50％以上　10分

监理机构中有一个未经培训的扣1分。

三、监理取费（10分）

（一）所报监理费的费率在规定的取费标准范围以内的得7分。

（二）依据国家规定的收费标准按插入法求得的监理费率为准，监理费每下浮0.1个百分点加1分；每上浮0.1个百分点减1分，加分最多不得超过3分。

四、检测设备（10分）

（一）检测设备的配置基本满足工程检测要求的得7分。

（二）检测设备齐全，完全满足工程检测要求的得10分。

五、企业信誉（10分）

企业资质等级：

甲级资质　6分

乙级资质　4分

丙级资质和临时资质　3分

企业获得的荣誉：

获国家级或市级荣誉称号的加2分。

企业通过ISO 9000质量体系认证的加2分。

六、监理业绩（15分）

（一）监理过5个（含5个）以上同等级工程的得10分。

（二）监理过3个（含3个）以上同等级工程的得8分。

（三）监理过2个（含2个）以上同等级工程的得6分。

（四）监理过的工程获得市级以上优质工程称号的有一个加2分。

以上各项所得分数之和不得超过该项的总分值。

第五条　评分程序。评标委员会成员根据本细则规定，各自进行打分，并记录在综合评分表中，然后平均计算出各投标单位的得分值。

第六条　计算各投标单位的平均得分，应在全体评标小组成员在场的情况下公开进行，分值一经得出，并核对签字无误后，任何人不得更改。

第七条　招标单位应当采取必要的措施，保证评标在严格保密的情况下进行。

任何单位和个人不得非法干预影响评标过程和结果。

第八条　评标委员会完成评标后，应当向招标人提出书面评标报告，并推荐合格的中标侯选人。

评标委员会也可接受招标单位委托按得分高低直接确定中标单位。

附　　录

附录一　工程技术文件报审表

工程技术文件报审表 表 B2—1(A1 监)			编号	
工程名称			日期	
现报上关于＿＿＿＿＿＿＿＿＿＿＿＿＿＿＿＿工程技术文件，请予以审定。				
序号	类别	编制人	册数	页数
编制单位名称： 技术负责人(签字)：　　　申报人(签字)：				
施工单位审核意见： □有/　□无　附页 施工单位名称：　　审核人(签字)：　　审核日期：				
监理单位审核意见： 审定结论：　□同意　□修改后再报　□重新编制 监理单位名称：　　总监理工程师（签字）：　　日期：				

注：本表有施工单位填报、建设单位、监理单位、施工单位各存一份。

附录二　施工测量放线报验表

施工测量放线报验表 表 B2—2(A2 监)		编号	
工程名称		日期	

致____________________(监理单位)：

我方已完成(部位)____________________

(内容)____________________

的测量放线，经自检合格，请予查验。

附件：

1. □放线的依据材料________页

2. □ 放 线 成 果 表________页

测量员(签字)：　　岗位证书号：

查验人(签字)：　　岗位证书号：

施工单位名称：　　技术负责人(签字)：

查验结果：

查验结论：　　□合格　　□纠错后重报

监理单位名称：　　监理工程师(签字)：　　日期：

注：本表由施工单位填写，建设单位、监理单位、施工单位各存一份。

附录三 施工测量放线报验表

施工进度计划报审表 表 B2—3(A3 监)		编号	
工程名称		日期	

致＿＿＿＿＿＿＿＿＿＿(监理单位)：

现报上＿＿＿＿年＿＿＿＿季＿＿＿＿月工程施工进度计划，请予以审查和批准.

附件：1. □施工进度计划(说明、图表、工程量、工作量、资源配备)

＿＿＿＿份

2. □

施工单位名称： 项目经理(签字)：

审查意见：

监理工程师(签字)： 日期：

审批结论 □同意 □修改后再改 □重新编制

监理单位名称： 总监理工程师(签字)： 日期：

注：本表由施工单位填报，建设单位、监理单位、施工单位各存一份。

附录四 工程物资进场报验表

工程物资进场报验表 表 2—4(A4 监)			编号		
工程名称			日期		
现报上关于__________工程的物资进场检验记录,该批物资经我方检验符合设计、规范及合约要求,请予以批准使用。					
物资名称	主要规格	单位	数量	选样报审表编号	使用部位

附件: 名称 页数 编号

1. □出厂合格证 ______页
2. □厂家质量检验报告 ______页
3. □厂家质量保证书 ______页
4. □商检证 ______页
5. □进场检验记录 ______页
6. □进场复试报告 ______页
7. □备案情况 ______页
8. □ ______页

申报单位名称:中建恒基建设投资有限公司 申报人(签字):

施工单位检验意见:

□有/ □无 附页

施工单位名称: 技术负责人(签字): 审核日期:

验收意见:

审定结论: □同意 □补报资料 □重新检验 □退场

监理单位名称: 监理工程师(签字): 验收日期:

注:本表由施工单位填报,建设单位、监理单位、施工单位各存一份。

附录五　分包单位资质报审表

<table>
<tr><td colspan="2">分包单位资质报审表
表 B2—6(A6 监)</td><td>编号</td><td></td></tr>
<tr><td>工程名称</td><td></td><td>日期</td><td></td></tr>
<tr><td colspan="4">致______(监理单位)：
经考察，我方认为拟选择的______(分包单位)具有承担下列工程施工资质和施工能力，可以保证本工程项目按合同的约定进行施工。分包后，我方仍附：
1:□分包单位资质材料
2:□分包单位业绩材料
3:□中标通知书</td></tr>
<tr><td>分包工程名称(部分)</td><td>单位</td><td>工程数量</td><td>其他说明</td></tr>
<tr><td></td><td></td><td></td><td></td></tr>
<tr><td></td><td></td><td></td><td></td></tr>
<tr><td></td><td></td><td></td><td></td></tr>
<tr><td colspan="4">施工单位名称：　　项目经理(签字)：</td></tr>
<tr><td colspan="4">监理工程师审查意见：

监理工程师(签字)：　　日期：</td></tr>
<tr><td colspan="4">总监理工程师审批意见：

监理单位名称：　　总监理工程师(签字)：　　日期：</td></tr>
</table>

注：本表由施工单位填报，建设单位、监理单位、施工单位各存一份。

附录六 分项/分部工程施工报验表

分项/分部工程施工报验表 表 B2—7(A7 监)		编号	
工程名称		日期	

现我方已完成________(层)____________(轴线或房间)____________(高程)____________(部位)的____________工程，经我方检验符合设计，规范要求，请予以验收。

附件：　　名称　　页数　　编号

1. □质量控制资料汇总表　______页
2. □隐蔽工程检查记录　______页
3. □预检记录　______页
4. □施工记录　______页
5. □施工试验记录　______页
6. □分部工程质量检验评定记录　______页
7. □分项工程质量检验评定记录　______页
8. □____________　______页
9. □____________　______页
10. □____________　______页

质量检查员(签字)：

施工单位名称：　　技术负责人(签字)：

审查意见：

审查结论：　　合格　　不合格

监理单位名称：　　(总)监理工程师(签字)：　　审查日期：

注：本表由施工单位填报，监理单位、施工单位各存一份。分项、分部工程不合格，应填写《不合格项处置记录》，分部工程应由总监理工程师签字。

附录七 （ ）月工、料、机动态表

（ ）月工、料、机动态表 表 B2—8（A9 监）		编号	
工程名称		日期	

								其他	合计
人工	工种								
	人数								
	持证人数								

主要材料	名称	单位	上月库存量	本月进场量	本月消耗量	本月库存量

主要机械	名称	生产厂家	规格型号	数量

附件：

施工单位名称： 项目经理（签字）：

注：本表由施工单位于每月 25 日填报，监理单位、施工单位各存一份。工、料、机情况应按不同施工阶段填报主要项目。

附录八 （ ） 月工程进度款报审表

（ ）月工程进度款报审表 表 B2—10(A11 监)	编号	
工程名称	日期	

致________________(监理单位)：

兹申报________年________月份完成的工作量________________，请予以核定。

附件：月完成工作量统计报表

施工单位名称：　　　　　　　　项目经理(签字)：

经审核以下项目工作量有差异，应以核定工作量为准，本月度认定工程进度款为：

施工单位申报数（　　）＋监理单位核定差别数（　　）＝本月工程进度款数（　　　）。

统计表序号	项目名称	单位	申报数			核定数		
			数量	单价(元)	合计(元)	数量	单价(元)	合计(元)
合计								

监理工程师(签字)：　　　　　　日期：

监理单位名称：　　　　　　总监理工程师(签字)：　　　　　　日期：

注：本表由施工单位填报，由监理单位签认，建设单位、监理单位、施工单位各存一份。

附录九 工程变更费用报审表

工程变更费用报审表 表 B2—11(A12 监理)		编号	
工程名称		日期	

致________________(监理单位)：

根据第(　　)号工程变更单，申请费用如下表，请审核

项目名称	变更前			变更后			工程款 增(+)减(-)
	工程量	单价	合价	工程量	单价	合价	

施工单位名称：　　　　　　　　项目经理(签字)：

监理工程师审核意见：

监理工程师(签字)：　　日期：

监理单位名称：　　　　总监理工程师(签字)：　　日期：

注：本表由施工单位填报，建设单位、监理单位、施工单位各存一份。

附录十 费用索赔申请表

费用索赔申请表 表 B2—12(A130 监)		编号	
工程名称		日期	

致______________________(施工单位)：

根据合同第______条款的规定，由于______________的原因，我方要求索赔金额共计人民(大写)______________元，请批准。

索赔的详细理由及经过：

索赔金额的计算：

附件：证明材料

施工单位名称： 项目经理(签字)：

注：本表由施工单位填报，建设单位、监理单位、施工单位各存一份。

附录十一　工程款支付申请表

工程款支付申请表 表 B2—13(A14 监)		编号	
工程名称		日期	

致＿＿＿＿＿＿＿＿＿＿(监理单位)：

我方已完成了＿＿＿＿＿＿＿＿＿＿工作，按施工合同的规定，建设单位应在＿＿＿＿年＿＿＿＿月＿＿＿＿日前支付该项工程款共计(大写)＿＿＿＿＿＿＿＿，(小写)＿＿＿＿＿＿＿＿，现报上＿＿＿＿＿＿＿＿工程付款申请表，请予以审查并开具工程款支付证书。

附件：

1. 工程量清单：

2. 计算方法：

施工单位名称　　　　　　　　项目经理(签字)：

注：本表由施工单位填报，监理单位、施工单位各存一份。

附录十二 工程延期申请表

<table>
<tr><td colspan="2">工程延期申请表
表 B2—14(A15 监)</td><td>编号</td><td></td></tr>
<tr><td>工程名称</td><td></td><td>日期</td><td></td></tr>
<tr><td colspan="4">致________________(监理单位)：
根据合同条款______条的规定，由于__________的原因，申请工程延期，请批准工程延期的依据及工期计算：

合同竣工日期：
申请延长竣工日期：
附：证明材料

施工单位名称：　　　　　　　　　　项目经理(签字)：</td></tr>
</table>

注：本表由施工单位填报，建设单位、监理单位、施工单位各存一份。

附录十三 监理通知回复单

监理通知回复单 表 B2—15(A16 监)		编号	
工程名称		日期	

致＿＿＿＿＿＿＿＿＿＿＿＿＿＿(监理单位)：

我方接到第( )号监理通知后，已按要求完成了＿＿＿＿＿＿＿＿＿＿工作，特此回复，请予以复查。

详细内容：

施工单位名名称：　　　　项目经理(签字)：

复查意见：

监理工程师(签字)：　　　　日期：

监理单位名称：　　　　总监理工程师(签字)：　　　　日期：

注：本表由施工单位填报，监理单位、施工单位各存一份。

附录十四 监理通知

监理通知 表 B2—16(B1 监)		编号	
工程名称		日期	

致________________(施工单位)：

事由：

内容：

监理工程师(签字)：

监理单位名称：　　　　总监理工程师（签字)：

注：重要监理通知应由总监理工程师签署，监理单位、有关单位各存一份。

附录十五　监理抽检记录

<table>
<tr><td colspan="2">监理抽检记录
表 B2—18(B3 监)</td><td>编号</td><td></td></tr>
<tr><td>工程名称</td><td></td><td>抽检日期</td><td></td></tr>
<tr><td colspan="4">检查项目：</td></tr>
<tr><td colspan="4">检查部位：</td></tr>
<tr><td colspan="4">检查数量：</td></tr>
<tr><td colspan="4">被委托单位：</td></tr>
<tr><td colspan="4">检查结果：　　□合格　　□不合格</td></tr>
<tr><td colspan="4">处理意见：

监理单位名称：　　监理工程师(签字)：　　日期：
总监理工程师(签字)：　　日期：</td></tr>
</table>

注：本表由监理单位填写，建设单位、监理单位、承包单位各存一份。如不合格应填写《不合格项处置记录》。

附录十六 工程暂停令

工程暂停令 表 B2—19(B4 监)		编号	
工程名称		日期	

致____________________(施工单位)：

由于________________________原因，现通知你方必须于______年______月______日时起，对本工程的____________部位(工序)实施暂停施工，并按下述要求做好各项工作：

监理单位名称： 总监理工程师(签字)：

注：本表由监理单位签发，建设单位、监理单位、施工单位各存一份。

附录十七 工程延期审批表

<table>
<tr><td colspan="2">工程延期审批表
表 B2—20(B5 监)</td><td>编号</td><td></td></tr>
<tr><td>工程名称</td><td></td><td>日期</td><td></td></tr>
<tr><td colspan="4">致________________(施工单位)：
根据合同条款______条的规定，我方对你方提出的第(______)关于________________工程延期申请，要求延长工期______日历天，经过我方审核评估：
□同意工期延长__________日历天。竣工日期(包括已指令延长的工期)从原来的______年______月______日延长到______年______月______日。请你方执行。
□不同意延长工期，请按约定竣工日期组织施工。

说明：

监理单位名称：　　　　　　　　总监理工程师(签字)：</td></tr>
</table>

注：本表由监理单位签发，建设单位、监理单位、施工单位各存一份。

附录十八　费用索赔审批表

费用索赔审批表 表 B2—21(B6 监)		编号	
工程名称		日期	

致____________________(施工单位)：

根据合同第________条款的规定，你方提出的第________号关于____________________________________费用索赔申请，索赔金额共计人民币(大写)__________________，(小写)________________经我方审核评估：

□不同意此项索赔。

□同意此项索赔，金额为(大写)________________________________。

理由：

索赔金额的计算：

监理工程师(签字)：

监理单位名称：　　　　　　　　总监理工程师(签字)：

注：本表由监理单位签发，建设单位、监理单位、施工单位各存一份。

附录十九 工程款支付证书

工程款支付证书 表 B2—22(B7 监)		编号	
工程名称		日期	

致＿＿＿＿＿＿＿＿＿＿(建设单位)：

根据施工合同规定，经审核施工单位的付款申请和报表，并扣除有关款项，同意本期支付工程款共计

(大写)＿＿＿＿＿＿＿＿＿＿＿＿＿＿，(小写)＿＿＿＿＿＿＿＿，请按合同规定及时付款。

其中：

1. 施工单位申报款为：
2. 经审核施工单位应得款为：
3. 本期应扣款为：
4. 本期应付款为：

附件：

1. 施工单位的工程付款申请表及附件；
2. 项目监理部审查记录。

施工单位名称： 总监理工程师(签字)：

注：本表由施工单位填报，监理单位、施工单位各存一份。

附录二十 旁站监理记录

<table>
<tr><td colspan="2">旁站监理记录
表 B2—23</td><td>编号</td><td></td></tr>
<tr><td>工程名称</td><td></td><td>日期及气候</td><td></td></tr>
<tr><td colspan="4">旁站监理的部位或工序：</td></tr>
<tr><td colspan="2">旁站监理考试时间：</td><td colspan="2">旁站监理结束时间：</td></tr>
<tr><td colspan="4">施工情况：</td></tr>
<tr><td colspan="4">监理情况：</td></tr>
<tr><td colspan="4">发现为题：</td></tr>
<tr><td colspan="4">处理意见：</td></tr>
<tr><td colspan="4">备　注：</td></tr>
<tr><td colspan="2">承包单位名称：
质检员（签字）：
日期：　年　月　日</td><td colspan="2">监理单位名称：
旁站监理人员（签字）：
日期：　年　月　日</td></tr>
</table>

注：本表由施工单位填写，建设单位、监理单位、施工单位各存一份。

附录二十一　单位工程竣工预验收报验表

单位工程竣工预验收报验表 表 B3—1(A8 监)		编号	
工程名称		日期	

致＿＿＿＿＿＿＿＿(监理单位)：

我方已按合同要求完成了＿＿＿＿＿＿＿＿工程，经自检合格，请予以检查和验收。

附件：

施工单位名称：　　　　　　　　项目经理(签字)：

审查意见：

经预验收，该工程：

1：□符合　□不符合　我国现行法律，法规要求；

2：□符合　□不符合　我国现行工程建设标准；

3：□符合　□不符合　设计文件要求；

4：□符合　□不符合　施工合同要求。

综上所述，该工程预验收结论：　□合格　□不合格

可否组织正式验收：　□可　□否

监理单位名称：　　　　总监理工程师(签字)：　　　日期：

注：本表由施工单位填报，建设单位、监理单位、施工单位各存一份。

附录二十二 竣工移交证书

<table>
<tr><td colspan="2">竣工移交证书
表 B3—2(B8 监)</td><td>编号</td><td></td></tr>
<tr><td>工程名称</td><td></td><td>日期</td><td></td></tr>
<tr><td colspan="4">致____________(建设单位)：

兹证明施工单位____________施工的____________工程。已按施工合同的要求完成,并验收合格。工程移交建设单位管理,并进入保修期。
附件:单位工程验收记录</td></tr>
<tr><td colspan="2">总监理工程师(签字)</td><td colspan="2">监理单位(章)</td></tr>
<tr><td colspan="2">日期：</td><td colspan="2">日期：</td></tr>
<tr><td colspan="2">建设单位代表(签字)</td><td colspan="2">建设单位(章)</td></tr>
<tr><td colspan="2">日期：</td><td colspan="2">日期：</td></tr>
</table>

注：本表由监理单位填写，建设单位、监理单位、施工单位各存一份。

附录二十三　工作联系单

工作联系单 表 B4—1(C1 监)	编号	
工程名称	日期	

致＿＿＿＿＿＿＿＿＿＿(单位)：

事由：

内容：

发出单位名称：　　　　　　　　　　单位负责人(签字)：

注：重要工作联系单应加盖单位公章，相关单位各存一份。

附录二十四　工程变更单

<table>
<tr><td colspan="2">工程变更单
表 B4—2(C2 监)</td><td>编号</td><td></td></tr>
<tr><td>工程名称</td><td></td><td>日期</td><td></td></tr>
<tr><td colspan="4">致＿＿＿＿＿＿＿＿(监理单位)：
由于＿＿＿＿＿＿＿＿＿＿＿＿＿＿＿＿的原因，兹提出＿＿＿＿＿＿＿＿＿＿＿＿＿＿＿＿工程变更(内容详见附件)，请予以审批。

附件：

提出单位名称：　　　　　　　　提出单位负责人(签字)：</td></tr>
<tr><td colspan="4">一致意见：</td></tr>
<tr><td>建设单位代表
(签字)：

日期：</td><td>设计单位代表
(签字)：

日期：</td><td>监理单位代表
(签字)：

日期：</td><td>施工单位代表
(签字)：

日期：</td></tr>
</table>

注：本表由提出单位填报，有关单位会签，并各存一份。

附录二十五 工程洽商记录

<table>
<tr><td colspan="3">工程洽商记录
表 C2-4</td><td>编号</td><td>03-C2-013</td></tr>
<tr><td colspan="2">工程名称</td><td>北京红河伟业市政工程有限公司办公楼装修工程</td><td>专业名称</td><td>建筑</td></tr>
<tr><td colspan="2">提出单位名称</td><td>北京中建恒基建设投资有限公司</td><td>日期</td><td>2004.10</td></tr>
<tr><td colspan="2">内容摘要</td><td colspan="3">玻璃隔断、贴膜</td></tr>
<tr><td>序号</td><td>图号</td><td colspan="3">洽商内容</td></tr>
<tr><td></td><td></td><td colspan="3"></td></tr>
<tr><td rowspan="2">签字栏</td><td>建设单位代表</td><td>监理单位代表</td><td>设计单位代表</td><td>施工单位代表</td></tr>
<tr><td></td><td></td><td></td><td></td></tr>
</table>

注：1. 本表由建设单位、监理单位、施工单位、城建档案馆各存一份。

2. 涉及图纸修改的必须注明应修改的图号。

3. 不可将不同专业工程洽商办理在同一份洽商上。

4. “专业名称”栏应按专业填写，如建筑、结构、给排水、电气、通风空调等。

附录二十六 隐蔽工程检查记录

<table>
<tr><td colspan="3">隐蔽工程检查记录
表 C5—1</td><td>编号</td><td></td></tr>
<tr><td>工程名称</td><td colspan="4"></td></tr>
<tr><td>隐检项目</td><td colspan="2"></td><td>隐检日期</td><td></td></tr>
<tr><td>隐检部位</td><td colspan="4"></td></tr>
<tr><td colspan="5">隐检依据：施工图图号____________，设计变更/洽商(编号 03-C2-001)及有关国家现行标准等。
主要材料名称及规格/型号：</td></tr>
<tr><td colspan="5">隐检内容：

申报人：</td></tr>
<tr><td colspan="5">检查意见：

检查结论： 同意隐蔽 不同意，修改后进行复查</td></tr>
<tr><td colspan="5">复查结论：

复查人： 复查日期：</td></tr>
<tr><td rowspan="3">签字栏</td><td rowspan="2">建设(监理)单位</td><td colspan="3">施工单位</td></tr>
<tr><td>专业技术负责人</td><td>专业质检员</td><td>专业工长</td></tr>
<tr><td></td><td></td><td></td><td></td></tr>
</table>

注：本表由施工单位填写，建设单位、施工单位、城建档案馆各保存一份。

附录二十七　单位工程验收记录

<table>
<tr><td colspan="3">单位工程验收记录(C7—3)</td><td colspan="2">编号</td><td></td></tr>
<tr><td colspan="2">工程名称</td><td></td><td colspan="2">建设单位</td><td></td></tr>
<tr><td colspan="2">建筑面积</td><td></td><td colspan="2">设计单位</td><td></td></tr>
<tr><td colspan="2">层数</td><td></td><td colspan="2">监理单位</td><td></td></tr>
<tr><td colspan="2">结构类型</td><td></td><td colspan="2">施工单位</td><td></td></tr>
<tr><td colspan="2">工程地址</td><td></td><td colspan="2">勘查单位</td><td></td></tr>
<tr><td colspan="2">开工日期</td><td></td><td colspan="2">竣工验收日期</td><td></td></tr>
<tr><td rowspan="6">工程内容及自检情况</td><td>曝气池工程</td><td colspan="4" rowspan="6"></td></tr>
<tr><td>鼓风机安装</td></tr>
<tr><td>电气安装</td></tr>
<tr><td>排气管的安装</td></tr>
<tr><td></td></tr>
<tr><td></td></tr>
<tr><td rowspan="2">验收意见</td><td colspan="4" rowspan="2"></td><td>施工单位</td></tr>
<tr><td></td></tr>
<tr><td rowspan="2">参加单位签章</td><td>勘查单位</td><td>建设单位</td><td colspan="2">设计单位</td><td>监理单位</td></tr>
<tr><td></td><td></td><td colspan="2"></td><td></td></tr>
</table>

注：本表城建档案馆、建设单位、监理单位、施工单位各保存一份。